水电厂检修技术丛书

水轮发电机组检修

张 诚 陈国庆 主编

中国电力出版社
CHINA ELECTRIC POWER PRESS

内 容 提 要

本书为《水电厂检修技术丛书》的一个分册。书中详细讲解了水轮发电机组的检修与调试技术，并介绍了一些常见故障的诊断及处理方法。编写特点是以水电厂A级检修为主线，围绕设备（设施）的检修、调试工艺，介绍每项检修应具备的条件、所需要的工时、材料、工具、仪器、安全措施、检修流程、工艺和质量标准等。为了帮助读者更好地理解书中内容，本书还辅以大量的图片，力求直观、易懂。

本书共分四篇。第一篇介绍混流式水轮机和轴流转桨式水轮机检修工艺，第二篇介绍水轮发电机主要部件和辅助设备的检修技术，第三篇介绍水轮机调速系统的检修及调整与试验技术，第四篇介绍水轮发电机机组现场机械试验的内容与方法。

本书重点在于现场实际操作介绍，对基本理论和工作原理不作过多阐述，可供水电厂生产及其管理人员现场培训参考，也可作为大中专及职业技术院校教学参考用书。

图书在版编目(CIP)数据

水轮发电机组检修/张诚，陈国庆主编．—北京：中国电力出版社，2012.4（2019.9重印）
（水电厂检修技术丛书）
ISBN 978-7-5123-2253-0

Ⅰ.①水… Ⅱ.①张… ②陈… Ⅲ.①水轮发电机-发电机组-检修 Ⅳ.①TM312.07

中国版本图书馆CIP数据核字(2011)第216081号

中国电力出版社出版、发行
（北京市东城区北京站西街19号 100005 http://www.cepp.sgcc.com.cn）
北京雁林吉兆印刷有限公司印刷
各地新华书店经售
*
2012年4月第一版 2019年9月北京第四次印刷
710毫米×980毫米 16开本 40.25印张 754千字
印数4501—6000册 定价**105.00**元

《水轮发电机组检修》编写人员

统稿人　卢进玉

编写人员　邓国庆　江晓林　马　明　蔡　伟

吴　江　张良颖　文　宇　秦岩平

李香华　陆　明　刘德新　朱俊杰

胡学军　凌伟华　陈中志　余志强

张　辉　胡孝山　杨明伟　井玄伟

徐　波　马　龙　付带娣　覃国茂

罗　曼　付海涛　谢秋华　李利华

审查人　刘庚辛　许承庆

前 言

近年来，我国水电开发迎来了历史性的发展机遇，水电机组单机容量和装机规模不断扩大，水电工程机电设计、制造和安装技术已赶上和达到世界一流水平。随着全球低碳经济的发展，作为大规模可再生清洁能源的水力发电必将得到越来越充分的开发和应用。

水电工程的性能和效益的发挥最终都要通过运行来实现。在水电工程全生命周期管理过程中，优质的建设、优化的运行和优良的检修维护对于充分发挥水电工程的效益都十分重要。得益于计算机、自动化、信息化、网络技术，新材料、新工艺的高速发展，以及现代管理理念和方法的应用，水电厂检修技术也得到不断更新和提高。但一直以来，鲜有全面、完整地介绍水电厂检修技术的书籍面市，使水电厂检修技术的学习、交流和推广受到限制。为了与水电厂同行进行技术交流，探讨推广标准化、规范化的水电厂检修方法，推动水电厂检修技术的不断进步，为从事水电厂检修工作的技术和管理人员提供参考和借鉴，中国长江电力股份有限公司在认真总结三峡水电厂和葛洲坝水电厂多年的检修经验的基础上，精心组织编写了一套《水电厂检修技术丛书》。

《水电厂检修技术丛书》由《水轮发电机组检修》、《水电厂辅助设备及公用系统检修》、《水电厂电气一次设备检修》、《水电厂电气二次设备检修》、《水工建筑物与闸坝机电设备检修》五个分册组成。

本丛书是国内第一套专门针对大中型水电厂的检修技术丛书，力求全面、系统、实用，强调指导性和可操作性。

由于不同形式水轮发电机组的检修方法与工艺有很大差别，因此本丛书检修实例均以国内大型混流式和轴流转桨式水轮发电机组及常见的大型输变电、自动控制和保护设备为主。

《水电厂检修技术丛书》凝聚着中国长江电力股份有限公司广大生产技术人员的智慧和心血，丛书编写历时两年，先后有100余人参与其中。公司成立了编写组，总经理张诚亲自组织编写工作，总工程师陈国庆组织了多次编审会议，公司所属三峡水电厂、葛洲坝水电厂和检修厂组织了一大批技术骨干，利用业余时间编写，为《水电厂检修技术丛书》的顺利完成作出了宝贵的贡献。

本书为《水轮发电机组检修》分册，全书详细讲解了水轮发电机组的检修与调试技术，并介绍了一些常见故障的诊断及处理方法。编写特点是以水电厂A级检修为主线，围绕设备（设施）的检修、调试工艺，介绍每项检修应具备的条件、所需要的工时、材料、工具、仪器、安全措施、检修流程、工艺和质量标准等。为了帮助读者更好地理解书中内容，本书还辅以大量的图形和图片，力求直观、易懂。本书共分四篇二十五章，第一篇介绍混流式水轮机和轴流转桨式水轮机检修工艺，第二篇介绍水轮发电机主要部件和辅助设备的检修技术，第三篇介绍水轮机调速系统的检修及调整与试验技术，第四篇介绍水轮发电机机组现场机械试验内容与方法。

本书绪论由邓国庆执笔；第一篇水轮机检修由江晓林、马明、蔡伟、吴江、张良颖、文宇执笔；第二篇水轮发电机检修由秦岩平、李香华、陆明、刘德新、朱俊杰、胡学军执笔；第三篇水轮机调速系统机械检修由凌伟华、陈中志、余志强、张辉执笔；第四篇水轮发电机机组现场机械试验由胡孝山、杨明伟、井玄伟、徐波、马龙、付带娣、覃国茂、罗曼、付海涛执笔。全书由卢进玉负责统稿，教授级高级工程师刘庚辛、许承庆负责审稿。薛福文、熊浩、鲁结根、邓键提出了宝贵的指导意见。

该书是大中型水电厂检修技术人员几十年经验的积累与总结，内容丰富、易懂、实用，可作为我国水电厂检修维护人员、管理者以及高校相关专业师生的参考书。

由于水电厂检修技术创新日新月异，加之编者水平有限，书中不妥之处在所难免，恳请广大读者提出宝贵意见。

编　者

2011年5月

目　录

绪 论

人类早在三四千年前就开始利用水力磨面、舂米、提水灌溉。利用水力发电大约是从19世纪80年代开始的。1878年，法国巴黎附近建造的塞尔曼兹水电厂是世界上最早的水电厂。1905年，日本人在我国台湾省台北附近的新店溪支流上兴建了龟山水电厂。我国自己兴建的第一座水电厂，是位于云南昆明滇池出口——海口上的石龙坝水电厂，该电厂于1910年动工，1912年建成发电，装机5台，容量480kW。

新中国成立后，我国水力发电建设发展迅速。1952年先后试制成功了800kW和3000kW水轮发电机组，1959年新安江水电厂72.5MW水轮发电机组制造成功，标志着我国水力发电建设达到了较高水平。

葛洲坝水电厂的建成，标志着我国水电建设已步入一个新的阶段。葛洲坝水电厂170MW水轮发电机组至今仍是世界上水轮机直径最大的低水头转桨式机组。随着改革开放的不断深入，我国水电事业的发展更加迅速。1998年为李家峡水电厂成功研制了单机容量为400MW的水轮发电机组，为二滩水电厂成功研制了单机容量为550MW的水轮发电机组。举世瞩目的三峡水电厂，单机容量为700MW的水轮发电机组已研制成功，并正式运行发电。

第一节　水轮发电机组检修类别、周期和工期

一、机组检修类别

按照设备性能恢复的程度和检修工作范围的大小、更换零部件的数量、检修间隔期的长短、检修费用的多少来进行检修级别的分类。DL/T 838—2003《发电企业设备检修导则》中规定了A级检修、B级检修、C级检修、D级检修四种级别的检修。不同的机组，因结构、性能的差异，四种级别的检修内容、要求也不尽相同。

（一）A级检修（扩大性大修）

A级检修是指对发电机组进行全面的解体检查和修理，彻底地检查机组每一部件（包括埋设部件）的结构及其技术参数，并按规定数值进行调整处理，以保持、恢复或提高水轮发电机组设备性能。

A级检修是一种为消除运行过程中由于零部件的严重磨蚀、损坏导致整个机

组性能和技术经济指标严重下降而进行的机组修复工作。机组进行A级检修时，通常要将机组全部分解、拆卸，将转子和转轮吊出，检修更换所有被损坏的零部件，更换密封件，协调机组各部件和各机构间的相互联系，有时还要进行较大的技术改造工作。

（二）B级检修（大修）

B级检修是指针对机组某些设备存在的问题，对机组部分设备进行解体检查和修理。B级检修可根据机组设备状态评估结果，有针对性地实施部分A级检修项目或定期滚动检修项目。

B级检修工作一般在不吊出转子和转轮的情况下进行。

（三）C级检修（小修）

C级检修主要是针对发生了设备故障或事故需要立即处理的项目进行的检修，或有目的地检查和修理机组的某一重要部件。通过小修能掌握被修部件的使用情况，为编排大修项目提供依据。小修要在停机状态下进行。

C级检修是指根据设备的磨损、老化规律，有重点地对机组进行检查、评估、修理、清扫。C级检修可进行少量零件的更换、设备的消缺、调整、预防性试验等作业，以及实施部分B级检修项目或定期滚动检修项目。

（四）D级检修（消缺）

D级检修是指机组总体运行状况良好，而对主要设备的附属系统和设备进行消缺。D级检修也是在停机状态下进行。

D级检修除进行附属系统和设备的消缺外，还可根据设备状态的评估结果，安排部分C级检修项目。

二、检修间隔和停用时间

（一）检修间隔

水轮发电机组A级检修间隔和检修等级组合方式可按表0-1的规定执行。水电企业可根据机组的技术性能或实际运行小时数，适当调整A级检修间隔和采用不同的检修等级组合方式，但应进行技术论证，并经其上级主管机构批准。

新机组的第一次A/B级检修，可根据制造厂要求、合同规定和机组的具体情况确定。若制造厂无明确规定，一般安排在正式投产后1年左右进行。但主变压器的第一次A级检修可根据试验结果确定，一般为投产后5年左右进行。

主要设备的附属设备和辅助设备，宜根据设备状态监测及评估结果和制造厂的要求，并参照表0-1的规定，合理确定其检修等级和检修间隔。

检修间隔（周期）是计划检修的重要内容，是编制检修计划的依据。在同一设备的一个检修周期中，各检修间隔期相等。因此，检修周期是检修间隔期的倍数。

表 0-1　　水轮发电机组 A 级检修间隔和检修等级组合方式

机组类型	A 级检修间隔（年）	检修等级组合方式
多泥沙水电厂水轮发电机组	4～6	组合原则：在两次 A 级检修之间，安排一次机组 B 级检修；除有 A、B 级检修年外，每年安排一次机组 C 级检修，并可视情况，每年增加一次 D 级检修。如 A 级检修间隔为 6 年时，检修等级组合方式为 A－C（D）—C（D）—B—C（D）—C（D）—A（即第一年可安排 A 级检修一次，第二年可安排 C 级检修一次，并可视情况增加 D 级检修一次，以此类推）
非多泥沙水电厂水轮发电机组	8～10	
主变压器	根据运行情况和试验结果确定，一般为 10 年	C 级检修：每年安排一次

运行实践表明，不同机组的检修间隔（周期）差别较大。影响检修间隔（周期）的因素很多，通常低水头水电厂的检修周期较长，高水头水电厂或水流中含泥沙量较多的水电厂的检修周期较短。具体的检修周期，应根据设备的构造、工艺特性、使用条件、环境和生产性质确定，主要取决于使用期间零件的磨损和腐蚀程度。

（二）停用时间

水轮发电机组检修标准项目停用时间，可参照表 0-2。

表 0-2　　水轮发电机组检修标准项目停用时间

机型及检修等级 / 转轮直径（mm）	混流式或轴流定桨式			轴流转桨式			冲击式		
	A 级	B 级	C 级	A 级	B 级	C 级	A 级	B 级	C 级
＜1200	30～40	20～25	3～5				15～20	10～15	3
1200～2500	35～45	25～30	3～5				25(30)～30(35)	20(25)～25(30)	4
2500～3300	40～50	30～35	5～7				30(35)～35(40)	25(30)～30(35)	6
3300～4100	45～55	35～40	7～9	60～70	35～40	7～9			
4100～5500	50～60	40～45	7～9	65～75	40～45	7～9			
5500～6000	55～65	45～50	8～10	70～80	45～50	8～10			
6000～8000	60～70	50～55	10～12	75～85	50～55	10～12			
8000～10 000	65～75	55～60	10～12	80～90	55～60	10～12			
≥10 000	75～85	60～65	12～14	85～95	60～65	12～14			

注　1. 括号中的数值表示竖轴冲击式机组的停用时间。

2. 转轮叶片材质为不锈钢的机组，停用时间按下限执行。

3. 检修停用时间已包括带负荷试验所需的时间。

4. D 级检修的机组停用时间约为其 C 级检修机组停用时间的一半。

第二节　水轮发电机组检修策略与检修项目的制定

一、机组检修策略

水轮发电机组在运行过程中，必然会产生不同程度的磨损、疲劳、变形或损伤，随着时间的延长，它们的技术状态会逐渐变差，使用性能下降。设备检修作为设备管理的重要环节，是延长设备寿命，保证生产正常运行，防止事故发生的重要措施。

目前，国内外水电企业普遍采用的检修方式主要有故障检修（也称事故抢修）、预防检修（又称计划检修或定期检修）、预知检修（又称状态检修）、主动检修（又称更新改造）四种。各水电企业依据设备的运行状态、检修费用、人员素质等因素在四种检修方式中选择相适应的检修策略。

（一）设备检修模式

目前，水电企业中关于检修模式的命名很多，归纳起来有：事后维修、故障检修、修正性检修、定期检修、预防检修、计划检修、周期性检修、预知检修、状态检修、主动检修、以可靠性为中心的检修、全面生产检修、点检定修、优化检修，具体分类如图 0-1 所示 。

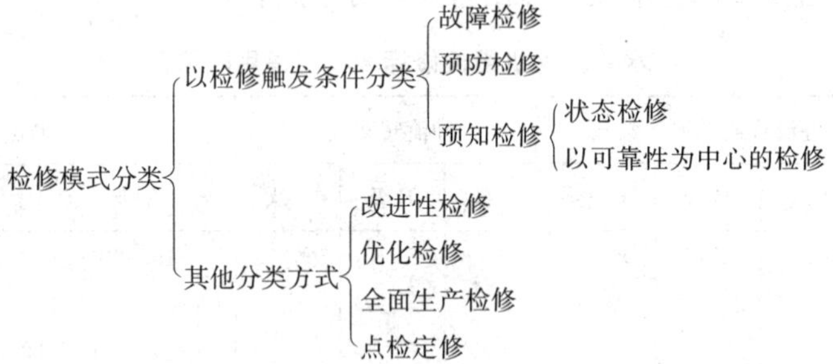

图 0-1　检修模式的分类

以上各种检修模式有的是从检修触发条件上定义，有的是从检修手段上区分，有的则是从检修组织管理角度来命名。探讨水电厂机组检修策略前，应先明确各类检修模式的含义，而后选择制定符合自身实际情况的检修策略。

1. 故障检修

故障检修，也称事后检修或修正性检修，是最原始、最基本的一种检修方式，一般在设备发生故障乃至事故后才进行。通常，这种检修方式只适用于造价较低、事故停机带来的直接或间接损失不大的设备（如电力用户或配电线路中的熔断器等），或在关键部位具有备份装置的贵重设备。因此，对水电厂主设备采用故障检修方式会造成相当大的经济损失。

2. 预防检修

预防检修也称定期检修、计划检修和周期性检修。这种检修模式是以时间为依据的定期检修方式，即根据经验和统计资料，为保障设备完好率处于一定水平而进行的检修。它是参考设备两次故障之间的平均间隔确定检修间隔，在设备损坏前安排的检修，以进一步利用设备能继续使用的潜力，并尽可能地将设备故障减至最少。

预防检修是以时间为基础的定期检修，它要求设备到期必修，修必修好。也就是说，不管设备运行状态、设备制造和安装的质量如何，设备是否有缺陷，均必须按规定的检修周期和检修项目进行检修。该检修模式盲目性大：一是不该修也修，造成人力、物力、财力的极大浪费；二是该修没修，只能通过事后检修来弥补。目前我国水电企业主要采用这种维修制度。

不可否认，这种传统的检修制度在以往的定期检修中也确实发现了设备缺陷和故障，并及时进行了消除，曾起到一定的积极作用。但随着电力设备装备水平的提高、电力市场化改革的深入及电力用户对供电可靠性的要求越来越高，这种检修制度已不适应现有设备的运行需要。

有些原本没有故障的正常设备，经检修人员拆卸进行预试复装后，因为个人素质或工作责任心等原因，反而引入了新的事故隐患，造成设备的连接不良、密封不良、渗油、受潮、从而严重影响设备的安全运行。尤其是一些高精尖设备，零件装配精度很高，每次拆装都会使零件受到外力冲击，而且重装时的精度可能达不到原有的精度，所以在一定的盲目性拆检后，反而破坏了设备原有的良好状态，甚至造成事故，人为缩短设备的总体寿命，这是不经济的。实践经验表明，在相当多的情况下，频繁拆卸设备更换零件，不但不能改善设备性能，反而在每次的预试复装后都会引入新的故障。

3. 预知检修

自 1996 年状态检修在我国电力行业起步以来，原始的“状态检修”定义在电力行业已成为一切先进检修方式和方法的代名词，它被赋予了广泛的含义和内容，包含了目前国际上所有的先进检修方式，如状态检修、以可靠性为中心的检修（RCM）等预知检修。

（1）状态检修。状态检修是以机械设备当前的实际工作状况为依据，通过高科技状态监测手段，识别故障的早期征兆，对故障部位、严重程度和发展趋势作出判断，从而确定各机件的最佳维修时机。实施状态检修方式的核心是要收集各种监测数据和信息，并以此进行决策。因此，状态检修必须以设备的状态监测原理和技术为基础，结合设备的历史和现状，参考同类设备的运行情况，应用系统工程的方法进行综合分析和判断，查明设备内部的状态，确定设备的实际运行状态，掌握缺陷的性质，预测隐患的发展趋势，并提出防范措施和治理意见。状态检修方式不再以时间为依据进行常规的定期检测试验和检修，而是着眼于密切追踪监测每台设备具体运行技术状态的发展、变化情况，并根据规范化的状态监测结果，掌握设备运行状态演变的情形和恶化的程度，对设备故障的检修做到心中有数，实现“无病不修，有病才修，修必修好”。

（2）以可靠性为中心的检修。以可靠性为中心的检修是采用基于可靠性理论的故障模式和影响分析方法对设施的维修需求（包括检修方式）进行决策。通过一套特殊的程序来为设备和零件确定有效的、经济的预防检修任务，并规定检修或监测间隔的一种系统方法。“特殊的程序”是指一套工作方法或分析方法：先选择要进行分析的系统，明确系统的边界、功能，进行故障模式和后果分析、逻辑树分析，最后选择合适的检修方式。

4. 其他检修模式

其他检修模式，一类是从检修的组织管理角度来命名，另一类是从检修内容的角度来命名，而不是以检修的触发条件作为标准来划分。

（1）改进性检修。当设备性能不能满足要求或设备老化而失去维护的价值时，就需要对设备进行改进性检修。利用先进工艺方法和技术，对设备进行改造，以改正设备的某些缺陷和先天不足，提高其先进性、可靠性及维修性，提高设备利用率。对设备进行更新改造时，应从技术性、经济性等方面综合分析，从中选择最佳方案，水电设备的改进性检修一般结合机组的定期检修来安排。

（2）优化检修。优化检修是以可靠性为中心，综合运用定期检修、状态检修、故障检修、改进性检修等各种检修方式为一体的检修模式，它根据设备的重要性和发生故障的特性，科学地进行检修决策，从而在保证机组安全、稳定和可靠发电的基础上，降低发电设备的检修成本。优化检修是一个动态的过程，要对检修策略进行持续的调整和优化。同时，优化检修是一个系统工程，涉及面广而深，主要包括优化检修前期评估、检修策略调整、检修策略有效实施三大部分。

以可靠性为中心的检修是整个优化检修的基础，也称检修基础优化分析。通过检修基础优化分析，确定对哪些设备采取纠正性维修策略，对哪些设备采取定期维修策略，对哪些设备采取状态维修策略，通过这些必需的维修活动，确保系统设备满足其用户需求。

（3）全面生产检修。全面生产检修于20世纪60年代起源于美国的预防检修，经过日本人的扩展及创新，于1981年形成了全公司的全面生产检修，并在日本取得巨大成功，随之在世界各地实施开来。全面生产检修是一种全员参与的生产维修方式，它通过建立一个全系统员工参与的生产维修活动，使设备性能达到最优。全面生产检修的特点为全效率、全系统和全员参加，目标为四个零，即停机为零、废品为零、事故为零、速度损失为零。

(4) 点检定修。点检制于20世纪60年代起源于日本的钢铁行业。与电力企业不同的是，钢铁企业的冶炼、轧制和辅助设备相对粗略，布局分散，在线监测系统配置很少。基于这种状况，实施点检来加强对设备状况的及时掌握是有效的；水电厂的主设备有相当部分是精密、高速器件，配有完备的实时监测系统，尤其是近年分布式控制系统（DCS)、管理信息系统（MIS)、厂级监控信息系统（SIS）的发展，水电厂主设备状态参数的获取已经进入网络化时代。因此，对于现代发电设备，点检不再是主要的监测手段。点检定修制的优势主要体现在点检制上，其定修方式和传统的定修没有大的区别。从强化设备管理的角度来说，推广点检制是有益的。

(二) 检修策略的选择

水电厂往往都有数量不等、型号不一的机组设备。有的设备复杂，有的设备简单。不同的机组设备使用环境不同，故障率曲线也不一样。因此，选择设备维修策略时应遵循以下原则：

1. 根据设备的重要性采取相应的维修策略

一般来说，企业规模越大，设备数量越多。不同设备在企业生产运行过程中所起的作用不同，所采用的维修方式也不同。在制定设备维修策略时，首先应对设备的重要程度进行分类。分类的方法很多，其中ABC分类法就是一种常用的、较好的方法。在一个单位中，A类设备数量少，所起的作用大，约占总数的10%。这类设备流程工艺复杂，是企业生产过程中的关键设备。一旦这些设备发生故障，会造成重大的经济损失，对企业产生重大影响，因此要求这类设备在运行过程中具有非常高的可靠性。这类设备应是设备维修工作的重点对象。对这些关键设备，应从维修的经济性出发，选择合适的维修方式。这类设备一般采用状态维修方式，变计划维修为针对性维修，这样可以使维修工作量和维修费用大幅度降低，实现少投入多产出的效果。如果没有相应的诊断设备，或状态维修方式费用太高，技术经济分析的结果不合适，企业无法承受，则应采取标准维修法，也可采用定期修理法。

2. 根据设备故障信息的统计结果选择合适的维修方式

在对企业的B类和C类设备进行维修时，应根据设备故障信息，选择合适的维修方式。对这些设备来说，故障信息是决定设备维修方式的基础。通过对故障信息的分析，可以判断设备故障的类型，从而选择维修方式。设备故障信息主要包括设备的故障次数（停机频率）和故障后果（停机时间长短、经济损失等）。

二、检修项目的确定

主要设备的检修项目分标准项目和特殊项目两类。标准项目是各水电企业根据DL/T 838—2003《发电企业设备检修导则》，并结合本厂机组结构类型制定的标准项目。

（一）标准项目

1. A级检修标准项目的主要内容

（1）制造厂要求的项目。

（2）全面解体、定期检查、清扫、测量、调整和修理。

（3）定期监测、试验、校验和鉴定。

（4）按规定需要定期更换零部件的项目。

（5）按各项技术监督规定的检查项目。

（6）消除设备和系统的缺陷和隐患。

2. B级检修标准项目的主要内容

根据机组设备状态评价及系统的特点和运行状况，有针对性地实施部分A级检修项目和定期滚动检修项目。

3. C级检修标准项目的主要内容

（1）消除运行中发生的缺陷。

（2）重点清扫、检查和处理易损、易磨部件，必要时进行实测和试验。

（3）按各项技术监督规定的检查项目。

4. D级检修标准项目的主要内容

消除设备和系统的缺陷。

发电企业可根据设备的状况调整各级检修的项目，原则上在一个A级检修周期内，所有的标准项目都必须进行检修。

（二）特殊项目

特殊项目为标准项目以外的检修项目以及执行反事故措施、节能措施、技改措施等项目；重大特殊项目是指技术复杂、工期长、费用高或对系统设备结构有重大改变的项目。发电企业可根据需要安排在各级检修中。

主要设备的附属设备和辅助设备应根据设备状况和制造厂要求，合理确定其检修项目。

第一篇

水轮机检修

第一章　水轮机转轮的检修

第一节　概　　述

水轮机是利用水能并将其转换为机械能的水力机械。最早的水轮机系由古代的水轮或水车演变而来。1827 年，法国工程师 B. 富尔内隆制成 6hp（马力，1hp＝745.70W）的反击式水轮机。1849 年，经美国工程师 J. B. Francis 设计改进形成了现代混流式水轮机，故称为弗朗西斯（Francis）水轮机。1850 年出现冲击式水轮机。到 1880 年，美国工程师 L. A. Pelton 取得冲击式水斗水轮机的专利，世人称之为佩尔顿（Pelton）水轮机。随着水电开发的进展，水轮机的类型、性能和结构日趋完善。1912 年，奥地利工程师 V. Kaplan 设计出第一台轴流转桨式水轮机，称为卡普兰（Kaplan）水轮机。

现代水轮机，按其水流作用原理和结构特征，可分为两类：一类为仅利用水流动能的，称为冲击式水轮机；另一类为同时利用水流动能和势能的，称为反击式水轮机。上述两类水轮机，根据水流相对于水轮机轴的流动方向，又可作进一步的划分，如图 1-1 所示。

除上述各种型式外，还有用于抽水蓄能电站的可逆式水轮机。常见的可逆式水轮机也有混流式、斜流式和轴流式三种。混流式和轴流式都是常见的水轮机型式。一般来说，轴流式水轮机适用于水头为 3～80m 的低水头大流量情况，当水头大于 50m 时，较少采用轴流式水轮机。国内外轴流式水轮机最大单机额定容量已达 230MW。混流式水

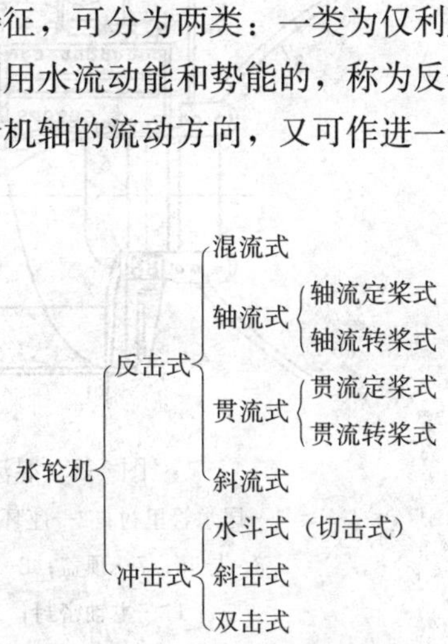

图 1-1　水轮机分类

轮机的适用范围很广（水头为25～700m），它在30～300m水头范围内运行时，大多数都比较经济，现国内外最大单机额定容量已达700MW，国外如美国大古力、巴西依泰普等水电厂均采用混流式水轮机，而国内三峡水电厂单机额定功率为700MW、最大容量为840MW的水轮发电机组已于2003年7月～2008年10月陆续投产发电。长江上游在建的水电厂——溪洛渡水电厂和向家坝水电厂，其水轮机单机容量更大。

目前，水轮机的发展趋势是增大单机容量，提高利用水头，同时简化结构，进一步提高运行的可靠性。本章主要以混流式水轮机和轴流（转桨）式水轮机为例，对水轮机检修工艺进行介绍。

第二节　混流式水轮机转轮的检修

混流式水轮机是指水流径向流入、轴向流出转轮的反击式水轮机，其结构紧凑、运行可靠、效率高，是目前国内外应用最广泛的水轮机。混流式水轮机的结构如图1-2所示。水流通过叶片组成的流道，将水流本身所具有的压能和动能转变为叶片旋转的机械能；主轴通过螺栓与上冠中间的法兰连接，并将机械能传递给发电机，由发电机将机械能转换成电能输送给电网。上冠和下环使若干叶片（叶片数目

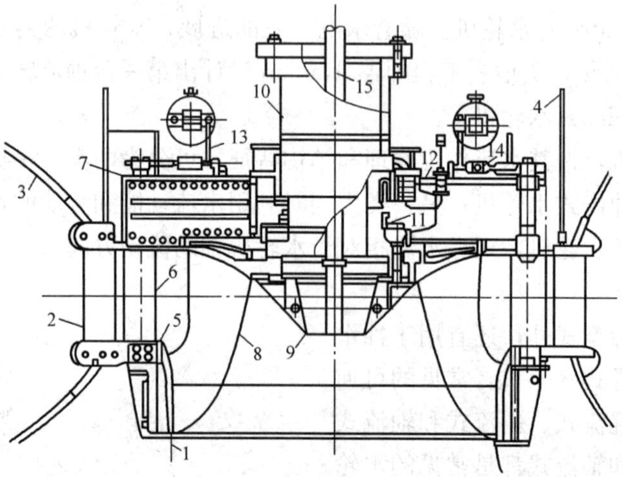

图1-2　混流式水轮机结构示意图

1—尾水管里衬；2—座环；3—蜗壳；4—机坑里衬；5—底环；
6—导叶；7—顶盖；8—转轮；9—泄水锥；10—水轮机轴；
11—主轴密封；12—水导轴承；13—控制环；
14—导叶传动机构；15—补气系统

一般为 9～21 片）形成整体。泄水锥呈圆锥台形，它通过螺栓连接或焊接在上冠上。在上冠和下环的外缘上有止漏环，它与相对应的设在顶盖与底环上的固定止漏环组成止漏装置。

在运行过程中，混流式水轮机主要存在以下几个方面的问题：

（1）在泥沙磨损和间隙空蚀的联合破坏作用下，水轮机止漏环易受到磨蚀破坏，止漏环的检修也是混流式水轮机检修中必不可少的项目。

（2）水轮机在运行过程中，受到水力振动、机械振动等因素的影响，转轮各焊接部位、薄弱部位容易出现裂纹。由于裂纹、泥沙磨损和空蚀的机理不同，其破坏形态和部位也不同，因此具有针对性的检修措施也不尽相同。

（3）水轮机的泥沙磨损和空蚀将造成水轮机叶片的磨损和变形，因此水轮机叶型的测量和修复是保证水轮机安全运行的必要手段。

一、水轮机止漏环圆度测量及处理

由于转轮上的止漏环与相对应的固定止漏环之间存在一定的间隙，因此使得一部分水流没有做功便从这个间隙漏掉了。为了尽量减小漏水量，在适用于不同水头范围的混流式水轮机转轮上设置有不同的止漏装置，如图 1-3 所示。

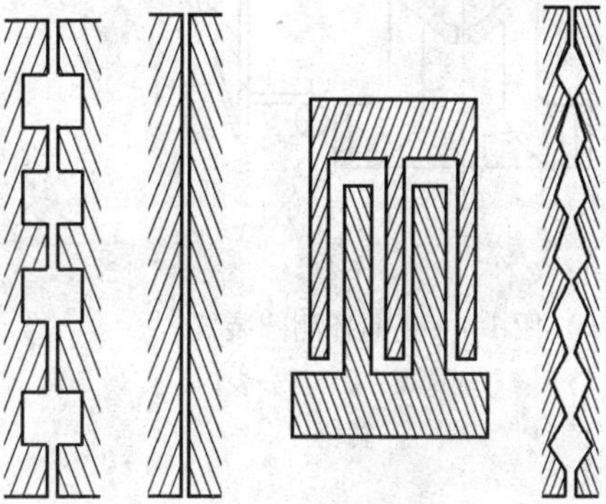

图 1-3　止漏装置

（a）束形止漏环；（b）平板形止漏环；（c）梳形止漏环；（d）螺纹形止漏环

图 1-3（a）和图 1-3（b）所示的止漏环结构简单、加工方便，适用于水头在 70～100m 以下的水电厂；图 1-3（c）和图 1-3（d）所示的止漏环适用于水头在 100m 以上的水电厂。下面主要介绍束形止漏环的检修，其余形式的止漏环的检修可以参照本节内容。由于水轮机长期运行或因安装质量不良及止漏环材质不好，会出现止漏环被磨成椭圆或局部掉边、间隙增大的现象。如不及时处理，会加剧水力不平衡效应，产生机组振动并使轮机效率下降，因此必须进行大修，检修时首先进行测圆工作。止漏环测圆装置如图 1-4 所示。测圆架由轴承和桁架结构的转臂组成。测圆前，先用砂纸将上、下止漏环打光，个别高点用锉刀或砂轮除去，用抹布擦净。由两人轻轻转动测圆架，测量出各点数值并记录下来。

要求不圆度（即 180°方向上两点数值之差）的绝对值不得大于止漏环平均间隙的 10%。当超过这一规定时，要进行处理。如果高点仅在个别地方存在，可用手砂轮或刮刀、锉刀削去；如果高点分布面较广，则可借助专用支架，用砂轮磨削，然后用砂纸打光、抹布擦净，再进行测圆，直至合格为止。发现止漏环严重破坏（如大片掉边、被啃坏）时，可先用不锈钢焊条补焊。当补焊量较大时，应采取防变形措施。尤其是梳形止漏环补焊时，一定要采取有效的防变形措施。补焊完成后，在车床上用铣刀铣圆、铣沟槽，或用砂轮机进行磨圆处理，直到满足设计尺寸及圆度要求，如图 1-5 所示。

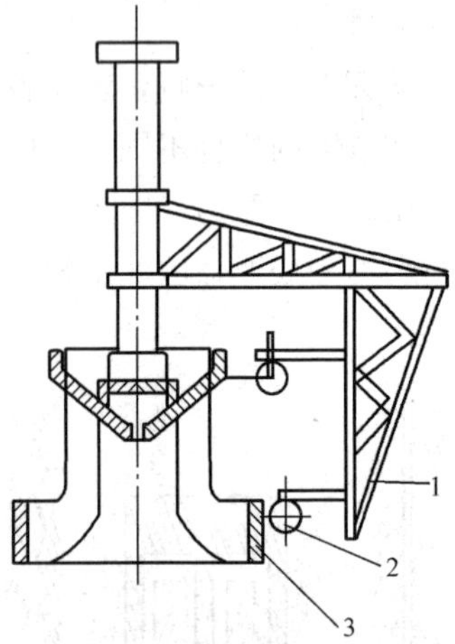

图 1-4　止漏环测圆装置

1—测圆架；2—百分表；3—转轮

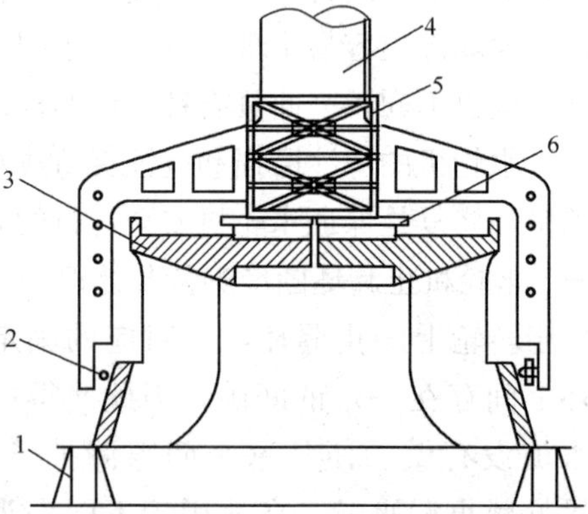

图 1-5　止漏环磨圆示意图

1—支架；2—百分表；3—转轮；4—主轴；5—支架；6—齿圈

如果水轮机止漏环出现断裂、脱落等严重损坏，则需要对转轮止漏环进行大面积堆焊修复甚至更换止漏环。水轮机止漏环的严重损坏在国内数个大型水电厂都曾有发生，究其原因，有的是因为止漏环存在制造缺陷，有的则是因为止漏环设计为过盈配合，且其过盈量设计制造不合格。水轮机止漏环机加工是处理这种重大缺陷的最好途径。

二、转轮体裂纹、空蚀的检查处理

（一）水轮机振动和空化的产生

1. 水轮机振动

随着技术的发展，国内外越来越多的大型乃至巨型机组相继投入运行，运行不稳定问题也日益突出，并逐渐引起了行业的重视。如国外水电厂，除振动破坏严重的巴基斯坦塔贝拉水电厂外，美国大古力水电厂也都在低负荷时存在较强的振动区；国内水电厂的不稳定问题更加突出，除早期的刘家峡、青铜峡、狮子滩等水电厂外，20 世纪 90 年代投产的岩滩、五强溪、二滩等水电厂的稳定性也不令人满意。水轮机振动是多数水电厂都面临的问题，在水电厂运行初期和运行水头较低时，振动不明显，但随着水库水位的提高，水轮机在高水头小负荷区运行时，水轮机振动明显加剧，并存在明显的振动区。引起水轮机振动的因素很多，除了电气和机械方面的原因外，水力方面的原因占有相当大的比重，主要包括：

（1）尾水管中的涡带引起的水压脉动。例如，刘家峡和青铜峡水电厂水轮机的涡带引起的振动区，严重影响了机组调节负荷的能力，而岩滩和五强溪水电厂的转轮叶片都曾被振裂。

（2）涡列引起桨叶的振动。国外早在 1930 年就发现了桨叶涡振，日本、美国有 15 个水电厂的 38 台混流式水轮机和少数轴流式水轮机先后出现这种振动。我国于 1961 年在黄坛口水电厂 3 号机组的 HL310 型转轮上，发现了由于涡振而引起的叶片根部裂纹，其后又相继在湖南水府庙水电厂、江西洪门水电厂和四川上垌水电厂等地方发现类似的桨叶涡振裂纹。涡振将导致机组在运行中产生金属共鸣的啸叫声，进而出现叶片根部裂纹和机组部件的整体振动。

（3）水轮机自激振动。由于梳齿密封引起机组的自激振动，在我国几个水电厂均有发现，如渔子溪水电厂的 HL004-LJ-210 型水轮机、绿水河水电厂的 HL006-LJ-140 型水轮机及某水电厂的 HL110-LJ-60 型水轮机。渔子溪水电厂 4 号水轮机投入运行不到 1 个月，即发现在带 1.5 万 kW 以上负荷时，摆度和振动突增，并随负荷增加而继续增加。满负荷时，水轮机导轴承外壳及上机架振动达 0.1mm，法兰摆度达 0.5mm。由于一段时间的运行振动，致使上、下导轴瓦调节螺栓松动，轴瓦间隙扩大，被迫限荷在 1.5 万 kW 以下运行。

（4）水力不平衡力。由于加工、制造误差等原因，造成转轮过流面不完全对称，因此产生水力不平衡而引发振动。例如，龚嘴水电厂 3 号机转轮对侧流道面积相差达 10%，引起的摆度达 0.7mm，被迫限负荷在 70%以下运行两年多。

2. 水轮机空蚀的产生

在水轮机运转过程中，当液体流速大到其静压头低于液体在该温度下的饱和蒸汽压（或空气分离压）时，流体就会发生汽化；当汽化的小汽穴泡流到下游高压区时，它将以极快的速度消失；气泡在破坏的过程中形成的冲击波与微射流对过流表面进行冲击，作用面积小、能量高、冲击深度大、密度大，且冲击频繁，从而形成密集的小深孔，随着时间的增加便形成了海绵状和蜂窝状空蚀。气泡往往是在流速高、气压低的地方形成。气泡形成以后随着水流流向下游，并且在压强达到破坏压强的地方破裂。每个具体的气泡由于所处的位置及其自身的特点不同，其破裂的位置也不同；同一特点、同一位置的气泡由于各种原因也可能不在同一位置破裂。气泡的破灭是沿着水流方向的一个带，所以破坏是沿着水流方向发展的。

空蚀破坏常常发生在叶片的背面等低压区，在这些部位形成很高的真空区。产生气泡的同时，材料表层金属受到空腔向外的拉应力。金属表层已经破坏并析出的金属晶粒被剥蚀掉，水流会在空腔处形成回流，对金属表面进行冲击。由于重力与负压的共同作用，还会使得泥沙颗粒在空腔中跳动，对金属表面进行冲击切削。空蚀存在的区域是不稳定的，后继水流对金属表面进行冲击（包括空蚀冲击与含沙水流的冲刷磨损）并产生脉动，金属表层在这样的反复作用下极易疲劳破坏。气泡溃灭在材料空蚀区域的亚表层产生残余拉应力，不断的应力交替作用会在空蚀部位的表层与亚表层产生大量的微裂纹。微裂纹的纵横交错，发展扩张会使得材料的表层金属与金属壁面脱落。水轮机过流部件的空蚀破坏就是这样形成的。

（二）裂纹检查、探伤及处理

混流式水轮机转轮，因采用铸造、铸焊或分瓣焊接等工艺，故使得转轮自身存在许多可能导致叶片产生裂纹的因素。例如，由于铸造工艺不良而引起夹砂、气眼等缺陷，由于结构设计不合理而残存结构应力，由于焊接工艺不合理而带来焊接应力等。在运行过程中，叶片水力振动、机械振动的作用力，这种以某一频率振动的水压脉动力可能引起材料的疲劳应力。特别是当绕流的自激振动与叶片的固有频率发生谐振时，更加速了叶片的疲劳破坏。这种由于谐振而引起的破坏因素，通过转轮自身存在的内在因素发生作用，促使叶片在应力集中的地方产生裂纹。图 1-6 所示为某水电厂混流式水轮机转轮叶片裂纹情况。严重时，有的叶片出现龟裂，甚至裂纹长度伸展到整个叶片而形成断裂，这对安全运行构成了很大的威胁。

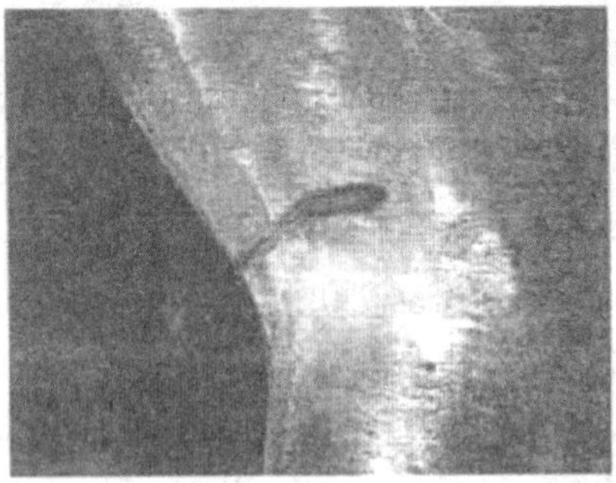

图 1-6　某混流式水轮机转轮叶片裂纹情况

1. 探伤方法

着色探伤、磁粉探伤和超声波探伤是常用的裂纹检查方法。超声波探伤要有超声波发生器等设备。着色探伤是先将彩色溶液渗入裂纹后，再用白色显示溶液吸出渗入裂纹的彩色溶液而发现裂纹的。彩色溶液有红、紫等颜色，其配方见表 1-1。白色显示溶液的配方见表 1-2。

表 1-1　　彩色溶液配方

用量 名称	苏丹红 (g)	油溶青莲 (g)	煤油 (mL)	甲苯 (mL)	硝基苯 (mL)	变压器油 (mL)	油酸 (mL)	适用温度 (℃)
红色	9	—	700	200	100	50	—	常温
紫色	—	12	600	750	50	—	100	常温

表 1-2 白色显示溶液配方

成分	氧化锌（g）	甲苯（mL）	克罗酊（mL）	丙酮（mL）	使用温度（℃）
用量	50	200	700	100	−40

探伤前，要将叶片被探伤部位擦净。可先用丙酮（600mL）加煤油（300mL）再加入汽油的清洗剂擦掉探伤部位的氧化层、漆、油污等，然后用软毛刷在叶片表面均匀地刷一层彩色溶液，每次保持 10～15min，反复 2～3 次；待风干后，用抹布蘸上酒精将叶片表面涂抹，5～6min 后即可显出裂纹来。这种方法简单，各种金属材料制成的转轮均可使用，但要求零件表面粗糙度较高，否则不准确。

磁粉探伤只适用于铸钢材料的叶片，对不锈钢或其外层铺不锈钢或陶瓷的叶片不适用，这是因为磁粉探伤是一种基于电磁现象的方法，其原理如图 1-7 所示。直流电焊机的两极触在叶片的某相近的部位上，当通过电流（每米大约 100～200A，最大电流为 800～1000A）时，铸钢叶片就被磁化，此时两极周围的磁力线形状是由源心外泄的样子。当两极中间的叶片上存在裂纹时，裂纹两边的极性相反，磁力线均以裂纹向两边外泄。如果将磁粉（Fe_3O_4）颗粒撒在两极之间，裂纹两边磁粉堆积得多，自然就能反映出其长度和大小来。由于磁粉较细，使用干磁粉时效果不佳，因此常用磁粉加上丙酮制成溶液，再用毛刷涂在两极中间的叶片上。

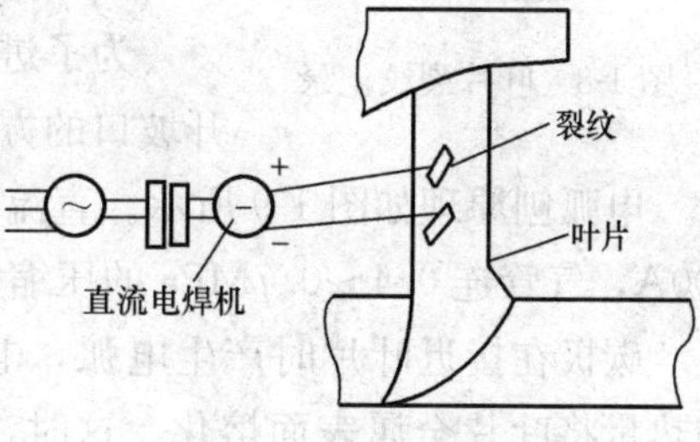

图 1-7 磁粉探伤原理

还有一种整体磁化的探伤方法，即将整个转轮进行磁化，以直流电焊机为电源，选用过流能力为 400～800A 的导线，每隔叶片一个绕上 20 匝，绕向要注意极性相反，并且在叶片和导线之间要垫上 2～3 层石棉布。这样，通电后，叶片的磁感应强度为

$$B = \mu \frac{wI}{L} \tag{1-1}$$

式中 B——磁感应强度，T；

μ——磁导率，H/m；

w——匝数；

I——电流，A；

L——磁路长度，m。

据经验，铸钢件的磁化饱和强度约等于 1.5T。最简便的试验方法是将磁粉或

小铁钉撒在叶片上，看能否站立。如不能站立，则需加大电流，直至磁感应强度足够为止。采用这种方法时，在记录和标记之后要进行退磁处理。对于采用磁粉探伤发现的裂纹，根据经验就可断定其深度。

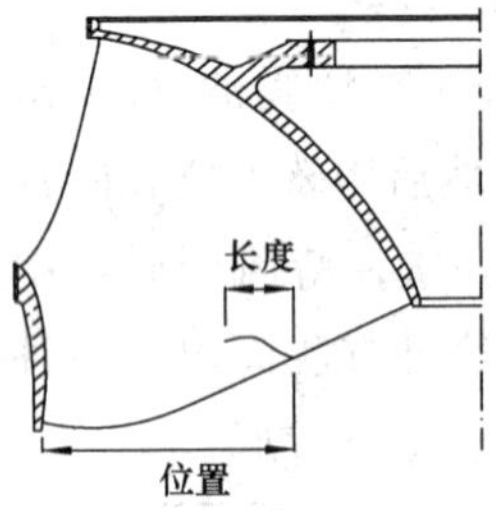

图 1-8　叶片裂纹记录

2. 裂纹探伤记录

如果在转轮探伤检查过程中发现了裂纹，须做好详细的记录，可采用图 1-8 所示方法标明裂纹所在的部位、长度、走向，或以拍成照片的方式进行记录。为方便后续裂纹处理工作，可在裂纹处可采用样冲打点进行标记。

3. 裂纹处开坡口

为了进行裂纹补焊，必须事先在裂纹处开好坡口。开坡口的方法基本有两种，即风铲铲削和电弧刨。

电弧刨原理如图 1-9 所示。直流电焊机的工作电压为 40V，工作电流为 300～500A，气管连 0.4～0.7MPa 的压缩空气系统，碳极有圆形和板条形两种。

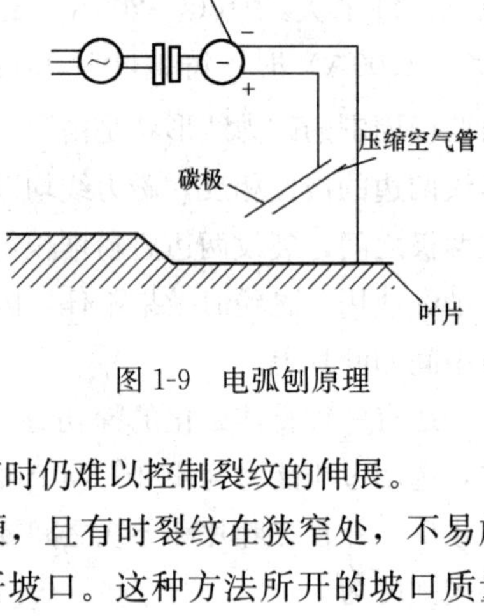

图 1-9　电弧刨原理

碳极在接近叶片时产生电弧，电弧释放出的热量将叶片金属表面熔化。这时，压缩空气将熔化的金属吹掉，如此一层一层地开出坡口。这种方法省力、进度快，但有两个缺点：一是在坡口内有渗碳层，不能形成新鲜的金属坡口，必须用砂轮打磨出新鲜面才行；二是使用电弧刨会产生温度应力，叶片在温度应力下有可能使裂纹继续扩张。在开坡口前，虽然采用了防裂措施（用 $\phi8$～$\phi10$mm 钻头在裂纹首、尾钻孔，钻孔深度超过裂纹深度 4～6mm），但有时仍难以控制裂纹的伸展。

用风铲开坡口比较费力，因为叶片材料较硬，且有时裂纹在狭窄处，不易施工，所以往往采用钻排孔的办法加上风铲一起开坡口。这种方法所开的坡口质量好，但费事。

由于裂纹的深度和施焊工艺的不同，坡口的形状和尺寸也不尽相同，如图 1-10 所示。

图 1-10（a）～图 1-10（d）所示坡口用于裂纹没有穿透叶片厚度的情况，其中以图 1-10（b）和图 1-10（d）所示坡口为好，而图 1-10（a）和图 1-10（c）所示坡口角度太尖、易夹渣。

开出上述形状的坡口后，还必须用 30％浓度的硝酸溶液进行酸洗检查。用毛笔将酸液涂在坡口底部，几秒钟后酸液可渗入裂纹，此时用棉花或布将酸液擦干。

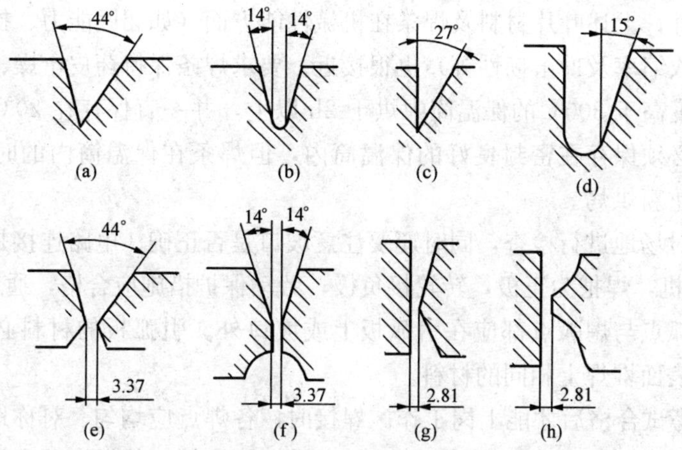

图 1-10　各种破口的形状和尺寸

如果存在裂纹，就可看到黑色的裂纹，这就要求继续加深坡口，直至用酸洗法检查后证明不存在裂纹为止，或再进行 PT 着色探伤。

图 1-10（e）～图 1-10（h）所示坡口用于裂纹穿透的情况，其中图 1-10（f）所示坡口对发生在叶片上的裂纹较有效，而图 1-10（g）所示坡口一般用在叶片与下环结合部位的裂缝上。

在采用双面焊坡口时，应将母材预先留下 2～3mm，在焊过几道焊肉之后，再将母材铲去，因为第一道焊肉与这部分母材之间容易夹渣。

4. 裂纹焊接工艺

为了防止焊接应力过大，一般在焊接前需要将叶片进行加热处理。考虑施焊条件与焊缝质量要求，一般用涡流法或电炉加热法将叶片温度加热至 100℃。有时，用电热器先加热至 7℃左右，再用气焊烤至 100℃。根据叶片材料的化学成分，选取与之相接近的焊条。表 1-3 给出了常见叶片材料和常用焊条的化学成分及含量。

表 1-3　　常见叶片材料和常用焊条的化学成分及含量　　%

化学成分	叶片材料		焊条型号		
	ZG30 型	ZG20 型	J426	J506	J507 钼钒
C	＜0.25～0.35	＜0.16～0.25	＜0.12	＜0.12	＜0.08
Mn	0.5～0.8	1.0～1.3	0.5～0.8	0.8～1.3	0.8～1.0
Si	0.20～0.45	0.6～0.8	＜0.5	0.65	＜0.1
S	0.04～0.06	＜0.03	＜0.035	＜0.035	＜0.03
P	0.04～0.06	＜0.03	＜0.04	＜0.04	＜0.03
Mo					0.2～0.3
V					0.03～0.05

除此之外，上述叶片材料及焊条在机械性能方面（如屈服能力、拉伸应力、延展率、断面收缩率及冲击韧性等）也很接近。要求焊条保持药皮干燥、不脱落，焊前至少在温度高于300℃的保温筒中烘干2h以上，并一直保存在20℃环境中。使用时，焊条必须保存在密封良好的保温筒内，但焊条在保温筒内的时间不得超过4h，否则须重新烘烤。

焊前要对场地进行检查，同时还要注意坡口是否正确、电路连接是否合格。常用1000A焊机，焊把为正极，转轮接负极；劳动保护措施应合格，通风应良好。

每个起弧点与熄弧点都应在引弧板上或坡口外。引弧板的材料必须与工件相同，或在其表面堆焊上相同的材料。

焊工要考试合格后才能上岗工作。焊接时，各焊点应均匀、对称地分布，以减小叶片变形。对深度大于30mm的坡口，应采用镶边焊，其焊接顺序见图1-11。其中，图1-11（a）所示为单面焊，头几道焊肉先镶在较厚的一面，以防发生焊接裂缝。

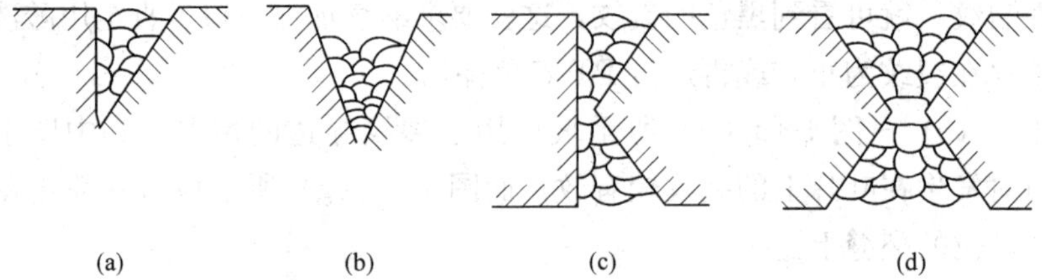

图1-11　各种破口焊接顺序

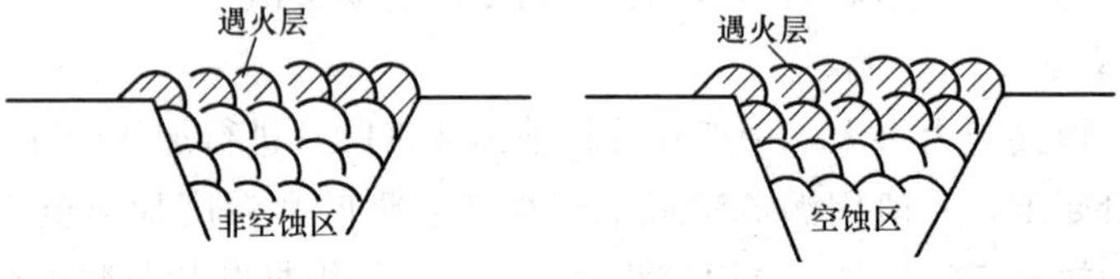

图1-12　破口表面焊层

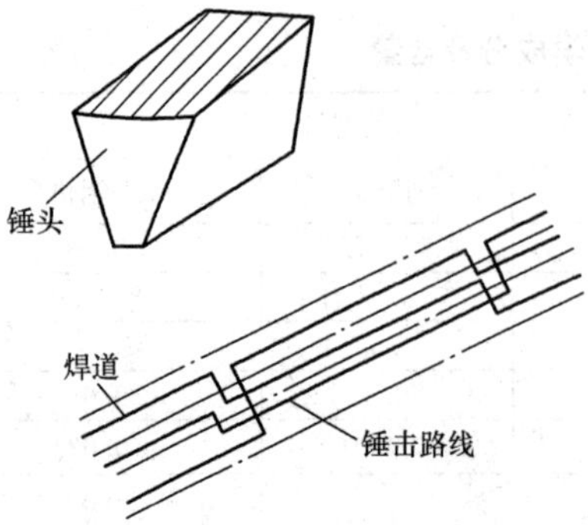

图1-13　锤头形状与锤击路线

坡口焊满后，需焊一层退火层，并采取保温措施使之缓慢冷却。如坡口在空蚀区，则退火层应采用抗空蚀焊材（如堆277），其厚度仍要高出3mm左右，以便进行表面磨平处理，如图1-12所示。

为了减小焊接内应力，在施焊过程中，除第一道焊肉和退火层外，其余焊道都应进行锤击。图1-13所示为锤头形状与锤击路线。

锤击时，锤头尖部应垂直焊道，一道焊肉

一般锤击3个来回，将焊肉锤击模糊、平缓为止。全部坡口堆焊完后，用砂轮将叶片表面按水力型线要求磨平，然后采用无损检测的方法来进行检查。

5. 某电站水轮机叶片裂纹处理实例

某大型水电站在运行维护过程中发现，投运3年后数台机组水轮机叶片存在不同程度的裂纹。下面就裂纹处理情况做简单介绍。

某电站水轮机技术参数见表1-4。

表1-4　某水电厂水轮机技术参数

名　称		单位	参　数	名　称	单位	参　数
形式			竖轴、单转轮混流式	额定转速	r/min	75
转轮名义直径（出口直径）		mm	9800.0	比转速	m·kW	261.7
运行水头	最大水头	m	113.0	吸出高度	m	−5
	额定水头	m	80.6	装机高程	m	57.0
	最小水头	m	61.0	叶片数	片	15
额定出力		MW	710	蜗壳形式		金属蜗壳
额定流量		m^3/s	991.8	尾水管形式		弯肘形

（1）修前检查。修前检查主要是对转轮叶片的焊缝、叶片出水边进行检查，用PT着色探伤、超声波探伤或磁粉探伤法检查转轮的裂纹情况，对转轮裂纹的部位、长度、深度进行测量并记录。下面以PT着色探伤法为例介绍修前检查工序。

1）用清洗剂对需要检查的部位进行清理。

2）待清洗机完全干燥后用DPT-5（着色渗透探伤剂）对清洗过的部位进行着色，着色时间为5～10min。

3）再用清洗剂清洗喷有着色渗透探伤剂的部位。

4）最后对着色的部位喷涂显像剂，显像剂喷涂少许即可，不能喷涂过量。

（2）裂纹处理工艺。裂纹周围杂质清理→涂防飞溅剂→铲磨清除裂纹→PT探伤检查→焊前预热→堆焊→焊后保温→叶片修形→PT探伤检查。

1）对所有的裂纹和空蚀的部位用砂轮将裂纹全部刨除，然后对打磨的裂纹部位进行PT着色探伤，直到裂纹被全部刨除为止。图1-14所示为水轮机叶片出

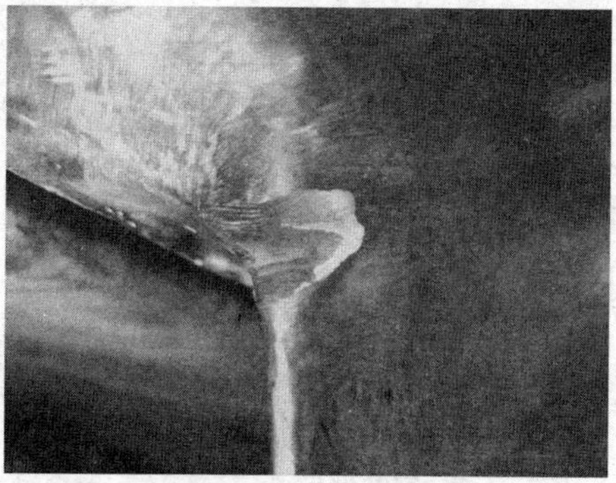

图1-14　某水电厂混流式水轮机叶片出水边R角处裂纹铲磨

水边 R 角处裂纹铲磨。

2）焊接前使用电热板或氧－乙炔焰整体预热 100～130℃，使用红外测温仪控制温度。

3）在打磨的基础上，将处理部位修行打磨成 V 字形，然后严格按叶片堆焊工艺对打磨部位进行堆焊。堆焊时相关工艺参数见表 1-5。

表 1-5　　　　堆焊工艺参数

焊　材	直径（mm）	位置	烘烤温度（℃）	烘烤时间（h）	焊接电流（A）
0Cr13Ni4MoRe	2.5	打底层	300	1	70～80
0Cr13Ni4MoRe	3.2	填充层	300	1	110～120
0Cr13Ni4MoRe	3.2	盖面层	300	1	110～120

4）焊后温度控制在 140～200℃，保温 2h 以上，以削减焊接后内应力。

5）对焊接部位进行打磨抛光，用型线模板检验处理部位是否与原型线相同，力求完全接近，然后再对处理过的部位进行裂纹探伤，直到无裂纹出现为止。

（三）转轮泥沙磨损和空蚀破坏的修理

混流式水轮机转轮空蚀部位如图 1-15 所示。

水轮机过流零部件遭受泥沙磨损和空蚀破坏后，需要在现场进行修理，以便恢复其工作能力。由这两种原因造成的损坏，尽管有所不同，但却有着最为基本的共同点，那就是工作零部件表面金属的大量流失和在局部形成穿孔。所以，这两种情况的修复工作基本相同，并构成了水轮机检修的主要工作内容。图 1-16 所示为某电厂 700MW 混流式水轮机叶片出水边的空蚀破坏情况。

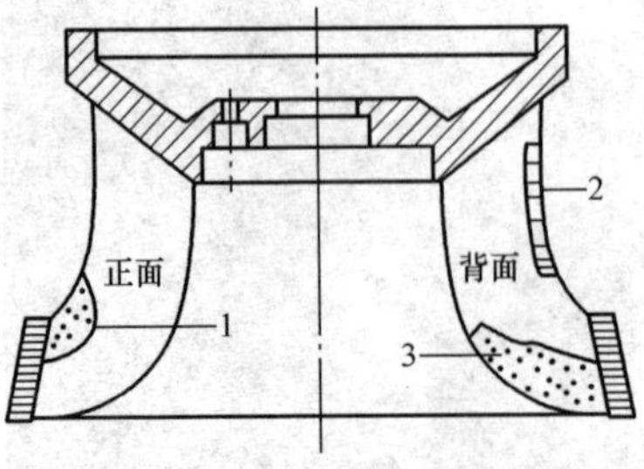

图 1-15　混流式水轮机转轮空蚀部位

1—叶片进水边正面；2—叶片出水边背面；3—叶片背面靠下环和出水边一带

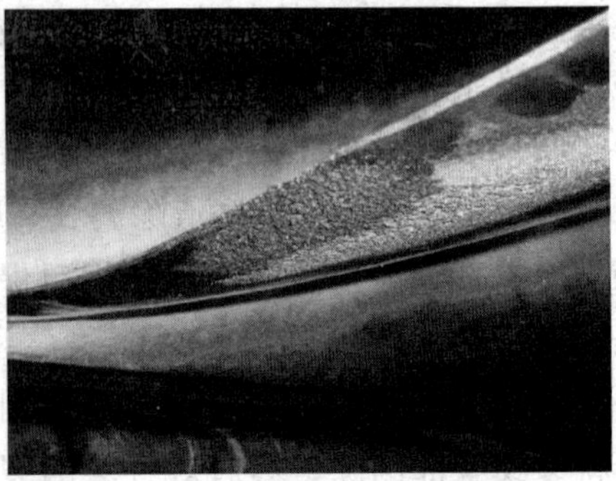

图 1-16　某水电厂水轮机叶片出水边的空蚀破坏情况

1. 水轮机转轮的修复

遭到泥沙磨损和空蚀破坏的混流式水轮机转轮，其修复的主要手段是补焊。早期常用的方法是在破坏区贴焊一层由小块不锈钢条拼成的敷面层。近年来的运行实践表明，钢板条容易脱落。最近有不少水电厂在叶片泥沙磨损和空蚀破坏未发生前，采用陶瓷材料来对叶片进行预防性处理，可延缓叶片空蚀、磨损的发生，并取得了较好的效果。但现在更多的是采用表面分层补焊的方法来修复转轮，下面将主要介绍这种修复方法。

为使转轮补焊工作能够顺利进行，必须提前做好工具和焊接材料的准备工作。所需的主要工具和设备有直流电焊机、焊具、风铲、碳弧气刨、砂轮机、探伤设备、加温与保温设备及测量工具与仪器等。用国产的奥102、奥107、奥112、奥132、奥309，以及进口的18-8系列、22-20系列、E410不锈钢焊条来进行堆焊，都可以保证较强的抗空蚀稳定性，但价格较高。

运行实践证明，高铬锰耐空蚀堆焊电焊条堆277和堆276都具有高于18-8系列不锈钢电焊条的抗空蚀性能，且原料丰富、价格低廉。堆277是低氢型药皮的堆焊电焊条，采用直流电源，焊条接正极；焊缝金属能加工硬化，富有韧性，并具有良好的抗裂性能；堆焊层硬度大于或等于20；堆焊金属的主要成分为碳（≤0.3%）、锰（10%～14%）和铬（12%～15%）。堆276焊条可交、直流两用，其他性能同堆277。对于泥沙磨损破坏的转轮，宜采用国产堆217铬钼钒堆焊电焊条来进行修复，其堆焊层具有很强的抗泥沙磨损稳定性。这种焊条为低氢型药皮、铬钼合金钢芯，采用直流电源，焊条接正极；堆焊层硬度大于或等于50；堆焊金属的主要成分为碳（0.35%）、铬（9%）和钼（2.5%）。为了节省抗空蚀焊条，底层可用优质低碳钢焊条来堆焊。

对于已遭破坏并拟对其进行修理的转轮，首先应对空蚀和泥沙磨损的破坏情况进行检查，测量侵蚀面积、深度和金属的失重量。

侵蚀面积可用涂色翻印法来测量，即在侵蚀区域的周边涂刷墨汁等着色材料，待涂料干燥前用纸印下，再将纸放在刻有10mm×10mm方格的玻璃板下，用数方格的方法求得各侵蚀区面积，将每块面积叠加，便得到每个叶片或整个转轮叶片的侵蚀面积。侵蚀深度可用探针或大头针插入破坏区，再用钢板尺来量取。

在确定侵蚀处理区域的范围之后，应对该区域进行铲削，这一工作对以后的堆焊和打磨有着直接的影响。铲削过深，将增加堆焊工作量；铲削过浅，则影响堆焊质量；铲削高低不平，也会增加堆焊和打磨的困难。铲削处理的较好做法是：用风铲或碳弧气刨，铲除破坏区域损坏的金属，其深度一般达到底部95%以上的面积露出基体金属。用砂轮将高点和毛刺磨掉。对于侵蚀深度不超过2mm的区域，可直接用砂轮打磨；对于个别小而深的孔，可不必铲除；对于较大的深坑，为避免铲穿成孔，可留下 3mm 左右不予铲除，而作为堆焊的底层；对于空孔严重的叶片出水边，可事先做出样板，成块割下，按样板用与叶片材质相同的钢板进行复制，然后再拼焊在叶片上。侵蚀区域的铲削，过去都采用风铲，近年来一些水电厂采用碳弧气刨代替风铲。风铲虽能保证质量，但工效低、振动大、劳动条件差；碳弧气刨则操作简单，工效较高，也不需要复杂的设备和贵重材料。用碳弧气刨清除侵蚀区域损坏的金属，其影响区较小，只要控制一次气刨的面积不过大，就不会使叶片发生较明显的变形。碳弧气刨作业时，烟雾大，碳粉飞溅厉害，所以必须加强通风，以改善工作条件。

在水电厂内焊补转轮，难以进行热处理和矫形，所以转轮大面积堆焊必须采用合理的工艺，控制转轮的不均匀变形，减小内应力，从而避免发生裂纹，国内各水电厂在检修实践中积累了不少这方面的经验。实践表明，在低温下进行堆焊，应力大、变形大，且容易发生裂纹，所以最好将转轮进行整体预热。但有的转轮因尺寸很大，难以整体预热，所以应设法把周围环境的温度提高到 20～30℃以上，而避免在室温 15℃以下进行堆焊。采用对称分块跳步焊，是使转轮受热均匀，防止热量过分集中的较好方法。当转轮直径较小时，可由一人施焊，轮流对称焊；对于直径较大的转轮，宜由 4 名焊工沿圆周方向对称施焊。如图 1-17 所示，假若有 4 名焊工堆焊 14 个叶片的转轮，A、B、C、D 4 人分别占据 1、8、4、11 号叶片，同时对称施焊后，4 人同时向一个方向转换位置，在相邻的叶片施焊。对于同一个叶片，如果补焊的工作量很大，为使叶片均匀受热，应采取分块跳步焊的方法，即在同一叶片上换位时，最好间隔 1～2 个方块区，使堆焊的热量均匀分散。堆焊时，最好每层交叉焊，如在一些位置交叉焊有困难，可考虑往返焊，且每次的堆焊量要小。对于已穿孔的部分，孔中应事先加入填板，填板周围分几次施焊，最后在填板表面和焊缝上堆焊一层抗磨损或抗空蚀的表面层。

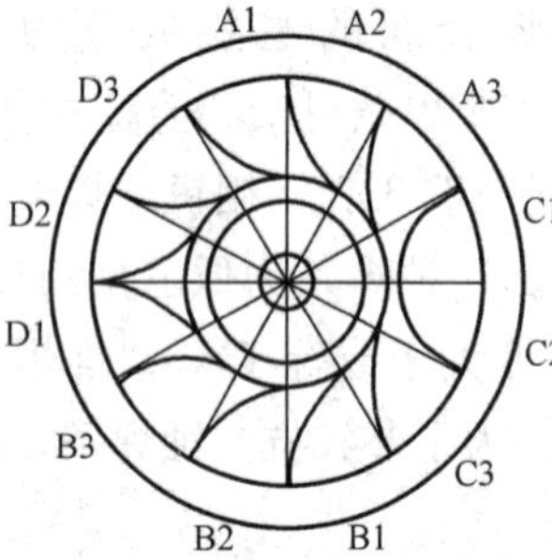

图 1-17　分块对称焊工作图

堆焊时，应注意如下几点：

（1）采用小电流短弧焊。电流太大，金属熔化较深，扩大热影响区，母材中的碳也可能渗入焊缝，形成碳化铬，从而降低堆焊层的含铬量和抗蚀性能。此外，在堆焊过程中，速度应一致，电弧应稳定，并尽量采用短弧。

（2）避免产生气孔。焊条应保存在干燥通风的地方，使用前要烘干；母材金属表面应去污，并清理干净。

（3）根据变形情况进行堆焊，并处理过大的残余变形。

为了防止和减少焊接过程中转轮的变形，除采取合理的焊接工艺外，还必须对转轮各部位进行严密监视，以便及时发现变形，并及时处理。利用千分尺和千分表，可监视转轮各部及上冠法兰的变形等，同时也可以在容易产生变形的部位设置加强物来抑制变形。例如，中、小型转轮叶片的出水边较薄，侵蚀区域的补焊容易引起叶片开口变形，所以在叶片出水边的下面焊加强筋板，其形状应吻合于叶片出水边正面，长度应超过空蚀补焊区，筋板的一端顶在下环内侧，单侧点焊于叶片正面出口边 50～80mm 处，并与下环内侧点焊牢固，如图 1-18 所示。对于尺寸较小的转轮，有条件时，可在补焊完成后进行回火处理，以消除内应力。

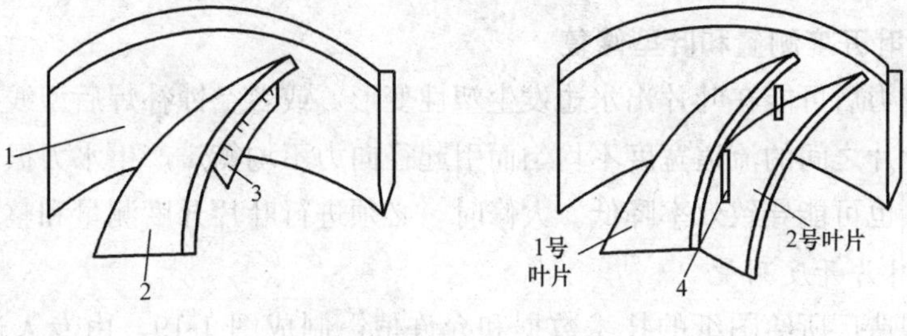

图 1-18　用支柱或筋板控制叶片变形

1—下环；2—叶片；3—筋板；4—支柱

转轮经补焊修复后，必须达到如下补焊要求：

（1）经探伤检查，叶片的上冠与下环根部、叶片中部及侵蚀堆焊区等均不得有裂纹。

（2）叶片曲面光滑，不得有凹凸不平处。

（3）补焊层打磨后，不得有深度超过 0.5mm、长度大于 50mm 的沟槽与夹渣。

（4）抗空蚀或泥沙磨损层不应薄于 5mm。

（5）叶片如经修形处理，其与样板的间隙应在 2mm 以内，且间隙的宽度与长度之比应小于 2%。

（6）堆焊处理后转轮，其粗糙度高度参数轮廓算术平均值 *Ra* 不应超过 12.5μm。

（7）做静平衡试验，以消除不平衡重量。

对于转轮的变形，根据现场情况，应尽量满足如下规定：

（1）转轮上冠与下环圆度的单侧变形，从迷宫环处测量，应在原有单侧间隙的±10%以内。

（2）转轮上冠与下环不同心度的变形，应在原定迷宫环间隙的±10%以内。

（3）转轮轴向变形应小于 0.5mm。

(4) 叶片开口变形应在检修前叶片开度的1%～1.5%以内。

(5) 法兰变形应小于0.02mm/m，不得有凸高点。

对于轴流式水轮机叶片的修复，可以只拆叶片，并从蜗壳的顶部或尾水管特设的空道中取出，用尾水闸门起重机或厂房起重机将其吊运到检修场地进行。如果不能单独拆卸叶片，而必须拆卸整个转轮，则检修工作应尽量在架设于尾水管中的工作铺板上进行。

轴流式水轮机叶片的补焊工作与混水式转轮叶片的修补工作大体相同。

当叶片外缘被损坏时，其与转轮室的间隙扩大，应特别注意在补焊完成后保证原有的设计间隙值。

三、轮叶开度测量和叶型修复

叶片受力后可能在叶片出水边发生塑性变形，或者空蚀补焊后型线被破坏，使得叶片与叶片之间的流道宽度不均匀而引起径向力不均衡，产生水力振动，使机组摆度增大，也可能导致效率降低。大修时，必须进行叶片开度测量和整形处理。

（一）叶片开度测量

根据制造厂所给图纸的技术数据和允许值，制成图1-19，由专人进行测量和记录。一般应反复进行两次，以便互相检验。如果相邻叶片实测数值没有超过设计允许值 $a_0 \pm 0.05a_0$，则平均开度偏差合格，不必进行处理。

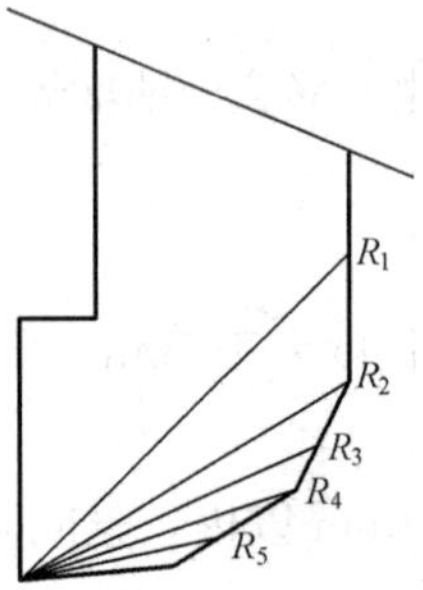

图1-19　叶片开度测点分布示意图

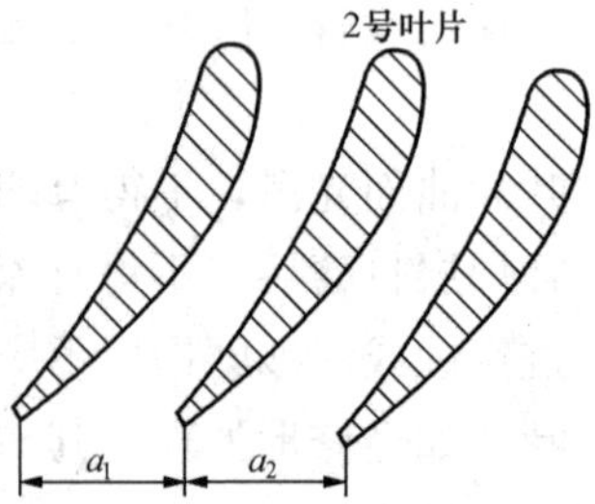

图1-20　叶片开度

（二）叶片型线修正

通过叶片开度测量，从相邻两组叶片的开度中可以看出某一叶片出水边型线已发生变形。如图1-20所示，在某一个叶栅中取3个叶片，其中2号叶片在某一流面的型线发生变形，导致了出口不均匀。为了消除这一变形，一般采用气焊火把叶片背面烤红，然后在正面放上该型线的模板，用千斤顶顶几次便可完成。最后，用模板再验证一次，直到合格为止。

第三节 轴流式水轮机转轮的检修

轴流式水轮机是指轴面水流轴向进出转轮的反击式水轮机，如图 1-21 所示。根据转轮叶片在运转中能否转动调节，轴流式水轮机又分为轴流定桨式和轴流转桨式两种。

轴流定桨式水轮机的转轮叶片是固定不动的，不能随工况的变化而转动调节，故当水头及负荷变化时，叶片角度不能完全适合水流的情况，效率会急剧下降，因此，其平均效率低，只适用于水头、负荷变化幅度较小的水电厂，其应用水头一般在 50m 以下。由于轴流定桨式水轮机的检修可参照混流式水轮机和轴流转桨式水轮机的检修，因此本书不作过多介绍。

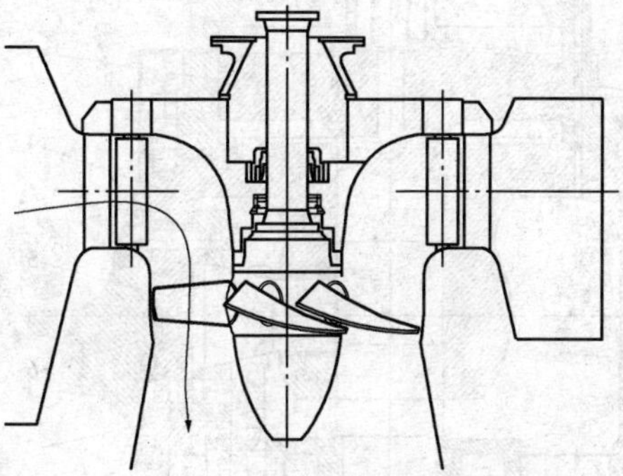

图 1-21 轴流转桨式水轮机示意图

轴流转桨式水轮机，其转轮叶片可与导叶协联调节。运行中，这种水轮机可根据水头和负荷的变化而改变叶片的角度，以适合水流的情况。因此，其结构虽然较定桨式复杂，但能获得较高的水轮机平均效率和较好的运行稳定性。所以，转桨式水轮机适用于负荷变化较大的低水头水电厂，其应用水头一般在 70m 以下。

轴流转桨式水轮机转轮的叶片是可以旋转的，当工况变化时（空载或小负荷除外），导叶开度与转轮叶片的装置角度协联改变，从而保证了水轮机有平缓的高效区。它有一套叶片操动机构、支持叶片转动的轴承及必要的密封止漏装置。根据叶片传动机构的特点，可把转轮分为两类，即如图 1-22 所示的有操作架结构的转轮和如图 1-23 所示的无操作架结构的转轮。

大型水轮机的叶片、枢轴和转臂是单件制造后组装在一起的。对于小的转轮，有时可将叶片与枢轴整铸或转臂与枢轴整铸，而叶片分开制造。叶片有两个轴承，其头部径向轴承位于转轮体内的十字头中，枢轴处的轴承设在转轮体的轴承孔上，铜瓦呈 L 形，迎着转臂的端面起止推作用，以承受叶片在离心力作用下对轴承产生的压力。从图 1-22 中可看出，由受油器外操作油管来的压力油作用在活塞的上腔，活塞下腔的油通过内操作油管经调速器的轮叶主配压阀的油口流回油槽。于是活塞下移带动了操作架下移，操作架带动连杆转动转臂，打开叶片。当操作的高压油渗漏至下端盖内，通过转轮体排油孔和接力器缸壁内的油孔，流到主轴与外操作油管之间，上升至受油器，再经甩油盆溢出，而后由排油管到集油槽。从图 1-23 中可以看出，活塞不动，接力器缸上下移动并带动连杆旋转转臂，打开叶片。

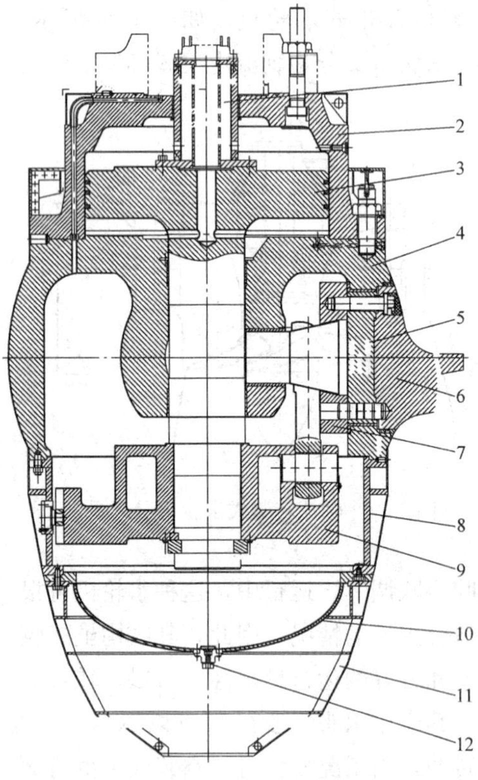

图 1-22　轴流转桨式水轮机（有操作架结构）示意图

1—导轴；2—接力器缸；3—接力器活塞；4—轮毂；5—枢轴；6—叶片；7—转臂和连杆；8—连接体；9—操作架；10—下盖；11—泄水锥；12—放油阀

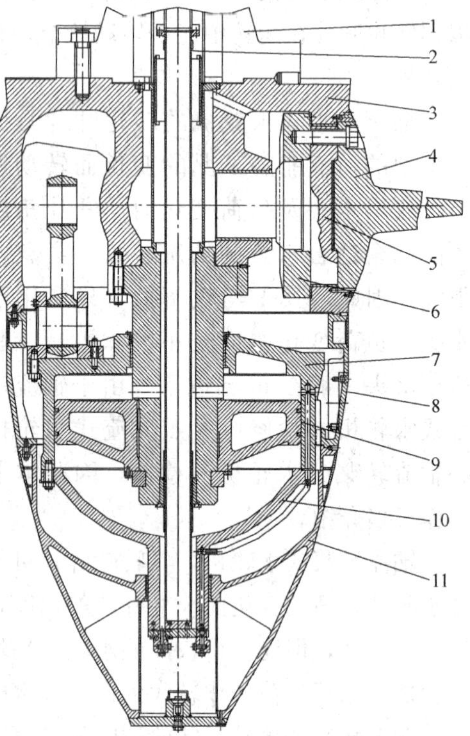

图 1-23　轴流转桨式水轮机（无操作架结构）示意图

1—水轮机轴；2—下操作油管；3—转轮体；4—叶片；5—枢轴；6—转臂和连杆；7—接力器缸；8—连接体；9—接力器活塞；10—接力器缸盖；11—泄水锥

轴流转桨式水轮发电机组的检修工作中，水轮机检修的工作量、工期的控制非常重要，一般在水轮机 A 级检修中，水轮机检修在直线工期中约占总工期的 60%（90d/150d），因此轴流转桨式水轮发电机组的检修中，水轮机检修尤为重要。

轴流转桨式水轮机的拆卸以及回装较复杂，工艺要求较严格。下面将以图1-22所示的转轮为例，介绍吊出转轮的拆装过程（主要介绍拆卸过程）。同时，对轴流式水轮机转轮重要部位的检修、常见故障处理进行介绍。

一、水轮机转轮的吊出和吊入

A 级检修时，吊出水轮机转轮的流程见图 1-24。

1. 做好准备工作

在尾水管内搭好工作平台（即转轮检修排架、叶片焊接止动挡块），测量叶片与转轮室中环之间的间隙，转动机组使叶片悬挂孔与转轮室上环悬挂工具孔对应接好排油管路，将转轮体内的活塞上腔、活塞下腔及回油腔内的油排除，在叶片悬挂孔正上方的顶盖上焊接悬挂工具安装调整吊点，准备工作就绪。

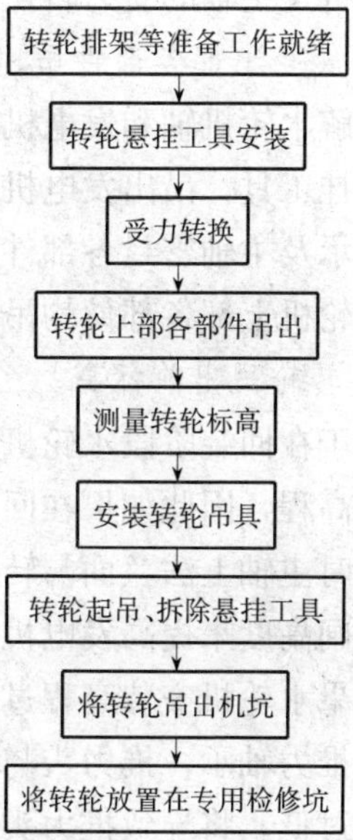

图 1-24　轴流转桨式水轮机转轮吊出流程

2. 水轮机悬挂及转动部件受力转换

水轮机转轮室上环处等分开着与叶片对应的悬挂孔，叶片设计有安装悬挂螺栓的悬挂孔，每个叶片对应一套悬挂工具。在需要转轮悬挂时，用气焊枪吹除上环为保护悬吊螺孔而设的保护罩的焊缝。将悬挂专用工具从上游坝面通过上游检修闸门槽吊入蜗壳内，然后通过厂房内的桥式起重机与上游坝面的门式起重机配合，将悬挂工具穿过固定导叶、活动导叶吊入转轮室，然后利用提前在顶盖上焊接的吊点调整并安装悬挂工具。悬挂工具由螺杆、螺母以及两组凸球垫片和凹球垫片、一组斜形垫片组成（见图 1-25）。通过调整凸球、凹球垫片进行弥补悬挂螺杆的不垂直度以及叶片的不规则上下表面，从而保证悬挂螺杆下调整垫片与叶片背面以及上调整垫片与支撑块间良好接触，避免受力不均匀。

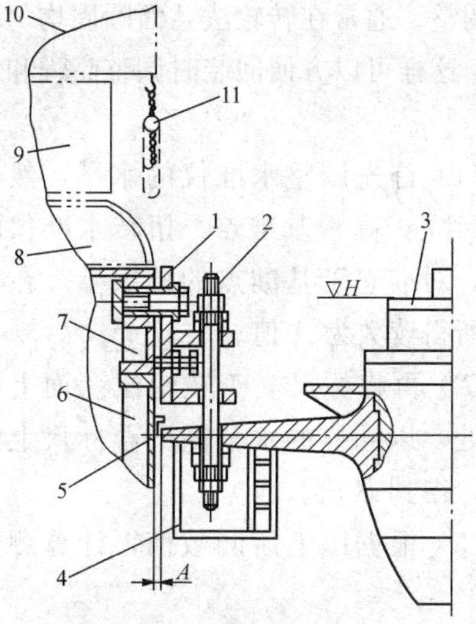

图 1-25　转轮悬挂示意图

1—悬挂工具支座；2—悬挂螺栓；3—转轮；4—简易角钢平台；5—楔子板；6—转轮室中环；7—转轮室上环；8—底环；9—导叶；10—顶盖；11—链式起重机

发电机转子联轴螺栓一般设计为双头螺栓，这样在拆卸过程中，先对称预留 4 颗联轴螺栓、并将其余联轴螺栓、螺母全部拆除，然后用四同步液压驱动扳手（或螺栓拉伸器）同步拆卸其余 4 颗联轴螺栓螺母，并通过同步设备缓慢将转轮及主轴的重量转移至水轮机悬挂工具，此过程称为受力转换，从而完成水轮机及主轴的受力转换，具备拆卸发电机各部件的条件。

3. 转轮上部各部件吊出

分解水轮机轴和发电机轴法兰。将机组转动部分（除发电机转子外）的重量转移到悬挂工具，吊出发电机各部件。记录水轮机导轴承处的主轴中心值并吊出水轮机导轴承及主轴密封各部件、导叶操作机构、支撑盖、水轮机轴及操作油管。

水轮机上部各部件均吊出后，水轮机转轮具备起吊条件。

4. 转轮吊出前标高

由于在回装阶段水轮机的安装高程决定了主轴上法兰面高程和推力轴承安装法兰面的高程，因此如果在回装过程中水轮机的安装高程过高，则可能导致吊装发电机转子时主轴上法兰面与转子法兰面间隙太小而直接落在主轴上，此时，必须通过增加风闸高度来提高发电机转子，这样就大大增加了机组回装的工作量和工期。反之，如果水轮机安装高程过低，将会增加推力轴承安装的难度。例如，某大型水电厂机组推力轴承，推力头与主轴间为过盈配合，一般采用热套法回装，如果转轮安装高程过低，将导致推力头安装不能一次到位，必须待主轴与发电机轴连接，将主轴及转轮提起后才能回装推力头，从而严重影响了机组回装的工期和质量。

因此，水轮机转轮吊出前必须进行标高，以作为回装时水轮机高程的参考。

一般采用水准仪和标尺等测量工具，测量转轮主轴法兰面相对于导水机构底环的基准点的相对高程。为方便回装时转轮高程调整，通常在转轮法兰面圆周均匀取数个测点（测点数一般取叶片数，并一一对应，这样可以方便回装时调整高程和水平）。水轮机转轮标高如图 1-26 所示。

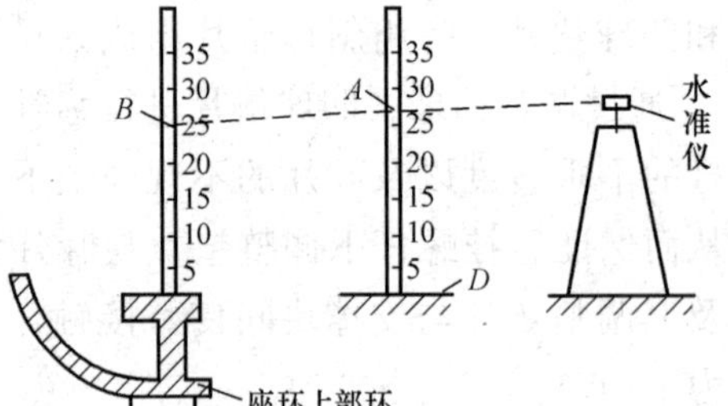

图 1-26 水轮机转轮标高示意图

(1) 首先调整水准仪的水平，然后把标尺立于高程基准点，扭转水准仪的镜头，对准立于基准点的标尺上，在标尺上所得读数为 A 值。

(2) 再将标尺立于转轮法兰面上的测点处，以同样的水平镜头看标尺上的读数，得到 B 值。

(3) 根据以上所测数值，计算测点的高程。

(4) 其他测点的高程用同样的方法进行测量。

(5) 保护好底环处的基准点，记录并保存。

5. 转轮吊出

安装转轮专用吊具，并再次检查是否存在障碍而影响转轮起吊。然后起吊转轮，当水轮机轴吊起 300mm 左右时，拆除悬吊工具，将转轮吊出机坑并运往检修场地进行转轮解体检修。

转轮吊入的顺序与吊出相反。应注意的是，吊入机坑时，需要同时调整水轮机转轮体的中心、水平（一般不大于 0.01mm/m）、高程。其中，中心值的测量是通过楔子板、直尺、游标卡尺等工具测量叶片与转轮室中环的间隙后计算得出；水平的调整则通过在水轮机法兰处放置水平仪进行测量和调整各叶片悬挂工具进行；高程的测量方法同上。

二、水轮机叶片操作机构检修

下面以图 1-22 所示的转轮为例，介绍如何检修转轮体内的叶片操作机构。

（一）接力器缸体拆除、叶片检修

1. 接力器缸体拆除、叶片拆除

将转轮从机坑吊至安装间，先把泄水锥的组合螺栓拆除，吊起转轮，拆下泄水锥（注意拆卸记号及径向销钉编号），再将转轮落在检修坑。拆除吊具、悬挂工具，然后进入转轮解体检修阶段。

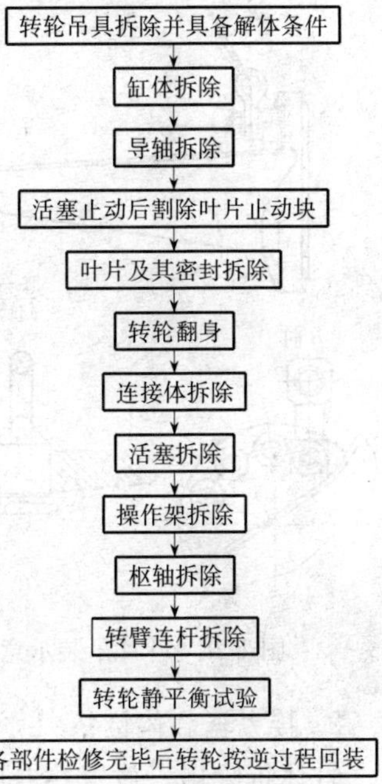

图 1-27　轴流转桨水轮机转轮解体流程

根据水轮机转轮的不同结构，其解体拆卸流程不同。但其总体拆卸思路一般是由上至下、由外至内。转轮解体流程见图 1-27。

检查各部分销钉、螺栓及其配合孔，记录缺陷并进行编号标记，以便回装。对于定位销、螺栓，如采取点焊的止动措施，则需要将焊点刨开。拆除缸体与转轮体连接螺栓，将缸体吊走。值得注意的是，由于缸体与转轮体法兰面间的密封为刚性密封，且把合压力较大，因此导致在两法兰面间形成真空而无法分离。例如，某大型水电厂在水轮机检修过程中，拆卸仅 42t 重的缸体，桥式起重机拉力达到了约 100t 才将其分离。这样，在拆卸中会有较大危险，因此，一般在法兰面上、下的适当位置焊接支撑块，并用液压千斤顶将缸体和转轮体分离，再用桥式起重机吊走。

缸体拆除后拆除导轴，然后采用机械千斤顶将活塞固定，以避免叶片止动挡块刨除后叶片动作。紧接着刨除叶片止动挡块（如果叶片密封妨碍叶片的拆除，则必须先拆除叶片密封压板、密封元件等；如果不妨碍，则一般先拆除叶片再拆除叶片

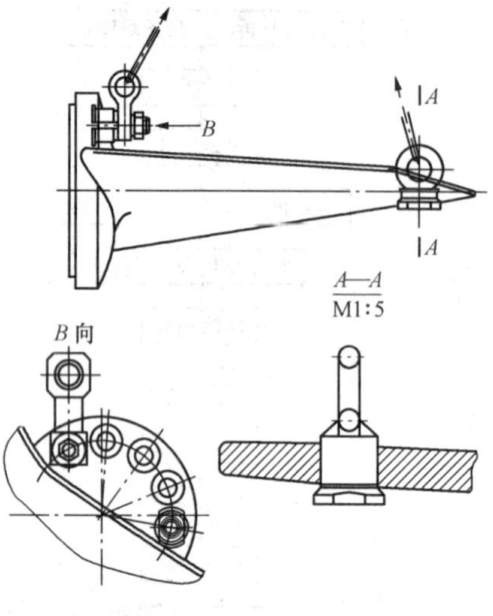

图 1-28　叶片吊装示意图

密封）。刨除叶片固定螺钉孔的盖板，除保留 1 个外，松开并吊走其余叶片的固定螺钉。在叶片上部两螺孔内装好吊具，再在叶片起吊孔装上吊具，把这 3 个吊具穿入钢丝绳挂在起重机副钩上。通过起吊孔上的导链调整叶片法兰面的垂直度，待副钩吃劲后，松下最后一个螺钉，此时可将叶片吊走，但需注意防止叶片法兰与枢轴间定位销脱落伤人。

将全部叶片吊走后，测量枢轴与止推铜瓦的径向间隙，并做好记录。如确定铜瓦需要更换处理，则必须提前准备铜瓦加工事宜，避免因铜瓦加工而增加机组检修工期。

2. 接力器缸体检修

缸体拆除后，放置在专用场地进行检修（缸体如图 1-29 所示）。由于缸体检修项目主要集中在内部，因此为方便检修，需将其翻身后进行。值得注意的是，翻身过程中应注意保护转轮体排油管路、联轴螺栓以及其他精密配合面。

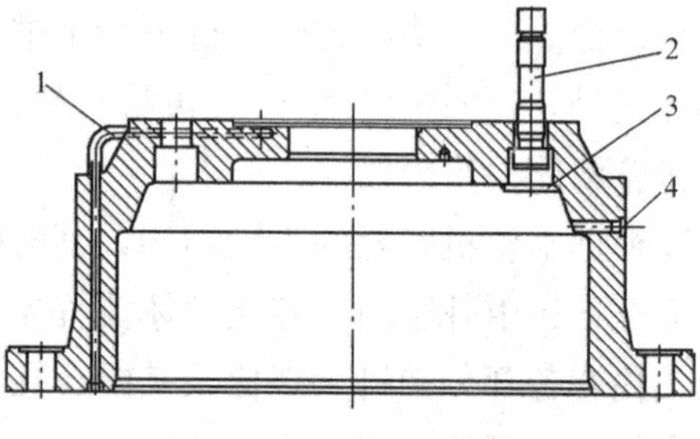

图 1-29　接力器缸体示意图

1—转轮排油管路；2—联轴螺栓；3—螺栓堵板；4—缸体排油阀

（1）对缸体内壁进行检查。由于水轮机转轮接力器操作叶片的力矩较大，因此在活塞动作过程中对缸体内壁存在一定摩擦磨损。在检修过程中经常发现缸体内壁多出磨损斑痕。在磨损不严重的情况下，对磨损斑痕进行抛光处理。如发现明显磨损、拉伤现象，则应分析其产生原因，并对磨损点进行仔细检查、处理，必要时采取修补措施。水轮机转轮接力器缸内壁修复手段较多，如采用激光焊接修复缸体、采用缸体修复剂进行修补等。

（2）转轮与主轴的连接螺栓堵板焊缝检查。联轴螺栓装在缸体内，由于螺栓与缸体间存在间隙，因此需要焊装螺栓堵板，以防压力油泄漏。所以对堵板的密封性能要求较高。在检修过程中，需要对焊缝进行 PT100%探伤或磁粉探伤。如发现贯穿性裂纹，则需对焊缝进行打磨、堆焊处理。由于缸体壁厚较大，堵板相对较薄弱，因此在焊接过程中难免存在温度变化较大的现象，如采取措施不当，容易引起缸体母材的裂纹。所以，此裂纹的处理难度较大，一般采用小电流焊接方式，且采取焊前预热、焊接过程中敲击、分层焊接等多种方式来消除内应力。

(3) 缸体排油阀的检查。缸体排油阀是缸体的主要泄漏点之一。在检修过程中要进行缸体排油、充油，需要对阀门进行操作，很容易造成密封元件的破损而形成渗漏，此部位一旦形成渗漏则很难处理。通常的处理方法是，整体更换排油阀，并在阀盖下面加退火后的厚度为 2mm 的紫铜垫片，因为紫铜退火后质软，可以用作密封元件。如果依然存在少量渗漏现象，可以在阀盖外焊装堵板，并对堵板焊缝进行仔细封焊。

3. 叶片检修

叶片的修复主要有以下两种途径。叶片裂纹的检查、处理以及磨蚀的修复工艺，可以参考混流式水轮机裂纹、空蚀的检查和处理，这里仅作简单介绍。

(1) 现场修复。现场修复即在现场安装间内对叶片进行修复、处理。这种检修方式需要现场具备检修条件，如专用场地、调运设备、叶片修复过程中所需的其他各种设施、设备等。叶片修复所需场地较大，修复时间较长，而且在叶片检修过程中存在较大噪声的项目，这些都给叶片的现场修复提出了较高的条件要求。某大型水电厂多台水轮机叶片均采用了现场修复的方式，而且在现场修复过程中对叶片进行了裙边的加装、高速火焰喷涂等特殊工作，取得了丰富的经验。

(2) 返厂修复。返厂修复是大多数水电厂采取的叶片修复方式。为不影响机组检修的工期进度，此叶片修复方式需要预先制作一套叶片的备品，这样，旧叶片拆卸后即可运至厂家进行修复，在水轮机回装时，安装备品叶片。同时，此旧叶片经过修复又可作为备品叶片备用。此方法适用于安装多台同型号水轮机的水电厂。

(二) 转轮翻身

轴流转桨式水轮机轮叶操作机构常采用以下两种结构：①转轮接力器缸和叶片操作架合一，并将接力器置于泄水锥内；②叶片操作采用操作架结构，转轮接力器置于转轮体上端。因此，水轮机转轮解体过程中，轮叶内部操作机构均需在转轮翻身的状态下进行拆除。在转轮翻身过程中，转轮装配的质量大，且转轮的形状不规则，这给转轮翻身增加了难度。转轮翻身示意图见图 1-30。

图 1-30　转轮翻身示意图

1—枕木；2—上吊具（2 个）；3—转轮装配；4—翻身盖

转轮翻身注意事项：

(1) 将两个上吊具装在转轮体法兰面上，用螺栓把合牢固。

(2) 挂好钢丝绳后桥式起重机换慢钩，将转轮吊起，安装翻身盖。

(3) 将活塞顶至上限，使操作架与转轮体紧密接触；用麻绳将千斤顶捆好，防止千斤顶在翻身过程中坠落。

(4) 翻身过程中注意保护好钢丝绳，同时防止落物伤人。

(5) 翻身完成后，将转轮放置在检修坑支墩上，取下上吊具上的钢丝绳。

(三) 叶片转动机构检修

1. 接力器活塞检修

接力器活塞的拆装工艺较简单，值得注意的是，在拆装活塞前需要将转轮体调水平，这样才能保证活塞是垂直方向拆装，避免其与两部轴承卡死。

在接力器活塞与气缸缸体配合中，活塞真正与缸体内壁接触的是活塞环，它填补了活塞与缸体内壁间的空隙，因此它也是活塞最容易磨损的零件。检修中，如发现活塞环存在拉伤、磨损，一般应更换新活塞环。活塞环一般由铸铁制成，具有一定弹性，截面有多种形状。1 个活塞往往有 3～4 个活塞环，活塞环有开口间隙，安装时为了保持密封性，要将各活塞环的开口间隙位置错开。

需要注意的是，由于活塞环由铸铁制成，其外圆表面的粗糙度直接影响活塞环与缸体内壁的摩擦磨损情况。为避免活塞环、缸体内壁的拉伤和磨损，应将活塞环外圆表面抛光，其粗糙度不应超过 Ra 1.6μm。其次，活塞环的上下表面也应进行适当处理，避免在活塞动作过程中活塞环发卡。如果活塞环发卡或者缸体内壁存在局部拉伤，则会导致在叶片操作过程中动作不稳定，忽快忽慢甚至停顿，同时操作油压可能产生一定波动。因此，保证活塞环的检修质量在水轮机检修过程中非常重要。

2. 枢轴检修

枢轴在拆装过程中均需要专用枢轴平衡吊具，如图 1-31 所示。

枢轴的检修主要是枢轴与铜瓦摩擦面的处理。根据摩擦学原理，枢轴—铜瓦摩擦副运动工况是重载低速，故处于边界润滑状态。在检修过程中发现，磨损现象主要有两种形态：①表面损伤形式：在枢轴的摩擦面上有擦伤、黏着转移沟槽和小孔穴，在铜瓦的摩擦面上有擦伤、沟槽和小孔穴；②损伤程度：沟槽和小孔穴的最大深度超过 1mm，不断恶化的擦伤和黏着导致摩擦力急剧增大，甚至将拧紧在轴瓦与轴承座结合面处的 4 枚 M16 螺钉都剪断。

现行的修复枢轴轴颈的方法是，首先将磨损的枢轴轴颈在机床上下切一定深度并使之达到规定的粗糙度，然后对其镀硬铬恢复尺寸，最后磨削加工达到规定的粗糙度和尺寸精度。这种方法一方面增加了摩擦表面的硬度，另一方面降低了摩擦表面的粗糙度。此方法在国内大型水电厂中得到了成功应用，且效果较好，已推广

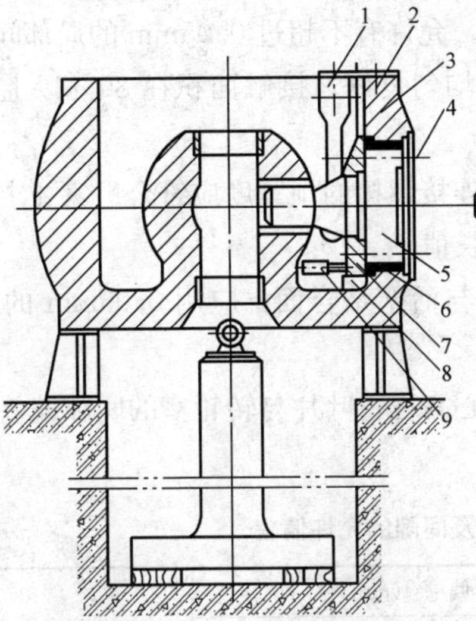

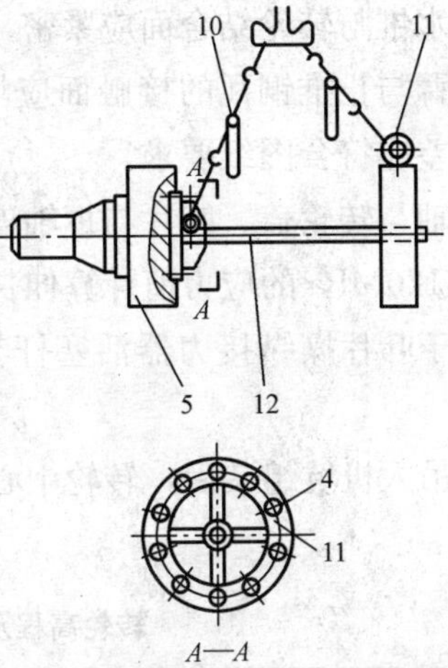

图 1-31　转臂、连杆、枢轴拆装

1—连杆；2—连杆固定工具；3—转轮体；4—工艺螺栓（3个）；5—枢轴；6—铜瓦；7—转臂；8—楔子板；9—千斤顶；10—链式起重机（2个）；11—吊环（3个）；12—枢轴平衡吊具

使用。

3. 止推铜瓦检修

由于枢轴与内、外轴承配合间隙不好而产生偏磨，再加上转臂与止推铜瓦接触不良，往往使推力面被挤压破坏，因此，在水轮机枢轴拆卸前要测量止推铜瓦的内径和枢轴外径，并检查其间隙是否超标。如果超标，应重新加工铜瓦。当止推面和轴承内表面磨损严重时，应更换止推铜瓦。先卸下止推铜瓦与转轮体的固定螺钉，然后用专用工具将止推铜瓦推出。新铜瓦的回装一般采用冷冻法将铜瓦尺寸缩小，然后安装到位。

在水轮机检修过程中，枢轴、铜瓦的检修装配是最重要的检修项目之一。尤其是新铜瓦的加工尺寸，直接影响整个水轮机检修的质量和工期。铜瓦常采用两种办法来解决：一种是套内孔留余量，将套压入座孔后再精加工内孔；另一种是将套直接加工好后压入座孔内。两种方法中，后者工艺简单、加工方便、成本降低。采用加工好后压入座孔的方法，由于轴套与转轮体为过盈配合，与枢轴为间隙配合，因此必须考虑轴套压入转轮体孔后的收缩量，从而加大套内孔尺寸，才能保证套与轴的配合间隙。

4. 转轮装配后的几项要求

转轮装配的顺序与拆卸的顺序相反。组装时要检查以下几个项目：

（1）泄水锥与转轮结合面应紧密，允许有不超过 0.05mm 的局部间隙。

（2）转臂与止推铜瓦的接触面应均匀良好，接触面积在 80%以上，各传动部件的配合公差应符合图纸要求。

（3）主轴与转轮盖、叶片与枢轴连接螺栓的预紧度应符合厂家要求，如无厂家要求，则按 120MPa 的应力值计算伸长值。

（4）对于叶片操纵接力器活塞杆与活塞结合面，应用 0.05mm 的塞尺来检查无间隙。

将转轮吊入机坑组装后，转轮中心高程、叶片与转轮室的间隙偏差不应超过表 1-6 的规定。

表 1-6　　转轮高程及间隙的允许偏差

<table>
<tr><th rowspan="3">序号</th><th rowspan="3" colspan="3">项　目</th><th colspan="4">允 许 偏 差（mm）</th><th rowspan="3">说　明</th></tr>
<tr><th colspan="4">转 轮 直 径（mm）</th></tr>
<tr><th>≤3000</th><th>>3000
≤6000</th><th>>6000
≤10000</th><th>>10000</th></tr>
<tr><td rowspan="3">1</td><td rowspan="3">高程</td><td colspan="2">混流式</td><td>±1.5</td><td>±2</td><td>±2.5</td><td>±3</td><td>测固定与转动止漏环高低错牙</td></tr>
<tr><td colspan="2">轴流式</td><td>+2
0</td><td>+3
0</td><td>+4
0</td><td>+5
0</td><td>测底环至转轮体顶面距离</td></tr>
<tr><td colspan="2">斜流式</td><td>+0.8
0</td><td>+1.0
0</td><td colspan="2">—</td><td>测叶片与转轮室间隙</td></tr>
<tr><td rowspan="3">2</td><td rowspan="3">间隙</td><td colspan="2">工作水头
≥200m</td><td colspan="4">各间隙与实际平均间隙之差不应超过实际平均间隙值的±20%</td><td rowspan="3">桨叶与转轮室间隙，在全关位置测进水、出水和中间 3 处</td></tr>
<tr><td rowspan="2">工作水头
<200m</td><td>a_1
a_2</td><td colspan="4">各间隙与实际间隙之差不应超过设计间隙值的±10%</td></tr>
<tr><td>b_1
b_2</td><td colspan="4">各间隙与实际间隙之差不应超过设计间隙的±10%</td></tr>
</table>

三、水轮机转轮静平衡试验

轴流转桨式水轮机由转轮体、连接体、轮叶以及轮叶操作机构组成。由于部件较多，不可能保证水轮机组装后对称均衡，同时水轮机轮叶长期运行，在泥沙、空蚀作用下，磨蚀量较大，在修复过程中，重量变化较大。此外，很多水电厂为缩短机组的检修工期，各水轮机设计并制作水轮机备品叶片，并在机组扩修期间直接更换备品叶片。因此，在检修中需要进行转轮现场静平衡试验，通过合理搭配叶片位置或进行合理配中，使转轮残留不平衡重达到标准要求。

对于大、中型水轮机的转轮，一般采用立式的方法来进行静平衡。混流式水轮机和轴流式水轮机的转轮，都可以用球面支撑的方法来进行静平衡试验。支撑球体置于底座的平衡垫圈上。根据静力学原理，这种支撑在球面上的转轮，只有当其平衡时，轴线才处于垂直状态；否则，转轮将向重侧倾斜，以保持重心在通过支撑点的垂线上。准确平衡的转轮，无论怎样，其轴线都是垂直的。

（一）静平衡装置介绍

常用的静平衡装置为支撑式（见图 1-32、图 1-33），也有用悬吊式的。支撑式静平衡装置由混凝土墩、平衡底板座、平衡球、平衡板、定心板及平衡托架等主要部分组成。锻制的平衡底板座和平衡底板固定在混凝土墩上部。平衡底板经过淬火后上部磨光。锻制的球支撑于平衡底板之上，由固定在被平衡零件上的支架握持。为了能将被平衡系统的重心调整到适当的位置，设置了调整螺杆和螺母，平衡球就装在调整螺杆下端头的平衡板上。球和平衡底板要用锻钢毛坯加工，经淬火后再研磨，以保证足够的硬度，减少变形。

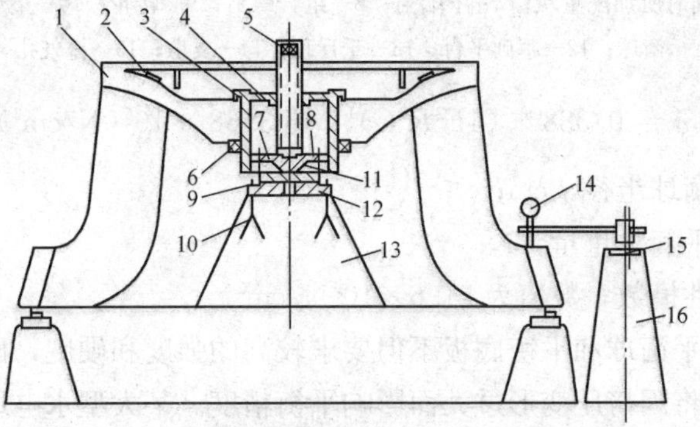

图 1-32 混流式水轮机转轮静平衡装置

1—转轮；2—加配重块位置；3—压板；4—螺杆套；5—调整螺杆；6—平衡托架；7—定心板；8—平衡板；9—平衡底板；10—基础螺栓；11—平衡球；12—平衡底板座；13—混凝土墩；14—千分表架；15—测量底板；16—测量支墩

球的接触应力很大，如某水电厂 125MW 机组的水轮机转轮直径为 10 300mm，叶片数量为 5，水轮机总重量 G=2 320 000N，转轮操作机构为带操作架结构。静平衡试验装置的平衡球半径 R=360mm，则球与平衡底板接触面直径 d_0 的计算方法如下

$$d_0 = 0.004\,04 \times (GR)^{1/3} = 0.004\,04 \times (2\,320\,000 \times 360)^{1/3} = 1.766(\text{cm})$$

而接触应力 σ 为

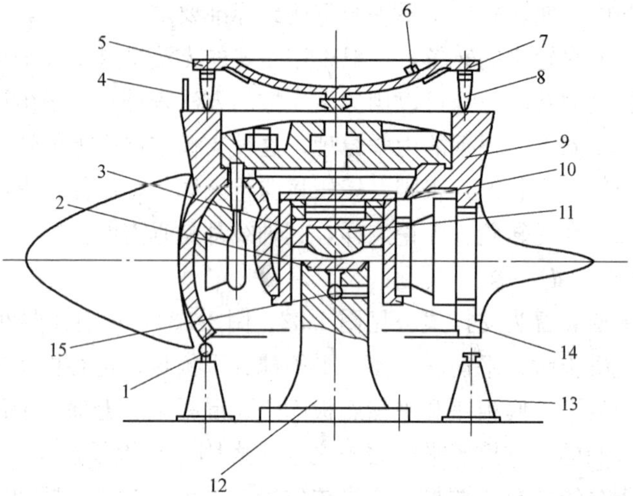

图 1-33　轴流式水轮机转轮静平衡装置

1—测量用千分表；2—平衡底板；3—定心板；4—方形水平仪；5—加配重块位置；6—静平衡时所加配重块；7—下端盖；8—组合螺钉；9—转轮；10—垫环；11—平衡球；12—基础平台；13—千斤顶；14—支墩；15—排气孔

$$\sigma = 0.388 \times (4E^2R^2G)^{1/3} = 3.68 \times 10^6 (\mathrm{N/cm^2})$$

式中　R——平衡球半径，cm；

G——被平衡物重量，N；

E——弹性模数，数值为 $21.6 \times 10^6 \mathrm{N/cm^2}$。

由此可知，平衡球和平衡底板不但要求较高的强度和硬度，而且平衡球的直径不宜太小，否则将因挤压变形过大而影响平衡精度。某大型水电厂水轮机平衡试验用平衡球和垫板均采用轴承钢 0Cr15 锻造，表面粗糙度为 0.4μm，硬度为 RC62～RC65。

为防止转轮产生倾覆事故，在进行静平衡试验时，必须在转轮下设置防止转轮倾覆的方木垫。为了防止焊接配重时烧坏球形接触面，施焊时，必须用千斤顶升起转轮，使球与平衡底板脱开。

（二）静平衡装置的灵敏度

将转轮稳定在平衡装置上，假若在下环距中心 R 处放试重 P，则转轮会倾斜一个角度。力矩 PR 不但要克服转轮重心偏离轴中心的力矩 Ga，而且要克服摩擦力矩 μG，如图 1-34 所示。

如果在 R 处加重物 P，则因

$$\tan\alpha = a/h = H_r/R$$

$$H_r = aR/h$$

又因

$$PR = G\mu + Ga$$

$$a = (PR - G\mu)/G$$

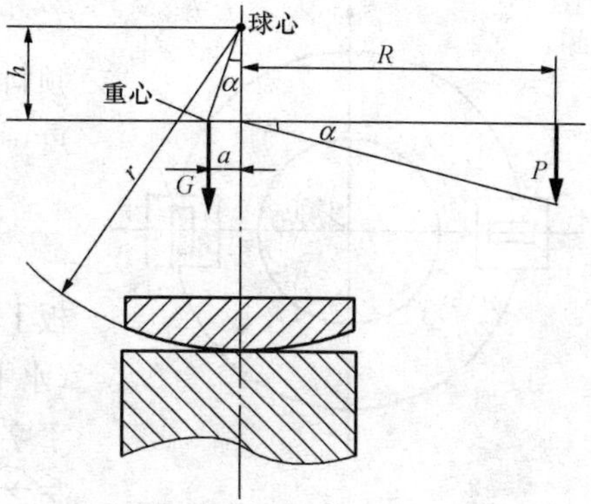

图 1-34　静平衡装置灵敏度示意图

故灵敏度计算公式为

$$H_r = (PR - G\mu)R/Gh$$

式中　H_r——平衡装置灵敏度标模值，cm；

R——计算半径，cm；

P——与计算半径 R 对应的许用残留不平衡重量，N；

G——被平衡物重，N（包括平衡工具上部重量）；

μ——滚动摩擦系数，μ=0.001～0.002；

h——球心重心距，cm。

取一合适半径，R 应尽可能取大值。在该部位的上方应便于加重块，下方便于用百分表测量下沉量，把某一特定平衡装置的上述数值代入灵敏度计算公式，可算出 H_r。

因上述 G、μ、h 都是理论数值，与实际值间存在差异，为了校定平衡装置的灵敏度，应把残留不平衡重量 P 放在 R 处上方，在下方架设百分表，测得下沉值 H，$H>H_r$ 时，则认为此平衡装置的灵敏度已满足要求。若 $H<H_r$ 时，则应往下旋转螺杆，使球心下降以减小 h 值，提高灵敏度，重新计算 H_r 和测量 H，直至 $H>H_r$ 后，方可进行下一步的平衡操作。由此可见，平衡装置的灵敏度是指在计算半径处放置残留不平衡重后此处的下沉值 H。H 越大，灵敏度越大；反之则越小。

（三）残留不平衡倾斜度 δ

由于残留不平衡重量的作用，转轮会向一个方向倾斜。在许用残留不平衡重量的作用下，转轮的倾斜度按下式计算

$$\delta_r = H_r/R \quad (\text{mm/m})$$

式中　δ_r——许用残留倾斜度；

H_r——在许用残留不平衡重量的作用下，转轮在计算半径 R 处的下沉值，mm；

R——计算半径，m。

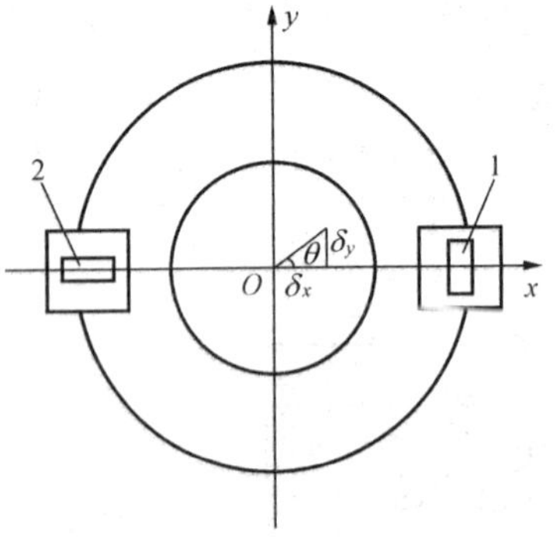

图 1-35　水平仪放置方位示意图

转轮平衡配重合格后，转轮的残留不平衡倾斜度 δ 应小于 δ_r，否则还需在轻的一侧继续配重，直至合格。

δ 的计算方法如下：

在转轮下端面直径方向对称布置的两块水平板上，同一直径处各放一水平仪，一个顺周向（水平仪 1），另一个顺径向（水平仪 2），两者呈丁字形。放置水平仪的直径方向定义为 x 方向，与之垂直的方向定义为 y 方向，如图 1-35 所示。

如果水平仪 1 测得转轮朝 y 正向侧倾斜，读数为 δ_y（mm/m），水平仪 2 测得转轮朝 x 正向侧倾斜，读数为 δ_x（mm/m），利用矢量合成法则，转轮朝第一象限倾斜

$$\delta=(\delta_{x2}+\delta_{y2})^{1/2}$$

倾斜方向角

$$\theta=\arctan\delta_y/\delta_x$$

（四）水轮机静平衡试验实例

水轮机静平衡试验流程如图 1-36 所示。

1. 平衡试验前的准备工作

试验前，工具及场地都准备好，包括两个精度为 0.01mm/m 的水平仪，以及两块同水平仪等重并大小相当的平衡板，平衡底座稳固地放在平台上。准备 8～10 只千斤顶，其总工作能力应为转轮及平衡工具总重的 2 倍以上，采用 4 个 100t 的螺旋千斤顶与 4 个 100t 的液压同步顶升千斤顶互为备用。试验前水轮机应具备的条件如下：

（1）叶片已拆卸，转轮在翻身状态。

（2）连接体、活塞、操作架、枢轴、转臂已拆卸完毕。

（3）转轮体检修工作结束，其表面环氧涂料清除干净。

（4）连接体检修完毕，连接体内原配重铅块清除。

（5）叶片在翻身状态。

水轮机静平衡试验工具及设备清单见表 1-7。

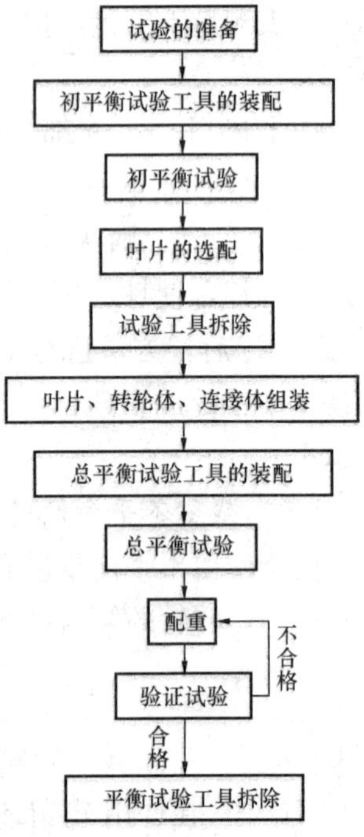

图 1-36　水轮机静平衡试验流程

表 1-7 水轮机静平衡试验工具及设备清单

专用工具及设备名称	型号规格	数量	备注
试验平台	承载能力 300t	1 副	
平衡工具装配	包括底座和平衡球、托架等	1 套	
压紧螺杆及压板、垫片	M36	各 8 个	
支墩	高 800、1000mm	各 5 个	
液压千斤顶	100t	5 个	减缓冲击力
螺旋千斤顶	100t	5 个	稳定性高
水平仪	0.02mm/m	2 个	
紫铜皮	0.10、0.20mm	0.5kg	
灵敏度试验块	6、2.1kg	各 1 个	铁块
平衡配重铅块	50kg/块	1500kg	
磅秤	0～300kg	1 台	用于铅块称重

2. 静平衡试验工具装配程序

(1) 转轮装配起吊专用工具并将转轮体吊出检修坑，放置于安全场地。

(2) 将静平衡试验托架吊入机坑，机坑周围摆好支墩。

(3) 将转轮体吊回机坑支墩上，放置稳固。

(4) 桥式起重机用钢丝绳穿过 ϕ850mm 铜瓦将静平衡托架提升，将其装配在转轮体上。

(5) 通过调整螺杆，按球心一重心距 $h=15$cm 调整平衡球的位置。

(6) 再将转轮体吊开，支墩移开。

(7) 将静平衡试验平台、底座吊起放置在机坑上。

(8) 通过调整底座及平台间垫片的厚度，将整个平台水平度调整至 0.02mm/m 以内。

(9) 平台周围对称放置支墩，并将螺旋千斤顶、液压千斤顶均匀对称放置于支墩上，并调整至试验需用高度。

(10) 在平衡底板表面加适量的汽轮机油，为防止其流走，可在周围涂一圈黄油。

(11) 将转轮体吊回机坑支墩上。

(12) 将放置水平仪的水平板把合在转轮体下端面上。

某大型水电厂水轮机现场静平衡试验装配图如图 1-37 所示。

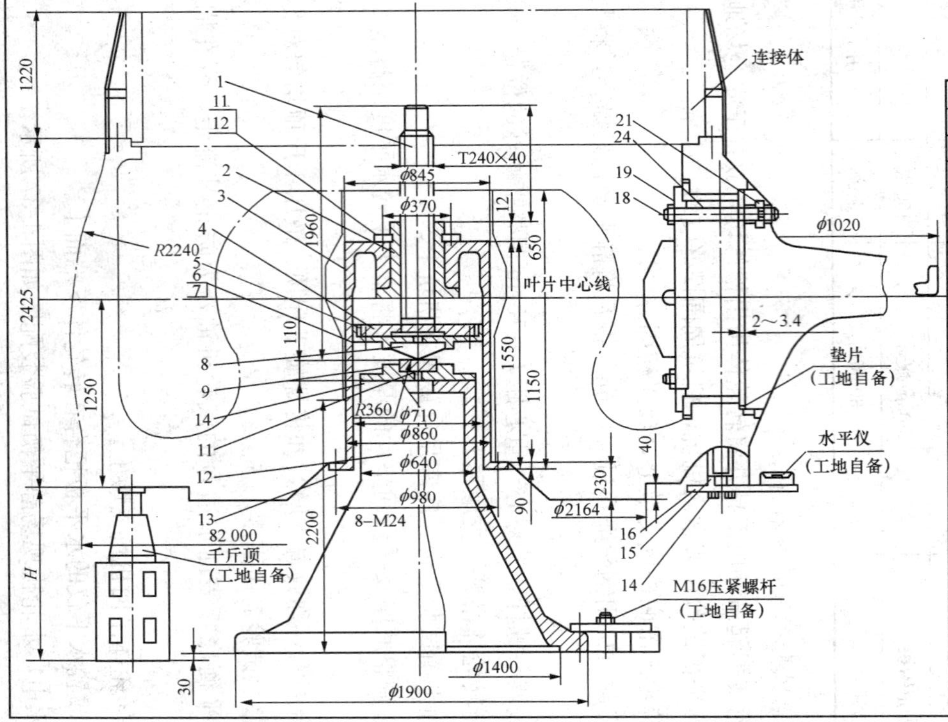

序号	代号	名称	数量	单重	备注
22	GB5783-1986	M16×12螺栓	4	0.005	
21	98D024	垫环	10	50	
20	98D023	M90螺杆	10	45	
19	98D022	连接板	5	522	
18	98D021	M90螺母	20	4.5	
17	98D020	抗重环	1	1	
16	98D019	M160×4螺塞	2	6.5	
15	98D018	水平板	2	19.5	
14	GB5783-1986	M16×45螺栓	8	0.095	
13	GB5782-1986	M24×120螺栓	8	0.499	
12	98D001	底座	1	3700	ZG230-450
11	98D017	垫板	1	46	锻钢Cr15
10	GB5783-1986	M24×70螺栓	4	0.328	
9	98D016	底板	1	133	ZG230-450
8	98D015	平衡球	1	32	锻钢Cr15
7	8EA.934.2205	ϕ20×150圆柱销	2	0.367	
6	GB5782-1986	M24×110螺栓4.8	4	0.465	
5	98D014	平衡板	1	384	ZG230-450
4	98D013	定位板	1	121	
3	98D002	平衡托架	1	2350	BT250
2	98D012	螺套	1	210	锻钢35
1	98D011	螺杆(T240×40)	1	534	锻钢45

图 1-37　某大型水电厂水轮机现场静平衡试验装配图

3. 稳定性和灵敏度的检查

缓慢落下千斤顶，使平衡球轻轻落在平衡垫板上。落下千斤顶，使转轮整体重量落在平衡垫板上。如果转轮向某侧倾斜而使千斤顶不能脱开，可考虑增加球心重心距，或者在倾斜对面增加适量配重，配重量可初步根据倾斜程度、转轮半径、转轮重量估算。

当转轮整个重量落在平衡垫板上时，首先要进行稳定性和灵敏度的检查，方法如上所述。灵敏度合格后方可进行水轮机的静平衡试验。

4. 初平衡试验程序

(1) 将静平衡试验工具装配完毕，转轮体吊回机坑。

(2) 拆除转轮体专用吊具，装配连接体。

(3) 将转轮体＋连接体重量转移至平衡试验工具上。

(4) 调整并校验试验工具的灵敏度至合格范围内。

(5) 配重，直至转轮体＋连接体水平度达到试验要求。

(6) 记录配重量及方位，并计算转轮体＋连接体重心位置。

(7) 拆除试验工具。

5. 叶片选配

为了满足静平衡试验的要求，水轮机叶片可选择返厂修复的叶片，其质量和重心位置均进行了测定和记录。由于叶片质量较大，且水轮机叶片间质量差异较大（某大型水电厂水轮机叶片质量差达 1t 以上），因此，在初平衡试验配重结果后进行叶片选配的工作十分必要。叶片装配计算方法与原理如图 1-38 所示。

对 x 轴求矩　$\sum w_i y_i + Ga_y$

对 y 轴求矩　$\sum w_i x_i + Ga_x$

要求　$(\sum i)^2 = (\sum w_i y_i + Ga_y)^2 + (\sum w_i x_i + Ga_x)^2$ 最小。经计算得到结果后，即可按其配置叶片。

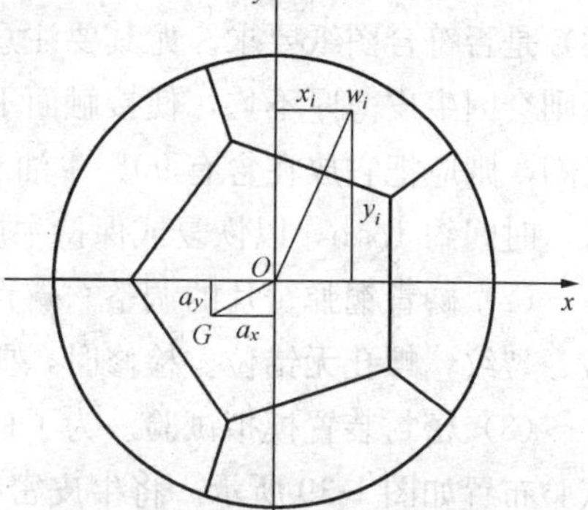

图 1-38　叶片选配计算方法与原理

w_i—某一叶片重量；x_i、y_i—某一叶片重心坐标；G—组合体重；a_x、a_y—组合体重心坐标

6. 精平衡试验（转轮体、叶片和连接体）程序

(1) 用专用工具将叶片装配到转轮体上，叶片在全关状态。

(2) 装配连接体。

(3) 按 $h=15$cm 调整平衡球的位置。

(4) 用专用工具吊开转轮体、叶片、连接体组合体。

(5) 按照静平衡试验工具装配程序进行装配并调整。

(6) 将转轮体、叶片、连接体的组合体吊回检修坑。

(7) 拆除转轮体专用吊具。

(8) 将组合体重量转移至静平衡试验工具上。

(9) 调整并校验试验工具的灵敏度至合格范围内。

(10) 配重，直至组合体水平度达到试验要求。

(11) 按配重量进行配重（铅块溶化并灌入连接体的空腔）。

(12) 验证试验，不合格则进行重复配重、再验证。

(13) 试验结束，拆除静平衡试验工具。

四、水轮机叶片密封的检修

转桨式水轮机在转轮叶片与转轮体相对转动部位必须设置叶片密封，叶片密封应具有双向防泄漏功能，即防止转轮体内轮毂油外泄和防止流道水内渗。随着水电厂运行水平的提高和环保意识的增强，对转轮叶片密封工作可靠性提出了更高的要求，新型密封结构和新材料也不断涌现。

从密封源来看，叶片密封大致可分为以下 3 类，即端面密封（如牛皮密封）、径向密封（如单层 λ 形密封、V 形密封、D 形密封）、组合密封（如 λ-V 组合密封等）。而根据密封结构的不同，密封装置可分为不可拆卸密封装置和可拆卸密封装置两种。

（一）端面密封（不可拆卸）装置

端面密封装置一般是采用磷青铜弹片压紧牛皮密封圈实现止漏的，其检修内容如下：

(1) 牛皮密封圈的检查处理。检查牛皮密封圈的尺寸（包括内径、外径和厚度）是否符合图纸要求。尤其要注意的是，牛皮的厚度一定要合格，要保持均匀，否则会因牛皮薄厚不均，使接触面不平而漏油。如牛皮密封圈已风干或新制牛皮密封圈，则应把它放在含有 90%牛油和 10%石蜡的混合溶液中，温度控制在 60℃左右，时间约 1.5h，以恢复或保持牛皮的柔度。

(2) 磷青铜弹簧片的调整。磷青铜弹簧片是一种弹力较强的弹簧片，其应无折皱、裂纹，螺孔无错位。检修时，要对它进行整形，使弹簧片高度恢复到设计值。

(3) 密封装置模拟试验。为了检查牛皮密封装置是否有效，需进行模拟试验，试验布置如图 1-39 所示。将牛皮密封圈上的螺栓固定在底盖上，把压盖压在密封圈上，用长螺栓在牛皮密封装置的一圈均匀地压紧，使压盖与底盖之间的距离等于密封圈的设计工作高度（如 12mm）。

试验时，应先排出压力腔内的空气，然后加压至 0.2MPa，保持 20min，压力不应下降；再升压至0.3MPa（或根据厂家规定，如0.5MPa），保持20min，压力也不应下降。经排油后吊起压盖，检查牛皮密封圈工作面有无渗漏现象。拆下牛皮密封圈，再次对磷青铜弹簧片进行整形，使其高度符合规定值。

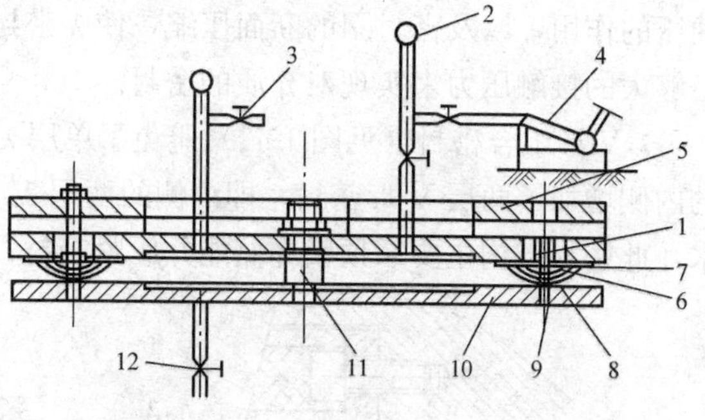

图1-39　模拟试验布置

1—螺母；2—压力表；3—排气阀；4—手摇油泵；5—压盖；6—压环；7—牛皮密封圈；8—弹簧片；9—橡皮垫圈；10—底盖；11—支柱；12—排油阀

（4）模拟试验合格后，便可将密封装置按记号装在转轮体上。磷青铜弹簧片的槽子应错开，不能重叠。牛皮密封圈毛面（工作面）应与叶片工作面接触，装好叶片，拧紧连接螺钉，使牛皮密封圈被压缩至工作高度（如12mm）。如果是一般性大修，不吊转轮时，也可在水轮机室内取出牛皮盘根。这时，可在给定方位将转轮室的1/4可拆段退后，由顶盖起吊孔垂下吊绳，吊住叶片并从转轮体上分解开。取出牛皮止漏盘根，经过修理后，重新装好。

（5）叶片密封试验。转轮装配后，应用合格的汽轮机油进行叶片密封装置的耐压试验（油温不得低于5℃，试验油压按叶片中心至受油器顶面油柱高度的3倍确定）。在试验压力下保持24h，在此期间用油压（或机械外力）操作叶片全行程动作6～12次。在全部试验过程中，各组合面不允许有渗漏现象，每个叶片密封装置的渗油量不得超过表1-8中的规定。

表1-8　　叶片密封装置渗漏油量允许值

转轮直径（m）	<3	3.3～5.0	5.5～8	8.5～9.3	9.3以上
24h内每个叶片密封装置不得超过的渗漏量（L）	0.10	0.15	0.18	0.20	

以往的牛皮密封结构虽简单，但性能不稳定，常漏油且不易检修，现已基本淘汰；传统的单层λ形密封虽因结构紧凑、运行较可靠等而得到普遍应用，但其对安装要求较高，密封圈粘接麻烦，已逐渐被V形密封或者λ-V形组合密封结构所代替。

（二）可拆卸密封装置的检修

可拆卸密封装置主要有λ形、λ-V组合型、V形、D形等密封结构。

1. 密封结构及其原理介绍

单层λ形密封装置带顶紧环（见图1-40），其密封原理是依靠顶起环的弹簧和油压的作用，以及密封圈的断面压缩，使λ密封圈压缩变形，从而在密封面上获得足够大的接触压力来实现对介质的密封。

λ-V形组合密封（见图1-41）避免了单层λ形密封结构上的缺陷，在λ形密封的内侧增加了两层V形密封，即内侧的两层V形密封圈封油，外层λ形密封圈封水，此密封结构主要靠顶紧环储能并压紧密封，性能上十分可靠。

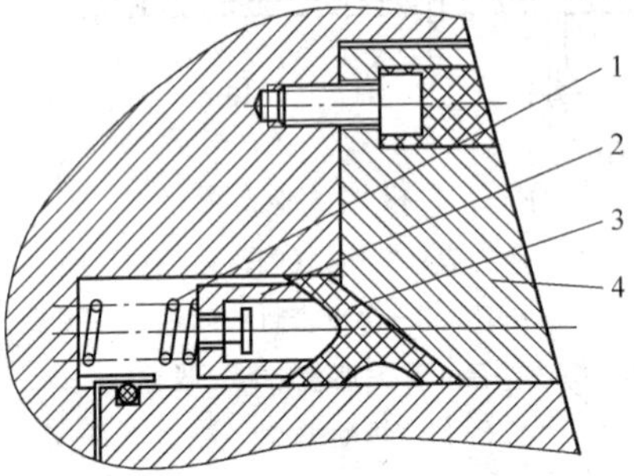

图1-40　λ形转轮密封装置

1—弹簧；2—顶紧环；3—λ形密封圈；4—压板

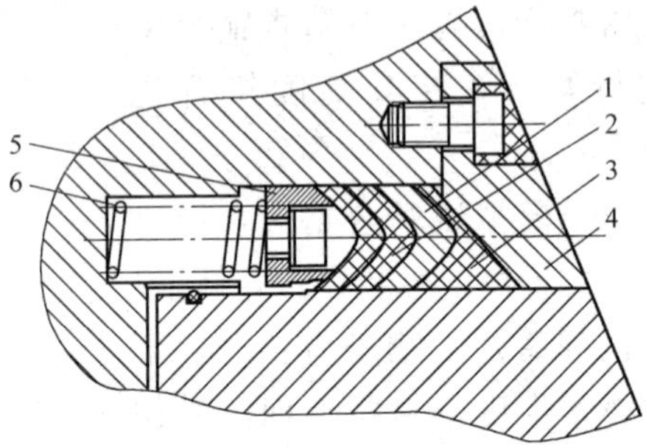

图1-41　λ-V形组合密封装置

1—垫环；2—V形密封圈；3—λ形密封圈；4—压板；5—顶紧环；6—弹簧

双向多层V形密封圈如图1-42所示。该密封结构内侧两层V形密封圈封油，外侧一层V形密封圈封水，主要靠密封圈自身的压缩量、密封压板的压紧力实现密封结构的储能和密封。

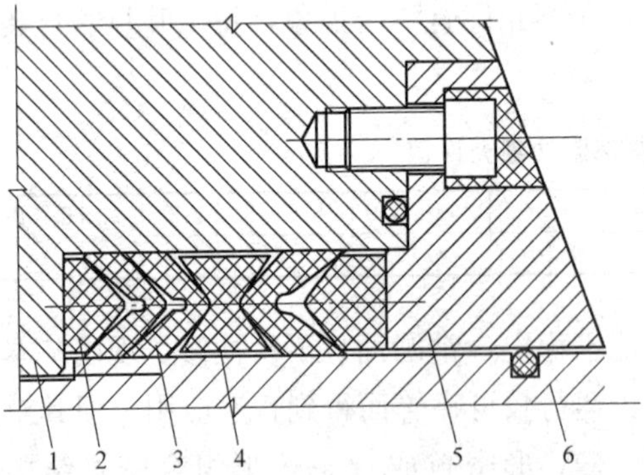

图1-42　双向多层V形密封装置

1—转轮；2—支承环；3—密封环；4—压环；5—压板；6—叶片

2. 检修经验及性能分析

(1) 单层带顶紧环的λ形密封装置。检修这种密封装置时，有如下几个方面的问题需要注意：

1) 检查止推铜瓦与转轮体固定螺钉是否被剪碎。如果固定螺钉被破坏，其残渣掉入顶紧环与转轮体轴面之间，使顶紧环被卡住；或掉在弹簧槽内，使弹簧卡住而失去弹力，都会使λ形盘根失去压力，造成漏油现象。这就需要在更换止推铜瓦时一起处理。

2) 检查顶紧环的圆度和内、外直径。如其外圆直径过大，会与转轮体发生卡阻，引起漏油。此时，先用砂轮和锉刀将顶紧环外圆磨削去一些，然后打磨光滑即可。顶紧环是一个刚性很小的圆环，受力后容易变形，当检查出椭圆度时，要进行校圆处理；处理后，应保证能在工作位置上灵活进出。

3）检查顶紧环固定螺孔是否偏位。如有偏位，会造成内六角螺钉与预紧环固定螺孔卡涩，顶紧环被卡住，起不了顶紧λ形盘根的作用。此时，可以用圆锉扩孔的方法来解决。

4）按图纸要求装配顶紧环（见图1-43）。用8块压环将顶紧环压进8mm，然后松开压环。此时，检查顶紧环能否弹回原来的位置。如果不能恢复，应查明原因并进行处理。

5）检查λ形耐油密封圈是否磨损或老化。如密封圈老化，则更换新胶圈。

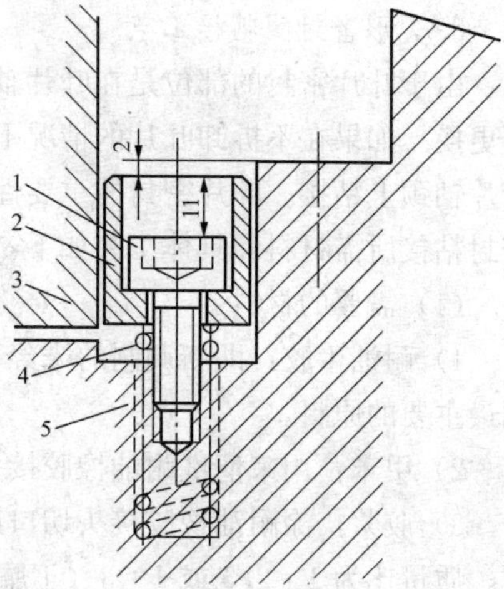

图1-43　顶紧环试验

1—内六角螺钉；2—顶紧环；3—叶片；4—弹簧；5—转轮体

λ形密封装置失效漏油的情况具有普遍性。国内某大型水电厂在多次叶片密封检修中采取了以下综合改进措施：

1）加大顶起环弹簧的压力，使其与作用在该密封圈上的水压力相等。

2）加大顶起环与密封槽的间隙，避免在叶片下沉和铜套磨损后顶起环发卡。

3）为增加密封圈密封边的变形量，加大λ形密封圈的内径。

4）为能在不拆卸叶片的情况下检修此密封装置，将原整体顶起环改为3/3分瓣结构。

通过以上改进和优化后，机组运行情况有了一定的好转，但使用性能仍不稳定，尤其是检修后质量无法评定。

（2）λ-V形组合密封装置。λ-V形组合密封装置是在单层λ形密封装置的基础上发展而来，此密封结构是相对安全和可靠的。例如，某大型水电厂10号水轮机叶片密封为丁腈橡胶材质，自1986年装机投运至2007年A级检修已运行21年，检修时仅发现内侧、外侧密封圈密封边存在老化、变形和轻微变硬现象，中间的V形密封圈无明显的老化现象。

（3）双向多层V形密封装置。该密封结构具有多层密封面，密封性能较好。但主要靠密封圈压缩量储能，在密封老化后容易导致密封压紧量不足而出现漏油情况。例如，某大型水电厂曾因密封材质问题出现过多台水轮机叶片密封的漏油缺陷，在检查处理时发现漏油的叶片密封老化变硬，导致压紧量变小而失去密封作用。针对这种缺陷采取的措施主要是：及时更换新密封圈，并在支承环上粘贴2mm厚的耐油橡皮，增加支承环的厚度，进而达到增大密封组件压紧量的目的。

3. λ形密封圈粘接工艺

由于叶片密封的部位是在叶片轴颈，因此对于整圈密封只能在拆卸叶片的情况下更换。如果在不拆卸叶片的情况下更换叶片密封，必须将密封圈切断，然后套在叶片轴颈上粘接。叶片密封的重要性决定了必须有一套成熟的密封粘接工艺。λ形密封粘接所需材料和具体工艺如下：

（1）需要的材料：

1）耐油生胶：即新调制的未经硫化的丁腈26或丁腈41，是粘接耐油密封胶圈最主要的原料。

2）甲苯：用来清洗耐油橡胶接头切口。

3）胶浆：涂耐油橡胶接头切口用，以未经硫化的丁腈耐油橡胶溶于甲苯而制成，质量比为1∶2.5或1∶3（丁腈∶甲苯），放置24h后可自然溶化。所需要的工具主要有压模（见图1-44）、电炉（或喷灯）、普通水银温度计及木锉。

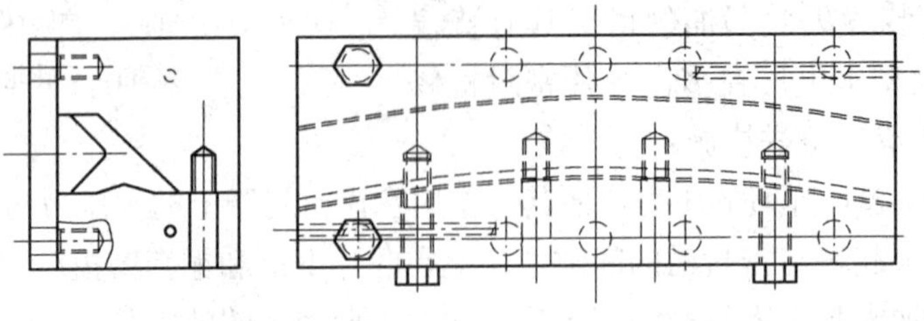

图1-44　λ形密封圈粘接用压膜

（2）具体工艺：

1）把胶带根据计算长度截取下来，接口处切成45°斜口，用木锉将斜口及其周边锉毛，用甲苯将切口清洗干净并晾干。

2）把胶浆涂于两斜口平面上，晾干。

3）将未硫化的丁腈耐油生胶压成厚为2～3mm的橡皮，按切口大小剪下，贴于一端斜口上，用手指压紧，再将另一端斜接头平整地压在其上，这样，两端便连在一起。

4）将压在两接头间的耐油生胶皮露出的边缘修平，但不能凹进原胶带的表面。

5）将已贴在一起的接头轻轻装入已被预热至100℃的压模里，紧上螺钉，用喷灯加热，在3～4min内使模具达到145～155℃，停15min后，打开模具检查接口并放气，然后合上模具加热至120℃，自然冷却。为防止模外部的胶带被烤焦，可用石棉布将其包上，并不断淋上冷水。

6）拆膜，取出胶带，对接头进行检查，要求无气孔、凹槽与脱胶等缺陷。

7）将处理合格的耐油橡皮圈及其他各零件按前述方法进行安装后，经耐压试验，检查其质量是否合格。

（三）单层λ形密封装置的改造实例

我国20世纪70年代设计制造的轴流转桨式水轮机的叶片密封结构多为单层λ形设计，此密封结构的工作原理基本上相当于填料密封，这种密封装置在小型转桨式水轮机上获得了成功的运用，但是在叶片轴径超过1.2m的大型水轮机上使用时，此密封装置的性能并不理想。某大型水电厂检修中曾出现多台机组叶片密封漏油问题。经过多年检修经验的总结，具体原因分析如下：

由于橡胶干摩擦系数大（丁腈橡胶与钢件的摩擦系数约为1.5），作为大型填料，机组运行后就会出现下列问题：

(1) 由于担心密封效果，往往在装配时施加大的压紧力，造成橡胶与枢轴和转轮体之间出现干摩擦，引起密封圈的磨损、撕裂，因而发生漏油。

(2) 机组运行中，当叶片轴瓦磨损或叶片枢轴受力位移后，密封圈在弹性范围内无法进行补偿填充而造成密封失效漏油。

(3) 当顶起环周围弹簧力不均匀时，容易出现倾斜发卡，密封圈局部被挤压，造成局部磨损，以致撕裂漏油。

(4) 在大型机组中，随着机组几何尺寸的增大，密封断面尺寸也随之增大。密封圈各断面紧量很难做到均匀，当叶片枢轴旋转时就会引起密封圈受力不均而损坏漏油。

鉴于这种密封结构存在严重的结构不合理性，导致在机组运行期间经常发生漏油缺陷，部分水电厂将原有的单层λ形密封结构改造为其他安全可靠的密封结构。某水电厂170MW机组叶片密封结构的特点，在2006～2007年的扩修中对水轮机叶片的单层λ形密封装置进行了改造，新密封形式为多层V形密封结构（见图1-45），密封材料改为耐水解聚醚型聚氨酯。

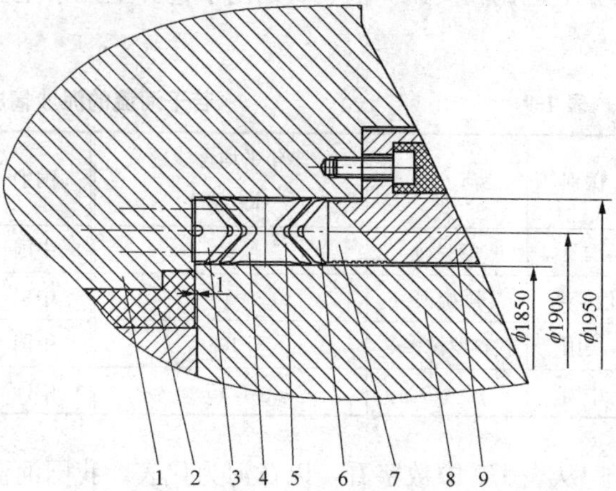

图1-45 葛洲坝2F水轮机密封改造结构图

1—转轮体；2—轴瓦；3—垫环；4—支承环；5—密封环；6—压环；7—适配环；8—叶片；9—密封压板

在原有旧部件基础上的改造过程中遇到的问题：

(1) 原密封结构中密封槽结构及尺寸特殊。由于此改造是基于原密封槽尺寸的，因此原密封槽尺寸的特殊性给新密封装置的设计增加了较大难度。叶片轴颈以及转轮体轮毂孔外侧共同组成了密封槽尺寸的宽度，由于多年运行，两密封面存在一定程度的锈蚀、磨损、变形，导致叶片上下两侧密封槽宽度不一致，局部最大差值达 1.2mm。这给新密封结构的性能提出了更高的要求。

(2) 叶片轴径尺寸大，增加了密封装置的设计难度。叶片密封直径尺寸较大(中径为 1900mm)，目前国内此大尺寸水轮机叶片密封结构设计经验不足。

改造后密封结构与原有单层 λ 形结构相比较，具有如下优点：

(1) 密封元件在密封槽中不发生硬性干涉或挤压。当多层密封元件装入密封槽后，自由形状发生变化时，翼端有足够的变形空间位置，保证密封元件之间以及密封元件与相邻构件之间不发生干涉挤压。密封受力不大且均匀，始终保持摩擦小、磨损小、损失小。

(2) 当密封圈不能从轴向装入时，可以切开使用，只要安装时将切口互相错开安装即可，不影响密封效果，可在不拆卸水轮机叶片的情况下更换密封件。

(3) 该聚氨酯材料在耐磨性、耐油性、抗拉力等性能上均优于普通橡胶，且耐水性能较好，故使用寿命更长。

五、水轮机泥沙磨蚀的危害及预防措施

我国是世界上水能资源最丰富的国家之一，同时我国的一些河流的泥沙情况在世界上也比较突出，表 1-9 列出了世界上几条主要河流和我国若干河流的泥沙情况比较。

表 1-9　　若干河流的泥沙情况

国别	河　名	多年平均含沙量 (kg/m^3)	国别	河　名	多年平均含沙量 (kg/m^3)
埃及	尼罗河	1	中国	黄河（中游）	37.96
俄罗斯	阿姆河	5	中国	金沙江	9.64
美国	科罗拉多	10	中国	泾河	1.56
中国	长江（中游）	1.15	中国	渭河	33.27

从表 1-9 中数字看，以黄河为代表，我国河流泥沙情况较为严重，每年都有大量的泥沙入库。以三门峡等 4 座水电厂为例，每年至少有 6000t 泥沙流经水轮机的过流部件。因此，我国也是水轮机泥沙磨损最突出和最严重的国家。按 1994 年资料统计，全国大型水电厂出现中等以上程度损害的容量达 549.1 万 kW，占大型水

电厂总容量的 29.7%，黄河干流大、中型水电厂水轮机磨损的总容量占其总容量的 63.8%，宜昌以上长江中上游干支流大、中型水电厂水轮机磨损容量占其总容量的 74.2%。

由此可见，我国水电厂水轮机的泥沙磨损危害，在黄河干流及长江干支流水电厂尤为突出。泥沙磨损对水轮机和过流部件的直接危害是过流部件的材料损失。在多泥沙河流上，水轮机的磨损速度十分惊人。在国外，苏联沙星二级水电厂机组投产第一年内停机近 1100h，其中与磨损有关的停机占 73%，第二年停机增至 2377h，因磨损而停机的时间占 97%；巴克桑水电厂在一年内，由于泥沙磨损引起效率降低而损失的发电量达 150 万 kWh。在我国，黄河干流一大型水电厂 2 号机叶片正面铺焊抗磨性能很好的铬五铜钢板，背面铺焊不锈钢板，经 4 年运行，叶片出水边已成锯齿形，叶片有些部位已磨穿，修复面积达全部叶片面积的 45%～50%。黄河支流一小型水电厂仅运行一个半月，30 号钢的转轮叶片出水边下部就被磨出刀刃状缺口，下迷宫环槽基本被磨平，基本上是每年每台机要更换一个转轮。河南省引黄灌渠上的七里营等小水电厂，运行几年后，都因严重的泥沙磨损问题无法解决而被迫下马。

水轮机泥沙磨损的主要危害有以下几个方面：

（1）运行效率降低，年发电量减小。混流式水轮机的上、下迷宫和轴流式水轮机叶片与转轮室之间的间隙在泥沙磨损的作用下会逐渐增大，从而使容积损失增加，以致容积效率下降。当水轮机过流表面遭到严重的泥沙磨损时，过流部件失去原有的设计形状，增加了进口的撞击损失和出口环量，从而使水轮机效率降低。由于迷宫环被磨损后漏水量增加，如减压孔尺寸过小时，推力轴承负荷将增加，这将使水轮机的机械效率下降。对于中等及以上磨损程度的大、中型水轮机，其平均效率下降 1.5%～6%。如龚嘴水电厂 2 号机转轮叶片出水边磨损严重，在 20 世纪 80 年代中期实测，大修前平均效率与大修后相比，降低了 3.1%。中、小型水轮机磨损后的效率下降更大，可达 3%～10%。当叶片出水边缺口掉边时，效率下降甚至可达 10%以上。

（2）缩短了大修间隔期，增加了大修费用及备品费用。对于在含有大量泥沙的水流中工作的水轮机，其泥沙磨损的破坏程度常常是决定检修周期和检修工程量的主要因素。我国多泥沙水流条件下的中、小型水轮机每年大修一次，大、中型水轮机每 2～3 年大修一次，与国家要求的 5～7 年一次的大修目标相差甚远。同时，严重的磨损增加了检修工期，为修复水轮机将消耗大量材料，造成人力、物力的严重浪费。如三门峡水电厂，由于泥沙磨损导致机组大修，不仅消耗了大量的人力、物力，也损失了大量的电能效益。此外，由于泥沙磨损，机组寿命仅为正常情况下的

1/3～1/2，水电厂不得不频繁更换受损部件，备件费用大幅提高。

（3）对于严重磨损的水轮机，若检修处理不及时，则机组等效强迫停运率将增大，机组等效可用系数及运行灵活性也将降低。

我国早期水电厂的水轮机，无论是设计方案，还是制造质量，都处于比较落后的状况。在经历了长期的实际运行后，这些水轮机已经暴露出越来越多的问题，不仅严重影响水电厂的安全运行，还因为效率水平低、检修工期长、水能资源浪费多而大大地影响了水电厂的经济效益。对这些设备进行有计划、针对性的更新改造，已经成为行业界的共识。

（一）水轮机叶片磨蚀形态及部位

轴流转桨式水轮机转轮叶片进口边速度相对流速低于出口边，且随半径增大，相对流速增加，叶片外缘有较高的相对流速。此外，由于含沙水流的旋转，叶片外缘也有较大的局部含沙浓度。这样，叶片出水边外缘的磨损最为严重。另一方面，叶片出水边附近为强烈空蚀区，这也造成了含沙水流的附加扰动。同时，在叶片外缘端面与转轮室之间形成缝隙流动，而缝隙出后的绕流常作用于叶片端部。因此，叶片外缘一般有严重的磨损。

此外，叶片上常有安装吊攀孔。封堵不平时，将形成局部阻力绕流状态，在其后产生火炬状局部磨损。

轴流转桨式水轮机叶片磨蚀形态及部位如图 1-46 所示。

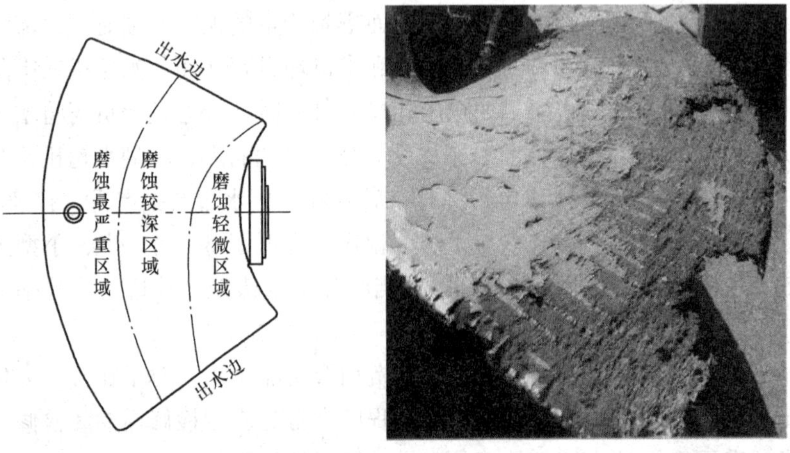

图 1-46　轴流转桨式水轮机叶片磨蚀形态及部位

（二）水轮机叶片抗磨蚀措施

在含沙水流中工作的水轮机不可避免地会遭到磨损破坏，为了减轻过流部件的磨蚀，多年来，国内研究的防护途径中主要有两种形式，一种是“以刚克刚”，另一种是“以柔克刚”。所谓“以刚克刚”，就是寻求一种硬度高于泥沙颗粒，金相结构细小、致密，既有一定硬度又有一定韧性的金属材料或非金属材料来覆盖水轮机过流部件的表面；所谓“以柔克刚”，就是寻求一种富于弹性的高分子化学材料作保护层来覆盖过流部件表面。总之，提高水轮机抗磨蚀能力是水轮机检修的最终目的。经过多年的总结分析，延长在多泥沙流中工作的水轮机设备的工作寿命和改善其抗磨蚀性的措施可以归纳为以下几个方面。

1. 提高水轮机抗磨蚀性的设计与运行措施

（1）考虑到一般进库沙峰与洪峰常同时出现，因而可以控制水库运行方式，进行调沙和排沙。我国三门峡水电厂，每年汛期前减低水库水位，在汛期中利用排沙底孔排沙，尽量保持坝前水位不升高，从而不仅使沙峰得以更有效的排出，而且在较大比重下，利用了沙峰时的大流量冲刷了库底，取得了良好的排沙效果，基本上保持了水库年内冲淤平衡，也有效地减轻了水轮机沙粒磨损。

（2）合理布置水电厂的取水口与排沙孔位置。水电厂的取水口与排沙孔的相对位置与进入水轮机的含水量有密切关系。实验与观测结果表明，取水口与排沙孔深度的比值与其过孔水流的含沙量成正比。因此，一般水电厂的进水口与排沙孔之间的距离较大，排沙孔位置尽量低，而取水口尽量高。

（3）在含沙水流中工作的水轮机选型。对于高水头水电厂，通过冲击式水轮机与混流式水轮机的参数对比和实际经验的总结，混流式水轮机抗磨性能高于冲击式水轮机；对于中低水头水电厂，通过混流式水轮机和轴流转桨式水轮机的对比分析，混流式水轮机性能优于轴流转桨式水轮机；相反，轴流转桨式水轮机的检修条件优于混流式水轮机。在多泥沙水流中工作的水轮机一般不考虑轴流定桨式水轮机。目前有科研机构正在研制针对混流式水轮机的叶片修复（焊接、打磨）机器人，如果研究成功并可用于现场的水轮机检修，则混流式水轮机的优越性更加显著。

（4）其他参数，对于在多泥沙水流中的水轮机，选择低比速转轮可以明显减轻转轮的磨蚀；选择较大的水轮机直径，可以增加水轮机过流部件的相对厚度，进而降低转轮的相对磨蚀量；选择较低的水轮机安装高程和吸出高度，可以减少水轮机空蚀破坏的加剧。

2. 水轮机抗磨蚀结构的改善措施

轴流式水轮机转轮叶片出口边缘和叶片外缘与转轮之间的缝隙区域是磨蚀破坏最为严重的部位。实际运行经验表明，缝隙区域的磨蚀程度常决定了整个水轮机的检修周期，因此必须从结构方面考虑其改善措施。

（1）叶片出水边倒圆角。根据水力学特性，含沙水流在叶片出水边形成脱流、绕流，针对叶片出水边的结构，很多水电厂进行了多方面的改造。值得一提的是，水轮机叶片出水边倒圆角的措施取得了明显的效果。

(2) 叶片外缘加装翼板（裙边）。为了减轻叶片外缘的间隙空蚀，减少空蚀磨损，根据叶片与转轮室缝隙的特点和磨损特征，设计了多种形式的翼板，如Π型、ЛС型和C型等，其中C型翼板取得了良好效果。例如，某水电厂自1993年开始利用机组扩修在叶片背面外缘增设了裙边。经过多年的运行情况证明：虽然叶片裙边本身的磨蚀非常严重，但其可以有效地减轻叶片外缘的磨蚀。

3. 水轮机抗磨蚀防护涂层的使用

采用价格便宜的碳素钢结构钢等作为水轮机部件结构材料，然后进行抗磨蚀处理，是最合理和最经济的提高部件抗磨蚀性的方法。水轮机部件抗磨蚀处理方法基本上可分为以下两大类。

第一类：结构钢材表面的抗磨蚀处理方法，包括热处理方法和扩散渗镀方法。通过这种方法可提高部件钢材本身的表面抗磨性。钢材经过表面抗磨处理后，其表面也常附加了其他元素，但这些元素仅以扩散渗入形态存留于钢材表面，并不形成具有一定厚度的独立层体，因此没有黏结性问题。

第二类：在结构钢材表面上，制备其他的高抗磨性材料的覆盖表层，成为抗磨覆层方法。抗磨覆层方法即抗磨材料与钢母材的异体黏附，抗磨材料的抗磨性与覆层的黏结力有着最密切的关系。

对于某些覆层制备方法，如热喷镀法，在制备覆层的过程中，也有覆层材料的某些元素渗入母材，母材金相组织也有所变化，因此，有时难于严格区分这两类方法。

表面抗磨处理方法一般仅可对水轮机部件作整体处理，同时不能增加部件的厚度和改变其形状，适用于在水轮机制造厂中尚未投运的水轮机部件，如新制作的转轮、叶片、叶片的备品等。但是，随着科技的发展和进步，部件的现场表面抗磨处理必将实现。

抗磨覆层方法可用于部件的整体处理，也可用于局部处理。实际工作中，可以根据需要增加部件厚度和修补部位的形状缺欠。因此，既可以在制造厂对新制造的水轮机部件进行附赠制备，也可以在水电厂现场对已磨损而形状变化的部件进行修补，提高其抗磨蚀性，恢复原设计外形。

(1) 表面抗磨处理方法。表面抗磨处理方法又可分为淬火回火热处理和扩散渗镀法。

1) 淬火回火热处理。钢淬火后，其金相组织可以产生奥氏体向马氏体的转变，可以获得较高的硬度，因而提高其抗磨蚀性。而回火可以改善淬火脆性，消除内应力，使淬火组织趋于稳定。实际上，碳钢，特别是合金钢，热处理后抗磨蚀性的提高主要通过适当的回火温度控制来实现。

2）扩散渗镀法。扩散渗镀法的原理是，将有助于使抗磨蚀性提高的金属元素或其他元素，在加热状态下，扩散和渗入钢部件表面层内，形成这些元素及其化合物的扩散层，从而提高部件表面抗磨蚀性。随渗入元素的不同，可以制成各种目的的扩散层。在水轮机抗磨蚀处理方面，随渗镀元素不同而有合金元素渗镀法、渗碳法、氮化法、氰化法和其他多元素共渗法。

（2）抗磨覆层制备方法。水轮机应用的抗磨蚀覆层种类很多，根据复层材料的性质，分为金属覆层和非金属覆层两大类。金属覆层包括各种耐磨和高硬合金覆层；非金属抗磨覆层包括陶瓷覆层、环氧树脂刚性覆层、合成橡胶弹性覆层和粉末塑料覆层等。这里仅介绍水电厂常用且对水轮机部件抗磨蚀具有良好效果的几种涂层。常见的抗磨覆层的制备方法有：

1）涂层法。这是一种最简单的覆层制备方法，适用于常温液态加热固化的热固性塑料环氧树脂抗磨覆层和弹性橡胶涂料覆层的制备。尤其适用于在水电厂不良的检修条件下（如在部件原位检修）修复被磨蚀的水轮机部件。其中，环氧树脂砂浆覆层在长江、黄河流域许多水电厂普遍使用，而弹性橡胶覆层在三门峡水电厂也有成功的应用，此覆层最大的特点是操作方便，可以在水轮机转轮室完成。

2）电镀法。以欲镀覆层的部件和被镀金属为两极，在金属盐的溶液中电解，则部件表面可以均匀镀上薄层金属。此法常用于制备硬质抗磨蚀合金层，如镀铬层，其硬度可达 HV800～HV1100，具有很高的抗磨蚀性。

3）热喷镀法。利用各种热源将抗磨覆层材料加热到熔融状态，借助喷射气流将其雾状微粒喷附到部件的母材表面而形成抗磨覆层。热喷镀法几乎可以制备各种金属、非金属抗磨材料的覆层，喷镀效率高，设备简单，无论在制造厂或在水电厂检修现场均便于应用，因此是目前日益推广采用的水轮机抗磨覆层制备方法。热喷镀法一般根据热源来分类，具体可以分为电弧喷镀法、高速火焰喷镀法（气喷镀法）、气体爆燃喷镀法、热线喷镀法、电子射线法和电介质加热法、等离子射流喷镀法、电焊法等。这里仅对高速火焰喷镀法作一简单介绍。

高速火焰喷镀法的原理是用可燃气体，如丙烷（塑料粉末喷镀常用）或乙炔（金属喷镀常用）等与氧气混合燃烧，其火焰将喷镀材料加热到熔融状态，亦由压缩空气将其熔滴微粒喷附在母材表面而形成覆层，喷射速度超过 2000m/s。采用火焰喷镀法时，被喷镀材料可以为金属、陶瓷或塑料，可以为线棒式或粉末状。熔点约在 3000℃以下的材料均可用此法制备覆层。

火焰喷镀法操作简单、易于使用、设备简单。覆层与基材结合强度大于

70MPa，表面硬度大于 HV1100，表面抗磨能力比 0Cr13Ni4Mo 高 70 倍以上，其抗空蚀能力与 0Cr13Ni4Mo 相当，而且在火焰喷镀过程中能够严格控制基材温升，保证基材不发生热变形，从而确保原设计的精度。值得一提的是，高速火焰喷镀碳化钨覆层在国内许多大型水电厂均有成功的应用（见图 1-47 和图 1-48），是值得推广的水轮机抗磨蚀覆层工艺。

图 1-47　某水电厂水轮机碳化钨涂层

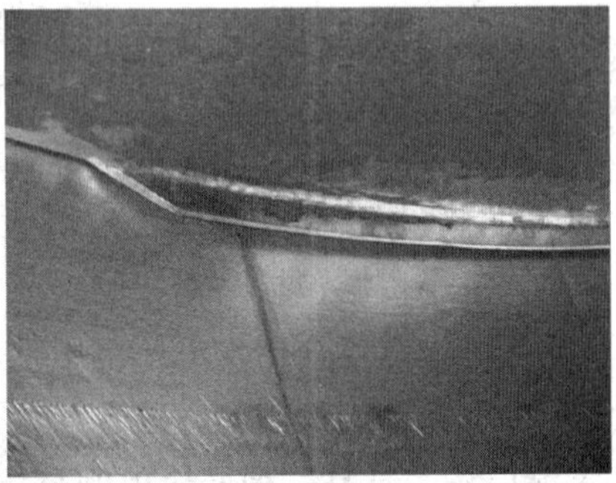

图 1-48　某大型水电厂水轮机轮叶外缘碳化钨涂层

第二章 导水机构的检修

导水机构是反击式水轮机的主要组成部分之一，其主要作用是：①根据电力系统负荷的变化，调节水轮机的水流量，以适应系统对机组出力的要求；②形成和改变进入转轮的水流环量，以满足不同比转速水轮机对进入转轮前水流环量的要求，对进入蜗壳的水能资源进行科学分配，使之高效平稳地冲击水轮机转轮，实现水能至机械能的转换。

导水机构主要由导叶和导叶传动机构组成。导叶传动机构包括拐臂、连臂、控制环等部件组成的构件系统。导叶的轴颈支承在顶盖和底环上，并能绕自身的轴线旋转。导叶均布在座环与转轮之间的环形空间内。当外负荷变化时，调速系统操作主接力器，主接力器通过控制环等导叶传动机构转动所有导叶，当导叶围绕自身的轴线旋转一个角度时，即改变了导叶的开度，使得水轮机的流量发生相应的变化。当导叶首尾相连，即全关后，则关闭水流进入转轮的通道，使机组停机。

按水流流经导叶时与水轮机轴线的相对位置，导水机构一般可分为：水流方向与主轴垂直的径向式导水机构，主要用于混流式水轮机和轴流式水轮机；水流与主轴平行的轴向式导水机构，用于贯流式水轮机；水流与主轴斜交的斜向式导水机构，主要用于灯泡贯流式或斜流式水轮机，也用于高比转速的轴流式水轮机。

机组运行一个 B 修周期（一般为 5 年左右）后，需要在机坑内对水轮机导水机构的完好性和性能进行检查或检修。对导水机构性能的检查，主要涉及封水性能、部件传动的灵活性及部件的可靠性。机组运行一个 A 修周期（一般为 15 年左右）后，需要将水轮机导水机构吊出机坑进行检查和修复。对导水机构的检修包括水轮机导水机构的修前修后测量、导水机构的安装与调整、导叶的检修、导叶附件的检修（包括支承、密封、传动机构）、导水机构环形部件的检修（包括底环、控制环、顶盖、支持盖）等。本章以目前应用最广泛的径向式导水机构为例，介绍水轮机导水机构的检修技术，对其他形式的导水机构的检修也有一定的借鉴意义。

第一节 导水机构在检修前后的测量

在机组检修前后，为了掌握导水机构的封水性能，需要测量导叶的漏水量、导叶的端面间隙和立面间隙，以及接力器的压紧行程。为了检查导水机构的动作灵活性，需要检查导水机构的动作力；为了检查导水机构的均匀度，防止水力不平衡而造成机组振动，需要测量导叶的开度。

一、导叶漏水量的测量

导叶漏水量是评判高、中水头水轮机安装和检修质量的标准之一。机组停机期间，水轮机导叶漏水不仅浪费水能资源，过大的漏水量还将加大机组停机过程中机组各轴承部件的磨损，严重时则将影响机组的正常停机。在大修前后均应进行导叶漏水试验，从而掌握导叶密封效果，检查导水机构检修后（尤其是导叶间隙调整）的质量。

导叶漏水量的测量方法有多种，较简单和传统的测量方法是容积法。下面以容积法为例说明其测量原理。容积法测量导叶漏水量的布置方式如图 2-1 所示。

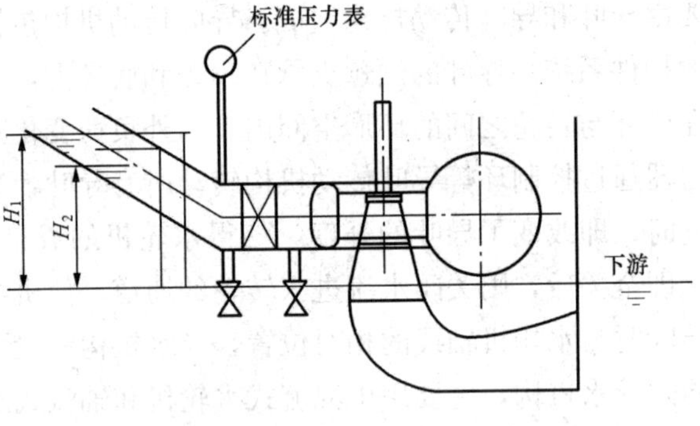

图 2-1　容积法测量导叶漏水量的布置方式

图 2-1 中的标准压力表是在试验前临时将钢管压力表卸下而装上去的。

主要测量步骤：关闭进水口闸门，假定进水口闸门处不漏水，导叶处于关闭状态（分接力器闭侧有油压和无油压两种状态），主阀开启（若旁通阀的过流量大于漏水量，也可以打开旁通阀而不开主阀），其他技术供水阀门关闭，先排出一部分水，使压力钢管内水位低于进水口闸门下坎。在这种情况下，钢管内水位经过一段时间下降了 1m（可由压力表反映出来），则漏水量 q 为

$$q=\frac{\pi D^2 h}{4t\sin\alpha}\quad (\mathrm{m^3/s}) \tag{2-1}$$

式中　D——压力钢管直径，m；

h——钢管内水位降低的高度，m；

t——钢管内水位降低 1m 所需要的时间，s；

α——钢管轴线的倾斜角度，(°)。

考虑到进水口闸门漏水的影响，导叶实际漏水量 q_s 为

$$q_s = q_z \pm q \tag{2-2}$$

当 $q_z > q$ 时，取负号；$q_z < q$ 时，取正号。

换算到额定水头时的导叶漏水量为

$$q_d = q_s \sqrt{\frac{H_r}{H}} \tag{2-3}$$

式中 q_d——机组在额定水头时的导叶漏水量，m^3/s；

q_s——试验水头的实际漏水量，m^3/s；

H——压力钢管中的试验水头，m；

H_r——额定水头，m。

一般应测 2～3 次，求其平均值。

例如：某水电厂机组，钢管直径 D=5.6m，α=29°41′，H_r=69m，H=23m，t=136s，q_z=0.100m^3/s，代入式（2-1）～式（2-3）得

$$q = \frac{\pi \times 5.6^2}{4 \times \sin 29°41' \times 136} = 0.362 \ (m^3/s)$$

$$q_s = 0.362 + 0.100 = 0.462 \ (m^3/s)$$

$$q_d = 462\sqrt{\frac{69}{23}} \approx 0.800 \ (m^3/s)$$

容积法测量导叶漏水量存在一些困难。压力钢管测量段的大量水位测试相当费时，如果导叶密封较好，测量时间将更长，不能适应于各种情况，不是所有机组都能找到合适的测量段。目前计算机辅助测试的方法已经实现，先测定蜗壳内水压的变化曲线，再经过计算机的程序换算，得出导叶的漏水量。这种方法在大、中型水轮机导叶漏水量测定上已经得到应用，减轻了测试人员的劳动强度，提高了测试和计算精度。由于该方法比较复杂，这里不作详述。

二、导叶间隙的测量

导叶漏水量的大小与导叶的立面间隙和端面间隙有直接关系，与接力器行程的压紧度也有关系。所以，大修前后均要测量导叶间隙和接力器行程压紧度，并调整至合乎规定的范围内。导叶立面间隙测量部位见表 2-1，测量部位在一对导叶的头尾搭接立面的上、中、下三处（如表图中的Ⅰ、Ⅱ、Ⅲ所示）。端面间隙的测量部位见表 2-2，测量部位在一个导叶的上、下端面各大小头四处（如表图中的 A、B、C、D 所示），即导叶上端面与顶盖抗磨板之间和导叶下端面与底环表面之间。当导叶在立面和端面装有橡皮盘根密封装置时，只要盘根不被水冲掉，上述间隙值一般不会变化。对于中、高水头的水电厂，当导叶无密封装置时，应严格测量并控制间隙值。

表 2-1　　某机组大修前有油压导叶立面间隙测量记录

部门：	××水电厂导叶立面间隙测量记录	
	版号：	页码：
检查内容：测量相邻两导叶立面接触部位的间隙。 质量要求：大部分立面间隙为 0		机组号：F

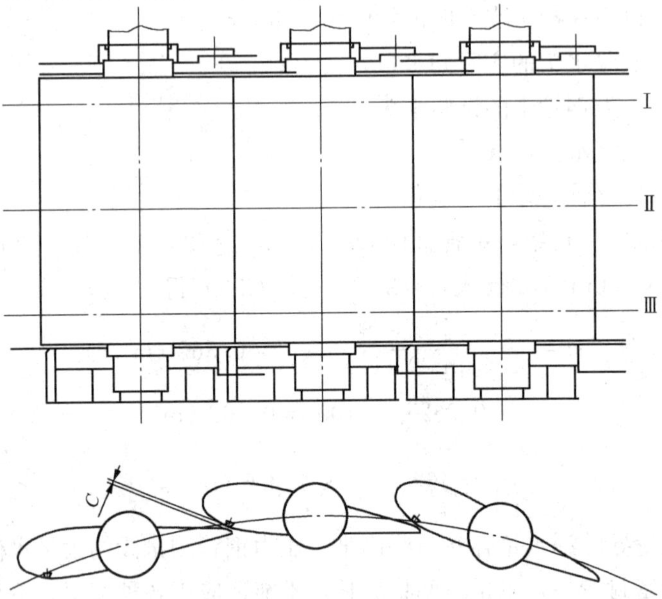

编号	C/Ⅰ（mm）	C/Ⅱ（mm）	C/Ⅲ（mm）	编号	C/Ⅰ（mm）	C/Ⅱ（mm）	C/Ⅲ（mm）
1～2	1.75	1.70	1.75	13～14	0	0	0
2～3	0	0	0	14～15	0.15	0.15	0.15
…	0	0	0	…	0	0	0
…	0	0	0	…	0	0	0
9～10	0.20	0.20	0.20	21～22	1.00	1.00	1.00
10～11	0	0	0	22～23	0	0	0
11～12	0.65	0.60	0.60	23～24	0	0	0
12～13	0.45	0.40	0.50	24～1	0	0	0

□合格　　　　□ 不合格	意见：
测量工具：500mm 塞尺	测量人：　　记录人： 日期：　　年　　月　　日
备注：部分活动导叶下部间隙较大，局部间隙≥1mm，间隙长度一般在 600mm 左右。	

表 2-2　　某机组大修前导叶端面间隙测量记录

部门：

××水电厂导叶端面间隙测量记录

版号：　　页码：

检查内容：测量导叶上、下端面间隙

质量要求：导叶上、下端面间隙均为 1.19～2.61mm

机组号：F

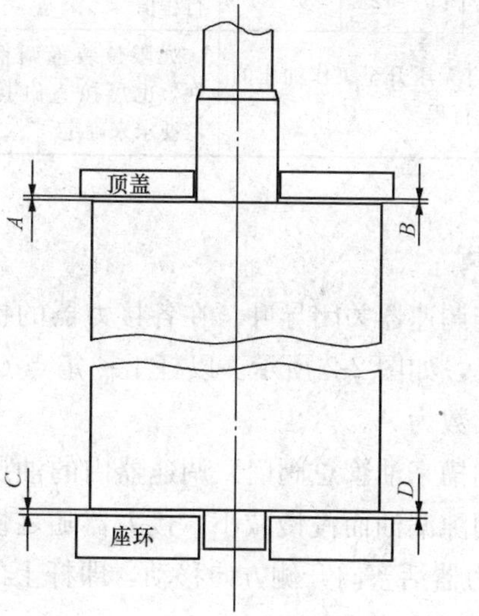

编号	上间隙（0.01mm）		下间隙（0.01mm）	
	A	*B*	*C*	*D*
1	130	140	160	155
2	135	125	145	150
3	125	135	155	150
4	130	135	175	160
5	135	130	160	155
…	…	…	…	…
…	…	…	…	…
23	140	135	150	160
24	155	145	170	170

□合格　　□ 不合格　　意见：

测量工具：500mm 塞尺　　测量人：　　记录人：

日期：　　年　　月　　日

备注：

在有油压和无油压两种关闭状态下，用塞尺（或加钢板尺）测出间隙，并进行记录。表 2-1 和表 2-2 是某水轮机导水机构大修前有油压部分导叶间隙测量记录，该表也可作为检修的质量验收参考。无油压状态是指当关闭接力器供油管，打开接力器闭侧排油阀时，导叶处于无油压关闭的状态。显然，导叶的弹性变形会使立面间隙稍大一些。

三、接力器压紧行程的测量和调整

导叶关闭时，在来自蜗壳的压力水和导叶内弹性密封的作用下，以及连臂变形及各销轴间存在间隙等，导叶有向开侧运行的趋势。为避免由此而引起的漏水现象，当接力器关闭了导叶之后，还要继续关闭一段行程，使导叶关闭后有几毫米的过紧量，这就是压紧行程。表 2-3 给出了不同直径的转轮的接力器压紧行程。

表 2-3　　接力器压紧行程值

测量项目		转轮直径 D（mm）					说　明
		$D<3000$	$3000\leqslant D<6000$	$6000\leqslant D<8000$	$8000\leqslant D<10\ 000$	$D\geqslant 10\ 000$	
直缸式接力器	带密封条的导叶	4～7	6～8	7～10	8～13	10～15	撤除接力器油压，测量活塞返回距离的行程值
	不带密封条的导叶	3～6	5～7	6～9	7～12	9～14	
摇摆式接力器		导叶在全关位置，当接力器自无压升至工作油压的50%时，其活塞移动值即为压紧行程					如限位装置调整方便，也可按直缸接力器要求来确定

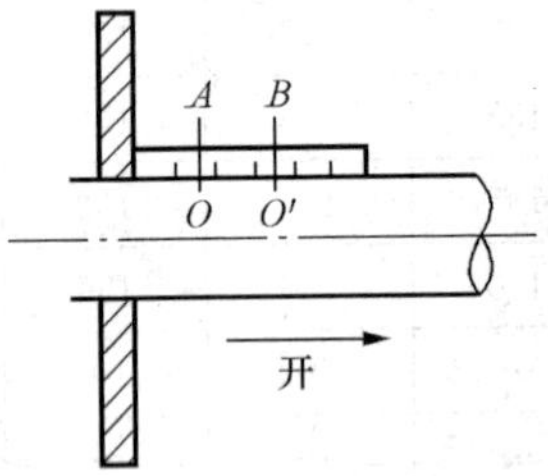

图 2-2　接力器压紧行程流量

（一）测量

测量方法如下：

（1）手动操作调速器关闭导叶。在各接力器的推拉杆上各放一钢板尺，如图 2-2 所示。以杆上一定点 O 为标记，对应尺上读数为 A。

（2）关闭压油槽来油管总阀门。调速器内的油压由于调速器部件的间隙漏油而慢慢减小，接力器随之慢慢消压，导水机构部件的弹性恢复作用迫使接力器活塞向开侧方向移动，即杆上的 O 点移至 O' 位置，对应尺上读数为 B，则压紧行程 δ 为

$$\delta = B - A \quad (\text{mm}) \tag{2-4}$$

同时，也可测量有压和无压状态下接力器推拉杆的伸出长度，两长度差也就是接力器压紧行程，原理是相同的。

（二）调整

如果测出两接力器的压紧度不符合表 2-3 所规定的标准，就需要调整，调整方法如下：

（1）调整接力器行程法。一般情况下，增大接力器行程将使压紧行程增大，反之则减小。调整时，两推拉杆上连接螺母两边的背母松开，按照本机接力器的安装特点，转动连接螺母改变推拉杆的长度。如想调整压紧行程，对于动作方向相反的接力器，某一推拉杆长度增加，另一个推拉杆的长度则减少；对于动作方向相同的接力器，则推拉杆长度要同时增加或减少。

旋转连接螺母的角度可由式（2-5）计算，即

$$\alpha = \frac{360^\circ}{H}\Delta\delta \tag{2-5}$$

式中　α——连接螺母的旋转角度，（°）；

H——连接螺母旋转一圈后推拉杆的行程，即螺距，mm；

$\Delta\delta$——调整压紧行程值，mm。

调整后再进行一次压紧行程测定，直至合格后把连接螺母两边的背母拧紧。

（2）连臂长度调节压紧行程。此外，也可通过调节导叶拐臂和控制环相连的连臂长度调节压紧行程，增加连臂长度即增大压紧行程，减小连臂长度则减小压紧行程。

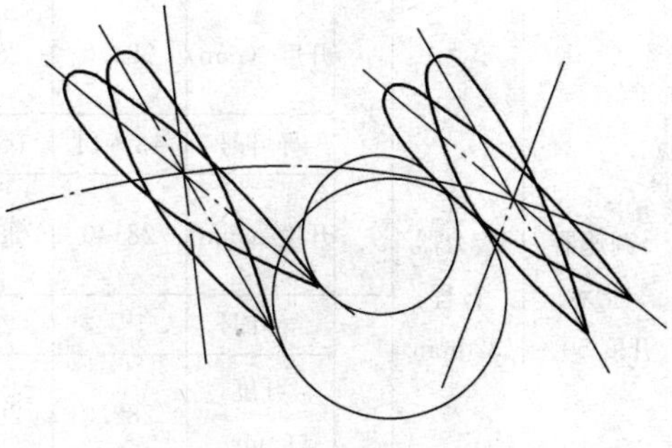

图 2-3　导叶开度测量

四、导水机构最低动作油压的测量

为了检查导水机构动作的灵活性，需要测量导水机构的最小操作力。测量方法是，首先将调速器置于全开位置，导叶置于某一开度位置，将调速系统消压至零，再慢慢将调速系统升压，同时观察导水机构的动作，调速系统油压升到某一值时，导水机构就会动作，此时，调速系统的油压就是导水机构的最低动作油压。

五、导叶开度测量

在扩大性大修中，吊出导叶并进行处理，这就要求在修前和修后测量导叶开度。导叶最大开度偏差不超过最大平均开度的±3%，这样可以防止水力不均衡而引起的振动。

一般性大修时，可以只测 25%、50%、75%、100% 4 个位置上互成 90°的 4 个导叶的开度，若为扩大性大修，则要测 50%、100%时全部导叶的开度。测量在导叶立面的中间部位进行，如图 2-3 所示。测量记录见表 2-4 和表 2-5。

表 2-4　　　某机组大修后实测导叶开度测量记录

调速器开度（%）			25	50	75	100
接力器行程（mm）			170	330	490	660
导叶开度（mm）	递增	+*X*（24～1）	151.0	297.0	446.0	586.0
		−*Y*（6～7）	149.0	295.0	443.0	582.0
		−*X*（12～13）	148.0	295.0	442.0	583.0
		+*Y*（18～19）	150.0	296.0	444.0	585.0
	平均值		149.5	295.5	444.0	584.0
导叶开度（mm）	递减	+*X*（24～1）	150.0	296.0	445.0	
		−*Y*（6～7）	149.0	295.0	443.0	
		−*X*（12～13）	147.0	293.0	441.0	
		+*Y*（18～19）	149.0	296.0	445.0	
	平均值		149.0	295.0	443.4	

表 2-5　　　　某机组扩修前后导叶开度测量记录

调速器指示开度 50%	接力器行程 320mm	增	导叶号	1～2	2～3	3～4	…	…	11～12	12～13
			开度（mm）	284.0	282.0	285.0	…	…	282.0	283.0
			导叶号	13～14	14～15	15～16	…	…	23～24	24～1
			开度（mm）	281.0	282.0	285.0	…	…	283.0	283.0
		减	导叶号	1～2	2～3	3～4	…	…	11～12	12～13
			开度（mm）	282.0	281.0	283.0	…	…	280.0	282.0
			导叶号	13～14	14～15	15～16	…	…	23～24	24～1
			开度（mm）	279.0	282.0	284.0	…	…	283.0	281.0
调速器指示开度 100%	接力器行程 660mm	增	导叶号	1～2	2～3	3～4	…	…	11～12	12～13
			开度（mm）	582.0	580.0	585.0	…	…	583.0	583.0
			导叶号	13～14	14～15	15～16	…	…	23～24	24～1
			开度（mm）	579.0	582.0	586.0	…	…	582.0	584.0

导叶开度的测量过程中，首先，调速器开度从小到大，测量要求调速器开度下的对应导叶开度；而后调速器开度从大到小，测量要求调速器开度下的对应导叶开度。因为调速器由关到开到某一开度和从开关到同一开度所对应的导叶开度会存在一定的微小差异，该微小差异一般是由导水机构机械配合间隙引起的。如果存在明显差异，则应找出原因并及时处理，如检查导叶传动机构或导叶轴承是否存在松动或其他缺陷等。

第二节　导水机构的拆卸与安装

导水机构的拆卸与安装是水轮机导水机构检修的重要组成部分。导水机构的拆卸往往在水轮机组拆卸最后完成，又是水轮机组安装的最先开始的部分，直接影响着检修的直线工期。导水机构的拆卸与安装包括顶盖、支持盖（轴流式机组）、活动导叶及其操作机构、控制环等部件的分解、拆卸和安装、调整。导水机构拆卸与安装的关键部分是顶盖和导叶传动机构的拆卸与安装、调整，导叶传动机构由拐臂、膨胀销（锥销安装在有弹性胀量的内锥外圆的钢套内）或分半键、摩擦装置、拉断销、悬挂板、抗重螺栓及止推装置等组成。控制环经由固定孔距的上下双联板或可调连臂，以偏心销、柱销与摩擦装置（兼作副拐臂）相连接。某大型混流式机组导水机构装配简图见图 2-4。

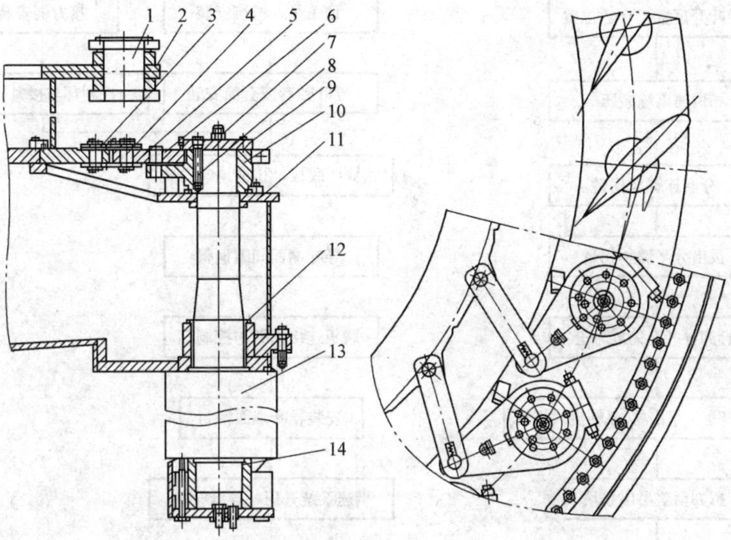

图 2-4　某大型混流式机组导水机构装配简图

1—接力器圆柱销；2—控制环；3—双联板；4—偏心销；5—剪断销；6—摩擦装置；7—导叶提升螺栓；8—弹性柱销；9—悬挂盖板；10—拐臂；11—顶盖；12—中轴密封及轴承；13—导叶；14—下轴密封及轴承

一、导水机构的拆卸与安装

（一）导水机构拆卸与安装过程中的技术要领

（1）导水机构拆卸前按照导叶编号做好相应的部件标记，回装时按照原编号回装，这样可以保证安装质量回复到原安装配合，并大大减少导水机构安装的调整工作量。尤其是导叶间隙调整部件，如端面间隙调整垫片、立面间隙调整偏心销安装角度或可调连臂的长度等都要做精确的标记和记录。

（2）调速系统撤压前将导叶开度置于合适的位置，该位置应在导叶大头外缘尽量靠近顶盖外缘处，而不超过顶盖外缘。这样既利于导叶不需旋转角度便可顺利脱离下轴套而吊出机坑，又能保证导叶有尽量大的开度，方便转轮悬挂工具等进出转轮室。

（二）导水机构拆卸和安装操作流程

导水机构拆卸和安装流程分别如图 2-5 和图 2-6 所示。

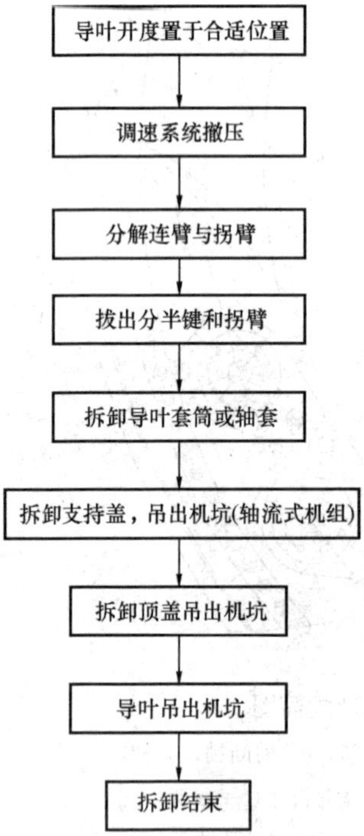

图 2-5　导水机构拆卸流程

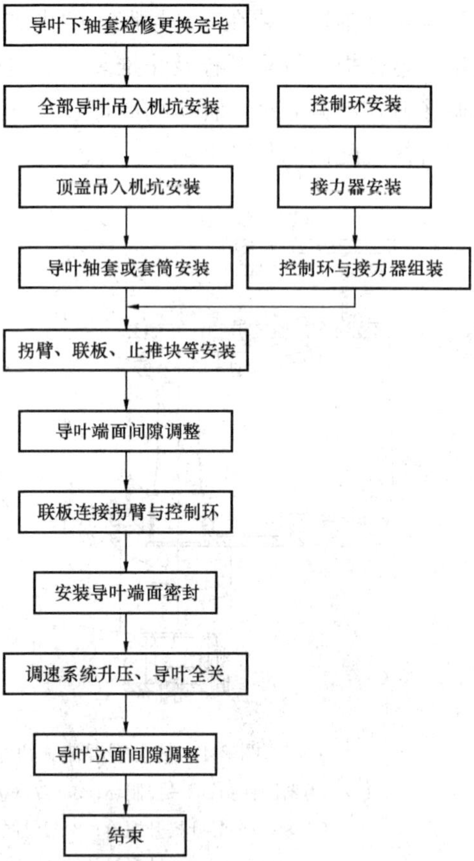

图 2-6　导水机构安装流程

（三）导水机构的拆卸与安装技术

1. 导叶传动装置的拆卸与安装

传统的导叶传动机构连臂主要有双叉头式和耳柄式两种，这两种连臂结构类似，都是用位于连臂中间的调节螺母调节连臂的长度从而调整单个导叶的安装角度，如图 2-7 所示。近年来生产的大型机组导叶传动连臂大量采用双联板式。这种形式的连臂靠位于连臂一端和拐臂或控制环相连接的偏心销调节连臂长度。偏心销转动不同的角度实现连臂的长短变化，从而调整导叶的安装角度，如图 2-8 所示。这种连臂

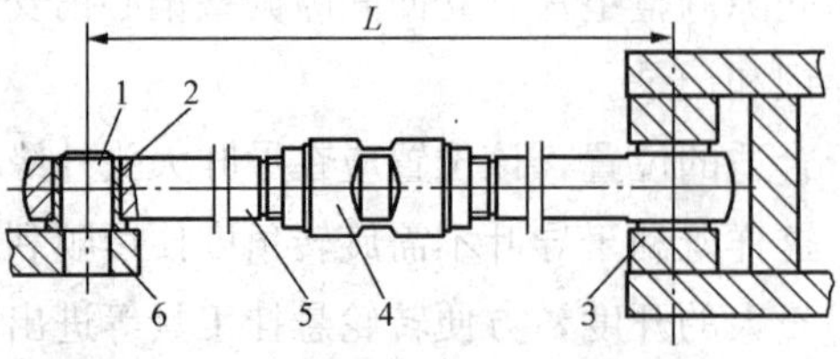

图 2-7　耳柄式连臂

1—圆柱销；2—尼龙销套；3—控制环；4—调节螺母；5—连臂杆；6—拐臂

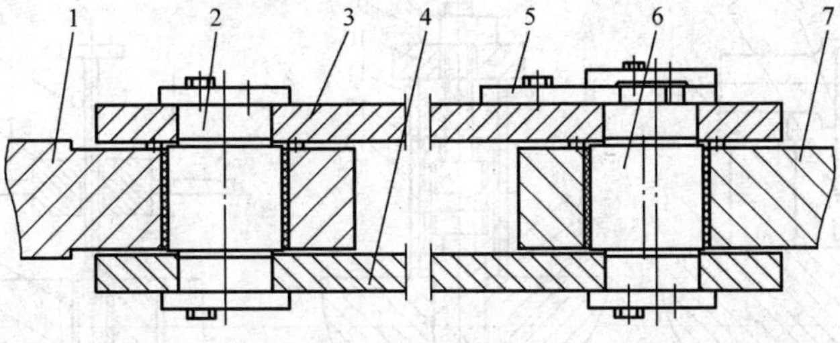

图 2-8　双联板式连臂

1— 控制环；2—圆柱销；3—上联板；4—下联板；5—锁板；
6—偏心销；7—拐臂

的调整范围较小，一般不大于±5mm，所以只能用于加工精度较高的导水机构。老式机组的导叶传动机构主要有单连臂和双连臂两种，如图 2-9 所示。为了保证检修后导叶安装角度与修前一致，同时减少调整工作量，必须在拆卸前后准确测量连臂的长度 L 或标注偏心销的安装角度。

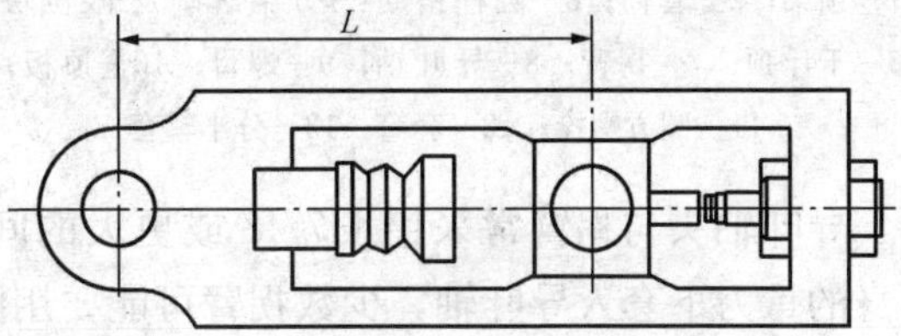

图 2-9　单连臂

连臂的拆卸方法一般是用千斤顶等专用工具，顶出与拐臂或控制环相连的柱销即可。拆卸过程中往往发生锈死、卡阻和连臂被翘起等现象，因此用紫铜棒敲击振动是必要的。拆卸完毕后应清洗柱销并涂油保护。

2. 拐臂拆装

导叶轴头与拐臂多数采用分半键来连接，当拆去导叶轴头上的盖板之后，便露出键的头部。根据分半键的大小设计不同的拔键工具（见图 2-10）。将键拔出后，应立即编号并进行清洗，待涂油保护后用布条成对捆好，存入木箱内。近年来制造的大型机组很多采用新式的锥销组套代替原来的分半键结构，拆卸轻松方便，只需用简易滑锤撞击滑杆头即可拆出（见图 2-11）。

拆拐臂前，应检查各拐臂的编号位置。先拆去止推压板，然后装上拔拐臂的专用工具（见图 2-12）。图 2-12（a）所示拔拐臂专用工具适应于中小型机组，图 2-12（b）所示工具则适用于任何机组。将拐臂拔起一定高度后，用导链或环形起重机吊走。拐臂吊出机坑后，运到指定地点进行清扫。安装前，应把导叶轴头和拐臂内径清扫干净，并涂以润滑油，对拐臂底部的滑轨面要进行抛光处理。安装时将拐臂吊起，对号、找正后放导叶轴上。

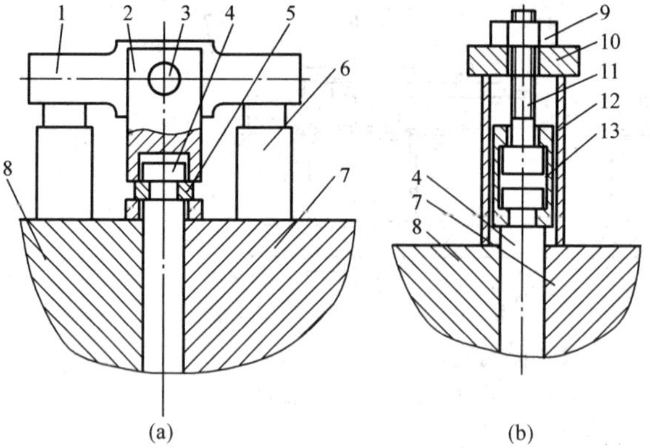

图 2-10 拔分半键专用工具

(a) 正面图；(b) 侧面图

1—顶梁；2—套筒；3—圆柱销；4—分半键；5—限位块；6—千斤顶；7—拐臂；8—导叶轴；9—螺母；10—顶板；11—圆方螺栓；12—套筒；13—分半箍套

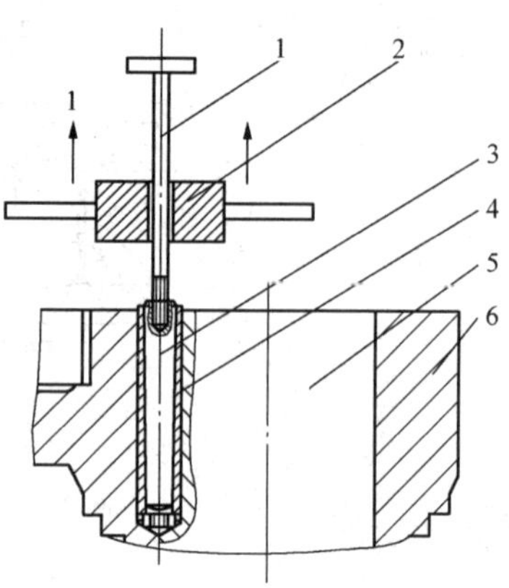

图 2-11 拔组合弹性销专用工具

1—撞杆；2—滑锤；3—锥销；4—弹性套；5—导叶轴；6—拐臂

导叶轴头与拐臂常采用 H7/f8 或更大的间隙配合。安装时，拐臂一般可以在自身的重力下套入导叶轴，少数拐臂可能要用图 2-12 所示专用工具压入。

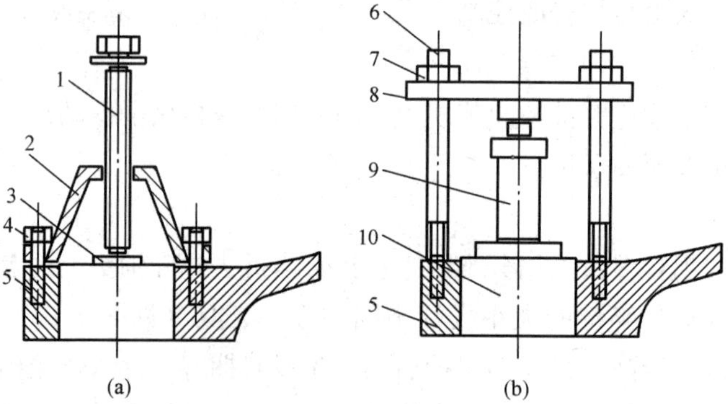

图 2-12 拔拐臂专用工具

(a) 正面图；(b) 侧面图

1—螺栓；2—端盖；3—垫；4—螺钉；5—拐臂；6—螺杆；7—螺母；8—横梁；9—千斤顶；10—导叶轴

拐臂安装到位后，将分半键按原编号放入键孔，但不要打紧，分半键的结合缝要尽量和导叶轴与拐臂的结合缝垂直。当导叶立面间隙调整完毕后再打紧分半键，连接拐臂与连臂。

3. 导叶套筒的拆卸与安装

拆除拐臂后便可拆卸套筒。先用两个顶丝将套筒顶起，然后装上拆卸工具（见图 2-13），将套筒拔出。当机坑内有环形吊梁，或者其他部件已经拆卸完毕，吊出机坑。厂房桥式起重机可直接起吊套筒时，在顶丝顶起套筒后，可用电动葫芦或桥式起重机将套筒吊出。

有的机组装有中轴套，且中轴套安装在顶盖内部导叶中轴部位，则此时应先用两个顶丝将套筒顶起，再用拆卸工具将套筒拔出后，才能用电动葫芦或桥式起重机将套筒吊出，因为中轴套与顶盖安装配合比较紧密，难以用钢丝绳软性起吊的方式直接拔出，如果强行试拔，容易发生事故。

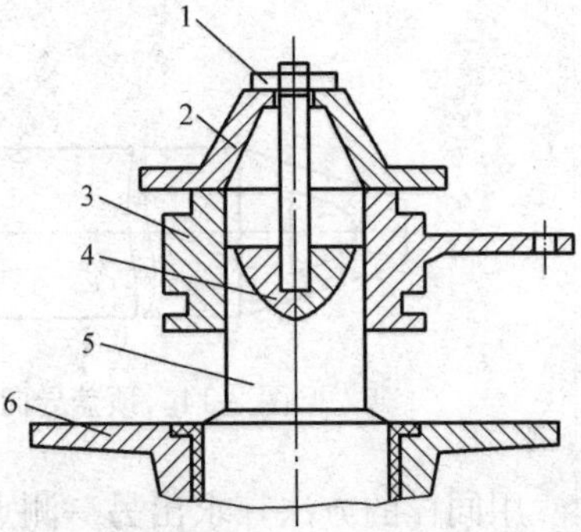

图 2-13　压拐臂专用工具

1—螺母；2—支座；3—拐臂；4—螺杆；5—导叶轴头；6—套筒

安装套筒时，必须注意导叶中轴密封的安装。有中轴套的必须注意内、外两层密封，确保所有密封安装无误，密封表面和法兰结合面清扫干净后才能将套筒装入。

4. 控制环的拆卸与安装

拆除控制环下部润滑油盖板，分离控制环耳柄与接力器推拉杆（有的机组在控制环内圈装有防止控制环运行跳动的防跳板，在吊出控制环前注意拆卸），标好控制环方位记号，将其吊至指定地点。

5. 顶盖的拆卸与安装

(1) 顶盖拆卸时的注意事项。顶盖或支持盖在拆卸起吊前要在其固定螺栓孔上安装导向杆，因为顶盖或支持盖的固定螺栓松动后往往只能拆下螺母，螺杆还在连接下法兰面上，当顶盖或支持盖起吊时，会发生一定的移动和错位，螺栓孔与螺栓丝牙将发生碰擦，造成螺牙损坏。因此，在顶盖或支持盖的连接法兰面对角尽量均匀地拆卸下 4～8 根螺杆，在螺杆孔内安装 4～8 根顶盖导向螺杆。导向螺杆头部为圆锥形，中部直径为螺杆直径和螺栓穿孔直径的中间值，下部螺纹与螺杆螺纹一致（见图 2-14），这样就可确保顶盖起吊时盖顺利脱离螺杆而不致破坏螺牙。

(2) 测量顶盖的水平度。如图 2-15 所示，在与水轮机导轴承法兰结合的面（或在支撑环润滑平面）上，选取互成 90°的两侧点（如 x、y 正方向），用细锉和砂纸将测点打光，放上水平仪，得出一个读数 a_1，然后将水平仪调头，仍放在原位置再测一次，得到另一个读数 A_2，则该测点处的水平度为

$$S = \frac{A_1 + A_2}{2} n \tag{2-6}$$

式中 S——顶盖在某方向的水平值；

n——水平仪精度。

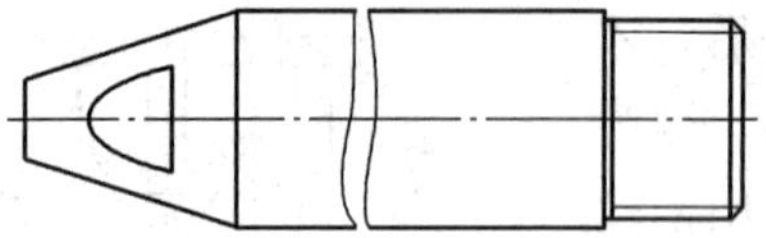

图 2-14 顶盖导向杆

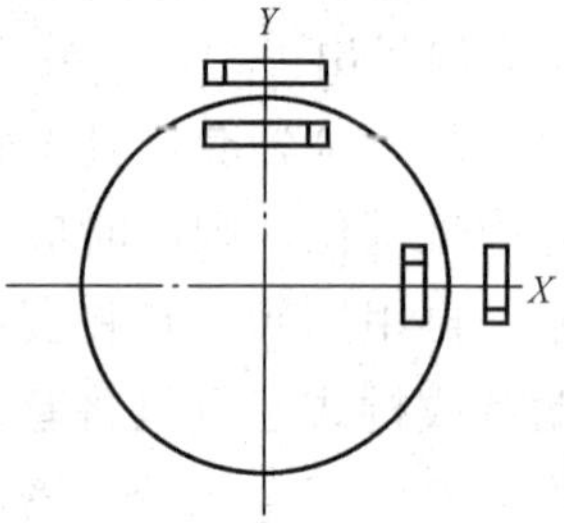

图2-15 顶盖水平度的测量

用同样的方法，求出另一测点处的水平度。

(3) 测量顶盖与底环的间距。按照 4 等分的原则，在顶盖上（或在底环上）找出 4 点，将其清扫干净并做下记号，用千分尺测定各点的间距。

(4) 吊出顶盖。拔出顶盖的定位销，松开与座环的结合螺栓，在对称的 4 个位置穿上钢丝绳并挂在主钩上，拧紧 4 个顶丝。用起重机把顶盖吊出，并将其放于枕木上，以便检修。

(5) 安装顶盖。顶盖的安装需要具备的条件有：①活动导叶全部吊入机坑，安装完毕；②与顶盖相关的上端面密封条更换等检修处理工作结束；③与顶盖相连的座环法兰面或垫块与导叶的上端面清理完毕，没有油污、杂质、颗粒等，如果接触面不清洁，将导致顶盖安装不到位，导叶调试时上端面密封磨损，会影响机组的正常调试；④和顶盖的拆卸过程相同，在结合面座环螺孔上均匀安装导向杆。

上述条件具备后，可进行顶盖的吊装工作。顶盖吊入机坑时应特别注意密封条的安装。如果此密封安装出现缺陷，会造成蜗壳充水后和机组运行中水流从座环与顶盖之间渗出的严重安装缺陷。该处的密封有两种形式。常规的 O 形密封条安装于座环法兰面上的密封槽内。它是靠顶盖等部件的重力和螺栓紧固力压缩密封条的凸起量而形成密封。这种密封安装时，密封槽内应清洁，不可有颗粒物等，顶盖落下前要确保密封条未脱出密封槽。为此，安装时可用 406 胶水等将密封条点固在密封槽内，还可在该座环法兰面上均匀涂抹白厚漆，厚度以完全覆盖钢铁基体为宜，可大大增强顶盖座环间密封的可靠性。另一种密封则位于顶盖座环与蜗壳内的结合缝处。在此结合缝处，分别在顶盖和座环上加工半边密封槽，安装 O 形密封条后用压板压紧，以起到密封作用，该密封形式的顶盖密封与顶盖的安装无关。

在顶盖 4～8 等分位置上安装顶盖导向螺杆。用起重机缓慢将顶盖下落，当下降到距座环结合面 150mm 左右时，停止下落（不许跑车），由 6～8 人再次清扫结合面，并检查橡胶密封圈是否在原位置。

当顶盖下落到和座环接触面距离约 30mm 时再停止下落，把导叶轴调整到顶盖导叶轴孔的中心位置，检查各导叶合格后打入定位销，以确保顶盖安装的准确定位，然后使顶盖继续缓慢下落到底，最后拧紧结合螺栓。采取此步骤的原因是，在导叶轴与导叶叶片连接处，为了减小作用力集中和增加强度，往往设计加工有一个台阶，当顶盖安装到位时，此台阶与孔壁的间隙较小，顶盖回装下落到此台阶位置时就会被卡住而无法下落。因此，必须将各导叶调整到顶盖导叶轴孔的中心位置才可继续下落顶盖。调整的方式是在导叶上轴和顶盖孔壁之间间隙小的一侧安装两个互成角度（90°左右）的顶丝，用顶丝一起顶导叶上轴，直至上轴和孔壁的间隙相等为止。

重复测量顶盖的水平度及顶盖与底环的间距，检查是否符合拆前记录。图 2-16 所示为某机组大修前后的顶盖水平度记录，图 2-17 所示则为该机组大修前后的顶盖与底环间距记录。从图 2-16 和图 2-17 中可看出，修前与修后的顶盖水平度及顶盖与底环间距没有明显的不同，否则应查找原因，重新处理。

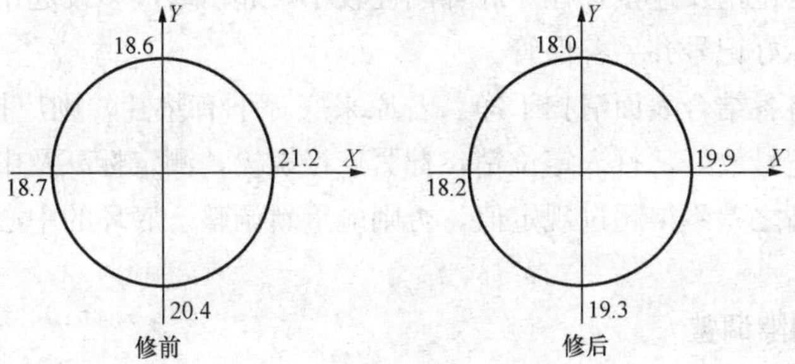

图 2-16　某机组大修前后的顶盖水平度记录

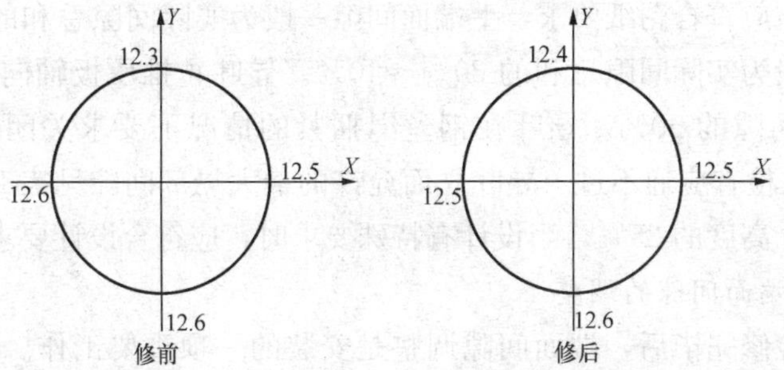

图 2-17　某机组大修前后的顶盖与座环间距记录

6. 活动导叶的安装

活动导叶吊出前应进行编号。吊出时，利用厂房检修桥式起重机将各导叶分别吊出，垫上木方平放于指定地点。检修完毕后，应将导叶清理干净，并在轴承部位涂上润滑油。

活动导叶安装技术要领：①导叶底部和底环上必须清洁，不能有油污、杂质、颗粒等位于导叶底部，如果导叶底部和底环不清洁，导致导叶调试时底部磨损，则将影响机组的正常调试；②底环轴孔内必须清洁，并按要求涂抹润滑脂；③安装导叶轴套密封，不得遗漏；④注意导叶进水边和出水边的差别，不可颠倒；⑤导叶的摆放角度应一致，并应置于合适的关闭位置，摆放角度的控制方法最好是在吊导叶时，下端轴进入底环下轴套后，用力推导叶大头；⑥注意导叶的编号，应与吊出时的编号一致。

7. 底环吊装

底环在机组大、扩修时一般不拆出机坑，但如果底环的空蚀及泥沙磨损破坏过于严重，则需拆卸出机坑并送机械加工厂修复。

底环吊出前，先标出其方位记号与标高记号，测出各测点标高（在固定导叶上设 4 个基准点，测底环表面与该对应点的高度），测定底环的中心位置，然后拆去底环与座环的定位销及连接螺栓。底环刚性较小，起吊时应多设起吊点，若底环下有垫片，则应标好记号并妥善保管。

安装前，将各结合表面清扫干净。若原来底环下有垫片，则应按原位放平整。吊入底环并按记号放好，打入定位销，拧紧连接螺栓，测定标高及中心位置。检修前后的底环标高之差不得超过规定值，否则应重新调整。底环的中心位置与拆前不能相差太大。

二、导叶间隙调整

导叶间隙包括立面间隙和端面间隙。按规定，导叶上、下端面间隙总和的偏差值，最大不得大于设计最大间隙值，最小不得小于设计最小间隙值的 70%。导叶上、下端面间隙应符合图纸要求，上端面间隙一般为实际间隙总和的 60%～70%，下端面间隙一般为实际间隙总和的 30%～40%。导叶止推压板轴向间隙不应大于该导叶上端面间隙的 50%。导叶在钢丝绳捆紧的情况下要求关闭紧密，立面用 0.05mm 的塞尺检查应通不过。导叶立面允许的最大局部间隙见表 2-6，其间隙总长度不超过导叶高度的 25%，当设计有特殊要求时，应符合设计要求。

（一）导叶端面间隙的调整

导水机构检修完毕后，端面间隙调整是安装的一项重要工作。调整好端面间隙，能使导叶打开、关闭更容易，同时减少漏水量，延长密封的使用寿命。

表 2-6　　导叶立面允许的最大局部间隙

项　目	导叶高度 h					说　明
	$h<600$	$600\leqslant h<1200$	$1200\leqslant h<2000$	$2000\leqslant h<4000$	$4000\leqslant h$	
不带密封条的导叶	0.05	0.10	0.13	0.15	0.20	
带密封条的导叶	0.15		0.20			在密封条装入后检查导叶立面，应无间隙

导叶端面间隙一般按照图纸规定的范围确定，要把导叶的上、下端面间隙值调整到图纸的规定值内。导叶端面间隙的调整是靠安装于导叶轴头的提升螺栓提升导叶实现的，导叶的重力通过提升螺栓传递到导叶端盖板，再到拐臂、顶盖，最后到座环上。

调整过程中慢慢打紧导叶提升螺栓，不断测量导叶上、下端面的间隙，直至各间隙值在规定范围内为止。如果导叶轴头和端盖板间有调整垫片（见图 2-18），则调整垫片一定要按照拆卸时的编号安装，只要拧紧导叶提升螺栓，间隙值就应在要求范围内。如果间隙不合格，则根据实际情况改变调整垫片的厚度，反复试验调整到要求范围内。

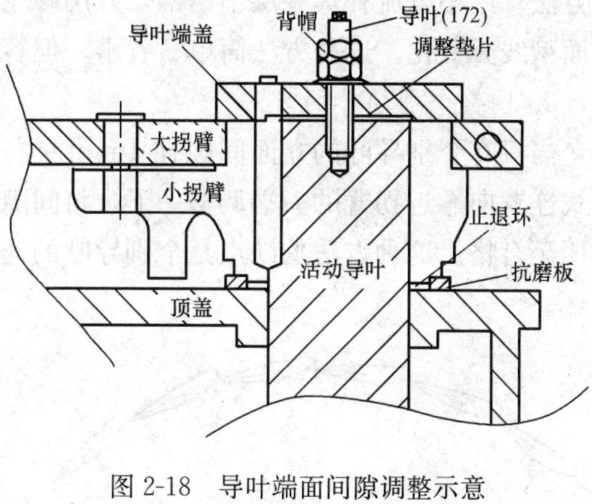

图 2-18　导叶端面间隙调整示意

在长期运行中，如果发现导叶上、下端面间隙总和超过图纸规定值，就要吊出导叶和底环，在底环下加垫，使上、下端面的间隙总和变小。如要加大端面间隙，可在顶盖与座环的接合处加垫。

（二）导叶立面间隙的调整

水轮机检修后的导叶立面间隙的调整分为局部调整和整体调整。程序上首先完成端面间隙的调整，调速系统升压，使导叶全关后检查调整。一般情况下，导水机构在完成检修安装后只存在个别导叶间隙过大的现象，因此只需对存在间隙附近的几个导叶进行调整即可使该立面间隙消失。如果存在间隙的导叶数量较多，则采用传统的钢丝绳捆绑法。

1. 捆绑法

捆绑法是制造厂和安装单位在机组安装时用来预装调整导水机构的方法。拔出全部拐臂与连臂间的连臂柱销，使导叶不受外力控制，而处于自由状态。用钢丝绳在导叶中部捆上一圈半，一头固结于固定导叶上，另一头通过拉紧器挂在吊钩上。关闭导叶并拉紧钢丝绳。在拉紧过程中，可用铜棒锤击导叶，使其关闭紧密。用塞尺检查各立面间隙，个别高点经修磨后应达到合格。捆绑后，导叶轴发生了角位移，使得可调式连臂的两销孔之间的距离要随之改变才能装上；而对于不可调式连臂，则要根据导叶传动机构的结构，采用其他办法来解决。如有的机组是在主拐臂和联板（副拐臂）之间用破断螺栓来连接，可调节联板位置，以适应导叶轴的角位移；或者重新制作连臂，使两端销孔的间距等于调整后的尺寸，但这种方法工期长、工作量大，一般情况下不采用。

2. 补焊导叶立面的方法

当有个别导叶立面间隙较大，且其长度已超过总长度的25%时，可采用补焊的方法。用小电流补焊一层不锈钢，并用砂轮磨平。用锉刀磨平局部区域，使导叶截面型线无变化。这种方法简单、省事，但容易引起导叶开度不均匀。

3. 调整个别导叶的方法

当只有个别导叶的立面间隙在1mm左右时，可以把其前后2～3个导叶的可调式连臂向靠近拐臂的一端调整一下，将间隙均分在这几个导叶上。关闭时，将间隙压至合格。这种方法的缺点是个别导叶的连接螺栓（或剪断销）受力太大，容易破坏。

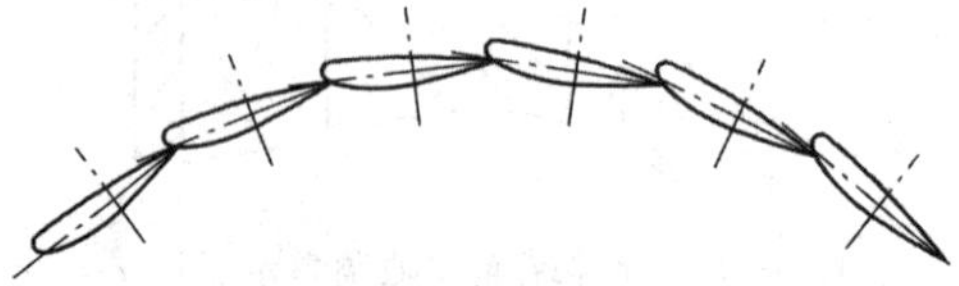

图 2-19　均布法调整导叶立面间隙

4. 均布法

当有几个导叶都存在立面间隙时，可通过调节可调式连臂的方法，将其间隙按传递关系分配给其余导叶，从而在关闭时使各导叶的立面间隙等于0。例如，在表2-7的实例中，标出1号导叶及相邻的24、23、2、3、4号共6个导叶的位置，如图2-19所示。导叶全关时，1号导叶尾部与2号导叶头部的间隙为1.75mm。如想使该间隙为0，只有一条途径，那就是先打开前面的24号导叶，再顺时针转某一个值。以此类推，23号导叶应逆时针转某一个值，22号导叶应顺时针转某一个值……。具体的旋转值可由下式算出，即

$$A_n = (-K)^{n-1} A_1$$

式中　A_n——第n个导叶的旋转值；

A_1——第1个导叶的旋转值；

K——传动系数。

根据叠加原则，用均布法对表 2-7 中的实例进行调整，并将计算后得到的数值填入表 2-7 中。

表 2-7　　均布法导叶立面间隙调整值

间隙 / 导叶号	1～2	9～10	12～13	13～14	15～16	21～22	调整值 (0.01mm)
1	175						175
2		+1.0	+1.6				+3
3		−1.4	−2.3				−4
4		+1.0	+3.2	−1.6			+4
5		−1.4	−4.2	+2.3			−5
6		+1.0	+6.9	−3.8			+8
7	−1.4	−10.0	+4.8				−12
8		+1.0	+14.5	−7.0	−1.2		+16
9		−1.4	−21.0	−10.0	+1.8		−23
10		+1.0	+30.8	−14.6	−2.6	−1.6	+32
11			−44.7	+21.3	+3.8	+2.4	−17
12	−1.4		+65.0	−31.0	−5.5	−3.5	+24
13	+2.0			+45.0	+8.0	+5.0	+60
14	−3.0				−11.7	−7.3	−22
15	+4.3				+17.6	+10.6	+32
16	−6.3					−15.4	−21
17	+9.2					−32.5	+32
18	−13.0					+47.3	−45
19	+18.8					−68.8	+66
20	−27.0					+100.0	−96
21	+39.2						+139
22	−57.0						−57
23	+83.0						+83
24	−120.0						−120

调整顺序应先负后正，即先调节开启方向的导叶，然后再调节关闭方向的导叶。调整螺栓时，必须用千斤顶把控制环顶住，并设表监视，以防走动。这种方法是可靠的，但调整值较小时，难以保证准确度。

第三节　活动导叶的检修

活动导叶检修的主要任务是空蚀与磨损破坏的修复。由于我国的河流泥沙含量较多，造成水轮机过流部件空蚀、磨损及变形相当严重，因此活动导叶的空蚀、磨损破坏修复是水轮机检修中的一项重要工作，现将其修复处理技术介绍如下。

一、导叶空蚀磨损情况分析

导叶为控制水轮机过流量的主要部件。对于中高水头的水轮机，立面一般采用刚性密封，密封效果取决于大小头密封面结合的紧密程度，实际工作中很难保证全无间隙；对于中低水头的水轮机，立面采用弹性密封，弹性密封材料易发生磨损、老化和破损等情况。而为保证导叶开关灵活，端面又必须留有一定的间隙，因此，从导叶实际工作情况来看，其结构上的特点决定了导叶主要产生间隙空蚀及磨损破坏，其具体空蚀磨损破坏区域如图 2-20 所示。从整体来看，导水的空蚀、磨损破坏往往发生在导叶的立面密封处、上下端面、中轴颈和下轴颈，对于导叶叶型曲线设计不理想的中高水头水轮机导叶，空蚀还会发生在叶片正、背面。对于运行 10 年左右的大、中型机组（水头越高的机组检修周期越短，1990 年前机组的检修周期一般比 1990 年后的机组检修周期短，碳钢导叶的检修周期比不锈钢导叶短），导叶出水边的上下尖角及大小头立面密封处空蚀的主要破坏特征是沿水流方向的大沟槽及金属剥蚀，深度可达 8mm；导叶上下端面空蚀则表现为不规则的大面积深坑，坑深可达 20mm；叶面空蚀严重的区域往往均布满了鱼鳞坑和深沟槽，深度可达 10mm，而且小头部分比大头部分破坏严重；中、下轴颈处也有不同程度的破坏，尤其是在叶轴颈与叶面连接处，空蚀会较为严重。

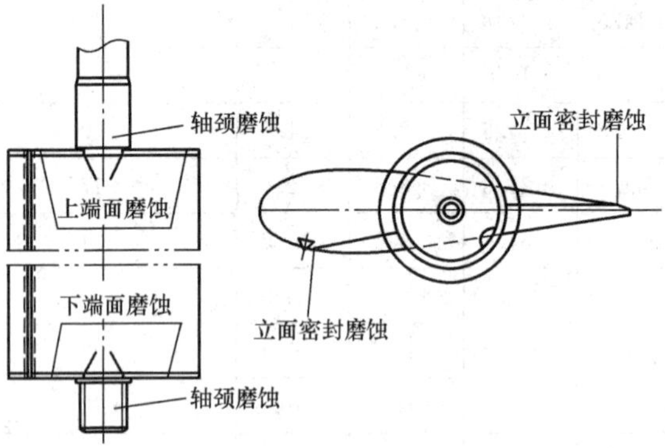

图 2-20　导叶空蚀破坏区域

二、导叶叶面修复处理方法与技术

导叶空蚀磨损的处理方法有以下两种。

（一）不吊出导叶，在蜗壳内处理

这种处理方法在 B 级及以下级别的检修期间进行，因为导水机构各部件不拆卸，修复的方法只能是简单的补焊和打磨，所以只能处理导叶叶面空蚀部分。又因为不具备车床加工条件，对于安装弹性立面密封的密封槽，应慎重采用电焊修复，补焊后密封槽形状往往难以恢复，造成弹性立面密封在机组运行中更容易脱落，以致引起更严重的漏水和空蚀；对于在出水侧安装有压板的弹性立面密封，只需在机坑内更换被空蚀破坏的密封压板即可。

在蜗壳内补焊导叶时，应做好通风工作。在非接触面空蚀区，当空蚀损坏深度小于3mm时，可直接堆焊不锈钢焊条；而空蚀深度大于3mm时，应先用电弧刨把表层空蚀层吹掉，再用砂轮打出新鲜面，然后堆焊不锈钢，并进行磨平处理。

导叶接触面的空蚀破坏，一般只发生在某一段内，而在全长范围内，尚留有未被空蚀破坏的地方。此时，应先用电弧刨把空蚀破坏段吹掉，再用砂轮磨出新鲜金属面，采用小电流施焊工艺堆焊不锈钢。如果电流过大，往往会产生温度应力而出现裂纹。在打磨堆焊面时，应参照基准进行，最后用锉刀锉削接触面，用钢板尺找直。处理后，关闭导叶，检查该导叶立面间隙，直至合格为止。

（二）吊出导叶，在机坑外处理

这时工作条件较好，可以用稍微复杂和全面的办法处理导叶的空蚀破坏，也具备了外运机床加工修形的条件。对导叶进行空蚀补焊处理时，必须将导叶平放在枕木上，同时在轴颈部位相互垂直的方向上装两块百分表，监测轴颈的变形。变形量一般不超过0.05mm。

根据导叶空蚀磨损情况，针对不同部位，应采取不同处理修复方法，现分别介绍导叶正、背面叶面修复处理技术。

1. 导叶正、背面叶面空蚀磨损坑、槽的修复处理

（1）处理方法。传统的方法是采用不锈钢焊条堆焊沟、槽后，人工使用砂轮机进行打磨修形，采用此处理方法，工作条件艰苦、劳动强度大、材料消耗大，经一个大修周期后一般空蚀磨损情况无明显改善，所以该种处理方法的效果较差，只能作短期小面积处理。目前，处理效果较好的方法是采用在导叶正、背面叶面贴焊不锈钢板条的方法进行修复处理，其主要方法是将不锈钢板裁制成长条形板条并在其上钻制若干塞焊孔。对导叶正、背面大的深沟槽适当进行填补堆焊，然后将裁制好的不锈钢条依次贴焊于导叶正背面，最后将焊缝及叶面适当修磨。同时，在导叶面贴焊不锈钢板条及补焊时，为控制变形，要采用反面预热、正面贴补焊法，以控制焊接变形。采用此修复处理方法，可大大缩短检修工期，降低劳动强度。这样处理后导叶正、背面空蚀磨损破坏强度会明显改善。

（2）以上导叶叶面修复处理应注意以下问题：①导叶叶面贴焊不锈钢条后，不利于整体控制和消除导叶焊接变形应力。由于不锈钢条均采用塞焊孔与导叶母材焊接，不锈钢条与母材之间存有一定的缝隙，若采用退火处理，则容易造成不锈钢条

鼓包凸起，影响叶型，造成返工处理。②导叶叶面采用贴焊不锈钢板条处理后，虽对减轻导叶空蚀、磨损起到了积极作用，但对导叶在下一个扩修时处理带来了一系列问题，如何解决尚无法确定，需根据实际情况，采取行之有效的方法加以解决。

2. 导叶大小头立面止水面的修复处理

（1）采用刚性密封的导叶大小头立面止水面修复。对于空蚀情况较弱的碳钢或不锈钢导叶，采用直接补焊，再打磨修形即可；对于空蚀情况严重的碳钢或不锈钢导叶，导叶直接补焊费时费力，又难以控制变形，叶形打磨修复也困难，因此采用镶焊不锈钢条的方法处理，效果较好。首先，在龙门刨床上将大小头空蚀磨损区刨去，刨出一长条形深槽，将事先配制好的不锈钢条镶焊在槽内，然后再精刨其止水面，从而保证了立面间隙的密封要求。

（2）采用弹性密封的导叶大小头立面止水面修复。导叶小头修复与刚性密封导叶的修复相同。导叶的大头立面止水面往往是燕尾密封槽的出水边被空蚀破坏，燕尾槽口变宽，槽深变浅。对于出水边有密封压板的，只更换密封压板和弹性密封条即可；如果无密封压板，则直接补焊修复往往是困难的，尤其是变宽的燕尾槽口难以采用补焊的方式使其恢复，建议对立面密封进行改进，改进为有压板的密封形式，如图 2-21 所示。密封条高出导叶过流面 1.5～2mm。

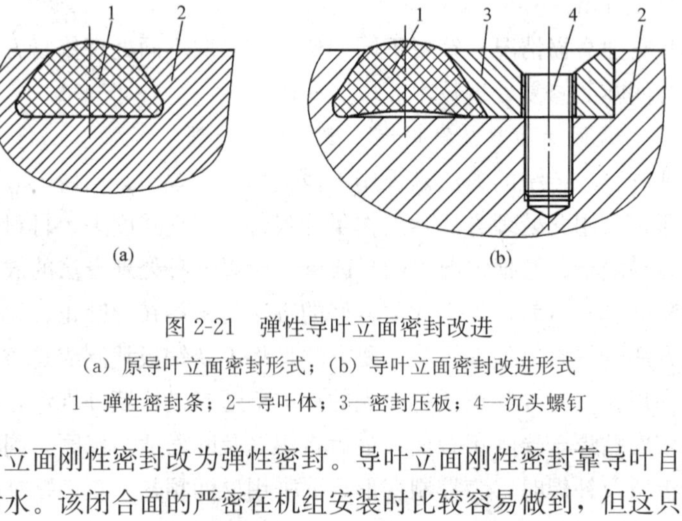

图 2-21　弹性导叶立面密封改进

（a）原导叶立面密封形式；（b）导叶立面密封改进形式

1—弹性密封条；2—导叶体；3—密封压板；4—沉头螺钉

（3）导叶立面刚性密封改为弹性密封。导叶立面刚性密封靠导叶自身金属接触面研合密封封水。该闭合面的严密在机组安装时比较容易做到，但这只是导叶在不受水压作用下的密封状态。在机组投入运行有水压和油压的状态下，由于导叶头尾部的变形量不同，导叶轴颈发生弯曲变形，致使密封面的严密性被破坏。另外，随着运行时间的增加，轴颈和轴套被磨损，导叶在未完全关闭之前，水的流速增加，压力减小，导致导叶头部和尾部密封处发生空化，使导叶密封间隙加大，即加大了漏水量。过去制造的机组导叶普遍采用普通碳钢铸造而成，抗空蚀性能差，导叶在机组运行中易发生空蚀。导叶的磨蚀破坏会给机组带来噪声、振动、性能降低等不利因素。这一系列因素显示刚性密封的密封补偿量明显不足，对中水头老电厂，导叶刚性密封改进为弹性密封（可参考图 2-21），只是密封条材料建议使用性能优良的聚醚聚氨酯材料，密封条依然高出导叶过流面 1.5～2mm。

3. 导叶上、下端面的修复处理

（1）对于空蚀不严重的不锈钢导叶，依然采用直接补焊后修磨的方式修复。打磨时一定要找到基准点，防止端面补焊修磨后导叶的长度发生变化而影响安装和导叶端面间隙。

（2）对于空蚀严重的导叶上、下端面，修复处理采用贴焊不锈钢板的方法进行。首先，在卧式立车上将上、下端面空蚀磨损层车去适当厚度，然后将预先裁制好的不锈钢板贴焊于上、下端面上，最后在卧式立车上精车上、下端面至导叶设计长度，以保证端面间隙的要求。

（3）存在的不足。对原导叶上、下端面已贴焊过不锈钢板的导叶进行处理时，当将原不锈钢板车削去除后，为保证新贴不锈钢板与上、下端面母材的紧密结合，均需将原导叶上、下端面母材适当车削见光。因此，为保证导叶上、下端面重新贴焊不锈钢板后导叶长度留有一定的加工裕度，必须加大不锈钢板厚度，使导叶上、下端面贴焊不锈钢板厚度有逐渐增大的趋势。

三、导叶轴颈修复

（一）导叶轴颈空蚀磨损的原因

已建的众多水电厂水轮机，尤其是 1990 年以前建设的水电厂，导叶轴颈大部分是采用 35 号钢加工的，极易产生蚀损。造成导叶轴颈蚀损的主要原因有以下三个方面。

1. 轴颈材料问题

导叶轴颈如果不采用不锈钢，则一般采用 35 号钢锻制加工而成，这种材料本身的防锈和防空蚀能力就比较差。

2. 空蚀破坏

空蚀破坏发生在导叶轴颈密封处。导叶轴颈密封很难做到完全不漏水，尤其是机组运行多年后，轴颈密封已经被磨损，会有或多或少的水从导叶轴颈与轴封之间的间隙漏出，而水流通过间隙将产生局部真空，出现局部的流速增加，从而产生空蚀。

机组处于不同的运行状态时，发生轴颈空蚀的程度也不同。机组稳定运行时，在蜗壳内顶盖附近的水压很小，甚至是负压，此时漏水量较小，间隙空蚀程度较小；机组负荷经常变动时，导叶随着工况变化而转动，水轮机过流通道内部的压力随着水轮机运行工况变化而经常发生变化，漏水量也会比较大，间隙空蚀也就严重；而停机备用时，水压就是坝前水位到该处的水位差，漏水量较大，间隙空蚀程度也较大。这就是导叶套筒漏水情况在机组稳定运行时较小，变负荷运行时较大，停机备用时也较大的原因。

3. 轴颈的防锈措施不当

有些导叶轴颈加工面是采用镀铬处理防锈。由于镀铬防锈层较薄，厚度一般不大于0.8mm，经过长时间的运行，轴颈表面受到磨损，防锈层会出现局部的破裂脱落。铬的化学稳定性远高于碳钢，大面积未脱落的镀铬层部分与小面积脱落漏出的轴颈碳钢基体在水的作用下形成了“电偶腐蚀电池”，而且是“大阴极、小阳极”型，从而产生严重的电化学腐蚀，加速了导叶轴颈的腐蚀破坏。具体表现为轴颈表面镀铬层脱落面处出现斑状锈蚀区和凹坑，有的凹坑深度可达数毫米。部分轴颈表面磨损部位、轴颈材料局部含有杂质或因轴颈加工工艺的原因，将引起轴颈表面产生锈蚀。

此外，我国的河流泥沙含量大、水的腐蚀性强也是加速导叶轴颈损坏的原因。

（二）导叶轴颈的修复方法

1. 处理方法

对于破坏较严重的导叶轴颈，不建议直接补焊、修磨，因为轴颈的尺寸精度要求高，靠手工修磨的方法很难恢复到原图纸要求和尺寸；原来采用镀铬处理的轴颈也最好不要再采用镀铬修复，因为镀铬后难以保证长期有效，还会有上述相反的效果。

经过实践，目前效果较好的处理方法有以下三种。

（1）不锈钢堆焊。导叶上车床车削轴颈蚀损部位后，沿导叶轴颈周长方向逐层堆焊不锈钢条，形成整体的不锈钢面层。堆焊完毕后，导叶上车床加工至图纸尺寸要求。

（2）不锈钢圈包箍。导叶上车床车削轴颈蚀损部位后，将预先加工好的内径小于车削后轴颈外径的不锈钢圈加热膨胀，套在轴颈上形成不锈钢包箍面层。冷却后，导叶上车床加工至图纸尺寸要求。

（3）不锈钢板包焊。导叶上车床车削轴颈蚀损部位后，将预先加工的用不锈钢板制作的两个半圆环包焊在轴颈上，最后上车床加工至图纸尺寸要求。

2. 各处理方法的优缺点

（1）不锈钢堆焊是沿着轴颈周长方向，顺着轴线方向逐层进行堆焊，导叶轴整体剧烈受热，应力分布发生变化，产生形变，存在导叶整体产生偏心的可能性。此法处理加工时要求严格掌握焊接工艺和流程。

(2) 不锈钢圈包箍是利用热胀冷缩原理将不锈钢圈加热膨胀后套在轴颈上，冷却后，不锈钢圈即紧箍在导叶轴上，再加工至机组制造商所提供的导叶加工图所要求的尺寸。不锈钢圈与轴体没有牢固的接合点，存在不锈钢钢圈松动、导叶轴颈重新蚀损的可能。此法的优点是施工工艺简单，而且导叶轴颈越粗，包箍的效果越好。

导叶上、中、下轴颈镶套不锈钢套后，导叶枢轴变形处理主要采用分别车削加工导叶上、中、下轴颈不锈钢套来进行，这虽然保证了上、中、下轴颈的同心度，但由于导叶长轴无法同时加工，因此造成长轴轴头处与导叶枢轴轴线产生一定的偏差，从而影响到轴头处导叶拐臂等连接部件的安装，造成拐臂向上或向下倾斜，对调速环等部件的运行带来不利影响。

(3) 不锈钢板包焊既避免了堆焊引起轴颈剧烈受热而产生形变的可能性，又避免了包箍时不锈钢圈与轴颈没有牢固接合点，而产生不良后果的可能性。但此法的加工工序多、工艺复杂，车床加工时与不锈钢圈包箍存在相同的缺点。

3. 导叶修复车床加工工序和注意事项

(1) 加工工序：

1) 首先焊顶孔，并检查导叶编号记录，将导叶吊上卧式车床找正，分别测量上、中、下轴颈的径向跳动。

2) 根据找正情况，分别车导叶上、中、下轴颈及上、下端面，并做好记录。

3) 在导叶端面划导叶大小头镶条处的轮廓线，将导叶吊上龙门刨床找正，按划线刨削导叶大小头镶条槽。

4) 加热导叶上、中、下不锈钢套，并镶装在导叶上、中、下轴颈上，焊接牢固并镶焊导叶大小头不锈钢条。

5) 补焊导叶并修磨，导叶正、背面及上、下端面贴焊不锈钢板。

6) 在卧式车床上找正导叶，精车导叶上、中、下轴颈及上、下端面。

7) 在龙门刨床上找正导叶，精车导叶叶面立面不锈钢镶条。

8) 检验加工质量，记录并消缺后交付安装。

(2) 注意事项：导叶上车床加工，找正、修整中心孔时，必须认真核对图纸，精确测量导叶有关尺寸，保证中心点确定无误。中心偏离会造成导叶安装困难，甚至无法安装。包导叶轴颈上车床加工时，导叶的配重、平衡、对中必须精确；车床运转速度应均匀；精心控制，避免车削刀具折断，增加不必要的加工成本。

四、对导叶修复处理的建议

(1) 对于机组台数较多、检修任务繁重的水电厂，水轮机结构形式基本一致，建议预备一套导叶备品，在检修前即处理加工好，待机组扩修时使用，这样可有效地缩短检修工期。同时，对换下来的旧导水机构也有充足的时间进行充分的研究，选择合理的方法进行修复处理，一定会收到良好的效果。

（2）应尽可能地使水轮机在最优工况下运行，以减少空蚀磨损的破坏。

（3）对导水机构需要在随机组扩修期间才能吊出机坑进行全面检修回复部件，要在扩修开始前做好相应的技术处理和材料的准备，这样才能不致因导叶的检修而影响整个机组的扩修工期，也可避免导水机构未检修彻底或处理方法不当而造成导水机构运行几年后便性能恶化，严重影响机组的运行发电，造成巨大的浪费。

第四节　环形部件和导叶附件的检修

一、顶盖的检修

顶盖一般为箱式结构，根据大小可分为整体铸造式和分块组装式。分块组装式一般为焊接结构。小的顶盖由两部分组成，大的顶盖由四部分组成。顶盖检修的内容一般包括顶盖的清扫、排水管路的疏通、防腐处理，以及顶盖与导轴承结合面的修复。对于分块组装式顶盖，还要检查焊缝的质量，焊接不好的部位应及时补焊；用0.05mm的塞尺检查顶盖的把合面，允许的间隙不能超过20%；检查把合螺栓的松紧程度，松的螺栓要及时把紧。

二、底环的检修

底环是水轮机的重要过流部件，布置有导叶下轴套。根据水轮机的大小，底环有整体铸造式和分块组装式两种。对于泥沙含量大的水电厂，运行较长时间后，必须检查底环的磨损量。一般情况下，底环在机组扩修时是不需拆卸的，只在机坑内进行清扫、导叶下轴套的更换和导叶下端面密封的更换。

底环遭空蚀磨损破坏比较严重，需要大量补焊和车床加工时就需要拆卸吊出机坑。底环一般很薄，从机坑吊出后，必须平放在枕木上，以防变形。安装时要特别注意底环与座环结合部位的密封，该处密封安装不好，会对底环造成损害。

三、控制环的检修

将控制环翻身，清扫底滑块和侧滑块，必要时则更换。检查润滑油槽，发现缺陷及时处理。检查控制环上的连臂销套，磨损严重的应予以更换。

四、导叶轴承的检修

在目前运行的水轮机中，导叶轴套材料有锡青铜（ZQZn6-6-3）、尼龙1010、聚四氟乙烯、聚甲醛、铜背聚甲醛、钢背聚甲醛，而一些大型水轮机中已开始采用铜基镶嵌自润滑轴承。由于润滑方式的不同，使得轴承的结构不同，而检修的方法也不一样。

（一）锡青铜轴承的检修

旧式机组的导叶轴承大多采用锡青铜轴承，如图 2-22 所示，该轴泵大多应用于中小型机组，其抗磨性好，能长期可靠地运行，但需检修人员定时逐点地注入润滑油。尤其是导叶下轴承的注油孔都在导叶轴中心附近，不仅难以加工，而且用油枪加入的油也容易被水冲走，起不到应有的润滑效果。

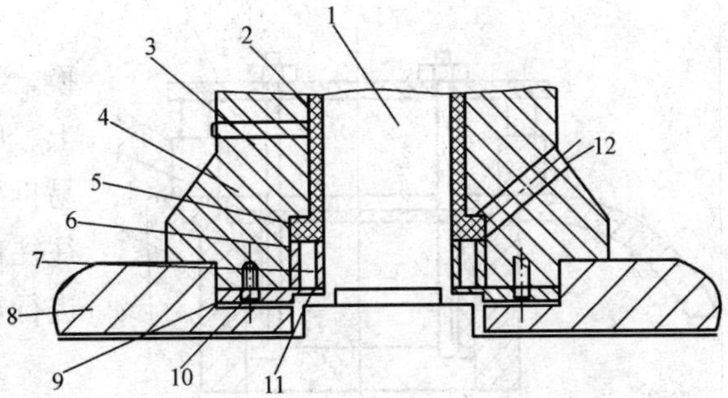

图 2-22 导叶锡青铜轴承与密封装置

1—导叶轴；2—中轴瓦；3—加油孔；4—导叶套筒；5—U 形盘根；6—圆盘根；7—顶紧环；8—顶盖；9—保护环；10—沉头螺钉；11—顶丝；12—排水孔

（二）工程塑料轴承的检修

工程塑料的物理性能、机械性能与金属（如锡青铜）大不相同，因此成型机械加工、安装和检修工作都有自己的特点。

1. 尼龙 MC 和尼龙 1010 轴承的特点与加工安装

尼龙材料与金属材料的最大不同就是水胀性，如尼龙 MC 的吸水率为 0.8～1.14。尼龙 MC 材料的最初应用是做导叶轴套，但因未作水胀计算，造成安装运行后出现抱轴，导致调速系统操作油压增大或剪断销被破坏。为防止抱轴，只能增大间隙，而导叶中轴与轴承间隙的增大又增大了漏水的可能。

不同的尼龙材料，其特性也不相同。就制造水轮机导叶轴承而言，尼龙 1010 的性能比尼龙 MC 好，其相对密度小，吸水性相当于尼龙 MC 的 1/3，耐磨性和自润滑性较好，但机械强度、冲击韧性稍差。

为了解决尼龙抱轴现象，就要注意计算配合间隙。尼龙 MC 和尼龙 1010 经验公式为

$$\delta_{MC} = (0.005 \sim 0.006)d$$

$$\delta_{1010} = (0.002 \sim 0.0025)d$$

式中 δ_{MC}——尼龙 MC 轴承的配合间隙，mm；

δ_{1010}——尼龙 1010 轴承的配合间隙，mm；

d——轴径，mm。

尼龙轴承的加工最好先制造尼龙轴承毛坯，在安装现场加工成型压入套筒，后做压瓦实验，实验得出尼龙轴承的内外直径。如果只加工外径，压入套筒后再加工

内径，这样尺寸控制会取得满意的效果。

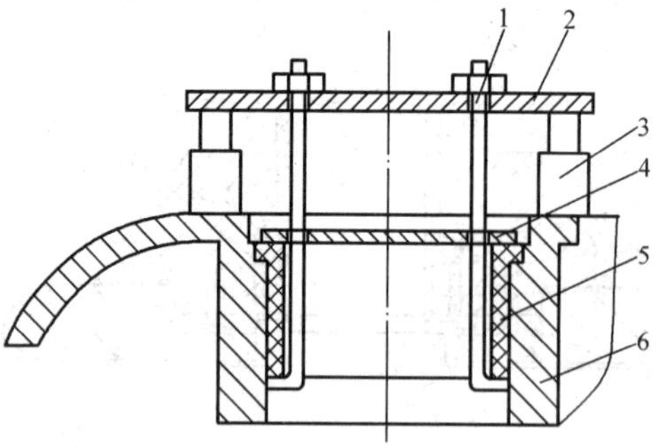

图 2-23　导叶下轴承拆卸

1—抓构；2—顶梁；3—千斤顶；4—限位板；5—下轴承；6—底环

对于磨损严重的轴套则需拆出更换，导叶上轴承和中轴承分别安装在上、中轴套或者导叶套筒内，比较容易拆卸。导叶下轴套安装在底环内，往往比较难拆卸，需要使用专用工具进行，如图 2-23 所示。

安装时，把成型的上、中轴套用手锤打入套筒的孔座，压入后轴套的内径收缩量基本上接近外径配合的过盈量。但是，在装配过程中也会发生个别轴套出现不规则的变形，压装后的内径过度缩小或呈椭圆、梅花圆及圆锥等形状，这主要是由机加工时夹具过紧、进刀量过大或不均所致。对于这类轴套，可利用新断的带锋芒的玻璃片进行人工修刮。在低温环境下进行轴套压装时，由于尼龙 1010 有冷脆现象，切不可用手锤直接敲击，而应用专用工具进行压装，保证轴套在压装过程中不致因受力不均或突然的撞击而破裂。

目前，新型的尼龙材料也在不断地研发和应用，如油尼龙。油尼龙是在普通尼龙中加入特殊油剂改性而成的一种新型工程塑料尼龙材料，除具有普通铸型尼龙的质量轻、易切割、高强度、耐腐蚀等特点外，还具有优越的耐磨性、自润滑性、高抗冲、高抗压等特点。油尼龙也可作为导叶轴承制造的优良材料。

2. 聚四氟乙烯、聚甲醛、铜背聚甲醛、钢背聚甲醛导叶轴承的特点

（1）未经分子填充改良的聚四氟乙烯机械性能较差，大多用来制造密封材料。但经分子填充改良的聚四氟乙烯，其耐磨性能会大幅提高，优于尼龙 1010，水胀性也比尼龙 1010 低，缺点是密度比尼龙 1010 大，为 $2.20g/cm^3$（尼龙 1010 密度为 $1.04g/cm^3$）。

（2）聚甲醛的耐磨性好于尼龙 1010 和聚四氟乙烯，但摩擦系数却高出几十倍，密度约为 $1.42g/cm^3$。

（3）铜背聚甲醛、钢背聚甲醛导叶轴承是在铜套筒、钢套筒的内表面上均匀地黏一层聚甲醛工程塑料，这样使导叶轴承既有聚甲醛轴承的耐磨特点，还提高了轴承强度，消除了工程塑料水胀的缺点。但这两种轴承也有缺点，主要是难以解决聚甲醛材料与铜基或钢基如何牢固黏结的问题。葛洲坝水电厂试用过此类轴套，结构外层为钢背，中间为铜基，内层为聚甲醛，经过 10 年左右的运行后发现，多数轴

承聚甲醛材料被磨掉，有的甚至成片脱落，造成导叶轴直接与铜基摩擦。

几种工程塑料的主要性能比较见表 2-8。

表 2-8　　几种工程塑料的主要性能比较

性能	单位	尼龙 MC	尼龙 1010	聚甲醛	聚四氟乙烯
抗拉强度	MPa	79～97	49～59	52～55	14～25
硬度	MPa	14～21	7.3～8.5	38～42	12～14
抗弯强度	MPa	98～118	67～80		30～45
密度	t/m^3	1.15～1.16	1.04～1.05	1.42	2.2
吸水率	%	1.6～2.0	0.3～0.8	0.03～0.05	0.02～0.04
熔点	℃	220～225	190～210	140～170	280～310
抗压强度	MPa	75～96	49～56		
摩擦系数（23℃）		0.35～0.44	0.08～0.15	0.42～0.54	0.08～0.10

（三）金属镶嵌自润滑轴承

铜基镶嵌自润滑轴承是以优良、高强度铜合金为基体，在其上开有若干个孔穴，孔穴内装有固体润滑剂的轴承。在轴承工作时，固体润滑剂由于受到摩擦挤压和温差的影响，固体润滑剂能够自动挤出，在轴及轴套表面上黏附着极薄而光滑的润滑膜，可有效地改善润滑条件，即使在很高的压力下，也能获得极佳的使用效果。这种轴承适合在高载荷、低转速的工作条件下工作，适合水轮机导叶旋转的工作状况。镶嵌自润滑轴承具有优良的抗磨性能，能量损耗低，磨损轻微，承载能力强，不损伤摩擦副表面。摩擦、磨损性能比聚甲醛好。其中，摩擦系数为 0.08～0.12。承载能力可达 75MPa，使用温度为－80～200℃，是当今世界上先进的轴承之一。它克服了铜背或钢背聚甲醛的缺点，已在一些大型机组导叶轴承中采用，但因其造价高，故难以得到广泛应用。

为了降低造价，镶嵌自润滑轴承大多采用的是钢外壳和铜合金为一体的以双金属为基体的镶嵌自润滑轴承。为确保轴颈在运行中不受磨损，内套采用具有一定润滑性能的锡青铜，结构见图 2-24，其成本仅为铜基的 50%～60%，同样可以得到铜基镶嵌自润滑轴承的优良性能。

五、导叶密封的检修

导叶密封包含导叶立面密封、导叶端面密封和导叶轴颈密封三部分。过去由于导水机构制造受设计、工艺、材料和生产能力的局限，导致老水电厂机组普遍存在导叶密封漏水严重、机组停机时间长等问题。从国内一些老水电厂水轮机导叶全关

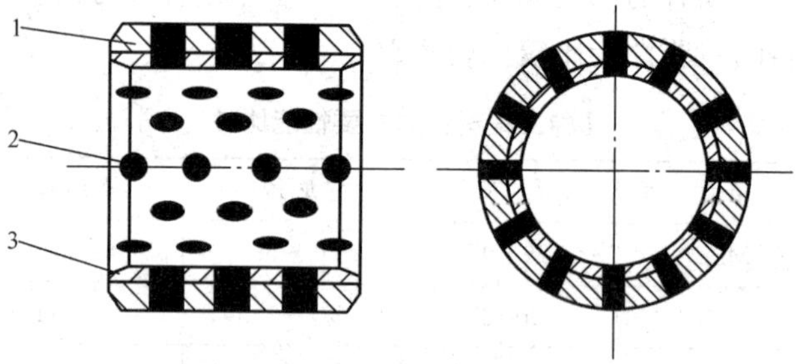

图 2-24 双金属镶嵌自润滑轴承

1—钢套；2—润滑材料；3—锡青铜衬套

后的漏水量统计数据以及由此而发生的事故情况资料看，有的漏水量数值过大，导致机组在停机备用状态曾出现潜动，这种低速旋转严重威胁机组（推力轴承等）的安全运行，既浪费了水能资源，又给生产带来不安全隐患。

（一）普遍存在的问题

（1）导叶上下端面空蚀、磨损严重；导叶立面密封处发生空蚀；头部和尾部出现不同的空蚀；立面和端面均采用刚性密封，密封结构不合理。

（2）导叶轴套和轴颈磨损严重，导致轴颈与轴套配合间隙增大，从而使导叶轴套和立面漏水量增大。

（3）由于受当时条件所限，导叶、轴套和密封条材料的性能较差。

（二）导叶端面密封的检修

导叶的端面，顶盖及底环的过流面构成了导叶的端面间隙。端面间隙的最小值以导叶转动灵活为宜。间隙大小取决于下列因素：有关部件（顶盖、导叶、底环、座环）的尺寸公差、形位公差和受水压情况下的变形。为了减小端面漏水问题，特在端面设置了密封条。

1. 中低水头机组的端面密封检修

对于中低水头的一般机组，采用图 2-25 所示的端面密封结构，此结构和导叶弹性立面密封结构相似，只是不锈钢压板是随底环或顶盖密封槽弯曲的。密封条材料为中硬耐磨橡胶或聚醚聚氨酯，内侧是不锈钢压板，把密封条固定在顶盖和底环上，密封封条安装后要保证有1mm左右的压紧。为了提高聚氨酯的弹性，密封条底部有凹槽。导叶端面应倒5°～6°的斜角，避免导叶转动时把密封条

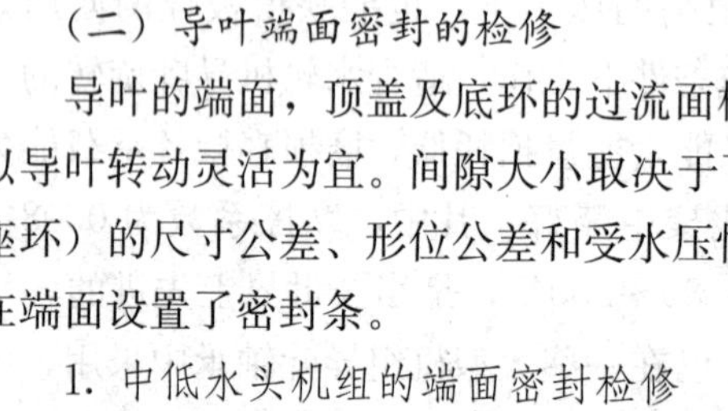

图 2-25 导叶端面密封结构

1—密封条；2—压板；3—沉头螺钉

切坏。外侧无压板，否则下游侧压板已进入流道喉部，流速较高易发生空蚀。把合螺钉为沉头螺钉，螺钉的结构和第三节提到的导叶立面密封用的把合螺钉相同，用沉头螺钉可防止螺钉头引起绕流损失，但拆卸不便。如果密封条损坏或不锈钢压板被空蚀磨损严重，则只需更换密封条和压板。

有的老式中低水头电厂端面密封没有密封压板，在底环和顶盖上直接铣燕尾槽，安装密封条。此结构长时间运行后燕尾槽被空蚀破坏严重，密封条脱落，即便更换新密封条，也会被迅速被水流冲掉；有的密封条还是O形橡胶圈，更容易脱落，造成导叶端面密封失效、导叶漏水量大、停机困难。对此种结构建议改进为图2-25结构。

2. 中高水头机组的导叶端面密封检修

大、中型中高水头机组导叶端面间隙较小（一般小于1mm）、水压大，这就要求此类端面密封凸出量少、耐磨性能和强度高。

目前，此类密封应用效果较好的有以下两种（见图2-26、图2-27）。

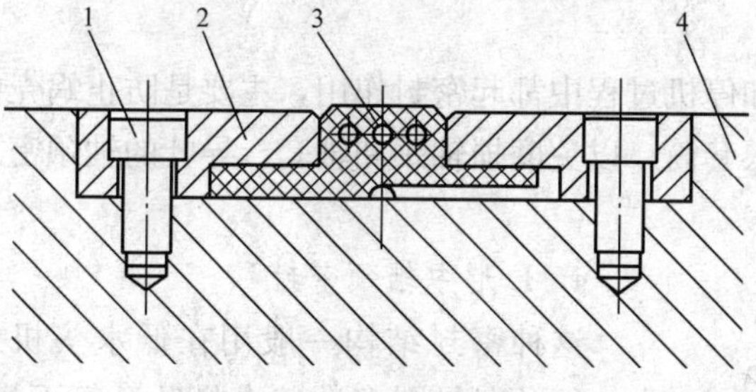

图2-26　中高水头水电厂水轮机导叶端面密封结构（一）

1—内六角螺钉；2—压板；3—密封条；4—底环

图2-26所示的端面密封结构中，密封条为聚胺脂弹性体，靠两侧不锈钢压板把合固定在顶盖和底环上；把合螺钉为不锈钢内六角螺钉，导叶关闭后，由于密封条具有弹性并且高出过流面（高出过流面的高度，一般要保证密封条有0.6～1mm的压紧量），以及密封条下面的压力水的顶起作用，使其上下端面与密封条贴得很紧，密封效果很好。这种结构多用于大、中型机组中，目前用于湖北隔河岩水电厂及湖南五强溪水电厂和广西天生桥一级水电厂等的机组上，用户反映效果良好。但其缺点是：密封条形状复杂，模具制造困难，成本高；在活动导叶开关过程中与其密封面摩擦，所以密封条易磨损，特别对水中含沙量大的水电厂磨损更为严重；这种结构轴肩处的4

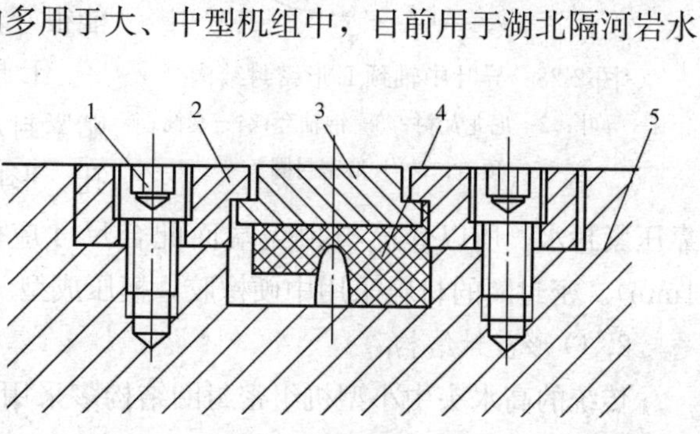

图2-27　中高水头水电厂水轮机导叶端面密封结构（二）

1—内六角螺钉；2—压板；3—密封条；4—橡胶带；5—底环

块不锈钢压板要拼成整圆，手工研配，相当麻烦。另外，内六角螺钉的内六角要用环氧树脂填满，以保证流道平顺，减小绕流损失和降低空化强度。如果环氧树脂被水冲掉，六角螺钉头引起的绕流损失会形成空化源，对于大、中型机组，其相对损失较小，而对小尺寸的机组，就不容忽视，所以这种结构不适用于小型机组中。

图 2-27 所示的端面密封结构克服了图 2-26 中所示结构的缺点，其密封条耐磨，增加了使用寿命，结构比较复杂，由机床加工成型，密封效果很好；密封原理与图 2-26 中所示结构相同。密封条材料为黄铜，放在弹性好的橡胶带上，黄铜带与导叶上下端面摩擦，接触封水，导叶轴肩处靠橡胶带与轴肩接触密封，不用手工研配，便于安装。这种结构在长江三峡水电厂、黄河公伯峡水电厂等机组中大量应用，效果良好。

如果在检修中发现密封条或压板因空蚀和磨损而损坏严重，则需更换备品。

实践证明，上述三种典型的导叶端面密封结构合理、密封性能可靠，只要根据电厂的实际情况合理选择，会得到理想的密封效果。

（三）导叶轴颈密封的检修

导叶轴颈密封在机组正常运行和停机过程中都起密封作用，主要是防止蜗壳中的水进入顶盖和防止水中的泥沙进入套筒，以免磨损轴颈和轴套。导叶的轴颈密封分为中轴颈密封和下轴颈密封。

1. L 形中轴颈密封

这种密封结构一般用在低水头机组中。L 形密封圈多数装在导叶套筒下端，过去曾采用牛皮 U 形密封，封水性能较好，但结构复杂，制造困难；现在多数机组已改用 L 形密封，实践表明，其封水性能很好，且结构简单，如图 2-28 所示。

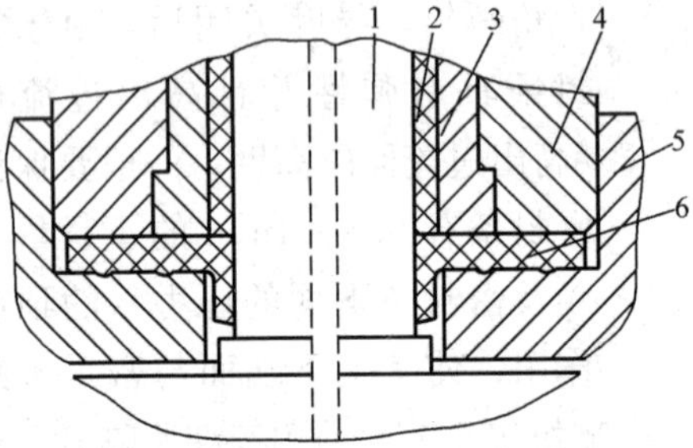

图 2-28　导叶中轴颈 L 形密封结构

1—导叶；2—尼龙瓦衬；3—钢轴套；4—套筒；5—顶盖；6—L 形密封圈

L 形密封圈与导叶中轴颈之间靠水压贴紧封水，因此轴套和套筒上开有排水孔，形成压差。密封圈与顶盖配合端面则靠压紧封水，所以套筒与顶盖端面配合尺寸应保证橡胶有一定的压缩量（约为 1mm）。密封圈的材料采用中硬橡胶，模压成型。

2. O 形密封结构

传统的高水头中小型机组密封圈结构多采用 O 形密封圈。图 2-29 所示的中轴颈 O 形圈密封结构，其密封圈与导叶中轴颈之间是靠压贴封水，封水性能较好，结构也比较简单。它的优点是耐压性好，套筒与顶盖之间要增加 O 形密封圈封水，但缺点是与轴颈的接触面积大、摩擦力大，因此O形密封圈易磨损，应使用在便于更换的结构中，一般应用于高水头的小型机组中，这是因为小型机组的上、中套筒合二为一，便于安装和更换密封圈。

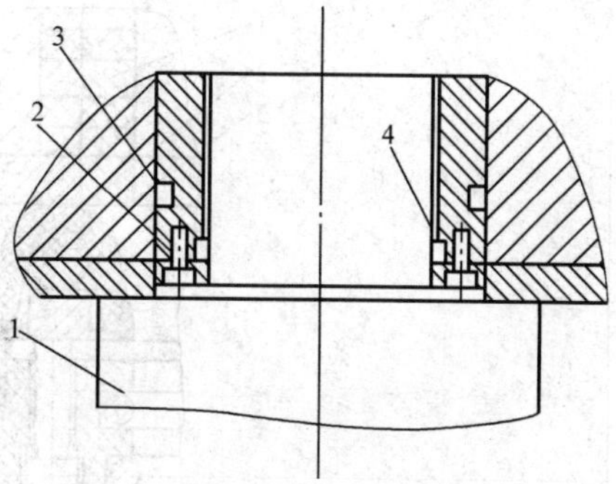

图2-29　O形密封结构

1—导叶；2—套筒；3—O形密封圈；4—顶盖

3. U形密封结构

U形密封结构的密封采用U形密封圈，材料为聚醚聚氨酯。这种材料各方面性能均优于中硬耐磨橡胶，抗拉强度为中硬耐磨橡胶的3倍，抗磨性能为中硬耐磨橡胶的10倍等。经试验，新材料的综合使用寿命是原来的5～7倍，从而改善了导叶的密封性能，延长了密封材料的使用寿命，弥补了L形和O形密封的缺点。其密封原理与L形密封相同，靠水压压紧贴在轴颈上封水。套筒上端的橡皮条密封易安装和更换。如果机组中个别U形密封圈被破坏，机组还不能停机检修，安装上O形密封圈，用压环压紧，可以保证机组正常运行，不至于被迫停机。目前，有的机组已经将上O形密封圈换成多层V形密封，密封的可靠性大幅度提高，如图2-30所示。这种结构一般应用于中高水头大、中型机组中，由于空间的允许，上、中套筒分开安装。

也有采用图2-30中所示的U形密封结构的，密封效果也较好，但结构比较复杂。

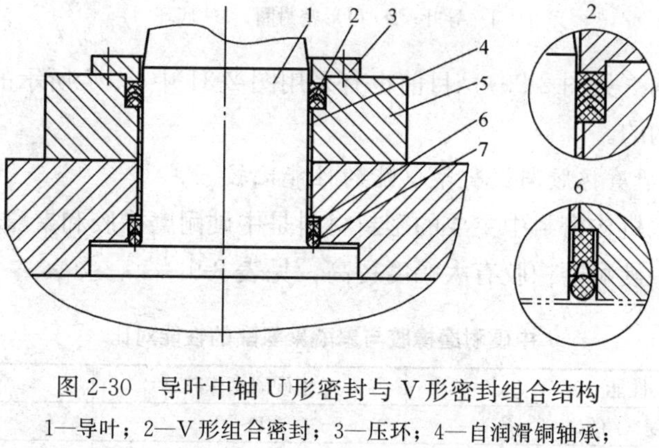

图2-30　导叶中轴U形密封与V形密封组合结构

1—导叶；2—V形组合密封；3—压环；4—自润滑铜轴承；5—顶盖；6—U形密封圈；7—O形密封圈

4. 导叶下轴颈密封

导叶下轴颈的密封主要是防止泥沙进入而发生轴颈磨损。多数采用O形橡胶

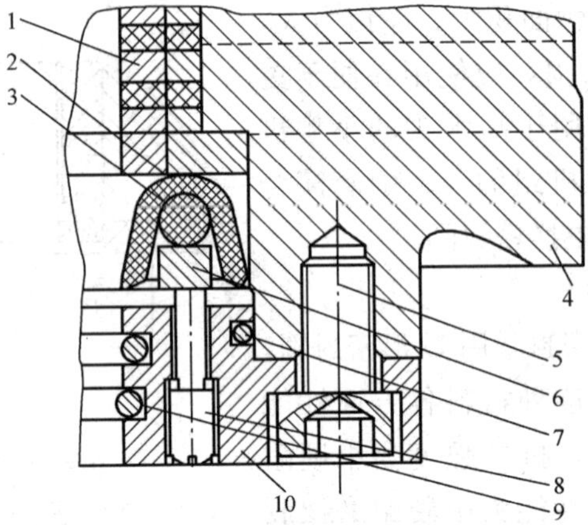

图 2-31　导叶中轴 U 形密封结构

1—中轴套；2—U 形密封圈；3、9—O 形橡胶圈；4—套筒；5—内六角螺钉；6—顶环；7—O 形密封圈；8—紧定螺钉；10—盖板

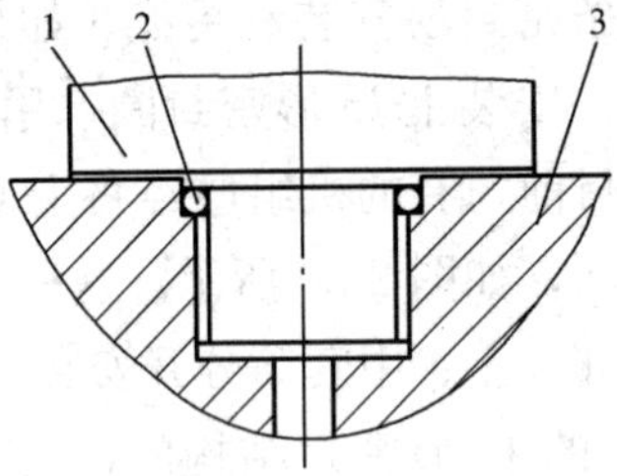

图 2-32　下轴颈的 O 形密封结构

1—导叶；2—O 形密封圈；3—底环

密封圈密封结构（见图 2-29），目前也有采用图 2-31 中 2、7 所示的 U 形密封圈加 O 形密封圈结构的。

（四）中硬耐磨橡胶与聚醚聚氨酯的性能比较

目前，导水机构密封中主要的密封材料是中硬耐磨橡胶和聚醚聚氨酯。聚醚聚氨酯的性能较中硬耐磨橡胶有大幅度提高，见表 2-9。

表 2-9　　　　中硬耐磨橡胶与聚醚聚氨酯的性能对比

性能	中硬耐磨橡胶	聚醚聚氨酯
硬度（绍尔）	50～70	90
抗拉强度（MPa）	＞10	＞40
50℃水中浸 24h 后的质量变化（%）	＞150	＞450
压缩永久变形（%）	＜0.1	＜0.05
阿克隆磨损试验（cm）	＜1	＜0.1

第三章　水导轴承的检修

第一节　水导轴承的种类

水导轴承（即水轮机导轴承）布置在水轮机转轮上方，是控制水轮发电机组主轴摆度的主要部件之一，其作用是和其他导轴承一起，使水轮发电机组的主轴保持在一定的中心位置旋转并承受主轴传递过来的径向力。该径向力的存在，主要是由于转子自身的静不平衡、动不平衡、磁拉力不均匀，以及水推力不平衡、空蚀产生的振动、水轮发电机组在非正常工况下运行时所产生的振动等因素造成的。

水导轴承按轴承结构的不同可以分为橡胶瓦导轴承、分块瓦导轴承和筒式瓦导轴承三种。

橡胶瓦导轴承的优点是结构简单，不用有色金属铜、锡等材料，造价低，制造和安装简单；缺点是橡胶弹性大、刚性小，不仅在测间隙时由于变形会产生误差，致使轴承间隙值不能正确地反映出来，而且当出现机械不平衡力或水力不平衡力而使主轴摆度与振动增大时，因橡胶瓦缺乏刚度，对主轴没有足够的控制力，故将致使主轴的摆度远远超过安装时的间隙值。严重时，轴承体也会产生振动，这将导致止漏环相碰而磨损。另外，橡胶瓦散热慢，冷却水一刻也不能中断，一旦中断，就会出现烧瓦事故。

在大、中型机组中，分块瓦导轴承是最常用的一种形式，这种轴承的主要优点是轴瓦为分块瓦，轴瓦间隙调整灵活、方便，瓦与轴的接触面小，润滑条件好，零部件较轻，制造容易，安装方便。分块瓦导轴承按照支撑方式的不同可以分为抗重螺栓式导轴承和楔子板式导轴承两种。抗重螺栓式导轴承在我国较早期的大、中型水轮机组中常使用，由其受力传递方式是通过抗重螺栓而得名；楔子板式导轴承于1983年首次安装在大化水电厂的水轮发电机组上，这种结构方式在目前的大型水轮发电机组中经常使用，其受力方式是通过楔子板将主轴的径向力传递给基础部件，主要特点是轴瓦间隙调整非常方便，且安全可靠。

筒式瓦常出现在小容量机组中，其特点是轴瓦间隙比较稳定，缺点是间隙调整不便，瓦温上升较快，必须有一套强迫冷却的设备。

第二节　水导轴承的结构

一、抗重螺栓式导轴承结构

这种轴承结构在最初的设计安装中都装有专门的冷却装置，该装置中通入冷却用水，用来冷却水导轴承油温，从而起到冷却水导瓦的作用。在一些大型机组中，由于水导轴承内空间较大、散热环境较好，也有利用转轮室内的江水间接冷却水导油槽的装置，这种就地取材的冷却装置叫做自循环冷却装置，其优点是不需要专门的冷却水和大量的管路，安装、维护比较简单，缺点是冷却效果比专门的冷却器差。

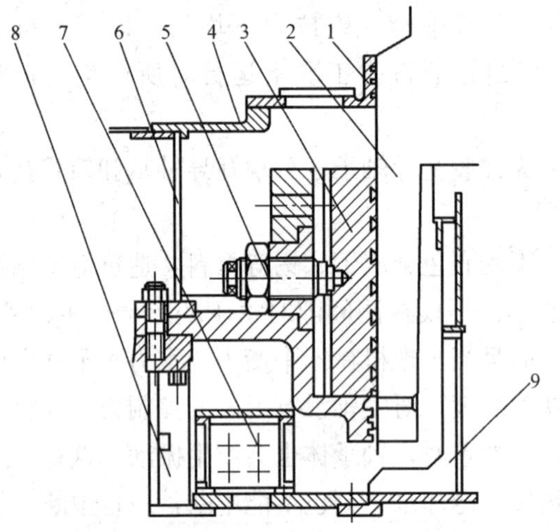

图 3-1　抗重螺栓式导轴承（带水冷却器）的结构
1—盖板密封；2—轴领；3—水导瓦；4—油箱盖；5—抗重螺栓；6—上外油箱；7—水冷却器；8—下外油箱；9—油箱筒

（一）带水冷却器的抗重螺栓式导轴承

图 3-1 为带水冷却器的抗重螺栓式导轴承结构示意图。水导瓦为分块式，绕轴领圆周方向均匀布置，瓦面浇铸巴氏合金。在瓦体内靠近巴氏合金瓦面的位置布置测温电阻，用来测量瓦面巴氏合金的温度。当温度高于65℃时，测温装置报警；当温度高于70℃时，保护装置动作，控制机组停机。瓦背自上而下开偏心矩形槽，矩形槽的中间位置镶嵌直径为 110mm 的圆形铬钢垫，水导瓦所受到的来自主轴的径向力就是通过该铬钢垫传递给抗重螺栓。

冷却器布置在轴承的下部，由若干根铜管及连接水箱组成，清洁水在冷却水管内流动，带走水导油槽里油的热量，起到冷却油温的效果。该装置在机组运行中起到很好的作用，在夏季高温的天气下，水导瓦温一般都能控制在 45℃ 以下。

（二）自循环冷却的抗重螺栓式导轴承

图 3-2 为自循环冷却抗重螺栓式导轴承结构示意图。导轴承主要由轴领、水导瓦、抗重螺栓、内外油箱连通管、外油箱等组成。

抗重螺栓式导轴承在主体结构上大同小异，主要区别是冷却方式不同。在支持盖内壁对称设置4个外油箱，外油箱内的油通过支持盖外壁将热量传递给流过转轮室的江水。每个外油箱通过2根连通管与水导油槽连通，连通管一上一下布置，机组运行时，热油在离心力的作用下通过上连通管流入外油箱，同时，已冷却的油通过下连通管流入油槽，从而达到冷却油的目的。这种冷却装置结构比较简单，利用了现有的江水，省去了一套专用冷却装置，也能够达到冷却的效果。

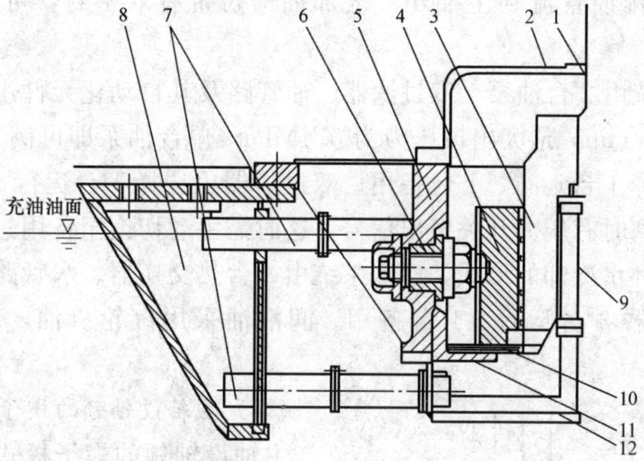

图3-2　抗重螺栓式导轴承（自循环冷却）的结构

1—盖板密封；2—油箱盖；3—轴领；4—水导瓦；5—轴承体；
6—抗重螺栓；7—内外油箱连通管；8—外油箱；9—油箱筒；
10—环氧垫板；11—托环；12—油箱

二、楔子板式导轴承结构

这种导轴承结构一般在瓦的数量、油箱布置结构、油冷却器循环系统结构等方面存在小的差异。导轴承轴瓦为分块式，瓦面材料为巴氏合金（90%Sn），厚度至少为3mm。楔子板的斜度为1∶50，止推块内有一道与该斜度一致的斜槽，保证止推块与楔子板之间有足够的接触面积传递水导瓦传来的径向力。

楔子板式导轴承一般包括主轴设轴领和主轴不设轴领两种结构形式。

（一）主轴不设轴领的楔子板式导轴承

瓦的背面是一个球形支撑，允许瓦有很小的转动，以便在油膜中产生压力。球形支撑由 ϕ4000mm 的球头和球座组成，球头和球座互相摩擦。球形支撑用合金钢制成，热处理后有很好的硬度。

油槽由上部油槽、下部油槽、油槽盖构成，上部油槽又分为内油槽和外油槽。所有部件的设计都考虑维护保养方便、容易拆卸和储藏。

内油槽里有润滑轴瓦的冷油，溢出的油能够自流回装在顶盖里的主油箱里。

上油槽的下部装有密封（迷宫环），其间隙值为 0.4～0.78mm，迷宫环已由上、下部件进行轴向限位，其径向可进行一定的位移，由限位销限制其最小位移和最大位移在 0.4～0.78mm，这样既可以起到一定的油封作用，又能在主轴摆动时免受严重的撞击。油通过该迷宫环的间隙流向下部油槽，汇集在下部油槽里，这些油再通过排油管流到主油箱。上部油槽盖带有双密封，可防止油和油雾泄漏。

润滑油系统由 2 台油泵、双过滤器、油管路及其自动化元件组成，每台油泵的流量为 440L/min，最大出口压力为 0.4MPa，单台油泵即可满足轴承供油量，运行时可以选择 1 台运行、1 台备用。双过滤器也选择 1 台运行、1 台备用，运行的过滤器堵塞时有压力开关发出信号，这时需手动切换至备用过滤器。润滑油系统采用外循环水冷却的形式，冷却系统由 4 台热交换器、水管路及自动化元件组成，热交换器 3 台运行、1 台备用。润滑油采用汽轮机油，起润滑与冷却作用。

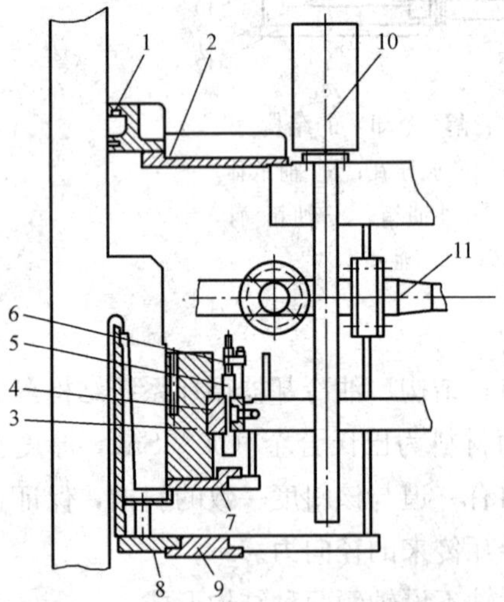

图 3-3　主轴设轴领的楔子板式导轴承结构
1—盖板密封；2—油箱盖；3—水导瓦；4—止推块；5—楔子板；6—支持板；7—油盆上环；8—挡油圈；9—油盆下环；10—油位信号计；11—冷却油管

（二）主轴设轴领的楔子板式导轴承

主轴设轴领的楔子板式导轴承结构如图 3-3 所示。该轴承结构中，油槽的结构与主轴不设轴领的楔子板式导轴承结构相似，区别在于导轴承设置内挡油筒、大轴设轴领，内挡油筒和轴承体由法兰相连，此外油冷却系统也略有不同。

水导轴承润滑油系统由 3 台冷却器、2 台螺杆泵、2 台油滤心器、自动化控制元件、油循环管路和冷却水管路组成。3 台油冷却器与油循环管路和冷却水管路均为并联结构，可以根据机组运行时的瓦温和油温的实际情况，通过操作油循环管路上的闸阀任意调整 3 台油冷却器的工作状态。冷却水流量、进水管和出水管压力可以通过调节冷却水管路上的闸阀来实现。

机组启动前两台泵同时工作，将油注入油槽。当机组开始运行时，1 台自动、1 台备用，并有油位自动监控信号装置进行油位监控。

三、筒式瓦导轴承结构

图 3-4 为筒式瓦导轴承结构示意图。该水导瓦由 2 瓣组成，每瓣瓦的内部有独立的冷却腔，各有 1 根冷却水进水管和出水管，冷却水接机组的总供水管。轴瓦分 2 瓣或 4 瓣浇铸，并把合在一起，起到与分块瓦相同的作用。瓦面浇铸巴氏合金并沿轴领旋转方向开若干条润滑油槽，润滑冷却油依靠主轴转动产生动力，沿轴瓦表面的斜油沟上升，从而在轴瓦与主轴之间形成油膜。

轴瓦间隙主要依靠加工确定，一般在安装、检修过程中不可调整。

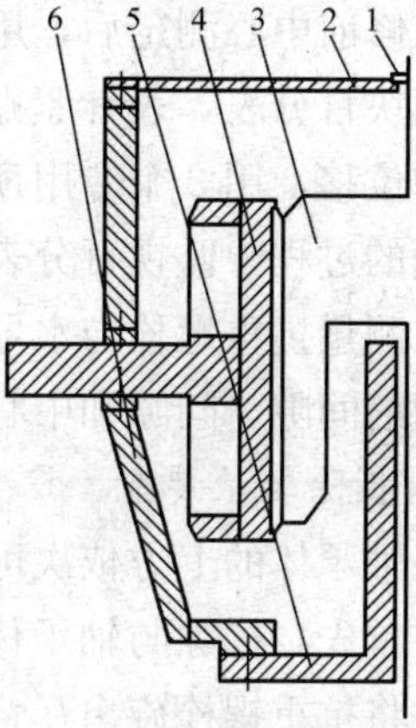

图 3-4　筒式瓦导轴承结构示意

1—盖板密封；2—油箱盖；3—轴领；4—水导瓦；5—内挡油圈；6—下外油箱

第三节　分块瓦式水导轴承的检修

分块瓦式水导轴承的检修项目有轴承拆装、轴瓦检查与处理、主轴中心测定、轴瓦间隙测量及调整。

在轴承拆卸之前，应确定机组在停机状态，且做好防转动部分转动的措施；水导油槽内润滑冷却油排空；油位、油温、瓦温监视装置及油冷却器等附件停止工作并可拆除。

一、抗重螺栓式水导轴承的检修

（一）轴承拆卸

1. 拆卸前工作

将水轮机导轴承内外油箱的润滑冷却油排出；拆除轴承盖平面螺栓，并对称拆除立面的螺栓；将轴承盖分解成 2 瓣吊出；拆除所有测温装置和油位信号等附件。

2. 修前中心、间隙测定

在拆卸轴承主要部件之前，应对主轴中心进行修前测量，该中心将作为机组回装后确定主轴中心的参考依据。与此同时，应对每块水导瓦与轴领的间隙进行测量，并做记录。中心测量的具体方法是，用内径千分尺分别在 $+Y$、$+X$、$-Y$、$-X$ 4 个方向选点（这些点应永久固定）测量轴承体内径与轴领之间的距离，分别记作 a、b、c、d，得出以上 4 个数据后，以轴承体内径圆心为原点建立坐标系，在坐标系中找到 $\left(\frac{d-b}{2}, \frac{c-a}{2}\right)$ 对应的点，该点即视为主轴修前中心。

在修前中心测定后，用塞尺测量水导瓦的间隙。具体方法是在主轴呈 90°方向架设两块百分表，表针紧贴轴领外壁，且小针应有 2～3mm 的压缩量，便于监视主轴的位移，用 2 个专用顶丝顶每块水导瓦背，使水导瓦贴紧主轴，在水导瓦与轴领贴紧的过程中监视百分表，以保证主轴没有位移。待全部水导瓦与主轴贴紧后，用塞尺测量抗重螺栓与水导瓦背铬钢垫之间的间隙，该间隙就是运行中轴领与水导瓦之间的间隙。间隙和中心测量后进行记录。

3. 拆除轴承装配

在轴承体的上方依次可拆除的部件有油箱盖、抗重螺栓、水导瓦、环氧垫板和托环。首先，拆除与轴承体相连接的进、回油管，然后松开抗重螺栓前后锁紧螺母，并将抗重螺栓旋出瓦背，便可依次吊出水导瓦并放置于毛毡上，水导瓦面用毛毡保护，拆除水导瓦下的环氧垫板和托环。

在导轴承的下方可拆除的部件有油箱、油箱筒。拆除油箱与轴承体的连接螺栓，将油箱和油箱筒整体落下，待露出油箱和油箱筒的连接螺栓后，将其拆除，利用葫芦把油箱筒提升回轴领内侧并进行固定，使油箱筒和主轴一起吊出；再将油箱分解，待轴承体吊出机坑后方可将其吊出。

在轴承体上方的部件全部吊出，并且与轴承体连接的部件全部拆除后，便可进行轴承体拆除吊出工作。拆除轴承体与支持盖之间的连接螺栓，用专用拔销器拆除轴承体与支持盖间的定位锥销，然后将轴承体吊出，放置于指定地点。

（二）轴承组装

1. 组装前的准备工作

对所有拆除的零部件进行检查，包括瓦面磨损情况、轴领磨损情况、铬钢垫是否松动或缺损、抗重螺栓螺纹是否损坏，并对所有缺陷进行详细记录。根据检查的缺陷记录，对水导各部件进行处理：轴领如有锈斑或划痕，应用油石研磨处理；抗重螺栓、螺母如有损坏，应进行修复或更换；轴瓦如划痕较多，则应及时进行加工处理；清扫、测量所有零部件，包括接触面、螺孔、销孔、螺栓、螺母、外油箱、水导瓦垫板等。处理完毕后，由相关部门对各部件进行验收，验收标准详见表 3-1。

表 3-1　　某水电厂抗重螺栓式水导轴承检修验收标准

工序	验收部位	验收标准	验收记录	验收等级
1	油冷却器	通过 0.5MPa 清洁水打压试验，无渗漏现象		三级
2	内外油箱的检查	内表面涂防护漆，外表面涂防锈漆，干净，无杂物		二级

续表

工序	验收部位	验收标准	验收记录	验收等级
3	外油箱与盖板密封	密封面有 ϕ600mm/ϕ500mm×1mm 耐油橡胶石棉		二级
4	油箱与轴承体密封	结合面有 ϕ8mm 耐油橡皮条		二级
5	油管密封	结合面有 ϕ8mm 耐油橡皮圈		二级
6	轴领检查	清扫干净，无杂质、毛刺、高点、锈斑		三级
7	水导瓦检查	无严重磨损，无碰伤，清扫干净		三级
8	水导轴瓦间隙检查	间隙值符合要求：1F～7F 双边间隙为 0.35～0.40mm；8F～21F 双边间隙为 0.40～0.45mm		二级
9	水导油槽清扫	干净，无杂物		二级
10	水导油质及油面检查	油面、油质符合要求		二级

2. 轴承装配组装

（1）自循环冷却器水导轴承的组装。吊入油箱并组合，吊入轴承体，利用定位锥销将轴承体定位后，连接轴承体与支持盖之间的螺栓并紧固，做好防松措施。吊入托环和环氧垫板，按原标记回装，水导瓦垫板与轴领之间的间隙控制在 1～2mm，然后用连接螺栓紧固。组合油箱，更换油箱与油箱筒之间的橡胶密封圈，并在组合面涂上平面密封胶，然后将内挡油箱筒落到油箱上，将连接螺栓紧固，结合面用 0.05mm 塞尺检查合格。更换油箱上表面的橡胶密封圈，在组合面涂上平面密封胶后，将油箱与油箱筒一起与轴承体连接，将连接螺栓紧固，结合面用 0.05mm 塞尺检查合格。分别吊入水导瓦，按原标记放置在环氧垫板上，吊装过程中须保护水导瓦面，不得有损伤。

（2）带水冷却器水导轴承的组装。吊入油箱并组合，吊入油冷却器并组合，油冷却器与水箱组合。吊入轴承体并组合，利用定位锥销将轴承体定位，整体吊入上外油箱，轴承体和上外油箱一起与支持盖之间的连接螺栓紧固。在轴承体的下侧，将下外油箱与油冷却器、油箱筒连接后，连接到轴承体下侧。吊入环氧垫板，按原标记回装，水导垫板与轴领之间的间隙控制在 1～2mm，然后用连接螺栓紧固。分别吊入水导瓦，按原标记放置在环氧垫板上，吊装时须保护水导瓦面，不得有损伤。

（三）主轴中心的确定

1. 原始中心的确定

机组在初次安装完毕后即进行中心调整，调整好的主轴中心作为机组的原始中心。该原始中心的建立是用内径千分尺分别在$+Y$、$+X$、$-Y$、$-X$4个方向选点（该点为永久固定点）后测量轴承体内径与轴领之间的距离，分别记作a_0、b_0、c_0、d_0，得出以上4个距离后，以轴承体内径圆心为原点建立坐标系，在坐标系中找到$\left(\frac{d_0-b_0}{2},\frac{c_0-a_0}{2}\right)$对应的点，该点即视为该处主轴的原始中心。

2. 盘车前的准备工作

将所有抗重螺栓均旋入对应的水导瓦后的矩形槽内，瓦背的铬钢垫应与抗重螺栓有5mm以上的间隙；分别在$+X$和$+Y$上架设2块百分表，指针对准轴领。在水导轴承回装后，需将主轴的中心调整至原始中心，然后进行水导轴承、推力轴承、上导轴承的联合盘车。水导轴承中心的具体调整方法是：确保主轴和转轮处于自由状态，在水导轴承体内壁上的$+Y$和$+X$方向上各架设1块百分表，用于监视主轴的位移，用内径千分尺在$+Y$、$+X$、$-Y$、$-X$ 4个方向测量轴承体内壁与轴领之间的距离，分别记作a_1、b_1、c_1、d_1，得出以上4个距离后，以轴承体内径圆心为原点建立坐标系，在坐标系中找到$\left(\frac{d_1-b_1}{2},\frac{c_1-a_1}{2}\right)$对应的点，计算出该点到原始中心的距离，然后在轴承体与水导瓦背之间用专用顶丝对称顶4块水导瓦，利用这4块水导瓦将主轴的中心靠近原始中心，要求最终中心偏差控制在0.02mm范围以内。为了便于监测，在主轴位移过程中可派专人监视百分表的读数，并且在此过程中要利用内径千分尺进行反复的测量，并做好详细记录。

3. 机组盘车

由于机组在初次安装过程中已经将镜板摩擦面与轴线的不垂直度进行了调整，使其符合要求；另外，轴线本身的曲折度也是达到要求的。因此，在经历了多年的运行后，机组的原始中心是满足使用要求的，可以认为镜板摩擦面与轴线是垂直的，在此前提下进行的机组盘车就可以尽量简化，即将上导轴承、水导轴承所在的主轴分别推至其原始中心上，保证上导轴承、水导轴承分别有对称的4块瓦限制主轴的位移，并与主轴留有0.05mm的间隙。在转子空气间隙均匀、镜板水平度在0.02mm/m、水轮机空气围带间隙均匀等方面均达到要求时，方可认为盘车结束。盘车结束后，重新测量水导中心，此中心被视为新的原始中心，将作为以后检修调整水导主轴中心的依据。

（四）轴瓦间隙调整

主轴中心确定后，在水导轴承体内壁上的$+Y$和$+X$方向各架设1块百分表，以监视主轴的位移。利用水导瓦背后的专用顶丝将所有水导瓦顶向并贴紧轴领，要求在此过程中，监视主轴的百分表不应有位移。待所有瓦贴紧轴领后便可进行轴瓦间隙调整工作。按相关规程要求调整瓦背铬钢垫与抗重螺栓之间的间隙，然后打紧抗重螺栓的锁紧螺母。要求在螺母锁紧的过程中要用塞尺反复测量间隙，若间隙超出规程要求，且在继续打紧的过程中还会恶化，便要松开锁紧螺母重新进行调整，直至间隙符合要求方可结束。间隙调整后要将每块水导瓦后的顶丝拆除，让水导瓦在调整的间隙内处于自由状态。

（五）轴承恢复工作

水导轴承间隙调整结束后，按要求对轴承体内部进行清扫，合格后安装油箱盖密封并回装油箱盖，最后向水导轴承中加入润滑冷却油。

（六）三级验收标准

根据国家、行业及企业的相关标准要求，结合检修实际经验，在机组的各部件检修中制定并执行三级验收标准。对于重要和关键工序，必须经分部（一级验收）、部门（二级验收）、厂级（三级验收）三级验收人员共同进行验收，验收合格后方可进入下一步工序。水导轴承的三级验收标准见表3-1。

二、楔子板式水导轴承的检修

虽然这种水导轴承在结构上有些差异，但主要检修过程基本相同。下面以主轴设置轴领的水导轴承为例，介绍水导轴承的检修过程。

（一）轴承拆卸

1. 拆卸前工作

将水导轴承内外油箱的润滑冷却油排到集油槽；拆除轴承盖平面螺栓，并对称拆除立面的螺栓；将轴承盖分解成两瓣吊出；拆除所有测温装置和油位信号等附件。

2. 修前中心、间隙的测定

在拆卸轴承主要部件之前，应对主轴中心进行测定，该中心将作为机组回装后确定主轴中心的依据。与此同时，应对每块水导瓦与轴领的间隙进行测定，并做记录。中心测定的方法详见本章第三节。

在修前中心测定后，需测量水导瓦的间隙，具体方法是：在主轴上呈90°方向架设2块百分表，表针紧贴轴领的外壁，且小针应有2～3mm的压缩量，便于监视主轴的位移，用专用顶丝顶水导瓦，使水导瓦贴紧主轴，在水导瓦与轴领贴紧的过程中，主轴不应有位移。利用紧定螺栓向下旋动从而使楔子板向下移动，记录楔子板下移的位移量，通过该位移量换算出此处水导瓦与轴领之间的间隙。具体的计算方法是：楔子板的斜度是50∶1，即楔子板向下移动50mm，其水平方向厚度增加1mm，相反厚度将减少1mm。

3. 拆除轴承装配

在轴承体的上方依次可拆除的部件有水导瓦、止推块、楔子板、支持板、油盆上环等。首先松开楔子板上的紧定螺钉，取出支持板、楔子板等间隙调整部件，而后依次吊出水导瓦并放置于毛毡上，水导瓦面用毛毡保护；拆除水导瓦下的油盆上环，并分解吊出。

在轴承体的下方可拆除的部件有挡油圈和油盆下环等。拆除油盆下环与轴承体的连接螺栓，拆除挡油圈和油盆下坏的连接螺栓，整体落下挡油圈和油盆下环。待轴承体吊出后，便可将下挡油圈、油盆下环分 2 瓣吊出。

待轴承体上方的部件全部吊出，并且与轴承体连接的部件全部拆除后，便可进行轴承体拆除吊出工作。拆除轴承体与顶盖之间的连接螺栓，用专用拔销器拆除轴承体与顶盖间的定位销，然后将轴承体吊出并放置于指定地点。

（二）轴承组装

1. 组装前的准备工作

对所有拆除的零部件进行检查，包括瓦面磨损情况、轴领磨损情况、楔子板组件是否损坏，并对所有缺陷进行详细记录。根据检查的缺陷记录，对水导各部件进行处理：轴领如有锈斑或划痕，应用油石研磨处理；轴瓦如划痕较多，应及时进行加工处理；清扫、测量所有零部件，包括接触面、螺孔、销孔、螺栓、螺母等。处理完毕后，由相关部门对检查处理后的轴领、水导瓦等部件进行验收，验收标准详见表 3-2。

表 3-2　　某水电厂楔子板式水导轴承检修验收标准

序号	项　目	标　准	备注
1	主轴摩擦面检查	应无划痕、毛刺、锈蚀、高点的缺陷	
2	水导轴承瓦检查	应无划痕、毛刺、锈蚀、高点的缺陷	
3	主轴中心位置检查	与原始中心的误差小于 0.02mm	
4	水导瓦间隙检查	水导瓦与主轴间隙为 (0.4±0.05)mm	
5	水导油槽检查	无杂质、水分	
6	水导油槽冷却器检查	无漏油、漏水，无堵塞	
7	油泵及电动机检查	电动机电流正常，油泵不漏油	

2. 水导轴承组装

水导轴承组装遵循自下而上的原则，先吊入轴承体下方的部件，即吊入挡油圈并进行组合，吊入油盆下环并组合。吊入轴承体，利用定位销将轴承体定位后，连接轴承体与顶盖之间的螺栓并紧固，做好防松措施。吊入油盆上环并组装，安装油封。分别吊入水导瓦，按原标记放置在油盆上环上，吊装时须保护水导瓦面，不得有损伤，安装楔子板、支持板等组件。

（三）主轴中心的确定

主轴中心确定方法详见本章第三节。

（四）轴瓦间隙调整

主轴中心确定后，在水导轴承体内壁上的 $+Y$ 和 $+X$ 方向各架设 1 块百分表，以监视主轴的位移。将水导瓦背后的楔子板向下移动，使水导瓦贴紧主轴，要求在此过程中，监视主轴的百分表不应有摆动。根据楔子板的倾斜度值，向上提起楔子板适当的高度就可以得到水导瓦与轴领之间的距离，如某台机组水导轴承单边间隙要求为（0.40±0.05）mm，则楔子板从顶紧的状态向上移动 20mm，就可以得到水导瓦与轴领之间的间隙为 0.40mm。间隙调整好后锁紧楔子板。

（五）轴承恢复工作

水导轴承间隙调整结束后，按要求对轴承体内部进行清扫，轴承的清洁情况要通过相关部门验收，合格后安装油箱盖密封并回装油箱盖。最后对水导轴承加入润滑冷却油。

（六）三级验收标准

根据国家、行业及企业的相关标准要求，结合检修实际经验，在机组的各部件检修中制定验收检查标准，对于重要和关键工序，必须经分部（一级验收）、部门（二级验收）、厂级（三级验收）三级验收人员共同进行验收，验收合格方可进入下一步工序。水导轴承的验收标准见表 3-2。

第四节 筒式瓦水导轴承的检修

筒式瓦水轮机导轴承在结构上较分块瓦水导轴承简单，但其使用范围有一定的局限性，不能使用在大容量机组上。这种轴承有主轴中心一旦确定便不可调整、轴瓦间隙不可调整等特点，这也使得轴承的拆装过程程序简单、操作方便。

一、轴承拆卸

拆卸顺序也分为水导轴承体上方和下方分别拆卸的过程。

在轴承体的上方，首先拆除水导轴承周围的冷却水管和油管，然后拆除油箱盖密封，分瓣拆除油箱盖并放于指定地点，拆除水导瓦测温装置和油位信号装置等附件。

松下外油箱与轴承体之间的连接螺栓，整体落下下外油箱和内挡油筒，松开其连接螺栓并分解，待轴承体分解吊出后再将下外油箱和内挡油筒吊出。

拆卸轴承体与支持盖连接螺栓及定位锥销，记录好锥销编号。分瓣吊出轴承体。

二、轴承组装

将分瓣内挡油筒吊入并放置在轴颈以下，将立面涂平面密封胶并组合；吊入下外油箱，立组合面涂密封胶进行组合；将下外油箱与内挡油筒之间安装耐油橡胶密封条后组合在一起，组合缝不应有间隙；将分瓣的轴承体吊起，在轴领上方把合，把合面涂密封胶，把合后无错牙；将组和好的轴承体沿轴领方向向下放，然后通过螺栓与支持盖把合，复核瓦面与轴领双边间隙，要求其间隙值在 0.32～0.40mm，间隙不合格时，应取下轴承体，根据轴领的外径重新对瓦面进行加工；通过千斤顶将下外油箱与内挡油筒一起整体顶起，将装好密封橡皮的下油箱与轴承体整体连接；配制进出冷却水管后通水进行耐压试验，各管路、阀门应不漏水。

第五节　水导轴承的常见故障

一、常见故障现象及检修方法

摆度过大、瓦温偏高是水导轴承常见的故障，一般摆度过大，主要是由于水轮发电机组轴线调整不合格所致，同时摆度过大会伴随着瓦温升高，这种情况下需将机组停下来重新调整轴线。

在某水电厂运行初期，由于当时的技术不够成熟，加上运行管理不够规范，主轴密封的运行情况不稳定，屡次出现过水淹水导轴承事故。

由于导水机构、主轴密封等部位在运行中会不可避免地产生一定量的漏水，各部位的漏水都将汇入支持盖内的集水槽，在排水泵不能及时将积水排出，而信号又不能及时反馈到中控室时，会导致水淹水导轴承事故。

二、故障及处理实例

（一）机组温升试验时水导瓦烧损

2007 年 12 月 26 日，某水电厂机组在进行定子通风及温升试验过程中，出现 2 次水导瓦瓦温突然上升的过程，温升曲线如图 3-5 所示。运行的监控系统中显示，第一次出现在 10 时 26 分，水导测温电阻 1 测得最大值为 83℃，水导测温电阻 2 测得最大值为 62℃；第二次出现在 11 时 42 分，水导测温电阻 1 测得最大值为 108.4℃，水导测温电阻 2 测得最大值为 86℃。

12 月 26 日晚，对水导轴承开盖进行了检查，发现油质变黑，油里有巴氏合金瓦铁屑，初步判断水导瓦已烧损。当日 21 时拆出水导瓦后发现水导瓦周向均有烧结现象，局部出现裂纹，见图 3-6。

原因分析：该机组水导轴承为筒式瓦结构，轴瓦之间散热效果不好，必须依靠其冷却装置进行及时降温。机组在做温升试验时，由于其他设备的影响，水导轴承冷却水出现了短时间中断的情况，致使水导瓦温迅速升高而烧损。

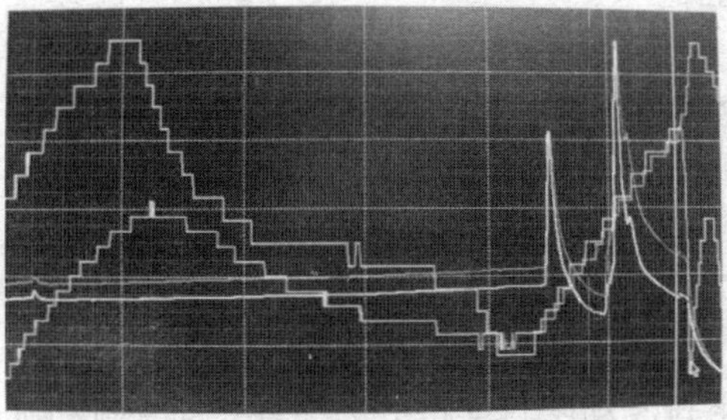

图 3-5　某水电厂机组水导瓦温升曲线

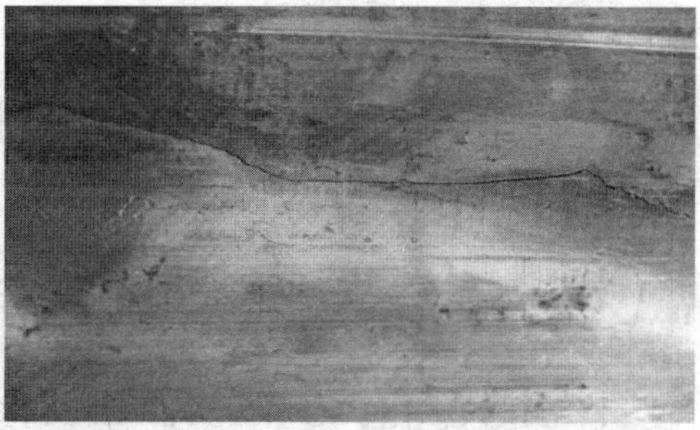

图 3-6　某水电厂机组水导瓦面烧损情况

处理过程：将水导瓦有裂纹处进行了清除、补焊，表面烧结的部分进行补焊，焊后进行车削加工，测量轴外径尺寸为 $\phi 830^{0}_{-0.11}$ mm，瓦内径尺寸加工到 $\phi 830^{+0.29}_{+0.21}$ mm，处理后的水导瓦见图 3-7。

水导瓦回装的运行中瓦温保持在 30℃ 左右，摆度保持在 0.10mm 左右。

图 3-7　经过修复加工处理后的水导瓦

（二）水导轴承“冒白烟”事故

2001 年 4 月 5 日下午，某水电厂水导轴承处有“冒白烟”现象。经检查发现，水导轴承瓦架螺栓松动，瓦架定位销上浮，并发现支持盖下锥体与上锥体把合法兰面有大量的漏水，主要原因是此处的把合螺栓全部松动，销钉上浮约 10mm，下锥体下落达 3mm。

落门卸下下锥体检查，发现削孔周围均有凸起，最大凸起高度达 1.5mm，拆卸水导检查，将主轴推到原始中心测量水导瓦间隙，单边最大间隙为 2.75mm，最小间隙为 0.4mm，部分水导抗重螺栓出现了坏牙，甚至出现粘牙。将水导推至原始中心，重新调整水导瓦间隙（单边为 0.20～0.25mm），并将水导瓦架 M56 螺栓重新打紧，与瓦架点焊固定，将 6 个 ϕ40mm 锥销打紧，用 ϕ8mm 钢筋将其焊在瓦架上，并在瓦架对称方向打紧 4 个楔子板，将其堆焊在瓦架与支持盖的接触面上，防止再次松动。

第四章 主轴密封的检修

第一节 主轴密封的概述

密封按其工作状态可分为静密封和动密封。动密封又可分为往复式动密封和旋转式动密封两种，依据接触方式还可以分为接触式动密封和非接触式动密封。密封装置设计的基本要求是良好的密封性、尽可能长的使用寿命、制造简单、拆装方便、成本低廉等。

水轮机主轴密封安装于水轮机转轮上部、水轮机导轴承下方，它的作用有两个方面：一是当机组停机时，阻止下游水淹没水车室；二是阻止水流入水导油槽而发生油水混合。

主轴密封一般包括两部分：一是工作密封，它是在机组运行时投入使用的密封；二是检修密封，它是只在机组停机、准备对工作密封进行检修时投入使用的密封，也是一种静止密封，在机组旋转之前必须停止投入。有些中小型机组，由于其密封结构非常简单，因此不设置检修密封。

第二节 主轴密封的结构

主轴密封属于旋转式动密封装置，可分为接触式密封和非接触式密封。在水轮发电机组上使用的主轴密封具有多种形式，如早期的盘根、填料式密封，20 世纪 60 年代设计的单层和双层橡胶平板式密封，目前常使用的径向或端面密封、水泵密封等。

一、各种接触式密封的特点

1. 盘根、填料式密封

盘根、填料式密封是一种较早期的密封形式（见图 4-1），它是在旋转部件与固定部件之间加工一道密封槽，装入密封盘根并压紧。这种密封结构简单、工作可靠，缺点是被密封水压力较大时不适用、摩擦损失功率大且磨损主轴。

2. 单层橡胶平板式密封

单层橡胶平板式密封主要是利用一层平板与固定在主轴上的抗磨面之间形成的密封面，在水压的作用下，密封平板与抗磨面接触而起到密封效果（见图 4-2 中

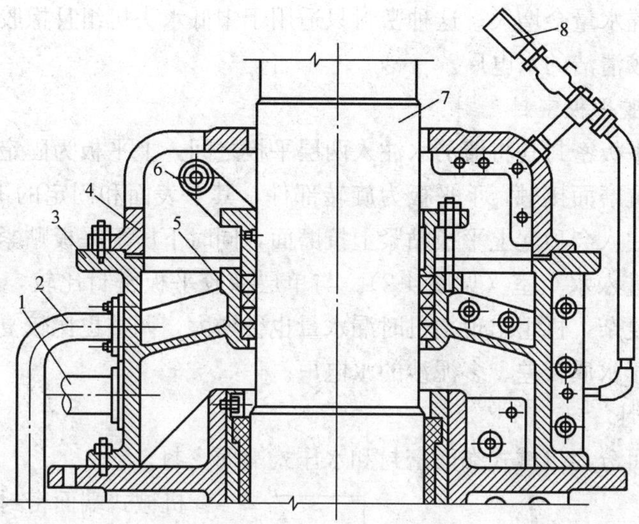

图 4-1　盘根、填料式密封

1—润滑水管；2—排水管；3—盘根箱；4—轴承盖；5—橡皮石棉盘根；6—盘根压环；7—主轴；8—润滑水压表

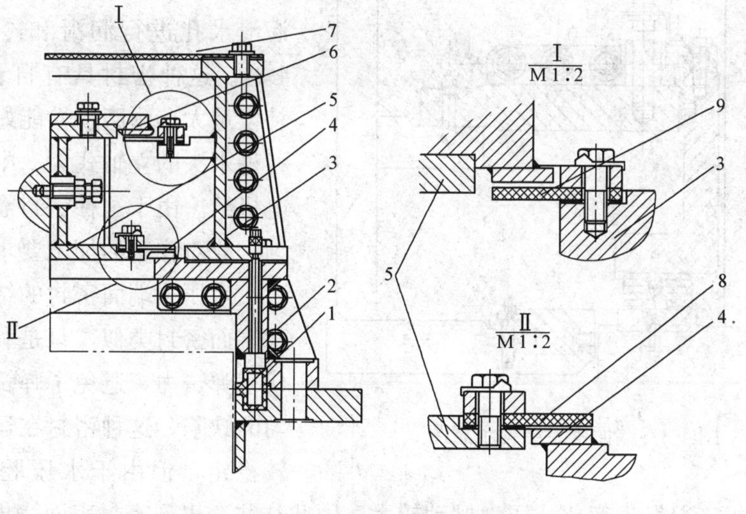

图 4-2　双层平板密封结构示意图

1—空气围带；2—水箱底座；3—水箱；4—下抗磨面；5—密封环；6—上环板；7—上盖板；8—下密封平板；9—上密封平板

Ⅰ)。密封橡胶不与主轴直接接触，不会像盘根密封那样磨损主轴，但其缺点是机组出现抬机时漏水量会增大。这种密封只适用于中低水头机组且橡胶导轴承压力水箱密封和水质较清洁的水电厂。

3. 双层橡胶平板密封

双层橡胶平板密封是将清洁水注入两层平板之间，上平板为固定部件，其上表面和转动的上抗磨面接触，下平板为旋转部件，其下表面和固定的下抗磨面接触，清洁压力水的注入会顶起上平板贴紧上抗磨面，同时下压下平板贴紧下抗磨面，从而阻止下游水进入水车室（见图 4-2）。与单层橡胶平板密封比较，其安全性能提高，但结构较复杂，机组出现抬机时漏水量也会增大，调整也比较复杂。这种密封形式主要适用于水质较差、多泥沙的水电厂。

4. 端面密封

端面密封可分为机械式端面密封和水压式端面密封。

图 4-3　端面密封结构示意图

机械式端面密封是利用若干块碳精块或尼龙等抗磨材料组成环形密封圈支撑在托架上，利用弹性力式密封圈与固定在主轴上的环形抗磨面形成端面密封，起到止水作用，在碳精块或尼龙内部有若干个润滑水孔进行润滑和冷却（见图 4-3）。这种密封具有自补偿功能，补偿量大、耐磨损性能好，适用于各种水头的立轴式大、中型水轮发电机组。由于这种密封需要弹力均匀，故对弹簧的加工要求较高。

水压式端面密封的结构与机械式端面密封类似，只是利用水压力代替弹簧力，避免了弹簧弹力不均匀的缺陷。这种密封在运行时一般较稳定，但由于水压腔的容积较小，随机组工况发生变化，压力摆动较大，因此往往会出现密封表面烧损现象。

5. 水泵密封

水泵密封一般与平板密封或端面密封组成组合结构，在主轴护盖、转轮上冠处等转动部分装置一个叶轮，在运行中可以降低漏水压力和漏水量，最终封水依然靠与它组合的其他装置来进行密封。一般只作辅助密封装置，在多泥沙水电厂上可以改善上部主轴密封性能，延长主轴寿命。

二、无接触式密封

近年来，无接触式密封原理和方式曾多次被提及，但目前并没有被广泛地使用。它的结构原理是在不需要接触密封面的情况下达到密封的效果。具体是主轴带动密封件旋转产生一种阻止漏水继续流动的阻力，破坏漏水水流的流动，从而达到密封的目的。由于这种密封装置无须提供清洁压力水等附属装置，因此正在一些水电厂中得到使用。

下面将以大、中型水电厂常用的主轴密封结构——双层平板密封检修和端面密封检修为例介绍主轴密封的检修工艺。

第三节　橡胶平板密封的检修

橡胶平板密封主要由两部分组成，即工作密封和检修密封。工作密封主要由带有抗磨面的上环板、固定在主轴上的密封环、上平板、下平板和下抗磨面组成；检修密封主要是布置在工作密封下方的空气围带。这种密封结构比较简单，但检修中间隙控制难度较大。

一、橡胶平板密封的维护和检修概况

封水部分的密封面由 8～10mm 厚的耐磨橡胶板和不锈钢材料的抗磨面组成，当橡胶板出现一定磨损后，通入密封水箱中的清洁水通过水压力的作用，使橡胶板与抗磨面之间始终处于贴紧状态。

每年需对该部件进行两次检查，查看密封平板磨损情况和平板与抗磨面之间间隙的增大情况，当抗磨面磨损超过 3mm、且间隙增大到 2.5mm 以上时，密封平板必须进行更换，且间隙需重新调整，直至达到规程的要求。机组运行时，应随时观察主轴密封的漏水情况，若漏水量增大较多，则说明工作密封的工作性能正在恶化，应加以关注，并在适当的时候进行停机检修。

在机组不具备长时间停机的检修时，也可以进行短期检修，一般需 1～2 天时间。具体做法是：机组停机，投入检修密封来隔绝下游的江水，切断工作密封水源，拆卸工作密封上环板、上平板，重新调整间隙，再进行回装。

二、橡胶平板密封的拆卸

拆卸前应具备的条件是：机组停机，并做好防止转动部件转动的措施。

拆卸步骤如下：

(1) 将压力表、各管路、压力继电器、保护罩及水箱盖板等附件拆去。

（2）拆除上环板与密封环的连接螺栓，分瓣拆除上环板，检查上抗磨面的磨损情况。

（3）拆除上平板连接螺栓，取出上压板，取下橡皮板，并检查其磨损情况，同时取出橡皮板下的托板。

（4）拆卸密封水箱，将其分解成瓣。

（5）松密封环组合螺栓，取下密封环与主轴之间的连接定位销，分瓣吊出密封环。

（6）拆除水箱底座平面及立面的组合螺栓，分解水箱底座并吊出。

（7）拆除空气围带并检查其磨损情况。

三、各易损部件的修复

主轴密封的上、下抗磨面材料为不锈钢，将其拆卸后应进行详细的检查，如果磨损较严重，则应进行车削加工或修复处理，常用的方法是将磨损较严重的抗磨面组合成整圆，利用车床加工磨损表面。在进行多次加工后，抗磨面整体厚度势必会越来越薄，这时采用车削的方法并不合适，可以将抗磨面整体更换，然后再进行车削加工，直至车削到需要的尺寸。

四、橡胶平板密封的回装

1. 安装水箱底座

各部件进行清扫并检查合格后便可进行回装。首先，把水箱底座吊装到位进行组合，再把其余部件吊放到主轴密封的相应部位，注意摆放位置不能影响主轴转动和人员测量空气围带处间隙。

待机组盘车结束、发电机推力轴承调整完毕后，便可进行主轴密封的全面回装。在对称的 4 个方向各悬挂 1 个 2t 手动葫芦，将水箱底座吊起到一定高度，把经过压缩空气试压合格的空气围带安放到其工作位置，缓缓落下水箱底座，在水箱底座下落过程中不得挤压空气围带。打紧底座连接螺栓，使底座与基础面之间的配合间隙符合要求。

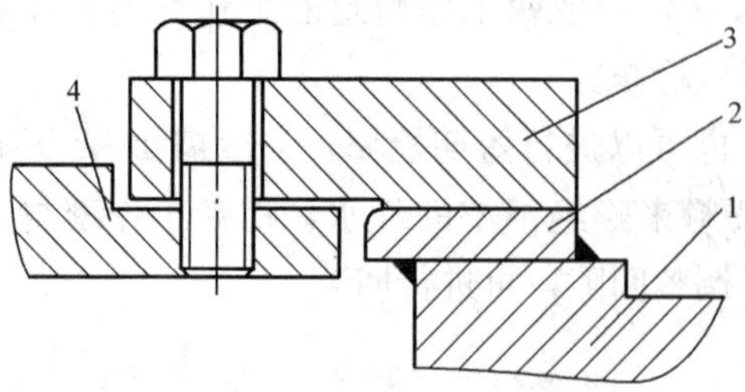

图 4-4　密封环安装示意图

1—水箱底座；2—下抗磨面；3—专用垫块；4—密封环

2. 安装密封环并调水平

水箱底座安装到位后要进行密封环的安装和调整工作，其要求是密封环的倾斜度在 0.20mm/m 以内，且旋转时的跳动量小于或等于 0.20mm。在将密封环分瓣吊入后，要在每一瓣的下平面上安装 2 个专用垫块（见图 4-4）。该垫块有两个作用：一是将密封环提起，使其不至于下沉到下抗磨面下方；二是可以利用它调整密封环水平面与下抗磨面的相对高度。密封环安装需和水平、高度调整同时进行，具体的操作是：首先将密封环分2瓣组装，在每半圈密封环的上表面上各放置1个水平仪，观测密封环的水平度；然后利用专用垫块调整每瓣密封环的高度，要求密封环平面的高度高于下抗磨面0.5～1.5mm，且水平仪的水平度应在0.20mm/m以内，打紧密封环组合螺栓，安装密封环与主轴之间的定位销。

3. 安装水箱

将4瓣水箱分别吊起到水箱底座上并进行组合，组合面涂平面密封胶，要求组合缝处不应有错位、大于0.05mm的穿透性间隙等。

4. 安装下平板并黏结

若橡皮粘板严重磨损或老化变硬，则应更换。按长度割下橡皮板后，再以图4-5所示的形式削好接头，带到现场进行热黏。目前大多采用黏结性能良好的专用补胎胶水黏结或专用胶水冷粘。

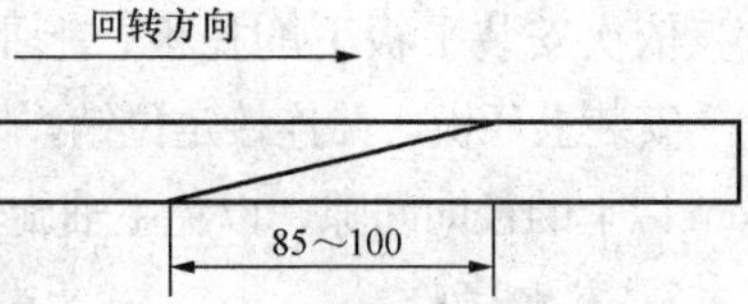

图4-5　橡皮板黏结示意图

热黏方法如下：

用锉刀将位于接头处的斜面黏结处打毛并吹扫干净，在两结合斜面上涂1～2层胶浆（此胶浆由未经硫化的生胶片泡在甲苯中制成，并要求生胶片与被黏的橡皮板为同一材料，一般取生胶：甲苯＝1：2.5，放置24h即可）。

待胶浆晾干时，把事先按切口形状剪好的生胶片贴在一个斜面上，用手压紧后，再把另一斜面压紧。这样，两端便黏合在一处。用剪刀剪去露在接头外面的生胶片，把接头放入模具中，加热至130～150℃，保温30min以上即可黏牢。为了防止模具外的橡皮板被烤焦，可用石棉布包好，并淋少许冷水，以降低温度。实践证明，这种热黏方法效果较好。

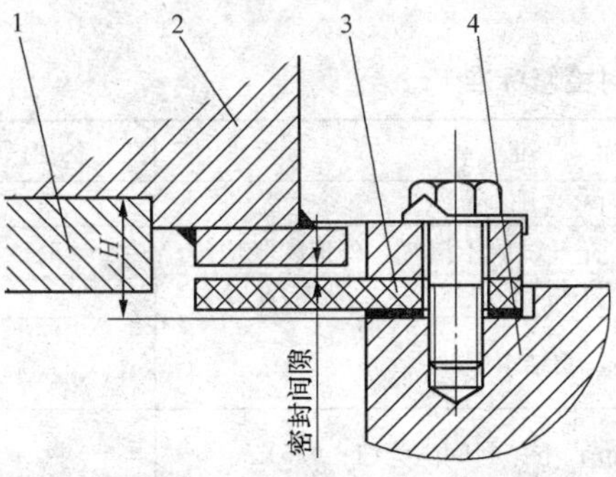

图4-6　上平板密封间隙示意图

1—密封环；2—上环板；
3—密封上平板；4—水箱

5. 调整上平板密封间隙

测量上平板与上环板的间隙，采用间接测量的方法计算出上平板间隙。具体方法是：测量出密封环上表面与水箱上平板密封安装面之间的高度差H（见图4-6），为减小测量误差，特在圆周均分的8个方向分别测量，该高度差减去上环板的高度、平板密封的厚度以及托板的厚度即可得出此时的密封间隙，该间隙应在(1.0±0.5)mm之内，否则将进行调整。调整的具体方法是：若测得的间隙过小，则可在上环板下加相应厚度的垫板；若测得的间隙过大，则可在密封平板下加装厚的托板。

密封间隙调整的好坏直接影响主轴密封的工作性能。密封间隙调整过大则漏水量加大，严重时将引起水淹水导轴承事故；密封调整过小，则直接增加密封与抗磨面之间的摩擦力，严重时会烧损密封平板。同时，调整间隙时应尽量保持均匀，这样既可降低不均匀甩水量，又可减小密封平板的磨损。

6. 安装上平板密封组件

黏结上平板，黏结方法与下平板相同。

依次安装平板下的托板、上平板、上压板。

安装上环板，并连接定位销，以确保其抗磨面平整。注意上压板与上环板之间应有2mm以上的径向间隙，以免主轴旋转后上环板与上压板之间产生撞击或摩擦。

7. 充水试验

主轴密封安装好后进行充水试验，即在静止状态下投入空气围带，打开主轴密封供水阀门，观察主轴密封的漏水情况，漏水量应不大于1m^3/h；开启和关闭供水阀门，阀门后的压力表应有相应的压力变动，且最大压力应大于0.15MPa才能保证运行中的主轴密封压力正常。如果最大压力较低，一般会伴随密封漏水量较大，此时应对主轴密封的上、下平板间隙进行调整，至于是只调整上平板间隙，还是上、下平板间隙同时调整，要视具体情况而定。由于密封环已经相对固定在主轴上，因此下平板能够调整的难度非常大，一般是只调整上平板间隙，使漏水量和压力两方面均达到要求。

五、平板密封检修标准

某水电厂平板密封检修标准见表4-1。

表4-1　　某水电厂平板密封检修标准

序号	项　目	标　准	备注
1	转动环检查	水平度在0.20mm/m以内	
2	空气围带检查	无裂纹，装前用0.1MPa充气试验不漏气，外形膨胀均匀；安装后充气0.4～0.7MPa，不得漏气	
3	密封环与大轴密封	ϕ8mm橡皮盘根接头完整，黏结牢固	
4	平板密封间隙调整	上密封间隙为(1±0.5)mm；下密封间隙为(1±0.5)mm	
5	平板密封试验	平板密封正常漏水量小于或等于1m^3/h，非正常漏水量小于或等于3m^3/h；检查给水情况及给水压力，其压力值应为0.05～0.20MPa	

六、双层平板密封的常见故障及处理工艺

（一）主轴密封上、下平板磨损较大

平板密封在使用寿命上不如端面密封，由于没有自补偿功能，上、下密封平板在磨损 2～3mm 后将使密封面间隙增大 2～3mm，间隙加大就会增大主轴密封的漏水量，故密封平板只要在磨损 2～3mm 后就要进行停机检修，目前其正常检修周期为 3～4 年。主轴密封上、下平板出现磨损较大缺陷时，通常现象是运行时主轴密封甩水较大、主轴密封压力不稳定；检查平板发现，主轴密封间隙增大，平板内侧磨损较大，厚度减小，磨损区域呈矩形或三角形。

处理工艺：在一般性的 C、D 级检修中，无须大范围地拆装即可进行主轴密封的更换。在机组停机后，投入检修密封，隔绝下游江水，排除水箱内的积水，拆除上环板、上平板、托板、下平板等部件，安装新的下平板、上平板，并对上间隙进行调整即可。

（二）密封环水平偏差因素的影响

密封环是主轴密封装置的转动部件，它定位在主轴上随主轴一起转动，它的水平偏差直接影响平板的使用寿命，这种影响是通过加剧对平板的磨损来实现的。

在机组旋转过程中，密封平板各点处的间隙是按正弦规律变化的，其周期与机组旋转周期一致，平板间隙不断交替变化。在压力水作用下，上、下平板贴紧抗磨面。在密封环水平度较差时，对平板中部的磨损较大，内侧磨损较小，从而形成三角形凹坑形状。

密封环水平度较好时，平板各点的间隙是均匀的，运行时平板的间隙均匀，平板变形稳定，磨损均匀，磨损区域呈矩形，表面光滑。

密封环设计水平度为 0.2mm/m，密封环水平度超标主要是由于其在大轴上定位不精确引起的。密封环水平调整合格后，将它与主轴同钻孔，然后打入 ϕ30mm 柱销并点焊固定，实现密封环在主轴上的定位。由于是用三相工频电钻手工钻孔，钻孔直径大，因而切削力大，钻孔时大电钻的振动也大，钻出孔的形状往往呈喇叭状或椭圆形，使配销很困难，由此造成销和轴上的销孔之间有间隙，对密封环实际上起不到精确定位作用。运行时，密封环受到的密封压力水对其上环面（包括抗磨环）与下环面的压力差、下游江水对密封环的浮力，以及机组转动引起的密封环周向切削力的综合作用，使密封环的水平时常被破坏。

密封环水平偏差因素是造成平板磨损加快的主要因素，解决这个问题的关键是改善钻孔工艺，使孔与销的配合达到工艺要求。这需要为大电钻制作一副专用夹具，以便在钻孔时限制大电钻的自由度，以钻出实际中所希望的规则的销孔。

（三）主轴密封压力调整不及时或调整不当

主轴密封压力调整过小，主轴密封漏水量增大，压力调整过大，平板与抗磨面贴得过紧，密封磨损加快。根据水电厂机组运行经验，主轴密封压力调整标准规定为比机组轮叶前的压力高一点即可，机组在开机试验前一般取小值，运行中根据轮叶前压力变化由运行人员及时调整主轴密封压力，主轴密封压力调整不及时或压力调整不当都将造成主轴密封平板磨损加快。

（四）水质影响

主轴密封的主要作用是抑制转轮室内的水流进入水车室，水流的含沙量直接影响平板密封的使用寿命，特别是下平板，水流含沙量较高时，下平板磨损较快，水流通过下平板渗漏进入上平板后，上平板的磨损也将加剧。根据某水电厂机组检修报告统计，2003 年以前，该水电厂所在的库区来水含沙量较高，平均含沙量为 12kg/m^3，平均每年小修时基本上都要更换主轴密封。2003 年上游水电厂开始投产发电后，库区来水水质大为改善，在密封环水平度较好的情况下，一般可每 4 年更换一次。

（五）平板间隙调整不均匀

主轴密封装置漏水量通过平板与抗磨面之间的间隙来控制，间隙过大，漏水量增加；间隙过小，平板磨损加剧，甚至出现烧结现象。某上、下平板密封间隙标准为(1±0.5)mm，间隙调整主要通过向上、下平板密封的下边加（减）一定厚度的垫板来实现。调整过程中，测量计算上、下平板密封的间隙，在保证(1±0.5)mm 的情况下，选择合适的垫板厚度，垫好垫板后组合回装。理想状况下，密封间隙应是均匀的，但在实际检修过程中，由于密封环水平偏差、密封环变形、抗磨面和水箱平板组合面水平度等诸多因素的影响，密封间隙不可能完全调整均匀。为保证平板总体间隙，局部间隙可能偏小，从而影响平板寿命。

（六）空气围带漏气

空气围带是否漏气一般通过保压试验来确定，当出现不保压缺陷时，主要表现特征为保压试验过程初期，气压在 0.4～0.7MPa 时，10min 后气压消失较快，围带不止水，有时水箱内伴随有翻水鼓泡现象或管路及阀门存在尖锐啸声。究其主要原因，主要有以下几点。

1. 围带磨损

空气围带的作用是通过往围带内部充气使其膨胀而紧贴主轴护罩来实现的，机组停机后，围带投入，充气止水。围带安装就位后，围带与主轴护罩有不小于 1.5mm 的间隙，偏差不应超过设计总间隙值的±20%。围带外形尺寸完全按照密封槽尺寸设计。安装过程中，受围带座周围环境和尺寸的影响，安装工艺控制不严和密封槽清扫不到位都可能致使密封间隙过小而造成磨损。开机过程中，围带必须撤压，开机过程中可能产生的误操作将直接导致密封严重磨损。另外，若围带内部设计有一圈轴向支撑弹簧，围带充气膨胀后，弹簧可能发生倾斜而发卡，围带撤压后不能很快复位，从而在运行中造成磨损。所以，围带磨损在围带检修中出现的频率较高，是围带不保压的重要原因。

2. 围带质量问题

个别围带在制造过程中质量不过关，橡胶老化较快，围带出现裂纹和细小穿孔，此缺陷出现的几率一般较小。

3. 管路或阀门漏气

管路接头处在机组振动过程中易松动，造成密封失效；围带排气阀关闭不严。

4. 气嘴漏气

气嘴漏气的原因有两点，一是受水箱周围尺寸和环境影响，围带设计吊点不正，底座吊起后扭转偏移，围带安装就位后，底座与气嘴不对中，底座在下落过程中需要晃动气嘴对正后开始逐步回装就位，在此过程中气嘴出现别劲现象，围带安装质量不易控制，气嘴出现轻微松动，运行时间久后出现漏气；二是气嘴与围带一起长期浸泡在水中，长期运行后气嘴根部锈蚀穿孔，在围带检修过程中，甚至发现个别机组气嘴有锈断现象。气嘴漏气也是围带不保压的主要原因之一。

当空气围带出现上述情况时，一般要进行更换。具体做法是机组停机，排空转轮室内积水（当下游水位高于空气围带所在部位时），拆除上环板、上下密封平板组件，整体吊起水箱和水箱底座，更换空气围带。

七、结构缺陷及改进措施

安装在某水电厂机组上的双层平板式工作密封运行中需要上、下两个密封面同时工作，起到密封作用。这种密封不受主轴直径大小的限制，只要是立轴式水轮机都可使用；上、下密封面的间隙为可调式，可以通过向上、下密封平板的下边加（减）一定厚度的垫板来调整密封间隙，进而控制主轴密封装置的漏水量。该装置安装和拆卸较简单，但在投产运行后也暴露出一些问题。针对这些具体问题，水电厂在检修中不断积累经验和总结教训，实施了多项改造方案，并取得了一定的效果。

（一）投产运行后出现的问题

（1）工作密封在初期使用中由于密封面间隙较小、润滑不够等原因曾出现过平板烧结的现象，造成事故停机。

（2）水箱与水箱底座之间的间隙过去一直使用石棉垫进行密封，经常因局部厚薄不均而出现间隙，在组合缝处出现漏水现象，影响水封的工作效率。

(3) 水箱底座上有4个对称分布的方形孔，转轮室内的浑水容易从底座上4个方孔进入水箱，进而影响水箱的正常运行和降低水封的寿命。

(4) 工作密封的上、下平板是由螺栓紧固在相应的部件上的，由于上、下平板长期在水中运行，导致部分螺栓孔锈蚀，上、下平板紧固螺栓无法紧固，部分螺栓断裂在螺孔内，致使水封漏水过大，尤其在夏季尾水位较高时，检修非常困难。

(5) 在对工作密封进行检查时，上密封平板可以很方便地进行检查，但要检查下密封平板，就需将上层平板密封装置进行解体，而这种情况在空气围带失效的情况下不可行。

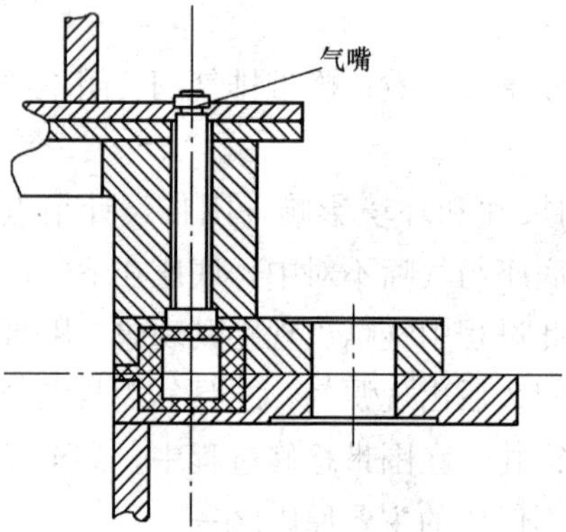

图 4-7　空气围带气嘴原图

(6) 部分机组检修密封（空气围带）的进气嘴为立式结构（见图4-7)，且从水箱底座底部向上引出（引出长度为265mm)，贯穿水箱底座和水箱下组合面。在整体起吊水箱和水箱底座时，由于高度的限制，不能方便地取出空气围带气嘴，因此更换空气围带前，必须先将水箱解体，再吊起水箱底座才能进行，工作效率低且很不安全，同时拆卸、吊装过程中会对设备造成损坏。

(二) 改进工艺措施

1. 上、下平板抗磨面开润滑槽

在上、下平板密封的抗磨面上各增加8条对称的润滑水槽以增加润滑，槽的形状为近似直角三角形，开口大的一侧引入清洁水；润滑水槽的斜口顺着转动方向，以保护密封平板不被刮伤。除此之外，根据检修的经验和水封运行数据的总结，在调节密封面间隙时，对此间隙进行严格的控制，以达到最佳的效果，上平板密封的间隙控制在0.5～1.0mm，下平板密封的间隙控制在0.5mm左右。实施以上措施后，密封平板再没有出现过烧结现象，而且也大大提高了橡胶密封平板的使用寿命。

2. 水箱和底座之间增加密封槽

在水箱底座法兰面 $\phi2400$ 处加工深5mm、宽10mm的密封槽，安装 $\phi8$ 密封条进行密封。2003年开始，某水电厂就在检修中实施这项改造方案，实践证明，这种密封效果非常明显，而且方便安装。

3. 方孔封堵

在机组的B修和A修中，将水箱底座上的4个方形孔进行封堵，封堵后进行打磨，使封堵部位的高度与底座法兰面一致，从而有效防止江水进入密封，保护密封的正常工作。但是，这样做也给空气围带间隙测量带来了不便。

4. 水箱螺孔镶套

为解决水箱 M16 螺纹滑丝问题，特将原螺栓孔重新钻孔并扩大为 $\phi 24$，保证圆心位置与原螺栓孔的圆心位置重合。同时，加工外径为 $\phi 24$、内孔为 M16 的不锈钢螺套，将其焊接在已钻出的 $\phi 24$ 孔内。加工后螺母高度不高于密封安装表面，螺孔长度增加为加工前的 2 倍。经过镶套，修复了螺纹缺陷、延长了水箱的使用寿命。

5. 水箱侧面开观察孔

在机组 B 修和 A 修中，在水箱侧面开长 150mm、高 100mm 的长方形观察孔，制作盖板对其进行封堵。当下密封平板需要检查时，可开启盖板，通过该观察孔对下密封平板进行检查，确定是否需要对其进行更换。

6. 围带气嘴长度改造

将空气围带气嘴缩短为 140mm，其连接螺纹为 G1/2。同时，对水箱底座相应部位进行处理，将底座侧面气嘴引出盒铣去一部分，以露出气嘴孔（见图 4-8）。缩短后的气嘴能够在其上部部件整体起吊的条件下进行拆装，检修非常方便。

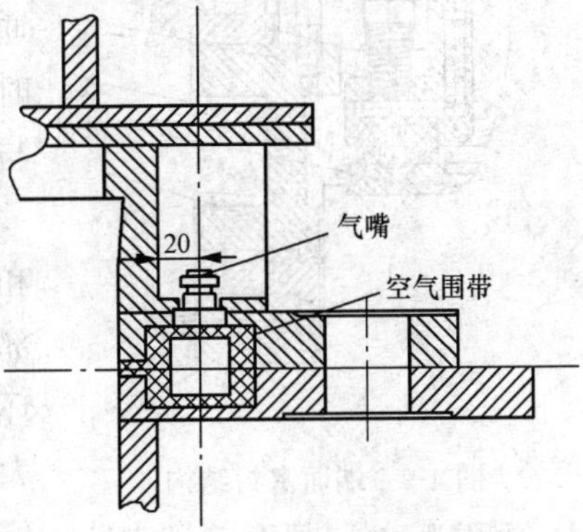

图 4-8　空气围带气嘴改进图

第四节　端面密封的检修

端面密封主要由两部分组成，即工作密封和检修密封。工作密封主要由碳精密封块和固定在主轴上的抗磨面组成；检修密封主要是布置在工作密封下方的空气围带。这种密封具有结构简单、调整方便、运行寿命长等优点。

各种机械式端面密封由于其所使用的机组结构不同、安装条件各异，因此在结构上会有些差异，但其原理基本相同，故在检修工艺上大同小异。端面密封结构如图 4-9 所示。

一、端面密封的维护和检修概况

封水部分的密封是由具有较好耐磨性能的碳精密封环和不锈钢材料的抗磨面组成，当碳精密封环出现一定的磨损后，均布在圆周方向的不锈钢弹簧会将导向环向下压，导向环带动碳精密封环向下贴紧抗磨面，始终进行有效的止水。与此同时，弹簧的弹力会随之下降，在每个弹簧的上方都设有调整螺栓，用来调整弹簧的弹

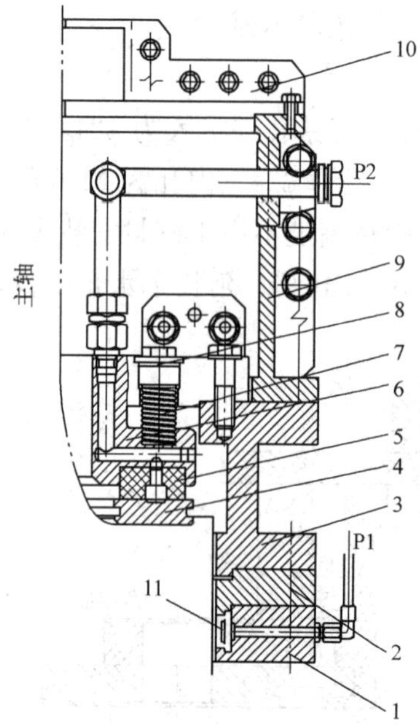

图 4-9 端面密封结构

1—密封底座；2—中间环；3—密封架；4—抗磨面；5—碳精密封环；6—导向环；7—弹簧；8—调整螺栓；9—挡水环；10—上盖板；11—空气围带；P1—通低压气管路；P2—通润滑清洁水管路

力。在导向环的上方安装有导向环轴向位移监测装置（见图 4-10），在机组运行时可以随时通过该监测装置判断碳精密封环的下沉量，并根据其下沉量判断弹簧弹力的下降情况，进而进行适当的调整。

碳精密封环与抗磨面之间通入清洁水，以保证摩擦面的润滑，降低密封环的磨损。清洁水由通过导向环的引水管路进入密封面，机组运行时，会在密封面处形成一道很薄的水膜，保护参与摩擦的两个表面。

机组运行时，可随时检查主轴密封的漏水量和碳精密封环的磨损情况。一般情况下，只要各部件不发生卡阻、弹簧弹力正常，即使碳精密封环磨损较大，也可以正常工作。若发现漏水量加大，顶盖排水系统无法及时排出积水，则须进行停机检修。

在空气围带可以正常工作的情况下，只对工作密封的检修工期较少，程序也比较简单，一般仅需 2～3 天的时间就可完成。如果空气围带不能正常使用，则须对主轴密封进行全面拆卸检修。

二、端面密封的拆卸工艺

整体拆卸的必备条件：机组停机，落上、下游工作闸门，并做好转动部件防止转动的措施，排空转轮室内积水。

端面密封的拆卸工艺如下：

（1）拆下主轴密封排水管，拆下上盖板并分解吊出，拆除主轴密封清洁水供水管、空气围带供气管及测量控制元件。

（2）拆除主轴密封挡水环。

（3）拆除碳精密封环下沉量监测装置；拆除调整螺栓及其固定环；取出不锈钢弹簧，除泥去锈，逐个检查弹簧表面裂纹及破损情况；检查压缩弹性，如发生塑性变形，则进行更换。

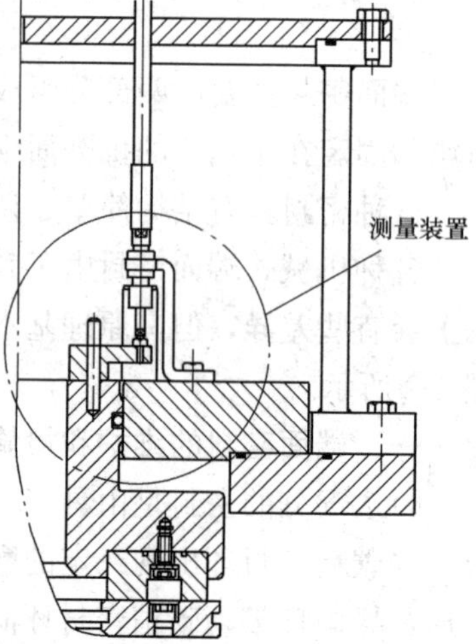

图 4-10 碳精密封环下沉测量装置

（4）拆除导向环并分瓣吊出，检查导向环上的O形橡胶密封圈的磨损情况，如果磨损严重，则进行更换。

（5）拆除密封架并分瓣吊出。

（6）拆除空气围带进气管及接头。分解中间环，取出围带，检查围带磨损情况，如有局部磨损或渗漏，则进行更换。

三、各易损部件的修复

检查碳精密封环的磨损情况，若密封磨损严重（大于12mm），则进行更换。

检查抗磨面的磨损情况，检查不锈钢抗磨板的磨损情况，如有毛刺或浅沟，可用油石沿回转方向磨平；如有深沟或严重偏磨，应拆除并吊出加工，在车床上组圆进行车削加工，应保证车削后的抗磨面表面粗糙度达到0.8μm。

所有使用的密封圈均应检查其弹性，若有老化、磨损现象，则应更换。

所有部件应清洗干净，有撞伤、毛刺的安装表面应进行打磨、修平。

四、端面密封的回装

空气围带处固定部件与转动部件的间隙应为1mm以上或符合设计要求，且圆周方向上间隙均匀。空气围带安装前应通入0.1MPa压缩空气试验，确保无漏气，充、排气正常后方可安装在密封座内。

回装顺序与拆卸顺序相反。在弹簧及调整螺栓安装到位后要进行弹簧弹力调整，通过调节螺栓调好弹簧的压紧高度，以保证导向环水平，调好后将调整螺栓锁紧。

所有部件安装完毕后要进行充水试验，以检验工作密封的性能，工作密封在静止状态下的漏水量应尽可能小。空气围带充0.7MPa的压缩空气，应止水良好。

第五章 水轮机主轴的检修

第一节 主轴的工作原理与检修

轴流转桨式水轮机主轴内部有一套控制转轮叶片的操作机构。该操作机构主要是1根操作油管，其内部有两个油腔，即内压力油腔和外压力油腔（见图5-1），这两个油腔通入控制转轮叶片转动的压力油，油压一般为4.0MPa。操作油管在运行中的运动方式是既随主轴作旋转运动，又作上下运动。操作油管外壁与主轴内壁一起组成的腔体叫做回油腔，该腔一直充满无压的汽轮机油，其作用主要是对转轮体内部及时进行补油和回油。因此，轴流转桨式水轮机主轴既有连接水轮机转轮与发电机转子、传递扭矩的作用，又有控制转轮叶片转动的作用。

混流式水轮机主轴的上端一般都装有主轴中心补气系统，因此其主轴除了具有连接水轮机转轮与发电机转子、传递扭矩的作用，还兼有为转轮室内补气的作用（见图5-2）。

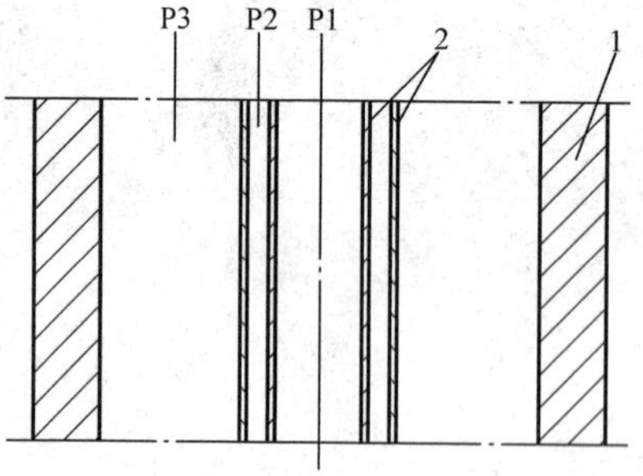

图5-1 轴流转桨式水轮机主轴剖面图
1—主轴；2—操作油管；P1—内压力油腔；P2—外压力油腔；P3—回油腔

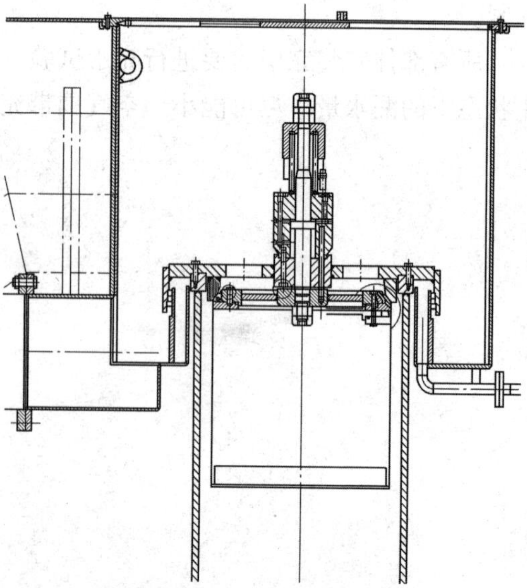

图5-2 混流式水轮机主轴中心补气装置

第二节　主轴的检修工艺

进行机组A级检修时，要分别吊出发电机转子和水轮机转轮，特别是当时通过盘车发现机组轴线发生弯曲时，要对两轴结合法兰进行处理。水轮机轴与发电机轴的连接法兰称为水轮机轴的上法兰，水轮机轴与转轮相连接的法兰称为水轮机轴的下法兰。

水轮机主轴根据其连接方式的不同，可以分为整体式和分段式两种。整体式主轴的上法兰连接至发电机转子，下法兰连接至水轮机转轮；分段式主轴是在轴的中间部位还设有一道法兰，机组检修时，该法兰上部的一段轴与转子一起吊出，不进行解体。在功能和检修方式上，无论是分段式主轴，还是整体式主轴，都没有太大的区别，只是当主轴的长度受到限制时才考虑分段式。

一、主轴上法兰分解

主轴上法兰的分解过程也是完成机组受力转换的过程，即转子以下的转动部件重量由转子支撑转换到由转轮支撑。目前较常使用的方法是利用同步液压拉伸器（见图5-3）对称松掉连接螺栓的方法，这种方法安全性较高，且效率也很高。

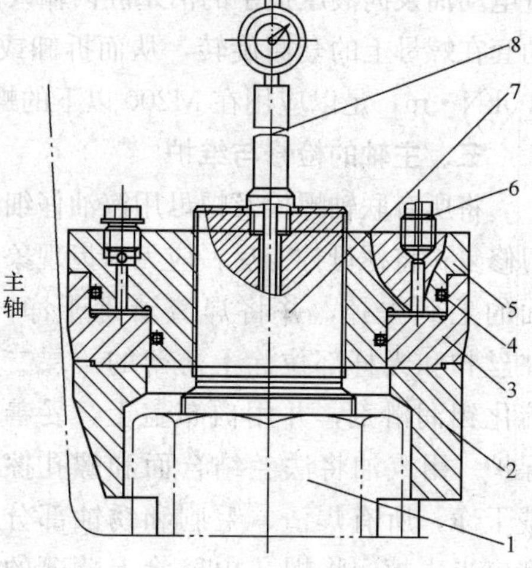

图5-3　同步液压拉伸器

1—螺母；2—支撑架；3—缸体；4—密封圈；5—提升螺母；6—液压油管；7—螺栓；8—螺栓伸长测量杆

在水轮机转轮、悬挂工具安装合格或转轮支撑安装合格后，拆卸主轴连接螺栓时留下对称的4个方向的连接螺栓，待其他连接螺栓均拆除后，将具有4同步的液压拉伸器分别安装到最后的4颗螺栓上进行拉伸，螺栓被拉伸后，同时松掉4个螺母，要求螺母退掉的丝扣需一致且不应大于拉伸器的最大行程，以免损坏拉伸器。螺母松掉后将拉伸器泄压，这时主轴会连带螺栓一起随之下落，待拉伸器回复后，再重复前面所述拉伸动作，最终使主轴上法兰完全脱开，重量落在水轮机转轮上。为保证水轮机轴在下降过程中不倾斜，要设专人随时监视两法兰之间的开度和立面间距，使之在下降过程中各处近似相等。

二、主轴下法兰分解

主轴下法兰的分解可以有多种方法，过去在液压工器具没有普遍使用在检修现

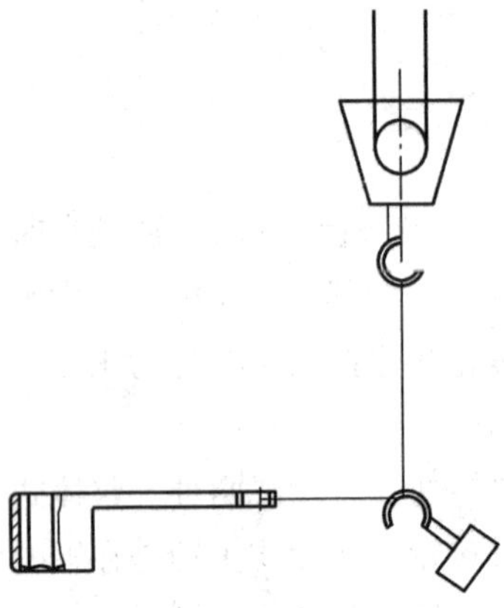

图 5-4　利用桥式起重机拉螺栓示意图

场时，常使用厂房内的桥式起重机拉长臂扳手来分解主轴下法兰。具体的做法是，在转轮室内找到固定点悬挂一个定滑轮，在该定滑轮的正上方的桥式起重机上悬挂一根钢丝绳，钢丝绳穿过定滑轮连接到与定滑轮水平的长臂扳手上，利用桥式起重机的力量拉动扳手，进而松掉螺栓，如图 5-4 所示。这种方法原理简单，操作较方便，但效率低，人员投入多，而且极不安全，容易在桥式起重机控制不好时造成人员伤亡。

液压工器具的大面积使用已经完全取代了原有机械类工具。在拆卸主轴下法兰的工具中常使用液压扳手（结构见图 5-5），这种工具主要是通过电动油泵向液压扳手的活塞腔内输入液压油，活塞的动作带动齿轮转动，进而带动套在螺母上的套筒旋转，从而拆卸或拧紧螺母。这种扳手的最大输出扭矩可达 100kN·m，足以应用在 M200 以下的螺栓上。

三、主轴的检修与维护

将所有联轴螺栓及螺母用汽油仔细地洗刷干净；若丝扣有损坏处，应用三角锉刀修复；将螺母拧上后，应无卡齿现象。用扁铲、锉刀、砂纸和油石等物将各配合面的毛刺去掉，并将焊渣清理干净。在丝扣和光杆部位涂上薄薄的一层二硫化钼润滑剂，并用白布盖上，妥善保护。用汽油将法兰结合面和螺孔擦洗干净，所有焊渣、毛刺和锈蚀部分都应当去掉。将螺孔内壁涂上薄薄的一层二硫化钼润滑剂，然后用白布蒙好，避免磕碰。

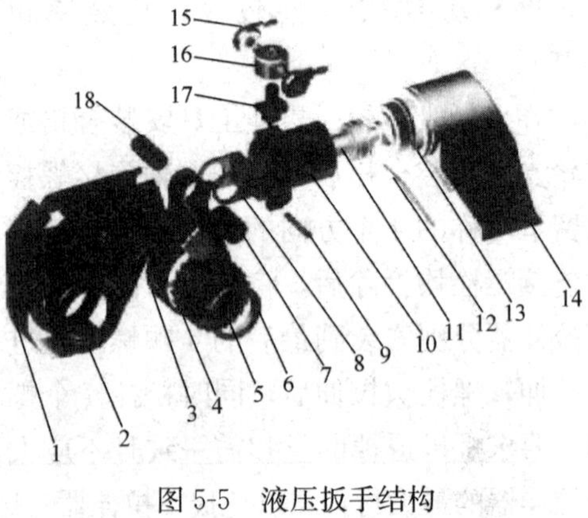

图 5-5　液压扳手结构

1—筋板；2—机壳；3—摇臂；4—棘轮；5—整体型棘爪；6—导向套；7—销轴；8—连接叉；9—反力销轴；10—液压油缸；11—活塞杆；12—盖板；13—油缸缸盖；14—反作用力臂；15—侧向接头；16—旋转接头；17—接头柱；18—销轴芯

检查主轴轴领处的磨损情况，如有划痕、沟槽、锈蚀等缺陷，应用细油石沿圆周方向进行研磨，使其光洁度达到设计要求。

正式装配螺栓前，要对所有螺栓、螺母进行试装配。试装配的目的是检查丝扣的损坏情况，对于手动无法装配到位的螺栓，一方面要用专用丝锥攻螺孔，另一方面要用三角锉修磨螺栓的螺纹处，直至装配合格为止。试装配合格后，应将螺栓与螺孔做好标记。

四、主轴法兰的组合

正式组合时，用白布将水轮机转轮上冠法兰面及下法兰结合面擦干净。将水轮机大轴吊来找正（注意刻线或打号），慢慢地落在上冠法兰上，用螺旋千斤顶将联轴螺栓（对号）顶进螺孔，将螺母打紧（也可以采用吊车通过滑轮拉套筒扳手的方法）。为了使螺栓连接产生预应力（拉应力），以保证两法兰面不分离，需测螺栓伸长值 Δl 。该值可由机械计算得到，如粗略估算，可用如下公式

$$\Delta l = \frac{[\sigma]l}{e}$$

式中　$[\sigma]$——螺栓许用拉伸应力对一般碳结钢，$[\sigma]$ ＝120MPa；

l——螺栓的有效长度，m；

e——材料的弹性模数，一般为 2.1×10^5 MPa。

这种估算方法只适用于螺栓设计规范无从查找的情况下，其结果往往偏大，易造成因扳手扭矩太大而使螺纹咬死，以致损坏螺母。正常情况下建议采用螺栓的设计规范值。

主轴下法兰的连接，是在转轮已经就位、转轮水平及中心均调整完毕后进行。将主轴缓慢吊入与转轮连接的法兰面上，要求主轴与转轮按原方位回装，且对准连接螺栓，当主轴下降到与转轮法兰面 20mm 左右时，将主轴停在空中，最后一遍清理法兰面，再落下主轴。利用液压扳手对称连接所有螺母，使其达到设计的扭矩值，要求先对称拧紧 4 个方向的螺母，再拧紧所有螺母。

主轴上法兰的连接与拆卸互为逆顺序，在转子吊入并落在风闸上后，利用对称的 4 个方向的液压拉伸器拉起主轴上法兰螺栓，将主轴与转轮一起提起，拧紧螺母，用这种方法连接所有螺栓即可。

第六章　引水部件及尾水管的检修

第一节　引水部件的检修

一、蜗壳的检修

(一) 蜗壳的作用

蜗壳是水轮机引水室的一种类型，它是水流进入水轮机的第一个部件，作用是将水流对称地引入导水机构并送入转轮。大、中型水轮机的引水室均采用蜗壳式引水室。水轮机在工作中对引水室有下列要求：

(1) 尽可能减小引水室中的水力损失，以利提高水轮机的效率。

(2) 保证导水机构四周进水均匀，且呈轴对称，使转轮四周所受的水流作用力均匀，以利于提高运行的稳定性。

(3) 水流在进入导水机构前应具有一定的旋转（环量），以保证在水轮机的主要工况下导叶处在不大的冲角下被绕流。

(4) 有合理的断面尺寸和形状，以降低水电厂厂房投资，同时便于辅助设备（如导水机构接力器及传动机构）的布置。

(5) 具有必要的强度及合理的材料，以保证结构上的可靠及抗水流的冲刷。

显然，上述各项要求之间有的存在矛盾。例如，要使水力损失小，就必须加大引水室的尺寸，而增大尺寸又会使厂房投资增加。因此，对上述各项要求应作统一、全面的考虑。

(二) 蜗壳的类型

蜗壳式引水室的外形像蜗牛外壳，故常称为蜗壳。它的断面从进口到尾端（鼻端）是逐渐减小的，以保证向导水机构均匀供水，同时在导水机构前形成一定的环量。蜗壳应采用适当的尺寸，以保证水力损失较小，又可减小厂房尺寸和降低土建投资。它是一种封闭式的引水室，适用于各种水头和容量的要求，在反击式水轮机中应用最普遍。

由于水轮机水头和出力不同，蜗壳内承受的水压力和流速也不同，因此蜗壳使用的材料及结构形式也有区别。通常，根据使用的水头分别采用混凝土蜗壳［见图6-1 (a)］和金属蜗壳［见图6-1 (b)］。

1. 混凝土蜗壳

水头 $H<40$m 时的低水头大、中型水电厂通常采用混凝土蜗壳。它实际上是

直接在厂房水下部分大体积混凝土中做成的蜗形空腔，浇筑厂房水下部分时，预先装好蜗壳的模板，模板拆除后即成蜗壳。为加强蜗壳的强度，在混凝土中配置了许多钢筋，故有时也称钢筋混凝土蜗壳。混凝土蜗壳不能承受过大的水压力，为防止冲刷与渗漏，必要时应加钢板里衬。

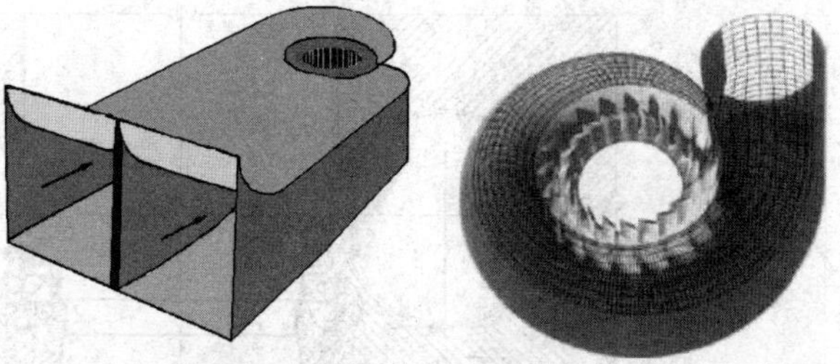

(a)　　(b)

图 6-1　水轮机蜗壳示意图

(a) 混凝土蜗壳；(b) 金属蜗壳

2. 金属蜗壳

水头 $H>40$m 时一般采用金属蜗壳。根据水头和出力的不同，金属蜗壳的材料可用铸铁、铸钢或钢板焊接。铸铁蜗壳（见图 6-2）由铸铁整铸而成。因材料厚度的限制，仅用于水头不很高（$H\leqslant 60$m）、尺寸较小（$D\leqslant 0.5$m）的小型混流式水轮机。钢板焊接蜗壳（见图 6-3）是由若干锥形环焊接而成。焊接蜗壳的节数不应太少，否则会影响蜗壳的水力性能，但节数过多又会给制造和安装带来困难。为节省钢材，应根据蜗壳断面受力不同而选用不同的钢板厚度。通常，蜗壳进口断面的钢板较厚，接近尾端的钢板较薄，具体数值由强度计算确定。蜗壳和座环之间也是靠焊接连接。焊接蜗壳应用最广，适用于水头 H 为 40～200m 的大、中型水轮机。当水头 $H>200$m 尺寸、$D\leqslant 3$m 时，因钢板太厚，卷制困难，故采用铸钢蜗壳，其结构形式与铸铁蜗壳相同。

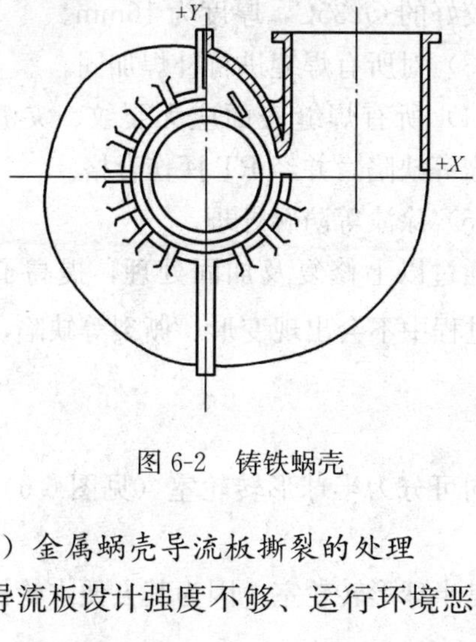

图 6-2　铸铁蜗壳

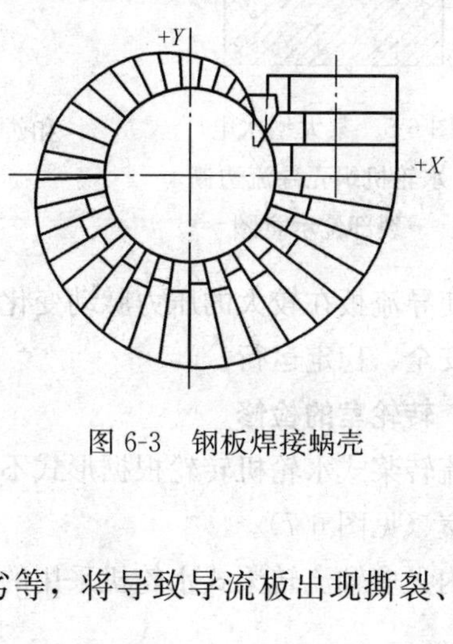

图 6-3　钢板焊接蜗壳

（三）金属蜗壳导流板撕裂的处理

若导流板设计强度不够、运行环境恶劣等，将导致导流板出现撕裂、破损情

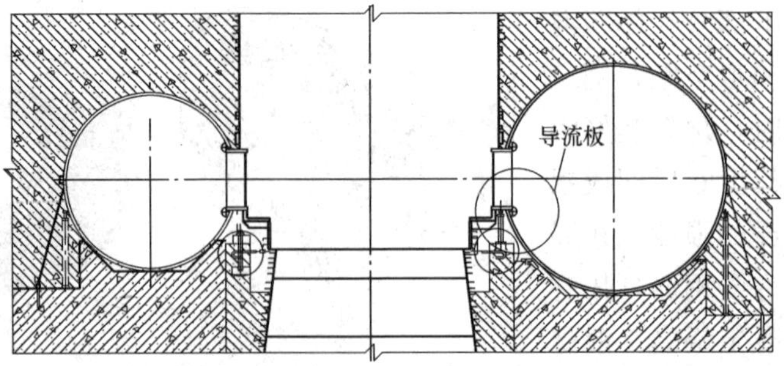

图 6-4 某水电厂水轮机金属蜗壳导流板撕裂、破坏部位示意图

况，破坏部位如图 6-4 所示。例如，某大型水电厂机组运行初期多次发现水轮机蜗壳导流板出现撕裂、破损现象（撕裂部位如图 6-5 所示），严重影响机组的安全稳定运行，具体表现为机组振动增大，蜗壳门处噪声较大等现象。

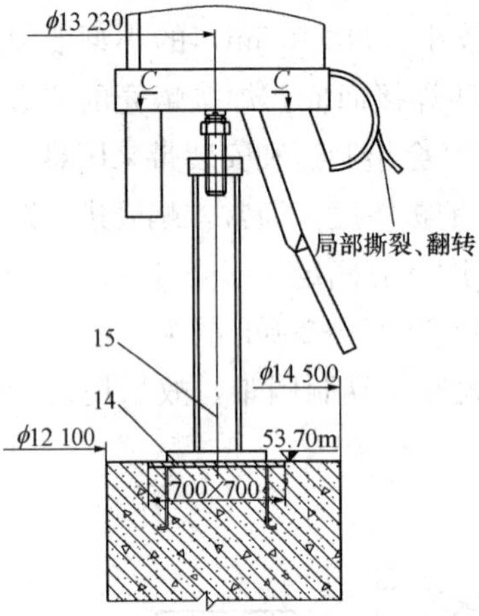

图 6-5 某大型水电厂水轮机蜗壳导流边撕裂部位示意图

因导流板支撑结构属于机组埋件，导流板结构设计上改造施工难度较大，故在现场出现这种情况时，可采取的检修措施归纳如下：

（1）对蜗壳导流板进行全面检查，并对所有焊缝进行探伤处理。

（2）在导流板外缘处两径向筋间焊接横向加强筋。例如，某大型水电厂水轮机蜗壳导流板就增加了横向加强筋和托板，钢板材质选用性能较好的 Q235C，厚度为 16mm。

（3）对所有焊缝进行补焊加固。

（4）所有焊缝表面应无裂纹、夹渣、气孔和焊瘤等缺陷，并经 PT 探伤合格。

（5）涂漆等防腐处理。

通过以上修复及加固处理，提高了导流板强度，使导流板在较大的压力脉动变化过程中不会出现变形、撕裂等缺陷，保证了机组的安全、稳定运行。

二、转轮室的检修

轴流转桨式水轮机转轮根据形式不同可分为半球形转轮室（见图 6-6）和全球形转轮室（见图 6-7）。

国内大多轴流转桨式水轮机采用的是半球形转轮室，因为其方便水轮机的拆卸检修。但是，叶片在半球形转轮室中转动时，叶片与转轮室中环的间隙随转角不同而变化，其中叶片全关时最小，叶片全开时最大，这就造成了运转过程中水轮机的容积损失和叶片以及转轮室的磨蚀。相反，全球形转轮室保证了叶片与中环的间隙在叶片转动时始终保持一致，减少了水轮机容积损失，减轻了水轮机叶片和转轮室的磨蚀。

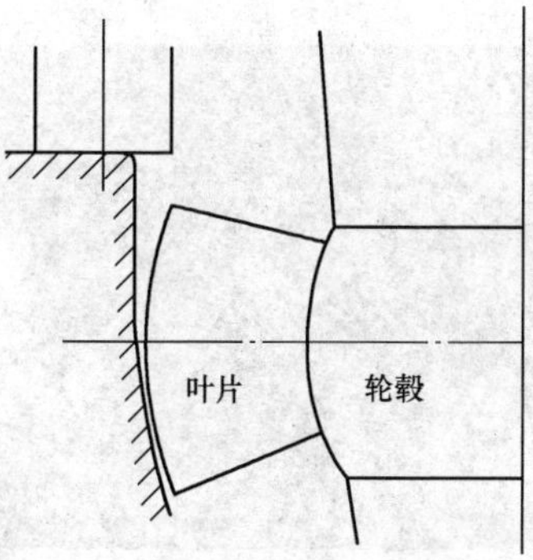

图 6-6　半球形转轮室示意图

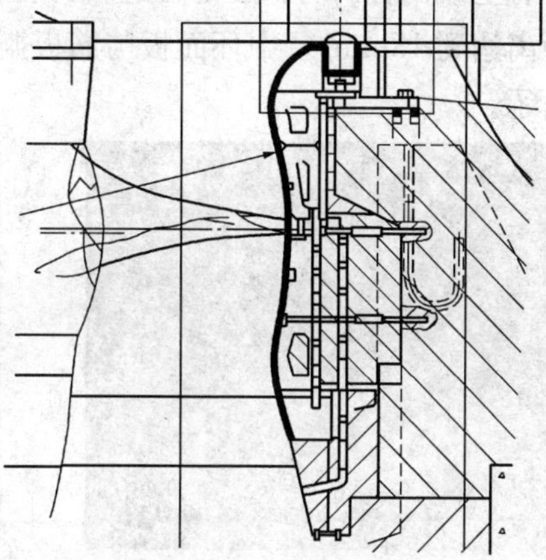

图 6-7　全球形转轮室示意图

对轴流转桨式水轮发电机组的水电厂，转轮室过流部件的空蚀和泥沙磨损是普遍存在且很难解决的问题。转轮室长期受空蚀和泥沙的联合作用，整体破坏严重，尤其是中环的损坏更为突出。国内多个大型水电厂曾多次出现中环局部撕裂、脱落等现象。

（一）转轮室抗空蚀和磨损措施

轴流转桨式水轮机叶片和转轮室中环间的间隙磨蚀是普遍存在的。针对转轮室的抗空蚀和磨损的措施，各水电厂都在进行不断的探索。但是，大多水电厂都采取常规的转轮室修复方式，即对转轮室磨蚀严重的区域进行打磨、堆焊、修形，或者对局部进行镶嵌处理。此修复方法虽然能够在一定程度上修复转轮室，但是会引起转轮室大面积变形、型线凸凹不平等，而且并不能从根本上缓解转轮室的磨蚀。

近年来，有的水电厂探索性地采取了其他措施对转轮室磨蚀进行处理，国内有大型水电厂曾进行了转轮室机加工处理，即对转轮室进行大面积的堆焊、镶嵌后，采用专用的中环加工机对转轮室进行机加工处理；也有的水电厂采用高速火焰喷涂对转轮室中环进行了涂层保护。这两种方法均取得了一定的效果。

(二) 某大型水电厂2号水轮机转轮室机加工处理实例

1. 转轮室空蚀、磨损情况

2006年机组A级检修时，检查发现转轮室－Y方向中环门左侧有严重扫膛现象，扫膛部位如图6-8 (a) 所示。从图中可以看出，中环门左侧有摩擦痕迹，相应水轮机叶片外缘也被严重磨损。中环与混凝土发生脱离现象，对扫膛部位进行敲击检查，有空鼓声音。对扫膛部位进行开孔检查，发现钢板与混凝土脱离严重（最大脱离距离达到18mm），中环面板与筋板撕裂，钢板背面混凝土严重冲蚀，如图6-8 (b) 所示。

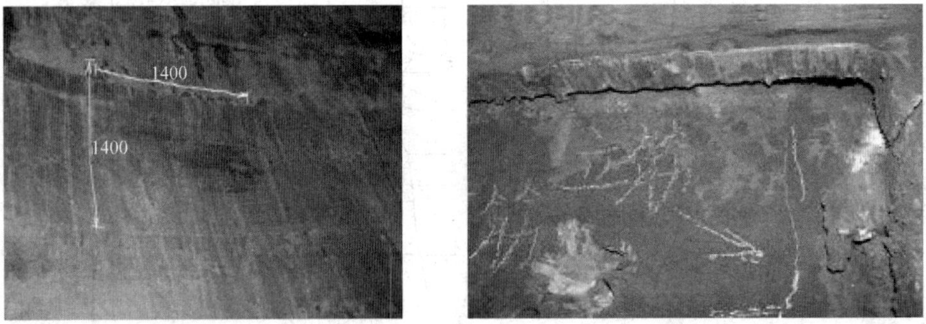

(a) (b)

图6-8 葛洲坝水电厂2号水轮机转轮室空蚀、磨损情况

2. 转轮室机加工处理

(1) 转轮室机械加工设备。该电厂2F转轮室中环内径达到11.3m，高度为1.798m，此外确定的下环喉部以上需要加工的高度为0.737m，总加工高度达到2.535m。上述加工范围内，圆柱面范围为0.79m，内圆球面范围为1.008m，外圆球面范围为0.737m，三种不同的空间曲面所形成的转轮室型线需要通过现场机械加工所形成，中环加工设备就成为解决问题的关键所在。为此，与大型专用机床制造单位联系，设计了采用支承固定结构与主驱动及数控车床合为一体的整体结构，倒挂安装固定的机床，即十字横梁安装定位在水轮机座环底环上，机床主轴与十字横梁中心连接固定，倒悬于十字横梁下端，转臂绕主轴回转实现机床的主运动；十字横梁和转臂采用分体结构法兰连接，通过组合接长臂适用于不同尺寸范围的加工需要；两台数控车床布置在转臂两端，通过法兰组合连接，数控车床整体随转臂回转；数控车刀架采用X、Y坐标数控联动，以满足加工曲面的要求。

(2) 转轮室中心的确定。经过反复研究和分析讨论，转轮室中心最终采取了以水轮机导轴承为机组中心，并返点至转轮室的方案，即在吊出水轮机转轮后需要重新吊装支持盖，利用钢琴线将水导处大轴中心反算至支持盖上，然后吊出支持盖，拆卸顶盖、导叶等部件，然后将转轮室加工专用设备吊入转轮室，再吊装顶盖、支持盖，并通过在支持盖上挂钢琴线的方法将支持盖上的机组中心反算到转轮室。该方案虽然操作起来工作量增加较多，但是机组中心定位精度高，可以控制误差不大于0.02mm。

（3）大型机床中心、水平的调整。机床中心、水平的调整通过盘车方法测量，调整到位后用百分表进行监视，机床支臂最终采取焊接挡块固定。加工过程中用百分表进行监视，并随时检查挡块焊缝是否产生裂纹，以确定机床是否发生位移。

（4）中环安装高程确定。转轮室修复的关键部位在中环的球面部分，该部位尺寸的精度直接影响转轮是否能够与转轮室很好地配合，叶片与转轮室间隙最小且比较均匀。通过计算，如果中环球面中心低于设计安装高程10mm，会导致叶片与转轮室间隙增大1.8mm，反之则会导致叶片与转轮室间隙减少1.8mm。如果高程偏差控制在±5mm以内，则对间隙的影响最大值为0.9mm，由此可以看出，球心高程对转轮室间隙的影响不太敏感。为保证修复后的水轮机正常运行和顺利安装，将中环球面中心安装高程按照低于设计安装高程0～5mm设计。

（5）复杂空间曲面的型线测量。现场实际情况决定了转轮室内径不能够直接测量。经过反复研究，确定了间接测量方案，即在转轮室下环可测量部位设一永久测量参考基准点，做好标记并对该点妥善做好防护措施，同时避免在该点周围进行焊接作业，以免焊接变形对其产生影响。测量该基准点与钢琴线（即机组中心）的距离，并利用机床转臂配合激光测距系统（精度为0.02mm）或内径千分尺测量其与基准点的相对尺寸，通过数学换算可以得到转轮室各测点的内径。通过此测量方法，可以将转轮室加工设备旋转中心与机组中心进行校正。通过合理布置测点，即可测得转轮室型线。将测点的实际内径与设计内径比较，可得出转轮室实际型线与设计型线的误差，并可确定修复工程量。

（6）大面积堆焊的变形控制。通过型线测量和转轮室壁厚测量确定堆焊面积、堆焊厚度以及需要镶嵌的区域。在大面积钢板镶嵌以及堆焊过程中，转轮室的焊接变形控制尤为重要。因此，实际中请相关焊接研究所和具有相关焊接经验的权威专家共同参与制定了焊接工艺。焊材选用抗磨蚀性能优良的0Cr13Ni5Mo不锈钢焊条和焊丝配合使用。焊条直径为4.0mm，用于第一层打底堆焊。该焊条具有优良的抗气孔性能和全位置焊性能，堆焊中环时可以减少对中环的清理、打磨和烘烤处理要求，利于缩短工期。焊丝选用直径为1.2mm的半自动气体保护焊焊丝，其焊接效率高、热输入小，有利于控制焊接变形，是中环堆焊修复的主要焊材。保护气体为氩气或富氩气体（95%Ar+5%CO_2）。对检查发现的裂纹，按照严格的裂纹处理工艺进行处理。

（7）转轮室锚固、灌浆。对转轮室进行大面积堆焊，发现焊接变形导致转轮室发生大面积空鼓现象（开孔检查为0.5～2mm）。为保证修复质量，新增加了锚固工艺。在转轮室面板的筋板组成的窗格内植入锚杆，其中，中环和下环上部的每个窗格内植入2根、转轮室扫膛部位的每个窗格内植入6根ϕ20mm×360mm自锁锚杆对衬板进行加固。前后分3次，共植入497根锚杆，并对空鼓部位进行环氧树脂高压灌浆，使转轮室得到有效加固。

（8）马氏体不锈钢的加工。中环内壁堆焊0C13Ni5Mo焊材后，表面硬度很高，达到HRC45，而且中环表面堆焊后平整度不好，堆焊表面初加工时为断续切削工况，直接使用目前最硬的YG546刀片切削，刀具磨损速度快，5～6min就得更换刀片。通过对焊接面进行气刨和表面打磨处理后，使表面硬度降低到HRC30～HRC36，然后再进行车削加工。机械加工完毕后，对转轮室中环表面进行抛光处理。

3. 效果及评价

该水电厂2号水轮机转轮室修复后，使叶片与转轮室间隙得到恢复，转轮室壁厚增大，型线得到修复，主要数据见表6-1。

表6-1　某水电厂2号水轮机转轮室壁厚修复前、修复后对比　mm

主要技术指标		修复前	修复后	备　注
壁厚	平均值	34.04	37.18	增加3.14
	最小值	11.4	26	增加14.6
叶片与转轮室间隙	平均值	14.5	6.3	减少8.2
	最小值	0（扫膛）	4.5	
中环型线误差	平均值	+5.59	+0.18	改造后、抛光前测量
	最大值	+9.13	−1.74	
下环型线误差	平均值	+0.38	−2.17	
	最大值	+6.63	−4.52	

该水电厂2号水轮机中环改造后投运10个月再进行检查发现，中环整体较好，局部有少量裂纹、砂眼等缺陷，在距−X方向、叶片下方0.3m处有一条长约1.8m的横向裂纹［见图6-9（a）］；在−Y方向、叶片尾部高度有一条长约400mm的纵向裂纹［见图6-9（b）］；在距−X方向尾水管与下环组合缝处出现2.0m的横向裂纹［见图6-9（c）］，以及其他小局部缺陷。对这些缺陷进行了PT探伤、补焊、打磨处理，在尾水管裂纹部位增加了10根锚固，并对局部空鼓部位进行了灌浆处理［见图6-9（d）］。目前，该机组运行情况良好，此中环磨蚀处理方法具有一定的借鉴价值。

(a)

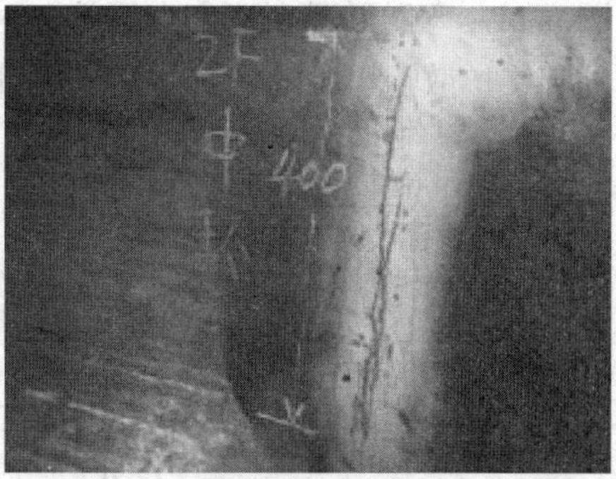

(b)

(c)

(d)

图 6-9　中环改造投运 10 个月后的检查情况

第二节　尾 水 管 的 检 修

一、尾水管的作用及类型

尾水管的作用如下：

（1）汇集转轮出口的水流，并将其引向下游。

（2）利用转轮出口处至下游水面的吸出高度 H_s（H_s>0m），形成转轮出口的静力真空。

（3）利用转轮出口水流的大部分动能，并将其转换为动力真空。

不同比转速的水轮机，因使用水头不同，尾水管的相对损失也不同。使用水头越低，转轮出口动能占水头的比重越大，相对能量损失也越大。因此，对高比转速水轮机，尾水管的作用显得尤为重要，其性能好坏对水轮机效率的影响甚大。通常，尾水管有两种类型。小型水轮机采用锥形尾水管，图 6-10（a）所示为直锥形尾水管，图 6-10（b）所示为弯锥形尾水管；大、中型水轮机采用弯肘形尾水管，见图 6-11。弯肘形尾水管由直锥管、肘管和水平扩散管三部分组成。直锥管为垂直的圆锥扩散管；肘管是 90°的一段弯管，其断面一般由圆形过渡到矩形；水平扩散管是一个水平的矩形断面的扩散管。

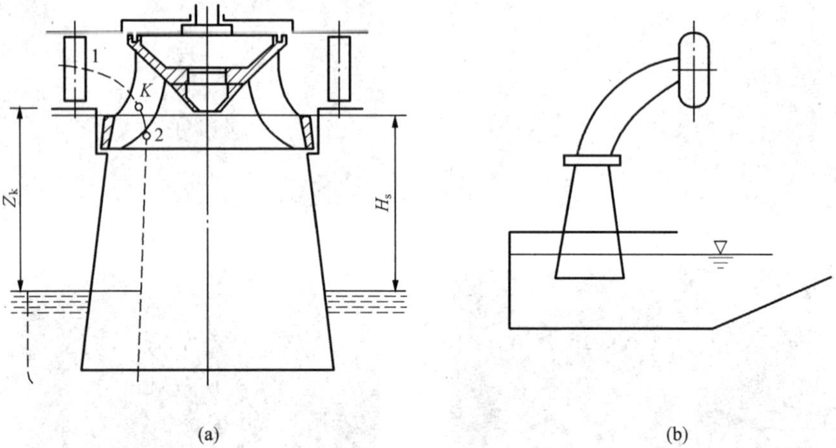

图 6-10　尾水管示意图

（a）直锥形尾水管；（b）弯锥形尾水管

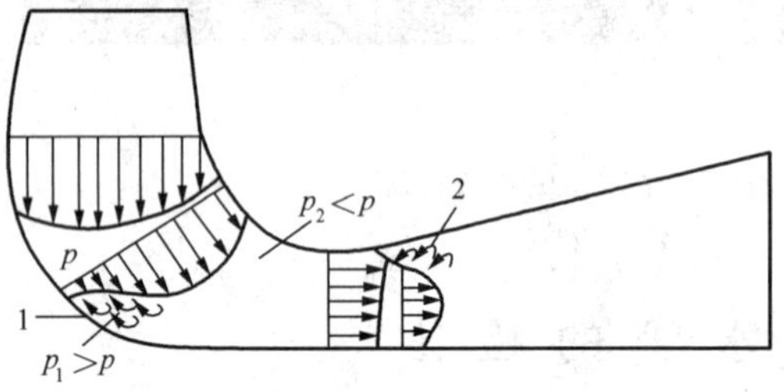

图 6-11　弯肘形尾水管中的水流状况

在弯肘形尾水管中一般存在沿程摩擦损失、扩散与转弯损失，以及与转轮出流不均匀和旋转有关的损失。沿程摩擦损失是一切黏性流体沿固体边壁流动时均会出现的损失。尾水管是一种扩散管，由于扩散效应，在管壁处会产生脱流损失。水流在转弯的过程中（见图 6-11），由于离心力的影响，转弯部分的压力从外壁向内壁逐渐减小，因此，内壁处水流收缩，而外壁处水流扩散，形成旋涡区 1。水流进入水平扩散段时，原外壁处的水流压力降低，流速增加，呈收缩状；原内壁处的水流压力上升，流速下降，呈扩散状，因而形成旋涡区 2。此外，由于大多数工况下转轮出口存在圆周分速度，因此在直锥管和肘管中会出现螺旋形运动的水流，从而产生旋涡损失。

1. 直锥管

弯肘形尾水管的进口段一般采用直锥形扩散管。由于进口断面的水流速度大小，对其后肘管及水平扩散管中的水力损失均有影响，而直锥段的高度与肘管的高度共同构成了整个尾水管的高度。

2. 肘管

肘管的形状十分复杂，对整个尾水管的水力性能影响很大，一般地面式厂房推荐定型的标准混凝土肘管。标准混凝土肘管的尺寸可查阅相关的《水电站机电设计手册》。当水头 $H>200$m 时，水流流速过大，可采用金属肘管。

3. 水平扩散管

出口段大多数为矩形断面的水平扩散管，其两侧平行，顶板向上翘，倾角 α 为 10°～13°。底板一般呈水平状，少数情况下，为减少开挖，要求底板上抬，此时一般不超过 6°～12°。

二、弯肘形尾水管压力脉动及减振措施

水轮机尾水管是能量回收的重要部件，对机组的整体能量特性和稳定运行具有很大的影响。由于水轮机叶片出口水流存在圆周方向的速度分量，因此内部水流从垂直方向转向水平方向，流动受离心力的作用而存在二次流，且过流断面沿流向存在扩散、收缩、再扩散的过程，其流动复杂，常常产生局部脱流和回流等现象。尤其在偏离最优工况运行时，进入尾水管的流动更加复杂，水流夹带着空化气泡在离心力的作用下形成同水流共同旋进的尾水管涡带，涡带在周期性非平衡因素的影响下产生偏心，这种偏心涡带大大降低了水轮机效率，其诱发的压力脉动频率接近机组的某一个固有频率时，会引起强烈共振，威胁机组运行的安全性。尾水管的压力脉动特性是水轮机振动与稳定性的重要评价指标。

为了减轻尾水管涡带对尾水管壁的撞击作用，通常采取以下几种措施：

（1）改变水流的流动和旋转状况。采用加隔导流板的办法来消除环流或减弱偏心涡带常常是有效的。导流板大致有以下几类：①在尾水管直锥段进口部位加装十字形隔板；②在直锥段进口管壁处加短导流板；③在弯肘段前后加装导流板。加设这些导流板对改善振动有一定效果，但它有时会对机组的运行产生一些不利的影响，如降低机组效率、改变最优工况区等，有时导流板还会被冲掉。

（2）向尾水管补气。这是水电厂最常用的一种消除水轮机空化、有效减小由涡带引起的振动的方法。混流式水轮机部分负荷时尾水管内形成摆动的涡带，其内核的压力很低，如果向尾水管内补入空气，提高尾水管内水流压力，可以减弱旋涡带的强度；另一方面，空气本身具有弹性，气泡混在涡带中，起到了缓冲、消除振动的作用。

三、其他检修注意事项

进人孔门框应平整，止水盘根应完好，位置应摆正，关闭后充水时应不漏。尾水管排水阀是检修排水通道的进口，当水位低到规定值时，可穿上防水衣下去检查

排水阀拦污栅网是否腐蚀损坏，若有破损，则应修补或更换。

尾水管检修时，应密切监视检修集水井水位变化、尾水管水位变化，以保证水轮机上下游闸门漏水量在正常范围内、集水井排水泵正常工作，防止因尾水管内水位升高而导致人员、设备等事故。

第七章　水轮机辅助装置的检修

第一节　补气装置的检修

一、早期的补气系统

水轮机在非最优工况运行，如混流式水轮机在低水头、小负荷工况下运行时，由于出口水流非法向流动，因此易形成涡带，涡带剧烈扰动，将引起空蚀振动。尾水管中空腔空蚀严重时，将引起负荷摇摆和机组低频垂直振动。为了减轻空蚀破坏和振动，往往采用向尾水管进口或叶片出口边补气的措施。

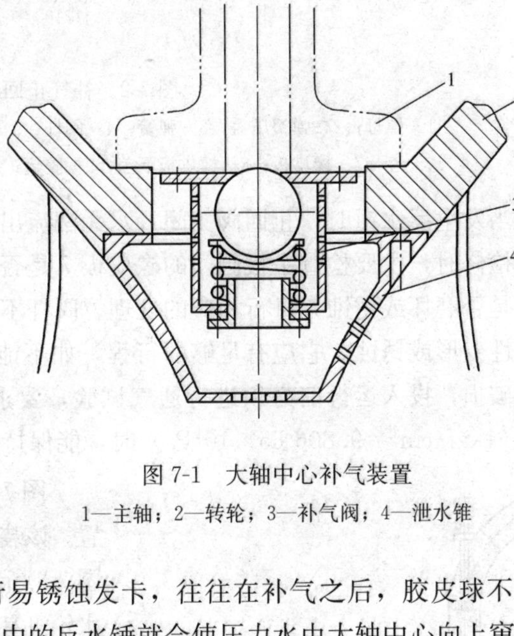

图 7-1　大轴中心补气装置

1—主轴；2—转轮；3—补气阀；4—泄水锥

图 7-1 所示为早期的大轴中心补气装置。补气阀 3 安装在水轮机法兰下面，当发生真空时，胶皮球在上面大气压的作用下压缩弹簧，打开通道，使空气进入，通过泄水锥 4 排入水流中，破坏了真空，起到减振和降低漩涡强度的作用。实际上，由于弹簧本身材质不良和长期在水中运行易锈蚀发卡，往往在补气之后，胶皮球不能复位。因此，当紧急停机时，尾水管中的反水锤就会使压力水由大轴中心向上窜。某水电厂的机组就从发电机轴头往外喷水，发生水冲击事件而被迫停机，另外，还要长时间地进行发电机定子、转子绝缘处理。另一个水电厂的机组，压力水从发电机与水轮机连接法兰中间的径向孔（ϕ30mm）冒出，也造成了不利后果。因此，有的机组进行了改进，取消了下边的补气阀，改在连接法兰的下部走台上设一个带纱网的补气室，并在两法兰的 4 个径向孔上安装止回阀，如图 7-2 所示。

止回阀外壳 10 用螺钉拧在法兰上，油毛毡 11 起密封止漏作用。螺母 1 调节弹簧 3 的预压量，以此控制橡皮板 7 的力量，当水轮机转轮室内发生真空时，补气室内的大气压与真空压间的压差克服了弹簧的压力，止回阀打开，空气从轴心进入转

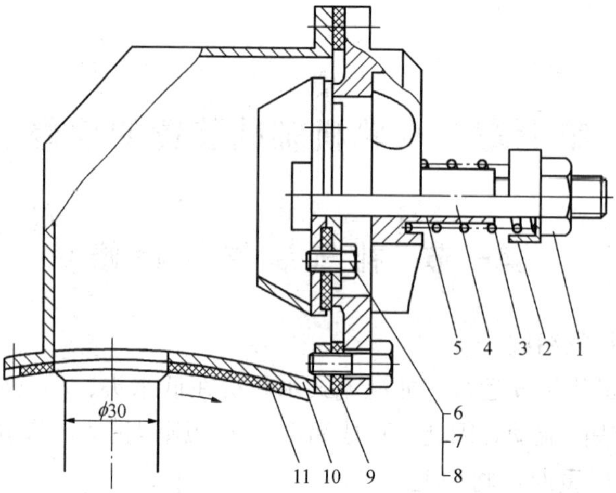

图 7-2　补气止回阀

1—螺母；2—弹簧压盖；3—弹簧；4—阀杆；5—阀座；6—橡皮板上盖、螺钉；7—橡皮板；8—橡皮板下盖；9—胶垫；10—外壳；11—油毛毡

轮。当发生反水锤时，止回阀关闭，水无法流出。

检修时，主要检查平板阀门的橡皮板 7 是否磨坏，如磨坏则应更换。检查阀座止口是否磨坏或锈蚀并进行相应的处理。阀杆不弯曲、不憋劲。检查弹簧 3 是否出现塑性变形或锈蚀，它应有足够的行程，如不能用，可更换新的。油毛毡 11 应无断裂破损，投入运行前必须进行通气试验，要求当尾水管气压在 0.15～0.20kgf/cm^2（1kgf/cm^2＝9.806 65×10^{4}Pa）时，能保持在 1h 以上。

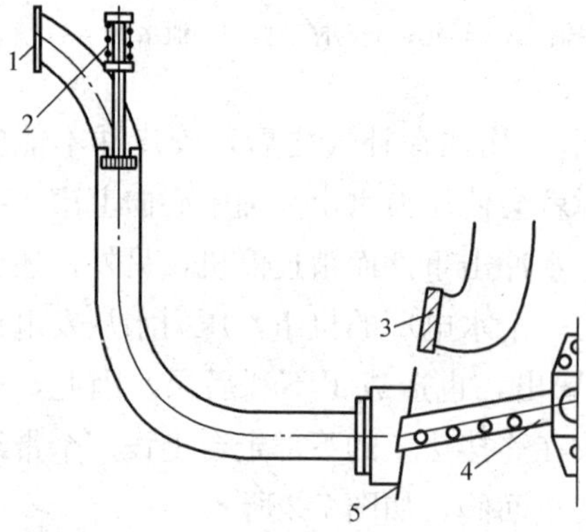

图 7-3　尾水管中心十字架补气

1—进气口；2—止回阀；3—转轮；4—十字补气架；5—尾水管

图 7-3 所示为尾水管中心十字架补气装置。该装置有强行补气和自然补气两种形式。图 7-3 所示为自然补气形式。一般进气口开在水轮机室内地上（南方也可将进气口开在尾水外墙上）。由止回阀控制进气，检修时，特别在冬天，要看看止回阀是否被冻住了。如果止回阀被冻在开启位置上，也会发生倒喷水现象（天冷，开机少时易出此故障）。止回阀检修与上述补气阀检修相同。

二、现代的补气系统

（一）混流式机组补气系统检修结构与原理

由于混流式机组无法适应水头的变化，而水电厂又不可能固定在最优工况下运行，因此，为了有效防止在运行过程中可能产生的不良工况所导致的机组振动过大或者不稳定，设计采用了较多的压缩空气补气措施来降低这种不良工况所带来的负面影响。压缩空气补气部位主要有：基础环上转轮叶片出水边处周向均布的 8 个补气孔，主要为破坏机组运行时叶片出水边可能出现的频率与叶片固有频率相近的卡门涡；活动导叶约全开时，在活动导叶出水边处顶盖和底环上各有 24 个补气孔，其主要目的是破坏机组运行时活动导叶出水边可能出现的频率与活动导叶固有频率相近的卡门涡；主轴中心孔补气，主要目的是破坏尾水管真空，降低尾水管压力脉动，防止机组在不良工况下的振动和尾水管空蚀。

底环和基础环上的补气装置在埋入部分已经安装，顶盖补气管现场绕顶盖外圈布置，24 根支管上各装有一阀门，装好后做约 3.0MPa 的水压试验。

主轴中心孔补气分四大部分，在机组轴线调整合格盘车之后进行安装。工地安装时，首先安装从水轮机主轴底部到上机架之间的补气管和上端轴上部的补气室这两部分，安装时主要考虑问题还是连接处的密封，装好之后用堵板封住两头做水压试验；合格后连接补气室，安装厂房到空压站之间的补气管、补气阀和排水管以及转轮部分的补气管；最后盘车检查、调整补气管摆度不大于 0.30mm。

（二）大轴补气装置检修对象

补气系统检修对象包括补气阀、补气管及相关附件，如图 7-4 所示。

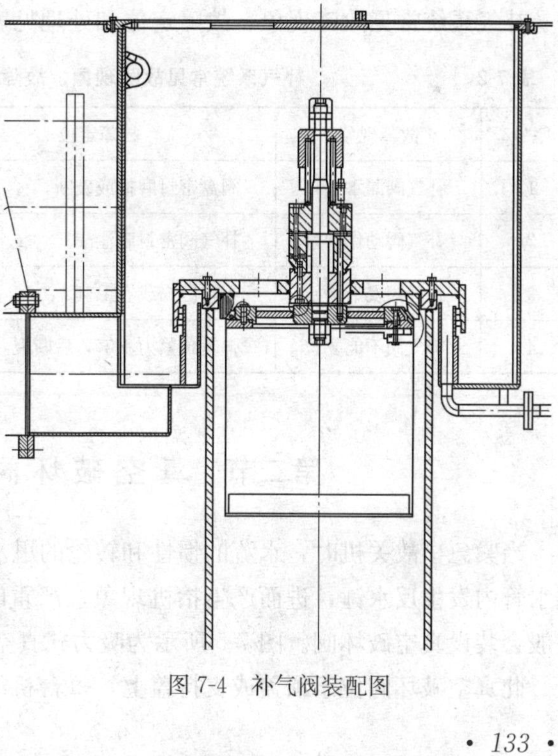

图 7-4　补气阀装配图

（三）大轴补气装置检修流程

（1）补气系统的拆卸：首先拆下补气室端盖的紧固螺栓，吊出补气室端盖；拆下补气阀上的紧固螺栓，吊出补气阀，放置在规定位置作分解检查；拆下补气阀弹簧压盖的紧固螺栓，分别取下弹簧压盖、弹簧，检查弹簧应无裂纹，且弹性良好，否则应更换弹簧；拆下阀盘导向杆螺栓。其次，拆下浮筒与阀盘的连接螺栓，取下浮筒，检查浮筒有无破损，如果有则应予以更换；拆下阀盘的紧固螺栓，取出阀盘；拆下补气阀阀盘密封的固定螺栓，检查阀盘密封的磨损情况，如果磨损严重，应予以更换。最后，检查补气阀密封腔有无泄漏，如果有，应作分解处理，并更换密封盘根；检查补气阀滑环的磨损情况，如果磨损严重，则应予以更换。

（2）补气系统的回装：补气系统的回装按拆卸的逆顺序进行，补气阀回装后，按要求调整弹簧预紧力和补气阀行程，即调整限位块至密封腔顶部的距离。

（四）补气系统验收检查项目及标准

补气系统验收检查项目及标准见表 7-1。

表 7-1　　补气系统验收检查项目及标准

序号	项　目	标　准	备　注
1	补气阀 A 级检查	动作灵活；阀盘不漏水	
2	补气阀分解检修	动作灵活；阀盘不漏水；弹簧无裂纹，弹性良好；密封腔无泄漏；行程调整为设计值	
3	浮筒	无破损	
4	滑环	无磨损	

（五）补气系统常见故障现象、故障定位和处理

补气系统常见故障现象、故障定位和处理见表 7-2。

表 7-2　　补气系统常见故障现象、故障定位和处理

序号	故障现象	故障定位	处理办法
1	补气阀漏水	阀盘密封磨损或破断	更换阀盘密封
2	补气阀动作频繁	补气阀密封腔泄漏	更换补气阀密封腔盘根
3	补气阀发卡	阀轴磨损或有毛刺	修理或更换阀轴
4	补气阀不能复位	弹簧预紧力不够，后断裂	调整弹簧预紧力或更换弹簧

第二节　真空破坏阀的检修

当紧急事故关机时，水流的惯性和转轮的甩水作用会使转轮室内出现真空，使尾水管内发生反水锤，进而产生抬机现象，严重时会损坏顶盖（或支持盖），因此一般会装设真空破坏阀。图 7-5 所示为吸力式真空破坏阀。

此真空破坏阀位于顶盖或支持盖上，每台机组有 2～4 个。滚轮 1 上面是一块

斜铁，每块斜铁均位于控制环的下面，随着控制环的旋转，下部斜铁把滚轮1压下（或提升）。当紧急关机时，斜铁很快地将滚轮压下（一般为50～60mm），小油杯活塞5压缩弹簧2向下运动，由于大油杯与小油杯之间的油不能立即从节流油孔内排出，下腔油压升高，推动大油杯活塞6向上运动，使得大弹簧7的弹力随着下降。打开阀门9，空气从滤网8进入顶盖下部。由于大油杯和小油杯之间的油压比小油杯上的油压高，因此油通过节流孔流入上腔，大油杯活塞在弹簧的作用下向上移动，经30～60s后，阀门9又压紧在阀座上。

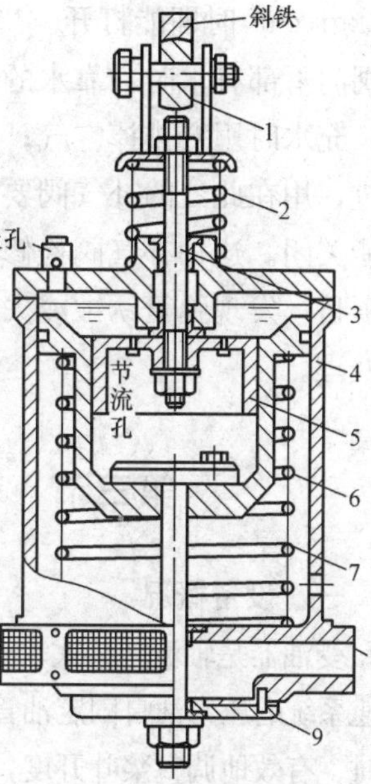

图7-5 吸力式真空破坏阀

1—滚轮；2—弹簧；3—阀杆；4—阀壳；5—小油杯活塞；6—大油杯活活塞；7—大弹簧；8—滤网；9—阀门

检修时，控制环应处于全开位置。将真空破坏阀从顶盖上拆下，放在一个铁架上进行分解，拔出滚轮销轴，拿下滚轮及耳环，取下弹簧盖及弹簧，旋下阀盖结合螺母，取下阀盖，拿出阀杆3及小油杯油塞5。用压杆压住大油杯活塞，松开阀门9上的螺母，慢慢地松开压杆，取出大油杯活塞6及活塞杆和大弹簧7。

检查阀门与阀座止口应严密不漏气，如有锈蚀不平处，应进行研磨。检查各弹簧应无破坏或锈蚀，阀杆3及大油杯活塞杆应无弯曲憋劲现象。大油杯活塞、小油杯活塞及阀壳4的内壁应光滑无磨损，如有磨损，应用细油石打去毛刺；如有锈斑，应用汽油擦洗干净。检查滤网是否破损，如破损，应更换新的。各零件要清洗干净，大弹簧7上涂一层黄油，装入阀壳4内，把大油杯活塞6放入并用压杆压紧，从下面装好阀门9并拧上螺母，然后在大油杯内充入2/3深度的30号汽轮机油，随即装上小油杯活塞5、阀盖、弹簧2、弹簧盖、耳环、滚轮、阀杆等，最后应进行回复时间试验。较新的真空破坏阀的结构如图7-6所示。

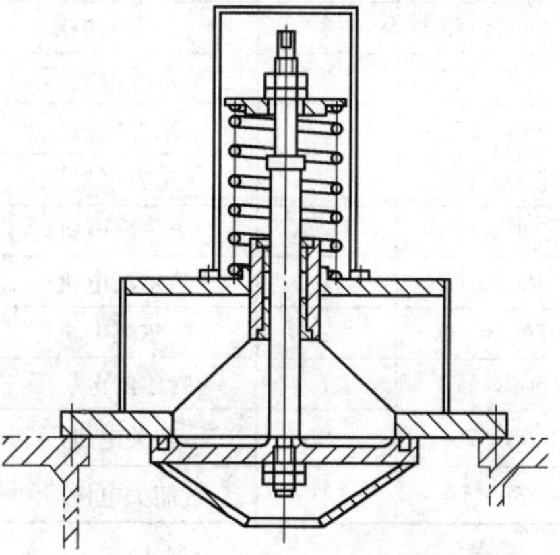

图7-6 较新的真空破坏阀（补气阀）

弹簧的作用力应在真空为0.05～

0.1kgf/cm² 时即能打开。当转轮室真空值超过 0.25～0.3kgf/cm² 时，阀门打开；当阀门下部有水时，靠水的浮力自动关闭。这种补气阀也用在蝶阀后面的压力钢管上。充水时用它排掉空气；当蜗壳阀门的水放空时，用它来补进空气，防止真空。不过，用在此处的补气阀要把弹簧压力调小，使得阀门在自重作用下能打开，充水后能关闭。这种补气阀检修工艺较简单，主要是检查弹簧和阀门止口、更换盘根几个项目。发现弹簧锈蚀或失去弹性时应更换新的，如阀门止口发生锈蚀，要进行研磨处理。

第三节　轴流转桨式水轮机受油器的检修

一、设备概况

受油器是轴流转桨式水轮发电机组液压操作系统的重要部件之一，其主要作用是将调速系统的压力油自固定油管引入到转动着的操作油管内，并将其传送至桨叶接力器，及时、有效地调整桨叶开度，从而使水轮发电机机组始终处在协联工况下运行。

以葛洲坝水电厂为例，受油器结构形式分 5 种，即东方电机厂机组 170MW 型、东方电机厂机组 125MW 型、哈尔滨电机厂二江电厂机组 125MW 型、哈尔滨电机厂大江电厂机组 125MW 型、韶关电机厂机组 20MW 型。5 种受油器浮动瓦结构和规格型号有一定差异，表 7-3 给出了葛洲坝水电厂水轮发电机组受油器部位浮动瓦的数量和规格型号。

表 7-3　葛洲坝水电厂水轮发电机组受油器部位浮动瓦的数量和规格型号

机组型号	浮动瓦名称	规格型号（mm×mm×mm）	数量（块）	厂　家
东方电机厂机组 170MW	ϕ290 铜瓦	ϕ330×290×122	2	东方电机厂
	ϕ500 浮动瓦	ϕ600×500×105	3	东方电机厂
东方电机厂机组 125MW	ϕ290 浮动瓦	ϕ390×290×150	2	东方电机厂
	ϕ500 浮动瓦	ϕ590×500×180	1	东方电机厂
哈尔滨电机厂二江电厂机组 125MW	ϕ290 浮动瓦	ϕ420×290×150	2	哈尔滨电机厂
	ϕ480 浮动瓦	ϕ670×480×180	1	哈尔滨电机厂
哈尔滨电机厂大江电厂机组 125MW	ϕ290 浮动瓦	ϕ375×290×150	2	哈尔滨电机厂
	ϕ500 浮动瓦	ϕ590×500×170	1	哈尔滨电机厂
韶关电机厂机组 20MW	ϕ98 浮动瓦	ϕ148×98×70	2	韶关电机厂
	ϕ155 浮动瓦	ϕ213×155×70	1	韶关电机厂

5 种机型受油器体在结构上也有差异，其具体的差异如图 7-7～图 7-11 所示。

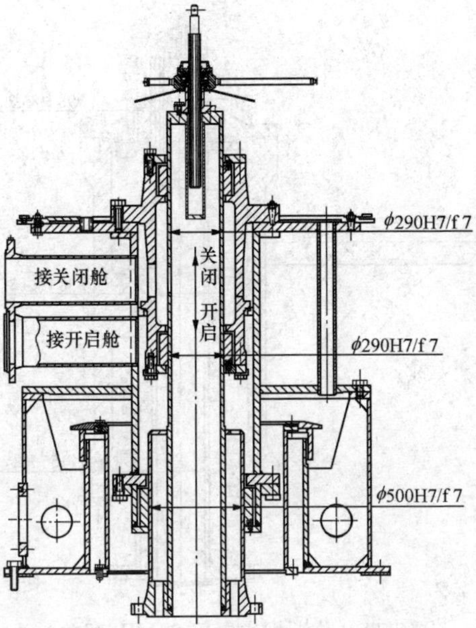

图 7-7　葛洲坝水电厂 125MW
大江哈尔滨电机厂机组受油器简图

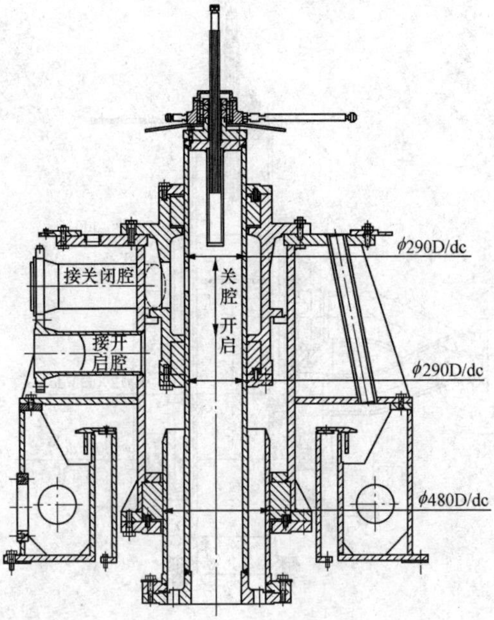

图 7-8　葛洲坝水电厂 125WM
二江哈尔滨电机厂机组受油器简图

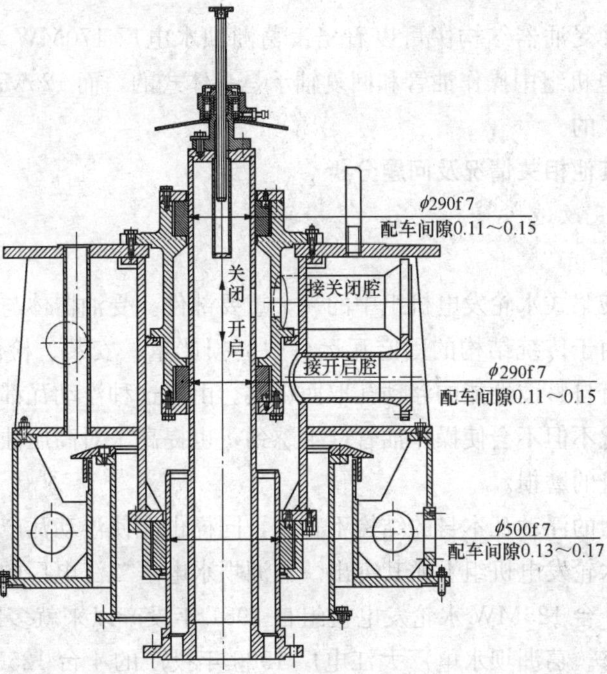

图 7-9　葛洲坝水电厂 125MW 东方电机厂机组受油器简图

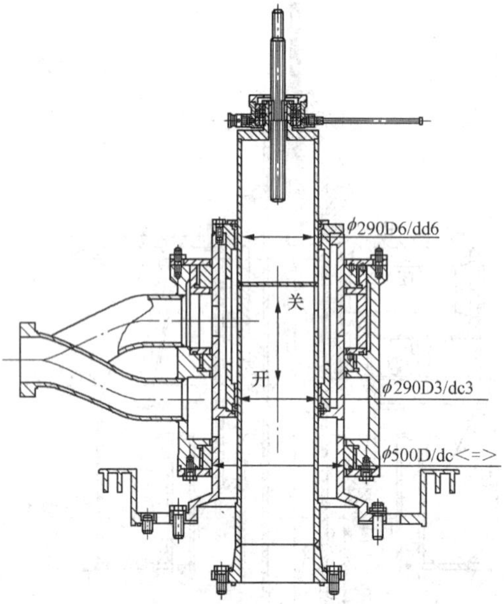

图 7-10　葛洲坝水电厂 170MW 机组受油器简图

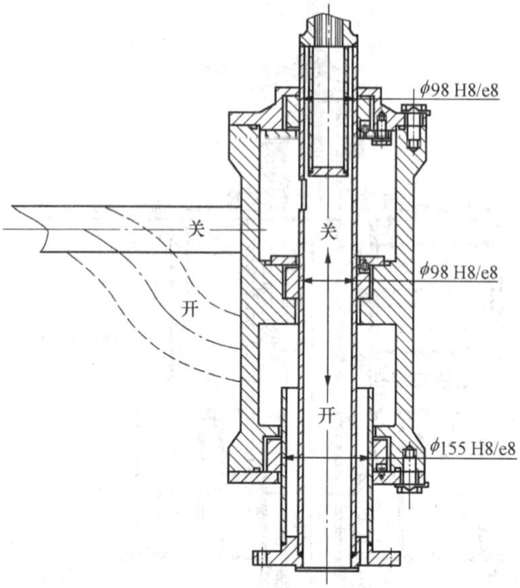

图 7-11　葛洲坝水电厂 20MW 韶关电机厂机组受油器简图

从上面 5 种受油器结构中可以看出：葛洲坝水电厂 170MW 水轮发电机组和 20MW 水轮发电机组中操作油管和回复轴承是一体式的，而 125MW 水轮发电机组中三者是分离式的。

二、设备其他相关情况及问题分析

（一）浮动瓦改造

1. 情况简介

受油器是转桨式水轮发电机组中的一个重要部件。受油器体与操作油管之间设有三道轴瓦，由于传统结构的固定瓦运行中磨损严重，安装、检修也难以保证质量，因而被具有自整位性能的浮动瓦取而代之。由于这种浮动瓦都具有一定的径向调位能力，因此不但不会使操作油管产生憋劲，也提高了对高压油的密封性，减缓了对浮动瓦自身的磨损。

如果受油器的浮动瓦本身的结构不合理，同样也能使浮动瓦产生磨损现象，这种现象在大型水轮发电机组上尤其突出。葛洲坝水电厂二江电厂的 2 台 170MW 水轮发电机组和 5 台 125MW 水轮发电机组自 1981 年投产以来就多次因浮动瓦磨损而被迫停机检修。葛洲坝水电厂大江电厂 1986 年投产的 4 台 125MW 轴流转桨式水轮发电机组刚投产半年，就出现 6 次类似的问题，具体情况见表 7-4。

表 7-4　　葛洲坝水电厂大江电厂受油器浮动瓦运行情况

机组号	第一次换瓦		第二次换瓦	
	运行小时数（h）	间隙增大（mm）	运行小时数（h）	间隙增大（mm）
8	4487	1.5～2.2	—	—
9	4426	1.2～2.0	—	—
10	340	1.5～2.3	1089	1.2～1.8
11	420	1.7～2.4	72	1.0～1.5

2. 原因分析

葛洲坝水电厂大江电厂水轮发电机组受油器浮动瓦的结构见图 7-7，三道浮动瓦中经常出现磨损的主要是下浮动瓦。分析其磨损原因，主要有以下几个方面：

（1）压力过大。因下浮动瓦的尺寸较其他两块瓦要大，该瓦的上端处于 $p=4\text{MPa}$ 的压力腔，这样，在瓦的上下端面上有一个很大的压差，由压差在瓦上端面产生的正压力可近似计算为

$$F=\frac{\pi}{4}p(D^2-d^2)$$
$$=\frac{3.14}{4}\times 4\times(590^2-500^2)$$
$$=3.08\times 10^5(\text{N})$$

若取摩擦系数 $f=0.12$（铜与刚动摩擦系数为 0.1～0.15），则浮动瓦端部与瓦架产生的摩阻力为

$$F_r=f(F+G)$$
$$=0.12\times(3.08\times 10^5+1.02\times 10^3)$$
$$\approx 3.7\times 10^4(\text{N})$$

式中　D——瓦外径；

d——瓦内径；

G——瓦自重。

水轮发电机组运转时操作油管摆动所产生的径向力是通过润滑油膜传递给浮动瓦的。要使浮动瓦随操作油管摆动进行自动整位，操作油管的径向力必须大于浮动瓦的摩阻力。如此大的摩擦力已足以使它们之间的润滑油膜破坏，产生接触摩擦，从而造成浮动瓦也像固定瓦一样的磨损。

（2）配合间隙过小。葛洲坝水电厂大江电厂水轮发电机组的浮动瓦与操作油管之间的配合间隙设计值为 ϕ500H7/f7，即双面间隙为 0.068～0.194mm，这只考虑瓦对压力油密封这个作用，若考虑浮动瓦还有导向的作用，则过小的间隙将使介质

油的温度升高而降低油膜的承载能力；另外，操作油管安装时难免有倾斜度，因此过小的间隙也会造成操作油管与瓦面局部接触而使瓦产生磨损。

3. 改进措施

(1) 减小正压力。为了减少浮动瓦的摩阻力，在浮动瓦下端面开设一道压力补偿圆环，并将压力油引向圆环下，使浮动瓦的上、下压差减小。葛洲坝水电厂大江机组 $\phi500$ 浮动瓦改进见图 7-12，在下端面开设 $\phi524/\phi580$ 圆环沟槽，内环起封堵油路的作用，外环起支承平衡作用。改进后浮动瓦的正压力为

$$F' = \frac{3.14}{4} \times 4 \times (590^2 - 580^2 + 524^2 - 500^2)$$
$$= 1.14 \times 10^5 (\text{N})$$

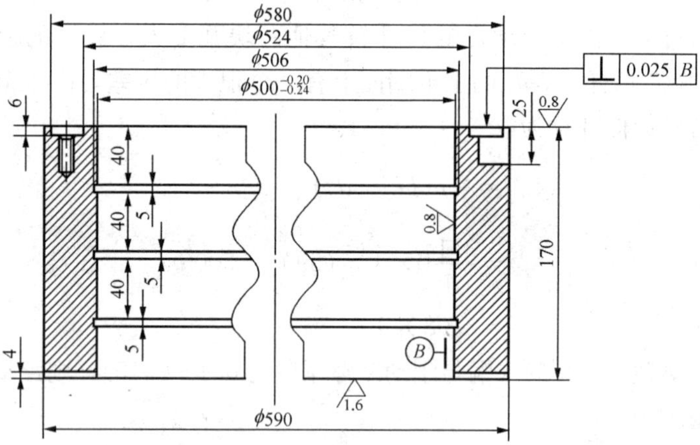

图 7-12　浮动瓦改进图

相应的摩擦阻力为

$$F''_r = 0.12 \times (1.14 \times 10^5 + 1.02 \times 10^3)$$
$$= 1.38 \times 10^4 (\text{N})$$

改进后的摩阻力为原来的 37.3%。

(2) 增大配合间隙。浮动瓦不同一般导轴承，封堵油路是至关重要的，但过小的间隙会使瓦磨损增大间隙，导致浮动瓦的密封失效。根据实践经验，葛洲坝机组的转速为 62.5r/min，操作油管轴颈直径为 500mm，选择 0.18～0.23mm 的间隙是合理的。

(3) 增加密封油环。配合间隙扩大将会引起浮动瓦对压力油的密封性降低，为了解决这一矛盾，在浮动瓦内壁均布三道 5mm×3mm 的环形油沟，使之形成三个油室，以保证操作油管在旋转离心力的作用下，形成三道油环来增强浮动瓦的密封

性。油沟还可以在油路上形成迷宫，起到减压的作用。

（二）受油器漏油分析

受油器把调速器的压力油送入轴流转桨式水轮机的转轮内，以便操作叶片的转动。这一过程主要是靠浮动瓦和操作油管的配合来实现的，浮动瓦在此过程中起着分配油路和密封油的作用，因此，浮动瓦与操作油管间隙的大小直接影响漏油量的大小。浮动瓦与操作油管的间隙小，则密封效果好，漏油减少，但容易烧瓦。如果浮动瓦与操作油管的间隙大，则密封效果差，漏油加大，不容易烧瓦，但却降低了调速器的灵敏度。由于浮动瓦与操作油管之间是动配合，因此不可避免地会出现漏油现象。实际中只能控制漏油量的大小，但不能彻底解决漏油问题。只有合理地选择浮动瓦与操作油管的间隙，才能做到既不烧瓦，又能将漏油量减少，从而保证机组安全运行的范围，不至于影响调速器的灵敏度和机组的运行。

受油器漏油包括内漏和外漏。内漏是指油从有压油腔向无压油腔渗漏；外漏是指油从受油器上浮动瓦与操作油管之间向上端罩内渗漏。通常在生产中所说的受油器漏油指的是受油器外漏，必须严格控制此漏油量的大小。如果不加以控制，受油器漏油将发展成为威胁机组运行的跑油现象。

受油器漏油的现象可以归结为三种；第一种是当漏油量在某值以下时，漏油较小、流速慢，油顺着上浮动瓦压盖往下流，油流在压盖的外缘形成线状或点滴状，这是最基本的漏油现象，也是十分普遍的和正常的。当漏油量加大时，漏油在离心力的作用下作圆周运动，而在压力的作用下向上作直线运动，油紧贴着操作油管转动，同时经过一个峰顶后向下运动，形状如同正弦曲线的上半部。这一过程始终发生在某一区域内，即从某一位置开始，到另一位置结束，并且间隔着一定的时间重复着上述运动。当发生这种现象时，不能随意断定其为跑油现象，只有经过综合分析后才能作出结论。如果调速器油压装置压油泵启动频繁（每 10～15min 启动一次），那么这种现象即可断定为受油器跑油。

如果漏油量继续增大，前面的现象已不复存在，而将演变为受油器跑油。此时漏出的油在压力和离心力的作用下直冲到油盘和端罩的内壁上，端罩内漏油飞溅，产生大量的油雾，打开观察窗就能闻到一股刺激的汽轮机油气味。这时，调速器灵敏度降低，油压装置动作频繁，受油器周围出现油雾，外罩顶端出现大量的积油，严重污染环境。受油器从漏油演变成跑油，主要的原因是浮动瓦严重磨损导致间隙不合理或间隙过大。

合理地选择浮动瓦的间隙，是解决烧瓦和受油器跑油的根本途径。经过长期的摸索和试验，浮动瓦的配合间隙定为下浮动瓦 0.20～0.30mm，中、下浮动瓦 0.15～0.25mm；浮动瓦端部配合间隙定为 0.20～0.30mm 最为合适。

在轮叶操作系统中，受油器的开关腔供油管与主配的A、B腔相通，回油管直接与集油槽相通。在正常情况下，受油器的开关腔是通过主配压阀的油口控制来与回油接通的，并通过主配压阀的回油管回到集油槽，而甩油盆的油主要来自ϕ1050铜瓦或ϕ850铜瓦、下油管ϕ530铜瓦等处动密封的微量泄漏，以及受油器下浮动瓦的泄漏油，但这些正常的泄漏油量都很小。如果在轮叶全关时甩油盆翻油过大，也就意味着在轮叶操作油系统中存在压力腔与回油腔之间的不正常窜油部位，则将造成压力腔的油往回油腔跑。

（三）受油器操作油管改造

（1）二江电厂哈尔滨水轮发电机组在改造前，其内操作油管和外操作油管是分离式的，在拆卸和回装时都存在一定的问题，如内外操作油管的同心度在回装时很难保证。后对操作油管进行了改造，将内、外操作油管改为一体式，操作油管长度增加了30mm，见图7-13。

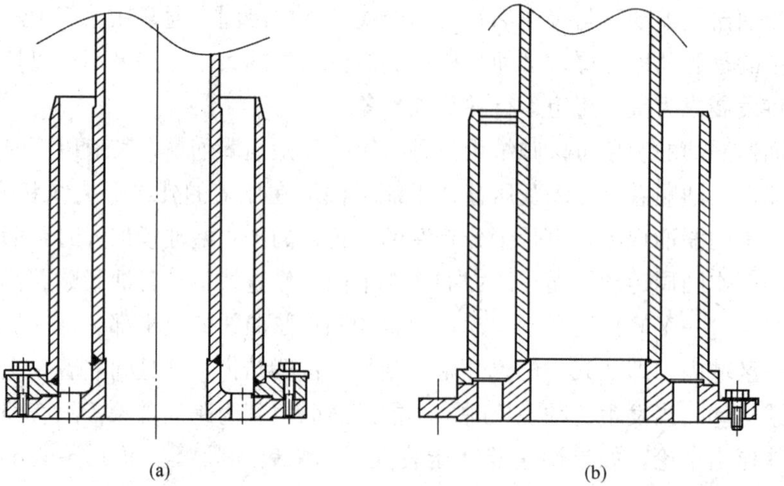

(a)　　　　　　(b)

图7-13　葛洲坝水电厂受油器操作油管改造前后对比简图

(a) 二江电厂受油器操作油管改造前简图；(b) 二江电厂受油器操作油管改造后简图

（2）二江170MW水轮发电机组回复轴承改造。改造前，回复轴承座和操作油管为一体式，老式结构在回复轴承座出现问题时，必须将受油器操作油管整体更换才能解决，增加了检修成本。而将其改为分离式结构后，既减少了工作量，又节省了成本，更加有利于机组的安全、高效运行。

（四）受油器体焊接工艺上的缺陷

在葛洲坝水电厂22台运行水轮发电机组中，有些机组在受油器体上出现过上漏油的现象，主要是由焊缝砂眼而造成。这些砂眼有时是一连串的，给补焊带来了很大的困难，如果补焊的量太大，会造成构件的焊接变形，同时对两副铜瓦的同心度造成不利影响，所以应严格控制受油器体的焊接工艺。

（五）二江电厂 20MW 水轮发电机组受油器体材质更换

二江电厂 20MW 水轮发电机组受油器体是由铸铁制造而成，受油器体上出现不同程度的裂纹后会产生渗漏，这必将给机组安全运行带来很大的隐患。针对此情况，拟对水轮发电机组受油器体进行改造，将原先的铸铁受油器体改造成由铸钢制造。

第八章　水轮机常见故障诊断及处理

第一节　水轮机故障原因及分类

水轮机故障是指水轮机完全或部分丧失工作能力，也就是丧失了基本工作参数所确定的全部或部分技术能力的工作状态。

一、故障原因

根据水轮机故障特性分析，水轮机故障原因一般有：

（1）介质侵蚀作用或相邻零件间相互摩擦作用的结果，如空蚀、泥沙磨损、相邻运动零件间的磨损、橡胶密封件的老化等。

（2）突变荷载作用超过材料允许应力而使零件折断或产生不允许的变形，如剪断销被剪断等。

（3）交变荷载长期作用，使零件产生疲劳破坏，如转轮叶片裂纹等。

（4）制造质量隐患的突然发展。

（5）水轮机以外的间接原因。

（6）安装、检修、运行人员的错误处理。

二、故障分类

根据水轮机故障出现的性质，故障可分为渐变故障和突发故障。

（1）渐变故障。渐变故障多由零件磨损和疲劳现象的累积而产生。这种故障使水轮机某些零部件或整机的参数逐渐变化，如过流部件的泥沙磨损和空蚀将导致水轮机效率逐渐下降，这种故障的发展及后果具有规律性，可用一定精度的允许值（如振动、摆度、效率下降）来表示。

（2）突发故障。突发故障具有随机性，整个运行期间都可能发生，其现象为运行参数或状态突然或阶跃变化，如零件突然断裂、振动突然增大等。突发故障的原因多为设计、制造、安装或检修中存在较严重的缺陷、设计运行条件与某些随机运行条件不符或设备中突然落入异物等。通过加强运行中的维护，进行定期的停机检修，使设备保养在最佳运行状态，可以减缓渐变故障的发展过程，预防渐变故障在突发因素下转化为突发故障。

第二节　水轮机常见故障处理

一、出力下降

并网运行机组在原来开度下出力下降或单独运行机组开度不变时转速下降，这两种情况多由栏污栅被杂物堵塞而引起，尤其是在洪水期容易发生。对于长引水渠的引水式电厂，也可能由于渠道堵塞或渗漏，使水量减小而引起；另外，也可能因导叶或转轮叶片间有杂物堵塞，使流量减小而引起。清除堵塞处的杂物可消除这种故障，在洪水期应注意定时清除拦污栅上的杂物。如果出力下降逐渐严重，且无流道堵塞现象，则可能是转轮或尾水管有损坏使效率下降，此时应停机检查，进行相应处理。

二、水电机组振动

水电机组在运行中发生较强烈的振动，多数是由于超出正常运行范围而引起，如过负荷，低水头、低负荷运行或在空蚀振动严重区域运行。这时，只要调整水轮机运行工况即可。对于空蚀性能不好、容易发生空蚀的水轮机，则应分析空蚀原因，采取相应措施，如抬高下游水位减小吸出高度、加强尾水管补气等来减小振动。

（一）水电机组振动故障的特点

水电机组在运行中，不可避免地存在一定的振动。因此，对各类不同装置形式及轴承形式的水电机组，根据其不同的额定转速对各部位（或规定的各典型特征部位）的振动，均有一个允许范围。若超过这一范围，就视为机组在运行中不允许的振动故障。本节所要讨论和涉及的问题，均是对水电机组的振动故障而言。

另外，由于水电机组工作的特殊性，其振动故障与一般动力机械相比，有较大的差异。引起水电机组振动的原因要比普通动力机械复杂得多。除需要考虑机组本身旋转部分或固定部分的振动外，尚需考虑流动液体的动水压力对引水系统、水轮机过流部件的影响及发电机电磁力对机组振动的影响。不仅组成系统整体的各部分之间相互影响，而且引起机组振动的诸多因素间又有相互影响和制约。例如，当水力方面的因素造成机组转动部分振动时，会使发电机转子和定子间的空气间隙不均匀，由此便产生了不对称磁拉力，反过来又会加剧或阻尼机组转动部分的振动。

（二）水轮发电机组振动的原因及其主要特征

引起水轮发电机组振动的原因很多，大致可归纳为机械、水力和电气三个方面。

1. 机械方面

（1）因机组转动部分质量不平衡引起的机组振动，其主要特征为：机组振幅随机组转速变化较敏感，其振幅一般与转速的二次方成正比，且水平振动较大。

（2）机组转动部件与固定部件相碰（或摩擦）所引起的机组振动，其特征为：一般振动较强烈，并常常伴有撞击声响。

（3）因轴承间隙过大、主轴过细、轴的刚度不够所引起的振动，其特征为：机组振幅随机组负荷变化较明显。

（4）机组轴线曲折、紧固零部件松动、机组对中心不准、推力轴承调整不良所引起的机组振动，其特征为：机组在空载低转速运行时，机组便有明显振动。

（5）水轮机转轮叶片开度不均匀且误差较大，常引起机组摆度增大。

2. 水力方面

（1）水轮机进水流道蜗壳、导叶中的不均匀流场产生漩涡，形成涡带进入转轮而引起的机组振动，其主要特征为：振动随机组运行工况的变化而变化，且时而明显，时而消失；另外，若是因蜗壳中的不均匀流场所引起的振动，其振动频率可表示为

$$f=\frac{nz_2}{60} \tag{8-1}$$

式中 n——机组转速；

z_2——转轮叶片数目。

这类振动多发生在高比速轴流式水轮机中；若是因导叶中的不均匀流场所引起的机组振动，则多发生在低比速水轮机中。该类水轮机转轮离导叶很近，导叶中的不均匀水流对转轮的影响大。

（2）由转轮叶片尾部的卡门涡列所诱发的机组振动。因卡门涡列的形成与流体速度和绕流体尾部的断面形状和尺寸有关，所以该类振动的特征为：振幅随过机流量的增加而明显增大，且其振动频率可表示为

$$f=St\frac{w_1}{d} \tag{8-2}$$

式中 St——流体力学中的斯特劳哈尔数，实验测得 St 的取值范围为0.18～0.22；

w_1——转轮进口处的水流相对速度；

d——绕流体尾部的最大宽度。

（3）因水轮机偏离设计工况较远，尤其在低水头、低负荷运动时转轮出口容易产生旋转水流，形成偏心涡带，使在尾水管中产生压力脉动并诱发的机组振动。该类振动的特征为：振动强弱与水轮机的运行工况关系较密切，某些区域振动强烈，某些区域振动又明显减小，甚至恢复正常，其振动频率一般为

$$f=\left(\frac{1}{4}\sim\frac{1}{3}\right)f_0 \tag{8-3}$$

式中　f_0——机组转速频率。

(4) 高水头混流式水轮机因止漏环的结构形式和间隙组合不当，以及运行间隙不均匀而引起水压力脉动诱发的机组振动。该类振动的特征为：振动摆度及压力脉动幅值，均随机组负荷和过机流量的增加而明显增大。

例如，某水电厂装有 HL006-LJ-140 型水轮机。水轮机设计水头为 305m，额定出力为 15.63MW，机组转速为 750r/min。某试验：当机组转速由 $n=60\%n_N$（机组额定转速）升至 $n=n_N$ 时，水导处的水平振动为 0.06～0.08mm；当机组载上负荷后，振动明显增大；当负荷增至 10MW 时，振幅达到 0.38mm，最大达 0.60mm。

3. 电气方面

(1) 发电机转动部分因受不平衡力（这些不平衡力主要来自于周期性的不平衡磁拉力分量，定子、转子不均匀空气隙所引起的作用力，转子绕组短路时引起的力和发电机在不对称工况下运行时产生的力）的作用而产生的机组振动，其振动特征为：振动随励磁电流的增大而增大，且上机架处振动较为明显。

(2) 发电机定子绕组每极分数槽绕组形成的磁场特殊谐波成分引起的磁拉力，而定子在波数较少的磁拉力作用下产生的振动，其振动特征为：振动随定子电流的增大而增大，振级与电流几乎呈线性关系，且上机架处振动为明显。

(3) 因定子铁芯组合缝松动或定子铁芯松动所引起的机组振动，其振动特征为：振动随机组转速变化较明显，且当机组载上一定负荷后，其振幅又随时间的增长而减小，尤其是因定子铁芯组合缝松动引起的振动更为明显。因定子铁芯组合缝松动所引起的振动，其振动频率一般为电流频率的两倍。

(4) 定子绕组固定不良，在较高电气负荷和电磁负荷作用下使绕组及机组产生的振动，其振动特征为：振动随转速、负荷运行工况的变化而变化，上机架处振动也较为明显，但不会出现载上某一负荷后其振动随时间的增长而减小的情况。

(三) 振动故障的识别与诊断

1. 由振动试验识别振动原因

若对机组进行下列试验，可大致判别由何主要因素引起的机组振动。

(1) 转速试验。启动机组，分别在各种转速下（一般在额定转速范围内均匀地取 5～7 个测点）测量机组典型部位（如上导、上机架、主轴连接法兰、水导轴承等）的振幅或频率。

1) 若机组在 60%～100%的额定转速范围内运行时振幅一直很大，改变转速对振幅变化不敏感，而振动频率又与机组转动频率基本一致，则机组振动的原因大都是轴线曲折、轴承间隙未调好、导轴承不同心、主轴转动部件与固定部件有偏磨等。

2）若振幅随机组转速的增加而迅速增大（一般振幅与转速的二次方成正比），而振动频率又与转动频率一致，则其振动多半是由于转动部件的动（静）不平衡所致。

3）若振幅随机组转速的增加而增大，但变化速度一般，上机架处振动较明显，而振动频率又与发电机主极频率一致或是发电机主极频率的倍数，载上某一负荷后，振幅又逐渐随时间的增长而减小，则振动可能是由于发电机定子铁芯组合隙松动或定子铁芯松动所引起。

（2）励磁试验。机组在额定转速下，载上励磁，改变励磁电流，观察各典型部位振动随励磁电流的变化。若振幅随励磁电流的增大而增大，则不平衡磁拉力是引起机组振动的主要原因。需检查发电机定子、转子空气隙是否均匀，磁极线圈是否发生匝间短路，磁级背部与磁轭间是否出现气隙等。

（3）负荷、调相或补气试验。改变机组负荷，测量各种负荷下机组各典型部位的振幅及导叶接力器行程，绘制负荷与振幅或接力器行程与振幅的关系曲线。关系曲线的函数表达式为

$$A = f(P) \text{ 或 } A = f(l) \tag{8-4}$$

式中 A——振幅，mm；

l——接力器行程，mm；

P——发电机有功功率，kW或MW。

若振幅随机组负荷（或接力器行程）的增减而增减，而机组在调相运行时振幅又大幅度降低，且水轮机导轴承处的振幅变化较其他部位更为明显，则水力不平衡是引起机组振动的主要原因。

若振动仅在某一负荷区域（经电厂实测，对应导叶开度为32%～82%）运行时较为强烈，而避开该区域时，振动又明显减小，则尾水管中产生偏心涡带是引起机组振动的主要原因。

另外，若在机组振动较强烈的运行区域做补气试验、向尾水管补气、测量水导轴承处或尾水管扩散段顶板处的振动，则与不补气相同工况作比较，若补气前后有明显差异，则说明机组振动原因也主要来自尾水管中的偏心涡带。

2. 以振动频率分析振动原因

机组典型部位带有录波存储功能的测振仪，它可将记录的振动记号作时域频域变换，进行频谱分析，以此来判断振动原因。

（1）若振动频率与机组转动频率一致，则机组转动部分质量不平衡、轴线曲

折、导轴承间隙不适、主轴法兰密封有偏磨、水轮机迷宫间隙不均匀是引起机组振动的主要原因。

(2) 若振动频率为发电机电流频率（我国电流频率为50Hz）的2倍，则可能是定子铁芯组合缝松动、发电机负荷电流所引起的机组振动。

(3) 若振动频率为转速频率乘以发电机磁极对数，则多半是由于发电机空气隙不均匀所引起的机组振动。

(4) 若振动频率分别为转速频率乘以活动导叶数或转动频率乘以转轮叶片数，则振动分别是因导叶开口不均匀或转轮开口不均匀所致。

(5) 由尾水管中的偏心涡带所诱发的机组振动，其振动频率一般为

$$f = \left(\frac{1}{4} \sim \frac{1}{3}\right) f_0 (\text{转速频率})$$

(6) 由轴承转动油盆中的油膜振荡所引起的机组振动，其振动频率为

$$f = (0.4 \sim 0.47) f_0$$

(7) 由转轮叶片尾部的卡门涡列所激起的机组振动，其振动频率为

$$f = St \frac{w_1}{d}$$

(8) 因水轮机发生严重空蚀所引起的机组振动，其振动频率为

$$f = 300 \sim 500\text{Hz}$$

3. 由振动部位判别振动原因

在生产实践中，根据长期运行所积累的经验，认为根据机组振动部位不同，也可大致判别振动原因。

(1) 若在水导轴承处的振动比其他部位较为明显，则可能是蜗壳、导叶及转轮中的水力不平衡（该水力不平衡主要来自于蜗壳、导叶中的不均匀流场和导叶开口不均匀，转轮线型、间隙、开口不均匀）所引起的机组振动。

(2) 若上机架处振动较为明显，则振动原因多半来自于机组推力轴承（仅对悬式机组）和上导轴承缺陷（间隙摆度调整不适合）、故障或机组轴线有曲折、机组中心发生变化或发电机零部件有缺陷或故障。

(3) 若因转轮叶片出水边线型差异、叶片尾部形成卡门涡列、尾水管中产生偏心涡带等引起的机组振动，则在压力钢管、尾水管顶板均可测得明显振动，蜗壳中会出现较大水压波动。

(四) 消除振动的措施

查明机组振动形成的原因后，可使机组尽量避开振动区域运行。对于因水力因素引起的振动，通常可以采取下列方法进行处理。

1. 调整止漏环间隙

高水头水轮机止漏环间隙过小，要适当加大；止漏环偏心，要进行处理。

2. 轴心孔和尾水管补气

当下游水位较高、自动补气困难时，要强迫补气。

3. 加支撑消振

在叶片出口边之间加焊支撑，对涡列引起的叶片振动有一定效果。

4. 设置导流栅

在尾水管直锥段内装设导流栅，可减小出力摆动和压力脉动。

三、运行时产生异常响声

运行时产生的异常响声如为金属撞击声，则多半是由于转动部分与固定部分之间发生了摩擦，此时应立即停机检查转轮、主轴密封、轴承等处，如确有摩擦，则应进行调整。另外，水轮机流道内进入杂物、轴承支座螺栓松动、轴承润滑系统故障、水轮机空蚀等也会引起水轮机产生异常响声，应根据响声的特点，结合其他现象（如振动、轴承温度、压力表指示等）分析原因，并采取相应处理措施。

四、空载开度变大

开机时，导叶开度超过当时水头下的空载开度才达到空载额定转速，如果检查栏污栅无堵塞，则是由于进水口工作闸门或水轮机主阀未全开而造成的。此时应检查它们的开启位置，并使其全开。

五、停机困难

停机时，转速长时间不能降到制动转速。这种故障的原因是导叶间隙密封性变差或多个导叶剪断销剪断，因而不能完全切断水流。如果是导叶剪断销剪断，应迅速关闭主阀或进水口工作闸门切断水流。对于前一种原因，其故障现象是逐渐发展的，应在加强维护工作中予以消除。

六、顶盖淹水

这种故障多为顶盖排水系统工作不正常或主轴密封失效漏水量过大而引起。对顶盖自流排水的水轮机，检查排水通道有无堵塞；对水泵排水的水轮机，则检查水位信号器，并将水泵切换为手动；对顶盖射流泵排水，则检查射流泵工作水压。如果排水系统无故障，则可能是主轴密封漏水量过大，应对其进行检查，调整或更换密封件。另外，应注意是否因水轮机摆度变大而引起主轴密封漏水过大。如果顶盖淹水严重，不能很快处理，则应停机，以免水进入轴承，使故障扩大。

七、轴承温度过高

这是一种很常见的故障，特别是对卧式机组而言。这种故障也是对机组正常运行影响最大的一种故障。

从根本上讲，引起轴承温度过高甚至损坏的原因，一是运行时轴承发热量超过正常散热量；二是轴承实际散热量小于正常散热量。

引起轴承发热量增大的最主要原因，首先是轴承间隙变化而不能保持安装或检修时调整的合理间隙值，其次是由于机械、水力或电气等方面因素引起机组强烈振动，使轴承工作条件恶化。

轴承的散热，主要由润滑油带走轴承发热量和采用冷却器进行冷却。至于轴承体本身的散热，一般作为安全裕量对待。润滑油能否很好地带走轴承发热量，与轴承的上油量有关，不论是分块瓦式还是圆筒式轴承，其上油量又都与轴承间隙有很大关系，也和进油口形状有一定关系。另外，上油量还与油的循环方式有关。对于结构形式一定的轴承，冷却器能否将油冷却，则与通过冷却器的水量和水温有关。

从以上分析可知，在发生轴承温度过高时，先检查机组振动和冷却水系统工作是否正常。如均无异常，则应考虑轴承间隙是否发生变化。停机检查，如确实如此，则应查明原因并重新调整间隙。在轴承承载能力允许的条件下适当扩大间隙，对降低轴承温度是有利的。

当然，轴瓦研刮或安装、检修时，轴承间隙调整不符合要求，也会引起温度过高，但这些影响一般在试运行中已被消除。对于冷却系统、轴承间隙、机组振动摆度等均正常而轴承温度仍过高的情况，则可考虑润滑是否循环不良。根据油循环工作原理，检查有关零部件的设计、制造、装配质量，对其进行调整或改造，使轴承温度降低。另外，轴承油质劣化或油量不足，也会引起轴承温度过高，但这些原因容易发现，也容易处理。

对于采用甘油润滑的滚动轴承，则可能因滚珠或滚柱严重磨损或破裂而使温度过高，这可以根据轴承运行的声音异常进行判断。

八、水轮机空蚀和泥沙磨损

水轮机空蚀和泥沙磨损故障的原因、防止措施及基本处理方法，将在下一节中进行阐述。对多泥沙水电厂要定期排沙，洪水期不应超负荷运行，避免发生空蚀与磨损的联合作用而加速水轮机的破坏。

除以上几种常见故障外，水轮机还会出现一些别的故障，可以根据设备的结构、工作原理、运行情况及故障现象进行分析和判断，查明原因后进行相应处理。

第三节　水轮机的空蚀、泥沙磨损和振动的防止措施

一、水轮机的空蚀特性

空蚀现象最早发现于1891年，英国高速驱逐舰“达令”号在试航中发现螺旋

桨在较短时间内遭到破坏，其后在水泵和水轮机叶片中也发现类似的破坏现象。由于当时水力机械处于低速阶段，这种破坏并不显著。随着水轮机向大容量、高水头和高转速方面发展，这种破坏日趋严重。经研究发现，这是一种叫做“空蚀”的现象所造成的。

日常生活中存在一种普通的物理现象，即任何液体在一定的压力下，当温度升高到一定数值时，液体开始沸腾；反过来说，若将液体保持在一定的温度，而改变作用在液体上的压力，则当压力变化到某一数值时，液体也开始沸腾。例如，水在一个标准大气压下，需加热到100℃才会沸腾汽化；如果改变作用在水面的压力，当压力降低到0.24mH_2O时，水温仅为20℃时便汽化了。在一定温度下水开始汽化的临界压力，称为汽化压力。水在各种温度下的汽化压力见表8-1。

表 8-1　水在各种温度下的汽化压力

温度（℃）	0	10	20	30	40	50	60	70	80	90	100
汽化压力 $\frac{p}{\gamma}$(mH_2O)	0.06	0.12	0.24	0.43	0.75	1.26	2.03	3.17	4.83	7.15	10.33

在反击式水轮机的流道中，由于边界条件的变化，某些地方的流速会增加，致使压力降低。由于水中含有空蚀核（小气泡、空气等），当压力低于汽化压力时，水会发生汽化，释放出蒸汽泡，溶解在水中的气体也会分离出来，变成空气泡。这些蒸汽泡和空气泡的混合物一般称为汽穴，而这些微泡的形成、发展、溃裂以及对过流表面所产生的破坏过程即称为空蚀。空蚀的机理目前还未被完全认识，归纳过去已进行的实验和研究，空蚀对过流表面产生的破坏作用，比较成熟的观点有以下三种。

（一）机械破坏作用

在通流部件压力低于汽化压力的地方，会有蒸汽和空气从水中析出，成为夹杂在水中的气泡群。气泡群随着水流运动被带到高压区，在高压作用下，气泡受压，被压缩到一定的程度后开始溃裂，重新凝结成水。在气泡瞬息破裂时伴随发生两种水击压力：一种是水流力图在瞬间充满原气泡占据的空间而产生的冲击压力；另一种是气泡自身破裂所产生的聚能压力。这些压力形成微观的水击效应，由于发生在极短的瞬间，因此这种瞬时水击压力相当大，可达几百个大气压。过流表面的某些局部区域，气泡的产生与溃灭处于反复循环的动态过程，会产生周期性的脉冲水击压力，使过流表面承受反复的冲击载荷。这样，材料在两种形式上遭到破坏：一种属于在屈服点内的疲劳破坏，气泡溃灭后周围流体高速射流挤入金属晶格，冲击过去之后流体又力图从这些金属晶格中流出，正反两种作用都导致晶粒脱落；另一种形式属于超过屈服点后产生塑性变形而直至破坏。在空蚀侵蚀下，材料破坏的过程本质上是一种疲劳过程，其形式是表面发生剥蚀。对于粗糙的表面，这一过程会由于应力集中而加速破坏。

（二）化学破坏作用

一些试验研究认为，化学作用来源于局部高温和氧化。气泡被压缩时要放出热量，气泡溃灭时形成的高速射流可以产生局部高温。从理论上讲，当射流速度高达1600～2000m/s时，可使钢材熔化。有的试验表明，在气泡破裂时，局部温度高达数百摄氏度，在这种高温、高压的作用下，会引起金属材料的局部氧化。

（三）电化破坏作用

气泡在高温、高压下产生放电现象，即产生电化作用，金属表面的局部温差也形成热电偶，从而对金属表面产生电解作用。空蚀对金属表面的破坏作用，目前的研究还很不完善，一般认为主要是机械破坏作用，在机械作用的同时，化学破坏作用和电化破坏作用，加速了机械破坏过程。空蚀对金属材料的破坏，一般是首先使金属表面失去光泽而变暗，接着变毛糙而发展成为麻点，进而形成蜂窝状（海棉状），严重时可使叶片穿孔、开裂和成块脱落。空蚀破坏造成的后果和影响是十分有害的：空蚀直接破坏水轮机的过流部件，特别是转轮叶片，严重时可使叶片穿孔、缺口甚至脱落；水轮机在空蚀情况下运行，出力和效率都会显著降低，并且会引起噪声、机组的强烈振动和运行不稳定；空蚀缩短了检修周期，延长了检修工期，同时空蚀检修还会耗用大量的贵重金属材料和人力、物力。因此，在设计、制造、安装、运行和维修过程中，采取有效措施，防止和减缓水轮机的空蚀程度，是极为必要的。

二、空蚀的类型

根据空蚀发生的部位和发生条件的不同，水轮机的空蚀一般可分为以下三类。

（一）翼型空蚀

翼型空蚀一般是指发生在转轮叶片上的空蚀，它在反击式水轮机中普遍存在。

反击式水轮机转轮叶片迫使水流的动量矩发生改变，它意味着叶片的正面和背面必然存在压差，叶片的正面（工作面）为正压，而背面（非工作面）一般为负压。当负压区的压力低于汽化压力时，就可能发生空蚀。因此，背面的低压区是造成空蚀的条件。

混流式水轮机转轮翼型空蚀的主要部位，如图8-1所示。轴流式水轮机转轮翼型空蚀的主要部位，如图8-2所示。

（二）空腔空蚀

反击式水轮机在非设计工况下运行时，转轮出口水流具有一定的圆周分量，水流在尾水管中产生旋转，旋转水流的中心产生涡带（见图8-3）。涡带的中心形成

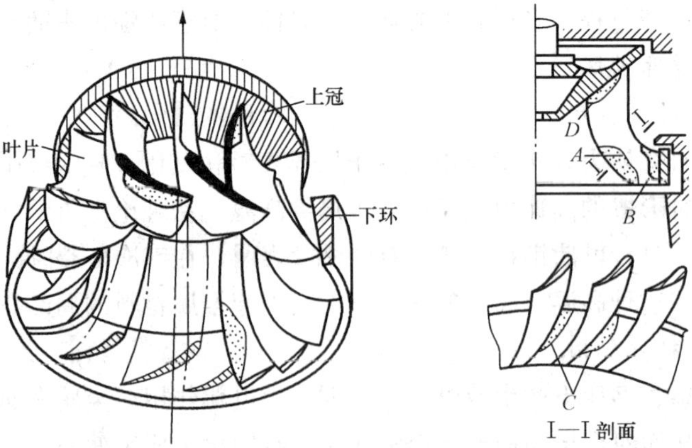

图 8-1　混流式水轮机转轮翼型空蚀的主要部位

很大的真空。真空涡带周期性地扫射尾水管管壁，造成尾水管管壁的空蚀破坏。这种空蚀形式，称为空腔空蚀。

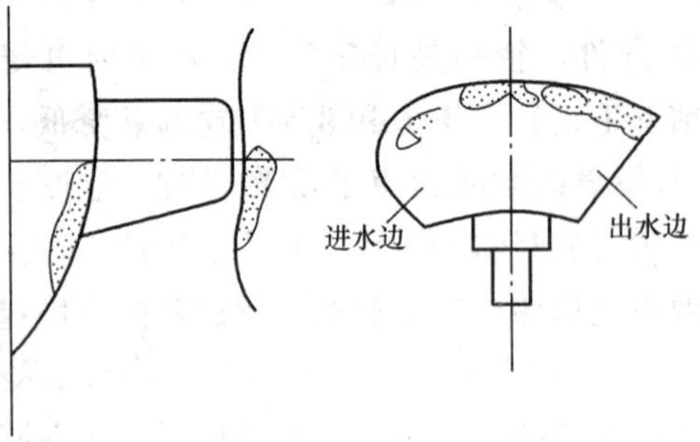

图 8-2　轴流式水轮机转轮翼型空蚀的主要部位

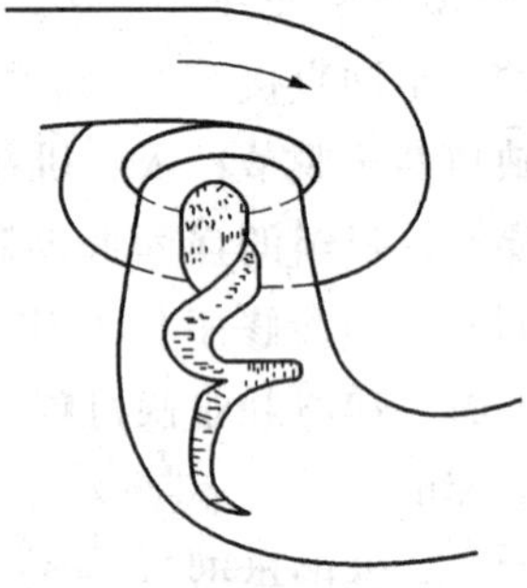

图 8-3　尾水管中的涡带

空腔空蚀不但使尾水管管壁遭到破坏，而且由于涡带产生压力脉动，还形成了强烈的噪声和剧烈的振动，严重时使机组不能稳定运行。

（三）间隙空蚀

水轮机各过流部件的间隙处产生的空蚀，称为间隙空蚀。间隙空蚀是水流通过狭窄的间隙和较小的通道时，因局部流速增高，致使压力降低所产生的。它通常发生在导叶间隙处和止漏环间隙处，以及轴流式水轮机叶片和转轮室间隙处；在水斗式水轮机中，喷嘴和针阀间隙处也有间隙空蚀发生。

三、空蚀的等级

为了衡量和比较水轮机空蚀的程度，需要制定对空蚀侵蚀的评定标准。目前使用的标准有多种，我国采用单位时间内叶片背面单位面积上的平均侵蚀深度作为评

定标准，即

$$K=\frac{V}{AT} \tag{8-5}$$

式中　K——侵蚀指数，mm/h；

V——侵蚀体积，$m^2 \times mm$；

A——叶片背面总面积，m^2；

T——有效运行时间（不包括调相运行时间），h。

为了区别各种水轮机的空蚀程度，一般将侵蚀指数分成五级，并换算成相应的年平均侵蚀速度，见表 8-2。一般在Ⅲ级以上的属于严重空蚀情况。

表 8-2　　　　　　　　　水轮机空蚀侵蚀等级

侵蚀等级	侵蚀指数 K（$\times 10^{-4}$mm/h）	侵蚀速度（mm/年）	空蚀程度
Ⅰ	＜0.057	＜0.05	轻微
Ⅱ	0.057～0.228	0.05～0.2	一般
Ⅲ	0.228～0.570	0.2～0.5	中等
Ⅳ	0.570～1.140	0.5～1.0	较重
Ⅴ	＞1.14	＞1.0	严重

将叶片背面单位面积和单位时间的平均侵蚀深度作为标准，在水电厂的实际应用上不方便，因此有时也采用修复空蚀区消耗电焊条的重量作为标准。

另外，国际上许多国家采用单位时间内转轮的空蚀失重来衡量空蚀程度。因此，国内外许多制造厂往往用单位时间内转轮的空蚀失重作为质量保证。允许空蚀失重的计算公式为

$$W=\frac{KD^2}{1640} \tag{8-6}$$

式中　W——转轮每小时的空蚀失重，kg/h；

D——转轮直径，m；

K——系数，近年美国取 $K=0.25$，国际电工委员会（IEC）建议取 $K=0.1\sim0.2$。

采用式（8-6）的要求运行条件为：在运行 8000h 内超负荷不多于 50h，低负荷在 10%的运行小时内。

四、水轮机的空蚀系数

翼型空蚀、空腔空蚀和间隙空蚀，在反击式水轮机中是普遍存在的。水轮机空蚀性能的好坏，通常是对翼型空蚀而言的。翼型空蚀主要发生在叶片背面接近出口的区域。

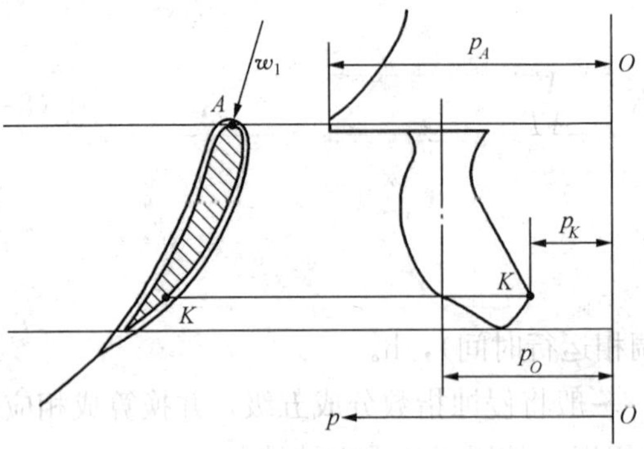

图 8-4　叶片正、背面的压力分布

为了进一步弄清空蚀的物理意义，可以分析一下水流流经叶片的压力分布情况，如图 8-4 所示。

水流以相对速度 w_1 进入转轮叶栅，在进口边缘流速水头转换为压力水头 p_A。接着水流沿进口边向正面和背面绕流，正面流速开始加大，压力下降；背面流速也加大，且背面液体有脱离叶片的趋势，背面的压力急剧下降。叶片正面大部分为正压，而背面则全部为负压，背面接近出口某一点 K 压力降到最低，而在叶片出口边处，由于正面和背面的压力趋向一致，因此背面压力略有回升。

显然，要使叶片不发生空蚀，必须是叶片背面压力最低点 K 的压力 p_K 大于给定温度下水的汽化压力 p_v，即

$$\frac{p_K}{\rho g} \geqslant \frac{p_v}{\rho g} \tag{8-7}$$

通过图 8-5 所示的水轮机流道，求出 K 点压力，并导出空蚀系数的表达式。

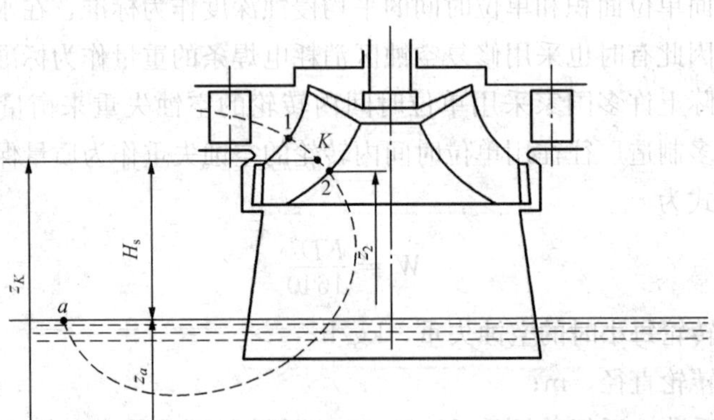

图 8-5　翼型空蚀条件分析

列出 K-2 点的相对运动伯努利方程

$$z_K + \frac{P_K}{\rho g} + \frac{w_K^2}{2g} - \frac{u_K^2}{2g} = z_2 + \frac{p_2}{\rho g} + \frac{w_2^2}{2g} - \frac{u_2^2}{2g} + \Delta h_{K\text{-}2} \tag{8-8}$$

式中　$\Delta h_{K\text{-}2}$ ——点 K-2 间的水力损失。

再列出 2-a 两点间的伯努利方程

$$z_2+\frac{p_2}{\rho g}+\frac{v_2^2}{2g}=z_a+\frac{p_a}{\rho g}+\frac{v_a^2}{2g}+\Delta h_{2-a} \tag{8-9}$$

式中 Δh_{2-a} ——点 $2\text{-}a$ 间的水力损失。

由于出口流速很小，$v_a\approx 0$，因此式（8-9）可变成

$$z_2+\frac{p_2}{\rho g}+\frac{v_2^2}{2g}=z_a+\frac{p_a}{\rho g}+\Delta h_{2-\mathrm{a}} \tag{8-10}$$

或
$$\frac{p_2}{\rho g}=\frac{p_a}{\rho g}+\Delta h_{2-a}-\frac{v_2}{2g}-(z_2-z_a)$$

而 $z_2-z_a\approx H_\mathrm{s}$，故式（8-10）可变为

$$\frac{p_2}{\rho g}=\frac{p_a}{\rho g}+\Delta h_{2-a}-\frac{v_2}{2g}-H_\mathrm{s} \tag{8-11}$$

将式（8-11）代入式（8-8）得 K 点的压力为

$$\frac{p_K}{\rho g}=\frac{p_\mathrm{a}}{\rho g}-H_\mathrm{s}-\left[\left(\frac{w_K^2-w_2^2}{2g}+\frac{u_2^2-u_K^2}{2g}-\Delta h_{K-2}\right)+\left(\frac{v_2^2}{2g}-\Delta h_{2-a}\right)\right] \tag{8-12}$$

K 点的真空值为

$$\frac{p_{\mathrm{v}K}}{\rho g}=\frac{p_a}{\rho g}-\frac{p_K}{\rho g}$$

即
$$\Delta h_{2-a}=\zeta_{\mathrm{w}_{2g}}^{v_2^2}\eta_\mathrm{w}=1-\zeta_\mathrm{w}h_\mathrm{v}=\frac{w_K^2-w_2^2}{2g}+\eta_\mathrm{w}\frac{v_2^2}{2g} \tag{8-13}$$

令
$$h_\mathrm{v}=\left(\frac{w_K^2-w_2^2}{2g}+\frac{u_2^2-u_K^2}{2g}-\Delta h_{K-2}\right)+\left(\frac{v_2^2}{2g}-\Delta h_{2-a}\right)$$

则式（8-13）变为

$$\frac{p_{\mathrm{v}K}}{\rho g}=H_\mathrm{s}+h_\mathrm{v} \tag{8-14}$$

式中 H_s ——静态真空或吸出高度；

h_v——动态真空。

可见，K 点的真空由两部分组成：静态真空 H_s 与水轮机的安装高度有关；动态真 h_v 由转轮和尾水管共同形成，它主要与运行工况有关，且与水头成正比。

由于点 K 与 2 很接近，可认为 $u_K=u_2$，且 $\Delta h_{2-a}\approx\Delta h_{K-a}$，此时尾水管的水力损失可表示为

$$\Delta h_{2-a}=\zeta_\mathrm{w}\frac{v_2^2}{2g}$$

式中 ζ_w ——尾水管的阻力系数。

尾水管的恢复系数 $\eta_\mathrm{w}=1-\zeta_\mathrm{w}$。

将上述关系代入式（8-14），得到动力真空 h_v 的表达式为

$$h_v = \frac{w_K^2 - w_2^2}{2g} + (1 - \zeta_w)\frac{v_2^2}{2g} \tag{8-15}$$

或
$$h_v = \frac{w_K^2 - w_2^2}{2g} + \eta_w \frac{v_2^2}{2g} \tag{8-16}$$

用动态真空 h_v 表征水轮机空化性能不够完善，因式（8-16）右端两项均与水头 H 成正比，因此，采用动态真空的相对值，式（8-15）两端同时除以 H，得

$$\frac{h_v}{H} = \frac{w_K^2 - w_2^2}{2gH} + \eta_w \frac{v_2^2}{2g} \tag{8-17}$$

全动态真空与水头的比值为水轮机的空化系数，则

$$\sigma = \frac{h_v}{H} = \frac{w_K^2 - w_2^2}{2gH} + \eta_w \frac{v_2^2}{2g} \tag{8-18}$$

水轮机的空化系数 σ 是一个无因次系数，它与转轮翼型、运行工况、水轮机形状、转轮出口动能、尾水管的性能及恢复系数等诸多因素有关。对于 σ 不同的水轮机，在水头相同的条件下，σ 越大，则动态真空越大，发生空蚀的可能性越大。设计和选择水轮机时，在保证良好的能量特性的同时，应尽可能减小水轮机的空化系数。影响空化系数 σ 的因素比较复杂，直接用理论计算或进行测量均有较大困难。目前通常是用模型试验方法求得水轮机的空化系数，称为模型空化系数，常用 σ_N 表示。工程上是用模型空化系数 σ_N 的大小来反映不同系列水轮机的空蚀性能。将空化系数 σ 和吸出高度 H_s 代入式（8-12），则 K 点的压力可表示为

$$\frac{p_K}{\rho g} = \frac{p_a}{\rho g} - H_s - \sigma H \tag{8-19}$$

五、水轮机的吸出高度和安装高程

反击式水轮机转轮压力最低点出现在叶片背面接近出口边的 K 点，该区域最可能发生翼型空蚀，其真空值由静态真空和动态真空两部分组成。对于一台给定的水轮机，动态真空与该水轮机的结构及运行工况有关，但静态真空则与水轮机本身无关，它仅取决于转轮装置于下游水面的相对高度，常用 H_s 表示水轮机的吸出高度。

安装水轮机时，可通过选择适宜的吸出高度 H_s 来控制转轮出口处的压力值，以避免翼型空蚀的发生。显然，吸出高度越小，水轮机装得越低，水轮机越不易发生空蚀，但水电厂的挖方量增加，基建投资加大。因此，选择合理的吸出高度 H_s，是一个重要的技术经济问题。

由于 $H_s \leqslant H_a - H_v - \sigma H$，因此，不发生空蚀的条件是

$$\frac{p_K}{\rho g} \geqslant \frac{p_v}{\rho g} \tag{8-20}$$

将式（8-19）代入式（8-20）得

$$\frac{p_a}{\rho g}-H_s-\sigma H \geqslant \frac{p_v}{\rho g} \tag{8-21}$$

移项后得

$$H_s \leqslant \frac{p_a}{\rho g}-\frac{p_v}{\rho g}-\sigma H \tag{8-22}$$

式（8-22）为不发生翼型空蚀的基本条件，即吸出高度 H_s 不大于式（8-22）右端的数值，就可避免发生翼型空蚀。

令 $\frac{p_a}{\rho g}=H_a$、$\frac{p_v}{\rho g}=H_v$，则式（8-22）可改写为

$$\frac{H_a-H_s-H_v}{H} \geqslant \sigma \tag{8-23}$$

式中 H_a ——大气压水头，mH_2O；

H_v ——气化压力水头，mH_2O。

式（8-23）中左边各项数值完全取决于水轮机安装处的环境条件，称为水轮机的装置空化系数，用 σ_y 表示，则

$$\sigma_y=\frac{H_a-H_s-H_v}{H} \geqslant \sigma \tag{8-24}$$

即

$$\sigma_y \geqslant \sigma \tag{8-25}$$

式（8-25）为不发生空蚀的另一种表达形式，即水轮机的装置空化系数应大于水轮机的空化系数，水轮机才不发生翼型空蚀。$\sigma_y=\sigma$ 称为临界状态。

将 H_a 及 H_v 代入式（8-22），得

$$H_s \leqslant H_a-H_v-\sigma H \tag{8-26}$$

应用式（8-26）进行实际计算时，H_a 为水电站尾水位大气压（单位：mH_2O），考虑到海平面的大气压为 $10.33mH_2O$，而当尾水位海拔为 ∇m 时，平均大气压将降低 $\frac{\nabla}{900}mH_2O$；另外，一般地区河流水温多在 5～20℃，相应的汽化压力为 $0.09\sim0.24mH_2O$。综上所述，式（8-26）可写成

$$H_s \leqslant 10-\frac{\nabla}{900}-\sigma H \quad (m) \tag{8-27}$$

在应用式（8-27）计算水轮机的吸出高度 H_s 时，考虑到空化系数是由模型进行外特性试验获得的，且试验本身存在误差，以及模型水轮机与原型水轮机制造工艺的误差等原因，因此，计算时，应留有一定的余地。一般在水轮机模型综合特性曲线上查得空化系数后，应再加上一个修正量 $\Delta\sigma$。图 8-6 所示为空蚀系数修正值 $\Delta\sigma$ 与水头 H 的关系曲线。这样，式（8-27）可写成

$$H_s = 10 - \frac{\nabla}{900} - (\sigma + \Delta\sigma)H \quad (m) \tag{8-28}$$

式中　∇——水轮机安装处海拔高程，一般可采用水电厂最低尾水位，m；

$\Delta\sigma$——根据设计水头从图 8-6 中查得的空化系数修正值；

H——通常采用设计水头，m。

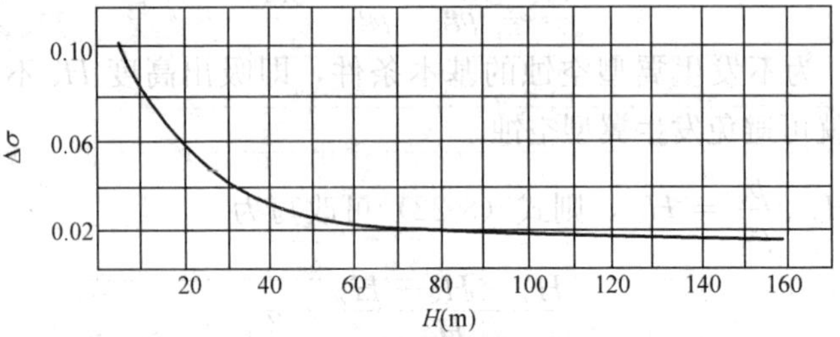

图 8-6　空化系数修正值 $\Delta\sigma$ 与水头 H 的关系曲线

为了安全，在式（8-27）计算的基础上再减去 0.5～1m，即

$$H_s = 10 - \frac{\nabla}{900} - (\sigma + \Delta\sigma)H - (0.5 \sim 1) \quad (m) \tag{8-29}$$

一些设计、制造部门，考虑空化系数修正的方法，是将模型空化系数乘上安全系数 K_σ，即

$$H_s = 10 - \frac{\nabla}{900} - K_\sigma \sigma H \quad (m) \tag{8-30}$$

式中　K_σ——空化安全系数，即装置空蚀系数 σ_y 与模型空化系数 σ 之比：$K_\sigma = \frac{\sigma_y}{\sigma}$；对轴流式水轮机，$K_\sigma$ 取 1.1～1.2；对混流式水轮机，K_σ 取 1.2～1.5；

H——一般按设计水头计算，对混流式水轮机和轴流式水轮机，还以最小水头对应的 σ 进行核算。

从图 8-5 可知，H_s 是下游水面至转轮叶片上压力最低点 K 的距离，由于 K 点的位置难以确定，而且该点随工况变化而变动，为计算方便，工程实践中对不同形式和装置方式的水轮机作了统一规定：

（1）立式混流式水轮机的 H_s 是指下游水面至水轮机中心线的距离。

（2）立式轴流式和斜流式的 H_s 是指下游水面至转轮叶片旋转中心线与转轮室内壁交点的距离。

（3）卧式反击型水轮机的 H_s 是指下游水面至叶片最高点的距离。吸出高度 H_s 的起算位置如图 8-7 所示。

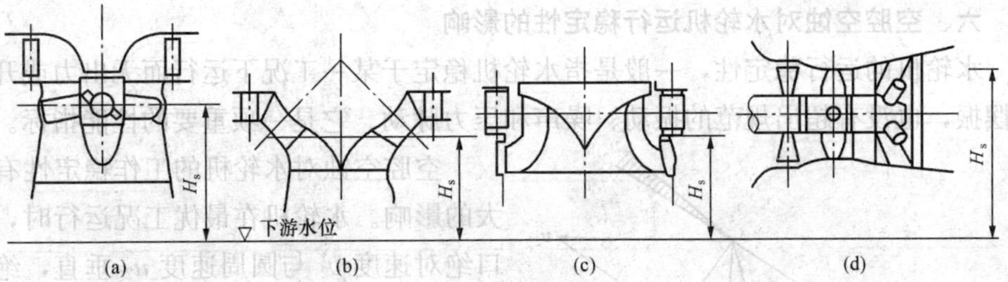

图 8-7　吸出高度 H_s 的起算位置

上述计算出的 H_s 为正值，则说明规定处装在下游水位以上；若 H_s 为负值，则处于下游水位以下。

上述吸出高度 H_s 是一个相对值，反映不出绝对海拔高程。在实际工程中，要确定安装的标记基准，即安装高程。不同形式、装置的水轮机，安装高程为：

(1) 对立式混流式水轮机，为导叶中心（水平线）处的海拔高程。

(2) 对立式轴流式水轮机，为转轮叶片中心线处的海拔高程。

(3) 对卧式反击型水轮机，为主轴中心所处的海拔高程。

安装高程可按式（8-31）进行计算，即

$$\nabla = \nabla_2 + H_s + B \tag{8-31}$$

式中　∇——安装高程；

∇_2——下游尾水位；

H_s——吸出高度；

B——尺寸，对立式混流式水轮机，$B=\frac{b_0}{2}$，b_0 为导叶高度；对立式轴流式水轮机 $B=0$；对卧式反击型水轮机，$B=-\frac{D_1}{2}$。

对于立式轴流式水轮机，也有用导叶中心的海拔高程作为安装高程的，估算时可取 $B=0.41D_1$，式（8-31）中的下游尾水位 ∇_2 在实际中有多个取值。采用的下游尾水位不同，计算出的安装高程也不同。对中小型水电厂，可按下述方法确定。

装机 1～2 台的中小型水电厂，取一台机 50%额定出力时相应的下游水位；对装机多于 2 台的中小型电厂，取一台机满出力运行时相应的下游水位。

水斗式水轮机的安装高程与空化系数无关。对立式机组，水斗中心线至最高尾水位的距离一般等于 D_1；对卧式机组，转轮最低点距下游最高水位的距离，根据结构和设计的可能，取 0.3～0.5m 即可，也可查有关设计手册。

六、空腔空蚀对水轮机运行稳定性的影响

水轮机的运行稳定性，一般是指水轮机稳定于某一工况下运行而无出力或开度的摆振，也没有超出规范的振动、噪声和压力脉动。它是一项重要的性能指标。

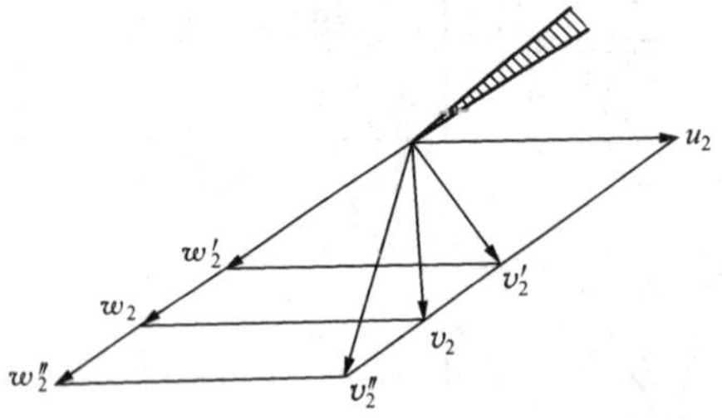

图 8-8　非设计工况下的出口速度三角形

空腔空蚀对水轮机的工作稳定性有很大的影响。水轮机在最优工况运行时，出口绝对速度 v_2 与圆周速度 u_2 垂直，绝对速度不存在圆周分量。对于混流式和定桨式水轮机来说，其叶片出口绝对速度分量如图 8-8 所示。由于 v_2 的存在，使水流在转轮出口产生旋转，在尾水管中水流亦旋转着排向下游，这样就在尾水管中形成了一个真空涡带。当旋转的真空涡带扫射到尾水管管壁时，会引起管壁区水流汽化，使管壁发生空蚀侵蚀。当涡带拍击尾水管管壁时，还将引起机组的振动。这种振动随涡带的尺寸和偏心度的增加而加剧。

由于真空涡带周期性扫射尾水管壁，使尾水管内水流周期性受阻，从而造成流量和压力的不稳定，这就是转轮出口水流产生压力脉动的根源。压力脉动可引起机组的基础、机架、轴承的振动和主轴的摆动。

上述真空涡带通常呈螺旋状，其形态随工况发生变化。一般在开度 $\alpha_0=40\%\sim60\%$时，空腔涡带较粗；随着开度的增加，涡带直径逐步减小；当开度接近最优开度时，涡带直径很小，甚至消失。

空腔空蚀时产生的空蚀噪声，主要由水力振动引起，如压力脉动引起的激振、空蚀气泡急剧溃裂引起冲击波传播到金属部件和涡带的振摆等。

空腔空蚀时产生的压力脉动、振动和摆动以及空蚀噪声等，对水轮机的稳定运行影响很大。在水轮机运行中，应合理拟定运行方式，改善水轮机运行工况，尽量避开空蚀较严重的运行工况区。特别是对混流式和定桨式水轮机，应尽可能减少或避免在低水头低负荷下运行。同时，可采取一些措施，以减缓空腔空蚀。例如，不少水电厂采用尾水管十字架补气后，取得了较好的效果。

七、水轮机的空蚀破坏与防护

（一）原型水轮机的空蚀破坏

空蚀在反击式水轮机中是普遍存在的。对原型水轮机的空蚀破坏的调查，大致有下面一些情况。

（1）对空蚀影响大的因素有 σ 值、制造材料、运行工况和泥沙性质等。据统计，转轮叶片形状是对空蚀影响最大的因素。在同样的条件下，具有优良翼型型线

的，抗空蚀性能较好。因此，在制造上保证有优良的翼型，对防止和减轻空蚀极为重要。

(2) 转轮叶片上的空蚀一般只在局部区域发生，如图 8-1 中所示的 A、B、C、D 区。对 24 个水电厂的 39 台机组进行调查发现，A 区发生翼型空蚀的占 62%，叶片空蚀最大面积达叶片面积的 15%，个别的深度达 46mm，甚至接近穿孔。所调查的水轮机中，半数以上空蚀严重，有少数转轮在叶片正面也有空蚀发生，后来采取了一些措施，空蚀情况有不同程度的改善。

(3) 制造材料影响空蚀。用不锈钢制造的转轮，抗空蚀性能较好。日本在一次原型水轮机调查中，发现用不锈钢制造的转轮只有 25.8%发生了空蚀，而用碳钢制造的转轮，有 60%空蚀严重。

(4) 同一转轮的不同叶片上空蚀程度不同，若干水电厂都存在这一情况。如某厂 5 号机组经过 5 年运转，最好与最坏的叶片空蚀面积相差 15 倍，最大空蚀深度相差 10 倍，还有个别叶片多年来未发生过空蚀。另一厂的 1 号机组运行 4 年后，14 个叶片中 13 个都有较严重的空蚀，另一个叶片却基本上未发生空蚀。实测这些翼型，其最大误差有的竟达 20mm 以上。

(5) 检修是否及时，对空蚀破坏的程度也不同。如某水电厂的轴流转桨式水轮机，运行一年半后，空蚀面积只有 $0.8m^2$，补焊用去 40kg 不锈钢焊条。以后每隔一年检修一次，空蚀都不严重。但第五次检修相隔了两年，发现空蚀较严重，补焊用去 500kg 焊条。

(6) 不同型号的转轮，空蚀程度也不一样。某厂安装有两种型号的水轮机，在相同条件下运行一年后，一种空蚀严重，需检修处理，另一种却基本上无空蚀痕迹，而两种型号在设计和运行中均满足了运行范围内最大允许吸出高度 H_s 的要求。

(7) 同一型号不同厂家制造的水轮机，空蚀情况也不一样。某水电厂安装的 6 台同型号水轮机，5 台由甲厂制造，1 台由乙厂制造。运行 15 年后，乙厂制造的水轮机一直空蚀较轻，运行稳定，而甲厂制造的 5 台水轮机几乎每台空蚀都较严重。

(8) 同一水轮机在不同工况下运行，空蚀破坏程度也不同。某水电厂 1 号机组在 60～74m 水头下运行 4 年，转轮空蚀尚轻，后来在 60m 水头以下仅运行 7 个月，空蚀情况急剧变坏，叶片出现空蚀穿孔。

(9) 不同的水电厂，空蚀侵蚀规律不同：

1) 空蚀面积随运行时间而变。某水电厂运行时间从 3447h 增加到 6123h，空蚀面积增加 1 倍，而空蚀深度却无变化。

2) 空蚀深度随运行时间而变。某水电厂运行时间从 3061h 增加到 5054h，空蚀深度增大 6 倍，而空蚀面积无明显增加。

3）空蚀面积和深度均随运行时间增加。大多数属于这种类型，某水电厂运行时间从 6194h 增加到 8750h，空蚀面积及深度均增加 1 倍。

（二）水轮机的空蚀防护

空蚀对水轮机的正常运行是十分有害的，引起水轮机空蚀破坏的因素又很复杂。国内外对空蚀的防护作了大量的观测、试验和研究，总结出一些防空蚀的经验。目前对空蚀的防护措施，主要有以下几个方面。

1. 设计方面

（1）改善水轮机转轮的水力设计。转轮叶片翼型对空蚀性能有显著影响，因此应注重翼型的设计。进水边应具有一定半径的圆弧，不同断面的翼型应按背面具有较均匀的压力分布来选择，使低压区缩小并尽可能靠近出水边，以便气泡在叶片区以外溃灭。翼型断面应呈光滑流线形，使水流平顺、流畅。在保证强度要求的前提下，出水边要尽量地薄，整个流道的几何尺寸比例应配合适当。上述种种考虑，都是叶片设计中降低空蚀系数的有效方法。但是，从能量观点出发，又要求水轮机过流能力尽可能大。在相同的流道条件下，过流能力大，则水流绕翼型的相对速度也大，从而使叶片背面流速分布变化大，而且最低压力点的压力小。可见，能量特性与空蚀特性两者难以统一，设计叶片必须统筹考虑。近年来一些水力设计与试验成果表明，改进尾水管及转轮上冠的设计，能有效减轻空腔空蚀，提高水轮机的运行稳定性。目前的设计倾向，是加长锥管、加大扩散角和加长转轮的泄水锥。

（2）优化选型设计。为了减轻空蚀破坏，应选择适合电厂自然条件且空蚀性能好的水轮机。在选型设计中，水轮机的比转速 n_s、空蚀系数 σ、吸出高度 H_s 均是密切相关的。n_s 越高，σ 越大，H_s 越小，挖方与土建投资越大。这几者之间不能过分强调某一方面，不可顾此失彼，而应统筹比较，优化配合。

2. 制造方面

（1）提高制造加工的工艺水平。制造质量的好坏，对空蚀性能影响很大。如某转轮空蚀性能较好，但在一些水电厂运行空蚀严重，经检查确认是制造时翼型误差较大引起的。为了提高加工工艺水平，制造厂家应采用先进的加工工具和机具，严格控制加工精度，提高检测水平，以保证转轮叶片铸造与加工后的翼型与叶片木模图一致。

加工工艺的另一个重要质量指标，是翼型表面质量与内部质量。实践证明，叶片表面的粗糙度，波浪度，出水边厚薄不均，铸件存在砂眼、夹渣和气孔等，都将加剧空蚀破坏。

（2）采用抗空蚀的材料。提高转轮抗空蚀性能的另一措施，是采用优良的抗空蚀材料。抗空蚀材料应具有韧性强、硬度高、抗拉力强、疲劳极限高、晶粒细密、可焊性好等综合性能。从冶金及金属材料的情况看，目前只有不锈钢和铝铁青铜近似兼有这些特性。因此，目前倾向于采用以镍铬为基础的各类高强度不锈钢整铸和铸焊转轮，或者以普通碳钢或低合金钢为母材，堆焊或喷焊镍铬不锈钢作保护层。

3. 运行方面

（1）改善运行条件，合理选定工作区。随着机组出力 P 和水头 H 的变化，H_s 也不断变化。运行条件主要是指这三者的变化情况。特别是混流式和定桨式水轮机，由于其叶片固定，运行条件变化对转轮水力性能影响很大。运行条件的改善，主要是应改善水轮机的负荷，有时可把机组限定于某一出力区运行。有条件的，可通过改变开机方式、进行机组成组调节，以改善运行工况。对空蚀较严重的运行工况区，应尽量避开。

（2）进行空蚀补气。补气对破坏空腔空蚀、减轻振动具有一定的作用。将空气送进空蚀区，可使负压区的气泡内部压力上升，从而减小真空度，同时也能使水的密度变小、可压性增加，使气泡溃灭时产生的冲击力降低。目前，一般采用以下两种补气方式：

1）主轴中心孔自然补气。当尾水管真空度达到某一数值时，补气阀被吸开，空气通过主轴中心孔和补气阀进入转轮下部，改善该处真空。运行表明，补气能减轻由于水力原因引起的振动，但补气量小，难以消除尾水管涡带引起的压力脉动，并且噪声较大。

2）尾水管补气，即在尾水管直锥段上部装设十字架或三叉架，接至补气阀，一般采用自然补气。对于一些下游水位高、无法自动补气的，也可采用压缩空气。尾水管补气对减缓空蚀、减轻振动效果较好。有的水轮机制造厂在制造时已装置了补气管（架），有些中小机组本身没有尾水管补气装置，运行中由于空蚀较重而加设。尾水管补气的效果，取决于补气量、补气位置及补气装置的结构形式。试验表明，补入某一空气量，对消除尾水管压力脉动最有效，称为最优补气量，约为1.5%过流量。补气位置应使所补入的空气顺利地进入压力脉动区，反击式尾水管最大压力脉动区一般在离转轮出口（0.3～0.4）D_1 处，补气装置的位置应与此相应。补气及补气装置对水轮机效率的影响，目前说法不一。一种说法认为，补气能削减涡带、振动及压力脉动，同时补气装置本身就是一种稳流结构物，对涡带起破碎作用，可提高尾水管的效率；另一种说法是，补气降低了尾水管的真空度以及结构物对水流的阻力损失，从而降低了水轮机的有效水头。

4. 检修方面

（1）加强空蚀检修。空蚀破坏有一定的潜伏期，及时检查及处理空蚀痕迹，能有效控制空蚀损坏，从而避免空蚀痕迹发展为凹坑。某水电厂机组发现有微细裂纹和轻度空蚀，未及时处理，不到两年，产生严重裂纹。

（2）金属堆焊修整。对遭受空蚀破坏的区域，要削除已空蚀物质，打磨清理至基本金属后进行堆焊，多块小面积要铲磨连成一片进行处理；堆焊的材料应采用抗空蚀性能好的材料，同时要注意堆焊质量，不得有气孔、夹渣等。补焊时，可根据空蚀轻微或未空蚀的叶片翼型，来修改相应堆焊部位的翼型。

（3）采用抗空蚀材料作表面防护。鉴于空蚀破坏主要是力学性质的破坏，国内外均重视研究采用各种合成树脂、合成橡胶、工程塑料等高分子化合物作涂料，以保护金属表面。应用这种抗蚀涂层，主要优点是可降低检修费用，简化检修工艺，延长大修周期。

目前使用的非金属抗蚀涂料主要有三类：①以环氧为基础材料，加入各种矿石粉或金属粉的刚性涂层；②以氯丁、聚氨酯、液态橡胶及硫化聚乙烯等为基本材料的弹性涂层；③以粉末塑料为基本材料的热塑性涂层，即使用各种弹性材料作粉末喷涂。大量试验表明，这些涂层具有较好的抗空蚀性能，但目前涂层普遍存在的缺陷是与金属母材的黏结力较差，特别是叶片在负压情况下，涂层由于黏合不牢而易被水流冲毁。用非金属涂层来防护空蚀和泥沙磨损，预期有着良好的发展前景。

八、水轮机的泥沙磨损

（一）泥沙磨损的概念

水流中含有泥沙，易对水轮机过流部件造成磨损。水轮机的泥沙磨损较为复杂，在这方面研究的时间不长，理论上还不够成熟，通常认为泥沙磨损是机械和化学作用的结果。高速含泥沙的水流通过过流表面时，有摩擦切削作用和化学作用，含沙水流冲击过流表面的瞬间，可产生高温、高压，使金属表面氧化，急剧的温度变化会引起金属保护膜的破坏而引起局部腐蚀。在泥沙的不断冲击下，产生的交变应力加速了金属保护膜的破坏。另外，某些坚硬的泥沙颗粒（如石英砂）的硬度高于金属材料的硬度，且具有尖锐的棱角，当它以很高的速度冲击金属表面时，若冲击点的局部应力大于材料的破坏强度，就会引起金属表面细微颗粒逐步脱落。泥沙颗粒擦伤金属表面，产生磨损，形成沟槽、波纹或鱼鳞坑，其方向与水流方向基本一致。由于磨损，使金属表面不平整，加剧了局部空蚀的发生和材料的破坏。

对混流式水轮机，磨损部位主要有叶片，上冠、下环内表面，抗磨板，导叶及尾水管里衬。

轴流式水轮机的磨损部位主要是叶片、转轮室、轮毂、顶盖、导叶、底环和尾水管里衬。水斗式水轮机的磨损部位主要是水斗、喷嘴和针阀。

（二）泥沙磨损的类型及特征

泥沙磨损大致可分为以下两种类型。

1. 普遍的均匀磨损

普遍的均匀磨损的特征是：表面磨薄、磨光或表面变粗糙及带有轻微的波纹、条纹。日本高千穗水电厂，某水轮机底环的厚度被泥沙磨损掉一半；我国三门峡水电厂转轮叶片背面靠内缘的区域，如图 8-9 所示，波浪线以上区域为均匀磨损，表面粗糙，平均磨薄了 3mm。

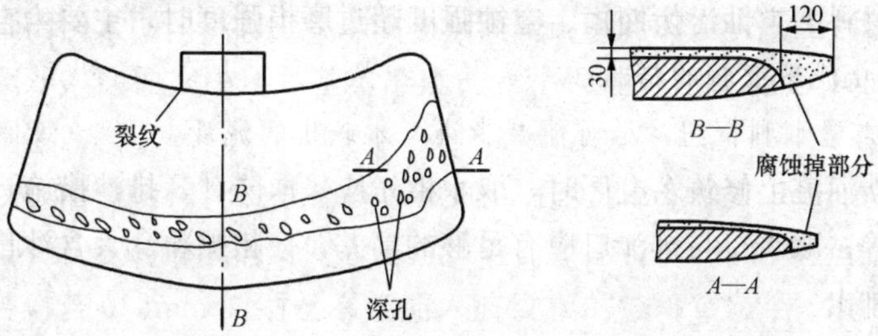

图 8-9　三门峡水电厂转轮叶片背面的磨损

2. 局部的不均匀磨损

局部的不均匀磨损，其特征是表面严重破坏，往往是在空蚀的联合作用下，使零件表面有沟槽、大片鱼鳞坑或深坑等。图 8-9 中波浪线之间的区域为大片鱼鳞坑，波浪线以下平均磨损深度为 30mm，叶片与转轮室之间的间隙扩大到 120mm。

水轮机的磨损对运行和检修的影响很大，它可造成过流部件的损坏及出力与效率下降；磨损和空蚀联合作用，会使过流部件的破坏加剧，影响电厂的安全运行。因此，对磨损问题必须引起足够的重视。

（三）泥沙磨损破坏的因素

引起泥沙磨损破坏的因素很多，大致有以下几个方面。

1. 磨损物质的特性

主要指磨损物质的沙粒成分、颗粒大小、硬质、形状等。一般的沙粒成分有石英、云母、长石等。沙粒硬度越大，磨损越严重；粒径越大，磨损越严重。

2. 受磨材料的特性

指水轮机过流部件金属材料的内部组织及成分、粗糙度、表面尺寸、硬度等。表面硬度越高、材料显微组织越密实，晶体结构越均匀，抗磨性能越好。

3. 水流的一些特性

指水流含泥沙的浓度、水流速度大小及方向等。水流含泥沙的浓度越大，水流速度越大，磨损越大。另外，过流部件形状与水流运动不一致，则会出现冲角入流，增加磨损。

4. 运行方式的影响

在非设计工况下运行时，会引起空蚀和磨损对机件的联合作用，其表现为：

(1) 空蚀和磨损联合作用的时间在材料的空蚀潜伏期内，这时材料破坏仅与水流速度、泥沙含量及沙粒特性有关，即主要为磨损。

(2) 若空蚀与泥沙磨损的作用时间超过了材料的空蚀潜伏期，则空蚀作用明显加大。

(3) 当材料的空蚀潜伏期短、空蚀强度超过磨损强度时，主要为空蚀作用。

(四) 防止泥沙磨损的措施

1. 合理布置水利枢纽，尽可能减少进入水轮机的泥沙

在多泥沙河流上修筑水电厂时，取水枢纽应采取防沙、排沙措施，如修建沉沙池、拦沙槛等；取水口与排沙口应有足够的高差，使粗颗粒、大含沙量的泥沙水流通过排沙孔排出。

2. 合理选用机型，适当降低水轮机参数

目前还没有专门设计防泥沙磨损的转轮，只能在相同条件下，用降低水轮机的水流速度、加大通道尺寸和加厚叶片等方法来减缓磨损破坏，即选择能量参数较低的机型。

3. 采用抗磨材料

可采用抗磨材料整铸，或者在易磨损部位铺焊或堆焊抗磨材料。抗磨性能较好的金属材料和非金属材料，有镍铬合金、铬五铜、环氧金钢涂料和复合尼龙涂料等。

4. 改善运行条件

混流式水轮机在50%出力以下、轴流转桨式水轮机在30%～40%出力以下运行时，容易产生振动和空蚀，且会加剧空蚀和泥沙磨损的联合作用，因此要避免在低出力工况区运行。

第二篇

水轮发电机检修

第九章　水轮发电机定子的检修

第一节　概　　述

一、水轮发电机的工作原理及形式

发电机是一种将机械能转变为电能的能量转换装置，其种类很多，同步发电机只是其中的一种。同步发电机是一种交流发电机，其特点是在稳定运行时，转速 n 与定子电流的频率 f_1 有着严格不变的关系，即

$$n = n_0 = \frac{60 f_1}{p} \tag{9-1}$$

式中　n_0——同步转速；

p——转子磁极对数。

水轮发电机是一种凸极式的同步发电机，它能把原动机（水轮机）的机械能转变成电能，通过输电线路等设备送往用户。水轮发电机主要由定子和转子两部分组成，两部分都装有绕组，由其电流产生耦合磁场。水轮发电机的结构布置必须使耦合磁场储能为转子角位移的函数，才能在旋转中产生持续的发电机能量转换。具体地说，定子、转子绕组中一个是励磁绕组（即转子绕组），通过转轴上的集电环和电刷装置将直流电流引进，电流在转子磁极上产生主磁通并形成主极磁场；另一个是电枢绕组（即定子绕组），装在气隙的另一边，使其与主磁场间具有相对运动。当水轮机拖动发电机转轴（转子）旋转时，转子主极磁场旋转，切割电枢绕组，这样在绕组中感应出电动势，当电枢绕组与外界三相对称负载接通时，电枢绕组内将有交流电流，工作的全过程就是水轮发电机的基本工作原理。

水轮发电机是由水轮机驱动的，其基本结构形式通常由水轮机的形式确定，按水轮发电机转轴布置的方式不同可分为立式（包括悬式和伞式）与卧式两种。混流式或轴流式水轮机驱动的大、中容量水轮发电机多采用立式结构，冲击式水轮机驱

动的水轮发电机多采用卧式结构。一般低、中速的大、中型机组多采用立式水轮发电机。

二、水轮发电机的基本结构与冷却方式

水轮发电机的冷却方式主要分为空气冷却和内冷却两种。利用空气循环来冷却水轮发电机内部所产生的热量，这种冷却方式称为空气冷却。空气冷却水轮发电机一般又可分为封闭式、开启式和空调冷却式三种类型。目前，大、中型水轮发电机多数采用封闭式冷却，小型水轮发电机采用开启式通风冷却。空调冷却式水轮发电机目前很少采用，仅在一些特殊条件下才采用。内冷却水轮发电机目前有两种。一种是采用水冷却，即将经过处理的冷却水通入定子和转子绕组的空心导线内部，直接带走发电机产生的损耗进行冷却，定子、转子绕组都进行水冷却的发电机称为双水内冷却水轮发电机。这种冷却方式下转子设计制造技术比较复杂，所以一般不采用。目前，大容量水轮发电机都采用定子绕组水冷却，发电机转子仍采用空气通风冷却，称为半水冷却水轮发电机。另一种为蒸发冷却，即将冷却介质（液态）通入定子空心铜线，通过液态介质的蒸发，利用汽化热传输热量进行发电机冷却。这种冷却技术是我国自主知识产权的一项新型冷却方式，目前处于世界领先地位。

第二节　定子机座的检修

一、定子机座的结构

定子机座也叫定子外壳，其主要作用是承受定子自重，承受上部机架以及安装在上机架的其他重量，承受电磁扭矩和不平衡拉力，以及绕组短路时的切向剪力。因此，定子机座必须有足够的强度和刚度，以抵抗和满足运行中出现的应力和应变。

大、中型水电机组的机座一般由圆形的机座壁，上、中、下多层水平环板，支撑钢管，起吊柱，通风口，加强筋和基础板等组成，有整圆座环或分瓣环之分，如图 9-1 所示。

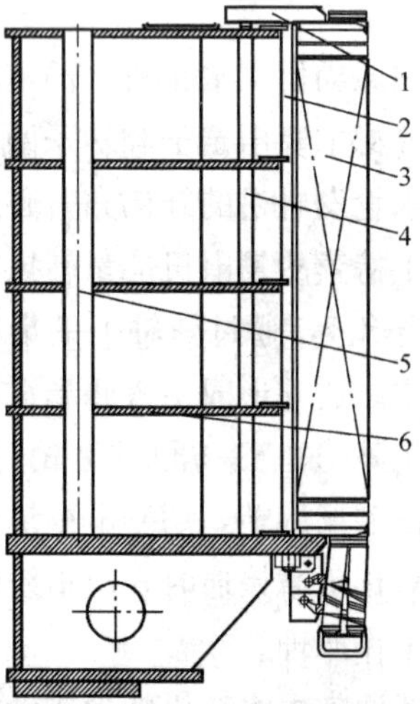

图 9-1　某水电厂定子机座的结构

1—上齿压板；2—定位筋；3—定子铁芯；4—拉紧螺杆；5—支撑钢管；6—支撑环板

二、定子机座常规检修

定子机座常规检修项目见表 9-1。

表 9-1 定子机座常规检修项目

序号	项目	技术要求
1	定子机座外观检查	各个螺栓紧固，无松动；销钉及基础螺栓无松动，结构焊缝与螺母点焊无开焊和开裂；合缝间隙应测得热态、冷态两组数据予以分析；各部位清洁，无污迹和遗留杂物；表面涂层应完好，局部有损伤时，应按部件原涂层的要求进行修补
2	定子机座分瓣处合缝检查处理	铁芯组合缝间隙不大于 0.2mm，若按设计要求加垫，加垫后不应有间隙；机座组合缝用 0.05mm 塞尺检查不能通过；允许有局部间隙，用不大于 0.1mm 的塞尺检查，深度不应超过组合面宽度的 1/3，总长不应超过周长的 20%；螺栓及销钉周围不应有间隙；组合螺栓及销钉周围不应有间隙，组合螺栓应紧固并点焊
3	挡风板检查	连接螺栓牢固，防松设施完好，连接板的连接焊缝无开裂；挡风板本体无裂纹，无异常变形
4	上、下压指（或上、下齿压板）检查	上、下压指无开焊、开裂情况，端部无变形
5	定子消防系统检查处理	各管道及法兰处密封完好，无渗漏状况；消防管道消防孔无堵塞
6	水平环板清扫	清除水平环板上的渣子，尤其是不能遗留铁屑及焊渣

三、定子机座常见故障及处理

定子机座常见故障及处理见表 9-2。

表 9-2 定子机座常见故障及处理

序号	常见故障	处理措施
1	定子机座分瓣处螺栓松动	（1）先用塞尺对分瓣处合缝间隙从上至下进行测量，看其是否满足：铁芯组合缝间隙不大于 0.2mm，机座组合缝用 0.05mm 塞尺检查不能通过；允许有局部间隙，用不大于 0.1mm 的塞尺检查，深度不应超过组合面宽度的 1/3，总长不应超过周长的 20%；螺栓及销钉周围不应有间隙；组合螺栓及销钉周围不应有间隙；组合螺栓应紧固并点焊。 （2）如果其间隙不能满足上述要求，则查询其安装记录，查看是否在安装初期就存在间隙不合格的情况，如果安装数据与实测数据相同，则说明定子机座合缝处螺栓没有松动。如果安装数同实测数据不同，则对其进行处理。 （3）先用角磨机对需要处理的螺栓焊接处进行打磨处理，并清除掉所有焊渣，清洗连接螺栓螺纹。 （4）按照生产厂家提供的力矩拧紧螺栓（一般用力矩扳手或液压扳手），拧紧过程中要严格遵循厂家提供的拉伸方法，包括拉伸次数和每次拉伸的扭矩。 （5）全部拉伸完毕后，对其间隙进行测量，看是否满足法兰面把合标准，如果不符合技术要求，重复上述过程，直到符合技术要求为止。 （6）对螺栓进行焊接处理，焊接方法遵循厂家提供的工艺手册

续表

序号	常见故障	处 理 措 施
2	挡风板松动或脱焊	直接对脱焊处挡风板进行焊接处理
3	上、下齿压板脱焊或端部变形	(1) 对脱焊处可以直接进行焊接处理，焊接方法遵循厂家提供工艺手册。 (2) 如果齿压板端部压指发生变形，则需要拆卸变形齿压板，拆卸完毕后，对压指进行矫正或打磨处理。处理完毕后，其压指要符合技术要求。 (3) 回装齿压板，并对其顶丝进行点焊处理
4	消防管道堵塞	(1) 根据消防管路堵塞情况判断是否需要对整个管路进行解体处理。如果堵塞管道轻微并容易处理，则不需要对整个管路进行解体，直接疏通堵塞处即可。如果堵塞严重，则需要对整个管道进行解体处理。 (2) 解体后，用 0.7MPa 的气压对堵塞部分进行疏通；疏通完毕后回装
5	地脚螺栓松动	(1) 先用角磨机对需要处理的螺栓焊接处进行打磨处理，并清除掉所有焊渣，清洗连接螺栓、螺纹。 (2) 按照生产厂家提供的力矩拧紧螺栓（一般用力矩扳手或液压扳手），拧紧过程中要严格遵循厂家提供的拉伸方法，包括拉伸次数和每次拉伸扭矩。 (3) 全部拉伸完毕后，对螺栓进行焊接处理，焊接方法遵循厂家提供的工艺手册

第三节 定子铁芯的检修

一、定子铁芯的结构

定子铁芯是定子的重要部件，也是发电机磁路的主要组成部分。它由扇形片、通风槽片、定位筋、上齿压板、下齿压板、拉紧螺栓及托板等零件组成。定子铁芯是用硅钢片冲成扇形片叠装于定位筋上，定位筋通过托板焊于机座环板上，并通过上、下齿压板用拉紧螺栓将铁芯压紧成整体而制成。

根据定子铁芯外径的大小，可以将定子分为整圆定子、分瓣定子、工地整圆叠装定子。

定位筋是由方钢加工而成，呈鸽尾形，亦称双鸽尾筋。它通过鸽尾与托板连接，托板焊于机座环上。定子铁芯的扇形冲片和通风槽片都通过定位筋固定在机座环上，它是铁芯安装的基准，一般每张扇形冲片上布置两根定位筋。

上、下齿压板主要用来固定和压紧定子铁芯，其端部有数量不等的齿。铁芯采用齿压板有两种情况：一种是铁芯上下采用小齿压板结构；另一种是铁芯上部用小齿压板结构，而下部用大齿压板结构。大齿压板是将铆接或焊接有齿压片的下齿压板焊在与机座环板连为一体的大齿压环板上。为减少端部涡流损耗，一般大容量水轮发电机的齿压板应采用不锈钢非磁性材料。

拉紧螺杆主要用来将定子铁芯压紧在轴向。

二、定子铁芯的常规检修

定子铁芯常规检修项目及技术要求见表 9-3。

表 9-3　　　　定子铁芯常规检修项目及技术要求

序号	项　目	技 术 要 求
1	定子铁芯齿槽检查处理	铁芯无烧伤、过热、生锈松动；合缝处硅钢片无错位；定子绕组齿部分硅钢片无松动，轻微松动者可加绝缘垫楔紧，由于松动而产生的锈粉应清除，并涂刷绝缘漆。如果发现扫膛现象发生，则记录定子铁芯上扫膛的部位、扫膛的尺寸、扫膛的严重程度，并查清扫膛原因，找到夹在定子、转子间扫膛的物件
2	定位筋外观检查	定位筋应完好、无松动，托板焊缝无开裂现象
3	拉紧螺杆检查	拉紧螺杆、螺母无松动现象，非自锁螺母应点焊固定

三、定子铁芯常见故障及处理

（一）铁芯局部灼伤处理方案和修复工艺措施

（1）将所有灼伤铁芯两侧的槽楔打出，认真清理齿部及两侧面，然后用环氧树脂漆刷涂，增加端齿部工作强度。

（2）对于断齿空洞部位，将断齿根部铲平，清理干净，用环氧树脂块做成与断齿处铁芯形状相同的假齿，并在假齿与铁芯结合部位涂上环氧树脂漆，将假齿固定粘牢在断齿处，两侧面用槽楔打紧挤牢。

（3）铁芯短路过热点处，用角磨机轻轻打磨表面短路层，然后用打击方法松动铁芯，将短路面打开，使硅钢片分层，再用调稀的环氧树脂漆灌注、涂刷并固紧。

（4）对铁芯已松动的部位，撬开硅钢片，塞入 1～2 块 0.5mm 厚的环氧树脂片，楔紧后注入环氧树脂漆，固成一体。

（二）定子铁芯松动故障处理

1. 铁芯局部松动

当铁芯局部齿部轻微松动时，先用汽油将铁芯松动部位的油污和锈迹清理干净，用压缩空气、磁铁、面粉将异物清除，再用洁净的布擦拭干净，用尖刀片撬开冲片，先涂一层防锈漆，塞进钢纸或云母片并塞牢后，涂刷配制好的环氧树脂漆使其粘牢。对于很轻微的松动，也可以在铁芯清理干净后只涂刷环氧树脂漆。

2. 铁芯两端松动

当铁芯两端松动时，可以用钢板做成楔条插入压指与铁芯之间，打牢后再用电焊焊接牢固。

3. 铁芯中间部位松动

当铁芯中间部位松动时，应根据铁芯松动程度和不同的发电机结构，采用不同的处理方法。对于螺栓拉紧的铁芯结构，只要将拉紧螺栓均匀紧固即可压紧铁芯。

4. 铁芯整体松动

对于螺栓拉紧结构的铁芯整体松动，可以将螺栓的螺母均匀紧固，并按照规定压力装压即可压紧铁芯。压紧铁芯时，要注意铁芯的波浪度，一般要求铁芯圆周方向的波浪度不大于±10mm。

5. 压指松脱处理

当铁芯压指松脱时，则把压指打回安装位置，并对压指进行点焊。为了加强固定压指，可以在压指底部的压板正对压指处用高速电钻在压板及压指上钻一小孔，其中压指的孔深约为压指厚度的 1/4，同时在小孔上打一枚销钉，并对销钉进行点焊。

6. 铁芯两端齿压板变形

铁芯两端齿压板或齿压板顶丝没紧固而使铁芯松动时，应更换力学性能较高的齿压板或紧固顶丝。齿压板更换过程要逐块进行。

（三）定子铁芯叠片粘连损伤处理

机组在运行过程中，会有异物掉入空气间隙中，刮伤定子表面，造成铁芯叠片表面损伤，使部分叠片粘连在一起。此时，处理定子铁芯叠片粘连损伤的具体方法是：首先，用清洗剂对定子表面进行全面清洗，除去油泥、积灰，再用细锉、纱布手工打磨铁芯叠片间有毛刺、翘卷和粘连的地方，去掉尖锐的毛刺，修平凸起翘卷部位，并用磁铁吸走铁粉。铁芯叠片的损伤粘连部位采用电蚀化法进行修整。电蚀化法是通过电解溶液通直流电后产生蚀化作用实现的，其优点是能溶解叠片间用其他机械方法难以去除的金属毛刺。铁芯叠片粘连损伤处理程序见表 9-4。

表 9-4　　铁芯叠片粘连损伤处理程序

项目	处理部位	处理方法	控制指标
局部清除	叠片间隙	机械锉	目检无明显粘连
布置电极	蚀化叠片	铁芯叠片接负极，铜电极接正极	铜电极和棉布片宽度裁剪约为铁芯齿部宽度

续表

项目	处理部位	处理方法	控制指标
涂电解液	电极	沾有电解液的棉布片通过铜电极压在上面	调整加在棉布片上的压力，不要太大，不能让过多的液体流出而污染其他区域的叠片
电解电流	电极	发生电解反应	电压调整至约4V，然后慢慢调整至2～3A，电解3～5min
清洗	蚀化叠片	应用稀释氨水或碱溶液清洗中和，清洗后马上涂绝缘漆，以减少氧化的发生	用放大镜检查，有叠片粘连现象的，更换新的棉布片，沾上电解液后继续进行蚀化

注 电蚀化需要的设备仪器包括有电压、电流指示的直流可调电源（0～30V DC，0～15A），以及用于铁芯损伤部分蚀化的铜电极、夹子、引线、万用表；附属工具包括用于沾附电解溶液的棉布片、橡胶手套、抹布、检查铁芯的放大镜、手电筒及氨水中和液。

第四节 定子绕组及引出线的检修

一、定子绕组的结构

（一）概述

定子绕组是发电机的动脉，其主要作用是产生电动势和输送电流。水轮发电机的定子绕组有多匝圈式或条式叠绕组和单匝条式波绕组两种形式。大型水轮发电机的定子绕组大部分采用条式线圈（亦称线棒）双层波绕组。

（二）定子线棒结构

线棒是组成发电机定子绕组的基本构件，一个线圈由两根条式线棒组合而成。条形线棒由多股铜导线和主绝缘构成，线棒的股线较多，为补偿由于端部漏磁而在股线间产生的环流，国内外各制造厂都采用槽内股线换位措施，过去大都采用360°完全换位方式，近年来我国生产的大型水轮发电机中，普遍采用了不完全换位方式。

水内冷机组的线棒内部设有空心导线或空心不锈钢冷却水管。目前，水内冷机组定子线棒内部导线应用较多的有两种：一种是实心铜导线和空心不锈钢冷却管的组合，另一种是实心铜导线和空心铜导线（即冷却水管）的组合。在设计上，空心铜导线考虑其导电，空心不锈钢管不参与导电，只提供冷却，优点是线棒的附加损耗低，不锈钢导热性能优异，长期运行过程中，基本无导电离子在水中溶解，相应地，定子槽利用率降低，但线棒本身的刚度得以提高。图9-2所示为某水电厂水内冷机组定子线棒（空心不锈钢冷却方式）内部结构。

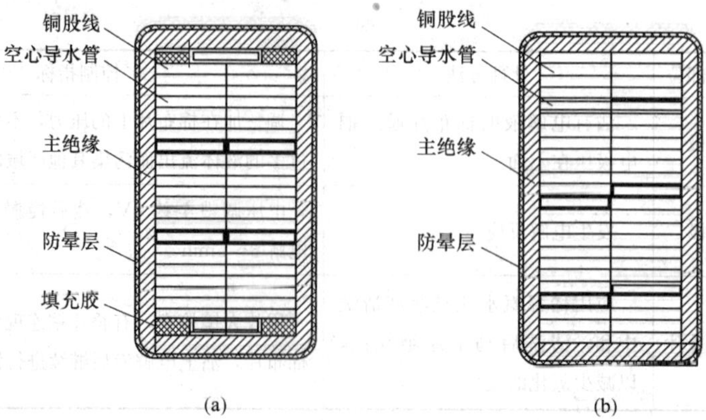

图 9-2 某水电厂水内冷机组定子线棒内部结构示意

(a) 线棒直线段截面图；(b) 线棒弯曲段截面图

蒸发冷却水轮发电机定子线棒结构，除了在线棒两端配备液电分离接头有特殊要求外，其他与空冷发电机定子线棒基本相同。

（三）定子绕组绝缘结构

定子绕组的绝缘主要包括股间、匝间、排间、换位和对地防晕层等。典型的圈式和条式高压定子绕组绝缘结构见表 9-5。

表 9-5　典型的圈式和条式高压定子绕组绝缘结构

绕组形式	绝缘结构	序号	名　称	材　料
圈式	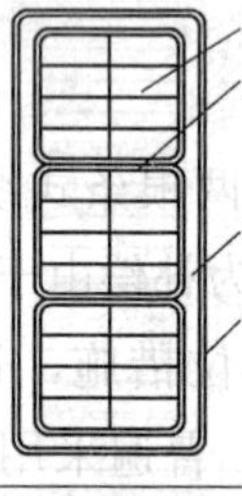	1	股线绝缘	玻璃丝
		2	匝间绝缘	薄膜三合带
		3	对地绝缘	B、F 级环氧粉云母带
		4	防晕层	半导体漆或带
条式	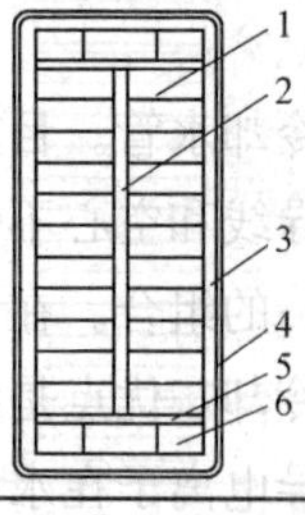	1	股间绝缘	双玻璃丝/涤纶双玻璃丝
		2	排间绝缘	环氧浸渍玻璃坯布
		3	对地绝缘	B、F 级环氧粉云母带
		4	防晕层	半导体漆或带
		5	换位绝缘	环氧柔软云母板
		6	换位凹坑填充	粉云母换位填充板

表 9-5 中，环氧粉云母带一般分为多胶和少胶两种，目前世界上大部分知名厂家都采用少胶云母带，而哈尔滨电机厂采用的桐马粉云母带属于多胶云母带。少胶

云母带粉云母含量高、绝缘性能更好，在相同电压等级下，用少胶云母带 VPI 工艺主绝缘的厚度比多胶云母带厚。

在长期运行过程中，由于受到电、热、机械力的作用和不同环境条件的影响，绕组绝缘逐渐老化，因此绕组绝缘应具有产品所要求的耐热等级、足够的耐电强度、优良的机械性能和良好的工艺。绝缘材料的使用温度分级见表 9-6。

表 9-6　　绝缘材料的使用温度分级

耐热等级	Y	A	E	B	F	H	200	220	250
使用极限温度（℃）	90	105	120	130	155	180	200	220	250

注　温度超过 250℃时，按间隔 25℃相应设置耐热等级。此外，将使用极限温度超过 180℃的定为 C 级。

现大、中型水轮发电机绝缘多使用 B、F 级绝缘，其最高允许工作温度分别为 130、155℃，但设计发电机时，为留有余量，常采用 120、140℃。20 世纪 50 年代，国内外常用的是沥青云母带浸胶绝缘（俗称黑绝缘），其属于热弹性绝缘材料，但制造、安装复杂。随着发电机单机容量的不断增长，20 世纪 70 年代前后，国内外都改用热固性的环氧粉云母绝缘（俗称黄绝缘），其优点是耐电强度高、介质损耗低，且粉云母的原材料来源更广、更便宜，故得到广泛应用。

（四）定子绕组防晕结构

绕组绝缘还应有一定的耐电晕能力。我国规定，额定电压在 6kV 以上的定子绕组，绕组的端部和槽部绝缘表面要作防晕处理。根据发电机绕组电晕的特点，发电机线棒的防晕结构采用的都是直线段防晕和端部防晕相结合的方式。图 9-3 所示为线棒防晕结构（图中高阻防晕保护区的厚度已作放大处理）。

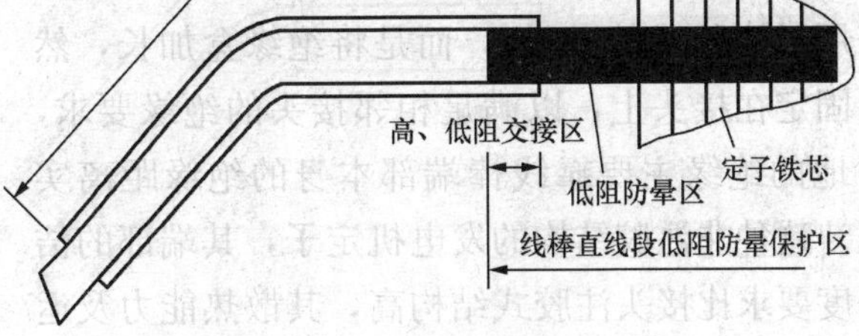

图 9-3　线棒防晕结构示意

定子线棒的防晕处理常用的方式有刷包型、涂敷型和随线棒主绝缘一次成型等。线棒的防晕结构与发电机的额定电压有关。不同电压等级的发电厂，采用的材料和防晕方式也不同。

（五）线棒接头连接

条式线棒是以单根形式下入定子铁芯线槽的，因此，线棒间必须有很好的电气连接，才能连接成电气回路。目前，大型水轮发电机组线棒接头根据接头采用钎焊焊料的不同，主要有锡焊和硬铜焊两种连接方式。锡焊是在两根线棒的接头上套上铜质并头套，然后楔紧，整形完成后整体加热灌满焊锡，形成较好的电气连接。由于焊锡的熔点温度较低，一般为183～264℃，故使用温升有一定的限制，接头通过的电流不能太大。硬铜焊目前主要有对接和搭接两种方式。首先，在每根线棒上焊有铜质连接接头，上、下层需连接的线棒接头在下线完成后就已靠拢在一起。在接触面上夹上银焊片，然后加热，使银焊片熔化，达到使两接头良好接触的目的。由于银基钎焊焊料的熔点温度一般高于600℃，因此接头允许温升较高，通流能力很强，广泛用于大容量机组的定子接头连接中。图9-4所示为线棒硬铜焊接头。

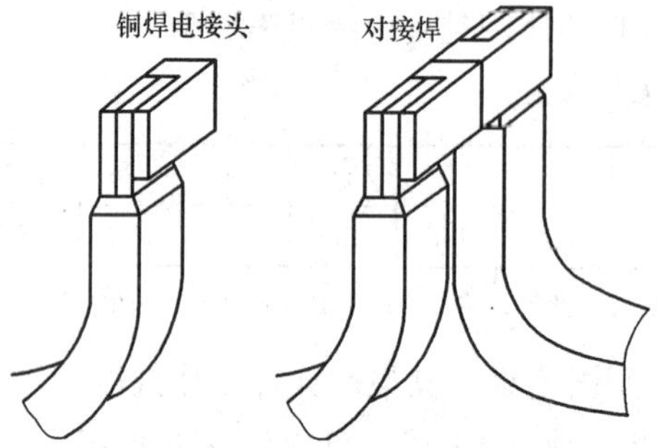

图9-4　线棒铜焊接头示意

水内冷发电机线棒由于有水路和电路，因此线棒的水接头和电接头需要分开连接。电接头的连接方式与一般线棒铜接头类似；水接头是将线棒内的导水管抽出，在制造工厂内已制成单独的水接头，现场只需引出即可。

定子线棒接头绝缘目前均采用接头绝缘盒的方式，绝缘盒有盒内注胶和不注胶两种方式。对空冷发电机的定子接头，一般采用接头绝缘盒注胶工艺，上下接头绝缘盒的结构基本一样，只是从现场的角度看，上部的绝缘盒为无底，也称通底绝缘盒。水内冷线棒的接头由于有水接头，因此没有采用注胶成为实体的方式（以往也采用过注胶式的方式），而是将绝缘盒加长，然后固定在接头上，以满足相邻接头的绝缘要求，对地的绝缘主要靠线棒端部本身的绝缘距离实现。这种非注胶结构的发电机定子，其端部的洁净度要求比接头注胶式结构高，其散热能力及运行维护中的可检查性都比注胶结构要好。

（六）定子线棒的固定

定子线棒的固定主要包括线棒槽内固定和线棒端部固定。

线棒在槽内须考虑切向和径向两个方向的位移。线棒在槽内的切向固定，主要是结合线棒槽部的防晕处理进行的，下线时将导电腻子和导电槽衬包绕在线棒表面，使线棒表面与铁芯槽壁间紧密接触。线棒在槽内的径向固定大都采用槽楔

图9-5　采用带波纹弹簧垫条槽楔紧固系统的结构示意

和楔下波纹板的固定结构（见图 9-5）。中、小型水轮发电机，也常采用全槽斜面对头楔（斜槽楔）。

线棒的端部固定主要由端箍、槽口垫块、线棒斜边垫块及端部绑扎等部分组成，如图 9-6 所示。线棒嵌装后用经浸胶处理的无纬玻璃丝带将口部垫块、斜边垫块、端箍（也称支持环）牢牢地与线棒绑扎在一起，固化后成为一个整体。

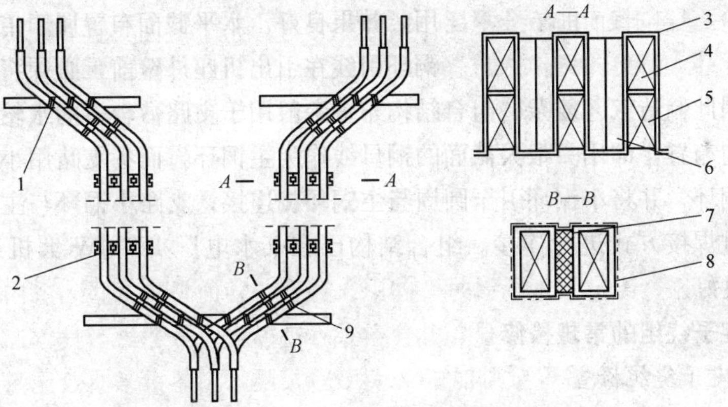

图 9-6　条式线棒端部绑扎示意

1—绕组与端箍绑扎；2—槽口垫块固定；3—适形材料；4—下层线棒；5—上层线棒；6—槽口垫块；7—斜边垫块；8—玻璃丝带；9—绕组斜边绑扎

（七）定子绕组汇流环及引出线

水轮发电机定子电流，通过绕组的出线端经铜环引线和铜排引出到发电机机座外壁，再由铜母线（或 IPB）连接到主变压器，送到系统。典型的铜环引线结构如图 9-7 所示。

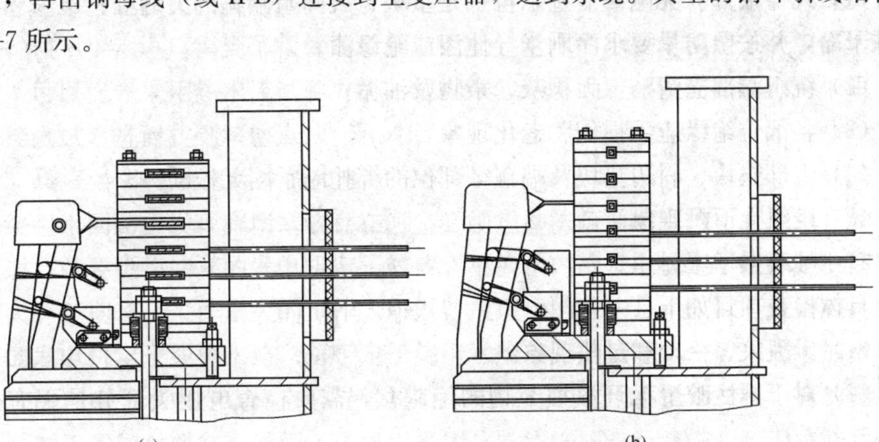

图 9-7　典型的铜环引线结构示意

(a) 水平截面布置；(b) 竖直截面布置

目前，水轮发电机铜环引线的布置结构主要有竖直截面布置、水平截面布置和组合结构布置三种。竖直截面布置一般用于接线简单的水轮发电机，它可免去将工艺复杂的铜母线扭弯成麻花形状（见图 9-8），而直接引出机座外。此种结构已在国内大型水轮发电机上采用，效果良好。水平截面布置属于传统结构，即铜环引线在引出机座外壁前，必须将铜母线弯成麻花状，因此制造工艺复杂。组合结构布置一般用于支路数较多的水轮发电机，多呈圆周方向布置，即用一根大截面的铜母线作为主铜环，而各支路用小的铜母线作为支路小铜环，并将小铜环引至圆周与主铜环相连接；支路小铜环与主铜环可以铆接，或通过焊接方式进行连接。组合结构已在某水电厂 170MW 大机组上成功应用，效果良好。

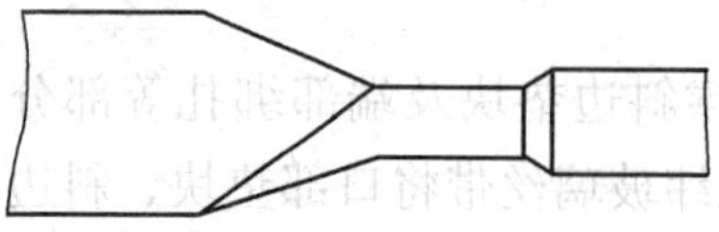

图 9-8　铜母线的扭弯

二、定子绕组的常规检修

（一）定子绕组检查

无论是什么等级的检修，对发电机定子绕组的检查项目都是大致相同的，只是A级检修的检查更全面、更彻底一些。检查的目的是为了发现问题，以便更有效地处理问题；一般检修不能处理的项目应进行记录，以便在以后更高等级的检修中处理。不同结构的发电机，其检查的重点有所不同。

1. 定子绕组的上、下端部检查

具体检查项目如下：

（1）线棒端部有无电晕痕迹，特别是垫块、线棒与端箍的夹缝处；电晕粉末应擦拭干净，并按照防晕要求涂刷半导体漆或绝缘漆。

（2）绕组端部应清洁，无积灰、杂物及油垢。

（3）各部位绝缘应无损伤、老化现象。

（4）端部垫块、斜边垫块及端箍等部位的绑扎应紧固无松动。

（5）绕组无下沉现象。

2. 接头绝缘盒检查

具体检查项目如下：

（1）无裂纹、松动和过热现象。

（2）对于不注胶也无环氧填充物的绝缘盒，需要检查电接头部分是否有过热痕迹。

（3）检查有环氧填充物的绝缘盒有无胀出或流胶现象。

（4）检查水内冷机组的绝缘水管或铜焊水管是否有裂纹、渗漏和过热现象。

3. 过桥接头绝缘检查

应无裂纹或过热现象。

4. 线棒弯部及端箍检查

具体检查项目如下：

（1）检查线棒弯部（特别是垫块、端箍夹缝处）有无电晕放电痕迹，电晕粉末应擦拭干净，并按防晕要求涂刷半导体漆或绝缘漆。

（2）检查线棒弯部及端箍绝缘有无损伤、老化现象。

（3）检查斜边垫块绑扎是否紧固。

5. 定子绕组上、下槽口部位检查

具体检查项目如下：

（1）是否出现因硅钢片松动造成线棒绝缘磨损现象，如有则应设法消除或加垫。

（2）楔下垫条有无窜动现象。

（3）下部槽楔应牢固绑扎，绑绳不应松动或折断。

（4）上部槽口斜楔无跃起或脱落。

（5）口部垫块绑扎应无松动现象。

6. 定子铁芯检查

具体检查项目如下：

（1）铁芯压板牢固无变形，拉紧螺杆、螺母无松动。

（2）检查定子铁芯齿部硅钢片有无松动，轻微松动者可加入绝缘垫楔紧，由于松动而产生的锈粉应当清除。

（3）压指应无松动、左右偏离现象。

（4）检查齿部硅钢片有无断裂，折断的硅钢片（或者边角）应清除；发现裂纹的硅钢片可焊于压指板上，以免运转中折断逸出。

（5）检查压指有无松动、裂纹，松动的应焊牢。

（6）检查铁芯上、下部有无局部过热现象，必要时做铁损试验。

（7）检查铁芯通风沟应无堵塞，如有堵塞应消除。

7. 铁芯背部检查

对可以进入发电机背部的机组，可由冷却器进人门进入铁芯背部进行检查，铁芯背面应保持清洁、干净。铁芯片及拉紧螺杆应无松动、断裂。

8. 槽楔紧度检查

可通过磁极间的间隙抽查上、下部分槽楔或对称拔出两个磁极盘车全部检查。槽楔应无松动、位移或破裂。

9. 定子测温线检查

检查引线应无损伤，外屏蔽层良好。

10. 定子汇流环及引出线检查

具体检查项目如下：

（1）汇流环及引线绝缘应无损伤及电晕现象。

（2）各连接接头部分无过热现象，如敷设有不同温度的示温片，应检查其过热熔化情况。

（3）汇流环及引线支架不应松动，固定螺栓应牢固无松动，锁片完好。如属绑扎固定，则绑扎应无松动。

（4）风洞内引线接头无过热现象，绝缘支撑无过热和放电现象。

对于水内冷机组，还应检查发电机纯水系统，检查机坑内纯水进出环管一点接地是否良好；环管连接部位是否有漏水痕迹，连接螺栓有无松动；环管支架焊缝是否开裂，固定螺栓有无松动；检查聚四氟乙烯软管接头有无漏水痕迹，螺纹套有无松动，聚四氟乙烯软管有无严重变形或放电、烧痕现象；检查聚四氟乙烯软管与纯水进出环管连接螺栓绑扎带是否松脱或断裂；检查纯水支路 RTD 是否松动，线路是否完好。

（二）定子线棒检修

定子线棒常见的缺陷一方面是由于各种原因造成的绝缘损坏（如磨损、裂纹等）及局部放电和温度升高；另一方面是绝缘材料的污染、腐蚀引起的绝缘老化。当线棒发生故障时，就需要对其进行修理或更换。

1. 定子线棒检修原则

定子线棒检修在检修实践中是一个重要内容，需慎重考虑，决定对其进行局部修理或更换线棒。

定子线棒的检修原则如下：

（1）击穿点及主绝缘严重损伤处在槽口外距离槽口 100mm 以上者，可以根据现场实际情况确定是否更换线棒或进行局部处理。

（2）线棒过桥及引出线主绝缘击穿或严重损伤的，可以现场局部处理。

（3）槽部绝缘击穿或是重损伤的，应更换线棒。

需要更换的发电机线棒有：

（1）运行中击穿或损伤的线棒，其故障点在槽内或槽口附近者。

（2）预防性试验击穿，其击穿部位同上者。

（3）主绝缘磨损，其损伤深度在 1mm 以上者。

（4）线棒接头过热造成接头严重损伤者。

（5）电腐蚀严重或防晕层损坏严重者。

击穿点及主绝缘严重损伤处在槽口外距离槽口100mm以上者，有时为保证高可靠性，也考虑更换新的线棒。由于发电机是整个机组的核心部分，极为重要，从性价比考虑，一般在线棒有故障，特别是槽内故障或运行电位高的情况下建议换新。只有当无备品或故障在端部时，才考虑作局部修理。

2. 定子线棒局部故障修理

（1）远离铁芯的部位可以不将线棒取出就地修理，其他部位的局部故障应将故障线棒从线槽内取出后，平放在修理台上，并在修理台面上垫以软垫（如橡胶垫或涤纶毡），防止在局部修理过程中又造成线棒其他部位的损伤。

（2）对击穿点应进行仔细清理。用0.2～0.3MPa的干燥空气对绕组进行吹扫，对击穿位置用抹布进行清擦，也可用竹片等较硬的工具刮剔。表面防晕层剥开后（长度约为100mm），用白布、汽油或甲苯擦净绝缘表面，碳化物可用刀子刮掉。

（3）在线棒击穿点两侧削成锥形的坡口（见图9-9），每一侧坡口的长度$L=(10+U_r/200)$ mm，其中U_r为发电机定子额定电压，单位为V。例如，额定电压为10.5kV的定子绕组，其每侧坡口的长度为62.5mm。坡口要均匀平滑，可用锋利的刀片，如锯条磨成的专用刀来削绝缘坡口，用厚度为3～5mm的绝缘板制成楔板来检查坡口的削制尺寸。

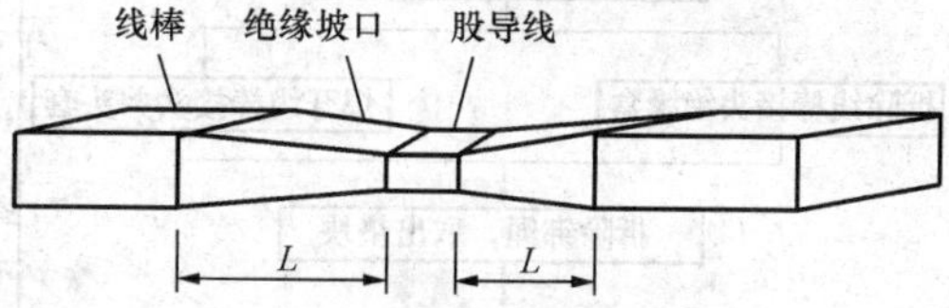

图9-9　线棒局部故障修理绝缘剖削示意

（4）用无水酒精或甲苯擦干净后刷一层室温固化环氧树脂漆，然后以与线棒绝缘相同的绝缘材料进行半叠绕包，层间刷室温固化环氧树脂漆。漆的黏度应适当，涂刷要均匀；绕包层数按绝缘厚度而定，一般按线棒设计所要求的层数，厂家对此均有规定。

（5）局部修理的重点是应确保修理部分无气泡夹杂，因此，应严格按半叠包绕工艺修理，“半叠”应保证准确。绝缘带包扎过程中不可出现皱褶，包扎绝缘带时可适当用力拉紧，但用力要均匀。

（6）为使新旧绝缘接触紧密，修复部分应进行加热加压处理。压模可根据具体部位采用厚铁板制成，采用电热烘烤的办法，也可在大型烘箱内进行。对B级绝缘，处理温度以90～110℃为宜（不同的工艺结构，时间及温度差别较大），具体加热温度和时间应参考厂家线棒绝缘成型时的加热温度和时间，如13.8kV线棒B级绝缘最少需5h左右；也可采用低压大电流的方式对线棒进行加热。

（7）局部修复后，按要求恢复防晕层。对防晕层与主绝缘同时成型的线棒，则应在主绝缘包绕后即行包绕防晕层，一起进行热压处理。

(8) 局部修理后的线棒应经耐压试验合格。

3. 定子线棒更换

(1) 定子线棒更换流程如图 9-10 所示。

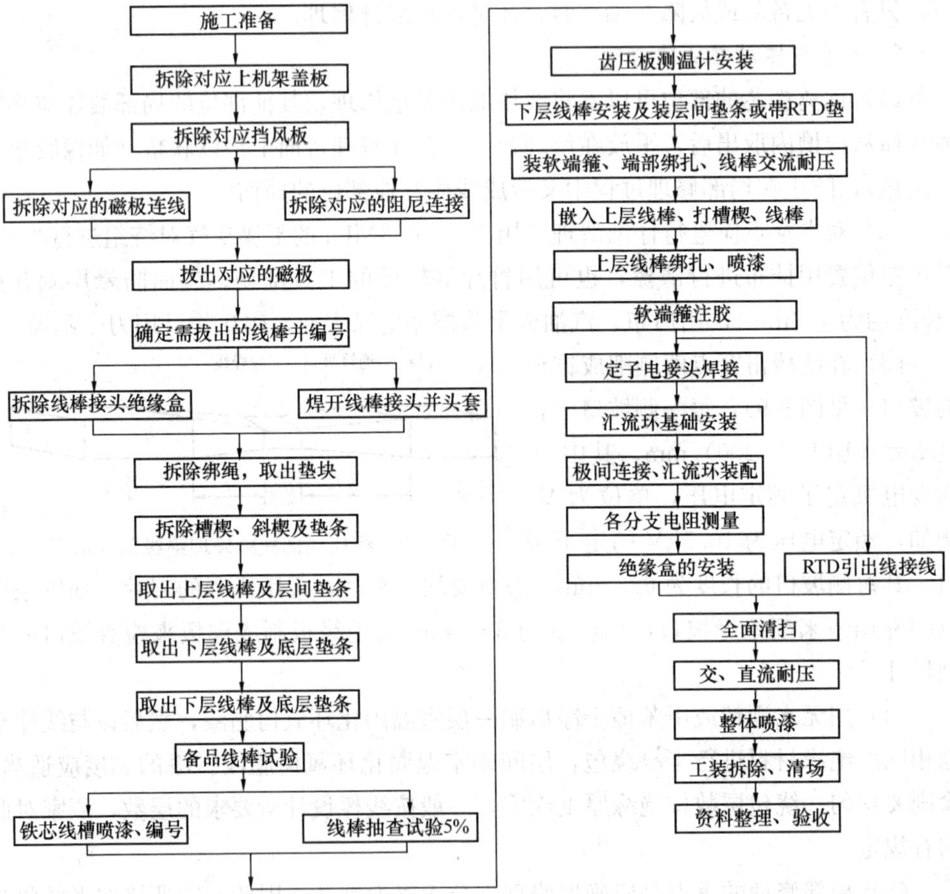

图 9-10 定子线棒更换流程

(2) 定子线棒更换工序。以发电机更换下层普通线棒（锡焊接头）为例，不吊出转子检修的情况下，更换线棒的主要工序为：

1) 准备工作：

a. 拆除需更换线棒对应部位的发电机上机架盖板。

b. 拆除对应的发电机定子上挡风板，下挡风板根据需要确定是否拆卸。

c. 确定要拔出的磁极，拆除其对应的磁极连线及阻尼环连接头。

d. 吊拔出对应的磁极。

e. 确定需拔出的上、下层线棒，并逐一编号。

f. 备品线棒试验。

2）拆卸线棒：

a. 除去需要拔出线棒相关的定子线棒接头绝缘盒，焊开线棒接头并头套。

b. 除去相应线棒端部及斜边的绑绳及端箍的绑绳，取出口部垫块及斜边垫块。

c. 退出需拔出线棒的槽楔、斜楔及垫条。

d. 取出上层线棒及层间垫条。

e. 取出下层线棒及底层垫条。

f. 铁芯线槽清扫，必要时喷以低阻半导体漆。

3）回装线棒：

a. 下入底层垫条及下层线棒，线棒交流耐压试验合格。

b. 安装下层线棒斜边垫块，绑扎及与端箍的绑扎。

c. 下入中间垫条及上层线棒。

d. 下入上层垫条及槽楔、斜楔。

e. 打紧槽楔，线棒交流耐压试验合格。

f. 安装线棒接头及焊接接头，接头电阻试验合格。

g. 安装接头绝缘盒。

h. 安装口部垫块及斜边垫块，端部及斜边绑绳，槽楔下部绑绳。

4）所有工作完成后，绕组端部应喷表面覆盖漆，并应按照与拆装相反的顺序回装其余部件。

（3）定子线棒更换技术及工艺要求：

1）施工安排。对整个工作应进行宏观的考虑。更换线棒前应准备好专用工具、消耗的主要材料，做好工作人员的安排等；对工作场地的照明和通风、专用烘房（或烘箱）、配漆和配胶的专用场地等，要事先策划好。

2）材料准备。掌握不同材料的特征。不同绝缘等级的发电机应使用相应等级的绝缘材料，即使是相同型号的材料，不同的厂家使用的材料也会有很大的区别，且不同厂家的编号和称呼也不一样。如防晕漆、绝缘胶的组分和配比等很多材料和零件都没有互换性，甚至是唯一的，使用中其固化时间、温度要求等都很关键。有的材料需要提前处理，如适形毡、绑扎用玻璃丝带（绳），要求使用前浸胶，且有一定的时间限制。有的绝缘材料具有一定的保证期，且对其存储的环境温度也有要求，应严格掌握。新线棒下线前应检查线棒股线头是否完好，线棒表面绝缘有无损伤，防晕层部位有无破坏；下线前的新线棒应耐压和电晕试验合格。接头焊接如采用的是锡焊，则使用前应对焊锡的配比进行化验，应符合厂家图纸要求；如采用的是银铜焊，则按图纸相应的牌号材料准备银焊片和焊料。

3）技术准备。熟悉和分析厂家图纸，了解结构和工艺特点。对关键的技术要点，可以在工作开始前组织技术培训。

4）专用工器具。由于机组结构的原因，专用工具缺少通用性。不同结构形式的机组采用的专用工具不一样，如铜焊机、大电流发生器、焊锡锅、定子线棒压紧工具、下线机等，很多水电厂都有几种不同类型的发电机组，因此应做到心中有数。

5）工作中的注意事项：

a. 发电机在进行A级检修时，由于发电机转子已经吊出，因此可以方便地进行线棒更换工作。在转子未吊出的其他类型的检修或事故抢修中，应首先根据需更换线棒的数量，确定需要拔出的磁极数量及定子、转子上部相应需打开的盖板。

b. 工作中的人身和设备安全、狭小空间的通风和防火等都应充分考虑。如果有多处线棒需要更换，则采用在转子上对称（或根据具体部位）各拔2～3个磁极，然后采用盘车的方法来移动空间。国外有些发电机设计成不可单独拔磁极的结构，因此只能整体吊出转子才能完成线棒的更换工作。

c. 线棒更换过程中，搬运线棒等重要器件时应仔细小心，特别注意防止磕碰线棒弯折部分，以防损伤绝缘或端部防晕层。有的发电机定子线棒很长，达3～4m，重达几十千克，因此，下线时应根据现场条件考虑使用专用工具，使线棒从上部缓慢吊入安装位置，以防在狭小的空间中因搬运不当而造成线棒绝缘损坏。

d. 因更换其他线棒而拆下的还要回装的线棒，在下入前应检查接头铜线是否完好；断股者应用银铜焊焊接，当接头铜线折断多于3根时，不可再用。

6）按现行的检修体制，关键工序完成后，应经验收合格才能进入下一道工序。

（4）条形线棒拔出的要点：

1）确定要拔出的线棒槽号，如有多根线棒，则应加以编号。特别是水内冷机组的线棒，其对应的水接头也应编号。对水内冷的线棒，在拆下连接头后，应用专用保护帽将线棒上的水接头部分套好，以防损坏水接头和接头落入异物。

2）端部垫块、口部垫块在割除绑绳后取下，当垫块因线棒夹紧不易取出时，可用木楔稍微撑开线棒将其取出。对于采用适形毡工艺压紧的垫块，取出毡块时应防止将线棒绝缘和防晕层撕伤。有损伤的应予以记录，以便事后修复。焊开接头时，注意不要因高温而烫坏线棒端部绝缘，退出旧槽楔时注意不要击伤铁芯。

3）线棒的取出可在线棒的上、下槽口处系上抬绳（软质绳），将抬杠穿入绳中，并搭在铁芯上。上、下一起向槽外用力，在往外用力的同时，视情况可用橡胶锤反向击打线棒上、下端部，使线棒振松，以易于拔出；对于还需使用的线棒，应耐心细致，切不可蛮干而造成线棒损坏。线棒在槽内过紧时，如果可能，可在中部通风沟处增加抬绳，以免损伤线棒。有些结构的线棒很难拔出，强行拔出可能造成线棒不能再使用。长度较长的线棒在即将拔出时，要有防止线棒掉落损坏或砸伤人员的措施。根据条件，可利用桥式起重机或其他专用工具，在线棒上部用软绳绑在线棒上端部，取出后即从上部吊出。线棒拔出及搬运过程中，应防止线棒碰损绝缘，尤其是线棒弯角部分更应注意防护。

4）取出上、下层线棒间的垫条时，注意槽底部或上、下层线棒之间是否有带有测温元件的垫条。带有测温元件的垫条和引线应编号后妥善放置和保管，以便下线时按要求复位，但应注意不要损伤 RTD。拆下的 RTD 应进行校验。

5）需更换的故障线棒拔出前应拍照并记录；线棒取出后，应注意保护故障点，再将其拍照并做好文字记录，以便进行故障分析。其余完好线棒拔出后，应仔细检查线棒防晕层和绝缘有无损伤、电晕或电腐蚀现象，有异常现象时，应及时组织处理。

（5）剥除接头绝缘盒。定子绕组接头绝缘多采用绝缘盒结构。在铲除绝缘盒时，注意不要正对中心，而应从绝缘盒边缘开始铲除，以避免线棒受力过大。剥除绝缘时，不应损伤接头铜套、导线、线棒绝缘及邻近线棒。

接头绝缘盒剥除前，应用清洗干净的抹布将周围线棒、铁芯压板等处的缝隙填塞实，并有防止铲下的材料飞溅的措施，特别是定子和转子气隙的防护。

水内冷线棒由于带水接头，现基本采用不填充的绝缘盒工艺，因此拆卸相对简单，注意尽量不损坏原绝缘盒即可。

（6）焊开锡焊定子绕组接头。

1）作业中既要保证不损伤相邻的设备器件，又要保证作业人员的安全。此外，根据实际情况，现场还应配有灭火器材。

2）对立式机组定子上部接头，可采用中频焊机或碳精电极加热法拆除。首先，在线棒接头下部绝缘处和邻近的线棒缝隙处堵好石棉泥，既要防止损坏或灼伤附近绝缘，又要防止焊锡落入其他缝隙。采用碳精电极焊时，应用小块碳精块或 2mm 厚的小块紫铜板垫入电极下，以防拉弧烧损导线或并头套。加入的电流应使碳精块头部呈深红色，若碳精头部呈白炽色，则说明电流过大，应将电流减小一些。此外，碳精块头部太细或垫入的小块碳精块接触不当也会使碳精块头部呈白炽色，此时也应断开回路作适当的调整。

加热过程中应及时加添松香、焊锡，防止铜线、铜套氧化。焊锡熔化后，退出铜楔、铜套，并利用此时的温度，用干净的白布迅速将线棒接头铜线部分擦拭干净，以保证有较好的搪锡面；拆下的并头铜套也应清扫干净并搪锡，要求搪锡良好。

3）焊开下部接头时，可采用焊锡斗烫化工艺。但在未吊出转子的情况下，操作上有一定困难，因此应特别注意人员的安全，做好安全防护工作。在发电机内空间许可的情况下，可自制能上下升降的液压升降锡斗。条件不具备的，可采用其他加热方式。

用锡斗盛300℃左右的焊锡（此时已熔化的焊锡液面应呈蓝色），使接头全部浸入。采用锡斗烫化工艺时，应掌握好锡温与浸烫时间，锡斗应上、下活动，以便观察。焊锡熔化后，退出铜楔、铜套，同时将铜线、铜套清扫搪锡。其他小过桥、大过桥及引线接头的拆开与焊开上部接头的方法基本相同。

硬铜焊接头由于硬铜焊料熔点很高，用加热的方法焊开困难，且容易损伤线棒绝缘，因此对于硬铜焊接头，往往采用锯除的方法拆开线棒接头。

（7）条形线棒嵌装。

1）下线前：

a. 铁芯压指、铁芯通风沟处、铁芯硅钢片等经检查合格，应无凸出、松动或锈蚀，有故障的部位应事先处理。应先用清洁、干燥的压缩空气吹扫线槽及邻近部位线棒上、下端部，清扫干净后在线槽铁芯表面喷一层低阻半导体漆，表面电阻系数按厂家要求取值（或为$5\times10^3\sim10^5\Omega$），待低阻漆干后再下线。喷漆时，应注意对铁芯线槽以外的部分进行防护。

b. 新线棒预先耐压试验合格，为取出下层线棒而拔出的上层线棒亦应经耐压试验合格后再复位。现场保管期超过半年的定子线棒，嵌装前应抽样检查线棒表面电阻率和起晕电压，如更换数量较多，则抽查量一般为更换总数的5%～10%；新线棒应仔细检查防晕层、端部R弯、电接头（水接头）部分。

c. 目前发电机定子绝缘广泛采用B级或F级绝缘，故绝大部分线棒下线工艺采用常温下手工冷嵌即可，有特殊要求的，应按厂家要求工艺进行。

d. 对非模压工艺制造的线棒，新旧线棒间可能在端部外形上有一些小的差异，特别是水内冷线棒，既有水接头又有电接头，因此应尽量选用端部形状与旧线棒大致相符的线棒。可采用先将线棒放入线槽进行定位的方法检查。

e. 电接头采用锡焊的线棒下线前应将接头搪好锡，采用银铜焊工艺的线棒应用砂纸、钢丝刷等工具清洁接头焊接面。带水接头的线棒应将水接头的进水嘴密封好，以防止异物堵塞通道。

f. 根据使用的消耗量，按厂家规定的配方浸渍定向玻璃丝带、适形毡等需浸渍的材料。近来有的厂家采用的绑扎材料无须先浸，可绑扎后再刷透或注胶，从而简化了工艺。

2）下线过程中：

a. 下线前应按上、中、下三点测量槽宽及线棒宽度，掌握误差和相应的补偿情况。采用不同槽内固定工艺的结构，线棒与槽的配合尺寸是不同的。

b. 上、下层线棒接头相互错位不应大于5mm，距离偏差应在连接套长度范围内，如错位太大，则后期难以调整。水内冷线棒应首先对好电接头的接触面。

c. 下线时，线棒直线段应同时进入线槽，不能上部分或下部分先放进线槽，应防止碰伤绝缘。嵌线时，注意防止铁芯槽口划伤线棒。根据线棒与线槽的配合情况，可在线槽的两侧槽口上贴一层薄的透明胶带，以保护线棒；待线棒下落线槽后，再撕去透明胶带。下线过程中，如果线棒防晕层划破但未伤及主绝缘，可在损伤处刷上相应的低阻半导体胶或半导体漆。

d. 长度较长的线棒，可借助桥式起重机或专用工具，用绳子将定子线棒垂直悬吊，调节线棒的高程到适当的高度，将线棒下入线槽，线棒定位后，再拆走吊绳。起吊过程中应有防止碰伤线棒的措施。配合较紧的线棒下入线槽的过程中，可使用橡皮锤上、下敲击两端（线棒上应垫胶垫或毛毡），以使线棒下入线槽底部。

e. 线棒下入线槽时，应注意线棒的上、下端不要颠倒；伸出铁芯的直线部分应上下匀称（更换局部线棒时，实际部位已经被限定了；对于大面积更换的线棒，应按厂家图纸规定的线棒距离铁芯的尺寸要求）。

f. 安置槽底垫条前，应检查是否有测温元件。垫条与测温元件之间不能搭接（待槽楔打完后，应对测温电阻线圈进行检查，测温系统总的绝缘电阻应大于0.5MΩ）。

g. 线棒下入线槽后，下层线棒应紧靠槽底，端部应紧靠端箍，上、下端与已装线棒标高应一致。线棒就位后，应注意绕组斜边间隙是否满足图纸要求。下层线棒下好后，用专用工具（如假线棒、专用压线卡条等）临时固定好下层线棒。更换单根线棒时，可直接将其与相邻线棒连垫块绑在一起。更换多根线棒时，则可先将其与端箍绑在一起。一般工艺均要求线棒与端箍间垫有适形材料，一起绑扎牢固，然后按图纸要求放入槽口垫块、适形材料和斜边垫块（有的厂家对斜边垫块也要求使用适形材料），进行端部绑扎。端部绑扎应紧固，垫块应垂直对正端箍。

h. 直线部分嵌入线槽时，如采用槽内半导体垫条（板）填塞空隙的工艺，当槽宽大于线棒0.1mm以上时，应先用合适的环氧半导体垫条（板）垫入侧面后再下线；线棒下入线槽后，单侧间隙不能超过0.3mm，连续长度不能大于100mm，否则应用刷低阻半导体胶的半导体垫条塞实，塞入深度尽量与绕组嵌入深度相等。

i. 下层线棒下入后，应经耐压试验合格后再下上层线棒；上层线棒下入前，如有测温元件，则应先安置好层间垫条或层间测温元件。

j. 上层线棒下线的工艺要求与下层线棒下线的工艺一致。

3）下线完成后：

a. 线棒更换较多时，在线棒嵌装后，如有条件，打槽楔前应在额定电压下测定表面槽电位，电压值应在10V以内。

b. 按规定工艺进行打槽楔、线棒试验、接头焊接、接头试验、安装接头绝缘盒和接头绝缘、垫块绑扎等工作。

c. 为防止槽楔在运行中松动下沉，最下方一节槽楔应与线棒下口部牢固地绑扎在一起。绑扎带采用浸有环氧树脂胶的无纬玻璃丝带或ϕ2mm左右的玻璃丝绳，要求绑扎紧固、外观整齐。绑扎完成后再按工艺要求刷两遍固化胶。

（8）采用适形毡工艺的线棒下线工艺要求：

1）将要下线的线槽清理干净。

2）将已浸渍半导体胶并已晾干的适形毡垫条固定在线槽底部，可使用胶带固定在上、下端部。对于定子铁芯较长的线槽，也要尽量采用单根垫条，最好中间不要有接头。

3）放入下层线棒。线棒与线槽壁两侧如有间隙（仍按单侧间隙不超过0.3mm、连续长度不大于100mm的标准掌握），应用刷低阻半导体胶的半导体垫条塞实。

4）调整固定好线棒的上、下位置后，用专用压线工具将下层线棒压实，压紧力应按厂家的工艺要求。压紧线棒时，注意线棒的轴向位置不要移动，特别是对接铜焊方式的接头。

5）适形毡压紧后的固化时间视胶的工艺不同而异，一般至少需24h以上。在固化过程中，适形毡会有少量收缩，因此在完成固化的过程中，还要按工艺规定的时间间隔再次压紧压线工具。压紧力和固化时间是适形毡工艺的关键控制点，其中任何一项的失误都会导致整个过程的失败。

6）适形毡受压后，多余的胶会沥出。因此，特别是线棒下端部应有防止低阻胶污染的措施，否则胶干后不便清除。沥出的胶应立即擦掉。

7）适形毡固化后，取出专用压线工具。

8）试验及端部绑扎。

9）将已浸渍半导体胶并已晾干的适形毡垫条固定在线棒层间。

10）嵌入上层线棒，要求与下层线棒相同。

11）确定好上层线棒的上下位置后，用专用压线工具将上层线棒压实。

12）层间适形毡固化后取出压线工具，其余要求同下层线棒。

13）将已浸渍半导体胶并已晾干的适形毡垫条固定在上层线棒上方，并在适形毡上方放一层半导体垫条（层厚一般为 0.5mm 即可）。

14）用专用压线工具将垫条、适形毡压实，压紧工艺同前，固化后拆除。

15）打紧槽楔。

以上是正常情况下的操作要求，适合检修时间长的线棒更换。如果是事故抢修，则按此操作在工艺时间上不允许，因此可以视具体情况进行一些简化，如线槽底层或槽楔下的适形毡可不采用，线槽底层采用半导体低阻垫条代替，槽楔下的适形毡采用半导体垫条加波纹垫条的方式代替。

（9）线棒下线工艺特点：

1）表面采用半导体聚酯无纺布带绕包处理的线棒下线工艺。下面以三峡水电厂 ALSTOM 和哈尔滨电机厂机组工艺为例进行说明。

a. 首先测量线槽的尺寸，大致确定所需的半导体胶的补偿量。

b. 在专用工具上，根据槽形需要的补偿量调整合适的注胶量（厚度在 0.1～0.4mm 间可调）。将一定宽度的半导体纸（聚酯无纺布）折成 V 形，在专用工具上均匀注入半导体胶。根据线棒的长度，确定注胶带的长度。

将此 V 形带折合，卷成卷带，以此卷带作包绕带，平包在线棒的直线段（由于带内含胶，因此平绕应留 1～3mm 的间隙，以便线棒下入线槽后，多余的胶可自由挤出）。卷带的长度以刚好包完线棒直线段为宜。图 9-11 所示为包绕式半导体槽衬。

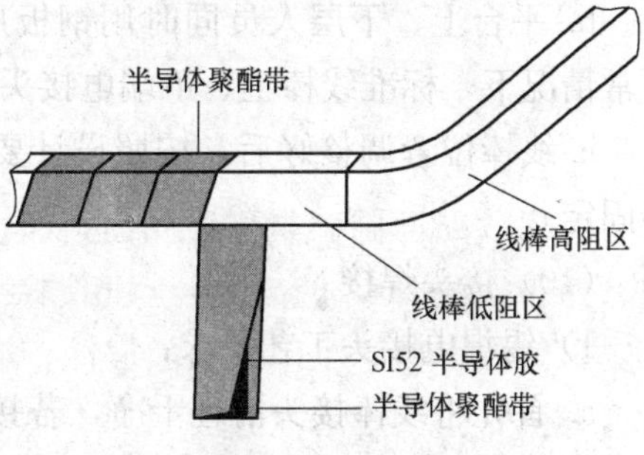

图 9-11　包绕式半导体槽衬示意

c. 线棒包好后，必须在规定的时间内将线棒下入下层，否则胶固化后会失去适形作用，也无法再下线。

d. 线棒下入线槽后，调整好上、下端固定位置，并抹去线棒表面挤出的胶后马上固定；若是下层线棒，则使用假线棒和临时槽楔（可分为上、中、下几段打紧）将线棒固定好，待规定时间内胶固化后取出。若是上层线棒，下完线棒后直接打紧槽楔。

2）表面采用导电槽衬纸环包的线棒下线工艺。下面以三峡水电厂 VGS 和东方电机机组的工艺为例进行说明。

a. 用游标卡尺预先测量部分线棒直线部分的厚度，对照其与相应线槽尺寸的公差，按工艺要求处理线棒表面，使其在线槽内不致过松或过紧。

b. 按设计要求将固定型号的半导体腻子搅拌均匀。在刷胶平台上铺好裁剪好的导电槽衬纸并夹紧固定。

c. 将搅拌均匀的半导体腻子在电子秤上称好总质量后，用刮刀将半导体腻子均放到槽衬纸上，并复核剩下的半导体腻子质量，使每根线棒的半导体腻子用量大体相等。

d. 用刮刀将半导体腻子均匀分布到平台上的槽衬纸的非夹紧部分，尽量使之平整并厚薄一致；然后用梳齿板从平台一端按紧均力梳理到另一端，使半导体腻子出现条纹，容易与线棒黏合。

e. 将线棒抬放到梳理好的槽衬纸上。注意线棒的方向要正确，槽衬纸包裹线棒的方向也要正确，即下线时保证槽衬纸的开口向外。

f. 线棒吊至铁芯槽外恰当位置后，工作平台上的工作人员将线棒扶好，使之对准槽口，然后两人同时用力，将线棒缓缓推入槽内。

注意：在推的过程中，应看上、下端口的槽衬纸是否有被卡住的现象，要及时调整手上的力量，保证线棒外的槽衬纸不被刮破。

g. 平槽口后，用窄平的环氧板清理掉多余的半导体腻子，然后用剪刀剪去两边多余的槽衬纸。

h. 平台上、下层人员同时用钢板尺测量焊接头上端至定子铁芯端部的距离。通常情况下，标准线棒上、下端电接头与铁芯槽口的距离相等。

i. 线棒位置调整好后，按照设计要求放入垫条。采用临时压紧工具快速将线棒固定。

（10）接头焊接。

1）锡焊电接头工艺要求：

a. 首先将线棒接头清理干净，若接头铜线氧化，则应清除并搪锡。使用前应检查铜套、铜楔无损坏，并头套、铜楔应搪锡良好。

b. 套入并头套前，可先用专用整形套整形；装套时，可对线棒稍作调整，但不可强行用力，否则会损伤线棒绝缘。上、下层线棒接头高低差不得大于 4mm，错位不得大于 3mm。线头高出并头套的部分应铲去。铲线头时应采取防止线圈端部受力的措施，可用紧楔器楔紧后再铲；如情况允许，接头周围可用木楔塞实后再铲。线棒最大允许轴向及径向偏差如图 9-12 所示。

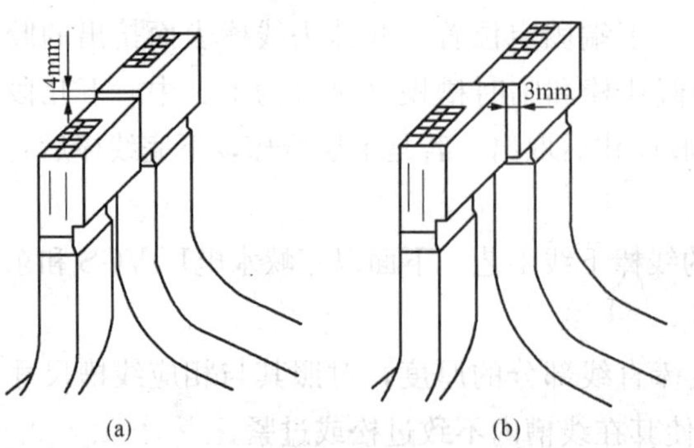

图 9-12　线棒最大允许轴向及径向偏差
（a）线棒最大允许轴向偏差；（b）线棒最大允许径向偏差

c. 接头整好形后套入并头套，并头套安装应保持水平。并头套与线棒导线之间应尽量用铜楔楔紧，不紧处应用小一些的导线条塞紧，不得采用强行夹紧的办法，以防损坏并头套；导线与并头套侧面之间的间隙一般不大于0.3mm，局部间隙允许为0.5mm，导线与并头套小面间应无间隙。调整并头套时应使用木锤或胶锤。线棒导线头部整形时不可强行敲打、用力就位，以免损伤端部绝缘。

小过桥整形工艺与上述接头一致。大过桥整形时，要求接头对缝局部间隙不得大于1mm；其他要求同上。

2）线棒电接头锡焊焊接工艺：对定子上部接头，以石棉泥包好堵漏模子后，用碳电极加热或中频焊机加热的方法进行焊接；下部接头一般采用锡斗端焊的方法，也可以采用中频焊机进行加热。

a. 上部接头焊接前，首先和好石棉泥，以石棉泥在接头并头套下做好石棉窝，按形状扎牢，用玻璃丝带在外围加固，以免焊锡漏入线缝或铁芯槽内。将所焊接头堵好后，再开始焊接。

b. 焊接的基本工艺与并头套时一致，应注意调整好电极或焊机电流的大小，掌握好合适的焊接温度。焊接过程中及时添加松香及焊锡，以免并头套及导线氧化。如果焊接过程中发现石棉窝漏锡，应立即停止工作，封堵好后再焊。

c. 下部接头焊接前应在接头上涂以松香水，其余工艺与取下并头套的要求基本一致。

d. 接头焊锡面在冷却过程中可能有少许收缩，故可根据接头温度情况适当补充焊锡。

e. 接头焊接时，要注意防止损伤线棒及相邻绕组的绝缘。

3）线棒电接头硬铜焊焊接工艺：

a. 铜焊接头一般采用专用的铜焊机焊接。铜焊机有中频感应加热和大电流碳阻焊两种，应视接头连接结构形式而定。中频感应加热式铜焊机有加温快、操作简便的优势，目前应用较广。

b. 参加钎焊的操作人员必须经过专业培训，且考试合格后方可持证上岗。在正式焊接线棒接头前，应采用废旧线棒或模拟的铜块进行试焊，以掌握电流大小、焊接时间和温度。

c. 定子绕组的上、下层线棒在下入线槽前就应将线棒电接头（对接）的对接面清理干净，否则上层线棒下入后就无法处理接触面。要求焊接部位平整、光亮，无飞边、毛刺，并应露出铜的金属光泽；可用钢丝刷、细锉刀或砂纸清理，根据情况适当打磨。

d. 焊接前应检查并调整上、下层线棒电接头的对正情况，特别是对接式的接头。检查、调整两接触面的高低和左右的偏离（即轴向偏差、切向偏差和接头径向间隙），应确保在厂家标准允许的范围之内。若不能满足要求，则应对上、下层线棒的接头进行整形。整形应使用专用校形工具，不得使用榔头等工具直接锤击或敲打接头。校形时用力应缓慢，防止用力过猛而损伤接头或线棒绝缘。调整合适后，在两接触面间夹入比接触面稍大的银焊片（一般约 0.2mm 厚），并用专用夹具夹紧。

e. 根据发电机端部的情况，采用湿的石棉布或专用防火布对端部线棒绝缘进行保护，防止绝缘过热。也有的厂家要求在焊接时对线棒端部包通冷却水的冷却套进行降温处理，接头焊接后需待焊接处温度降至 130℃左右时才能拆除冷却水套。对水内冷的线棒，焊接时将两线棒的水接头串联起来，以通入冷却的压缩空气进行冷却。

f. 按铜焊机的操作要求对接头进行加热，应注意掌握加热时间。在加热过程中，根据需要加入焊料补满四周间隙，焊缝填充应饱满。由于焊接温度高，一般每个接头的焊接时间应控制在 2min 之内。

g. 有的线棒电接头采用的不是整面接触，而是采用手指状的多层面搭接。这种接头的焊接应在焊完一根“手指”并充分冷却后，才能焊另一根，否则连续焊接会损伤线棒绝缘。

h. 停止加热后，借助余温用焊条将焊缝中多余的焊料抹平，以免接头冷却后形成焊堆，不便处理。

4）定子绕组接头焊接后质量检查：

a. 对锡焊接头，表面应呈银白色光泽，焊接表面应光滑，无棱角、气孔和空洞；焊接后的焊料填充应充实，若色泽粉白或钎料发脆，则说明此接头焊接不合格或是钎料配比有问题。

b. 对银铜焊接头，无论搭接还是对接焊，均不应出现气孔或裂纹，股线及并头套不应有灼伤或熔焊。焊接面光滑，无棱角、气孔或空洞。

c. 在外观检查合格后，再对接头进行电气检查，如直流电阻测量或涡流探测，试验合格后方可包扎绝缘。

（11）接头注胶绝缘盒安装。接头绝缘处理前应将接头清理干净，清理掉接头金属尖角与毛刺，接头根部绝缘清洁，无遗留杂物。

1）上部绝缘盒的安装：

a. 安装绝缘盒前，用甲苯或无水乙醇擦净接头及绝缘盒。为保证安放绝缘盒时间隙均匀，可在接头并头套各面粘贴一些厚度合适的小环氧玻璃布板块。

b. 安放绝缘盒时要求间隙均匀，绕组绝缘深入绝缘盒的深度和绝缘盒两侧与并头套之间的间隙均应按厂家图纸要求掌握。灌注环氧树脂胶前后，保持绕组绝缘深入绝缘盒的深度不变，两侧间隙均匀。

c. 用环氧树脂胶堵好绝缘盒与线棒间的空隙，确认堵好后注胶；注胶后检查应无渗漏，否则应马上处理。

2）下部绝缘盒的安装：

a. 下部绝缘盒安装时，先在盒内灌注一定容积的环氧树脂胶，慢慢托入下部接头，调整好位置后用木楔固定。

b. 将环氧树脂胶注入未满的绝缘盒中至胶与绝缘盒口部相平。固化过程中，胶面可能收缩，可根据情况往绝缘盒中补胶，允许低于绝缘盒表面不大于1.5mm。

c. 绝缘盒内环氧树脂胶应浇灌饱满，无气孔和裂纹（待干燥后用小铜锤敲击听音可以判断）。

3）绝缘盒填充剂的配制：不同的厂家有不同的配方。配比一般为质量比，因此配料应用秤称好，不可凭目测。比较典型的配方有：

a. 室温固化。环氧树脂6101号∶固化剂651∶石英砂(200目)＝100∶(30～50)∶100。

b. 加温固化。环氧树脂6101号∶固化剂三乙醇胺∶增塑剂二丁脂∶石英砂(200目)＝100∶15∶3∶100。

一般加温固化温度为80～90℃，时间约为6h，室温固化约24h。一般情况下，以采用室温固化为宜。

调配前，石英砂应先在105～110℃温度下干燥4h以上并预热备用。将环氧树脂加温至40～50℃（如环境温度高、环氧流动性好，也可不加热），加入温度相当的石英粉，与石英粉搅拌均匀再加入固化剂、增塑剂，充分搅拌均匀至无气泡产生。配制的胶要有一定的流动性，可采用活性稀释剂稀释，否则在浇灌绝缘盒时不易灌满。

室温固化剂的固化速度与搅拌前加热的温度有关，因此施工中应根据现场应用情况适量调配使用，一次不能调配太多。

4）不注胶绝缘盒的安装。以三峡水电厂ALSTOM机组绝缘盒安装为例：

a. 用ϕ9mm浸胶玻璃丝绳缠绕在电接头上。首先将起头压在绳下，纵横各缠绕电接头两层，直到盖住电接头裸铜部分为止；接着将绳尾交叉压在绳底并拉紧；最后用剪刀剪去多余的绳头。要求玻璃丝绳缠绕整齐、美观。

b. 将ϕ25mm浸胶玻璃丝绳呈S形紧压在软管根部接头螺母上，绳头紧贴线棒接头。

c. 拉紧玻璃丝绳并套上绝缘盒，接着将绳头扭成麻花状塞压在绳下，用力将绝缘盒向下压，直至其下沿到达标示线。

d. 调整绝缘盒：调整好绝缘盒的水平、垂直位置，检查绝缘盒与电接头之间的间隙应均匀，与左右绝缘盒之间的间隙、相互高差应合适。

e. 用木楔调整绝缘盒位置，达到整体整齐、美观的效果。

f. 用丙酮清洗线棒、软管和绝缘盒上的环氧树脂胶。

g. 待 EP118 环氧树脂胶固化后，检查所有开口绝缘盒两侧面绑绳是否与绝缘盒紧密黏合，不得有缝隙，否则要用 EP118 环氧树脂胶填补。

h. 用专用工具清除玻璃丝绳上的尖端和毛刺。

i. 在所有绝缘盒与 ϕ25mm 玻璃丝绳接触的部位，涂 LL17 电晕保护漆，以保证玻璃丝绳表面与绝缘盒内防晕层有一点接触，其他部分不得涂电晕保护漆。

（12）大过桥接头绝缘处理。大过桥接头不能采用绝缘盒灌注工艺，只能采用包绕绝缘的方法，包绕材料一般采用与主绝缘相同的绝缘带。线棒至定子汇流环的引线接头绝缘的处理与大过桥的处理基本一致。为使新旧绝缘过渡紧密，原有绝缘与新绝缘搭接处应削成斜坡状。

1）接头包绝缘前，应先将过桥和线棒连接部分的绝缘分别削成斜坡状。斜坡的长度根据线棒的电压确定，电压高于 18kV 的发电机目前无统一标准，可按 70mm 左右掌握。坡面用甲苯或乙醇清扫干净。

2）用环氧树脂胶制成的腻子填塞接头部分的导体与外包绝缘间的空隙处，要保证包扎的密实性。

3）包绕材料、厚度、绝缘漆的种类应符合图纸要求。

4）绝缘固化后，外表喷（刷）与定子表面相同的覆盖漆。漆的喷（刷）遍数按厂家要求。

5）对采用云母带包扎的绝缘，如端箍接头连接处，手包接头绝缘等包扎前均应将原绝缘削成斜坡，其搭接长度均应符合表 9-7 的要求；绝缘包扎层间应刷胶，包扎应密实，包扎层数应符合设计要求。

表 9-7　　　　绝缘包扎搭接长度要求

发电机额定电压（kV）	6.3	10.5	13.8	15.75	18.0
搭接长度（mm）	25	30	40	45	50

（13）定子端箍的连接。金属性端箍连接的工艺要点有：

1）大型发电机定子端箍一般都采用非磁性材料，因此对端箍的焊接也应采用非磁性的焊条。

2）端箍焊好打磨处理后，其外包绝缘的处理方式（材料和工艺要求）与定子引线接头的处理一致，即按同等电压等级的要求进行绝缘处理。

3）端箍与绕组间的绑扎应密实无间隙（有的发电机在线棒和端箍之间没有使用适形毡工艺），否则容易引起端部的电晕。如果旧端箍恢复时无法复原，则可采用在端箍绝缘和绕组绝缘间加塞适形毡的方法解决。

三峡水电厂部分机组采用柔性端箍，其工艺要点有：

1）用环氧胶浸渍的玻璃纤维带（冷养护），将无中断的连续长度玻璃纤维绳（避免扭曲）同端部垫块一起固定在线棒上、下端部，其接头搭接部分为50mm，其中一头剪去绳芯50mm后搭接在另一头外侧，用玻璃纤维带缠绕绑扎，即柔性端箍。柔性端箍表面刷一层环氧树脂（冷养护）。对绑扎好的端部垫块和柔性端箍喷涂防电晕涂层，并清除表面毛刺。

2）柔性端箍注胶。注胶工作将安排在线棒电接头焊接完毕后进行。在柔性端箍上每隔100mm用针扎一小孔，使用专门的注胶机，以柔性端箍任一位置为起点注胶，要求注胶针头斜刺入柔性端箍，待前方小孔冒胶便可逐步向后每隔100mm向柔性端箍注胶。每次调胶不宜过多，以免固化。

（14）打槽楔。打槽楔的具体工艺及要求见“槽楔重打”部分内容。

（15）水冷发电机定子下线的特殊要求。水冷发电机定子下线过程中，还应做气密试验，利用气体检漏的精确度来检查漏点。由于气体的渗透能力比水强，因此采用气体检漏比水压检测更准确，但比水压检漏麻烦。首先，排除发电机绕组内的剩水，再用经过滤的干燥压缩空气（或氮气）吹净，并进行干燥处理；然后，充入干燥压缩空气（或氮气）进行检漏测试。检漏压力以厂家限定的压力为准，应缓慢加压，随时组织人员检查，尤其是定子端部水接头。

（三）槽楔重打

发电机在运行过程中，定子线棒受到电动力的作用和铁芯机械振动的影响，而定子线棒主要靠槽楔在铁芯槽中固定。受长期运行振动和温度的影响，槽楔和垫条会有少许干缩，出现槽楔松动的情况，导致线槽内的线棒发生振动，使线棒的防晕层首先磨蚀损坏，严重的还会使主绝缘损坏。所以，在发电机的检修中，检查槽楔的松紧情况是一项重要工作。在发电机扩修中，应全面检查，重打所有松动的线槽，重新绑扎绑绳。发电机其他类型的检修时，如需要检查槽楔紧度，可对称吊拔两个磁极，采用盘车的方法进行一周的检查和处理。

1. 槽楔重打原则

定子槽楔有下述情况之一者应重新打紧：

（1）每槽有1/3槽楔松动者。

（2）每槽下部三节松动者。理论上可只重打该三节，但实际上很难重新打紧，故一般也需全部重打。

(3) 每槽上部两节松动者，可只重打该两节。

2. 退槽楔

退出槽楔前，应先行检查并书面记录现有槽楔的松紧度，以了解线棒的固定情况和与重打槽楔后比较。检查完成后，对整个定子铁芯壁进行清扫，然后再开始退槽楔。退出槽楔时，先凿断最下面一节槽楔绑绳，然后退下最下面一节槽楔，从下向上依次退出即可。退出槽楔过程中，注意不要损伤线槽两侧的铁芯及内部线棒；取出旧垫条，尤其是适形毡工艺的垫条时，注意不要损坏线棒绝缘。槽楔和垫条取出后，铁芯通风沟及绕组表面应无异常；退完槽楔后，将线槽清扫干净。

3. 打槽楔

槽楔及楔下垫条应在使用前预先在烘箱内烘干一昼夜以上，烘箱内温度控制在60℃左右。

(1) 打紧槽楔前应先放入槽楔，然后垫好厚度适当的半导体垫条、波纹板，再插入斜楔，一般以用手能将斜楔向下插入左右为度（具体的量以实际结构为准），再向下打紧斜楔即可；注意楔下垫条应垫得紧实、均匀、不重叠。打紧槽楔时，注意不要伤及铁芯和绕组。铁芯受锤击后，若局部无法校正，会导致发电机运行中局部点过热。

(2) 槽楔的标称长度是一定的，但在打槽楔的过程中会出现槽楔通风沟与铁芯通风沟不能对齐的现象（一般都偏下，但也有的厂家设计的槽楔低于铁芯表面较多，没有设置槽楔通风斜口），又不便返工调整，因此往往采用铲削槽楔的办法以适应铁芯通风沟。这样做对槽楔的强度是有不利影响的。对批量大的更换槽楔工作，正确的方法是在订货时，按槽楔量的多少准备一些长度比额定尺寸稍长的槽楔，以便在实际打槽楔的过程中对此进行调整。如标称长度为120mm的槽楔，可定制一些长123mm的槽楔，数量可按使用槽楔总量的3%～10%灵活掌握。

(3) 为节省劳动力，可以采用电动工具打紧槽楔。如采用电动风镐作动力，自行制作一个与打槽楔平凿相同的电动头，尾部按风镐插口要求制作，使用非常方便，也提高了工作效率。打紧槽楔前，只要将槽楔和下面斜楔及垫条的紧度调整好，一次性打下斜楔即可。这种方法还不会对线槽两侧的铁芯有任何伤害，比人工手锤的方式优越。

(4) 最下一节槽楔应用浸有环氧胶的$\phi 2.5$mm无纬玻璃丝绳与线棒绑在一起，要求绑扎紧固、外观整齐。

4. 槽楔打紧质量标准

(1) 槽楔通风斜口应顺着转子旋转方向与铁芯通风沟对齐，同槽中上、下相邻两节楔子间隙不应大于 2mm，槽楔表面不应凸出铁芯表面。

（2）槽楔打入后，每槽最下两节槽楔应打实无空隙，最上一节也要求全紧，其余各节槽楔按至少 2/3 槽楔长度打紧的标准掌握。

（3）楔下垫条在上下槽口处伸出槽楔端面的多少应满足图纸要求，伸出的半导体垫条不得与线棒的高电阻半导体部分相碰。多余的垫条应铲去，铲去时注意防止伤及线棒端部绝缘。

（4）检查槽楔紧度，目前主要采用小铜锤敲击听音的方法人工判断，除采用波纹垫条的槽楔外，这种方法还是基本准确的。小铜锤可用直径为 10mm、长 4mm 左右的铜棒制造。

（5）波纹板槽楔结构，检查槽楔紧度时，用 0.2mm 和 0.3mm 的钢丝制作成紧度检查工具，从铁芯通风沟处伸入进行检查。要求 0.3mm 的钢丝能插入波纹板的波峰或波谷，若 0.2mm 的钢丝不能插入波纹板的波峰或波谷，则应退出重打，用小榔头敲击不能发出实声。但也要保证波纹板有一定的压缩量，声音也不能太空。为了防止采用听音的方法会误判，带有波纹垫条的槽楔一般要求波纹垫条的压缩率在 85%左右。

（四）定子绝缘受潮干燥

发电机绝缘表面受潮，会导致绝缘电阻降低、泄漏电流增大，因而测量其绝缘电阻和吸收比时，若不符合 GB 50150—2006《电气装置安装工程电气设备交接试验标准》的有关规定，应对发电机进行干燥。

定子绕组受潮的原因：一是由于发电机检修期长，可能出现开机前发电机定子、转子绝缘降低的现象，二是由于某种外部原因导致发电机内进水而受潮。采用 B 级绝缘以上的发电机由于采用的是热固性材料，因此一般情况下都是表层受潮。

轻度受潮的情况下，一般开机空转几个小时即可恢复绝缘。开机空转时，注意关闭机组空气冷却器冷却水，发电机上部盖板视情况开若干通风孔。

受潮严重的情况下，应使用电流干燥或外部热源干燥。对大型机组，在转子尚有部分绝缘的情况下，采用三相短路干燥是最简捷的方法。

1. 三相短路干燥法

（1）三相短路干燥需要发电机本身具备运转条件，转子可以使用备用励磁（带同轴励磁机的发电机则无此限制），定子各部测温点巡检正常。在发电机出口母线上安装三相短路母排，母排的截面按发电机额定电流考虑，与母线连接时应保证有良好的接触。

（2）如果发电机带有中性点励磁用串联变压器（自复励励磁系统），则应采用短路母排将此串联变压器短接，否则长期通流有可能烧损此变压器。同样，中性点的消弧线圈或接地变压器等都应退出。

（3）带有专用短路开关的发电机，如短路开关容量允许，则直接使用此开关短路即可，不需另接短路母排。干燥前开关投入后，应切断其操作电源。

（4）注意应关闭机组空气冷却器冷却水，水内冷发电机应切断内冷却水；发电机上部盖板视情况开若干通风孔。注意不要误切空气冷却器以外的其他机组用水。

（5）启动发电机至额定转速后，渐加励磁电流，此时发电机励磁方式应采用手动方式，其他如自动、强励等方式均应退出。

（6）视情况缓慢增加励磁，使定子电流缓慢升至50%额定电流，以温升不大于10℃/h为宜。受潮严重的发电机每小时测取一次（轻度受潮的发电机可以每0.5h测一次，判据也以0.5h为度）绝缘电阻和绕组、铁芯的温度。具体的绝缘值应参照该发电机的历史数据。一般吸收比大于1.6或极化指数大于2，绝缘电阻连续5h稳定不再变化，则干燥过程即告结束。不同的发电机情况不一，视定子绕组温度情况适当增减电流，以保持定子绕组温度稳定。一般干燥过程中，以控制定子绕组最高温度比较适宜。如用外置酒精温度计测量，绕组温度不应超过70℃；使用机内已有的埋入式电阻温度计测量时，不应超过80℃。

（7）发电机短路干燥是使发电机工作在异常状态，因此各部发热较大，干燥过程中应注意巡查。整个干燥过程中有异常情况时，应首先降下励磁电流，切断励磁开关后再停机检查处理。在发电机短路干燥的过程中，短路点应有人监护。

（8）干燥过程结束后，缓慢降低励磁电流到零，切除励磁开关，然后拆除短路线。

2. 外加电流干燥

不能采用短路干燥或条件不具备时，发电机只能采用外加电流干燥或外加热源干燥。

受电源容量限制，很难采用交流加热方法，而可采用直流电流加热。将发电机三相绕组串联，也可根据情况将分支解开再串联成一个回路，视电源大小而定，串联只要连成回路即可，不必考虑电流实际流向。考虑到大型发电机电流都较大，又是多支路，因此按绕组分支加入直流较好，否则可能没有效果。加入的直流电流的大小以分支额定电流的70%为宜。通流加热过程中，同样要考虑各连接线的大小和接触面的问题，以防止加热时造成接头过热损伤绝缘。定子、转子分别加热，电源可采用电动盘车的电源或其他通过整流来的电源。小容量的发电机也可采用多台直流电焊机并联供电的办法。

外加电流法可以与外加热源法一起配合使用。

3. 外加热源法

在发电机风洞内，将定子上、下部挡风板打开，在定子、转子绕组下部布置电热板或其他红外加热设备，注意不要使用有明火的电阻丝炉。

（五）定子绕组喷漆

1. 需对发电机定子进行喷漆的条件

（1）发电机部分或全部槽楔更换。

（2）发电机线棒更换或局部铁芯叠片处理。

（3）发电机 A 级检修时。

2. 工艺及标准

（1）喷漆前发电机定子应清洗干净，再用清洁、干燥的压缩空气吹扫。

（2）漆层厚度应均匀，不可出现滴淌、流挂现象。

（3）用塑料布覆盖定子喷漆后的表面，以免受灰尘污染。

（4）待漆干后，磁极按原编号标记。

（六）电动盘车

1. 电动盘车的基本原理

大型发电机组的检修中，经常需要缓慢转动整个机组转动部分——俗称“盘车”。机组盘车可采用机械或电动两种方式，应根据机组的形式和具体检修内容确定盘车的方式。电动盘车是使发电机定子、转子分别通上直流电后，利用定子、转子磁场间的电动力，使机组缓慢转动。

发电机处于电动盘车状态时，相当于发电机工作在直流电动机状态，其原理是：当发电机转子绕组通以恒定直流时，转子将产生一个恒定的转子磁场。此时若定子绕组的某一相也通入直流，则该相也产生一个磁场。当通入的电流刚好使两磁场的极性相反时，两磁场相互吸引，反之则相互排斥。当磁场产生的电磁转矩大于转子的摩擦转矩时，转子便转动一个电气角度，直至定子、转子的磁轴相重合时转子停止转动。此时给定子的另一相通入电流，则转子又旋转一个电气角度。这样，U、V、W 三相按顺序不间断地依次循环通入电流，则转子便能连续转动。

目前，对机组进行电动盘车所需的电流的计算有很多经验公式，但都只能计算一个大概值，主要是推力轴承的摩擦系数并不是定值。它与油膜厚度、油的种类有关，且静摩擦和动摩擦系数差别也较大；定子绕组磁轴与转子绕组磁轴的夹角也是一个变量，实际上盘车过程中电流也是变化的，故不能准确地进行计算。根据现场实际盘车经验，使转子能顺利转动的定子、转子电流的大小，一般可按转子电流取其额定电流的50%，定子电流取其额定电流的30%～40%选取。因此，自行制作电动盘车装置时，可按此考虑设计容量。考虑到盘车装置的电流还可作干燥电源，故在设计制作时容量还可稍大一些。一般转子绕组可直接使用备用励磁，只需一套盘车电源给定子绕组提供电流即可。

2. 电动盘车电流的计算方法

为了确保电动盘车电流更加精确，可用以下经验公式进行计算。

(1) 经验公式1：计算启动电流。定子、转子均通入该直流后，能使转子启动旋转的电流称为启动电流。启动电流计算公式为

$$I_{CST}=\sqrt{\frac{1.26I_{fo}mn_{N}D}{U_{N}}}\sqrt{\frac{f}{\sin\alpha_{e}}} \tag{9-2}$$

式中 I_{CST}——启动电流，A；

I_{fo}——空载的励磁电流，A；

m——转动部分质量，t；

n_N——机组额定转速，r/min；

D——推力轴承平均直径，m；

U_N——定子额定电压，kV；

f——轴承的摩擦系数；

α_e——定子线棒磁轴与转子绕组磁轴的夹角。

(2) 经验公式2：计算定子、转子电流乘积。计算公式为

$$I_{a}I_{f}=\frac{DGf\delta}{0.12\times 2W\mu_{0}LNR\sin\alpha_{e}} \tag{9-3}$$

式中 I_a——定子所需电流，A；

I_f——转子所需电流，A；

δ——定子、转子气隙，m；

W——磁极线圈匝数；

μ_0——空气磁导率，取 1.25×10^{-6}，H/m；

L——定子铁芯的长度，m；

N——定子每相线棒数；

R——转子外圆直径，m。

其余参数含义同上。

式(9-3)取定子、转子电流之积，也可根据实际情况调整各自电流的大小。

3. 电动盘车接线图

某水电厂水轮发电机电动盘车电气接线原理如图9-13所示。

4. 电动盘车的具体步骤

(1) 电动盘车前应具备以下条件：

1) 盘车前，机组机械部分应尽可能调整好，并具备转动条件。

2) 各固定部位与转动部位的间隙，应保证无遗留杂物。尤其是发电机定子、

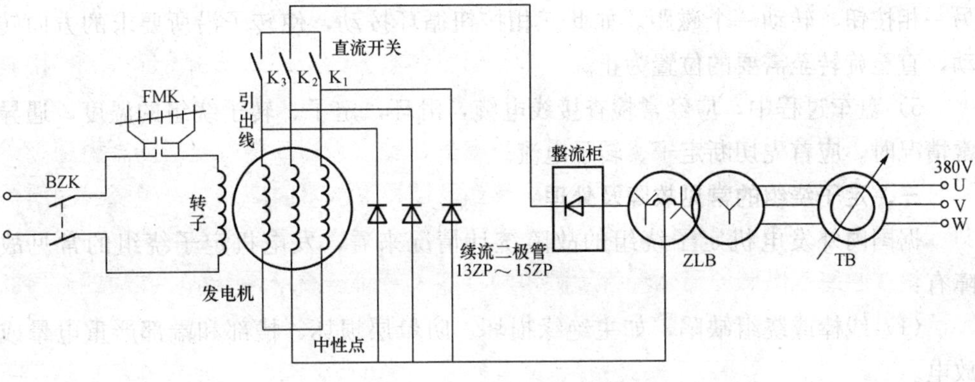

图 9-13　某水电厂水轮发电机电动盘车接线原理图

TB—调压变压器，TSJA-150/0.5；ZLB—整流变压器，ZHK-200/0.5；

K_1、K_2、K_3—作直流开关用的交流接触器，CJ_{12B}-600；

13ZP～15ZP—续流二极管，3XZP-800

转子间隙及水轮机轮叶四周，均应先行检查无误。

3）镜板和各瓦面洁净，在瓦面上抹羊油或猪油，也可使用其他高抗磨润滑剂。盘车应在风闸落下后尽可能短的时间内开始。具备高压油顶起装置的机组，盘车时应投入高压油顶起，瓦面也不需另外抹油。

4）盘车前检查盘车电气装置，各线路连接应牢固无误，装置周围还应装设临时遮栏。盘车时，转子如使用备励电流，则机组励磁回路和备用励磁装置等应具备正常送电条件。

（2）电动盘车的操作：

1）盘车前，盘车装置的调压变压器输出应为 0V 位置。开始盘车后再调整盘车电源的调压变压器输出电压，预先估调一个可能的输出电流（即加入定子的电流不是由零缓慢增加的）。

2）首先在转子绕组加入一个电流值（经验值，如 30％～50％转子额定电流），然后通过盘车电源再投入任一相定子电流，观察转子是否转动。如投入一相定子电流后转子不能立即转动，则马上切换电流至另一相，以此投入电流的相序确定转子旋转方向，同时根据转子的转动情况确定电流大小是否合适。可根据转子转动情况调整定子、转子的电流大小。

3）转子所处位置不适于启动时，机组可以作少量的反转，然后正转，借助惯性通过此位置。如投入电流后转子不能转动，则可先增大定子电流；若转子还不能转动，则应断开电源，查找是否有其他的原因妨碍转子旋转。

4）确定顺序后，正式操作。先任意合一相合闸按钮并手动保持，观察转子转动，当转子速度已衰减时（约一个磁极宽度的进程），立即松开该相按钮，再按下另一相按钮，转动一个磁距。如此三相按钮循环按动，使转子沿所要求的方向转动，直至旋转至需要的位置为止。

5）盘车过程中，应经常检查接线电缆，滑环，定子、转子绕组的温度，遇异常情况时，应首先切断定子、转子电流。

三、定子绕组的常见故障及处理

据国内外发电机定子绕组的故障统计情况来看，发电机定子绕组的常见故障有：

(1) 线棒或绕组缺陷，如主绝缘损坏、防晕层损坏、槽部和端部严重电晕或放电。

(2) 线棒在槽内振动，槽楔松动，严重时绕组下沉。

(3) 定子绕组接头接触不良、过热、开焊。

(4) 绝缘盒开裂。

(5) 定子水接头漏水。

(6) 铁芯局部松动，硅钢片断裂、损坏，铁芯压指松动、损坏，造成线棒磨损。

(一) 定子绕组绝缘损坏故障

1. 定子绕组绝缘损坏及危害

定子故障通常都是定子绕组绝缘损坏引起的。定子绕组绝缘损坏通常有绝缘体的自然老化和绝缘击穿。发电机主绝缘（定子绝缘）在长期的运行过程中，要受电、热、机械和环境等应力因子的联合作用，其机械性能和介电性能逐渐变坏，电气强度降低，即所谓的老化，最终导致绝缘击穿。据统计，这类事故大约占发电机事故总数的13%。主绝缘老化是多因子应力同时作用的结果。电应力来自电场，热应力来自电场的热效应，机械应力来自线棒端部的振动，热机械应力则来自于发电机的频繁启动。

定子绕组由于设计上存在缺陷、散热能力不足以及机械力加剧等都可出现绝缘破坏。当发电机端口处发生相间短路时，发电机可能出现4～5倍于额定电流的大电流，急剧增大的短路电流和产生的巨大的电磁力和电磁转矩，都将对定子绕组、转轴、机座产生极大的冲击，而巨大的冲击力将直接损坏发电机定子端部线棒，使其严重变形、断裂，进而造成绝缘损坏。由外部原因引起的绕组绝缘损坏也很常见，如定子铁芯叠装松动、绝缘体表面落上磁性物体、绕组线棒在槽内固定不紧、运行中因振动使绝缘体发生摩擦而造成绝缘损坏；在发电机制造过程中，因下线安装不严格造成的线棒绝缘局部缺陷、转子零部件在运行中端部固定零件脱落、端部接头开焊等都可能引起绝缘损坏，从而进一步造成定子绕组接地或相间短路故障。

2. 定子绕组绝缘损坏的原因及现象

定子绕组损坏的主要原因往往有以下几种：

（1）定子绕组端部槽口垫块松动而磨损绝缘。

（2）定子绕组端部遗留金属物引起绝缘磨损。

（3）定子铁芯硅钢片及压板松动后损伤绝缘。

（4）定子绕组端部固定不牢及非同期并列对定子绕组的损害。

（5）运行操作不当、维护管理不善引起的事故对发电机定子绕组造成的损伤。

定子绕组绝缘损坏常见的现象为定子线棒绝缘磨损、定子线棒绝缘击穿、定子线棒电晕等，对定子绕组绝缘损坏的处理，应根据绝缘损坏情况对其进行处理。

3. 定子线棒绝缘损坏的处理

（1）定子线棒绝缘磨损故障处理。发电机定子绝缘磨损，需要根据磨损情况和磨损部位等选择相应的处理办法，具体处理办法见线棒检修工艺部分的描述。

（2）定子线棒绝缘击穿故障的处理。定子线棒击穿时，视具体情况决定是更换线棒还是对原线棒进行局部处理。当线棒击穿而没有损伤线棒导电体，且击穿的只是一个点时，可进行局部处理；当线棒击穿对线棒导电体有损伤或击穿面积较大时，应更换线棒处理。现场应根据线棒击穿情况和备品情况决定是否对线棒进行局部处理，一般能进行局部处理时即进行局部处理。

当对线棒进行局部处理时，根据现场情况和击穿点的具体位置进行处理，具体处理办法见本篇中定子线棒检修工艺方法。

如果发电机线棒击穿比较严重，达到线棒更换原则，则必须进行线棒更换。线棒更换过程应严格按照制造厂家的定子下线工艺规程进行，严格控制工艺和质量，每一道工序验收合格后，方可进行下一道工序。

（3）定子线棒电晕故障处理。根据电晕的部位，电晕的处理方式大致有两种：一种是将线棒拔出发电机铁芯后进行处理，这样处理更加全面，但整个线棒更换需要停机较长时间，需吊拔磁极或吊出转子，一般只能在时间长的检修中进行；另一种是不需拔出线棒，但只能针对端部局部电晕进行处理，需要的时间较短，对发电机定子线棒没有任何伤害。

1）端部局部电晕（在主绝缘未损坏的前提下）处理。局部电晕的现象表现为绝缘层表面的擦洗不掉的白色斑块，这种白色斑块是线棒表面防晕层乃至线棒表面绝缘损蚀的结果，其处理方法为：使用砂纸清除表面电晕，再采用金相砂纸打磨光滑，然后采用无水乙醇清洗干净；根据电晕点所处的是高阻区还是低阻区，涂敷相应的半导体防晕漆；待端部绕组表面防晕漆干后，表面涂敷防护灰磁漆，这种处理方式比较简单，关键是防晕漆要选择适当，漆的黏度控制要准确。但这种处理方式对线棒高低阻交界处的电晕没有效果。

2）槽部电晕处理。首先用无水酒精清洗干净，再检查防晕层及主绝缘。如果是防晕层局部损伤，则将局部清理后涂低阻防晕漆；如果整体防晕层损伤严重，则只能取出线棒处理，打磨线棒剥去防晕层，清理干净后按不同工艺要求涂刷相应的防晕漆。

3）空气间隙短路法。这种方法对面积较大且离铁芯端部稍远的部位的电晕情况是比较安全和合适的。在某些结构中，端箍与线棒之间没有采用适形毡作过渡进行绑扎，易出现端部电晕，可在电晕处理后，以适形毡填充端箍与线棒间的间隙。

线棒电晕处理是一项复杂的工作，需仔细小心，如果处理不当，相当于在电晕层表面又并联了一个电阻，可能会造成更为严重的电晕。

（二）定子绕组焊接接头故障

1. 定子绕组断路故障及危害

焊接质量不良将使接触面积减少，接触电阻增大，通过电流时焊接处发热，高温下又促使接触部分的电阻增大更易发热，如此恶性循环，这一点对采用锡焊的接头来说更为严重，往往会因一处故障而造成一大片的接头连续开焊、导线烧断、绝缘烧坏，造成重大设备事故。因此，在检查中，如发现绝缘盒、汇流排、引出线有过热的现象或其他异常，应剖开绝缘检查接头是否出现问题；在试验中发现某个接头电阻过大时，应及时处理。

2. 定子绕组断路故障的处理

（1）定子线圈接头焊接不良的处理。定子线圈接头焊接不良将导致接头过热，应剖开绝缘盒或剥去包扎绝缘，脱开接头，仔细清理，去除接头上的油污或其他焊渣。如原是锡焊的，则先进行搪锡，再重新焊接；如原是银铜焊，则在接头之间夹放银焊片，然后进行钎焊。焊接完毕后，重新包扎绝缘或灌注绝缘盒。

（2）定子汇流排过热处理。定子汇流排过热往往为焊接部位或连接部位接触不良所致，应及时处理。对于定子汇流排焊接部位过热，应剥开绝缘对其进行检查，具体处理办法与上述定子线圈接头焊接不良的处理办法基本相同。对于螺栓连接的汇流母线接头过热的处理，则应注意以下几点：

1）过热的接头解开后，首先将接触面清理干净，接头表面打磨出铜金属原色。螺栓连接接头的接触面应搪锡或镀银，现场一般只能作搪锡处理。接头的接触面应处理平整，平直度不应超过 0.03mm。螺栓最好使用力矩扳手，按厂家原设计要求的螺栓预紧力拧紧。实际上，用力过大也会造成接头接触不良，以往检修人员对这一点都不太重视。接头连接完成后，接触面用 0.05mm 的塞尺检查，塞入深度应小于 5mm。

2）有的接头原设计只有螺栓连接，这种接头如果通流大，在用螺栓连接并拧紧后，还应对接头加用锡焊焊接。原已采用锡焊焊接的螺栓接头，如果处理后仍然过热，则可改用银铜焊。

3）对于设计上接触电流密度偏大造成的接头过热，应考虑进行技术改造。在200～2000A电流范围内，接触电流密度 J_c 与工作电流 I 的关系为 $J_c=0.31-1.05(I-200)\times10^{-4}$，对电流大于2000A的接触面，$J_c$ 按0.12选取。

（三）定子绕组端部绝缘故障

1．定子绕组端部绝缘故障

机组在运行中，因受到各种因素的长期作用，其定子端接头绝缘的电气和机械强度将逐渐降低，加上厂家制造工艺或定子绕组现场下线工艺的原因，不可避免地会发生种种绝缘故障，而且这种现象具有一定的普遍性。

定子接头绝缘故障主要有接头绝缘损坏和定子绝缘盒裂纹故障等。

2．定子端部绝缘处理

（1）定子接头绝缘损伤故障处理。对于定子接头绝缘损伤故障，应及时按照定子绕组绝缘检修办法进行处理。

（2）内部没有灌注绝缘胶的绝缘盒（如带水接头的绝缘盒）出现较大的裂缝，一般属于质量问题。由于接头间的绝缘完全靠绝缘盒承担，因此应予以更换。

对于采用环氧树脂胶浇注的绝缘盒，应区别考虑。绝缘盒裂缝可能有两种情况：一种是绝缘盒本身的原因，如材料原因或其内部配胶热胀冷缩的原因造成，这种情况对电气绝缘的性能影响不是太大；另一种是反映了接头内部过热，则应及时进行处理。由于绝缘盒内灌满了环氧树脂绝缘胶，因此，仅从绝缘的角度来考虑是没有问题的，重点应考虑绝缘盒内的接头有无过热的现象。轻度的裂缝，可贴上不同温度点的示温片，待下次检修时再检查示温片是否存在过热现象，再决定是否更换，如不是属于内部接头过热，则可不处理。对裂缝较大的绝缘盒，应考虑铲除，检查其内的接头是否存在过热的现象，必要时辅以涡流探测法和直流电阻的测试。如果是内部接头过热造成绝缘盒裂缝，则应对接头进行重焊处理，处理完成后再重新浇注绝缘盒。

（四）定子绕组松动下沉故障

1．定子绕组松动下沉故障

绕组槽部的紧固依靠槽楔，但由于绕组、槽楔及槽内垫条等长期处于高温运行中，逐渐收缩，造成绕组松动。而绕组松动会在振动下使主绝缘磨损，还可造成定子线棒表面和槽壁之间由于失去电接触而产生高能电容性放电。

2．定子绕组松动的处理

（1）绕组松动的检修。发电机定子槽楔松动。此时，先将槽楔打出，然后根据槽楔松动情况，在槽楔下增加垫条，并将槽楔打紧。对20世纪70年代以前出厂的机组，如槽楔材料为木材或酚醛层压纸板，则应更新，尽可能改用酚醛层压布板或环氧酚醛层压玻璃布板。对线负载较大的机组或大容量机组，在修理绕组松动时，最好改为楔形槽楔。楔形槽楔由两块楔形构成，可以打得很紧，使绕组在槽内紧固得更好；还可以采用波纹板新式结构，进一步改进施工工艺，既可以提高定子绕组的机械强度，也可以增强抵抗短路电动力的能力。

（2）绕组松动的防止措施。为防止绕组松动，目前主要采取以下措施：

1）采用绝缘体弹性波纹板垫条，借波纹板垫条的反弹力抵消绕组、槽楔的收缩。

2）采用浸有环氧树脂胶的适形垫条将绕组、槽楔等与定子铁芯黏结在一起。

3）采用弹性硅橡胶垫条，依据垫条的弹性防止绕组的松动。

（3）绕组松动修理时的注意事项：

1）打进槽楔前，槽内应用干燥的压缩空气吹净，不可在槽内留有垫条碎屑等杂物。

2）打出与打进槽楔时，应特别注意防止损坏绕组。

3）修理槽楔时，先用比槽宽稍窄的层压板垫头顶住槽楔，然后再用木锤将槽楔打进或打出。

4）在槽楔下加垫条时，一定注意使绕组各处压紧程度一致，这样才能保证槽楔打进后绕组紧固。

（五）定子绕组端部振动故障

1. 定子绕组端部振动故障原因

在发电机定子绝缘结构中，绕组端部由于其形状不规则，受力大又难于绑扎固定，从而成为定子绕组绝缘的薄弱环节。根据全国发电机事故统计资料显示，1975～1985年，共有470台容量在6MW以上的发电机发生事故。其中，定子绕组绝缘事故占有的比例很大，达事故总台次的33%；而环氧粉云母绝缘的定子绕组端部成型不规则、固定不牢引起的定子绕组端部过量振动，是导致故障发生的主要原因。

2. 定子绕组端部振动的处理及预防

对于新投运未定型的、运行中因事故而发生大电动力冲击以及运行多年的大型发电机，都应定期进行定子绕组端部振动的固有频率测量，检查验证绕组固定、绑扎能否满足要求。对于不合格者，应立即采取加固措施，防微杜渐。

改进定子绕组端部的固定方式，防止出现100Hz的固有振动频率，如增加绝缘支架的切向布置，在绕组之间增加组合撑块等措施。

随着科学技术的进步和现场试验技术的不断提高，积极开展大型发电机定子绕组端部振动的在线监测，则可以更加准确、真实地反映出定子绕组端部在机组各种运行工况下的振动情况，以便于及时进行分析处理，保证发电机长期稳定的运行。

（六）定子水接头漏水故障

1. 定子水接头漏水故障及危害

目前，世界上已投入运行的600MW及以上的大型发电机组中80%采用了水冷冷却方式。三峡水电厂700MW水轮发电机组也普遍采用了半水冷（定子水冷、转子空冷）的冷却方式。冷却系统中使用高纯水作为热交换介质，具有散热快，热应力小，热膨胀所引起的潜在危险性小的优势。与空冷方式相比，水冷系统增添了数量繁多的水电接头，系统潜在着接头处漏水和空心线棒堵塞的隐患。渗漏故障如果未能及时发现和排除，不仅会影响冷却效果，而且会对机组的绝缘性能造成损坏，并有可能扩大为更严重的泄漏事故，造成机组跳闸停机。

2. 定子水接头漏水点检查

水冷发电机应定期检查渗漏和绝缘是否完好。早在1918年，美国电力研究院（EPRI）就已启动了定子部分水冷系统的漏水预防研究计划，研究了利用改变内冷水的化学环境来减小线棒水电接头受腐蚀程度，从而防止泄漏事故发生的结论；日本东芝公司在这一领域的领先优势，主要采用电容映像探测方法和工业机器人检测技术对线棒底座绝缘状况进行自动监测。我国近10年来针对发电机冷却系统的漏水漏氢问题自行开发了湿度检测仪，通过比较发电机内部空气的绝对湿度和环境的绝对湿度来判断是否发生了渗漏故障。三峡水电厂冷却水系统由德国DELMAS公司制造生产，由于冷却水的电导值控制得很低，因此水冷系统被称为纯水系统。纯水系统为闭式循环系统，利用其渗漏故障具有隐蔽性强、不易直接观察和检测的特点，实际生产运行中，工作人员采用人工巡检、现场抄表方式进行监测，主要通过与纯水系统相连的膨胀水箱（ET水箱）的液位高度变化来间接对渗漏情况作识别判断。

3. 定子水接头漏水故障处理

对于大型水轮发电机接头漏水故障，目前主要是由于水接头焊接质量和聚四氟乙烯软管接头密封等问题引起的。因此，针对此现象，主要采用的处理办法为堵漏、更换水接头以及更换软管、密封等。

（1）软管接头及密封处理：

1）绝缘盒及浸胶玻璃丝纤维绳退掉。

2）检查聚四氟乙烯软管接头螺栓是否松动，并用力矩扳手扭紧；观察是否还有漏水现象。

3）若聚四氟乙烯软管接头螺栓无松动或松动的接头螺栓经力矩扳手扭紧后有漏水现象，则要排除纯水。

4）拆除聚四氟乙烯软管，并检查聚四氟乙烯软管锥接头、密封圈、线棒水箱螺纹、接头螺栓螺纹是否损坏或变形。若线棒水箱螺纹损坏，应用可调板牙重新攻丝。若重新攻丝后仍不能使用，可考虑更换新线棒。

5）聚四氟乙烯软管、密封圈宜更新。

6）安装聚四氟乙烯软管。

7）安装绝缘盒。

8）充入纯水，并做纯水系统水压试验。

（2）漏水点堵漏。发现线棒水接头漏点后，首先应拆掉相关的绝缘盒和水接头，排掉相关线棒内的水，然后用强力胶填充漏点，刷一遍环氧胶 849，再用痱子粉加环氧胶 849 调成环氧泥抹平水接头，再刷一遍环氧胶 849，最后用玻璃丝带包裹 3～5 层，电缆热缩头专用电吹风加热烘干。处理完毕后，更换新的密封圈，重新安装水接头，进行纯水装置带负荷运行检漏试验，检查漏点是否还漏水，确定漏水现象彻底解决后回装绝缘盒。

（3）水接头更换：

1）拆掉相关的绝缘盒，松开聚四氟乙烯软管螺栓，拆除聚四氟乙烯软管。（对于水支路进出软管，首先要拆除掉汇水环管侧的浸胶玻璃丝固定带）。取出软管中的 O 形密封圈，用高压空气吹扫软管及接头，并用白布、丙酮清洗密封圈及软管接头，目测检查密封圈及软管决定是否能再次使用。清理丝扣处固化的胶，用小刀和锯条把丝扣处的胶刮掉，用 $\phi48\times1.5$mm 的板牙对线棒头丝扣进行板牙，使板牙上下活动自由，同样用 $\phi48$ 的专用螺栓对水接头螺母进行试紧，使其上下活动自由，最后用牙刷蘸酒精对其进行仔细清洗，并用空气压缩机吹干。

2）将聚四氟乙烯软管放入烘箱内加热，检查聚四氟乙烯软管连接套有无损伤，用白布、丙酮清洗软管连接套及 O 形密封圈，后用干燥的压缩空气吹扫。

3）在聚四氟乙烯软管的连接套和线棒的水箱螺纹上，涂上白色的二硫化钼润滑剂油脂。将 O 形密封圈套入聚四氟乙烯软管密封锥槽，在温热的条件下安装聚四氟乙烯软管，尽可能避免变形，然后用叉扳手及力矩扳手扭紧。

4）做气密性实验。

5）充入纯水。

6）回装绝缘盒。

（七）定子冷却水堵塞故障

1. 定子冷却水堵塞故障及危害

普通空气冷却发电机的定子绕组损耗产生的热量是通过绝缘传出后由空气带走的，然而，定子绕组采用水冷的发电机运行时，不但定子绕组损耗产生的热量全部由绕组内的冷却水带走，甚至少量的铁芯损耗也传入绕组的铜线后由冷却水带走。由于水的冷却效果远大于空气表面冷却的效果，因此，一旦因冷却水系统出现故障而造成水流中断时，定子线棒及汇流环内的纯水温度会迅速上升，进而危及发电机的安全运行；要保证发电机的安全，就必须立即降低发电机的负荷，甚至立即解列跳闸停机，给发电机本身和电力系统带来很大的冲击。同时，定子绕组冷却水因堵塞而中断后，冷却水不再循环，绕组空心导线内充满的水的水质会逐步变差，电导率会逐步升高，最终也会危及发电机的安全运行。

2. 定子冷却水堵塞点检查

对于水内冷大型发电机而言，普遍采用的一种检测水冷定子绕组堵塞的试验方法为热水流法，具体程序是：先将空心线棒分相、分路、分段编号，并预埋热电偶测点，测点接至数据采集系统。测试程序为：先加热定子循环水或向定子通热水，直到每一测点温度均高于35℃后才停止加热，关闭进、出口阀门。使定子线棒处于自然散热状态，每分钟采集一组数据、连续采集10min。将热水放走，通以室温或略低于室温的冷水，连续记录直至各测点温度稳定时，根据采集数据作出各编号的温降曲线。存在堵塞的线棒呈现温降缓慢现象；通冷水后，当其他无堵塞的线棒温度已趋稳定时，故障线棒的温度仍明显高于其他线棒的温度。所有测点的温降曲线均一致，则说明无堵塞现象。

上述方法能够比较准确地间接反映定子绕组水冷支路的相对流量，且试验过程简单，在不少水电厂得到了很好的验证。因此，对水内冷发电机定子绕组作堵塞检查时，可以优先采用热水流试验方法，根据试验结果确定怀疑支路后，再采用水流量直接测试，进而找到堵塞点。

3. 定子冷却水堵塞故障的处理

绕组水回路中发现有堵塞物存在时，必须想办法疏通堵塞的所有绕组；如果不能疏通，就要更换堵塞的发电机定子线棒。更换水内冷发电机定子线棒是一件技术难度大、工期长、工作量大的工作。所以，最理想的方法是：采取有效措施，疏通堵塞的发电机定子线棒水路。对于定子绕组水冷支路的堵塞，一般采用增加水压正反冲洗法，由于水内冷线棒空心导管材料不同，有的选用不锈钢材料，有的选用铜材料；对于不同材料空心导管，还可以采用化学清洗法进行清洗。疏通清洗后，做水系统流通性检查，合格后方可进行恢复。

造成绕组堵塞的主要原因在于水中杂质等水质问题，因此主要处理措施仍然为以预防为主。主要预防措施有：

（1）机组无论是大修还是安装，对各法兰连接处均要采取有效保护措施，防止异物进入内冷水系统。

（2）仔细检查各法兰连接处密封橡胶垫的情况，一旦有老化迹象，及时更换。发现有局部脱落碎块现象，要及时进行冲洗和反冲洗，必要时对线棒进行流量测试和局部绕组的反冲洗，并在运行中注意监测线棒及各支水路的温度有无异常。

（3）加强水质管理。

四、定子绕组及引出线试验

具体试验见测试分部发电机试验部分。

第十章　水轮发电机转子的检修

第一节　转子中心体及支臂的检修

一、转子的结构

大、中型水轮发电机的转子支架是连接主轴和磁轭的中间部件，主要用来固定磁轭。转子支架是传递扭矩的部件。在机组运行中，转子支架要承受扭矩、磁轭和磁极的重力、转子自身的离心力等，因此，设计转子各部件时，都应在额定及飞逸工况下进行校验。

转子支架的结构形式与发电机的容量、尺寸、机械强度和刚度的要求，通风冷却的方式，制造工艺以及安装运输的能力和条件等因素有关。常用的结构形式有：

(1) 与磁轭一体的转子支架。主要由轮毂、辐板、磁轭圈等组成。

(2) 圆盘式转子支架。一般由轮毂、上下圆盘、立筋和撑板等部件组成。

(3) 组合式转子支架。用合缝板将转子中心体和支臂连为一个整体的结构形式，如图 10-1 所示。

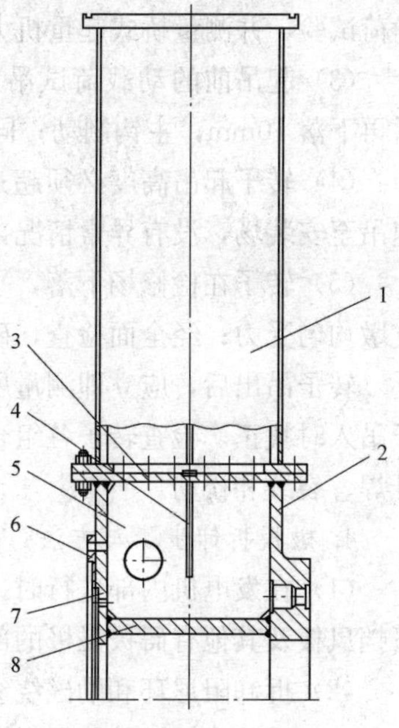

图 10-1　某水电厂组合式转子支架中心体

1—盒形支臂；2—下圆盘；3—合缝板装配；4—三角筋板；5—筋板；6—环板；7—中心圆筒；8—圆柱销

二、转子的常规检修

1. 转子安放场的准备

(1) 安放场能承受转子重量，环形地板、专用支墩应清理干净，如有焊渣等应清扫，保证环形地板的平整。

(2) 安放场内一切无关部件应清理出场，保证起吊通道畅通无阻。

(3) 安放场内严禁堆放易燃物品，准备好必要的消防器材。

2. 转子吊出前应具备的条件

(1) 转子安放支墩的平均高差已调整合格(±0.50mm)。

(2) 桥式起重机平衡梁检查合格，水平调整已在规定范围内。

(3) 上机架、上挡风板、上端轴以及上消防水管已吊出。

(4) 拆卸转子时，应在大轴连接法兰处做上记号，确保回装时安装方位正确，且转子中心体应与主轴连接止口已脱离。

(5) 为了避免转子与定子碰撞，将木条均布于转子与定子间隙之间，由专人负责监视转子起吊是否有碰撞。

(6) 检查转子各部位已无障碍或杂物。

(7) 机组、桥式起重机、检修现场等工作岗位的人员已就位，起吊组织机构明确、通信畅通。

3. 转子吊出程序

(1) 起吊转子时，用两台桥式起重机机并车（每台桥式起重机下各挂一个小平衡梁，两台桥式起重机之间再挂一个大平衡梁）进行，吊具装配应正确，并进行仔细检查。

(2) 起吊前的静载荷试吊，当转子提升 10mm 时停留 10min，作为桥式起重机静荷试验，并测量桥式起重机大梁的挠度。

(3) 起吊前的动载荷试吊及制动试验，转子升降两次，每次转子提升 20mm 后再下落 10mm，主钩制动；同时，测量桥式起重机主梁挠度值满足要求。

(4) 转子起吊高度必须超过机组最高点 200mm，行车时必须按指定路线，匀速吊至安装场，没有异常情况，中途不得停顿。

(5) 转子在检修场下落，平稳放在支墩上，调整各支墩上的楔子板，直到所有支墩均匀受力；经全面检查，确认安放稳定后方可卸钩。

转子吊出后，应立即测量所有风闸和大轴法兰标高（对称 4 个方向），以便转子吊入时找正。检查转子各组合缝螺栓的点焊、结构焊缝及各拉紧螺栓；磁极键无开焊、裂纹和松动。

4. 磁极拆卸步骤与方法

(1) 在发电机内部进行时，应先拆卸发电机盖板、定子上挡风板、消火水管、下挡风板及其他有碍拔磁极的部件。

(2) 拆卸阻尼环和励磁绕组接头。

(3) 去除磁极键端部焊点。

(4) 磁极键较紧而不易拔出时，可提前 20～30min，在磁极键上部倒煤油，以浸润键结合面的铅油、锈点后再拔。

(5) 在磁极铁芯 T 尾下端，用千斤顶和木方将磁极托住，确保千斤顶受力后顶紧。

（6）用拔键器卡住磁极大键，为防止拔脱伤人，拔键器应拴上绳子，两边拉住，然后找正吊钩位置，缓慢升起，将大键拔出。

（7）当大键已拔出一段时，可用卡扣将大、小键卡在一起拔出，并编号保管。

（8）磁极的两对键均拔出后，用专用吊具将磁极吊起。

（9）将磁极撬向外侧，然后找正吊钩位置，将磁极垂直吊出。

（10）有磁极弹簧的机组应取出磁极弹簧，清点并保管好（拔磁极时，应用两条长条薄铁板塞入磁极背部与磁扼接触面）。

（11）检查磁极弹簧，有损坏的应更换；对新换的磁极键（成对），应检查结合面的接触情况并去掉毛刺，结合面的接触符合技术要求后方可更换。

5. 磁极组装步骤

（1）组装前首先检查磁轭T尾槽内和磁极T尾有无杂物和障碍点，并清扫干净。

（2）将磁极键检查处理和校正好，并清扫干净。

（3）在磁轭T尾槽下端放好专用垫块和压板，然后将两根短键厚端向下、斜面朝外，按号放入T尾槽两侧，分别落在专用垫块的两侧平面上。

（4）安放磁极弹簧，用两条长条薄铁板，分别将两侧的磁极弹簧压住（无磁极弹簧的机组，此项可省略）。

（5）吊起磁极找正位置，将磁极慢慢落在T尾槽限位块上，然后抽出长条薄铁板。

（6）在两根长键的斜面上涂以铅油，再将其斜面朝里、薄端向下，按号分别与短键相配，插入键槽然后将大键打入；打紧后，若大键端部依然松动，应拔出检查其结合面的接触情况并处理，要求其接触的长度达全长的70%以上方为合适。若接触面长度已符合要求，而端部接触不好，可在端部加垫处理垫，且垫片应加在小键背面，其头部应折弯。

（7）将大、小键的上端点焊固紧。

（8）检查键的下端不应露出磁轭下平面，键上端露出长度应为200mm，多余的部分应割去。

（9）磁轭与轮臂间如有松动，则应对磁轭键进行热打键或加垫打紧处理。热打前必须冷打，磁轭键下端与轮臂挂钩切割平齐。

6. 转子圆度的测量

利用测圆架、百分表测量转子圆度，具体步骤如下：

（1）在磁极的中心线及上、中、下端各设一测点。

（2）测点的面积为2cm×2cm，测点范围的油漆应清除干净。

(3) 测量过程中，测圆架转动应平稳、均匀，并始终按同一方向缓慢转动。

(4) 每测完一个磁极，应把百分表测杆拉回，防止测杆被碰撞或损坏。

(5) 每次测量应不少于两遍，并检查百分表在第一个磁极的读数是否重合，测圆架的误差不大于0.20mm。

(6) 转子磁极圆度要求同一标高处各半径与平均半径之差应不大于设计空气间隙的±4%，并做好记录。

(7) 如有明显凸出的，应通过打紧磁极键或减薄磁极背面的绝缘垫来调整。

(8) 如有明显凹进的，应通过打紧磁轭键或重新研配两对键的厚度或加厚磁极背面的绝缘垫来调整。

(9) 百分表在使用前，应检查一下其灵敏度和准确性以及测头是否松动。

7. 转子吊入前应具备的条件

(1) 下挡风板、下消防水管以及风闸和管路均已组装并检查合格。

(2) 定子检修合格并清扫完毕。

(3) 镜板水平已符合要求。

(4) 发电机转子全面清扫，喷漆合格，检查无异物。

(5) 大轴法兰面高程不得高于转子吊出后测量的标高。

8. 转子吊入程序

(1) 转子按原方位吊入落到机坑上部100mm左右时，应仔细调整中心水平，然后缓慢落入机坑内，四周安排专人持木条上、下晃动，保证转子自由落下。

(2) 转子下落距法兰止口约50mm时，用钢板尺、塞尺对称测量两法兰的相对位置，并进行调整。要求中心偏差不大于0.50mm，水平偏差不大于0.04mm/m。

(3) 当转子重量全部落在风闸或推力头上时，即可拆除假轴，回装上端轴。

9. 转子的连接

(1) 用制动器把转动部分重量转换到推力轴承上（注意落止口时要对好位置）。

(2) 连轴时采用拉伸器对称把紧联轴螺栓，拧紧螺母后再撤压，螺栓伸长值应满足厂家规定的要求。

10. 发电机空气间隙的测量

空气间隙测量时，至少要测量8个平均分布的点。测量时，将空气间隙测量专用工具以一定力量压紧，拔出后用游标卡尺测量厚度，该厚度即为该处的间隙。发电机空气间隙要求各点间隙与实测平均间隙之差应不大于平均间隙的±8%。

检查转子各螺栓、螺母应无松动，点焊及结构焊缝无开裂和脱焊，转子制动环无变形，表面无裂纹、毛刺，螺杆凹入制动环面的深度应大于2mm。

发电机常规检修项目及检修标准见表10-1。

表10-1 发电机常规检修项目及检修标准

序号	项 目	技 术 要 求
1	转子构件外观检查	螺栓紧固，结构焊缝和螺母点焊无开焊、轮环无松动，闸环表面无裂纹、毛刺，螺杆凹入闸环面深度大于2mm
2	测量发电机空气间隙	测8个平均分布的点；检修前测量一次，并做好记录；大修机组调整中心时，各点间隙与实测平均值间隙之差应不大于所测数值平均值的±8%
3	磁极和磁极键检查处理	磁极无异状、无损伤、无开焊
		磁极键打入前，在斜面上涂铅油；打入后，接触应紧密，接触长度在70%以上。检查合格后的磁极键，其下端按鸽尾槽底切割平齐，上端留出约一段距离，但也应与上机架或挡风板保持足够的距离
4	测定调整转子圆度及磁极标高	测圆架误差不大于0.20mm，安装转动灵活；测量误差不大于0.05mm。转子圆度要求各半径与平均半径之差不大于设计空气间隙值的±4%
		磁极中心挂装高程应符合GB/T 8564—2003《水轮发电机组安装技术规范》的规定
5	转子铁芯挂钩间隙测量	磁轭与轮臂挂钩一般无间隙，局部的不大于厂家规定值
6	转子与主轴连接件和传动件检修	接合面及螺栓孔清理干净，联轴螺栓对称紧固，拉伸器卸压后，其拉伸值误差一般不大于0.02mm
7	制动环磨损情况检查	环板径向应水平，其偏差在规定范围以内，沿整个圆周的波浪度应不大于2mm；接缝处应有2mm以上的间隙。按机组旋转方向检查闸板接缝，后一块不应凸出前一块；环板部位的螺栓应凹进摩擦面2mm以上
8	主轴探伤	无裂纹
9	上端轴检查处理	拆时无损伤，组装工艺正确，螺栓紧固，法兰结合面无间隙。安放后，做好法兰面、轴领等部位的保养
10	调整机组轴线（包括受油器操作油管）	盘车测量记录与计算分析正确，以水轮机转轮室为测量中心；轴线处理时，修刮推力底面基准位置与深度正确，修刮后接触面积应达总面积的75%以上，加垫时位置应正确无误
		相对摆度应符合GB/T 8564—2003的规定
11	转子清扫（包括通风沟）	转动部分无任何工具杂物遗留，转子上油污积尘应擦拭干净
		通风沟无泥沙、杂物，排水孔洞无堵塞

三、转子的常见故障及处理

1. 转子不平衡

转子不平衡是机械设备振动的主要原因。当转子的重心与其轴线不重合时，转子在旋转时就会产生不平衡的离心力或力偶，引起设备振动。不平衡转子在支承上造成的动载荷，不仅引起整个机械设备的振动，产生噪声，加速轴承磨损，造成转子部件高频疲劳破坏和支承部分的某些部件强迫振动损坏，降低机械设备的寿命，而且振动还会恶化操作人员的工作环境，过大的振动甚至会发生机毁人亡的重大设备事故。

转子不平衡而产生的激振力是造成发电机组振动的原因，其大小与转子转速的平方成正比。转速越高，激振力越大，在支承系统的刚度及其他条件一定的情况下，产生的振幅也就越大。振动频率与转子的频率相同。

转子不平衡分三种：第一种是静不平衡。这种不平衡可以在重力状态下确定，故称静不平衡。第二种是动不平衡。如果在一个转子上各偏心质量合成 2 个大小相等、方向相反，但不同在同一直径上的不平衡力，则转子在静止时虽然获得平衡，但在旋转时就会出现一个不平衡力偶。该力偶不能在静力状态下确定，而只能在动力状态下确定，故称动不平衡。第三种是混合不平衡。如果在一个转子上既有静不平衡又有动不平衡，就称为混合不平衡。混合不平衡是转子失衡的普遍状态，特别是长度与直径比较大的转子，容易产生混合不平衡。

为了消除转子不平衡力或力偶引起的危害，必须精确测出不平衡质量所在的方位和大小，然后用增加平衡质量或去掉平衡质量的方法使转子达到平衡。常用的分析法包括振动幅值分析法、频谱分析法、相位分析法、特征分析法。

2. 转子碰摩

动、静件碰摩故障通常表现为其他故障的间接结果。转子质量不平衡，轴线不正，定子、转子间有异物，都可能引发动、静件碰摩。碰摩又分为局部摩擦和整圆摩擦两种。尤其是机组在安装或检修期间，要严格按照检修规程进行作业。首先要严格检查定转子上的螺栓或易松动部件，防止定转子内有易松动部件掉入定子、转子空气间隙中，造成短路或扫膛的等严重现象。其次，在检修作业时，严防随身携带的物件掉入定子、转子空气间隙中。

3. 定子、转子空气间隙不均匀

按照国家标准规定，定子、转子空气间隙实测值应在（0.92～1.08）δ之间，其中δ为定子、转子空气间隙。如果在安装或者检修期间，定子、转子空气间隙严重超差，可能会引起磁拉力不均匀，引起上导轴承、下导轴承或水导轴承摆度增大，旋转中心线偏离原来机组的轴线，从而导致三部轴承温度过高，严重者更可能导致烧瓦等事故的发生。因此，在机组安装或者检修期间，定子、转子空气间隙值必须严格符合国家标准。

如果空气间隙不均匀，可以通过调节上导或者水导中心的办法来调整空气间隙值。在调节过程中，还需要综合考虑空镜板水平、上导中心、下导中心、水导中心和空气围带间隙的数值，在所有参数符合要求后，再综合作出评估。

第二节　转子磁轭的检修

一、转子磁轭的结构

转子磁轭亦称轮环，其作用是形成发电机的磁路部分，固定磁极和产生飞轮力矩；在机组运行中，还承受扭矩、离心力及热打键所引起的配合力等。直径小于4m的磁轭可以用铸钢或整圆的厚钢板组装而成。直径大于4m的磁轭则由3～5mm的钢片充成扇形片，交错叠装成整圆，并用双头螺栓紧固成一个整体，然后用键固定在转子支架上。磁轭外圆有T形槽，用于固定磁极。

磁轭主要由扇形冲片、通风槽片、拉紧螺杆、定位销、上压板、下压板、磁轭键、锁定板和卡键等部件组成。扇形冲片的厚度为3～5mm，常用的材质有A3、16Mn、15MnVn等高强度低合金钢板。扇形冲片上有均匀分布的销钉孔和拉紧螺杆孔，内侧有与转子支臂相连接的尾槽，以及为固定磁极之间的连接线的螺栓和供轴向通风用的小T尾槽。

磁轭与转子支架之间采用成对的斜键连接成一个整体，如图10-2所示。键连接分为径键和切向键两种结构。大型机组一般需要热打键。在磁轭支臂离心力和径向变形计算的基础上，先冷打键，再继续热打键，打入与径向变形增量相等的预紧量。径向磁轭键是斜度为1∶200、宽度为50mm的一对长短键，其厚度等于冲片槽深、支臂立筋槽深、冲片内圆与支臂外圆的设计间隙及磁轭热打键的紧量之和。

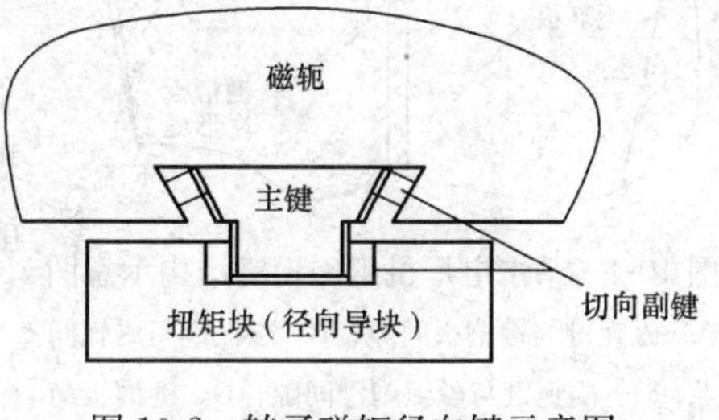

图10-2　转子磁轭径向键示意图

切向键结构，即浮动磁轭固定结构，主要由凸形键和斜键组成，如图10-3所示。将磁轭切向撑紧，这样，在机组运行过程中，磁轭发热可以自由径向膨胀且仍能保持与转子同心。切向键结构比传统的径向键有明显的优越性。磁轭与支臂分离转速低、键的紧量小、不用热打键，从而减小了转子支架的径向配合力，减轻了转子支架的质量。

机组在运行过程中会产生巨大的离心力，特别是大容量、高转速机组。巨大的离心力会使磁轭发生显著的径向变形，从而使磁轭与支臂发生径向分离间隙，且转速越高，分离间隙越大。这不仅会使机组产生过大的摆度与振动，甚至会使支臂挂钩受到冲击而断裂，造成严重的事故。因此，在组装转子时，应采用磁轭打键的方

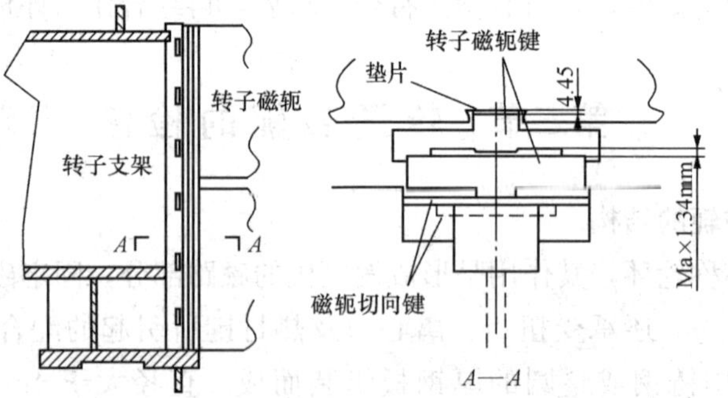

图 10-3　转子磁轭切向键示意图

法，预先给磁轭与支臂预紧力，使磁轭和支臂的径向膨胀量达到能满足机组安全运行的需要。目前，打磁轭键分两次进行，先在冷状态下打键（冷打键），然后在热状态下进行热打键。打磁轭键可以在磁极挂装前进行，也可以在磁极挂装后进行。

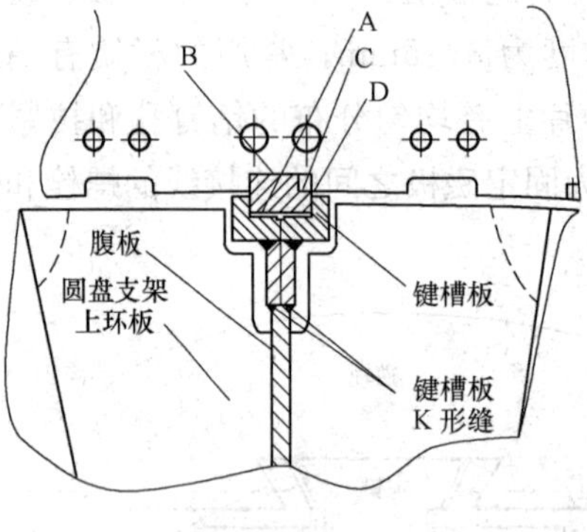

图 10-4　某水电厂机组磁轭键结构示意图
A—磁轭键与键槽板间隙；B—磁轭键与磁轭间隙；C—磁轭键与磁轭副键间隙；D—键槽板与磁轭间隙

1. 磁轭键冷打键

冷打键主要是调整磁轭圆度，减少磨圆工作量。通过冷打键，可以消除磁轭螺孔与螺杆的配合间隙，使得热打键时能获得准确的预紧量。冷打键的工序如下：

（1）先用测圆架及千分表测量磁轭叠片外圆的圆度。

（2）用压缩空气清扫键槽，并按照配对编号将另一根支臂大键斜面涂上白铅油或者汽轮机油、二硫化钼等作为润滑剂，插入已作定位的短键和支臂之间。

（3）根据磁轭圆度记录，先打入半径方向偏小的几个区域的磁轭键，借以调整磁轭圆度和偏心度，然后均匀、对称地用大锤把全部磁轭键打紧。重复上述动作 3 遍，当键下落高度为 0.5～1mm 时即为合格。

（4）打紧过程中，应注意测量转子圆度变化，随时进行调整。

2. 磁轭热打键

热打键是根据已经选定的分离转速（一般为额定转速的 1.4 倍），计算出磁轭径向变形增量，再按此变形增量计算出磁轭与支臂的温差，加热磁轭使之膨胀，在冷打键的基础上，再在热打状态下打入与其径向变形增量相等的预紧量。依靠该预紧量，来抵消机组运行时磁轭的径向变形量。磁轭加热的方式有铜损法、铁损法、电热法和综合法。

(1) 铜损法：将已经安装好的磁极线圈通入直流电，使得导线发热以加热磁轭。加热时，需要用篷布覆盖磁极和磁轭进行保温。此方法简便可行，既干燥了磁极，又加热了磁轭，适用于计算温差小于30℃的水轮发电机。

(2) 铁损法：在挂装磁极前，在磁轭上绕以励磁线圈，通入工频交流电加热，使得磁轭内部产生铁损发热，整个磁轭用石棉布或篷布覆盖保温。此方法适用于大、中型容量的发电机。

(3) 电热法：用特制的电路加热，均匀布置在磁轭通风沟内，整个磁轭以石棉布覆盖保温。此方法简单易行，使用范围广。

磁轭在加热过程中，应在磁轭与支臂的适当的位置上布置一些温度计，以便测量磁轭与支臂的温差。加热磁轭时要均匀，并要控制温度，防止转子支臂与受热膨胀而影响与磁轭的温度。热打键时，尽管磁轭热打键温差不高，一般不会超过100℃，但因传导作用，使得支臂温度也上升而膨胀，致使磁轭与支臂间隙不容易达到而往往会造成热打键困难。此时，可以在支臂腹板上慢慢地吹压缩空气或喷水雾，使支臂降温收缩。

热打键后，待转子冷却，再用测圆架复查磁轭外圆圆度，测出最终值。如果在磁极挂装前进行热打键，则要求打键后磁轭圆度、各磁极配合面的半径与平均半径之差不大于空气间隙设计值的±3.5%。合格后，将磁轭键留有能拔键的余量长度后，即把其他多余长度割掉，再两键搭焊，并点焊在磁轭上。

二、转子磁轭的常规检修

转子磁轭常规检修项目见表10-2。

表10-2　　转子磁轭常规检修项目

序号	项　目	技 术 要 求
1	磁轭外观检查	(1) 检查转子磁轭各拉紧螺栓，螺栓、螺母应无松动； (2) 点焊及结构焊缝无开裂和脱焊； (3) 转子制动环无变形，表面无裂纹、毛刺，螺杆凹入制动环面深度应大于2mm； (4) 观察磁轭是否存在下沉情况； (5) 磁轭冲片及通风槽片保持清洁、无损、无油污、无毛刺、无锈蚀、平整，无毛刺、焊接高点，导风带不得高于衬口环； (6) 磁轭的垂直度情况； (7) 如果磁极圆度超差，还要检查磁轭圆度； (8) 磁轭中心偏差符合技术要求； (9) 磁轭高度偏差符合技术要求； (10) 制动板波浪度符合厂家要求
2	磁轭键检查	磁轭键焊缝无松动、无开裂

三、转子磁轭的常见故障及处理

1. 磁轭键焊缝开裂

机组在运行或做过速试验时，磁轭在离心力的作用下容易造成磁轭键脱焊，严重时会影响机组安全运行。因此，机组在停机检查时，对磁轭键的检查一定要仔细，一旦发现磁轭键脱焊或开裂，应当及时对其进行处理。

（1）在打磨磁轭键脱焊处焊缝前，在磁极和定子铁芯处铺设防火布，以免焊渣掉入磁极和铁芯中；另外，防止打磨的火花伤及磁极、磁轭、铁芯绝缘。

（2）打磨脱焊处的焊缝，直到可以看到两根磁轭键搭接的位置为止；打磨完毕后，清理所有焊渣。

焊接磁轭键打磨处。焊接时要做好防火措施，并根据磁轭键材料和厂家要求选择强度大的焊条。焊接完后，清理焊渣，并用吸尘器清理磁轭键附近区域，严防焊渣掉入定子、转子空气间隙中。

2. 转子磁轭松动及下沉

机组在安装初期，由于原磁轭铁芯压紧度不够或原磁轭键打紧量不够，造成机组运行中在机械振动、温度影响及电磁力等因素的影响下，可能造成磁轭发生松动下沉，磁轭键、磁轭键焊口开裂，磁轭与支臂发生径向和切线移动的现象，引起磁轭与支臂间松动，使得发电机空气间隙变化，影响机组动平衡，机组产生过大的摆度和振动，严重的还会发生支臂合缝板拉开，支臂挂钩因受到冲击而断裂等严重事故。

磁轭下沉量可以以法兰面为基准检查，若有下沉情况，必须重新对磁轭拉紧螺杆进行拉紧。压紧后对磁轭要符合安装时对铁片压紧度的要求。如果发现磁轭和支臂有径向和切向位移，则要打紧磁轭键，以克服磁轭松动。

第三节　转子磁极及引出线的检修

一、转子磁极及引出线的结构

1. 概述

转子磁极是构成励磁绕组的基本元件，当直流励磁电流通入磁极绕组后就产生发电机的磁场，因此，转子磁极是发电机建立旋转磁场的磁感应部件。磁极有鸽尾、T尾或双T尾结构，通过磁极键固定在转子磁轭上。结构上磁极主要由磁极铁芯、磁极绕组、极身绝缘、阻尼绕组组成。此外，磁极还有上下托板、钢垫板、匝间绝缘等零部件。图10-5所示为磁极结构。

2. 磁极铁芯

磁极铁芯有实心磁极铁芯和叠片磁极铁芯两种结构，大型水轮发电机多采用叠片磁极铁芯。磁极铁芯多采用厚度为1.5mm左右的A3、16Mn或45号薄钢板冲成的钢片叠压而成；而转子磁轭扇形片多采用2～4mm厚的A3、16Mn或15MnVN等薄钢板冲成。

3. 阻尼绕组

阻尼绕组由埋设在磁极极靴内的阻尼条和磁极端部的阻尼端环组成。阻尼条一般由软紫铜棒制成，阻尼端环由扁的紫铜板制成。阻尼绕组埋设在磁极内，由磁极间的阻尼连接环将整个阻尼绕组连通。对抽水蓄能的发电机，因阻尼绕组在电动机状态运行时要作启动绕组，因此结构上与一般发电机有很大的差异，阻尼绕组的截面大，且使用的材料也不同。

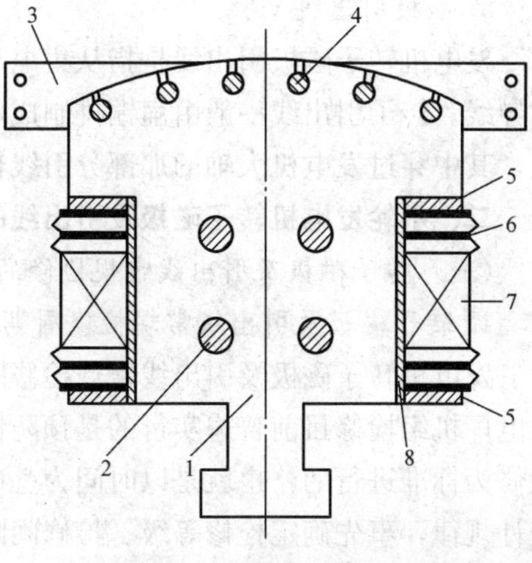

图10-5 转子磁极结构示意图

1—磁极铁芯；2—压紧螺杆；3—阻尼环；4—阻尼条；5—磁极托板；6—匝间绝缘；7—励磁线圈；8—极身绝缘

4. 磁极绕组

大型水轮发电机的磁极绕组多采用多边形截面的裸铜排绕制而成，以利于散热。为增大散热面积，有的线匝还设计为特殊外形，使绕组外表面形成带散热筋的冷却面。为了更好地散热，有的上下相邻匝的导线还采用了不等宽的铜排交错排列。此外还有异型铜排，如带散热翅的铜排，以增大散热面积。上下层线匝间的匝间绝缘采用环氧玻璃布（不同的厂家采用的材料不一样，如三聚氰胺玻璃布板、聚酯玻璃布板等，国外发电机磁极绕组匝间绝缘多采用Nomex上胶纸，与铜排导线一起压制成型）。为简化工艺，有时磁极绕组的上下托板也与绕组一起压制成型。

磁极绕组的引出线有软、硬两种方式。软接头的引出是采用多层软铜片叠装组成截面大于铜排面积的连接线，与磁极绕组导线铆接后再采用锡焊的连接固定方式；硬连接的引出线是采用硬铜排与导线焊接后引出。上下绝缘托板一般采用环氧玻璃布板加工而成，运行中可起到加强绕组对地绝缘的作用。磁极托板大都采用铆接式结构，这种结构可以提高材料利用率。现在也采用玻璃纤维模压的整体式托板和用环氧板加工成的整体式托板等。

为防止离心力过大而使磁极连接部分损坏，转速高的发电机磁极接头，包括阻尼环接头还采用固定在磁轭上的拉杆装置来加强固定。

5. 磁极引出线

发电机转子磁极引出线是指从集电环将励磁电流引入到转子磁极形成励磁回路的导线。转子引出线一般由扁铜排制成，从集电环通过大轴引至转子磁极绕组引入点，其中穿过发电机大轴的那部分引线也称大轴引线。

二、水轮发电机转子磁极及引出线的常规检修

（一）转子磁极及引出线常规检修的周期和项目

1. 转子磁极及引出线常规检修周期

发电机转子磁极及引出线常规检修间隔是按发电机组的检修间隔确定的。国内水电厂机组检修目前普遍实行的是预防性检修即计划性检修体制，基本上是以定期检修为标准进行的，也就是以时间为基础的预防性检修，即根据设备磨损和老化的统计规律，事先确定检修等级、检修间隔、检修项目、需用备件及材料等的检修方式。转子磁极及引出线的常规检修和机组其他设备的检修间隔周期一样：一般转子磁极及引出线每隔 6～10 年进行 1 次 A 级检修，每隔 3～5 年进行 1 次 B 级检修，每年根据磁极及引出线情况安排进行 1～2 次 C、D 级检修。

2. 转子磁极及引出线常规检修项目

在将转子吊出机坑的 A 级检修中，转子磁极及引出线的检修项目主要有：发电机转子磁极引出线与大轴引线连接点的分断及恢复、发电机磁极的彻底清洗检修、发电机磁极接头检查及检修、阻尼绕组及接头检查及检修、发电机转子磁极检查及检修、问题磁极的分解检修、转子磁极的喷漆检修以及转子磁极引出线检查及检修等。在不吊出转子的 B 级检修中，转子磁极及引出线的检修项目主要有：发电机磁极端部的清洗检修、发电机磁极接头的检查及检修、阻尼绕组接头检查及检修、发电机转子磁极端部的检查及检修、发电机气隙的检查及检修等。在转子的 C、D 级检修中，转子磁极及引出线的检修项目主要有：发电机磁极接头的过热检查及检修、发电机阻尼绕组接头的过热检查及检修、发电机转子磁极端部的检查及检修、发电机气隙的检查及检修等。

（二）转子磁极引出线断复引

1. 转子磁极引出线工艺及要求

在将转子吊出机坑的 A 级检修中，为了使转子上端轴顺利吊出，或者是对转子大轴引线进行检修时，均需要将转子磁极引出线与大轴引线的连接点分断开，检修完成后又需将其可靠恢复。此连接点一般处于转子支臂处的励磁引线与大轴引线连接点处。

转子大轴与支臂处的励磁引线的连接点大多采用螺栓连接，接触面搪锡或镀银，以减小接触电阻。对于搪锡的连接点，拆卸时剥开接头绝缘层，拆卸固定绝缘

板，熔开接头搪锡，拆下连接螺栓。拆卸下的部件应妥善保管并做好记录。安装时要求搪锡良好、连接牢固、安装后按绝缘规范包绝缘。胶干后，刷 1361 低温干燥环氧树脂覆盖漆或 188 号聚酯晾干红瓷漆 1～2 遍。

为了保证连接点的可靠连接和最大限度地减小连接点的接触电阻，接触面一般需现场动火，在接触缝隙间再加锡料填满或在破损的镀银接触面现场进行镀银处理。连接可靠后，再将连接点包扎绝缘。

2. 铜排接触面现场搪锡工艺

铜排搪锡前，应首先将铜排表面清理干净，如有氧化现象，应用砂纸打磨氧化层再进行搪锡。铜排搪锡时，可以采用电极加热或火焊加热，待铜排达到合适温度后，及时添加松香和焊锡。焊锡熔化后，迅速用干净白布擦拭干净，以保证有较好的搪锡面。

3. 铜排接触面现场电刷镀银工艺

电刷镀是不用镀槽而使用专门的电源、镀液和镀笔，使镀笔接电源的正极，工件接电源的负极，依靠蘸满镀液的镀笔与被镀件做相对运动而获得镀层的一种新工艺。电刷镀技术是表面修复和表面强化的新技术，根据工艺要求，可简便、快捷地修复磨损腐蚀的机械零件，达到耐磨、耐蚀，改善钎焊性，增加导电性的目的。

铜材表面电刷镀银工艺流程为：表面修整→丙酮除油→去污粉擦洗→电净→清洗→铜活化→清洗→浸银→电刷镀银→清洗→防变色处理→检验。

铜排接触面现场电刷镀银的具体工艺流程为：

(1) 用砂纸打磨，以除去表面的氧化膜。打磨后立即水洗后晾干。

(2) 溶剂除油：用丙酮清洗工件待镀部位及四周。

(3) 电净：工件接负极，镀笔接正极，进行电化学除油。电净后立即水冲洗。

(4) 铜活化：利用铜活化液的腐蚀作用、电化学阳极溶解作用以及络合剂的络合作用去除铜材表面的氧化膜，露出新鲜的纯铜表面，为电刷镀高结合力的银层做准备。经铜活化处理后的工件表面呈紫铜的本色，冲洗干净后就可在其上电刷镀银。

(5) 预镀：工件接负极，镀笔接正极，为防止置换层，加强结合力，预镀镍层(或浸银)。

(6) 电刷镀银：镀笔接电源的正极，工件接电源的负极，依靠蘸满镀液的镀笔与被镀件做相对运动，使铜排接触面镀上一层平整均匀的银层。电刷镀银完成后立即用清水冲洗。

(7) 待电刷镀银层晾干后，在银层表面均匀涂上一层特殊的防氧化液，以防止运行中接触面氧化变色。

(8) 检验镀银面是否平整，厚度是否满足要求，防氧化剂是否均匀，合格后即完成电刷镀银。

(三) 转子磁极的清洗检修

1. 转子磁极清洗的必要性

水轮发电机转子受到油、粉尘或其他物质的污染时，会导致发电机效率下降，最终可能会引起转子故障。发电机转子磁极的污染源主要是冷却风带来的油污和粉尘，所以磁极的迎风面往往最脏。

发电机磁极上的碎屑和污染物会严重影响转子磁极绕组的寿命：发电机内的粗粒碎屑经常聚集到转子铁芯的狭窄通道中。粗屑还可能部分或全部填充两个线圈端部之间的空隙，限制流经转子铁芯的冷却风量，导致转子绕组电流产生的铜耗不能有效散失，使绕组温度升高，它可能使局部温度升高（多发生在阻塞区），也可能使整个绕组温度升高（如各处风沟均被堵塞）。这种较高的运行温度“烘烤”转子绕组绝缘，从而使绝缘老化，导致电、热和机械性能下降。对任何一台发电机而言，也许最常见的情况是粉尘和油混合后而产生的过热现象。这种粉尘附着在线圈表面（特别是罩在线圈端部），减小了铁芯风道的横截面积，而线圈端部这层多余的油垢增加了主绝缘的热阻，使得从铜导体 I^2R 损耗所产生的热量很难穿过电绝缘和污垢层被带走，结果导致线圈端部温度升高，加速了绝缘的热老化。另外，油污或混有多种粉尘（如地表盐碱、昆虫、灰尘等）的湿气沉积在线圈端部，形成层部分导电的膜。这种部分导电污物会在绝缘表面形成 60Hz 的微电流。这些电流能够分解绝缘材料的有机成分，形成电流通道，最终导致主绝缘失效。当机组在较高电压（11kV 或更高）下运行时，这种情况很可能发生。而且，遗留在水轮发电机组内的大块金属物质，如果它们靠近线圈，就会在磁力或空气流动的作用下切穿绝缘引起短路，直接引起转子线圈故障。即使小的金属物质，如铁屑，也可引起线圈短路。这些碎屑（如机组钻孔攻丝时留下的铁屑）在磁场的作用下，向大电流区活动，造成绝缘穿孔，引起短路。所以，在检修中对转子磁极进行清洗检修是非常必要的。

2. 转子磁极的清洗方法

发电机上污物的清洁方法有颗粒喷吹法、溶剂擦拭法、蒸汽清理法等。当然，最有效的方法还是在开始阶段就能防止污染物对发电机的污染。

(1) 颗粒喷吹法。清洁转子线圈的方法有许多，每种方法都有一定的可行性。其中，最彻底也最快速的清洁方法可能是颗粒喷吹法，即用一种特殊装置将玉米、胡核壳或干冰等物质以极高的速度吹向线圈表面，相当于电气上的喷砂法。这种方法就是借助喷射物质的作用力清除掉粉尘块和表面污物。颗粒喷吹法对人员技术要求较高。如果吹出颗粒的喷嘴长时间对准绝缘材料，那么线圈涂层，甚至主绝缘就会被快速磨损，削弱线圈绝缘。通常，定子或转子线圈应密封在一个临时的舱内，以容纳颗粒和粉尘。工作人员必须使用呼吸装置。颗粒喷吹完毕后，最重要的一点是要抽空喷吹物质，清除污物，要确认没有任何遗留物质堵塞在定子、转子铁芯中的通风间隙内。应用于水轮发电机上时，许多用户认为最有效的清除垃圾和油污的吹拂颗粒是玉米或胡核壳。用干冰作喷吹颗粒的优点是不需要抽空，然而干冰对清除油污方面似乎效果不佳。

（2）溶剂擦拭法。转子磁极的另一种人力清洁方法是手工清理定子线圈端部和转子线圈，用抹布和溶剂或水基除垢剂，再用干冰清洗。过去使用的溶剂，如三氯乙烯，在清除油污方面是非常有效的，但三氯乙烯对人体健康有害，现在已不允许使用。现在用柠檬酸作溶剂或清洗剂的较为普遍。然而用这种方法，因为无法进入某些区域，线圈许多地方不能得到有效清洗，而且要十分谨慎，不能让溶剂或清洗剂以及水混合溶液侵蚀绝缘。除此之外，用液体或溶剂清洗会“传送”污染物，特别是不要让电刷粉和制动闸粉进入那些不能进入的区域，这会造成极大隐患。对于吊出转子的检修，则可以用喷枪喷出清洗剂进行彻底的清洗。在清扫的同时进行磁极外观检查，看是否有损伤；检查磁极匝间绝缘垫片是否完好，磁极接头表面镀银层是否完好，无破损、脱落、氧化，接头表面是否有油污、表面平整是否变形，铁芯表面是否有锈迹。磁极铁芯有铁锈的需用铜丝刷清除。现在的绝缘材料，如环氧云母和聚酯云母具有很强的绝缘性（不脱层），能有效阻止普通清洁液的渗入。如果线圈仅被湿气污染，可用吹风的方法予以干燥，这样既可对其周围吹热风，也可用电焊机让电流在线圈中流通。风干线圈可能要用数日，而热空气干燥时间取决于绝缘电阻测量值。合格的最小绝缘电阻值为 100MΩ，其极化指数大于 2 时，表明绝缘已经干燥。

（3）蒸汽清理法。对于小型水轮发电机机组来说，可以像清理电动机一样用蒸汽清理。然而，在实践中很少用这种方法，因为很难将定子铁芯加热到足够温度，以防止在定子中产生大量冷凝水，形成再污染或污染沉积。蒸汽清理还会使线圈老化或脱层，性能下降，甚至启动时出现事故，因为在毛细作用下，云母会吸水。

（四）转子磁极接头检查及检修

1. 磁极接头处理工艺流程

磁极接头处理工艺流程如图 10-6 所示。

2. 转子磁极接头处理原则

在发电机进行大修时，应对发电机磁极接头进行检查，必要时还需对磁极进行直流电阻试验或对其接头进行接触电阻试验，以检查其接触是否良好。此外，还应

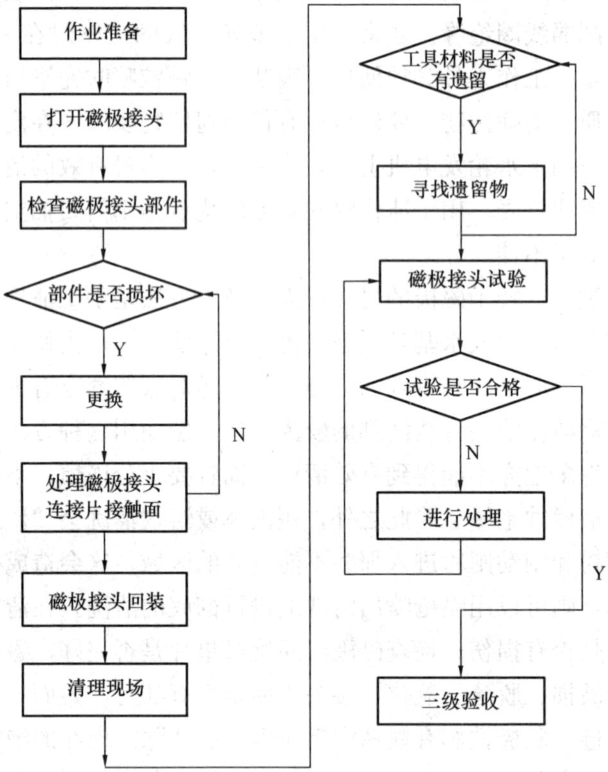

图 10-6　磁极接头处理工艺流程

检查磁极线圈接头是否有过热现象，接头连接板的软铜片有无断裂，连接螺栓有无松动等。

当出现下列情况时，需对磁极接头进行处理：

（1）在停机检查过程中发现磁极绕组接头过热，或其他原因损伤使导电截面减少10%以上。

（2）在停机检查过程中发现磁极绕组接头铜软连接片断裂。

（3）由于磁极损坏或磁极绕组绝缘击穿等原因需吊磁极。

对运行时间较长的发电机进行大修时，通常要对发电机转子所有磁极接头进行接头电阻试验。对在同一情况下进行的试验结果进行分析，其中阻值大于同次测量中阻值最小磁极接头20%的磁极接头判定为不合格磁极接头，需要对其进行处理。

3. 磁极接头处理工艺

（1）不合格磁极接头拆除后，应检查磁极连接接头极间铜软连接板表面是否平整无变形，清洗接触面上的污垢，清理表面毛刺及氧化层。在处理过程中应小心，不要破坏渡银层。如果铜软连接板过热或损坏比较严重，要进行更换。

（2）重新装配时，在连接板表面涂一薄层医用凡士林，以使其接触良好；重新装配后，用 0.05mm 的塞尺检查装配间隙，塞尺塞入深度不得大于 5mm。

（3）所有不合格磁极接头处理好后，重新测量磁极绕组接头接触电阻，直至符合试验要求。

（五）阻尼绕组及接头检查及检修

1. 阻尼绕组及接头检修原则

对发电机转子进行检查时，需要对其阻尼绕组进行检查。检查阻尼环有无断裂，当裂纹深度大于 1mm 时，应用银焊（或铜焊）补接；检查阻尼条有无松动和变形，软接头有无断裂，连接螺栓是否紧固。

由于每个磁极的阻尼环是靠软（或硬）的连接板连接的，因此阻尼绕组接头常常会因接触不良而出现若干问题。当阻尼绕组接头出现下列缺陷时，应立即进行处理：

（1）在停机检查过程中发现阻尼绕组接头过热严重。

（2）在停机检查过程中发现阻尼绕组接头紧固螺栓断裂。

（3）在停机检查中发现阻尼绕组接头铜软连接板断片或其他原因损伤使导电截面减少 10%以上。

2. 阻尼绕组接头处理工艺

（1）拆卸不合格阻尼绕组接头的紧固螺栓，取下铜软连接板。

（2）清洗接触面上的污垢，并处理毛刺及氧化层。在处理过程中应小心，不要破坏渡银层。如果铜软连接板过热或损坏比较严重，要进行更换。

（3）阻尼环接头回装前应将接头整好形，接触面应搪锡良好。安装时，要在铜软连接板的接触面上涂以均匀的凡士林，并注意铜软连接板与磁极间的距离要保证大于 5mm；必要时在阻尼绕组接头附近转子绕组铜排上喷刷绝缘漆，以保证电气绝缘距离。

（4）紧固螺栓上涂以适量的紧固胶，用力矩扳手对称紧固到要求力矩，并锁紧锁片；然后用 0.05mm 的塞尺检查装配间隙，塞尺插入深度不应大于 2mm。在接头的反面无法目测的情况下，应采用一面小的镜子反射检查锁片的固定情况。

（六）转子磁极检查及检修

1. 转子磁极检查

发电机常规检修中，需要对转子磁极进行检查。主要检查磁极线圈对磁极铁芯有无电晕及放电痕迹，绝缘漆有无干裂、脱落，内、外绝缘有无损坏和老化，绝缘压板有无损伤。必要时可借助试验手段检查磁极线圈。

2. 转子磁极更换原则

当转子磁极存在下列缺陷时，需更换磁极：

（1）磁极绕组对磁极铁芯放电导致绕组与铁芯间隔绝缘纸被击穿。

（2）磁极线圈匝间短路。

（3）磁极绕组接头过热烧熔，绝缘严重老化。

3. 磁极更换工艺

（1）吊开相应部位的上机架盖板。

（2）拆开发电机上下相应部位的挡风板。螺栓应妥善保管，并防止遗落在发电机内。

（3）拆除该磁极绕组电接头及阻尼绕组接头连接。

（4）拔出磁极键，吊出故障磁极。

（5）更换新磁极时，对磁极开箱检查，确认磁极未受潮且干净，并进行外观检查，看是否有损伤。

（6）对新磁极进行配重，尽量保障新磁极与旧磁极重量一致，差别控制在要求范围内。

（7）用500V绝缘电阻表对新磁极进行1min的绝缘电阻试验，绝缘电阻应大于5MΩ。如有必要，执行发电机预防试验规程。

（8）测量磁极铁芯本体长度，找出其物理中心并做标记，然后根据计算结果，定出磁极挡块的正常高程，用精密水平仪放样，安装磁极挡块。

（9）吊装磁极，并安装磁极键和驱动键。

（10）装配新磁极绕组电接头及阻尼绕组接头连接。

（11）用吸尘器清扫磁极后，安装发电机上下挡风板。

（12）吊装上机架盖板。

（七）转子磁极解体检修

1. 转子磁极解体检修原则

转子磁极由于使用电压低、相对电气故障较少，一般无须分解检修。但由于是转动部件，因此有其特殊的一面。如出现下列情况，则需分解检修：电气试验不合格，如磁极主绝缘不良、磁极线圈存在匝间短路等，以及磁极线圈软接头需要更换或接头过热处理等。

2. 磁极分解检修工艺

（1）磁极分解。磁极从转子上拔出后，在专用的支架上进行分解检修。如无专用支架，应在地面铺上枕木，磁极的下面垫以橡胶垫或涤纶毡，将磁极吊起（起吊固定部位为铁芯鸽尾），平放在专用钢平台上对准接触点，使线圈平正置于平台上。轻放铁芯，随时调整方位，以保证铁芯顺利落下时利用铁芯的自重使铁芯和线圈分离（俗称脱裤子）。在分解磁极过程中，应注意防止主绝缘、铜线及绝缘垫圈受损伤。线圈与铁芯分解时，应使用专用工具，以免线圈受力不均而造成散盘；必要时再翻转线圈。翻转线圈时应采用专用木胎或其他专用夹件夹紧线圈，以免翻转中线圈开裂、变形。

（2）修理。故障修理的同时，对非故障部位的铁芯及线圈应清扫、检查，尤其是线匝间的缝隙；用清洁干燥压缩空气吹扫磁极铁芯及线圈，清除尘垢。

（3）磁极线圈与铁芯组装。组装前，应清扫检查铁芯、线圈及绝缘垫圈；多个磁极处理时应注意编号，铁芯与线圈号码回装时应相符，磁极里外接头引线端头位置不要装反；由于磁极解体时不可避免地会对极身绝缘有损伤，因此需要对绝缘进行修复处理后进行回装。铁芯套入线圈时，四周应以环氧玻璃布板导入，同时应使用绝缘垫板垫紧，确保线圈中心和铁芯中心吻合，防止铁芯和线圈之间存在相对位移的可能；接头高低不合适时，可调整上、下端间隙，并用浸过环氧树脂漆的涤沦毡及环氧树脂胶将缝隙填塞。安装线圈和转子中心体之间的绝缘托板，在绝缘托板的接触磁极线圈一侧涂刷相应绝缘胶，然后利用专门的压紧工具压紧；按照磁极线圈长度决定安装压紧工具的个数。根据标准，压紧压力应为转子转动过程中所受离心力，从而模拟机组运行状况，压紧后将绝缘托板和极身绝缘的空隙填满，直至干透为止。

（4）压紧状态下，首先做耐压试验合格后拆除压紧工具。拆除前，应测量内托板和磁极铁芯背面（鸽尾面）之间的间隙是否满足图纸规定要求。磁极挂装前，应保证线圈和托板或其他对地绝缘之间的距离符合图纸尺寸要求；应检查托板和磁极端部、线圈到磁极端部托板的配合，其目的是让线圈得到全面的接触，以克服机器运行时的离心力。间隙和接触长度都应按照标准要求进行检查，任何不满足的情况必须查出原因并修正。最后对线圈和铁芯进行整体清扫，保证线圈、铁芯、引线接头上无树脂、尘垢及其他杂质，保证绝缘托板光滑干净、密封良好。

（5）磁极组装完成后，应进行匝间交流耐压试验，合格后才能装入转子。

（八）转子大轴引线的检查及检修

1. 转子大轴引线检查

转子大轴引线是指从集电环引入励磁电流到磁极线圈的铜排引线，也称为磁极线圈引线，包括转子支臂上的励磁引线和上端轴上的大轴引线。常规检修中，需要对转子大轴引线进行检查及检修。具体检查项目包括：

（1）检查转子大轴引线绝缘表面是否有脏污现象。为保证大轴引线的散热良好和表面绝缘的可靠性，应及时用中性清洁剂将转子大轴引线绝缘表面的脏污清理干净。

（2）检查转子大轴引线的固定卡子是否松脱。对松脱的固定卡子，一定要可靠紧固，卡子的锁片一定要锁好；缺少的固定卡子一定要配齐。

（3）检查转子引线表面绝缘有无损伤，有无对地产生放电痕迹。

（4）检查转子引线连接接头有无过热现象，绝缘套及绝缘垫有无过热、炭化、老化和损伤，接头螺栓是否紧固。

2. 大轴引线绝缘损伤处理

当大轴引线绝缘有损伤时，应及时处理，重新做绝缘。如有损伤，则按如下工艺进行处理：

（1）检查绝缘损坏的引线段是否需拆下处理；如需拆下，拆除及安装的过程应保证清扫干净，再用清洁干燥的压缩空气吹扫。

（2）用工具剥除损伤的绝缘段，两边削成坡度状，斜坡的长度必须满足电压等级的要求。

（3）清理干净引线处理段。

（4）在处理的引线段表面涂刷一层ISL898.1绝缘漆，涂漆要均匀，不要过多，依次用云母带、聚酯带、云母带、玻璃纤维带各包扎一层。除最后一层玻璃纤维带不涂刷ISL898.1绝缘漆外，其余三层包扎带的双面均涂刷ISD898.1绝缘漆，包扎以半叠绕包形式。

（5）在包扎完绝缘带48h后，再在外表面涂刷一层ISL805绝缘漆，并抹光滑表面。

3. 大轴引线过热处理

转子引线连接接头如有过热现象，或绝缘套及绝缘垫有过热、炭化、老化和损伤，则应按如下工艺进行处理：

（1）拆除励磁引线相应固定夹螺栓及过热连接头紧固螺栓，取下接触面金属网及引线。

（2）处理接触面，注意不要损伤接触面镀银层。

（3）将处理好的引线固定在引线固定夹内，在引线接头连接好之前不要将固定夹螺栓拧紧。

（4）在引线接触面间插入新的接触面金属网，并安装螺栓，在螺栓与螺母的接触段涂螺栓紧固胶，然后立即用力矩扳手将螺母拧紧至要求力矩。

（5）用0.05mm的塞尺检查接触面，塞尺塞入的深度不得超过5mm。

（6）拧紧引线固定夹螺栓。

（九）转子磁极喷漆

在吊出转子的A级检修中，对转子进行彻底清扫后，需要对转子进行喷漆。

转子喷漆的主要工序应符合下列要求：

（1）机械及电气检修工作全部结束。

（2）喷漆前转子清扫干净，再用清洁干燥的压缩空气吹扫。

（3）检查所有的螺栓已紧固，且其力矩达到标准的要求，锁片已锁紧。

（4）已进行并通过相关试验。

（5）将绝缘漆（一般为1361或188）漆用甲苯调至每秒8～10滴为适宜。

（6）喷漆均匀，无流挂现象。

（7）用塑料布覆盖转子喷漆表面，以免受灰尘污染。

（8）待漆干后，磁极按原编号标记。

（十）发电机定转子气隙的检查

在发电机的C、D级检修中，以及发电机的A、B级检修后开机前，均需要对发电机的定转子气隙进行检查，以便发现气隙间的异物。对发电机气隙进行检查，常用白布带紧固地拴适当重物绕转子拉一圈间隙。若发现白布带受阻，则应查明原因，看是否有异物卡在定子和转子之间，且所有异物应及时清除。必要时，可用内窥镜对发电机气隙进行仔细检查。

三、发电机转子的常见故障及检修

除需定期对发电机转子进行常规检修外，发电机转子还有一些常见的故障需要检修处理。发电机转子磁极绕组常见的故障有：磁极绕组绝缘电阻过低、转子磁极一点接地故障、磁极线圈匝间短路故障、磁极线圈引线故障等。发电机转子阻尼绕组常见的故障有：阻尼环与连接板接触不良、阻尼环变形和断裂、阻尼环与阻尼条连接处开焊等。

（一）转子绕组绝缘过低故障

1. 转子绕组绝缘过低故障的原因

发电机使用过久，会使线圈内大量积灰、绝缘老化等，造成转子绝缘电阻降低。发电机长期停用受潮，也会使转子绝缘电阻降低。

2. 转子绕组绝缘过低的处理

发电机转子绕组的绝缘电阻降低到允许值以下时，首先应彻底清扫转子绕组的积灰及油污。清扫干净后，用绝缘电阻表测量其绝缘电阻；如果绝缘电阻还很低，则应进行烘干处理。转子烘干处理工艺如下：

（1）做好发电机保温和安全工作。为了使发电机的加热能量不散发掉，应在发电机的周围搭棚并用帆布罩起来，然后用热风机或电加热装置对发电机进行加热，使周围空气温度提高。对发电机转子进行烘干操作时，要做好防火工作。

（2）烘干温度的控制。对发电机进行烘干操作时，不应使烘干温度超过各部位的限额。其中，定子膛内的空气温度为80～90℃（用温度计测量），定子绕组的表面温度为85℃（用温度计测量），转子绕组的平均温度为120～130℃（用电阻法测量）。加温开始时每小时的温升应控制在100℃以内。烘干时间与发电机受潮程度、容量和现场的具体条件等有关。烘干时间一般为70h以上，预热到65～70℃的时间不得少于12～30h。

（3）烘干标准。在烘干过程中，如果温度不变，而且绕组的绝缘电阻及吸收比升高，经过3～5h保持不变，转子的绝缘电阻大于1MΩ，则认为烘干达到要求。

（4）烘干常用的加热方法：

1）直流电源加热法。在对转子进行烘干操作时，通常在转子绕组中通以直流电流加热（一般用直流电焊机作为电源），但通过转子的电流不应超过转子电流额定值。

2）热风法。用加热器将空气加热至70～100℃后，用专用的通风机将热风吹入发电机内进行加热。现在常用专用的热风机对长时间停用的发电机进行加热。

如果通过上述方法的处理后，转子绕组的绝缘电阻没有变化，依然偏低，则应检查绝缘是否受到损伤。如果绝缘没有受到损伤，那就是绝缘已经老化，应更换新绝缘。

（二）转子磁极一点接地故障

1. 转子磁极一点接地故障及其危害

发电机励磁回路一点接地常称为转子一点接地，是比较常见的故障。当发电机转子绕组发生一点接地故障时，由于构不成电流通路，对发电机不会产生直接危害。此时发电机虽然能运行，但对安全极为不利。在这种情况下，转子如果再发生另一点接地，即发电机转子绕组两点接地，将对发电机构成极大的危害。特别是在目前，随着发电机组的单机容量越来越大，在电力系统中起着重要作用，若发电机转子绕组发生两点接地故障，将会对电力系统造成较大的冲击。

因此，当转子绕组发生一点接地故障时，应迅速采取措施，将其两点接地保护投入，或停机处理（水轮发电机转子绕组严禁带一点接地运行），避免转子两点接地，减小扩大事故的可能性，然后安排检修，找出接地点，消除故障，恢复正常运行。

2. 转子磁极接地故障点查找

转子绕组回路，包括从灭磁开关由励磁电缆经集电环到磁极的诸多环节，都存在运行中或检修过程中出现接地的问题，因此应区别对待，分别查找。

在通常情况下，检查转子的对地绝缘一般同集电环一起测量，即在集电环、磁极引出线、转子磁极线圈连为一体的情况下，一起对地测量绝缘。此时，若绝缘过低或为零，需要先断开集电环上的大轴引线接头，然后分别对集电环和磁极引出线、磁极线圈测量绝缘，以确定是否是集电环出现接地故障。若磁极引出线、磁极线圈的绝缘依然过低或为零，需要断开磁极引出线与磁极线圈的连接点，然后分别对磁极引出线和磁极线圈测量绝缘，以确定是否是磁极引出线出现接地故障。若此时磁极线圈的对地绝缘依然过低或为零，则可判定转子磁极线圈出现接地故障。

在确认发生转子磁极接地故障后，应首先确定是金属性的接地还是因污秽造成的绝缘降低。

在转子磁极出现一点接地或多点接地故障后，应尽快查找接地点，以利于及时消除缺陷。二分法是最简单但最有效的方法，而且对于转子多点接地故障的查找也是有效的。具体做法是：当确定磁极出现接地故障后，首先通过拆卸与磁极绕组引线对称处的连接板将所有磁极线圈分成两部分，然后分别对两部分磁极绕组摇测绝缘。若转子磁极出现的是一点接地故障，将会有一部分磁极线圈的绝缘是合格的，而另一部分磁极线圈的绝缘值很低或为零；若是多点接地故障，则可能两部分的绝缘值都很低或为零。无论是哪种情况，只需要将绝缘很低或为零的那部分磁极按以上方法依次二分，并分别摇测绝缘，最终一定能查找出出现接地故障的磁极。另外，直流电压表法、直流电压比值法是应用直流电压表确定接地点的方法。

3. 转子磁极接地故障的处理

当转子绕组只有一点接地时，绕组与地之间尚未形成回路，故障点无电流通过，励磁回路仍然保持正常的电流状况，发电机可继续运行，但必须选择适当的时候停机检修。如果转子回路再有一处接地就形成两点接地故障，电流就失去常态，磁路也失去平衡并导致机组振动。

两个接地点位置的不同，对发电机的危害程度也不一样。如果转子绕组进出线两个端头接地，就相当整个励磁系统被短路，发电机将失磁。励磁回路被短路后，会产生大电流而损坏励磁回路。若在一个绕组内发生两点接地，就相当一个绕组内的若干匝被短路，该磁极磁通量将减少，假如两接地点非常靠近，对电路及磁路的影响均很小。对并入电网运行的发电机，如果发现励滋电流突然增加，励磁电压下降，功率因数上升，以及发电机产生不寻常的振动等，可判断转子发生两点接地故障或励磁线圈有匝间短路情况。

经检查确认磁极线圈与磁极铁芯之间发生接地后，必须将磁极拆下来进行修理。修理时，先将线圈从磁极铁芯上拆下来，再清除陈旧的对地绝缘，一边拆除一边做好原始记录；然后按原始记录制作对地绝缘。对于中、小型发电机，可按下面介绍的绝缘结构制作极身绝缘。材料采用 0.14mm 厚的环氧酚醛玻璃坯布 2 层、0.10mm 厚的醇酸聚酰亚胺薄膜 3 层（两层坯布中间夹上薄膜）。绝缘包扎（熨包结构）制作工艺如下：

（1）在极身半叠绕 0.24mm 厚的玻璃丝布 2 层。为了最后折回包住主绝缘，要求其两边各比极身长出 50mm 左右。这期间，应用环氧酚醛漆均匀涂刷在极身和玻璃丝布的各层间，并用 1000W 的电熨斗将绝缘熨平；然后包绕高度与极身相等的环氧酚醛玻璃坯布 2 层，中间夹包绝缘，并涂刷环氧酚醛随和熨平，共半叠绕 5 层；最后将预留的 50mm 长的玻璃丝布折回来包住主绝缘，并在最外面半叠绕与极身等高的 0.24mm 厚的玻璃丝布 2 层，层间仍涂刷环氧酚醛漆，并全部熨平。

（2）将线圈套入磁极前，要检查磁极铁芯和线圈的完好情况，如有缺陷要及时修复，并用压缩干燥空气吹去杂质和灰尘。

（3）将上绝缘托板套入铁芯，再用吊装工具把线圈吊起套入铁芯，然后套入下绝缘托板，检查线圈和上下托板的总高度，并压紧，不许松动。如有松动，可垫入环氧玻璃布板调节。绕组与铁芯之间的间隙，要用环氧玻璃布板塞紧，并保持绕组与铁芯四周间绝缘距离一致。

（4）做对地耐压试验，清理干净，喷上 132 绝缘漆。

（三）磁极绕组匝间短路故障

1. 转子磁极绕组匝间短路故障及其危害

转子匝间短路是一种较常见的缺陷。轻微性的匝间短路，并不会影响机组的正常运行。但如果这种故障继续发展，将会使转子电流显著增加、绕组温度升高、无功出力降低、电压波形畸变、机组振动及出现其他机械故障。匝间短路产生的电弧也会引起接地故障。另一方面，水轮发电机检修周期长，转子磁极的试验数据和其空间位置有关，故分散性大，同时受现场试验条件的限制，从而增加了判断匝间短路的难度。

2. 转子磁极绕组匝间短路故障点查找

由于磁极绕组通常匝数较多，因此短路几匝不易发觉，发电机仍可能暂时带病运行。因此，对于检测中已确定是匝间绝缘问题的磁极，还应仔细清扫，特别应检查匝间的缝隙中是否有焊渣、焊锡滴等杂物。由于被外层的油漆覆盖，缝隙中的金属颗粒容易造成匝间绝缘为零的判断，因此应先将匝间彻底清扫后再进行电气测试确认。如果凭目测不能找到故障点，则根据磁极绕组的大小，采用通入低压大电流的方法，如果有匝间短路，则故障部位很快发热，这样就可确定故障部位。

为判断转子磁极绝缘和磁路是否良好，检查时可以按照中国电力企业联合会标准（机电及自动化）进行，见表10-3。

表10-3　　转子磁极绝缘标准

序号	项　目	标　准	说　明
1	测量单个磁极的直流电阻	相互比较，其差别一般不超过2%	通入电流不超过额定电流的20%
2	测量转子绕组的直流电阻	测量值与制造厂测得值比较，一般不超过2%	(1) 在冷态下进行； (2) 同时测量并记录磁极接头所接电阻
3	测量单个磁极绕组的交流阻抗	相互比较不应有显著差别	(1) 在挂装后进行； (2) 试验所加电压不应超过额定励磁电压

通常采用的检查方法有直流电阻比较法、交流阻抗测量法和功率损耗测量法。

(1) 直流电阻比较法。直流电阻测量是加相同电流，测其匝间电阻值，然后进行比较。扩修、大修时，应分别测量每个磁极的电阻值，相邻磁极间电阻值差值不应大于规程规定的2%；若远大于2%，则可以考虑存在匝间短路的可能性。磁极直流电阻值一般仅与环境温度有关，有时也与转子离心力和流过的电流大小有关，测量时应予以考虑。此值对匝数较多、受外界条件影响大的磁极不太灵敏。直流电阻比较法也能判断磁极绕组是否断线，以及测量磁极和磁极之间的螺栓连接电阻值。

(2) 交流阻抗测量法。交流阻抗测量法就是测量磁极的交流阻抗，然后进行比较，相邻磁极交流阻抗不应大于标准值的5%。有条件时，应分别测量单个磁极在定子膛外、膛内，静态和动态的阻抗值及总绕组的阻抗值，它对发现匝间短路极为灵敏、有效。同时，当有一磁极匝间短路时，会影响相邻两个磁极的阻抗值。现场测量应特别注意这一现象。

新投运和大修后的发电机，做好安全措施后，可测转子在额定转速和扰动下的总的交流阻抗值，换算至同温度下，与大修前和交接时的总的交流阻抗值比较，判断转子绕组有无匝间短路。

(3) 功率损耗测量法。现场功率损耗测量法一般与层间耐压同时进行。以每匝间2～2.5V交流耐压为基准值，加压至试验电压值时，测其单个磁极的电流值和功率损失。常用动圈式调压器配合测量用电流互感器和低功率因数功率表测量，在试验电压下停留5min，以考验匝间绝缘强度，能灵敏、有效地发现磁极匝间短路和磁极故障。损耗之间的差值应不大于其电流之间的差值。因试验设备较多、接线复杂，功率损耗的测量仅在转子吊出后进行。

以上三种方法中，最有效、最简便的方法是交流阻抗测量法。当转子绕组有匝间短路时，由于绕组有效线匝减少和短路电流的去磁作用，会使磁极交流阻抗、磁极电抗减小（电阻减小不明显）。这样，绕组功率因数变大，所以功率损耗会有明显变化。但从不少水电厂实际检测情况看，交流阻抗测量法无法判定新安装转子磁极绕组匝间短路的存在，只能反映磁极绕组交流阻抗的变化。因为影响转子磁极绕组交流阻抗的因素较多，如磁极键的松紧度、磁极托板的厚薄等。如果用交流电压表来测试，由于一般表计的最小量程在15～30V之间，故无法检测毫伏级电压的变化。用示波器检测法，可以检测毫伏级交流电压的变化，同时较直观地看出电压波形及幅值的变化。经反复验证，示波器检测法为查找转子绕组匝间短路点的最佳办法。

另外，也可在线圈中通入低压交流电后，用插针法测量每个磁极线圈的电压降，便可发现故障线圈。在通电试验中，如发现某个线圈的电压降比其他线圈明显偏小，则说明这只线圈有短路存在。在做压降法试验之前，应将全部线圈的表面污垢和粉尘清理干净，以便查明是线圈表面粉尘和污垢使线圈匝间短路，还是线圈本身内部绝缘损坏引起匝间短路。如果是粉尘和污垢引起的匝间短路，这时只要用电工刀和毛刷将其表面污垢和粉尘清理干净，匝间短路点就会被清除掉。

为了进一步查找出某一线圈中某一匝短路，首先拆开相邻两线圈连接线，并将故障线圈单独甩开，在此故障线圈中通入经1min左右的较大（一般为额定电流）的交流电后，迅速用手或点温计测试线圈表面温度。如果某点或某部分的线匝比其他的较热，则此部分便有短路存在。

3. 转子磁极线圈匝间短路故障的处理

发现短路匝后，先在外表面处理，用锯条片或电工刀将此发热处的线匝间绝缘从外向里清理，清除表面脏物，清理深度约1mm，然后测量发热点。这时如果短路匝消除，则该线圈表面温度是均匀的。确认故障消除后，用环氧树脂胶将线圈被清理的地方涂上，并在室温下固化8h左右即可。如果短路点发生在线圈表面，将故障的线圈拆下后，按上述方法查找短路点，然后进行修复处理。

如果需要对线圈绝缘进行修复，则需在线圈分解后，用专用劈斧（铜质）或合适的木楔对准要分开的线匝，用大锤敲击斧尾或木楔尾部，将线匝劈开，用另外的木楔垫好两侧线匝。除去已损坏的绝缘（一般多为局部），注意导线上是否有毛刺或棱角，导线表面应光滑、平整。铜线表面清理干净后，在导线下垫好绝缘层。B级绝缘多采用环氧玻璃胚布，为大块料，具体尺寸按现场需要剪裁。注意每层之间应先刷绝缘漆。修理完成后应再进行测试，直至试验合格。应注意的是，环氧玻璃坯布与定子主绝缘材料一样，本身属含胶的绝缘材料，平时要求低温存储，且有效期很短，使用时要防止其已过期或失效。

（四）转子磁极线圈引线故障

磁极线圈引线常见故障有绝缘表面脏污、引线绝缘破裂、固定卡子松脱、引线在离心力作用下甩出，以及线圈引线焊锡面破坏和腐蚀等。位于绝缘表面脏污的引线，要用中性清洁剂清理干净。引线绝缘如有破裂和剥离，应将破裂和剥离的绝缘剥掉，并清理干净；然后按原来的绝缘水平选择绝缘带进行包扎，涂上能在室温下固化的环氧树脂，最后把固定引线的卡子装牢。缺少固定卡子时一定要配齐，螺栓应有止动装置。对于甩出的引线，应查出原因，加以固定。

对于镶嵌在转子上端轴内的大轴引线的绝缘检查，一般采用对地测量绝缘的方法。在大轴引线与集电环和磁极线圈分断的情况下，对大轴引线对地摇测绝缘，看绝缘值是否满足规程要求。若摇测的绝缘值过小或为零，则需要对大轴引线进行解体检修。

检查磁极线圈引线的同时，应要检查磁极线圈间的垫块是否有松动现象。若有松动，则要垫好绝缘，后紧固好螺栓。极间连接线要求连接可靠、绝缘完好。

（五）转子磁极引出线接头过热故障

转子磁极线圈是由铜板绕制的，其磁极接头引出连接线有硬、软两种方式，软连接线（大多数采用由薄的软铜片叠成的引线）与磁极线圈铜板是铆接后焊接在一起的，一般采用锡焊。如果原来安装时质量不良，运行时间长后，就可能出现过热的问题。软接头与线圈铆焊不良者，则需拆下搪锡处理后重新铆焊。采用硬铜板钎焊硬连接的结构，可靠性则好一些。

处理磁极接头的过热故障，应先将磁极吊出，将其平放在枕木上，按磁极线圈分解的工艺将主绝缘、线圈与磁极铁芯脱开，然后单独处理线圈部分。线圈及其层间绝缘是热压在一起的整体。处理接头时，应仔细撬开首匝导线，防止导线平面变形过大，否则回装时难以恢复。采用合适的木楔从导线首匝的顶部打入，逐渐将导线与匝间绝缘分离，注意用力不可过猛。导线与绝缘分离后，在导线下塞好木楔，使首匝导线与其余线圈有一个合适的可以作业的空间。在接头下部垫好防火的石棉板或石棉布，但应注意防止工作中损伤其余部分的绝缘。

1. 软接头磁极的处理

接头挂锡，可以采用碳阻焊或中频焊。用加热装置烫掉接头部分的焊锡，然后用手枪钻头钻开铆钉头，即可取下旧的铆钉，将磁极连接头取下。取下连接头后，对连接头的接触面和磁极导线上的接触面分别处理平整，然后进行挂锡处理，过热严重不能再用的连接头，应予以更换。

将连接头铆接在磁极线圈的导线上，注意铆合敲击铆钉时不可损伤导线和下部线匝的绝缘。铆接的接触面，目前并没有合适的标准可以引用，可以参照母线接触面螺栓连接的标准检查质量。对锡焊的磁极接头连接，应符合下列要求：①铆接的接头错位不应超过接头宽度的10%；②接触面电流密度应符合设计要求；③锡焊接头焊接应饱满，外观光洁。

2. 硬接头磁极的处理

有的磁极引出线采用的是硬接头的连接形式，如采用铜排弯制，根部与线匝采用银焊的方式。这种方式的可靠性比锡焊高。

更换或处理时主要应掌握：线匝与连接线的对接面应处理平整，清理干净后，在两个接触面之间夹好银焊片；焊接时要挡好其他线匝，不得损坏匝间绝缘；边缘焊口处应有45°坡口，便于堆加银焊料，常用银焊料为H1AgCu30-25等；焊接应饱满，无气孔、夹渣；焊后将连接的接头部分修理平整。其他的要求与软接头处理相同。

处理过的接头应电气检测直流电阻，尽量采用大电流法测取直流电阻。接头检测合格后，才能回装首匝线圈。首匝线圈回位后，应仔细整形，导线不应有翘曲。在导线下垫好绝缘层，每层之间应刷绝缘漆。用专用夹具夹好线圈，周围可采用红外线灯烘烤，有条件的情况下也可进入烘房处理。待绝缘层固化后，脱开夹具，将线圈回装至磁极铁芯。

（六）阻尼绕组故障

水轮发电机转子阻尼绕组在运行中会出现温升过高、灼伤、烧断阻尼环连接片等故障。

阻尼条是嵌埋在磁极铁芯极靴内的，出现故障或熔断时，只能更换相应尺寸的铜条（或厂家图纸标明的材料）。由于阻尼条与阻尼端环是焊接在一起的，即使只换其中一根，也需将该磁极的阻尼端环的一端与其余阻尼条全部焊开。

处理阻尼环也应先将磁极吊出，将其平放在枕木上。为防止损伤线圈，处理阻尼条时，应先按磁极线圈分解的工艺将主绝缘、线圈与磁极铁芯脱开，然后再单独处理阻尼条部分。如果阻尼条本身并没有损坏，而只是阻尼环端部开焊，则将其重焊即可。常用焊条为H1AgCu80-5。

1. 阻尼环与连接板接触不良的检修

每个磁极的阻尼环是靠软（或硬）连接板连接的。由于接触不良，形成局部过热而使连接板烧熔，甚至使阻尼环局部烧熔，造成发电机事故的现象常有发生。产生这种故障时，发电机有较大的振动和噪声，在连接处有时会出现火花。当阻尼条在阻尼环烧熔处断开时，在离心力的作用下会翘起变形，将定子绕组端部绝缘刮破，造成发电机烧毁事故。

以往连接板大都采用0.5mm厚的薄紫铜皮制作，每片搪锡，然后采用锡焊，并用螺栓固定在阻尼环上。这种结构在高温下，连接板上所搪的锡层首先熔化，造成片与片间有间隙，电阻增大，进一步产生高温。如此恶性循环，最终会造成连接板烧损。

检修时，连接板可改用2mm厚的紫铜板作为柔性连接，总面积可适当增大些。先将连接处清理干净，并去除残余的锡瘤；然后用含银45%的银焊料在阻尼环连接处和连接板的连接处镀上银焊料，再用螺栓将连接板固定在阻尼环上，最后把螺栓周围也用银焊焊上。一般经过这样的处理后，不会再发生连接板接触不良而过热以致烧损阻尼环的事故。

另外，阻尼环连接处不平，也必须先处理好，如用刮刀刮平或用锉刀锉平，必要时上车床进行机加工。

2. 阻尼环变形和断裂的检修

阻尼环变形是由于阻尼环强度不够和阻尼条在槽内固定不好而造成的。阻尼环断裂是由于发电机处于频繁启动、制动和冲击载荷下，受热胀冷缩和离心力影响而造成的。阻尼环不宜采用焊口的结构形式。虽然这种结构形式在检修单位容易做到，但由于检修单位没有大型锻压设备，往往是先采用铜板条弯成圆周，然后把接口用硬焊料焊上。实践表明，大多数故障是在焊口处断裂。

处理阻尼环变形的办法是：先采用专用工具把变形部位加压，然后用氧乙炔火焰烘烤阻尼环，在400℃以下进行矫正。为了彻底解决阻尼环变形问题，应先把阻尼环取下来处理，然后矫正或者更换新阻尼环。为此，先用氧乙炔火焰加热阻尼环，选用4～6个焊把同时均匀加热，使全部焊缝熔化，然后用专用工具将阻尼环从阻尼条上扒下来。如果要同时更换新阻尼条，那么可以直接把阻尼环与阻尼条焊接根部切断，并拿下来。这一端拿下后，再按同样工艺把另一端的阻尼环取下。如果阻尼环的变形是由于阻尼条窜动引起的，则应先将阻尼环加热到樱红色，然后用大锤进行矫正。变形严重的阻尼环，如果有较大的油压机，在油压机上矫正阻尼环会方便些。如果阻尼环的变形是由于强度不够引起的，则应增加阻尼环的强度，如更换厚一些的阻尼环。阻尼环矫正平整后，需要先清除槽孔毛刺和焊瘤，使孔内间隙符合与阻尼条焊接配合的间隙（0.1～0.2mm）；然后经酸洗除锈，再用清水冲洗（几遍）烘干；最后将合格的阻尼环套入阻尼条，调整阻尼环孔与阻尼条之间的间隙，使之均匀，再用银焊条进行焊接。

阻尼环的断裂视裂口大小进行补焊。补焊方法一般是先在裂口两侧切出坡口，然后进行补焊。焊条材质应与母材相近，对于一般的裂纹，可用磷银铜焊条；对于较大的断裂，要用紫铜焊条材料。如果断开部位是原来的接口，对于小型机组，则最好更换新的整体锻造出来的阻尼环；对于大、中型机组，则用整块铜板加工或锻造后加工的阻尼环，否则不易保证质量。补焊后要矫正形状和进行机加工（或打磨），把不平处车削掉（或磨平）；如果端头处需要搪锡，则应经酸洗进行搪锡处理。

3. 阻尼环与阻尼条连接处局部开焊的检修

发电机连续频繁启动或者发电机在运行中失磁，是阻尼环与阻尼条开焊的主要原因。发电机在频繁启动或运行中失磁时，会在阻尼绕组中产生很大的电流，导致阻尼绕组产生高温，在离心力的作用下，造成阻尼环与阻尼条开焊，因此需要进行补焊。

（1）施焊前，首先要清除故障处旧焊瘤与氧化皮，然后用30%的硫酸溶液清洗，在焊缝周围用尖凿剔除坡口。

（2）选用焊料，最好用45%银钎焊料。

（3）用数把焊火炬同时加热阻尼环，且加热要均匀。当温度达到400℃左右时，应改用一把焊炬集加热施焊处。焊炬要求中性火焰。当焊缝温度达800℃左右时，可将银钎焊料放在焊缝处，让其自然熔化而填满焊缝。

4. 阻尼条断裂的检修

阻尼条断裂的原因是发电机连续频繁启动以及发电机在运行中失磁造成的。因发电机失磁及频繁启动会在阻尼绕组中产生很大电流，造成阻尼绕组过热，在离心力作用下，造成阻尼条断裂。

阻尼条断裂位置，可用手锤敲击阻尼条检查，根据哑声即可判断出来。用放大镜检查时，应先将可疑部位的漆膜去除（有时可按漆膜剥裂情况来判断是否断裂），然后再借助放大镜用肉眼观察。阻尼条断裂的位置找到后，应根据断裂位置和数量进行修理。

（1）少量阻尼条断裂的检修。少量阻尼条断裂故障时，应根据阻尼条断裂情况进行修理。如果断裂处不在槽内（一般都是在阻尼条与阻尼环焊接处），则不必拿出阻尼条，直接在断裂处进行接焊即可；如果断裂处在槽内，则应先加热阻尼条的较长部分的阻尼环焊缝处，待焊剂熔化后，用铁锤打，然后用加热法去除短段。若直线部分有凸起的圆形阻尼条料，则环焊接孔部位的铜料（见图10-7），然后用加热法去除阻尼条。打出阻尼条后，应先除去阻尼，清除槽内杂物，并选用与旧阻尼条材质和几何尺寸相同的新阻尼条插入槽内，进行焊接。

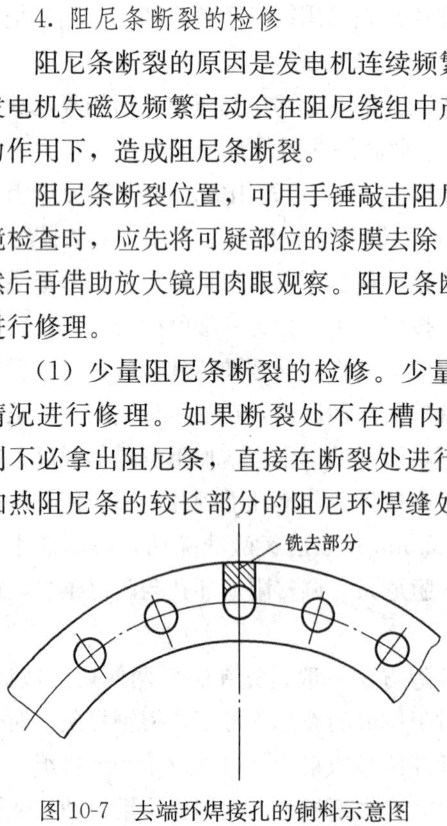

图10-7　去端环焊接孔的铜料示意图

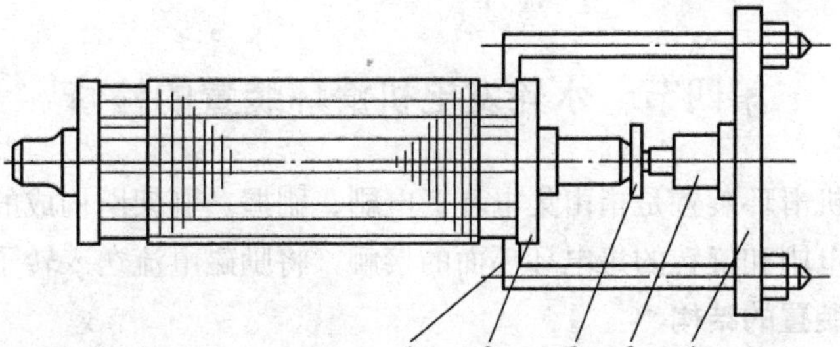

图 10-8　拆端环专用工具结构示意图

1—铜爪；2—端环；3—千斤顶；4—铁板；5—垫板

（2）大量阻尼条断裂的检修：

1）拆除阻尼环。为了拆除阻尼环，首先要制作拆阻尼环的专用工具（见图 10-8），拆除过程是先用数把焊炬（一般用 4～6 把氧—乙炔火焰矩）同时加热某一阻尼环，待全部焊缝熔化后，用专用工具将阻尼环卸下。

2）清理阻尼条端头，抽出槽内全部阻尼条。

3）如果利用原有阻尼环和阻尼条，则需详细检查。对阻尼条断裂处，先开出坡口，然后用与阻尼条同材质的材料进行焊接，或用银铜焊料进行焊接。焊接好后，用放大镜进行检查，应无裂纹和气孔。合格后对焊接处进行修磨，使之与原阻尼条尺寸一致。

4）更换新阻尼条时，一方面可以选用与旧阻尼条材质和几何尺寸相同的新阻尼条；另一方面，可以用按槽平均尺寸做的槽样棒检查每个槽的尺寸，发现个别大的或小的槽形要进行校正，使每个槽尺寸相同，然后按平均槽尺寸选阻尼条尺寸，使两者配合适当。一般检查阻尼条与槽尺寸配合松紧的办法是：先将阻尼条插入槽内，伸入槽内的长度为 50mm 左右，然后用大锤打入阻尼条，每打一锤，阻尼条前进 100mm 为宜。阻尼条两端与阻尼环的焊接部分要经酸洗处理，以便于焊接。

5）阻尼条经检查合格后，要将阻尼槽清理干净，一切合格后将阻尼条插入阻尼槽。在阻尼条端头垫上软金属，用大锤将阻尼条打入槽内，使其两端伸出铁芯长度相等，然后套入阻尼环，调整阻尼条在阻尼环中的间隙，使其间隙均匀。阻尼条与阻尼环孔的配合间隙一般为 0.1mm 左右。若配合精度不够，仍会产生阻尼条断裂故障。

6）套装完毕后进行焊接。为了保证质量，建议采用料 303 型银焊条施焊，或者用磷银铜焊条施焊。全部焊完后，用手锤和开口变压器检查焊接质量。若局部阻尼条在槽内松动，则可浇灌环氧树脂予以固定。

四、转子磁极及引出线试验

具体试验见发电机试验部分。

第四节　水轮发电机滑环装置的检修

水轮发电机滑环装置是指由集电环、电刷、刷握、刷架所构成的装置，其作用是通过静止的电刷和旋转的集电环环面的接触，将励磁电流送入转子绕组。

一、滑环装置的结构

（一）集电环的结构

集电环由金属环、绝缘垫和固定支撑等部分组成，其固定在转轴上，经电缆或铜排与励磁绕组连接。大容量悬式水轮发电机的集电环一般布置在励磁机上，而伞式水轮发电机的集电环多布置在导轴承上（半伞式）或机组顶端（全伞式）。小容量水轮发电机的集电环通常装在励磁机内（有励磁机结构的机组）、换向器上。

水轮发电机滑环的结构随发电机结构形式和容量的不同而不同，其主要结构形式有套筒式和支架式两种。对大直径、高转速滑环，为了改善并联的各个电刷之间的电流分配，避免滑环与电刷形成气流层而引起不稳定状态，使接触电压降变得很不均匀，常在滑环的外圆上加工出螺旋沟槽。

（二）电刷装置的结构

电刷装置主要由导电环、绝缘螺杆、电刷和刷握等部件组成（见图 10-9），其作用是使外电路和转子绕组相连接，构成发电机的正常工作回路。

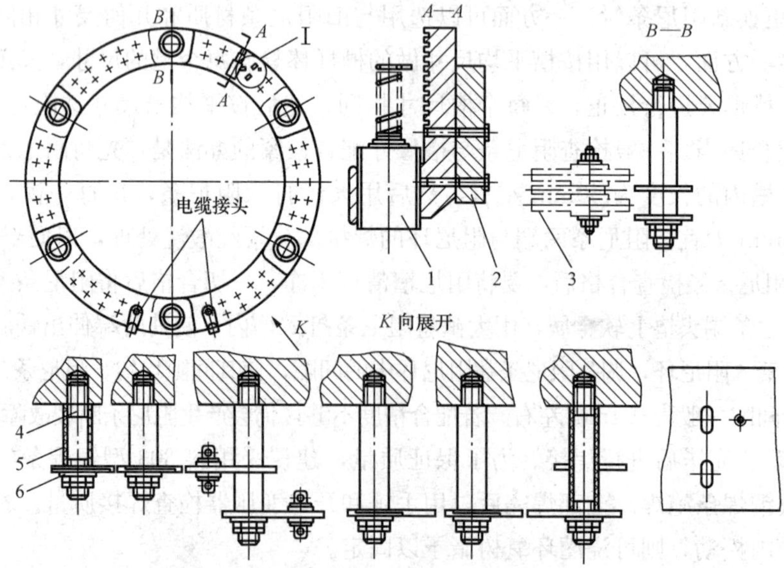

图 10-9　电刷装置结构

1—电刷；2—导电环；3—集电环；4—螺杆；5—绝缘套管；6—绝缘垫圈

导电环通常用Q235钢板制作，导电环通过绝缘螺杆固定在上机架中心体内或刷杆支架上。根据电刷的数量与尺寸，导电环可以做成半圆形或扇形。正、负导电环沿周向应交错布置，以防止碳粉引起短路。

电刷主要有天然石墨电刷和电化石墨电刷两种。国内传统的水轮发电机多使用电化石墨电刷，但不少水电厂也逐渐采用天然石墨电刷。

刷握（盒）和刷架主要用来保持电刷在径向、轴向及圆周方向所在的位置。刷握（盒）通常直接或通过绝缘夹固定在刷杆上，刷杆一般固定在上机架中心体内或专门的支架上。

刷杆是刷握与刷架之间的连接件。刷杆由绝缘材料压制、金属材料外包层压绝缘或金属材料而制成。前两种与刷杆座间不需另加绝缘，而用金属材料制成的刷杆与刷杆座之间必须加垫绝缘。

刷握由刷盒、弹簧和压指等主要零件组成，其构成材质一般有铸铁、铁板、铸铜、铜板、铸铝等。它是安装电刷，并使其在压力下与滑动面保持接触的部件。

刷握按弹簧结构的不同可分为可调式压簧刷握、恒压弹簧刷握、涡形弹簧刷握（又称盘形弹簧）及杠杆式拉簧刷握等。

二、滑环装置的常规检修

（一）滑环装置常规检修项目及要求

1. 滑环装置常规检修项目

（1）滑环装置常规标准检修项目有：

1）恒压弹簧清扫、检查或更换，一般宜实施恒压弹簧压力测试。

2）电刷检查或更换。

3）电刷与集电环接触面的检查、处理。

4）刷架清扫、检查或调整。

5）刷握清扫、检查或调整。

6）滑环装置绝缘件清洗、检查或更换。

7）励磁电缆清扫、检查。

8）大轴引线接头（集电环处接头）清扫、检查。

9）滑环室清扫、检查。

10）滑环装置修前及修后的绝缘电阻测试。

（2）滑环装置的非标准检修项目。滑环装置非标准检修项目根据具体情况自定，一般有集电环接触面研磨、绝缘件改造更换、刷握换型、励磁电缆换型、电刷全部更换滑环装置的拆卸和安装等。

2. 滑环装置检修整体要求

（1）滑环装置带电检修时，应做好安全防护措施。

（2）清扫滑环装置时，宜做好防止清洗剂流入上导轴承的措施。

（3）施工用专用工具、施工机具、安全用具、仪器仪表应得到全面检查和校验合格。

（4）危险源、环境因素的识别和提出，并制订有效控制措施，特别是重要环境因素的控制措施；严格执行环境因素记录表，以减少或杜绝对环境、员工和设备造成或可能造成的危险和危害。为达到持续改进的目的，依据检修过程中客观情况的变化，应不断识别、更新和完善危险源及环境因素。

（5）各类固体废弃物应分类存放，由物业部门统一处理；各类非固体废弃物应采取有效的控制措施全过程控制，以减少或杜绝对环境、员工和设备造成或可能造成的危险和危害。

（6）滑环室内应清扫干净，无遗留物。

（7）滑环装置的转动部分与固定部分应无摩擦现象。

（8）滑环装置的绝缘电阻应用500V或1000V绝缘电阻表测试，其绝缘电阻值不应小于0.5MΩ，且修后绝缘电阻较修前绝缘电阻应有明显提高。

（9）准备原始技术记录表格，检修结束后两个工作日之内完成记录，并审核、批准、存档。

3. 滑环装置巡视检查

为保证滑环装置安全、稳定运行，应定期进行巡视检查。主要检查项目有：

（1）检查刷架支撑杆和上、下刷架间的绝缘筒是否脏污，有无刷架接地的可能。

（2）检查各励磁电缆引线及接头有无过热，绝缘是否良好，接头应紧固；电缆及引线绝缘损坏者，应予包扎修理。

（3）检查转动部分与固定部分有无摩擦。

（4）检查电刷在刷握内有无跳动或卡住的情况。

（5）检查电刷连接软线是否完整，接触是否良好，有无发热。

（6）检查电刷边缘是否有剥落，长度是否过短。

（7）检查各电刷的电流分担是否均匀，有无过热。

（8）检查集电环表面应无变色、过热现象（正常运行温度应不高于120℃）。

（9）检查集电环表面不应有麻点或凹沟，当沟深大于0.5mm且运行中电刷冒火或出现响声无法消除时，应及时车削或研磨集电环表面。

（10）检查刷架、刷握及绝缘支柱应完好。安装电刷后，应保证电刷上端低于集电环上缘 2mm，下端高于集电环下缘 3mm；刷架整体无晃动，刷握固定牢靠；刷握与集电环间的距离为(5±3)mm，刷握应垂直集电环，并偏离集电环旋转方向 5°。

(11) 检查滑环装置负极运行中是否有磨损较快的情况，如存在，则应在风洞端子排处调换正、负极性。调换前须报总工程师批准。

4. 滑环装置的清扫、检查

滑环清扫部位包括滑环的各个表面、两环之间的各绝缘件表面、两环之间的固定穿心螺栓、滑环固定支臂各表面，以及刷架刷握的各个表面、刷架之间的绝缘支撑件表面和大轴引线等。清扫必须确保各部位没有碳粉和其他的灰尘颗粒残留。同时，由于滑环室的卫生状况直接影响着滑环的运行状况，任何灰尘颗粒的漂浮都有可能进入电刷与滑环的接触面，对电刷和滑环造成磨损，因此，滑环室的整体卫生清扫必须针对滑环室的每一个角落。

清扫滑环时，应对滑环装置进行彻底检查。主要检查项目有：

(1) 集电环检查：

1) 集电环安装时应与轴同心，晃度应符合设备技术条件的规定；当无规定时，其晃度不宜大于 0.05mm。

2) 集电环安装的水平偏差一般不宜大于 2mm。

3) 集电环接触面应无变色、过热现象；接触面不应有麻点或凹沟，表面不平度不大于 0.5mm，否则应研磨集电环接触面，使表面粗糙度值达到 $Ra1.6\sim0.8\mu m$。

4) 集电环的上、下环之间的绝缘件应无脏污，外观完好，无变色、过热现象。

5) 大轴引线接头（集电环处接头）应固定牢固，无松动和过热变色。

6) 集电环接触面应无变色、过热现象，其运行温度应不高于 120℃。

7) 集电环被油污染后，应研磨集电环接触面，使其表面光洁，无油膜，以确保集电环与电刷的接触面无油腻。

(2) 刷架、刷握检查：

1) 刷架固定牢固，刷架整体应无晃动，且位置正确。

2) 刷架支撑杆和上、下刷架间的绝缘件应无脏污，外观完好，无变色、过热现象，刷架无接地的可能。

3) 接至刷架的励磁电缆，不应使刷架受力，励磁电缆固定牢固。

4) 励磁电缆引线及接头应无过热现象，绝缘良好，接头连接紧固，电缆及引线绝缘损坏者应包扎修理。

5) 刷握外观干净无破损，无过热变色；与电刷的接触面应光滑，无毛刺、无碳腻。

6）刷握布置应整齐，固定牢靠；刷握与集电环间应有2～4mm的距离，垂直方向偏离集电环旋转方向5°。

7）刷架的绝缘电阻宜用500V或1000V绝缘电阻表测试，其绝缘电阻值应不小于2MΩ。

（3）恒压弹簧检查：

1）恒压弹簧应清洁、干净，弹簧完整，外观应无变色，无机械损失或变形。

2）恒压弹簧安装应牢固，并不与刷辫磨卡；定位销应安装到位。

3）弹簧压力应满足规定的要求。电刷的压力值一般由电刷生产厂家规定，合适的压力有利于电刷的稳定运行。因此，在检修期应检查电刷的压力是否正常。弹簧压力的测试是在恒压弹簧安装就位后，在滑环和电刷间夹上一张软纸片，用弹簧秤拉住电刷尾部缓缓外抽，当软纸片刚好能从电刷下抽出时，此时的弹簧压力读数即为恒压弹簧的压力值。近来也有国外生产的专用电刷压力测试仪，其使用更为简单，将厚约2mm的传感器放在已受压的电刷下即可直接读出压力值。同一台机组滑环装置控制在平均值的±0.5kg力范围内，同一极性上使用的恒压弹簧压力允许偏差为5%，宜逐个检查、校验弹簧压力，压力过大或过小均不得使用。葛洲坝水电厂使用的恒压弹簧压力应在1.2～1.6kg力范围内。

（4）电刷和刷握各紧固件的检查。电刷在刷握里应进出自如，没有卡涩现象；若有，则对电刷侧面进行细致的打磨，不得过量，防止电刷在刷握中摇晃。刷辫在电刷内紧固无松动，否则应更换；在刷架上也应无松动现象，电刷连接软线完整，无发热现象。电刷尾部的绝缘垫块应垫于弹簧与电刷之间，防止弹簧过电流而引起压力减弱。刷握、刷架、绝缘支柱紧固螺栓应完好无松动，刷握边缘距离滑环表面应有5mm的间隙，刷握应垂直对正滑环。

（5）单个电刷磨损面检查。电刷的电流分担均匀，无过热迹象。整个电刷接触面应该是一个光滑的整体，不应有各种毛糙和刮痕更不应有坚固的颗粒，接触面积应大于75%，电刷长度达1/3以上。若电刷表面接触面积偏小或有颗粒杂质，则应对电刷表面进行打磨。打磨过程中严禁使用金相砂纸，防止金刚砂嵌入电刷。

5. 集电环研磨

（1）刷架拆除。拆下刷架支撑杆底部的绝缘罩，卸下刷架紧固螺母，将刷架分片拆下，拆卸时要顾及每一片，避免单片刷架变形；同时，每一片刷架位置要有记号，高度要有记录，入库摆放应整齐。

（2）滑环拆除。拆除滑环引线螺栓，协助起重人员将滑环吊出上端轴。注意起吊时不得绑扎滑环表面，用力应均匀，防止滑环变形，引线要有保护。同时，滑环引线应没有断片，起吊时不得有任何碰撞滑环的行为。

（3）滑环削磨。将滑环吊上运输车辆，在修配车间进行磨削。车削时应保证滑环的圆度，滑环表面应打磨平整。

（4）滑环装配。将滑环套入上端轴，击打到位，连接好引线，滑环应保证无变形，引线连接紧固平整，锁片锁紧。

（5）滑环用油石打磨。在滑环表面涂抹机油，用油石在转动的（或停止的）滑环表面进行打磨处理。滑环表面应光滑，无沟、坑或凸凹点。

（6）滑环用水砂纸打磨。用水砂纸蘸水在转动的（或停止的）滑环表面上进行打磨；滑环表面光滑，无沟、坑或凸凹点，使表面粗糙度达到 $Ra0.8\sim1.6\mu m$。

（7）滑环表面防锈。将凡士林或者导电膏涂抹在滑环表面上，应涂抹均匀，无遗漏，同时使滑环表面完全与空气隔离。

（8）刷架安装。将刷架及其绝缘件逐片安装牢固，每一绝缘件都必须安装正确到位，位置、高度应与拆卸时的记录相符合。

（9）开机前清扫。开机前将滑环表面的涂抹物品全面清扫干净，确保滑环表面整洁，用手触摸没有油腻感。

6. 电刷装置拆装

（1）拆前做好原始记录，画出装置上各零件的装配顺序和导电环的连接示意图，并做好标记。

（2）拆电缆、电刷及导电环。

（3）拆刷握和刷杆等。

（4）用清洗剂或酒精清洗所有零部件上的灰尘和油污（电刷除外），绝缘件老化或损伤的需更新。

（5）将刷杆的绝缘管相互套好，装到刷杆座上，用螺钉初步紧固。

（6）将导电环装到刷杆（螺杆）上，以集电环为基准调好导电环的垂直度与径向位置，调好后更新紧固刷杆。

（7）装导电环上的全部刷握，使导电环上的刷盒排列整齐，刷盒间的距离相等，同时使刷盒与集电环表面的距离一致、同心。

（8）把电刷装入刷盒中，并将电刷引出线紧固在导电环上，接合须紧密、良好。

（9）研磨电刷接触弧面。

（10）测量并调整电刷压力，压力应符合要求。

（11）装电缆（或铜排），紧固导电环和电缆。要求两导电环间衬绝缘块的，应将绝缘块衬垫好，并按拆卸时的要求扎紧。

（12）测绝缘电阻和进行耐压试验。

7. 电刷更换

（1）电刷更换原则：

1）每个电刷有 1/4 刷辫断股，或电刷长度小于原长度的 1/2 时，应更换新电刷。

2）滑环装置电刷换型，使用新型号电刷需经由主管领导批准后方可实施。

3）电刷边缘应无剥落现象，工作电刷长度小于原长度的 1/2 或有 1/4。刷辫断股者或电刷端部的垫块及刷辫有过热现象的，应更换相同型号的电刷。

4）被油污染的电刷应彻底更换，不得遗漏；超过电刷总数 1/3 的电刷被油浸泡过的则应更换所有电刷；1/3 及以下数量的电刷被油浸泡过的，则只有在保证未被浸泡的电刷无过热的前提下才能更换被浸泡的电刷。

（2）电刷更换要求：

1）同一滑环装置应使用同一型号的电刷，更换的新电刷应和旧电刷型号相同。

2）新电刷安装后，应使电刷与集电环的弧度相吻合，接触面积不应小于单个电刷截面的 75％，且电刷表面应无颗粒杂质，刷辫绝缘套上有小铜片的应予以拆除。安装新电刷固定螺栓时用力应均匀，防止滑丝。

3）每次更换电刷时的数量不宜多于电刷总数的 1/3；若多于总数的 1/3，则待新换电刷磨合后，再更换其他电刷；因特殊情况更换电刷超过电刷总数的 1/3 者，发电机组应不带负荷空转 1～2h 后方可带负荷运行。

4）新电刷由于接触面是平直的，因此与圆弧形的滑环接触面很少，如果每环更换的电刷数量少，则可不作处理，让其自动磨合。如果更换电刷稍多，则应将电刷接触面磨成与滑环相同的圆弧面后才能使用。如果没有专用的圆弧面，可将砂纸铺在滑环圆弧表面上，将电刷磨成初步的弧形，然后用 0 号玻璃砂纸磨合接触面。注意电刷磨合后，应用干净的布将电刷和滑环面擦拭干净，否则砂纸上落下的硬粒未清除，反而会使电刷和滑环面磨损加重。

5）电刷与刷握四壁间应有 0.1～0.2mm 的间隙，并抽动检查其灵活程度。电刷与刷架连接螺栓应紧固，保证刷辫与刷架接触良好。

6）刷握边缘距离滑环表面应有约(5±3)mm 的间隙，一般刷握应垂直对正滑环安装，但也有的厂家的电刷要求电刷与滑环垂直表面有一个很小的角度(接触倾斜角 α)，如 7.5°、15°(旋转方向后倾)等。因此，有这种要求的电刷安装时应注意调整角度。

7）弹簧应安放牢靠并不与刷辫磨卡。各电刷之间的压力误差不应超过±10％。如更换弹簧，不能使用不同压力值的弹簧。

三、滑环装置常见故障及检修

（一）集电环表面磨蚀

1. 集电环表面磨蚀故障及原因

水轮发电机集电环损蚀现象在国内水电厂中普遍存在。长期运行后，集电环表面常出现凹痕、条痕、急剧磨损、印迹、烧伤等，其原因是：

（1）集电环正负极之间形成电解池，在运行过程中，作为阳极的负极集电环发生氧化反应，不断地析出氧化物，又不断被磨掉。因此，电腐蚀将导致负极集电环的损蚀。

（2）电刷内含有杂质，电刷和滑环工作面上黏附有杂质。

（3）集电环材质、圆周速度、单位压力、电流密度、负载性能等不合适。

（4）电刷打火产生弧光或其他故障而烧伤集电环工作面。

2. 滑环表面故障的预防与检修

（1）集电环损蚀的防治：

1）首先要从制造厂开始，即要采用钢质材料制造集电环，如用 50Mn 钢而不再使用铜质集电环，这样可以大大减轻集电环的损蚀。

2）根据法拉第电解第一定律，电解过程中，电极上析出物的质量与通入电流的量成正比。因此，应设法减少通过电刷与集电环接触面的电流密度，即加大电刷截面积，或者增加每极的电刷数。

3）运行中要尽量保持厂房内清洁、干燥，选用优质合格的电刷等，这样既可减弱电化学腐蚀，又可减轻集电环的机械磨损。

4）定期检查集电环损蚀情况，并进行修复保养，防止电刷跳火；此外，定期调换集电环的极性，使两极集电环损蚀程度保持均匀，也能够有效地延长集电环的使用寿命。

（2）滑环表面轻度损伤的检修。集电环工作表面出现斑点、刷痕、轻度磨损等损伤时，先用锉刀将其伤痕刮去，然后用油石在转动的情况下研磨；磨到表面故障消除后，将集电环旋转至较高的转速，用金相砂纸抛光，使表面粗糙度达到 $Ra1.6 \sim 0.8\mu m$。

（3）滑环表面损伤严重的检修。滑环工作表面存在烧伤、槽纹，凹凸程度比较严重，有 1mm 左右，损伤面积又占金属表面积的 20%～30%时，一般用车削方法的修理。车削时车刀必须锋利，进给量要小，一次切削深度为 0.1mm 左右，切削线速度为 1～1.5m/s，加工后同轴度误差不大于 0.03～0.05mm。车削完后，用金相砂纸抛光，然后在高速旋转的情况下，在金相砂纸上涂一层薄薄的凡士林等，近一步抛光表面，使表面粗糙度达到 $Ra1.6 \sim 0.8\mu m$。

（4）滑环外圆成椭圆的检修。经过检查证实滑环外圆成椭圆后，用车削进行修理。车削圆后用上述方法进行抛光，使粗糙度达到要求。

（5）滑环有裂纹的检修。滑环出现裂纹后，根据裂纹情况进行焊补车削或更换新的。

（二）滑环碳粉堆积

1. 碳粉堆积原因及危害

滑环装置碳粉堆积过多是发电机滑环装置的常见故障，同时也是导致滑环打火和转子一点接地等滑环装置其他故障的主要原因。

滑环装置碳粉堆积过多产生的主要原因有：滑环积油、电刷质量不好且长时间运行、弹簧卡子力度不合适、集电环表面有毛刺等。

2. 碳粉堆积故障处理

此类缺陷的处理措施有：清扫滑环、更换质量合格的电刷、更换压力合适的弹簧卡子、集电环打磨等，具体施工步骤及工艺在滑环装置常规检修中已进行了详细的阐述。

（三）滑环打火

1. 滑环打火及产生原因

发电机运行中滑环装置打火花是常见的故障之一，若不及时消除，可导致发电机滑环大面积打火，对发电机组安全运行造成直接威胁，严重时会被迫停机。就大型发电机而言，紧急停机不仅会造成系统出力下降，影响系统稳定运行，而且对发电机组本身也将产生危害。

造成电刷打火的原因主要有以下几个方面：

（1）电刷磨损过多。在机组运行过程中，常常有些电刷由于机组运行得不到及时更换而致使其磨损超过其原长度的1/2，这就有可能造成由于电刷过短而引起的滑环打火缺陷。

（2）恒压弹簧压力不适。由于机组长时间的运行，很多恒压弹簧已经疲劳而没有达到要求压力范围。在机组运行过程中，许多打火缺陷是由于恒压弹簧压力不够而造成的。

（3）集电环表面粗糙度过大。如果集电环表面的粗糙度过大或者有油污等污垢附着，会导致集电环环面和电刷接触的有效面积减小，从而减小电刷的有效载流量，容易在集电环和电刷的接触面上产生火花。

（4）电刷的材质不均匀。如果电刷的材质不均匀，也会导致集电环环面磨损不均，影响集电环表面的光洁程度，容易在集电环和电刷的接触面上产生火花。

（5）受油器渗油。由于受油器渗油，油不易挥发并与碳粉黏附一起形成油腻，使得滑环运行热量和碳粉不能随集电环旋转风散发掉。集电环上形成的油膜影响，导致电刷接触电阻增大，而接触良好的电刷通过的电流激增，发热严重，并且发热迅速而难以控制，从而导致打火现象发生；同时，电刷经过油的浸泡和滑环运行温度的升高，电刷体积也有所膨胀，难免使得在刷握中轴向运动受阻，造成个别电刷与集电环接触不良，从而造成电刷打火。

2. 滑环打火处理

发电机滑环打火现象十分普遍，主要的处理对策有：

（1）弹簧压力控制在平均值的±0.5kg 力范围内。检查外观无变色，无严重变形。用手检查恒压弹簧压力应为 1.2～1.6kg 力（葛洲坝水电厂电刷要求的压力），对于不满足要求的恒压弹簧，应及时全部更换。

（2）发电机滑环电刷有破损、裂纹，刷辫有过热痕迹，电刷长度小于原来长度的 1/2。具备上述条件之一的电刷必须更换；更换的新电刷末端接头应接触良好，无翘起。

（3）恒压弹簧使用前应检查其压力均匀，卡口卡入刷握内应牢固，无弹出现象，压簧无断裂现象。

（4）新电刷首先进行电刷阻值测量，并将阻值相同的电刷分别编号存放。更换电刷时，必须在同一极滑环上使用同一阻值的电刷，严禁不同阻值的电刷在同一极滑环上使用。

（5）新电刷使用前必须配磨，接触面磨损均匀，保证电刷与滑环表面接触达 75％及以上，电刷上下部检查无明显缝隙。

（6）电刷在刷握内轴向运动灵活，无窜动及卡涩现象。

（7）滑环装置的绝缘件外观干净，无破损、无明显过热变色迹象，固定牢靠。对于有异常的绝缘件应及时更换，滑环对地绝缘电阻不小于 0.5MΩ，刷架对地及极间绝缘电阻不小于 2MΩ。

（8）电刷上端低于集电环上缘 2mm，下端高于集电环下缘 3mm，刷架整体无晃动，刷握固定牢靠，刷握与集电环距离为(5±3)mm，垂直方向偏离滑环旋转方向 5°。

（9）受油器、操作油管应采取新材料、新工艺，以彻底消除其渗油及油雾现象，保障滑环室没有油雾。

（10）葛洲坝机组先前使用的电刷材料为电化石，其材料决定了电刷不能有效抑制打火发生，使用天然石墨材料的电刷，它能有效抑制电刷打火，但会造成集电环腐蚀。

（11）加强对发电机滑环装置的巡检力度。

（四）滑环污染

1. 滑环污染及其危害

发电机运行中滑环装置积油也是常见的故障之一，油不易挥发并与碳粉黏附一起形成油腻，使得滑环运行热量和碳粉不能随集电环旋转风散发掉。集电坏上形成的油膜影响，导致电刷接触电阻增大，而接触良好的电刷通过的电流激增，发热严重，并且发热迅速而难以控制，从而导致打火现象发生；同时，电刷经过油的浸泡和滑环运行温度的升高，电刷体积也有所膨胀，难免使得在刷握中轴向运动受阻，造成个别电刷与集电环接触不良，从而造成电刷打火。因此，滑环污染是影响滑环稳定运行的重要危险因素。

2. 滑环污染的处理

（1）滑环装置轻微污染的处理：

1）擦拭掉油珠，必要时进入受油器外罩内处理渗油，确保滑环室内无油珠；确实需停机处理的，在缺陷消除以前需安排人员每天擦拭渗油。

2）查看集电环表面有无光泽；若无光泽，则擦拭集电环表面，保证集电环表面光洁、无油膜。

3）观察电刷上有无油斑和电刷端部的胶木垫快及刷辫有无过热现象，若存在则予以更换，确保电刷干燥、无油斑，电刷与集电环的接触面无油腻。必要时加强滑环室内通风，减少室内油气量。

4）以上工作均在不停机的状态下进行，作业过程应执行相关作业指导书和规程。

（2）滑环装置少量污染的处理：

1）擦拭油珠，同时进入受油器外罩内处理渗油，彻底消除渗油，确保滑环室内无油珠；确实需停机处理的，在缺陷消除以前需安排人员每天擦拭渗油。

2）观察集电环表面有无光泽；若无光泽，则应擦拭集电环表面，保证滑环表面光洁、无油膜，电刷干燥，刷架及滑环上无油斑，电刷与集电环的接触面无油腻。

3）处理滑环室内集油，更换被油污染和过热的电刷，确保滑环室内无集油及焦糊味。

4）以上工作均在不停机的状态下进行，作业过程应执行相关作业指导书和规程。

（3）滑环装置大量污染：

1）擦拭掉油珠，同时申请低谷停机，处理漏油，并彻底消除漏油缺陷，确保滑环室内无漏油。

2）观察集电环表面有无光泽；若无光泽，则应擦拭集电环表面，保证集电环表面光洁、无油膜。

3）处理滑环室内集油，待低谷停机后清扫滑环，确保滑环室内无集油，电刷与集电环的接触面无油腻和焦糊味，清扫后从电刷上下部检查接触情况并测量绝缘电阻。使用1000V绝缘电阻表测得集电环与转子的绝缘电阻应不小于0.5MΩ，刷架的绝缘电阻应不小于2MΩ。被油污染及过热的电刷要彻底更换，不得遗漏；超过半数的电刷被油浸泡过，则滑环上的所有电刷均需更换；半数以下的电刷被油浸泡过，则只有在保证未被浸泡的电刷无过热的前提下才可只更换被浸泡的电刷。更换的新电刷，其生产厂家和批号应与原电刷一致。

4）以上作业过程应执行相关作业指导书和规程。

（4）滑环装置严重污染的处理：

1）需要停机消除漏油缺陷，确保滑环室内无漏油；停机后，检查受油器密封，处理漏油。

2）处理滑环室内的集油，清扫、检查滑环装置，确保滑环室内无集油，电刷与集电环的接触面无油腻和焦糊味；清扫后，从电刷上下部检查接触情况并测量绝缘电阻。使用1000V绝缘电阻表测得集电环与转子的绝缘电阻应不小于0.5MΩ，刷架的绝缘电阻应不小于2MΩ。被油污染及过热的电刷要彻底更换，不得遗漏。超过半数的电刷被油浸泡过，则滑环上的所有电刷均需更换；半数以下的电刷被油浸泡过，则只有在保证未被浸泡的电刷无过热的前提下才可只更换被浸泡的电刷。更换的新电刷，其生产厂家和批号应与原电刷一致。

3）机组并网运行后，应不带无功负荷，并实时监测集电环及电刷运行温度，每小时测量记录一次；集电环及电刷温度应不高于70℃，方可逐步增加无功负荷至额定值。

4）以上作业过程应执行相关作业指导书和规程。

（五）滑环短路

1. 滑环短路及危害

滑环短路是影响发电机滑环装置正常运行的重大缺陷，会造成发电机停机、转子及滑环装置绝缘损坏等一系列问题，严重威胁着发电机的安全稳定运行，应尽量避免。

发电机滑环装置出现短路故障的原因主要有极间绝缘损坏或积碳过多，另外也可能由其他金属物体等导电体原因而造成。

2. 滑环短路故障处理

（1）将烧坏的部件取下，将残留物去除干净。

（2）更换烧坏的刷握、电刷和绝缘件（包括上下滑环绝缘环氧夹件、穿芯绝缘螺杆、绝缘垫块、绝缘支撑杆及绝缘杯等）。

（3）检查滑环装置各处绝缘，并对刷架、滑环进行绝缘试验，直至合格。

（4）集电环表面如有烧伤，则需要进行发电机空转，对集电环表面进行研磨。

（六）滑环温度过高

1. 滑环温度过高的主要原因

滑环温度过高的主要原因有：电刷与滑环接触面积小于75%而引起电流密度增大；电刷弹簧压力过大或过小；机组振动；更换电刷时电刷牌号不对等。

2. 滑环温度过高的处理

（1）检查电刷牌号是否正确，如果该牌号的电刷允许的电流密度不能满足要求，可更换电流密度较大的电刷。

（2）检查电刷接触面积，如小于75%，则应研磨电刷。

（3）检查并调整电刷弹簧压力，使其符合要求。

（4）如上述工作仍未解决问题，则在条件允许的情况下，可考虑增加一排电刷。实践证明，此方法能解决电刷打火和过热问题。

（七）滑环松动

塑料滑环运行一段时间后，因塑料收缩或开裂，会造成滑环松动。

装配式滑环常产生金属环与套之间的松动，主要原因是滑环绝缘衬套因老化收缩后，与金属外配合过盈不够。

（八）滑环绝缘损伤

塑料滑环因塑料材质和制造工艺不当，常发生塑料变脆开裂的现象。当外界电刷碳粉、油污侵入裂缝后，造成金属环之间击穿和金属环与轴对地击穿。对于套筒式和支架式滑环装置绝缘损伤，则主要表现在穿芯螺杆等绝缘件绝缘损伤而引起。另外，引线连接处接触不良、局部过热也会使根部打火烧断。

（九）滑环绝缘过低

滑环绝缘过低也是滑环装置的常见故障之一，如不及时处理，则可能造成滑环短路，发生恶性故障。滑环绝缘过低的主要原因通常为绝缘件脏污、绝缘件击穿、绝缘件破损、励磁电缆绝缘不合格等。

针对此类缺陷，首先应查找出故障点，分析事故原因，然后针对原因进行处理。主要处理措施有清洗滑环、更换绝缘件、转子回路绝缘处理等。

四、滑环装置试验、验收及启动

（一）耐压试验和绝缘电阻检查

在单个集电环、引线及刷架安装前，宜实施标准交流耐电压试验和绝缘电阻检查。集电环、引线及刷架的耐电压标准为 $10U_f+1000V$，但不得小于 3000V；集电环、引线及刷架的绝缘电阻宜用 1000V 绝缘电阻表测试，其绝缘电阻值不应小于 2MΩ（注：U_f为发电机组转子额定励磁电压）。

（二）交流耐压试验

滑环装置应每 5 年实施一次交流耐电压试验，可与转子交流耐电压试验同时实施，耐电压标准为 $5U_f$，但不得大于 2000V；每次检修前应实施绝缘电阻试验，应用 1000V 绝缘电阻表测试，其绝缘电阻值不应小于 0.5MΩ（注：U_f为发电机组转子额定励磁电压）。

（三）验收

滑环装置检修完工后，应随同检修记录一起进行三级验收，验收合格后方可投入运行。

（四）投运

滑环装置投入运行后，各部分运行温度应不高于 120℃，且绝缘良好，无异常声音，无电刷打火现象。

第十一章　发电机轴承的检修

第一节　上导轴承的检修及调整

一、概述

立式水轮发电机导轴承的作用是：使水轮发电机保持在一定的中心位置运转并承受径向力。这种径向力主要是转子本身的静不平衡、动不平衡、磁拉力不平衡、水推力不平衡和空蚀所产生的震动，以及发电机在非正常工况下运行时所产生的震动，使机组主轴在轴承的间隙范围内稳定运转。

导轴承的布置方式和数目与水轮发电机的容量、额定转速及结构形式等因素有关。例如，伞式水轮发电机多采用一个导轴承，即上导或下导；悬式水轮发电机多采用两个导轴承，即上导和下导。导轴承的结构形式有浸油分块瓦式、筒式和楔子板式（即调整块式）三种。目前，国内大多数大型水电机组均采用浸油分块瓦式导轴承；筒式导轴承已很少采用，只在中、小型水轮机导轴承上和卧式机组上应用；楔子板式导轴承于1983年在大化水电厂的水轮发电机上首次采用，目前在建的三峡水电厂的水轮发电机组上也大量采用该类型的导轴承。导轴承按油槽使用可分为两种：一种是具有单独油槽的导轴承，其适用于大、中容量的悬式水轮发电机和半伞式水轮发电机的上部导轴承；另一种是与推力轴承合用一个油槽的导轴承，其适用于全伞式水轮发电机的下部导轴承，以及中、小容量悬式水轮发电机的上部导轴承。

性能良好的导轴承的主要要求是：能形成足够的油膜厚度；瓦温在允许的范围内，一般在50℃左右；循环油路畅通，冷却效果好；油槽油面和轴瓦间隙满足设计要求，机组正常运行中机组摆度在允许范围内，一般不超过双边瓦间隙；密封结构合理，不甩油；结构简单，便于维护。

二、上导轴承的结构

（一）稀油润滑分块瓦式导轴承结构

水轮发电机的上导轴承、下导轴承，以及全伞式机组装于推力头外围的分块瓦式导轴承的结构大同小异，如图11-1所示。

分块瓦式导轴承瓦分为巴氏合金瓦和弹性金属塑料瓦。弹性金属塑料瓦国内已研制成功并应用于大型水轮发电机组，如水口水电厂200MW轴流式机组等。巴氏合金瓦分为研刮瓦和免刮瓦（即非同心轴承）两种。目前新建机组均采用免刮瓦，减轻了检修维护工作量。上述三种形式的导轴瓦的瓦体结构、间隙调整方式、润滑方式、冷却方式、外形等均基本相同。

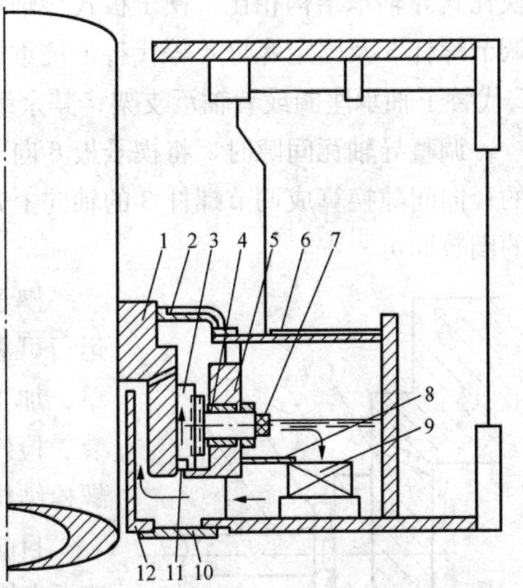

图 11-1　上导轴承结构示意图

1—轴领；2—密封盖；3—上导瓦；4—套筒；5—轴承座圈；6—油槽盖板；7—抗重螺栓；8—分油板；9—冷却器；10—油槽；11—绝缘垫板；12—挡油筒

分块瓦式导轴承瓦的结构如图 11-2 所示。瓦体 1 的背部自上而下开偏心矩形槽，在槽内对应巴氏合金纵向对称也嵌入瓦背支座 2（简称瓦座），上下用两个螺栓固定在瓦背上，在瓦背和瓦座之间夹有用环氧玻璃布热压成型的槽形绝缘垫 3（简称槽形绝缘），在瓦座中部开有圆形沉孔并镶有用 30Cr 圆钢制成的垫块 4（也称铬钢垫），瓦座 2 的固定螺栓上也有绝缘套和绝缘垫圈 5。轴瓦的下部置于托板上（有的直接置于轴承座圈的法兰上），轴瓦下端面与托板之间视需要加绝缘垫板，绝缘板里缘与轴领的间隙不小于 0.5mm。轴承座圈与轴承支架如用法兰连接，视需要设绝缘垫圈，用于切断轴电流回路。冷却器有的装于轴瓦下方，如挡油筒上；有的则装在轴瓦外围油槽里。油冷器有的采用分为两瓣的环形结构，也有的采用分体式结构。冷却器内管路采用紫铜或镍合金材料制作。

（二）楔子板式导轴承结构

楔子板式导轴承结构如图 11-3 所示。与分

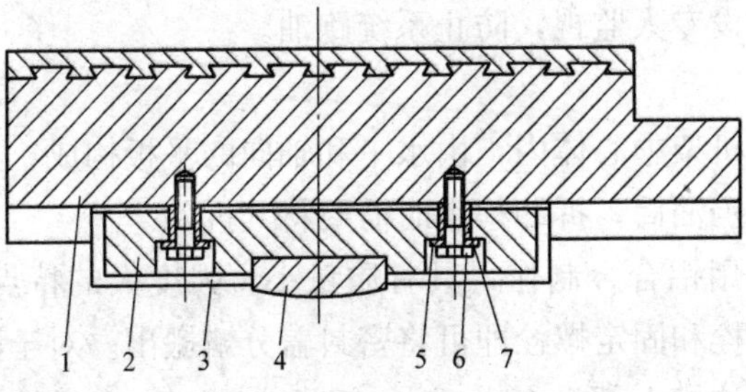

图 11-2　分块瓦式导轴承瓦

1—瓦体；2—瓦座；3—槽形绝缘垫；4—铬钢垫；5—绝缘垫圈；6—螺钉；7—绝缘套管

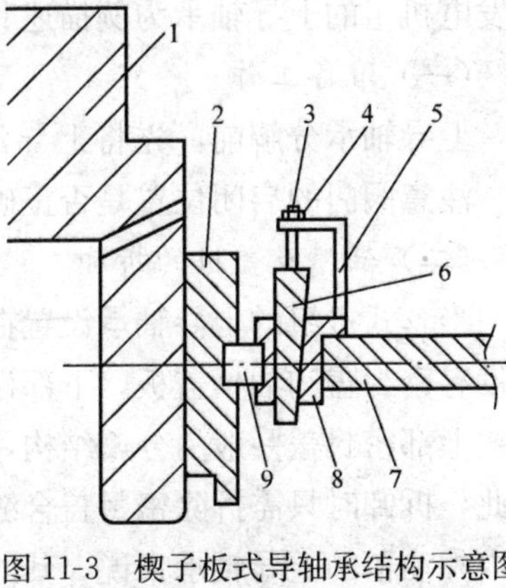

图 11-3　楔子板式导轴承结构示意图

1—轴领；2—导轴瓦；3—调节螺杆；4—固定螺母；5—固定支架；6—楔子板；7—支撑环板；8—垫块；9—顶头

块瓦式导轴承结构相比，楔子板式导轴承的突出特点是采用楔子板 6、固定支架 5、调节螺杆 3 及固定螺母 4 等代替了抗重螺栓；用顶头 9 代替了铬钢块；用支撑环板 7 代替了轴承座圈或者轴承支架；其余组成部件基本类似。

调整导轴瓦间隙时，将楔子板 6 向下楔紧，使导轴瓦 2 顶靠轴领，然后将要求的径向间隙换算成调节螺杆 3 的轴向上升的距离，将该距离再换算成调节螺母旋转的圈数即可。

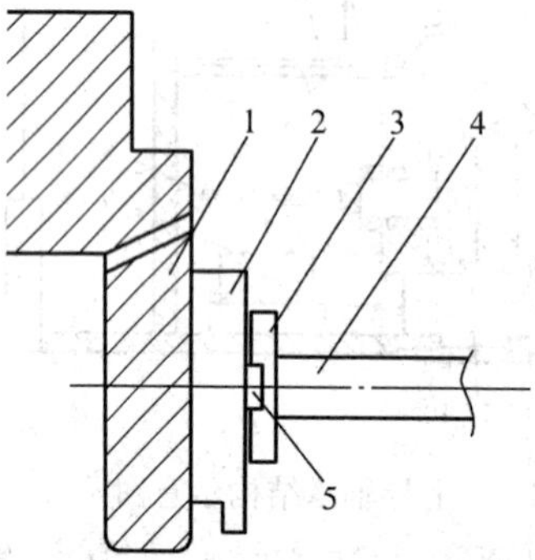

图 11-4　垫板式导轴承

1—轴领；2—导轴瓦；3—垫板；4—支撑环板；5—限位柱

楔子板式导轴承的优点是：调好间隙后不变，运行可靠；无抗重螺栓，增加了径向刚度；结构简单，加工容易，有利于轴承制造质量的提高；安装、检修方便，调节导轴瓦间隙花费的时间比抗重螺栓结构少。

目前，也有机组采用另一种由楔子板式导轴承演变而来的垫板式导轴承，其结构如图 11-4 所示。该结构的不同点在于使用条形板代替楔子板，取消楔子板调节螺杆。调整轴瓦间隙时，要先用顶丝使导轴瓦紧靠轴领，精确测量轴瓦背部到瓦座的距离。该距离减去导轴承设计的间隙值即为条形板应有的厚度，按照该尺寸加工好条形板后对号装入导轴承。

三、导轴承的拆装工艺及一般检修项目

由于机组的容量、导轴承的结构形式和安装位置各有不同，因此其拆装工艺及专用工具也不相同，并在检修工艺和检修质量标准方面也有区别。这里以半伞式水轮发电机组的上导轴承为例描述其检修过程。

（一）准备工作

上导轴承分解前，先将上导油槽内的汽轮机油排净，检查供、排油管道及阀门，注意阀门的启闭位置是否正确，设专人监视，防止系统跑油。

（二）油槽及盖板的拆卸

半伞式机组的上导轴承设置在上机架中心体内，由水平和轴向的平板构成，上部设有密封盖和油槽盖板，下部设有挡油筒，拆卸检查时需要将其拆除。

上部密封盖一般为分瓣结构，多用铝合金制作，具有质量小、强度大的特点，因此，拆卸时只需拆除密封盖合缝螺栓和固定螺栓即可将密封盖分瓣搬出。对于设有内外油槽的上导轴承来说，其外部油槽上部设有由 5mm 钢板或 10mm 有机玻璃板制成的油槽盖板，可分别拆出。需要注意的是，拆卸前要对每瓣密封盖和油槽盖板进行编号，安装时按拆前的位置回装。

对于伞式机组来说，上导轴承挡油筒位于上机架中心体下方，因此拆卸时需在转子上作业。拆卸前先安装如图 11-5 所示的拆卸工具，用 3 个或 4 个千斤顶均布在挡油筒下方，旁边放置等高木方作为保护，上端轴法兰周围铺垫破布或擦机布，以便吸收挡油筒内的剩油。拆卸时将千斤顶顶起紧贴挡油筒，拆卸挡油筒固定螺栓，操作千斤顶使挡油筒均匀落下，直到千斤顶完全落下，再紧固拆卸工具的顶紧螺栓，将挡油筒固定在上端轴上。

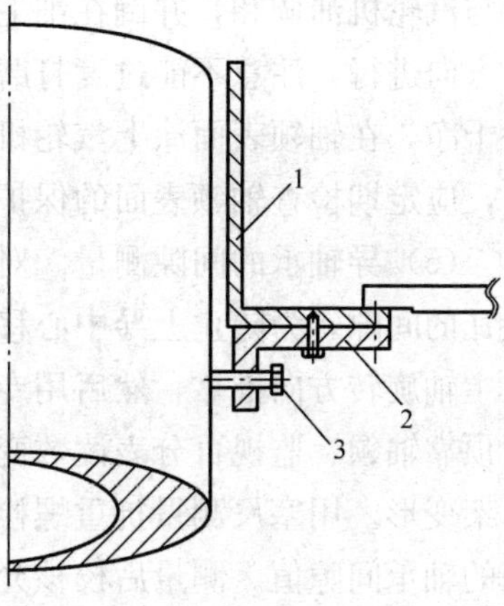

图 11-5　上导挡油筒拆卸专用工具
1—上导挡油筒；2—专用工具；3—顶紧螺栓

（三）上导轴瓦的拆装及检修

（1）上导轴瓦拆卸前要拆除每块瓦的测温装置。

（2）记录上导轴承拆前中心及每块瓦的间隙。先在上导轴承 X、Y 方向分别架设一块百分表，并将百分表调零。用专用顶丝将所有轴瓦顶靠在轴领上，顶靠过程中监视百分表的读数，确保轴瓦顶紧后百分表读数仍为零，上端轴中心不发生偏移。用内径千分尺测量 X、Y 四个方向上轴领距油槽壁的距离并记录，用塞尺测量每块瓦背和抗重螺栓球头的间隙（对于楔子板调节的上导轴承，即测量瓦背和楔子板间的间隙）并记录。

对于要抽出的轴瓦，要先拆除顶丝，然后退出抗重螺栓或取出楔子板。在上导瓦上方安装手拉导链将瓦吊出。轴瓦吊出时，应注意保护瓦面，防止碰撞和刮伤。放置时，瓦下方垫厚羊毛毡保护，瓦面向上时要覆盖橡胶皮或羊毛毡，防止物品掉落而砸伤瓦面。

导轴瓦的安装工序与拆卸工序大体相反，不另介绍。

（3）轴瓦的检查和处理。检查导轴瓦表面有无脱壳、裂纹，并做好记录。如有轴电流烧痕，可用细油石打磨，再用无水乙醇及白布擦干净，然后用弧面磨具包细毛毡，配适量研磨膏磨光，最后再挑花。如刀花局部不清晰或有大片连续亮点，则用刀刃为弧面的刮刀修刮或挑花。为了检查高点，可在轴领下部固定临时支架，将轴领和轴瓦清洗干净。在轴领上均匀涂上显示剂，将轴瓦瓦面贴在轴领上逆时针方向多次研磨并修刮高点。导轴瓦的刮削方法与推力瓦的刮削方法相同，当瓦面接触面积达到整个瓦面的 70%以上且接触点达到 1～3 点/cm^2时，认为合格。

（4）轴领的检查和处理。轴领应用绸布蘸无水乙醇清洗，并检查有无局部高点和烧损痕迹，如有则用天然油石打磨高点或毛刺，然后用氧化铬 M5～M10 的研磨膏与汽轮机油调和，并倒在细毛毡上进行抛光处理。打磨和抛光应沿轴领周向逆时针方向进行，注意不能过度打磨，否则将破坏轴领圆度。轴领抛光后用无水乙醇清洗干净，在轴领表面涂上汽轮机油后贴上报纸防锈。上端轴在油槽外放置时间过长时，应定期检查轴领表面的保护情况，及时补充汽轮机油，防止生锈。

（5）导轴承的间隙测量。对于分块瓦式导轴承来说，轴瓦拆装前后，需测量每块瓦的间隙。为防止上导中心移位，在轴领 X、Y 方向上设百分表监视。先将轴瓦向主轴旋转方向推靠，然后用专用顶丝对称方向将瓦顶靠在轴领，再对称逐块地将瓦顶靠轴领，监视百分表读数变化不应大于±0.01mm；若顶靠用力过大，会造成瓦架变形。用塞尺测量抗重螺栓头部与瓦背支撑点间的间隙（δ），该间隙即为该瓦处的轴承间隙值。测量后校核允许误差为±0.01mm，如图 11-6 所示。

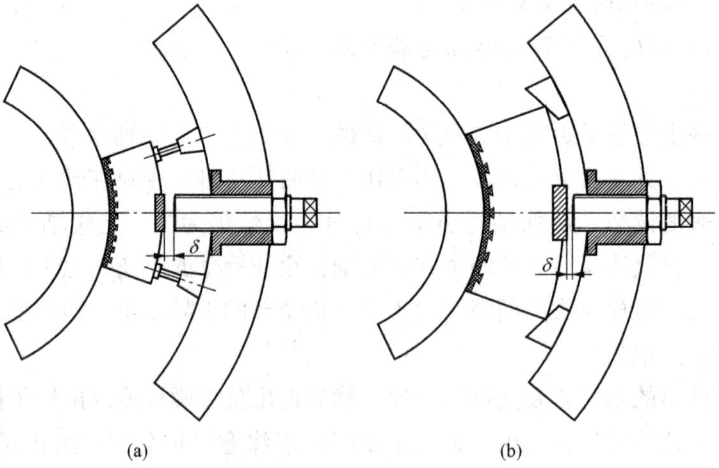

图 11-6　导轴承间隙测量图

（a）使用小千斤顶；（b）使用楔子板

有的导轴承瓦背与轴承座的距离很近，每块瓦可用 1 对或 2 对楔子板将导轴瓦顶靠轴领再测量。

测量对称的四个方向上，轴承座到轴领的距离即为导轴承中心位置。测量完毕后，要在测点处做记号并记录，每次应测量同样的部位，使数据具有可比性。

对于筒式导轴承来说，要测量轴瓦间隙，需将上、下油箱排油，拆除油箱及阻碍测量间隙的部件。有的老式机组，其筒式导轴承下部不是旋转油箱，而是止油环和固定油箱，同样也需拆卸。然后，从筒式轴瓦的上、下两端分别选取对应位置的6～8等分点，测量瓦面到轴领的间隙。

有时为了了解筒式导轴承的磨损量大小，可在筒式导轴承拆除分解后再重新组合成整圆，用内径千分尺测量轴瓦内圆上、中、下部位的直径，每个部位按十字方向测出两个直径，再与相对应位置轴领的外径相比较即可计算出轴瓦间隙。

（6）油槽检查。检查油槽内壁有无锈蚀、脱漆现象，若有则应去锈和涂耐磨油漆；如有开焊、裂纹等缺陷，应做补焊处理，处理完毕后做渗漏试验。导轴承装复前应检查油槽内有无遗留工具或部件，用无毛屑的擦机布清扫后再用面团仔细清扫。油槽组合完毕后做4～8h煤油渗漏试验，要求无渗漏现象。

（7）导轴承的绝缘测量。分块瓦式导轴承的每块瓦均装有槽形绝缘，安装前每块瓦都应用1000V绝缘电阻表测量电阻，其电阻值不应小于50MΩ。导轴承组装完毕后测量整体电阻，其值不应小于5MΩ。对于筒式导轴承来说，需测量轴承支撑环的对地绝缘电阻值，其电阻值不应小于5MΩ。

四、导轴承调整

导轴承组装完毕后需要进行调整。导轴承的安装应以机组实际旋转中心线为基准，而不是以主轴的几何中心线为基准，其安装质量也将直接影响到机组的安全运行。立式水轮发电机组一般有2～3部导轴承，即上导、下导和水导。当这几部轴承中心同心时，机组运行情况下主轴不会出现局部受力过大的情况，轴承摆度和温度可以稳定在允许范围内，有利于机组的平稳运行。如果各导轴承不同心，机组运行时导轴承会出现偏磨现象，轴承温度不均匀，机组振动大，长时间运行后导轴承处摆度也会慢慢变大，机组不能正常运行。所以，导轴承的安装和调试在机组检修工作中是很重要的工序。

当机组轴线经盘车检查合格且推力瓦受力调整符合要求时，即可进行各部导轴承的调整工作。

（一）机组中心的调整

1. 调整机组中心的目的和要求

导轴承安装前，首先进行机组中心的调整。所谓机组中心的调整，是指机组转动部分中心的调整。其目的是为了保证发电机定子与转子之间的空气间隙均匀，平衡磁拉力，同时保证转轮与转轮室内壁间隙均匀，从而减小水不平衡力，以防止因水力不平衡而引起振动和摆度增大。因此，调整机组中心时，应使定子和转子之间的空气间隙和水轮机转轮与转轮室的间隙都在规定范围内，并使转动部分旋转中心线尽可能处于机组中心线的位置。

2. 调整方法

转动部分的理想中心也就是固定部分的中心位置，检查转动部分四周的间隙大小，即可判明其是否发生了偏移。

（1）检查发电机的气隙。按要求，发电机四周气隙应均匀一致，最大偏差不得大于平均气隙的±10%。检查时，需用专用测量工具在每一个磁极的顶部从上、下两方都进行气隙测量，最后计算气隙的平均值及最大偏差。

（2）检查水轮机转轮间隙。水轮机转轮四周的间隙，对混流式水轮机而言是止漏环间隙，对轴流式水轮机而言是轮叶端部的间隙。按要求，四周间隙应均匀，最大偏差不得大于平均间隙的±20%。

轴流式水轮机轮叶端部的间隙可用塞尺检查，但需要就每一片轮叶测量三点，即在进水侧、出水侧以及轮叶中部各测一点，这样才能比较准确地反映实际情况。

混流式水轮机上、下止漏环的间隙，在可能的情况下仍用塞尺检查，在圆周上均匀测 8 处间隙。

（3）将转动部分推到理想中心并加以固定，如果实测的间隙大小不均匀，则应综合上、下各部位的间隙情况，决定转动部分应该移动的方向和大小，再用调整上导轴瓦的方法将转动部分推到理想中心去。为了掌握移动的距离，应在水导轴颈处设百分表进行监视。

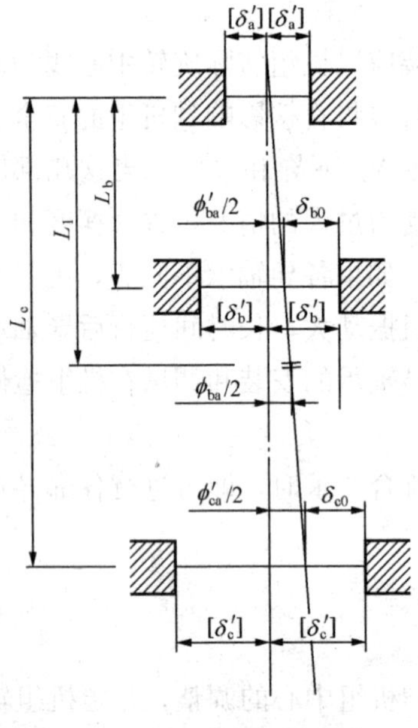

图 11-7　导轴瓦间隙及轴线的关系

（二）导轴承瓦间隙的确定

为了使主轴的转动中心能稳定在理想中心附近，导轴瓦应当针对理想中心均匀分布。也就是说：当主轴的转动中心就是理想中心时，四周导轴瓦的间隙应是均匀的，且等于设计间隙。实际上主轴往往是倾斜的，这就造成导轴瓦与主轴之间的实际间隙总是不均匀的，如图 11-7 所示。

1. 计算法

由于制造和安装的误差，机组轴线虽经盘车检查合格，但摆度还是存在，只是已控制在规定范围内。实际上，机组中心线和旋转中心线是不重合的。因此，当机组中心确定后，在调整导轴承瓦间隙时，应根据设计的间隙要求和经盘车测定合格后的摆度值来确定导轴承瓦单侧间隙的分配值，摆度大的方向间隙应小些（但不宜小于 0.03mm）。

调整的顺序可先根据水导盘车摆度及水轮机中心偏移距离来安装水导轴承瓦并调整其间隙，然后再调整发电机的上导轴承和下导轴承；有时也可以同时进行。

（1）悬式机组导轴承瓦间隙的计算：

1）若水轮机导轴承间隙已按摆度调整在正确位置，并且上导轴领已在中心位置，则上导轴承瓦单侧间隙可取设计间隙的平均值；而下导轴承瓦单侧间隙应考虑轴线的实际位置和摆度方位分配来确定。

上导轴承瓦间隙调整公式为

$$\delta_{a0} = \delta_{a180} = \delta'_{a} \tag{11-1}$$

式中　δ_{a0}——上导轴承瓦调整间隙，mm；

δ_{a180}——δ_{a0}的对侧间隙，mm；

δ'_{a}——上导轴承瓦设计间隙，mm。

下导轴承瓦调整间隙计算公式为

$$\delta_{b0} = \delta'_{b} - \frac{\phi'_{ba}}{2} = \delta'_{b} - \frac{L_{b}\phi_{ba}}{2L_{1}} \tag{11-2}$$

式中　δ_{b0}——下导轴承瓦调整间隙，mm；

δ'_{b}——下导轴承瓦设计间隙，mm；

ϕ'_{ba}——下导轴承处净摆度，mm；

ϕ_{ba}——法兰处净摆度，mm；

L_{b}——上导轴承瓦中心至下导轴承瓦中心的距离，mm；

L_{1}——上导轴承瓦中心至法兰处的距离，mm。

下导轴承瓦 δ_{b0} 的对侧间隙计算公式为

$$\delta_{b180} = 2\delta'_{b} - \delta_{b0} \tag{11-3}$$

式中　δ_{b180}——δ_{b0}对侧的间隙，mm。

2）当水轮机导轴承与止漏环同心，而主轴在轴瓦内任一位置时，上、下导轴承处瓦间隙应按水轮机导轴承瓦的实测间隙计算确定。先用千斤顶或专用顶丝在水导轴承处顶住主轴各个方向，再用千分表测出水轮机导轴承瓦 8 个方向（或 4 个方向）的实际间隙（测量间隙的位置应和下导轴瓦的位置一致），然后按下列公式计算上下各导轴承瓦的间隙。

上导轴承瓦调整间隙计算公式为

$$\delta_{a0} = \delta_{c} + \frac{\phi_{ca}}{2} - (\delta'_{c} - \delta'_{a}) \tag{11-4}$$

上导轴承瓦 δ_{a0} 的对侧间隙计算公式为

$$\delta_{a180} = 2\delta_{a} - \delta_{a0} \tag{11-5}$$

下导轴承瓦调整间隙计算公式为

$$\delta_{b0} = \delta_{c} + \left(\frac{\phi_{ca}}{2} - \frac{\phi'_{ba}}{2}\right) - (\delta'_{c} - \delta'_{b}) \tag{11-6}$$

或

$$\delta_{b0} = \delta_{c} + \left(\frac{\phi_{ca}}{2} - \frac{L_{b}\phi'_{ba}}{2L_{1}}\right) - (\delta'_{c} - \delta'_{b}) \tag{11-7}$$

下导轴承瓦 δ_{b0} 的对侧间隙计算公式为

$$\delta_{b180} = 2\delta'_b - \delta_{b0} \tag{11-8}$$

式中 δ_c——水轮机导轴承瓦调整间隙，mm；

ϕ_{ca}——水轮机导轴承处净摆度，mm；

δ'_c——水轮机导轴承瓦设计间隙，mm。

其他符号含义同前。

(2) 伞式机组导轴承瓦间隙的计算。对伞式水轮发电机组，由于推力轴承安装在下机架（或推力轴承支架）上，因此，与悬式机组相比，上、下导轴承的工作条件进行了互换，计算轴瓦间隙的公式也要作相应的互换，此时还应特别注意同轴号的倾斜方向。

1) 水导轴承瓦间隙已根据盘车摆度调整到正确位置时的计算：

上导轴承瓦调整间隙计算公式为

$$\delta_{a0} = \delta'_a - \frac{\phi_{ab}}{2} \tag{11-9}$$

式中 ϕ_{ab}——上导轴承处净摆度，mm。

上导轴承瓦 δ_{a0} 的对侧间隙计算公式为

$$\delta_{a180} = 2\delta'_a - \delta_{a0} \tag{11-10}$$

下导轴承瓦调整间隙计算公式为

$$\delta_{b0} = \delta_{b180} = \delta'_b \tag{11-11}$$

2) 水导轴承与止漏环同心，而主轴处于水导轴承瓦内任一位置时的计算：

上导轴承瓦调整间隙计算公式为

$$\delta_{a0} = \delta_c + \left(\frac{\delta_{cb}}{2} - \frac{\delta_{ca}}{2}\right) - (\delta'_c - \delta'_a) \tag{11-12}$$

上导轴承瓦 δ_{a0} 的对侧间隙计算公式为

$$\delta_{a180} = 2\delta'_a - \delta_{a0} \tag{11-13}$$

下导轴承瓦调整间隙计算公式为

$$\delta_{b0} = \delta_c + \frac{\phi_{cb}}{2} - (\delta'_c - \delta'_b) \tag{11-14}$$

下导轴承瓦 δ_{b0} 的对侧间隙计算公式为

$$\delta_{b180} = 2\delta'_b - \delta_{b0} \tag{11-15}$$

检修过程中，如果上、下导轴承瓦的结构位置不在同一方向，则调整间隙计算还要酌量考虑其错位值。

(3) 弹性油箱支柱式推力轴承机组导轴承瓦间隙的调整。对采用弹性油箱支柱式推力轴承的水轮发电机组，由于其具有良好的自调性能，因此各部导轴承瓦间隙可按设计值均匀调整，而不考虑摆度值。如果主轴不在中心位置，仅从平均值中减去偏心值即可。

2. 用图解法确定导轴承瓦调整间隙

用计算法求出各块导轴承瓦调整间隙后，所得瓦面不一定在同一个圆周上，从而有可能引起各瓦受力不均，有的瓦受力过大就会出现瓦温过高和松动现象。因此，计算后对个别瓦还必须经修正才能符合实际运行的轨迹。为此，可以采用更科学的作图法来确定导轴承瓦的调整间隙。作图法的优点是方法简便，对上导、下导和水导都适用，每块瓦调整完间隙后，所有瓦面保持在同一个圆周上。这样，各块瓦受力均匀，不易引起瓦的烧损。

（三）导轴承瓦间隙调整工艺

导轴承瓦调整间隙计算十分重要，但要使导轴承瓦安装时间隙正确，还需要保证调整和安装工艺。

导轴承瓦间隙调整工作一般按下列工序进行：

(1) 调整前，应先检查导轴瓦的绝缘，每块瓦的绝缘电阻应不小于 50MΩ。清理干净导轴承瓦，并在瓦面上涂汽轮机油保护，按编号放于带有绝缘的托板上。

(2) 在滑转子处装设两只互成 90°方向的千分表，以监视主轴径向的移动。为此，最好在水轮机止漏环间隙处用楔子板打紧固定。

(3) 用两块楔子板或两只特制螺栓千斤顶在瓦背两侧把导轴承瓦同时顶靠到轴领上，如图 11-8 所示。

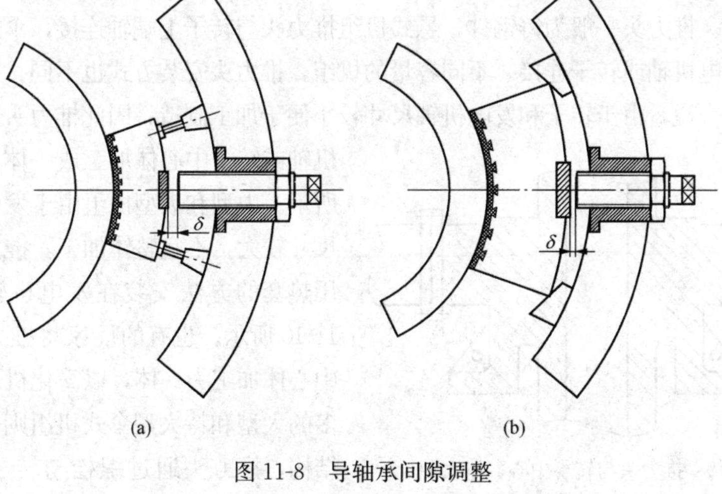

(a) (b)

图 11-8 导轴承间隙调整

(a) 使用小千斤顶；(b) 使用楔子板

为使主轴位置不变，在对称方向应由两人同时进行顶靠，动作要相互协调，同时应注意监视千分表。在对称方向顶紧后，用塞尺检查轴瓦四角与轴领之间无间隙。调节支柱螺栓，用塞尺测量支柱螺栓球面与瓦背铬钢垫之间的间隙 δ，使之符合调整间隙计算值的要求。然后，将支柱螺栓锁定螺母锁住，并检查轴瓦下部托板与轴瓦间应无间隙，再次复查导轴承瓦间隙，无变化后即可进行下一块瓦的调整。待所有导轴承瓦全部调整完并经检查合格后，拆出顶瓦的楔子板或螺栓千斤顶。

（4）仔细清扫油槽内部，用面团粘出细小金属屑、砂子及灰尘等脏物，确保油槽内无任何残渣。

第二节　推力轴承的检修及调整

推力轴承是立式水轮发电机组机械部分最关键的部件之一。机组运行过程中，推力轴承承受着整个发电机组转动部分的重量及水轮机的轴向水推力，其安装质量的好坏直接影响机组的安全运行。

一、推力轴承的基本结构

推力轴承一般由推力头、镜板、推力瓦、支撑系统、推力油槽、冷却系统和高压油顶起系统组成。机组转动部分的重量是通过推力头、镜板、推力瓦和支撑系统传递到机组下机架上，进而传递到混凝土基础上的。伞式机组推力轴承位于转子下方，悬式机组的推力轴承位于转子上方。

（一）推力头

推力头的主要作用是将机组转动部分的重量传递到镜板上，与机组转动部分连接，随机组转动。推力头一般为铸钢件，悬式机组推力头与转子上端轴连接，伞式机组的推力头则与发电机轴或转子连接。不同容量的机组，推力头安装方式也不同。对于小型立式水轮机组来说，由于转子和发电机轴尺寸较小便于加工制造，因此推力头通常与发电机轴或转子中心体加工成一体，如图 11-9 所示。中型和大型机组由于发电机轴结构尺寸较大，不宜整体加工，推力头一般采用热套的方法安装在发电机轴上，如图 11-10 所示。也有的厂家将推力头与转子中心体加工为一体，以简化机组结构。更多的大型和特大型伞式机组则采用分离式结构，推力头通过螺栓与转子中心体连接，如图 11-11 所示。

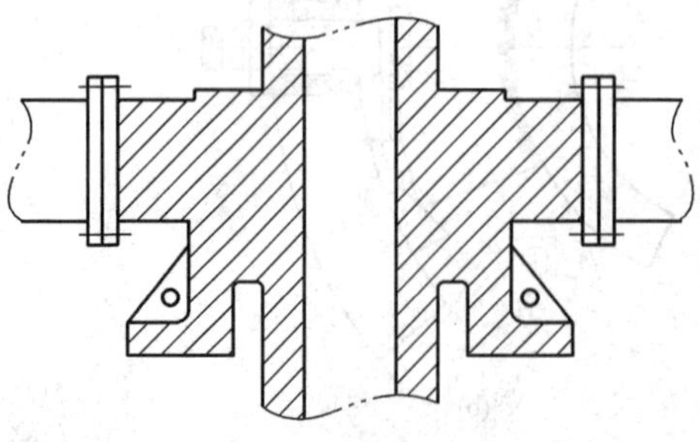

图 11-9　推力头与转子中心、体大轴为整体结构

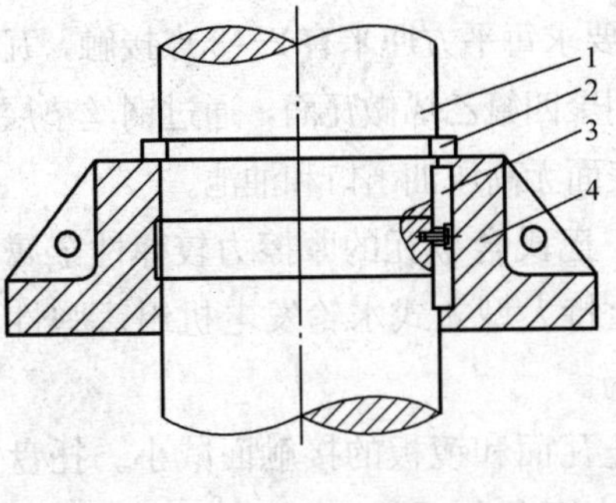

图 11-10　推力头与主轴连接

1—主轴；2—卡环；3—切向键；4—推力头

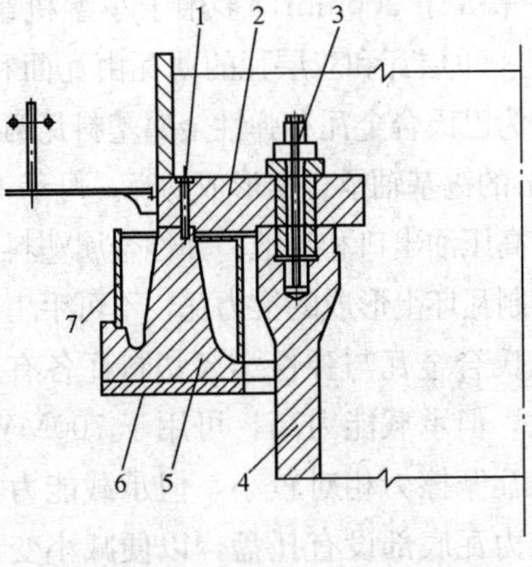

图 11-11　推力头与转子连接

1—推力头连接螺栓；2—转子中心体；3—转子联轴螺栓；4—主轴；5—推力头；6—镜板；7—护罩

（二）镜板

镜板在机组运转过程中随转动部分转动，并与推力瓦面产生摩擦，其主要作用是将机组转动部分的重量传递到推力瓦上，是机组转动部分与固定部分之间关键的连接部件之一。镜板一般采用 45 号锻钢制作，具有很高的精度和很低的表面粗糙度。为了降低摩擦损耗，镜板与轴瓦相接触的表面加工粗糙度要求达到 0.2μm 以下。

（三）推力瓦

推力瓦在推力轴承中是静止部件，它是推力轴承的主要部件之一，一般做成扇形分块式结构。推力瓦有单层瓦和双层瓦两种结构，如图 11-12 所示。单层瓦较

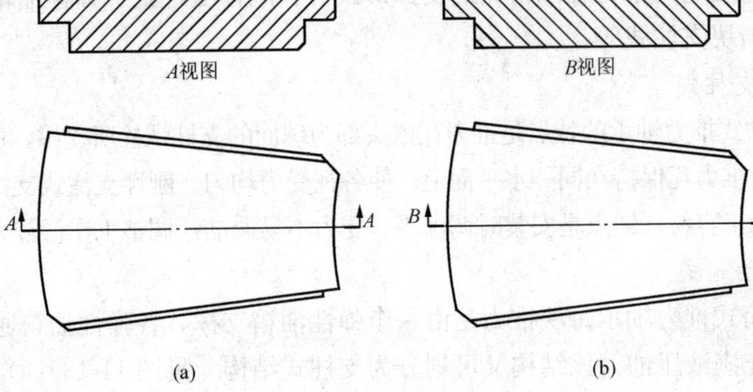

图 11-12　扇形推力瓦

（a）单层；（b）双层

厚，一般大于200mm，多用于小型机组；双层瓦由薄瓦和厚瓦组成，用于大、中型机组。单层瓦和双层瓦的薄瓦由瓦面和钢制瓦坯组成。根据瓦面的材料不同，推力瓦可分为巴氏合金瓦和弹性金属塑料瓦两种。巴氏合金瓦是指在钢制瓦坯上浇铸一层厚约5mm的锡基轴承合金形成的瓦，可手工研刮，要求每平方厘米有2～3点接触，瓦面上设有高压油出口和油池。弹性金属塑料瓦是指用聚四氟乙烯做瓦面，通过铜丝垫层焊接到钢制瓦坯上形成的推力瓦，不可手工研刮，表面无高压油出口和油池。

巴氏合金瓦与弹性金属塑料瓦各有优缺点。巴氏合金瓦的摩擦力较弹性金属塑料瓦大，但承载能力高，可用于700MW及以上特大型立式水轮发电机组。弹性金属塑料瓦摩擦力相对较小，但承载能力相对较弱。

推力瓦底部设有托盘，以便减小变形，防止瓦面和镜板的接触面减小。托盘安放在轴承座的支柱螺栓球面上，其支撑点与推力瓦几何重心不重合（即偏心瓦结构），机组运行过程中可自由倾斜，这样可使推力瓦的倾角随负荷和转速的变化而改变，产生适应轴承润滑的最佳楔形油膜。

一般推力轴承为单排布置，但有的大型水轮发电机为减小瓦的变形，提高轴瓦的承载能力，还采用双排布置和在瓦内直接通水冷却的水内冷的推力瓦结构。水内冷推力瓦冷却效果较好，瓦温一般较低，并可使油冷却器的容量减小1/2以上。

随着三峡水电厂的建成，700MW水轮机发电机组的研制成功，立式机组转动部分的重量和水推力达到4400t，要求推力轴承能在全速范围内可靠地承载负荷的确不易。此时，一种新型的带弹性柱销的推力瓦随之产生，这种新型轴承的发展与新型计算机程序的联合，为有效突破以前的限制提供了条件，也使得详细计算转动部件与轴瓦间的润滑油膜成为可能。

（四）支撑系统

立式水轮发电机推力轴承常见的支撑形式有：刚性支柱式、弹性油箱式、多点支撑式、平衡块支柱式等。

1. 刚性支柱式

刚性支柱式推力轴承的特点是推力瓦由头部为球面的支柱螺栓所支撑，通过调整该螺栓的高度使推力瓦保持在同一水平面上，使各瓦受力均匀。刚性支柱式支撑的优点是结构简单、加工容易；缺点是安装时调水平、受力不易调准，调整工作量较大。

2. 弹性油箱式

弹性油箱式推力轴承每块推力瓦由一个弹性油箱支撑，各弹性油箱通过管道连通，油箱内充满液压油。该结构又可划分为支柱式结构［见图11-13（a）］、无支柱式结构［见图11-13（b）］和支柱托盘式结构［见图11-13（c）］三种。由于连通的弹性油箱具有较强的自平衡能力，运行时推力瓦受力较为均匀，各瓦间温差较小，对于恶劣的运行工况也有较强的适应能力，因此越来越多的大型机组均采用此种支撑形式。

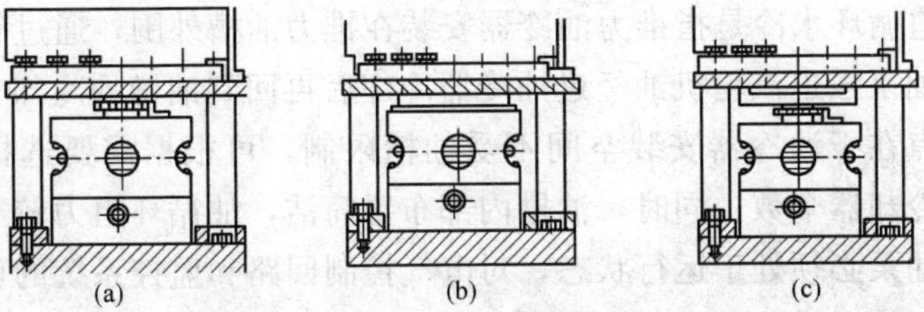

图 11-13　弹性油箱式结构

(a) 支柱式结构；(b) 无支柱式结构；(c) 支柱托盘式结构

3. 多点支撑式

近年来，随着巨型机组的逐步发展，推力负荷也随之加大。例如，国内已建成的某大型水电厂推力负荷就达到 4400t，为有效解决重荷载带来的机械变形和热变形问题，就随之产生了多点支撑式结构。该结构又可划分为弹性柱销多点支撑式结构［见图 11-14 (a)］和弹簧束多点支撑式结构［见图 11-14 (b)］。采用多点支撑式结构，可优化推力瓦荷载分布，减小推力瓦变形，进而优化推力瓦瓦面的压力、油膜和温度分布。

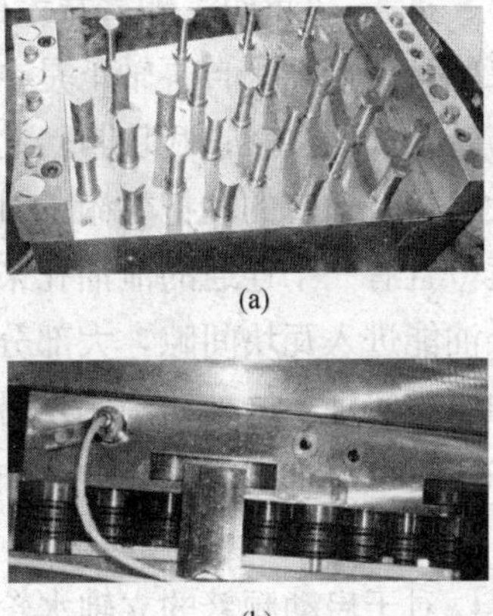

图 11-14　多点支撑式结构

(a) 弹性柱销多点支撑式结构；

(b) 弹簧束多点支撑式结构

4. 平衡块支柱式

平衡块支柱式推力轴承是利用上下两排平衡块相互搭接，受力时，利用杠杆原理平衡块互相动作，连续自动调整每块瓦的受力，使各瓦负荷均匀。该类推力轴承的优点是结构简单、加工方便；缺点是各平衡块间的接触点压应力较高，长期运行后接触点处有磨损现象，自调节灵敏度降低。

（五）冷却系统

大、中型立式水轮发电机组推力轴承的冷却方式有体内自循环水冷式、体外强迫循环水冷式等。

体内自循环水冷是指推力油冷却器安装在推力油槽内部，由于汽轮机油黏性较大，机组运行中推力头和镜板带动汽轮机油循环，通过冷却器热交换铜管，热量被冷却器铜管内的冷却水带走。这种冷却方式的优点在于冷却器安装在油槽内部，汽轮机油无需油泵即可形成循环油路通过冷却器，循环回路中无电气控制，从而减少了故障的可能性，且油槽外围设备少、布置简洁；缺点是冷却器的大小受油槽空间限制，冷却器容量小、数量多，油槽体积较大，对冷却器的密封性能要求高，因为一旦冷却器泄漏，冷却水就会进入油槽，从而影响轴承的正常运行。

体外强迫循环水冷是指推力油冷器安装在推力油槽外围，通过管道与油槽内部连通，用油泵强迫汽轮机油经过油冷器冷却后再回到油槽的冷却方式。这种冷却方式的优点在于油冷器安装空间不受油槽限制，可根据需要选择大容量冷却器，以减少冷却器个数；同时，油槽内部布置简洁，油循环阻力较小，油槽体积小。缺点是油泵必须处于运行状态，对电气控制回路和监控系统的可靠性要求较高，一但油泵停电或控制回路出现故障，就会导致推力轴承温度迅速升高，甚至发生烧瓦事故。

进入21世纪，随着技术的发展，自泵轴承的出现打破了体外循环必须靠电动泵驱动的局面。自泵轴承是在一种倾斜轴承的基础上开发出来的，瓦块浸在油中，与转动表面接触；瓦块与转动表面间有一个泵间隙，该间隙比正常的瓦块润滑间隙大几倍。运转的轴把黏附的油挤进泵间隙，间隙远处的油膜突然减至正常油膜厚度，且有一个连通的泄油孔来排泄过多的油。由于结构上的原因，只有很少的一部分油能进入瓦块间隙，大部分油则被排掉。被泵出去的油流量将主要依赖排油沟的油压力实现。这种结构无须另外安装油泵及电气控制装置，可靠性较高，适用于导轴承与推力轴承安装在一个油槽内，即推导联合轴承。

（六）高压油顶起系统

对于启动频繁的立轴水轮发电机及单位荷载较大的推力瓦，为了改善推力轴承在启动和停机时的工作条件，还在轴瓦中专门设置了液压减载装置（也称高压油顶起装置）。在机组启动和停机过程中不断向推力瓦油槽孔打入高压油，使镜板顶起，在推力瓦和镜板间预先形成约0.04mm厚的高压油膜，这样就改善了开停机润滑条件，降低了摩擦系数，从而减少了摩擦损耗，提高了瓦的可靠性。采用这种装置不仅可缩短启动时间，而且还便于机组盘车。

液压减载装置中设有溢流阀，用于调整总管上油压力的高低，同时将溢流出来的油由管子接回油槽。为保证进入瓦面的油质干净，在油路中装有滤油器。装置中的节流阀主要用来调节并均匀分配流向各瓦的油量，使各瓦获得同样厚度的油膜。在轴瓦摩擦面上，根据瓦面积的大小设1～2个油室，其形状有圆形和环形两种。环形油室比圆形油室好，在同样的油膜厚度和承载能力下，它可减少20%的油室面积和油室压力。机组正常运行时，液压减载装置处于撤除状态，为了避免压力油膜通过油室从装置的管道中漏失，从而降低油膜的承载能力，装置管路中装有单向阀。单向阀具有很好的单向密封性能。

整套液压减载装置的安装布置高度应比油槽面低，这样管道内不易积存空气，以保证装置正常工作。吸入油泵的油应在油流较稳定的油槽底部吸取，油质应干净，油中泡沫应尽量少，因为泡沫打入瓦面对轴承运行不利。

二、推力轴承的一般检修项目和检修工艺

（一）油槽排油

排油前取油样进行化验，供油质分析用。检查推力油槽供排油管道阀门的开、闭位置正确无误后，联系油库管理人员开启油泵，将油槽内的汽轮机油抽出。排油过程中要设专人监视，防止漏油跑油。

（二）推力轴承油冷器的拆卸及检修

关闭推力冷却系统供水阀，将推力冷却系统内的积水排空。对每个油冷器及其进出水管道编号做标记，供回装时辨认。拆除进出水管道及油冷器，油冷器吊出时要注意避免碰撞，以免损坏铜管。油冷器拆出后要分解清扫，除锈后应进行防腐处理。组装好后，通压力为工作压力的1.25倍的清洁水进行30min的耐压试验，要求无渗漏。

（三）镜板水平检查及标高测量

机组转动部分落在推力轴承上，用内径千分尺在X、Y方向上测量镜板到推力轴承座上表面的距离，要求符合原始记录。测量该距离的目的是检查弹性油箱有无渗漏或平衡块式轴承是否处于正常状态。对于刚性支柱式和弹簧束多点支撑式推力轴承，则无须测量该数据。

A级检修中镜板吊出基坑前，需在基础上设置一个固定点，在镜板背面X、Y方向上共测量四个点相对基础点的高程，作为日后回装的依据。需要注意的是，检修期间要保护固定点不受破坏。

（四）推力瓦的检查和回装

检修期间需检查维护支柱螺栓、托盘和推力瓦。检查支柱螺栓和托盘是否有严重磨损和破裂情况；推力瓦按照检查维护要求进行检查处理，不能修复的部件需更换。更换时，应注意测量新旧部件的尺寸，尽量选择外形尺寸相近的备品替换，同时做好记录，然后按照编号回装。回装前需要用无水酒精和无毛屑的擦机布将各部件清洗干净；推力瓦安装就位后，需在瓦面上涂上洁净的润滑脂或汽轮机油；所有部件安装完毕后，瓦面上要采取必要的防护措施，防止灰尘或硬质颗粒黏附在瓦面。

（五）镜板缺陷处理

1. 镜板磨损的处理

研磨镜板是水轮发电机大修时不可缺少的项目。发电机推力轴承对镜板精度和粗糙度的要求很高，大修中如果发现镜板经运行后被严重损坏，如镜板磨偏或被磨

出深沟、镜板表面发毛或有锈蚀现象等情况，则应送到制造厂进行精车及研磨处理。

2. 镜板空蚀破坏的处理

有些机组的推力轴承镜板较薄，由于推力头的刚性远远大于镜板，因此可将推力头视为刚体。推力轴承承重时，较薄的镜板在分块推力轴瓦的支持下会发生弹性变形；机组运转时，镜板就会出现周期性的波浪形蠕变（见图11-15）。镜板与推力头的结合面在处于两块相邻推力轴瓦之间的位置处产生了缝隙（这一现象在盘车时可以观察到）。当缝隙位置的镜板旋转到推力轴瓦支持部分时，缝隙就被压合，而未被推力轴瓦支持的部分就又产生缝隙。这样，在缝隙产生的瞬间，由于体积突然扩大，产生真空，油被吸入，在负压作用下，油中生成气泡；而在缝隙被压合的瞬间，气泡被压缩而突然破裂，发生具有破坏力的冲击波，形成推力头和镜板结合面间的冲击剥蚀破坏。这个气泡的产生—压缩—突然破裂的过程，在机组运转过程中周而复始，会愈加严重，这就是镜板的空蚀破坏。这种空蚀破坏会使镜板结合面出现麻点、坑穴，减少受力面积，而且随着机组继续运转，逐步扩大空蚀区，会形成恶性循环。这种恶性循环不但破坏了轴线，促使机组摆度增大，而且会加剧轴承甩油。特别是有些机组在推力头和镜板间垫有绝缘垫，当发生空蚀破坏时，损坏了的绝缘垫会使轴线倾斜、摆度增大，使轴承甩油问题更为突出。

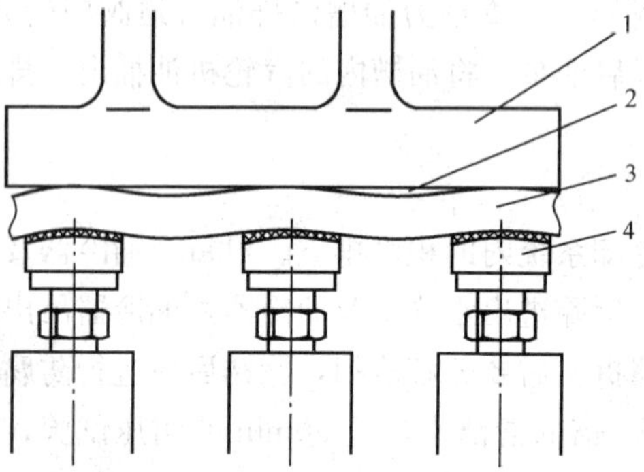

图11-15 镜板的周期性波浪变形

1—推力头；2—间隙；3—镜板；4—推力瓦

为了克服镜板空蚀，可在推力头与镜板之间加装O形密封圈，其位置如图11-16所示。在车O形密封圈沟槽之前，应将被空蚀破坏的镜板车削和磨平，表面粗糙度不得大于0.4，两面的不平行度不大于0.05mm。并应注意，在加工密封沟槽前应盘车使摆度合格，加工密封沟槽后再进行一次盘车，其摆度符合要求后方可使用。

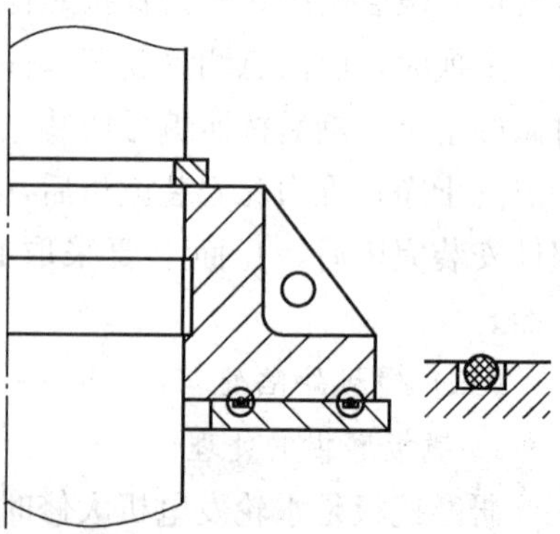
图11-16 推力轴承加圆形密封结构

（六）镜板研磨

镜板在推力瓦面上以相当高的线速度做旋

转运动，如果镜面有伤痕或粗糙度增大，就可能加速推力瓦面磨损，甚至烧瓦。因此，A级检修期间需要对镜面进行研磨处理。镜板研磨的方法如下：将镜板镜面朝上，平稳放置在牢固的支架上，先用洁净、干燥的白布将镜面擦净，再用细绸布蘸酒精擦净，然后用几个外面包有细毛毡的圆形金属平台并均匀涂以研磨溶液。

研磨溶液的配制如下：将颗粒为M5～M10的Cr_2O_3（三氧化二铬）研磨膏磨碎，压成细末后倒入洁净的适量煤油中搅拌均匀，然后用绢布过滤，即配制成研磨溶液。

研磨镜板镜面的工作实践表明，用人工推磨的办法是很难收到实效的，最好的方法是制作一个研磨镜板的机械化工具，研磨镜板的平台直径可接近镜板内外半径之差。两个研磨平台分别放置于直径的两端。机械化研磨镜板镜面后，研磨膏溶液由绿色变成黑色，这说明已研磨下镜面的金属微粒，故机械化研磨镜面一般4～6天即可使镜面粗糙度有明显变化。在研磨过程中，每隔10～15min加一次研磨膏溶剂，同时通过新设计的镜板研磨机将掉落的研磨膏溶液回收，以便清扫。研磨工作结束后，用无水酒精擦拭干净，镜面涂以倍力润滑油脂或洁净的猪油，并依次盖上绸布、白布和羊毛毡，妥善放置保管。

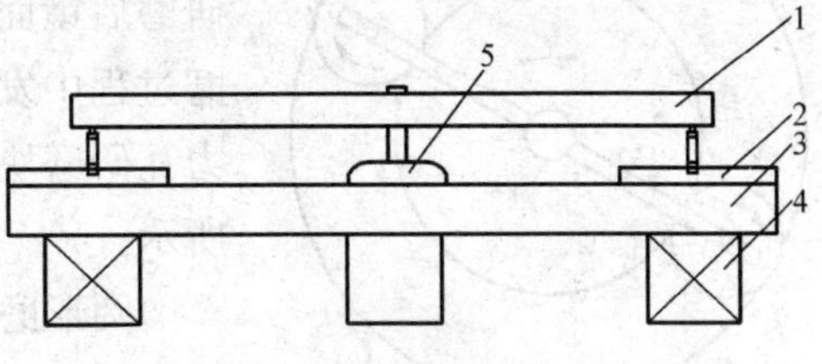

图 11-17　镜板研磨机结构示意图

1—转臂；2—磨盘；3—镜板；4—支撑；5—电动机及减速装置

镜板研磨机的基本结构如图11-17所示，由镜板架、动力装置、转臂和研磨块组成。根据研磨块和动力装置的不同，镜板研磨机又分固定研磨块式、旋转磨盘式和液压旋转磨盘式。

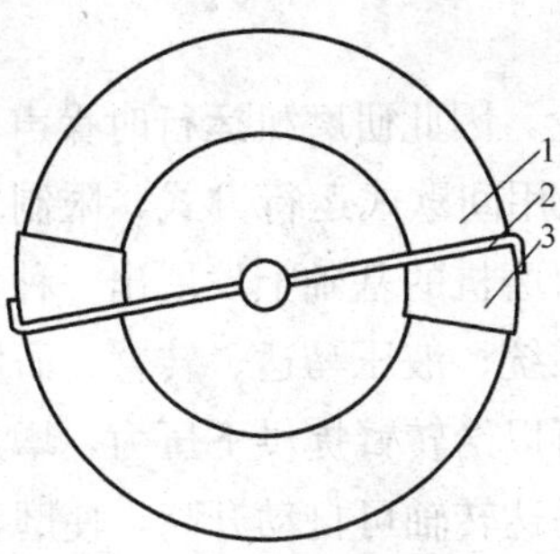

图 11-18　固定磨盘式镜板研磨机示意图

1—镜板；2—转臂；3—磨盘（推力瓦）

1. 固定研磨块式

该研磨机采用电动机提供旋转动力，通过减速齿轮将转速降至8～10r/min带动转臂旋转。转臂两端分别固定一块推力瓦，瓦面朝下（见图11-18）。研磨时推力瓦上包两层细毛毡，在转臂的带动下沿镜面滑动，靠推力瓦的自重施加压力，在研磨剂的作用下起到研磨镜板的作用。由于推力瓦面平整，可保证细毛毡较好地接触镜面，且推力瓦与转臂间沿竖直方向可自由移动，确保了研磨时不破坏镜面平面度。

固定研磨块式研磨机具有结构简单、组装方便等优点，在早期机组检修工作中得到推广使用。但因其自身结构限制，其镜板研磨效果及效率方面存在如下缺陷：

（1）扇形推力瓦位置相对固定，在转臂的带动下只能沿镜面滑动，细毛毡与镜面接触点在镜面上作环形运动，轨迹不发生变化。由于镜面不同部位的磨损程度不同，使得不同部位细毛毡研磨时损耗程度也有所不同，导致镜面各环面的研磨效果也不一致，长时间研磨后会在镜面上生成细小的同心划痕。若要消除这些同心划痕，只能通过频繁更换细毛毡的方法，以减少同心划痕的数量，但不能根除这些划痕，但同时也加长了研磨周期。

（2）该研磨机靠推力瓦自重提供研磨时所需的压力，不能根据研磨情况进行调节，所以只能靠增加研磨时间达到镜板研磨的目的。

2. 旋转磨盘式

由于固定研磨块式镜板研磨机存在研磨周期长、研磨后镜面留有同心划痕的缺陷，若使推力瓦在研磨过程中发生自转，即可消除同心划痕，原来的推力瓦研磨块可用圆形磨盘来取代，其结构如图 11-19 所示。

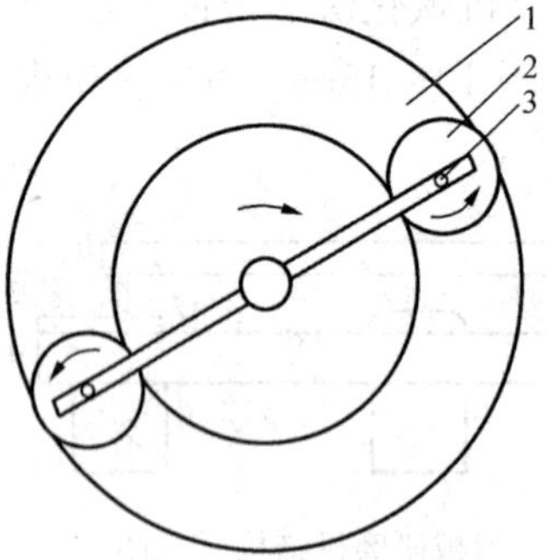

图 11-19　旋转磨盘式镜板研磨机示意图

1—镜板；2—磨盘；3—轴承

圆形磨盘与转臂间采用滚珠轴承连接，磨盘可发生自转。在研磨过程中，磨盘在转臂的带动下沿镜面进行公转，同时在离心力和摩擦力的作用下发生自转，从根本上解决了细毛毡运行轨迹不能变化的问题，使细毛毡不停变化研磨姿态，细毛毡各研磨区域损耗一致，延长毛毡的使用时间，减少了更换次数，可缩短研磨周期。

3. 液压旋转磨盘式

由于旋转磨盘式研磨机仍然使用电动机和减速齿轮，因此研磨机运行时噪声较大，并且减速齿轮连续运行时间不超过 30min，必须采用间歇式运行方式，限制了研磨机能力的发挥。因此，在传统的旋转磨盘式镜板研磨机的基础上发展出一种使用液压马达作为动力机构的研磨机。该套装置由油泵系统、液压马达、转臂、研磨盘和支架组成。其液压马达在带动转臂旋转的同时，可以给转臂提供下压力，增加磨盘的压力，从而提高研磨效率。停止研磨时，液压马达转轴可自动升高，使磨盘离开镜板，起到保护镜面的目的。

（七）推力瓦的研刮

轴瓦是轴承的重要部件，它是整个竖轴式水轮发电机组转动部件和固定部件的摩擦面。推力瓦承受整个机组转动部分的轴向力负荷（包括轴向水推力）。导轴承瓦承受偏心引起的磁拉力。轴承能否可靠地工作，除了在设计和制造上须保证其必要的条件外，检修时的刮瓦质量也是重要的因素。刮瓦的目的是使瓦面与转动部件之间具有良好的接触，保证机组启动时，在推力轴瓦瓦面与镜板间及导轴承瓦瓦面与滑转子之间能迅速建立起油膜，并在运转时始终保持一定的油膜厚度。因此，轴瓦的研刮在水轮发电机检修中占有重要的地位。

（1）刮瓦的工艺。水电厂在机组检修中刮瓦工艺一般是指挑花。当瓦面原有的瓦花不明显，有大量连片的光滑区域时，可对瓦面进行一次全面的挑花处理，否则只需将已连片磨光的部分进行挑花即可。瓦面处理后，瓦花应均匀整齐。如图 11-20 所示，瓦花主要有三角形、旗形、燕尾形和月牙形四种形状。三角形刀花应用较广泛，这种花纹形大纹深，运行时瓦面易于存油，较为实用和易于掌握。

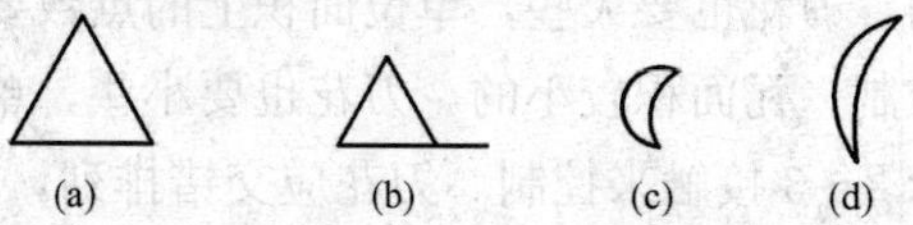

图 11-20　刀花花纹形式

(a) 三角形；(b) 旗形；(c) 燕尾形；(d) 月牙形

刀花深处为 0.03～0.05mm，位置在下刀侧与花纹中部之间，采用光滑较缓的弧面过渡到瓦面上，其边缘应无毛刺和棱角。为避免刀迹重复，刮瓦时前后两次刀花应成 90°。对于三角形刀花方向性不明显，可不规定刮瓦方向；燕尾形和月牙形刀花，前后两次刀迹可按大致 90°方向控制。

（2）刮刀的选用及操作方式。轴瓦进行粗刮时，一般采用平板刮刀，这种刀多用废旧锯条改制而成。它比弹性刮刀富有刚性、刮削量大。轴瓦精刮时，一般选用弹性刮刀，其刀身为弹簧钢制成，具有一定弹性。弹性刮刀又有平头和弯头刮刀之分，平头刮刀适用于大而深的刀花，弯头弹性刮刀适用于窄而长的刀花，如图 11-21 所示。

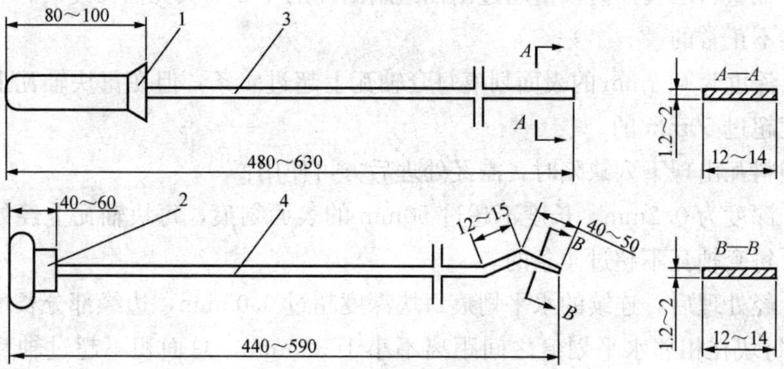

图 11-21　弹簧刮刀形式

1—长柄；2—圆柄；3—平头弹簧刮刀；4—弯头弹簧刮刀

刮瓦的姿势通常是：右手握住刮刀柄，四指自然轻握且大拇指在刀身上边，左手和右手上前面压住刀身并距刀头50～100mm，用腹部顶住刀柄。挑花时，左手控制下压，右手上抬，同时用刮刀的弹性与腹部的弹性相互配合。要求下刀要轻，然后重压上弹，上弹时速度要快，这样的瓦花在下刀后上弹时过渡呈圆弧状。这也是刮瓦的难点所在，需要长时间练习摸清动作要领。刮瓦时应保持刀刃锋利，找好刀的倾角，否则常常会造成打滑或划出深沟而挑不起来等现象。

（3）刮瓦标准。挑花后，瓦面接触点的数量应满足设计要求。一般瓦面积较大的，刀花也要大些，单位面积上的点数要少一些，可按每平方厘米1～2个接触点控制；瓦面积较小的，刀花也要小些，单位面积的可接触点要多些，可按每平方厘米2～3接触来控制。刀花应交错排列，整齐美观。刀花断面应成楔形，下刀处应呈圆角。切忌下刀处呈一深沟，抬刀时刮不成斜面。

（八）弹性金属塑料瓦的使用维护

弹性金属塑料瓦拆出后应测量瓦型与氟塑料层（弹性层）厚度，仔细检查氟塑料瓦面是否有划伤和碰出伤痕，用600号以上的耐水砂纸（可加水或肥皂水）及05号金相砂纸砂去高点及毛刺，但不可将该处打磨出凹坑。

检查瓦底、瓦底沉孔或键槽及测温孔是否存有铁屑，应清理干净，对其毛刺应用锉刀及油石将其清除掉。

检查氟塑料层与钢基有无脱壳，表面有无裂纹，铜丝是否裸露及严重划痕，发现下列情况之一的，应进行处理或更换：

（1）氟塑料层与钢基局部脱壳。

（2）瓦面出现裂纹或凹凸不平。

（3）瓦面表面铜丝裸露，无法处理。

（4）氟塑料层表面磨损量超过出油边斜断面的1/2而又无法修复时，且停机前瓦温始终不正常的。

（5）深度为0.2mm的表面划痕每套轴瓦上超过4条，但在每块轴瓦上超过一条，长度超过50mm的。

氟塑料瓦出现下列缺陷时，需经处理后方可使用：

（1）深度为0.2mm、长度不超过50mm的表面划痕，每块轴瓦上经处理不超过1条，每套轴瓦不超过4条的。

（2）经处理后，连续的水平划痕每块深度超过0.05mm，边缘部分长度不大于20mm；每块在相邻水平划痕之间距离不小于3.5mm，总面积不超过轴瓦表面积的15％。

（3）轴瓦表面个别铜丝裸露，用平头或圆头工具能将其轻轻打下，且低于水平段1mm以下的。

（4）个别硬物嵌于表面，取出后又未穿透氟塑料层，且直径小于2mm。

轴瓦与托瓦应接触良好。在未加荷载时，接触面的间隙0.03mm的塞尺通不过，不允许接触面上有局部凹凸不平的现象，加转动部分重量后，接触面0.02mm的塞尺通不过，否则，要研磨检查接触面，接触点至少应达到1点/cm^2。

弹性金属塑料瓦使用注意事项：

（1）氟塑料瓦与巴氏合金瓦相比，其主要优点是：熔点较高，瓦面单位压力可提高到巴氏合金瓦的2倍；静摩擦系数很小（约0.07），只有巴氏合金瓦的1/3～1/5。

（2）盘车时应先顶起转子，用油枪向各瓦面上注入少量清洁的汽轮机油，落下转子后应尽快盘车，超过1h以上，或盘车2～3圈后，或盘车力矩明显增大时，均应顶起转子重新向各瓦面上注油。盘车方向应与机组正常转动方向一致；不允许采用冲水或过水的方法盘车。盘车后应抽瓦检查，检查瓦面是否有磨损。如有划痕，应进行处理。

盘车时启动力矩＝0.07×机组转动部分重量×推力轴承支点半径

（3）允许停机15天内不顶转子直接启动，但推力油槽充油后的首次开机前应顶起转子，若瓦面磨损达进油边型面深度（约0.1mm），则每次开机前应顶起转子。

（4）允许“热态”和“冷态”启动机组，对各种带负荷工况及推力轴承的各项常规试验均不受限制。

（5）正常停机时，最低刹车转速允许降到10％额定转速，一般应在15％～20％额定转速下进行加闸制动。允许惰性停机，但次数应尽量少。

（6）镜板的粗糙度、波浪度是影响氟塑料瓦使用寿命的重要因素，因此要求镜板粗糙度$Ra \leqslant 0.64\mu m$，波浪度≤0.05。

（7）氟塑料瓦的报警温度在正常（最高）稳定的瓦温上增加5～6℃，停机温度在报警温度上增加2～5℃。因为巴氏合金瓦的瓦体温度比瓦面温度低5～10℃，并且反应较迅速。而氟塑料瓦由于导热性差，其导热系数约为巴氏合金瓦的1/130，氟塑料瓦表面温度与瓦体温度差值为20～30℃，且反应速度慢，有时要迟20～30min。

（8）机组运行中要重视氟塑料瓦的瓦温变化幅度。因为巴氏合金瓦的温度上升速度快，相对危害轻，一旦烧瓦也不伤害镜板，而且烧损的瓦经过研刮可以重复使用。而氟塑料瓦则不同，对温度上升迟缓，会延长危害时间，扩大事故。一旦烧瓦则氟塑料层熔化，青铜丝外露，将祸及镜板。氟塑料瓦的烧损程度取决于发现温升超限到停机之间的时间长短，时间越长，镜板和氟塑料瓦烧损的程度越严重。

对于暂时不使用的氟塑料瓦，应按有关标准妥善防锈包装和保管。按巴氏合金瓦规定的仓库条件存放，最低温度不低于5℃，每隔1年应检查一次防锈情况，必要时重新进行防锈包装。重新包装前，先用干净的软布或绸布加酒精或汽油将瓦面擦洗干净，弹性复合层四周侧面宜用毛刷或牙刷加酒精（或汽油）刷洗干净。底面及四周的金属表面应用汽油将其上的油脂、锈斑、污物清洗干净。然后将整个氟塑料瓦（主要是瓦面弹性复合层）浸泡在清洁的汽油中24h后取出，滴干汽油。将轴瓦金属层表面的汽油擦洗干净，再用防锈油脂涂抹全部金属表面。用专用油脂刷涂氟塑料瓦面，最后用专用的气相包装纸包装好放入包装箱内。包装时应特别注意勿碰伤、划伤瓦面。轴瓦包装放箱时，允许瓦面对瓦面重叠放置，但瓦面之间必须垫以均匀厚度的软材料，重叠放置的瓦块数不应超过4块，单块轴瓦重量超过100kg或瓦厚超过70mm者不宜重叠放置。

（九）推力轴承的安装

1. 刚性支柱式推力轴承的安装

（1）轴承部件的安装。

1）绝缘垫板的安装检查。正式安装时，将绝缘垫板清理干净，有两层时要交错叠放垫入。绝缘安装后，轴承对地绝缘用500V绝缘电阻表检查应不低于1MΩ，否则须查出原因并进行处理。

2）轴承部件的安装检查。组装油槽挡油管时，其组合面须加橡胶垫（或圆条）密封。组装后应作煤油渗漏试验，持续4h应无渗漏现象。然后按图样尺寸及编号安装各支柱螺栓、托盘和推力瓦。其中要注意先用无毛屑的白布和无水酒精将推力瓦表面仔细擦拭干净，再在瓦面涂抹一层薄而均匀的洁净熟猪油润滑剂，并采取必要的防护措施，严防灰尘脏物黏附在瓦面上。

3）镜板吊装及调水平。对于镜板背面有密封槽的，应在镜板吊装前按设计要求装好密封条，再用无水酒精和白布将镜板仔细擦拭干净，安装专用吊耳。起吊镜板时尽量使用柔性吊装带，吊装翻身过程中要注意保护吊点附近的镜面，工作人员不能用手碰触镜面。

镜板吊装前在推力瓦中选择以等边三角形位置对称分布的三块或以在各象限点对称分布的四块推力瓦作为调节瓦，降低其他推力瓦高度。镜板吊装到位后，通过旋转调节瓦的支柱螺栓调整镜板水平及高程。镜板高程应按推力头安装后的镜板和推力头的预留间隙值来确定。预留间隙按下式计算，即

$$\delta = \delta_{\phi} - h + a - f \quad (11\text{-}16)$$

式中 δ——发电机镜板与推力头之间的预留间隙，mm；

δ_{ϕ}——发电机主轴法兰盘与水轮机主轴法兰盘之间的预留间隙，mm；

h——水轮机应提升的高度，mm；

a——镜板与推力头之间应加绝缘垫的厚度，mm；

f——承重机架的挠度，mm。

镜板高程调整合格后微调镜板水平，用框式水平仪在 x、y 轴方向测量镜板水平，使其水平误差在 0.02～0.03mm/m。然后在成 90°方向架设两块百分表监视镜板顶面，在不破坏镜板水平的情况下旋转其余支柱螺栓，将其余推力瓦上升并紧贴镜板。调整完毕后用油枪向镜面喷涂洁净的汽轮机油，以防止镜面生锈。

(2) 热套推力头。对于推力头与主轴采用过渡配合的机组来说，推力头安装时必须进行热套，然后再安装镜板。推力头安装工艺过程如下。

1) 测量检查推力头与主轴配合尺寸。推力头套装前，在同一室温下用同一内径和外径千分尺测量推力头孔径和主轴的直径，以校核推力头和主轴配合尺寸。检查结合面表面，去除高点和毛刺，用擦机布和无水酒精清理干净。特别注意检查平键及键槽处，如有挤压变形和拉伤痕迹，先用油光锉锉削，用金相砂纸将处理面打磨平整，再将平键和键槽清理干净，最后将平键安装到位。

2) 热套推力头。由于推力头和轴采用过渡配合，因此需要加热推力头使之膨胀，以便于推力头顺利安装到位。一般采用电加热法，其加热温升公式为

$$\Delta T = \frac{K}{\alpha D_0} \tag{11-17}$$

式中　ΔT——推力头加热温升,℃；

K——选定的推力头内径总膨胀量，mm；

α——钢材的膨胀系数，$\alpha = 11 \times 10^{-6}$；

D_0——推力头内孔直径，mm。

推力头加热实际应该达到的温度为

$$T = \Delta T + T_0 + \Delta t \tag{11-18}$$

式中　T——推力头加热后应该达到的温度,℃；

T_0——安装现场室温,℃；

Δt——考虑推力头从热态经吊运及套装过程中可能下降的温度,℃。

加热工具有电炉和电热毯两种，葛洲坝水电厂哈尔滨机组推力头采用电热毯加热，其布置情况如图 11-22 所示。推力头放置在垫有隔热毯的千斤顶或钢质支墩上，为了减缓散热速度，推力头距地面高度不超过 300mm，电热毯应放置在靠近推力头筒壁，加热时覆盖石棉布进行保温。加热过程中每隔 10～15min 应测量记录推力头各部位温度，推力头温升应控制在 15～20℃/h，最长加热时间不能超过 3.5h，防止因加热时间过长导致推力头机械性能发生变化。当推力头膨胀量达到要求后，撤去电热毯，吊起推力头，用框式水平仪找平，推力头水平控制在 0.15～

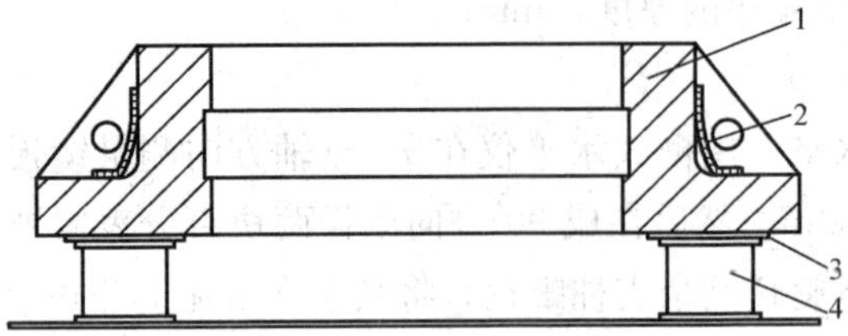

图 11-22　推力头加温布置图

1—推力头；2—电热毯；3—隔热垫；4—支墩

0.2mm/m 以内。吊离地面 1m 左右时用白布清理推力头内孔和底面，然后吊往发电机轴上，以推力头内孔键槽与发电机轴上平键为准对止方位，迅速下降套装。套装前可在发电机轴结合面上喷涂适量汽轮机油进行润滑。套装到位后应复查推力头与镜板之间间隙，待推力头自然冷却后再对号安装卡环。

3）推力头与镜板的连接。根据拆卸时镜板和推力头方位对准销钉孔，销钉按编号安装。安装时可对镜板位置进行微调，使销钉在铜棒的轻轻敲击下即可安装到位，避免强行打入销钉。待所有销钉安装完毕，安装镜板螺栓，待机组转动部分重量完全转移到推力轴承上后，再对称均匀地紧固推力头镜板连接螺栓。

(3) 转动部分受力转换。发电机轴与转子连接完成后，机组转动部分重量全部落在制动器上，为了将转动部分重量转移至推力轴承上，就需要进行转动部分受力转换工作。由于机组装有偶数个制动器，在转子吊装前已垫有合适高度的环氧树脂垫板，因此可将制动器均匀分为两组，交替作用完成转换任务。

首先利用制动器充高压油将转子顶起，使用锁定螺母将一组制动器锁定，旋下第二组制动器的锁定螺母，然后撤油压排油。第二组制动器活塞复位后，取出部分垫板，剩下的环氧树脂垫板厚度以顶起转子后锁定第二组制动器，第一组制动器可落下取出垫板为准。再次顶起转子，旋下第一组制动器锁定螺母，将第二组制动器锁定，撤压后取出第一组制动器上的部分垫板，按前面的步骤逐步将所有垫板取出，降低转子高度，最终将转动部分重量转移到推力轴承上。

2. 弹性油箱式推力轴承的安装

液压支柱式推力轴承的安装和刚性支柱式推力轴承的安装大体相同。主要区别是弹性油箱部分，其他部分可参照刚性支柱式的安装程序来进行。

(1) 绝缘垫板安装。弹性油箱和底盘是结合在一起的整体，当油槽底盘清扫干净后，先放上绝缘垫，再放上弹性油箱和底盘。在用带有绝缘的销钉定位后，将螺栓紧固。

(2) 安装轴承各部件。仔细清扫弹性油箱波纹部分。对于需要用应变仪进行推力轴承受力调整的机组，应在选定的油箱壁上贴放规定数量的应变片，最后安装轴承各部件。

先测量底盘上部支架的有关尺寸，再将它吊放就位。吊放后应检查支座与底盘之间接触是否均匀，如果接触不良，需吊出重新研刮配合面；如在内外圈有整圈不接触的情况，需吊出支架进行再加工。弹性油箱的套筒旋至底面时也应有良好的接触状态，否则也要进行研刮处理。

（3）镜板调整。用弹性油箱确定镜板高程和水平时，除考虑机架挠度外，还应考虑油箱承载后本身产生的压缩变形值（一般为 0.5～1mm）。为此需相应提高镜板的安装高程，使镜板在轴承处于弹性状态下能保持水平。调整镜板水平的步骤如下：

1）在弹性油箱均布的圆周上，选三个呈等边三角形分布的瓦位，把油箱的套筒旋至底面拧紧，使这三个油箱临时变为刚体，其余推力瓦就处在较低位置。

2）升（降）该三块瓦的支柱螺栓，达到调整推力瓦高度，使镜板水平误差小于 0.02mm/m。

3）调整其余支柱螺栓，使其余各瓦都与镜板均匀接触。

4）把先调整过的三块瓦位下的套筒旋起，这时全部油箱都处于弹性状态，镜板仍应保持水平。

（4）其他部件安装。镜板调整后，用与刚性支柱式推力轴承同样的方法和步骤来进行套装推力头、连接镜板等工序，最后使整个机组转动部分重量，借助于制动器油压操作转移到镜板上，待盘车和调整受力合格后，再进行油冷却器和其他部件的安装。

对于装有液压减载装置的推力轴承应先进行性能调试，并对所有管路及器件清扫检查及进行耐压试验。先顶起转子使瓦与镜板脱开，开启高压油泵来冲洗管路，观察每块瓦内外油室的油柱大小及高度，并用控制阀来调整；落下转子后，精调每块瓦的油室压力，使之达到设计要求，并使油泵出口压力为油室的 2 倍。

3. 平衡块式推力轴承的安装

平衡块式推力轴承与刚性支柱式或液压支柱式推力轴承的不同点主要在于平衡块代替了固定支持座或弹性油箱。安装步骤如下：

（1）检查清扫上下平衡块。对其棱角上的毛刺和凸起应进行适当的修整，并检查上下平衡块的接触点。

（2）安装好轴承座。

（3）将下平衡块一一就位，调整水平至规定要求，并用临时楔子板垫在下平衡块底面的两条平垫的下部，使平衡块平稳不动（加楔子板不应使平衡块抬高），如图 11-23 所示。检查下平衡块下部接触线长度，见图 11-23 中 A 点，要求应不小于总长度的 90%。

（4）调整平衡块内外限位螺栓使之与平衡块留有一定空隙，保证平衡块能自由摆动。

（5）安装上平衡块。按图样将上平衡块一一就位，并检查上下平衡块接触情

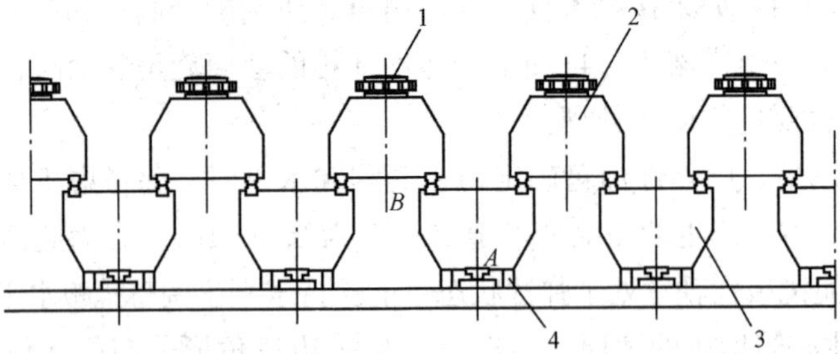

图 11-23　平衡块式推力轴承安装、调整示意图

1—支柱螺栓；2—上平衡块；3—下平衡块；4—临时调整用楔子板

况，见图 11-23 中 B 点，最后调整限位螺栓与平衡块的间隙。

（6）在每个上平衡块的螺孔上拧入支柱螺栓，安装推力瓦和镜板，在三角形方向选定三个支柱螺栓（或在十字方向用四块瓦）来对镜板高程和水平进行粗调，其中高程误差小于±1mm，水平误差达到 0.02mm/m。然后将其他所有支柱螺栓升上，使其余的轴瓦在不破坏镜板水平情况下（用方形水平仪监视）紧靠镜板。

（7）套装推力头后先连接镜板，再落下转子，最后将机组转动部分重量转移到推力轴承上。在监视镜板水平条件下紧固每个支柱螺栓，使各块轴瓦都顶紧镜板。

（8）刚性盘车合格后，拆除下平衡块两侧的调整楔子板。

（9）其他部件的安装参照刚性及弹性油箱支柱式轴承的安装程序。

4. 弹簧束式推力轴承的安装

弹簧束式推力轴承的特点是每块瓦下面布置有大量的小弹簧，整个推力轴承坐落在数千个小弹簧之上，没有支柱螺栓和托瓦，所有推力瓦和小弹簧布置在一个圆环形推力基础环上。具体安装过程如下：

（1）利用临时支墩和铜皮垫调整推力基础环水平，要求水平≤0.2mm/m。

（2）清扫间隔块、推力瓦、弹簧和弹簧挡块等部件，注意除去表面毛刺。抽取 20%数量的小弹簧进行检查，小弹簧的高度应在安装要求范围内。

（3）将间隔块安装到推力基础环上，用 0.05mm 的塞尺检查间隔块与推力基础环接触面的间隙情况，塞入深度不应超过 5mm，否则应对间隔块进行加工处理。

（4）在间隔块之间布置 4～8 个弹簧，在弹簧上方按编号安放推力瓦，将推力瓦进油边靠紧间隔块，检查推力瓦出油边与间隔块之间的间隙应大于 1.5mm。

（5）拆除推力瓦，在间隔块之间安放弹簧及弹簧挡块。弹簧要紧密排列，使弹簧与间隔块及弹簧挡块间无间隙。注意弹簧不能突出推力基础环。装好弹簧挡块后，应保证弹簧不松动。

（6）按照出厂编号和方位安装推力瓦。检查推力瓦与间隔块之间的间隙，其值应大于 1.5mm。

（7）下机架水平及中心调整合格后，清扫推力油槽，将推力基础环连同推力瓦和弹簧整体吊放到位。

三、推力轴承受力调整

推力瓦的受力调整，属于机组主轴轴线调整工作中的一项重要工作内容，其主要作用是在主轴轴线调整合格（即满足发电机转子中心与定子中心、水轮机转轮中心与固定止漏环中心同心的误差要求）的基础上，进一步调整各推力轴瓦抗重螺栓的高度，以使各推力轴承受力均衡，从而保证推力轴承在机组运行中各瓦的油膜厚度均匀，瓦温差小的良好运行状况，这也是满足机组安全稳定运行的重要条件之一。

对于液压支柱式推力轴承，受力的大小一般都以弹性油箱压缩值来衡量。受力调整时将各弹性油箱压缩量调整均匀，还能防止因个别弹性油箱变形过大和应力偏高而影响轴承运行寿命的情况发生。

推力轴承受力调整应在主轴处于垂直，机组转动部分处于中心位置时才能进行。因此，刚性支柱式推力轴承受力的调整，一般在机组轴线测量调整（即盘车）结束（即机组已在中心上）后才进行。但是，为了提高轴线测量的准确性，盘车前还应进行初调。液压支柱式推力轴承受力调整则应在盘车前进行，盘车后再进行复查。

（一）刚性支柱式推力轴承推力瓦的受力调整

1. 人工锤击调整受力

（1）用锁定板作指示的调整法。调整受力时，先在每个固定支持座和锁定板上做好记号，如图 11-24 所示，以便检查螺栓旋转后上升的数值。检查计数时，应将锁定板向同一侧靠紧。为监视调受力时主轴的中心位移，应在水导处互成 90°方向装上两块百分表。调整过程中，转动部分处于自由状态，转动部分不能有人工作，力求主轴垂直度不变。

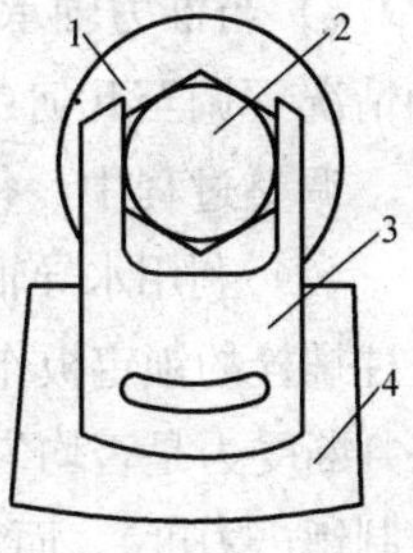

图 11-24　支柱螺栓锁定

1—支持座；2—支柱螺栓；3—锁定板；4—轴承支架

调整步骤如下：

1）按推力轴承承载能力的大小，选用 6～12lb（1lb≈0.436kg）锤，均匀地将支柱螺栓打紧。

2）检查锁定板移动的距离，各支柱螺栓由于载荷不同，所以读得距离也不同，载荷大者移动距离短，载荷小者移动距离长。每次锤击次数和移动距离计入表 11-1 中。

3）根据实际情况，酌情在移动距离大的支柱螺栓上补打一到两锤。

4）对于移动距离小的支柱螺栓，可不打或在附近的支柱螺栓上补打一至两锤，以减轻移动距离小的支柱螺栓的载荷。

表 11-1　　推力轴承受力调整记录

次数	每块推力瓦每次锤击后锁定板移动距离（mm）						每次锤击后推力瓦移动距离（mm）						水轮机轴承处百分表指示数（0.01mm）	镜板水平（0.01mm/m）
	1	2	3	4	…	n	1	2	3	4	…	n		

5）支柱螺栓每打一次均按表格要求进行记录，分析记录并正确地决定下次调整的支柱螺栓和锤数。

6）用锤调整时要注意监视镜板水平。若发现镜板水平不符合要求或水导处百分表有变动，则应及时在镜板低的方位或水导处百分表负值方位，对支柱螺栓适当增加几锤，保持镜板水平。

7）按上述方法重复调整支柱螺栓，直至全部支柱螺栓以同样的力量锤打一遍后锁定板的移动距离差不超过1～2mm，镜板水平合格，即可认为推力轴承受力调整合格。

8）当推力轴承受力调整合格，应将机组转动部分中心在综合考虑各部位间隙的情况下调至几何中心位置。

调整过程中，每次锤击应由同一个人进行，以保证锤击手感一致。

（2）利用水导轴承处百分表作指示的调整方法（该方法仍属于人工锤击法）。用支柱螺栓的锁定板作指示调整推力轴承受力的方法，主要依靠操作人员的经验和手感来判断受力是否均匀。这要求每次打锤时用力要均匀（一般以扬锤高度并自由下落来控制锤击力度），而且还必须使支柱螺栓的松紧程度接近，这都是比较难以衡量的。所以仅靠手感来调整的方法虽然简便，但测量误差较大，不宜精确控制。为了提高调整精度，可在水导轴承处安装两块互成90°的百分表，来监视控制锤击调整力度。

调整时用大锤对称敲击支柱螺栓，使镜板上升。由于被打螺栓受力增大，使主轴在水导处百分表上出现相应的变化。锤击几圈后，每打一块推力瓦要求百分表示数最大变化量不超过0.01mm。当所有支柱螺栓调整完毕后百分表指示不大于0.01mm时，可以认为推力瓦受力调整合格。这种方法的精度比前述传统方法高，对镜板水平度影响小，对工作人员的要求也不高。

2. 百分表法调整受力

人工锤击法调整推力轴承受力，因支柱螺栓本身松紧不一，受力均匀不易达到，运行中轴瓦温差一般可达到5～8℃。若采用百分表法调整受力，可使轴瓦受力均匀，轴瓦温差可减小到3～5℃。

机组转动部分重量通过镜板经过推力瓦传至托盘，再由托盘传给支柱螺栓，托盘受力就会变形。根据虎克定律，变形和受力大小成正比。因此，托盘的变形值就可反映轴瓦的受力大小。百分表法调整推力轴承受力原理就是通过设法调整各托盘的变形值趋于一致，从而达到使各推力瓦受力均匀的目的。

如图11-25所示，在托盘下部合适的位置焊接一个方形螺母，将百分表架固定在托盘上，百分表触头顶在推力瓦的测件上，百分表就能反映出托盘的变形情况。

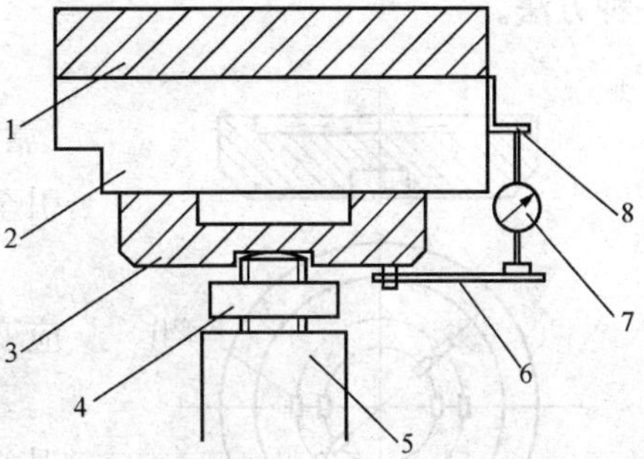

图11-25　百分表测受力

1—镜板；2—推力瓦；3—托盘；4—支柱螺栓；5—支持座；6—百分表架；7—百分表；8—测块

(1) 按图示方法，在每只托盘上架设百分表。

(2) 顶起转子，推力瓦与镜板完全分离后将百分表大针调零，小针统一调至量程的中间位置。

(3) 缓慢落下转子，记录每只百分表的读数，并记录到表11-2中。

表11-2　　用百分表调整推力轴承受力记录

推力瓦号	1	2	3	…	n
百分表读数（mm）	$\Delta\delta_1$	$\Delta\delta_2$	$\Delta\delta_3$	…	$\Delta\delta_n$

(4) 计算各百分表读数的平均值，具体公式如下

$$\Delta\delta=\frac{\Delta\delta_1+\Delta\delta_2+\cdots+\Delta\delta_n}{n} \tag{11-19}$$

式中　$\Delta\delta$——各百分表读数的平均值，mm；

$\Delta\delta_1$、$\Delta\delta_2$、…、$\Delta\delta_n$——各百分表的读数，mm；

n——架有百分表的推力瓦个数。

(5) 计算每个支柱螺栓应调整的高度，并转换成螺栓旋转角度。转换公式如下

$$\alpha=\frac{\Delta\delta_i-\Delta\delta}{S}\times 360° \tag{11-20}$$

式中　α——支柱螺栓旋转调整角；

$\Delta\delta_i$——$\Delta\delta_1$、$\Delta\delta_2$、…、$\Delta\delta_n$，各块瓦的百分表读数mm；

S——支柱螺栓螺距，mm。

(6) 再次顶起转子，按式（11-20）计算的旋转调整角，分别调整各个支柱螺栓。其中 α 为正时，支柱螺栓向下调，α 为负时，支柱螺栓向上调。调整完毕后将各表重新对零。

(7) 重复步骤（3）～（6），使每只百分表读数与平均值之差小于平均值的±10%。

3. 应变仪法

用应变仪调整受力，对于刚性或弹性支承的水轮发电机推力轴承也是较常用的一种方法。

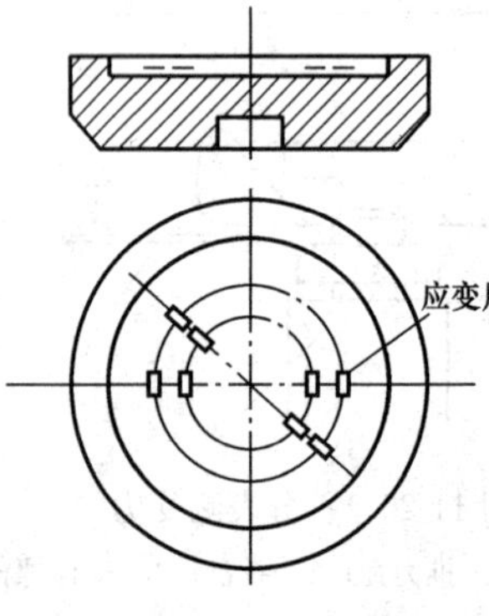

图 11-26　托盘上贴应变片的位置

调整受力前，将应变片贴在托盘易变形处（靠近支柱螺栓的中心的环向部位），再用导线引至应变仪。托盘标定和受力调整步骤如下：

(1) 在托盘靠近支柱螺栓的中心部位贴上应变片，如图 11-26 所示。

(2) 为了消除由于各托盘加工及贴片位置误差产生的影响，以提高测量的准确度，应预先用压力机和应变仪对每个贴有应变片的托盘进行载荷与应变值关系的标定（可将托盘支撑在支柱螺栓试件上，试件头部形状和硬度应与支柱螺栓相同，见图 11-27）。

根据载荷与应变值的关系，绘出各托盘受力时的关系曲线，如图 11-28 所示。

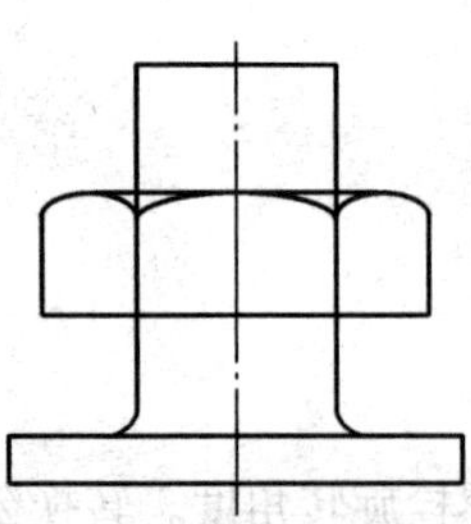

图 11-27　支柱螺栓试件

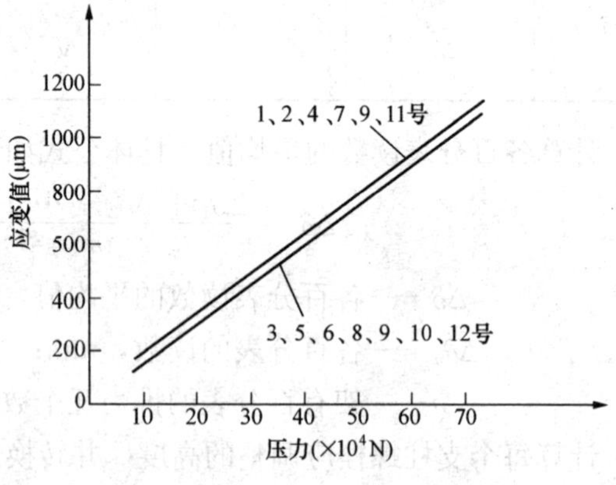

图 11-28　托盘载荷与应变值曲线

(3) 将托盘安装在轴承上，吊上镜板并调好水平，套装好推力头并将转动部分重量落在推力轴承瓦上，用应变仪测量并记录各托盘实际变形值。

(4) 根据各托盘实际变形值，从各托盘受力的关系曲线（见图 11-28）上，求出各个托盘实际载荷值。

（5）计算各个托盘实际载荷的平均值。

（6）根据计算支柱螺栓旋转调整角的公式，计算出各个托盘下的支柱螺栓的升起（或下降）旋转角度。

（7）顶起转子，按计算的支柱螺栓升起（或下降）旋转角度进行调整。

（8）再落下转子，用应变仪测量并记录各托盘实际变形值。

（9）重复（4）～（8），经多次测量和调整后，使各个托盘受力最大值和最小值与平均值之差，不超过平均值的±10%即可认为合格。

（二）*液压弹性支柱式推力轴承推力瓦的受力调整*

液压弹性支柱式推力轴承也叫弹性油箱式推力轴承，其受力调整合格的标准是：当转动部分重量落在推力轴承上时，每个弹性油箱的压缩变形量差值在允许误差范围内。由于采用弹性油箱代替刚性支柱，而弹性油箱式推力轴承具有较高的自调节能力，所以其受力调整的精度要求并不苛刻，一般情况下，当弹性油箱的压缩变形量最大差值小于0.2mm即可认为合格。

弹性油箱式推力轴承受力调整时，应在主轴处于垂直状态、机组转动部分中心已调整到允许范围内、镜板处于水平状态的情况下进行。由于弹性油箱具有较大的弹性压缩量（极限负荷下可达1.5mm），因此可在两种状态下进行受力调整：一种是主轴处于自由状态，即机组轴线中心调整合格后，将整个转动部分重量落在推力轴承上，用抗重螺栓将90°对称方位上的四块上导轴承瓦抱紧在轴领上，单侧间隙可留0.04～0.06mm，下导轴承及水导轴承无约束的状态；另一种是主轴处于强迫垂直状态，即机组轴线中心调整合格后，将整个转动部分重量落在推力轴承上，用抗重螺栓将上导和下导（伞式机组无下导时可抱水导）轴承瓦对称抱紧，单侧留0.04～0.06mm的间隙，这样机组主轴受到上、下两个约束力而处于强迫垂直状态。

1. *百分表法*

（1）将整个机组转动部分重量落在推力轴承上，使主轴处于自由垂直或强迫垂直状态，主轴的垂直度小于0.02mm/m。

（2）旋转弹性油箱保护罩，保护罩底面与下保护支撑的间隙不小于3mm。在每个保护罩上安装测杆并架设百分表。为了避免因保护罩倾斜引起的测量误差，可在测杆上架设两块百分表。

（3）将所有百分表指针调零，小针调整到一致的读数上（一般不超过百分表量程的1/2）。

（4）顶起转子，待所有推力瓦与镜板分离后记录百分表读数，并计算出每个弹性油箱中心压缩值。

实际中，有

$$\Delta\delta = \Delta\delta_c \pm (\Delta\delta_c - \Delta\delta_b)\frac{L_0}{L_1} \tag{11-21}$$

式中　$\Delta\delta$——弹性油箱中心的变形值，mm；

$\Delta\delta_b$、$\Delta\delta_c$——两块百分表 b 和 c 的读数，mm；

L_0——油箱中心距离表 c 的距离，mm；

L_1——表 b 到表 c 之间的距离，mm。

当 $\Delta\delta_c > \Delta\delta_b$ 时，算式右边取“－”号；当 $\Delta\delta_c < \Delta\delta_b$ 时，算式右边取“＋”号。

（5）计算弹性油箱的平均压缩值

$$\Delta\delta_v = \frac{\sum_{i=1}^{n} \Delta\delta_i}{n} \tag{11-22}$$

式中　$\Delta\delta_v$——各弹性油箱平均压缩值，mm；

$\Delta\delta_i$——第 i 个弹性油箱中心的压缩值，mm；

n——推力瓦的个数。

（6）按前面所述计算支柱螺栓旋转调整角的公式计算每个支柱螺栓的需要调整的角度，并做好记录。

（7）按计算的升降角，旋转每个支柱螺栓。需要注意的是，由于各弹性油箱之间是相互连通的，当一个推力瓦下降时，会使附近的推力瓦上升，因此应适当减小每次的调节量。

（8）将所有百分表重新对零。

（9）落下转子，记录每个百分表读数，换算出第二次弹性油箱中心压缩值并记录。

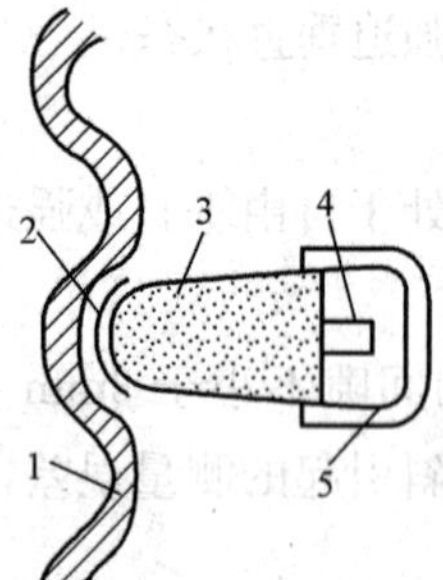

图 11-29　弹性油箱中部贴应变片

1—油箱壁；2—应变片；3—塑料包；4—气嘴；5—固定梁

（10）重复（5）～（9），最终当所有弹性油箱中心变形值最大差值小于 0.2mm，并且镜板保持水平，则认为调整合格。

2. 应变仪法

弹性油箱受力后将产生压缩变形。在压缩变形明显的部位贴上应变片，把应变片接到应变仪上，即可测得弹性油箱受力后的变化值。图 11-29 所示为在弹性油箱外壁中部沟槽内贴应变片的情况。贴应变片前先用细砂布把预贴部位打光，用甲苯或酒精擦净，再薄涂一层万能胶或其他绝缘胶，再将应变片平整地敷贴在上面，最后用特制的塑料气包柔压数小时。当应变片贴牢后，再用导线将应变片的接头引出接在应变仪上。油箱受力时，从应变仪上测出应变值。

应变片也可贴在间接变形的应变梁上。如图11-30所示，将弹性钢制成的应变梁，固定在应变梁座上，用与油箱相连接的压杆压紧。当油箱因受力向下压缩时，应变梁被压弯，应变片随应变梁产生变形。同样将应变片的接头用导线接至应变仪上，也能测得弹性油箱的受力变形值。

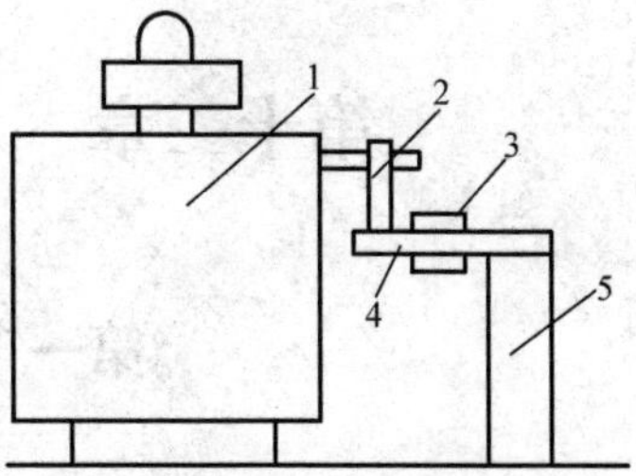

图 11-30　应变梁贴应变片

1—弹性油箱；2—压杆；3—应变片；4—应变梁；5—应变梁座

（三）平衡块式推力轴承受力调整

平衡块式推力轴承受推力负荷时，由于结构上应用杠杆原理，平衡块间互相协调动作，能连续自动调整每块瓦的受力，从而改善了轴瓦受力的均匀性。因此，一般认为平衡块式推力轴承不需要进行受力调整，将平衡块下部的临时调整楔子板抽出，平衡块就会自行调整受力。此结构推力轴承受力如要调整，则在平衡块下部垫调整楔子板按刚性支撑轴承来调整。

（四）弹簧束多点支撑式推力轴承受力调整

由于整个机组转动部分的重量落在弹簧束垫层上，因此无须对其单个瓦调整受力，其推力瓦的受力大小主要依靠下机架中心体水平和下机架支臂受力均匀来保证。

第十二章　水轮发电机辅助设备的检修

第一节　制动系统的检修

一、制动系统概况

发电机组制动系统一般由制动器、油气管路、手动及自动控制装置和顶转子高压油泵组成。制动器俗称风闸，其作用主要有三个：首先是发电机转速降到机组加闸制动转速（推力轴承金属瓦机组为30%～35%额定转速、推力轴承塑料瓦机组为15%额定转速）时，投入低压气（0.5～0.7MPa）加闸制动，使发电机组迅速停稳；其次是在发电机组安装或检修期间，用高压油注入制动器顶起转子，将发电机组转动部分的重量转移到制动器的缸体上，再通过缸体传送到机坑基础上；第三是当使用氟塑料推力瓦的发电机组停机时间较长，需要再次开机启动时，制动器通过注入高压油顶起转子，使推力瓦与镜板之间重新建立起油膜。

二、设备故障情况及问题分析

制动系统常出现个别制动器起落不灵活，在使用中制动器制动后无法复归的现象。出现这种情况时，只能人工强行撬下，这样既给运行人员和检修人员带来很大的工作量，又推迟了开机时间，给电力生产带来较大的损失。

一般制动系统中制动器故障出现次数比较多，其中又以串气故障最多，其次是制动柜故障，管道系统泄漏和高压油泵故障出现次数相对较少。

（一）制动器串气串油

制动器出现串气串油故障时通常有如下现象：复归时制动器下腔压力升高，活塞无法下落；制动器投入时活塞上下窜动，有喘振现象；顶转子时从上腔排气管排油或活塞外缘处有油溢出，顶转子不成功等。制动器串气一般是由密封圈破损或失去弹性所造成。

制动器在制动时通入0.7MPa气压，检修作为顶转子工具时下腔通入高压汽轮机油，长年使用后，工业用气和汽轮机油中所含的水分和杂质会积存在制动器下腔内无法完全排除，造成活塞缸内壁锈蚀，使原本光滑的活塞腔内壁变得凸凹不平。当活塞上下移动时，密封圈与锈蚀的内壁摩擦造成损伤，久而久之就会出现大面积破损，制动器出现上下腔串气现象。密封圈磨损严重时甚至发生断裂，使制动器完全不能工作。同时活塞腔锈蚀的氧化物也会在使用过程中移动到其他制动器的活塞腔里，加速其他制动器的活塞密封磨损，缩短整个制动系统的无故障运行时间。遇到这种情况时必须对制动器进行解体检查，检查活塞腔内锈蚀情况并记录，用细砂纸将锈蚀部位打磨光滑，清扫活塞腔内杂质，更换新密封圈。

密封圈失去弹性一般与密封圈材质、化学环境有关。工业用气和汽轮机油内所含杂质和添加剂会加速密封圈老化，当密封圈失去弹性时无法起到密封作用，使制动器不能灵活动作，出现这种情况时，必须更换密封圈。

（二）制动系统管道泄漏

制动系统管道分为上腔管道和下腔管道两部分，上腔管道用于气动复归，下腔管道用于制动和顶转子。发电机组制动系统管道使用无缝钢管焊接而成，管道与制动器间使用金属软管连接，有一字法兰连接和管螺纹连接两种方式，使用的密封垫有紫铜垫、聚四氟乙烯垫和金属石墨缠绕垫三种制动系统管道泄漏一般出现在连接密封处，而管道焊接点出现泄漏现象较少。连接处出现泄漏主要是由于密封垫失去弹性或发生永久变形造成，连接的螺栓松动后密封垫压紧力不够也会导致泄漏。管道法兰处出现泄漏时需要更换法兰密封垫，更换工作必须在机组停机，制动系统退出使用状态下进行。法兰连接时必须把密封垫放置在正确位置，对称紧固螺栓，保证法兰间隙均匀。但紧固力矩不能过大，否则过分的挤压会使密封垫变形甚至断裂，损坏法兰和连接螺纹。

（三）制动柜内普通阀门漏气

制动柜阀门漏气，多数是由于阀门达到使用年限后阀芯密封材料老化，出现漏气现象。闸阀出现漏气时，先做阀芯紧固或密封更换处理；若仍有泄漏，则需更换阀门。利用铜球阀代替闸阀，可缩短阀门操作时间，提高阀门的可靠性。

（四）制动柜内电磁阀漏气及损坏

电磁阀漏气现象多发生在电磁阀进出口接头处，主要是接头密封失效造成，一般进行更换接头密封处理。

电磁阀损坏多表现为：电磁铁线路出现故障不动作；阀芯发卡动作不灵活。前者与电气线路有关，出现损坏的几率较小；后者与电磁阀的质量寿命和管道内杂质含量有关。尤其是制动器油气共用一个工作腔，每次顶转子后，有大量的残油留在制动器工作活塞的底部及管路中，汽轮机油携带杂质通过电磁阀时部分杂质积存在电磁阀阀芯里，导致阀芯发卡磨损。

（五）顶转子油泵损坏

顶转子油泵作为制动系统的附件而存在，主要用于检修过程中顶转子用，发生故障时不会影响机组正常运行。

顶转子油泵常见的损坏有油管接头漏油、电动机损坏、泵损坏等。在使用过程中，要注意保证管接头插拔正确、供电线路接线正确，以及泵内使用的汽轮机油清洁无杂质。

（六）闸板磨损量过大，制动效果差等

闸板是制动器的摩擦部件，又称制动块。由于发电机组制动时闸板与制动环摩擦起到制动作用，因此闸板的材质必须满足耐磨、摩擦系数高、抗压强度高、粉尘量小等要求。另外，由于发电机组风洞内油雾较多，闸板在接触汽轮机油后还必须保持足够大的摩擦系数，以满足发电机组制动的要求。发电机组制动器原来使用较多的是石棉制动闸板，该制动闸板制动时会产生大量的石棉粉尘，影响发电机组风洞内运行环境，并且石棉是致癌物质，不利于人体健康。另外，石棉制动闸板受油雾污染后摩擦系数有所降低，导致发电机组制动时间有所延长。

随着技术的进步，对人体健康影响较小的非金属无石棉制动闸板在水电厂里大量使用。非金属无石棉制动闸板主要由树脂（起结合作用）、丁腈橡胶（增加抗磨性及韧性）、氧化铁（起中合作用）、促进剂（促进成形）、酸锌（增加强度）、硅石粉（增加耐磨性及冲击性）、针状粉（增加抗拉力及抗压性能）等配方组成。

非金属无石棉制动闸板表面粗糙度相当于 $Ra12.5\mu m$；抗压强度大于 30MPa；冲击强度大于 2.5MPa；布氏硬度为 HB25～HB35；浸水 24h 的吸水率小于 0.09%；浸油 24h 的吸油率小于 0.05%；在 0.7MPa 气压下连续制动，线速度为 20m/s，温度为 300℃时，摩擦系数大于 0.45，磨耗系数小于 0.04mm/h；在 300℃时保温 30min，没有烧伤、裂纹及永久变形。实际应用表明，非金属无石棉制动闸板具有制动效果良好、摩擦粉尘量小、环保等优点。

（七）制动系统改进措施

1. 制动器密封材料的改进

将制动器的滑动 O 形密封改造成滑动 L 形密封，同时将密封材质由橡胶材质改为聚四氟乙烯材质，用胀圈施加预紧力，胀圈设计成与活塞间有不小于 0.5mm 的浮动量，即使活塞中心对于活塞缸中心有些许偏差，而胀圈始终保持与活塞缸同心，确保密封性能不变，从而有效地解决了 O 形密封条随制动器活塞运动而扭曲导致活塞发卡和串气的问题。

2. 制动器活塞缸的改进

在制动器的活塞缸内壁镶嵌上聚四氟乙烯衬套，有效地解决了制动器的活塞缸内壁锈蚀而导致活塞发卡和串气的问题。

3. 制动器活塞的改进

将制动器的活塞外圆镶嵌上聚四氟乙烯围带，活塞的金属部分不与活塞缸内壁直接接触，围带与活塞缸内壁为滑动配合，由于聚四氟乙烯是最好的自润滑轴承材料，加上活塞缸内壁经过精磨加工，粗糙度小，因此摩擦阻力小，又由于是单活塞结构，导向长；导向越长，其导向的作用越大，活塞越不发卡。

4. 闸板与活塞连接部分的改进

将制动器的活塞与闸板之间的连接螺钉外加钢套筒，使活塞与闸板之间保持有不小于 2mm 的距离，即活塞与闸板之间有足够的活动空间；同时，活塞与闸板之间的连接结构改造成球面柱，就相当于万向节，可使闸板任意转动方向而不受限制；球面柱用蝶簧支撑，机组制动时，蝶簧被压缩，球面柱起到万向节的作用；当用油压顶转子时，闸板落到活塞端面上，增大接触面积，防止闸板变形。另外，蝶簧的反弹作用还会使滑动密封由静摩擦变成动摩擦，减小复位阻力。

5. 制动系统管道的改进

将制动系统水平放置的进排油管倾斜 10°～15°，可以尽量将制动系统因顶转子后留存在制动器及管道内的残油排除。

6. 制动系统加装集尘装置

集尘装置由集尘盒、吸尘柜、控制箱和管路四部分组成。在制动器托板上安装集尘盒，随闸板的抬升而抬升，制动器的运行带动集尘盒的操作。集尘盒的两边直接与制动环相接触，出口边则是一锥形盒，盒的上部与制动环相接，盒的底部为一通风孔。通风孔处安装软管与吸尘柜相连，吸尘柜内设两级过滤装置、容器和真空泵，真空泵受控制箱控制实现自动操作。机组制动时，制动器顶起带动集尘盒上升，集尘盒收集闸板摩擦产生的粉尘，同时吸尘柜内的真空泵自动启动，起到吸尘作用。设置集尘装置后，有效地减少了风洞内设备积尘量，改善了设备的运行环境。

第二节 冷却系统的检修

一、空气冷却器结构形式

中大容量水轮发电机一般都装设空气冷却器。空气冷却器也称为热交换器，发电机内的热空气，通过空气冷却器进行冷却，温度降低后，进入发电机内部冷却铁芯和绕组，然后再经空气冷却器冷却，再进入发电机内部。如此循环，发电机的电气损耗所产生的热量就通过空气冷却器的冷却水带走。实际运行时，冷却水量可根据温度相应地减少或增加。

空气冷却器由多根冷却水管，上、下承管板，密封橡皮垫和上、下水箱盖等零部件组成。

一般情况下，空气冷却器通过支架固定在机座壁上，且沿圆周等距分布（见图12-1、图12-2）；也可用螺栓直接将空气冷却器固紧在机座壁上，或者用4个滚轮支撑冷却器的重量，冷却器紧靠机座壁，用压板压紧的结构。对于单路轴向通风系统的双水内冷发电机，有将空气冷却器置于转子下面的下机架支臂之间的布置形式。空气冷却器装配图如图12-3所示。

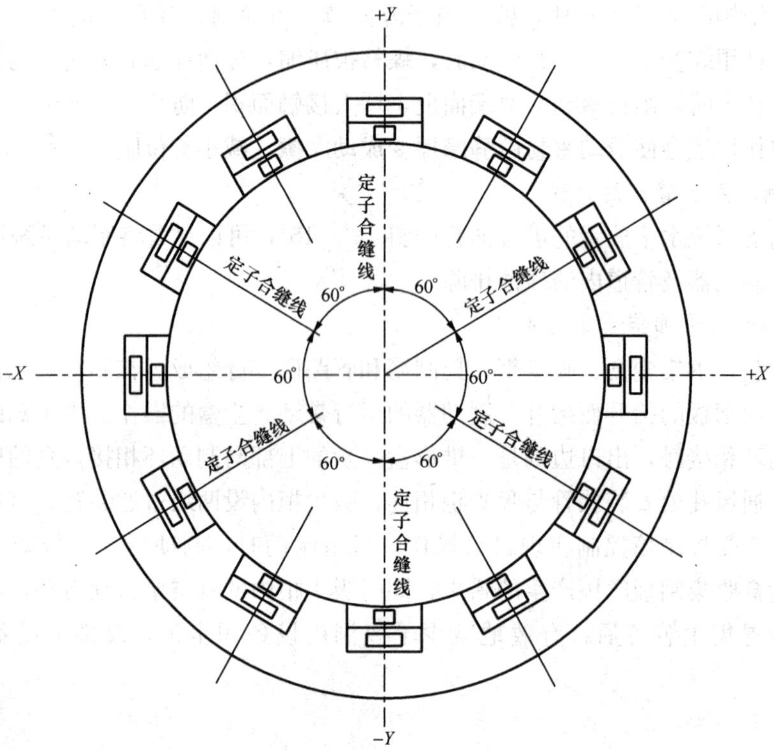

图12-1　空气冷却器与暖风窗布置示意图

各个空气冷却器采用并联方式通过阀门连接至环形进出水管上。这样，当某一个冷却器发生故障时，可以将其单独关闭而不影响其他冷却器的运行。此外，也有采用两个冷却器串联后再互相并联的连接方式。

大、中型容量水轮发电机一般装设4～18个空气冷却器，空气冷却器的散热余量取10%～15%为宜。这样，当某一个冷却器检修时，其他冷却器仍能带走全部损耗，不会影响发电机的正常运行。

水轮发电机的空气冷却器的冷却水管通常为立式放置，有时也为水平放置。两种放置方式的空气冷却器，在参数计算及结构设计方面相同。

（一）冷却管

通常，冷却管又分绕簧式、挤翼式、套片式和针刺式四种，如图 12-4 所示。

1. 绕簧式

绕簧式冷却管由直径为 17～19mm 的黄铜管（或紫铜管）外绕以螺旋铜丝圈而成，螺旋铜丝圈由直径为 0.2mm 的铜丝簧绕成。在绕制过程中，同时把焊锡丝呈螺旋状绕在管壁上，绕完后在铜管两端通大电流使焊丝熔化，这样就可以将铜丝焊在铜管上。

2. 挤翼式

挤翼式冷却管由厚壁铝（或铜）管经过扎挤成为带螺旋状散热翅的散热管。为了增强散热器的抗腐蚀能力，在装配前需经氧化处理。有的在内孔中衬以铜管（铜管不用处理），以防止水的腐蚀作用。

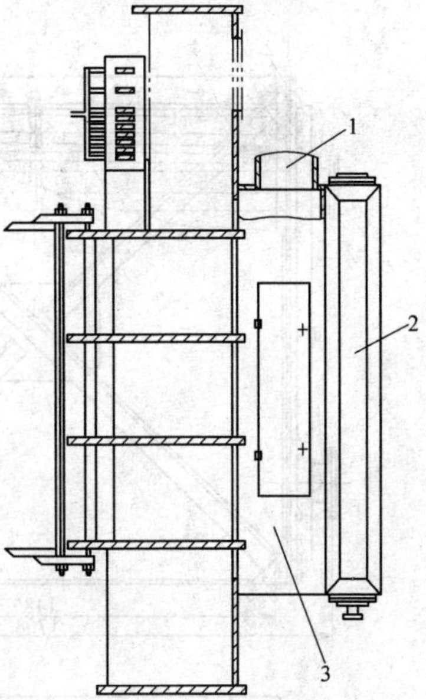

图 12-2　空气冷却器安装示意图
1—暖风窗；2—空气冷却器；
3—空气冷却器支架

3. 套片式

套片式冷却管是由冲制的散热片套在黄铜管上组成散热器。

4. 针刺式

常见的针刺式冷却管如图 12-5 所示。水电厂用空气冷却器的工艺流体（热风）流速都不高，一般在 1.5～3.5m/s 之间，这就要求冷却管的表面助化系数要大且传热系数 K 要高。高效针刺冷却管就能达到这个要求。通过葛洲坝水力发电厂真机测试，传热性能就优于其他冷却器 15%，而制造成本却没有增加。

针刺式冷却管的规格见表 12-1。

表 12-1　　**针刺式冷却管的规格**　　mm

规　格	$\phi22/\phi17$	$\phi18/\phi14$	$\phi16/\phi12$	$\phi14/\phi10$
长　度	300～8000	300～8000	300～8000	300～8000
外　径	44/54	28/44	20/28	16/20
螺　距	2.0～5.5	2.0～3.5	2.0～3.5	2.0～3.5
每圈针数	31～35.5	31～35.5	31～35.5	31～35.5
齿　高	12～20	6～14	3～7	1.5～3

注　冷却管材料为 304、316L、321、T2y（不锈钢、紫铜、白铜、黄铜、铝合金）。

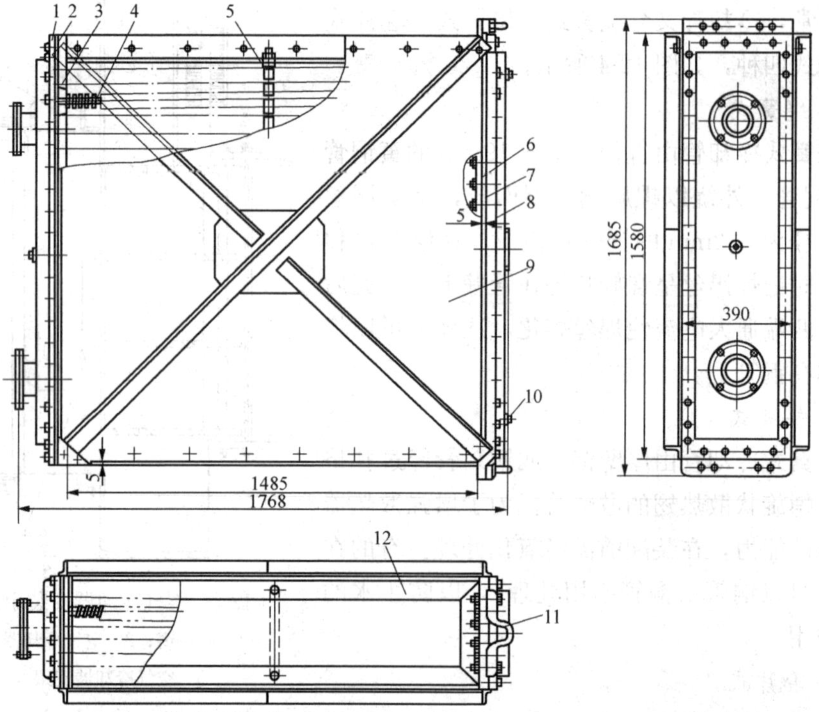

图 12-3　空气冷却器装配图

1—下水箱盖；2—下橡皮垫；3—下承管板；4—冷却管；5—管夹板；6—上承管板；7—上橡皮垫；8—上水箱盖；9—护板；10—1/2in 螺栓；11—吊攀；12—支持壁

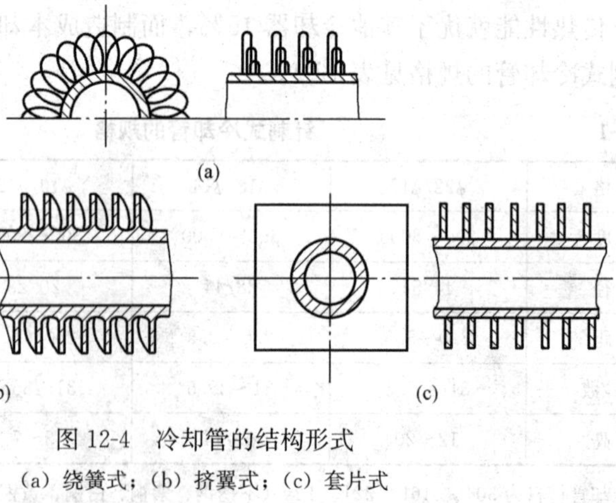

图 12-4　冷却管的结构形式

（a）绕簧式；（b）挤翼式；（c）套片式

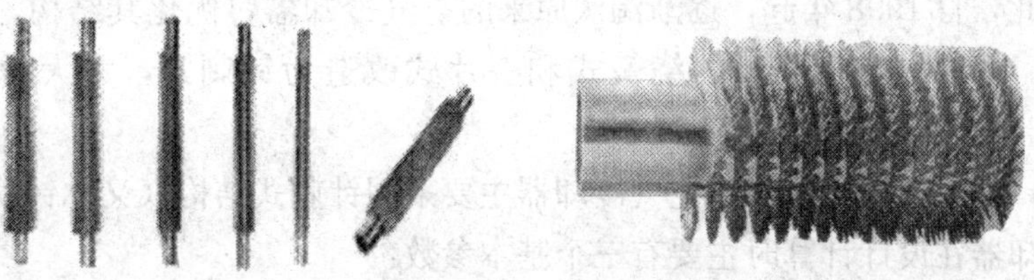

(a)　　(b)

图 12-5　常见的针刺式冷却管

(a) 铜管针刺式；(b) 不锈钢针刺式

（二）承管板

承管板是冷却器的骨架，用以固定冷却水管，由钢板加工而成。

为保证承管板与水箱盖接触密封性能良好，承管板表面粗糙度应不高于 $Ra6.3\mu m$，边缘不得有毛刺，胀接的孔不得有贯通性刻痕，承管板加工后镀锌处理。

（三）水箱盖

上、下水箱盖与承管板组成冷却器的上、下水箱。水箱与冷却水管构成冷却水通路。水箱盖为钢板焊接结构。

水箱盖与橡皮垫接触表面的粗糙度不高于 $Ra6.3\mu m$。考虑到水箱盖的互换性与通用性，水箱盖进、出水法兰的中心距允许误差为±1mm。水箱盖加工面对法兰平面的不平行不得大于法兰外径的1%，最大不大于2mm。

二、空气冷却系统检修

空气冷却系统主要包括空气冷却器、空气冷却器冷却水管道及阀门、附件。空气冷却器有绕簧式、针刺式和叠片式三种。

某水电厂发电机组空气冷却器多数在20世纪80年代中期投产，机组投产时间较长，发电机空气冷却系统冷却水管路及阀门长期不操作，运行老化，很多阀门存在卡塞、锈死现象，以致无法正常操作；供水环管锈蚀严重，局部位置已锈穿，经常发生滴漏；焊缝锈蚀严重，甚至有些部位存在渗漏水现象，管壁锈蚀脱落造成管壁厚度变薄。以上因素不利于机组正常运行，因此对发电机冷却系统管路及阀门进行了改造工作。改造后管道采用无缝钢管，阀门采用硬密封偏心半球阀。该水电厂机组空气冷却器在设计、加工、材质上存在较多缺陷。首先，空气冷却器结构设计上存在缺陷，80年代的绕簧式和叠片式两种结构方式冷却效果不佳，导致定子温度过高；其次大多数空气冷却器经过近15年运行后，很多管道存在锈蚀和穿孔现象，局部铜管管壁变薄，经常出现漏水和渗漏的问题，给发电机组安全运行带来了隐患；因此，自1998年起，逐渐淘汰原来的空气冷却器，优化其结构，更新内部冷却装置。从结构上将原来的绕簧式和叠片式改造为针刺式，大大增强了冷却效果。

目前，某水电厂发电机组空气冷却器主要采用针刺式结构（又称针肋式结构），该空气冷却器在设计计算时主要有三个基本参数：

（1）管子排数。管子排数对使用经济效果影响很大，排数少，单位传热面积和造价就低。反之，如果排数多，空气的压力降就大，成本及消耗就高，因此管子排数要选择适当，技术上可行，经济上合理。

（2）迎风面的空气速度。迎风速度太低，会影响传热速度，从而影响管束的正常传热，迎风速度太高时，则会增加空气的压力降，从而影响功率的损耗，因此，迎风面的空气速度在1.5～3.5m/s为宜。

（3）针肋节距。此参数要根据用户要求、使用环境、介质的换热系数进行考虑。

几种发电机组空气冷却器主要参数的比较见表12-2。

表12-2　几种发电机组空气冷却器主要参数的比较

形　式	换热系数［kW/（m^2·℃）］	每米散热面积（m^2）	每米散热容量（kW）
绕簧式	0.06	0.665	0.718
双金属翅片管	0.04	0.92	0.762
叠片式	0.02	0.664	0.255
针刺式	0.08	0.8	0.85

从表12-2可以看出，针刺式结构比绕簧式结构三个参数都要大，换热系数大33%，每米散热面积高20%，每米散热容量大18%，工作效率明显优良。

某水电厂170MW发电机组空气冷却器的冷却水用量为940m^3/h，耐压值为0.4MPa；125MW发电机组空气冷却器的冷却水用量为720m^3/h，耐压值为0.5MPa。

（一）空气冷却系统堵塞和泄漏的原因

1. 堵塞原因分析

机组技术供水系统采用坝前取水和蜗壳取水，水中含有大量杂物，如石英砂、渔网、编织袋、树枝等。机组空气冷却系统系统使用的阀门主要为明杆闸阀，在实际运行过程中，铜螺母或阀杆磨损使阀盘脱落、阀门被异物卡阻使阀门不能有效关闭，特别是铜螺母或阀杆磨损造成的阀盘脱落后导致石英砂、棉纱等杂物在此沉积堵塞。机组管路采用的是焊接管，管道内壁不光滑，石英砂、棉纱等杂物在此沉积后形成堵塞。

2. 泄漏原因分析

(1) 机组技术供水系统采用坝前取水和蜗壳取水，水质具有以下特点：①石英砂含量大，平均含量为 $1.2kg/m^3$，最大含量为 $10.5kg/m^3$。石英砂对阀门的部件冲刷较严重，对传动部分磨损大；②水中含有大量杂物，如塑料、棉纱等。机组供水系统使用的阀门主要为明杆闸阀，在实际运行过程中，阀门经常出现故障，铜螺母或阀杆磨损使阀盘脱落、阀门被异物卡阻使阀门不能有效关闭，主要表现为阀门内漏、外漏现象较严重。

(2) 机组管路采用的是焊接管，经过近 20 年的运行，焊缝因锈蚀而造成的穿孔漏水现象越来越严重，并开始威胁机组可靠运行。

(3) 应力问题。空气冷却器的冷却管为铜管，采用冷弯加工而成，在弯曲处存在残余应力，同时，在温度作用下的胀缩会造成管路弯曲处的应力集中。铜管的管头是通过机械胀连工艺连接到承管板上的，胀连工艺会造成连接处的残余应力，并且在一定的温度梯度下会产生较大的热应力，在连接处的局部范围，造成应力集中。正反向供水倒换、水压的波动以及内外壁温差的变化都会造成管路中的应力发生周期性的变化，造成管路的疲劳破坏而导致空气冷却器的冷却管铜管漏水。

(4) 泥沙磨损以及江水的腐蚀。随着环境的破坏，江水中泥沙和腐蚀物的含量较高，在运行过程中，铜管路会有不同程度的磨损。

(5) 负压现象。空气冷却器的冷却水取水口在上游，依靠水位差供水。机组在停机断水时，空气冷却系统内出现负压现象。在外部负压状态下，会产生较大的压力差，导致空气冷却器的铜管管头处胀口。

(6) 管路的老化。一般情况下，铜管的使用寿命为 8～10 年，当材料老化时，就不能满足热负荷和机械负荷的要求。同时，橡胶密封的老化也容易导致水腔之间串水。

(二) 空气冷却器堵塞和泄漏的处理

1. 堵塞的处理

(1) 在机组运行状况下，开启技术供水系统的加压泵，并频繁倒换技术供水的正反向，反复进行冲刷，一般可以将堵塞的泥沙疏通。

(2) 在机组临时停机消缺陷状况下，拆开上下端盖，用冷却管疏通专用设备接上高压水（如消防水源），逐根进行疏通。

(3) 在机组停机检修状况下，可以将空气冷却器拆卸后，逐根进行疏通，然后装上并进行打压试验。

2. 泄漏的处理

(1) 在抢修和临检时，如果泄漏部位不多，可首先找到泄漏的铜管并做好标记，再拆开上下端盖，采用锥度为1∶20、长度适宜的铜锥销（小头比铜管内径小2mm左右）堵死泄漏铜管两端的胀口，报废该铜管回路来阻止泄漏。必要时，更换上下端盖处的橡胶皮密封垫。在发电高峰期间，可以将单个空气冷却器的进出水阀门关闭严实后，在不停机的情况下进行该项工作，但必须做好防止水飞溅到定子铁芯和电气设备上的安全措施。

(2) 对串水的空气冷却器，首先拆开上下端盖，更换上下端盖处的橡胶皮密封垫。

(3) 个别空气冷却器泄漏，而发电机组又不能停机时，可以将这个空气冷却器的进出水阀门关闭严实后使该空气冷却器退出系统。

(4) 对于空气冷却器泄漏部位较多的机组，说明空气冷却器已严重老化，在C级检修、D级检修和B级检修期间，更换全部空气冷却器。

(5) 对管道和阀门泄漏点比较严重的机组，在A级检修和B级检修期间，应对整个空气冷却系统进行全面改造。

(6) 为防止出现负压泄漏，在机组停机断水前，应先关闭所有进出水阀门，通水时应先打开进水阀通水，最后打开排水阀。

(7) 在空气冷却器在回装前，必须按规定充水打压进行严密性试验，在水压0.4MPa，保压至少30min无渗漏时方可进行回装。

(8) 对新制作的空气冷却器，必须按规定充水打压进行严密性试验，在水压0.6MPa，保压至少60min无渗漏。

(9) 在A级检修和B级检修期间，应对整个空气冷却系统全面充水打压进行严密性试验，在1.5倍工作水压下保压至少30min无渗漏。

3. 空气冷却器的清污处理

发电机组长期运行后，空气冷却器冷却管道的外表面会附着一些油污和灰尘，空气冷却器冷却管道的内壁会结垢，这些都会影响空气冷却器的却器冷却效果，必须对其进行清理。

(1) 将拆卸下来的空气冷却器放在专用的清洗池内，注入碱性清洗液，反复搅拌，清洗干净后，再放入清水池内进行4～5次清洗，直到除掉附着在空气冷却器的碱性残液为止。

(2) 空气冷却器不用拆卸下来，直接用高压清洗设备喷中性清洗液进行清洗，然后喷工业乙醇，将清洗残液清洗干净。

4. 空气冷却器的改进

空气冷却器本体结构一般不需进行改进，目前的改进集中在空气冷却器的冷却管方面，原来的空气冷却器的冷却管芯子外表面一般为穿片式套管空气冷却器（内置式）或绕簧式空气冷却器（外置式）。为了更好地提高冷却效果，可进行下列改进：

(1) 针刺式空气冷却器的改进。水电厂用发电机组空气冷却器的工艺流体（热风）流速都不高，一般为1.5～3.5m/s。这就要求冷却管的表面肋化系数要大且传热系数要高，将绕簧式冷却管改进成针刺式冷却管后，由于冷却管表面的翘片是从冷却管本体通过先进的加工工艺加工出来的，这些翘片与冷却管本体是一体的，中间没有任何其他介质，因此就不存在介质梯度损耗问题；同时，翘片形成针刺状，风通过翘片时形成三维扰动，使其充分发挥热交换的功能，传热性能可以提高15%左右。

空气冷却器的结露，引起水轮发电机定子的受潮和设备锈蚀几乎是水电厂的一个通病。针刺式空气冷却器采用整体散热片替代传统的绕簧管，大大缓解了空气冷却器的结露问题，也便于空气冷却器的清扫。

(2) 双金属翘片管式空气冷却器的改进。双金属（铜和铝）复合挤片式空气冷却器的突出优点是散热面积大（提高50%）、冷却能力高（增加20%～30%）、空气阻力低（降低20%），并随使用期增长其性能基本保持不变。

(3) 内螺纹空气冷却器的改进。将空气冷却器冷却管的内壁加工成内螺纹形状，可以部分提高空气冷却器的传热性能，但这种结构只适用于清洁冷却介质的冷却系统。

(4) 不锈钢空气冷却器的改进。主要是为了解决铜空气冷却器的锈蚀和腐蚀问题。

(5) 钛合金空气冷却器的改进。钛合金空气冷却器首先用于军事领域，近年逐步用于民用工业，其质量小，不发生锈蚀、腐蚀，但成本较高。

三、蒸发冷却水轮发电机

蒸发冷却技术是一种新型的冷却技术，不仅可以提高材料利用率，减少特大型发电机的制造难度，降低发电机定子绕组运行温度及温差和发电机定子的热应力，减少事故隐患，更重要的是蒸发冷却比水内冷更具优越性。首先，由于蒸发冷却为自循环系统，其冷却介质不需要另外的水处理设备，也不占用厂房布置面积。而最突出的优越性是消除了由于泄漏和氧化物堵塞造成事故的可能性，即使发生冷却介质泄漏，也不会产生事故，可采用减负荷运行，让发电机少介质蒸发冷却运行或空冷运行，待停机后再维修。这是水内冷发电机无可比拟的。

（一）蒸发冷却水轮发电机的工作原理

蒸发冷却系统是一种自循环冷却系统。定子线棒内的空心铜线作为冷却介质通道，充入低沸点液态冷却介质后，当发电机运行时，线棒内的液态冷却介质通过比热吸热使温度线性上升；当温度达到压力所对应的饱和温度时，便以蒸发潜热吸热而部分沸腾汽化。冷却介质主流发生相变的点称为蒸发点，其后随着介质不断吸热，气态含量增多，蒸汽干度上升，因此线棒出口处的蒸汽干度是表征系统热负荷能力的一个重要参数。根据沸腾换热机理，介质蒸发后的汽/液混合体温度不再升高，且因压力递减而略呈下降趋势直至线棒出口。与此相应的线棒导体温度具有相同变化和分布，从而将绕组所有线棒温度以介质蒸发吸热方式限制在相同的分布和量值。冷却介质部分汽化后，发生形态变化，在空心导体内的介质为汽/液混合态，其密度小于回液管中纯液态介质的密度，由于水轮发电机为立式布置这一特点，两个相连通竖管（回液管和空心导体）间的密度差在重力加速度作用下，产生驱动的动力（流动压头），该动力（压头）克服循环系统中的阻力压降（单向流动阻力、两相流动阻力和局部阻力）来维持一定流量的循环，使两相介质通过线棒上端集气管进入系统中压力最低的凝汽器，经与二次冷却水进行热交换后还原为纯液态再流到回液管和返回线棒下端集液管，再次进入线棒内的空心铜线，进行新的一次循环，实行了无泵自循环系统，使发电机内部的热量带走进行冷却。

蒸发冷却发电机的定子线棒与水内冷线棒在结构上相同，都是采用空心铜线和实心铜线组合，因此也称之为内冷却水轮发电机。

（二）蒸发冷却介质

蒸发冷却介质是蒸发冷却系统中的重要组成部分。因此，选用介质时必须要求在不低于180℃（H级绝缘水平）的温度范围内保证其化学和热的稳定性；同时介质应与发电机广泛采用的金属材料和非金属材料有相容性；选用的冷却介质还必须是无毒和符合环保要求的，即臭氧层破坏潜能值（*ODP*）为0。

选用冷却介质的主要物理特性参数见表12-3。

表12-3　　蒸发冷却介质主要性能参数（在标准大气压下）

序号	参　数	符号	指　标	备　注
1	沸腾温度（℃）	T_b	40～62	被选用介质定出单一值
2	蒸发潜热（kJ/kg）	H	>125	对应原用非标准单位30卡/克（cal/g）
3	冰点（℃）	T_i	<−35	
4	液体黏度（mPa·s）	u	≤0.7	温度为25℃时的测量值
5	击穿电压（kV/2.5min）	U_m	≥20	按GB/T 507《绝缘油　击穿电压测定法》测试
6	闪点（℃）	T_f	无	

目前使用的部分冷却介质的主要性能参数见表 12-4，冷却介质的质量标准可参考表 12-5。

表 12-4　　部分冷却介质主要性能参数

主要参数 \ 化学成分 \ 牌号	符号	V-XF $C_5H_2F_{10}$	AE-3000 $C_3F_7H_3O$	FLa $(C_2F_5)_2N$
沸腾温度（℃）	T_b	55	56	70
冰点（℃）	T_i	−80	−94	−80
密度（25℃，g/cm³）	ρ	1.85	1.47	1.74
液体黏度（mPa·s）	μ	0.67	0.65	0.5
蒸发潜热（kJ/kg）	H	132	163	116
闪点（℃）	T_f	—	—	—
击穿电压（kV/2.5mm）	U_m	30	35	50
环境特性	ODP	0	0	0

注　*ODP* 为臭氧层破坏潜能值。

表 12-5　　冷却介质的质量标准

名　称	数　值	试　验　方　法
纯度(%)	≥99.9	
不挥发残留物(%)	≤0.001	
含水量(%)	≤0.05	参见 GB/T 7601《运行中变压器油、汽轮机油水分测定法〈气相色谱法〉》
酸度(mgKOH/g)	0.01	
外观	无色、透明	

（三）蒸发冷却水轮发电机的设计特点

蒸发冷却水轮发电机定子绕组结构与水内冷发电机定子绕组结构基本相同，通称为内冷却发电机。因此，水内冷发电机的设计特点也适用于蒸发冷却水轮发电机。此外，还具有以下特点：

(1) 蒸发冷却水轮发电机在运行过程中其沸腾换热和自驱动循环是相互依从和密切配合的，从而使系统能适应电机各种运行工况（包括启动、停机过程和特殊运行工况）。随着所需传热量的多少，系统自行调整蒸发点位置、介质流量和蒸汽干度，而这一过程每个线棒既不依靠外力也不涉及和影响其他线棒的自我调节和平衡过程。

(2) 发电机定子绕组运行温度水平是由所选用的冷却介质的蒸发温度所界定。

(3) 蒸发冷却系统自驱动循环和沸腾热方式决定了它以低压力、低流量运行，当二次冷却水足量时，冷凝器内介质所在空间几乎为零压状态，而系统中各种部件所承受压力仅由内含介质的重力所产生。

（4）按照蒸发冷却两相流循环冷却的特点和国内多台蒸发冷却发电机运行经验以及三峡 700MW 蒸发冷却真机模拟试验台测试数据。电磁设计应充分考虑蒸发冷却的特点，合理选择和优代股线及孔通道尺寸以及定子电流密度。

（四）蒸发冷却水轮发电机结构

蒸发冷却水轮发电机，除了定子绕组和蒸发冷却循环系统部分结构不同之外，其余的结构基本上与常规空冷水轮发电机相同，因此，本书各章叙述的常规水轮发电机结构基本上适用蒸发冷却水轮发电机。

1. 蒸发冷却水轮发电机总体布置

蒸发冷却水轮发电机总体结构与空冷发电机基本相似，其主要区别是发电机内部增加了一套蒸发冷却介质循环系统。对于定子绕组采用蒸发冷却的半内冷发电机，通常定子绕组做成与水内冷发电机定子绕组相似，由空心和实心铜线组合而成。在定子的上、下端分别布置有集气环管和集液环管。另外在发电机上部，一般在上机架支臂间或在发电机坑壁上布置有冷凝器供蒸发气体冷凝用。

2. 蒸发冷却系统主要部件

蒸发冷却水轮发电机的蒸发冷却系统主要由定子线棒（包括定子铜环引线）、凝汽器、上集汽管、下集液管和绝缘引汽/液管等部件组成。

（1）定子线棒。定子线棒一般为波绕式。线棒由实心和空心铜线（股线）编织而成，线棒直线部分进行编织换位。实心和空心铜线的组合方式，可参考水内冷水轮发电机定子线棒实心和空心铜线的组合形式。线棒是系统发热和冷却主体，它既是介质得以循环的动力源，也是冷却循环回路的重要组成部分。因此线棒空心导线尺寸和空心截面的选择应考虑蒸发冷却介质的循环特点，可参照相关的试验数据进行选择。其附后损耗的计算可参照水内冷水轮发电机的方法进行计算。蒸发冷却水轮发电机定子线棒结构除了在线棒两端配备液电分离接头有特殊要求外，其他与空冷发电机定子线棒基本相同。

（2）凝汽器。凝汽器是整个蒸发冷却系统中的重要部件，它将汽/液态混合介质所含的热量经凝结换热由二次冷却带走还原为纯液态介质的装置。凝汽器以释放潜热的凝结换热方式进行。凝汽器要求有一定的凝结能力和足够的冷却水流量。

按照凝汽器结构，凝汽器的二次冷却水在管内流动，管子外壁与冷却介质的蒸汽接触。因此，它涉及管内液体的流动传热特性、管壁材料的热传导性能、管内外壁的洁净程度（有无结垢和油污）以及蒸汽凝结的换热等问题。当蒸汽与低于其饱和温度的固体壁面相接触时，就产生凝结现象，变成液体而附在壁面上，当液体积聚到一定数量后，就离开壁面而掉落下去。冷却液体与壁面因为能否润湿的程度不同，凝洁时可分为珠状凝和膜状凝结两种，容易润湿壁面产生膜状凝结，而不容易润湿的产生珠状凝结。蒸发冷却发电机的冷凝管一般采用紫铜钢管或不锈钢管，属于膜状凝结。关于膜层冷凝放热计算，可参阅参考文献［2］。有关管内流体的放热均与水内冷相同。

凝汽器由水箱盖、橡胶垫、凝汽器壳体等组成。凝汽器壳体由承管板、筒壁、换热元件及接头等零件构成。

换热元件：有单层和双层两种冷却管，可根据具体情况选用。

凝汽器壳体采用奥氏体不锈钢材料。凝汽器应进行气密试验和水压试验不得有渗漏（试验有关数据应在制造厂图纸或专用技术协议中规定）。

（3）上集汽环管/下集液环管。按照发电机的总体布置和定子线棒端部尺寸，分别选择其直径。上集汽环管因其内部通有两相介质，管径大于下集液环管，主要功能是将线棒中的蒸发两相介质汇集于此，使全部线棒的压力和温度均衡。环管材料为不锈钢管（1Cr18Ni9Ti），环管与接头连接采用焊接结构。接头焊接后进行水压试验，要求焊缝不得渗漏。试验合格后，进行酸洗处理，然后封住所有接头，防止脏物进入。上集汽环管/下集液环管在最终装配后需进行密封试验。

上集汽环管/下集液环管的布置可以下、下层线棒各自布置成独立的环管。以取消上、下层连接三通，减少工地焊接工作量，提高蒸发冷却系统的可靠性。

（4）绝缘引汽/液管。绝缘引汽/液管的主要功能是将发冷却系统回路。绝缘引管应采用与冷却介质相容的绝缘材料制成，通常选用聚四氟乙烯塑料软管。

绝缘引汽/液管必须能满足耐电压、防振及防泄漏等要求。有关要求数据应在制造厂图纸或专用技术协议中规定。

（5）导流管。将两相介质从上集汽环管引入凝汽器的连通管。

（6）回液管。在凝汽器下部位置装设的一根竖管，下端与下集液环管连通，称为回液管。其功能是：储存一定高度的液态介质，借助自身重力提供循环动力；接受冷凝后的液态介质自由流入，以保持介质循环连续性。

（7）均压管。通常要求各凝汽器间设有均压管，以保持各凝汽器之间的压力平衡。均压管的材质为不锈钢管。

（8）排气管。蒸发冷却系统应设有排气管。排气管的设计布置应避免冷却介质在管内的冷凝堵塞，以确保排气管畅通，蒸发冷却系统运行安全。

（9）密封接头。密封接头是蒸发冷系统中的关键部件。优采用水电分开的接头形式，要求接头的设计密封性好，易于检查和更换。

（10）卡套。考虑密封的可靠性，蒸发冷却密封接头与绝缘引管的连接可采用卡套结构，而不采用连接结构，其目的是改线密封为面密封，提高防泄漏能力，卡套在使用前应进行严格的模拟泄漏试验，证明其密封性能是可靠的。

四、油冷却器的结构形式

油冷却器布置在推力轴承和导轴承的油槽内，其主要功能是将油槽中的热油通过油冷却器进行热交换后得到冷却，再参与轴承油循环系统运行。油冷却器可根据轴承尺寸、损耗和油槽的布置选择不同类型的油冷却器。

（一）油冷却器类型

油冷却器按其结构形式、尺寸大小和不同的换热容量，大致可分为以下五种类型。

1. 扇形瓣式油冷却器

油冷却器的形状呈扇形（半环式），如图 12-6 所示。冷却器布置在油槽内对称的位置，由两瓣组成圆形，结构简单，安装、维修方便，适用于中、小型轴承内循环冷却的油槽。

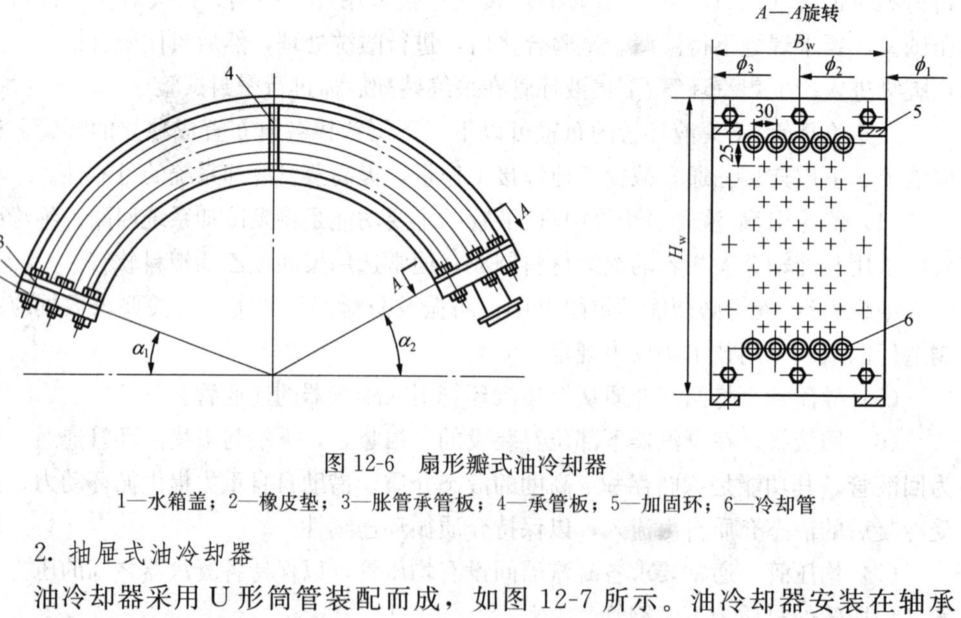

图 12-6 扇形瓣式油冷却器

1—水箱盖；2—橡皮垫；3—胀管承管板；4—承管板；5—加固环；6—冷却管

2. 抽屉式油冷却器

油冷却器采用 U 形筒管装配而成，如图 12-7 所示。油冷却器安装在轴承的油槽壁上，拆装方便，适用于大、中型水轮发电机推力轴承内循环冷却系统的油槽。

3. 盘式油冷却器

油冷却器的结构形状呈弧形（盘香式），如图 12-8 所示，其结构简单，便于拆装，水路多为单路在半圆内反复绕行，结构紧凑，可在小容积油槽内布置。这种冷

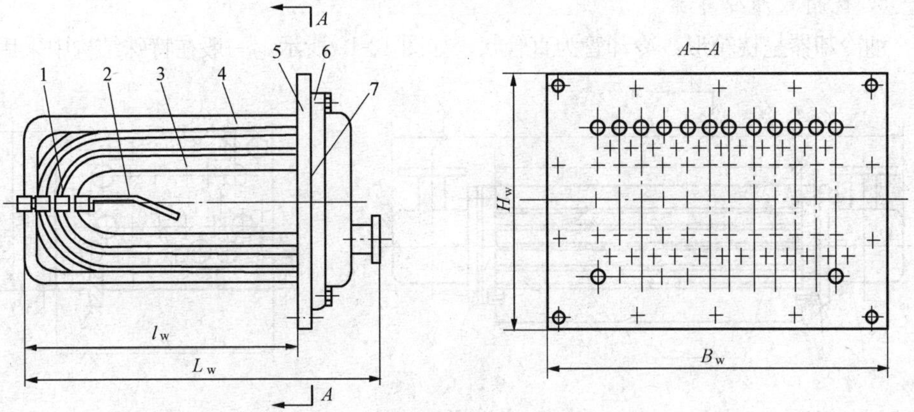

图 12-7　抽屉式油冷却器

1—管夹；2—挡油板；3—冷却器；4—加固管；5—承管板；6—水箱盖；7—橡皮垫

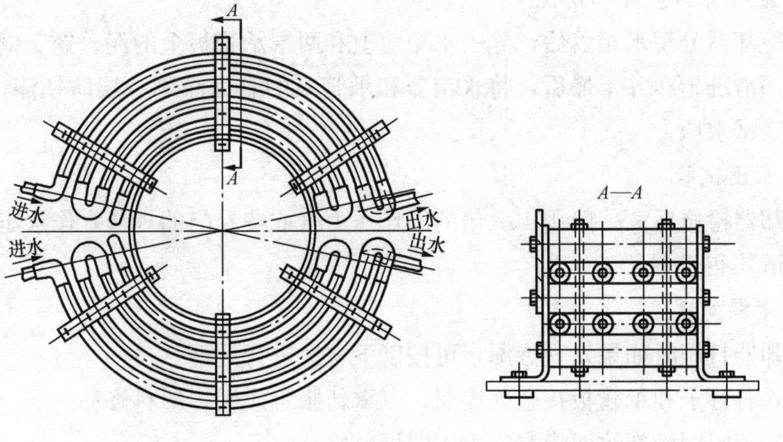

图 12-8　盘式油冷却器

却器适用于小型水轮发电机导轴承内循环冷却系统的油槽。

4. 螺旋管式油冷却器

油冷却器采用铜管螺旋绕制呈螺旋弹簧形，如图 12-9 所示。该形式油冷却器结构简单，水路连接方便，每间隔布置一个冷却器，适用于导轴承油槽周向分隔的结构。

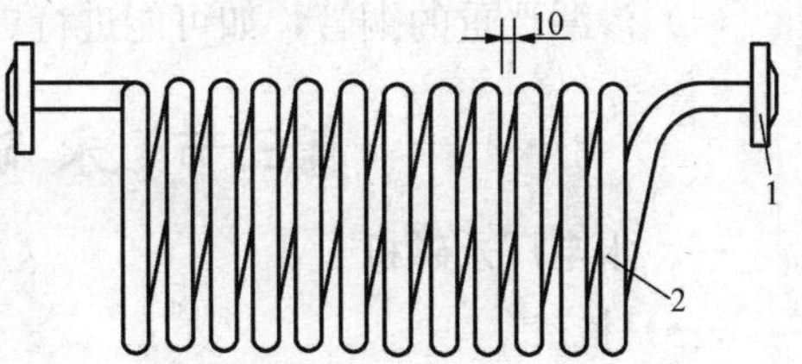

图 12-9　螺旋管式油冷却器

5. 枕箱式油冷却器

油冷却器呈枕箱形，冷却管为直管状，如图 12-10 所示，一般在特殊结构中采用。

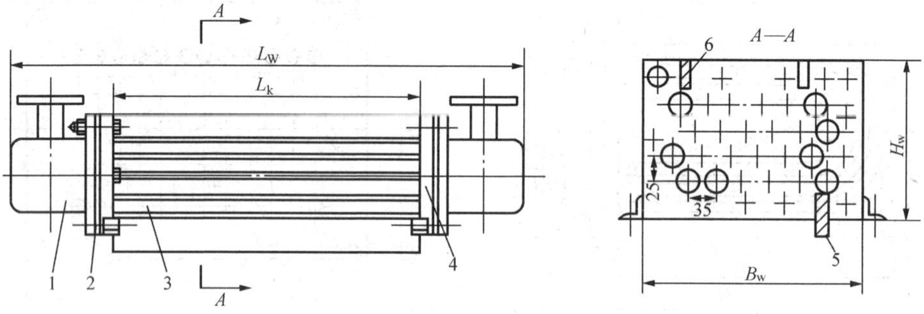

图 12-10　枕箱式油冷却器

1—水箱盖；2—橡皮垫；3—冷却管；4—胀管承管板；5—挡油板；6—加固板

五、油冷器的检修

油冷却器检修工作主要包括以下三个方面。

1. 油冷却器拆卸和清洗

油冷却器分解水箱盖后，除去水箱盖上和两端承管板上的泥、锈、铜管内的泥污，全部清洗干净并干燥后，将水箱盖和承管板的表面涂刷一层防锈漆，漆干后，便可组装试水压。

2. 水压试验

冷却器检修后，一般用 1.5 倍的工作压力（或按专门的规范）作水压试验，持续 30min 不得渗漏。

3. 渗漏处理

冷却器打压时如果发现渗漏，可按以下方法进行处理：

（1）若管子和承管板接合处渗漏，可重新胀管或用环塑料修补。

（2）若因铜管裂纹而渗漏，可用铜焊料修补。

（3）因铜管腐蚀严重而无法修补时，可用堵头将铜管两端堵住并锡焊牢：但堵住的管子不宜过多，一般不超过总管数的 10%，否则应更换新油冷器。

（4）渗漏严重的铜管，如可能进行更换时，可换上新管，按胀管工艺胀紧。

第三节　永磁机的检修

一、水电厂永磁机

（一）概述

永磁机位于水轮发电机组的机头部分，与发电机组同轴同步旋转，其作用主要是为水轮机的调速系统采集机组频率、提供信号电源（除此信号电源外，一般机组调速系统还通过发电机出口的电压互感器取得信号）和给机组转速继电器供电。

永磁机与励磁发电机的最大区别在于其励磁磁场是由永磁体产生的。永磁体在发电机中既是磁源，又是磁路的组成部分。

随着齿盘测速等技术的不断发展，水轮发电机永磁机技术已经成为一种比较落后的技术，新型水电厂大都不再使用。近年来，不少水电厂以安装在大轴上的齿盘测速装置来代替永磁发电机。

（二）永磁机的工作原理

凡能变更绕组所耦合的磁通，都能使绕组产生感应电动势，不一定要有旋转的绕组或磁极。感应子式永磁机就是基于转子表面齿槽的存在而使定子、转子间的气隙磁导发生周期性地变化而感应出交流电的。永磁机转子上没有绕组，只有带齿槽的铁芯，依靠齿槽的存在使定转子气隙磁导发生周期性的变化，而定子绕组感应发电，所以转子也称为感应子。单相感应子式发电机的电压波形与转子齿槽形状密切相关，因此只能是近似的正弦波。永磁机的气隙磁通的利用率很低，只有其交变分量用来感应电动势，而交变分量一般只占气隙磁通的35%左右。

永磁机定子内部内置的永久磁钢为定子、转子提供了恒定磁场。感应子转动过程中，当齿部对着定子表面时，空气隙小而磁通大；当凹部对着定子表面时，空气隙大而磁通小。随着磁通的交替变化，气隙中就产生了一个交变分量，交变分量的一个周期相当于一个转子齿距（极距）。该交变分量就在定子绕组内感应出交流电动势，也即转子的一个齿相当于凸极发电机的一对极，其产生的频率 $f=nz_2/60$，式中 z_2 为转子齿数，n 为机组转速。由此可见，只要 z_2 选择得与机组发电机的磁极对数（P）相等，则永磁机的频率就严格反映发电机组的转速变化。这就是可以从永磁机中提取频率信号的原因。

（三）永磁机的结构

永磁机以往多采用三相凸极式，即以永久磁钢作磁极旋转，体积很大。现广泛采用的单相感应子式永磁机，体积很小。本节重点介绍单相感应子式永磁机。

感应子式永磁机是实用新型的发电机，涉及的工作原理不同于现有技术的发电机。感应子式永磁机结构简单、工艺简单，由前端盖、后端盖、定子、转子组成，定子由定子铁芯、定子绕组组成。定子铁芯为圆环状永磁材料，上面有若干槽，槽内嵌有定子绕组。定子铁芯嵌在前端盖和后端盖之间，转子由转子铁芯和轴组成，轴横穿前端盖和后端盖的中央，由嵌在前端盖和后端盖内的轴承支撑定位，轴和转子铁芯固连为一体。转子铁芯为导磁材料，转子在定子内转动，随着定子、转子间气隙磁导发生周期性地变化而感应发出交流电。

二、永磁机的常规检修

永磁机的检修一般与发电机的检修同步进行，非正常情况下抢修应根据当时具体情况而定。

（一）永磁机常规检修顺序

（1）将永磁机上、下端盖分别拆卸开。

（2）仔细检查永磁机定子绕组有无损伤和过热现象。

（3）仔细检查永磁机定子、转子铁芯有无过热和变形。

（4）检查永磁机轴有无松动、窜动现象。

（5）检查永磁机转子支架有无松动或间隙过大和变形情况。

（6）检查永磁机缸体和止口有无变形现象。

（7）检查永磁机上、下端部轴承有无磨损和损坏现象。

（8）检查永磁机上、下端部轴承润滑油有无劣化。

（9）检查永磁机绝缘是否合格。

（二）不抽转子的检修

由于感应子式永磁机一般采用铝合金机座，因此一般情况下不宜对其进行分解性的检修。除非定子绕组有故障或转子内部故障等才必须抽转子，不抽转子的检修步骤如下：

（1）拆除永磁机地脚螺杆，将永磁机平躺吊放于两根平行枕木上，两侧楔住以防止其滚动。

（2）拆卸端盖和轴承：

1）拆卸前分别在上下轴承盖、上下端盖和定子外壳缸体接缝处做好标记。

2）先拆卸下部。旋下下轴承盖螺杆和端盖螺杆，用改锥或紫铜棒轻击并旋转取下轴承盖。用紫铜棒对称向外击打端盖外缘，当端盖即将与轴承脱离时，端盖两边应有人托住并在端盖落地处垫防滑擦机布，以防端盖突然落下伤人。端盖取下后搬至枕木上落好。此时，推力轴承可能散架，取下轴承卡环，用拉马拉下轴承内环（注意：端盖取下后，磁屏蔽已破坏，不要让铁屑等杂物被吸入永磁机内；轴承滚珠不得被吸入，其数目应与轴承卡环上的数目一致）。

3）拆卸上部。旋下上轴承盖螺杆和端盖螺杆，用改锥或紫铜棒轻击并旋转取下轴承盖。用平铲插入端盖和缸体接缝的同时，用紫铜棒向外敲击端盖外缘（插入和敲击点不宜过多）；当接缝宽至可以插入扳手手柄时，保护好缸体止口的同时对称用扳手手柄向外翘端盖（注意四周接缝宽度一致）。上端盖即将与轴承脱离时，端盖两边应有人托住并在端盖落地处垫防滑擦机布，以防突然落下伤人。

（3）用清洗剂彻底清洗拆卸下的端盖、轴承盖和上端轴承。用白布蘸清洗剂清理定子绕组和轴颈部位。清理缸体止口部位。

（4）永磁机检查及轴承更换：

1）检查定子和转子无异常，间隙无粉尘或杂物。

2）检查轴承无过热、无磨损，轴颈部位无磨痕。

3）轴承有磨损、过热或存在下列情况之一的应进行更换：①永磁机在运行时轴承或内部有异声；②润滑脂变质，轴承盖有过热迹象；③手动盘车困难、发涩；④轴承内外圈与滚珠（柱）之间有松动，窜动较大；⑤轴承内部有锈蚀，滚珠（柱）及滚道有裂斑。

拆卸轴承时，采用拉马或专用液压千斤顶拆卸，为防止损坏轴颈，一般不采用外力敲打法。拆卸时，拉马爪或液压工具的卡板应抓（套）在轴承内圈上，各受力点应均匀受力。

轴承更换步骤如下：

1）轴承更换必须和原轴承型号相同，且轴承位置一致。

2）轴承更换回装必须使用轴承加热器，加热到80～100℃后进行热套，严禁冷套回装。

3）轴承热套时，将轴承内圈对准轴，一直平推至轴肩，让其自然冷却。

4）新轴承回装时，必须检查轴承安装是否到位；必要时，可以在轴承热状态下，用铜管敲打轴承内圈使其安装到位。

5）轴承装到位后套入轴承卡环。

6）将轴承内端盖贴紧轴承，应有一个螺孔正朝上，以方便轴承盖回装。

（5）部件回装：

1）端盖回装。端盖回装前应再次彻底检查永磁机内部。上、下、内、外轴承及端盖腔内应抹适量的润滑脂。新轴承套入轴颈前，轴承室应填充润滑脂，以防止异物进入。同一轴承不得填入两种不同型号的油脂。加入轴承内的润滑油脂以不超过轴承室容积的2/3为宜。轴承端盖内侧储油室加入的油脂不超过其容积的1/2。

2）套入上端盖。用紫铜棒对称敲击端盖并注意四周与缸体接缝处的宽度一致。接近止口时套入轴承盖、端盖螺杆，继续用紫铜棒对称敲击端盖就位后对称旋紧端盖螺杆（缸体合金材质，硬度小，需防缸体滑丝）。

3）套入下端盖。用紫铜棒对称敲击端盖并注意四周与缸体接缝处的宽度一致。接近止口时套入轴承盖、端盖螺杆，继续用紫铜棒对称敲击端盖就位。用紫铜棒对称敲击端盖的同时旋紧端盖螺杆。注意不要碰坏接线板。

4）取下轴承盖螺杆套入外轴承盖，重新旋紧。旋紧时应用力均匀，大小合适，以防缸体滑丝。

5）盘车检查永磁机转动应灵活，不发涩。

（三）抽转子的检修

当定子绕组有故障、定子中心体松动以及转子内部故障等情况时，需要进行抽转子检修，主要工作步骤如下：

（1）分解前应先用无磁性塞尺检查定子、转子间隙。

（2）抽转子前应先退磁，否则由于磁力作用而无法抽出。强行抽出转子也可行，但容易损伤永磁机。

（3）检查定子绕组、槽楔、铁芯等应无过热、松动和其他异常；清扫定子、转子或更换轴承。定子、转子应无相擦的痕迹。

（4）因铝合金材料硬度小，回装时击打端盖应仔细小心，用力要均匀。螺栓紧固应使用力矩扳手，防止拧紧螺栓时用力过大造成机座螺纹滑丝，致使整个永磁机不可用。

（5）回装完成后，打开机座上端盖上对称的检测孔，用无磁性的塞尺塞入定转子间隙，检查间隙是否均衡；如不均衡，应重新调整。

（6）永磁机的电气试验相对比较简单，主要测试绝缘电阻和直流电阻，耐压可用 1000V 绝缘电阻表测试 1min 代替。

（四）永磁机检修质量控制

水电厂永磁机检修应严格控制检修质量，表 12-6 中所列为葛洲坝水电厂永磁机检修质量控制标准，具有一定的通用性。

表 12-6　　葛洲坝水电厂永磁机检修质量控制标准

工序	项　目	工艺程序	质量标准	主要器材
1	永磁机拆卸	由机修人员拆除底角螺栓，躺着吊放于两根平行枕木上，两侧楔住，以防止其滚动	停放位置适当，拆除花键轴；充、退磁时应吊至专用检修架	木方、吊具
2	修前试验	转入发电机试验流程	转入发电机试验流程	
3	盘车检查	用手顺时针或逆时针方向转动永磁机轴	转动应轻巧、灵活，无卡滞，无异响	

续表

工序	项　目	工艺程序	质量标准	主要器材
4	打开上端小端盖检查轴承和润滑脂	拆除上端转速信号装置，用扳手拆除小端盖上的三个紧固螺栓，拆除小端盖，检查轴承及润滑脂	轴承应无松动，与轴套、转轴配合紧密，无走内、走外现象。轴承架无变形、松散，轴承滚珠无磨损。润滑脂充分，无变质、变色、流滴，黏度正常	套筒扳手
5	打开下端小端盖检查轴承和润滑脂	用拉马拆除下端轴联轴器（靠背轮），用扳手拆除小端盖上三个紧固螺栓，拆除小端盖，检查轴承及润滑脂	轴承应无松动，与轴套、转轴配合紧密，无走内、走外现象。轴承架无变形、松散，轴承滚珠无磨损。润滑脂充分，无变质、变色，流滴黏度正常	套筒扳手、拉马、300mm 活动扳手、强光电筒
6	永磁机去磁工艺	去磁用800A（50Hz）交流电源接至充磁线圈，经800～0A的平滑下降去磁，若测量结果认为去磁不彻底，则可用加大电流和去磁次数继续去磁	测量方法可用仪表直接测量剩磁或将永磁机拖动到发电机同步转速，测得输出电压越接近0V则去磁越彻底	整流开关柜、调压变压器、检修机架
7	拆除轴承大端盖	拆除大端盖前，必须先拆除小端盖，再用扳手拆下大端盖螺栓，用紫铜棒击打大端盖外围，直至轴承盖即将与轴承脱离时，两边应有人托住，以防端盖突然落下伤人或损坏端盖	用紫铜棒击打大端盖外围时，应均匀、对称敲击，不得损伤端盖止口；端盖取下后，磁屏蔽已破坏，不要让铁削等杂物被吸入永磁机内；轴承滚珠不得被吸入，其数目应与轴承卡环上的数目一致	铜棒、扳手
8	转子抽出	抽转子应先退磁，否则由于磁力作用而无法抽出。抽转子应尽量垂直吊出，水平抽出时应用转子托架支撑转子	转子抽出时应在定子绕组处做好防护，防止碰伤定子绕组；转子放置应稳定、可靠	转子吊具、转子托架

续表

工序	项　　目	工艺程序	质量标准	主要器材
9	清洗轴承	先用纤状物挑出轴承内润滑脂，再用 SS-50 清洗剂或汽油、毛刷将轴承清洗干净	用毛刷清洗轴承时，不转动轴承可避免刷毛卡在轴承内，轴承内不得杂质，并将清洗剂擦拭干净	清洗剂、汽油、毛刷、擦机布
10	更换润滑脂	将润滑脂从轴承的一面挤入轴承内，直至从另一面挤出，然后将多余部分刮去	轴承加油时须保持清洁，润滑脂不得混有杂质，油质应合格；轴承小端盖加油量为：小端盖上油槽的1/3～2/3	润滑脂
11	推力轴承更换	先取下轴承卡环，用拉马取下轴承，将新轴承清洗干净，用热油加热后套入转轴并用紫铜棒击打到位，清洗、加润滑油、装卡子	轴承安装应注意方向，热油加热温度 80～100℃	拉马、电炉、润滑脂、铜棒、卡环钳、油盆、空压机油
12	上、下端部绕组检查	检查引线、接线板、定子绕组、端部固定情况，铁芯有无松动和局部过热，表面是否有铁锈	引线无脱焊、过热现象，接线板无过热，定子绕组完好无异常，端部固定应完好。铁芯无松动和局部过热，表面无铁锈	强光电筒
13	绕组修复	见电动机绕组检修部分	见电动机绕组检修部分	见电动机绕组检修部分
14	绕组试验	转入发电机试验流程	转入发电机试验流程	
15	回装转子	转子回装前应清理定子、转子，确保内膛无异物。装入转子时与抽转子相同，方法类似，只是移动方向相反	转子装入时应在定子绕组处做好防护，防止碰伤定子绕组，转子应平稳吊入	强光电筒、羊毛毡

续表

工序	项　目	工艺程序	质量标准	主要器材
16	回装端盖	装复端盖。先将大端盖套在轴承外圈上，用铜棒轻轻敲击端盖均匀用力，将端盖缓缓打入，用螺栓从大端盖中部的螺孔中穿入，转动大端盖将内部小端盖螺孔套住。继续用铜棒均匀敲击，待端盖止口与机座止口相互吻合小部分后，再用螺栓对称用力，将止口完全拧合，此时不可用力强行敲打，以防损坏止口。大端盖复位后，取下原已穿入的螺杆，将小端盖装入，再穿入螺杆，均匀用力拧紧。装入小端盖后，应用手轻轻转动转子，检查有无发卡现象，如有发卡，应松开小端盖，重新均匀拧紧	回装部件应无遗漏，螺栓紧固应对称用力，装配完成后永磁机转动应轻松灵活，无卡滞、异响	套筒扳手、铜棒、强光电筒
17	回装转速信号器及联轴器	与拆卸步骤相反	回装无遗漏，联轴器回装到位	常用电工工具、铜棒
18	永磁机充磁工艺	永磁机充磁时应有一个1600A的直流电源，将其接至充磁线圈，中间接一快速熔断器（0.1～0.2s），经过3～4次瞬时合闸充磁	测量方法可将永磁机拖动到发电机同步转速，若输出为130V则充磁成功	整流开关柜、调压变压器、熔丝、检修机架
19	试验	转入发电机试验流程	转入发电机试验流程	
20	结束	清理工作现场	现场无遗留物品，卫生清洁	

三、永磁机退磁与充磁

（一）永磁机退磁

由于单相感应子式永磁机的永久磁铁通过定子铁芯形成闭合磁路，因此检修中如不发生强烈振动或使永久磁铁受到反充磁作用，就不会发生失磁现象。若要抽出永磁机转子，只需在充磁绕组中通入 50～60V 低压交流电并平滑减至 0 值，即可退磁，然后抽出转子。

（二）永磁机充磁

1. 充磁回路接线

检修结束后，将转子按要求装配好即可进行充磁。按厂家技术要求，将充磁线圈通以 1000A 0.1～0.2s 短时间冲击直流电流。

图 12-11 为某水电厂永磁机充磁接线图，充磁所需的直流电源可由电动盘车装置提供，整流电源交流回路由调压变压器及双反星带平衡电抗器的整流变压器组成；整流回路由六臂 12 支 800A 的二极管并联供电。整流装置额定电流为 3000A，额定直流输出电压为 66V，永磁机充磁绕组的直流电阻为 0.0175Ω，因此永磁机充磁电压理论值为 1000A×0.0175Ω=17.8V。可见，用电动盘车装置作为充磁的直流电源是可行的。为了达到永久磁铁所需的安全匝数，又不致使充磁绕组长时间通流而使绕组烧毁，必须控制充磁时间。以三股约 0.75mm 的铜丝作为回路的熔断器，让其很快熔断，形成一个冲击直流电流。

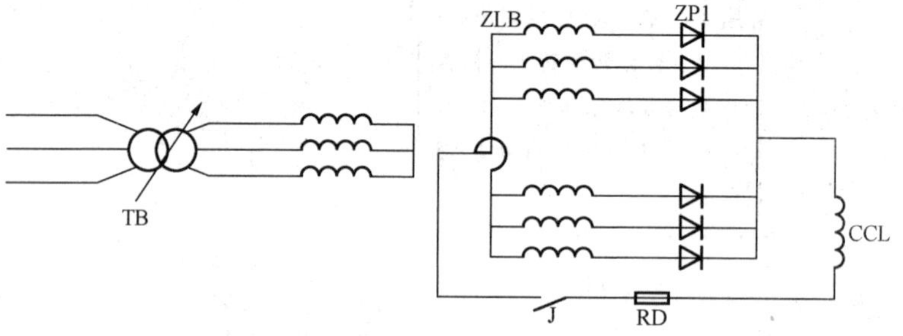

图 12-11 某水电厂永磁机充磁接线图

TB—TSJA/150 调压变压器；ZLB—整流变压器；CCL—永磁充磁绕组；RD—自制过流熔断器；J—SC/600 交流接触器；ZP1—ZP6/ZP800 型二极管

2. 充磁步骤

（1）检查整流回路操作情况良好。

（2）将整流回路空载，调节调压变的电压使直流输出至所需电压。

（3）停电将直流接入充磁线圈，然后合上交流侧开关，对充磁线圈充磁。

（4）充磁完毕后，测量永磁机输出电压；若电压不合要求，就要退磁后改变调压变压器或铜丝的截面积，再充磁。

3. 永磁机输出电压的测量

为保证充磁完毕后，永磁机的负载电压为 110V，充磁完毕后每次都要测量永磁机的空载电压和负载电压，即将永磁机由直流电动机驱动将转速调至水轮发电机的额定转速（62.5r/min），然后测量永磁机主绕组和副绕组的空载电压和负载电压。空载电压标准为125～130V，才能保证负载电压标准为110V。

四、永磁机交接试验

感应式永磁机在交接时，应进行以下试验。

（一）绝缘电阻的测量

永磁机的额定电压一般为220V或110V，测量时应采用1000V绝缘电阻表。主、副绕组及充磁绕组对地绝缘电阻，应分别进行测量。绝缘电阻不应低于0.5MΩ。

（二）绕组的直流电阻

用电桥法或直流压降法均可，所测电阻值相互间差别不超过最小值的2%。实测直流电阻与制造厂（或以前测得）数值相比较不应用显著差别。

（三）绕组交流耐压试验

试验电压为出厂试验电压的75%，耐压时间为1min。

（四）绕组极性检查

对于感应式永磁机而言，因为是单相的，而且主、副绕组所用导线的直径不一，并分别处于两段铁芯上，容易识别，所以不需进行极性测定。

对于三相凸极式永磁机，其绕组至少有3个，一般为6个。为了进行正确的连接，必须进行极性的检查，即使各线端有标号，也应进行检查。

检查极性时，应尽量利用线端的标号。如果永磁机有3个绕组，则可将3个绕组按照线端的标号，连接成开口三角形，如图12-12所示。

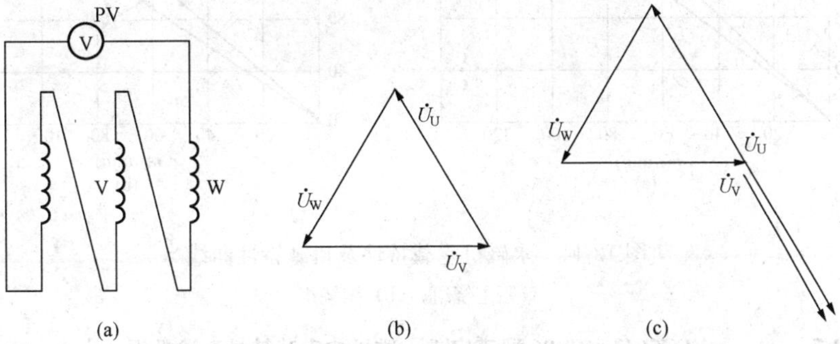

图12-12 三角形接线及电压相量图

（a）接线图；（b）接线正确时相量图；（c）接线错误时的相量图

在开口处接一电压表，用手扳动永磁机的转子绕组，将感应电压，若连接正确，电压表只有微小的摆动，甚至看不出摆动；若有一相反接，则电压表摆动幅度

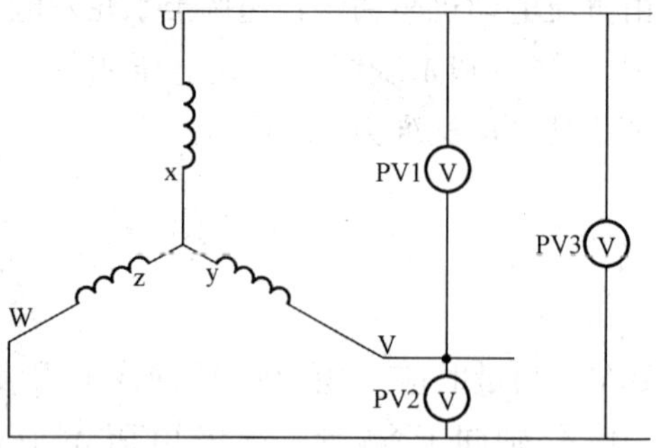

图 12-13　星形接线

较大。从图 12-12 所示的相量图知，当接线正确时，在开口三角形处只出现三次谐波电压，它比基波小很多。若一相反接，则在开口三角形处为 2 倍相电压。若三绕组接成星形（见图 12-13），可用 3 只电压同时检查三相线电压的对称性；若有一个绕组接反，电压就不对称，两个电压表的指示为另一电压表指示的$\sqrt{3}$倍。若测得 $U_{UV}=U_{WU}=U_{VW}$，则 U 相绕组反接。

（五）空载特性的测量

永磁式发电机的空载电动势 E_0 与转速 n 成正比，空载曲线 $E_0=f(n)$ 是一条直线。

YFG56/2＊10-96 型感应式永磁机的空载特性试验数据见表 12-7，特性曲线如图 12-14 所示。

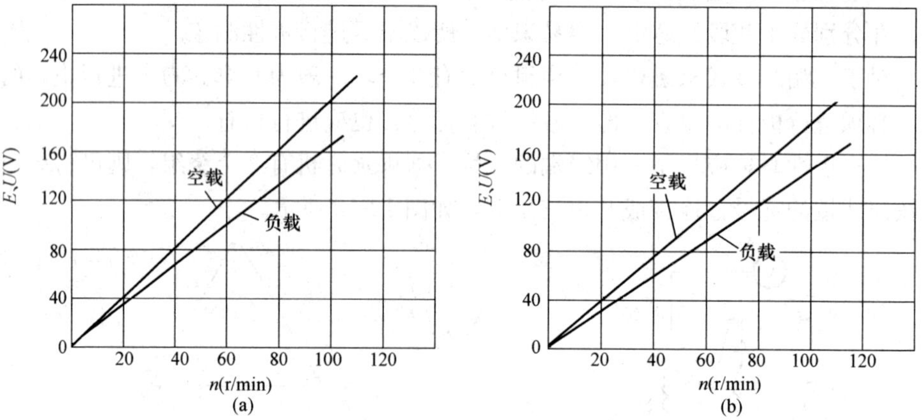

图 12-14　永磁机空载特性及负载特性曲线

（a）主绕组；（b）副绕组

表 12-7　　YFG56/2＊10-96 型感应式永磁机的空载特性试验数据

转速（r/min）	23	39	52	63	76	89	100	116
主绕组电动势（V）	45	76	102	123	147	175	195	228
绕组电动势（V）	38.5	65.5	89.5	107.6	129.0	129.0	171.0	199

（六）负载特性的测量

永磁机的副绕组是转速继电器的电源，它是通过端电压 U 来控制转速继电器动作的。当转速超过 $140\%n_N$ 时，端电压上升到一定数值，超过转速继电器的整定值，该继电器动作；当转速下到 $35\%n_N$ 时，端电压下降到低速继电器的整定值，则低速继电器启动，使制动器动作。因此，要求永磁机的端电压 U 与转速 n 基本上成正比关系，即 $U=f(n)$ 基本为一直线。以 YFG56/2 * 10-96 型感应式永磁机为例，得表 12-8 负载特性的实测记录。进行试验时，负载为滑线电阻。阻值保持不变，改变转速，测定子绕组的端电压 U 及负载电流 I 的特性曲线。

表 12-8　　YFG56/2 * 10-96 型感应式永磁机的负载特性试验数据

转速（r/min）		24	40	51	63.5	77.5	90	108	114.5
主绕组	U（V）	45.5	73.0	93.0	113.5	138.2	158.4	188.8	198.0
	I（A）	0.51	0.95	1.21	1.50	1.81	2.10	2.50	2.64
副绕组	U（V）	41.3	67.2	85.5	105.8	129.5	150.0	181.0	191.0
	I（A）	0.21	0.33	0.41	0.51	0.61	0.70	0.85	0.89

第十三章　发电机故障诊断及处理

第一节　发电机振动危害的诊断处理

机组运行的稳定性是水轮发电机组工作性能中的重要指标。克服机组运行的不稳定，是机组设计、制造、安装、运行和检修中重点需要解决的问题之一。

一、机组振动的现象和危害

1. 机组振动的现象

对水轮发电机组而言，在匀速旋转之外的任何周期性运动都是附加的振动。从方向上区分，机组的振动有以下三种：

(1) 轴向振动，也称纵向振动。立式机组表现为上下跳动，卧式机组表现为前后窜动。

(2) 径向振动，也称横向振动。表现为在垂直于轴线方向的摇摆。

(3) 绕轴线的扭转振动。表现为旋转不均匀、机组角速度周期性地增大和减小。

2. 振动的影响及危害

上述三个方向的振动可能同时发生，也可能以某一种为主，但都是额外的周期性运动。对水轮发电机组而言，除了要消耗一部分功率使机组效率降低以外，若振动超过允许标准，还会带来一系列不利的影响，甚至会危及正常运行和机组的安全。

(1) 机组的转动部分和轴承受周期性交变力的作用，会造成螺栓松动、焊缝开裂，甚至使主轴因材料疲劳而损坏。

(2) 机组固定部分的轴承、机架、地脚螺栓、连接螺栓等会因振动而变形和松动。

(3) 机组输出的频率和波形会因振动而变化，降低供电质量。

(4) 严重的振动还会破坏机组运行的稳定性，致使机组无法运行。

二、引起机组振动的原因

造成水轮发电机组振动的原因是多方面的。同一台机组可能有多种原因共同影响，而相同的原因在不同机组上的表现又可能不同。要分析机组振动的主要原因，必须将各种因素归类，掌握各类原因的基本特征和主要表现。一般情况下可从以下三个方面去分析。

1. 水力原因

水轮机是机组转动的动力来源，其工作不稳定必然影响整个机组。水轮机及通过的水流方面常见的主要问题有：

（1）转轮四周水力不平衡。混流式转轮上、下止翻环间隙不均匀；轴流式转轮与转轮室之间的间隙不均匀，必然使转轮受横向力作用而摆动。此外，混凝土蜗壳的包角太小，断面设计不合理；活动导叶开度不均匀，都会使转轮四周的进水不均匀。有的水电厂在试运行期间还发生过导叶被异物堵塞，因而引起机组剧烈振动的现象。

（2）反击式水轮机发生空腔空蚀。机组空载或低负荷运行时容易发生空腔空蚀，转轮室及尾水管发出明显的金属敲击声，甩水管真空度很大而且不稳定，机组的振动幅度大，但频率较低。水轮机如果超出其限制出力运行，则可能引起更严重的空腔空蚀。

（3）导叶或轮叶产生不稳定的涡流。在一定条件下，导叶或轮叶的后面会产生一系列不稳定的涡流，称为“卡门涡列”。它们使导叶或轮叶受力不稳定而形成振动，当这种振动引起机组共振时，就会表现出强烈的振动现象。这通常因机组而异，而且只在某个出力的附近发生。

（4）高水头、长输水管道的机组，在负荷变化时可能因水锤现象而造成振动。此时压力管道内压力上下波动，水轮机工作水头不稳定，机组在一段时间内振动。

2. 电气原因

发电机、电网和电能用户是机组的负载，它们消耗功率的不稳定也必然影响机组。常见的问题有：

（1）发电机气隙不均匀。

（2）励磁系统工作不稳定。此时机组输出的电压、电流有周期性变化。

（3）三相负荷不平衡。

（4）电力系统发生波动。这往住是短时间的，但可能比较剧烈。

3. 机械原因

机组制造或安装不良会引起机组振动，而这正是人们在机组启动试运行阶段最关心的问题。一旦发现机械振动，就需查明具体问题并尽力消除。常见的主要问题有：

（1）转动部分静不平衡。机组的转动部分包括转轮、主轴和发电机转子，如果组合成整体但重心不在旋转轴线上，就是静不平衡。机组运行时，转动部分将受离心力作用，轴线可能弯成弧形而造成“弓状回旋”。

（2）转动部分动不平衡。动不平衡是由质量分布不当造成的。转子的重心在轴线上，满足了静平衡的要求。但其质量分布不对称，分开来看，左侧的重心偏高，右侧的重心偏低。当它旋转时，左、右侧都受离心力作用，但大小相等、方向相反，作用于两条线上，构成了一个离心力偶。转动部分在旋转的同时必然左右摇摆，产生“振摆”现象。弓状回旋和振摆在形成原因上不相同，但所引起的振动现象很难区分，而且都随转速的升高而加强。

（3）机组轴线缺陷。机组的轴线成折线，如立式机组的轴线不垂直、卧式机组的轴线不水平，这些都会引起振动。

（4）轴承缺陷。推力轴瓦受力不均匀、导轴瓦间隙不均匀、轴瓦及螺栓松动、轴承润滑和冷却不良等也都会造成振动。轴线不符合要求和轴承缺陷引起的振动，往往与机组的转速和出力相关。转速提高、出力加大时振动更为严重。

（5）调速器调试不良。调速器如果不稳定，会使导叶开度来回变化，机组也就不能平稳地运行。

三、关于振动原因的分析方法

如前所述，引起机组振动的原因各式各样，振动的现象也千差万别，但其中总有基本的规律。为了找出一台机组发生振动的主要原因并加以消除，通常可以由以下几个方面着手进行分析。

1. 测量和分析振动的频率

振动的频率应用测振仪测量，但须在不同部位和不同方向上测量，以求全面掌握机组的振动情况。经验丰富的人凭感觉可以有一定程度的区分，但不可能十分准确。

一般说来，不同原因引起的振动在频率上是有区别的：

（1）水力振动的频率一般较低，常为机组转动频率的1/6～1/2，或者更低。

（2）电气振动的频率常等于机组的转动频率。

（3）机械振动的频率可能就是机组的转动频率。但由某些部件引起的振动，其频率往往是转动频率的若干倍。

2. 掌握振幅与机组运行参数的关系

机组振动的幅度，尤其是振动严重部位的振幅，往往随某些运行参数变化，如：

（1）水力振动往往与出力相关，在机组低负荷运行时严重，或在某个出力附近严重，或振动随出力增加而加大。

（2）电气振动常随发电机电流情况变化，电流加大振动加剧，而不励磁时振动就明显减小。

（3）机械振动可能随转速变化，也可能随出力变化、转速及出力加大而更加严重。

3. 要在试验中查找和清除主要的振动原因

由以上叙述不难看出，查找振动原因的工作应结合试验来进行。要不断改变机组的运行状态或工作参数，有意地排除某些原因，突出另一些原因。这样反复试验和比较，直到找出引起该机组振动的主要原因，从而采取相应措施去减轻机组振动。

四、水轮发电机组的静平衡

转动部分的重心不在其轴线上，是机械振动中最常见也是最主要的原因之一。我国在水轮发电机组的制造标准中，明确规定了对不平衡质量的限制，机组在正式进入负荷试验前都应该通过“静平衡”检查。

从机组转动部分的组成情况分析，主轴及轴上的附件都是轴对称的，只要材料均匀一致，重心必然在其轴线上。影响转动部分静平衡的主要部件有两个：一是发电机转子，尤其是叠片而成的磁轭，以及挂装在磁轭上的磁极；另一个是水轮机的转轮。但是，发电机转子和水轮机转轮是用不同方式来实现静平衡的。

除容量很小的机组以外，发电机的转子，其尺寸、重量都很大，其静平衡无法用试验的方法检查调整，只能依靠组装的工艺过程来实现。

（1）磁轭叠片前对冲片逐片称重，再按重量分组。叠片时尽可能在对称方向布置重量相同的冲片，对无法均匀分布的，则记录不平衡重量的大小及其所在的位置。

（2）磁极在挂装前逐个称重，并按极性和重量配对，使任何45°或22.5°范围内磁极重量之和与对称侧的差符合规范要求。对确实不能均匀分布的重量，同样要记录其大小和方位。

（3）就前两步中遗留的不平衡重量作计算，求得总的不平衡力矩的大小和方向，进而在转子上加焊平衡配重，使转子的重心调整回转动轴线。

组装过程记录的不平衡重量为G_1、G_2、…、G_i，相应的位置由所在半径r_i及角度α_i表示。各不平衡重量都对转动轴线偏心，因而构成不平衡力矩。为了便于计算，按对X轴和Y轴的力矩来统计，总的不平衡力矩为

$$M_x = \sum G_i r_i \sin \alpha_i \tag{13-1}$$

$$M_y = \sum G_i r_i \cos \alpha_i \tag{13-2}$$

拟在半径R处加配重P，用于抵消不平衡力矩，则P的大小和方位角β可计算如下

$$P=\frac{\sqrt{M_x^2+M_y^2}}{R}=\frac{\sqrt{\left(\sum G_i r_i \sin\alpha_i\right)^2+\left(\sum G_i r_i \cos\alpha_i\right)^2}}{R} \tag{13-3}$$

$$\beta=180^\circ+\arctan\frac{\sum G_i r_i \sin\alpha_i}{\sum G_i r_i \cos\alpha_i} \tag{13-4}$$

五、水轮发电机组的动平衡

转子可以看成上、上两个部分，假设上部分重心在左边，下部分重心在右边，静止时力偶平衡，不产生不平衡力矩。当转子以角速度 ω 旋转时，会产生一不平衡力偶，该力偶就是引起机组上机架水平振动的力偶，并作用于导轴承。

转动部分的动不平衡只在转动时才表现出来，所以只能用试验的方法进行检查，也只能通过试验进行纠正。一般的水轮发电机组都不做动平衡试验，只有在必要时才进行。如启动试运行过程发现机组的振动很严重，初步分析后又认定主要原因是动不平衡，则有必要进行机组的动平衡试验。

水轮发电机组的动平衡试验比较复杂，必须用高精度的测振仪等设备，而且要在机组稳定于额定转速下旋转时反复进行测试。

1. 试验的假定

(1) 转动部分的动不平衡是由于存在某个不平衡重量引起的。

(2) 动不平衡所引起的振动幅度与存在的不平衡重量成正比。

(3) 如果存在两个（或更多）不平衡重量，则总的振幅是各个不平衡重量引起振幅的矢量和。

2. 试验的基本方法

(1) 首先找出机组振动幅度最大的部位，以该部位的振幅为准进行试验检查。加上配重后，如果此振幅大大减小并符合规范要求，则机组就算实现了动平衡。

(2) 选择并准备试验配重 P_0，P_0 应足够大，在预定位置加上它可以引起机组振幅明显变化，如

$$P_0=\frac{(0.5\sim2.5)G}{100Rn_N^2}\quad(\text{kg}) \tag{13-5}$$

式中 G——转动部分总重量，kg；

n_N——机组额定转速，r/min；

R——发电机转子上预定加装配重处的半径，m。

(3) 测定机组原振幅 μ_0。

(4) 在发电机转子上半径为 R 的圆周上，分三次在互成 120°角的位置上加配重 P，测定相应的振幅，并按大小排列为 $\mu_1>\mu_2>\mu_3$。

3. 应加平衡重量的计算

由前述的假定，如果配重 P_0 引起的振幅为 μ_0，则实测的 4 个振幅 μ_0、μ_1、μ_2、μ_3 有如下矢量关系

$$\left.\begin{aligned}\bar{\mu}_1 &= \bar{\mu}_0 + \bar{\mu}_{P1}\\ \bar{\mu}_2 &= \bar{\mu}_0 + \bar{\mu}_{P2}\\ \bar{\mu}_3 &= \bar{\mu}_0 + \bar{\mu}_{P3}\end{aligned}\right\} \tag{13-6}$$

假定 μ_0 与 μ_{P1} 之间的夹角为 θ，根据余弦定理，得到

$$\left.\begin{aligned}\mu_1^2 &= \mu_0^2 + \mu_{P1}^2 - 2\mu_0\mu_{P1}\cos(180^\circ - \theta)\\ \mu_2^2 &= \mu_0^2 + \mu_{P2}^2 - 2\mu_0\mu_{P2}\cos(60^\circ + \theta)\\ \mu_3^2 &= \mu_0^2 + \mu_{P3}^2 - 2\mu_0\mu_{P3}\cos(60^\circ - \theta)\\ \mu_P &= \mu_{P1} = \mu_{P2} = \mu_{P3}\end{aligned}\right\} \tag{13-7}$$

综合并化简后有

$$\mu_P = \frac{1}{\sqrt{3}}\sqrt{\mu_1^2 + \mu_2^2 + \mu_3^2 - 3\mu_0^2} \tag{13-8}$$

$$\theta = \arccos\frac{\mu_1^2 - \mu_0^2 - \mu_P^2}{2\mu_0\mu_P} \tag{13-9}$$

由正比例关系，得到机组原有的不平衡重 q 为

$$q = \frac{\mu_0}{\mu_P}P \tag{13-10}$$

q 所引起的振幅为 μ_0，而 μ_0 与 μ_{P1} 的夹角为 θ。为了抵消它的影响，应在相反方向上半径 R 处加上平衡配重 q，从而使机组达到动平衡。

第二节　发电机轴承的常见故障诊断及处理

一、水轮发电机轴承绝缘的检查

由于转子四周和定子之间的空气间隙不等，定子有效铁芯周围每一片接缝的配置不对称，当发电机运行时，发电机各部磁通分布就不均匀，磁束就不平衡。不平衡的磁束与转动的轴相切割，就产生了轴电动势。该电动势能够损坏转子的轴领、轴瓦巴氏合金等。为此，对于横轴的发电机，应将励磁机与机组的基础板之间加以绝缘；对于悬吊式的水轮发电机，其上部导轴承和推力轴承均应用绝缘垫与定子外壳相绝缘，也可在推力头与镜板之间再加一层绝缘垫，以加强绝缘，这样就可避免轴电流所引起的损坏事故。

对于竖轴水轮发电机，在轴瓦安装前，应使用 1000V 的绝缘电阻表检查上部

导轴承每一块瓦的绝缘电阻，其值不得低于 50MΩ。安装后，将轴瓦的绝缘垫相互联系起来，再测量绝缘电阻。当推力轴承和上下导轴承全部安装完毕和注油前，可以将转子顶起，测量发电机推力轴承的整个绝缘电阻，其值应不小于 5MΩ。如果要在油槽注油后测量轴承绝缘电阻，则可在轴承座上连接一根导线至油槽外面进行测量。在转子顶起、油槽充油的情况下，总的绝缘电阻值应不低于 0.5MΩ。

在发电机运转条件下，可以用测量轴电压的方法检查轴承绝缘。测量时，应使用高内阻、小量程的交流电压表，一端接地（发电机外壳），另一端可通过铜网刷接发电机转子的轴（励磁机侧）。由于转子在转动，测量时应特别小心，注意安全，防止袖口、导线、头发等卷进发电机。轴电压的大小无规定标准，为便于以后比较，最好在空载额定电压和额定负荷下测量，并记录下转子的电流值。

大修期间，在推力轴承拆装前启动液压泵，使制动器顶起转子，用 1000V 绝缘电阻表测量推力轴承座与机架间的绝缘垫电阻值，其对地绝缘电阻值应大于 1MΩ。如果绝缘电阻值不符合要求，应检查绝缘垫板是否受潮或其他原因。

二、水轮发电机推力轴瓦温度过高的处理方法

水轮发电机的推力轴瓦，以前均采用锡基轴承合金制成，最高允许温度为 70℃，运行时温度通常控制在 50～60℃为宜，超过 60℃时属于偏高，达到 70℃即发出信号，到 75℃时事故停机。

推力瓦温偏高的处理主要包括以下三个方面。

1. 消除增高瓦温的因素

各块瓦之间温差过大的原因大致有：

（1）各块瓦受力调整不均匀。推力轴瓦之间温差过大一般是由于没有调好瓦的受力，瓦温高者是受力较大所引起，应适量减轻其受力，将瓦适当调低，或者采用普遍刮削的方法，把温度较高的推力瓦普遍刮削 1～2 遍，使瓦面稍有降低，以减少受力，降低瓦温。此外，也可将温度较低的推力瓦略微抬高，以分担荷重。

（2）推力瓦刮瓦质量不良。有时，推力瓦刮削粗糙会导致瓦温偏高，因此需将温度较高的推力瓦抽出检查，并做必要的瓦面修刮。

（3）某些推力瓦的灵活性受卡阻。推力瓦支柱端部采用球面结构，转子顶起的状态下，推力瓦可以左右晃动。对于温度较高的推力瓦，应检查其灵活性，看是否受卡阻。推力瓦挂钩与固定部分连接时，也应检查挂钩间隙是否正常，防止因间隙过小而导致推力瓦不能自由晃动。

（4）推力瓦挡块间隙偏小。对于温度较高的推力瓦，应检查其挡块间隙是否足够。间隙过小会影响楔形油膜的形成，也影响冷油进入瓦面，轻者引起瓦温过高，重者会造成烧瓦事故。

（5）瓦变形过大。瓦厚度不够会产生过分的机械变形，热油与冷油温差较大会使瓦产生较大的热变形。过大的变形会使瓦承载面积减小，单位面积受力增大而导致瓦温增高。

（6）Pv 值偏大。推力瓦单位面积受力 P 增大会使摩擦损耗增加；同样，推力瓦平均摩擦速度（v）增大也会使摩擦损耗增加，因此 Pv 值较大的推力轴承必然会使瓦温较高。较高的瓦温只要稳定，仍是安全的。如果条件允许，改用氟塑料瓦更安全、可靠。

2. 提高冷却器的冷却效果

平均瓦温过高时，通常均从改善冷却效果来降低瓦温。首先，测量油冷却器进出水温度和推力瓦进油边冷油温度。冷却器进出水温差通常在 3～5℃之间为宜。冷却水温差过大时，说明冷却水量不足，应设法增大冷却水过流量，其办法如下：

（1）首先检查油冷却器内部有无堵塞（水质不好的季节尤应注意）。

（2）在可能的情况下，适当增大冷却器进水压力。

（3）加大冷却器进出水管直径，增加冷却器进出水流量。

推力瓦进油边冷油与冷却器进水温度之差，在高温季节应小于 10℃。温差过大时，说明冷却器冷却效果不好，应更换冷却容量较大的冷却器，或在冷却管上增加散热片，增加接触面积，以提高冷却容量。

3. 改进油循环

推力瓦进油边冷油温度不仅受油冷却器的影响，同时还受到油循环的影响。因此，应改进油循环，提高油冷却器换热性能，降低冷油温度，从而降低瓦温。常用方法如下：

（1）合理改进挡油板的位置，以降低循环油流阻力；增大冷却器过油面积；减少热油涡流死区。

（2）加大油冷却器铜管间距，以增大过油面积，减少油流阻力，提高冷却器循环油量。

（3）改变油冷却器布置形式，使其接近热源及处于油流速度较高的区域，以提高冷却温差及过油量。

三、水轮发电机轴承甩油的处理方法

机组运转时，发电机推力轴承和导轴承油槽中的油或油雾跑出油槽的现象称为轴承甩油。

立式水轮发电机轴承密封，但因结构形式各异、制造和安装质量的高低以及运行工况的优劣，常会发生情况不一的甩油现象。轴承甩油不仅浪费润滑油，污染机坑，还会污染定子和转子的绕组，加速绝缘的老化。有的机组因甩油严重，以致运行油位下降过低，引起烧毁导轴瓦，造成被迫停机。因此，应采取必要措施，防止轴承甩油。

轴承甩油有两种情况：一是油质通过旋转部件内壁与挡油管之间，甩向发电机内部，称为内甩油；另一是油质通过旋转部件与盖板缝隙甩向盖板外部，称为外甩油。

（一）内甩油

1. 内甩油的原因

机组在运行时，由于转子旋转鼓风，推力头或导轴承滑转子内下侧至油面之间容易形成局部负压，把油面吸高或涌溢而甩溅到发电机内部，形成内甩油。此外，挡油管与推力头或导轴承滑转子内圆壁之间往往因制造及安装的原因，产生不同程度的偏心，使设备之间的油环很不均匀。如果这种间隙设计很小时，则相对偏心率就增大。这样，当推力头或导轴承滑转子内壁带动其间静油旋转时，将起着近似于偏心液压泵的作用，使油环产生较大的压力脉动，并向上窜油，甩溅到发电机内部。这是内甩油的又一原因。

2. 内甩油的处理

(1) 阻止法：

1) 在推力头内壁加装风扇。风扇叶片用 2～3mm 的钢板制成，叶片长 60～100mm、宽 25～35mm。叶片可焊在正常油面以上，并与水平线成 15°～30°。当推力头旋转时，使风扇产生风压，既防止了油面的吸高，又可阻挡油液的上窜。此外，也可将风扇叶片焊在正常油面之下或固定在镜板内侧，使叶片浸入油中成为叶轮泵，旋转时把油面往下压，阻止该处油面的升高。

2) 旋转件内壁加装挡油圈。挡油圈有两种形式，一种是封闭式（见图 13-1），挡油圈 2 与挡油管 1 之间间隙很小。另一种是开放式（见图 13-2），挡油圈与挡油管之间间隙较大。在推力头（或滑转子）内侧加装挡油圈和风扇，风扇离油面较近，旋转后能向下压油，如有少量漏油到上面去，遇到挡油圈后掉下。

3) 在旋转件内壁车阻尼沟槽。沟槽是斜面式的，且斜面向下，使上涌油流在沟槽中起阻尼作用，沿斜面下流。

4) 在挡油管上加装梳齿迷宫挡油管，以此来加长阻挡甩油的通道，增大甩油的阻力。部分通过第一、二道梳齿的油流，也将被集聚在梳齿油管中，从管底连通小孔流回油槽。

5) 在可能的条件下，适当增加挡油管的高度。防止挡油管溢油。对于中、低速水轮发电机，油面至挡油管顶端的距离为 150～180mm。

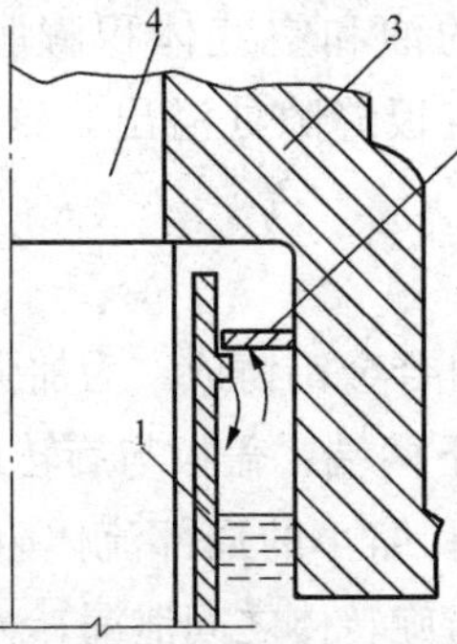

图 13-1　封闭式挡油圈

1—挡油筒；2—挡油圈；

3—旋转件；4—主轴

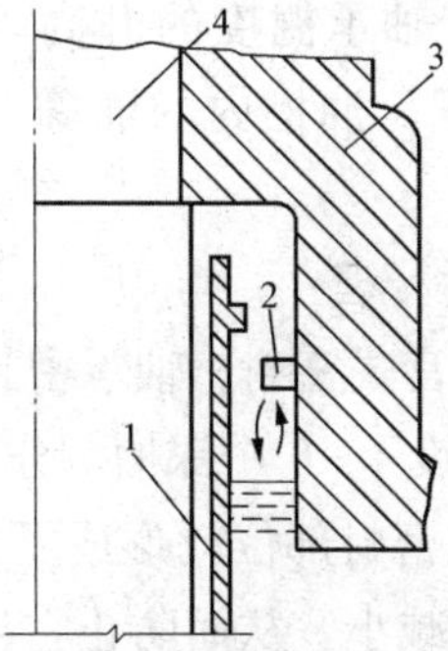

图 13-2　开放式挡油圈

1—挡油筒；2—挡油圈；

3—旋转件；4—主轴

(2) 疏通法：

1）加大旋转件与挡油管之间的间隙使相对偏心率减小，由此也降低了油环的压力脉动值，保持了油面的平稳，防止了油液的飞溅上窜。实践证明，这种方法十分简单可靠，现已被广泛采用。例如，有一台高转速机组，旋转件内壁与挡油管之间间隙原为 7mm，运行中内甩油严重，后将推力头内壁直径车大，使该处间隙放大到 24mm，便解决了内甩油问题。

2）加装稳油挡油管。稳流挡油管与旋转件间隙较小，一般为 10～15mm 以下。实际上，它相当于一个阻旋装置，以增大内甩油阻力。部分甩出来的油进入稳流挡油管与挡油管之间，又回到油槽中去。而稳流挡油管与挡油管之间是静止的，不会因旋转件的运动而使其油面产生波动。

3）在旋转件上钻稳压孔。孔径为 20～40mm，圆周等分布置 3～6 个孔，使里外通气平压，防止内部负压而使油面吸高甩油。

此外，也可以用管子将转子风压引入旋转件与挡油管之间进行补气，以破坏该处的负压等。

上述几种方法各有优缺点，也有一定的局限性，各电厂应根据机组结构特点，具体分析与对待。最好是采用综合法，既防负压又防压力脉动，双管齐下，效果就会比较显著。

(二) 外甩油

1. 外甩油的原因

机组运行中，推力头和镜板外壁将带动黏滞的静油运动，使油面因离心力作用向油槽外壁涌高、飞溅或搅动，易使油珠或油雾从油槽盖板缝隙处溢出，形成外甩油。

此外，随着轴承温度的升高，油槽内的油和空气体积膨胀而产生了内压。在内压的作用下，油槽内的油雾随气体从盖板缝隙处溢出，这是外甩油的另一个原因。

2. 外甩油的处理

(1) 采用迷宫式密封。轴承密封盖一般由合金铝铸成。为加强密封性能，在旋转件与盖板之间设4～6个深槽，分布于上、下两端。盖板与旋转件的间隙为0.5～1mm。这样，在密封部位就形成了多次扩大和缩小的局部流体阻力，使渗漏的油气混合体的压力减小，从而防止它从密封盖与旋转体之间泄漏；另外，一般还在密封盖上端两个槽内嵌入工业毛毡，并调整好其与旋转件接触的松紧。这样，既提高了密封效果，又能防止外部杂物渗入。

(2) 采用气封迷宫式密封。在迷宫式密封盖的中间部分通入压力空气，使槽内产生一定的静压，从而阻止油气混合体向外泄漏。通常，该气流来自于发电机转子风扇的高压区。为了改善压力空气入口条件，管路的入口处应做成喇叭状，并使口部对准迎风面。

(3) 采用梳齿式密封。在这种密封结构中，除有扩大、缩小外，还有多次拐弯摩阻。另外，梳齿内缘与机内空间相连，而外缘与油槽相连，因外缘周速大于内缘周速，使梳齿内的油雾压向外缘，流回油槽。为了加强密封作用，可在固定的梳齿中部引入压力空气。

(4) 阻旋装置。阻旋装置是一种薄壁罩结构，外形与旋转件相似（挡油圈）。它的作用是将润滑油与旋转件隔开，使润滑油不受旋转件黏附作用的影响（即不跟它一起旋转或不被搅动)，使这一区域的油稳定。在油槽油面线附近，最容易产生油气混合、油雾溢出及油随同旋转产生抛物线油面。装设阻旋装置可使油面较平稳。

(5) 安装气窗装置。在油槽盖上装一形如烟囱的装置，即气窗。气窗的作用是使油槽与厂房大气静压连通。气窗的上部装有防滴罩，避免杂物落入。窗内有迷宫结构的隔板，当油气通过该装置时，压力减小，油气凝成油滴，又流回油槽。气窗分流了大部分油气混合物，可使挡油管上部和密封盖与旋转件之间的间隙溢出的油气减少。实践证明，气窗可提高密封效果，减少或消除甩油。

(6) 合理选择油位，不要将油面加得过高。对内循环推力轴承而言，其正常静止油面不应高于镜板上平面。导轴承正常静止油面不应高于导轴承瓦的中心。推力瓦与导轴承瓦处于同一油槽时，其油位应符合两者中高油位的要求。超过上述油位时，既对降低轴瓦温度无效，又对轴承甩油有害。

（三）防油雾装置

如图 13-3 所示，防油雾装置是将防止外甩油和内甩油合在一起的一种装置，主要由两部分组成。第一部分是防止外甩油，即防止油槽内的油由于加热而蒸发（或由于搅拌）成油雾，为此增设进出气管，一边通过管路将气体引入密封盖上部的迷宫腔内，另一边将迷宫腔内的油气混合物通过管路引入油雾分离器，经过凝汽器将油气分离开来，气体排入厂房大气中，经过凝汽器分离出来的油滴收集在冷凝器下面的腔内，定期用油桶收集运走。防油雾装置的第二部分是防止内甩油，为此在挡油管的下端增设接油槽。接油槽内圈设有锯齿形迷宫环，环槽内嵌有细毛毡，毛毡与大轴之间只有 0.3～0.5mm 的间隙。这样，从挡油管上端部甩出来的油滴及油雾无法继续往下扩散，将被收集在接油槽中的环形槽内，通过管子引出机坑外。

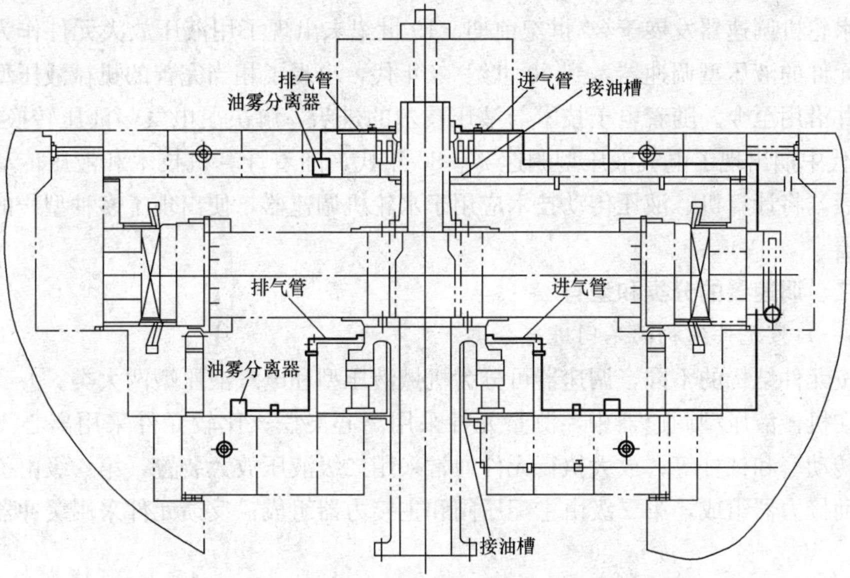

图 13-3　发电机防油雾系统示意图

第三篇

水轮机调速系统机械检修

第十四章 概　　述

一、调速器的发展

水轮机调速器发展于20世纪前期。19世纪末出现了用液压放大元件作为功率放大元件的液压型调速器，到20世纪30年代，出现了相当完善的机械液压型调速器，并沿用至今。随着电子技术与液压技术的进步，解决了电气—液压转换问题，40年代中期出现了电气液压型调速器。80年代，随着计算机技术和液压传动技术的发展，将计算机、液压传动技术应用于水轮机调速器，便出现了多种型号的微机调速器。

二、调速器的分类和型号

（一）按元件结构的不同进行分类

按元件结构的不同，调速器可分为机械液压型和电气液压型两大类。

在机械液压型调速器中，测量元件采用离心飞摆；比较元件采用离心飞摆针塞、转动套和杠杆等；放大执行元件通常采用二级液压放大装置，第一级由引导阀和辅助接力器组成，第二级由主配压阀和主接力器组成；反馈元件采用缓冲器、杠杆等。

电气液压型调速器的元件一部分是电气回路，一部分则是机械液压部分。电气部分组成电子调节装置，而机械部分则是液压放大装置。

（二）按引入信号的不同进行分类

根据引入信号的不同，调速器可分为PI型和PID型。

所谓PI型调速器，是指比例（Proportional）积分（Integral）型调速器。对于水轮发电机组来说，PI型调速器能够提供必要的稳定调节作用，又可达到无差调节，可以基本满足水轮机调节的要求。但是，当电网频率要求更多地减少在动态过程中的频率偏差时，需要调节得更迅速；另一方面，在调节对象的动态特性恶劣，如引水管道的水流惯性时间常数值较大时，PI型调速器就难以保证调节系统的稳定和动态品质。为此，有的调速器就采用按转速偏差以及转速变化率（即加速度）调节，或除引入转速偏差、加速度外，还引入速度的二次导数，即加加速度的比例、积分、微分（Derivative）型调速器，即 PID 型调速器。

（三）按调速器的反馈装置进行分类

按反馈装置不同，调速器可分为中间接力器反馈和主接力器反馈两种。

（四）按调速器执行机构的数目进行分类

按调速器执行机构的数目，可分为单一调速器和双重调速器。目前，双重调节调速器实现协联的方式有机械协联、机—电协联和电气协联三种。

（五）按调速器的容量进行分类

按容量分，调速器分为特小型调速器、中小型调速器和大型调速器。

1. 特小型、中小型调速器

特小型调速器、中小型调速器的容量用接力器的工作容量表示。所谓工作容量是指：设计油压与活塞有效面积、接力器全行程的乘积，单位为 N·m。例如：中型调速器的接力器工作容量为 10000～30000N·m；小型调速器的接力器工作容量为 3000～10000N·m；特小型调速器的接力器工作容量为 170～3000N·m 等。

2. 大型调速器

大型调速器的容量用主配压阀的直径（mm）表示。国家颁布的等级标准有 80、100 、150 、200 四级。

（六）按调速器所用油压装置和主接力器是否单独设置分类

1. 整体式

整体式一般为中小型调速器，它将机械液压柜、油压装置、主接力器做成一个整体。

2. 分离式

分离式用于大型调速器，其机械液压柜、油压装置、主接力器均独立设置。

此外，在小水电厂中还有采用电动机型调速器的。其中，执行元件采用电动机，经机械传动去推动导水机构，但由于大功率的电动机执行元件有惯性大、死区大、不易控制等缺点，因此电动机型调速器只限于使用在很小的水电厂上。

第十五章　调速器机械部分的检修

20 世纪 50 年代，机械液压型调速器已比较完善，它用液压放大元件提供了离心摆与导叶之间调节所需的功率放大，又用缓冲器和调差机构来反馈，以实现所需的调节规律，因而其性能可满足当时水电厂运行的要求。但随着生产的发展，对系统频率的要求更为严格，大机组大电网的出现，对水电厂运行和自动化程度提出了更新的要求，出现了电气液压型调速器（简称电液调速器）。电液调速器是在机械液压型调速器的基础上发展起来的，它保留了液压放大部分，只是用电气回路代替了较难制造的离心摆、缓冲器等机械元件，并用一些电的信号取代了机械液压型调速器中的一些机械元件的位移来达到调节和控制机组的目的。

第一节　调速器机械部分检修项目

调速器检修项目根据发电设备的大小修项目，分标准项目和非标准项目两类，具体见表 15-1～表 15-3。

表 15-1　　调速系统大修的标准项目及基本要求

检修项目	基本要求
调速器各零件和管路解体检查清洗	更换密封，对漏油的进行处理或更换
主配压阀、辅助接力器、引导阀、液压阀、飞摆转动套、针塞杆等磨损检查	更换磨损严重的活塞、衬套，按要求重新组装
导叶开度、轮叶转角指示计调整	指示正确、误差小
转差机构整定值校验	整定值符合要求
缓冲器、启动装置、事故配压阀等调整试验	更换严重损坏的零件、重新组装并检查动作灵活性
双减速装置解体检查和调整	组装后电、手动灵活，减速器加注润滑油
调速系统死行程测量和调整	符合标准
电液转换器检查试验	动作灵活，无卡阻，针塞、衬套磨损严重应更换
接力器行程、导叶开度（喷针行程及折向器位置）关系曲线测量及调整	误差小、指示正确
调速器静特性试验	特性曲线近似一条直线

续表

检修项目	基本要求
导叶、转轮叶片、喷针和折向器的关闭时间、测量和调整	关闭时间符合要求
接力器压紧行程测量与调整	压紧行程值满足要求
接力器分解检查或更换活塞环、锁锭装置解体检查，动作试验	更换密封，组装后活动自如而不漏油，锁锭动作灵活，不漏油
过速装置动作试验	动作灵活，不漏油

表 15-2　　油压装置和漏油装置大修的标准项目及基本要求

检修项目	基本要求
压油罐、集油槽、漏油箱的清扫、检查、刷漆	无脱漆、无锈蚀、无泄漏现象
油过滤网的清扫、检查、修理或更换	无破损，必要的要更换
压油泵、安全阀、卸载阀、止回阀、补气阀等解体检查试验及阀门研磨或更换	压油泵运转正常，安全阀、卸载阀、止回阀、补气阀工作正常，无泄漏
油冷却器清扫、检查、试验耐压或更换	试验无渗漏，如渗漏则应更换
汽轮机油化验	化验无杂质、无水分
调速系统泄漏试验	试验结果符合要求

表 15-3　　调速系统小修的项目及基本要求

检修项目	基本要求
离心摆—引导阀清扫、检查	离心摆、引导阀转动应灵活，无卡阻现象。钢带无皱折、裂纹
缓冲装置清扫、检查、试验	各部分连接正常，油位正常，回复特性符合要求
油路及接力器清扫、检查	油路无泄漏，接力器及导叶控制机械活动自如
反馈机构清扫、检查	各部分连接牢固，无松动。各调节螺钉、螺母定位良好，永态转差系数指示正确
开度限制机构、转速调整机构清扫、检查	机构活动自如，指示准确，减速器加注润滑油
紧急停机电磁阀动作检查	手动和电动操作灵活、可靠，导叶最短关闭时间符合调节保证计算要求
更换或处理汽轮机油	根据油质情况决定，保证油质良好
油压装置清扫、检查	油泵运转正常，压力信号器、安全阀、卸载阀、止回阀、补气阀工作正常，无严重泄漏现象
调节系统调整试验	检查空载稳定性，做空载扰动试验，达到自动运行稳定，能及时并网

第二节　调速器机械部分检修

一、离心飞摆

1. 离心飞摆的结构

离心飞摆的形式多种多样，但实践证明，钢带式菱形离心飞摆的性能最好，所以我国生产的机械液压型调速器一般都采用菱形离心飞摆作为测速元件，其结构如图 15-1 所示。图中所示的离心摆，相当于额定转速时的中间位置。

2. 离心飞摆的检修

离心飞摆是调速器中的重要部件，在制造厂出厂前均做过各种特性试验，并带有试验报告。因此，只要在运行中没有发现什么问题，一般情况下只作外观检查，整体清扫即可。引导阀可拆开清洗，并测量有关尺寸，检查转动套、针塞等的磨损情况。

（1）拆卸。取下主传递杠杆的弹簧，并拆走主传递杠杆，松开阀壳下端的螺钉（同时应该用手捏住叉头，以免螺钉松开后掉下），小心地使橡皮膜与阀壳分离，就可抽出针塞。抽出针塞后，再松开阀壳的固定螺钉即可取下阀壳。取下阀壳时，不可硬拉硬拽，以免损坏转动套或钢带；可一边转动，一边向下移动，发现有卡阻，应处理后再抽出。如无特殊情况，固定套不要取出。钢带部分的螺钉，切不可随意松开。

离心飞摆电动机可就地进行绝缘检查和轴承加油。

拆卸完毕后即可进行清洗工作和测量工作，如没有什么问题，最好及时装回。

（2）安装离心飞摆。具体安装要求如下：

1）转动套和活塞之间不得有毛刺。因此，在转动套和针塞装复前应先试装检查是否存在卡阻现象。

2）转动套与针塞之间搭叠量应符合设计要求，一般为 0.25～0.30mm。

3）转动套与固定套之间的间隙及转动套与针塞之间的间隙一般应在 0.03～0.05mm 范围内。

4）永磁机轴的花键连接不得有间隙，否则会使离心飞摆不稳定。

5）离心飞摆电动机、转动套和针塞之间应有很好的同心度，最大倾斜和偏心不应超过 0.05mm。

6）手动转动离心飞摆时应灵活、平稳。随转速的平滑变化，转动套也应平滑地移动，不得有卡住和突然跳动的现象。

7）工作弹簧的两端面应平行，并与轴线垂直，不垂直度不应超过 0.05mm。

8）当转动套位于下限时（即离心飞摆不转时），在固定套端面和转动套突缘面间应留有 2mm 的间隙。

9）用调整螺母 15 可将离心飞摆调整到符合额定转速的位置。调整螺母 15 转动一周，相当于使离心飞摆转速改变额定转速约 5%。借助开口销钉 14，可以将调整螺母固定在每隔 1/4 周的位置上。

二、位——电转换元件

在电液调速器中，功率给定与硬反馈回路和软反馈回路，都需要输入反映接力器位移（导叶开度）的反馈电压信号。位电转换器就是将机械位移信号转换成电信号的位—电转换元件，使两个信号能按一定的函数关系准确地进行转换。位—电转换元件品种很多，在电液调速器中，应用最多的有如下几种。

1. 行程变压器

行程变压器也称差动变压器，其结构如图 15-2（a）所示。它是应用电磁感应原理制成的，功能是把机械的直线位移或可转换成直线位移的各种参数，成比例地转换成电气信号输出。

这种转换装置具有结构简单、无电接触环节、线性度与灵敏度都较好等优点。它由一个一次绕组、两个二次绕组和一个可移动并带有引出端的磁芯组成。磁芯与接力器的反馈杠杆相连。当磁芯在绕组中移动时，会引起一次绕组对两个差接的一次绕组之间耦合关系的变化。中间绕组为一次励磁绕组 C，A、B 为两个对称并差接的二次绕组，其接法如图 15-2（b）所示，当交流电压 E_1 加于一次绕组时，二次绕组中产生感应电动势。如磁芯在中间位置时，两个二次绕组的互感作用相同，感应电动势 E_{12} 与 E_{34} 大小相等、方向相反，二次侧无电压输出。当磁芯向某侧移动时，由于 E_{12} 与 E_{34} 是差接，所以就有一个随行程大小而改变的线性输出电压，其输入电压一般为几伏，频率为数千赫

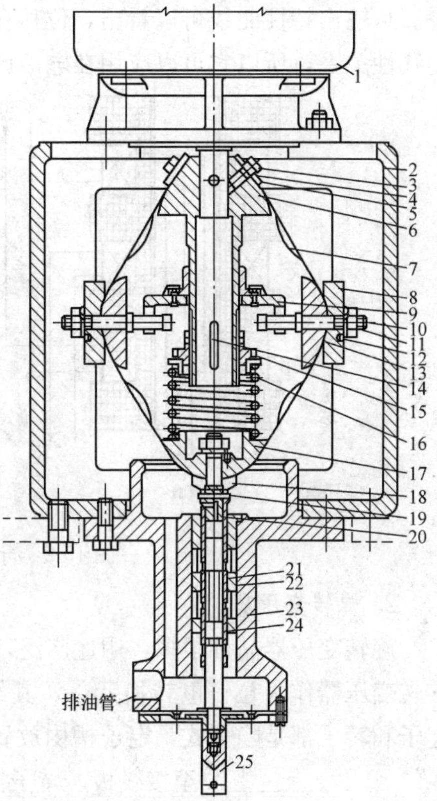

图 15-1　离心飞摆的结构

1—电动机；2—外罩；3—固定螺钉；4—垫圈；5—压板；6—上支持块；7—钢带；8、13—重块；9—导板；10—限位螺钉；11—螺母；12—垫圈；14—开口销钉；15—调整螺母；16—弹簧；17—下支持块；18—压板；19—圆锥销；20—销子；21—转动套；22—固定套；23—阀壳；24—针塞；25—叉头

兹。从输出特性曲线可以看出，位移在一定范围内，与输出电压之间可以保持良好的线性关系，所以它可以应用在电液调速器的反馈回路中作为位—电转换元件。

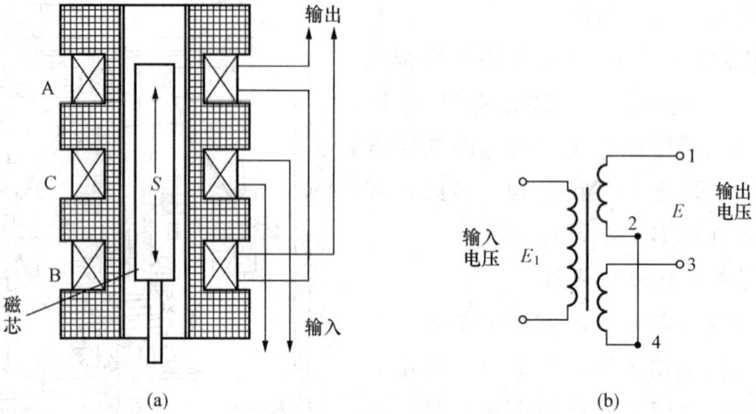

图 15-2　行程变压器和接法图

2. 旋转变压器

旋转变压器品种很多，用途广泛，在电液调速器中多采用具有良好线性输出的旋转变压器作为位—电转换元件，其结构与单相异步电机相似，如图 15-3 所示。定子和转子都是隐极式，定子槽内放置两组相同且正交的绕组 Z 和 F，并直接引至接线板。转子槽内亦放置两组相同且正交的绕组 A 和 B，并通过四对滑环引出，接至接线板。Z 为主励绕组，F 为补偿绕组，其作用为补偿转子绕组负载电流产生的磁场对定子绕组主磁场畸变的影响，减小由负载电流引起的转子绕组感应电动势的误差。转子上的两个绕组分别称为正弦绕组和余弦绕组，其电流产生的磁通对主磁通的影响作用相反而互相削弱，故误差进一步减小，一般不超过 0.05 %。

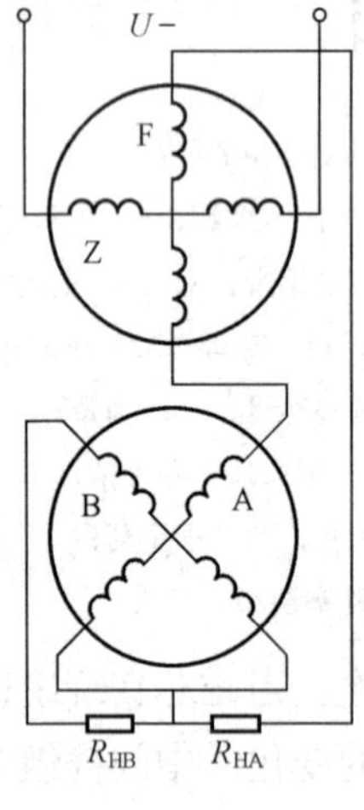

图 15-3　旋转变压器原理接线图

从图 15-3 可知，转子正弦绕组 A 与定子附加绕组 F 串联，定子绕组 Z 接于交流电源上，它产生的主磁通在转子绕组 A 中产生感应电动势 E_A，但不能在定子附加绕组 F 中产生感应电动势。在负载回路中，由于电动势 E_A 的作用而产生负载电流 I_A，该电流产生的磁通 Φ_A，将在附加绕组中产生电动势。

旋转变压器一般装于调速器回复轴上，或通过钢丝绳与调速器回复轴相连，使旋转变压器的转子随回复轴的转动而旋转，即可实现对导叶开度的测量。

3. 精密线绕电位器

精密线绕电位器的工作范围较宽，其旋转角可达 350°，线性度很好，精度很高，旋转平稳，接触良好，是一种很理想的位—电转换元件。精密线绕电位器的工作原理与一般电位器相同，其结构如图 15-4 所示。可动触点通过钢丝、反馈杆件与接力器相连。现阶段生产的电液调速器中，综合放大器的输入几乎均为直流信号，而行程变压器或旋转变压器均要求有交变电源信号输入，其输出也需要经过整流、滤波后，才能输入到综合放大系统。而精密线绕电位器可以直接输入直流信号，其输出当然也是直流信号，并且线性度好，所以，电液调速器中，将精密线绕电位器作为位—电转换元件是很适宜的。

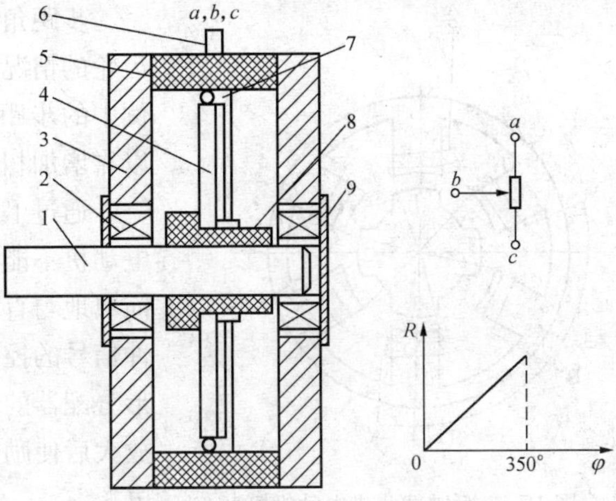

图 15-4　精密线绕电位器结构简图

1—转轴；2—精密轴承；3—金属板；4—电阻丝环；5—胶木圈；6—引出线；7—活动触头；8—胶木支座；9—轴承盖

4. 步进电动机

利用步进电动机作为调速器的电—液转换元件是近年来发展起来的，国内已经生产这种形式的调速器。这种调速器除了利用步进电动机作为电—液转换外，其他部分与普通电液调速器并没有太大的差别，所以，这里只介绍步进电动机。

步进电动机广泛用于数控机床、自动生产线、自动化仪表、计算机外部设备等诸多方面。目前使用的步进电动机大致有五种类型，即反应式、永磁式、混合式、单相步进电动机、直线平面步进电动机。下面仅以反应式步进电动机来介绍其基本工作原理。

步进电动机是一种将电能转变为机械能的电磁元件，也是根据机电能量转换原理来工作的，但它在运行原理、驱动电源和控制方式等方面都有其特殊性。

图 15-5 所示为一种三相反应式步进电动机的模型。

可以看出，转子的旋转方向取决于各相绕组的通电顺序，如果通电顺序和上述方向相反，变成 A—C—B—A，那么转子就会按顺时针方向旋转。而电动机的转速则与通断电的频率及每步转过的角度成正比。

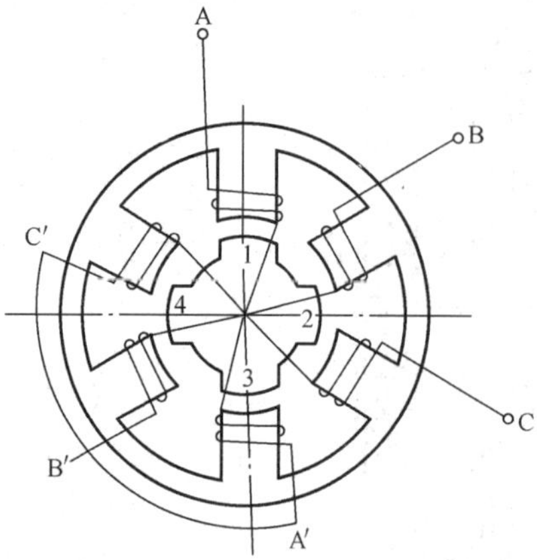

图 15-5 反映式步进电动机模型

步距角对应一个脉冲信号，在没有减速齿轮的情况下，转子所转过的机械角度。上例中的步距角为 30°，要想减小步距角，可以靠增加相数或转子凸极数的方法来实现。

通过上面的简单叙述，可以知道，步进电动机不能使用单相或三相交流电，也不是简单地与直流电源接通。步进电动机接受脉冲信号的控制，脉冲信号是依靠一种叫做环形分配器的电子开关器件形成的，通过功率放大后使励磁绕组按规定顺序轮流接通直流电源。

三、电液伺服阀

电液伺服阀的作用是把电气信号转换成具有一定操作力的机械位移信号，主要由电气—位移转换部分和液压放大部分两部分组成。电气—位移转换部分大都由铁芯、线圈组成。机械液压放大部分按其结构形式不同，亦可分为多种形式。这一器件在电液调速器中，是把电气部分与机械液压部分联系起来的关键性元件。

下面将分别介绍实际应用的、性能较好、结构合理的电液伺服元件，如滑阀式电液伺服阀、双锥式电液伺服阀、环喷式电液伺服阀、电液比例伺服阀，其后重点介绍 TR10 电液伺服阀、单动 ED12 电液伺服阀、4WRPEH10 电液比例伺服阀的工作原理和检修方法。

（一）滑阀式电液伺服阀

滑阀式电液伺服阀的结构如图 15-6 所示，它由磁钢 1、工作线圈 2、一级阀芯 5、二级阀芯 7、阀体 8 和阀套 10 等组成。电液伺服阀具有频带宽、时间常数小、不易发卡、调整方便等特点，对油质的要求比较严格。

（二）双锥式电液伺服阀

双锥式电液伺服阀的结构如图 15-7 所示，主要由电流—位移转换部分和液压放大部分组成。电流—位移转换部分为动圈式结构，磁路由永磁体、内导磁体和外导磁体构成。

（三）环喷式电液伺服阀

环喷式电液伺服阀的结构如图 15-8 所示，主要由电气—位移转换部分和液压放大部分组成。电气—位移转换部分为动圈式结构，液压部分以环喷部分为前置级，等压活塞作为功率放大级。线圈 6 与中心杆 4 刚性连接，线圈内侧装有铁芯 3，外侧是永久磁钢 5 和极靴 7，中心杆的上端装有一对由上、下弹簧组合而成的组合弹簧1，以实现直接位置反馈，并使中心杆回复到中间位置。中心杆的下端则通过滚动球铰11与旋转控制套13连接。当工作电流加入上部线圈后，该电流和磁场相互作用后产生了电磁力，该线圈连同中心杆及控制套一起产生位移，其位移值取决于输入电流的大小和组合弹簧的刚度。随动于线圈和阀杆的具有万向滚动球铰结构的旋转控制套则控制着等压活塞上端伸出杆上的锯齿形阀塞12上环和下环的压力，而上环和下环则分别连通等压活塞的下腔和上腔。

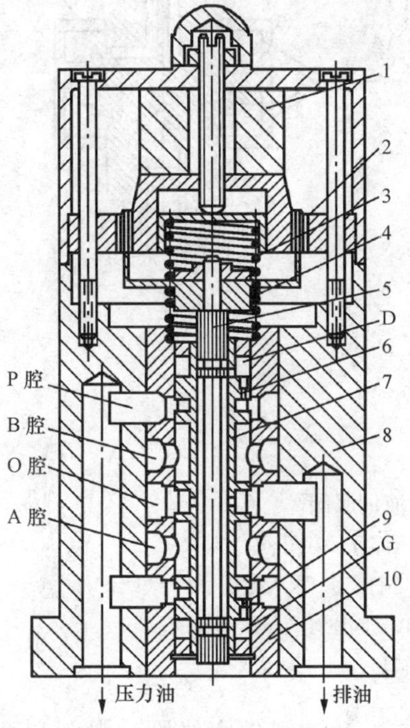

图15-6 滑阀式电液伺服阀结构图

1—磁钢；2—工作线圈；3—上弹簧；4—下弹簧；5—一级阀芯；6、9—固定节流孔；7—二级阀芯；8—阀体；10—阀套

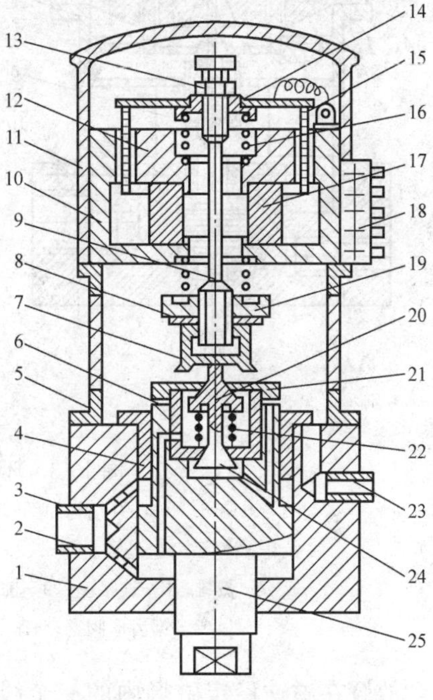

图15-7 双锥式电液伺服阀的结构

1—底座；2—节流塞；3—进油管；4—盖；5—连接座；6—下阀座；7—挡油帽；8—调整垫圈；9—中心杆；10—外导磁体；11—护罩；12—内导磁体；13—微调螺母；14—上弹簧座；15—动圈；16—弹簧；17—永磁体；18—接线端子；19—下弹簧座；20—上阀芯；21—上阀座；22—小压簧；23—排油管；24—下阀芯；25—差动活塞

（四）某大型水电厂使用的电液伺服阀

1. TR10电液伺服阀

（1）一般说明。TR10电液伺服阀为伺服分配阀（比例阀），它把输入电信号连续转换成比例的液压输出信号，其部件如图15-9所示。其中，电动装置由永久

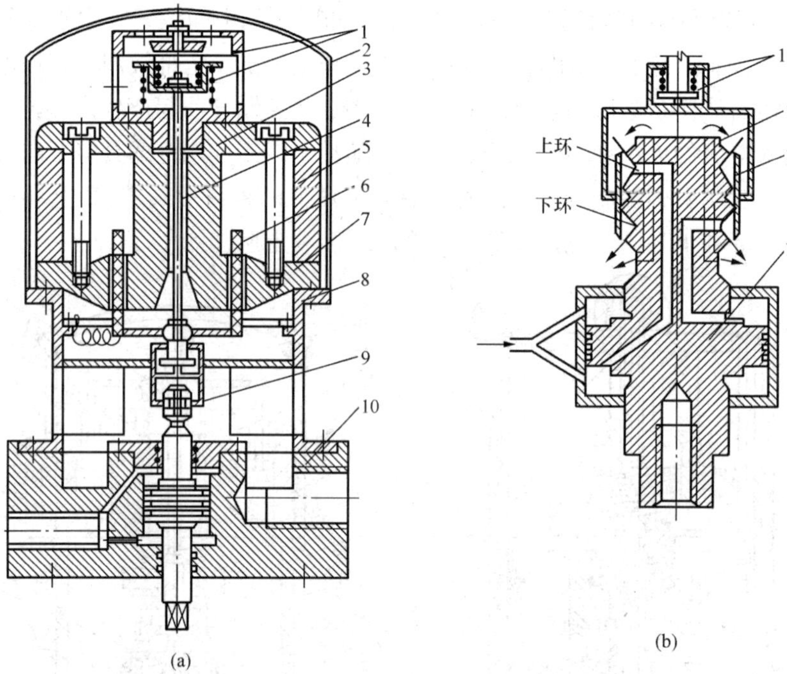

图 15-8　环喷式电液伺服阀

(a) 结构简图；(b) 液压部分示意图

1—组合弹簧；2—外罩；3—铁芯；4—中心杆；5—永久磁钢；6—线圈；7—极靴；8—连接座；9—前置级；10—阀座；11—滚动轴铰；12—锯齿形阀塞；13—旋转控制套；14—等压活塞

磁铁和放置在磁铁稳定磁场内的一个线圈组成。运动组件由线圈、滑阀和弹簧组成。滑阀由线圈驱动，并由弹簧支撑。为减少静态摩擦和迟滞现象，滑阀的下部装有液压轮。衬套用螺栓固定在 TR10 器体上，其高度可通过调节螺栓 6 调整。

(2) 安装注意事项。

1) 安装要求。内部漏油回收装置必须垂直安装，并使电磁铁放在上部。这样可避免使油渗入线圈与磁铁的间隙内。液压轮腔室内或排油管内不允许有反压。液压轮排空必须使用直管，并尽量低于回油箱油位。液压轮的排空和顶部泄漏排空必须在大气压下各自单独连接至泄漏接口。

2) 趋势调整。为了确保受控的水轮机安全运行，启动后当线圈内电流为零时，将电液伺服阀调整至具有所定义的机械趋势位置。另外，通过电子调节器的调整，以产生电气趋势，补偿正常运行情况下的机械趋势。

3) 电液伺服阀的机械趋势。调整电液伺服阀的螺栓位置（见图 15-9 中 6），使衬套位移，从而改变平衡时相关的滑动衬套位置来调整机械趋势。按顺时针（从螺栓头部看）方向转动螺栓，使衬套向上位移，获得关闭趋势。开启趋势则向相反的方向调整。机械趋势的调整靠拧电液伺服阀切向螺栓，直到其插座接点上的电压读数达到规定值。此时，调速系统应处于平衡位置。

相对于机械趋势的电压数值是一个参考值，不需要十分精确。在任何情况下，机械趋势的目标是在电液伺服阀线圈没有电信号时使调速部件关闭（或打开，如果趋势为打开时），电厂的实际运用是没有电信号时使调速部件关闭，电压值随着油温的变化而变化，不精确的调整不会在任何方面影响调节质量。

4）电气趋势补偿。用施加在电液伺服阀线圈上的电压使线圈轴向移动，其移动的值抵消了用机械方法施加在衬套上所作的机械趋势移动值。因此，当操作机构的开度等于调节器给出的指令时，液压系统处于平衡位置。补偿是在调节器内部产生的。

5）启动。启动时，或电液伺服阀活动部件拆卸、重新装配后，必须检查系统功能是否正常。通过在液压系统和电气回路在正常的运行模式，调速器在手动运行模式，接力器在30%的开度位置情况下，来检查接力器的稳定性。

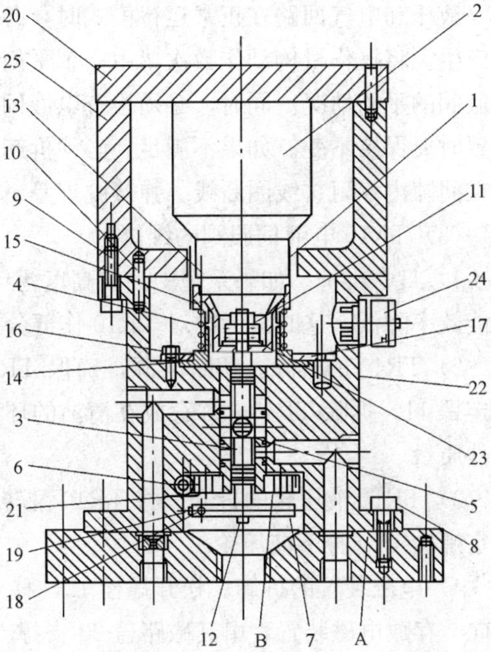

图15-9　TR10电液伺服阀零部件图

1—线圈；2—永久磁铁；3—滑阀；4—弹簧；5—衬套；6—调节螺栓；7—液压轮；8—TR10固定螺栓；9—磁路固定螺栓；10—磁路导杆；11—尼尔止动螺母；12—液压轮固定螺栓；13—线圈固定螺栓；14—弹簧支撑环；15—弹簧上环；16—弹簧固定螺栓；17—弹簧固定垫圈；18—液压轮喷嘴；19—液压轮堵塞螺栓；20—磁路盖；21—平衡趋势调整齿轮；22—TR10壳体；23—滚珠轴承；24—耶格插头；25—磁路罩壳

6）机械趋势检查。把接力器放在任一平衡位置（如接力器开至50%）。检查线圈工作情况，电液伺服阀的输入电压大约为2V。如有必要，可转动调节螺栓，重新调整机械趋势。如机械趋势有变化，可重新调整调速器的电气补偿。

液压和电气回路在正常运行模式时，必须检查线圈与磁铁间隙，使间隙内无摩擦产生。将操作机构动作数次，由一个平衡位置返回到最初的平衡位置，检查电液伺服阀的平衡情况。同时，必须检查电液伺服阀线圈的工作电压，每一次回到平衡位置时要保持不变。如果不满足，必须拆卸电液伺服阀，消除缺陷（喷嘴堵塞、线圈在间隙内卡阻、线圈断线、弹簧脱焊等）。

（3）TR10 电液伺服阀的维修。

1）日常维护。如果系统中油被高度污染，液压轮喷嘴就可能阻塞并导致调节功能效率降低。这时需考虑对 TR10 作部分拆卸，以便清除喷嘴的堵塞物。

2）TR10 的拆除。切断电源，确保 TR10 所有连接管路中的压力为零。拆下固定螺 11，拆除 TR10，并存放在清洁的环境内。检查 TR10 与底板之间的连接密封件质量。

3）TR10 液压轮的拆卸。将 TR10 翻转过来（液压轮在电磁装置下部），松开固定螺栓 15，拧下液压轮。

4）电磁装置的拆卸。松开螺栓 12，移开磁路，移开电磁装置，由 3 根导杆 13 导向。存放电磁装置，由其磁路盖 23 支撑。工作过程中需防止金属粉粒渗入空气间隙。

5）活动组件（线圈和滑阀）的拆卸。从绝缘板上焊开三根柔性控制电源线，松开螺栓 16，标好其位置。拆卸滑阀，卸下尼尔止动螺母 14。

6）衬套的拆卸。操作前记下壳体面和衬套面之间的尺寸。从位于壳体面上的蜗杆螺钉处卸下制动块。松开螺栓，拆下蜗杆。用销子扳手松开衬套。

7）弹簧的拆卸。松开螺栓 19，但不能拆开弹簧 4、下环 17 和上环 18。

8）重新装配。

a. 衬套装配：在衬套上放上新的密封件。在衬套和密封件结合处加润滑油。把衬套装入壳体，用螺栓拧紧，直至拆卸时记录的尺寸到位。拧紧趋势调整蜗杆的螺栓，放上蜗杆的止动块。如果是新衬套，则需加润滑油。试装没放密封件的衬套与壳体，螺栓拧紧时，切记不能十分用力。把衬套的螺栓松开，取出衬套，并把新的密封件放在衬套上。在衬套和密封件结合处加润滑油。把衬套装入壳体，用螺栓拧紧，直到拆卸时记录的尺寸到位。拧紧趋势调整蜗杆的螺栓，放上蜗杆的止动块。

b. 弹簧装配：用螺栓 19 和固定垫圈 20 安装弹簧。

c. 滑阀与线圈连接：将滑阀与线圈衔接好，锁住尼尔止动螺母 14，紧力应适中，滑阀必须能灵活转动。

d. 线圈和滑阀与弹簧安装：滑阀和滚珠轴承处加润滑油。固定运动组件，线圈引线朝向接线绝缘板。确保滑阀灵活转动，逐步拧紧螺栓 16。检查滑阀旋转无任何硬点（卡阻）。仔细把线圈金属软线焊接在绝缘板上，并在焊接平面处割去多余的线头。

e. 电磁装置安装：移去间隙保护。电动装置装上壳体，导杆 13 将引导电动装置，以防止线圈受损。拧紧螺栓 12，确保线圈轴旋转而无任何硬点（卡阻）。

f. 液压轮安装：将 TR10 翻转过来（液压轮在电动装置下部），并将喷嘴装在液压轮上。用内六角扳手将螺栓 15 拧到位。用手将液压轮拧紧。

g. TR10 安装：放上密封件。放上 TR10，原始位置由基准销定位。用螺栓 11 拧紧 TR10。连接耶格电气插头。

（五）某大型水电厂使用的单动 ED12 电液伺服阀

1. 综述

ED 系列电液伺服阀为伺服分配器（比例阀），用于把输入电信号连续转换为成比例的液压输出信号。电液伺服阀可用液压简图见图 15-10。ED 系列电液伺服阀分为单动 ED12 和双动 ED12。

2. 结构组成

单动 ED12 电液伺服阀的结构见图 15-10（a）。

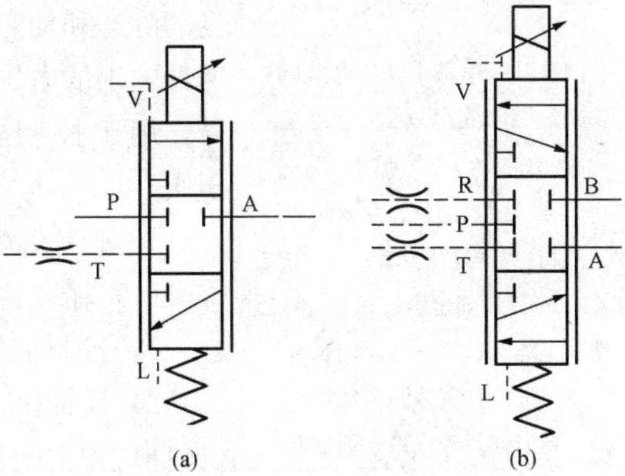

图 15-10　电液伺服阀液压简图

（a）单动 ED12；（b）双动 ED12

电液伺服阀 ED 的安装：

（1）将电液伺服阀置于其紧固件上，与相应管道对准位置：

1）标记 P 为进口压力油管。

2）标记 A 为供油给接力器的开启腔。

3）如果电液伺服阀为双动，标记 B 为供油给接力器的关闭腔。

4）标记 T 为从接力器开启腔来的回油。

5）如果电液伺服阀为双动，标记 R 为从接力器关闭腔来的回油。

6）标记 L 为下泄漏孔的回油。

7）标记 V 为上泄漏孔的回油。

（2）拧紧螺钉（11）。

（3）连接各种管道，同时在管接头中装入开启与关闭时间节流圈：

1）开口 T 调整关闭时间。

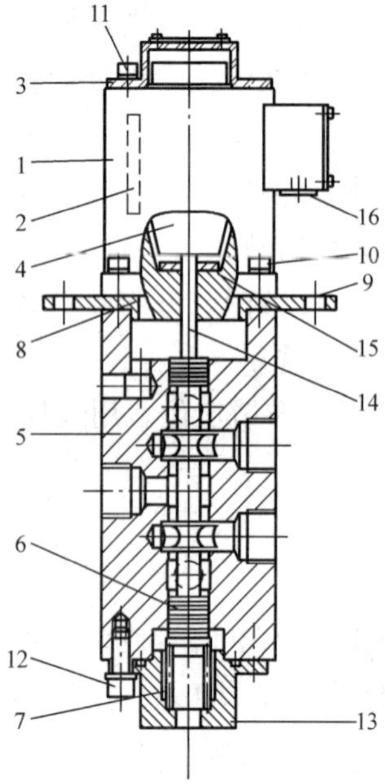

图 15-11　单动 ED12 电液伺服阀的结构

1—电磁阀壳体；2—线圈；3—盖；4—活动铁芯；5—分配器阀体；6—滑阀；7—复位弹簧；8—安装基础；9—ED 固定螺钉；10—电磁铁固定螺钉；11—盖固定螺钉；12—导向弹簧盖固定螺钉；13—导向弹簧盖；14—顶推杆；15—下限块；16—接线盒

2）开口 P 调整开启时间（单动电液伺服阀）。

3）开口 R 调整开启时间（双动电液伺服阀）。

（4）进行电气连接，线圈可在任何方向连接。

（六）某大型水电厂使用的电液比例伺服阀

某大型水电厂使用的比例阀型号为 4WRPEH10。此伺服比例阀广泛用于工业控制领域，如图 15-12 所示。

1. 比例伺服阀的工作原理

比例伺服阀是方向及流量输出型电液转换，是一种电液比例（方向）阀。它是由电气元件与机械液压元件组合而成，是按照输入电气信号的方向和大小相应地实现液流方向和流量控制的方向阀。

比例伺服阀在大型和特大型数字式调整器中得到广泛的应用。由比例伺服阀组成的微机调速器具有优良的静态和动态性能。比例伺服阀的功能是将微机调速器输出的电气控制信号转换为与其成比例的流量信号，用于控制辅助接力器（液压控制型）的主配压阀。

2. 比例伺服阀的技术特性

（1）输入特性：

1）控制信号：微机调速器 D/A 模块 4～20mA。

2）反馈信号：比例伺服阀阀芯位移±10V DC（自身）和主配压阀活塞位移±10V DC。

（2）输出特性：差压控制（主配压阀辅助接力器为差压型）时，比例伺服阀输出液压信号，送到主配压阀辅助接力器的控制油腔（其常压腔接恒定的工作油压）中，与主配压阀活塞位移电气反馈一起，构成微机调速器 D/A 控制信号至主配压阀活塞位移的比例控制。等压控制（主配压阀辅助接力器为等压型）时，比例伺服阀输出液压信号，送到主配压阀辅助接力器的两个控制油腔中，与主配压阀活塞位移电气反馈一起，构成微机调速器 D/A 控制信号至主配压阀活塞位移比例控制。

四、主配压阀与辅助接力器

水轮机调速器必须利用外加能源实行二级液压放大，否则就无法推动导水机构以及克服巨大的水力矩。在水轮机调速器中，离心飞摆配压阀（即引导阀）与辅助接力器组成了第一级液压放大装置，主配压阀和主接力器则组成了第二级液压放大装置。但是，辅助配压阀与辅助接力器之间是用油管连接的，而辅助接力器却是与主配压直接连接的。因此，在调速器中，主配压阀与辅助接力器虽然分属两个部分，但在结构上却是一个整体。

（一）主配压阀与辅助接力器的结构

ST 型调速器有两个主配压阀，一个控制导叶，另一个控制轮叶；T 型调速器只有一个控制导叶的主配压阀。在结构上，导叶接力器和轮叶接力器的主配压阀是完全相同的。图 15-13（a）所示为 ST 型主配压阀的结构，图 15-13（b）所示则为辅助接力器。在主配压阀壳体 3 中装有两个结构相同的衬套 2 和 5，用固定螺钉 6 把衬套 2 和 5 固定在壳体 3 内。衬套 2 和 5 中间油孔与压力油相通。衬套 2 和 5 的顶和底端两腔则与排油相通。导叶主配压阀活塞 4 的两个阀盘，每边均有 0.40mm 的搭叠量，轮叶主配压阀的搭叠量每边为 0.70mm。所以，主配压阀活塞 4 的两个圆盘厚度均大于衬套通油孔的高度。

ST-100 和 T-100 型调速器，主配压阀 4 的上圆盘直径为 100mm，而下圆盘直径为 94mm。因此，在油压力作用下，始终有一个向上的力作用在主配压阀活塞上，该力保证主配压阀活塞 4 紧压在辅助接力器活塞 12 的支杆 1 上。辅助接力器活塞 12 与主配压阀活塞 4 之间是互相压紧的，因而消除了这两个零件间的死行程。支杆 1 下端面的球面，确保在辅助接力器壳体 11 装配不良的情况下使主配压阀活塞 4 仍不能卡住。

导叶主配压阀的动作，是由离心飞摆、辅助接力器和针塞 9 来控制的，而轮叶主配压阀则是由协联机构控制的。

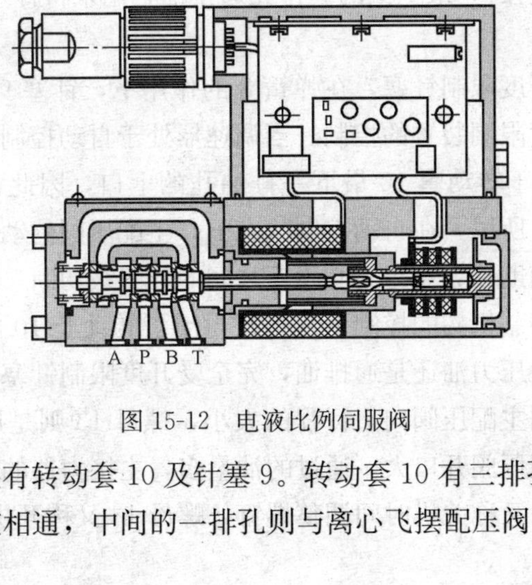

图 15-12 电液比例伺服阀

辅助接力器内装有转动套 10 及针塞 9。转动套 10 有三排孔，最下一排孔与辅助接力器活塞的上腔相通，中间的一排孔则与离心飞摆配压阀（引导阀）的中间油

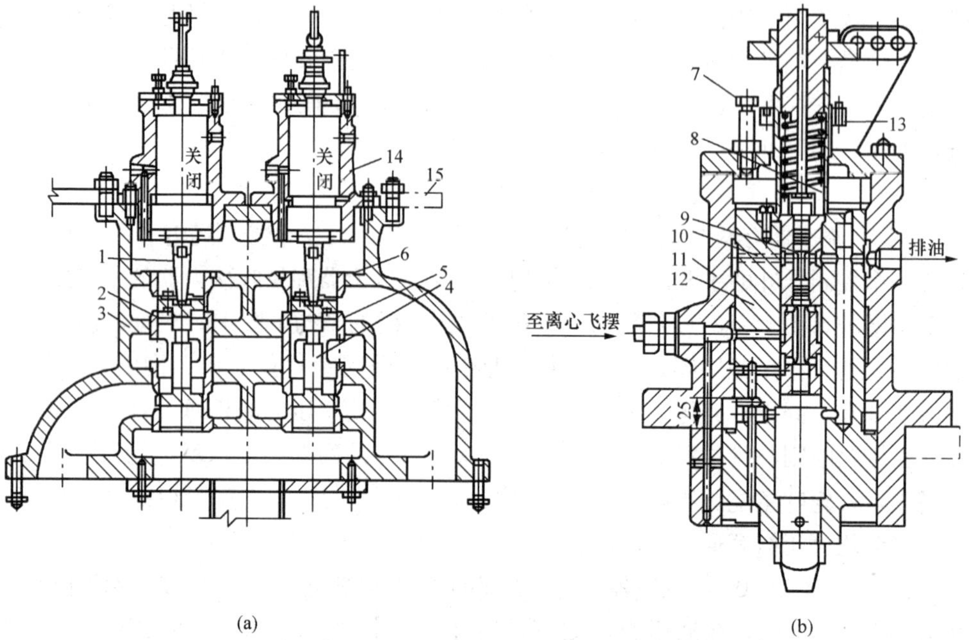

图 15-13 主配压阀与辅助接力器

(a) ST 型主配压阀的结构；(b) 辅助接力器的结构

1—支杆；2、5—衬套；3—壳体；4—主配压阀活塞；6—固定螺栓；7—螺钉；8—弹簧；9—针塞；10—转动套；11—辅助接力器壳体；12—辅助接力器活塞；13—螺母；14—辅助接力器；15—基础架

孔相通（通过油管连接），最上面的一排孔通排油，用来将针塞 9 与转动套 10 间的渗漏油排掉。

针塞 9 又称为开度限制针塞，在弹簧 8 的作用下，针塞 9 受到向下的作用力。针塞 9 的位置受开度限制装置的控制。当调速器处于自动控制的工作状态时，针塞 9 的下圆盘上端面低于转动套 10 最下一排油孔的上口，因此，辅助接力器的上腔是与引导阀相通的。所以，在自动控制状态下，主配压阀的动作接受离心飞摆的控制。手动控制时，辅助接力器与离心飞摆之间的油路被切断，代之以压力油源。这时，针塞 9 在开度限制机构的控制下，正好封闭了转动套 10 的最下排油孔，因而辅助接力器上腔是通压力油还是通排油，完全受开度限制针塞 9 的控制。

螺钉 7 用来限制主配压阀向上行程的大小，螺母 13 则是用来限制主配压阀向下行程的大小。主配压阀开口大，通过的油量多，主接力器的运动速度就快；反之则慢。因此，螺钉 7 又称关机时间调整螺钉，螺母 13 又称开机时间调整螺母。

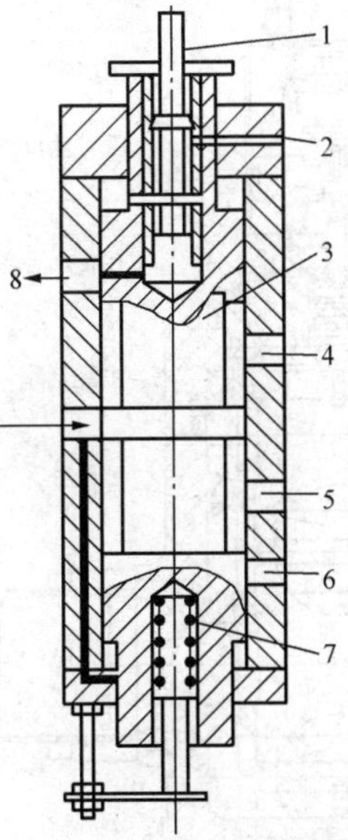

图 15-14　三阀盘主配压阀示意图

1—引导阀针塞；2、9—压力油；3—主配压阀活塞；4—至接力器开腔；5—至接力器关腔；6、8—排油孔；7—弹簧

图 15-14 所示为一种三阀盘式主配压阀。由于电气液压型调速器已经由 集成电路型向微机型发展，因而其中的液压放大部分已经作了不少简化，并尽可能集成化。这种三阀盘式的主配压阀实际上已经将引导阀、辅助接力器、主配压阀合在了一起，三阀盘的活塞既是主配压阀的阀芯，又是辅助接力器的活塞。压力油由中间油口进入，并分一路进入下阀盘的下腔，从而产生一个向上的力。引导阀针塞 1 受电液转换器控制（直接或通过杠杆），当引导阀针塞 1 向上移动时，上阀盘的上腔通排油，主配压阀活塞 3 在下腔压力油的作用下向上移动，中间油口打开，压力油进入中间阀盘与下阀盘之间的空腔，压力油与接力器关腔接通，接力器开腔则与排油接通，主接力器向关机方向运动。当引导阀 1 在电液转换器控制下向下移动时，上阀盘上腔与压力油接通，由于上阀盘的上面积大于下阀盘的下面积，因而主配压阀活塞 3 向下移动，压力油进入上阀盘与中阀盘之间的空腔，压力油与接力器开腔接通，同时，接力器关腔与排油接通，主接力器向开机方向运动。弹簧 7 的作用是为了平衡活塞 3 的自重。

（二）某大型电厂主配压阀的结构

图 15-15 所示为某大型电厂的主配压阀，垂直安装，图示位置为中间位置。

主配压阀由阀体、衬套和活塞等组成。采用 4 个窗口形式，其中 2 个大窗口、2 个小窗口。主配压阀上设有自动主备用及电手动用的 3 个位置反馈传感器；上部压力油口为常压腔，下部为控制腔。在电气柜完全失电时，主配压阀控制腔通排油，使机组处于关机状态。

压力油由 P 腔进入主配压阀，上推力活塞的上部通压力油，下推力活塞下部通控制油（由 TR10、ED12 来控制）。由于上、下两个推力活塞与主配压阀活塞是靠两个推力活塞的球面接触，确保装配不良的情况下使主配压阀活塞仍不能卡住。同时因两个推力活塞上下面通有压力油，因此，在运行过程中两个推力活塞始终与主配压阀是相互压紧的。

1. 主配压阀的安全性保证

（1）垂直安装主配压阀，靠主配压阀自重下降，关闭主接力器。

（2）压力油始终施加在主配压阀活塞上推力活塞顶部，通过主配压阀活塞下推力活塞底部通排油，使主配压阀关闭。

2. 调整

(1) 调整接力器的开启、关闭时间。接力器的开启、关闭时间是通过主配活塞行程来精确调整的。开侧时间是通过调整开侧限位板的厚度来实现，越厚开机时间长，越薄开机时间短。关机时间是通过调整下推力活塞底部垫片的厚度来实现，越厚关机时间越长，越薄关机时间越短。

使用主配活塞行程来精确调整接力器的开启、关闭时间时，应注意锁紧螺钉；调整位置的改变会改变接力器的开启、关闭时间，可以引发过压、反向压力或过速，会对机器产生一些不利的影响。

(2) 位置传感器调整。该传感器在工厂里已做过调整，在主配活塞位于最低位置且没有行程限制时，传感器可发送 5 毫安电流。

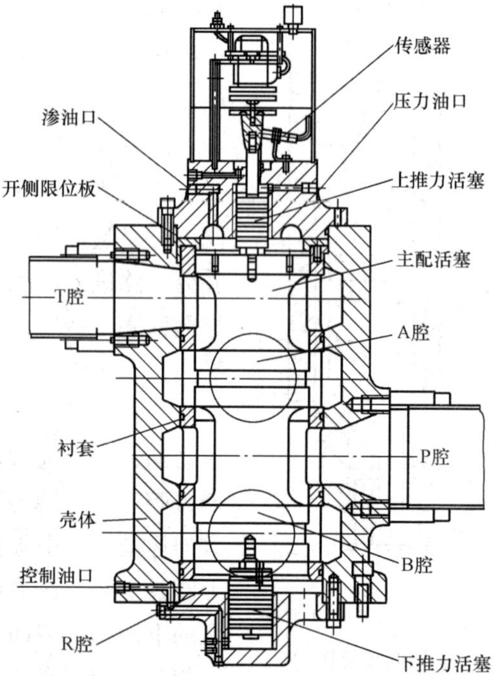

图 15-15 某大型电厂主配压阀的结构

3. 主配压阀的检修

主配压阀的检修步骤如下：

(1) 拆除主配压阀。拆去必要的端盖，分开电气连接线，保证主配压阀连接的所有管道中的压力为零。拆开不同种管子的接头、法兰。卸下主配压阀与回油箱的 4 个紧固螺栓。移走主配压阀并将其置于干净位置。在主配压阀位置安装一个保护盖。

(2) 拆除主配活塞。拆除主配压阀端盖，从顶部取出主配活塞。如有必要，可拆除衬套及推力活塞。如工作条件好，则建议拆除底端部件，拆除底端、下推力活塞及衬套。

(3) 壳体—主配活塞及衬套组装验收。主配压阀活塞棱边（其搭叠量处）必须尖锐，其磨损的最大尺寸不能超过 0.15mm。主配活塞及衬套表面的划痕深度不能超过 0.1mm。

(4) 回装。在下推力活塞及衬套上涂油。更换损坏的密封，回装推进杆及衬套。回装底端，如果在拆卸时密封损坏，就更换一个新密封。

(5) 主配活塞重组装。在主配活塞上涂油，将其插入主配压阀衬套内。检查其运动无障碍后，回装端盖及新密封。

(6) 主配压阀的重组装及调整。将主配压阀立在其支撑上，用4个螺栓将其固定。回装管子的组合体。完成电气连接。如有必要，回装盖。

主配压阀故障处理见表15-4。

表15-4　主配压阀故障处理

现象	可能原因	检测	处理方案
试验期间系统不动作	没有压力油供应主配压阀	检查调速回路中的压力	重启液压泵站
	主配活塞卡阻	检查主配活塞滑动是否自由	清扫运动部件，如有必要，可更换运动部件
对设定点的变化反映不灵敏	主配活塞粘连	检查主配活塞滑动是否自由	清扫运动部件，如有必要，可更换运动部件
不能进行位移反馈控制	传感器电源有误	检查电源电压	重新启动调速器。检查调速器到主配压阀间的电缆敷设
	感应传感器故障	测量输出信号	更换感应传感器

(三) 卧式主配压阀的结构

图15-16所示为某水电厂卧式主配压阀，其型号为FC20000，主阀直径为250mm，图示位置为中间位置。

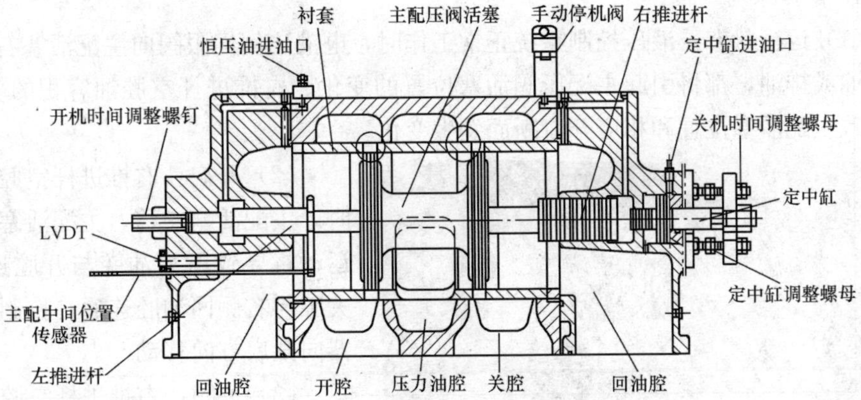

图15-16　某水电厂卧式主配压阀FC20000的结构

主配压阀铸件的材料是球墨铸铁，能耐受高压力下的冲击负载。为了抗油污，内部零件经表面淬火处理。最近对多台水轮机的现场调查显示，这些水轮机上所有的调速系统在油的含污水平为22/24（ISO标准）下运行30年，没有影响性能。

FC20000 型的典型内部漏油量为 5GPM，其中沿活塞漏 1GPM，其余为振荡引起的漏油。

主配压阀的每个排油口都有一个小波动窗口和几个圆形端口（见图 15-17）。小波动窗口（见图 15-18）是标准的，圆形端口的数量由接力器的容量和导叶开关时间而定。主配压阀圆形端口的数量分别有 16 孔、14 孔、12 孔。主配压阀活塞可以通用，但衬套不能通用。

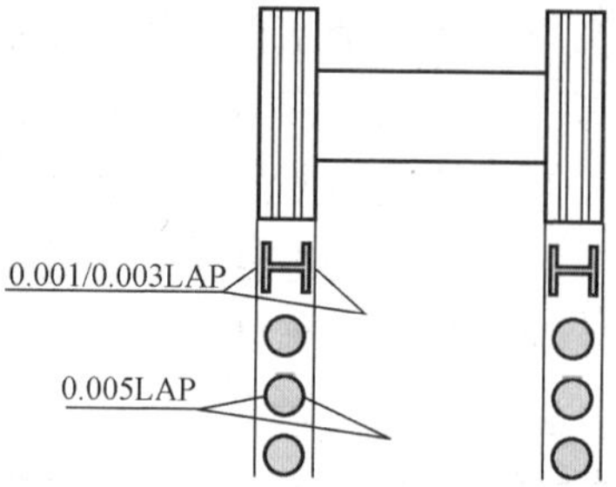

图 15-17　小波动窗口和圆形端口

小波动窗口对于所有的接力器速率都是标准的。该端口有一个最小的正遮程，以便对小的运动产生快速反应，而增设的圆形端口用于产生正确的流量范围。照片所示为具有尖利边缘孔口作用的小波动窗口的加工细节。这使得流量变化对油的黏性不敏感。控制部分的电气振荡使配压阀产生小的运动，振荡幅值的选择应和小波动窗口的正遮程相匹配。这种振荡将静摩擦变为动摩擦，减小了滞后，从而将转速死区减小到低于美国机械工程学会（ASME）对小转速变化的灵敏度测试所规定的水平。

除小波动窗口外，还有几个圆形端口，端口的总面积按油流的动态特性满足给定的接力器运动速度范围选择。接力器的实际运动速度范围取决于配压阀活塞上的限位螺钉。

1. 操作原理

（1）运行状态：液压控制系统正常工作时，电液比例伺服阀向主配活塞右推进杆供油或排油，都将引起主配压阀活塞位置的变化。右推进杆空腔油容积的变化，将导致主配活塞位置和相应开口断面发生变化。

图 15-18　小波动窗口详图

（2）开启：右推进杆空腔供油时，主配活塞左移。主配活塞向左运动将导致压力油腔与开腔连通、关腔与右侧回油腔连通，控制接力器向开启方向移动。

（3）关闭：右推进杆空腔排油时，主配活塞右移。主配活塞向右运动导致压力油腔与关腔连通、开腔与左侧回油腔连通。控制接力器向关闭方向移动。

对于主配压阀向右移动除了正常电液比例伺服阀动作外，还有以下几种情况可使主配压阀向右移动：

1）动作手动停机阀。

2）动作紧急停机电磁阀。

（4）平衡状态：在电液比例伺服阀的控制压力下，主配活塞位于中间位置，各通道没有连通，接力器位于原位（无开启、关闭动作）。

调整接力器的开启、关闭时间的调整是通过开、关机时间调整螺母或螺钉来完成的。

2. 主配压阀搭叠量的测定及装配

主配压阀结构简单，但拆卸时应注意记录各调整螺钉、螺母的位置。

由于主配压阀活塞与辅助接力器活塞连在一起，重量较大，因此，取出时应考虑个人的能力；若用起重设备，一定要慢慢上升，并且边上升边转动。一旦发现卡阻，切不可硬拉，必须经处理后才可抽出。

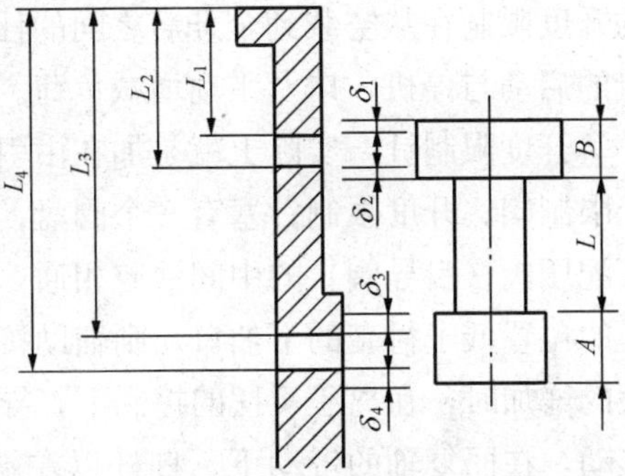

图 15-19　主配压阀搭叠量测量图

对主配压阀、引导阀及开度限制针塞等主要零件，除了要测量活塞与衬套的直径检查磨损情况外，还要进行搭叠量测定，并做好记录，作为调速器安装与运行的重要资料。搭叠量测量要求如图 15-19 所示，其中 δ_1、δ_2、δ_3、δ_4 即为搭叠量。

主配压阀的阀盘节油缘边应无毛刺。为了保证调节的精确性，减少主配压阀的漏油，节流边缘必须保证为棱角，且完整无缺。主配压阀的径向间隙应符合设计要求。

清扫好的零件应及时组合。组合时应按拆下时所做的记号进行。组合好的零件，特别是各种阀，应能在套内灵活动作。若发现不灵活，则应找出毛病，进行处理，直到灵活为止。

装配活塞时，内部摩擦部分与活塞应涂上汽轮机油，以防生锈。

3. 对主配压阀和辅助接力器的安装要求

主配压阀与辅助接力器之间应有很好的同心度，不得有倾斜、卡阻和单侧磨损现象，并能在其壳体内自由滑动。主配压阀搭叠量通常在 0.3～0.4mm 范围内。阀盘棱角应完整，不得有磨损或碰伤。主配压阀及辅助接力器活塞与壳体之间的间隙不得大于 0.04mm，而且漏油量应最小。辅助接力器与其缸体应有良好的圆度和同心度，且间隙最小，漏油量最小。

五、开度限制机构与启动装置

（一）开度限制机构

机组运行过程中，有时会由于某种需要，不能使导叶的开度超过某一设定值，如当超过设计水头运行时，机组的负荷已经满载，但导叶的开度并不是在最大位置，为防止机组超过额定出力，必须将导叶的开度限制在某一位置；另外，由于机组、调速器等的试验需要，有时也要将导叶限制在某一开度下运行。实现这一限制作用的装置就是开度限制机构，如图 15-20 所示。开度限制机构主要用来将水轮机的开度限制在从空载到全开启之间的任意位置上，同时也可以手动控制水轮发电机组的启动与停机，以及手动增减负荷。

开度限制针塞实际上就是加在由引导阀中间腔到辅助接力器上腔的油路中的一个限制阀。开度限制针塞有三个阀盘，与衬套之间构成了两个腔。下油腔与离心飞摆配压阀（引导阀）的中间油腔相通，上油腔通排油管。如果开度限制针塞的下阀盘的位置低于衬套的下油口，则辅助接力器将受离心飞摆的控制。当机组负荷有较大的增加时，在离心飞摆的控制下，导叶的实际开度增大。随着接力器向开大方向移动，在回复轴的带动下，杠杆以左端为支点逆时针旋转，带动开度限制针塞上升。当开度限制针塞移动到下阀盘刚好封住衬套的下油口时，离心飞摆引导阀中间腔来的压力油就无法进入辅助接力器的上腔，导叶也就不可能再增大开度。这时，如果由于漏油或别的原因而使导叶略开大一些，则回复轴将会使限制针塞进一步提高，针塞的下阀盘离开下油口，辅助接力器的上腔就与排油接通，使主配压阀向上运动，关小导叶的开度，从而实现限制开度的作用。

通过手轮或电动机转动螺套移动拉杆，改变开度限制针塞停留的位置，可以将导叶限制在不同的开度上。

开度限制机构除针塞外，其余都是一些杠杆，装拆工作比较简单。但是，在检修过程中应注意不要碰伤开度限制针塞各阀盘的棱边，若棱边受到损伤，将会造成漏油，引起调速器的不稳定。检修中应检查针塞的磨损情况，如超过允许值，应更换新件。安装其他各杠杆时，应注意其灵活性。各关节处销钉的间隙不得过大，以免造成死行程过大而影响调速器的准确性。

（二）启动装置

机组启动时，需要将导叶迅速开大，使机组转动起来。在机组升速的过程中，导叶则应缓慢打开，以防止机组过速。当机组达到额定转速并入电网后，导叶又应以较快的速度打开，以便快速增加负荷，使机组在最短的时间里达到稳定运行的状态。为实现快—慢—快的开机过程，机械液压型调速器中设置了启动装置。

启动装置固定在调速器的下搁板上，其结构如图 15-20 所示。在铸铁的壳体 1 内装置了钢制的差动活塞 2。具有预压缩的弹簧 3 将活塞 2 压在底盖上。

壳体 1 上开有足够大的油孔，可使活塞一侧的油流到另一侧。在这个油孔中，有一个纵向油孔，在纵向孔内装有可调节的节流针 7。在壳体 1 的下端有一个与此

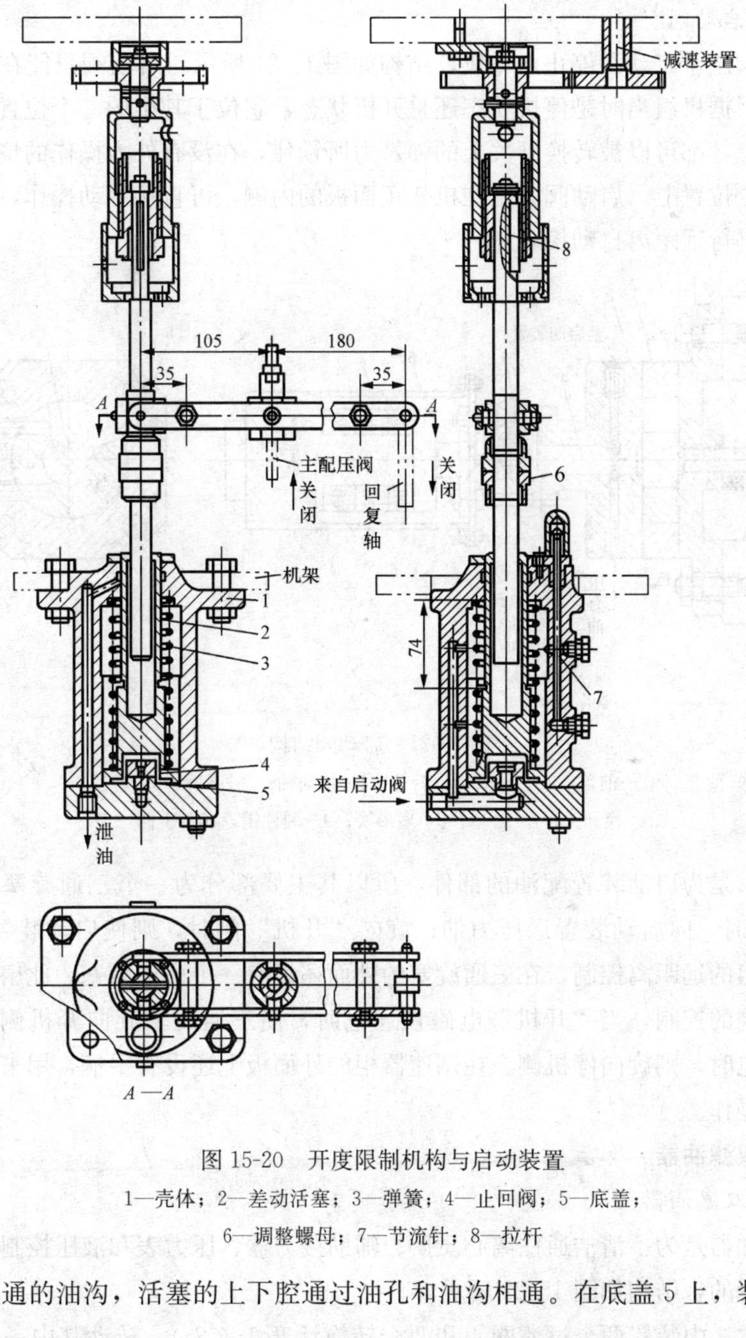

图 15-20　开度限制机构与启动装置

1—壳体；2—差动活塞；3—弹簧；4—止回阀；5—底盖；

6—调整螺母；7—节流针；8—拉杆

纵向孔连通的油沟，活塞的上下腔通过油孔和油沟相通。在底盖 5 上，装有钢球式止回阀 4。

对于启动装置的检修，除应遵守一般要求外，安装时特别要注意下盖的油孔与壳体上油孔应对正，不要装错；此外还要注意活塞在壳体中运动的灵活性。

（三）启动阀

启动阀用于启动和停止水轮机，结构如图 15-21 所示。启动阀只能在两个位置上停留，根据机组当时是停机状态还是开机状态，它位于其中的一个位置上。不论在何位置上，都可以被转换开关上的弹簧力所锁住，在没有外力操作的情况下不会滑到另一个位置上。启动阀固定在机架正面板的内侧，可直接手动操作，也可借电磁双滑阀进行远距离自动控制。

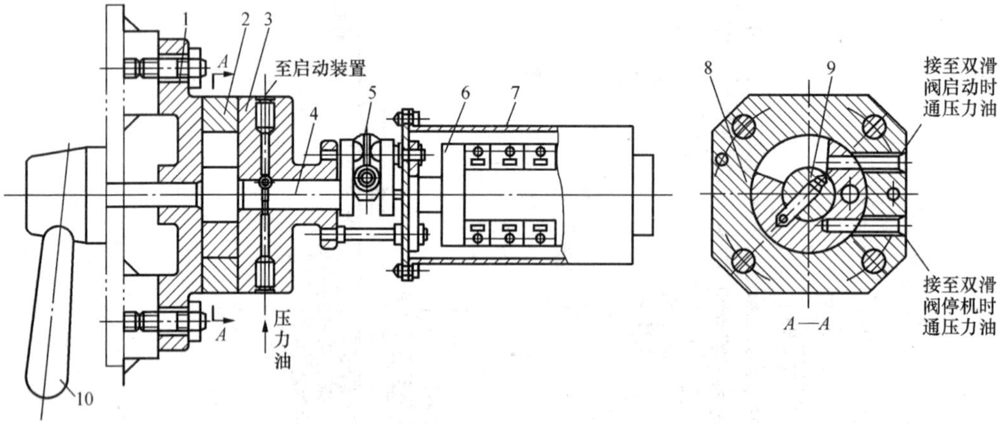

图 15-21　启动阀结构

1—前盖；2—壳体；3—后盖；4—传动轴；5—弹簧；6—转换开关；7—外罩；8—扇形块；9—圆柱销；10—手柄

启动阀是为启动装置配油的部件，所以其主要部分为一个三通旋塞，其旋向“停机”侧时，向启动装置送压力油；旋向“开机”侧时，则使启动装置通排油。为实现机组的远距离控制，在三通旋塞的外面还设有一个扇形活塞。此扇形活塞受电磁双滑阀的控制，当“开机”电磁铁通电时，使三通旋塞旋向开机侧；“停机”电磁铁通电时，则旋向停机侧。在调速器柜的外面板上还设有手柄，用来对启动阀进行手动操作。

六、双滤油器

（一）双滤油器

双滤油器是为了清洁通往离心飞摆、辅助接力器、压力表和液压控制元件的压力油而设置的，结构如图 15-22 所示。

在壳体 3 中装置两个过滤网 4 和两个转换活塞 1（ 2 ），转动其中一个转换活塞，可以使两个过滤网中的任何一个投入工作，也可以使两个过滤网同时投入工作。这种结构可以在水轮发电机组运行时，将其中的任何一个过滤网取出进行清

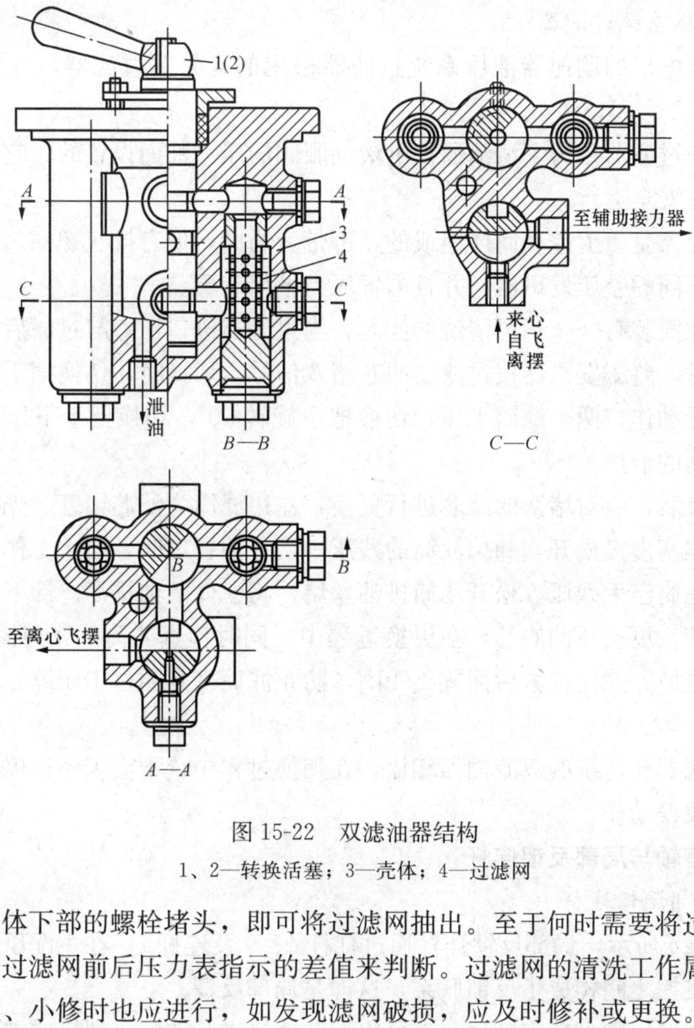

图 15-22　双滤油器结构

1、2—转换活塞；3—壳体；4—过滤网

洗。旋下壳体下部的螺栓堵头，即可将过滤网抽出。至于何时需要将过滤网取出清洗，可根据过滤网前后压力表指示的差值来判断。过滤网的清洗工作属于日常维护工作，在大、小修时也应进行，如发现滤网破损，应及时修补或更换。

另一个转换活塞是用作手动控制与自动控制之间切换的，如图 15-24 所示，将转换活塞 1 转动 90°以后，就可以切除通往离心飞摆的压力油，从而切除离心飞摆的工作，机组进入手动控制状态。这时进入辅助接力器的压力油则来自双滤油器，对机组的控制要使用开度限制机构来进行操作。若将转换活塞旋回原来位置，则又回到自动控制状态。

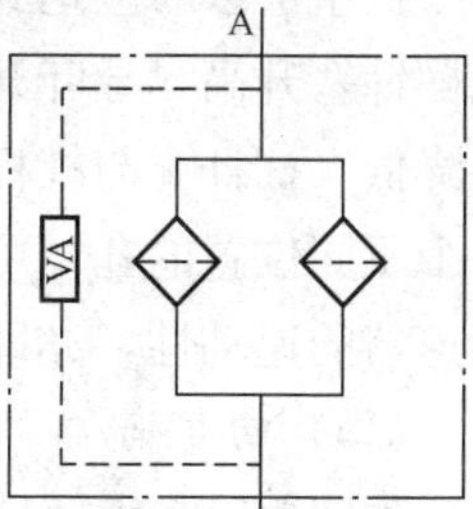

图 15-23　过滤器液压符号

在过滤器切换或作手动—自动切换时，应一次搬到位，中途不要停留，以免辅助接力器断油，造成误动作。

（二）液压系统过滤器

某大型水电厂的调速器液压系统过滤器采用的是管路过滤器，液压符号如图15-23所示。

液压系统过滤器是为了清洁通往电液伺服阀的压力油而设置的，它的好坏直接影响调速器的安全运行。

管路过滤器是由上盖和筒体组成的，不带旁通阀，但有排气螺塞。可根据不同的需要配置不同的差压发讯器，并且内置压力平衡装置。

每一个滤筒装有一个不可清洗的滤芯，当过滤器进口压力与过滤后的压力差大于0.5MPa时，差压发讯器报过滤器滤芯堵塞信号。切换时，切换把手抬起，内置压力平衡装置动作，两个滤筒平压，切换把手旋转90°，切换把手下压，卡入过滤器本身防误动的卡槽。

切换结束后，应对堵塞的滤芯进行更换，左边滤筒为滤芯堵塞。先将左边滤筒上部的排气螺塞慢慢松开，卸掉滤筒的残压，当有油冒出时，停止工作，待无油冒出时，表明滤筒已无残压。松开滤筒排油丝堵，将滤筒的油排尽。卸下滤筒，取出已堵塞的滤芯，更换新的滤芯，在更换过程中，同时检查滤筒的密封圈有无损坏，如有则进行更换。滤筒拧紧后回旋1/4圈，防止滤筒密封圈过于压缩。将排油丝堵及排气螺塞拧紧。

管路过滤器与传统的双滤油器相比，在切换过程中，不会因中途停留，形成短暂断油而造成误动作。

七、回复轴与局部反馈连杆

（一）局部反馈连杆

如图15-24所示，局部反馈连杆通过杠杆4、9及连杆7，在主配压阀的辅助接力器和离心飞摆之间构成了反馈联系，这即是局部反馈。

机组空载时应达到额定转速，这可由调节螺钉进行调整。螺钉旋入，将使离心飞摆针塞升高，导叶开度增大，机组转速升高；螺钉旋出，导叶开度减小，机组转速降低。杠杆9与杠杆4的传递比，称为局部反馈系数。利用杠杆4和杠杆9上的各个不同位置的孔，可改变局部反馈系数的大小，即反馈强弱的程度，相当于改变调速器的速动性，亦即改变导叶接力器的时间常数。

（二）回复轴

如图15-25所示，回复轴的作用，是把导叶接力器活塞的移动，通过固定在回复轴6上的一些转臂，传递给下列机构：

（1）通过转臂5和钢丝绳，传递给导水机构开度和开度限制机构位置的指示机构。

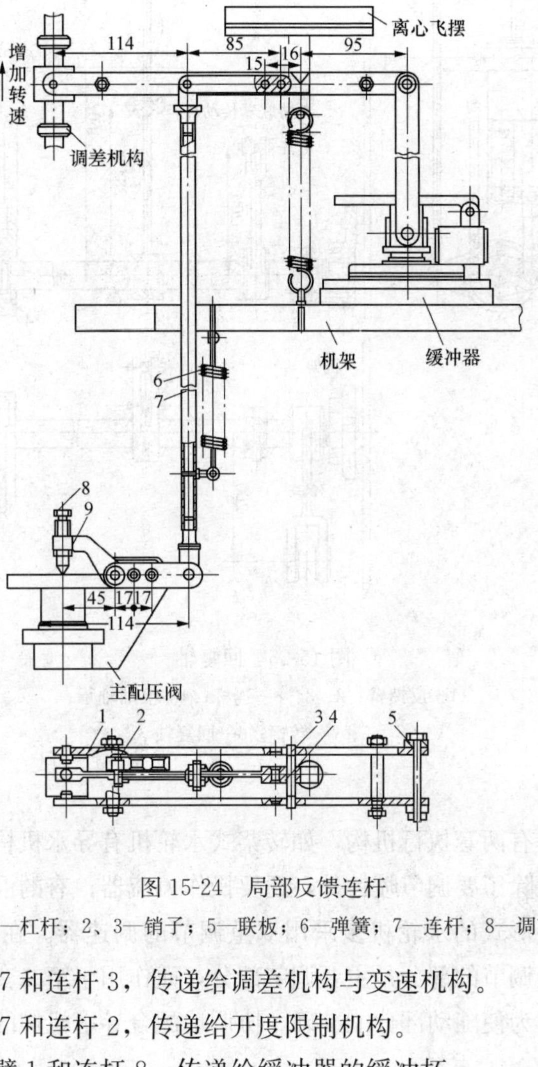

图 15-24　局部反馈连杆

1、4、9—杠杆；2、3—销子；5—联板；6—弹簧；7—连杆；8—调节螺钉

（2）通过转臂 7 和连杆 3，传递给调差机构与变速机构。

（3）通过转臂 7 和连杆 2，传递给开度限制机构。

（4）通过反馈臂 1 和连杆 8，传递给缓冲器的缓冲杯。

在有些调速器中，回复轴上还固定着一个转臂，用来将导叶接力器的移动传递给协联机构。

在反馈臂 1 上有三个孔，可用此来改变缓冲杯的行程值，也就是改变暂态转差系数。整定在外孔，则暂态反馈系数大。

这一部分的检修工作主要是调整工作，但在拆卸和装配过程中应注意各关节处的销钉间隙不要过大，以免死行程过大，各销钉的开口销要装好，并将销钉开口分开。

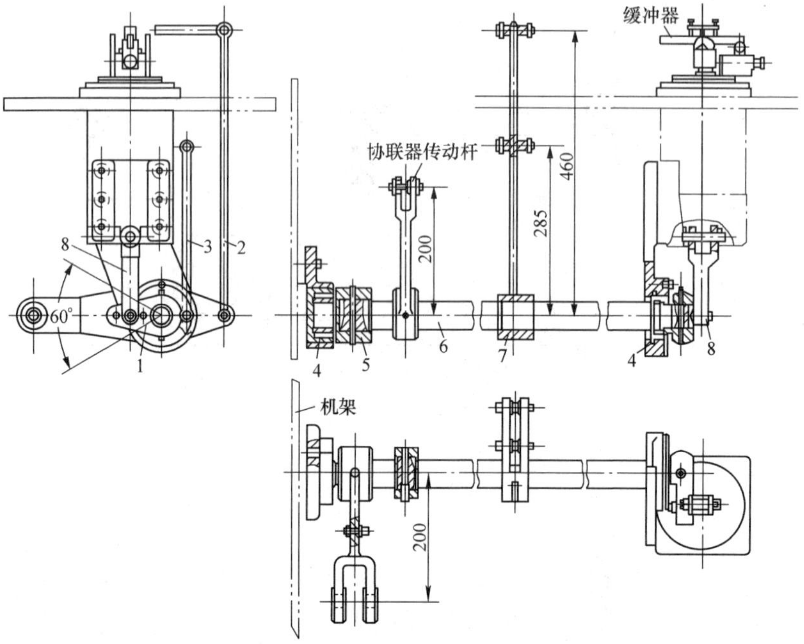

图 15-25　回复轴

1—反馈臂；2、3、8—连杆；4—滚球轴承；
5、7—转臂；6—回复轴

八、协联机构

有些水轮机具有两套执行机构，如转桨式水轮机有导水机构和转轮叶片调节机构；水斗式水轮机除了要调节喷针外，还要操作偏流器；有的混流式水轮机，还设置有调压阀。这些形式的水轮机多采用双重调节的调速器。在双重调节的调速器中，用于导水机构调节的部分是主要调节部分，而作用于第二套执行机构的调节部分则是随动机构。为使随动部分能准确、协调地配合导水机构的调节，需要设置协联机构。

下面以使用较普遍的 ST 型调速器，对协联机构加以说明。ST 型调速器是用于转桨式水轮机的，转轮叶片的动作随动于导叶。在电气液压型调速器中，协联机构已经移到了电气柜中，用电气回路来实现协联作用。与导叶的动作一样，从电气柜输出的信号也是经一个电液转换器转变成机械位移后，去操作转轮叶片的主配压阀。

（一）协联机构

ST 型调速器的协联机构，如图 15-26 所示。

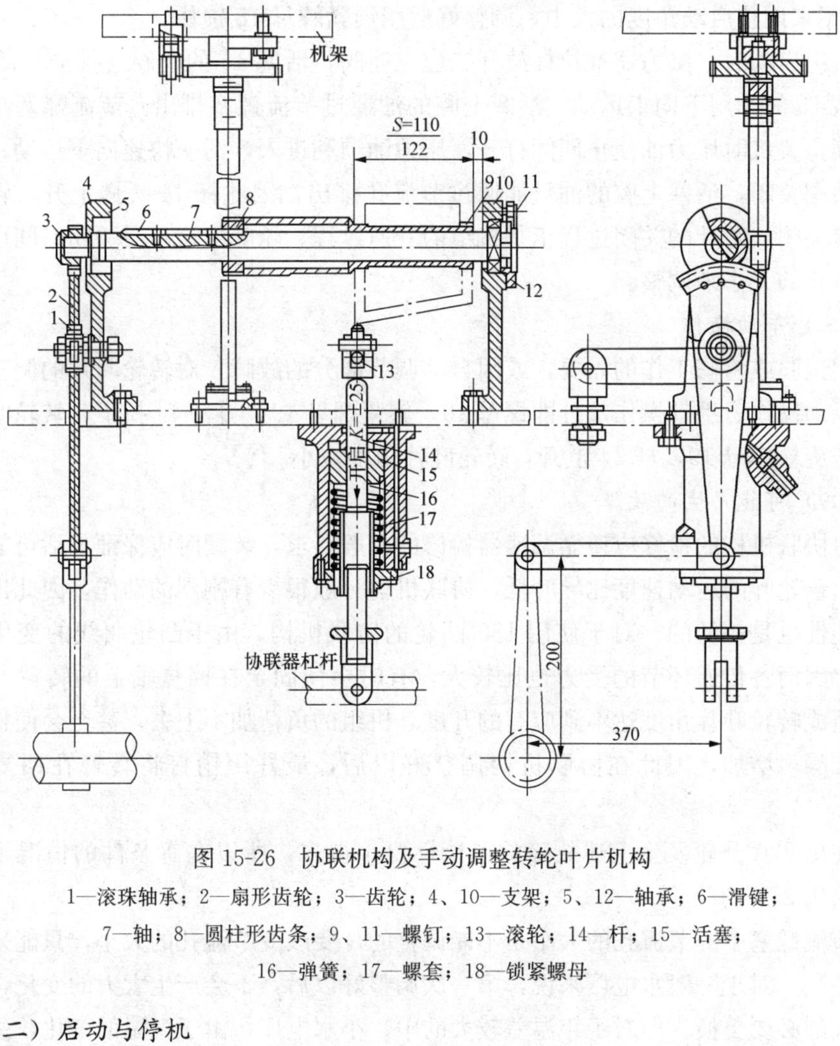

图 15-26　协联机构及手动调整转轮叶片机构

1—滚珠轴承；2—扇形齿轮；3—齿轮；4、10—支架；5、12—轴承；6—滑键；7—轴；8—圆柱形齿条；9、11—螺钉；13—滚轮；14—杆；15—活塞；16—弹簧；17—螺套；18—锁紧螺母

（二）启动与停机

转桨式水轮机的转轮叶片是随导叶的开度而动作的，当导叶全关时，转轮叶片也将全关。但是，全关后的转轮叶片处于接近水平的位置，会给机组的下一次启动带来困难，因此需要在导叶全关闭后，重新将转轮叶片开大到一定的角度（机组启动角），便于下一次启动。当机组启动时，在导叶开启后，转轮叶片又要关回至最小角度，以适应轮叶与导叶之间的协联关系。实现这一过程的是轮叶启动装置。

当导叶接力器运动至全关位置时，接力器的推拉杆顶动一个二位三通阀（联锁阀），这个联锁阀使压力油经一个节流螺塞进入活塞 15 的上腔如图 15-28 所示，在压力油的作用下，活塞 15 快速向下运动，活塞 15 压住杆 14，将杆 14 一起压下，直至活塞与螺套 17 相碰为止，这时轮叶开大到启动角，并停留在这个位置上。螺套17用来调整启动角度的大小，调整好后用锁紧螺母18锁住。

机组启动时，接力器推拉杆放开二位三通阀，活塞15的上腔通排油。活塞15在弹簧16的作用下向上运动，活塞上腔的油通过节流螺塞排出。节流螺塞是一个止回阀，关机时压力油使止回阀打开，压力油顺利进入，活塞快速向下运动；开机时止回阀关闭，活塞上腔的油只能通过节流孔排出，因此杆14缓慢上升，轮叶也就缓慢关闭。轮叶的关闭过程正是机组的升速过程。轮叶的这一段关闭时间可以通过节流孔的大小来调整。

（三）手动操作

因试验或检修工作的需要，或因自动调节部分的故障，对转轮叶片的调整有时需要手动操作。手动操作部分即螺母19，旋紧螺母19，将杆14拉下，转轮叶片开大；若旋松螺母19，杆14上升，转轮叶片角度减小。

（四）可能产生的故障

对协联机构的检修应遵循调速器检修的一般要求，装配时应保证灵活可靠。

由于轮叶的运动速度比导叶低，协联机构一般很少有剧烈的动作，因此出故障的可能性也是较低的。对于使用180°凸轮的协联机构，由于凸轮曲线的变化率比较大，因而各传递环节的受力也比较大，有时会使固定在回复轴上的转臂产生滑动，造成转轮叶片角度达不到应有的开度，机组的负荷加不上去，甚至会使机组的振动和噪声增加，因此在协联机构调整好以后，最好用销钉将转臂在回复轴上定位。

使用270°凸轮发生上述故障的可能性要小得多，所以在有条件的情况下，应尽量采用270°的凸轮。

节流螺塞中的节流孔的大小是不能调整的，要改变节流孔的大小，只能采用更换的办法。对于一般水电厂来说，第一次调整好以后，不会产生太大的变化，也就无太大的必要更换。但对于年温差较大的中、小水电厂，由于气温的变化，引起油的黏度变化，会对机组启动时的叶片关闭速度带来影响，可以准备几个不同孔径的节流孔，以便更换。

九、过速限制器与分段关闭装置

（一）过速限制器

过速限制器是机组的保护装置，我国的大多数水电厂都装有过速限制器。当机组发生飞逸时，调速器因故障不能及时关机，这时就应投入过速限制器，动作事故配压阀，去推动主接力器关闭导叶。过速限制器动作也是操作导叶的，所以，当导水机构发生故障时，过速限制器是无法关机的。但是导水机构发生故障的可能性是比较小的，因而过速限制器仍然得到了普遍的应用。

过速限制器在两种情况下投入：一是当机组转速上升到额定转速的115%时，主配压阀又拒绝动作，延时一定时间应动作事故配压阀关机；二是当机组转速上升到额定转速的150%以上，不论主配压阀是否动作，都应立即投入事故配压阀关机。

有两条回路可以启动过速限制器的电磁配压阀：一条是当转速达到150%的额定转速时，触点闭合，直接启动电磁配压阀；另一条是当转速达到115%的额定转速时，回路接通，但是在这一条回路上串接着一个微型开关，这个微型开关以闭触点接入回路。开关装在辅助接力器的外面，如果关机时主配压阀正常动作，主配压阀向上运动时撞动微型开关，使触点断开，这条回路不通，电磁配压阀不动作；如果主配压阀不能正常动作，开关就不能被撞动，回路就在115%额定转速的信号作用下接通，启动电磁配压阀。

过速限制器由电磁配压阀、油阀和事故配压阀组成，其中事故配压阀串接在调速器至主接力器的油管路上，如图15-27所示。

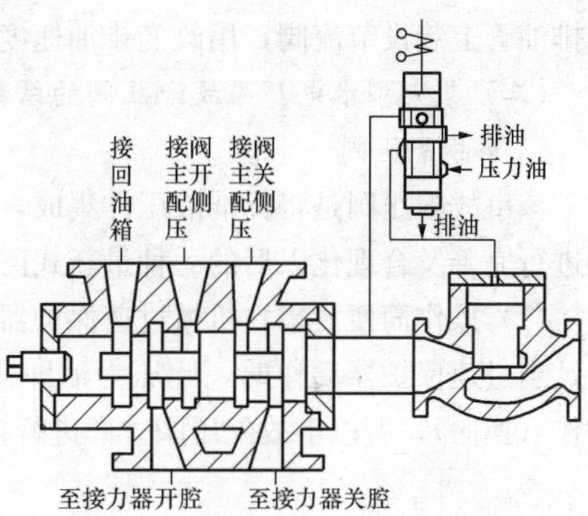

图15-27　过速限制器

油阀的阀盘是一个差动活塞，活塞上腔的面积大于阀盘的止封面积，在过速限制器不投入的情况下，通过电磁配压阀来的压力油作用在活塞的上腔，活塞被油压压住，油阀将通往事故配压阀的油路切断。当电磁配压阀动作时，油阀活塞的上腔通排油，油阀被阀盘下面的压力油顶开，压力油进入事故配压阀。

事故配压阀是一个三阀盘的差动活塞，最大阀盘的直径由机组用油量的大小所决定，三个阀盘的直径逐次相差5mm。在事故配压阀未动作时，大阀盘与中阀盘之间的空腔形成接力器关侧的通路；中阀盘与小阀盘之间的空腔形成接力器开侧的通路。事故配压阀的活塞在油压的差动力作用下，始终靠在一头，所以在过速限制器不投入时，接力器正常接受主配压阀的控制。最大阀盘的一端与油阀用油管相连，在这根油管上还接有一根小油管，通过电磁配压阀与排油接通。在电磁配压阀动作时，油阀的上腔通排油，而小排油管的通路则被电磁配压阀截断。油阀被顶开后，压力油作用在最大阀盘上，将差动活塞推到另一头，大阀盘隔断了主配压阀关侧到接力器的通路，从油阀来的压力油直接进入主接力器的关腔去推动主接力器的活塞；中阀盘则封堵了事故配压阀上的主配压阀开侧来油的油口。中阀盘与小阀盘之间的空腔则使接力器的开腔与排油管连通，接力器在向关机方向运动时，开腔的油直接排回回油箱。

活塞的这种差动结构具有自锁功能。如果调速器的故障仍然存在，即使电磁配压阀已经复归，油阀重新封闭，油阀至事故配压阀之间的小油管也已通排油，但事故配压阀并不能复归。因为在这种情况下，主配压阀开启侧的油口已经被中阀盘封闭，压力油不能进入事故配压阀；由于调速器的故障，关闭侧没有压力油，事故配压阀的差动活塞没有接受油压，因而不能复归。只有当调速器的故障排除，并且主配压阀已经向关闭方向动作，使压力油进入事故配压阀的大、中阀盘之间的空腔，事故配压阀的活塞才能在差动力的作用下复归。

事故配压阀的另一端装有一个调节螺钉，用来调整活塞的行程，即活塞动作后油口打开的大小，用来调整在事故配压阀动作情况下的导叶关闭时间。也有的采用在排油管上装设节流阀，用改变排油速度的办法来调节关闭时间。

（二）某大型水电厂事故配压阀的结构

1. 事故配压阀

该事故配压阀是将标准液压件集成，并根据水力发电厂运行的特点对标准液压件进行完善及合理化以后的一种最新式巨型事故配压阀，其特点如下：

（1）操作简便。来自机械过速保护器的压力油始终作用在事故配压阀的液动阀上，当过速保护器动作时，此压力油即通向排油（见图 15-28），于是液动阀失压动作（换向），所以事故配压阀立即进行自动紧急停机。

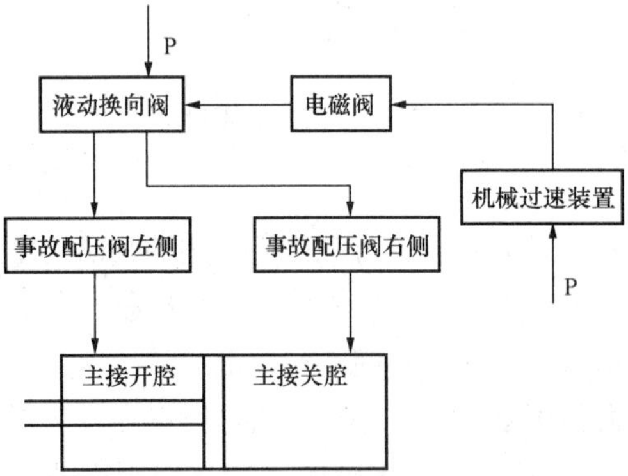

图 15-28　事故配压阀的原理图

电控或手按电磁换向阀，使之换向，也可使液动阀动作（换向），事故配压阀立即进行自动紧急停机。

（2）具有独特的插装阀芯定位结构。对于标准液压件中的插装阀，只能在全开或全关位置时使用，即运行于大流量工况。若在小开度、小流量工况运行时（如分段关闭）则插装阀芯容易产生振荡，甚至自行启、闭。为克服此弊病，该事故配压阀在标准插装阀芯外周增加了一个环形腔（见图 15-29），当插装阀开启时，此环形腔自动接通压力油，迫使阀芯只能定位于全开位置。当插装阀关闭时，此环形腔自动接通排油。因而杜绝了阀芯部分开启时引起的不稳定工况，也就是说，无论是大流量或小流量，事故配压阀都能保证插装阀芯固定在全开或全关位置上。

2. 机械过速保护装置

机械过速保护装置包括两个主要部件：一是安装在水轮机主轴上的紧固圈及过速摆，二是安装在水导油槽盖板上的液压阀脱扣装置（带电气限位开关）。安装时，要求紧固圈上的过速摆柱塞和液压阀触动臂的安装间距（径向）必须严格控制为 3mm。

过速摆安装在由 4 个 1/4 圆环组成的紧固圈上（安装在 2 个 1/4 圆环的连接法兰间）。过速摆内的不锈钢柱塞安装在黄铜腔室内。过速保护器由过速摆中被弹簧预紧的柱塞来进行过速保护动作的触发。

当机组转速增加，安装在机组主轴上过速摆中的柱塞离心力会随着转速增加而增大，当离心力增大至大于作用于柱塞上的弹簧预紧力时，过速摆柱塞即从过速摆黄铜腔室中伸出。当机组转速继续上升至设定过速保护动作值时，过速摆柱塞的径向伸长长度即会大于 3mm，触动液压阀脱扣装置的触动臂，液压阀脱扣，从而实现对液压阀 A 口油管压力的切换（A 口由原来带压切换至无压），通过事故配压阀实现对机组的关机等操作，达到过速保护的目的。

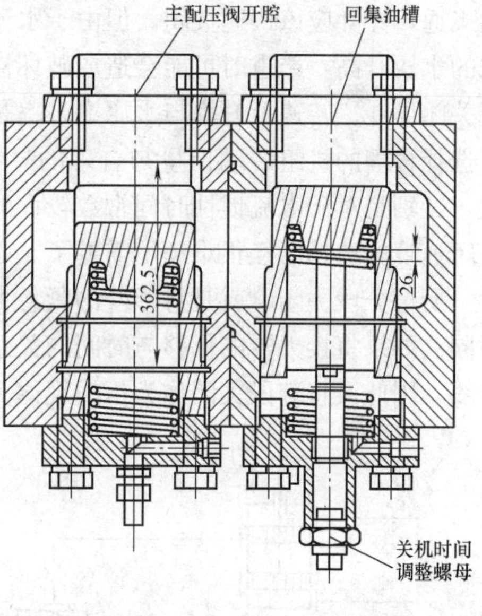

图 15-29　事故配压阀的结构

液压阀触动臂只能手动复位。

对于过速限制器的检修，除了要遵守前面已经提到的对活塞等零件的要求外，还需特别注意油阀的密封性。检修时应对油阀作 1.25 倍额定油压的耐压试验，保证严密不漏。如果在运行中油阀发生泄漏，且漏油量大于小油管的排油量，油阀与事故配压阀之间的油管中压力就会上升。由于事故配压阀活塞的面积差比较小，大阀盘与中阀盘的直径仅相差 5mm，所形成的环形面积还不到大阀盘外侧面积的 1/20，因此这段管中的油压只要大于关侧油压的 1/20 就会将活塞推动，造成事故配压阀的误动，引起误停机。如果活塞移动了一定的距离，又没有到头，通往接力器关腔的油口被大阀盘封住，调速器开侧的来油口被中阀盘封住，这是非常危险的，因为这时的导水机构处于失控状态。另外，由于事故配压阀的活塞加工不良或长期运行的磨损，会造成活塞的漏油，也会漏入这段管中，这也是要引起注意的。

因此，过速限制器的检修特别要注意这些设备的严密性。

另外，有的水电厂将事故配压阀装得太低，事故配压阀至回油箱之间有一定的高度，事故配压阀动作以后，若立刻将电磁配压阀复归，在这一段油柱的压力作用下，会将活塞向复归方向推去，如果调速器的故障未处理完，调速器仍向开侧配油，这时机组有可能重新启动，这也是比较危险的。应在规程中做出明确的规定：过速限制器动作后，必须先确认调速器的故障已经消除，并使主配压阀向关闭侧配油后，才能复归电磁配压阀。在可能的条件下，应将事故配压阀的位置升高。

3. 分段关闭装置

当因机组或外线路故障而使机组甩负荷时，机组转速会迅速升高。为了避免发生飞逸，导叶应该快速关闭。但由于水流的惯性，导叶的快速关闭会造成引水系统内的水压升高，严重时可能会造成破坏性事故。因此，从水锤的角度考虑又不能快速关闭导叶。转速上升率与水压上升率是一对严重的矛盾。在调节保证计算中，需要选择合理的机组转动惯量与合理的导叶紧急关闭时间。现在机组的容量越来越大，特别是对于水流惯性时间常数较大的水轮机，仅仅依靠调节保证计算中对导叶关闭速度的选择已经很难满足需要了。必须设置分段关闭装置。

所谓分段关闭，就是将导叶的紧急关闭过程分成两段或多段，每段的关闭速度不同。如果将接力器的位移与时间的关系绘在图上，这种关闭规律的曲线就是一条折线，因此又将分段关闭称为折线规律关闭。

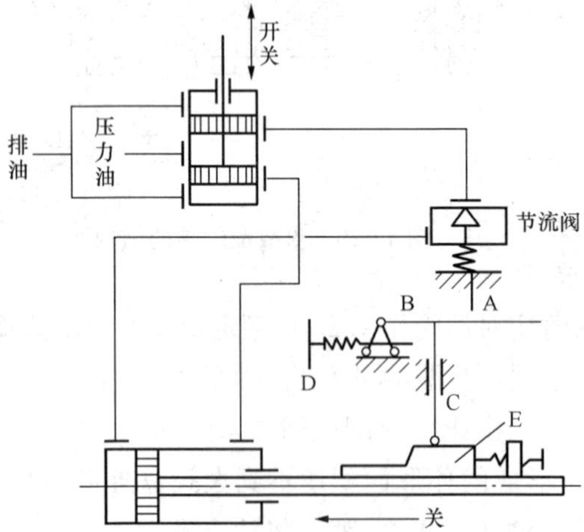

图 15-30　机械协联两段关闭机构示意图

当机组甩负荷时，要求导叶以较快的速度关闭，以避免机组转速升得太高。但在导叶关闭到一定的开度时（空载开度附近），进入水轮机的流量已经显著减少，机组转速升高就不是主要矛盾了，为了避免引水系统内的水压上升超过允许值，导叶的关闭速度必须减缓。所以，这种折线的形式是前一段较陡，后面的则平缓。分段点的选择以及后一段的关闭时间也是通过调节保证计算得出的。

实现分段关闭的装置比较简单，只需在接力器的开侧油管上装设一个节流阀，如图 15-30 所示。在机组停机时，当接力器行至一定的位置。使节流阀投入，排油的速度减缓，导叶的关闭速度就会降低。节流阀的投入可以用电磁配压阀，由电气回路启动；也可以采用机械装置，如使用一个凸轮机构，由回复杆带动，当接力器行至一定位置时，凸轮顶动配压阀，由压力油去操作节流阀。

4. 某大型水电厂分段关闭阀

分段关闭阀结构如图 15-31 所示。分段关闭装置布置在主配压阀开腔回油，与主配压阀连为一体，用四颗内六角螺栓固定。分段关闭装置控制油源通过一个二位四通分段关闭切换阀来提供，二位四通分段关闭切换阀布置在水车室右侧接力器室。

当接力器行程大于 70%时，由于分段关闭切换阀未动作，分段关闭阀（见图 15-31）活塞右侧通排油，分段关闭阀活塞在最右边位置。分段关闭阀不起节流作用，主配压阀回油通过一段出口、二段出口排回回油箱。

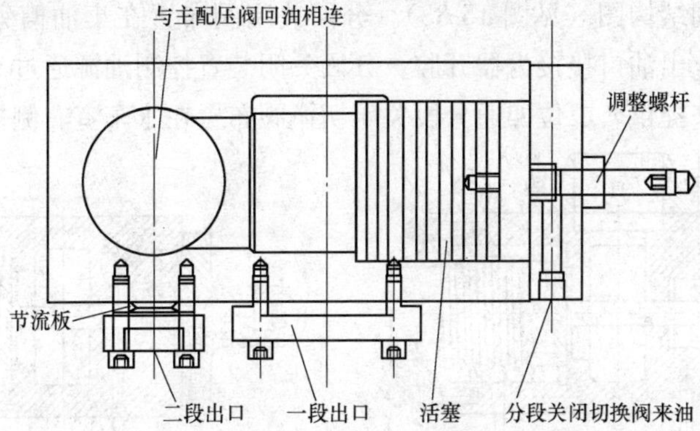

图 15-31　分段关闭阀结构图

当接力器行程小于 70%时，接力器带动条型板移动，条型板触动分段关闭切换阀，分段关闭阀右侧通压力油，使分段关闭阀活塞向左移动，封住分段关闭阀一段出口，主配压阀回油只能通过二段出口排回回油箱，因一段出口直径远大于二段出口直径，排油量减少，接力器开腔压力增高，接力器关闭速度减缓。

在接力器与控制环连接的十字头下（见图 15-32），固定着钢板制成的条形板，条形板随着接力器的移动，通过撞击分段关闭切换阀来切换分段关闭主阀的控制油源。如分段关闭切换阀来的是压力油，则分段关闭主阀在节流状态；反之则是无节流。

第一段关闭时间的调整除了通过调整主配压阀的开口来进行外，还可通过分段关闭阀的调整螺钉来控制分段关闭阀活塞的行程（辅助性）。

第二段关闭时间的调整是通过改变二段出口节流板的直径来实现的。

通过改变条型板的前后位置可以改变分段关闭投入点。

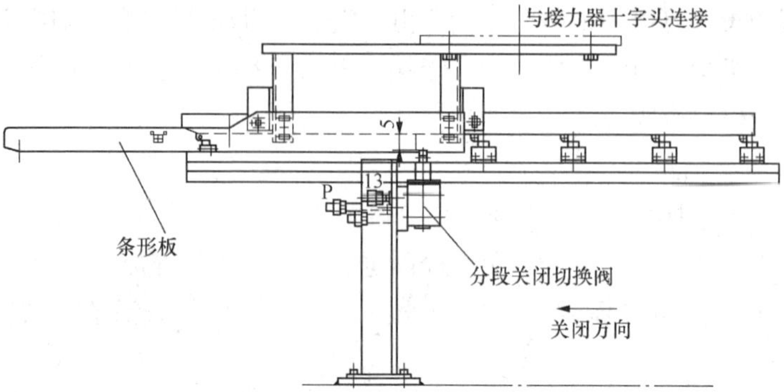

图 15-32　分段关闭切换阀安装示意图

5. 某水电厂分段关闭阀

分段关闭阀结构图（见图 15-33）。分段关闭阀布置在集油槽旁，进油口与事故配压阀相连，出油口接接力器开腔。分段关闭装置控制油源通过一个二位四通分段关闭切换阀来提供，二位四通分段关闭切换阀布置在水车室右侧接力器室。

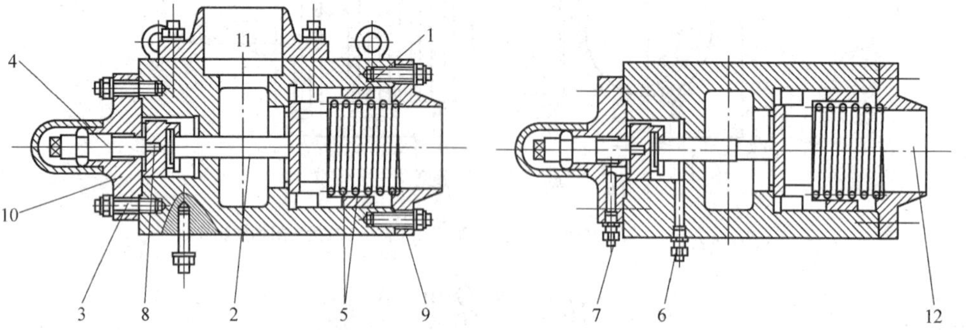

图 15-33　分段关闭阀结构图

1—节流活塞；2—推力杆；3—螺栓；4—调整螺栓；5—弹簧；
6—投入控制油口；7—解除控制油口；8—推力活塞；
9—法兰盘；10—端盖；11—进油口；12—出油口

当 7 通压力油时，6 接排油，推力活塞 8 及推力杆 2 在压力油作用下，推动节流活塞 1 向右运动，弹簧 5 被压缩，此时节流口打开，分段关闭阀不起节流作用。

当 6 通压力油，7 接排油，推力活塞 8 带动推力杆 2 紧贴于调整螺栓 4，节流活塞 1 在弹簧 5 及差压作用下，紧贴推力杆 2，此时节流口关闭，分段关闭阀起节流作用。节流口的大小通过调整螺栓 4 来控制。

当在开机过程中，由于主配压阀开腔给油，压力油将节流活塞 1 顶开进行操作，与分段关闭切换阀的位置无关。

这些装置的检修要求与前面所介绍过的设备基本相同。

十、接力器与锁锭装置

水轮机是利用水作为介质来工作的，由于大量的水流过导水机构会形成巨大的水力矩，因而操作导水机构就需要巨大的操作力矩。绝大多数水轮机调速器都需要外加能源和液压操作机构，这种操作机构主要是指接力器。

（一）导水机构接力器

目前使用的有直缸接力器和环形接力器两大类。直缸接力器包括导管直缸式、摇摆式、双直缸式和小直缸式。其中，导管直缸式又分为单导管直缸式和双导管直缸式两种；环形接力器又分为活塞固定缸运动式和缸固定活塞运动式两种。

1. 导管式直缸接力器

由于导管直缸式接力器结构简单、制造方便、工作可靠，所以得到广泛应用。双导管直缸式接力器适用于中型机组；单导管直缸式接力器适用于大、中型机组；巨型水轮机，由于顶盖尺寸大，采用双导管直缸式、摇摆式或环形接力器较为合理。

带导管的直缸接力器，主要由缸体、前后缸盖、活塞、活塞环、活塞销、瓦套、活塞杆、连接螺母、导管、缸盖密封、行程指示板和锁锭装置（装在其中一个接力器上）等部件组成。

由于接力器活塞为直线运动，而控制环为圆弧运动，在接力器活塞的运动过程中，控制环会使活塞杆产生一个较小的摆动。导管尾部法兰用螺钉固定在活塞端面上。当活塞移动时，由于活塞杆与活塞铰接，则活塞杆可以在导管内摆动，而导管与前缸盖之间只有相对直线运动，所以容易实现油封，这就是导管式直缸接力器的结构特点。

活塞杆与推拉杆之间，用一个正反扣的特殊大螺母连接，用来调节推拉杆的长度。

2. 摇摆式接力器

摇摆式接力器主要由缸体、活塞、推拉杆、销轴、配油套、固定支座、限位螺钉、密封以及油管等部件组成，如图 15-34 所示。与导管直缸式相比，其结构特点是：

（1）推拉杆或活塞杆在操作中不发生摆动，而是缸体摆动，故而得名。

（2）推拉杆为一根，与活塞用大螺母连接，与控制环用销轴连接。

（3）接力器活塞的行程，用装在前缸盖上的闭侧限位螺钉和装在前缸盖凸部的开侧限位螺钉来调整。

接力器后缸盖的两块尾板与销轴采用过渡配合，当接力器绕销轴摆动时，油管

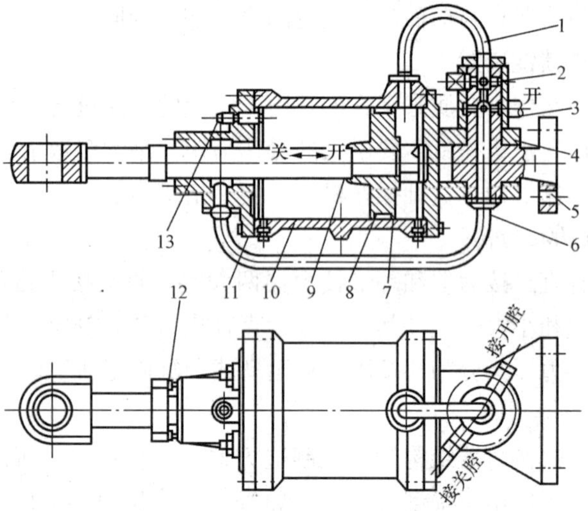

图 15-34　摇摆式接力器

1、6—U形管；2—配油管；3—销轴；4—后端盖；
5—固定支座；7—活塞环；8—活塞；9—推拉杆；
10—缸体；11—前缸盖；12—特殊螺钉；13—限位螺钉

跟着接力器一同摆动。

3. 环形接力器

环形接力器主要由缸体、活塞、缸盖、密封、节流阀、限位块等部件组成。图 15-35 所示为一种缸固定、活塞动的环形接力器，缸体固定在顶盖或支持盖

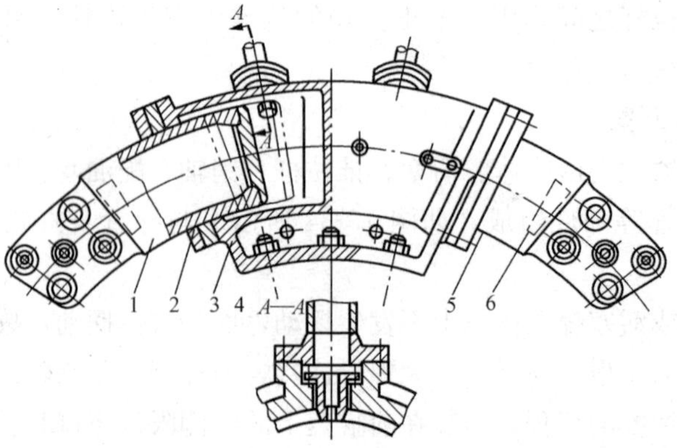

图 15-35　环形接力器

1—活塞；2—密封；3—缸体；4—截流阀；5—活塞；6—限位块

上，缸体中间用隔板将缸体分成开、闭两腔。限位块用来限制和调整接力器活塞的开、闭侧行程。缸盖采用双层密封，里面有压环、导向环、垫环、弹簧和橡胶圈等。

环形接力器的优点是结构紧凑、布置美观，缺点是加工比较困难，对顶盖或支持盖的刚度要求较高。

接力器的结构一般都比较简单，但比较笨重，因而检修时常使用起重设备。

接力器的检修重点是活塞环以及各处的密封。在抽出或装入活塞时，要注意避免损坏活塞环。活塞环为铸铁制品，抽活塞时，抽到活塞环处应缓慢，以免活塞环猛地弹开；装活塞时，最好先用工具将活塞环收紧。活塞环的磨损一般用活塞环开口处的间隙大小来鉴别，将活塞环从活塞上取下，放入接力器缸内的一定位置，并使活塞环与缸的法兰面平行（可用尺测量距离，使各处相等），然后用塞尺检查间隙的大小。间隙应符合图纸上的要求，如发现超差，应更换活塞环。有时，由于使用的汽轮机油不清洁，较大的颗粒往往会沉积在接力器中，运行中会拉坏接力器缸或活塞环，此时就要视具体情况决定是否更换。环形接力器由于活塞作周向运动，一般不装活塞环，而是用一定形状的橡皮作为活塞的密封。这种结构安装时要小心，不要让橡皮的止油边翻卷。另外，接力器都安装在水轮机室内，由于导叶的漏水，可能会使接力器的推拉杆（套管）生锈，这些锈蚀往往会造成漏油，因此平时要注意保养。

4. 终端缓冲装置

为了避免接力器活塞运动到终端位置时接力器活塞与缸体发生碰撞现象，在接力器缸体两端部都设有缓冲装置，如图 15-36 所示，其工作原理非常简单，只要在接力器缸体两端适当位置上，铣一适当的斜槽——缓冲油槽即可。当活塞接近终端位置时，排油孔口的过油断面越来越小，排油阻力越来越大。所以，活塞的速度自然要大大降低。

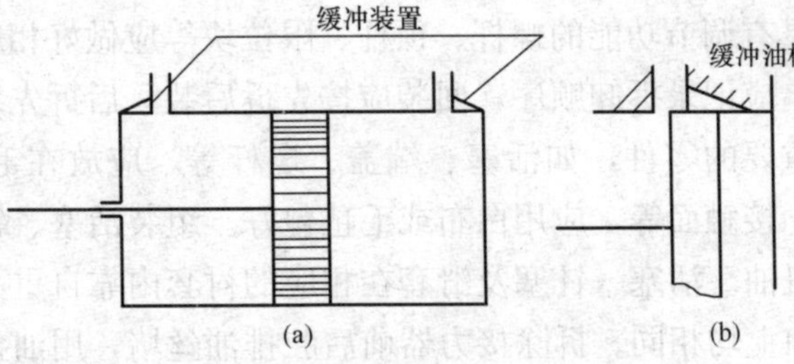

图 15-36　接力器终端缓冲装置

5. 某大型电厂接力器

接力器结构如图 15-37 所示。接力器动作原理就不一一讲述，主要讲一讲接力器检修工艺。

导叶在中间位置，拆接力器与控制环的连接板。拆除对工作有影响的滑铁板和油管，用专用平台将接力器垫好。用液压拉伸器拆除接力器尾部支撑盘与机坑里衬

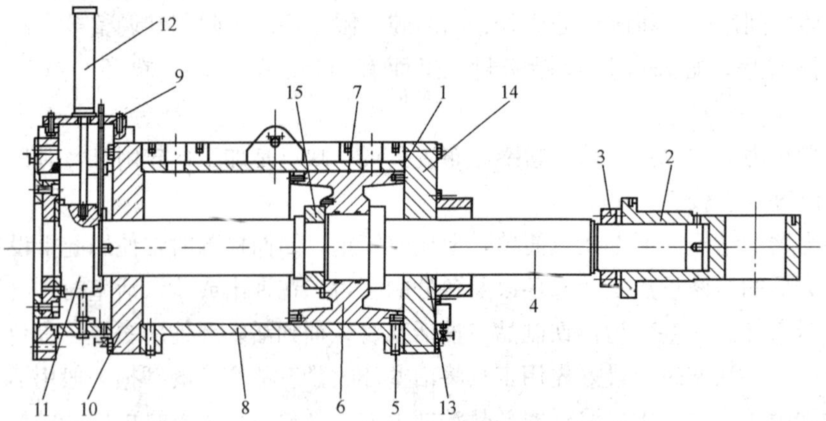

图 15-37　接力器结构图

1—缓冲段；2—背帽；3—调整螺母；4—推拉杆；5—缓冲段排油口；
6—活塞；7—活塞环；8—缸体；9—锁锭标尺；10、14—端盖；
11—锁锭闸板；12—锁锭活塞；13—推拉杆密封；15—挡圈

M76×4 的连接螺栓和 4 个 $\phi25$ 的定位销。将接力器移出，置于控制环上。将其吊起，垫入垫块，移动直轨，放环形轨于控制环上。在走廊前组装平台和直轨，用环形吊装接力器转 90°，移至走廊前。用直轨吊将接力器在走廊内放低，将接力器移至走廊，吊出。移到检修场地并固定好。在拆卸接力器前应做好或找到回装标记。对具有调节功能的螺杆、顶杆、限位块等应做好相应位置记录。在拆卸复杂的设备时，应记录拆卸顺序，回装应按先拆后装，后拆先装的原则进行。对拆卸下来的比较重要的零件，如活塞、端盖、螺杆等，应放在毛毡上；对特殊面，如棱角、止口、接触面等，应用白布或毛毡包好。组装活塞、针塞及滑套时，应涂上合格的汽轮机油。活塞、针塞及滑套在相应的衬套内靠自重灵活落入或推拉轻松，并在任意方向上均相同。拆除接力器前后腔排油丝堵，用油盆将残油放尽。用专用扳手松开推拉杆叉头的背帽，卸下叉头和背帽。卸下液压锁锭的基础螺钉，用手拉葫芦将锁锭活塞和锁板整体吊出。卸下前后推拉杆密封压盖，取出密封圈及衬环。用专用扳手卸下前后端盖螺栓及定位销，用吊车挂上手拉葫芦，用手拉葫芦将端盖吊住调平，用顶丝将前后端盖顶出，移走。卸下活塞与推拉杆固定的挡圈螺栓，拆除挡圈，固定接力器活塞，转动推拉杆，将推拉杆与活塞分离，用专用吊具将推拉杆吊出，垫上枕木平直放好并固定，将接力器活塞吊出。检查活塞、活塞环、活塞缸、推拉杆、铜套、轴瓦等磨损情况，活塞无锈蚀，活塞环弹性良好，装入缸内用 0.02mm 的塞尺不能通过，推拉杆无沟痕，光洁度达到图纸规定的要求，否则应用 320 号金相砂布、天然油石等，沿圆周方向修磨，严禁轴向修磨。测量各部尺寸，清扫，按顺序回装。回装时各组合面间隙用0.05mm的塞尺检查不能通过，推拉杆放到比拆前略长点位置，回装后做1.5倍耐压试验，确保无渗漏，并连接好接力器。

6. 接力器检查性试验（见表15-5）

表15-5　接力器检查性试验

序号	工艺流程	工艺要求
1	开箱整体检查	不解体，只作整体外观检查
2	右侧接力器开启、关闭腔耐压试验9.45MPa	用电动泵按3.2、6.3、7.9、9.45MPa等级缓慢升压，在6.3MPa和7.9MPa的静压下各保持30min，在9.45MPa压力下保压1h
3	左侧接力器开启、关闭腔耐压试验9.45MPa	
4	检查记录两接力器活塞行程	用内径千分尺检查
5	检查记录两接力器锁锭闸板与活塞杆间隙	用塞尺检查
6	检查记录两接力器缸体和密封有无渗漏	仔细检查焊缝两端活塞杆处密封

（二）锁锭装置

锁锭装置是一种保护装置。它可以在导叶全关时，将接力器（或控制环）锁在全关位置。即使接力器内无油压，导叶也不会被水冲开。对锁锭装置的要求是能在现场手动投入和拔出锁锭，也能在远方操作投入和拔出锁锭，这样就可以将锁锭装置接入开停机的自动回路，开机前自动拔出，停机后自动投入。此外，还要求锁锭装置能在调速器油压降低到一定值（如事故低油压停机的油压）时，锁锭能自动投入，油压升高到安全允许值时能自动拔出。

锁锭装置一般装在导管直缸式接力器上，在导叶处于全关状态时，如果锁锭闸落下就能够挡住导管，因而能够防止接力器活塞向开侧移动，其结构如图15-38所示。

图15-39为某大型水电厂接力器锁锭装置示意图。

某大型电厂接力器锁锭装置是一种对夹式锁锭装置。当电磁阀同时给锁锭活塞缸后腔给压力油，锁锭活塞带动锁锭闸板同时插入接力器推拉杆的凹槽内，锁住接力器推拉杆，当接力器的压力低于3MPa时，接力器锁锭不能拔出（因压紧行程关系）。当电磁阀同时给锁锭活塞缸前腔给压力油，锁锭拔出。锁锭投入或拔出时，通过位置传感器传到调速器控制柜，反映锁锭装置的投入或拔出。

对于锁锭装置的检修要求，与前面各部件的要求基本相同，此处不再赘述。

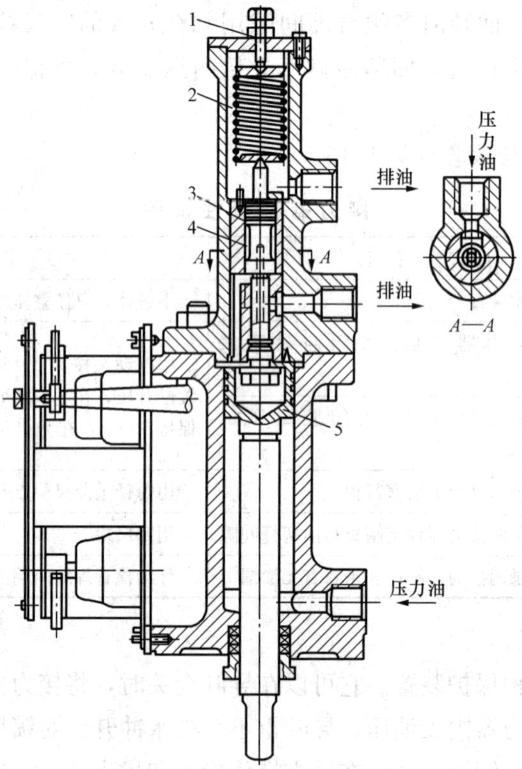

图 15-38　锁锭装置的结构

1—调节螺钉；2—弹簧；3—阀塞；
4—阀套；5—差动活塞

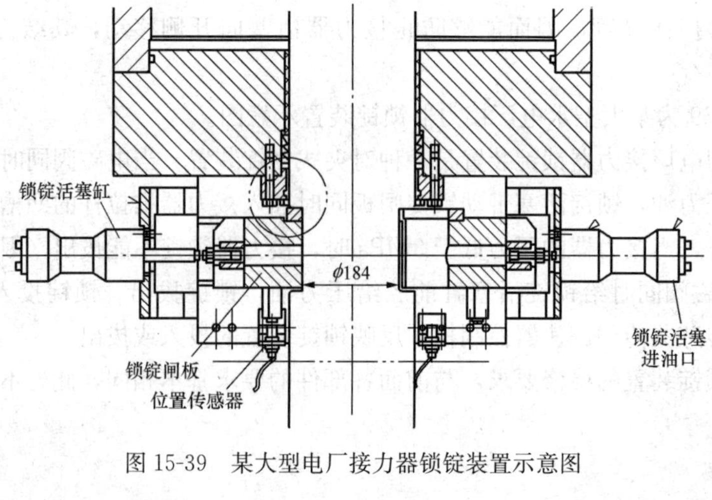

图 15-39　某大型电厂接力器锁锭装置示意图

第十六章 调速器电气部分的检修（微机调速器的检修）

第一节 概　　述

调速系统作为调节水轮机机组频率、快速同步并网增减负荷的调节系统，对提高电能品质起着重要的作用，因此必须严格做到定期检查、及时消缺、计划修理，以确保机组调速系统经常处于良好的运行状态下。对调速系统进行检修时，必须做好相应的安全措施，确保机组安全、稳定地运行。

水轮机调速系统的结构如图 16-1 所示。

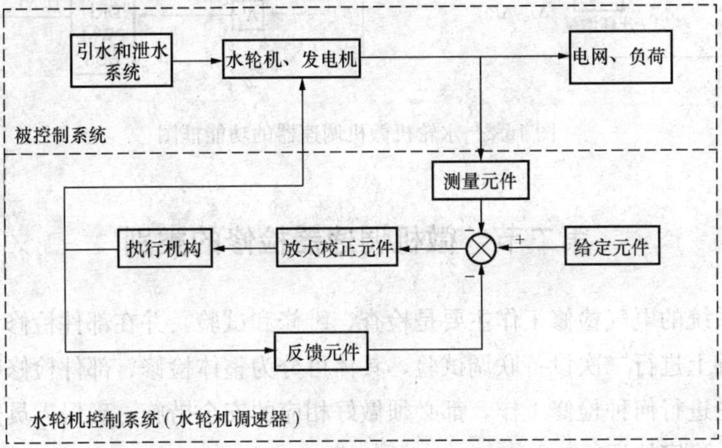

图 16-1 水轮机调速系统的结构

水轮机调速系统的工作过程为：测量元件将机组转速 n（频率 f）、功率 P_g、水头 H、流量 Q 等参量测量出来，与给定信号和反馈信号综合后，经放大校正元件控制执行机构，执行机构操纵水轮机导水机构和桨叶机构，同时经反馈元件送回反馈信号至信号综合点。这些过程的完成均由调速器电气部分实现，而构成调速器电气部分的核心则是微机调速器。

国内外水轮机数字式微机调速器均采用 PID 或以 PID 为基础的调节规律。

水轮机微机调速器的功能框图如图 16-2 所示。

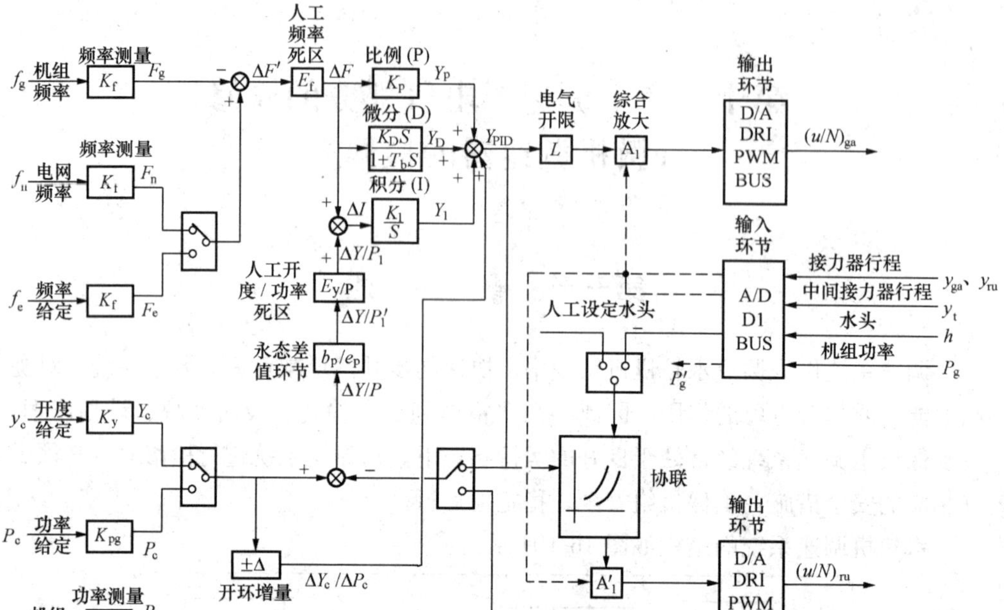

图 16-2 水轮机微机调速器的功能框图

第二节 微机调速器检修的类别

调速系统的电气检修工作主要是检查、维修和试验，并在部件检修和电气模拟试验的基础上进行二次设备联调试验，具体可分为整体检修、部件检修和日常维护巡检。无论进行何种检修工作，都必须做好相应的安全措施，确保人员安全，以及机组安全、稳定地运行。

一、整体检修

整体检修是指根据机组的检修周期和有关规定，参照、配合机械液压部分的检修情况，对整套机组调速系统进行的检修工作。整体检修的检修周期可随机组整体检修进行。整体检修时，利用先进工艺方法和技术，对设备进行改造，以消除设备的某些缺陷和先天不足，提高其先进性、可靠性及维修性，提高设备利用率。对设备进行更新改造时，应从技术性、经济性等方面综合分析，从中选择最佳方案。对于水电设备的改进性检修，一般结合机组的定期检修来安排。

二、部件检修

部件检修是指根据单个部件的检修周期、有关规定，以及具体部件的缺陷情况对其进行的检修工作，一般应在不影响机组正常运行的状态下进行，工期也不宜过长。由于进行部件检修涉及的工作面较多，因此需要注意安全性，现场工作协调须到位。

部件检修是以设备的实际工作状况为依据，通过高科技状态监测手段，识别故障的早期征兆，对故障部位、严重程度及发展趋势作出判断，从而确定最佳维修时机。其核心是要通过各种监测数据、信息的收集进行决策。

部件检修着眼于设备最主要的功能，以提高设备的可靠性和安全性；是为避免或减轻故障后果，而非故障本身；能够避免或减少不必要的维修工作，降低维修费用。

三、日常维护巡检

日常维护巡检是指日常维护及定期巡回检查工作。日常维护是指根据设备缺陷的类型和性质对设备进行的日常检修工作，具体处理方法可参照部件检修的相关部分。定期巡回检查的目的是了解设备运行状况，及时发现设备隐患，保证设备处于良好的运行工况。定期巡回检查的周期一般为 1 个月，项目见表 16-1。

表 16-1　　定期巡回检查项目

序号	项　目	执行情况
1	检查所有整定值，柜内温度、湿度是否满足要求	
2	电缆头是否有烧焦的痕迹，接线有无松动	
3	各电源指示灯是否正常	
4	面板显示是否正常，各信号光字状态是否正确	
5	有无故障报警	
6	接触器、继电器在工作时是否有异常声音及发热现象	
7	微机控制器工作是否正常，后备电池、通信、自检指示灯是否正常	
8	散热风扇是否在转	
9	各电磁阀外观检查	
10	其他各控制箱面板上有无故障报警	

第三节　微机调速器检修流程及工艺要求

依据机械部分整体检修进度的安排和要求，在机械部分开始检修之前，解除相应外围设备的二次接线，并进行绝缘处理。外围设备包括各种电磁阀线圈、主接主配位置传感器、锁锭位置传感器等。

对各子系统盘柜内的设备进行缺陷定位，并作出相应处理。具体设备包括电源滤波装置、开关电源、接触器、继电器等。缺陷处理完毕后，针对其做局部模拟试验。

一、回路检查及整顿

（1）用毛刷和吹风机将回路元件、引线、端子等清扫干净。

（2）回路查线时，必须以原理图为准，与原理图不符之处按原理图改正。

（3）所有导线及电缆的号牌必须按相关规定的要求，采用统一的材料及书写格式打印。

（4）二次接线整顿要求横平竖直、有规律地配置，一般情况下应成束排列，达到整齐、美观等要求。

（5）端子排布置应整齐、美观，对锈蚀部分应处理好，否则更换。

（6）固定螺栓应拧紧，有焊接部分应焊接可靠。

（7）各元件应有编号标签，标签一律使用专用标签打印机打印。

（8）柜内元件应完好无损，指示灯灯罩安装牢固，其颜色与图纸要求相符。

（9）柜门开、关正常，面板清洁，无油污、无损伤。

二、自动化元件检验

（1）内外部检查。自动化元件外部应完好无损，无松动、渗漏和油污等现象。内部各部分安装牢固，无锈蚀、损伤，引线无松动；机械部分应动作灵活。

（2）动作试验。各自动化元件按定值要求进行整定，然后进行动作试验。确保触点动作可靠，用对线灯逐个触点进行动作试验。

（3）当机械部分检修且回装完毕后，对所解除的接线进行恢复。

三、检查外围设备接线及性能

（一）回路绝缘检查

（1）220V及以下回路绝缘检查。用500V绝缘电阻表测量所有导电回路部分对地的绝缘，其绝缘电阻应不小于0.5MΩ。

（2）220V和380V回路绝缘检查。用1000V绝缘电阻表测量所有导电回路部分对地的绝缘，其绝缘电阻应不小于1MΩ。

（3）所有电气回路在通电试验前必须检验回路绝缘，只有回路绝缘符合要求才能通电试验。

（二）控制回路试验

1. 试验目的

（1）验证系统的各种功能。

（2）验证操作方式的正确性，符合技术要求。

（3）验证系统技术（条件许可的）参数。

（4）验证设备的整体性能和安装的正确性。

2. 试验前的检查项目

（1）确认系统连接完好。

（2）确认各整定值已检查完毕。

（3）确认电气连接完好。

（4）确认机、电、液接口关系正确。

（5）确认系统压力油罐油压。

（6）确认供电电源供应。

3. 试验用的工器具

专用便携机、专用编程电缆、PC适配器、数字万用表、钳形电流表、绝缘电阻表、对讲机、组合工具、秒表、钢卷尺等各种辅助仪器仪表。

4. 通电后手动试验

对于采用主、备+紧急三套配置方式的不完全对称结构，通常主、备用调速器结构基本一致，紧急为独立一套；在检修上，主、备用调速器检修流程工艺一般一致，紧急调速器采用另一套流程工艺。

四、主、备用调速器检查

（一）外观检查

检查主、备用调速器箱体有无变形、破损等现象，面板显示是否正常，各按钮动作是否灵敏。

（二）电气接线检查

检查箱体内部、外部的接线是否和图纸一一对应，颜色是否一致，以及是否牢靠。

（三）主、备用调速器人机界面检查

（略）

（四）主、备用调速器参数检查

1. 参数调整

原则上用以前的参数进行调整。主、备用调速器的PID参数设定见表16-2。

2. 主、备用人工频率死区

通过外部逻辑输入继电器R_D，控制着频率测量单元的人工死区。

（1）R_D运行：投入人工频率死区，在给定的人工频率死区内（0.1Hz），机组将不参与电网频率的调节。

（2）R_D未运行：退出人工频率死区，即人工频率死区为零，机组时刻对频率

进行调节。

表 16-2　　主、备用调速器的 PID 参数设定

机组空载运行的 PID 参数设定			
微分增益	比例增益	积分时间常数	微分时间常数
K_D	K_P	T_I	T_D

PID 参数设定—并网运行				
微分增益	比例增益	积分时间常数	微分时间常数	永态转差率 b_P
K_D	K_P	T_I	T_D	b_P

3. 主、备用调速器开度限制器

开度限制器在机组启动过程中，限制机组按照指定的开机规律进行启动。并网后，按照机组效率曲线，在不同水头下限制机组的最大开度，保证调节的可靠性。

启动过程中，对于大开度两段式启动混流式机组，开度限制分为第一开度和第二开度。不同的水头对应不同的开度限制，一般对于额定水头，开度限制取值如下：

（1）第一开度参数：一般为空载开度的 110%～120%。

（2）第二开度参数：一般为空载开度的 105%～110%。

（3）水头不同时，按照开度限制曲线，自动变化第一开度和第二开度。

对于小开度加速度两段式启动混流式机组，第一开度和第二开度对应为：

（1）第一开度参数：一般为空载开度的 40%～50%。

（2）第二开度参数：一般为空载开度的 90%～100%。

（3）水头不同时，按照开度限制曲线，自动变化第一开度和第二开度。

（4）当转速大于 50%时第二开度投入，转速大于 95%空载 PID 参数投入运行。

4. 主、备用调速器故障

（1）大故障清单（见表 16-3）。大故障表示该套调速器已不能满足正常调节的要求，需要退出控制。

表 16-3　　主、备用调速器大故障清单

序号	说　明	序号	说　明
1	输入板故障	3	定位器大故障
2	接口板故障	4	开机令接收后，机组频率无反馈

（2）小故障清单（见表 16-4）。小故障表示该套调速器已出现异常，可以继续保持机组状态，但应尽快对故障进行处理。

表 16-4　　主、备用调速器小故障清单

序号	说　明	序号	说　明
1	定位器板上的小故障	6	开度限制器故障
2	插件背板故障	7	同期阶段网频丢失
3	功率信号故障	8	并网阶段机组频率丢失
4	负载给定值故障	9	机组频率测量偏差
5	水头信号故障		

（3）主、备用调速器模拟量输入信号。额定判断参数，当对应接收信号超出判断参数规定的值时，调速器则判断为信号故障，以防止信号跳变造成调速器误动。

（4）主、备用调速器设置输入增量。这些参数使输入极限电流与调速器的接收值比例匹配，通过调整参数来校准对应信号。

（5）主、备用调速器模拟量输出信号。这些参数使调速器的输出值与输出极限电流比例匹配，通过调整参数来校准对应信号。

（6）主、备用调速器测试点及说明。从调速器工作面板上，读取重要参数值，作为判断调速器工作情况的依据。

五、紧急调速器检查

（一）外观检查

检查紧急调速器箱体有无变形、破损等现象，面板显示是否正常，各按钮动作是否灵敏。

（二）电气接线检查

检查箱体内外部的接线是否和图纸一一对应，颜色是否一致，以及是否牢靠。

（三）紧急调速器参数检查

1. 参数调整

原则上用以前的参数进行调整。由于紧急调速器一般注重于手动模式下稳定机组状态，故参数稳定性要求较高，见表 16-5。

表 16-5　　紧急调速器 PID 参数设定

机组空载运行的 PID 参数设定			
加速系数	微分参数	积分参数	空载调节时间
PID 参数设定—并网运行			
加速系数	微分参数	积分参数	并网调节时间

2. 紧急调速器开度限制器

为满足紧急开机要求，紧急调速器同样设置开度限制器，满足按开机规律进行启动。并网后，提供人工开度限制，限制机组的最大开度，保证调节的可靠性。由于该开度限制直接影响调节，因此对开度限制信号的品质要求也较高。

由于一般紧急调速器无水头信号，开机过程的开度限制按照额定水头取值如下：

(1) 第一开度参数：一般为空载开度的110%～120%。

(2) 第二开度参数：一般为空载开度的105%～110%。

(3) 当转速大于75%时第二开度投入，转速大于99%空载PID参数投入运行。

(四) 紧急调速器故障

1. 大故障清单（见表16-6）

大故障表示该套调速器已不能满足正常调节的要求，需要退出控制。

表16-6　　紧急调速器大故障清单

序号	说　明	序号	说　明
1	接力器反馈故障	3	开度限制故障
2	接口板故障	4	开机令接收后，机组频率无反馈

2. 小故障清单（见表16-7）

小故障表示该套调速器已出现异常，可以继续保持机组状态，但应尽快对故障进行处理。

表16-7　　紧急调速器小故障清单

序号	说　明	序号	说　明
1	测量通道1故障	4	测量通道4故障
2	测量通道2故障	5	测量通道5故障
3	测量通道3故障	6	调节跟踪故障

六、测速装置整定值检查

调速器电气控制柜内转速信号较集中，将专用的转速测量装置设置在调速器电气柜内，转速测量装置检修如下：

(1) 初步检查各测速探头工作是否正常，表面有无磨损、有无油污，电缆有无损伤，电源是否正常。

(2) 确认已检查完毕的大轴齿带的各齿高，并提供了齿高误差范围，检查误差范围是否在允许范围（1.5mm）以内。

（3）根据已提供的齿高误差范围，检查测速探头与齿带上齿的距离是否在允许范围（3～3.5mm）以内。

七、电气柜元器件检查

（一）电气元器件接线检查

（1）电器元件质量、型号和规格应符合设计要求。

（2）发热元件安装应符合设计要求。

（3）熔断器的规格型号应符合设计要求。

（4）信号灯应显示正确、工作可靠。

（5）盘上有接地要求的设备应可靠接地。

（6）端子排应无损坏，固定牢固，绝缘良好。

（7）端子排距离盘顶和盘底应符合规程的要求。

（8）端子排应标示醒目，不同电压等级的端子排应分开布置，并用隔板隔开。

（9）电源端子应用一个空端子隔开。

（10）试验端子应接触良好。

（二）绝缘试验

1. 绝缘检查

应分别用250V绝缘电阻表（回路电压小于100V）和500V绝缘电阻表（回路电压等级为100～250V时）测量各电气回路间及其与机壳、大地间的绝缘电阻，在温度为15～35℃及相对湿度为45%～90%的环境中，其值不应小于1MΩ；如为单独盘柜，其值不应小于5MΩ。

2. 绝缘强度试验

应按相关规定进行绝缘强度试验，无击穿或闪络现象。绝缘试验应包括所有接线和器件，试验时应采取措施，防止电子元件及表计损坏。

（三）电源试验

（1）电源在空载及额定负载情况下，使输入电压偏离额定值的±10%，其直流输出电压应符合设计规定值。

（2）电源过流及过压保护的动作应正确、可靠。

八、其他形式微机调速器的检修

完全对称的调速器，由于采用同型执行机构，在微机结构上，为全套多冗余配置，各路信号直接进入调速器，其检修各工序和要求同不完全对称结构的主、备用调速器检修一致，信号输入、输出的调整均通过修改参数实现。对采用小开度加速度两段式启动方式的调速器控制，需检查好水头与启动开度的对应关系。其他相关检修及试验与上面描述一致。

完全不对称结构的调速器，其执行机构不同，对执行机构的检修有特殊之处，后面分列叙述。信号输入、输出的调整由于采用微机软件修正，因此也可通过修改参数实现。针对不同开机方式，选取不同的参数。

（一）电流型接力器传感器检查（4～20mA 电流型）

调速器在纯手动状态，接力器动作正常；手动将导叶主接力器全关，检查 HMI 触摸屏上的“导叶主接开度”显示值在（0±0.1）%左右；手动将导叶主接力器全开，检查 HMI 触摸屏上的“导叶主接开度”显示值在（100±0.2）%左右；如果不能满足以上范围，则需重新调整导叶主接位移传感器的机械位置，或重新整定该传感器的输入通道。

接力器全关时，把滑动块移动至距传感器关方向的极端位置且距离应留有部分移动余量，以免损坏传感器。通过传感器测量出传感器的输出，一般略大于 4mA。若电流不是 4mA，则应调节导轨，使得输出电流为 4mA；若导轨无法调节，则可通过传感器内部电气插头进行调整。

接力器全开时，将传感器滑杆滑至测量出传感器的输出略小于 20mA 的位置；若电流不是 20mA，则可通过传感器内部电气插头进行调整。

重新整定导叶主接传感器的方法及步骤如下。

1. 传感器机械位置调整

（1）手动将导叶主接力器开启至 50%开度左右，将导叶主接传感器的本体调整到中间，使其滑动块向开和向关两个方向的机械行程大致相等。此时，测量传感器输出电流，应在全量程中间左右，然后固定传感器的位置。

（2）将导叶主接力器全关，此时滑动块距传感器关方向的极端位置距离留有小部分移动余量，以避免传感器损坏。此时，测量传感器输出电流，应略大于量程最小值。

（3）将导叶主接力器全开，此时滑动块距传感器开方向的极端位置距离留有小部分移动余量。此时，测量传感器输出电流，应略小于量程最大值。

2. 传感器电气量整定

（1）将导叶主接力器全关，测量传感器输出电流，改变 A 套或 B 套控制器中的整定值，使“导叶主接开度”显示值为 0%。

（2）将导叶主接力器全开，测量传感器输出电流，改变 A 套或 B 套控制器中的整定值，使“导叶主接开度”显示值为 100%。

（3）随机改变导叶主接力器开度，检验“导叶主接开度”显示值是否准确。

多套传感器应分别校验或整定，整定完毕后做好相应记录。

（二）电流型主配压阀传感器检查

利用外接控制装置，或利用微机调速器内的调试程序，强制主配压阀在全关位置，测量传感器的输出在略大于 4mA；强制主配压阀在全开位置时，传感器的输出在略小于 20mA；不能满足上述条件时，调整主配压阀传感器的机械位置，使传感器输出满足 4～20mA 的要求。

（三）导叶中接位置反馈传感器校验（电压型，输出－10～＋10V）

以某型步进电动机的中接（主配）为例：调速器在纯手动状态，将步进电位移转换装置正常复中后，检查“导叶中位”显示值在中间范围内，如果超出此范围，则需重新调整导叶中接位置反馈传感器的机械位置，或重新整定该传感器的输入通道。

重新整定导叶中位传感器的方法及步骤如下。

1. 传感器机械位置调整

（1）步进电位移转换装置正常复中后，将导叶中接位置反馈传感器的本体调整到中间，使其伸缩杆向上和向下两个方向的机械行程大致相等，然后固定传感器的位置。

（2）测量导叶中位传感器输出电压，调整传感器位置，使其输出在略大于 0V，不能过于接近 0V，以避免出现控制器无法检测出传感器信号断线的情况。至此，传感器的机械位置已调整完毕。

2. 传感器电气量整定

（1）将步进电位移转换装置正常复中，测量导叶中位传感器输出电压，改变微机控制器中的整定值，使“导叶中位”显示值为 0。

（2）将步进电位移转换装置拧到最大行程，测量导叶中位传感器输出电压，改变 A 套或 B 套控制器中的整定值，使“导叶中位”显示值绝对值为最大。

多套传感器应分别校验或整定，整定完毕后做好相应记录。

九、故障试验

故障模拟试验，重点验证微机调速器对故障判断的可靠、完整。

PT 机频和齿盘机频的冗余关系说明：在运行过程中，调速器同时测量 PT 机频和齿盘机频两路机频信号，此两路信号互为备用。当两路信号都正常时，调速器优先采用 PT 机频信号进行调节，当其中任意一路信号故障时，调速器报对应的信号故障，但不报机频故障；当两路信号都故障时，调速器才报机频故障。

（一）空载故障模拟

调速器在自动状态，标准频率信号源的信号频率为 50Hz。

1. 机频断线

(1) 分别模拟各套调速器机频断线，观察是否有机频故障报出，并观察导叶是否切手动，记录故障前后导叶的开度。

(2) 空载工作机机频断线，调速器应切备用机工作，接力器不动，发出报警信号，触摸屏显示机频故障。

(3) 空载备用机机频断线，调速器不切工作机，接力器不动，发出报警信号，触摸屏显示机频故障。

(4) 空载工作机、备用机机频断线，调速器切手动（紧急调速器），接力器不动，发出报警信号，触摸屏显示两机机频故障。

2. 网频断线

(1) 分别模拟各套调速器网频断线，观察是否有网频故障报出，记录故障前后导叶的开度。

(2) 空载工作机网频断线，调速器切备用机工作，接力器不动，发出报警信号，触摸屏显示网频故障。

(3) 空载备用机网频断线，调速器不切工作机，接力器不动，发出报警信号，触摸屏显示网频故障。

(4) 空载工作机、备用机网频断线，调速器不切工作机，接力器不动，发出报警信号，触摸屏显示网频故障。

3. 机、网频断线

(1) 分别模拟各套调速器机、网频断线，观察是否有机、网频故障报出，并观察导叶是否切手动，记录故障前后导叶的开度。

(2) 空载工作机机、网频断线，调速器应切备用机工作，接力器不动，发出报警信号，触摸屏显示机、网频故障。

(3) 空载备用机机、网频断线，调速器不切工作机，接力器不动，发出报警信号，触摸屏显示机、网频故障。

(4) 空载工作机和备用机机、网频断线，调速器切手动，接力器不动，发出报警信号，触摸屏显示两机机、网频故障。

4. 测频板故障

(1) 分别退各套调速器测频板，观察是否有机、网频故障报出，并观察导叶是否切手动，记录故障前后导叶的开度。

(2) 空载工作机测频板故障，调速器应切备用机工作，接力器不动，发出报警信号，触摸屏显示机、网频故障。

(3) 空载备用机测频板故障，调速器不切工作机，接力器不动，发出报警信号，触摸屏显示机、网频故障。

（4）空载工作机、备用机测频板故障，调速器切手动，接力器不动，发出报警信号，触摸屏显示两机机、网频故障。

5. 导叶中位（主配）反馈故障

（1）分别模拟各套调速器导叶中位反馈断线，观察是否有导叶中位反馈故障报出，并观察导叶是否切手动，记录故障前后导叶的开度。

（2）空载工作机导叶中位反馈故障，调速器切换备用机工作，接力器不动，发出报警信号，触摸屏显示导叶中位反馈故障。

（3）空载备用机导叶中位反馈故障，调速器不切换工作机，接力器不动，发出报警信号，触摸屏显示导叶中位反馈故障。

（4）空载工作机、备用机导叶中位反馈故障，调速器切换手动，接力器不动，发出报警信号，触摸屏显示导叶中位反馈故障。

6. 导叶传感器故障

（1）分别模拟各套调速器导叶主接反馈断线，观察是否有导叶主接反馈故障报出，并观察导叶是否切手动，记录故障前后导叶的开度。

（2）空载工作机导叶主接反馈故障，调速器切换备用机工作，接力器不动，发出报警信号，触摸屏显示导叶主接反馈故障。

（3）空载备用机导叶主接反馈故障，调速器不切换工作机，接力器不动，发出报警信号，触摸屏显示导叶主接反馈故障。

（4）空载工作机、备用机导叶主接反馈故障，调速器切换手动，接力器不动，发出报警信号，触摸屏显示导叶主接反馈故障。

7. 电动机、比例阀驱动故障

（1）短接导叶驱动器故障报警端子，观察是否有导驱故障报出，并观察导叶是否切手动，记录故障前后导叶的开度。

（2）步进电动机驱动故障，调速器切换比例阀工作，工作机也对应切换，接力器不动，发出报警信号，触摸屏显示电动机驱动故障。

（3）比例阀驱动故障，调速器切换步进电动机工作，工作机也对应切换，接力器不动，发出报警信号，触摸屏显示比例阀驱动故障。

（二）负载故障模拟

调速器在自动状态，模拟断路器合，标准频率信号源信号频率50Hz，电气开限在100%。

1. 机频断线

（1）分别模拟各套调速器机频断线，观察是否有机频故障报出，并观察导叶是否切手动，记录故障前后导叶的开度。

（2）负载工作机机频断线，调速器应切备用机工作，接力器不动，发出报警信号，触摸屏显示机频故障。

（3）负载备用机机频断线，调速器不切工作机，接力器不动，发出报警信号，触摸屏显示机频故障。

（4）负载工作机、备用机机频断线，调速器不切工作机，接力器不动，发出报警信号，触摸屏显示两机机频故障。

2. 网频断线

（1）分别模拟各套调速器网频断线，观察是否有网频故障报出，记录故障前后导叶的开度。

（2）负载工作机网频断线，调速器切备用机工作，接力器不动，发出报警信号，触摸屏显示网频故障。

（3）负载备用机网频断线，调速器不切工作机，接力器不动，发出报警信号，触摸屏显示网频故障。

（4）负载工作机、备用机网频断线，调速器不切工作机，接力器不动，发出报警信号，触摸屏显示网频故障。

3. 机、网频断线

（1）分别模拟各套调速器机、网频断线，观察是否有机、网频故障报出，并观察导叶是否切手动，记录故障前后导叶的开度。

（2）负载工作机机频、网频断线，调速器应切备用机工作，接力器不动，发出报警信号，触摸屏显示机频、网频故障。

（3）负载备用机机频、网频断线，调速器不切工作机，接力器不动，发出报警信号，触摸屏显示机、网频故障。

（4）负载工作机和备用机机、网频断线，调速器切手动，接力器不动，发出报警信号，触摸屏显示两机机、网频故障。

4. 测频板故障

（1）分别退各套调速器测频板，观察是否有机、网频故障报出，并观察导叶是否切手动，记录故障前后导叶的开度。

（2）负载工作机测频板故障，调速器应切备用机工作，接力器不动，发出报警信号，触摸屏显示机、网频故障。

（3）负载备用机测频板故障，调速器不切工作机，接力器不动，发出报警信号，触摸屏显示机、网频故障。

（4）负载工作机、备用机测频板故障，调速器切手动，接力器不动，发出报警信号，触摸屏显示两机机、网频故障。

5. 导叶中位（主配）反馈故障

（1）分别模拟各套调速器导叶中位反馈断线，观察是否有导叶中位反馈故障报出，并观察导叶是否切手动，记录故障前后导叶的开度。

（2）负载工作机导叶中位反馈故障，调速器切换备用机工作，接力器不动，发出报警信号，触摸屏显示导叶中位反馈故障。

（3）负载备用机导叶中位反馈故障，调速器不切换工作机，接力器不动，发出报警信号，触摸屏显示导叶中位反馈故障。

（4）负载工作机、备用机导叶中位反馈故障，调速器切换手动，接力器不动，发出报警信号，触摸屏显示导叶中位反馈故障。

6. 导叶传感器故障

（1）分别模拟各套调速器导叶主接反馈断线，观察是否有导叶主接反馈故障报出，并观察导叶是否切手动，记录故障前后导叶的开度。

（2）负载工作机导叶主接反馈故障，调速器切换备用机工作，接力器不动，发出报警信号，触摸屏显示导叶主接反馈故障。

（3）负载备用机导叶主接反馈故障，调速器不切换工作机，接力器不动，发出报警信号，触摸屏显示导叶主接反馈故障。

（4）负载工作机、备用机导叶主接反馈故障，调速器切换手动，接力器不动，发出报警信号，触摸屏显示导叶主接反馈故障。

7. 电动机、比例阀驱动故障

（1）短接导叶驱动器故障报警端子，观察是否有导驱故障报出，并观察导叶是否切手动，记录故障前后导叶的开度。

（2）步进电动机驱动故障，调速器切换比例阀工作，工作机也对应切换，接力器不动，发出报警信号，触摸屏显示电动机驱动故障。

（3）比例阀驱动故障，调速器切换步进电动机工作，工作机也对应切换，接力器不动，发出报警信号，触摸屏显示比例阀驱动故障。

（三）调速器手动、自动切换试验

调速器在自动状态，模拟断路器合，标准频率信号源的信号频率为50Hz，电气开限在100%。

分别对各套调速器进行手动、自动切换，记录切换前后导叶接力器位置。

根据国标规定，在调速器手动、自动切换的过程中，导叶接力器开度变化不得超过其全行程的±1%。

（四）自动、纯手动切换试验

调速器在自动状态，模拟断路器合，标准频率信号源的信号频率为50Hz，电气开限在100%。

对调速器进行自动、纯手动切换，记录切换前后导叶接力器位置。纯手动、自动切换时，导叶接力器的波动应满足合同的要求。

（五）导叶分段关闭试验

配合机械人员进行导叶分段关闭的整定，并记录数据。

（六）导叶开关机时间检查

配合机械人员进行导叶开关机时间的测量，并记录数据。

十、电液转换系数调整试验

调速器在自动状态，模拟断路器合闸，接入50Hz标准频率信号源，电气开限设置为100%。

（一）步进电动机驱动器参数调整试验

(1) 调整步进电动机驱动器工作电流在规定范围内。

(2) 电动机驱动参数调整完成。

(3) 将开度给定从100%改为0%，测量导叶全关时间，应接近导叶接力器紧急停机时的机械全关时间。

(4) 将开度给定从0%改为100%，测量导叶全开时间，应接近导叶接力器机械全开时间。

(5) 将开度给定突变10%，导叶接力器应响应迅速，电动机无失步现象。

（二）比例阀驱动参数调整试验

(1) 比例阀驱动参数调整完成。

(2) 将开度给定从100%改为0%，测量导叶全关时间，应接近导叶接力器紧急停机时的机械全关时间。

(3) 将开度给定从0%改为100%，测量导叶全开时间，应接近导叶接力器机械全开时间。

(4) 将开度给定突变10%，导叶接力器应响应迅速，比例阀无发卡现象。

（三）电液伺服阀参数调整试验

(1) 主配压阀传感器校验、接力器传感器校验工作完成。

(2) 连接微机调速器，从零开始增加电液伺服阀工作电压，至主配压阀从全关开始向开方向动作，记录此时的参数值A。

(3) 缓慢降低电液伺服阀工作电压，至主配压阀开始向关方向动作，记录此时的参数值B。

(4) 电液伺服阀平衡位置参数为$(A+B)/2$。

（5）连接微机调速器，控制主配压阀从全关开始向开方向动作，至接力器开始向开方向动作，记录此时的参数值 C。

（6）控制主配压阀回关，至接力器开始向关方向动作，记录此时的参数值 D。

（7）主配压阀平衡位置参数为（$C+D$）/2。

（四）位置闭环试验

1. 小闭环试验

小闭环试验是指由主配形成一个小的闭环反馈系统，如图 16-3 所示。小闭环的作用是及时地在电液转换器和主配之间先进行闭环调节，以弥补机组进行闭环调节时的时间上的滞后和调节的稳定性。

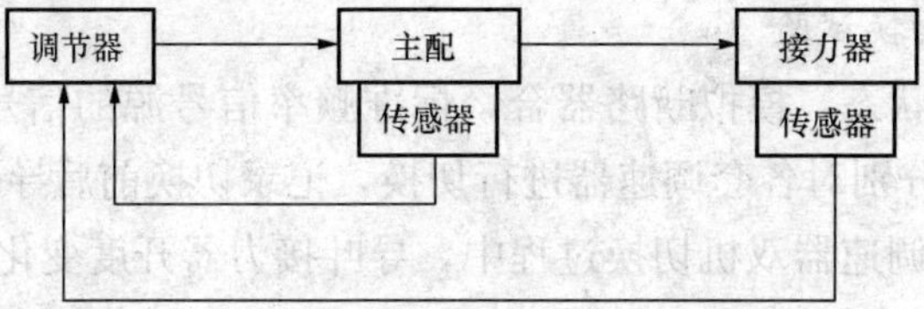

图 16-3　小闭环反馈系统

小闭环调节是依靠调节小闭环增益观察主配的跟踪动作情况，上调要求时没有超调，下调可以有略微的超调（见图 16-4）。

确保接力器的稳定运行（即稳定在一个固定的开度），主配在整个调节过程中处于不断调整的状态。这种小闭环的存在，使调速系统的运行稳定性有了极大的提高。

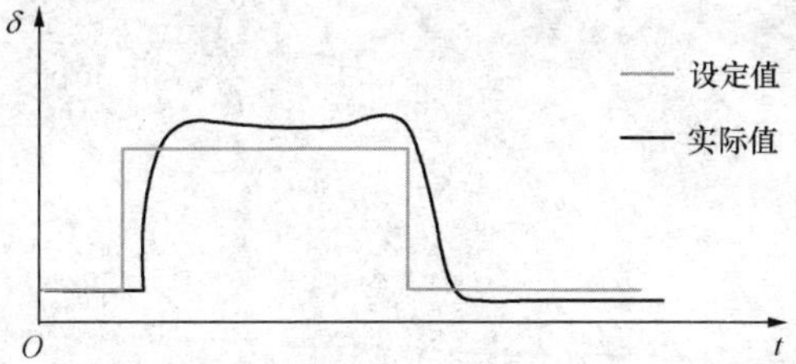

图 16-4　小闭环调节要求曲线

2. 大闭环试验

大闭环试验是指在接力器和电液转换器以及主配之间形成的闭环调节反馈系统，即开度闭环控制，其作用是在机组控制过程中，及时地根据当前的模式进行开度调整。接力器调节过程中的超调要求高于小闭环的主配超调，跟踪的时间以及超调量都要控制在最小的范围内，如图 16-5 所示。

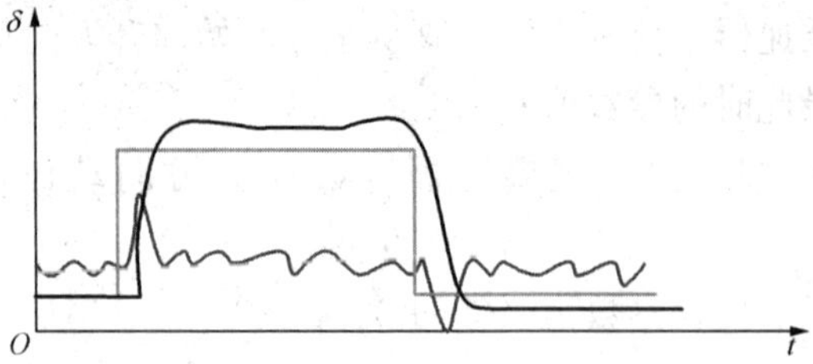

图 16-5　大闭环调节要求曲线

（五）开停机模拟试验

模拟机组自动开机信号、停机信号，观测导叶接力器动作，记录开机开度、空载开度。

（六）调节器切换试验

调速器在自动状态，模拟断路器合，标准频率信号源的信号频率为 50Hz，电气开限在 100%。分别对各套调速器进行切换，记录切换前后导叶接力器位置。

根据规定，在调速器双机切换过程中，导叶接力器开度变化不得超过其全行程的±1%。

第十七章　油压装置的检修

水轮机体积庞大，作用在导叶、桨叶和蝴蝶阀等上水力矩和摩阻力矩也极大。为了能够顺利控制这些机构，各接力器的容量也较大；另外，紧急停机和负荷急剧变化时，这些机构的操作往往要在很短的时间内完成。又由于受密封技术和其他工艺水平的限制，其操作油压难以像其他机械，如工程机械等那样大幅度地提高。这就决定了水电厂油压装置的特点是：体积庞大、用油量多、储备能量多，以便在短时间内连续地释放出大量的压力能。

水轮机调速器的特点之一就是需要有外加能源。油压装置就是作为外加能源而设置的。为了使油压能保持在一定的范围内变化，水轮机调速器的油压装置都采用压缩空气作为弹性层。

第一节　油压装置的组成

调速器油压装置的结构如图 17-1 所示。

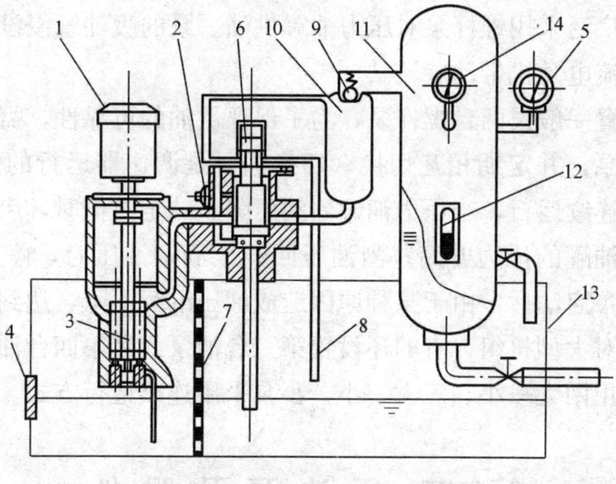

图 17-1　调速器油压装置的结构

1—油泵电动机；2—安全阀；3—螺杆油泵；4—油位计；5—压力信号器；6—补气阀；7—滤网；8—吸气管；9—止回阀；10—中间油罐；11—压力油罐；12—油位计；13—回油箱；14—电接点压力表

一、压力油罐

工作状态下压力油罐内压缩空气占总容积的2/3左右，其余是压力油。

由于有一定数量的压缩空气溶解于压力油内，在调节过程中被压力油带走，并有一定数量的空气从密封不严的缝隙里漏掉，因此需要经常向压力油罐内补充压缩空气。压力油罐中的油常消耗于调节系统的工作和不严密处的漏油。工作过的油流回到集油槽，油泵从集油槽吸油，并将压力油送到压力油罐内，以补充所消耗掉的油量和能量。

由于油压装置是操作机组的能源设备，因此要求其工作可靠和有较高的自动化水平。对压力油源要有严密的监视，能自动补油、自动补气，即自动保持压力油罐内正常压力时的油位。

二、回油箱

回油箱是一个矩形方箱，用来储存工作用油、收集调速器的回油和漏油装置送上来的油。回油箱由薄钢板焊成，底部略呈倾斜，以便检修时放空油箱并清理油箱。

在回油箱的上盖面上或地面装有螺杆泵。

回油箱装设有浮子式油位指示装置，以便监视油面。在上盖还设置有用来检查和清理油箱的进人孔及框式滤油网。带矩形滤网的内隔板将回油箱分隔成回油区和清洁油区，一部分为回油区，接力器和控制机构排油腔排回的油和漏油泵送来的油进入这一部分；这些油经过滤网进入清洁油区，再被油泵吸出，输入到压力油罐。

三、螺杆泵

油压装置中广泛采用螺杆泵对压力油罐供油。泵的吸油管浸没在回油箱的清洁油区，油泵由交流电动机带动旋转。

每套油压装置一般设两台螺杆泵，为了保证供油的可靠性，需设置一台工作油泵和一台备用油泵，并定期相互切换（切换油泵是调速器运行的定期工作之一）。工作油泵不需要连续运行，当压力油罐内油压降至一定数值时，启动工作油泵向压力油罐送油，使油罐的压力升高；当油压回升至额定油压时，停止工作油泵的运行。若在工作油泵启动后，由于某种原因造成油压继续下降，达到一定值时，应该启动备用油泵。对大型机组，有的还设置第三台油泵或者第四台油泵，油泵采用连续运行方式或采用两大一小、三大一小，小泵采用连续运行方式。

第二节　压油泵及附件

一、螺杆泵

螺杆泵是利用螺杆传动时将液体沿轴向压送的转子型容积式泵，按螺杆的根数分，可分为单螺杆泵、双螺杆泵、三螺杆泵和多螺杆泵等；按安装方式分，可分为立式泵和卧式泵。水电厂一般使用的是三螺杆泵。图 17-2 为卧式螺杆泵剖面图。

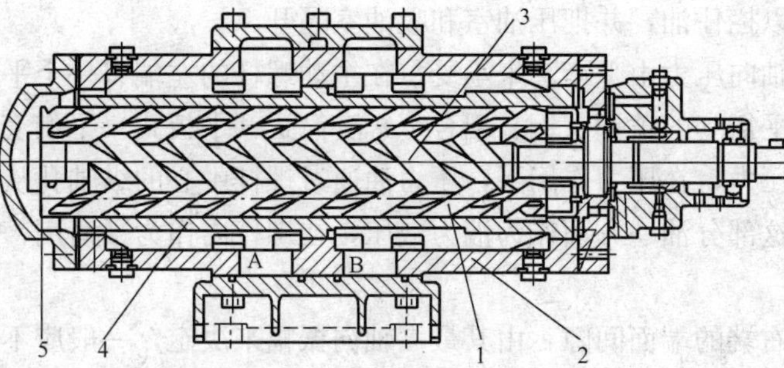

图 17-2　卧式螺杆泵剖面图

1—从动螺杆；2—壳体；3—主动螺杆；4—衬套；5—平衡套

螺杆泵的外壳有铸铁、钢制焊接件和铝合金。油泵的吸油管直接插入回油箱内，油泵的出口装有阀组，阀组上的止回阀出口通过截止阀与压力油罐相连通；安全阀的排油管则直接通向回油箱；截止阀是在故障情况或检修时，用来将油泵与压力油罐隔开。

压油泵的吸油室 A 与压油室 B 是由衬套与壳体和装在衬套内的三根互相啮合的螺杆隔开的。泵的三根工作螺杆可在衬套中旋转。中间的螺杆 3 是主动螺杆，它的一端伸出壳体外部，通过弹性联轴器与电动机相连，可在电动机的带动下旋转。在主动螺杆的两侧与主动螺杆啮合的两根小螺杆称为从动螺杆 1。主动螺杆为左螺线并按顺时针方向旋转。两个从动蝶杆为右螺线，并以相反方向旋转。螺杆的螺线有特殊的形状，它们在接触处形成密封，在长度上使主动螺杆按导程把泵分成许多封闭的腔室，每个导程中的三个螺杆之间的凹槽与壳体组成一个独立的密封腔，使吸入腔与排出腔完全隔开，形成一个近似于立体的 8 字形螺母（见图 17-3 中阴影部分）。由吸油室 A 进来的油，充满在齿谷内。螺杆旋转时，相当于一个连续推进的活塞，将吸油口吸进的油挤压到油室 B 内。由此可见，螺杆泵是沿螺杆轴线排送油的，与连续作用的活塞泵的原理相同。油在油泵内的运动可以想象为沿螺杆移动的液力螺母，螺母不旋转，沿着螺杆的轴向移动。当螺杆旋转时，作轴向移动的油便从吸油室沿壳壁轴向移至压油室。

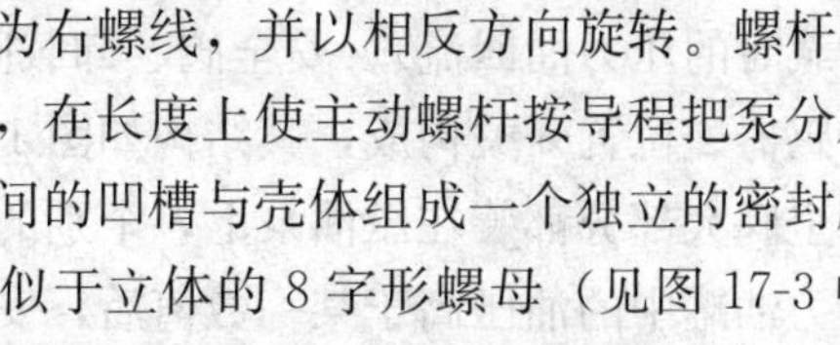

图 17-3　三螺杆泵工作原理图

衬套 4 内壁浇铸有一层巴氏合金，

有些油泵生产厂家采用的是黄铜或者是外壳与衬泵为整体浇铸的铝合金，此衬套也是螺杆旋转的轴承座。螺杆和衬套之间的间隙很小（0.04～0.06mm）。为了使充满在螺杆齿谷内的油不旋转，对主动螺杆来说，从动螺杆起着旋转挡板的作用，紧密地靠着螺线以拦住油，并把压油室和吸油室隔开。

螺杆上的轴向压力由平衡套来承受。在主动螺杆的左端有一个平面轴承，其工作端面支撑在平衡套的黄铜（钢、铝合金）套筒式（平板式）平衡套5上。为了平衡螺杆的轴向压力，在压力作用下，压力油通过螺杆中心的纵轴孔从压油室导向螺杆的平衡套。这部分油一方面作为液力减压，在螺杆内作为平衡用，另一方面也作为润滑用。

从动螺杆右端的端面间隙，由其最大轴向振幅来决定，一般应不超过2mm。

螺杆泵的特点如下：

（1）工作时，主、从动螺杆之间不需要传递动力矩，彼此之间的接触应力和摩擦力甚小，故其工作寿命远比齿轮泵长。

（2）油泵直接由高速电动机拖动，高速运转时无噪声。油压平稳而无脉动。

（3）容易得到比较高的压力，螺杆泵能够在全压条件下不间断地长期运行。

（4）吸出高程高，最高可达6.5m，一般取4m为标准。

（5）精度高，制造工艺要求严，成本高。

二、阀组

阀组装在螺杆泵的出油口，与压油泵的出口过滤器相连。阀组实际上由三个部分组成，包括安全阀、止回阀和减载阀，因而称其为组合阀。

组合阀是由2个止回阀（一个防止调速系统压力油回流，另一个防止其他压油泵在卸载时的压力油回流）、安全阀、卸载阀、控制卸载阀的二位四通电磁换向阀、压力传感器、位置开关构成，其结构如图17-4所示。

安全阀大部分都装在压油泵上，个别的压力油罐上有时也装有安全阀。当压油泵和压力油罐中的油压高于某一数值后，安全阀能够自动开启，将压力油排到回油箱中，来保护压油泵和压力油罐。当油压大约高出工作油压的2%时，安全阀应当开始排油，当油压达到工作油压的110%之前，安全阀应全部开启，油压应停止升高。安全阀的泄漏量不大于压油泵输油量的1%。在安全阀的整个工作过程中，不应有明显的振动和噪声。止回阀用来阻止压力油罐中的油倒流和阻截其他压油泵运行时产生的压力油，可以使压油泵在不工作时处于无压状态。卸载阀的作用是使压油泵无负载启动，这样可以使电动机的启动电流减小，并使电动机从启动至达到额定转速的时间缩短。

组合阀安装在回油箱顶部。安全阀、压力传感器、卸载阀、位置开关与卸载阀

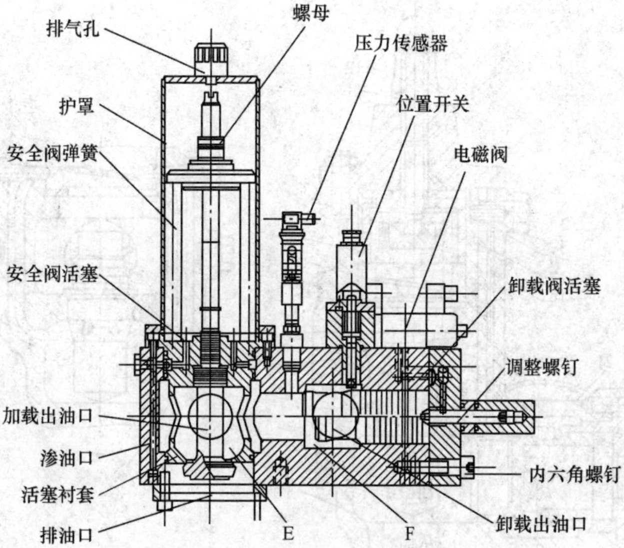

图 17-4　组合阀结构图

活塞呈垂直布置，处于组合阀阀体中心线上。而 2 个止回阀与组合阀阀体中心线垂直，呈水平布置。组合阀进油口与压油泵出口相连；一个出油口与调速系统相连；另一个出油口接回油箱；二位四通电磁换向阀的压力油接调速系统压力油，通过二位四通电磁换向阀来控制卸载阀活塞使压油泵加载或卸载。

很多电厂还使用着机械液压型的阀组，如图 17-5 所示。

阀组的工作过程如下：

在压油泵不工作时，阀组的各部分处于如图 17-5 所示的位置。在弹簧力作用下卸载活塞 8 处于最高位置，止回阀压在阀座上，将压力油罐与阀组的 A 室隔离开，安全阀落在阀座 2 上，处于全关位置，节流阀活塞 15 也在弹簧 14 的作用下靠在右侧，节流阀活塞 15 封闭了通流孔 18，同时管孔 17 是开启的。

当压力罐内的压力下降到启动压油泵的压力时，压力信号器使压油泵电动机启动，压油泵开始送油，从压油泵出来的压力油进入 A 室，因为压力油罐内的压力较高，止回阀的弹簧 21 将止回阀活塞 20 压在关闭位置，油泵出来的油暂时不能推开止回阀。油通过阀体三两侧的卸载排油孔（见图 17-5 中的 *A—A* 剖视图）排入回油箱，其排油量可利用节流螺钉 23 进行调节，排油量的大小取决于所需的卸载时间长短。

随着压油泵电动机转速达到额定转速，阀组通流部分的油压开始上升，压油泵送出的油除了从卸载排油孔排掉外，还有部分压力油经管孔 17 将节流阀活塞 15 推向右侧，封闭通流孔 18。油从节流阀活塞 15 的节流孔进入卸载活塞 8 的上腔，推

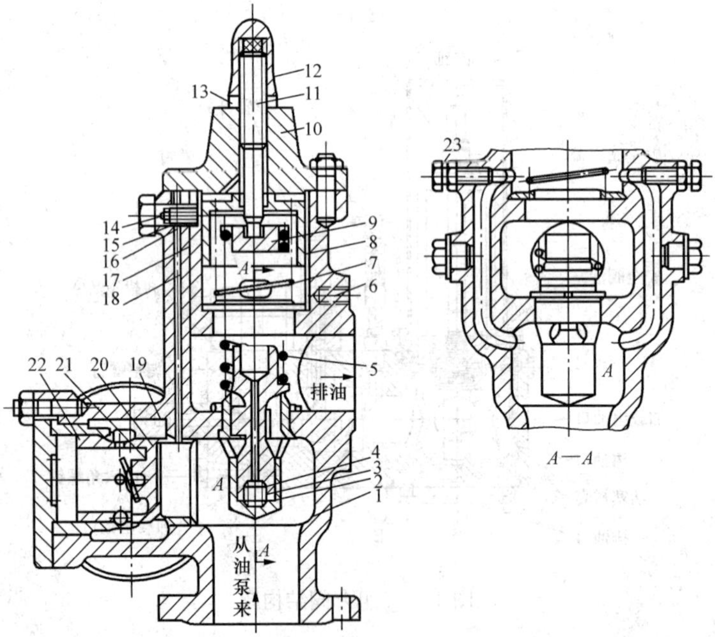

图 17-5　阀组结构图

1—阀体；2—阀座；3—安全阀活塞；4—小弹簧；5、7—大弹簧；6—支承；8—卸载阀活塞；9—弹簧垫；10—阀盖；11—调节螺钉；12—保护套；13—锁紧螺母；14—弹簧；15—节流阀活塞；16—节流活塞；17—管孔；18—通流孔；19—止回阀座；20—止回阀活塞；21—弹簧；22—阀套；23—节流螺钉

动卸载活塞 8 缓慢向下移动，使阀体 1 上的卸载阀排油孔的开度逐渐减小，阀组通流部分压力继续升高，卸载活塞 8 继续下降直到顶住支承为止。此时，弹簧 7 受压，卸载排油孔全关闭，阀组内压力迅速上升。当压力超过压力油罐内的压力时，压力油推开止回阀活塞 20，压油泵开始向压力油罐输送压力油。这一卸载过程时间很短（5～10s）。

当压力油罐内压力达到停泵压力时，压油泵电动机停止运转。这时留在 A 室的压力油经过压油泵螺杆和衬套间的间隙倒流至回油箱。A 室的油压很快下降，逆止阀活塞 20 受弹簧 21 和压力油罐内油压的作用紧压在阀座上，隔断了压力油罐到压油泵的通路。与此同时，卸载活塞 8 在弹簧 7 的作用下上移，卸载排油孔又重新开启。卸载活塞 8 上腔的油把节流阀活塞 15 推向左侧，通流孔 18 开启，油迅速排到回油箱，卸载阀活塞快速上升到顶点，复归到压油泵启动前的状态，为下次启动压油泵作好准备。

如果由于某种故障，压油泵不能按停泵压力停泵，当压力油罐内的压力超过上限的一定值时，压力油向上推开安全阀活塞3，压油泵送来的压力油部分经安全阀从Ⅰ室排入回油箱。这时，如压力继续上升，安全阀活塞3则继续开大，直到压油泵送来的全部输油量经Ⅰ室排掉，使压力不再上升为止。当压力油罐内压力降低到一定值时，在大弹簧5的作用下安全阀逐渐下移，直到全关位置。安全阀的动作压力由调节螺钉11整定。

三、压油泵进出口过滤器

（一）压油泵出口过滤器

图17-6所示为某厂压油泵出口过滤器原理。

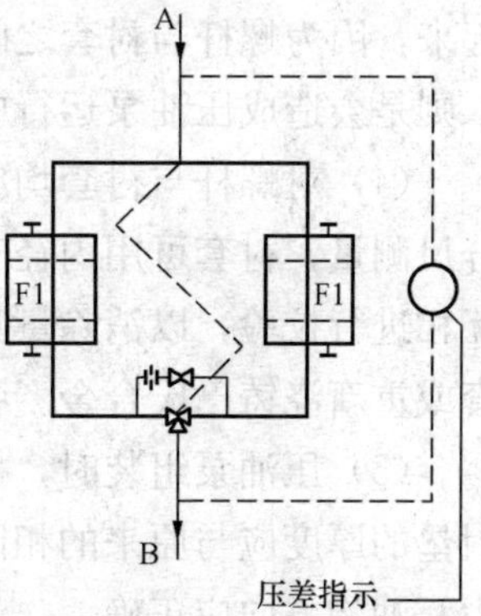

图17-6　某厂压油泵出口过滤器原理图

该过滤器壳体和切换阀是按照API614规范设计的，切换阀部分的壳体材料采用的是锻钢。所有过滤器均带有压力平衡装置，过滤器用于放气和排污的接口均为NPT（美制锥螺纹）螺纹。

过滤器必须柔性安装，不能刚性固定在基础上或作为管路上的支撑。流向入口在上部，出口在下部。

（二）压油泵进口过滤器

压油泵进口过滤器如图17-7所示。

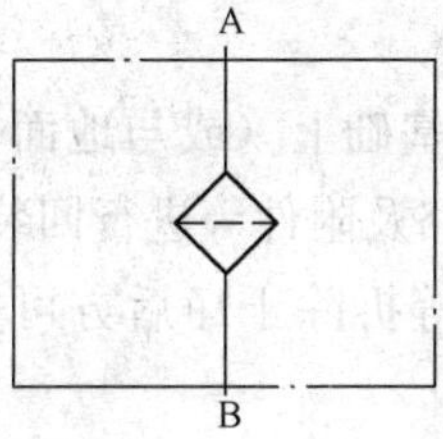

图17-7　进口过滤器示意图

该过滤器为管道式过滤器，主要是通过过滤器过滤回油箱油中较大的杂质，保护压油泵。

当过滤器发生堵塞时，将压油泵进出阀关闭，用扳手将过滤器端盖螺钉卸掉，滤芯取出，检查有无破损，如无，将滤芯清扫干净回装。

该滤芯为金属可清扫，并能重复使用。

四、压油泵及附件检修工艺及要求

压油泵分解拆卸前，检修人员应事先根据检修规程和使用说明书，熟悉压油泵及其附件的结构；了解压油泵在运行过程中是否有缺陷，同时对各零件及组合面均应做好相应的标记，以免安装时位置错乱。具体检修工艺及要求如下：

（1）拆卸联轴器时应使用拉伸器（拉马），而不要用锤击的方法，因为锤击可能会造成轴的弯曲和联轴器的损坏。拆卸螺栓时要用配套的扳手。分解各法兰时，应从顶丝孔中用螺栓顶开，不要用改销或扁铲去胀开，这样容易损伤法兰面。

（2）拆装压油泵螺杆时一定要小心，不可别劲，更不要损坏巴氏合金衬套。

（3）压油泵分解后，应仔细检查各零件，以及螺杆与衬套之间是否有磨损和损坏，各轴承和轴套是否完好。如果不能及时回装，清洗干净后的零件应妥善保管，特别是螺杆，切不可因为保管不善而使之发生变形；暂不回装的螺杆最好垂直悬吊起来，因为螺杆与衬套之间的间隙很小，一旦螺杆发生弯曲，一则是会刮坏衬套，二则是会造成压油泵运行中的振动。

（4）对螺杆与衬套均应进行测量，以确定间隙是否符合要求。螺杆可用外径千分尺测量，衬套可用内径千分尺或量缸表进行测量，但用于内、外径测量的量具应互相进行校验，以消除量具本身的误差。如果间隙超差，可根据具体情况或更换衬套或重新浇铸巴氏合金。各轴套也要仔细测量，如不合格，应换新套。

（5）压油泵组装时，按拆卸的相反顺序进行，并按所做的标记回装：各处的密封垫的厚度应与原来的相同，以免影响压油泵的轴向窜动量。组装时，还应注意推力瓦油沟方向应正确。

（6）组合螺栓应对称均匀拧紧。

（7）压油泵装配好以后，用手慢慢转动联轴器，应能灵活转动。若出现蹩劲或出现忽轻忽重的现象，应查明原因或拆开检查，直至处理合格。

（8）压油泵的轴向窜动量要符合图纸要求，不符合要求的应查明原因并调整至符合要求。

（9）压油泵及电动机的联轴器所用的键，其两侧面应配合紧，顶部可略有间隙（不大于 0.5mm）。如不合格，必须调换新键。

（10）压油泵组装好后，正式安装在回油箱上盖的压油泵基础上（或与地面平齐的压油泵基础上），先打销钉，然后将螺栓紧固。同时将管路及附件等进行回装。对于各管口要仔细检查，确认没有杂物和已将堵管口的盖板等拆除干净后方可安装。安装压油泵及管路的螺栓时，应对称、均匀地拧紧。

（11）压油泵吸油管与压油泵的连接法兰必须严格密封，不许有任何泄漏现象。

（12）对于卧式压油泵，压油泵组装后还需与电动机对中心，找正的目的在于使压油泵与电动机的轴线一致，避免压油泵运行时发生振动。由于螺杆泵与电动机之间的连接多采用柔性联轴器，因而中心的误差可稍大一些，一般不超过 0.08mm。

（13）由于压油泵有轴向窜动，因而压油泵与电动机的联轴器之间要留有间隙（间隙值为 3～4mm），以免转动时发生碰撞。

由于压油泵大多数已用销钉定位，不能移动，因此通常采用电动机的联轴器根据压油泵联轴器来找中心。

图 17-8 和图 17-9 所示为找中心的两种方法，一种是用千分表进行测量，另一种是用钢板尺进行测量。用千分表测量的准确度高，但需制作专门的工具来安装千分表。

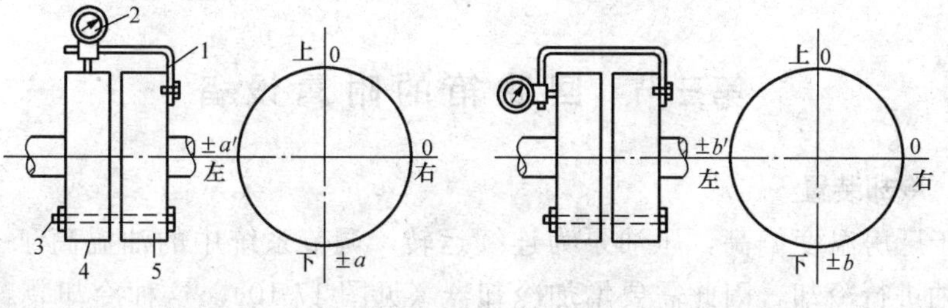

图 17-8　联轴器找中心的方法

1—表架；2—千分表；3—螺栓；4—压油泵联轴器；5—电动机联轴器

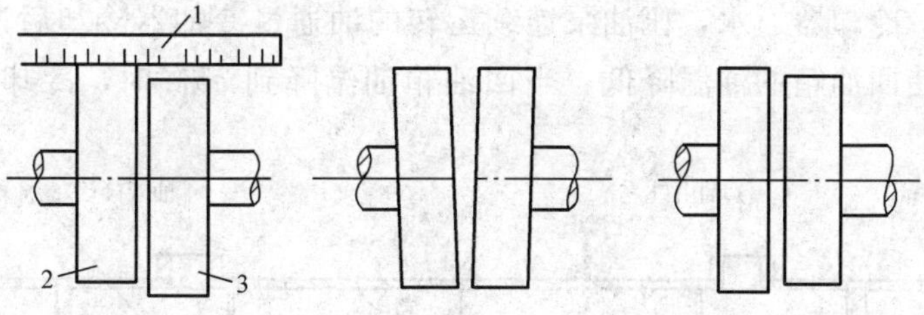

图 17-9　用钢板尺测量联轴器中心

1—钢板尺；2—压油泵联轴器；3—电动机联轴器

采用千分表来找中心时，将表架固定在一个联轴器上，千分表的测针则指在另一个联轴器上。将两联轴器用一根螺栓连接，使压油泵轴与电动机轴一起旋转。如果转动一周后千分表的读数没有变化或变化在 0.08mm 以内，则可认为压油泵轴与电动机的轴是同心的。

除了要按图 17-8（a）所示的方法测量两联轴器的高低偏差外，还要按如图 17-8（b）所示的方法测量两联轴器的倾斜，将千分表转而指向联轴器的端面。同样，转动一周后，若千分表的读数偏差小于 0.08mm 即认为合格。

如果测量出来的数值不合格，上下方向超标，则可在电动机的机座下面加适当的紫铜垫来调整；若左右方向超标，则可左右摆动电动机来调整。

调整合格后，拧紧电动机基础螺栓，在拧紧基础螺栓时，用千分表监视是否因拧紧基础螺栓时造成电动机的位置变动，电动机的基础螺栓紧固后，应对电动机进行转向检查，电动机的转向与压油泵所要求的一致后，再连接联轴器。

阀组（包括安全阀、止回阀和卸载阀）以及压力继电器等，均应拆开分别进行清扫检查，组装时活塞应能靠自重落下，无卡阻现象。若有卡阻，可用研磨等方法消除。组装成整体后，应动作灵活。

第三节　回油箱的附属设备

一、冷却装置

由于厂房温度偏高，压油泵为连续运转，调节系统中的油温高于45℃时，需要对油进行冷却，因此需要增加冷却器（见图17-10）。这种冷却装置有一个进水口和出水口，冷却器内部是列式水管，冷却水从管内流过，热油从列管间流过，通过水管进行热量交换，达到油冷却的目的。冷却器内部的换热管通常由紫铜管制成。当回油箱油温达45℃时，冷却器电动球阀（电动球阀装在冷却器入水口）打开，冷却器通水，压油泵连续运转的油通过冷却器冷却后进入回油箱。如此反复，使回油箱的油温降低，当回油箱油温降到35℃时，冷却器电动球阀关闭。

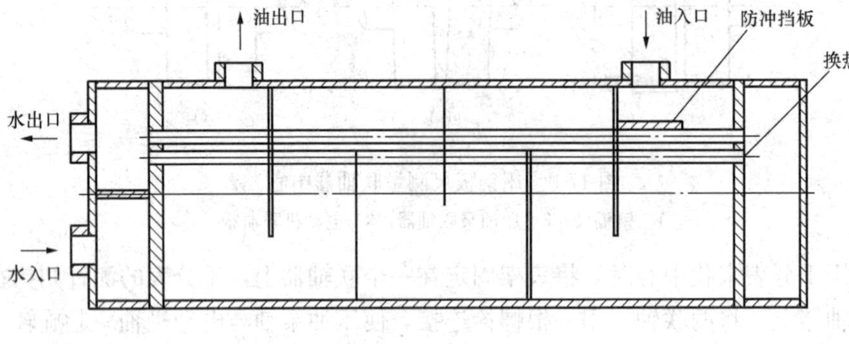

图17-10　冷却器示意图

二、回油箱油位指示器及油面信号器

回油箱上都设有油位指示器，以便观察回油箱中的油位。同时，还设有油位信号器，当油位过高或过低时，能及时发出警报，以防出现油泵“吸空”和溢油事故。

某厂回油箱和压力油罐油位计采用的磁翻柱液位计，如图17-11所示。

旁路管通过法兰连接在回油箱和压力油罐的侧面，随着罐内的液位上升下降，带动管内一个磁钢组件的浮子也同时上升下降。旁路管是全封闭的，所以液位计唯一同液体接触的运动部件是浮子本身。

旁路管外部一侧是磁翻柱显示部件，磁翻柱一半为白色，另一半为红色。磁翻柱轴径向间隔距离为10mm。随着浮子的上升下降，装在其顶部的永久磁铁的束性磁场“推动”磁翻柱转动180°，从而改变其颜色，当浮子上升时，磁翻柱由白色转为红色，当浮子下降时，磁翻柱再转为白色。这就是说，在任何给定时间，贮液

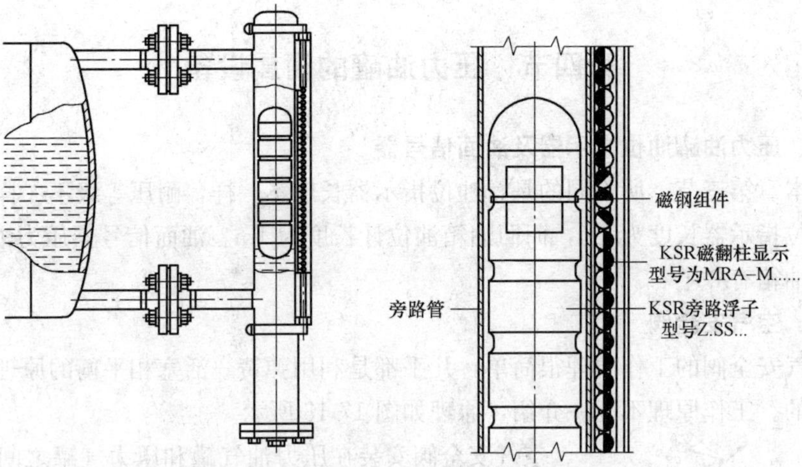

图 17-11 回油箱油位指示器及油面信号器

罐内的液体量总是由红色磁翻柱表示出来，而不需任何外加电源。

三、回油箱油循环过滤装置

回油箱油循环过滤装置原理图见图 17-12。

汽轮机油经过油泵组、控制系统和操作系统三种用油方式循环运行后，必将杂质、污物及空气中的水分带入并沉积在回油箱中，油质将受到某种程度的污染。

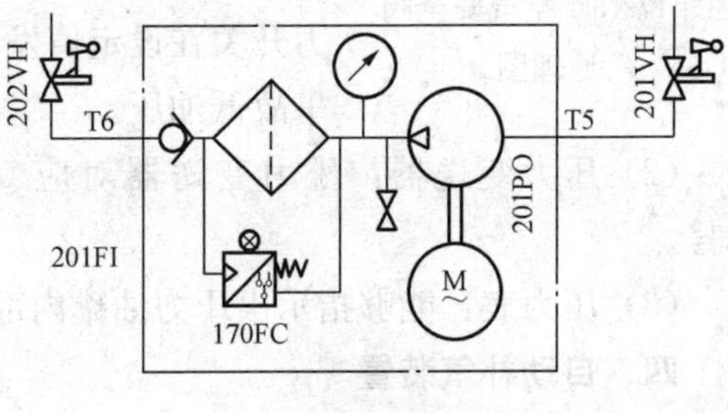

图 17-12 回油箱油循环过滤装置原理图

为了确保机组安全运行，在回油箱旁地面设有一套回油箱油循环过滤装置，对系统用油进行净化。该装置通过自己的油泵机组（201PO）将油抽出净化。此过滤装置的排量为 30L/min，能够在 8h 内处理一遍回油箱内的油量。

过滤装置由一个压差信号器（170FC）监测油过滤器的工作情况，以便清洗滤芯。

四、温度开关、温度传感器、空气滤清器

（1）温度开关：能够指示回油箱内油的温度，并在设定值时发出触点信号。

（2）温度传感器：能够根据回油箱内油的温度输出三线制标准电阻值。

（3）空气滤清器：回油箱与大气相的通路，用来过滤进入回油箱的空气，防止粉尘等杂质进入回油箱。

第四节　压力油罐的附属设备

一、压力油罐油位指示器及油面信号器

见本章第三节，所不同的是，油位指示器长度不一样，耐压等级不一样。压力油罐油位指示器长度为3m，而回油箱油位计长度为1m。油面信号器压力油罐有4个，回油箱有3个。

二、空气安全阀

空气安全阀的工作原理很简单，几乎都是利用弹簧—活塞相平衡的原理来设计和制造的。工作原理不一一介绍，原理如图17-13所示。

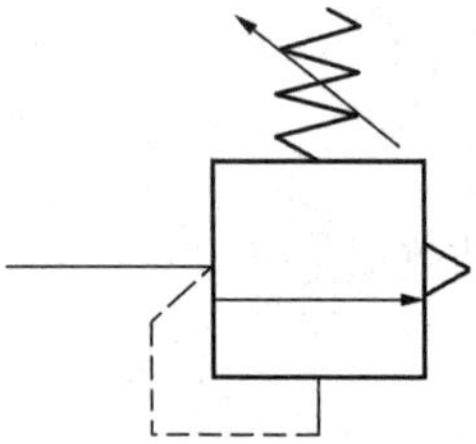

图17-13　空气安全阀原理图

空气安全阀安装在压力油气罐和压力气罐之间的连接管路上，可以防止压力罐内压力过高。当压力罐内部压力高于空气安全阀动作值时，空气安全阀开始排气，以此来降低罐内压力，保护压力罐。

三、压力开关、压力变送器、压力表

（1）压力开关：能够反映出压力油罐内部的压力。压力开关在设定值发出触点信号，表明压力油罐压力过低和事故低油压。

（2）压力变送器：压力变送器对应0～10MPa发出4～20mA标准模拟量信号。

（3）压力表：能够指示出压力油罐内部的压力。

四、自动补气装置

（一）某厂自动补气装置

某厂自动补气装置原理如图17-14所示。当接力器不动时，压力在工作油压的上限和下限之间，正常的压力—油位关系（NPLL）为线性关系。

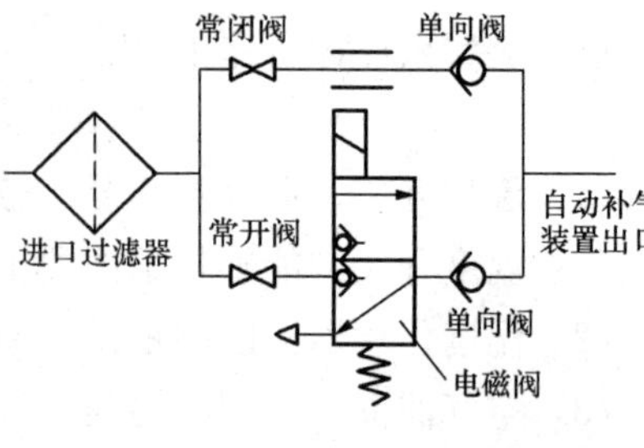

图17-14　某厂自动补气装置原理图

调速器运行期间，由于压力很高，气体会慢慢地渗入油中；然后，随着油的移动，这些带有气体的油进入回油箱。由于压力油罐的压力始终在工作油压的上限和下限之间调整，压力油罐的油位就会慢慢地上升并超过NPLL确定油位。此时，油位开关动作，调速器控制柜将自动发出信号，控制自动补气二位三通电磁阀向压力油罐补气，直至符

合（NPLL）的油位恢复正常。油位开关动作，调速器控柜将自动发出信号，停止补气。自动补气是在间歇循环中进行，即当压力由工作油压的上限慢慢地降到工作油压的下限而接力器保持不动。

在调速器长期停机期间，压力油罐中的气压会因气体的淅出而有所下降，相应油位（NPLL）亦将发生变化。调速器控制柜将监视空气压力并使自动补气电磁阀动作向压力罐补气，以保持（NPLL）所规定的油位。

油位过高开关的动作，说明有不正常情况发生，如漏气、压力传感器损坏或长期的 PLC 故障。

补气使用的压缩空气气源是经过过滤及除湿处理的。自动补气装置前端带有空气过滤装置。

（二）某大型电厂自动补气装置

图 17-15 所示为某大型电厂调速系统球阀型自动补气装置结构。

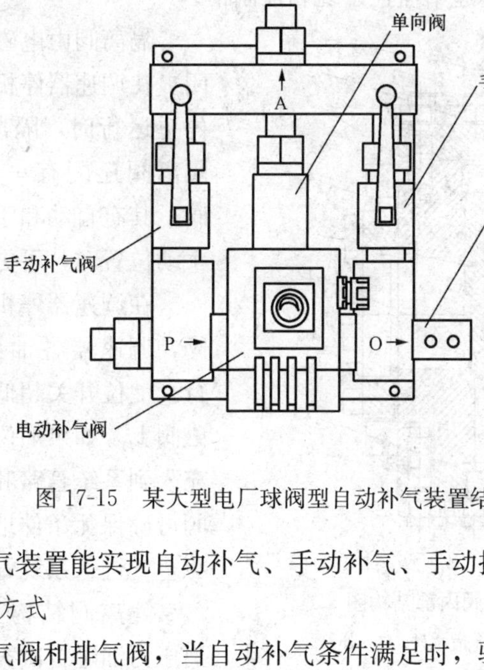

图 17-15 某大型电厂球阀型自动补气装置结构图

球阀自动补气装置能实现自动补气、手动补气、手动排气等功能。

1. 自动补气方式

关闭手动补气阀和排气阀，当自动补气条件满足时，驱动机构得电带动球阀阀芯转动，阀芯转到位后，压力腔 P 与工作腔 A 接通，压缩空气经电动补气阀、单向阀流向压油装置，对压油装置进行自动补气，此时阀位指向开阀位置，同时位置开关输出开阀信号。

当要停止补气时，驱动机构得电带动球阀阀芯转动，阀芯转到位后，工作腔 A 与排气腔 O 接通，装置内存气由排气腔排出，此时阀位指向关阀位置，同时位置开关输出关阀信号。

此外，电动补气阀可在现场手动操作，当系统失电或其他原因需要手动时，可通过摇柄摇动电动补气阀实现手动操作。

2. 手动补（排）气方式

手动补气时，打开手动补气阀即可，当压油装置压力上升到额定值时，关闭手动补气阀；手动排气时，打开手动补气阀即可，当压油装置压力下降到额定值时，关闭手动补气阀。

五、隔离阀

隔离阀主要起隔离作用，当机组停机时，代替手动阀门对液压系统的油源进行隔断。如果机组处于备用状态，将液压系统的压力油源隔断，可以减少压油泵的启停次数。该阀可通过电磁阀实现远方、现地开关，也可通过手动阀实现现地关闭。当通过手动阀现地关闭后，远方、现地操作电磁阀都不能将隔离阀打开。同时，通过行程位置开关将信号传递给监控系统和控制柜。

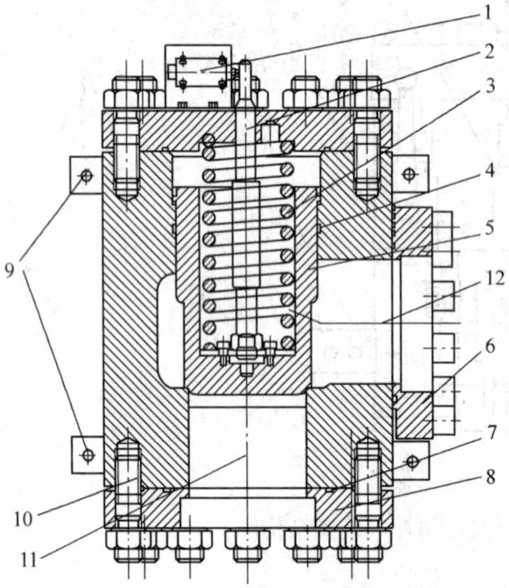

图 17-16　隔离阀内部结构图

1—位置开关；2—行程指示杆；3—弹簧；4、7—O 形圈；5—活塞；6—出口法兰；8—进口法兰；9—地脚螺栓孔；10—螺栓；11—压力油罐出油；12—接调速系统

隔离阀由电磁阀控制打开和关闭。在调速器停机期间，油泵机组停止运行时，隔离阀将自动关闭。隔离阀还配有一个手动二位四通阀，其有自动和手动两个位置。在手动位置时，可更换电磁阀。

在调速器停机期间，关闭隔离阀，调速器各油泵机组将停止运行。油位开关超低信号硬连接到电磁阀上，如果油位下降到空气可能充入到系统管路和回油箱时，电磁阀可确保无条件地关闭隔离阀，避免空气进入系统管路和回油箱。

隔离阀结构如图 17-16 所示。当压力油罐首次充油时，压力油罐内无油、无压。启动压油泵，压油泵出口的压力油作用在隔离阀活塞 5 上，因活塞 5 是差压活塞，活塞 5 克服弹簧 3 的作用力，使活塞 5 打开，压力油从活塞与阀座的间隙进入压力油罐，完成对压力油罐的充油。

第五节　油压装置电气部分的检修

一、油压装置电气控制的主要功能

调速器控制柜的功能是启动和停止调速器的油压装置，具体表现在以下几个方面：

（1）控制油泵电动机组的启停。

（2）控制回油箱油温。

（3）控制回油箱油位。

（4）控制油循环过滤。

（5）控制压力罐内的油压和油位。

（6）控制主油路和压力罐之间的隔离阀。

油泵电动机组主要产生压力油，提供接力器操作用油。对连续运行方式的油泵，通过加/卸载阀的控制，控制油泵向系统供油（主要是压力油罐、控制系统和接力器操作系统），以及向回油箱排油卸载，以此循环不止。这种运行方式的优点是可以显著延长油泵机组的寿命。

回油箱（集油槽）的作用主要是容纳调速系统用油，其容积应能容纳压力罐和压力罐与回油箱连接的管道全部油量的110%。回油箱上装有3个油位（油位过高、油位低、油位过低）开关。

压力罐主要是用于储备压力油，用于事故停机，一个用于储存压缩空气，一个储存压缩空气和油（一般油占2/3，气占1/3），保证有足够的油量关闭导叶。压力罐设有一个安全阀；一个可视液位计，4个油位开关（油位过高、允许自动补气油位、油位过低、油位极低），油位极低动作后，隔离阀将自动关闭以确保空气不能进入系统管路和回油箱。

对于调速器的稳定运行来说，油的清洁度也是至关重要的。汽轮机油主要按下列三种方式连续净化：

（1）油泵机组过滤器——较高精度。

（2）电液伺服阀用油过滤器——较高精度。

（3）集油槽循环过滤装置——最高精度。

二、油压装置的电气部分检修

对油压装置的电气部分的检修，主要集中在PLC、MMI、油泵控制柜等部件的检修（见表17-1），包括部件检查、试验，以及升压后的油压装置整体设备联调。相应的安全及其他措施见表17-2。

（一）回路检查及整顿

（1）用毛刷和吹风机将回路元件、引线、端子等清扫干净。

（2）回路查线时，必须以原理图为准，与原理图不符的地方按原理图改正。

表 17-1　　液压系统检修部件

部件名称		型号参数	检修需人日数
调速器控制柜	交、直流双路供电系统		1
	直流开关电源		2
	PLC		3
	传感器、变送器		1
	模拟量显示表		1
	光纤转发器		1
	长线通信收发器		1
	柜门报警灯		1
	柜门按钮		1
压油泵控制柜	380V 交流供电		1
	三相平衡监视器		1
	加、卸载电磁阀		1
	直流开关电源		1
	电流互感器		1
	电压、电流指示表		1
	柜门报警灯		1
	柜门按钮、把手		1
辅助控制箱	380V 交流供电		1
	三相平衡监视器		1
	直流开关电源		1
	电动水阀		1
	滤油电动机		1
	柜门报警灯		1
压力传感器			2
温度传感器			1
液位传感器			2
液位计			1
液位报警接点			1
电磁阀线圈			2
油混水、滤过器堵塞接点			1

表 17-2　　安 全 及 其 他 措 施

子系统	项　　目	执行情况
压力控制系统	机组处于停机机态，隔离阀手动关，并将手动两位四通阀加锁	
	断开控制柜的交、直流电源进线开关	
	解除控制柜的交、直流电源进线，并做好绝缘处理	
	断开控制柜柜内控制电源开关	
	可选择断开与监控系统的电缆连接	
压油泵控制系统	断开机旁动力盘内送油泵电动机的电源，并悬挂相关标志	
	断开油泵控制柜内的控制电源开关	
	可取下油泵控制柜内的油泵启动继电器，以防误动	

续表

子系统	项　目	执行情况
集油槽辅助控制系统	断开送至柜内的动力电源，并悬挂相关标志	
	断开辅助控制箱内控制电源开关	
	解除开关进线，并做绝缘处理	
	取下所有传感器、电磁阀、堵塞接点、电动水阀的插头	

(3) 所有导线及电缆的号牌必须按相关规定的要求，采用统一的材料及书写格式打印。

(4) 二次接线整顿要求横平竖直，有规律的配置，一般情况应成束排列，达到整齐、美观等要求。

(5) 端子排布置应整齐、美观、对锈蚀部分应处理好，否则更换。

(6) 固定螺栓应拧紧，有焊接部分应焊接可靠。

(7) 各元件应有编号标签，标签一律使用专用标签打印机打印。

(8) 各柜内元件应完好无损，指示灯灯罩安装牢固，其颜色与图纸要求相符。

(9) 各柜柜门开、关正常，面板清洁，无油污和无损伤。

(二) 自动化元件检验

1. 内外部检查

自动化元件（传感器、液位计、动作触点等）外部应完好无损，无松动、无渗漏、无油污等现象。内部各部分安装牢固，无锈蚀、无损伤，引线无松动；机械部分应动作灵活。

2. 动作试验

各自动化元件按定值要求进行整定，然后进行动作试验。确保触点动作可靠，用对线灯逐个触点进行动作试验。

当机械部分检修且回装完毕后，对所解除的接线进行恢复。

检查外围设备接线及性能。

3. 所有定值的检查、整定及传感器校验（见表 17-3）

表 17-3　　定值检查样表

	压油罐液位计	整定值	备　注
自动化元件定值整定	过高		
	正常		
	过低		
	极低		

续表

	集油槽油位计	整定值	备　注
自动化元件定值整定	过高		
	低		
	过低		
	油温度开关	整定值	备　注
	过高		
	过低		

（三）回路绝缘检查

（1）200V 及以下回路绝缘检查，用 500V 绝缘电阻表测量所有导电回路部分对地的绝缘，其绝缘电阻应不小于 0.5MΩ。

（2）220V 和 380V 回路绝缘检查，用 1000V 绝缘电阻表测量所有导电回路部分对地的绝缘，其绝缘电阻应不小于 1MΩ（对较潮湿回路，其绝缘电阻应不小于 0.3 MΩ）。

（3）所有电气回路在通电试验前必须检验回路绝缘，只有回路绝缘符合要求才能通电试验。

三、检修步骤

回路绝缘检修步骤见表 17-4。

表 17-4　　回路绝缘检修步骤

序号	检　修　步　骤	备　注
1	清灰，检查 CPU 模块上内部电池、通信接头、各指示灯状态是否正常	
2	检查输入、输出模块上各点指示灯是否与现场实际状况吻合	
3	比较 CPU 中程序与备份程序是否完全一样。若不一致，要分析原因，并将 CPU 中程序备份；若确认备份程序是正确的，将备份程序下载到 CPU 中，试验结果可靠后方可投运，全部过程做好记录	
4	程序修改须经批准、审查后，才能下载到 CPU，试验结果可靠后方可投运	
5	CPU 模块更换后，切记装入最新的备份程序	
6	输入、输出模块若损坏，需更换时，取下待更换模块的前连接器（不用解线），换上新的模块后（模块为插拔式），再将前连接器装上	

续表

序号	检修步骤	备注
7	用便携机做 PLC 单点开出试验，检查开出点及中间继电器动作情况是否正确。若中间继电器不能可靠动作，需更换。更换时，注意与原继电器型号、电压、管脚定义一致。通电前用万用表作必要检查	注意与开出点继电器连接的各设备状态
8	通电，做模拟试验	

四、液压系统各控制柜控制回路试验

（一）试验目的

（1）验证系统的各种功能。

（2）验证操作方式的正确性，符合技术要求。

（3）验证系统技术（条件许可的）参数。

（4）验证设备的整体性能和安装的正确性。

（二）试验前的检查项目

（1）确认液压系统连接完好。

（2）确认控制柜各整定值已整定完毕。

（3）确认控制柜等电气系统连接完好。

（4）确认机、电、液接口关系正确。

（5）确认系统压力油罐油压。

（6）确认油温达到液压系统正常工作油温范围。

（7）确认供电电源供应。

（三）试验用的工器具

专用便携机、专用编程电缆、PC 适配器、数字万用表、钳形电流表、兆欧表、对讲机、组合工具、秒表、钢卷尺等各种辅助仪器仪表。

（四）液压系统通电后手动试验

切调速器控制柜面板上的操作把手至“现地”方式，压油泵控制柜上的操作把手切“手动”，分别操作各个压油泵控制柜的启动、停止或开、关按钮，检查控制对象对应的接触器或继电器是否动作正常，控制对象动作是否正常。检查锁锭时，须将隔离阀先打开使管路充压并接力器全关才可动作，故在检查前应做好相关安全措施。若设备进行过更换或者动力线进行过更换，如压油泵电动机、集油槽辅助电动机，首次启动设备时要注意转向。具体试验内容见表 17-5。

表 17-5　　液压系统通电后手动试验内容

盘　柜	控制对象	操作对象
辅助控制箱	盘柜通电	合上控制电源开关，检查面板各指示灯
调速器控制柜	盘柜通电	合上柜内控制电源开关，检查面板指示灯正常
	隔离阀	按下隔离阀开启按钮，检查开电磁阀动作灯亮，面板上“隔离阀关”指示灯灭
		按下隔离阀关闭按钮，检查关电磁阀动作灯亮，面板上“隔离阀关”指示灯亮
	自动锁锭	按下锁锭投入按钮，检查投入电磁阀动作灯亮，面板上“锁锭投入”指示灯亮
		按下锁锭拔出按钮，检查拔出电磁阀动作灯亮，面板上“锁锭拔出”指示灯亮
	补气	按下补气投入按钮，检查补气投入电磁阀动作，面板上“补气投入”指示灯亮
	油加热	按下加热投入按钮，检查加热器发热正常，面板上“油加热”指示灯亮
		按下加热退出按钮，检查加热器复归，面板上“油加热”指示灯灭
	油冷却	按下冷却投入按钮，检查电动水阀动作开、“水阀开”灯亮，控制柜面板上“油冷却”指示灯亮
		按下冷却退出按钮，检查电动水阀动作关，“水阀关”灯亮，控制柜面板上“油冷却”指示灯灭
	油过滤	按下过滤投入按钮，检查油过滤电动泵转动，控制柜面板上“精细过滤运行”指示灯亮
		按下过滤退出按钮，检查油过滤电动泵停止，控制柜面板上“精细过滤运行”指示灯灭
压油泵控制柜	盘柜通电	合上柜内控制电源开关，检查指示灯正常
	电动机启动	手动将压油泵卸载电磁阀打至卸载位置，按下启动按钮，检查压油泵电动机是否启动，面板上“电动机启动”灯亮，注意检查泵转向
	电动机停止	按下停止按钮，检查压油泵电动机是否停止，面板上“电动机启动”灯灭
	压油泵加载	手动将油泵卸载电磁阀打至卸载位置，按下电动机启动按钮，检查电动机启动，面板上“电动机启动”灯亮，延时5s后，加载电磁阀动作，油泵加载，面板上“泵在加载位置”指示灯亮
	压油泵卸载	压力达到额定后，卸载电磁阀动作，油泵自动回复卸载状态，面板上“泵在加载位置”指示灯灭

（五）自动试验

切调速器控制柜面板上的操作把手至“自动”方式，主泵选择放“自动”，压油泵控制柜上的操作把手切“自动”，将隔离阀手动控制二位四通阀切至自动位置，并保持隔离阀关闭，检查压力油罐油位充足，油温正常，各压油泵均正常，油泵卸载阀在卸载位置，做好相关安全措施。

1. PLC 开关量检查

手动将各继电器拔除或励磁，检查下列 PLC 输入的开关量动作情况，并作记录。

用电流计对 PLC 模拟量输入板、输出板检查。

PLC 通信检查：

（1）PLC 与调速器电气柜内调速器通信检查。

（2）PLC 与监控系统 LCU 的通信检查。

（3）PLC 与 MMI 通信检查。

2. PLC 自动控制液压系统

在 PLC 自动控制液压系统启动试验前，应确认机械系统工作完毕、动作正常，一次电动机等检修完毕、工作正常，水轮机接力器层及蜗壳内无任何工作。

对于在 PLC 程序内部要修改的参数或定值，修改并传入 PLC 前做好记录。

短接启动指令，或手动将启动命令继电器励磁，检查控制对象是否动作正常及整个液压系统工作情况。

（1）油加热控制检查：在液压系统运行时，在传感器变送器上模拟油温越低限，加热器启动，再模拟油温至正常，油加热停止。

（2）油冷却控制检查：在液压系统运行时，在传感器变送器上模拟油温越高限，冷却水阀启动，油冷却启动，再模拟油温正常，水阀关闭，油冷却停止。恢复与监控系统解开连接的连线，模拟动作各信号及报警，检查监控系统开入是否接收到信号。

PLC 自动控制液压系统常见故障现象、故障定位和处理见表 17-6。

表 17-6　　PLC 自动控制液压系统常见故障现象、故障定位和处理

序号	故障现象或提示	故障原因分析	处理方法
1	“220V AC 电源正常”灯灭 “220V DC 电源正常”灯灭	该路供电电源断	检查电源
		该指示灯接线回路故障	接好线路
		该指示灯坏	更换

续表

序号	故障现象或提示		故障原因分析	处理方法
2	“DC 电源正常”灯灭		电源模块坏	更换
			接线回路故障	检查回路
			熔断器烧断	更换
3	“所有 DC 电源正常”灯灭 “DC 电源 1”灯灭 “DC 电源 2”灯灭		接线回路故障	接好线路
			一或两个电源模块坏	更换
			一或两个保险烧断	更换
4	“液压系统正常”指示灯不正常 “液压系统小故障”指示灯不正常 “液压系统大故障”指示灯不正常 “PLC 大、小故障”指示灯不正常		接线回路故障	接好线路
			PLC 无输出，相应输出点灯灭	更换该模板
			该指示灯坏	更换
			电源故障	检查
5	柜门上按钮按下后无相应的动作		接线回路故障	接好线路
			动作继电器坏	更换
			该按钮坏	更换
6	柜门表无指示		接线回路故障	接好线路
			模拟量输出口坏	更换
			通信故障	检查
7	压油泵控制柜	过滤器堵塞	滤芯过脏	更换
			相应线路故障	更换或查线
8		DC 电源不正常	供电电源不正常	检查
			供电模块坏	更换
			接线错误	检查
9		油泵电动机启动不了	未切手动	
			启动接线坏	检查
			接触器坏	更换
			过热保护器动作	复归
10		油泵吸油阀开指示灯不亮	灯坏	更换
			吸油截止阀未开到位	开到位
			接点坏	更换
11		面板表指示不正常	表坏	更换
			互感器坏	更换
			连接回路断线	检查连接

续表

序号	故障现象或提示		故障原因分析	处理方法
12	集油槽控制箱	AC无指标	电源不正常	检查电源
			开关坏	检查并更换
13		加热器投不了或油温无变化	加热器坏	更换
			二次控制回路故障	检查
			加热器电缆连接故障	检查
			电源输出故障	检查电源
14		过滤油泵电动机无法启动	泵启动回路故障	检查并更换损坏的设备
			电源不正常	
			接触器坏	
			过热保护动作	
15		冷却水阀开关不了	二次控制回路有故障	检查并更换
			接触器故障	
			连接到水阀的电缆不正常	
			水阀在开关时间内未开关到位，机械接点不到位	
16	隔离阀开关不正常		电源不正常或与有问题	检查
			手动两位四通阀在手动位置	放回自动
			隔离阀开关电磁阀连接故障	检查
			电缆连接故障	检查
17	补气不正常		电源不正常	检查更换
			补气电磁阀连接有问题	
			补气电磁阀坏	
			检查气源或气源进口阀	

五、日常维护和巡检

日常维护和巡检主要是指对设备进行的定期或不定期的一般性维护和巡回检查工作。在日常维护和巡检工作中一定要注意设备的安全性，防止设备误动，确保快速闭门的正常功能。

（一）日常维护

日常维护是指根据设备缺陷的类型和性质对设备进行的日常检修工作。具体处理方法可参照部件检修的相关部分进行。

(二)巡回检查

定期巡回检查的目的是了解设备运行状况，及时发现设备隐患，保证设备处于良好的运行工况。定期巡回检查的周期一般为1个星期，项目见表17-7。

表17-7　巡检项目清单

序号	项　目	执行情况
1	检查所有整定值，柜内温度、湿度是否满足要求	
2	电缆头是否有烧焦的痕迹，接线有无松动	
3	各电源指示灯是否正常	
4	面板显示是否正常、各信号光字状态是否正确	
5	有无故障报警	
6	接触器、继电器在工作时是否有异常声音及发热现象	
7	PLC工作是否正常，后备电池、通信、自检指示灯是否正常	
8	散热风扇是否在转	
9	各电磁阀外观检查	
10	其他各控制箱面板上有无故障报警	
11	油温、油位显示是否与实际相符	

第六节　压力油罐的试验与检验

一、压力油罐的耐压试验

压油装置安装工作全部结束，回油箱已充油，即可进行压力油罐的耐压试验。

压力油罐是一种焊接的压力容器，在制造厂已做过强度试验，但经过长途运输和吊装后，可能引起焊缝变形或破损。因此在投入运行前还必须进行压力油罐的耐压试验。因压力油罐内部已做过清扫工作，所以耐压试验用ISO46号汽轮机油试验（或在未安装前先做水压试验），直接用压油装置的压油泵向压力油罐送油。

在未启动压油泵前，应注意以下各点：

(1) 将压力油罐顶部的排气孔打开，并装上管路接至回油箱或小油桶中，以免压力油罐充满时向上冒油。

(2) 将阀组的安全阀或卸载阀的弹簧拧松。

(3) 压油泵的进、出口阀，油位计及压力表的针形阀应在开启位置，其余阀门全部关闭。

(4) 用手转动压油泵的联轴器应灵活平稳。

压油泵初次启动要向压油泵注满合格的汽轮机油，然后再启动压油泵，向压力油罐送油。

当油位上升到油位计时，记录油位上升的一定高度（如 100mm）的时间。以便油位超过油位计时，控制压力油罐充满油的时间。根据压油泵运转时间估计压力油罐快满时，可用人工转动压油泵的联轴器向压力油罐送油，也可以用压油泵短时间的间断的向压力油罐送油，直至排气孔管中出油为止。拆下排气管，拧紧丝堵。利用干净的手动试压泵或电动试压泵，向压力油罐送油升高压力。

将压力升高到额定压力就停止升压。检查各部分有无漏油现象。若无漏油，可继续升至额定压力的 1.5 倍，保持 30min。检查压力油罐各部分有无漏油现象，也就是压力表读数无明显的下降现象。然后排油至额定压力，用 0.5kg 重的手锤，沿焊缝两侧 25mm 范围内轻轻锤击，焊缝应无渗漏现象。最后将压力油罐的压力排至零，试验工作就此结束。

值得注意的是，在试验过程中，如发现管道或管道附件有少量漏油时，可继续升压。但切勿在带压力情况下拧紧螺栓，须待试验完毕后，在无压条件下进行处理。若发现焊缝有漏油，则应立即停止试验，排空压力油罐的油进行补焊，再进行试验，直至不漏为止。在进行补焊时，应采取一切防火防爆的措施，保证安全作业。

二、压力油罐漏油、漏气试验

启动压油泵，使压力油罐油压保持额定压力，并使压力油罐油位保持正常位置。然后停止压油泵，并关闭所有阀门，记录当时的油压和油位值。保持 8h 后，检查压力油罐油压和油位的变化。此时压力下降不得大于 0.1～0.2MPa。

试验时应注意油温不要过高，以免油冷却后，油的容积有变化，影响压力。因此最好试验前压油泵停止运行 20h 以上。经过 8h 后检查，若发现压力下降，油位也下降，则大致由于漏油所致，故应处理漏油的地方。若压力下降，油位正常，则说明是由于漏气所致，应处理漏气的地方。

三、压力容器定期检验

（一）定期检验的分类及周期

1. 定期检验的分类

（1）外部检查：专业人员在压力容器运行中的定期在线检查，每年至少一次。

（2）内外部检验：用压力容器停机时的检验。内外部检验应由检验单位有资格的压力容器检验员进行。

2. 耐压试验的周期

（1）固定式容器：每两个内外部检验周期之间至少一次。

（2）移动式容器（气瓶除外）：每 6 年至少一次。

压力容器投用后首次内外部检验周期一般为3年。

（二）进入容器内部检验的注意事项

（1）对所进入的容器，要切实做好工艺处理；所有与容器相连的管线、阀门必须加盲板断开，并对容器进行吹扫、蒸煮、置换合格。

（2）取样分析要有代表性、全面性。

（3）能够转动的或其中有可动部分的压力容器，必须切断与容器相关的电源，在开关上挂“有人检修、禁止和闸”标志牌，并设专人监护。

（4）需要进行检验的容器表面，特别是腐蚀部位和可能产生裂纹性缺陷的部位，应彻底清扫干净。

（5）检验用灯具和工具的电源电压，应符合GB 38051《安全电压》的规定。

（6）内部检验时，应有专人监护，并有可靠的联络措施。

（7）为保证容器内人员安全，可采取自然通风，必要时可采取强制通风（不允许用氧气）。

（8）进入容器作业必须遵守用火、临时用电、起重作业、高处作业等有关安全规定。

（三）常用的检验方法

（1）直观检查和量具检查。

（2）无损探伤。

（3）耐压试验。

（4）力学性能试验。

（5）化学分析、金相检验。

（6）应力应变测试。

（7）断口分析。

（四）缺陷的修理方法

（1）用打磨方法去除表面裂纹等缺陷。

（2）焊接。

（3）有里衬的容器，如里衬有裂纹、气孔、夹渣等缺陷，可进行补焊或局部更换里衬。

（4）压力较低的容器，局部腐蚀严重可用挖补或更换筒节、封头，更换的筒节或封头应按现行标准进行制造与检验。

（5）容器的密封面损坏，可采用光刀或补焊处理；高压容器用的金属密封元件，可采用研磨修理。

第十八章　调速器的调整与试验

水电厂新安装或大、小修后的调速器，由于运输或拆卸修理过程中受诸多因素的影响，会使调速器内部受污染或部件整定位置发生变化。为使调速器各部分互相协调，并保证调速器整机正常工作，必须对调速器进行整机调整与试验。

第一节　调速器的调整和静态特性试验

一、离心摆和引导阀的调整

离心摆电动机轴、引导阀转动套、固定套三者应保持同心，离心摆转动应灵活，用手猛扳重块时，应能自由旋转数圈，慢慢推动离心摆，转动应平稳。如测得离心摆的偏心度和轴线倾斜度大，可在离心摆外壳与电动机法兰或引导阀外壳之间加偏心垫或平移。离心摆静止时，转动套轴肩与固定套顶面之间应有0.5～2mm的间隙。离心摆在额定转速时，引导阀针塞应恰好堵住转动套油孔，即杠杆应处于水平状态。若针塞位置偏高，则应顺时针调整调节螺母；反之，则反时针调整。

二、缓冲装置的检查与调整

缓冲装置主要检查主动活塞的连接孔中心距机架下搁板面的距离是否为80mm，同时还要检查缓冲装置中是否装满了油，并事先将空气排出。而从动活塞受定距套的严格控制，装上后即自动对中。

三、压油泵及阀组试验

（一）压油泵运转试验

回油箱已注油，电动机的动力电源及操作电源已送上，压油泵进、出口阀已全开。点动油泵控制开关，检查压油泵旋转方向是否正确；如不正确，调整电动机的动力电缆（三相中的任意两相对调）。

检查结束后，将组合阀组中的安全阀弹簧压紧螺母调整至顶端，与安全阀活塞杆上的螺纹平齐。手动将控制卸载阀的电磁阀推至卸载位置，启动压油泵进行空载运行1h（按压油泵生产厂家的要求，压油泵运行的最低润滑压力为0.4MPa以上，因此压油泵空载运行时可带不低于0.4MPa的压力），用压油泵卸载阀的手动调节螺钉来控制空载试验压力，检查压油泵运行是否正常。

空载运行结束后，手动将控制卸载阀的电磁阀推至加载位置，进行压油泵在1.5、3、4.5MPa各油压下的试验，分别进行15min。在试验过程中，压油泵应连续运转，用压油泵安全阀的弹簧压紧螺母来控制试验压力。经上述试验运行情况良好后，再在6.3MPa的额定压力下运行1h。在整个试验中，控制油温不超过50℃；压油泵应无异常现象。

（二）油泵输油量测定

1. 方法一

压油泵启动开关置于手动位置，手动启动压油泵，记录压力在工作油压的下限和上限时，压力油罐油面上升100mm所需时间T(s)，按式（18-1）计算压油泵的输油量Q，即

$$Q=\frac{0.785D^2h}{10^6T}\quad(\text{L/s})\tag{18-1}$$

式中　D——压力油罐内径，mm。

测量三次压油泵的输油量，取其平均值。

2. 方法二

压油泵启动开关置于手动位置，手动启动压油泵，记录压力油罐的压力从工作油压下限上升到工作油压的上限压油泵运行时间。

3. 方法三

在额定油压及室温情况下，启动油泵向定量容器中送油（或采用流量计），记下实测压力点实测输油量Q_i或计量容积V_i及计量时间t_i，按式（18-2）算出实测Q_i值，重复三次，取其平均值，得

$$Q_i=3.6\frac{V_i}{t_i}\tag{18-2}$$

式中　Q_i——压力点油泵实测输油量，m^3/h；

V_i——压力点实测计量容积，L；

t_i——压力点实测计量时间，s。

（三）压力油罐升压

手动启动压油泵，打开隔离阀，压油泵打油使压力油罐内液位升至低油位。手动停泵，并关闭隔离阀，手动开启补气阀门向压力油罐内注入压缩空气至压力为1.5MPa，关闭补气阀门，检查系统有无渗漏。向回油箱充油，液位达到超过最高液位50mm。启动压油泵，使压力油罐的油位达到正常油位，手动开启补气阀门向压力油罐内充气。压力每升高0.3～0.5MPa时，应对压力油罐进行检查，无渗漏，直至压力油罐的压力达到额定压力。

(四) 安全阀调整试验

调整安全阀弹簧使其开始排油压力为工作油压上限的2%，全排压力不大于工作油压的10%。安全阀复归压力：在不小于工作油压下限时安全阀活塞全关。

方法：取下安全阀护罩，安全阀出口油管测压头上装压力表，卸载阀在加载位置，通过组合阀组的安全阀弹簧压紧螺母来控制压油泵出口压力，将压力调到工作油压上限的2%，直到安全阀的动作值为工作油压上限的2%。

用手动补气方式向压力油罐中补气，用压力油罐上压力表测得空气安全阀的动作压力。

注：压油泵为手动运行。

(五) 卸载阀时间测定及调整

当压力油罐压力为工作油压的下限时，启动压油泵，测量压油泵油压从零至工作油压的下限所用的时间，测量三次，取平均值。卸载标准时间为5s。时间不正确，调整电气延时继电器。

(六) 止回阀试验

压油泵停止运行时观察压油泵是否有倒转现象，如有则应检查止回阀密封情况、弹簧刚度以及活塞是否有卡阻现象。

(七) 油压装置各油压、油位信号整定值校验

人为控制压油泵启动或压力油罐排油排气，改变油位及油压，记录压力信号器和油位信号器动作值，其动作值与整定值的偏差不得大于规定值。

(八) 压油装置自动运行模拟试验

模拟自动运行，用人为排油或排气的方式控制油压及油位变化，使压力信号器和油位信号器动作，以控制压油泵按规定方式运转或进行自动补气。通过模拟试验，检查压油装置电气控制回路及油压、油位信号器动作的正确性。不允许采用人为拨动信号器接点的方式进行模拟试验。

四、定中缸调整

缓慢开启主控油阀，系统各连接部位应无漏油现象。压油泵能自动运行。电气部分已上电，并能控制所有电磁阀及比例阀。

调速器切为纯手动运行，将导叶开至50%位置，观察接力器动作情况，如果接力器向关闭方向移动，则将定中缸调整螺母顺时针旋转（从定中缸侧看），直至接力器停止运动。此时可视为主配压阀活塞为中间位置。

五、电液放大环节零位调整

(一) 中间位置调整

将电液伺服阀连接好，在保证正常工作油压的情况下，电液伺服阀线圈内电流

为零时，接力器在中间位置，进行试验。先通上压力油，用手触摸磁性壳体感到有明显的颤动。此时，液压轮连续不断地喷油，而且活塞能均匀旋转，无卡涩现象，说明垂直中心调好。垂直中心调好后，再调电液伺服阀中间位置。调电液伺服阀中间位置的目的，是保证电液伺服阀线圈失去电信号时能控制主配压阀使导叶全关，确保水轮机安全，即在油压正常情况下，线圈电流为零时，将电液伺服阀活塞调整至偏关。

方法：向电液伺服阀的切向螺栓（蜗轮和蜗杆）施加作用，使电液伺服阀衬套位移，因而改变相关的活塞位置，按顺时针（从螺栓头部看）方向转动螺栓，使电液伺服阀衬套向上位移，获得机械关闭趋势。

机械关闭趋势调整结束后，给电液伺服阀线圈通上电压，使线圈轴移动，其移动的值抵消了用机械方法施加在衬套上所作的机械趋势调整的相同值，其电压值大约为 2V，如有必要，转动调节螺栓。

（二）静特性试验

在满足活塞行程后，往电液伺服阀线圈送直流信号，使输入信号按一个方向逐渐升高或降低。当每次变化达到平衡状态时，记录电流值及相应的活塞行程值，画出特性曲线图。试验时应注意电流只能单方向变化，严禁在试验过程中改变方向，用特性曲线可以测定电液伺服阀的灵敏度、死区、非线性度。灵敏度应符合要求。电液伺服阀的输出特性应线性良好，不灵敏区小。当发现电液伺服阀灵敏度达不到要求时，可调整组合弹簧的压紧力，并配合电气检查磁钢性能（磁感应强度）以及线圈的电阻。如发现电液伺服阀输出特性曲线非线性度很差，不灵敏区过大，则应检查活塞的加工质量，检查喷油孔是否有脏物，检查漏油量是否符合要求，并找出原因进行处理，直到符合要求为止。中间位置随油压变化：压油罐油压在工作油压范围内变化时，记录活塞位移输出的行程值，标准不大于规定值。

六、导叶主配压阀紧急开、停机试验

（一）试验条件

试验在制造厂或水电厂水轮机蜗壳不充水的条件下进行（电厂应采取足够的安全措施）。调整主配压阀活塞限制行程（或油路节流孔口），开度限制机构置于全开位置，采用下述方法，使接力器全开和全关。

（二）方法

在自动方式平衡状态下，接力器在全开位置，向调速器突加＋30％的转速偏差信号，或操作紧急停机电磁阀动作或复归。

当接力器移动时，记录接力器在 25％～75％行程之间移动所需的时间，取其 2

倍作为接力器开启和关闭时间。按照水轮机制造厂或设计院的调节保证要求，整定接力器关闭和开启时间，并记录主配压阀活塞行程或节流孔口大小。如设有分段关闭装置，拐点及延缓时间应按调节保证要求整定。

主配压阀的开、关机时间是通过主配活塞行程来精确调整的。开侧时间是通过调整开侧限位板的厚度来实现：限位板越厚，开机时间越长，限位板越薄，开机时间越短。关机时间则通过调整下推力活塞底部垫片的厚度来实现：垫片越厚，关机时间越长；垫片越薄，关机时间越短。也有的厂是通过主配压阀的开、关机时间调整螺母或螺钉来完成的。

七、调速器电气参数调整和静态特性试验

1. 试验接线及准备

（1）将信号频率可调的50Hz标准信号源连接到调速器电气柜机组电压互感器端子排。

（2）退出调速器频率跟踪方式。

（3）模拟断路器合闸。

（4）将调速器频率给定设置为50Hz。

（5）切换到频率模式。

（6）退出自动按水头限出力方式，电气开限设置为100%。

（7）水头方式开关切到手动位置，将水头 H 设置为机组设计水头值。

（8）拔出锁锭。

（9）将调速器切自动。

2. 试验步骤及方法

（1）记录原运行参数后，设置临时试验参数 b_P、K_P、K_I、K_D，Y_{ok}（开度给定）=50%。

（2）以0.3Hz为步长将机频输入信号由50Hz逐次增加到51.5Hz，然后再逐次减少到48.5Hz，最后逐次增加回到50Hz。在每个频率点的接力器开度稳定后，手工记录导叶接力器的开度或行程。

（3）根据记录数据（见表18-1～表18-3）计算出非线性度、转速死区和实际永态转差系数 b_P 三个指标。

（4）如果使用仿真试验仪进行试验，数据记录和指标计算由试验仪自动完成。

（5）非线性度应小于5%，转速死区应小于0.04%，永态转差系数与设定值的偏差应不大于5%。

（6）试验完成后，将临时设置的试验参数改回原运行参数。

表 18-1　　调速器比例阀控制的静特性试验记录样表

输入频率信号（Hz）		51.5	51.2	50.9	50.6	50.3	50.0
导叶开	导叶开度（%）						
导叶关	导叶开度（%）						
输入频率信号（Hz）		49.7	49.4	49.1	48.8	48.5	
导叶开	导叶开度（%）						
导叶关	导叶开度（%）						

表 18-2　　调速器步进电动机控制的静特性试验记录样表

输入频率信号（Hz）		51.5	51.2	50.9	50.6	50.3	50.0
导叶开	导叶开度（%）						
导叶关	导叶开度（%）						
输入频率信号（Hz）		49.7	49.4	49.1	48.8	48.5	
导叶开	导叶开度（%）						
导叶关	导叶开度（%）						

表 18-3　　调速器静特性试验结果样表

控制通道	非线性度（%）	转速死区（%）	实测 b_p（%）
比例阀			
步进电动机			
检查人		检查时间	
复查人		复查时间	

根据规定：静特性曲线应近似为直线，其最大非线性度不超过5%；导叶接力器转速死区不超过0.04%。

八、调速器总耗油量测定

在制造厂或水电厂水轮机蜗壳不充水的条件下进行测定。切断压油装置向机组自动化元件等调速器以外的各部件供油管路，压油装置无泄漏，调速器处于额定转速自动方式平衡状态下，根据压力油罐内油位在一定时间内下降的高度和压力油罐内径，算出单位时间内调速器总耗油量。

九、分段关闭阀动作试验

1. 试验条件

油压正常，压油泵在“自动”位置，水车室拐臂处无人工作，蜗壳无水压，各部件具备试验条件。

2. 试验方法

导叶在做紧急关机试验时，记录分段关闭阀投入时接力器的行程值和投入后接力器动作时间。如果投入点不正确：机械分段关闭调整接力器推拉杆与分段关闭开关的位置。二段时间不准确：调整分段关闭阀的定节流孔的大小，孔径越大，时间越短；孔径越小，时间越长。或者用分段关闭阀的调整螺栓来实现。

十、事故配压阀动作试验

1. 试验条件

油压正常，压油泵在"自动"位置，水车室拐臂处无人工作，蜗壳无水压，各部件具备试验条件。

2. 试验方法

导叶开到100%，操作机械过速液压阀触动臂，使导叶从全开到全关，记录接力器行程在75%～25%时间，此时间的2倍即是事故配压阀关机时间。应符合要求，如时间不符合要求需要调整。第二段时间通过分段关闭阀的调整螺栓来实现。第三段时间通过事故配压阀的调整螺栓来实现。

十一、调速器质量指标

1. 调速器的不灵敏度

由于调速器的运动部件在运行中存在阻力和干摩擦，阀体与油口之间存在正的机械搭叠量，传递杠杆等部件存在间隙和死行程等，在此情况下，接力器推拉杆开始以一个方向运动，然后改变为反方向运动时，必须使调速器的输入值（转速）对其稳定值产生一定的偏差后，接力器才开始动作。这种现象称为调速器具有不灵敏区（死区）。考虑到调速器的不灵敏度，调速器的静特性就不是一条直线，而是一条带。

调速器不灵敏度是表示调速器的质量指标之一。

2. 调速器的不准确度

由于调速器存在一定的转速死区，对于所有不变的输入信号，相应输出信号的最大变化区间的相对值。如果用相对值表示接力器的这一输出差值，则此差值被定义为调速器的不准确度 i_a。

i_a 值除了受机械搭叠量、间隙、传递杠杆的死行程等影响以外，还受到其他的一些次要因素的影响，如油压系统中油温和油压的变化、电气元件的电压波动、温度漂移和时间漂移。

i_a 值影响单机带负荷时机组的转速和开度；i_a 值影响并网时各机组之间给定的负荷分配。

3．接力器不动时间

由于测量元件灵敏度低，调速器放大元件（如引导阀、主配压阀）存在正的几何搭叠量，在调节或外扰作用下，接力器推拉杆要等到主配压阀位移大于某一搭叠量时才开始位移，这搭叠量叫做物理搭叠量。由于间隙漏油原因，物理搭叠量总是小于几何搭叠量，所以当主配压阀的位移等于或小于物理搭叠量时，接力器是不动的。此外，油管系统中的油流存在惯性，也起转速变化反应滞后的作用。因此，当调节或扰动信号作用于调速器时，接力器并不立即动作，而在时间上有一定的滞后。这一滞后的时间称为接力器不动时间。

接力器不动时间对调节过程的稳定性是极为有害的，对调节质量也有不良影响。另外，还影响调节过程中导水机构的关闭规律，当机组甩负荷时，还影响引水系统的水锤作用和机组的转速暂态变化值。

第二节　水轮机调节系统的动态特性试验

当机组在额定转速空载运行时，调速系统能控制机组转速稳定运行。当发电机与水电厂其他发电机或电力系统并联运行时，调速系统也能在零到最大出力范围内控制机组出力稳定运行。如果水轮机和引水管道的水力系统本身是稳定的，则调速器能满足下列条件，保证调速系统稳定：

（1）机组在额定转速空载工况自动运行时，由调速系统控制的机组转速波动值不超过额定转速的±0.15%；试验时，连续测量时间为3min。

（2）机组在额定负荷下与其他发电机并联运行，永态转差系数或转差率整定在5%；当人工频率失灵区投入，且电网频率波动值不超过人工失灵区给定值时，由调速系统控制的水轮机导叶开度波动值不超过水轮机导叶最大开度的±0.2%。

调速系统动态特性须满足：

（1）从调速器动态特性示波图上求取的比例增益 K_P、积分增益 K_I 值与理论值的偏差不超过±5%。

（2）机组甩全负荷后，大于3%额定转速的波峰不超过两次；从接力器第一次向开启方向移动起，到机组转速波动值不超过额定值的±0.5%为止，所经历的时间不大于40s。

（3）不动时间：机组出力突变10%额定负荷，从机组转速变化为额定转速的0.02%开始，到导叶接力器第一次可测移动的时间间隔不超过0.2s。

（4）转速死区：当永态转差系数为6%时，在任何导叶开度和额定转速下，测得调速器系统的转速死区不得超过额定转速的0.02%。

这些动态特性须通过相关的动态试验完成，试验包括机组手动、自动启动，空载、甩负荷等试验进行调整和验证。

一、手动启动调速系统

1. 试验条件

(1) 水轮发电机组安装调试工作完毕，具备开机条件。

(2) 液压系统机械、电气试验完毕，并已具备开机条件。

(3) 调速系统机械部分调试完毕，电气开度闭环试验调试完毕。

(4) 蜗壳门已经封堵。

(5) 水车室无人工作，并派专人监护。

(6) 机组各部分具备开机条件。

2. 开机步骤

(1) 检查液压系统启动条件：

1) 隔离阀把手切至“自动”位置。

2) 无 PLC 大故障、无机械大故障。

3) 压油泵动力电源、控制电源投入，远方控制方式。

4) 压油罐油位正常。

5) 油温检查正常。

6) 开度限制在 0。

(2) 启动液压系统：

1) 给液压系统启动令。

2) 液压系统启动完成，拔出锁锭。

3) 在单元控制内电气柜内切调速器为手动。

4) 给调速器开机令。

5) 手动操作导叶，采取先快后慢的方法将导叶开至空载位置。

6) 检查各转速表显示是否正确，检查转速装置各输出是否正确。

二、空载摆动试验

空载摆动试验步骤如下：

(1) 机组手动开机到空载状态，机组稳定后，记录频率在连续 3min 内的变化，记录最大值 f_{max} 和最小值 f_{min}，$\Delta f=f_{max}-f_{min}$。$\Delta f\leqslant 0.15\%$ 额定频率。

(2) 切机组为自动状态，机组稳定后，记录频率在连续 3min 内的变化，记录最大值 f_{max} 和最小值 f_{min}，$\Delta f=f_{max}-f_{min}$。$\Delta f\leqslant 0.15\%$ 额定频率。

(3) 机组如果手动空载转速摆动相对值大于规定值，其自动空载转速摆动相对值不得大于相应手动空载转速摆动相对值。

三、空载扰动试验

1. 试验目的

实测水轮机调节系统的动态特性，求得机组在空载状态运行时得最佳调节参数和临近调节参数，从而使得机组在调节过程中既满足动态稳定指标，又满足调节过程中速动性的要求。

2. 试验条件

（1）机组空载状态运行。

（2）调速系统机械部分工作都已经检修完毕，并已经具备运行条件。

（3）试验前准备好各个测量仪器仪表，检查通信工具是否到位，做好紧急事故停机的准备。

（4）水车室无人工作，并派专人看守。

3. 试验方法

（1）给调速器设置扰动量1%、2%、4%、8%，观察上扰、下扰的波形，调整空载PID参数，以求最佳的参数组。

（2）分别对其他的调速器（备用、紧急）进行相同的参数调整。

四、负荷扰动试验

负荷扰动试验的目的：通过对调速器在带负荷情况下对其扰动后的调节过程的观察和分析，找出有可能达到的最佳调节过程，从而选择在带负荷时的最佳调节参数，以满足在带负荷过程中对调速系统速动性和稳定性的要求。

五、甩负荷试验

1. 试验目的

验证机组在已经选定的空载参数下，调速器调节的速动性和稳定性；根据机组转速的上升率、蜗壳水压的上升率、尾水管真空值来验证调节保证计算的准确性及测量接力器不动时间等。

2. 试验条件

（1）机组过速试验已经完成，机械各部均属正常。过速整定值已经整定。

（2）机组所有电气保护、机械过速保护和机组后备保护投入运行。

（3）机组已经并网正常自动运行，并经系统调度允许方可进行甩负荷试验。

（4）试验前准备好各个测量仪器仪表，检查通信工具是否到位，做好紧急事故停机的准备。

（5）水车室无人工作，并派专人看守。

3. 试验方法和步骤

（1）甩负荷一般分4次，甩25%、50%、75%、100%额定负荷，按从小到大的顺序进行。

（2）首先甩25%额定负荷，主要检查接力器的不动时间是否符合要求(200ms)；同时检查转速上升率和蜗壳水压上升率以及调节时间，分析下一次所甩负增长后可能的变化趋势，从而确定空载参数是否为最佳。

（3）甩50%额定负荷，按照上述同样的要求分析其变化趋势。

（4）甩75%额定负荷，要求同上。

（5）甩100%额定负荷后，在转速变化过程中，超过稳态转速3%额定转速值以上的波峰不超过两次；机组甩100%额定负荷后，从接力器第一次向开启方向移动起，到机组转速摆动值不超过±0.5%为止所经历的时间，应不大于40s。

甩全负荷后直到稳定阶段开始为止的转速上升取决于水锤的作用、导叶的关闭时间，以及机组的加速常数 T_a 等。从稳定阶段开始，调速器性能决定了转速对时间的曲线。

第十九章　调速系统的故障诊断与处理

第一节　机械液压调速器的故障诊断与处理

故障是指调节系统不能正常运行，或者达不到应有的品质要求的现象。机械液压型调速器的故障现象十分复杂，既有内因方面的，也有外因方面的。调节系统一旦出现故障，轻则影响电力系统供电质量，重则危害电力生产，造成重大经济损失。本节内容以机械液压型为主，介绍调速器的故障分析及处理方法。

一、调节系统故障现象及故障分析方法

（一）调节系统故障及分类

调节系统在调整、试验过程中以及投入运行后都有可能出现故障。调节系统的故障是多种多样的，如运行不稳定，接力器（机组转速）不断摆动，动特性不好，调节过程中波动次数多、幅值大，操作控制机构失灵等。造成这些故障原因是多方面的。为了便于分析和处理，常将调节系统故障按起因分为两大类：一类是由调速器本体以外的原因造成的故障，另一类是调速器本身引起的故障。

（二）故障分析方法

调节系统的故障多种多样，其现象五花八门，要迅速、准确地查出故障产生的原因，除了实践经验以外，科学、合理的分析方法也显得十分重要。分析故障时，一般应注意以下三个方面。

1. 故障现象的判断

需准确找到故障产生的原因，就要全面、准确地掌握故障现象。例如，接力器不稳定就与接力器摆动是否具有周期性、摆动频率快慢、摆动大小以及工作参数等有关。只有全面掌握故障现象，才能比较准确地找出可能的原因，从而进行科学的分析。

2. 调整试验排查

故障的分析处理应当与调整试验结合起来。具体解决问题时，应根据故障现象全面地找出可能的原因，然后有目的地在试验中检查逐个排除，最后找到引起故障的主要问题加以解决。

3. 分析与解决问题的程序

为分析和处理故障而作的调整试验一般要体现由易到难的原则，试验应遵循合

理的程序。所谓合理程序，是指在调整试验中应遵循的四个先后关系，即先外因后内因、先元件后整机、先空载后负载、先静态后动态。

二、调速器本体以外的原因造成的故障

由调速器本体以外的原因造成的故障现象最主要的体现是运行不稳定，而且往往随运行状态及工作参数的变化而改变。分析其原因，不外乎为水力、机械制造与安装以及电气等几个方面造成的。常见的外因故障现象有以下几种。

（一）机组过水系统水压力不稳定

机组的过水系统包括压力钢管、蜗壳、尾水管等。在机组不参与调节情况下，过水系统压力波动可能造成机组不能稳定工作，表现为接力器开度与机组出力呈同期性变化。如果将调速器切至手动状态运行后不稳定现象仍然存在，则表明此种现象是水压力波动造成的，此时观察蜗壳水压表及尾水管真空度表可以发现摆动很明显。

如果压力管道中的水压力变化、机组转速变化和主接力器活塞摆动，三者频率很接近，则表明已出现共振现象。为避免共振产生，可改变缓冲时间常数 T_d 或其他参数。

（二）水轮发电机组的机械因素造成主机本身不稳定

水轮发电机组运行中因某种原因造成运行不稳定：活动导叶叶型不好影响稳定性；混流式水轮机转轮由于止漏环四周间隙不均匀造成水力不平衡影响稳定性；反击式水轮机尾水管内出现空腔空蚀也将引起水轮机运行不稳定；水轮机自身的不稳定必而造成调节系统不稳定；发电机在安装过程中由于定子、转子之间空气间隙不均匀造成机组运行不稳定；电磁力不平衡、励磁装置工作不稳定而使电压振荡，都是造成机组运行不稳定的原因。这些不稳定现象往往随负载的增加而加重。在开机过程中检查可以发现，空载不励磁时机组运行较稳定，一旦加励磁升压后就不稳定，这说明是发电机励磁装置方面的问题。

（三）永磁机不正常造成机组不稳定

中小型水电厂一般以永磁机作为调速器信号电源。如果永磁机与发电机轴同心度不符合要求，永磁机轴的花键连接间隙大于规定值，磁场强度不均匀，永磁机空气间隙不均匀等，均会使永磁机的输出电压不稳定、波形产生畸变等，进而影响调节系统性能，造成水轮发电机组的摆动。摆动幅值往往不大，但频率较高。

三、调速器本身的原因造成的故障

发生在调速器本身上的故障是造成调节系统运行不稳定最直接、最常见的因素，其故障现象虽然是多种多样的，但究其原因最主要有以下几个方面：

（1）调速器工作容量选择不当。调速器有一定的工作容量。如果选择不恰当，

调速器就适应不了水轮发电机组的要求，造成运行不正常。

(2) 调速器主要元件性能不好。如离心摆、引导阀、主配压阀、缓冲装置等，如果由于制造、装配以及调试工作中的缺陷，使主要元件达不到应有的性能，就可能造成调速器乃至调节系统不能正常工作。

(3) 杠杆系统和油路发生故障。调速器的信号主要通过杠杆系统和油路来传递。如果出现杠杆的连接部分发生卡阻、磨损、元件损坏或油路堵塞、泄漏等现象，造成信号在传递过程中不能连续平稳传递甚至中断，就会引起调速器运行不正常。

(4) 调节参数配合不好。调节参数配合不恰当对调节性能有很大影响，而调节参数配合不恰当，主要是由于调整试验工作未达到要求而引起的。

上述四种原因造成的故障表现形式为水轮发电机组运行不稳定、动态特性不好、静特性不符合要求、控制机构不灵敏等多种情况。具体故障现象体现在以下几个方面。

(一) 水轮发电机组运行不稳定

1. 偶然的抽动或周期性的摆动

出现此种现象的原因很多，如离心摆转速死区过大；引导阀、主配压阀有卡涩现象；缓冲装置回复不平稳，从动活塞跳动：杠杆被临时卡阻或死行程过大；油路被临时堵塞或油路中存在空气等。处理方法：解体出现问题的零部件，清洗重新装配，必要时更换新件。

2. 周期性的低速摆动

出现故障时的现象特征：接力器开度或机组转速呈周期性摆动；摆动周期长、频率低；有时周期可达数十秒。引起原因主要有以下几个方面：

(1) 参数配合不恰当。对于PI型调速器稳定参数主要是缓冲时间常数 T_d、暂态转差系数 b_t 和局部反馈系数 α_1。T_d、b_t 过小，α_1 过大。此种情况很容易产生过调节，造成运行不稳定。处理方法：重新整定调节参数。

(2) 缓冲装置特性不良好。缓冲装置产生缺陷（如缺油或缓冲装置里有空气），将致使回中误差大或回复特性曲线上、下行不对称。处理方法：给缓冲装置注满油，排净空气，拧紧放油用的丝堵。

(3) 主配压阀及主接力器窜油。导致在无调节信号作用下接力器向开启或向关闭侧缓慢移动，移动至一定位置，接力器在反馈作用下又较快回到原位置。此种情况引起的摆动在两个方向上往往不等。处理方法：对主配压阀及主接力器进行检查和清洗，必要时更换新件。

(4) 杠杆系统缺陷。传动杠杆有卡阻现象，传动杠杆发生弹性变形，或杠杆连接销钉松动，元件损坏，传递间隙过大等都将造成信号传递不准确、不及时。处理方法：分解处理传动杆件；重新装配；尽量减小死行程，但要保证动作灵活。

3. 高速周期性摆动

故障特征：主接力器摆动的频率、主配压阀跳动次数和机组转速之间有对应关系。例如，机组转速为150r/min时，主配压阀每分钟跳动150次。永磁机供电频率变动次数和机组转速相对应，即每转一周，变动一次。改为手动运行或用厂用电供给调速器电源，则主配压阀跳动、接力器摆动就消失。

引起此种现象的主要原因在于离心飞摆、引导阀不能正常工作，具体表现在：

（1）永磁机安装偏心。安装过程中离心摆上段轴与下段轴不同心或成拆线状，运转过程中势必造成永磁机转子旋转一周的不等速运动，引起离心飞摆转动套上、下抖动。处理方法：分解检查，重新装配。

（2）离心摆两边块质量相差过大。高速运转过程中导致两侧离心力不平衡，造成引导阀上下跳动。处理方法：调整两块重块质量，使其质量一致，误差不大于5g。

（3）转动套别劲。在运转过程中发生较严重偏磨，致使遮程过小，而漏油引起辅助接力器不正常跳动。处理方法：拆洗后重新装配，必要时更换新件。

另外，也有可能是离心摆电动机轴承存在缺陷，永磁机轴的花键连接间隙大于规定值而引起高速摆动。

（二）静特性不好

静特性不好体现为单机运行时机组在稳定状态下出现较大的频率偏差，并列运行时机组负荷分配不准确。分析其原因，主要是调速器转速死区较大；其次可能由导叶控制机构死行程过大而引起。造成调速器转速死区过大的原因可能有以下几个方面：

1. 杠杆系统死行程过大

处理方法：检查、修理，调整灵活。

2. 主配压阀遮程分配不均

处理方法：重新调整主配压阀活塞位置。

3. 离心摆转速死区过大

处理方法：解体清洗后检查、调整、测量，必要时更换新件。

4. 缓冲装置从动活塞回中误差较大

处理方法：如果活塞与套或壳间隙被脏物、杂物沾污，则应解体清洗更换新油（特别注意：缓冲装置里不得有空气，油必须加满）；如果装配质量不佳，则应拆卸清洗，重新装配并调整灵活；如果弹簧刚度不够，则应更换刚度足够大的弹簧。

（三）动态特性不好

动态特性不好主要表现在以下几个方面。

1. 空载扰动试验时动特性不符合要求

如果调速器各主要元件及元件之间的连接部分工作正常而出现此种现象，则主要原因在于调节参数整定不当，如缓冲时间常数 T_d 和暂态转差系数 b_t 过小，微分时间常数 T_n 太大等，或未达到调节系统稳定所要求的数值，以及稳定裕量不够。处理方法：按稳定要求重新调整调节参数。

2. 甩负载试验时机组转速波动过大

机组在甩负载的情况下，主配压阀应达到整定的最大行程，如果发现主配压阀实际行程偏小，则表明调速器反馈过强，可适当减小暂态转差系数 b_t，这样可降低转速波动值。如果主配压阀行程已达到整定值而甩负载后蜗壳压力上升值还较低，则可以适当增大主配压阀行程；同样，也能降低甩负载过渡过程中的转速波动值。

3. 蜗壳最大暂态水头过高

机组在甩负载的情况下，出现蜗壳最大暂态水头过高。原因可能是导叶关闭时间过短或关闭规律不合适，应增大导叶关闭时间或调整关闭规律。对于装有调压阀的机组，则可能是调压阀动作不正常。处理方法：对调压阀进行调整。

4. 甩负载试验时机组转速波动次数多、时间长

出现这种现象的原因有两个：一是反馈参数过大，可适当减小暂态转差系数 b_t 和缓冲时间常数 T_d；二是接力器接近于不稳定状态。

5. 甩负荷时轴流式水轮机发生抬机现象

甩负荷过程中，转轮室内的水击压力剧烈变化常使轴流式机组转动部分向上抬起，造成机组破坏，因此必须采取措施防止抬机。常用的防抬措施有：

（1）适当延长导叶和轮叶关闭时间。

（2）采用导叶分段关闭规律。

（3）加大真空破坏阀面积。

（4）设置限位机构，限制抬机高度。

（四）调速器操作控制不灵敏

1. 机组增减负荷缓慢，甚至带不上负荷

分析原因，可能有以下几个方面：

（1）调节参数匹配不当。如放大系数过小，缓冲时间常数 T_d 或暂态转差系数 b_t 过大，使速动性过小。处理方法：改变调节参数使之符合要求。

（2）转速调整机构失灵或死行程太大。处理方法：检查、修正，重新调整杠杆或更换零部件。

（3）主配压阀遮程过大，需走完遮程后接力器才开始动作。处理方法：对主配压阀活塞位置重新调整。

（4）离心飞摆工作位置不正确。处理方法：调整离心飞摆弹簧上部的调节螺母或作空载动平衡调整。

2. 机组间负荷“拉锯”

并列运行机组由于诸多因素的干扰，负荷在机组之间来回转移的现象称为“拉锯”。负荷“拉锯”现象出现后对电力系统影响较大，严重时会造成系统解列。

分析其出现的可能原因有：

（1）调速器永态转差系数 b_P 值过小，使并列运行机组间抢负荷。

（2）机组间灵敏度相差较大，表现为参数组合不同，形成两台机组速动性相差较多。

处理方法：重新调整调节参数。

3. 溜负荷

机组带上一定负荷后，频率基本不变，控制机构未动作的情况下，机组的负荷却在慢慢地自动减少，这种现象称为“溜负荷”。这种不稳定总是单方面的，且是很慢的过程。

分析其原因，可能有以下几个方面：

（1）缓冲装置回复特性欠佳。处理方法：检查、修理并调整。

（2）传递杠杆死行程过大。处理方法：检查、修正，重新调整杠杆。

（3）调速器转速死区过大。处理方法：检查处理，必要时更换新件。

（4）导叶开启时间与关闭时间相差过多。处理方法：重新整定导叶关闭时间与开启时间，并拧紧调节螺钉。

第二节　电液调速器的故障诊断与处理

一、电气装置中的故障分析与处理

（一）测频信号源引起的接力器摆动

机组在自动带负荷运行或空载运行时，若发现接力器摆动值超过允许值时，应首先观察调速器上平衡表的指示是否有摆动。若平衡表指针超过其正常的摆动值，可将调速器切为手动运行，使电气装置和电液转换器与液压放大部分分开。这时如果平衡表还是摆动而接力器不摆动，则说明是电气装置或电液转换器的问题。对于用永磁机或齿盘磁头作为测频信号源的电调，测频电路输入信号频率波动的可能原因是：

（1）永磁机同心度不好、永磁机轴的花键连接间隙大于规定值、永磁机转子轴心与主机轴心不重合。处理方法：检查永磁机底座垫片是否水平，并调整同心度和垂直度。

（2）齿盘摆度大、齿盘磁头与齿盘间隙过大。处理方法：调整与修理。

（3）主机安装质量差，主轴摆度大。

（二）电调电源故障

当电调在自动运行时，接力器突然关闭到零或突然开启至限制开度。这时应检查电调电源指示是否消失。若厂用电或逆变电源供电正常，可检查测量各路直流电压有无输出。

因电源引起的电调故障多次发生，已引起设计和制造单位的足够重视。设计电源时，除选用三端集成稳压器外，对于电源变压器、二极管整流桥、散热器和滤波电容等，均按实际使用电流的1倍来选择其容量，以免因发热造成温度升高而影响电气元器件的正常工作。

（三）元件虚焊和插件接触不良

元件虚焊是电子设备最常见的毛病，在电液调速器中也易出现。虚焊的原因是由于焊接前未充分清除氧化层和镀锡不良。运行一段时间后，由于元件机械变形影响或氧化作用，造成焊点松动，使信号传递时通时断，甚至完全不通。虚焊往往从表面上很难分辨，需用表逐个元件逐点检查、补焊。

另外，电液调速器中，各单元电气回路大都以插件方式接入，插在基础板上工作。当这些插件接触不良时，也会形成类似虚焊的故障。此时应清洗、修磨，使接触紧密。

（四）电位器触点接触不良或断线

电液调速器中使用线绕式电位器较多，因为其线性好且阻值精确。但是，电位器触点经常移动引起磨损，造成接触不良，甚至电位器断线，这将造成信号异常甚至中断。例如，功率给定电位器接触不良会出现接力器自动减小开度造成减负荷现象，或者在给定功率附近发生跳跃。而位移传感器如果接触不良，则会影响反馈值不准确，导致运行不稳定。位移传感器断线则将引起甩负载或负载空增现象。处理方法：清洗、检查、修复。

（五）线圈断线或匝间短路

电液调速器中变压器、继电器、电感元件、电液转换器、电液比例伺服阀等都有很细的导线绕制的线圈。断线、匝间短路成为十分常见的故障。故障一旦出现，就有可能改变基本参数，引起调速器运行不正常。

二、随动系统中的故障分析与处理

（一）电液转换器故障

1. 油孔堵塞

电液转换器油孔堵塞是电调中最常见的故障之一。电液转换器中有几个重要的通油小孔，如喷油孔、节流孔、平衡孔。喷油孔被堵塞，会使活塞上腔压力增大，使活塞下降至极限位置，造成接力器全关或全开。节流孔若被堵塞，则会引起活塞上升或下降至极限位置。由于不同电液转换器开、关机时活塞运动方向可能不同，因此活塞上下移动造成的后果也不同，同样造成接力器全关或全开。另外，当平衡孔被堵塞时，会使活塞与控制套之间发生偏摩擦甚至卡阻，控制套运动受阻可能造成接力器摆动，如被卡死在某个位置，则可能引起突增或突减负载现象。造成油孔被堵塞的原因是由于油质不好或油液中的棉线、各类碎屑进入油孔中，所以，电液调速器用油清洁是良好运行的重要保证。

2. 电液转换器线圈断线

断线的原因往往是线径过细，通流能力太小。此外，也可能是装配时受潮，被腐蚀而断线。焊接电液转换器接线端子时，不能碰断线圈引出线或形成虚焊。线圈断线后会使调速器失控，应更换新线圈，重新装配。

3. 振荡电流故障

电液转换器一般都设有振荡线圈。振荡线圈中通一定频率的交流电流，使控制套有一定幅度的振动，防止活塞颈部与控制套发卡。若振荡电流消失，因控制套与活塞之间存在油膜，其黏滞力使电液转换器输入较小的工作电流时，控制套不动作或动作迟滞不平滑。当振荡电流的频率过低或振荡电流太小时，也会出现上述故障。振荡电流的大小应整定在当电调输入信号频率不变时，接力器不发生摆动，而主配压阀活塞有微小振动即可。

4. 十字弹簧失灵

十字弹簧失去弹力，线圈及控制套的运动不正常，会发生类似油孔被堵塞现象。此时应更换新的十字弹簧。

5. 调速器稳定运行时线圈电流不为零

这是由于电液转换器活塞的中间位置不对造成的，应对中间位置进行调整。

6. 溢油量过大

溢油量过大会使压油泵启动频繁，导致回油箱油温高，加速老化，缩短压油泵的寿命，其原因为控制套和活塞杆间隙过大或磁钢的磁场太弱。

（二）接力器剧烈摆动

机组在运行中接力器突然发生剧烈摆动，其原因是接力器位置反馈信号消失，如电位器、位移传感器脱线或接触不良，钢丝绳断裂或接头脱落。对于流量输出的电液转换器，要检查主配压阀位置反馈信号是否存在或中间位置是否发生偏移。转桨式水轮机的轮叶产生大幅度摆动的原因可能是轮叶接力器位置反馈信号消失。

（三）主配压阀发卡

主配压阀发卡有三种情况。若主配压阀活塞卡在开机侧，且机组又在启动过程中，将会造成机组过速。这时应立即动作事故配压阀或快速闸门。若机组在自动运行时出现用功率给定或频率给定增减负荷均不起作用的情况，则有可能是主配压阀卡在中间位置。主配压阀卡在关机位置，机组将无法开启。

（四）油管路过长而影响调速器调节品质

大型水电厂的发电机层与水轮机层高程差有时达 10m 以上，调速器主配压阀至接力器的油管路直径可达 200mm 左右。这样，油的弹性可能会影响调速系统的调节品质。

三、机组自动空载频率摆动大、并网困难的原因及处理方法（见表 19-1）

表 19-1　　机组自动空载频率摆动值大的原因及处理方法

现　象	原　因	处　理　方　法
机组手动空载频率摆动达 0.5～1.0Hz，自动空载频率摆动为 0.3～0.6Hz	机组手动或空载频率扰动大，调速器参数整定不当	进一步调整 PID 调节参数（b_t、T_d、T_n 或 K_P、K_I、K_D）和调整接力器反应时间常数 T_y，尽量减小机组自动空载频率摆动值
机组手动空载频率摆动 0.3～0.4Hz，自动空载频率摆动达 0.3～0.6Hz，且调整 PID 调节参数 b_t、T_d、T_n 或 K_P、K_I、K_D 无明显效果	接力器反应时间常数 T_y 值过大或过小	调整电液（机械）随动系统放大系数，从而减小或加大接力器反应时间常数 T_y，当调节过程接力器高频抽动，则 T_y 过小，当接力器动作迟缓且过调，则 T_y 过大
机组手动空载频率摆动 0.2～0.3Hz，自动空载频率摆动大于等于上述数值，调 PID 参数无明显改善	接力器至导水机构和/或导水机构机械/电气反馈有过大的死区	处理机械液压系统和减小反馈机构死区
微机调速器使被控机组频率跟踪于待并电网频率，后者摆动大而导致机组频率摆动大	被控机组待并入的电网是小电网，电网频率摆度大	调整微机调速器的 PID 调节参数：T_n 向稍大的方向改变

四、机组溜负荷的原因及处理方法（见表 19-2）

表 19-2　　机组溜负荷的原因及处理方法

现　象	原　因	处理方法
接力器开度（机组所带负荷）与电网频率的关系正常，调速器由开度/功率调节模式自动切至频率调节模式工作	电网频率升高，调速器按静态特性（b_P）减小负荷	如果被控机组并入大电网运行，且不起电网调频作用，可取较大的 b_P 值，并使调速器在开度模式或功率模式下工作
Y_{PID} 在较大位置；电液转换器平衡电流（电压）在开启方向；导叶向关闭方向运动	电液转换器卡阻于关闭侧	检查并处理电液转换器： （1）切换并清洗滤油器 （2）检查电液转换器并排除卡阻现象
Y_{PID} 与导叶实际开度 Y 一致；机组所带负荷在空载附近；机组二次回路电源消失或切换	机组断路器误动作	检查送入微机调速器的机组断路器辅助触点，保证机组二次回路电源不间断。有的微机调速器在机组断路器断开时，即将电气开限以一定速度减至空载，或者立刻将其关至空载位置
Y_{PID} 与导叶实际开度反馈指示表基本一致；导叶实际开度明显小于 Y_{PID}；调速器发出“导叶故障”信号	导叶行程电气反馈移位	将调速器切至手动运行，检查导叶接力器位移，调整并可靠固定变送器锁紧定位螺钉
调速器不能开启，但能关闭；Y_{PID} 与 Y 不相等；平衡表有开启信号	综合放大器开启方向放大器件损坏	检查并排除综合放大器故障

五、调速器接力器抖动的原因及处理方法（见表 19-3）

表 19-3　　调速器接力器抖动的原因及处理方法

现　象	原　因	处理方法
调速器外部功率较大的电气设备启动/停止；调速器外部直流继电器或电磁铁动作/断开；机频与接力器出现抖动	调速器受外部干扰	检查并妥善处理微机调速器的机柜和微机调速器壳体的接地；外部直流继电器或电磁铁线圈加装反向并接（续流）二极管；触点两端并接阻容吸收器件（100Ω电阻与 630V、0.1μF 电容器串联）
开机过程中，机组转速未达到额定转速，残压过低；或机组空载，未投入励磁、机组大修后第一次开机，残压过低，机频信号出现跳动，接力器跟随抖动	机组频率信号源受干扰	机组频率信号（残压信号和/或齿盘信号）均应采用各自的带屏蔽的双绞线接至微机调速器，屏蔽层应可靠地在一点接地。频率信号线不要与强动力电源线或脉冲信号线平行、靠近布置
抖动现象无明显规律，似乎与机组运行振动区、运行人员操作有一定联系	接线松动、接触不良	检查微机调速器接线端子、电液转换器等电/机转换装置、导叶接力器变送器、机组功率变送器、水头变送器及调速器内部接线的连接情况，并进行相应的处理
调速器输出作较大幅度变动时，主配压阀跳动、油管抖动、接力器运动出现过头现象	导叶接力器反应时间常数 T_y 值偏小	减小电液（机械）随动系统的放大系数，从而使接力器反应时间常数 T_y 取较大数值

六、运行中调节模式自动切换故障的原因及处理方法（见表19-4）

表19-4　调节模式自动切换故障原因分析

现　象	原　因	处理方法
机组并网运行调速器在功率调节模式下工作，自动切换至开度调节模式下工作	机组功率变送器有故障或断线	检查切换后的开度调节模式下的微机调速器读入的机组功率值，若与机组实际功率有较大差别，与导叶实际开度不相适应，则可确认为机组功率变送器有故障或断线，应检查并排除其故障
机组并网运行调速器在功率调节或开度调节模式下工作，自动切换至频率调节模式工作	电网频率变化过大或测频环节有故障	机组并入小电网过带孤立负荷，这种切换是合理的，若电网频率变化过大，不必强行切换至功率调节或开度调节模式下工作。 机组并入大电网，若电网频率十分稳定，则这种切换应足够重视，应观察电网频率变化情况，并检查微机调速器的频率测量及显示结果。可将其切换至开度调节/功率调节模式工作，观察一段时间，以确认频率测量环节的工作是否正常

七、甩负荷过程中出现不正常现象的原因及处理方法（见表19-5）

表19-5　甩负荷过程中出现不正常现象的原因及处理方法

现　象	原　因	处理方法
甩100%负荷过程中，导叶接力器关闭到最小开度后，开启过于迟缓，或重启过快，使调节时间过长	PID调节程序中负限幅整定不当	合理设定负限幅值
甩>75%额定负荷过程中的水压上升值过大	导叶接力器关闭时间过短	检查是否接力器最短关闭时间过短，若是，按调节保证计算，加长导叶接力器关闭时间值
甩>75%额定负荷过程中的机组转速上升值过大	导叶接力器关闭时间过长	检查是否接力器最短关闭时间过长，若是，按调节保证计算，缩短导叶接力器关闭时间
甩>75%额定负荷过程中的水压上升和/或机组转速上升值过大	两段关闭特性不合要求	按调节保证计算，调整两段关机速度及拐点，或重新进行过渡过程仿真计算，寻求合理的两段关闭速度及拐点，重新进行整定
甩>25%额定负荷时，导叶接力器的不动时间过长	调速器转速死区 i_x 偏大	（1）检查并减小机械液压系统死区； （2）适当增大综合放大系数； （3）适当加大 T_n（加速度时间常数）或 K_D（微分系数）值
机组断路器未动作，仍在“合上”位置，但送给调速器的机组断路器触点断开，导致甩负荷或减负荷	机组断路器触点误动作（断开）	（1）完善机组二次回路电源接线，防止机组断路器辅助继电器误动作； （2）微机调速器程序中对断路器辅助触点进行断开延时处理（但应慎重）

八、产生与水头有关的故障的原因及处理方法（见表19-6）

表19-6　产生与水头有关的故障的原因及处理方法

现　象	原　因	处　理　方　法
开机过程中，机组频率达不到50Hz	启动开度小于空载开度	（1）人工设定的水头值高于实际水头值，使查表插值得到的启动开度小于空载开度，需人工设定正确水头值； （2）程序中的启动开度值偏小，应根据水电厂实际空载开度修正
导叶接力器增大不到合理的最大开度	电气开度限制增大不到应有的最大值	人工设定的水头值高于实际水头值，使查表插值得到的电气开限最大值偏小，应人工设定正确水头值
	导叶反馈调整偏大	程序中的电气开度限制最大值的节点值小于应有的值，应修正上述节点值
机组效率降低，运行中振动偏大	双调可能是协联关系不正常	人工设定的水头值不等于实际水头值，使插值得到的协联关系不正确，应人工设定正确水头值
	机组运行于空蚀区	避开空蚀区运行工况

九、微机调速器自行检出的故障分析（见表19-7）

表19-7　微机调速器自行检出的故障分析

现　象	原　因	处　理　方　法
微机调速器显示“测频不正常”	测频环节故障或频率信号断线	检查测频环节及频率信号线信号及接线
微机调速器显示“导叶反馈不正常”	导叶（桨叶）接力器变送器断线	检查并修复导叶（轮叶）接力器开度变送器及接线
微机调速器显示“测功不正常”	功率变送器故障或信号断线	检查并修复机组功率变送器及接线
微机调速器交流（直流）电源指示灯灭	交流（直流）电源消失	检查并恢复交流（直流）电源供电

十、微机调速器运行时重点监视的参量（见表19-8）

表19-8　　微机调速器运行时重点监视的参量

参量名称	主要现象	监视的目的及对策
机组频率	是否有不正常的大幅度变动	测频环节是否正常
	相应的“测频不正常”信号是否出现	如出现“测频不正常”指示，则采取相应措施，并检查测频环节
微机计算的Y_{PID}与导叶接力器的实际位置指针表指示值	调速器稳定时，两者是否相等，或者是否偏差很小	如果偏差过大，说明电/机转换装置零位偏移，应在适当时机（停机或调相工况时）调整该零点
PID调节参数b_t、T_d、T_n或K_P、K_I、K_D及b_P的运行值	是否是原来整定的值	如不是原来整定的值，应加以修正，以免造成不良后果
电液转换元件平衡电流（电压表）	调速器稳定时，应在中间平衡位置	如果调速器稳定时，指针偏离中间平衡位置过大，说明电液转换元件零位偏移，应在适当时机调整该零点
	其偏移开启/关闭方向应与导叶接力器开启/关闭运动方向一致	如果平衡电流（电压）偏向开启（关闭）方向，而导叶接力器不向开启（关闭）方向运动，说明电液转换元件卡阻，应进行相应的处理
机组水头值	是否与机组实际值相符	如有较大差别，则检查水头变送器（水头自动）或修正设定值（水头手动）

第四篇

水轮发电机机组现场机械试验

第二十章 水力机组的稳定性试验

第一节 概 述

水力机组的稳定性是机组运行状态的重要指标，是表述机组在各种工况下运行的安全性能。水轮发电机组的现场稳定性试验是实现水电厂安全经济运行的重要手段。

表征水轮发电机组稳定运行的主要参数有机组振动、摆度、尾水管压力脉动、噪声等。其中，机组振动、摆度是水力机组稳定运行的重要指标，也是旋转机械运行中的固有属性，它不仅影响机组的性能和寿命，而且直接影响机组的安全运行、负荷合理分配以及供电质量。据华中电网 50 台 4.5kW 以上水轮发电机组 6 年运行资料的统计，大约有 80%的故障或事故都在振动信息上有所反映。

水轮发电机组结构复杂，诱发故障原因多。随着人们对振动特性和故障特征的深入认识，随着计算机技术、信号检测技术、信号处理技术的发展，已经能够借助现代测试手段对振动进行监测，对故障、事故特征进行识别，以此来确定机组的运行状态并进行早期诊断。以机组运行状态、发生异常时的征兆等有关信息为依据的机组状态监测方式，能够监测机组的运行情况，防止事故于未然，以达到确保机组安全、经济运行的目的。

一、水力机组运行稳定性试验的目的

(1) 探讨水力机组振动特点和规律，为研究振因、识别故障、分析振源和处理振动等提供实测数据。

(2) 测量机组的运行状态，预测故障趋势，为指导机组安全运行、负荷合理分配以及机组检修时间等提供科学建议。

(3) 深入探讨各种工况下不平衡惯性力、电磁力、水力作用、金属结构等对机组稳定性的影响，为机组安装检修及技术改进提供科学依据。

因此，通过机组稳定性试验不但能及时发现设备缺陷，消除隐患，提高运行可靠性、减少停机率和返工损失，而且为设计、制造、安装、运行等各方面的改进提供可靠的科学依据。

二、水力机组稳定性监测微机技术发展概况

目前，计算机技术和现代测试手段为机组运行监测、信号实时处理创造了条件，振动测量及其分析技术专业化程度发展很快，特别是近年来将专家系统引入振动分析和故障诊断，将振动监测系统发展为在线监测、长期跟踪、自动诊断的专业化系统。上述诊断系统较早用于大型热能发电系统和高速旋转机械上，目前逐步开始在水轮发电机组上运用，对于大型水力机组的稳定性监测、分析的发展方向主要利用计算机及网络技术集试验、在线监测和数据分析于一体状态监测与信号分析系统。

三、机组稳定性参数概念

1. 振动

振动是描述机械系统运动或位置的量的大小相对于某一平均值或参考值交替地随时间变大或变小的变化现象。立式水力机组轴向和径向振动一般分别称为垂直振动和水平振动。

2. 摆度

运行中测量的摆度包括转子轴线静态变形、动态变形及动态轴线偏离原平衡位置的程度。

3. 压力脉动

压力随时间变化的量值与其一平均值相比，时大时小交替变化的现象（对于水力机组来说，主要是过流部件的水压力变化现象）。

四、水力机组振动、摆度标准

国际标准化组织机械振动与冲击技术委员会 ISO/TC108 制定的机械振动与冲击国际标准仅规定了频率在 10～1000Hz 的频率段内振动烈度标准。而大、中型水力机组一般工作在 10Hz 以下，因此，在无国际标准的情况下，国内目前以国家和行业颁发的标准作为评定的准则，其中，GB/T 8564—2003 中对水力机组的摆度、振动允许值作了规定，详见表 20-1 和表 20-2。

表 20-1　　机组轴线的允许摆度值（双幅值）

轴　名	测量部位	摆度类型	轴转速 n（r/min）				
			$n<150$	$150\leqslant n<300$	$300\leqslant n<500$	$500\leqslant n<750$	$n\geqslant 750$
发电机轴	上下轴承处轴颈及法兰	相对摆度（mm/m）	0.03	0.03	0.02	0.02	0.02

续表

轴　名	测量部位	摆度类型	轴转速 n（r/min）				
			$n<150$	$150\leqslant n<300$	$300\leqslant n<500$	$500\leqslant n<750$	$n\geqslant750$
水轮机轴	导轴承处轴颈	相对摆度（mm/m）	0.05	0.05	0.04	0.03	0.02
发电机轴	集电环	绝对摆度（mm）	0.50	0.40	0.30	0.20	0.10

注　1. 绝对摆度：指在测量部位测出的实际摆度值。

2. 相对摆度：绝对摆度（mm）与测量部位至镜板距离（m）的比值。

3. 在任何情况下，水轮机导轴承处的绝对摆度不得超过以下值：

转速在250r/min以下的机组为0.35mm。

转速在250～600r/min以下的机组为0.25mm。

转速在600r/min以上的机组为0.20mm。

4. 以上均指机组盘车摆度，并非运行摆度。

表 20-2　　水轮发电机组各部振动允许值　　mm

机组型式	项　目		额定转速 n（r/min）			
			$n<100$	$100\leqslant n<250$	$250\leqslant n<375$	$375\leqslant n<750$
立式机组	水轮机	顶盖水平振动	0.09	0.07	0.05	0.03
		顶盖垂直振动	0.11	0.09	0.06	0.03
	水轮发电机	带推力轴承支架的垂直振动	0.08	0.07	0.05	0.04
		带导轴承支架的水平振动	0.11	0.09	0.07	0.05
		定子铁芯部位机组水平振动	0.04	0.03	0.02	0.02
		定子铁芯振动（100Hz双振幅值）	0.03	0.03	0.03	0.03
卧式机组	各部轴承垂直振动		0.11	0.09	0.07	0.05
灯泡贯流式机组	推力支架的轴向振动		0.10	0.08		
	各导轴承的径向振动		0.12	0.10		
	灯泡头的径向振动		0.12	0.10		

注　振动值系指机组在除过速运行以外的各种稳定运行工况下的双幅值。

第二节　振动、摆度、压力脉动测试技术

一、现场测量振动、摆度、压力脉动的几种方法

（一）电测法

1. 原理

现场稳定性试验（如水力机组振动、摆度、压力脉动测量）的原理框图如图20-1所示。

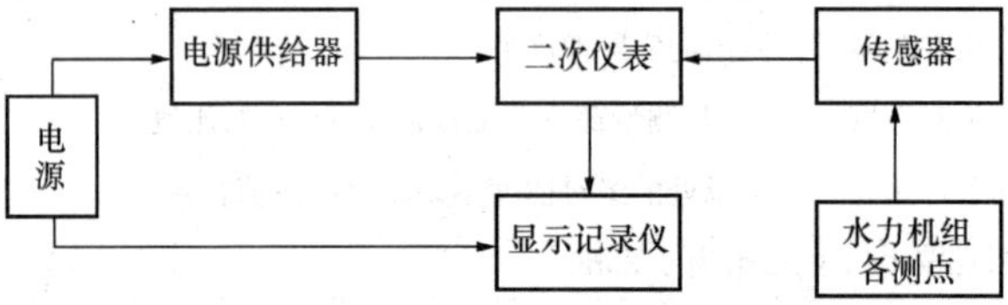

图 20-1　现场稳定性试验原理框图

现场稳定性试验可用的传感器种类繁多，其分类方法有：

（1）按被测参量变换为电量的原理分为磁电式、光电式、电涡流式、电容式、电感式、压电式、压阻式、伺服式、电阻应变式等。

（2）按传感器与被测物间装配的特点分为接触式与非接触式。

（3）按测试的参考坐标分为相对式与绝对式。

（4）按输入与输出量的关系分为位移式、速度式和加速度式。

以上任何一类传感器，都具有相同的测试原理，即接受被测对象的非电量经过一定的转换后输出能显示或表征输入量的要求特性的电量。

2. 常用的几种电测法

在测量水力机组的振动、摆度及压力（压力脉动）的幅值变化规律时，比较常用的有磁电式、电涡流式和电阻应变式三种传感器。磁电式传感器分非接触式和接触式两类，电涡流式传感器为非接触式，前者用来测量机组的振动，后者用来测量转轴的摆度。

（1）摆度测量。目前普遍应用电涡流技术测机组摆度。电涡流式传感器分变间隙型及变面积型，其原理是探头端面与被测体间距离 δ_0 变化使输出的电流或电压与之相应变化，在现场试验中测点安装要求及注意事项如下：

1）被测体必须是金属导体。

2）由于涡流式传感器线圈探头发出的磁场范围是一定的，若被测体面积小于探头线圈面积时，传感器灵敏度要下降，要求被测体与传感器相对应的面积为探头

线圈直径的 3 倍以上。

3）被测体材料的厚度要求：钢材大于 0.1mm；铜、铝材料大于 0.05mm，否则灵敏度受到影响。

4）传感器探头的敏感线圈轴线与被测体平面垂直度应控制在±2°～±3°以内，对灵敏度的影响可忽略不计。

5）传感器使用前需要进行静特性校准。

6）传感器动态特性校验，传感器的动态特性表示它在不稳定状态下输出量和输入量与频率（或时间）的关系。如果条件具备，在稳定性试验前应在标准振动台上作出传感器的幅频响应持性，以检验其动态特性的主要指标—传感器的频率响应范围，能否满足被测对象的需要。

7）当传感器探头安装到所在测点位置时其输出必须准确调零。

8）传感器支架的刚度应尽可能大，并配有能方便调整探头零位的微调装置。

9）禁止改变涡流式传感器的接头与前置器间的连接电缆长度。

10）测摆度需在同一平面上互成 90°的两方位各装设测点一个。在摆度测点处最好牢固黏结一块与传感器相对应的静标定试件相同的金属材料，以减少测量误差。

（2）振动测量。用磁电原理接触式传感器测量振动时，除注意上述安装传感器的一般要求外，还应注意以下事项：

1）若选用相对式传感器，则测量方便，只需将传感器壳体紧固于振动体上即可进行测量。若选用绝对式传感器，则必须注意选择低频性能好的传感器和二次仪表；若只对不同工况的振幅作相对比较或作平衡试验的相对计算用，也可选用比被测频率稍高的传感器和二次仪表。

2）使用前应在标准振动台上标定传感器的输出特性，测量垂直和水平振动的传感器必须分别在垂直和水平台上标定，否则会带来较大的测试误差。

3）若选用相对式传感器安装时外壳必须紧固于与被测物相对静止的物体上，如电厂的厂房基础或行车。

（3）压力脉动的测量。压力传感器的种类繁多，电阻式压力传感器、电感式压力传感器、陶瓷电容式压力传感器、扩散硅式压力传感器等。但应用最为广泛的是压阻式压力传感器，它具有精度高及线性特性好的特点。安装时应注意以下事项：

1）安装位置应尽量避免高温、磁场和振动的地方，以免影响测量精度。

2）安装应牢固整齐美观，不得有倾斜，传感器安装位置应尽量高于可能渗漏点。

3）传感器应装有应装有排污、排气三通，可随时排出管道的污物及空气。

4）其电缆应为 $2\times1.5mm^2$ 的屏蔽电缆。

3. 电测方法要求

根据需要选好传感器后，为提高测量的准确度，传感器装配是重要的环节之一，必须给予足够的重视。一般作稳定性试验用的传感器在水力机组上有两种装配方式。一是将传感器直接固定在被测物体上，另 种是将传感器固定在刚性较大的物体上，如基础连接的部件或支架上。其装配要求是：

（1）安装传感器的支架的结构应简单、可靠，并为可拆卸形式。

（2）支架的前端可调整传感器的安装方向，并可进行安装位置的微调。

（3）支架安装好后，最好实测其自振频率，应是被测量振频的几倍以上，以免因支架振动引起测量误差。

（4）各种传感器装配时均应按各自的安装技术要求作好垂直度（水平度）调整调零等工作。

（5）安装传感器时切忌损坏其元件。

（二）计算机监测

用计算机对水力机组运行稳定性监测和试验，目前已广泛应用，并开始利用网络技术朝远程试验和监测方向发展，现简单作些介绍，其原理框图见图 20-2。

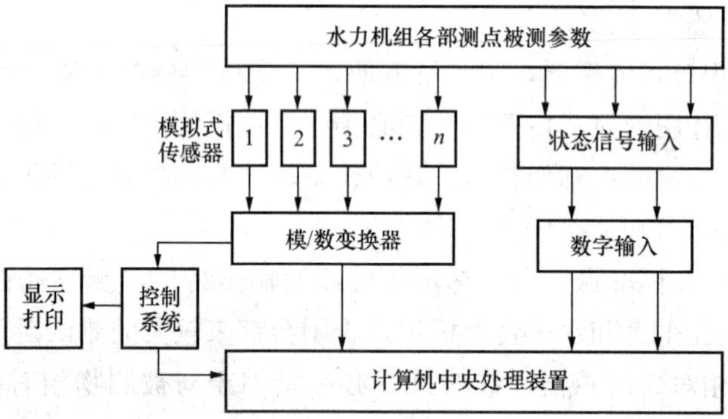

图 20-2 微机监测原理框图

传感器的基本特性分为静、动态两个方面。静态特性是表示传感器工作在稳定状态下时输出量与输入量之间的关系，动态特性表示传感器工作在不稳定状态下时输出量和输入量与频率（或时间）的关系。当采用微机对水力机组进行稳定性试验作长期监测时，对其一次（或二次）仪器的输出信号及传感器的性能指标提出了以下特殊要求：

（1）输出电压等级。一般要求传感器输出 0～5V DC 或 4～20mA 的标准信号，与数据采集卡匹配，同时要根据传感器的灵敏度和被测量的范围估算出实测信号的电压范围，其上、下限不能超过A/D转换器的允许电压值。

（2）线性度。线性度一般指传感器的标定曲线与刻度直线的偏离程度（刻度直线可用最小二乘法，端基法，切线法求得）。对固态传感器特性，大多数是非线性的，在选用传感器时应考虑在实测范围内非线性误差越小越好或采用一些措施作非线性补偿。

（3）精度。在整个测量过程中，由于一次元件（传感器）和二次仪表的性能指标较低往往使测量结果的精度降低，因此，应用计算机测量系统，不但要考虑高输出的传感器元件，而且要考虑高精度的传感器和二次仪表来保证整个测量系统的精度。当传感器或二次仪表用于长期监测时，其稳定性和可靠性以及使用寿命方面都需要引起足够重视，必要时可向制造厂家提出在水力机组上使用的特殊要求。

（4）模数转换。模数转换又称A/D转换，其型较多。在集成电路中采用较多的是逐次逼近型。模数和数模转换通道是用计算机监测模拟量参数的必不可少的连接部件。其转换过程是：置数选择逻辑给逐次逼近寄存器置数，经D/A转换器转换成模拟量和输入的模拟信号作比较，电压比较器给出比较结果。若输入的模拟电压大于或等于A/D转换器的输出电压，比较器置“1”，反之则置“0”。置数选择逻辑根据比较器的结果修改逐次逼近寄存器的数值，使所置数据转换后得到的模拟电压渐渐逼近输入电压，经反复修改的数据即为A/ D转换的结果。使用A/D转换集成电路时，将模拟信号加于输入端，并给置数选择逻辑发一启动信号便使该电路开始工作，转换后由输出端引出输出信号至CPU。

20世纪90年代中期，葛洲坝水电厂就研发出了功能齐全、操作简便、精度高、速度快的水轮发电机组振动在线监测系统。该系统不但能准确监测、分析和诊断机组稳定性问题，还能为水电生产提供多方面的技术服务。

二、振动、摆度、压力脉动传感器介绍

（一）振动传感器

按传感器的安装方式可分为接触式和非接触式测量两大类。接触式测量是将传感器直接安装到被测物体上，它测得的是被测物体的绝对振动值。非接触式振动测量是将传感器安装在一个固定于机组基础的特制支架上，由于测量时支架本身也可能振动，传感器测得的是被测物体相对于支架的相对振动值。接触式振动传感器有加速度型和速度（位移）型。加速度振动传感器主要为压电晶体式。加速度信号转化为位移信号必须经过两次积分。速度（位移）型传感器中，性能价格比较好的主要有弹簧质量式传感器，其特点是输出速度或位移信号，其积分难

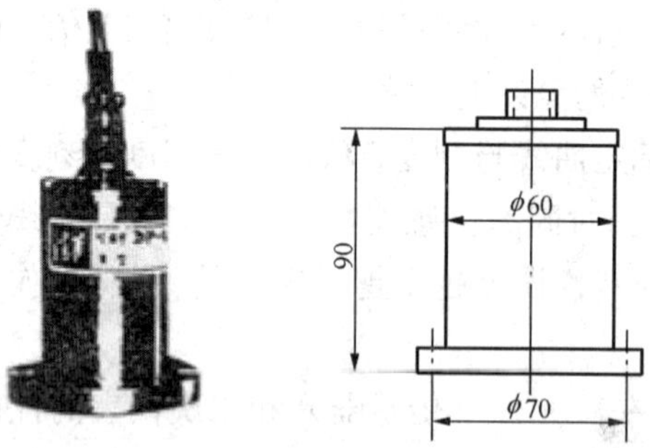

图 20-3　DP 型传感器外形

度较小，输出阻抗较低，抗干扰能力较强，但其体积较加速度传感器大，且弹簧元件存在疲劳问题。由于水力发电机组转频较低，故一般采用低频振动传感器，下面主要介绍 DP 型地震式低频振动传感器。

DP 型振动传感器的外形见图 20-3，工作原理见图 20-4。

地震检波器的传递函数是一个二阶高通环节，其传递函数中的分母取决于检波器的弹簧—质量悬挂系统和电磁阻尼。

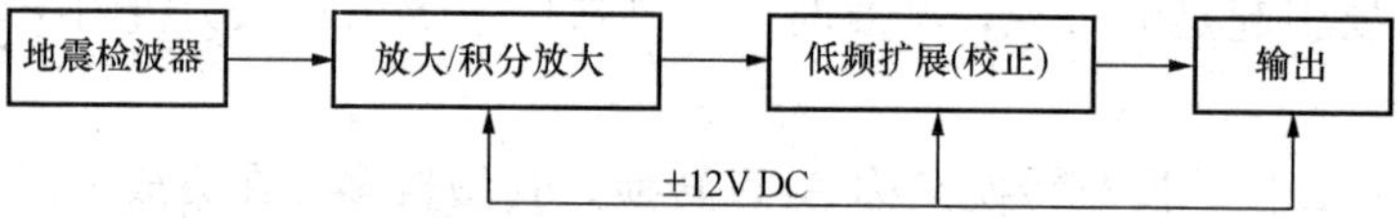

图 20-4　DP 型传感器工作原理

检波器的输出经过校正电路，校正后的 DP 型振动传感器的传递函数仍是一个高通环节，但其固有频率和阻尼比已完全由电路参数确定——设计时可使固有频率降为原检波器的 1/40～1/20，即相当于 0.5Hz 或 0.1Hz，并采用最佳阻尼比，又具有良好的低频输出特性。因此，DP 型振动传感器的外特性完全类似于一个机—电结构固有频率很低的地震式振动传感器。DP 型振动传感器的输出幅、相频率特性见图 20-5。

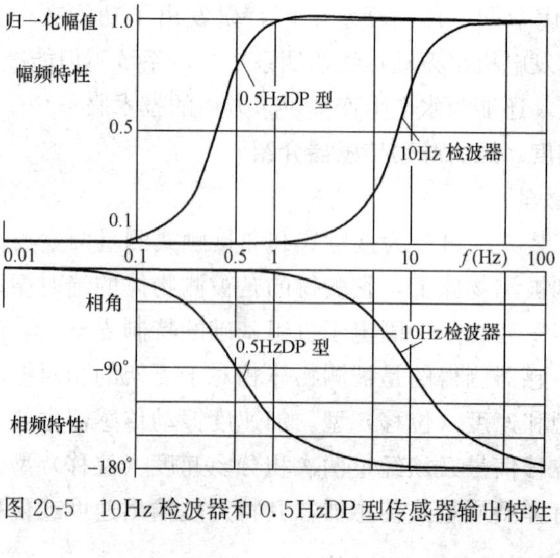

图 20-5　10Hz 检波器和 0.5HzDP 型传感器输出特性

根据校正电路中有无积分环节，DP 型振动传感器有速度型的或位移型的两类。速度型的输出电压正比于振动速度，位移型的输出电压则正比于振幅。所测量的均是传感器壳体（安装基座）在惯性空间的绝对振动，根据需要，可以和非接触式相对位移传感器（如涡流传感器）组合，以非接触方式测量研究对象的绝对位移振动，例如测量旋转轴（或工件）的绝对振动。

（二）电涡流位移传感器

电涡流传感器能静态和动态地非接触、高线性度、高分辨力地测量被测金属导体距探头表面的距离，是一种非接触的线性化计量工具。电涡流位移传感器能准确测量被测体（必须是金属导体）与探头端面之间静态和动态的相对位移变化。在对高速旋转机械和往复式运动机械状态分析，即振动研究、分析测量中，非接触的高精度振动、位移信号测量，能连续准确地采集到转子振动状态的多种参数，如轴的径向振动、振幅以及轴向位置。在所有的与机械状态有关的故障征兆中，机械振动测量是最具权威性的，这是由于它同时含有振幅、相位和频率的信息。机械振动测量占有优势的另一个原因是：它能反映出机械所有大的损坏并易于测量。从转子动力学、轴承学的角度分析，大型旋转机械的运动状态，主要取决于其核心——转轴，而电涡流位移传感器，能直接非接触测量转轴的状态，对诸如转子的不平衡、不对中，轴承磨损，轴裂纹及发生摩擦等机械问题的早期判定，可提供关键的信息。电涡流位移传感器具有长期工作可靠性好、测量范围宽、灵敏度高、分辨率高、响应速度快、抗干扰力强、不受油污等介质的影响、结构简单等优点。因此，该传感器广泛应用于大型旋转机械的摆度、振动测量及运行状态监测。

1. 电涡流位移传感器的工作原理

电涡流位移传感器的外形见图 20-6。

图 20-6　电涡流传感器的外形

探头、延伸电缆、前置器以及被测体构成基本工作系统。前置器中高频振荡电流通过电缆流入探头线圈，在探头头部的线圈中产生交变的磁场。如果在这一交变磁场的有效范围内没有金属材料靠近，则这一磁场能量会全部损失；当有被测金属体靠近这一磁场，则在此金属表面产生感应电流，电磁学上称为电涡流。与此同时，该电涡流场也产生一个方向相反的交变磁场，由于其反作用，使头部线圈高频电流的幅度和相位得到改变（线圈的有效阻抗），这一变化与金属体磁导率、电导率、线圈的几何形状、几何尺寸、电流频率以及头部线圈到金属导体表面的距离等参数有关，通常假定金属导体材质均匀且性能是线性和各项同性，则线圈和金属导体系统的物理性质可由金属导体的电导率σ、磁导率ξ、尺寸因子τ、头部体线圈与金属导体表面的距离D、电流强度I和频率ω参数来描述。则线圈特征阻抗可用$Z=F(\tau,\ \xi,\ \sigma,\ D,\ I,\ \omega)$函数来表示。通常我们能做到控制$\tau$、$\xi$、$\sigma$、$I$、$\omega$这几个参数在一定范围内不变，则线圈的特征阻抗$Z$就成为距离$D$的单值函数，虽然它整个函数是非线性的，其函数特征为S形曲线，但可以选取它近似为线性的一段，通过前置器电子线路的处理，将线圈阻抗Z的变化，即头部体线圈与金属导体的距离D的变化转化成电压或电流的变化。输出信号的大小随探头到被测体表面之间的间距而变化，电涡流传感器就是根据这一原理实现对金属物体的位移、振动等参数的测量（原理见图 20-7）。

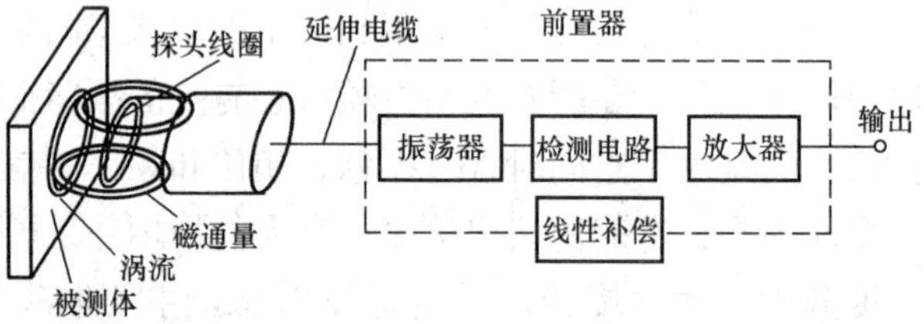

图 20-7 电涡流传感器原理图

其工作过程是：当被测金属与探头之间的距离发生变化时，则探头中线圈的Q值发生变化，Q值的变化引起振荡电压幅度的变化。这个随距离变化的振荡电压经过检波、滤波、线性补偿、放大归一处理转化成电压（电流）变化，最终完成机械位移（间隙）转换电压（电流）。由上所述，电涡流传感器工作系统中被测体可看作传感器系统的一半，即一个电涡流位移传感器的性能与被测体有关。

2. 电涡流位移传感器的技术指标

探头、延伸电缆在－20～150℃，前置器在－20～85℃，相对湿度为95%的环境中。在室温 22℃条件下，被测体材料为 42CrM04 钢（AISI4140 钢），电源－24V DC（电源输出电流不小于 50mA，纹波小于 10mV），负载 10kΩ 条件下，系统满足：

（1）供电电压每变化 1V，输出变化小于 1.8mV。

（2）前置器功耗不大于 12mA。

（3）输出阻抗不大于 10Ω，最大输出电流 50mA（输出方式除恒流外），最大驱动信号电缆长度 300m。

（4）频率响应 0～10kHz；（对$\phi5$、$\phi8$mm 而言，在 0～－3dB，300m 接线条件下测试）。

（5）线性误差±1%（包括互换性误差在内，对 ϕ5、ϕ8、ϕ11、ϕ14mm 探头规格而言）。

传感器规格及适用范围见表 20-3。

表 20-3　　传感器规格及适用范围

探头直径（mm）	线性量程（mm）	线性其终点（mm）	线性误差（%）	最小被测面积（mm）
3	0.5	0.4	±1	ϕ10 所围面积
5	1	0.6	±1	ϕ15 所围面积
8	2	0.7	±1	ϕ18 所围面积
11	4	2.0	±1	ϕ33 所围面积
14	5	2.0	±1	ϕ42 所围面积
18	5（6）	2.0	±1	ϕ54 所围面积
22	10	2.0	±1	ϕ62 所围面积
25、35	12.5	4.0	±2	ϕ68 所围面积
36	20	4.0	±2	ϕ85 所围面积
50	25	4.0	±2	ϕ105 所围面积
60	50	4.0	±4	ϕ150 所围面积

（三）压力传感器

压力传感器是工业实践中最为常用的一种传感器，其广泛应用于各种工业自控环境，涉及水利水电、铁路交通、智能建筑、生产自控、航空航天、军工、石化、油井、电力、船舶、机床、管道等众多行业。

1. 常用传感器的原理及其应用

压力传感器的种类繁多，如电阻应变片压力传感器、电感式压力传感器、陶瓷压力传感器、扩散硅压力传感器等。但应用最为广泛的是电阻式压力传感器，它具有极低的价格和较高的精度以及较好的线性特性。

（1）电阻式压力传感器的原理与应用。电阻式压力传感器最重要的元件是电阻应变片。电阻应变片是一种将被测件上的应变变化转换成为一种电信号的敏感器件。它是电阻式应变传感器的主要组成部分之一。电阻应变片应用最多的是金属电阻应变片和半导体应变片两种。金属电阻应变片又有丝状应变片和金属箔状应变片两种。通常是将应变片通过特殊的黏合剂紧密的黏合在产生力学应变基体上，当基体受力发生应力变化时，电阻应变片也一起产生形变，使应变片的阻值发生改变，从而使加在电阻上的电压发生变化。这种应变片在受力时产生的阻值变化通常较小，一般这种应变片都组成应变电桥，并通过后续的仪表放大器进行放大，再传输给处理电路（通常是A/D转换至CPU）显示或执行机构。

金属电阻应变片是由基体材料、金属应变丝或应变箔、绝缘保护片和引出线等部分组成。根据不同的用途，电阻应变片的阻值可以由设计者设计，但电阻的取值范围应注意：阻值太小，所需的驱动电流太大，同时应变片的发热致使本身的温度过高，不同的环境中使用，使应变片的阻值变化太大，输出零点漂移明显，调零电路过于复杂。而电阻太大，阻抗太高，抗外界的电磁干扰能力较差。一般均为几十欧至几十千欧左右。

（2）陶瓷压力传感器的原理及应用。抗腐蚀的陶瓷压力传感器没有液体的传递，压力直接作用在陶瓷膜片的前表面，使膜片产生微小的形变，厚膜电阻印刷在陶瓷膜片的背面，连接成一个惠斯通电桥（闭桥），由于压敏电阻的压阻效应，使电桥产生一个与压力成正比的高度线性、与激励电压也成正比的电压信号，标准的信号根据压力量程的不同标定为2.0/3.0/3.3mV/V等，可以和应变式传感器相兼容。通过激光标定，传感器具有很高的温度稳定性和时间稳定性，传感器自带温度补偿0～70℃，并可以和绝大多数介质直接接触。

陶瓷是一种公认的高弹性、抗腐蚀、抗磨损、抗冲击和振动的材料。陶瓷的热稳定特性及其厚膜电阻可以使其工作温度范围高达－40～135℃，而且具有测量的高精度、高稳定性。电气绝缘程度大于2kV，输出信号强，长期稳定性好。高特性，低价格的陶瓷传感器将是压力传感器的发展方向，在欧美国家有全面替代其他类型传感器的趋势，在中国也越来越多的用户使用陶瓷传感器替代扩散硅压力传感器。

三、试验数据处理

试验数据采集、分析软件已比较成熟，专门针对水轮发电机组的试验软件可以做甩负荷试验、稳定性试验软件、效率试验等，在大、中型水力机组上得到广泛应用。下面针对稳定性试验，就信号处理过程作一简单的介绍。

（一）振动信号处理

振动传感器的输出信号是一个毫伏级的交流电压信号。对它须进行隔直、滤波、积分和放大处理。

由于电源等因素的干扰可能会导致信号中存在一定的直流分量，它在信号处理的积分过程中会引起工作点的漂移，必须将该直流分量滤去。

接触式振动传感器的输出信号有两种类型，一种传感器的输出电压信号与振动速度值成正比，另一种的输出电压信号与振动位移值成正比。目前机组振动标准是以振动的位移值为判断基准的，由此，对第一种传感器的输出信号要进行积分，得到与振动的位移值成正比的信号。

为了确保信号的准确性，需要对信号进行滤波，信号中的最高频率必须低于采样频率的1/2，采样频率与频谱分析的频率分辨率成反比，采样频率越低，频谱分析的频率分辨率就越高，频率定位就越准确。因水轮发电机主轴旋转频率接近1Hz，主要振动频率范围在1～60Hz。电磁力激起的振动频率范围较大，主要是50Hz的倍频和分频。根据机组的具体的振动频率范围和信号分析的要求，将振动信号分别作60Hz和260Hz的低通滤波处理。

对振动传感器的输出信号经过隔直、积分、放大及滤波处理后，在进入模拟开关，见图20-8。

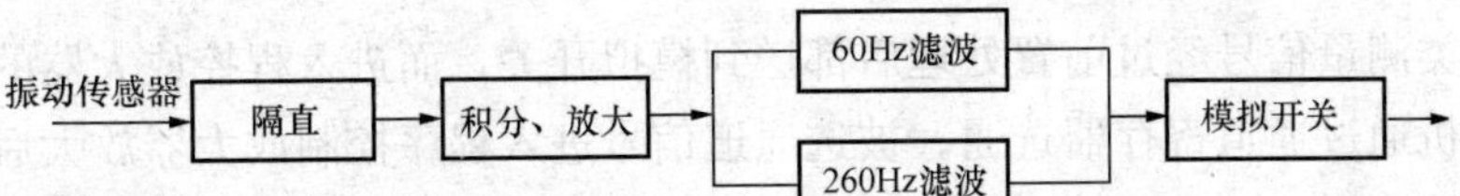

图20-8　振动信号处理框图

（二）摆度信号处理

摆度值使用非接触式电涡流传感器进行测量，传感器的输出电流信号与被测间隙成线性关系。首先要将电流信号转化为0～＋10V的电压信号，由于A/D的输入范围是－5～＋5V，为充分利用A/D的量程范围，需要对信号进行直流点补偿，将信号电压范围调整到－5～＋5V之间。为了使各通道的输出信号的幅度在统一的范围，还设置了信号放大器。此外，为满足信号分析和去干扰的需要，还应对信号作低通滤波处理，滤波频率为60Hz。信号经过滤波后，进入模拟开关。摆度信号的处理框如图20-9所示。

图20-9　摆度信号处理框图

（三）水压信号处理

水压和抬机传感器的输出信号都是电流信号，其处理过程与摆度信号相同。这两类信号均属缓变信号。

（四）键相信号处理

键相信号用作采样的同步信号。在主轴上粘贴一个小金属片，并在与片等高的位置安装一个非接触式电涡流传感器。主轴旋转时金属片旋转到与传感器对应的位置上，传感器即输出一个突出信号。对该信号进行放大、整形处理，转变成一个计算机能接受的逻辑电平。计算机对该信号进行监测，就能判断出主轴所处的角度位置。键相信号处理框图如图20-10所示。

图 20-10　键相信号处理框图

利用测量键相信号频率的方法测量机组转速。由于机组旋转一周键相传感器输出一个脉冲信号，因此采用这种方法测量机组转速测量速度较慢，尤其对于低速水轮机，测量速度较慢的缺点较为明显。现在的激光技术已比较成熟，测量转速和键相也可考虑激光传感器。

（五）A/D 转换

各类测量信号经过前置处理后都送到模拟开关，而进入程控放大器的通道号则有计算机通过通道寄存器选通。被选通道信号进入程序控制放大器放大后再进入采样保持器和 A/D 转换器，从而将模拟信号转化为计算机能接受的数字信号。

设置程序控制放大器主要是为了提高小信号的灵敏度和信噪比，充分利用A/D的测量范围。A/D转换电路框图如图 20-11 所示。

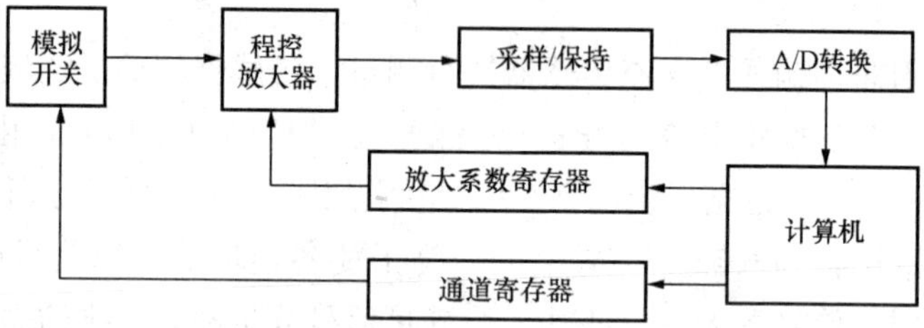

图 20-11　A/D 转换电路框图

第三节　现场稳定性试验

一、试验原理

利用多种不同的传感元件将机组各部位被试的非电量转换成电量，然后运用电量测量技术，通过适当的测量电路和仪器仪表将此电量测量出来。稳定性试验测量原理框图见图 20-12。

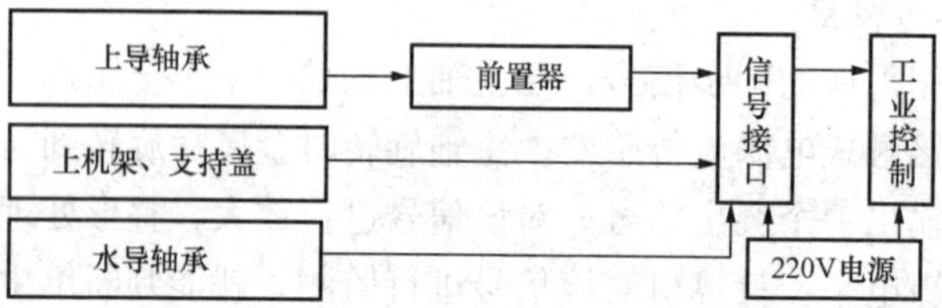

图 20-12　甩负荷试验测量原理框图

二、测试项目及其试验设备

测试项目及其试验设备一览表见表20-4。

表20-4　　测试项目及其试验设备一览表

测　试　项　目	试　验　设　备
机组转速、抬机量、上导、水导摆度	ZA-21系列电涡流传感器
蜗壳进口、尾水进口压力脉动	PA (R)-23/8465I型压力传感器
上机架、支持盖的水平、垂直振动	DPS-0.5-8-V（H）地震式低频振动传感器
硬件接口箱	华中科技大学动力系水机室开发
工业控制机	HSJ-2型试验测试仪
电源	220V

三、传感器的率定

1. 电涡流传感器的率定

摆度传感器的信号单位为“μm”，转速传感器的信号单位为“r/min”，抬机量的信号单位为“mm”，传感器输出范围为4～20mA，摆度的率定范围为−1～+1mm，转速只需找零位（应选用合适量程的传感器，其范围应为−1～+1mm），抬机量的率定范围为0～30mm。率定接线图见图20-13。其率定方法为：

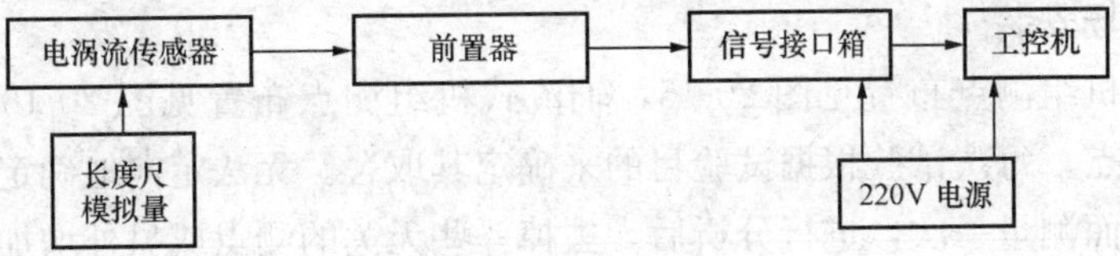

图20-13　电涡流传感器率定原理框图

(1) 选择合适量程的传感器。

(2) 检查电源的可靠性，电源电压应满足220(1±5%)V的范围。

(3) 进入过渡过程试验软件中的传感器率定，选项后采集。

(4) 找出传感器的安装零位，并作记录。从零开始，摆度传感器每隔200um调整一次，抬机量传感器每隔5mm调整一次，每次采集前将数据输入窗口后回车，记录一点，重复数次，直到全范围；再返向操作及重复进行一次，检查回程误差的大小及重复性，确认无误后拟合。

(5) 将传感器及电缆线贴上标签便完成该项目。

2. 压力传感器的率定

信号单位“kPa”，蜗壳压力的率定范围为0～350kPa，尾水压力的率定范围为−50～250kPa，输出范围均为4～20mA。每隔20kPa率定一点，直到全范围。率定接线图见图 20-14。

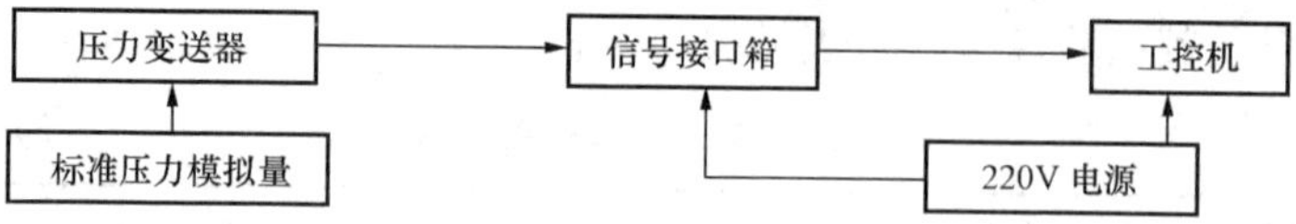

图 20-14　压力传感器率定原理框图

率定方法选择合适量程的传感器：

(1) 检查电源可靠性，电源电压应满足 220(1±5%)V 的范围。

(2) 进入过渡过程试验软件中的传感器率定，选项后采集。

(3) 从零开始将标准压力每隔 20kPa 调整一次，每次采集前应将调整值输入窗口后回车，记录一点，重复数次，直到全范围；再反向和率定重复进行一次，观察回程误差的大小及重复性，确认无误后拟合。

(4) 将传感器及电缆线贴上标签便完成该项目。

3. 振动传感器的率定

信号单位“μm”，输出范围为 0～5V。因无标准振动台的限制，一般按传感器出厂时厂家给定的参数人工键入，最后拟合。该率定系数自动记录，其后可直接引用该率定系数。

四、现场安装

混流式机组测点布置见图 20-15，轴流式机组测点布置见图 20-16，图中所示为主要的测点，每次试验根据试验目的来确定其取舍。无法定向地确定采用哪些测点时，可全面测量一次，进行分析后，去掉一些无关的测点或另外增加图中未标出的测点，以利于对试验成果的分析。

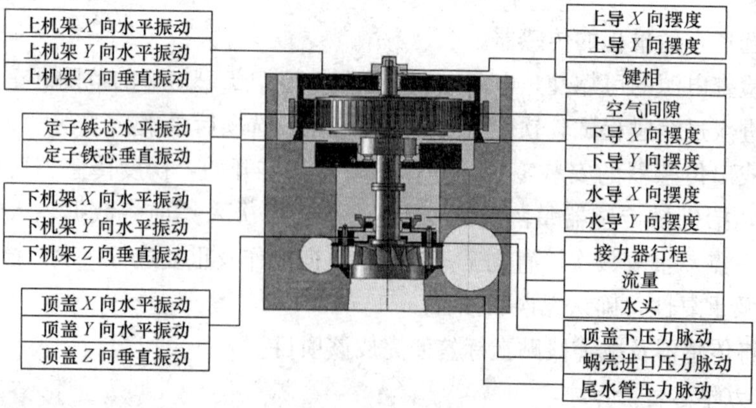

图 20-15　混流式机组测点布置图

（一）传感器支架的安装要求

（1）支架应安装牢固，保证其刚度，不应有任何微小的松动。

（2）支架结构简单可靠，不与被测体发生共振，其固有频率大于被测频率的3倍以上。

（3）形式为可拆卸式。

（4）在接近测点处，径向长度、轴向位置与切向方位均应有一定程度的调整余地。

（5）支架表面应涂防锈及防油保护层。

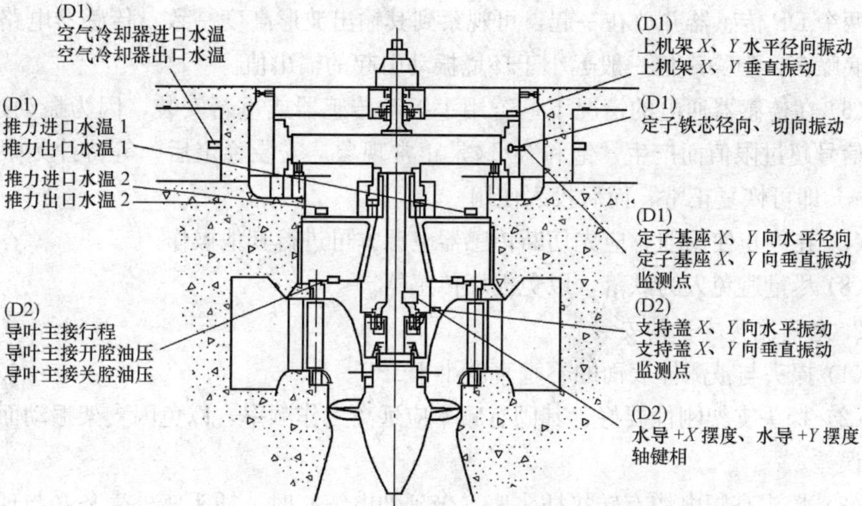

图 20-16　轴流式机组测点布置图

（二）传感器的安装

采用磁座或连接螺栓固定于上机架及支持盖（水平、垂直）的被测部位，安装时应保证磁座不得有悬空点，螺栓连接不得有微小的松动，应敷设稳定。

1. 振动传感器的安装

（1）将传感器安装在待测振动物体下，要注意垂直和水平方向的传感器不能混用。根据传感器的标牌，V为垂直型，H为水平型。安装角度误差在±2.5°内不会影响使用特性。固定方法一般可用螺钉将底盘压紧在被测物体上，也可用螺钉直接将壳体连接至被测物体。壳体底部有M6螺孔，可连接磁力吸盘，以吸附被测物体。如振动加速度不超过重力加速度 g，在临时试验中也可以用橡皮泥将传感器底部粘于被测物体上。

（2）电缆插头与传感器插座应连接牢固。必须仔细检查，切勿接错，以防止烧毁传感器。红色线接±12V，蓝色线接－12V，黑色线（或屏蔽层）接电源地，黄色线为信号输出线。地线应和记录仪器或计算机共地。

(3) 检查接线无误后方可接通±12V电源。

(4) 接通电源后，由于传感器电路元件充电达到正常的工作点需要时间，故要稍等片刻（一般小于1min）方可观察被测信号。在此过渡时期内可以观察到输出信号电压逐渐迁移至零电位，然后稳定于零偏压附近。

(5) 由于DP传感器的灵敏度高，能感受大地的颤动，更能感受机座的环境振动，因此，即使被测物体表现“静止”，传感器仍有一定的输出，这是正常现象。若用两个DP传感器并放在一起，可观察到其输出波形高度一致。传感器电路也有其本底噪声，但噪声值一般远小于环境振动引起的输出值。

(6) 在传感器通电的情况下，若用手扳动传感器或重新安装，因为振动过大，将使信号超过限值而产生“饱和”，这是正常现象。安装稳定后，等待片刻（不超过30s）即可恢复正常，而后投入使用。

(7) 在停止使用前，应先切断传感器电源方可进行其他操作。

(8) 尽量避免人为跌落，以免损坏传感器。

2. 电涡流传感器的安装

(1) 探头与被测体表面的不垂直度小于±5°。

(2) 探头支架刚性要好，其固有频率应远离工作频率，以免因支架振动而造成附加误差。

(3) 探头高频电缆有转接插头座（带延伸电缆）时，插头座外壳务必与现场设备地绝缘，否则会引起传感器电气损坏或引起电干扰。

(4) 为避免支架的轴向屏蔽影响，要求支架端面离开探头感应面，其距离不小于探头直径。

(5) 探头感应面径向应避免非测量体以外的金属体屏蔽。

(6) 用于位移测量时，根据测量的位移方向，注意探头初始安装位置的设置。

(7) 安装探头时，应考虑传感器的线性测量范围和被测间隙的变化值。当被测间隙总的变化量与传感器的线性工作范围接近时，应特别注意。

(8) 测量振动时，通常将探头的安装间隙设在传感器的线性中点。测量位移时，要根据位移往哪个方向变化或往哪个方向的变化量较大来决定其安装间隙的设定。当位移向远离探头头部的方向变化时，其安装间隙应设在传感器的线性近端；反之设在线性远端。

(9) 安装探头时，两个紧固螺母必须拧紧，探头所带电缆线必须随之转动，以防扭伤；如带延伸电缆，安装探头时应先将其取下。

(10) 当探头头部线圈中通过电流时，在头部周围会产生交变磁场，因此安装时要注意两个探头的安装距离不能太近，否则两探头之间会通过磁场互相干扰，在输出信号上迭加两个探头的差额信号，造成测量结果失真。

(11) 当探头安装在机壳内部时，如有延伸电缆接头，应将接头露出机壳外，且注意多余的电缆线要引出机壳外，并注意检查电缆接头是否密封良好。

(12) 虽然探头的内部结构已绝缘，但探头电缆（延伸电缆）接头是和信号“地”相连接的，而且不具有密封性。为了避免电缆接头和机壳（大地）接触以及加强其密封性能，应对电缆接头进行绝缘保护。当传感器探头安装好后，应将延伸电缆的接头用随传感器配来的透明缩导管包裹好。延伸电缆接头用电吹风加热热缩导管使其收缩即可，这样还能防止接头的松动。如果需要脱开接头，只需用小刀在接头金属处划开一段口子就能拉下，但注意不要划坏电缆线。

(13) 电缆（延伸电缆）作为连接探头和前置器的中间部分，它是整个系统的一个重要组成部分。所以，延伸电缆的安装应保证其在使用过程中不易受损伤，在环境恶劣的地方，应采用带铠装的延伸电缆。

(14) 试验时，不能随意缩短或加长延伸电缆的长度，更不能取消其不用，否则会造成传感器系统特性变化。

(15) 盘放传感器电缆时，应注意盘放直径不能过小。一般要求：不带铠装探头或延伸电缆时盘放直径不得小于45mm，带铠装探头或延伸电缆时盘放直径不得小于55mm。

3. 压力传感器的安装

(1) 安装位置应尽量避免高温、磁场和振动的地方，以免影响测量精度。

(2) 安装应牢固、整齐、美观，不得有倾斜，传感器安装位置应尽量高于可能的渗漏点。

(3) 传感器应装有排污、排气三通，可随时排出管道的污物及空气。

(4) 其电缆应为 $2\times1.5mm^2$ 的屏蔽电缆。

(三) 现场调试

将标定好的传感器按预定位置安装好并与相应的仪器仪表连接，检查传感器与仪器连接是否良好，有无短路、断路和错接现象。按顺序（UPS电源、主机、硬件接口箱、传感器的二次仪表）打开电源，根据各路信号在测试中量的变化频率选择“平均值”或“峰—峰值”及其分频数，对高频量应选“峰—峰值”及小分频数，对缓变量应选“平均值”及大分频数。然后逐一对各传感器进行调试，先选择相应通道，观察其“物理量”窗口各量的变化情况及其与实际量变化趋势的一致性。对无变化的信号，需检查各接头的接触情况及导通情况；对有微小误差的信号，应进行现场修正。

（四）试验程序及方法

1. 试验程序

试验工况的选择根据每次试验的目的和要求而定，无法选定时，可作以下安排：

（1）启动试验。在机组发出启动命令时即进行录波，直至机组转速达到额定值，机组各工况趋于稳定后，停止采集。

（2）变速试验。机组启动至100%额定转速后，稳定运行短暂时间后观察无异常情况。允许继续试验时，可降速到额定转速的80%、60%后，再将转速升到额定转速的80%、100%或120%，并记录各工况有关参数（至少需作三个工况点）。

（3）空载无励磁试验。机组在空载额定转速工况下，不给励磁电压，稳定运行0.5h以上，监测各部位振动、摆度及压力脉动值的变化情况和变化规律。

（4）空载有励磁试验。机组在额定转速工况励磁电压下，记录各部位参数与不给励磁电压的对比情况。

（5）变负荷试验。根据需要，可在不同负荷工况下测量各参数。一般需避开非协联高振动区，从50MW开始，间隔15MW，每个工况至少稳定5～10min后进行采集。

（6）调速器手动、自动运行工况。考核调速器手动控制和自动控制对机组稳定运行的影响。

2. 试验方法

所有信号调试完毕后，进入试验软件界面，设置采集前的有关参数，其内容有：设置提前开始采集的最大分钟数，检查各信号传感器的工作状态是否正常；确认正常后，进入等待采集状态；接到指挥人员的命令后，正式开始采集。采集时间根据信号的稳定情况而定，一般为1min左右。所有试验项目完成后，应按正常程序退出试验软件后再关机，以免试验数据丢失，多数试验软件的使用基本相似。拆除试验系统，对其进行全面擦拭和清理，做到工完场清。

第四节　试验结果的整理、分析

对于机组的稳态（正常运行）和瞬态（启动、停机和事故工况）运转下的振动测量，通常需要通过信号分析获得若干重要信息。为确定振动的剧烈程度，需测量总体振动水平，即通常所说的振幅值，如通频值或振动总量；为寻找振动故障的起因和根源，应知道振动分量的频率成分，故频率分析极为普遍；为判断故障的性质，应对振动的时域波形、轴心轨迹、涡动方向等进行分析；为识别机组故障，相位关系是关键参数，包括同频和二倍频的相位，也可用来判断不同振动参量间的相关性；为全面深入探究复杂的振源特征，需要测量转子的中心位置、动平衡，各典型频率分量下的幅值、振动激扰力特征等。

振动信号一般是稳态的、随机的、可以重复获得的，但随着运行工况和状态参数的变化，振动量也会随时间变化，尤其是在机组故障快速发展和状态突变时。环境和外界作用的变化应及时记录，作为故障诊断的参考。振动信号的分析一般分频谱分析（机组振动分析与诊断的最基本的工具，建立在快速傅里叶 FFT 的基础上，并辅之加窗函数、滤波、细化、平均等技术，也可包括自谱和互谱等）和时域分析（时域信号的样本长度，即采样时间或记录长度，取决于所要研究的信息类型，通常与机组的工作周期或激励激励的周期有关。转子平衡所需要得到的相位信息就是用基本周期来表示的）、趋势分析（对于机组的振动信号或过程参数信号，连续地或周期性地记录其变化过程，分析其工作状态和发展趋势，如可用振幅随时间变化的曲线表示轴承磨损、间隙增大而导致机组振幅上升的自然趋势、相位分析、轨迹分析等）、相位分析（相位量化了两个信号之间的时间差，它们可以是两个振动信号，也可以是一个振动信号与一个激励信号，或者取自一个振动信号与基本转速的参考信号）、轨迹分析（可以提供轴承的预负荷，能提供转子的涡动频率及进动方向，还能显示轴颈在轴承中的位移）、变转速及变频率分析（可以从变转速或变频率测试中得到自振频率、临界转速、阻尼以及与诊断有关的转子弯曲、裂纹等信息。通常，质量偏心力与转速呈平方关系，可以利用变转速试验判断转子偏心的影响程度）、变励磁试验分析（电磁不平衡对励磁电流或电压十分敏感，通过变励磁试验可以掌握和区分故障的电气原因）等。

当然，机组振动的现象和本源都是十分复杂的，往往不可能在很短的时间内直观地显现出来，需要从混杂的大量影响因素中疏理脉络、顺藤摸瓜，还要善辨真伪、善分主次。因此，除要求技术人员具有非常全面和深入的专业知识外，还需积累大量的实践经验，更要求有现场测试相配合。试验可以提供充分的证据，也是判断分析的验证。经过反复探讨和试验，步步深入，才能透过表象捕捉到事物的本质——真正的故障所在。

一、频幅分析

（一）基频波与载频波的振幅分析

1. 基频的确定

测出的波形一般有以下三种类型：

(1) 只有一个单一频率的波，图 20-17 中的波形 1、2 即为基频波。

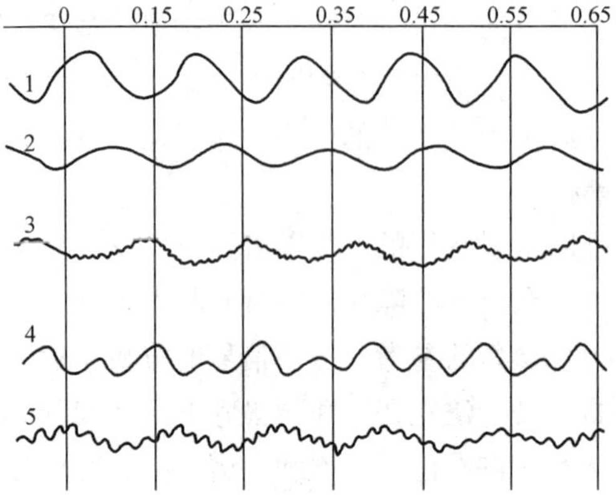

图 20-17 振动(摆度)压力脉动示波图

(2) 除基频波明显可见外，还有一些规律性不强的载频波，如图 20-17 中的波形 3。如何分析，要根据测量结果的具体情况确定。

(3) 基频和载频波都比较明显而且很有规律，如图 20-17 中的波形 4、5。某些干扰波也是有规律的。对于 1、2 两类波就只计算一个频率的波幅，而对于 3 类型的波，则必须将有规律的波幅值分别测量和计算。例如，曲线 4 有转频和 2 倍转频的幅值，曲线 5 有转频和 7 倍转频的幅值。

2. 幅值的测量、计算

(1) 第一类波：直接量出波的峰—峰值。若峰—峰值根本不变或变化很小，则可取较多波幅的平均值；若波幅有大有小，则可将其平均值、最大值、最小值分别读出。

(2) 第二类波：取其高频小幅值波的中点连线作为主频波，然后量其峰—峰值。

(3) 第三类波：首先量出有规则高频波的峰—峰值，然后连接各波中点，得出基波的峰—峰值。

如图 20-18 所示，量得 A 或 A'后，分别乘以率定比例系数 [振幅（或压力脉动），单位为 mm] 即得到振幅、摆度或压力脉动数值。

对各种振动，特别是摆度，一般都存在较明显的转速频率波，需要测量出幅值。对其他任何频率，也采用相同的方法测算波幅值。

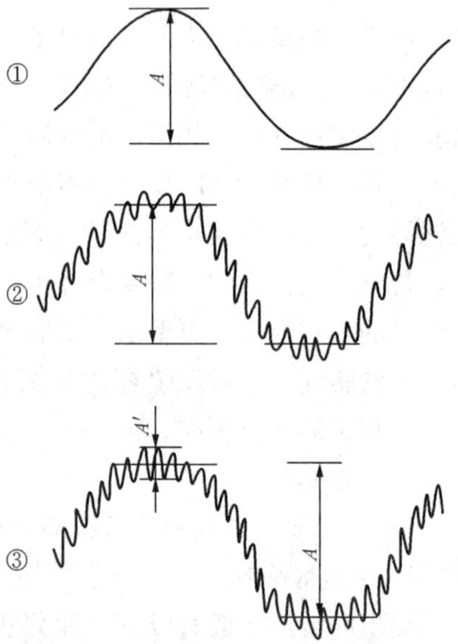

图 20-18 各类频率波示意图

二、频谱分析

1. 振频计算

水力机组发生振动时，常出现的振动频率及频率计算式见表 20-5。

表 20-5　　水力机组振动时常见的振动频率及频率计算式

序　号	频率计算式	有关参数的意义
1	$F_1=n_r/60$	n_r——机组额定转速
2	$F_2=f_1Z_1$	Z_1——导叶数
3	$F_3=f_1Z_2$	Z_2——轮叶数
4	$F_4=f_1 1/U_s(U_s=3.6)$	U_s取值范围：2～6
5	$F_5=f_1Z_1Z_2$	
6	$F_6=S_r w_m/\mathrm{d}$	$R=10^3\sim10^5$时，$S_r=0.18\sim0.22$ w_m——转轮叶片出口边缘的相对流速 D——叶片出水边厚度
7	$F_7=f_1Z_3$	Z_3——水导轴瓦数
8	$F_8=f_1Z_4$	Z_4——上导轴瓦数
9	$F_9=f_1Z_5$	Z_5——推力轴瓦数
10	$F_{10}=f_3(1-v_{u2}/u)$	v_{u2}——转轮出口水流的绝对切向分速 u——转轮旋转速度
11	$F_{11}=f-f'$	由振频为 f 和 f' 叠加产生的迫振频率
12	$F_{12}=P'f_1$	P'——磁极对数有关的常数
13	$F_{13}=Cf_r/P$	C——转子磁极不圆度尺寸谐波次数 P——磁极对数 $f_r=50\mathrm{Hz}$
14	$F_{14}=(gEF/\pi R_cG_c)^{1/2}$	$g=981\mathrm{cm/s^2}$ $E=(1.3\sim2.0)\times10^6$ F——铁芯最弱截面面积 R_c——铁芯轭部重心半径 G_c——铁芯总重
15	$F_{15}=2f_r$	同上

2. 主振频及各种频率的确定

按国际规程规定，振动波形中的主振频是指在频谱密度曲线上最大值出现的频率。一般现场没有频谱分析仪器，所以以振幅值最大的波的频率作为主振频，其他频率有可能是载频，也可能和主频叠加形成振动频率。

每一个频率计算，均由示波图的时标和波的次数算得

$$f=\frac{Z}{\Sigma_1}=\frac{\text{波动次数(次)}}{\text{时间(s)}} \tag{20-1}$$

计算时需多观测几段波；进行频率分析时，常取 10～20s 时域来计数波的次数，以确定某一波形的频率。

若频率不稳定，则应计算出其变化规律。

当发生拍频时，一定是由两个频率比较接近而幅值不一定相同的振动合成的结果，其合振动的频率为

$$f_h = \frac{1}{2\pi} \times \frac{\omega_1 + \omega_2}{2} = \frac{f_1 + f_2}{2} \tag{20-2}$$

而所形成的拍的频率为 $f_p = f_2 - f_1$。拍频率的意义为单位时间内腹或腰的次数，或可称为腹与腹之间（腰与腰之间）的时间的倒数，如图 20-19 所示，即 $f_p = \frac{1}{T_p}$。

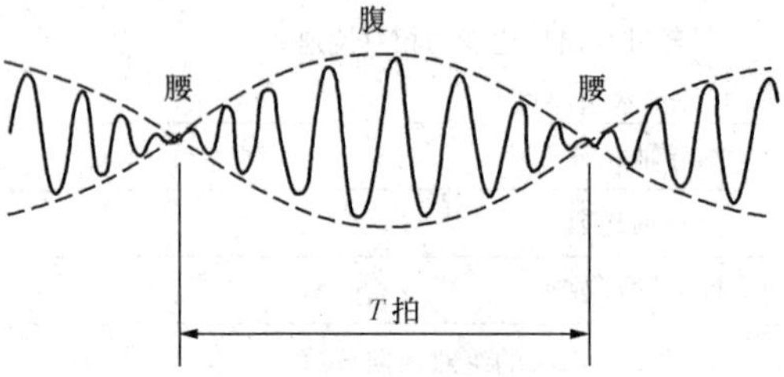

图 20-19　拍频振动波形图

3. 频率变化规律分析

在水力机组稳定性试验中，围绕水力、电气和机械等方面的原因所引起的振动频率各不相同，分析时应掌握频率的变化规律。首先视转速频率的振动值，然后观测额定转速工况未给励磁和给励磁后频率和幅值的变化。随着带负荷的增加，视频率中有无何种水力因素影响的成分促使主振频改变或出现某种附加的振频，如与空蚀、卡门涡、流道开口不均、尾水管涡带等因素有关的频率等，掌握频率变化规律是分析振源的重要条件之一。

谱分析用于分析所选信号的频率谱，当选中某信号的时域波形图，可对该频谱进行自功率谱分析（用于分析信号的自功率谱）、互功率谱分析（用于分析两个信号的互功率谱）、自相关函数分析（用于分析信号的自相关性）、互相关函数分析（用于分析两信号的相关性）、自动峰—峰值分析（自动获得信号峰—峰值）、手动峰—峰值分析（人工获得信号峰—峰值）。同时也可对窗函数进行分析，为了减少频谱能量泄漏，可采用不同的截取函数对信号进行截断，截断函数称为窗函数。泄漏与窗函数频谱的两侧旁瓣有关，如果两侧瓣的高度趋于零，而使能量相对集中在主瓣，就可以较为接近于真实的频谱，为此，在时间域中可采用不同的窗函数来截断信号。实际常用的窗函数有矩形窗、三角窗、汉宁窗、海明窗、高斯窗。

不同的窗函数对信号频谱的影响是不一样的，这主要是因为不同的窗函数，产生泄漏的大小不一样，频率分辨能力也不一样。信号的截断产生了能量泄漏，而用 FFT 算法计算频谱又产生了栅栏效应，从原理上讲这两种误差都是不能消除的，但是我们可以通过选择不同的窗函数对它们的影响进行抑制。

对于窗函数的选择，应考虑被分析信号的性质与处理要求。如果仅要求精确读出主瓣频率，而不考虑幅值精度，则可选用主瓣宽度比较窄而便于分辨的矩形窗，

例如测量物体的自振频率等；如果分析窄带信号，且有较强的干扰噪声，则应选用旁瓣幅度小的窗函数，如汉宁窗、三角窗等；对于随时间按指数衰减的函数，可采用指数窗来提高信噪比。

4. 相位分析

相位是振动分析中一个非常重要的参数，结合振动幅值，分析振动相位，对振动的认识从标量上升到矢量，使振动分析更全面、更准确。对于频谱相似、幅值变化不明显的故障，利用相位进行区别，具有一定的指导意义。由于影响水力机组运行稳定性的因素很多，使被测信号在各种工况下不尽相同，一般干扰力分为失衡、电磁和水力三方面原因。在启动到额定转速无励磁工况间，除轴线因素外，基本上是失衡力决定着各被测信号的相位；给励磁电流的空载额定转速工况，则由失衡力和不平衡磁力的合成矢量决定被测信号的相位；随着带负荷增加，导叶开度增大，水力不平衡力逐渐增大，与前述因素叠加，其合成矢量决定振幅的方向。机组不同部位其干扰力的性质和影响不同，故所测的振幅相位亦不相同。当存在其他原因，如干摩擦、连接螺栓松动、各导轴承不同心等也会影响被测信号的相位和变化规律，每次测量结果须针对具体问题进行分析。

（1）各信号相位的测量方法。如图 20-20 所示，在转子上贴一片金属片或贴一反光带，采用涡流传感器或光电传感器，产生一个与转速完全同步的脉冲信号。同时用振动传感器测量轴的振动，得到相应的轴振信号。脉冲信号的前沿到其后振动信号最大点之间的角度差，即为振动相位。

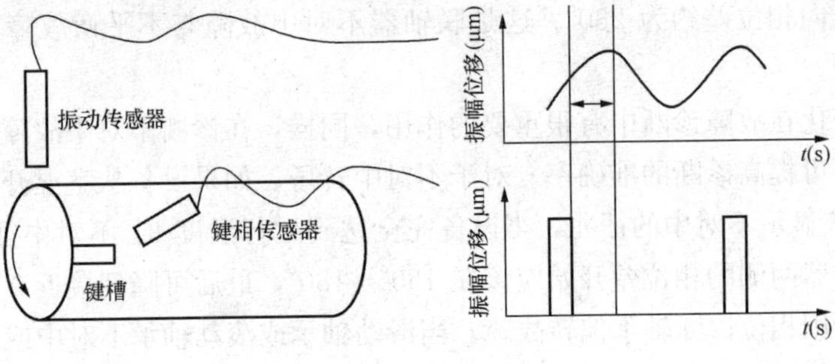

图 20-20　相位测量示意图

（2）利用相位区别不平衡、偏心和弯曲转子的故障。不平衡转子、偏心转子和弯曲转子都能引起较大的振动，这些故障的频谱图非常相似，以振动幅值和谱图很难区分这三种故障，但是若依据振动相位加以区别，就使问题变得相当简单和轻松。

对于双支承转子，若同一轴承上水平方向与垂直方向振动相位差约 90°

(±30°)，内侧轴承与外侧轴承水平方向振动的相位差接近垂直方向振动的相位差，则转子为不平衡故障；对于悬臂转子，如果支承转子的两轴承的轴向相位近 似相等（±30°），则说明悬臂转子不平衡。

偏心转子同一轴承上水平方向与垂直方向振动相位差约为 0°或 180°。这里所说的偏心转子指的是轴的中心线与转子的中心不重合的转子，也就是说旋转体的几何中心与旋转轴心存在偏心距。

弯曲轴的两个轴承之间的轴向方向相位变化接近 180°，这与弯曲的程度有关。对同一轴承不同点的轴向方向做若干测量，通常会发现在轴承的左侧和右侧测量的相位之间发生接近 180°的相位差，在同一轴承的上侧与下侧测量的相位之间也发生接近 180°的相位差。

(3) 利用相位诊断联轴器不对中故障。判断不对中故障的最有效的方法是评定联轴器两侧的振动相位，当联轴器两侧的相位差接近 180°(±40°～±50°)时，则说明是联轴器不对中故障，不对中程度越严重，相位差越接近 180°。为了准确诊断，应该比较联轴器两侧轴承座的水平、垂直和轴向 3 个方向的相位差，如果两根轴水平方向对中良好，而垂直方向对中不良，则这两个方向的相位差差别较大。

当联轴器不对中时，支承联轴器任一侧转子的两个轴承径向方向的相位差接近 0°或 180°(±30°)；在比较水平方向与垂直方向相位差时，大多数联轴器不对中故障则表现为垂直方向与水平方向之间的相位差接近 180°。也就是说，如果支承联轴器任一侧转子的两个轴承之间水平方向相位差为 50°，则大多数 联轴器不对中转子的垂直方向相位差约为 230°。这是联轴器不对中故障与不平衡故障在相位方面的最大区别。

振动变化在故障诊断中有很重要的作用，同样，在诊断不对中故障时，注意相位的变化，可提高诊断的准确率。对于不对中转子，如果设备从室温开始升速，开始时 它应该显示不对中的征兆，当设备完全达到运行温度 时 不对中征兆便消失，比如，联轴器两侧的相位差开始应该在 150°～180°，最后可降到接近 0°～30°。

(4) 利用相位诊断轴承偏转故障。当滑动轴承或滚动轴承不对中或是卡住在轴承上时，可引起大的轴向振动。此时，利用振动幅值或频谱进行诊断往往不能奏效。如果在一轴承彼此间隔 90°的 4 个点的轴向方向测量相位，上下或左右的相位差为 180°，则说明该轴承偏转或者说是卡住在轴上。

(5) 利用相位确定转子的实际临界转速。转子在升速或者在降速过程中，利用振动幅值可以确定转子的临界转速，利用振动相位的变化也可以确定转子的临界转速。当机器通过临界转速时，在临界转速处振动相位精确的变化 90°，直到没有更大的放大为止，相位变化继续变到 180°。

(6) 利用相位区别机械松动故障。结构框架或基础松动包括4种不同的故障：一是结构松动或机器底脚、基础平板和混凝土基础弱；二是变形或破碎的砂浆；三是框架或基础变形；四是地脚螺栓松动。这种类型的松动，由于具有与不平衡或不对中故障几乎相同的振动频谱，因此，常常被误诊为不平衡或不对中，只有仔细观察相位特性，才能加以区别。

比较每个轴承座的水平和垂直方向相位时，如果振动非常定向，同时相位差为0°或180°，则说明是松动故障，而不是不平衡。此时，将测量从轴承座下移到底脚、基础平板、混凝土和周围地板上，利用大的相位变化，可以确定故障所在。

三、综合分析

(一) 试验结果汇总表

汇总表包括试验工况、被测参数名称、各参数在每个工况下的幅值、相位和频率等，使分散的数据汇集在一起、从而发现其变化的特征或规律性，以利于分析和判断。

(二) 动态轴线图

水力机组动态轴线状况受转动部分和支持系统两方面因素的影响。它包含轴的静态变形、动态变形和轴线偏离轴承几何中心的程度。将各工况下的动态轴线描述出来，便可分析和了解影响动态轴线变化的因素和有关规律。

(三) 振动、摆度、压力脉动随工况变化曲线（见图20-21）

(四) 机组受力状态分析及振动原因的确定

1. 各工况下机组受力分析

(1) 综合分析前应了解机组有关的技术参数，如检修（或安装）中达到的各项技术指标、施工中各部件制造、安装等与设计要求的差异，设备结构和性能等。

(2) 以振幅、频率和相位三方面综合视每一个被测量值在同一工况下的稳定情况。

(3) 各量在不同工况的变化规律。

(4) 绘出必要的动态轴线图，以了解转轴的运转状态。

(5) 对每一种因素逐一分析判断、并一一淘汰无关的因素，使分析的目标渐渐缩小和深入。

(6) 各工况以某种因素为主，然后人为增加或减少其他因素，测量并绘出矢量变化图。图20-22所示为某一摆度的变化情况。

由图可以大致确定各种因素的影响程度与相位，以便深入分析原因。

2. 主因和诱发因素的确定

水力机组发生异常振动时，原因往往是错综复杂的，有并列的振源，也有因某

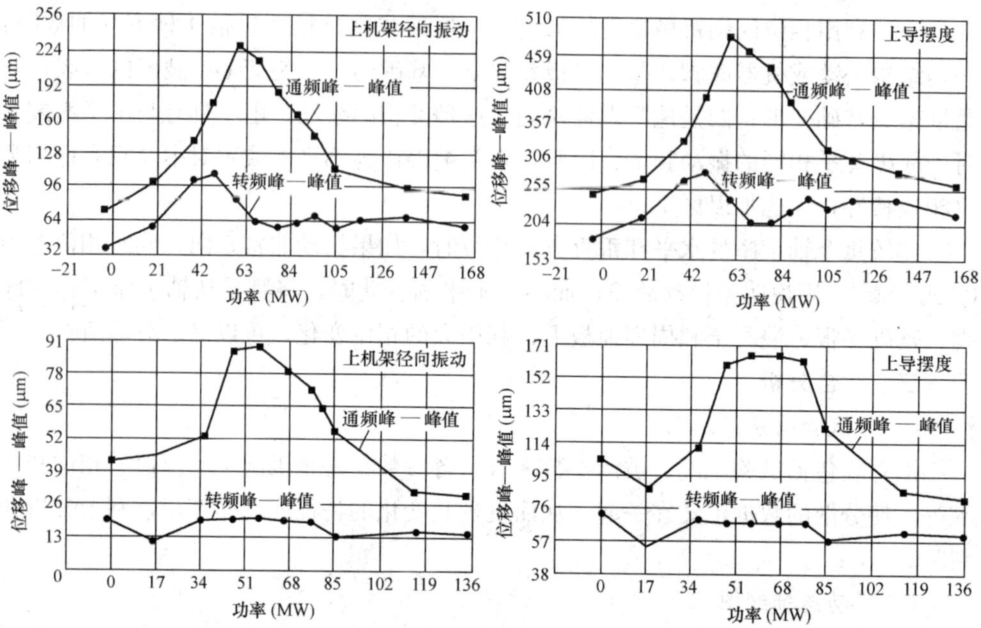

图 20-21　各参数变化曲线

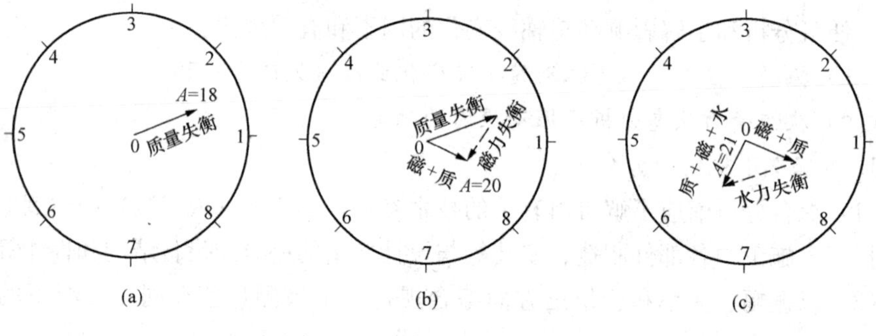

图 20-22　转轴某处摆度矢量

(a) 空载无励工况；(b) 空载有励工况；(c) 满负荷工况

一种原因引起其他不利因素发展形成恶性循环，实际问题中后者居多。即使是并列原因，也有主次或程度之差，故确定主振源是极为重要的，为此应做到：

（1）当一开始出现异常振动时便分析振源及时处理，避免诱发因素增加。

（2）若未对异常振动及时处理而持续运行一段时间后，必须了解和掌握机组稳定性发生变化的详情。

（3）在作出初步判断后，可人为控制（或增加）某些因素，若为主振源则由此极为显著且能持续稳定地维持所产生的效果。

(4) 振源若错综复杂则必须一一解决，一般采用先易后难的处理步骤，力争少停机而效果最优。

(五) 水力因素引起的振动

引起机组振动的水力因素可能有以下几个方面。

1. 尾水管涡带引起的振动

在混流式和转桨式水轮机中，正常工况下从转轮流出的水流为轴向流动。而在低负荷下运行时（导叶开度一般在35%～60%或机组出力在25%～50%范围内）从转轮流出的水流在转轮旋转方向产生分量。因此，在低负荷运行时尾水管内将产生旋涡涡带，旋涡中心压力下降产生负压。涡带在尾水管内旋转，水压力产生周期性的变化和扰动，它有可能导致水流与压力管道及机组的共振并引起厂房的振动。

尾水管涡带引起的水压脉动频率通常是机组旋转频率的 $\frac{1}{3}\sim\frac{1}{4}$。振动频率 f 可由式（20-3）计算，即

$$f=\left(\frac{1}{3}\sim\frac{1}{4}\right)f_{\mathrm{n}} \tag{20-3}$$

或

$$f=\frac{n}{60K} \tag{20-4}$$

式中　f_{n}——机组转频；

n——机组转速，r/min；

K——与机组类型有关的系数；$K\approx3.6$（混流式机组），$K\approx4.2\sim4.6$（转桨式机组），一般取 $K\approx3\sim5$。

苏联学者沙姆科夫对原型机组进行了观测并给出尾水管涡带的计算公式如下

$$f=\frac{n}{60\times3.6}\sqrt{\frac{P}{0.65P_{\mathrm{N}}}} \tag{20-5}$$

式中　P——发电机出力，kW；

P_{N}——发电机额定出力，kW。

尾水管涡带可以通过在尾水管进人孔附近出现的“吼吼”声响以及尾水管压力脉动测量加以判别，防止尾水管涡带的发生在设计阶段应该予以充分研究，但由于理论解析和模型试验的困难，难以确切预测和解决。而且由于负荷的变化或其他运行条件的变化，振动特性也会变化。尾水管涡带是最易出现的振源之一。当现场发生此种问题时，一般多采用加装补气管向低压区补气，也有各种结构措施也常被采用，这往往是在补气不能有效解决故障时，包括：尾水管设计改进—加长锥管段或加长锥管段扩散角，加长转轮泻水锥，用三脚架加长转轮的泄水锥，加同轴锥管，加十字架补气，用三脚架加设固定柱体，在尾水管锥管壁上设稳流翼片等。具体措

施的选择要根据实际情况，必要时通过模型试验或现场检验加以确定。

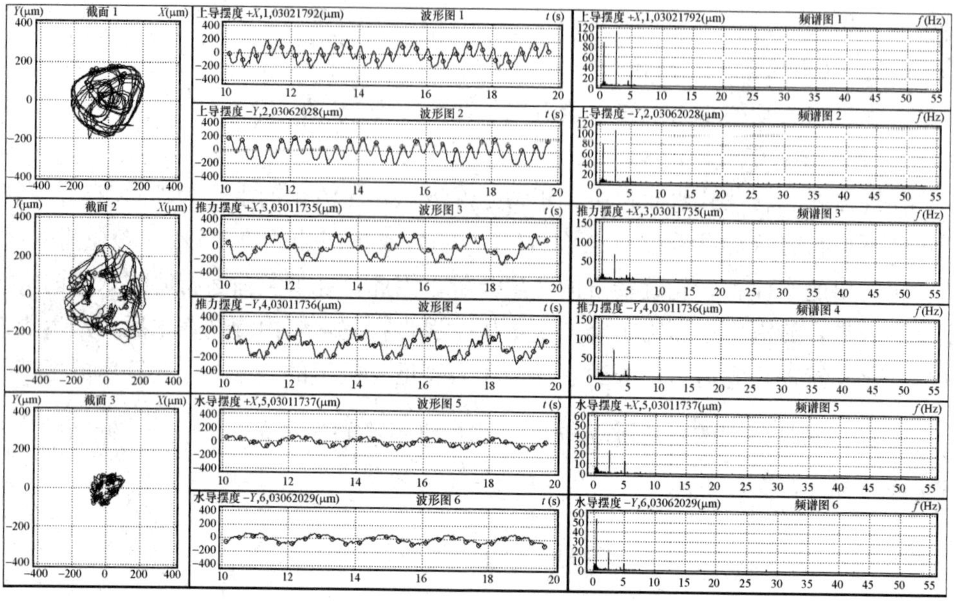

图 20-23　涡带工况区的摆度的示波图、轴心轨迹和频谱图

2. 卡门旋涡引起的振动

水轮机卡门旋涡一般出现在固定导叶、活动导叶和转轮叶片出水边处。当旋涡频率与绕流体的固有频率相近时，将产生共振并发生前列的啸叫声。叶片上受到的动应力可能达到或超过平均应力的50%以上，叶片可能因此而产生疲劳破坏。

水轮机转轮叶片出水边处卡门旋涡的频率可由下式计算

$$f=\frac{Stv}{t}\quad(\mathrm{Hz})\tag{20-6}$$

式中　St——斯特劳哈尔数，$St=0.15\sim0.20$；

v——流速，m/s；

t——轮叶出水边厚度，m。

卡门涡流的频率与转轮叶片或导叶等结构的固有频率接近时，会发生强烈振动，伴随有噪声，卡门涡频率与叶片厚度和流速有关，因此仅在一定负荷条件下才发生。治理对策为：在不改变过流条件前提下，将叶片出水边厚度减薄，提高卡门涡频率以避开共振区；或在叶片间加装支撑件，以提高叶片自身的固有频率。

3. 转轮密封位置及其形状引起的振动

机组在转动中如转轮迷宫式密封不对称，或者机组产生周期性振动时，在迷宫间隙内水压将发生周期性变化，它将产生一个不均匀或不对称的旋转压力场。不均衡力又加剧转动部分的变位和摆度从而形成恶性循环。在一定条件下，它可能引起水轮机的自激振荡。所谓自激振荡就是干扰力（激励力）为振动体运动参数的函数。它使系统受到激励而丧失稳定从而产生振动。

此外，受尾水管脉动压力的影响，有可能引起或加剧密封环处的水压力脉动。例如四川渔子溪电厂在50%负荷下运行时，由于尾水管低频涡带的影响导致转轮迷宫环中的压力脉动值比满负荷时大1倍左右。

迷宫环内压力脉动频率一般为机组转速频率。

4. 蜗壳、固定导叶、活动导叶引水不均匀导致转轮进口水流冲击而引起的机组振动

理想情况下，导叶在任何位置或开度时，导叶两边的流速和压力呈均匀分布状态，相邻流道内具有同样的能量水平。但由于加工和安装上的误差，各个流道和叶片的形状、尺寸总有一些差别。这些差别可能引起水流的扰动，扰动水流进入转轮可能与叶片产生冲击从而引起水轮机的水压力脉动和振动。

这种振动频率 f 为导叶叶片数、转轮叶片数与水轮机转频的乘积，即

$$f = f_n Z_g Z_r \tag{20-7}$$

或

$$f = \frac{n Z_g Z_r}{60} \quad (\mathrm{Hz}) \tag{20-8}$$

式中 f——导叶振动频率；

f_n——机组转频；

n——机组转速；

Z_g——导叶叶片数；

Z_r——转轮叶片数。

此类振动的特点是，随负荷的增加振动加剧。

可通过叶片数改变或增加叶片与导叶的间距等措施解决。

5. 水轮机引水系统中的水力共振

水轮机运行时，引水管中的水体有时将产生自振。两端开口的高压长管道中水体自激频率 f_t 为

$$f_t = \frac{am}{2l} \tag{20-9}$$

式中 a——管道中压力波传播波速，m/s；

m——管道中水自振频率阶数；

l——管道长度，m。

水轮机引水管道中水体振动如果和水轮机过流部件的水流脉动产生共振或倍频

振动时，其振幅可达到相当大的数值。称这种现象为水力共振。

6. 水轮机密封处压力脉动

转轮在运行中因某种原因向一侧偏转时，将产生同方向的压差，从而产生不平衡力而使偏心进一步增大，造成振动加剧，也即自激振动。当该脉动频率与轴系某一固有频率重合时，会出现危险振动。脉动压力作用于转轮的侧面和上下受力面。作用于转轮上的静压力约束转轮运动。因此，通过增加作用于转轮的静压力可以降低主轴摆度。但是增大转轮负压侧的静压力会增加推力负荷。另一方面，把密封设置在转轮下环，可以产生高压作用，同时也可对尾水管的水压脉动产生一定的影响，预计这一措施会有抑制效果。此外，转轮上冠的密封结构有时也会成为激励力源，需引起注意。

7. 压力管道系统振动

当蜗壳或尾水管产生较强烈的压力脉动时，压力波有可能传递到引水系统中。若压力管道水体自振频率与脉动水流的频率重合，可能诱发管路振动。解决办法是设法改变管路的自激频率或激振源的频率。一般尾水管内的涡带是主要的，通过补气等方法来消减振动。

8. 其他水力振动

发生水力振动的原因可能是：进水口烂污栅被杂物堵塞激发的脉动；杂物进入水轮机转动与固定部件之间，引起断流或流量突变而振动；在不设调压井的长尾水系统水电厂中，甩负荷工况会出现水柱分离现象造成振动；转轮室内流场不稳定可能引起控制系统振动，导致压力脉动，使出力在某一范围内摆动，利用单导叶接力器可以避免机组在导叶不同步的范围内运行。

（六）机械缺陷引起的振动

为保证机组旋转时的稳定性，水轮发电机组转动部分和支持部分的受力情况都设计为轴对称布置的。如果由于某些原因偏离这种对称性时，机组的运转就可能会变得不稳定，从而产生振动。

机械缺陷或故障引起的振动有一个共同点，那就是振动的频率与转速相同或成整数倍的关系。机组故障出现的部位和故障的形式是多样的。要识别它们的特征，不仅需对机组各部分的结构、性能、安装工艺等有一定的了解外，还需有一些机械振动的知识。

1. 转动部分不平衡引起的振动

不平衡现象是普遍存在的，特别是高水头、高转速机组不平衡问题更为突出。成为这类机组的主要振因之一。

机组旋转部分质量不平衡将引起机组的振动，这早已引起普遍重视，并在机组设计制造和安装时采用许多措施。

机组旋转部分质量分布不平衡在运行中产生与主轴垂直的径向离心力作用于导轴承上，其频率为机组转频 f_n，而振幅与转速的平方成正比。

2. 转子作弓状回旋引起的不平衡

立式机组的转子除了绕其自身轴线旋转外其轴线还绕轴承的几何中心旋转，这就是转子的弓状回旋。转子作弓状回旋引起的不平衡力（离心力）F 近似为

$$F = m\omega_n^2 r$$

其中

$$\omega_n = 2\pi f_n \tag{20-10}$$

式中　m——转动部分的质量，kg；

ω_n——机组旋转角速度；

r——弓状回旋半径 m，可取为发电机的摆度或发电机上、下机架轴承处摆度的平均值，m。

影响弓状回旋不平衡力的因素比较多，如机组轴线的曲折度，轴线与推力镜板的垂直度，推力轴承的水平度，各导轴承的间隙、同心度、不平衡度等。减少轴线的曲折度可消除或减少它对机组振动和摆度的影响。

3. 轴瓦间隙偏大

轴瓦间隙的大小决定转子弓状回旋的半径即主轴的摆度大小。轴瓦间隙增加后将造成相邻轴承受力增大、振幅增大。轴瓦间隙增大后转动部分的临界转速将要降低，容易引起共振或自激振荡。

不同方向上轴瓦的间隙通常是不一样的，这反映在不同的方位测得的摆度值不同。这种差别值太大时有可能引起其他的附加振动。

影响轴瓦间隙增大的原因，一是可能由于径向不平衡力较大、导轴承出现某种过载现象；另一个原因是支持部分的结构设计得不够合理，或者是其强度、刚度、硬度不够等。

（七）发电机方面引起的振动

发电机方面引起的振动比较复杂，一般如下。

1. 主磁极磁场

发电机转子磁场为主磁极磁场。主磁极磁场在定子中产生的交变磁拉力在空间布置是均匀的。磁力波的个数与磁极的个数相对应。正对磁极的地方磁拉力最大而相邻两磁极之间磁拉力最小。当主磁极以同步转速 n 旋转时，定子上就受到一个交变磁拉力，其频率 f_r 为

$$f_r = \frac{n}{60} \times 2P = 100 \quad (\text{Hz}) \tag{20-11}$$

由此可见，主磁极磁场引起的磁振动的主要频率是100Hz，可通过调整定转子间的气隙来解决，若存在偏心，在振动不突出时，可通过动平衡调整。

2. 由定子次谐波磁场引起的振动

发电机正常带负荷运行时，定子气隙内有两个行波磁场：主磁场 b_m 和定子磁场 b_n。两者除各自产生磁拉力外，它们相互作用将产生第三个作用力，其频率为 $f_n \pm f_m$，节点数（即空间谐波数）为 $M=n \pm m$。

定子铁芯的径向振动幅值

$$A \propto \frac{1}{(M^2-1)^2} \tag{20-12}$$

由于水轮发电机磁极对数比较多、M 比较大，所以空载时由主磁极产生的力波和带负荷时由 $M=m+n$ 产生的力波引起的振动通常很小，除共振情况外可以忽略不计。但是，定子绕组磁场存在谐波分量，而且有正、逆两种旋转方向。由此，当主磁极磁场和定子磁场谐波相互作用时，其力波的空间接点 $M=m \pm n$ 就可能变得较小而振幅值就会较大。因此，分析计算定子磁振动时应注意 M 较小的力波，也就是注意定子磁场中 n 为负值接近 m 的定子谐波。

水轮发电机大都采用分数绕组，即沿定子内圆每极每相槽数 q 是个分数。当对称的三相负载电流通过绕组时，绕组的磁势谐波中包含了一系列的谐波，其极对数或少于但不等于主磁极对数整数倍的谐波，称此谐波为次谐波。由次谐波产生的磁场称之为次谐波磁场。次谐波磁场中有一部分很接近主磁极磁场，它们的极对数和主磁场相差较小。因此，由它们和主磁场联合产生的力波中有节点对数较少的分量，可能使定子铁芯发生较大的振动。对于葛洲坝电厂给水泵汽轮机定子绕组的基本参数（$Z=756$，$2P=96$），有表 20-6 所示关系。

表 20-6　　磁极数与转向的关系

磁极数	12	24	48	60	84	96
转向	正	反	正	反	正	反

其中基本磁极对数为 48。由于磁极相近而转向相反的两磁极联合作用产生的力波可能引起强烈振动，即与基本磁极对数相近的两个反转磁场位 24 对极和 60 对极。24 对极与基波磁场产生的第一个力波的节点数为 60－48＝12。所以，由次谐波引起的振动主要是 $M=12$ 节点的倍频振动。

3. 由转子偏心引起的振动

若转子旋转中心与定子几何中心相重合，转子与定子之间的气隙均匀分布，主磁场和定子磁场也将均匀分布，磁拉力不会产生磁振动。但是如果转子旋转中心与定子几何中心不重合时，气隙小的地方磁拉力最大，此时不平衡磁拉力 Z_m 的方向不变。在这种情况下，磁拉力只增加了导轴承的负荷。

如果转子旋转中心与定子几何中心相重合而转子外圆不圆时，在间隙最小处磁拉力将随转子旋转。转子偏心使得定子各并联支路电流不平衡、出现环型电流。它将引起一系列的倍频振动。可检查并联支路开路前后振动有无明显变化来判断振动是否由转子偏心引起。

由转子外圆不圆引起的振动频率与转速成正比。

4. 由定子内圆不圆引起的振动

由定子内圆不圆引起的振动都是倍频振动，振动频率

$$f = Kf_n \quad (K = 1,2,3\cdots)$$

当某次磁导谐波的极对数、接近于电机极数且其幅值较大时，将产生强烈振动。

5. 由定子合缝间隙较大引起的振动

可以把定子合缝间隙看作是定子气隙突然增大的现象，从而将定子合缝间隙较大归之为定子内圆不圆。若定子合缝间隙过大而使机组的弹性模数极大降低将加剧各节点的振动。

6. 由负序电流引起的振动

负序电流建立的磁极为一反转磁场，其转速与转子转速相同。负序电流磁场与基波磁场联合作用产生无节点的倍频振动。

7. 由定子铁芯局部叠压松动引起的振动

此种振动表现为倍频驻波型振动，其特点是松动段振动最为严重，逐渐向远处衰减。

这种形式的振动与励磁同时发生，并随温度上升而变化。解决对策是在铁芯合缝处的间隙中嵌入合成树脂衬片。另外，机组运行多年后，铁芯叠片的厚度也会变薄，并在轴向产生振动，铁芯齿部往往会变色、折损，故在检修时需要重新紧固铁芯。

（八）机电安装问题

水轮发电机组振动的主要原因之一是现场安装调整误差或不正确造成的。轴线中心不正时，各轴承被迫作不平衡运转，将引起振动和轴承温升。另外，水平调整不当也同样会引起振动，而且推力轴承局部承受载荷，造成轴瓦和油膜过热。任何安装调整不当都可能酿成重大事故，反之，在安装调试阶段，通过试运行找出潜在振动的原因，事先采取措施加以解决，可防患于未然。所以在机组安装调试时各部

门应充分配合，提高设备的安装质量。

部分水轮发电机振动原因分类见表20-7。

机组振动的可能原因及处理措施表见表20-8。

表20-7　部分水轮发电机振动原因分类

水轮发电机机组振动的原因及状态			
振源	现象	原因	主要频率成分 f
水轮机方面的原因	在部分负荷或超负荷时振动增大并伴有声响	由尾水管涡带引起	$f=f_n/4$
		由空蚀引起	$f=200\sim300$Hz
	在某一负荷下振动	由卡门旋涡引起	$f=(0.15\sim0.20)\ v/t$
		由固定导叶、活动导叶尾部紊流引起	
		由转轮特性引起	
	振动随负荷增大而增大	转轮叶片数与导叶叶片数的相互干扰	$f=Zf_n$
		转轮叶片数与导叶间隙的相互干扰	$f=Zf_n$
		转轮叶片出口厚度不相同	
		转轮密封的形状不良	$f=Cf_n$
	其他	各导叶开口不相同，由夹杂物引起	
发电机方面的原因	振动随转速增加而增加	机组旋转部分质量分布不平衡	
	空载低速振动	主轴弯曲	$f=f_n$
		推力轴承调整不当	$f=f_n$
		轴承间隙过大	$f=f_n$
		轴承安装不良	$f=f_n$
		主轴法兰盘连接不良	$f=f_n$
		主轴中心线找正不正	$f=f_n$
	振动随负荷增大而增大	部分极靴发生异常	$f=Kf_n$
		由负序电流引起	$f=Kf_n$
		转子与定子间隙不均匀	$f=Kf_n$
		转子外圆不圆	$f=Kf_n$
		定子铁芯松动	$f=Kf_n$
	励磁时出现振动	定子铁芯圆环部分的固有振动	$f=Kf_n$
		定子铁芯轴向松动	$f=Kf_n$
		定子分数槽次谐波磁势引起	$f=100$Hz
		定子并联支路内环流磁势引起	100Hz
	带有响声变化的激烈振动	电力系统波动引起	

续表

水轮发电机机组振动的原因及状态			
其他	调速器、水位调节器失调	调速器、水位调节器失调	
	由于共振导致激烈振动	机组和厂房强烈不够、机组和厂房产生振动	

表 20-8 机组振动的可能原因及处理措施

分类	振动现象及特点	振动原因	处理措施
电磁因素	(1) 发电机定子外壳径向幅值随励磁电流的增加而增加； (2) 振频为转速频率； (3) 振动相位与相应部位处轴摆度的相位相同	定子椭圆度大	处理椭圆使之合乎要求
	(1) 发电机定子垂直、切向、径向振动随转速增加而增加；随励磁电压的增大而增加；冷态启动时尤为显著； (2) 有时发出"嗡翁"或"吱"的噪声； (3) 定子切向、径向振幅出现50Hz或100Hz的频率； (4) 在励磁和带负荷情况下，定子切向、径向振幅随时间的增长而减少	定子铁芯硅钢片松动、定子组合缝松动	(1) 将定子铁芯硅钢片压紧，紧固压紧螺栓和紧顶螺栓及加固。严重时需重新叠片。 (2) 处理定子合缝松动
	(1) 振幅随励磁电流的增加而增加； (2) 振幅随温度上升而增加； (3) 振频与转频相同，有时出现与磁极数有关的频率	发电机定子膛内磁极的不均匀幅向位置	(1) 调整空气间隙至合格要求。 (2) 磁力不平衡量较小时可以平衡加配重控制
	振幅随励磁电流的增大而增加，但当励磁电流增大到一定程度振动值趋向稳定；振频与转频相同	转子绕组匝间短路	(1) 更换匝间短路线圈。 (2) 在存在短路的线匝对称方向人为短路一匝，使之对称，不平衡力抵消，可短时间内运行
	定子振幅增大，有转速频率及转频的奇次谐波分量出现，严重时阻尼条疲劳断裂和部件破坏	三相负荷不平衡	控制相同电流差值，一般对100MW及以下的水轮发电机组，三相电流之差不超过额定电流的20%；容量超过100MW者不超过15%；直接水冷定子绕组发电机不超过10%

续表

分类	振动现象及特点	振动原因	处理措施
水力因素	振幅随机组过流量增加而增加，振频为导叶数或叶片数与转频的乘积	机组导叶或叶片开口不均	处理开口不均匀度达到合格要求
	机组振动、摆度在某个工况突然增大，振频为（1/6～1/2）转频，尾水管压力脉动大	由尾水管内偏心涡带引起的振动	（1）尾水管采用有效的补气措施。 （2）增装倒流装置或阻水栅
	机组振动随机组过流量增大而增加，梳齿压力脉动也随机组过流量增大而增加，各量的振频与转频同，当发生自激振动时，振频很接近于系统的固有频率	由于种种原因使梳齿间隙相对变化大，引起压力脉动增大而加剧振动，常发生在高水头混流式机组上	（1）查出使间隙相对变化率大的原因，如间隙过大偏心，摆度过大，输齿处不圆的过大等，视情作处理。 （2）可用综合平衡法使之控制机组运转状态减小不平衡力
	机组振动、摆度随过机流量增加而增大，振频为转频	转轮叶片形线不好	校正叶型
	机组振动、摆度随过机流量增加而增大，振频为 $f=(0.18\sim0.22)W/b$（W 为叶片出水边相对流速，b 为叶片出水边厚度）	由叶片出口卡门旋涡引起	（1）修正叶片出口边形状。 （2）增强叶片的刚度改变其自振频率。 （3）破坏卡门涡频率
	机组振动、摆度突然增大，有时发生怪叫的噪声，常为高频振动	转轮叶片断裂或相邻的几个剪断销同时折断	必须处理修复叶片，或换已断的剪断销
	机组在某负荷工况下振动大，尾水管人孔处噪声大，尾水管压力脉动也大，振频为高频	由空蚀引起振动	（1）自然补气或强迫补气。 （2）叶片修形或加装分流翼。 （3）泄水锥修形
	转桨式水轮机在某些工况下振动值增加	协联关系不好	调整协联关系使之成为最优组合方式
机械因素	机组一启动，轴摆度就较大，且轴摆度大小与转速变化无明显的关系，有时负荷下降，轴摆度减小，频率为转频	水轮机、发电机轴线不正	修正轴线
	机组摆度值在各工况下都比较大，而且无规律变化现象。上机架垂直振动存在不规律的振动	推力头与镜板结合螺栓松动或推力头与镜板间绝缘垫变形或破裂	紧固螺栓、处理已破的绝缘垫并重盘车校正轴线
	推力瓦受力不均，运行中轴摆度值大	镜板波浪度较大	处理镜板波浪度

续表

分类	振动现象及特点	振动原因	处理措施
机械因素	盘车时数据不规则，运行中摆度值大，且有时大有时小的现象，极小的径向力变化便可使轴摆度相位和大小变化	推力头与轴配合间隙大	(1) 在拆机检修时采用电刷镀工艺将推力头内孔适当减小。 (2) 若不能拆机则用综合平衡法控制摆度增大
	机组各导轴承径向振动大，且与转速无关，负荷增大时振动增大，振频为转频	三导轴承不同心或轴承与轴不同心	重新调整轴承中心及间隙
	某导轴承处径向振动大、摆度大，动态轴线变化不定、有时发展到摩擦自激振动程度。此时振频由转频变为固有频率。振幅随负荷增加而加大	导轴承间隙过大或调整不当，或轴承润滑不良	重调轴承间隙
	机组某部分振动明显，振幅随机组负荷增加而加大。振频为转频	振动系统构件刚度不够或连接螺栓松动	增加刚度或紧固螺栓
	振动幅值随转速增加而增大，且与转速平方成直线关系，振频为转频	转子（主要是发电机转子）质量失均，与发电机同轴的励磁机转子不正	(1) 作现场平衡。 (2) 校正励磁机转子

第五节 静平衡和动平衡

一、概述

（一）静平衡

按国际规程规定，平衡是指检测或调整转子质量分布，以保证在其工作转速频率下，轴颈振动和（或）作用于轴承的力在规定范围之内的过程。静平衡是在刚性转子单面调整质量分布实现使转子质心位于轴线上的要求，以达到平衡的目的。其实质是力的平衡。该校正面是垂直于轴线的。

（二）动平衡

动平衡是在刚性转子双面上调整质量分布以保证转子剩余的动不平衡量在规定范围内的过程。一般动不平衡的量值可由垂直于转子轴线的两平面上的两个等效的不平衡矢量表示。其实质是主动力矩的平衡，达到使转子的中心惯性主轴与转轴一致的目的。显然，转子经动平衡后，其静平衡也就自然完成了。

（三）平衡原理

1. 平衡原则

(1) 水力机组现场动平衡一般都在发电机转子上下端面进行配重，这是基于刚性转子两面平衡原理——不平衡惯性力简化为两校正面上的两个合力的做法，当发电机转子直径 D 等于或小于转子高 L 的 1/3 左右时，只需在一个面上作静平衡试验。

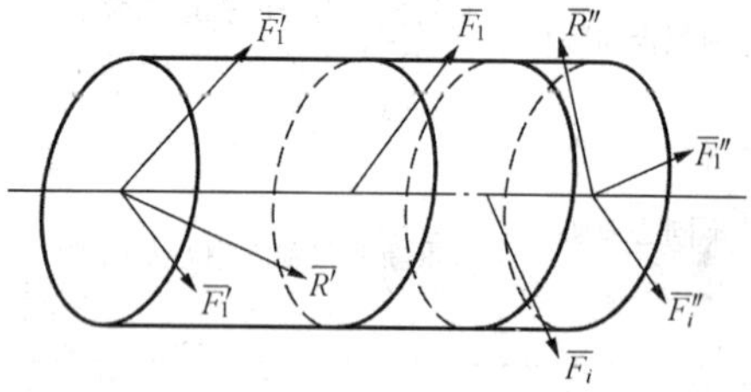

图 20-24　两面平衡原理示图

（2）两面平衡原理如图 20-24 所示。图中为任一转子，选定两端面为校正面。若转子各部分有质量失均问题存在，旋转时就有惯性离心力形成空间力系 $\overline{F}_1$、…、$\overline{F}_i$。根据平行力分解定理，将这些惯性力向两校正面分解得：$\overline{F}'_1$ 分解为 $\overline{F}'_1$ 和 $\overline{F}''_1$、…、$\overline{F}_i$ 分解为 $\overline{F}'_i$ 和 $\overline{F}''_i$、$\overline{F}''_1$、…、$\overline{F}'_i$ 的合力为 $\overline{R}'$；$\overline{F}''_1$、…、$\overline{F}''_i$ 的合力为 $\overline{R}''$，这就将整个转子的不平衡惯性力化成了在两校正面上的两个不衡力，当分别测出 $\overline{R}'$ 和 $\overline{R}''$ 的大小和相位后，就可采用两种方法校正：

1）在与 $\overline{R}'$ 和 $\overline{R}''$ 相对的方向上分别配置一定质量，使其产生的离心惯性力分别与 $\overline{R}'$ 和 $\overline{R}''$ 大小相等、方向相反，互相抵消而达到平衡的目的。

2）在 $\overline{R}'$ 和 $\overline{R}''$ 的同方向减去相应重量而达到平衡目的。

2. 不平衡量大小的表达方式

在实用中常有以下两种方式：

（1）重径积。设某转子质量为 M，其重心偏离轴心 O 的距离为 e。在角速度 ω 旋转时产生的离心惯性力为 $Me\omega^2$。若在距转子轴心 O 为 r 处配以质量 m 后达到平衡，则有

$$Me\omega^2 = mr\omega^2 \tag{20-13}$$

由式（20-13）可见，校正质量 m 与校正半径 r 成反比。通常就用 m 和 r 的乘积表示不平衡量，称为重径积，单位用 g·cm 或 g·mm。对转速较低的水力机组常用 kg·m。

（2）不平衡率。由式（20-13）得

$$e = \frac{mr}{M} \tag{20-14}$$

式（20-14）中，e 本是转子重心的偏移量，可理解为转子单位质量的不平衡量，称为不平衡率，习惯称为偏心距。

通常，在平衡工作中常用重径积表示和计算，比较直观；而在衡量转子不平衡的优劣程度时，用不平衡率为好。

3. 水力机组现场动平衡技术

水力机组现场动平衡技术是基于所测的上下机架径向振动幅值大小正比于不平衡的离心力的原理，如图 20-25 所示。

图中为在某转子上，按反时针方向互成 120°角的 A、B、C 三点加试重矢量 $\bar{q}$ 后，其分别与原失衡矢量 $\overline{OS}$ 合成得 $\overline{OA'}$、$\overline{OB'}$、$\overline{OC'}$ 矢量，则在几次试重加上后所测得的机架径向振幅 μ_A、μ_B、μ_C 与未加试重时所测得的对应振幅 μ_0 有如下关系

$$\frac{\overline{OS}}{\mu_0}=\frac{\overline{OA'}}{\mu_A}=\frac{\overline{OB'}}{\mu_B}=\frac{\overline{OC'}}{\mu_C} \tag{20-15}$$

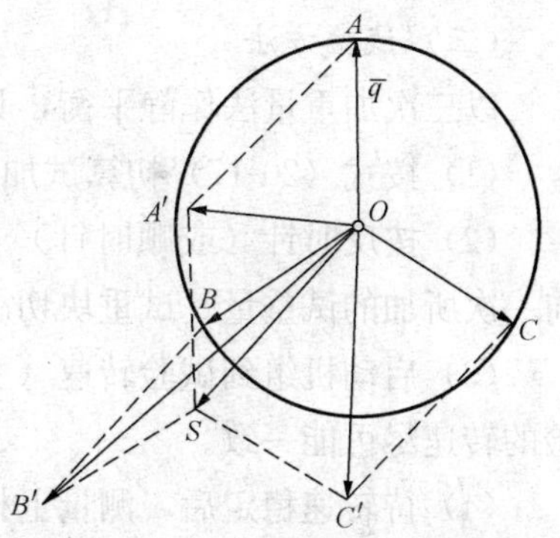

图 20-25　试重矢量示意图

因此，在作动平衡时，应尽量消除非动不平衡因素引起的振动，才能准确平衡达到更好的效果。

二、静平衡

（一）试验条件

为了提高试验成果的准确度，有关试验部件必须符合下例条件：

（1）机组所有固定部分和转动部分的连接件紧固无松动现象。

（2）机组轴线调整合格、各导轴承间隙分配合理，三导轴承同心度好。

（3）调速系统稳定性好，作平衡试验无波动现象。

（4）不存在较大的非失衡因素引起的机组振动现象。

（5）准备好以下技术资料以备平衡中查阅。

1）转子尺寸及安装记录。

2）轴线调整记录。

3）导轴承、推力轴承安装和检修的调整情况记录。

（二）试验用仪器、工具

静平衡试验时，一般需要配备以下器具：

（1）对转速较高的火电机组，现场平衡可用动平衡仪、幅值一相角分析仪或傅里叶分析仪，可检测出转速的不平衡信号，但这些仪器往往在转频较低的水力机组上应用效果不太理想。

（2）用测振仪及应变测试技术测量均可。

（3）可用百分表或千分表作辅助监测方式，但不宜用其测量值作计算，否则精度太差。

（4）工具、材料。

1）配重块、试重块。

2）大的绘图纸、三角板，量角器、圆规、铅笔、细绳、丁字尺等。

（三）试验方法

以三次加重量法作静平衡，具体步骤是：

（1）按式（20-17）初算试加重量。并根据具体情况分析确定准确的试重大小。

（2）按反时针（或顺时针）方向顺序固定试重块三次，每次相差120°应取掉前一次所加的试重量。试重块切忌松脱飞出危急机组安全运行或造成事故。

（3）启动机组到试验转速（一般为空载额定转速工况），要求每次试加重量试验的转速尽可能一致。

（4）待转速稳定后，测量上机架互成90°的两个支腿的水平振动幅值，同时可测记上导、法兰、水导三处轴摆度作参考，记录表格见表20-9。

表20-9　　静平衡试验记录表格

测点＼测量次数		未加试重		第一次加试重		第二次加试重		第三次加试重	
		测点Ⅰ	测点Ⅱ	测点Ⅰ	测点Ⅱ	测点Ⅰ	测点Ⅱ	测点Ⅰ	测点Ⅱ
测量值	上机架振幅								
	上导摆度								
	法兰摆度								
	水导摆度								

注　表中数据的单位为μm，测点Ⅰ、Ⅱ互成90°。

（5）作图求平衡量大小和相位见图20-26（若用应变测试技术则可直接测相位，不用再作图）。四圆作图法举例：

1）以一定的比例尺作试重圆O，其半径为试加重量相应位置。

2）作圆O的内接正三角形ABC。

3）在△ABC三项点分别作三角形三边之垂线。

4）在A、B、C三顶点的三边垂线上分别取三次试重所测之上机架水平振动振幅μ_a、μ_b、μ_c相应的长度。

5）在振幅小的一方将三角形的边延长，如A_C向C方向延长。

6）以振幅端点连线与三角形边相交（如连$a'c'$与边AC延长线交于f'_1及连ac'与边AC交于f_1）。

7）以两交点（如$f_1f'_1$）为直径作圆O_2。

8）重复以上作图方法得到O_1、O_3。

9）O_1、O_2、O_3三个圆交于一点 M（或两点），则 $\overline{OM}$ 为所求的平衡矢量。

当交于两点时，需经过分析判断确定交点的正确取舍。此法叫做四圆作图法（其他作图法略）。

（6）由作图得平衡矢量换算到配重面上，换算方法见动平衡试验的相关内容。

（7）若配重半径不同于试重半径，则应算出实际配重量值，计算式为

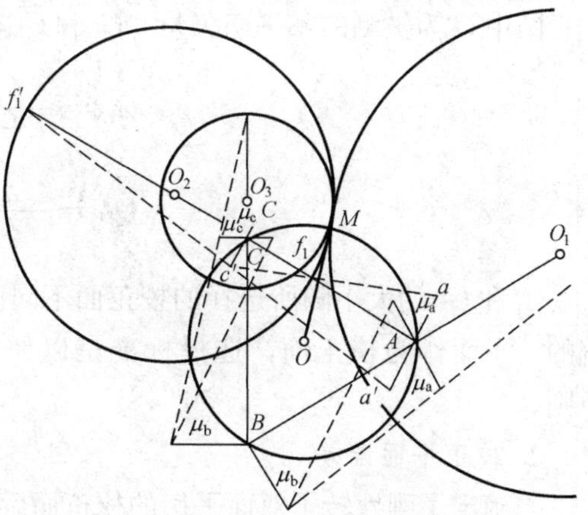

图 20-26　求平衡矢量作图

$$P_p = P_j \frac{R_s}{R_p} \tag{20-16}$$

式中　P_j——由作图所得平衡矢量换算到配重面的计算配重，kg；

P_p——实际配重量，kg；

R_s——试重半径；m；

R_p——配重半径；m。

三、动平衡

（一）动平衡的基本公式

1. 试加重量估算

$$P_s = (5 \sim 25)\frac{G}{n^2 r} \quad (\text{kg}) \tag{20-17}$$

式中　P_s——试加重量，kg；

G——转子重量，一般以发电机转子装配重量计，kg；

n——动平衡试验时机组转速，r/min，通常在额定速下试验；

r——试加重半径，m。

系数的选择根据机组转速高低及振动值大小情况而定。目的是既要使机组振动在加试重后有较明显的反应，又要控制不至于使振动值增加过大危及机组安全运转。

根据国内外累计资料。一般选用发电机转子质量的万分之一作为机组动平衡试验的试加重量。

2. 配重计算所用的基本方程

根据力学平衡方程，求两校正面上的校正量如图 20-27 所示。

图中 G 为被测的不平衡矢量，G_L 和 G_M 分别为两校正面上的校正量，则有

$$\left.\begin{aligned} G_L &= \frac{b}{a+b}G \\ G_M &= \frac{a}{a+b}G \end{aligned}\right\} \tag{20-18}$$

G_L 和 G_M 的大小随所选择的校正面不同而异。可视转子结构任选两个与轴线垂直的一平面作为校正面，选择标准是以便于加配重并对机组正常运行无影响为原则。

3. 校正平面误差

当确定了刚性转子双面平衡的校正面后，如果没有将平衡量加在校正面内，就会造成因校正平面变化而发生的误差，称为校正平面误差，如图 20-28 所示。图中 G_L、G_M 分别为应加在 L 和 M 校正面上的校正量。实际加重时因故将 G_L 加在即 L 平面 ΔL 距离的平面上，若由此在 L 和 M 平面的反应量是 G'_L 和 G'_M，则其大小为

$$\left.\begin{aligned} G'_L &= \left(1-\frac{\Delta L}{L}\right)G_L \\ G'_M &= G_M + \frac{\Delta L}{L}G_L \end{aligned}\right\} \tag{20-19}$$

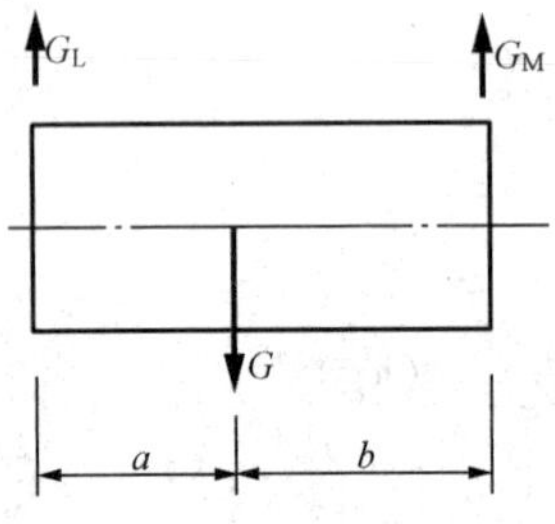

图 20-27　校正矢量示意图

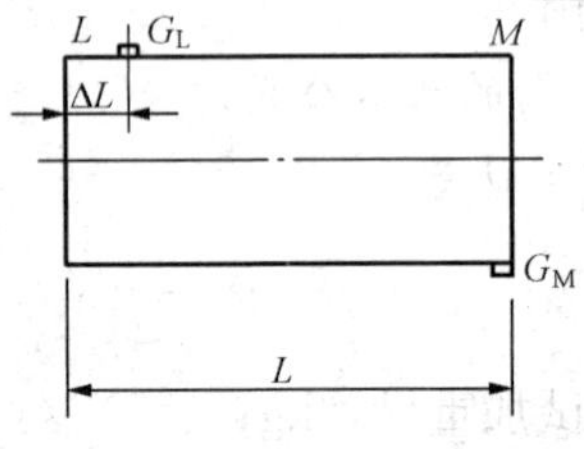

图 20-28　校正平面误差图

在 L、M 面上产生的误差为

$$\left.\begin{aligned} \Delta G_L &= G'_L - G_L = \frac{\Delta L}{L}G_L \\ \Delta G_M &= G'_M - G_L = \frac{\Delta L}{L}G_L = -\Delta G_L \end{aligned}\right\} \tag{20-20}$$

结果，$G_L\Delta L = \Delta G_L L$ 便成为剩余不平衡力偶作用于转子。当 L 越小、ΔL 越大时，校正平面误差 ΔG_L 越大，故宜选择距离较远的两校正面，并尽量避免 ΔL 的存在，以减小或避免此项因素引起的校正误差。

（二）动平衡试验

1. 试验条件

当机组存在较大失衡且发电机转子直径与铁芯长度之比小于或等于 2.5～3.0 时，需作两面校正的动平衡试验。

动平衡的试验条件与静平衡试验相同。

2. 试验用仪器、工具

试验用仪器、工具等与静平衡相同。

3. 试验方法

（1）测点布置。

1）在上、下机架互成 90°的两支腿方向各安装测点，测量上、下机架水平振动幅值。上、下机架测点方向对应。

2）在上机架安装垂直振动测点两个，每个与测水平振动的测点对应，位置相近。

3）在上、下（或法兰）及水导轴承处装测轴摆度测点各两个，每个测点与水平振动的测点相位相同。

4）用应变测试技术测量时，应对应某一个方位的测点装好轴信号。

（2）试重量确定及加试重。

1）试加重量按式（20-17）计算后，应视上、下机架振动值的大小分别确定上、下端的加试重量，同时考虑发电机转子（加试重下端面比上端面）反应更灵敏，故经过综合考虑后再确定上、下端面各加多少重量。

2）试重装配应达到既紧固又易拆卸的要求，可加在发电机转子轮毂内侧面接近发电机转子上、下端处，也可采用以拆转子上、下风扇代替对方加试重的方法，但每处不能连续拆三个以上的风扇，且应在风扇拆装较方便的情况下才采用此法。

3）发电机转子上、下端面加试重方位最好相同，以便于计算。

（3）试验步骤及作图计算。

1）做好试验前准备工作，机组具备试验条件。

2）做好仪器标定及核实试重半径 R_s 的准确值，并绘好记录表格，格式见表 20-9，仅在表中增加下机架水平振动记录项。

3）用三次试重法作试验，方法与静平衡试验方法相同。每次在上、下面同时拆和加试重。

4）将所测的振幅值按关静平衡试验作图法分别作出上、下导轴承断面处应配的平衡矢量大小和相位，设为 $Q_{上}$、$Q_{下}$。

5）由于 $Q_{上}$、$Q_{下}$ 为空间任意方向的两矢量，故用同一空间坐标将 $Q_{上}$、$Q_{下}$ 分

解为矢量 $Q_{上X}$、$Q_{上Y}$、$Q_{下X}$、$Q_{下Y}$，如图 20-29 所示。

6）求 $Q_{上}$、$Q_{下}$ 换算到配重面上的当量 Q_{I}、Q_{II}，如图 20-30 所示。

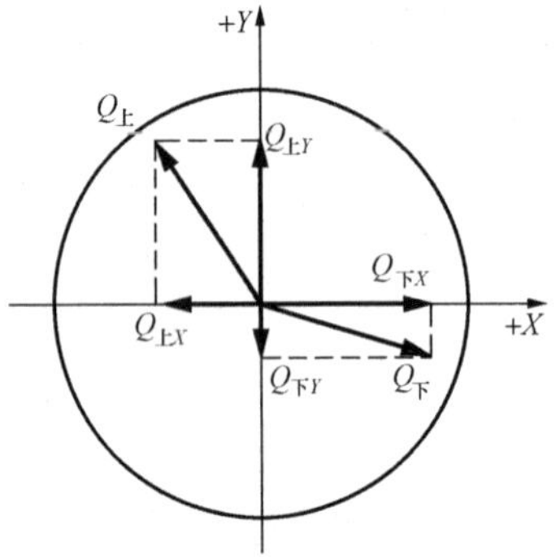

图 20-29　矢量分解投影图

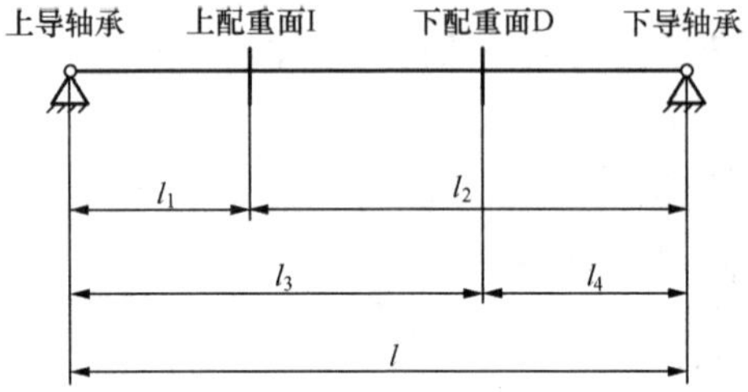

图 20-30　上、下导轴承与上、下配重面间距

列出计算方程得

$$\left.\begin{aligned} Q_{\mathrm{I}X}l_2+Q_{\mathrm{II}X}l_4-Q_{上X}l &= 0 \\ Q_{\mathrm{I}Y}l_2+Q_{\mathrm{II}Y}l_4-Q_{上Y}l &= 0 \\ Q_{\mathrm{I}X}l_1+Q_{\mathrm{II}X}l_3-Q_{下X}l &= 0 \\ Q_{\mathrm{I}Y}l_1+Q_{\mathrm{II}Y}l_3-Q_{下Y}l &= 0 \end{aligned}\right\} \tag{20-21}$$

式中　l_1——上导轴承中心至上配重面的距离；

l_2——上配重面至下导轴承中心的距离；

l_3——上导轴承中心至下配重面的距离；

l_4——下配重面至下导轴承中心的距离；

l——上、下导轴承中心距；

$Q_{\mathrm{I}X}$、$Q_{\mathrm{I}Y}$——上配重面配重量 Q_{I} 的分解矢量；

$Q_{\mathrm{II}X}$、$Q_{\mathrm{II}Y}$——下配重面配重量 Q_{II} 的分解矢量。

Q_{I} 和 Q_{II} 分解的坐标与 $Q_{上}$、$Q_{下}$ 分解采用的坐标相同。

将 $Q_{\mathrm{I}X}$、$Q_{\mathrm{I}Y}$ 及 $Q_{\mathrm{II}X}$、$Q_{\mathrm{II}Y}$ 合成得到其量值，同时求出矢量 Q_{I}、Q_{II} 的方向，得

$$\left.\begin{aligned} Q_{\mathrm{I}} &= \sqrt{Q_{\mathrm{I}X}^2 Q_{\mathrm{I}Y}^2} \\ Q_{\mathrm{II}} &= \sqrt{Q_{\mathrm{II}X}^2 Q_{\mathrm{II}Y}^2} \end{aligned}\right\} \tag{20-22}$$

方向

$$\left.\begin{aligned} \arctan Q_{\mathrm{I}} &= \frac{Q_{\mathrm{I}Y}}{Q_{\mathrm{I}X}} \\ \arctan Q_{\mathrm{II}} &= \frac{Q_{\mathrm{II}Y}}{Q_{\mathrm{II}X}} \end{aligned}\right\} \tag{20-23}$$

7）将 Q_{I} 和 Q_{II} 分别换算到实际配重半径处，用前述式（20-20）计算。

用同样步骤，可根据水电厂的具体情况采用两点试加重量法作图。两点法作图的不同点是：试重圆 O 的内接三角形 ABC 改为一个顶点为 O 的三角形 OAB（或 OAC，或 OBC），其余的作图、计算过程完全一样。

与两点法相比较，三点法试重时测量的结果更有助于配重方位的分析。

第二十一章　水轮机调速器调整试验及过渡过程试验

第一节　水轮机调速器调整试验概述

经过检修后的调速器，其组成部件之间的关系均有不同程度的变化，各种整定值也相应地发生变化。为了检验调速器性能的优劣，在正式投入运行前必须进行一系列的调整试验，合理地选择、整定调速器的各种调节参数，使其具有良好的静、动特性，从而保证水轮发电机组安全、可靠地运行。

调速器的试验工作，应在检查工作已经结束，各部分的调试工作也已经完成，并且应在质量检查合格的基础上进行。大部分试验工作需要油压装置正常向调速器供油。调速器的静、动特性试验是在开机条件下进行的，因而机组的检修工作也必须在试验之前完成，并做好机组启动的各种准备工作。在机组的检修工期中必须给调速器的试验工作留下一定的时间。

试验工作的主要内容是在机组、调速器等的不同状态下进行一些测量，并根据测量结果进行计算分析，对不同的电厂条件和设备，选择出最佳调节参数。测量的方法有目测法和电测法两种，有条件时应尽量采用电测法。目测法的精度差一些，但简单、直观、测试的准备工作量小，在一定条件下能满足要求，适用于一些中小型电厂；在大电厂的分工中，电测法是由机械试验班进行。下面介绍调速器试验中的测量工作。

第二节　调速器的静特性及试验

水轮发电机组可以有不同的运行方式，并且由于运行方式的不同，对调速器的要求也有不同。但无论哪种运行方式，对水轮机调速器系统都有最基本的要求。总的原则是必须保证机组安全、可靠运行，对用户必须保证一定的电能质量（电压、频率和功率）。

对水轮机调速器系统一般有如下几项要求：

（1）能维持机组的空载稳定运行，一方面能使机组顺利并网，同时在甩负荷后也能保持机组维持在旋转备用状态。

（2）单机运行时，对应于不同的负荷，机组转速能保证不摆动；负荷变化时，转速变化的大小应不超过规定值。

（3）并网运行时，能按有差特性进行负荷分配而不发生负荷摆动或摆动幅值在允许范围内。

（4）当因电力系统或机组故障甩全负荷时，转速的最大上升值和压力引水系统中的水压上升值应不超过调节保证计算值的要求。

水轮发电机的调速器是否满足上述基本要求，需要通过静态特性试验和动态特性试验来检验。

调速器静特性是指在稳定状态下，接力器的行程和机组转速之间的关系。在整机调整的基础上，可以进行调速器的静特性。

一、试验目的

通过对调速器静特性曲线的测定，确定调速器的静态特性品质。得到调速器静态特性曲线的非线性度，求出接力器不带负荷时的转速死区和接力器的不准确度，并校验永态转差系数，借以综合鉴别调速器的制造和安装质量。

二、试验要求

（1）试验可以在制造厂内或者在现场进行。在现场进行时，为避免导叶动作时造成水轮发电机组动作，应通过关闭主阀等方式，使蜗壳内没有水或只有静水（尾水位较高时）。

（2）测量装置至主配压阀间的放大系数调整到设计中间值（如对于YT型调速器，可将局部反馈的支点设在第二个孔）。

（3）暂态转差系数 b_t 整定为0。

（4）曲线的单程测点在接力器行程（10%～95%）范围内不得少于5个，如果测量结果有1/4的测点不在曲线上，则此次试验无效。

（5）输入信号（转速或频率）的摆动值：对于大型机组，不得超过0.02%～0.03%；对于中型机组，不得超过0.03%～0.05%；对于小型机组，不得超过0.05%～0.06%。输出信号（接力器的行程）测量的相对误差不得超过0.5mm。

三、试验步骤及方法

1．试验前的准备

（1）接好电源并检查无误。

（2）在接力器活塞杆上固定好钢板尺，装好特制的指针，并装好百分表；由于科技的进步、位移传感器的推广，大多数电厂采用位移传感器来测量接力器的行程。

(3) 接好频率表连线（除测试过程外均需断开）。

(4) 测点间隔为(0.4%～0.6%)n_r，即0.2～0.3Hz。

(5) 油压正常，将软反馈回路切除，手自动切换阀处于自动位置，永态转差系数调整为6%，开限机构处于全开位置。

2. 试验过程

(1) 启动变频电源，使频率达到额定值稳定。

(2) 缓慢操作变频电源使频率上升，直至接力器缓慢向关闭方向移动，并稳定在零位或稍大于零位（一般留2%～3%的余量），即刚刚全关或接近全关的位置上。使频率缓慢下降，当接力器开至5%左右时停止。待稳定后测量并记录频率和接力器行程，这是静特性曲线的第一个测点。以后逐次降低频率，在稳定后再测量并记录频率和接力器行程，得到静特性曲线的其他测点。每次调低0.2～0.3Hz，直到接力器行程达到95%左右为止。

(3) 反向操作变频电源，测量并记录稳定时的频率和接力器行程。但应注意，第一个测点在前项试验最后一个测点的基础上，让频率稍稍再降低一点，即接力器开至97%左右，再使频率上升，到接力器关到95%左右时作为第一个测点。以后每升高0.2～0.3Hz，直到接力器接近全关为止。

(4) 测试应重复2～3次，各次的测量结果应基本一致，如发现相差较大，则应查找并消除不定因素，再进行测试。

(5) 单程测试中频率的上升或下降只允许单方向变化，不得因为频率变化过大等原因进行往返调整。每次单程测试的测点不得少于8个。

四、静特性曲线的绘制和分析

下面是某水电厂轴流转桨式水轮机调速器的静特性试验。

1. 最大非线性度ε

最大非线性度是指在规定范围内（接力器行程为10%～90%），实测静特性曲线与理论直线间的最大相对偏差。数量上用曲线及其贴切直线比较，当输入量（频率或转速）不变时，曲线与贴切直线输入量（接力器行程）的偏差占贴切直线输出量的百分比。以图21-1为例，最大非线性度$\varepsilon=\dfrac{y_1-y_2}{y_1}$。

2. 转速死区i_x

与离心摆转速死区的定义一样，调速器静特性的转速死区i_x是频率上升与下降的两条曲线，对应同一个接力器行程输入量偏差相对值，计算式如下

$$i_x=\frac{f_2-f_1}{f_r} \tag{21-1}$$

试验参数　$b_P=6\%$　$K_P=600$　$K_I=800$　$K_D=0$　$H_r=18.6m$

静特性试验

试验单位：×××水力发电厂

试验机组：10F××年×月×日

试验时间：××年×月×日×时×分

调速器型号：WBST-A

测试仪器：TG2000 水轮机调速器和机组同期测试系统（××大学研制）

试验方式：自动

试验参数：比例增益 $K_P=10.00$　　机组惯性时间常数 $T_a=10.00s$

积分增益 $K_I=10.00$（1/s）水流惯性时间常数 $T_w=0.50s$

微分增益 $K_D=0.00s$　　水击相长 $T_r=0.50s$

永态转差系数 $b_P=6.00\%$

试验结果：关方向非线性度＝3.23％　实测关方向永态转差系数 $b_P=6.30\%$

开方向非线性度＝3.23％　实测开方向永态转差系数 $b_P=6.30\%$

转速死区 $i_x=0.02\%$　　桨叶随动系统不准确度＝0.67％

GB/T 9652.1—1997 规定：大、中、小、特小型电调 $i_x \leqslant 0.04\%$、0.08％、0.10％、0.20％；静特性近似为直线；桨叶随动系统不准确度不大于 1.5％。

测试数据列表：

频率（Hz）	45.50	48.70	48.90	49.10	49.30	49.50	49.70	49.90	50.10	50.30	50.50	50.70	50.90	51.10	51.30	51.50
关方向导叶主接行程（％）	98.77	91.62	84.61	77.60	70.83	63.98	57.55	50.88	47.09	40.27	33.61	27.26	20.49	14.30	7.88	1.65
开方向导叶主接行程（％）	98.67	91.28	84.47	77.38	70.65	63.78	57.40	50.62	46.92	40.13	33.37	27.02	20.31	14.13	7.70	1.62

静态特性曲线：

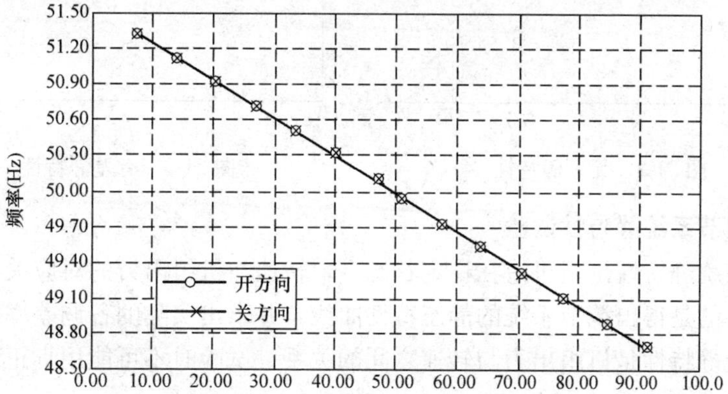

图 21-1　静特性试验

3. 永态转差系数 b_P

计算全行程范围内的永态转差系数为

$$b_P = \frac{f_{max} - f_{min}}{f_r} \tag{21-2}$$

计算结果表明，该调速器最大非线性度和转速死区均符合要求，永态转差系数的刻度与实测值偏差 0.3%，不大于要求的 0.5%符合要求。

第三节　调节系统静特性及试验

一、调节系统的静态特性及速度调整率（调差率）

调节系统的静态特性是指调节系统在不同的稳态状况下，机组所带负荷与转速的一一对应关系，以此作出的 $n=f(P)$ 曲线就是调节系统的静态特性曲线。该曲线近似为一条直线。静态特性曲线斜率的负数即为速度调整率 e_P，可理解为机组空载转速相对值与满负荷时的转速相对值之差，机组负荷增加，机组转速降低。

调节系统的静特性有两种情况：图 21-2 所示为无差静特性，表示机组出力无论为何值，调节系统均能保持机组转速 n_0，即静态误差为零。图 21-3 所示为有差静特性，机组出力大时，调节系统将保持较低的机组转速，即静态误差不为零。这种特性以调差率 e_P 表征。

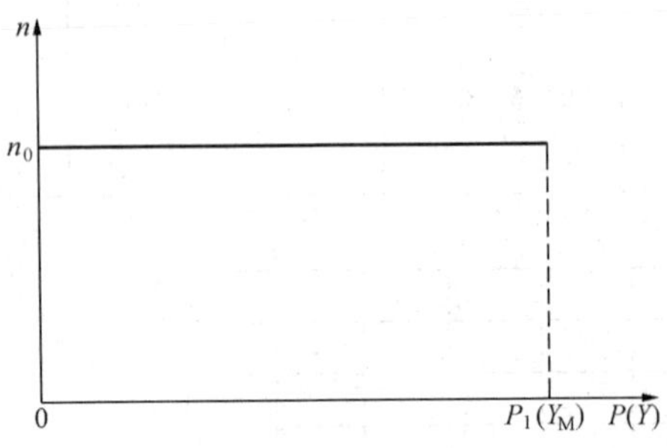

图 21-2　无差静特性

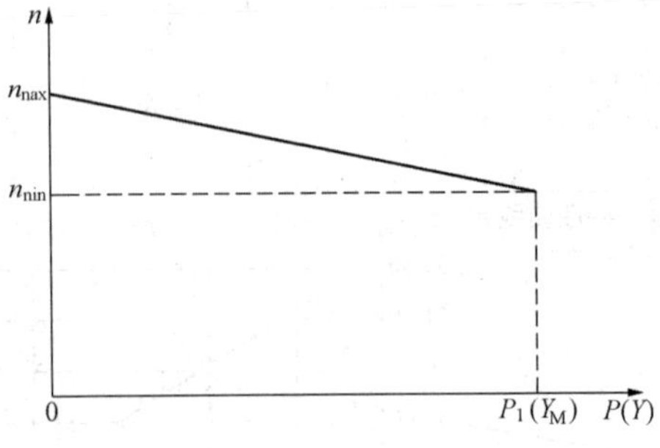

图 21-3　有差静特性

二、调节系统静特性试验

调节系统静特性是指机组在稳定状态下，转速与机组出力的对应关系。

试验目的是得出调节系统的静态特性曲线，并求出实际的各调差率等参数。由于调节系统静特性是机组出力与转速之间的关系，试验时不可能用真正的负荷来进行，因此常用以下两种方法。

1. 变化水电阻负荷法

此方法是以改变水电阻值作为机组的变化负荷。

(1) 试验方法。试验由空载开始，机组保持在额定转速，调速器工作在自动状态，永态转差系数常调值为6%或恒定在电力部门的规定值上。在整个试验中，应尽量维持发电机电压恒定在额定数值上。

记录是眼前的转速和功率。

通过控制水电阻逐次增加机组负荷，每次增加量为额定负荷的10%～15%。

每次稳定后记录机组频率和发电机功率以及相应的接力器行程，直到开度达到95%以上。

逐次减少负荷，每次递减量与记录方法和增负荷过程相同，直到负荷为0。

以相同的方法至少试验两次。

(2) 试验结果分析。根据记录数据绘制调节系统的静态特性曲线，如图21-4所示。

调差率计算公式如下

$$e_P=\frac{f_1-f_2}{f_r}\times\frac{P_r}{P_2-P_1}\times 100\% \tag{21-3}$$

式中　f_1、f_2——P_1、P_2 对应的频率；

f_r——额定频率；

P_r——额定功率；

P_1、P_2——曲线上两点对应的功率。

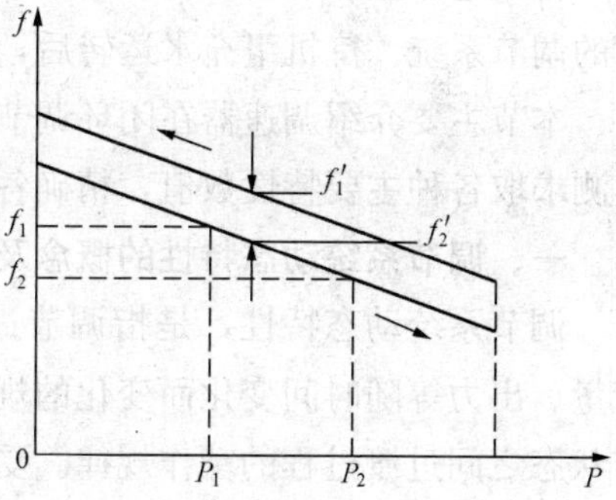

图21-4　调节系统静特性曲线

2. 利用甩负荷求得调节系统静特性曲线的方法

如水电厂无水电阻负荷，也可以用甩负荷的方法近似求得调节系统的静特性，其方法如下：

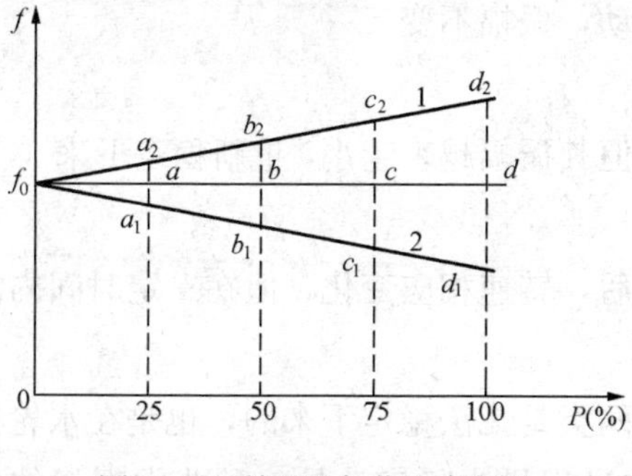

图21-5　利用甩负荷法求得的调节系统静特性曲线

(1) 启动机组，投入系统，用变速机构带上一定的负荷，记录有功负荷和频率值。

(2) 甩去所带负荷，待机组转速上升并稳定后，记录相应的频率值。

(3) 逐次甩去25%、50%、75%、100%的负荷，就能得到各项负荷相应的频率值，如图21-5所示的a_2、b_2、c_2、d_2点，连线得曲线2。然后，以系统频率对应的水平线为对称轴求得相应的a_1、b_1、c_1、d_1点及连线1，曲线1即为所求的静态特性曲线。在试验中，要求系统维持在一个近似不变的频率上，否则会影响测试的精度。

当调节系统静特性按此方法求得后，求得调差率 e_P 值。

第四节　调节系统的动态特性

当调节系统的静态调试完毕后，就可以与它所控制的机组联动起来，进行调节系统的动态调试，即一方面将离心摆电动机与机组的永磁机连接，或经电压互感器将机组转速信号送入调速器内；另一方面，通过调速器传动机构与水轮机导水机构，将调速器主接力器活塞的位移信号输给机组。这样，机组和调速器组成一个闭环的调节系统。待机组充水运转后，即可进行调节系统的动态调试工作。

本节主要介绍调速器在闭环调节系统处于动态下所进行的动态特性各项试验，实测求取各种主要特性数值，精确各有关机构和合理选择最佳参数值。

一、调节系统动态特性的概念及影响因素

调节系统动态特性，是指调节过程中各工作参数，如机组转速（电能频率）、流量、出力等随时间变化而变化的规律。动特性是机组从一种稳定状态到另一种稳定状态之间过渡过程的动作规律。受多方因素的影响，动特性可能会出现多种多样的情况，但归纳起来，不外乎以下四种情况。

1. 周期性扩散的振荡过程

负荷变化造成转速变化，但转速变化呈周期上升或下降，而且波动的幅度逐次加大。

2. 周期性等幅的振荡过程

当机组转速发生变化时，它呈周期性波动，振幅不变。

3. 周期性衰减的振荡过程

负荷变化后机组转速发生周期性波动，但其振幅越来越小，重新稳定下来。

4. 非周期性衰减的过程

机组转速不发生来回振荡，在负荷变化后，转速相应变化，但在一定时间内能平衡地过渡到新的稳定状态。

从这四类可能发生的过渡过程来看，前两类是无法稳定下来的，也是在水轮机调节中绝不允许发生的现象。非周期衰减的过程最为稳定，是一种非常理想的状态，但在实际工作中不太可能实现。周期性衰减的波动过程能在几次波动之后达到新的稳定状态，在波动过程中，机组转速的振幅不大，而且在不断地减小，是绝大多数水轮发电机组实际发生的情况。

二、调节系统动特性的品质指标

对于水轮机调节系统来说，不管是单调还是双调，对其最根本的要求是稳定性，所以在设计、制造、安装、调整中都必须注意保证调节系统的稳定性。

调节过程应满足及时、平稳的要求，体现在动特性的品质上，按国家标准的要求有以下几个方面，如图 21-6 所示。

1. 调节时间 T_P

只从扰动开始到调节系统进入到新的稳定状态为止所需要的时间称为调节时间。从理论上讲，振荡完全消失需要很长的时间。工程实践中常以机组转速 n（或电能频率 f）对新的稳定状态时的转速 n_0 的偏差不大于 Δ 值为计算调节时间的终点，即此后的转速 n 将在 $n_0 \pm \Delta$ 值范围内。

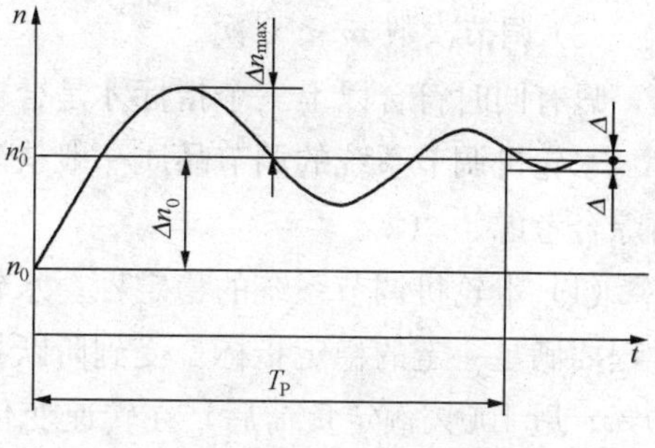

图 21-6 过渡过程的品质指标

2. 超调量 σ

起调量是指调速器对外界扰动的反映程度，即稳定调节系统受外界扰动 Δn_0 影响后，调速器即产生自动调节反应，是机组转速（频率）受到调节作用产生一超过新稳定值的最大偏移量 Δn_{max}。此最大偏移量与扰动量相对值的百分数，称为转速最大超调量，即

$$\sigma = \frac{\Delta n_{max}}{\Delta n_0} \times 100\% \tag{21-4}$$

3. 振荡次数 X

振荡次数以调节时间 T_P 内出现的波峰数的一半表示。以图 21-6 所示为例，其中有 2 个正波峰和 1 个负波峰，故 $X=1.5$。

4. 调节次数 m

调节次数是指转速调整过渡过程线与时间坐标轴的交点数，称为 K，则调节次数

$$m = \frac{1}{2}(K-1)$$

以图 21-6 所示为例，其交点数 $K=5$，则调节次数 $m=2$ 次。

5. 衰减系数 ψ

衰减系数为过渡过程开始阶段的最初两个波峰（两个相邻周期）值之比，一般应为大于 1 的系数。它表征调节系统的稳定性，其值的大小表示过渡过程衰减的

快慢。

进行调节系统空载扰动试验时的外加急剧扰动量一般为±8%。扰动后的调节过渡过程品质要求为：

(1) 最大超调量σ<30%。

(2) 调节时间T_P应符合设计要求。

(3) 调节次数$m<2$次。

只有同时符合以上三个指标才是合格的。

水轮机调节系统的调节品质一般从调节系统的稳定性、准确性、速动性三个方面综合考虑。

(1) 水轮机调节系统的稳定性。水轮机调节系统的稳定性是指调节系统的调节过程要满足一定的稳定指标。受到阶跃扰动后，转速最大超调量不得超过扰动量的30%。甩100%额定负荷后，在转速变化过程中，超过额定转速3%以上的波峰不得超过两次。此外，调速器还应保证机组在各种工况和运行方式下的稳定性。在空载工况自动运行时，机组转速摆动相对值不超过规定。

(2) 调节系统的速动性。调节系统的速动性是指调节过程要尽可能短。所谓调节时间，就是从扰动开始，到系统重新达到平衡状态所经历的时间。由于调速器存在死区，当被调量接近稳定值时，调节作用就会终止。所以，对于水轮发电机组，一般取接力器的摆动值等于或小于全行程的1%所经历的时间为调节时间。水轮机调速器的不动时间除影响调速系统的稳定性之外，对调速系统的速动性也有影响。

(3) 调节系统的准确性。调节系统的准确性是指调节过程中被调量的偏差大小程度。所谓的偏差有两种：一是调节过程中被调量的第一个峰值，称为最大偏差或者动态偏差；另一种是调节过程结束后，被调量并不回到原始稳态值，新的稳定值与原稳定值存在一定偏差，称为静态偏差。

对于按有差特性运行的水轮发电机组，应保证一定的静态偏差，这有利于改善调节系统的稳定性，并能实现各机组之间的负荷分配。但是，动态偏差值过大，表明被调量偏离要求过大、暂态准确性差，这是生产上所不希望的，应尽量避免。

三、有关动态特性的规定

GB/T 9652.1—2007《水轮机调速器与油压装置技术条件》对动态特性有如下规定：

(1) 调速器应保证机组在各种工况和运行方式下的稳定性。在空载工况自动运行时，施加一阶跃型转速指令信号，待稳定后记录转速摆动相对值：对大型电调不超过±0.15%；对大型机调和中、小型调速器，不超过±0.25%；对特小型调速器，不超过±0.3%。

(2) 机组甩负荷后，动态品质应达到以下标准：

1) 甩100%额定负荷后，在转速变化过程中，超过额定转速3%以上的波峰不得超过2次。

2) 机组甩100%额定负荷后，从接力器第一次想开启方向移动起，到机组转速偏差相对值不超过±0.5%为止所经历的时间，应不大于40s。

3) 甩25%额定负荷后，接力器不动时间应满足：电调不超过0.2s，机调不大于0.3s。

第五节　机组过渡过程试验

一、试验意义

机组过渡过程是指机组从一种状态或某种稳定工况转变到另一种状态或运行工况的变化过程，如开、停机，调节负荷、甩负荷以及水泵—水轮机相互切换或水泵工况断电等。这类机组状态或运行工况的改变，均将引起机组各运行参数（如电气、机械、水力、力学以及调节参数等）随时间而变化。这种动态过程是区别于稳态工况的最重要的特征，也是关系到机组安全运行和电网稳定的关键。

电网对机组除了要求在稳定工况下有良好的调节性能外，还要求在过渡过程中有良好的调整品质。机组的过渡过程现场试验正是考核机组（包括引水系统）的调整品质是否符合运行的要求。由于过渡过程的形式较多，一般来说各种过渡过程均应进行真机实测与考核，因而过渡过程现场试验的项目也比较多。随着运行管理水平的提高，机组过渡过程试验已逐渐成为水轮发电机组的主要特性试验。

二、试验目的

(1) 由于过渡过程，尤其是事故情况下的过渡过程可能导致机组的电气或机械部分的损伤，或使机组进入飞逸工况，因此必须了解机组在过渡过程中上述各参数的变化规律及其相互关系，检验调节过程的安全性。

(2) 由于水流强烈的压力脉动和水锤现象将使机组不能稳定运行，必须选择机组的最佳调节规律，消除影响机组正常稳定运行的不利因素，如位移、噪声以及空蚀等情况的恶化。

(3) 验证调节保证计算值以及过渡过程闭环调节系统的动态特性，并测定作用在过流通道各断面处的水压、流量等的变化情况，以核定动态特性是否满足电网要求并保障机组安全。

(4) 查明机组各部件的力特性，校核其强度和刚度，并为机组运行选择最优的调节参数。

三、试验内容

过渡过程试验工况基本上分为两大类：一类为正常运行工况下的过渡过程，即调速器在全部调节过程中均处于自动调节状态，机组、调速器、引水系统组成的闭环调节系统处于正常工作，机组只是从一种稳定运行工况转换到另一种稳定工况；另一类为非常运行工况下的过渡过程，由于参数波动范围过大，超过了调速器正常工作的调节量，在这种情况下调速器只能作为保护装置进行紧急操作。

（一）正常运行工况下的过渡过程试验

正常运行工况下的过渡过程试验内容包括：

（1）水轮发电机组启动。

（2）水轮发电机组停机试验。

（3）水轮发电机组空载扰动试验。

（4）水轮发电机组负荷扰动试验。

（二）非常运行工况下的过渡过程试验

非常运行工况下的过渡过程试验内容包括：

（1）水轮机甩负荷（水泵断电）试验。

（2）机组进入飞逸工况试验。

因实际运行中有各种保护措施防止机组进入飞逸工况，故在真机上一般不进行飞逸工况的试验。

四、试验的特点与要求

（1）机组过渡工况是运行中不可缺少的或不可避免的瞬变工况，为检验机组设计、安装、检修及调试方面的综合质量，掌握机组的动态特性，一般对新投产的机组，大修前、后的机组以及必须由真机试验来确诊机组某种异常或故障时，都必须进行真机过渡过程试验。

（2）过渡过程试验由于直接关系到机组运行安全，试验条件比较苛刻，特别是非常工况下的过渡过程运行一般很少发生，因此该试验通常都受到电力系统的制约。机组能否正常稳定运行，都必须通过真机过渡过程试验调整，但考虑到机组本身和引水系统等的安全和减少对电网的影响，均不宜重复进行该类试验。

（3）机组各种过渡过程的现场试验都必须在各过流部件及其控制机构、调节系统等均进行过元件和各系统的整体特性试验之后才能进行。

（4）由于过渡过程是一种瞬变工况，因此对主要参数的测试必须采用电测。对一次测试元件和转换元件、记录器等均要求动态性能好，能准确反映各参数随时间的变化过程、极值及其出现的时间，以及各参数间的相互关系。为监测和检验电测成果，对主要参数的极值常辅以目测记录，以便分析试验资料时参考。

(5) 机组过渡过程的品质与调速器调整参数的组合之间的关系比较复杂，组合数很多，应尽可能以最少的试验次数来求得最佳组合。为此，应先在计算机上进行动态计算，然后从中优选几组最佳参数，再通过真机试验进行复核。

在调速器、机组、引水系统、电网及用户等组成的闭环调节系统中，由于机组的运行工况不同，被调节量不同以及不同的过渡过程，调节参数应该有不同的组合。因此，对于不同的过渡过程，应分别采用不同的调节参数组合进行现场试验，在满足主要技术指标要求的前提下，综合考虑其他品质来选取相应的最佳调节参数组合。好的过渡过程特性要求调节时间短、超调次数少、超调量小、衰减速度快。

五、机组过渡过程现场试验

(一) 水轮发电机组启动试验

1. 试验目的

检验调速器部件及调节系统、机组各部件及整机在运行中的稳定情况；观察机组升速过程中有无异常现象，在空载开度下能否稳定；调速器手动、自动及其相互切换阀时的工作状态是否正常，以及调速器在自动运行时机组是否能稳定在额定转速，接力器是否稳定在空载开度；自动启动过程是否稳定等。

2. 试验内容

机组启动过程的要求：启动时间短、噪声小；启动过程平稳、便于并网；对于分段启动的机组，其接力器行程折线的拐点应符合启动特性的要求，水泵启动时要求对系统冲击小；推力轴承的减载装置动作正确，轴瓦的油膜应正常形成；减少启动过程中的能量消耗。

启动参数选择试验：混流式水轮机组的启动特点是轴向水推力较轴流式小，该类机组的启动特性将随运行水头而变化，故应在不同水头下测试启动机组至额定转速所需的时间和机组加速度值等来优选启动参数。转桨式机组在不同水头下，还需使转轮叶片处于不同的启动角位置，以测试机组启动时的最佳导叶开度，或固定某一导叶开度而变换桨叶的安放角来进行启动参数的优选试验，以核定机组启动时参数的最佳组合关系。抽水蓄能机组作水轮机方式启动时同上；作水泵方式启动时，其过程可分为两个阶段——第一个阶段是在导叶、桨叶全闭状态下水泵由静止状态启动。一般在事先按不同水头段已核定好的启动参数基础上，实行电气启动，即在电磁力矩的作用下，机组转子开始朝水泵方向旋转，加速至同步转速，此阶段称为启动同步过程，完成造压过程后；第二阶段是在同步转速下以一定的规律开启桨叶和导叶，使导叶开至相应于不同水头段的预定开度，水泵则由此转移至正常抽水工况，其输水流量逐渐增加至额定值而完成了水泵启动的全过程。

(1) 蜗壳充水前的模拟开、停机试验。

1）手动开、停机模拟试验。检查各项准备工作满足要求，确认检查人员退出现场后，将调速器充油至额定值，并将调速器置于手动位置。手动操作开度限制机构，使接力器由全开至全关，再由全关至全开，反复动作几次，检查调速器有无卡阻现象，各种表计的刻度与实际位置是否相符，否则应重新调整。

2）自动开、停机模拟试验。完成上述手动开、停机模拟试验之后，将调速器切换到自动位置，机组自动操作回路投入。然后，在控制台（室）模拟自动开、停机及远方增减负荷，整个动作程序应准确无误。试验中检查各限位开关、行程开关等电气触点的动作是否可靠、准确，远方操作机构能否可靠地控制机组全开至全关，事故停机、紧急事故停机装置动作是否灵活、可靠。

如有异常，应及时找出原因进行处理，以免影响机组启动或妨碍继续进行试验。为预选导叶最小启动开度，正式试验前可根据设计值对立轴式机组所需最小启动力矩 M 作初步计算，即

$$M=(G+P)fr_{cp} \tag{21-5}$$

式中 G——考虑浮力后的机组转动部件的重量；

P——转轮的轴向水推力；

f——静摩擦系数，一般取0.15～0.20；

r_{cp}——推力轴承扇形瓦块的半径计算值，$r_{cp}=\frac{2}{3}\times\frac{r_1^2+r_1r_2+r_2^2}{r_1+r_2}$；

r_1、r_2——推力轴承扇形瓦块的内径和外径。

随着导叶开度的加大，水轮机转轮的输出力矩也逐渐增大。当输出力矩大于摩擦力矩时，机组即开始转动，此时所对应的导叶开度即为最小的导叶启动开度。实用中，启动开度一般取略大于此最小的导叶启动开度，以保证机组能迅速旋转至同步转速。最终还是通过原型机组的现场试验，根据超调量小、启动时间短的要求来确定最优启动过程及其启动开度。

（2）蜗壳充水后的启动试验。

1）手动开机试验。检查机组完全具备启动条件后，调速器切为手动运行方式，用开度限制机构手动启动机组，并记录实际开度值。维持机组在额定转速，检查机组运行的稳定性。然后，将调速器切为自动运行方式，并略放开开度限制。测量机组转速是否为额定值，如不符合，应先调整转速至符合要求。检查并记录在当时水头下的空载开度值，应比启动装置所调整的启动开度略小。再利用变速机构手动改变机组转速分别为额定转速的115％、105％、95％、90％，观察机组运行情况，并逐一校验转速继电器相应动作值。在这一过程中，应检查行程开关、限位开关的动作值。过速限制器的动作值在额定转速的150％以上时，需要将调速器切在手动

方式，用开度限制开大导叶，才能作有关继电器的校验。

在手动或自动运行方式下空载运行，接力器应无跳动、冲击或有规律的抽动等现象，接力器的摆度值应小于1%。记录时间不少于3min。

2）手动、自动切换试验。机组在手动条件下空载运行一段时间后，证明无异常现象时，做好自动运行的各种准备工作。将手动、自动切换阀切向自动运行，再将开度限制机构迅速放开一点，此时机组转速不应发生较大的变化。再将开度限制机构压回空载开度，将手动、自动切换阀切向手动运行，机组转速也不应发生较大的变化。在手动、自动切换试验中，转速摆动值不允许超过标准规定。

3）自动启动试验。检查机组完全具备自动启动条件后，确定空载运行参数。然后，由中央控制室发出开机指令，远方操作机组自动开机，同时录取转速、主配压阀、主接力器等信号（轴流转桨式机组还要增加桨叶角度信号）。机组达到额定转速后，检查开度限制机构的远方控制电动机动作是否可靠、准确。短接发电机出口断路器的辅助触点模拟合闸，检查开度限制机构能否打开到全开位置。

3. 试验记录及分析

主要记录下列参数随时间的变化过程：

（1）启动脉冲讯号。

（2）导叶开度及其接力器行程，并校准其相互之间的线性关系。

（3）桨叶开度及其接力器行程，并校准其相互之间的线性关系。

（4）机组转速、摆度、振动等。

（5）蜗壳、尾水进口压力。

对不同的启动参数组合，除需考虑满足技术指标的规定外，还需对下列内容进行分析和比较：

（1）导叶、桨叶滞后启动脉冲的时间，从发出启动脉冲到机组开始转动的时间，以及到达额定转速的时间。

（2）机组开始转动的瞬间所对应的导叶、桨叶开度及其相应的接力器行程。

（3）导叶开度或接力器的平均开启速度、导叶的空载开度。

（4）桨叶动作终了时的安放角度、动作历时及其平均速度。

（5）机组启动时蜗壳最大压力降低值及其滞后开机脉冲的时间。

（6）泵启动完成时的扬程、造压历时，导叶刚开启时所对应的桨叶开度，以及启动瞬间的输入功率和启动过程的耗电量。

（二）水轮发电机组停机试验

机组停机过程中，由于蜗壳压力升高，而导叶后的压力却降低，故使机组的作用水头增大，水轮机力矩也随之增大，但机组从电网切除后，导叶继续关闭，水轮机进入制动工况时，力矩值就变成负值了。轴向水推力与力矩变化相似，导叶初关时增高，而当机组转为制动工况时，却出现与原水流方向相反的（即向上的）轴向水推力；随着转速降低，负力矩和负轴向力均缓慢恢复，直至停机时为零。在导叶刚开始关闭时，尾管压力稍有降低；但在导叶缓冲关闭以后，尾管压力又有所升高。

1. 机组停机过程的要求

（1）检查自动加闸用转速继电器动作整定值的正确性。

（2）机组停机应快速、平稳，制动段历时短，防止轴承油膜破坏。

（3）防止出现转桨式水轮机在停机过程中协联关系遭到破坏而引起机组不稳定的现象，防止在关机过程中由于出现较大的负轴向水推力而发生抬机现象。

（4）防止在导叶关闭过程中顶盖下面出现过大的真空，应对紧急真空破坏阀的动作压力进行试验调整。

2. 试验项目

（1）无水关机传动试验。

1）按调节保证计算的要求，整定好调速器的关闭时间，利用紧急停机电磁阀使导叶开度分别从100%、75%、50%关机，观测关机过程及其关闭速度是否符合设计要求。

2）电动操作开度限制机构，使导叶开度从全开到全关，再从全关到全开，观测其过程对称性及过程历时，以及接力器有无抽动。

（2）机组正常停机。

1）水轮机工况。发出停机脉冲与电网解列后，导叶自空载位置开始关闭，桨叶滞后于导叶缓慢关闭，两者在停机过程中不再保持协联关系。导叶全关后自动投入锁锭。当机组转速降至80%额定转速以下时，桨叶又重新打开至最大开度，以增加制动力矩；当机组转速低于30%（或按机组具体加闸制动要求而定）额定转速时，自动加闸制动。机组全停后冷却、润滑水切断，制动解除，机组恢复至备用状态。

2）水泵工况。发出停机脉冲后，桨叶稍超前于导叶缓慢关闭，输入功率随桨叶关闭开始降低直至导叶关闭终了时输入功率降为零。跳闸后机组转速缓慢下降，桨叶于导叶尚未完全关闭之前即停止关闭，以增加机组的制动力矩。待机组全停后，自动恢复至备用状态。

3）联网紧急关闭试验。机组至空载工况稳定运行，手按紧急停机装置停机，以检验停机装置的动作是否正常。

3. 试验注意事项

(1) 关机过程中如未发现影响机组稳定的异常情况，一般不再调整经启动试验优选出的调节参数整定值。

(2) 空载工况停机时，在库水位较高且接力器关闭末端又无缓冲的情况下，应注意钢管内的最大水压力；其次，在尾水位较高的情况下，应注意转轮室内的反向水推力，虽然不一定是最危险的情况，但也有可能影响压力钢管和机组的安全。

4. 试验资料及分析

(1) 主要记录下列参数随时间的变化过程：关机脉冲讯号；跳闸讯号；加闸制动讯号；导叶开度及其接力器行程；桨叶开度及其接力器行程；机组转速，各部位的摆度、振动等；蜗壳、尾水管压力。

(2) 列表分析，见表21-1。

表21-1　水轮发电机组停机试验分析

试验分析项目	停机前	停机过程极值	停机后
导叶开度			
导叶接力器行程			
关闭历时			
桨叶开度			
桨叶滞后导叶关闭时间			
桨叶关闭历时			
桨叶重新增大到启动角的时间			
蜗壳水压			
尾水管压力			
下机架水平、垂直振动			
顶盖水平、垂直振动			
水导 X、Y 摆度			

比较下列内容：跳闸滞后于关机脉冲的时间；自动加闸滞后于跳闸讯号的时间；从制动到机组停止转动的时间，直至取消制动的时间；导叶动作滞后于关机讯号的时间；桨叶动作滞后于关机讯号的时间；导叶、桨叶关闭历时及其关闭速度。

(三) 水轮发电机组空载扰动试验

空载扰动试验的基本过程是以人为的方式，对处于平衡状态的调节系统突然输入一阶跃式的扰动量后，平衡状态遭到破坏，主接力器活塞行程和机组转速随时间发生变化。经过调速器的调节并经过一定时间后，使调节系统达到新的平衡状态，同时测出机组转速和主接力器活塞行程与时间的关系特性。这种方法是当前普遍采用的考核和改善调速器动态特性的一种既方便又实用的方法。

启动机组自动运行，维持额定转速约10min后，用变速机构或开度限制机构对调节系统加以急剧扰动，使机组转速突变Δn（其大小控制在额定转速的8%左右），随后调速器产生自动调节反应，使机组转速产生摆动，直至稳定。

1. 试验目的

（1）检查稳定区的大小，求取稳定“临界”参数值。

（2）检查调节过渡过程品质，求取最佳空载扰动运行参数。

2. 试验内容

空载扰动试验的扰动方式一般采用内扰动方式。机组处于自动空载运行方式，变速机构的指示为零，机组维持在额定转速运行。先将开度限制机构限好，然后将变速机构调整至+8%，然后突然放开开度限制机构，使机组转速上升，随后调速器产生自动调节反应，使机组转速产生摆动，直至稳定，观察并记录整个过渡过程。再将开度限制压回到空载开度，将手动、自动切换阀迅速切为手动，通过开度限制机构使机组保持50Hz（即额定转速）运行，然后将变速机构调整到−8%，再将手动、自动切换阀迅速切为自动，机组转速下降，随后调速器产生自动调节反应，使机组转速产生摆动，直至稳定，观察并记录整个过渡过程。空载扰动试验记录表见表21-2。

表21-2　　空载扰动试验记录表

观测部位		试验次数						备注
		1	2	3	…	$n-1$	n	
组合参数	永态转差系数b_P（%）							
	暂态转差系b_t（%）							
	缓冲时间常数T_d（s）							
	局部反馈系数a							
频率（转速）变化情况	扰动量（%）							
	扰前值（Hz）							
	最大（小）值（Hz）							
	超调量（%）							
	扰后稳定值（Hz）							
	调节次数（次）							
	调节时间（s）							

续表

观测部位		试验次数						备注
		1	2	3	…	$n-1$	n	
接力器变化情况	扰前行程值（mm）							
	最大（小）行程值（mm）							
	扰后稳定行程值（mm）							
试验记录								

调速器的主要调节参数有永态转差系数 b_P、缓冲时间常数 T_d、暂态转差系数 b_t、反馈杆杠比（或称局部反馈系数）a 等，可根据调速器的类型和工作条件预先拟定好若干组参数组合进行扰动试验，选取最佳参数组合，以满足需要。

进行参数选择时，可先固定其他参数而顺序改变对机组稳定性影响最大的 b_t 和 T_d 值。考虑到机组运行的稳定性是保障机组安全的关键，故扰动试验时 b_t 和 T_d 的取值应由大逐渐减小，使机组按从稳定到不稳定的方向进行试验。空载扰动试验的扰动量一般规定为±4Hz 或±5Hz，或额定转速的±8%或±10%，均以额定频率或额定转速为平衡点。

3. 试验注意事项

（1）试验中每次扰动频率（转速）的幅值都应相同，若扰动量幅值不同，则其调节过渡过程的品质就不一样。

（2）每完成一组试验，应及时进行分析比对，随时掌握机组动态过程的变化规律和趋势，以期尽快地满足试验要求而减少试验次数。

（3）对已试验的调节参数组合，需要具体地分析它们对调节品质的影响，从中选取调节时间最短、调节次数最少、超调量最小和波动过程衰减得最快的参数组合，当这些要求不能同时满足时，可根据具体情况有所侧重地确定空载运行的最佳参数。对筛选出来的最佳空载参数，还需要进行一次复核性试验，并以试验来验证在该组参数邻近的区域机组都能保持稳定。

（4）对于作为调频运行的机组，因为其永态转差系数较小，因而还要做 $b_P=0$ 的空载扰动试验。

（四）水轮发电机组负荷扰动试验

由于过渡工况不同，对调节参数也有不同的要求，如空载运行时对稳定性的要求较高，而带负荷运行则对速动性的要求较高。实现空载参数和负荷参数的自动转换对电调来说很容易，但对于机调却无法在运行中实现两组参数的转换。因此，为了适应系统负荷变化的需要，需在空载扰动试验的基础上再进行若干组参数的负荷扰动试验，负荷扰动不是也不可能改变机组真实的外界负荷，而是利用调速器的控制机构改变指令信号的整定值，从而来观测机组在带负荷运行工况下的动态特性，即调速系统的稳定性和负荷调整及频率恢复的速动性，并由此来确定带负荷工况下调速器的最佳调节参数组合，以便同时取得空载工况和负载工况下比较满意的一组最佳调节参数。

1. 试验目的

检查机组带负荷运行的稳定性、灵敏性及其准确程度；观察、分析调节系统带负荷运行时的调节过渡过程品质及其改善途径；选取带负荷时的最佳运行参数。

2. 试验内容

预先拟定好试验的调节运行参数 b_P、T_d、b_t 和 a，并排好试验顺序。整定好试验参数，启动机组带上约 25%的额定负荷。将测量计、仪器准备好（与空载扰动试验基本相同），并做调试运行，试验设备运行良好。

根据机组运行方式和调速器形式的不同，将采用不同的负荷扰动方式。负荷扰动方式见表 21-3。

表 21-3　　负荷扰动方式

运行方式	扰动方式	优缺点
容量较小的机组单机带电阻负荷运行时	利用水电阻可实现负荷的突增或突减	方法简单、扰动容易控制
在独立的小系统内担任地区负荷，多机并列运行时	利用负荷转移方式实现负荷优动受试机组带小负荷运行；系统内其他机组不参加有功功率的调节，只带固定负荷并切手动运行，而将其中的一台机组切为自动运行并突然增负荷或突然减负荷。此负荷的变动由受试机组承受	改变了受试机组的外部负荷，实现了真实的负荷扰动；以转速过程线来衡量调节品质，应尽量减小转速最大偏差值
大电网或单机容量占系统容量比重较小时	利用电调的频率或功率给定进行负荷扰动	只能以导叶接力器的过程线来评价调节品质；电调操作简单，但难以保证每组参数试验时其操作速度和扰动量都相同
	利用机调的变速机构或开度限制机构进行负荷扰动	机调扰动两便于控制且扰动速度快，但操作比较麻烦

发出准备信号，测试仪器投入工作，发出开始扰动试验信号，突然投入（或切除）一定的实际负荷，观察被试机组增减负荷后的调节过渡过程和稳定性，判断试验有无异常现象，如有则检查并排除异常情况，重新作试验。

分别做小开度（即带上30%～40%额定负荷）及大开度（即带上80%～90%额定负荷）试验，其目的是分别求得小开度下及大开度下的最佳运行参数。为了比较全面、准确地观察和分析试验结果，有条件的单位可录制有关曲线，如：

（1）转速随时间变化的关系曲线：$n = f(t)$。

（2）主接力器活塞位移随时间变化的关系曲线：$Y = f(t)$。

（3）主配压阀活塞位移随时间变化的关系曲线：$S = f(t)$。

无设备条件的单位，只需要安排试验人员记录与前述空载试验一样的参数即可。

3. 试验注意事项

每次负荷扰动值应尽可能一样。试验中注意避免外来负荷变化的干扰。具体事项如下：

（1）在保证机组稳定的情况下，应尽量将缓冲时间常数和暂态转差系数调小一些，以提高负荷变更过程的速动性。

（2）综合考虑引水系统和机组运行的稳定性，通过负荷扰动试验找出机组增、减负荷时的最佳速度；增负荷的速度以压力管道中不出现真空为上限，减负荷的速度以压力管道中不出现总压力大于管道允许压力为上限。

（3）为提高负荷变更的速动性，机组并入系统后一般自动将缓冲器切除。试验时可用不同的调节参数组合进行。

（4）调压井水位的变化速度是在导叶开启或关闭终了时才达到最大值，其涌浪极流应不超过设计值。

4. 主要测试参数及其分析

记录扰动信号、扰动量、机组转速、机组功率、接力器行程、主配压阀行程、引水钢管、蜗壳及尾水水压等参数随时间的变化过程。

负荷扰动后机组的调节过程可分为下列几类：

（1）第一类波动过程：其特点是波动次数多至6～7次，超调量大，调节时间长，当运行缓冲参数整定在较大位置时，将发生类似等幅值的长时间振荡。

（2）第二类微振过程：其特点是波动0.5～1.0次，过渡过程品质较好。

（3）第三类无波动过程：其特点是调节时间短、调节速度快。

（4）第四类无超调缓慢过程：其特点是在整个调节过程中快速经过一次微小波动后，接力器过程线在扰动方向一侧缓慢开启或关闭，最后趋向稳定值，虽无超调量，但调节时间较长。

其中，以第二类和第三类调节过程为最优。

根据实测示波图可计算出功率和接力器位移的超调量、调节时间、水锤值和接力器移动速度等调节品质指标。一般按下列内容优选负载工况下的调节参数：

(1) 主接力器在过渡过程中的波动次数、超调量、滞后时间等均在允许范围以内。

(2) 最大频率偏差应在电能质量指标规定范围以内。

(3) 总的调节时间不超过空载扰动试验所规定的技术指标。

(五) 甩负荷试验

甩负荷工况是较少发生的，但在实际运行中甩负荷是难以避免的。以调节过程而言，甩负荷不同于一般的负荷调整。在负荷调整的整个过渡过程中，机组均处于自动调节状态；而甩负荷时调速器的有关元件，如飞摆、主配压阀等均达到了最大的极限位置，调速器相当于保护装置使机组立即关闭，直至转速降至额定转速附近时才进入自动调节状态。由于这种工况使机组和引水系统均处于最恶劣的运行状态，对机组和引水系统的影响最大，直接关系到电厂的安全，因此在新机组投产或机组大修后都必须进行这项试验，以检验水轮机调节系统的动态特性，检验调节参数的整定是否满足调节保证计算的要求。

1. 试验目的

该试验是校验调节系统动态特性的主要项目之一，其目的是：

(1) 检查调速器参数及各机构的整定，甩负荷时，其调节过渡过程品质应符合标准。

(2) 能否满足调节保证计算的要求。调节保证计算是指在设计阶段对甩负荷时过渡过程的最大转速上升值和蜗壳最大压力上升值的计算，以及尾水管的真空度。通过计算，其主要目的是要确定导叶的直线关闭时间，以避免甩负荷时因导叶关闭过快而造成最大压力上升值过大，引起压力钢管爆裂等灾难性事故发生；或因导叶关闭过快而造成转轮室以后的流道脱流，使转轮室形成真空，当真空达到一定程度时，尾水管的水会在真空作用下反向流动，形成一股强大的回流冲击转轮，甚至把转轮及整个转动部件抬起，造成所谓的抬机现象，破坏机组在转动部件与基础部件的配合部位，严重的还会影响机组寿命；也可避免因导叶关闭过慢而造成机组转速上升过大，引起机组强烈振动，对导轴承造成极大的破坏，甚至影响到机组的强度、寿命。

2. 试验标准

根据 GB 8564—2003《水轮发电机组安装技术规范》的规定：

(1) 校核导叶接力器紧急关闭时间。蜗壳水压上升率及机组转速上升率均不应超过设计规定值。

(2) 甩 100%额定负荷后，超过额定转速 3%的波峰不得超过两次。

(3) 从机组解列开始，到不超过机组转速摆动规定值为止的调节时间应符合要求。

(4) 甩25%额定负荷时，主接力器不动时间应符合设计要求。

3. 试验内容

和前面几种试验一样，试验前应做好仪器、仪表以及人员的准备工作。对于甩负荷试验来说，更重要的是对过渡过程中可能达到的极值做到心中有数。

甩负荷过渡过程的特性不仅取决于水轮机特性、压力管道特性，而且还与调节机构，即导叶和桨叶的运动规律有密切关系。为选择调节系统最合理的调节时间和调节规律，保障机组在实际运行中进入上述调节过程时其压力和转速变化均不超过允许值，就必须进行真机过渡过程试验。如前所述，在机组调节系统进入大波动的情况下，对机组本身和电力系统的安全都是有影响的，为此必须尽量减少真机这类过渡过程试验的次数，尤其是新投产的机组。一般真机试验之前，应粗略进行调节保证计算，以选择调节时间，为在一定条件和导叶关闭规律情况下真机调节时间的整定提供参考。调节保证计算分别在设计水头、最大水头下甩全负荷工况下进行，根据不同的调节时间和调节规律，计算出减负荷时的最大转速上升、最大锅壳水压上升、最大尾水管真空等。对机组增负荷时，须得出锅壳最大压力下降、机组最大转速降低等值，以确定导叶接力器的关闭和开启时间及其速度。

甩部分负荷时，由于导叶关闭时间并非与导叶起始开度成正比，对于小的起始开度，因流量变化小，并且导叶的关闭时间有可能比甩全负荷时的关闭时间还长，则所产生的压力升高亦较小。而速率升高因受水轮机飞逸特性的影响，一般也不超过甩全负荷时的数值，突增全部负荷的可能性在实际中是很少的，因此均可不予考虑。

甩负荷试验必须事先征得电网调度的同意，在电网调度安排的时间内进行。机组并入系统处于自动调节状态，带上预定的负荷稳定后，投入试验录波器约10s即操作发电机出断路器，使机组瞬间与电网解列，负荷突然甩掉，记录其动态特性直至达到空载稳定运行即停止录波，然后逐个分析每个参数的动态过程及其相互关系，并对顺序甩较大负荷时的过渡过程进行测试量极值的预计，做好相应的准备和紧急停机等保护措施。

4. 试验注意事项

(1) 甩负荷试验必须在空载扰动、负荷扰动试验后，机组保护（如过速保护、电气保护、水力机械保护等）装置已完全整定好，并投入工作的情况下才能进行，最好在充水的情况下先进行一次模拟试验，并在甩负荷前、后对机组进行全面检查，以确保机组安全。

（2）甩负荷前应先记录好稳定工况下的各参数值。甩负荷值应由小到大，如从25%、50%、75%、100%逐次进行，每次甩负荷后都应分析有无异常现象；若发现问题，应及时调整关闭时间或其他调节参数，处理好以后再重复该次试验，然后按预先拟定的顺序进行下一次甩负荷试验。

（3）为了精确测定接力器的不动时间，最好用定子电流作为跳闸信号。

（4）对转桨式水轮机（包括轴流定桨式、斜流可逆式、贯流式等机组），甩负荷至导叶关闭终了时，顶盖下方产生了真空，转轮室内产生的真空更高。导叶关闭越快或转速越高、桨叶开度越大时，完全真空的区域就越大。此时正向水流的连续性遭到破坏，而尾水将以很快的速度流向真空区域，该反向水流在流动过程中即可产生强烈的“反水锤”而可能抬起机组，应预先检查所有防抬机装置是否处于自动、灵活状态。

（5）一般转速的最大上升值发生在设计水头下甩满负荷时，水压最大上升值发生在最高水头下甩满负荷时。但在高水头下甩小负荷而导叶又关闭极快时，则有可能使锅壳所承受的绝对压力值较高，应予以充分的重视。

5. 试验结果分析

（1）主要记录下列参数随时间的变化过程：定子电流（作跳闸讯号）、机组转速、锅壳进口水压、导叶开度及接力器行程、桨叶开度及接力器行程、功率、尾水管进口水压、机组各部位的振动和摆度值。

（2）测试仪录制的波形图。图21-7所示为国内某电厂的一台轴流转桨式水轮机甩100%额定负荷时录制的波形图，图中显示的是甩负荷过程中转速、接力器行程、蜗壳水压、尾水水压的变化过程（图中的跳闸信号由于选择的断路器开关触点不合适，跳闸时间略滞后于断路器真实跳闸时间，建议有条件的电厂作该试验时，跳闸信号采用定子电流消失作为脉冲信号）。

试验过程中，为同时满足水压上升和转速上升均不超过允许值的要求，需要根据每次甩负荷的实测情况，及时调整导叶关闭时间，若延长导叶有效关闭时间，则速率上升增加，水压上升减少，否则反之，然后继续按原定试验程序进行试验，直到满意为止。

（3）确定最佳关闭规律时，对甩负荷过渡过程的优劣可用下列因素综合判断：

1）转速最大升高相对值β

$$\beta=\frac{n_{max}-n_0}{n_r}\times 100\% \tag{21-6}$$

式中　n_{max}——甩指定负荷过渡过程中机组最大瞬时转速；

n_0——甩负荷前的转速稳定值；

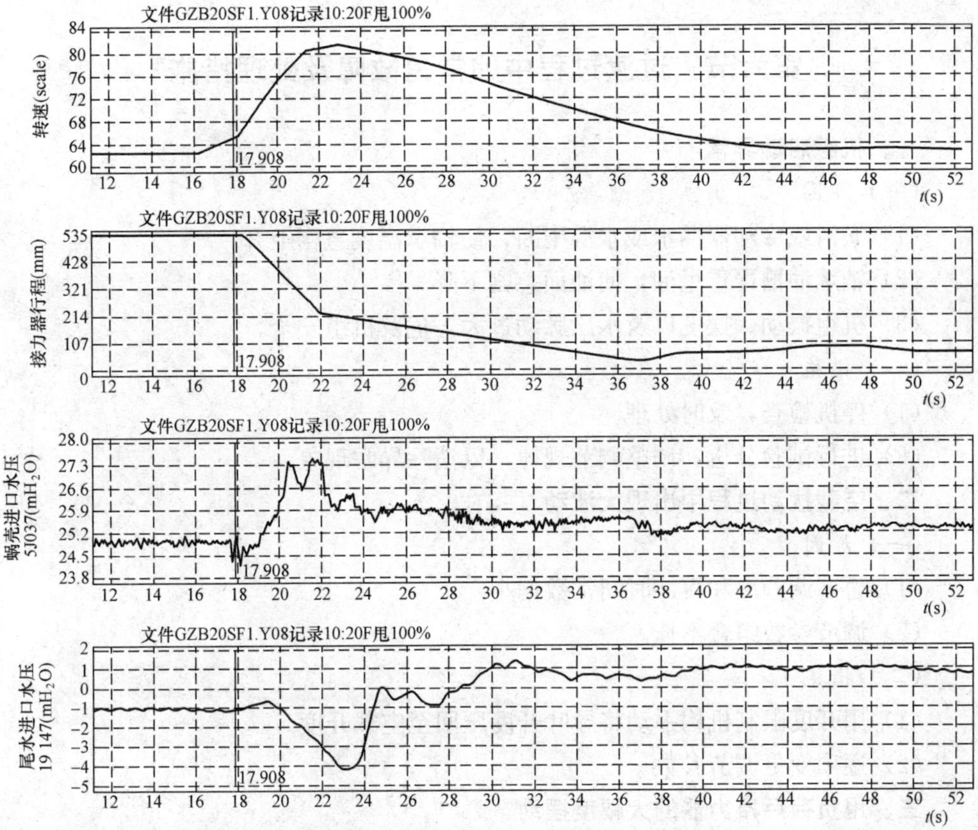

图 21-7　机组甩 100％负荷波形图

注：$1mH_2O=9806.65Pa$。

n_r ——机组的额定转速。

2）水压最大升高相对值 ξ

$$\xi=\frac{p_{max}-p_1}{p_1}\times 100\% \tag{21-7}$$

式中　p_{max} ——甩指定负荷过渡过程中，蜗壳进口表计压力的最大瞬时值；

p_1 ——甩指定负荷后，蜗壳进口表计压力的稳定值。

实际上，引水系统最大正水锤值发生在蜗壳末端而不是蜗壳进口（一般蜗壳末端的绝对压力较小，也未设测压点），其出现时间依机型和关闭规律的不同而有所区别。

（4）水压脉动幅值及持续时间、向上的轴向水推力等。

（5）列表分析甩负荷试验记录，对超标的参数进行调整。

第六节　过渡过程中的常见故障及处理措施

一、机组启动异常

（一）原因

（1）润滑或冷却器漏水或水源中断，使轴承温度急剧上升。

（2）轴承油槽严重甩油，使油面急剧下降。

（3）机组振动、摆度以及水压脉动过大，危及机组安全。

（二）措施

（1）停机检查，及时处理。

（2）进行试验分析，调整调节规律，以消除异常现象。

二、空载扰动过程中出现大波动

（一）原因

（1）暂态调差率和缓冲时间常数偏小。

（2）调节参数组合不佳。

（二）措施

（1）用开度限制机构手动将导叶开度压回至空载开度。

（2）逐项变更调节参数。

三、甩负荷后接力器的大幅度摆动

（一）原因

（1）导叶与桨叶的协联关系不稳定。

（2）调节系统不稳定。

（3）缓冲强度不够。

（4）中间接力器跳动。

（二）措施

（1）重新调整协联关系。

（2）调查中间接力器、缓冲机构是否正常。如有异常，则进行处理。

（3）改变缓冲强度，观察其效果。

（4）消除主配压阀的跳动。

四、机组上抛

（一）原因

（1）甩负荷后，导叶迅速关闭，使导叶后的压力急剧降低而出现真空、水流连续性遭到破坏，脱离转轮的这股水流由于惯性下泄时，却受到下游侧水压作用的制动，尾水管内产生反向加速流动，与旋转着的转轮相撞而产生反水锤，使转轮下面的压力突增，称为反水锤式抬机。

(2) 甩负荷过程中，机组进入水泵工况区或不压水调相时，作用于叶轮的轴向水压力和水力矩均改变方向，当负的轴向水压力大于或等于机组转动部分的重量时，称为水泵升力式抬机。

(3) 断电时导叶急关闭，转轮室的压力和尾水管的压力同样突增，而钢管部分却出现最大水压下降，机组转速下降，机组有上抬现象，但却在正常的弹性恢复范围以内。

(二) 措施

(1) 降低负的轴向水压力。

1) 适当引用钢管压力水入转轮室。

2) 加大真空破坏阀面积，加大向转轮室真空区的补气量，以增加转轮区的压力。

(2) 合理选择导叶关闭规律。采用分段关闭，尤其在导叶关闭接近终了时，应减慢其关闭速度，但却延长了启动过程，对机组快速启动不利，故应综合考虑。

(3) 在甩负荷过程中不关闭桨叶，以便更快地制动，且由于转角较大，使反向水流进入转轮叶栅时的绝对流速减小，以减小负轴向水推力。

(4) 如无反推力轴承，则应采用其他防抬机装置，如限位块等。

五、蓄能机组水泵工况运行时不能抽水

(一) 原因

(1) 造压不够，使转轮室所具有的能量未能超过上游水体所具有的位能、压能和动能的总和，不但不能顺利抽水，还有可能发生水泵倒流现象。

(2) 尾水管和转轮室的水压脉动剧烈，机组振动、噪声大。由于导叶开启滞后于桨叶开启的时间太长，在开启过程中导叶和桨叶的协联关系遭到严重的破坏，使水流产生很大的冲击，因而引起强水压脉动。

(二) 措施

(1) 改变桨叶开度，使转轮室的压力大于实际扬程。

(2) 缩短导叶开启滞后于桨叶开启的时间，但转轮室的压力必须保障水泵不出现倒流。

六、过渡过程中的强水压脉动

(一) 原因

(1) 导叶、桨叶不协联。

(2) 水轮机启动、水轮机或水泵停机时桨叶转角太大。

(二) 措施

(1) 钢管或蜗壳水压脉动发生在水轮机甩负荷后和水泵开始抽水时。对水轮机甩负荷工况，在导叶关闭过程不变的情况下，即转速达最高点的时间不变的情况下，加速桨叶的关闭过程，以便在达到最高转速点时，桨叶转角已较大地减小。在水轮机达到最高转速以后的降速过程，即水轮机进入水泵运行工况的过程，由于桨叶转角已减小，从而减小了水泵对正向水流的制动作用，减轻了水压脉动，或在桨叶关闭过程不变的情况下，延长导叶关闭时间，使最高转速点往后移，即在桨叶转角较小的情况下进入水泵制动区，但将造成转速更大的升高。因此，该措施只有在转速升高尚未达到允许值，即转速升高尚有裕量时才予采用。

(2) 尾水管压力脉动发生在水轮机进入飞逸工况附近和制动工况，以及可逆机组的水轮机启动和水泵断电过程中。特别是在水轮机接近逸速工况时，因流量较大，出口环量也较大，故尾水管容易产生强水压脉动。制动工况区因水流能量接近全部消失，而由于机械惯性带着转轮继续搅水，使尾水管中水流紊乱。

当尾水压力脉动引起机组强烈振动时，在导叶二段关闭规律下，适当缩短拐点以前的时间而延长拐点以后的时间，这样使钢管水压有所增加，却使尾管压力脉动的时间缩短，其幅值亦会有所减小。在钢管最大水压上升尚有裕度时，可用该措施改善尾水管的压力脉动。

七、机组稳定性异常

(一) 原因

引起机组不稳定的原因很多，如轴的刚度、转子的重量、电磁以及水力不平衡等，其中转轴的刚度是机组稳定运行的根本保障。对已运行的机组而言，转轴的刚性程度已是无法改变的条件，因此机组实际运行中不稳定现象的改善，主要是解决上述平衡问题。因促使机组失去平衡的力总是存在的，故任何旋转机械实际上都不可能达到理想的平衡。

(二) 措施

使机组处于不同的运行工况，主要测试机组各部位的振动、摆度、压力脉动及其变化规律，来查找机组不稳定的主要原因。

(1) 转子重量不平衡：用变速试验、空载无励磁运行进行对比分析。

(2) 磁拉力不平衡：用空载加励磁运行试验记录各参数与空载无励磁情况作对比，并进行变负荷试验，在额定负荷下检验发电机力矩的平衡问题。

(3) 功率消耗。

(4) 水力不平衡：进行压水和不压水调相运行试验来对比分析，同时记录其相应的制造、安装或检修质量的影响。用盘车方法或稍开导叶时以小股水流冲动转轮，或利用停机过程等，以分析大轴弯曲对摆度的影响。

（5）调节系统的影响：将调速器分别处于手动、自动运行工况，对比其对机组运行稳定性的影响。最后，根据机组处在不同运行工况下实测到的振动、摆度的振幅、振频、相位等的情况进行分析，找出原因。

第二十二章　水轮机效率试验

第一节　概　　述

一、水轮机效率试验的意义

当前，水电建设进入了新的高速发展时期，三峡、小浪底等一批大型水电工程的兴建，为缓解我国当前的能源短缺状况作出了突出贡献。与此同时，水电厂经济优化运行也不断得到重视，水轮机效率作为水电厂运行中的重要指标，得到了更多的关注。

随着水轮机制造业水平的整体提高，一般新投产的大、中型机组最高效率可达到90%～94%（含发电机），老机组经技术改造之后也可以接近这一指标。然而，在目前已经投入运行的机组中，只有20世纪80年代末期以后投产的机组效率普遍高一些，大部分老机组，特别是中小型电厂机组由于设计选型不合理或在制造安装中存在缺陷和遗留问题，效率是比较低的。特别是有的机组由于长期处在低效率区或在低水头下运行，严重影响着机组效率的发挥，同时还会造成严重的振动和空蚀破坏。因此，充分地挖掘水电机组的内在潜力，提高发电效率，降低发电成本，延长机组寿命十分必要。

为了充分利用水能资源，提高水电厂的经济效益，需要对现有运行机组的实际运行效率进行测定，计算出运行工况对水轮机效率的影响，这就是水力机组效率试验所要完成的任务。通过效率试验，可以实测出水力机组的动力特性曲线，以此为水电厂优化运行提供可靠的技术保障，并指导水电厂实行经济运行。

二、水轮机效率试验的目的

开展水轮机效率试验，是为了通过这些试验准确地了解机组电气、机械、水力等方面的工作特性，合理地整定各种工作参数，为机组安全、经济运行提供最可靠的资料，并有效地指导水电厂的生产。通过效率试验，还可以为检验水机理论、计算方法、鉴定制造质量和安装质量提供可靠的依据，为更经济、更有效地利用我国水能资源积累丰富的数据资料。

水轮机效率试验的目的，大体有以下四个方面。

1. 测定水轮机的效率特性

根据水轮机效率试验，可以绘制出机组在不同水头下的实际效率特性曲线，即水轮机效率与出力的关系曲线、流量与机组出力关系曲线以及机组出力与耗水率关系曲线等。将实测的效率特性曲线与模型试验换算来的效率特性曲线进行对比，就可以检验水轮机组能否达到制造厂家所提供的效率保证。这是投产机组现场验收试验的一个重要组成部分，也是改进转桨式水轮机协联关系的主要依据。

2. 测定机组的运转综合曲线以指导运行

对电网而言，负荷分配取决于这台机组或这个水电厂的动力特性。通过水轮机的效率试验，可以绘制出机组实际运转特性曲线。基于此可以测定整个水电厂的动力特性值，从而为电网经济调度提供技术数据。

3. 测定蜗壳流量计的流量系数

水轮机的过机流量测定一直以来是一项复杂的工作。在效率试验中可以通过比较法率定蜗壳流量计的流量系数 K 值曲线，以后测过机流量便可用蜗壳流量计进行测定，从而大大简化了水轮机流量测量工作。

4. 提供水轮机的其他相关特性

水轮机效率特性往往与水轮机的振动、空蚀、尾水管压力脉动等特性相关，因此，在研究机组这些特性时可以参考其效率特性来分析，必要时可与效率特性同时测定。

第二节　试验原理及方法

一、水轮机效率试验的原理

水轮机的效率等于水轮机轴功率与水流功率的比值，即

$$\eta_T = \frac{P_T}{P_0} \tag{22-1}$$

式中　P_T ——水轮机轴功率；

P_0 ——水流功率。

由于测量水轮机轴功率 P_T 的难度很大，故一般采用测量水轮发电机输出功率 P_g，然后求出水轮机组 η，通过效率公式即可得出 η_T，即

$$\eta = \eta_g \eta_T = \frac{P_g}{9.81QH} \Rightarrow \eta_T = \frac{P_g}{9.81QH\eta_g} \tag{22-2}$$

式中　Q——水轮机过流量；

H——水轮机工作水头；

η_g ——发电机效率。

发电机效率 η_g 可通过发电机效率曲线查得。从式（22-2）来看，要求得水轮

机效率 η_T，只需测得水轮发电机输出功率 P_g、水轮机过流量 Q 以及水轮机工作水头 H 即可。

二、现场试验条件

做水轮机现场效率试验时应遵循以下要求：

（1）被试机组的电气、机械各部分应调整好，能正常工作。

（2）被试机组的调速器工作正常，无任何缺陷和不稳定现象。

（3）水轮机过流及引水道的表面应光滑，无扰水现象。

（4）试验时系统频率必须等于额定值，其偏差不得超过±0.2Hz。

（5）试验时功率因数 $\cos\phi$ 应保持在额定值，有条件的情况下最好保持 $\cos\phi=1$。

（6）试验时，被测值的读数必须在机组工况稳定的条件下进行（一般要求水头波动在±0.5%以内，功率波动在±1.5%以内，转速波动在±0.4%以内）。一般在功率和功率因数稳定10～15min后，再对被测值进行3～5次读数，每次读数间隔1～2min，然后求其平均数。

（7）试验过程中，下游水位应保证相应的尾水管吸出高度。

（8）蜗壳差压、水头、功率传感器输出信号若波动过大，应采取相应的稳压措施（如加装稳压桶等）。

（9）导叶开度变化次数可根据厂家提供的效率特性曲线以及机组实际运行状况来确定。一般先从空载开度开始做，接着在小开度低效率区，可每隔全开度的10%取一次；在大开度高效率区，可每隔5%取一次；在最高效率区附近，须每隔2.5%取一次。

（10）做转桨式水轮机效率试验时，为保证试验的准确性，在每个固定的导叶开度下，至少应选取5个不同的轮叶角度作试验。

三、试验方法

根据公式（22-2），求取水轮机效率需要测量水轮发电机输出功率 P_g、水轮机过流量 Q 以及水轮机工作水头 H。水轮发电机输出功率的测量可采用直接测量的方法（如三功率表法、双功率表法、三相功率表法等）。水头可以根据伯努利方程，通过测量水轮机进出口端面高程差、压力差和水流流速来计算水轮机进出口端面水流的总能差而求得。在效率试验测量的项目中，流量测量的工作量是最大的，流量的测量方式直接决定了试验的规模和性质，因此效率试验方法是以试验中流量测量所采用的方法为依据进行分类的，主要包括超声波法、流速仪法、蜗壳差压法、水锤法、示踪法、相对法、毕托管法等。根据水电厂引水系统不同、水头高低不同、水轮机类型不同等，每种试验方法所适用的电厂类型也不同，见表22-1。

表 22-1　　水轮机效率试验方法列表

试验方法		试验条件	优　点	缺　点
流速仪法		适用于直径为 1.4m 以上的压力钢管，要求压力钢管的等径直线段长 25d（d 为管径）；测量断面平均流速应大于 0.4m/s	方法及测试工艺成熟、完善；适用水头范围宽；不受电磁、温度及其他影响，性能稳定	试验设备拆装须在停机无水情况下进行，且试验工作量大
超声波法		测量断面上的流速分布要均匀；需要长 2d（d 为压力钢管直径）外露平直钢管，不同声道要求不同	操作方便、试验工作量小、便于检测	仪器成本高、安装精度严格
蜗壳差压法		需要准确测定流量系数，试验机组具有蜗壳装置	仪器简单、测量方便、应用广泛	流量系数测定复杂，须在原型效率试验中进行
水锤法		适用于中高水头水电厂，引水管道须等径或收缩	测量方便、试验工作量小	采用示波器测量时精度受振子影响较大
相对法		具备产生差压的部件，其差压值与流量关系稳定	应用范围广	测量精度低，只适用于测量相对效率
毕托管法		适用于直径为 2m 以下的封闭管道，要求测量断面上游侧等径直管段的直径不小于引水钢管直径的 10 倍	试验装置简单、易于实现	率定困难，不适用于大管径测量
示踪法	浓度法	适用于压力管道和明渠，水头范围广，可用于流道不规则、流速分布很不均匀的场合，但流道不得存在逆流和环流现象	可用于流道不规则、流道几何参数无法确定、流速分布极不均匀的场合	设备复杂、精度要求严格、试验费用高、示踪剂选择困难
	积分法	水头范围广，适用于不存在逆流或环流的渠道侧流	可用于流道不规则、流道几何参数无法确定、流速分布极不均匀的场合	设备复杂、精度要求严格、试验费用高、示踪剂选择困难、使用面窄
	传输时间法	适用于具有一段较长的流速分布均匀的引水管道	满足大流量测量的要求	专用设备多、要求高、费用大，试验复杂、试验过程长、安装量大

试验方法的选取要结合考虑试验的适用范围、测量精度、试验成本、工作量、难易程度等综合因素，择优选取。

对于类似葛洲坝这样的河床式水电厂，由于水头低、过流量大、引水流道短而弯曲、流量测量的难度相对较大，目前尚无合适的测量方法，只能针对机组进行相对效率试验。

四、测点布置

(1) 有功功率：一般设在机旁盘附近，测定发电机母线功率。测试方法和仪表详见本章第五节。

(2) 流量：采用的试验方法不同，流量测点的布置也不相同，详见本章第五节。

(3) 水轮机进口断面压力：在蜗壳进口处安装标准压力表或压力传感器。

(4) 水轮机出口断面压力：在尾水管出口处安装测压水位计、标准压力表或压力传感器。

(5) 蜗壳压差：从蜗壳内外侧引出的测压管一般布置在中间层或水轮机层的墙壁上，此处需安装水银差压计或差压传感器。

(6) 导叶开度：通过调速柜上的导叶开度表读取。

(7) 接力器行程：通过接力器上安装的位移传感器引出。

(8) 上游水位：设在进水口附近或压力前池上，可利用现有的水位计进行测试。

(9) 下游水位：设在尾水出口附近，可利用现有的水位计进行测试。

(10) 功率因数：设置在机旁盘附近，可从现有监测信号读取。

(11) 频率：设置在机旁盘附近，可从现有监测信号读取。

第三节　水轮机工作水头的测定

水轮机的工作水头是计算机组效率的主要数据，水头测量值的正确与否将关系到效率试验的成败，它的测量误差将直接影响到试验的精度。

一、水轮机工作水头计算原理

水轮机工作水头在数值上等于水轮机蜗壳进口与尾水管出口水流总能头之差。

(一) 冲击式水轮机工作水头（见图 22-1）

单喷嘴
$$H=\left(Z_1+a+\frac{p_1}{\rho g}+\frac{a_1 v_1^2}{2g}\right)-Z_2 \tag{22-3}$$

双喷嘴
$$H=\frac{Q_1}{Q_1+Q_2}(Z_1+a-Z_2)+\frac{Q_2}{Q_1+Q_2}(Z_1+a-Z_3)+\frac{p_1}{\rho g}+\frac{v_1^2}{2g} \tag{22-4}$$

上两式中　Q_1、Q_2——喷针 1、2 的流量，m^3/s；

Z_1——喷针进水管断面测点高程，m；

a——压力表距测点的距离，m；

Z_2——喷针口中心高程，m；

Z_3——水轮机转轮中心高程，m；

p_1——喷针进水管断面压力表读数，Pa；

v_1——喷针进水管断面水流的平均速度，m/s。

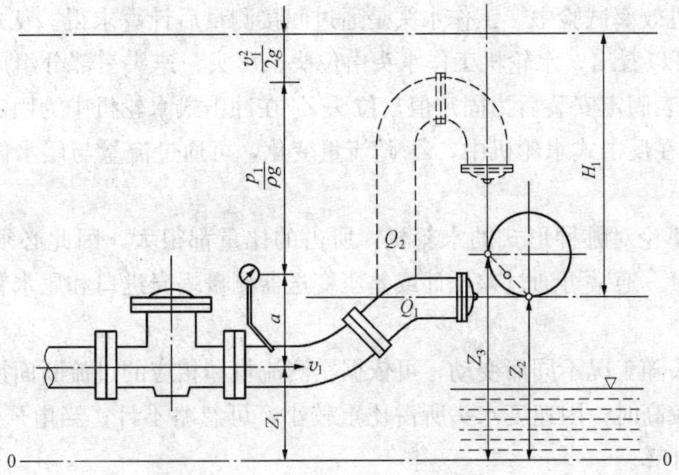

图 22-1　冲击式水轮机工作水头

（二）反击式水轮机工作水头（见图 22-2）

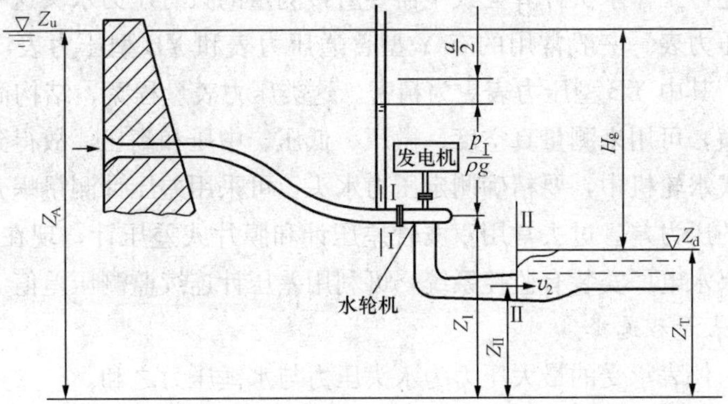

图 22-2　反击式水轮机工作水头

$$H=\left(Z_1+\frac{p_1}{\rho g}+\frac{v_1^2}{2g}\right)-\left(Z_2+\frac{p_2}{\rho g}+\frac{v_2^2}{2g}\right) \tag{22-5}$$

式中　Z_1——蜗壳进口处压力表中心高程，m；

Z_2——尾水管出口处压力表中心高程，m；

p_1——蜗壳进口处压力表读数，Pa；

p_2——尾水管出口处压力表读数，Pa；

v_1——蜗壳进口断面水流的平均速度，m/s；

v_2——尾水管出口断面水流的平均速度，m/s。

二、工作水头的测量方法

在水轮机效率试验中，工作水头是通过间接测量后计算求得。从式（22-3）～式（22-5）可以看出，水轮机工作水头由位头、压头、速头三部分组成。式中，位头 Z_1 当压力表固定安装后为固定值。位头 Z_2 在冲击式水轮机中为固定值（喷针口安装高程）。在反击式水轮机中，Z_2 随流量变化，可通过流量与尾水位的关系曲线查得。

压头 p 不论对哪种形式的水轮机，所占的比重都很大，因此必须对其进行专门的直接测量。通常可通过差压计或差压变送器测量蜗壳进口和尾水管出口的压力差得到。

速度水头随工况不同而变动，可依据实测流量和相应的过流断面换算得出。当电厂的水头较高时，因速度水头所占比重较小，可忽略不计；当电厂水头较低时，则需要进行计算。

三、工作水头测量仪表及安装规范

（一）测量仪表

如前所述，工作水头计算公式中需要直接测量的只有压力水头这一项。测量压力时，多用压力表。一般常用的有 Y 型普通压力表和 YB 型压力表，它们都属于弹性压力表，其中 YB 型压力表更为精密。这类压力表量程宽、结构简单、使用方便、价格低廉，可用来测量真空度、微压、低压、中压和高压，故得到广泛应用。

在反击式水轮机中，要精确测定压力水头，可采用差压计测量蜗壳进口与尾水管出口之间的压力差。过去常用双波管差压计和膜片式差压计，现在多用 1151 型差压计。如果水电厂安装有监控系统，可利用差压计连续监测压差值。

（二）仪表量程选择

测量时，仪表承受的最大压力为水头压力与水锤压力之和。

选用测压仪表时，对于压力表：①当负荷稳定时（所测压力每秒变化值小于仪器满刻度的 1%），被测压力的最大值不超过仪器满量程的 3/4；②当负荷波动时（所测压力每秒变化值大于仪器满刻度的 1%），被测压力最大值应不大于仪表满量程的 2/3。与此同时，被测压力最小值应不小于仪表满量程的 1/3，以满足仪表弹性元件在线性段工作，确保测量精度。

对于差压计或压力、压差变送器，在全量程内线性度都比较高，且一般都具有过载保护装置，因此，量程上限可只按被测压力最大值选择。

（三）仪表安装规范

(1) 仪表应安装于易于观察、便于安装和操作的位置。

(2) 测压系统在测量前必须检查，确保管路无气、无堵塞、无泄漏现象。

(3) 为快速、准确地读取数据，压力仪表至测点的测压管路不能过长。

(4) 当压力波动影响较大时，应在仪表前安装稳压筒。

(5) 被测介质含有大量泥沙时，须在仪表前加装沉淀装置或隔离装置。

第四节　水轮发电机有功功率的测定

水轮发电机的输出功率即为发电机的有功功率。要测有功功率，必须在与水轮机试验条件相同时测定，必须与水轮机及电厂各参数在同一稳定工况下同时读取。要求发电机在额定电压、额定转速下运行，并且尽可能使功率因数为 1，至少应保持额定的功率因数。

一、传统的有功功率测量方法

（一）传统的三相交流电路功率测量方法

三相交流电路有功功率常用的测量方法有单功率表法、双功率表法、三功率表法、三相有功功率表法及电能表法等，可根据实际的电路接线方式和负载连接方式进行选择。下面分别介绍这几种测量方式。

单功率表法是将一只功率表装在三相电路中的任意一相上，如图 22-3 所示。功率表的读数乘以 3，即为该三相交流电路的有功功率。单功率表法适用于三相负载均衡的情况。

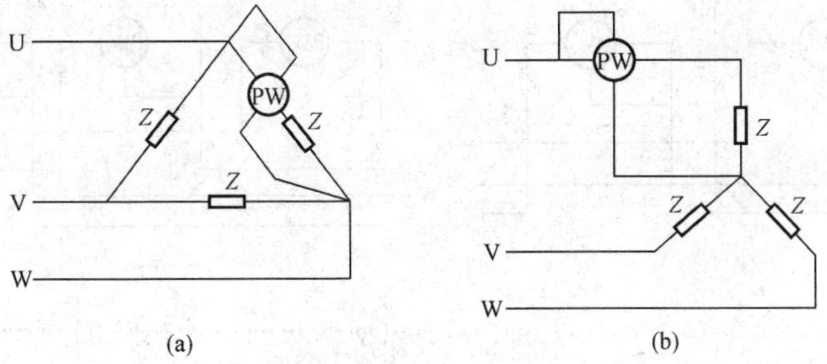

图 22-3　单功率表接线法

(a) 星形连接；(b) 三角形连接

双功率表适用于中性线引出，但不接地，或者中性线不引出（三相三线制）的情况。接线方法如图 22-4 所示，是将两只功率表接入到三相电路的任意两相上进行有功功率测量。发电机的有功功率可按下式计算，即

$$P=W_1+W_2 \tag{22-6}$$

式中　P——三相交流电路的有功功率；

W_1、W_2——功率表 1、2 的读数。

在三相四线制不对称负载的电路中，可采用三相功率表法来测量有功功率，其接线方式如图 22-5 所示。

三相总功率等于各相功率的代数和，即

$$P=W_1+W_2+W_3 \tag{22-7}$$

式中　W_1、W_2、W_3——各功率表的读数。

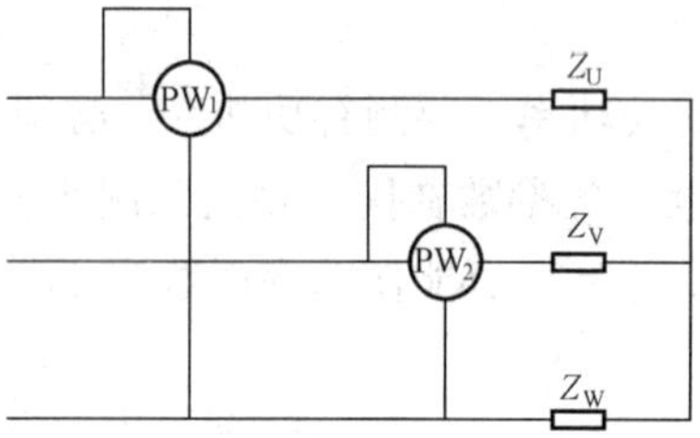

图 22-4　双功率表接线法

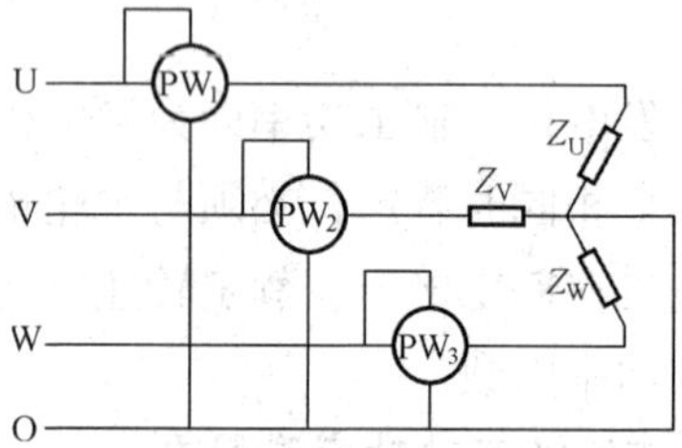

图 22-5　三功率表接线法

三相有功功率表法适用于中性线引出并接地（三相四线制）或中性线引出但不接地的情况。三相有功功率表法是用一只三相交流功率表来测量三相功率。该表由两只或三只单相功率表组成，又可分为二元三相功率表和三元三相功率表两类。如图 22-6 所示，二元三相功率表法的原理和接线方式与双功率表相同，三元三相功率表法的原理和接线方式与三功率表法相同。

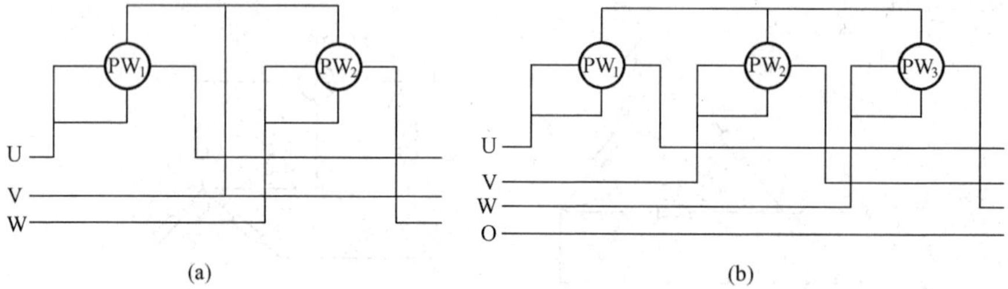

图 22-6　三相功率表法

（a）二元三相功率表法；（b）三元三相功率表法

电能表法是利用三相电能表计量电路通过的电量值，算出单位时间内的电量即是有功功率。该方法在功率波动较大的情况下测试精度较高。

（二）传统的水轮发电机有功功率的测量方法

在水力机组效率试验中，发电机有功功率测量方法的选用与发电机的接线方式和负荷特性有关。

水轮机发电机组负载连接及接线方式分以下三种情况：

(1) 如果发电机的中性线引出并与电网联结或接地（三相四线制），则要用三相功率表测量。

(2) 如果发电机的中性线引出，但不与电网联结或者试验时不接地，既可用三相功率表测量，也可以用两相功率表测量。

(3) 如果发电机中性线不引出（三相三线制），则只能用两相功率表测量。

多数水轮发电机组的接线方式属于第二种情况，为接线简便，均采用双功率表法进行测量。功率表的精度为0.2级，具体接线方式如图22-7所示。

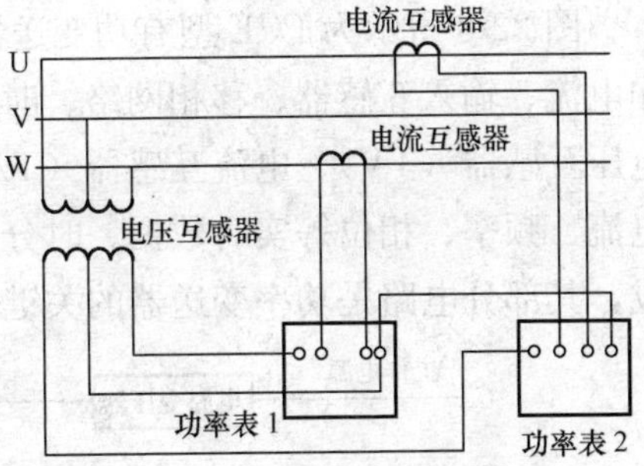

图 22-7 双功率表法接线方式

水轮发电机组和普通三相交流电路相比，电压高、容量大，进行功率测量时不能直接在母线上挂接测量表计，必须通过电流互感器或电压互感器来引出测量回路。双功率表法有功功率的计算公式为

$$P_{g}=\frac{CK_{I}K_{V}(W_{1}+W_{2})}{1000(1+\varepsilon_{p})} \tag{22-8}$$

式中 P_g——三相有功功率，kW；

C——功率表刻度常数；

K_I、K_V——电流互感器与电压互感器的变比系数；

W_1、W_2——1、2功率表的读数；

ε_p——互感器的综合误差，包括比差和角差，%。

在试验过程中，由于各相电流与电压之间的相角不同，会造成如下三种情况：

(1) 两只功率表指针的偏转方向相反。

(2) 两只功率表指针的偏转方向相同。

(3) 一只功率表有读数，另一只功率表没读数。

如果相角 $\phi<90^\circ$，功率表指针向正方向偏转，读数为正值；如果 $\phi=90^\circ$，功率表指针不偏转，读数为零；如果 $\phi>90^\circ$，功率表指针会向反方向偏转。为了能测取这个负值功率，必须将功率表的电流电路接点改变（改变功率表上的“+”、“−”转换开关）来测量。此时读数应为负值，在计算时应以负值代入。如果一只功率表读数为零，就应以零值代入公式计算，这时另一只功率表的读数就代表三相有功功率值。

二、三相有功功率变送器测量法

有功功率变送器是一种能将被测有功功率转化成与其呈线性比例关系的直流电量输出，并能反映被测功率在线路中的传输方向的仪器，当功率因数为正时，有功变送器即为正的极性输出。有功功率变送器配以适当的仪表或仪器装置，可广泛用于发电厂、变电站以及石油、化工、机械、科研等对功率测量要求较高的部门。随着计算机应用的普及，有功功率变送器能方便地将有功功率转换成易于直接与计算机相连的直流量而无须增加转换电路，使功率变送器有了更广阔的应用前景。

图 22-8 所示为 PCE 型有功变送器原理。由图可看出，该有功变送器主要由工作电流、输入互感器、移相网络、时分割乘法器、输出放大器等组成。测量部分由电压互感器（TV）、电流互感器（TA）及前置信号处理电路构成，从中获取电压、电流、频率、相位等实时数据。时分割乘法器由脉冲调宽电路和调幅电路两部分组成，其部分电路是功率变送器的关键电路。

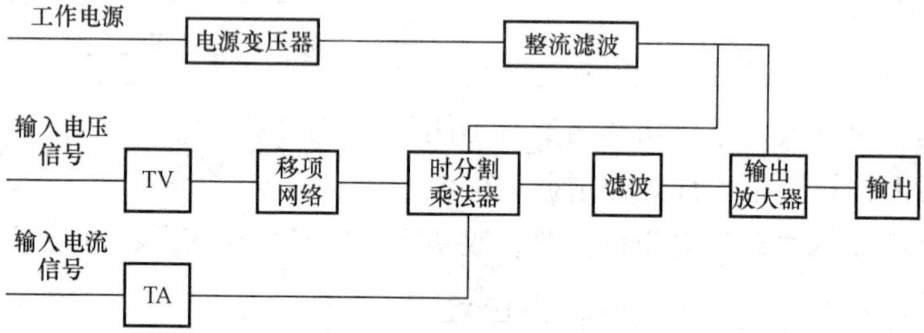

图 22-8　PCE 型有功变送器原理图

采用三相功率变送器自动测量，发电机的有功功率 P_G 可表示为

$$P_G = K_I K_V C_N P_W \tag{22-9}$$

式中　K_I、K_V——电流互感器和电压互感器的变比；

C_N——有功功率变送器常数；

P_W——有功功率变送器的读数值。

第五节　水轮机流量测量

水轮机效率试验中对水轮机过流量的测定，是整个试验过程中最复杂也是最难的一个环节，流量测定的准确性直接决定整个试验的成败。在效率试验测量的项目中，流量测量的工作量是最大的，流量的测量方式直接决定了试验的规模和性质。

水轮机过流量的测量方法很多（见表 22-1），使用最普遍的有流速仪测流法、蜗壳差压测流法和超声波测流法等，下面详细介绍这三种方法。

一、流速仪测流法

（一）原理

流速仪法是将若干流速仪布置在测流断面上，测出断面上各测点的流速，然后对断面上流速分布进行积分，从而求得流量。这种方法使用广泛，数据可靠，精度可以达到1%～1.5%；其缺点是安装流速仪时需要停机、关闸门及排除压力管道内的水，并且计算工作量较大。

流速仪一般有旋杯式和旋桨式两种。国内通常采用旋桨式流速仪测量水轮机过流量，如国产 LS25-1 型。如图 22-9 所示，该流速仪由螺旋桨、壳体、计数机构等部件组成。其计数机构安装有计数齿轮，桨叶每转动一周，齿轮就转动一个齿牙；当齿轮转动一周时，接触机构就接通一次，发出一个脉冲信号。通过计数机构记录的信号次数，可换算出螺旋桨每秒钟的转速 n。根据流速仪螺旋桨转速与水流流速的关系式（22-10）即可求得水流流速，即

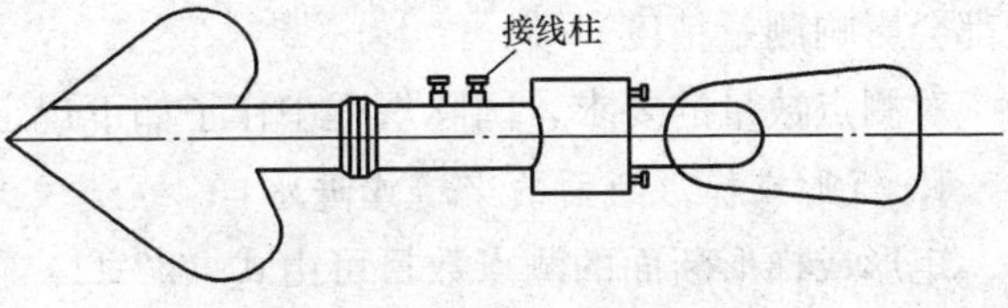

图 22-9　流速仪

$$v = an + b \tag{22-10}$$

式中　v——水流流速，m/s；

n——桨叶转速，r/s；

a——流速仪螺旋桨开始转动的起始流速，m/s；

b——流速仪校正系数。

a、b 两个参数在流速仪标定时进行率定。

（二）测流断面的选择

使用流速仪测量流量最关键的是要选择一个良好的测流断面，尽可能提高测量精度。

选择测流断面时，应参照下述基本要求：

（1）测流断面应具有规则的几何形状，断面应与水流方向垂直。在断面附近，水流流动和管道轴线基本平行和对称，平均流速不小于 0.4m/s，壁面附近不应存在死区和逆流区。

（2）测流断面应满足一定的尺寸，以确保测流的精度，根据 IEC 国际规程规定：当测流断面为矩形或梯形断面时，宽度和水深不得小于 0.8m 或 $8d$；当测流断面为圆形时，管道内径不得小于 1.4m 或 $14d$（d 为流速仪桨叶直径）。

（3）测流断面应位于压力管道的直线段，在断面上游侧（5m 之内）不应有畸化水流的建筑物与金属结构，在断面下游不应有能产生反推力的建筑物，以免水流变形或引起逆流。在测流断面与水轮机进口（或出口）断面之间不能有流量渗漏损失。

（4）测流断面确定下来后，应在现场丈量 6 次（圆形则应丈量 6 个直径），取

其平均值作为计算依据，精度要求为0.2%。

（三）测点数目及布置

测点数目及现场布置方式应能充分反映断面上流速分布的全貌。测点过多或过少都会影响测量精度。

对测点数量的要求，国际规程中作了如下规定。

1. 矩形或梯形断面的渠道或进水口

矩形或梯形断面的测点数目可由式（22-11）得出，即

$$24\sqrt[3]{A} < Z < 36\sqrt[3]{A} \tag{22-11}$$

式中 Z——测点数目；

A——测流断面面积，m^2。

如果管道或渠道内的断面被分成若干部分，则应同时进行测量。

国际规程规定：在矩形断面上至少需要布置25个测点，分布在5条水平线与5条垂直线的交点上。

2. 圆形断面管道

对圆形断面的管道，每个半径支臂上的测点数 Z_R 按式（22-12）确定，即

$$4\sqrt{R} < Z_R < 5\sqrt{R} \tag{22-12}$$

式中 Z_R——每个半径支臂上的测点数；

R——管道断面半径。

如果流速仪支架采用4～6个半径支臂，那么在测杆相交的圆心处必须布置一台流速仪，用来测取该点的流速。因此，总测点数 $Z=(4\sim6)Z_R+1$。国际规程规定：圆形压力钢管每个半径至少布置3个测点，且管道断面中心也应布置一个测点，那么测点总数应不少于13个测点，一般不超过37个。圆形断面测点布置如图22-10所示。测杆对称圆心且与水平线成45°角。流速仪之间的距离用等面积法按式（22-13）确定，即

$$r_n = R\sqrt{\frac{2n-1}{2Z_R}} \tag{22-13}$$

式中 r_n——半径测杆上第 n 个流速仪距圆心的距离；

R——测流断面的半径；

n——半径测杆上的流速仪序号；

Z_R——每个半径测杆上的流速仪总台数（圆心处布置的流速仪除外）。

（四）流速仪的选定及安装

流速仪在使用前必须重新标定，以确定式（22-10）中的 a、b 值。流速仪流速的标定范围为0.4～0.6m/s，甚至达8m/s。效率试验只能选用旋桨式流速仪，桨

叶直径 $d \geqslant 100mm$，边缘测点可采用 $d=50mm$ 的小流速仪。

流速仪应牢固地安装在测杆上。当测杆直径较大时，在测杆各测点处焊上长度不小于 250mm 凸出的支杆，流速仪和支杆用带有丝扣的螺杆相连接。这样流速仪伸向前方，能消除排挤效应。流速仪固定后，还需测量它们之间的距离，其准确度为 0.2%，流速仪的轴中心线与水流方向的偏离角度不超过 5°，否则应采用自分量流速仪。各测点上安装的流速仪用多股电缆与记录器相连接。电缆股数应比所用流速仪数多一股。这一股导线作为一个公共接地线，通过其中 2～3 个流速仪的负极引至记录器的接地栓上。所有引出导线应扭合成辫状，并紧紧地捆绑在测杆上，然后将整根电缆引出接至记录器。

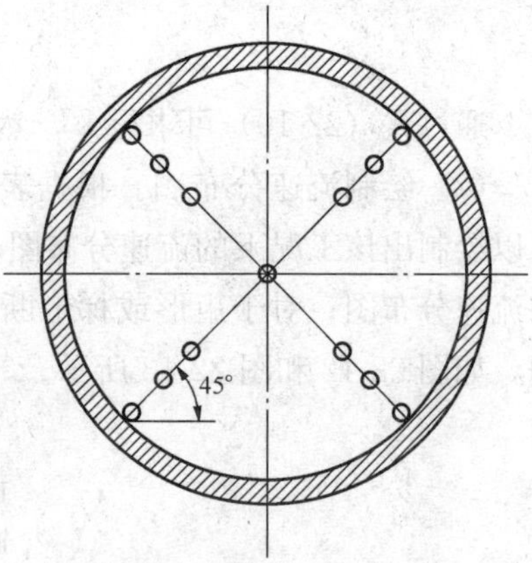

图 22-10　圆形管道测点布置

流速仪发出的脉冲信号可用多台光线示波器共同来记录，也可采用自制脉冲信号记录器记录。在运行工况稳定后才能发出读数信号，启动转动机构电动机进行记录。一般记录时间不少于 5min，如果发现水流有周期脉动现象，则记录时间至少应延长到 4 个脉动周期。

（五）绘制流速分布图与流量计算

1. 流速分布图的绘制

通过流速分布图可以观察、分析和研究整个测流断面的流速分布规律及水流状态，并能帮助发现流速的计算差错和测量错误，同时能够验证测流断面选择的合理性和正确性。通过流速分布曲线的绘制，能够判断出可疑的测量值。

(1) 流速计算。绘制测流断面流速分布图的第一步就是计算每个工况下各测点的流速值。在录取的示波图上选择记录信号较清晰的一段作为计算段，持续时间不少于 2～3min，如图 22-11 所示。该时段内，在每根记录下来的流速仪信号线的两端各选一个方形脉冲信号作为计算的起点 t_1 和终点 t_2，统计 t_1-t_2 时段内每根点线的脉冲信号次数 m（应取整数）。若流速仪每接通一次螺旋桨需转动 k 圈（一般 $k=10$ 或 20），则流速仪转速 n 为

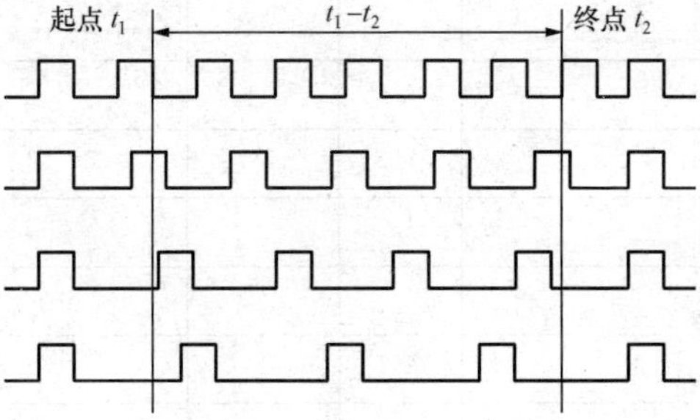

图 22-11　脉冲信号图

$$n = \frac{km}{t} \quad (\mathrm{r/min}) \tag{22-14}$$

通过式（22-10）可求得 v，然后填写表 22-2，计算其流速值。

（2）绘制流速分布图。根据表 22-2 中所求出的某一工况下各测点的流速值，可以绘制出该工况下的流速分布图。对于圆形断面，沿直径方向可绘制出各半径臂的流速分布图；对于矩形或梯形断面，可沿垂直或水平测线的方向绘制流速分布图，如图 22-12 和图 22-13 所示。

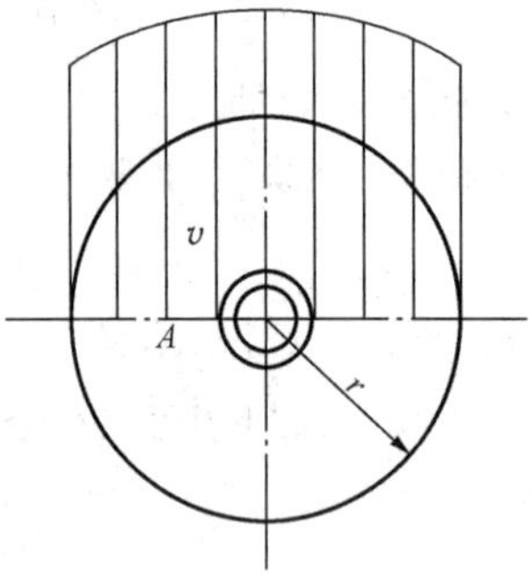

图 22-12　圆形断面流速分布图

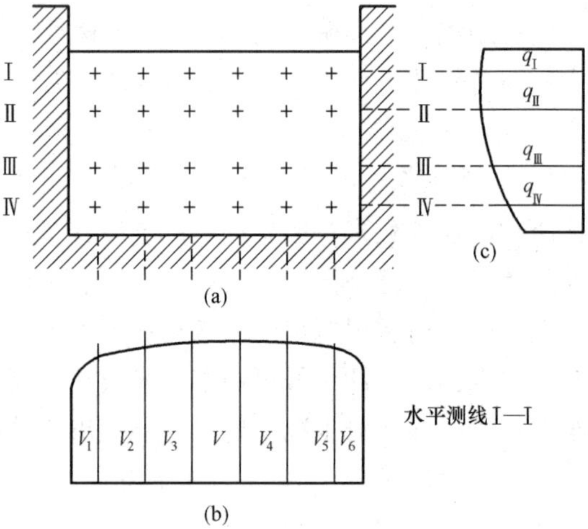

图 22-13　矩形断面流速及单位流量分布图

（a）测流断面；（b）流速分布图；（c）单位流量分布图

表 22-2　　**水电厂流速计算表**　　测次______导叶开度______

半径号	测点号	流速仪的编号	标定公式 $v=an+b$	计算时间 t	在 t 时间内的脉冲数 m	水流速度 v	测点至圆心距离 r	每个半径流量 Q
Ⅰ	管壁							
	1							
	⋮							
	5							
⋮	⋮							
Ⅳ	⋮							
	20							
管心	21							

这样可将若干个工况下的流速分布绘制在一张图上，如图 22-14 所示。

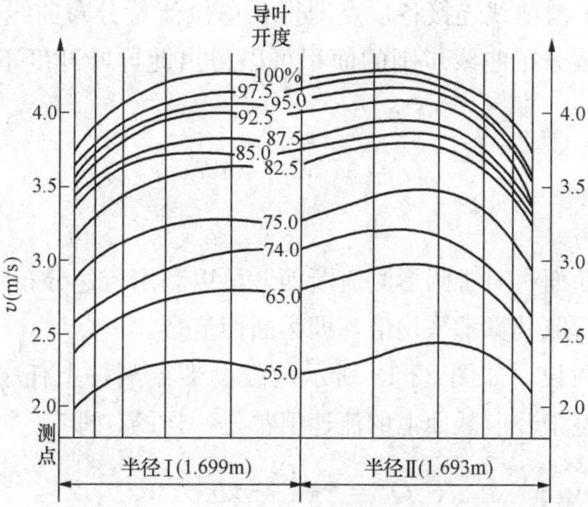

图 22-14　机组效率试验流速分布图

从流速分布图可以看出，一般情况下，两个相邻的导叶开度，其流速分布接近平行，在管道中间部分体现得更为明显。在大开度工况下，两个相邻导叶开度的流速分布曲线的近壁区域也有可能呈现相交的现象。出现这种情况时，应认真进行检查，如计算无误，则有可能是流速仪本身或其他原因所致。

2. 流量计算

通过某一工况下各测点的流速值可以绘制出测量断面的流速分布图，进而求得整个测流断面的平均流速，再将该平均流速乘以断面面积就可求出断面流量。目前，国内广泛采用图解法来计算流量。

(1) 矩形或梯形测流断面。矩形或梯形断面的流量可以采用逐次图解积分求得，即

$$Q = \int_0^h \mathrm{d}h \int_0^b v \mathrm{d}b \tag{22-15}$$

式中　h——测流断面的水深；

b——测流断面的宽度。

根据流速分布图 22-14，用求积仪量出各测线上的流速分布曲线和水平测线所包围的面积，即可得到对应测线水深的断面流量，称为单位流量 q。设流速比例尺为 M_v [m/ (s・cm)]，宽度比例尺为 M_b (m/cm)，有

$$q = M_v M_b \int_0^b v \mathrm{d}b \tag{22-16}$$

以此类推，可以分别求出 $q_Ⅰ$、$q_Ⅱ$、$q_Ⅲ$。然后用水深比例尺 M_h 定出纵坐标上

个水平测线的位置，再用单位流量比例尺 M_q 在横坐标方向标出相应于各水平测线的单位流量值，以平滑曲线连接各顶点即得到单位流量分布曲线，如图 22-13（c）所示。计算单位流量分布曲线包围的面积可以得出此导叶开度下测流断面的流量 Q，即

$$Q = M_h M_q \int_0^h q\mathrm{d}h \tag{22-17}$$

该值可用求积仪求出。

（2）圆形测流断面。对于圆形测流断面，可以利用流速分布图来求出每个半径测杆上的流量，然后取其算术平均值，即为断面流量。

计算前作一个假设，如图 22-12 所示，假设半径测杆上任一点 A，其流速为 v_A，则点 A 所在的整个环形截面上的流速值都是一样的，即有

$$Q' = 2\pi \int_0^R vr\,\mathrm{d}r \tag{22-18}$$

假如采用的是安装两根相互垂直测杆的支架，则 4 个半径上的流量 Q'_{I}、Q'_{II}、Q'_{III}、Q'_{IV} 可以通过式(22-18)求出，然后取它们的算术平均值即得到最终实测流量。

二、蜗壳差压测流法

蜗壳差压法测流是测量通过水轮机流量的一种最简便方法，是水电厂测流量时最常使用的一种方法，大、中型水轮机基本都采用这种方法。该方法的缺点是确定蜗壳流量系数 K 值比较麻烦。

（一）原理

当一定流速的水流流经蜗壳时，由于蜗壳内流道弯曲，水流在流道里产生离心作用，流速按等速度矩分布，$v\cos\alpha R = v_u R =$ 常数，因此蜗壳任一断面上距机组中心不同的两点间流速不同，当然压力值也不同。该压力差的大小与水流流速大小有关。选定蜗壳某一横截面，因截面积一定，流经该横截面的流量等于水流平均流速大小与截面积相乘。因此，测出蜗壳内、外缘的压力差，就可以计算出流过水轮机的流量相对值。若经过现场率定，采用精确的方法同时测定流量和差压值，建立起水轮机过流量与蜗壳差压的关系曲线，则经过率定的蜗壳差压就能反映流量的绝对值。

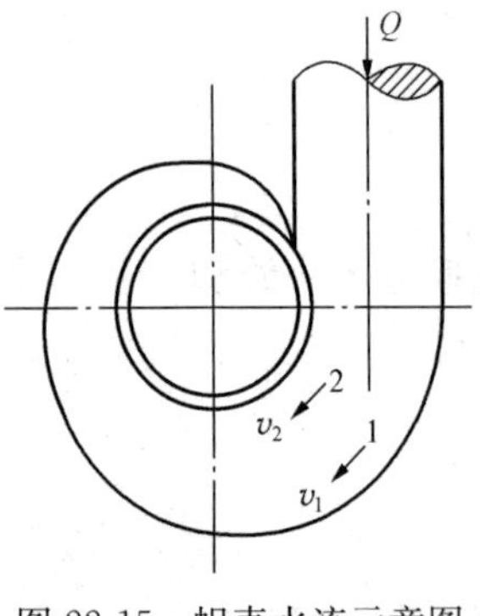

图 22-15　蜗壳水流示意图

如图 22-15 所示，假定有流量为 Q 的水流进入蜗壳，点 1、2 处的流速分别为 v_1 和 v_2，压力值分别为 p_1 和 p_2；又当流量为 Q' 时，对应的速度和压力值分别为 v'_1、v'_2 和 p'_1、p'_2，根据伯努利方程，有

$$Z_1+\frac{p_1}{\rho g}+\frac{v_1^2}{2g}=Z_2+\frac{p_2}{\rho g}+\frac{v_2^2}{2g}\Rightarrow h=\frac{p_1}{\rho g}-\frac{p_2}{\rho g}=\frac{v_2^2}{2g}-\frac{v_1^2}{2g} \tag{22-19}$$

同理，当流量为 Q' 时，有

$$h'=\frac{p'_1}{\rho g}-\frac{p'_2}{\rho g}=\frac{v'^2_2}{2g}-\frac{v'^2_1}{2g} \tag{22-20}$$

式中　h、h'——流量 Q 和 Q' 时的 1、2 两点压力差。

根据水流相似原理，有

$$\frac{v'_1}{v_1}=\frac{v'_2}{v_2}=\frac{Q'}{Q}=c$$

即有 $v'_1=cv_1$、$v'_2=cv_2$、$Q'=cQ$，代入式（22-20）中，得

$$h'=c^2\frac{v_2^2-v_1^2}{2g}=c^2h$$

则
$$\frac{Q'}{Q}=\sqrt{\frac{h'}{h}}=c\Rightarrow\frac{Q'}{\sqrt{h'}}=\frac{Q}{\sqrt{h}}=K$$

所以
$$Q=K\sqrt{h} \tag{22-21}$$

从式（22-21）中可以看出，流量与蜗壳差压的平方根的比值等于常数 K，K 称为蜗壳的流量系数。对于不同的机组蜗壳或同一蜗壳不同测压孔而言，K 值是不同的。对于同一台机组相同的两根测压管，只要取压状态不改变，K 值将永远是个固定的常数。要取得 K 值的准确值，只能在水力机组原型效率试验中精测流量来确定。这就是水力机组效率试验中率定流量系数所要做的工作。

（二）测压孔的布置

长期试验表明，测压断面应选在蜗壳的前半部水流旋转 45°～90°角的部位，如图 22-16 所示。该处有较大水流通过此断面，并符合等速度矩定律。测压孔一般布置在同一径向断面上，尽量靠近内、外边缘上。为适应流量 Q 的变化，通常在蜗壳内缘设置 2～3 个低压孔。当流量小时，用 4 号孔；当流量大时，用 2 号或 3 号孔。设置 2～3 个低压孔也方便了测量仪器的量程选用。当然，测孔一旦发生变化，

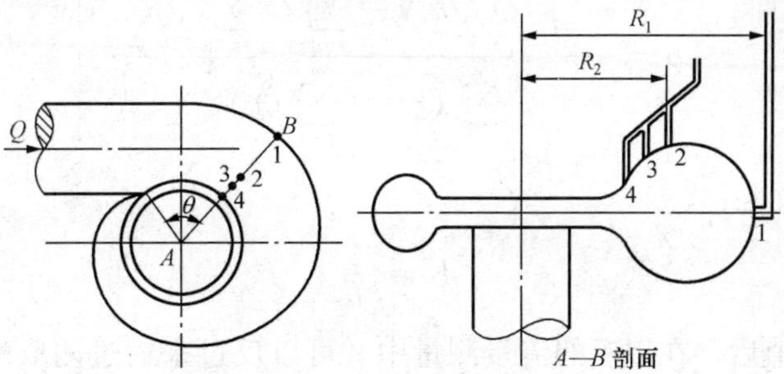

图 22-16　蜗壳测压断面与测孔布置

流量系数 K 也会随着发生变化。

需要指出的是，在选择低压测孔时，应考虑蜗壳内缘水流的流态状况。蜗壳内缘安装着座环，座环上装有固定导叶，此处流态复杂。在蜗壳内缘的几条测压管中，最靠内缘的测压管的孔口应位于两个固定导叶的中间且与蜗壳和座环的组合缝至少相距 100～150mm。

（三）流量系数的标定

蜗壳的流量系数 K 具有不随导叶开度和水头而变化的性质，这给 K 值的率定和使用均带来了很大的方便。但要准确测得 K 值是相当困难的，必须在机组原型试验中进行标定。具体标定过程为：先测量各导叶开度下的流量 Q，再用差压计测出对应流量下两测压孔之间的压差值 h，绘制 Q-$\sqrt{h}$ 关系曲线，如图 22-17 所示。在求 K 值时，为避免绘线误差，可采用最小二乘法，具体如下：

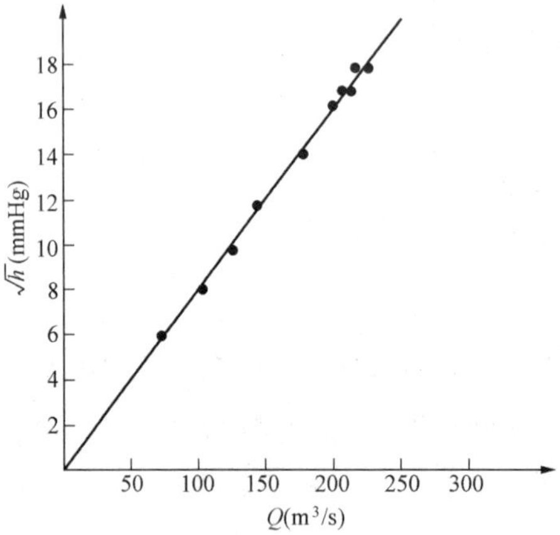

图 22-17 Q-$\sqrt{h}$ 关系曲线

注：1mmHg≈133Pa。

利用流量和压差平方根之间的线性关系，可用直线方程来拟合，即

$$\sqrt{h} = bQ + a$$

假如各实测点与直线的偏差的平方和最小，就说明点与直线充分拟合，据此有

$$\left.\begin{aligned} a &= \frac{\sum_{i=1}^{n}\sqrt{h_i}\sum_{i=1}^{n}Q_i^2 - \sum_{i=1}^{n}(Q_i\sqrt{h_i})\sum_{i=1}^{n}Q_i}{n\sum_{i=1}^{n}Q_i^2 - \left(\sum_{i=1}^{n}Q_i\right)^2} \\ b &= \frac{n\sum_{i=1}^{n}(Q_i\sqrt{h_i}) - \sum_{i=1}^{n}Q_i\sum_{i=1}^{n}\sqrt{h_i}}{n\sum_{i=1}^{n}Q_i^2 - \left(\sum_{i=1}^{n}Q_i\right)^2} \end{aligned}\right\} \tag{22-22}$$

则流量系数为

$$K = \frac{1}{b}$$

当求出 K 值后，在以后的流量测量中，可以反过来通过测取蜗壳差压值，进而求出通过水轮机的流量值，从而大大地简化了水轮机的测流工作。

实践证明，蜗壳差压法不但可以测定相对流量，经率定的蜗壳流量计还可以准确地测定绝对流量。采用蜗壳差压法可以十分方便地测定不同水头和不同工况下通过水轮机的流量，是一种最简便、最常用的测流方法。

三、超声波测流法

超声波测流法是近30年进入实用阶段的，目前已逐步完善，美国、日本、西欧、俄罗斯等国已先后采用，三峡右岸电厂目前也有3台机组安装了超声波流量计。

与传统测流方法相比，超声波测流具有以下特点：

（1）超声波测流没有伸进流体的测量部件，不破坏流场，没有压力损失，不影响管道正常工作。

（2）超声波流量计安装检修方便，除了初次安装外，安装和拆卸测试设备不影响机组正常工作。

（3）超声波流量计无机械可动部件，没有惯性，瞬变响应快，能进行动态测量，可以观测水轮机的过渡过程。

（4）超声波流量计能进行综合测量。除了能测量流量和流速，还能测量温度、浓度等，能构成机组实时流量监测系统。

（5）超声波测流的费用与被测管径大小无关，因此对大管径测流较为经济。

（6）超声波测流按其原理可分为传播速度差法、多普勒法、声束偏位法、噪声法等类型，这些方法各有特点，可根据待测对象的特点、要求的精度等进行选择。传播速度差法由于其测量精度高，受外部干扰少，使用方便，广泛应用与水电厂测流中。

传播速度差法是根据超声波在流体中的顺流传播速度与逆流传播速度之差来求出速度的方法，在具体测量中，根据测量的物理量不同，可分为时差法、相位差法、频差法；根据换能器在管壁上的固定方式不同，可分为夹持式和插入式；根据所用声波射线的多少，又可分为单声道、双声道和多声道型。下面对应用较为广泛的时差法进行简单介绍。

（一）时差法超声波测流原理

时差法超声波流量计（Transit Time Ultrasonic Flowmeter）的工作原理如图22-18所示，即利用一对超声波换能器相向交替（或同时）收发超声波，通过观测超声波在介质中的顺流和逆流传播时间差来间接测量流体的流速，由流速来计算流量。

图22-18中有两个超声波换能器，即顺流换能器和逆流换能器。两只换能器分别安装在流体管线的两侧并相距一定距离，管线的内直径为 D，超声波行走的路径

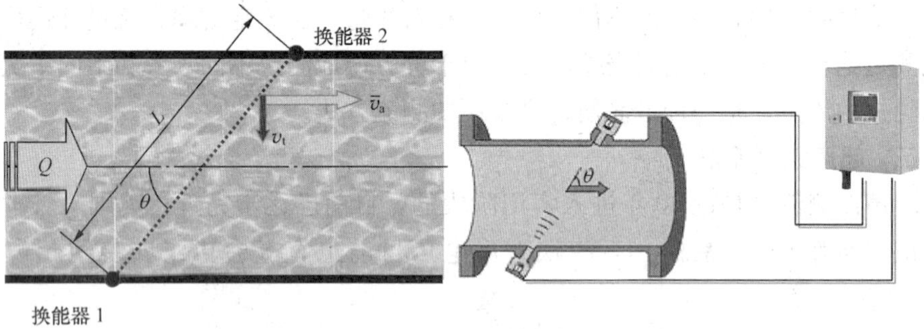

图 22-18　时差法超声波流量计的工作原理示意

长度为 L，超声波顺流速度为 t_u，逆流速度为 t_d，超声波的传播方向与流体的流动方向夹角为 θ。由于流体流动的原因，超声波顺流传播 L 长度的距离所用的时间比逆流传播所用的时间短，其时间差可用式（22-23）表示，即

$$\left.\begin{aligned} t_d &= \frac{L}{c+v\cos\theta} \\ t_u &= \frac{L}{c-v\cos\theta} \end{aligned}\right\} \tag{22-23}$$

式中　c——超声波在非流动介质中的声速；

　　　v——流体介质的流动速度。

t_u 和 t_d 之间的差 Δt 为

$$\begin{aligned} \Delta t = t_u - t_d &= \frac{L}{c-v\cos\theta} - \frac{L}{c+v\cos\theta} = L\frac{2v\cos\theta}{c^2 - v^2\cos^2\theta} \\ &= \frac{2vL\cos\theta}{c^2 - v^2\cos^2\theta} = \frac{\frac{2vX}{c^2}}{1-\left(\frac{v}{c}\right)^2\cos^2\theta} \end{aligned} \tag{22-24}$$

式中　X——两个换能器在管线方向上的间距。

为了简化，假设流体的流速和超声波在介质中的速度相比是个小量，即

$$v \ll c \Rightarrow \left(\frac{v}{c}\right)^2 \approx 0 \ll 1$$

简化为

$$\Delta t \approx \frac{2vX}{c^2}$$

也就是流体的流速为

$$v = \frac{c^2\Delta t}{2X} \tag{22-25}$$

由此可见，流体的流速与超声波顺流和逆流传播的时间差成正比。

流量 Q 可以表示为

$$Q = \frac{\pi D^2}{4} \int v \mathrm{d}t \tag{22-26}$$

（二）时差法超声波流量计的设计

图 22-19 为超声波流量计的原理框图。图中主要有两个超声波发射单元、一个时间测量单元和一个控制器。他们共同来完成超声波的发射、接收和时间差的测量等工作。其他的外围单元主要是为了测量仪表的参数设定、测量数据的输出、显示和传送等功能。

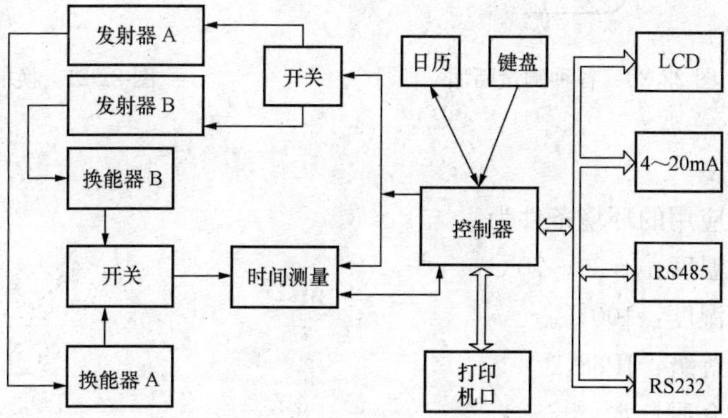

图 22-19　超声波流量计的原理框图

（三）时差法测量技术的优越性

(1) 在大型封闭管道内也能达到高精度。

(2) 适合于不同的水力学条件，通过测量断面无水头损失。

(3) 不受液体的传导、压力和温度的影响。

(4) 可靠性高，重复性好，无须重新标定。

(5) 一体化的设计——无须维护。

（四）超声波流量计的应用条件

如图 22-20 所示，超声波法可用于各种形状断面的压力管道、明渠、河道及暗涵，压力管道直径在 0.25～24m，渠宽 0.25～70m 的渠道均能精确测量。

（五）换能器

换能器（见图 22-21）是流量计的关键部件之一，一般安装在水下，不易维修和更换，所以要求要具有高可靠性、高稳定性和较长的使用寿命。瑞士换能器采用精良材料制成，壳体为不锈钢，硬度高、表面粗糙度低，耐磨，能承受碰撞，不易附着杂质。

换能器晶体采用了一种更柔韧的特制黏合剂。这种黏合剂在直接接触时的承受

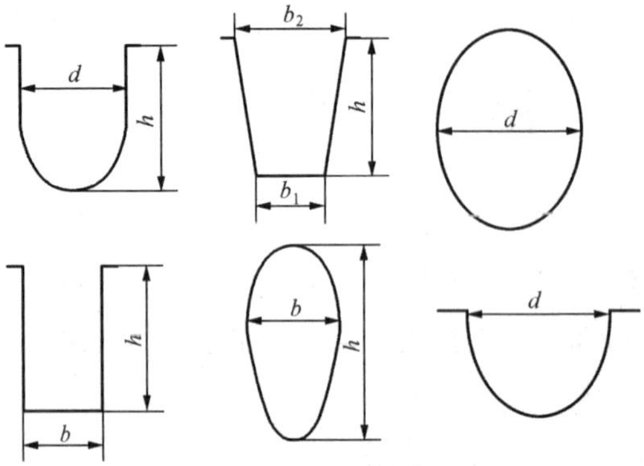

图 22-20 各种测量断面

图 22-21 换能器

变形性要好得多。

换能器可应用的环境条件为：

(1) 环境温度：－30～70℃。

(2) 相对湿度：100％。

(3) 防护等级：IP68。

(4) 流体介质：水。

(5) 最大工作压力：8MPa。

(6) 最大流速：±20m/s。

(7) 最小流速：±0.02m/s。

第六节 相对效率试验

如前所述，水轮机效率试验中难度最大、工作量最多的项目莫过于流量测定。但目前有很多水电厂还不具备流量测定的条件，如葛洲坝水电厂 ZZ500 型这样的轴流转桨式机组，设计水头低、流量大（设计流量 $Q=825m^3/s$）、流道短，要准确测定这类机组的过流量是异常困难的，勉强进行的话，不是测试的误差太大，就是付出代价过高。对于这类水电厂的经济运行问题，需要采用其他新方法来解决。近年来，现场效率试验中常采用相对法的指数试验（相对效率试验），以查证现场效率曲线是否具有模型试验的曲线形状，并以此指导水力机组的经济运行。

相对效率试验并不是测量流量的绝对值，试验计算出的效率也不是绝对效率。准确地说，相对效率试验是一种以测量流量的相对值来进行效率相对值计算的方法。实施相对效率试验需要一个前提条件：通过某一流量计的流量 Q 与它的差压值 h 之间有固定关系，这在水力机组流道系统中是容易找到的。

一、相对效率试验原理

设某一流量计，其差压值与流量的关系为

$$Q = Kh^n \tag{22-27}$$

式中　K——蜗壳的流量系数；

h——两测量点之间的差压值；

n——关系指数。

因 K、n 均为未知数，故引入指数流量 Q^* 的概念，即

$$Q^* = Kh^n \tag{22-28}$$

每个工况都可以测得一个 h 值，对应可求得一个指数流量。设相应额定出力时的指数流量为 Q_0^*，任一工况下的指数流量为 Q_i^*，则该负荷下相对流量 Q' 定义为 Q_i^* 与 Q_0^* 的比值，即

$$Q' = \frac{Q_i^*}{Q_0^*} = \frac{Kh_i^n}{Kh_0^n} = \frac{h_i^n}{h_0^n} \tag{22-29}$$

式中　h_i——任意工况下流量计的差压值；

h_0——额定出力下流量计的差压值。

从式（22-29）看出，消去了未知数 K 后，相对效率 Q' 只含一个未知参量 n。通常 n 取 0.5，这样不需要率定 K 值便能得到相对流量 Q' 的值。

同样，可以引进指数效率 η^* 概念，以指数流量 Q^* 表示的效率叫做指数效率。任一工况下的指数效率 η_i^* 为

$$\eta_i^* = \frac{P_i}{9.81Kh_i^nH_i} = \frac{P_i}{9.81Q_i^*H_i} \tag{22-30}$$

式中　P_i——任一工况点的有功功率；

H_i——任一工况点的水头值。

设某次试验的全部工况中的最高指数效率为 $\eta_{\max}^*$，将相对效率 η' 定义为任一工况的指数效率 η_i^* 与 $\eta_{\max}^*$ 的比值，则

$$\eta' = \frac{\eta_i^*}{\eta_{\max}^*} = \frac{P_ih_m^nH_m}{P_mh_i^nH_i} \tag{22-31}$$

式中　P_m——相应最高指数效率工况点上的发电机有功功率；

h_m——相应最高指数效率工况点上的流量计压差值；

H_m——相应最高指数效率工况点上的水头值。

从式（22-29）和式（22-31）看出，由于引入了相对流量 Q' 和相对效率 η' 的概

念，消去了 K 值，从而避开了求取 K 值的困难，这样就把测流量的工作用测量压差值来代替，大大简化了效率试验的工作量。

通过相对效率试验，可以得到相对效率特性曲线，它与绝对效率特性曲线的形状完全一样，只是坐标单位不同而已。根据相对效率特性曲线，可以画出相对效率运转综合特性曲线。另外，对于转桨式水轮机，还可以根据其最高相对效率来整定水电厂实际运行条件下的协联关系。下面着重介绍轴流转桨式水轮机和混流式水轮机两种机型的相对效率试验方法和试验过程。

二、轴流转桨式水轮机相对效率试验

轴流转桨式水轮机的导叶与桨叶的协联关系直接影响到水轮机的效率，水轮机的最高效率点是导叶与桨叶的最优协联关系点。为求得的导叶与桨叶的最优协联关系，需要在多个水头下进行试验。

在某个试验水头下，转桨式水轮机固定桨叶，改变导叶开度，进行若干次测试可以得到若干个指数效率，这时最高的指数效率工况点的协联关系就是真机在该水头下、该桨叶开度下的导叶—桨叶最优协联关系。对于不同桨叶角度可做多个定桨叶工况试验，即可求得该水头下的最优协联关系曲线。多个水头下的若干条最优协联曲线就组成了该机的全部协联关系图。同理，也可将导叶固定在某一个开度下，改变不同桨叶角度进行多次测试，便可得到一个最优协联点。对于不同导叶开度可做多次该试验，即可得到该水头下的最优协联曲线，由多个水头下的最优协联曲线可组成该机的最优协联图。

（一）试验工况

1. 定桨工况

将桨叶固定在某一个角度 ϕ，调整不同的导叶开度进行相对效率测试。桨叶开度按照每隔 5°取一个工况点，一般需进行 6～7 个工况的试验（如 $\phi=-10°$、$\phi=-5°$、$\phi=0°$、$\phi=+5°$、$\phi=+10°$、$\phi=+15°$、ϕ=最大转角）。每个工况点导叶开度调整的次数根据求取最高指数效率的需求而定，一般需要 5～7 次。

2. 定叶工况

把导叶固定在某一个开度 α 上，调整不同的桨叶开度进行相对效率测试，一般需测试 5～7 次。

协联关系试验与一般的相对效率试验有以下不同：

(1) 首先确定机组运行工况，根据调速器的型式和操作的难易确定采用定桨工况或定叶工况进行试验。

(2) 试验机组调速器内部的协联机构必须脱开，使得桨叶能保持某一角度或随时可手动调节桨叶。

(3) 试验过程中，各测试点的数据必须在读数后马上绘制相对效率曲线，从而确定下一个测试调整值。

(4) 在调试过程中，导叶和桨叶的调整应以单方向调整为宜，若调过头，应返回超程后再往前调。

(5) 整个试验过程中机组处于非协联状态，会造成水轮机叶片上扰流条件恶化，为保证机组安全，应注意以下几点：以厂家提供的协联关系作为参考，预先选取每次测试的调整值，且根据已测得的数据计算结果判断下次测试的调整值，使得测试次数尽量控制在5次，同时还要缩短各测量点上数据传递到指挥台的时间和计算时间，从而使机组处于非协联工况运行的时间尽可能短；试验人员在一次测试完成后应快速判断下一次测试的调整值，以便于试验连续进行；试验过程中要加强对机组稳定性、轴瓦温度的监测；相应监测人员应全过程监测试验过程，若出现异常情况，应进行有效处理。

(二) 最优协联关系的求取

由于真机的最优协联关系都是试验后求得的，为求得最优协联关系且使试验次数最少，通常采用逐点逼近法，同时正确的判断试验数据也十分重要。图22-22和图22-23分别列举出定桨工况（$\phi=+5°$）和定叶工况（$\alpha=65\%$）试验中测试安排情况和最高指数效率的求取。两图中曲线的数字分别代表该工况下测试安排的顺序。图中的纵坐标亦可用相对效率η'，这时曲线上的极值就是最高效率。

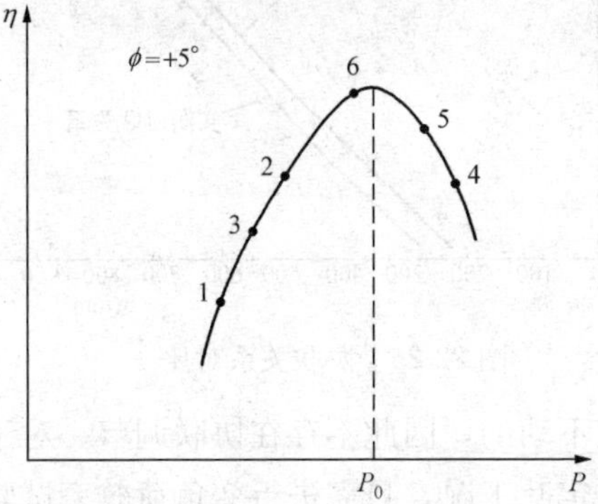

图22-22 定桨工况下求取最高指数效率

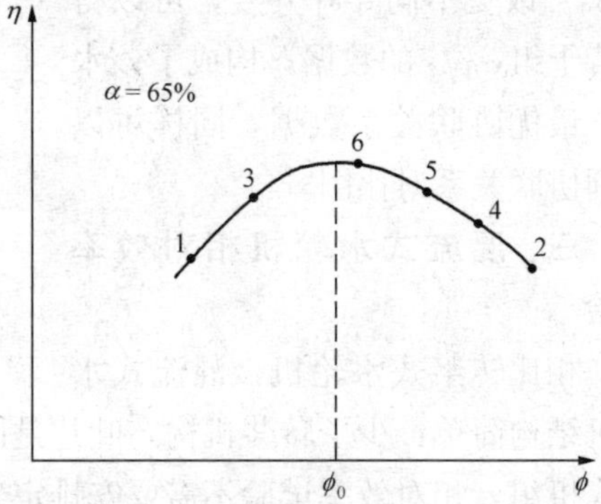

图22-23 定叶工况下求取最高指数效率

试验人员必须预先明确，为求得最大值至少需要5个测点方能作出较为准确的曲线，因此每个工况试验需要实测5个有效点方能求得最优协联曲线上的一个协联点。若测点都偏向曲线一侧，即使点数再多也绘制不出该曲线，因此确定下次测试调整值时，要使测点逐步逼近最高指数点。

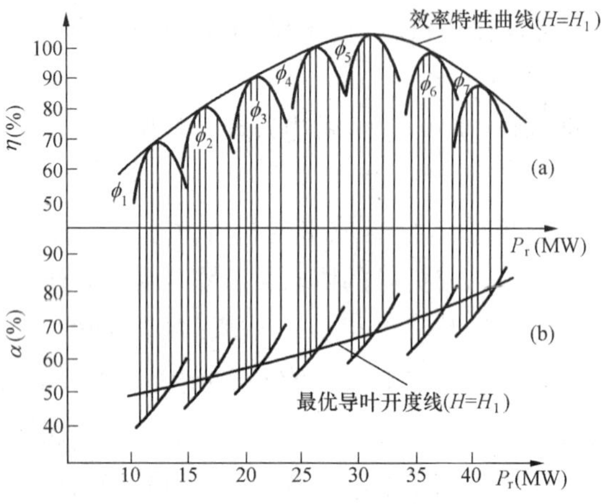

图 22-24　相对效率特性曲线与最优导叶开度线

对于定桨工况，实测 5 个有效测点后，便可得出该桨叶开度下的 P_0 值，然后通过 α-P 曲线查得相应的导叶开度 α 值，便求得最优协联关系曲线上的一个协联点 α_i-ϕ_i 值。将同一试验水头下不同桨叶角度下的数据点绘制在一个坐标内绘出诸曲线的包络线便可得到该水头下转桨式水轮机相对效率特性曲线［见图 22-24 (a)］与最优导叶开度线［见图 22-24 (b)］，这样就求得了该水头下最优协联关系曲线上的若干组 α_i-ϕ_i 值。最后把这些 α_i-ϕ_i 值一点点绘制在以 ϕ 为纵坐标，以 α 或接力器行程 s 为横坐标的图上，便得到了该机在该水头下的实测最优协联关系曲线，如将制造厂家提供的协联关系数据绘制其上，便得到协联关系对比图，如图 22-25 所示。

对于定叶工况试验，实测到 5 个有效点后便可直接求出该 α 相应的 ϕ_0。改变不同导叶开度，可以得到若干组 α_i-ϕ_i 的数据，构成了该水头下最优协联关系数据，同样可以得到协联关系对比图。

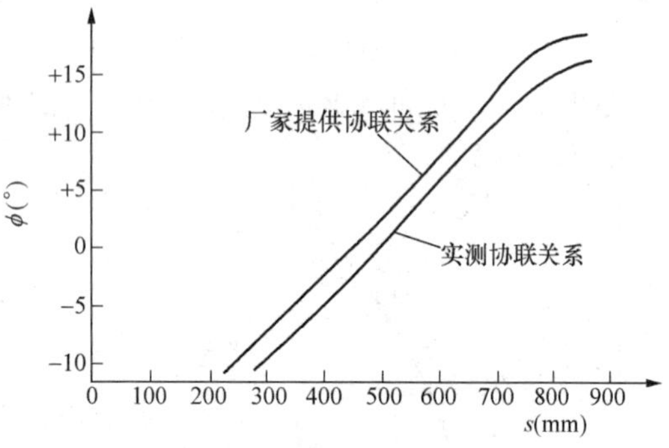

图 22-25　协联关系对比

三、混流式水轮机相对效率试验

相比转桨式水轮机，混流式水轮机结构简单，少了转桨机构，叶片是固定不动的，因此不存在协联调节。对于混流式机组，相对效率试验不需要安排定桨或定叶工况，只需进行变负荷效率试验。

（一）试验原理

试验原理见本节前述。

（二）试验程序

(1) 由调速器现地手动控制负荷，先按一定百分比递增负荷，每工况稳定运行 3min。然后再从最大负荷递减，在连续减负荷时，在上述工况点停留 30s，形成负荷变化台阶。

（2）每一工况稳定后，采集各传感器输出数据，采集60s，在效率拐点附近如有必要适当增加试验点。连续变负荷时，采集器连续采样并记录。

（3）指数效率试验过程中，计算机屏幕上跟踪试验工况点的效率点，同时跟踪检查效率点的重复性，根据试验需要进行工况点的补充。

（三）试验条件

（1）每个工况导叶开口不变，保持稳定运行2～5min。

（2）试验过程中，工作水头的变化不超过平均值的±1%。

（3）试验过程中，保持频率为(50±0.02)Hz。

（4）试验过程中，导叶开度波动不得大于±1%。

（5）试验过程中，发电机功率因素保持在设计值的±0.02%范围内。

（6）试验过程中，下游尾水位应保证相应的尾水管吸出高度。

（7）试验前检查各管道是否畅通。

（8）差压、水头、功率信号若波动过大，应采取相应措施，如增加测程数、滤波措施。

（四）试验测点

（1）水头（采用差压计）。

（2）蜗壳压差（采用差压计）。

（3）发电机有功功率、发电机无功功率（功率因素）。

（4）接力器行程。

（五）试验结果

（1）绘制水轮机相对效率—水轮机功率关系曲线。

（2）绘制导叶开度—水轮机功率关系曲线。

（3）绘制接力器行程—水轮机功率关系曲线。

（4）绘制机组有功功率—接力器行程关系曲线。

（5）绘制现场需要的其他关系曲线。

（6）绘制等压力脉动曲线。

（7）绘制真机运转特性曲线。

（8）绘制机组稳定运行区域。

（9）真机相对效率试验与模型试验成果对比。

四、相对效率试验实例

在各机型相对效率试验中，转桨式机组最具代表性。由于该机型涉及桨叶和导叶之间的运动配合，效率试验内容更为复杂。下面分别以轴流转桨式机组和混流式机组具体实例来介绍相对效率试验的具体实施过程。

（一）轴流转桨式机组

轴流转桨式机组特点是：水头低、流量大、流道短、流速分布复杂，要精确测量其实际流量是非常困难的，精度很难达到，目前只能采取相对效率的试验方法。试验遵循《确定水轮机蓄能泵和水泵水轮机水力性能的现场验收试验》的规定。试验机组为ZZ550-LH-1020轴流转桨式机组，单机容量125MW。该机组先后进行了净水头22.23、18.06、14.13m下的相对效率试验。

1. 试验原理及测量方法

（1）试验原理。试验原理见本节前面所述，测试结构见图22-26。

（2）测量方法。

1）工作水头的测量：水轮机的工作水头为蜗壳进口能量与尾水出口能量之差，即

$$H=(Z_1+p_1/\rho g+a_1 v_1^2/2g)-(Z_2+p_2/\rho g+a_2 v_2^2/2g) \tag{22-32}$$

因水轮机进出口动能在设计流量时，仅相差0.5m左右，暂不用考虑。蜗壳进口压力表的中心高程与尾水出口差压变送器的引水管口中心高程之差0.61m，即

$$H=(p_1/\rho g-p_2/\rho g)+0.61 \tag{22-33}$$

式中 p_1——蜗壳进口压力；

p_2——尾水出口压力。

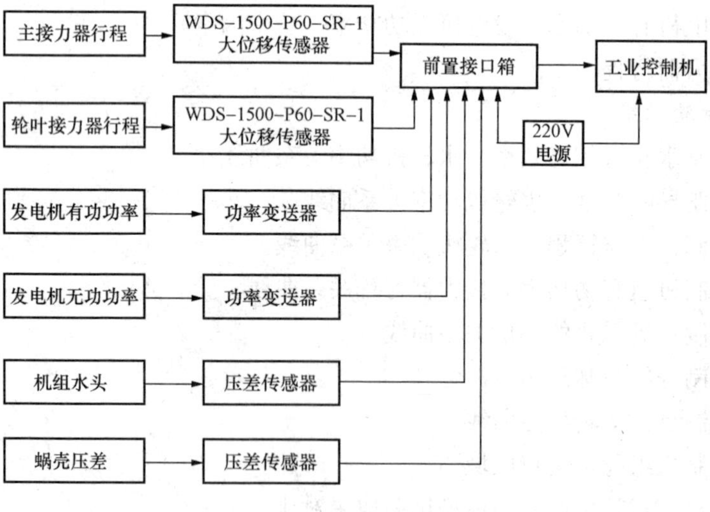

图22-26 效率试验框图

2）蜗壳压差的测量：根据水轮机流量与蜗壳同一径向断面内、外缘两点的差压方根成正比的原理，指数流量 $Q_i^*=K\sqrt{h_i}$。为了便于直接用指数流量估算水轮机进出口断面的单位动能，参照厂家提供的运转特性曲线，取 $K=245$。

3）机组有功的测量。借助电压互感器和电流互感器，采用三相功率变送器测量发电机的输出功率，有

$$P_g = (V/5)\ C \tag{22-34}$$

式中　P_g——机组出力，kW；

V——功率变送器输出电压，V；

C——功率变送器量程满量程时的输出功率，其值为 200MW。

（3）各传感器的率定。

1）水头、蜗壳压差传感器的率定，原理如图 22-27 所示。

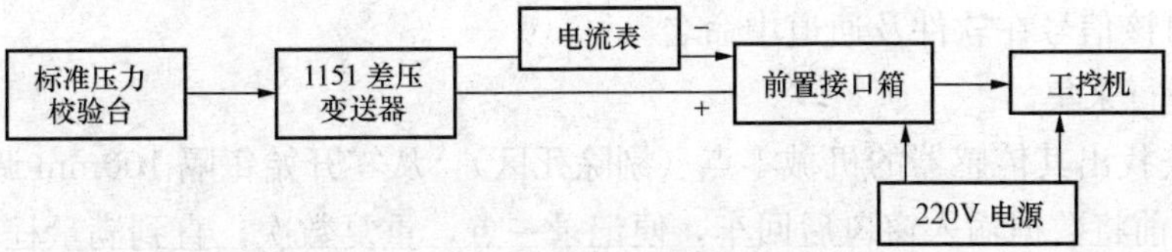

图 22-27　1151 差压变送率定原理图

选择合适量程的传感器，按图 22-27 接线，水头传感器的率定范围从 0 MPa 率定到 0.35MPa，蜗壳压差传感器率定范围为 0～2.5mH_2O，输出均调整为 4～20mA。检查电源的可靠性，电源电压应满足 220(1±5%)V 的范围。检查传感器的输出范围，如不合适，应对其进行调整，调整方法如下：

a. 调整零点，消除原有正负迁移量。

b. 调整量程到所需值。

c. 输入压力为零，调整零点螺钉，使输出值回到 4mA。

d. 检查满量程输出，必要时还要微调量程和零点。

e. 再调整量程和零点，必要时进行微调。

水头以“m”为单位，蜗壳压差以“mm”为单位，每隔满量程的 10%调整一次。每次调整前应先换算单位后再进行记录，重复数次，直到全范围。然后再反向重复率定一次，检查回程误差及其重复性，确认无误后记录下该率定系数。

2）行程传感器的率定。信号单位“mm”，行程率定范围为 0～1000mm；传感器输出范围均为 0～5V。率定接线框图见图 22-28。

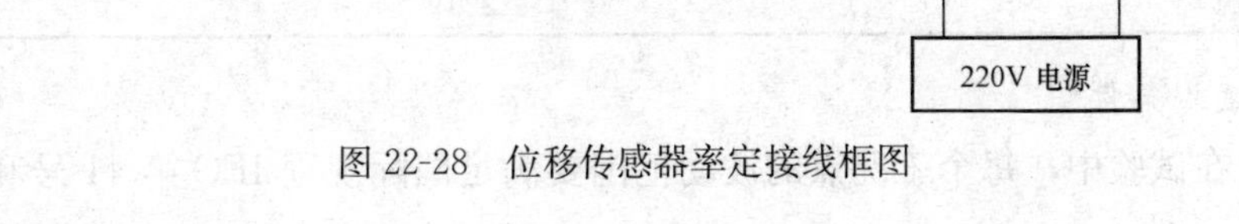

图 22-28　位移传感器率定接线框图

具体率定方法如下：

a. 选择合适量程的传感器。

b. 检查电源的可靠性，电源电压应满足 220(1±5%)V 的范围要求。

c. 在与计算机脱开状态检查变送器的输出范围是否合适，如输出范围不合适，须调整输出氾围，其调整方法是：将外壳打开，打开后严禁用手触摸电路板；将杆芯从零行程拉至满行程，检查最大输出量，调节该通道电位器使其满足输出范围要求；关掉电源后回装外壳。

d. 在与计算机脱开状态检查其输出，不应有交流成分。

e. 对该信号在软件及通道中命名。

f. 进行采集。

g. 先找出其传感器的机械零点（剔除死区），从零开始每隔 100mm 调整一次，每次采集前将数据输入窗口后回车，便记录一点，重复数次，直到满量程；后返回操作及重复进行一次，检查回程误差的大小及重复性，确认无误后拟合，该率定系数自动记录。

h. 将传感器及电缆线贴上标签便完成该项目。

3）发电机有功功率、无功功率信号的率定。以“MW”为单位，将变送器零至满量程所对应 4～20mA 的关系分别键入数据窗口进行拟合，记下该率定系数；将电缆线贴上标签便完成该项目。

（4）测试项目及其试验设备见表 22-3。

表 22-3　测试项目及其试验设备

测 试 项 目	试 验 设 备
工作水头（测取水轮机蜗壳进口断面与尾水出口断面的压差获得）	1151 型电容式差压变送器（量程为 0～0.35MPa）
蜗壳压差（测取蜗壳内侧支墩与外侧中部测点的压差获得）	1151 型电容式差压变送器（量程为 0～2.5mH_2O）
导叶接力器行程（主接力器活塞上）	WDS-1500-P60-SR-I 大位移传感器
轮叶接力器行程（轮叶接力器活塞上）	WDS-1500-P60-SR-I 大位移传感器
发电机有功功率	取自机旁盘功率变送器
发电机无功功率	取自机旁盘功率变送器
前置硬件接口箱	华中科技大学研制
研华工业控制机	HSJ-2 型试验测试仪
稳压电源	220V

2. 试验条件

（1）在试验中，每个工况点的波动范围要满足国际规程 IEC 第 41 号和 198 号文件中的要求，其控制值如下：功率的波动值应小于平均值的±1.5%；水头的波动值应小于平均值的±1.0%；转速的波动值应小于平均值的±0.5%；试验时系统频率必须为额定值，其偏差不得超过额定值±0.2Hz 范围；试验时应保持功率因数为额定值（即 0.875），不能满足此值，可调整励磁电压。有条件的可恒定在 1。

（2）调速器工作正常，没有任何抽动现象，传动机构上死行程调到最小，其轮叶转角和导叶开度指针应正确。

（3）被试机组的电气、机械部分均应调整好，没有事故隐患，其附属设备工作正常。

3. 试验工况安排

（1）水头：一般每隔 2m 左右水头做一次试验，根据试验机组常年运行的水头范围，做如下水头段试验，即 12.6、14.6、16.6、18.6、20.6、22.6、24.6、26.6m 共 8 个水头段。

（2）轮叶角度：机组脱开协联定桨运行，一般每隔 3°变化一次角度，按机组实际运行工况估算，做如下定桨试验：－9°、－6°、－3°、0°、3°、6°、9°、12°、15°、18°。

（3）导叶开度：一般每隔 10%变化一次，在高效率区附近试验点要密集一些，以便准确的找到最高效率点。

4. 试验过程

当某一试验水头到来时，运行单位同网调联系，经批准后方可开始试验。

（1）机组现用协联关系试验。在协联工况下，运行人员将机组负荷由小到大台阶式调整，每调整一次，待机组运行稳定后记录一次数据，以求取当前的协联关系。

（2）定桨工况试验。在脱开协联的情况下，按大纲的安排，机组负荷由小到大台阶式进行调整，每调整一次，须待机组运行稳定后，记录一次数据。做完一个定桨后，进行一次定桨曲线拟合。各定桨完成后，进行包络线拟合，将各定桨工况的高点包络。

5. 试验要求及注意事项

（1）试验过程中，机组技术供水不得从被试机组的蜗壳引用。

（2）为克服机械死行程对测试精度的影响，试验中，导叶开度按单方向上升顺序操作，若调过头，应返回超程后再往前调。操作速度应缓慢进行，不宜过快，当油压升至正常值时，再进行操作。

（3）各定桨工况试验点不得少于 6 点，进入高振动区应适当减少试验点。注意各工况点的变化情况，为保证试验精度，如试验点不稳定，不得采集。

（4）试验过程中要随时监视机组的振动、摆度及推力轴承温升值，发现异常应及时处理，如出现上导、水导摆度分别大于0.8mm，上机架水平、垂直振动幅值超过0.3mm，支持盖水平、垂直振动超过0.4mm，125MW机组功率大于143MVA，175MW机组功率大于194.2MVA时，应暂停或改变试验工况点。如出现上导、推力、水导轴瓦温度高于60℃，或瓦温变化2～3℃；定子温度高于110℃；三部轴承中某油槽油外位突然升高；水封烧坏，或漏水量过大，调节无效；导叶接力器漏油严重；导叶剪断销被剪断；应终止试验。

（5）应定期巡视各测量点，特别是38m廊道的水头及蜗壳压差测量点注意观察有无漏水漏气现象。

（6）由于试验时频繁改变机组工况，故需抽调有经验的运行人员进行操作。

6. 试验结果的整理

（1）当某一水头段试验结束后计算机将记算处理后的成果整理成数据表，并整理出相对效率—水轮机功率、导叶开度—水轮机功率、压差开方—接力器行程、轮叶行程—接力器行程的关系曲线。

（2）待全部水头段完成后，绘制各水头下最优协联曲线。

（3）将所有试验数据、曲线整理成册存档。

（4）试验成果分析。

（5）比较相对效率曲线和协联效率曲线，可以分析机组在该水头下是否运行在最优效率区。

（6）比较目前机组使用的协联关系和最优协联关系，分析机组当前的协联关系是否合理。

（7）当一台机所有水头段试验完成后，可以分析机组的效率状况有无提高效率的可能。

7. 试验数据、结果列举

部分试验数据及结果整理见表22-4～表22-6。

表22-4　试验机组实测协联试验数据汇总表

桨叶角度 ϕ(°)	导叶开度 α(%)	工作水头 H_n(m)	指数流量 Q(m^3/s)	蜗壳差压 ΔH(kPa)	机组出力 P_g(MW)	机组指数效率 η_u(%)	换算到平均水头下 流量 Q'(m^3/s)	换算到平均水头下 机组出力 P'_g(MW)	机组指数耗水率 q(m^3/kWh)	下游水位 (m)	功率因数 $\cos\phi$	频率 (Hz)
−12												
⋮												
20												

表 22-5　　试验机组相对效率特性数据汇总表

序号	桨叶角度 ϕ(°)	导叶开度 α(%)	平均工作水头 H_{nav}(m)	换算到平均水头下		机组指数耗水率 q(m³/kWh)	机组指数效率 η_u(%)
				指数流量 Q'(m³/s)	机组出力 P_g(MW)		

表 22-6　　试验机组现有协联试验数据汇总表

桨叶角度 ϕ(°)	导叶开度 α(%)	工作水头 H_n(m)	指数流量 Q(m³/s)	蜗壳差压 ΔH(kPa)	机组出力 P_g(MW)	机组指数效率 η_u(%)	换算到平均水头下		机组指数耗水率 q(m³/kWh)	下游水位 (m)	功率因数 $\cos\phi$	频率 (Hz)
							流量 Q'(m³/s)	机组出力 P'_g(MW)				

24.1m 水头下协联与定桨工况指数效率与水轮机出力关系曲线、协联与定桨工况相对效率与水轮机出力关系曲线见图 22-29 和图 22-30。

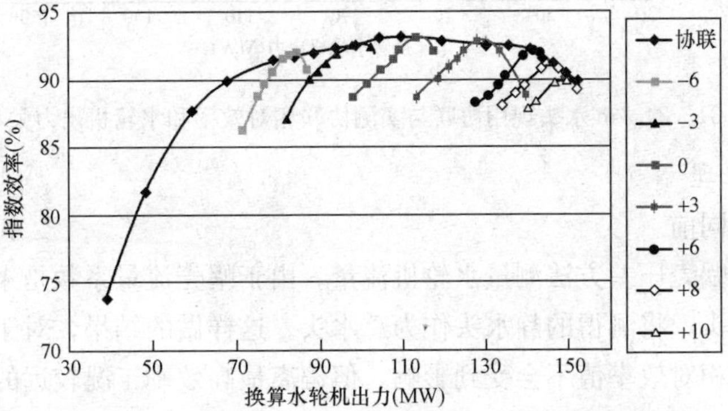

图 22-29　24.1m 水头协联与定桨工况指数效率与水轮机出力关系曲线

各定桨工况实测相对效率曲线的包络线即为机组的实测协联曲线，实测协联曲线与现用协联曲线见图 22-31。

（二）混流式机组

试验机组单机容量为 700MW。由于水头跨度大，安排每隔约 1m 水头进行一次指数效率试验。水力性能现场验收试验遵循：IEC 41《水轮机、蓄能泵和水泵水轮机水力性能现场验收试验》（第 3 版，1991 年）。

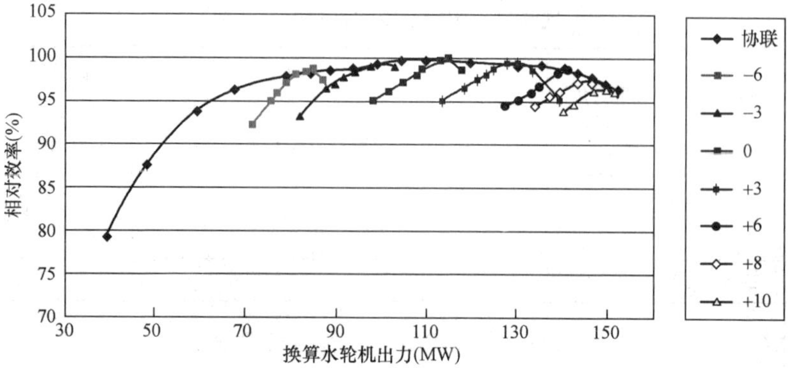

图 22-30 24.1m 水头协联与定桨工况相对效率与水轮机出力关系曲线

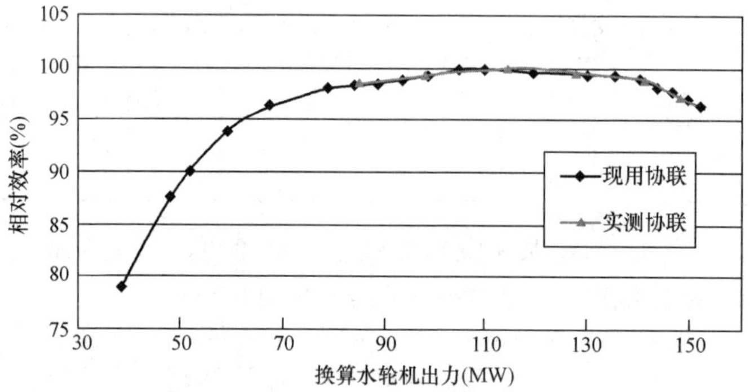

图 22-31 24.1m 水头现用协联与实测协联相对效率和水轮机出力关系曲线

1. 试验原理

原理公式同前。

试验采用蜗壳压差方法测量水轮机流量。由于蜗壳流量系数是未知的，实践中只好忽略动水头，将测得的静水头作为总水头。这样做的结果，对于最高效率点附近的工况，其相对效率值不会受到影响，但偏离最高效率工况较远的工况，会有较大的误差。试验机组在额定流量工况下，动水头大约为 4m，在 50％额定流量的工况下，动水头为 1m。如果这两个工况的总水头相等（假定为 70m），比值为 1，则静水头的比值为 66/69＝0.957，引入的相对误差为 4.7％。

为了减小这一项误差，拟采用数值分析（CFD 计算）的方法求得蜗壳流量系数的值。虽然计算值与实际值仍然有差别，但引起的误差还是会大大减小。假定流量系数计算的误差为 5％，则动水头的计算误差为 10％。额定流量工况动水头的误差为 0.4m，50％流量工况的动水头误差为 0.1m。那么这两个工况测量的总水头的比值应该是 69.6/69.9＝0.996，引入的相对误差为 0.4％。

2. 相对效率试验测点

(1) 水头（采用差压计）。

(2) 蜗壳压差（采用差压计）。

(3) 发电机有功功率、发电机无功功率（功率因素）。

(4) 接力器行程。

3. 相对效率试验信号的测量计算

(1) 发电机输出功率的测量计算。发电机输出功率采用高精度三相数字功率表直接测量，即

$$P_E = K_I K_V P_M \tag{22-35}$$

式中　K_I——电流互感器变流比；

K_V——电压互感器变压比；

P_M——数字功率表读数。

发电机有功功率由电厂计算机监控系统三相功率变换器输出信号接入试验数据采集系统进行采集。

(2) 水轮机水头测量。水轮机工作水头是指蜗壳进口和尾水管出口能量之差，按式（22-36）计算，即

$$H = \left(Z_1 + \frac{p_1}{\rho g} + \frac{\alpha_1 v_1^2}{2g}\right) - \left(Z_2 + \frac{p_2}{\rho g} + \frac{\alpha_2 v_2^2}{2g}\right) \tag{22-36}$$

其中

$$V_1 = \frac{Q}{A_1}$$

$$V_2 = \frac{Q}{A_2}$$

式中　Z_1、Z_2——蜗壳进口中心线和尾水管出口中心线的高程；

p_1、p_2——蜗壳进口和尾水管出口的静压力；

v_1、v_2——蜗壳进口和尾水管出口测压断面的平均速度；

A_1——蜗壳进口测压断面面积，面积为 $120.76m^2$；

A_2——尾水管出口测压断面面积，面积为 $300m^2$；

α_1、α_2——断面流速不均匀系数，一般取 1；

Q——通过水轮机的流量。

从而水轮机的工作水头表达式为

$$H = \left(Z_1 - Z_2 + \frac{p_1 - p_2}{\rho g}\right) + \frac{Q^2}{2g}\left(\frac{1}{A_1^2} - \frac{1}{A_2^2}\right) \tag{22-37}$$

式（22-37）中，第一项为静水头，由差压传感器测量和计算确定。静水头表达式为

$$Z_1 - Z_2 + \frac{p_1 - p_2}{\rho g} \tag{22-38}$$

第二项为动水头，由计算获得。动水头表达式为

$$\frac{Q^2}{2g}\left(\frac{1}{A_1^2} - \frac{1}{A_2^2}\right) \tag{22-39}$$

（3）水轮机流量测量。流量 Q 采用差压传感器测量蜗壳压差 Δh_{WK}，按公式 $Q = K_{WK}\Delta h_{WK}^{0.5}$ 计算流量。蜗壳差压系数 K_{WK}，按各试验水头下，实测水轮机最优工况点的最优指数效率与模型换算到该真机水头下的最优预期效率相等的条件计算，水轮机蜗壳流量计系数 $K_{WK}=149$。

4. 试验程序

（1）试验由调速器现地手动控制负荷，负荷在 350MW 以下时，从 50MW 开始，按 50MW 增加；负荷在 350～500MW 之间时，按 20MW 增加；负荷在 500MW 以上，按 10MW 增加。每工况稳定运行 3min。然后负荷从最大负荷连续减至 50MW，在连续减负荷时，在上述工况点停留 30s，形成负荷变化台阶。

（2）每一工况稳定后，采集各传感器输出数据，采集时间为 60s，在效率拐点附近如有必要适当增加试验点。连续变负荷时，采集器连续采样并记录。

（3）指数效率试验过程中，计算机屏幕上跟踪试验工况点的效率点，同时跟踪检查效率点的重复性，根据试验需要进行工况点的补充。

5. 测试仪器及传感器

（1）测试仪器。测试仪器清单见表 22-7。

表 22-7　　测试仪器清单

名　称	型号及参数
测试仪	HSJ2003 水力机械振动监测仪 测量范围——转速：0～1000r/min、摆度：2.0mm、振动：2.0mm、水压：根据现场需要、行程：0～1500mm 精度——转速：≤1r/min、振动：≤1μm、相对误差：≤3°、其他信号误差≤0.1%
水压传感器	瑞士 KELLER 原装，精度（非线性＋迟滞＋重复性）：±0.1%。供电电源：24V；输出：4～20mA
差压传感器	瑞士 KELLER 原装扩散硅，精度（非线性＋迟滞＋重复性）：±0.1%。量程不能调整
位移传感器	德国原装 SCH-50 型，精度：±0.05%FS（满量程）
功率变送器	来自电厂单元控制装置
中压智能调校仪	显示压力的总精确度±0.1%FS，0～50℃ 显示测试单元信号的总精确度±0.1%FS±1 字

(2) 仪器标定。所有传感器采用生产厂家的原始标定系数，水压传感器和差压传感器在现场用中压智能调校仪进行校核。

6. 试验数据、结果列举

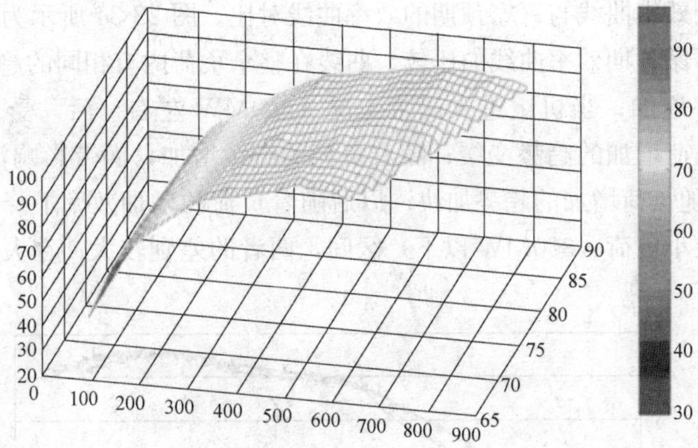

图 22-32 不同水头下指数效率试验结果分析

(1) 不同水头下指数效率试验结果分析（见图 22-32)。图 22-33 所示为不同水头下真机实测指数效率曲线。从图中可以看到：

1）随着开度的增加，水轮机效率逐渐上升，达到最高效率点后，水轮机效率随开度加大而下降，并且下降的速度逐渐加快。

2）随着水头的增加，达到最高效率点后，水轮机效率随开度加大而下降的速度逐渐减缓。

3）涡带工况自然补气使水轮机效率略有下降，每一水头的水轮机指数效率在

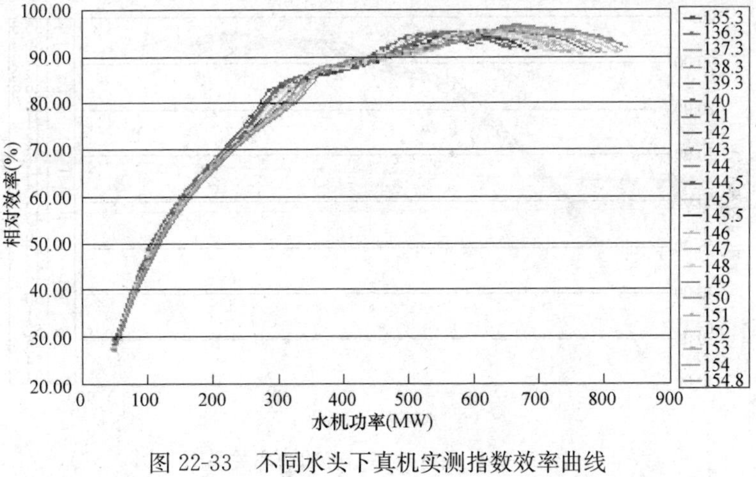

图 22-33 不同水头下真机实测指数效率曲线

涡带工况区呈下凹形状。

4）随着水头的增加，最高效率点有向大开度偏移的趋势。

5）随着开度增加，各水头的出力逐渐增加、直到100％开度出力没有减小。

（2）实测效率曲线与厂家预期的效率曲线对比。图22-34所示为真机实测指数效率曲线与厂家预期效率曲线的比较。曲线在整个负荷内有相同的趋势。随着负荷的增加，效率增加；当机组进入涡带工况（300MW左右）后，受自然补气的影响，效率随负荷增加的趋势变缓；随着负荷的继续增加，涡带影响消失（450MW左右），效率随负荷增加的趋势加快；以后随着负荷的增加效率下降。从曲线中也可以看到，在小负荷（300MW以下）区间，两者的差别较大；在大负荷区，两者差别较小。

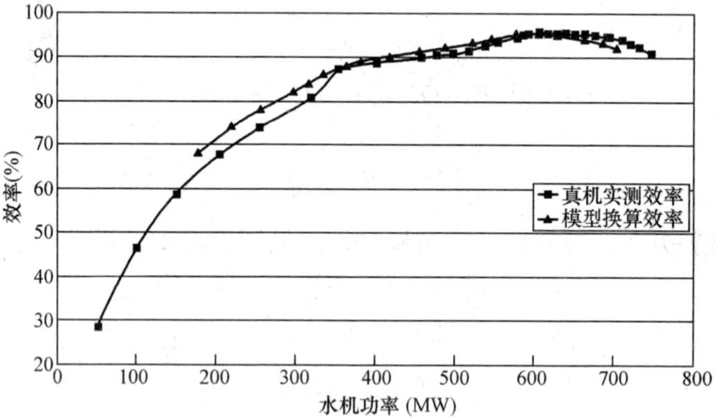

图22-34　模型与真机效率对比图

（3）相对效率与有功功率和指数流量的关系，如图22-35和图22-36所示。

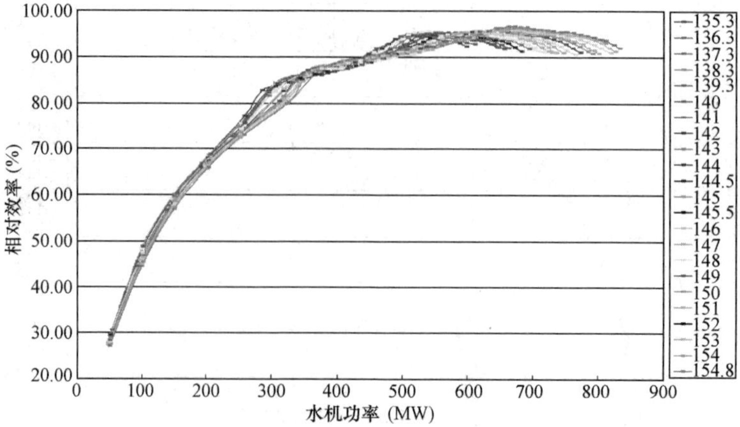

图22-35　相对效率—有功功率关系图

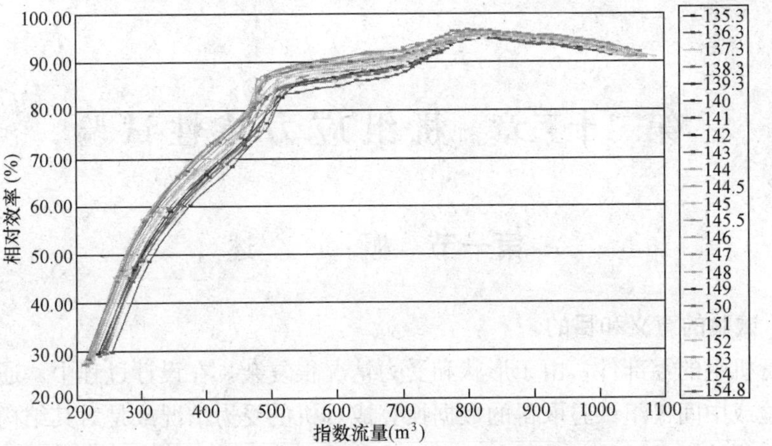

图 22-36　相对效率—指数流量关系图

第二十三章　机组应力特性试验

第一节　概　　述

一、试验的意义和目的

运行机组的零部件，由于形状和受力情况很复杂，在设计过程中，通常只能把模型试验或中间机组试验取得的数据换算成真机的受力情况或是对其结构和受力状况进行简化处理后计算而得，因此，所得数据和结果都只能是近似的。此外，有些零部件结构复杂，模型或中间机组试验耗费人力、财力很大而结果仍不够准确，用受力理论分析计算亦很难，甚至得不到正确结果，故只有依靠现场试验的方法才能获得较为可靠的答案。力特性试验就是现场测定零部件受力状态的试验，其主要目的和意义如下：

（1）直接测定运行时零部件的实际应力状态和特性规律，以确定其实际的安全状态。

（2）用实测数据验证设计理论的可靠性和精度，并据此改进设计与计算方法。

（3）根据试验结果改进零部件结构。

二、现场力特性试验的主要内容

力特性试验的项目随机组形式和结构不同而变动。对新的机型，可增加以前没有过的试验内容。试验项目可大致分为机组固定部件的应力特性试验和机组旋转部件的力特性试验。

（一）机组固定部件的应力特性试验项目

（1）蜗壳的应力测量。

（2）大部件的刚度强度测量。

（3）水斗式机组压力引水总管和球型叉管应力测量。

（4）水轮机导叶与轴流式桨叶的力特性测量。

（5）导叶的自关闭试验。

（6）导轴承的力特性测量。

（7）推力轴承的力特性测量。

（8）水轮机控制环的应力测量。

（二）机组旋转部件的力特性试验项目

1. 主轴的力特性试验

(1) 轴向力的测量。

(2) 扭矩的测量。

(3) 与法兰连接部位局部应力的测量。

2. 转轮的应力特性试验

(1) 混流式转轮叶片的应力测量。

(2) 轴流式转轮叶片的应力测量。

(3) 轴流式转轮臂柄的应力测量。

3. 水轮机进水阀门的力特性试验项目

(1) 蝴蝶阀的动水启闭试验。

(2) 球形阀的动水启闭试验。

第二节 实验应力分析方法及测量原理

实验应力分析是用实验的方法测定构件中应力和变形的一门科学。它和材料力学、弹塑性理论等科学一样，是解决工程强度问题的一个重要手段，对改进产品性能、节约原材料及保证安全生产等起重大作用。水力机组零部件应力特性试验是实验力学分析方法在水机原型上的应用。近年来，由于电学、光学、声学等各种新技术的发展，实验力学已有可供实用的十几种方法，如电测法、光测法、脆性涂层法、云纹法、全息干涉法、散斑干涉法、网格法、机械测量法、比拟法、声发射法、声全息法、X光衍射法、磁测量法、焦散法等。应用这些方法除可以解决一般工程上的应力分析外，有些方法还可在高、低温，高液压，强磁场，核辐射等特殊环境中进行测试。不仅可以测量应变、应力、位移，而且还能测定裂纹的扩展位移及速率，构件的残余应力、压力、速度等物理量。随着水力机组力特性试验的逐步开展，实验力学分析方法在水力机组试验中已得到运用和推广。

目前，在我国应力、应变的实测中运用较广的有电测法、光测法、脆性涂层法以及激光散斑干涉法。

一、电测法

电测法全称为电阻应变测量法，其基本原理是：以安装在被测构件表面上的电阻应变片为传感元件，将被测构件表面指定点的应变变化值转换为应变片电阻的变化值，再通过电阻应变仪将此电阻变化值转换为电压（或电流）的变化值并加以放大，然后将电信号输入到计算机等装置内进行处理后打印或显示最后结果，其转换过程如图23-1所示。

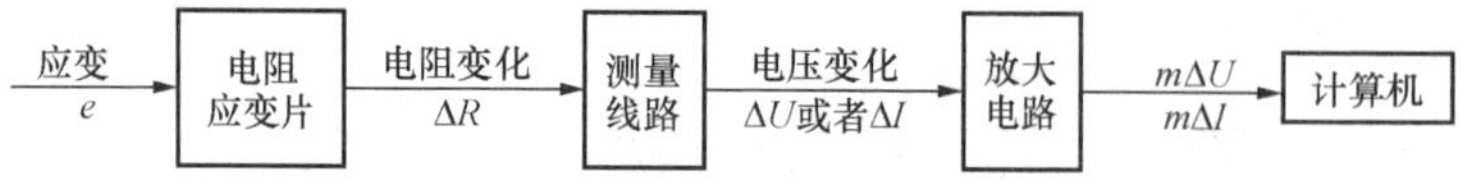

图 23-1　电阻应变片测量应变过程框图

通常受力部件任何断面的最大应力均出现在部件的外表面之上，故一般测得外表面上最大应力即可代表该断面的最大应力。此外，当该处应力在材质的屈服限以下弹性范围内变化时应力正比于应变。故我们测得该处的应变值后经一定的方法即可换算出该点的应力值或者可用计算机等装置，按设定的程序直接打印或显示出结果。

零部件表层残余应力的测定已有重大改进。最初采用破坏性的局部切割方法或钻较大圆孔的方法直接测量切割后的变形量，或在切孔四周按一定的方位张贴应变片，用应变仪测定各片的应变量从而换算出残余应力值。现在已可用专用的应变花，在其中心用专用的打孔工具，在 1～2mm 内钻一个直径为 1.5mm、深 1.8mm 的盲孔，用应变仪测出专用应变花各应变片的应变变化值即可算出残余应力的大小，其测量误差可小于真实值的 10%。

二、光弹贴片法（光敏涂层法）

将厚度为 1～3mm 的光敏薄片材料（平面的或曲面的）粘贴或涂敷在待测构件的反光表面上。构件受力后其受力面产生变形并传递给光弹贴片，因而产生暂时的双折射效应。用特殊的偏振光射入光弹贴片后，经构件表面反光，它再次通过光弹贴片，从而产生光程差 R_0，可借助反射式光弹性仪测量光弹贴片的等差角和等倾角参数，然后经解析计算便能获得构件表面任意一点的主应变或主应力的大小和方向。

此种方法用于常温测试，目前在机械、采矿和土木工程上已获得广泛的应用。但水电工程中应用较少。

三、脆性涂层法

脆性涂层法是将一种专用的涂料涂刷在被测零部件的待测表面上，晾干后在其上加载，通过涂层裂纹的开裂顺序和裂纹方向，并经定量标定后可全区域性的得到主应力的大小和方向。它适用于初步寻找最大主应力区域和确定应力集中系数。其测量准确度低，可与电测法配合，根据最大主应力区和主应力方向重新布置电阻应变片，以准确地测量最大应力值。此法既可用于原型试验，也可用于模型试验。但涂层性能受温度和湿度的影响较大，脆性涂料溶剂一般有毒性，需在有良好通风条件下涂刷。涂料初裂应变灵敏度为 300～400 微应变，采用“液冷”法可提高灵敏度，使初裂应变值减至 100 微应变左右。

四、激光散斑干涉法

激光散斑干涉法工作原理是：当用相干性极好的激光照射到漫反射物体表面

时，物体表面产生散射。由于散射光的相互干涉，在物体表面前方的空间形成无数随机分布的亮片和暗点，称为散斑。散斑的尺寸和形状与照射光的光波、物体表面的结构及观察位置有关，因此当物体发生变形时，其散斑将随之发生变化，我们可以比较构建变形前后的全息底片，而获得散斑变化图，根据散斑变化的规律测量出物体的变形。

散斑干涉法是近年新发展的一种计量方法，在现场试验中可用来测量构件上各点的位移、转角等变化量，具有非接触式测量、构件表面不需特殊准备、灵敏度可在分析中调节、可逐点或者全场显示并能在振动瞬间以及高温条件下测量等优点，是一种很有应用前景的测量方法。

第三节　电测法在水力机组力特性试验中的应用

目前，在各种实验应力分析方法中，电测法在水力机组试验中应用最为广泛。

一、电测法优点

(1) 灵敏度高，测量速度快，结果准确、可靠。

(2) 易于实现测试过程的自动化和多点同步测量、远距离测量。

(3) 应变片形小量轻，不改变测试对象的原有应力状态。

(4) 可测量各部位的静态、动态和瞬态应变值，可测频带宽。

(5) 运用范围广：可在高温、高压、高速旋转和具有放射性干扰等特殊条件下进行测量。

(6) 可制成不同形式的电阻应变式传感器，以测取各种物理、力学参数，易于实现整个测试系统的自动监控。

(7) 可以与计算机联机使用，缩短测试周期并提高测试的可靠性和准确性。

二、新型应变仪

应变仪是测量应变信号的仪器，感受物体表面应变，由阻值变化引起电桥不平衡，产生差动信号，经放大处理后，显示出应变值。

电桥输出信号是微伏级的，以往将这一微弱信号进行有效处理是很困难的，直流放大器零漂、噪声大，无法有效地放大信号。在这种情况下，应变仪普遍采用交流电桥对此差动信号进行调制，用交流放大器放大后，再解调、输入指示装置。在集成电路工艺不发达、高性能运算放大器尚未出现的条件下，制作的应变仪性能都较差，影响了应力电测法的可靠性。

微电子技术的发展直接促进了应变仪的发展。20 世纪 80 年代，第 4 代运算放大器引入了斩波自稳零电路，大大降低了失调电压，其典型产品有 HA2900 等。

其中，Intersil公司研制的ICL7650是CMOS器件，输入失调电流、失调电压、偏置电流极小，输入阻抗极大，开环差模电压和共模抑止比很大，有效抑制了零漂。同时，由于采用了CMOS工艺，其功耗低，温漂及噪声小，很适宜于放大微伏级信号；其单位频宽为2MHz，可有效放大10kHz交流信号，已远超过以往动态应变仪的上限频率。因此，它的出现否定了以往的静态、动态应变仪的技术路线；同时仪表常用集成电路，如稳压器、A/D芯片、LED、LCD驱动电路也大量涌现，并且成本较低，为实现应变仪低成本高性能设计创造了有利条件。

基于以上电子技术的发展，应变仪技术取得和很快的发展：用直流电桥代替交流电桥，用高性能放大器取代交流放大器，用数字显示或自动数据采集取代机械式的指示装置；在测量多路应变信号时，直接使用多路放大，而弃用预调平衡箱；由于高性能运放有较高的频响，因此应变仪不再有静态、动态之分，而是静、动态通用；应变仪集数字指示和模拟输出于一体，模拟输出电平与通用A/D卡匹配，以构成微机化自动测试系统。

应变仪设计框图如下图所示。仪器设置了8路测量放大电路，一个8路开关，一个三位半数字电压表。这样，仪器可用于多达8路的静态测试，不必接预调平衡箱，也可将信号输出通过A/D卡直接与电脑相连。

第四节　电阻应变片的选择

应力特性试验中选用哪种应变片主要取决于试验环境、应变性质、测试精度等诸因素。在满足上述条件之下，力求降低试验费用。选择原则大致如下。

一、按试验环境选择

（1）温度：温度是影响应变片性能的重要因素，在静态应变测量中更为重要，选用的应变片应能在给定的试验温度范围内工作良好。

（2）湿度：湿度大小直接影响应变片的灵敏度，应变片受潮后会导致黏结强度下降，电阻改变，绝缘电阻降低和应变片与试件间的电容变化，由此而产生漂移及

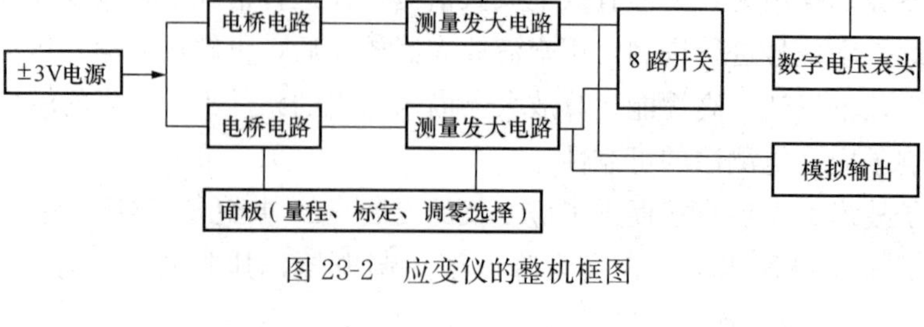

图23-2　应变仪的整机框图

应变片灵敏度下降，严重时使测量无法进行。故潮湿环境中应选择防潮性能较好的胶基应变片，并采取恰当的防潮措施。

（3）压力：高液压下进行应变测量时应选用压力效应小的应变片。

（4）强磁场：某些敏感材料如康铜、恒弹片合金等在磁场作用下有磁致伸缩效应，即磁场可能使这些材料制成的敏感栅伸长或缩短，因而使测试误差加大。故强磁场试验时应采用磁致伸缩效应小的应变片，例如以镍铬合金或铂钨合金为敏感栅的应变片。

二、按测试应变的性质选择

（1）静应变：静态应变测量中，其时间间隔较长，故在温度变化的环境内测量时，应变片的热输出是最大的误差源，特别是环境温度改变较大时误差更显著，而且其误差还与升温方式、升温速率有关。此外，长时间测量时零漂、蠕变对测量值也有较大影响，故在实测中均应考虑。即使是常温试验，应变片也最好采用自补偿型，以提高测试精度。

对平面应变场，当测量精度要求较高时、宜选用横向灵敏度小的短接式应变片。

静应变测量一般周期较长，要求应变片防潮性能较好、绝缘电阻高，故一般不宜采用纸基应变片。

（2）动态应变测量：一般选用阻值大，疲劳寿命高的应变片，这有利于提高信噪比。此外，还应考虑应变片的频率响应特性。应变片栅长 L 与应变波长 λ 之比越大则误差越大。当 L/λ 大于 1/10 时，仅此原因造成应变测试误差即可大于 2%。故通常取 $L/\lambda<0.1$。据此推算出：粘贴在钢试件上的应变片，其敏感栅长度与最高可测频率间关系见表 23-1。

表 23-1　　敏感栅长度与最高可测频率

应变片栅长（mm）	1	3	5	10	20
可测最高频率（Hz）	500	167	100	50	25

（3）应变梯度：应变片测出的应变值是其栅长范围内分布应变的平均值，为使其接近真实值，在应变梯度大的地方，应尽量选用小栅长的应变片。小栅长应变片横向效应大，必要时应对由此引起的误差进行修正。

（4）应变范围：一般应变片超过其应变极限时应变线性变坏，影响测量精度，甚至发生应变片局部脱落或敏感栅损坏，故在大应变测量时应选用应变极限高的应变片或专用的大应变应变片。微小应变测量时宜选用灵敏系数高的半导体应变片。

三、按试件状况选择

（1）试件材料的均匀性：对材料质量不均匀的试件（如铸铝、铸铝镁合金试件等），小应变片不足以反应构件的宏观变形，故应选栅长较大的应变片。

（2）测试表面形状：对非平面形测试点，为保证应变片黏合良好，应尽可能选栅长小些的应变片。焊接片不宜用在曲率半径小的表面。

（3）试件上应变片的固化条件：对贴片后不允许加温的试件、应采用能室温粘贴和固化处理的应变片。高温下可选用焊接片或陶瓷喷涂片。

（4）当试件较薄或弹性模量较低时，应选用基片和黏结剂加强效应小的应变片，必要时应进行加强效应的修正。

四、按测试精度选择

（1）一般认为以胶基、康铜、卡玛合金为应变栅的应变片性能较好，纸基片性能较差，故在较重要或精度要求较高的试验中应选用前者。普通的试验中亦可选用纸基丝绕式片。

（2）测量两向或三向应变时，以胶基泊式应变花使用最方便、精度高。

（3）部分应变测量仪器要求应变电阻在一定范围内（如120Ω左右），超过此范围时误差较大并需修正，故此时应尽量选择不需修正电阻值的应变片。

（4）当测试线路电阻值不是恒定时（例如线路中包括有切换开关，引电器或其他电阻变化随机源时），选用高阻应变片对提高测试精度有利。

具体选定某种应变片时，要求其性能均最优是不可能的，故只能根据对测试影响最大的主要条件来选择应变片，其他方面次要的性能要求比较好或一般即可。表23-2是部分应变片性能的综合比较，供选择时参考。

表23-2　应变片性能比较

项目	应变片				
	纸基片	聚酯基片	酚醛基片	箔式片	半导体片
应变电阻的长期变化	×	○	△	△	○
K值的均匀性	○	○	○	△	×
耐湿性能	×	○	△	○	○
耐热性能	×	○	△	○	○
保存期限	×	○	△	△	△
黏结性能	△	○	○	○	×
容许电流	○	○	○	△	○
横向效应	○	○	○	△	△
应变测量范围	△	×	×	△	×
耐疲劳性能	○	○	○	△	△
小型化的可能性	×	○	○	△	△
特殊形状的制作	×	×	×	△	×
耐久性能	×	○	△	△	△
高阻值应变片制作	×	×	×	○	△

续表

项　　目	应　　变　　片				
	纸基片	聚酯基片	酚醛基片	箔式片	半导体片
电阻温度系数	○	○	○	△	×
K 值的增大	×	×	×	×	△
灵敏系数和温度的关系	○	○	○	○	×
蠕变	○	△	△	△	×
应变片的柔性	△	○	○	△	×
价格	△	○	○	○	×

注　△—最好；○—中等；×—较次。

第五节　应变片及应变花的防冲、防潮处理

一、防潮剂的配置

（一）防潮剂应满足的要求

（1）有良好的防潮绝缘性能。

（2）对试件表面和导线有良好的黏结力。

（3）弹性模量低，不影响试件的变形。

（4）对应变片和黏结剂无腐蚀破坏作用。

（5）使用工艺简便易行。

（二）常用的防潮剂

目前力特性试验中常用的防潮剂有环氧树脂类、石蜡涂料类和硅橡胶类。

二、防潮剂的涂抹工艺

防潮层能防止外部水分和潮气渗入应变片内，自然也能阻止溶剂和潮气从内部向外部蒸发。所以，在涂防潮层之前应变片对试件的绝缘电阻一定要保证良好，一般不应低于 100MΩ，最好在贴片固化后立即进行防潮处理。

为保证防潮层与试件牢固的粘贴与密封，粘贴应变片前应将试件粘贴部位周围进行与粘贴表面相同的处理并避免弄脏。如果已弄脏而需重新清洗时，要严格避免清洗液（特别是丙酮）触及贴好的应变片。

涂层厚度薄的约为 0.1mm，厚的可达 2～5mm。太厚的涂层除会产生局部加强效应外，在大应变时易产生裂纹，反而会降低防潮性能。涂抹前先用电吹风将被涂敷表面预热至 40℃左右，再用排笔将溶化了的石蜡合剂，或用木片将已混合好的 914、HC703 胶涂敷在应变片及其引出线接头处，要求封严，涂层均匀。涂层宽度应略比应变片和引线尺寸大 10～20mm。

三、应变片、应变花的专用防冲防潮盒

防冲防潮盒的结构及其安装工艺如下：

（1）布置在高速水流或较高水压部位的应变片和应变花易于被水流冲坏或浸水受潮，以致整个试验失败，如转轮叶片应力测量和蜗壳埋入混凝土后的应力测试等。故这些试验中要求更严格的防冲防潮措施，能否做好这些措施是测试成功与否的关键因素之一。可采用的防护结构甚多，但安装工艺最简便、使用可靠的是“铜管（钢管）—铜盖（钢盖）防冲防潮盒”，如图23-3所示。对于需埋入混凝土内的防潮盒，为加强防护作用，通常将铜管和铜盖改为钢管和钢盖。

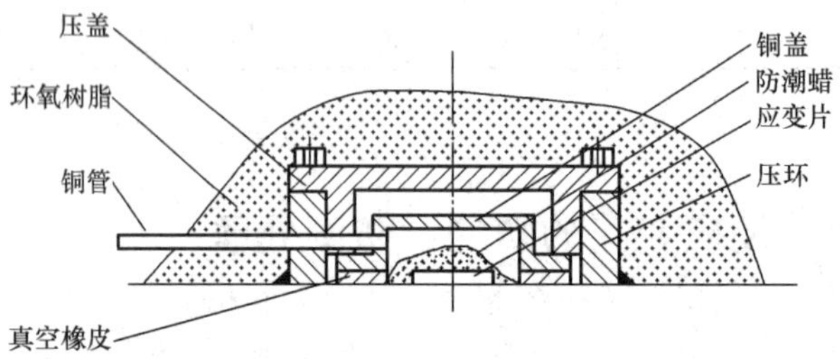

图23-3　铜管—铜盖防冲防潮盒结构示意图

（2）应变花粘贴后，在其表面涂上一层防潮蜡（厚约2mm），在其外部的叶片表面上点焊压环，之后在环内依次铺装上混炼胶、真空橡皮、混炼胶、铜管、铜盖，再用螺钉把紧，最后用环氧树脂包覆整个结构。

其中，需要注意以下几点：

（1）真空橡皮两面的混炼胶必须铺匀铺满，以保证密封效果。

（2）环氧树脂必须严密包围铜管，保证压力水不会自铜管四周浸入铜管内。

（3）混炼胶即橡胶厂提炼橡胶时的废渣。使用前先在铁板上加热至100℃以上，再作密封用，其效果更好。

第六节　测试接线方法及其应力计算

一、构件形状和受力均简单时应力、应变测量接线及计算

当构件形状简单，并只承受已知外载方向的简单拉、压、弯、扭或几种受力简单组合可按表23-3中的贴片与接线方法测量，并可按表中给定的公式计算各单个应时力。

二、应变花测量主应力的接线与计算

对一点沿几个方向粘贴几个电阻应变片，称为应变花。最常用的有45°、60°和90°的应变花。若知该点两个主应力的方向时，可用由两张应变片组成的两向应变花测量得主应力。在未知主应力的方向时，可用三张或四张应变片组成的三向或四向应变花求得主应力的大小和方向。布片方式与相应的计算公式见表23-4。

表 23-3　**常见的几种受力状态下应变片、接桥方法与相应的应变、应力公式**

受力状态	需测的应变与应力	应变片的粘贴位置	可采用的电桥接桥方式	仪器读数 ε_0 和需测应变 ε 的关系	应力计算公式（未修正）	备　　注
拉（压）	拉（压）	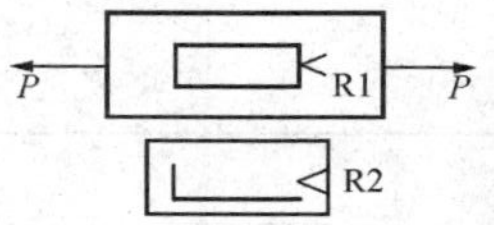	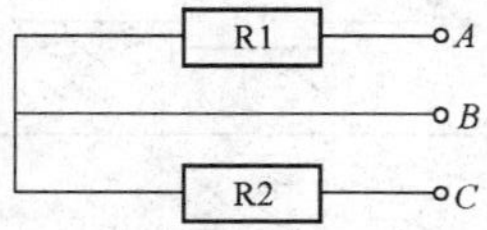	$\varepsilon_P=\varepsilon_0$	$\sigma=\varepsilon_0 gE$	R1 为工作片，R2 为补偿片；为半桥测法，亦可用全桥测法接线同弯曲
		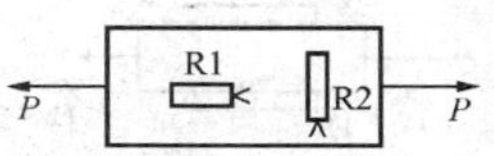	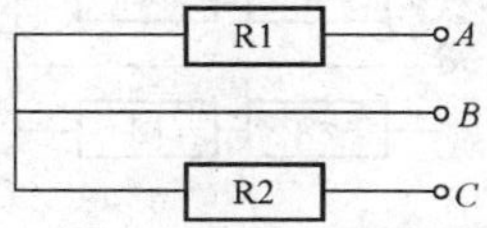	$\varepsilon_P=\frac{\varepsilon_0}{1+\mu}$	$\sigma_P=\frac{\varepsilon_0 gE}{1+\mu}$	R1 为工作片，R2 为补偿片；为半桥测法，亦可用全桥测法接线同弯曲
弯曲	弯曲	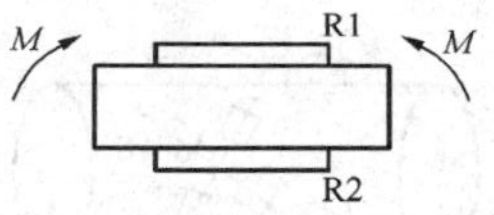	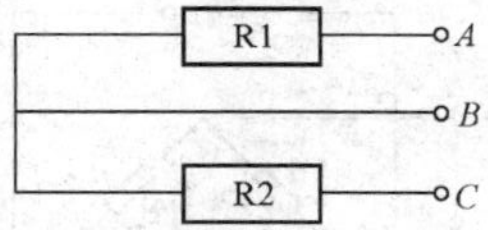	$\varepsilon_w=\frac{\varepsilon_0}{2}$	$\sigma_{w,max}=\frac{\varepsilon_0 gE}{2}$	R1、R2 均为工作片。部件 R1 处为压应力（负），R2 处为拉应力（正）
			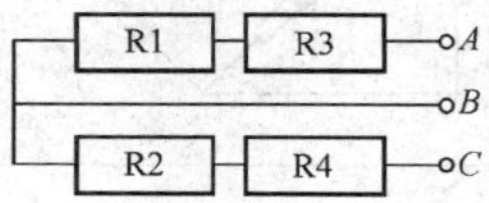	$\varepsilon_w=\frac{\varepsilon_0}{2}$	$\sigma_{w,max}=\frac{\varepsilon_0 gE}{2}$	R1、R2、R3、R4 均为工作片，为半桥接法
		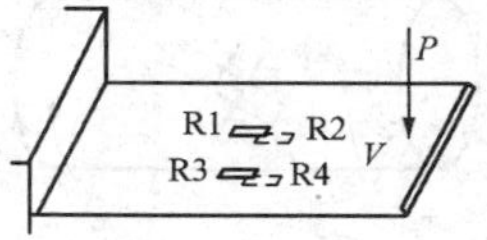	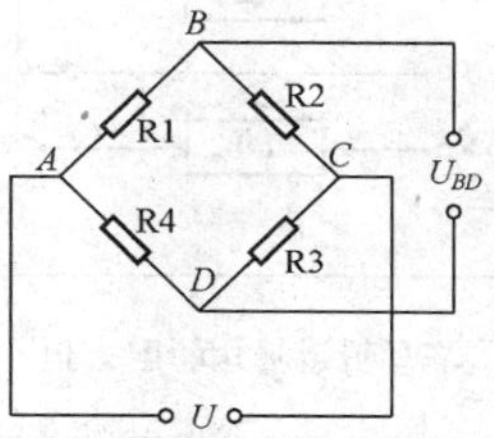	$\varepsilon_w=\frac{\varepsilon_0}{4}$	$\sigma_{w,max}=\frac{\varepsilon_0 gE}{4}$	R1、R2、R3、R4 均为工作片，为全桥接法

续表

受力状态	需测的应变与应力	应变片的粘贴位置	可采用的电桥接桥方式	仪器读数 ε_0 和需测应变 ε 的关系	应力计算公式（未修正）	备注
扭转	与扭转应力扭转主应力	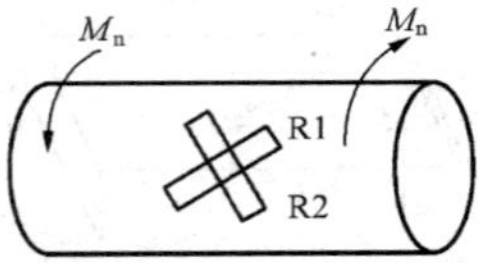	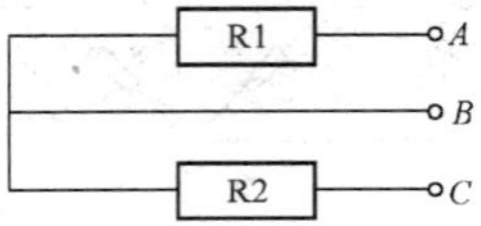	$\varepsilon_K=\frac{\varepsilon_0}{2}$	$\tau_{max}=\frac{\varepsilon_0 gE}{2(1+\mu)}$	R1、R2、R3、R4 均为工作片，为半桥接法
		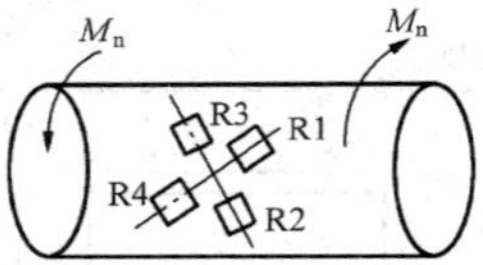	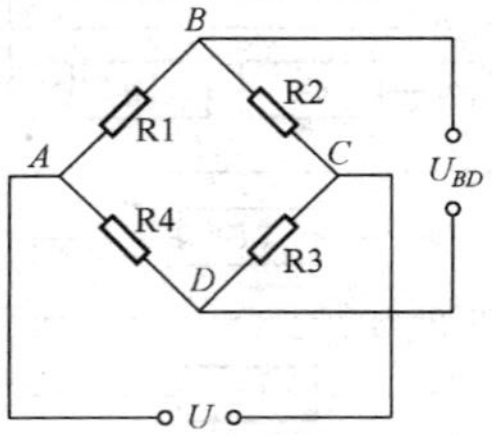	$\varepsilon_K=\frac{\varepsilon_0}{4}$	$\tau_{max}=\frac{\varepsilon_0 gE}{4(1+\mu)}$	R1、R2、R3、R4 均为工作片，为全桥接法
拉压弯曲组合	拉(压)应变及应力	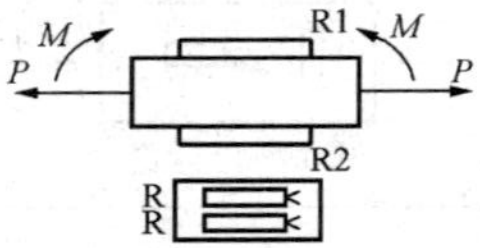	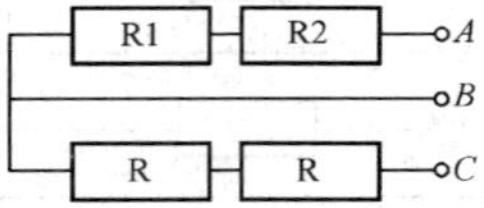	$\varepsilon_P=\varepsilon_0$	$\sigma=\varepsilon_0 gE$	R1、R2 为工作片，R 为补偿片
	弯曲应变及应力	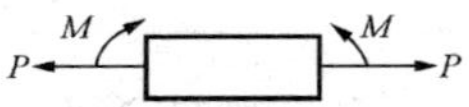	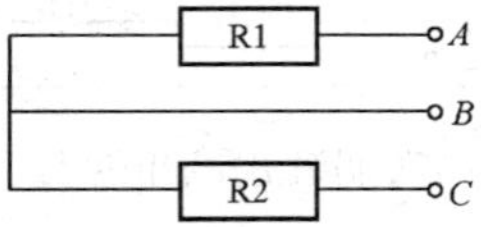	$\varepsilon_w=\frac{\varepsilon_0}{2}$	$\sigma_{w,max}=\frac{\varepsilon_0 gE}{2}$	R1、R2 均为工作片，半桥接线，亦可全桥接线，计算同前

续表

受力状态	需测的应变与应力	应变片的粘贴位置	可采用的电桥接桥方式	仪器读数 ε_0 和需测应变 ε 的关系	应力计算公式（未修正）	备注
拉(压)扭转组合	扭转主应力与扭应力	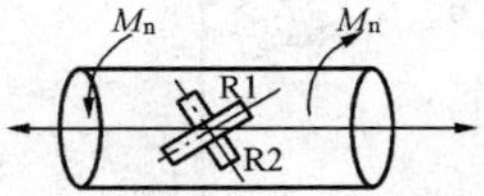	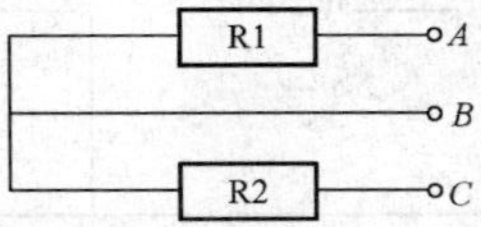	$\varepsilon_w=\dfrac{\varepsilon_0}{2}$	$\tau_{K,max}=\dfrac{\varepsilon_0 gE}{2(1+\mu)}$	R1、R2 均为工作片，半桥接线，亦可全桥接线，计算同前
	拉(压)	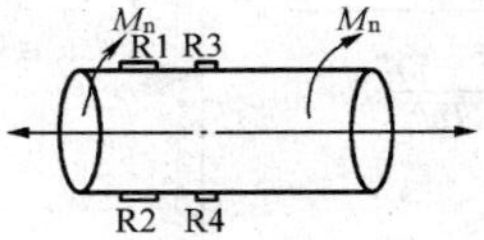	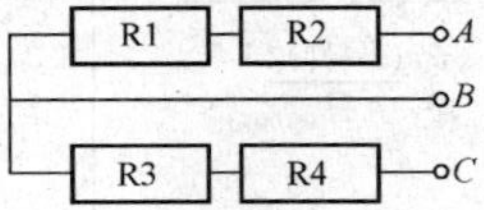	$\varepsilon_P=\dfrac{\varepsilon_0}{1+\mu}$	$\sigma_P=\dfrac{\varepsilon_0 gE}{1+\mu}$	R1、R2、R3、R4 均为工作片，R1、R2 为纵片，R3、R4 为横片
弯曲扭转组合	扭转主应力和扭转应力	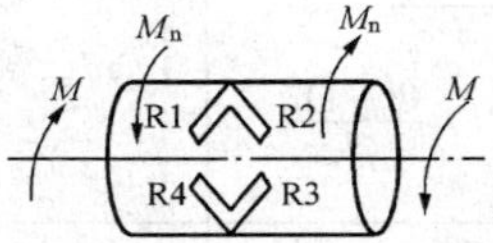	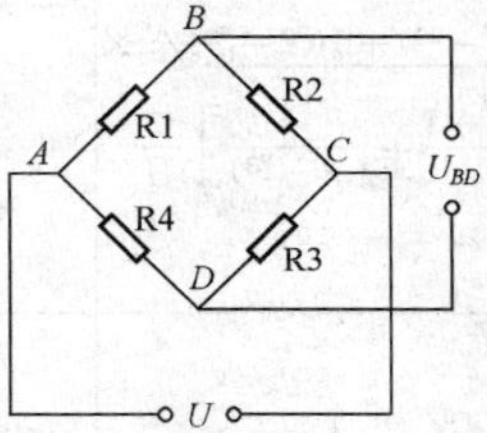	$\varepsilon_K=\dfrac{\varepsilon_0}{4}$	$\tau_K=\dfrac{\varepsilon_0 gE}{4(1+\mu)}$	R1、R2、R3、R4 均为工作片
	弯曲应变与弯曲力	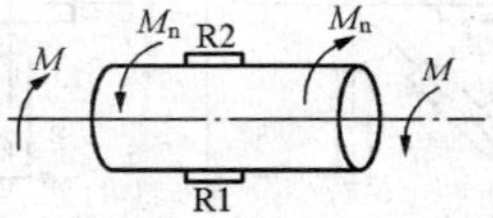	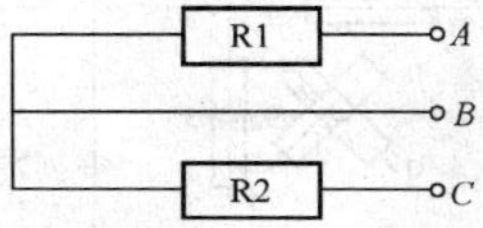	$\varepsilon_w=\dfrac{\varepsilon_0}{2}$	$\sigma_w=\dfrac{\varepsilon_0 gE}{2}$	R1、R2 均为工作片

注 R1、R2、R3、R4 为应变片代码；ε_P、ε_w、ε_K 分别为拉、弯、扭应变；ε_0 为仪器测定应变；σ_P 为拉应力；$\sigma_{w,max}$、$\tau_{K,max}$ 为最大弯应力和最大扭应力。

表 23-4　　几种常见应变花的计算公式

应变花形式 / 需求项目	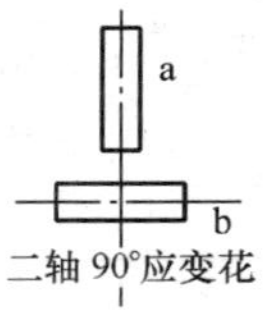 二轴 90°应变花	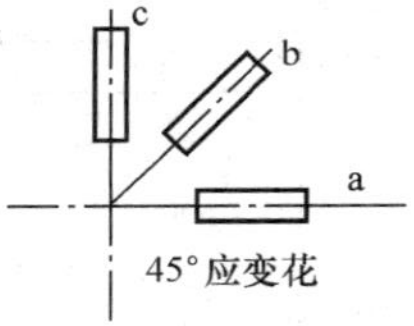 45°应变花	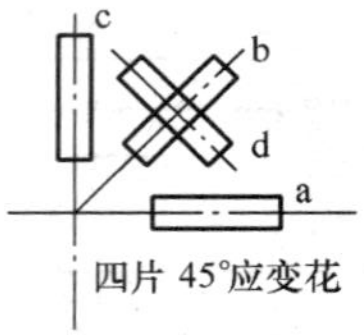 四片 45°应变花	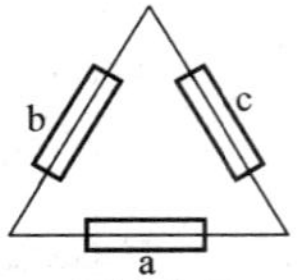 60°应变花	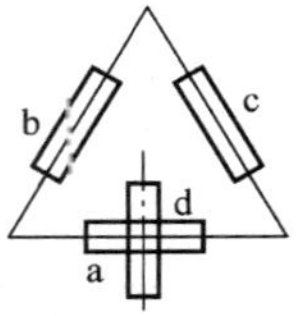 四片 60°应变花
最大主应力 σ_1 最小主应力 σ_2	$\frac{E}{1-\mu^2}(\varepsilon_a+\mu\varepsilon_b)$ $\frac{E}{1-\mu^2}(\varepsilon_b+\mu\varepsilon_a)$	$\frac{E}{2(1-\mu)}(\varepsilon_a+\varepsilon_c)\pm\frac{E}{\sqrt{2}(1+\mu)}\times\sqrt{(\varepsilon_a-\varepsilon_b)^2+(\varepsilon_b-\varepsilon_c)^2}$	$\frac{E}{2}\left[\frac{(\varepsilon_a+\varepsilon_c)}{1-\mu}\pm\frac{1}{1+\mu}\right]\times\sqrt{(\varepsilon_a-\varepsilon_c)^2+(\varepsilon_b-\varepsilon_d)^2}$	$\frac{E}{3(1-\mu)}(\varepsilon_a+\varepsilon_b+\varepsilon_c)\pm\frac{\sqrt{2}E}{3(1+\mu)}\times\sqrt{(\varepsilon_a-\varepsilon_b)^2+(\varepsilon_b-\varepsilon_c)^2+(\varepsilon_c-\varepsilon_a)^2}$	$\frac{E}{2}\left[\frac{(\varepsilon_a+\varepsilon_d)}{1-\mu}\pm\frac{1}{1+\mu}\right]\times\sqrt{(\varepsilon_a-\varepsilon_d)^2+\frac{4}{3}(\varepsilon_b-\varepsilon_c)^2}$
最大剪应力 τ_{max}	$\frac{E}{2(1+\mu)}(\varepsilon_a+\mu\varepsilon_b)$	$\frac{\sqrt{2}E}{2(1+\mu)}\times\sqrt{(\varepsilon_a-\varepsilon_b)^2+(\varepsilon_b-\varepsilon_c)^2}$	$\frac{E}{2(1+\mu)}\times\sqrt{(\varepsilon_a-\varepsilon_c)^2+(\varepsilon_b-\varepsilon_d)^2}$	$\frac{\sqrt{2}E}{3(1+\mu)}\times\sqrt{(\varepsilon_a-\varepsilon_b)^2+(\varepsilon_b-\varepsilon_c)^2+(\varepsilon_c-\varepsilon_a)^2}$	$\frac{E}{2(1+\mu)}\times\sqrt{(\varepsilon_a-\varepsilon_d)^2+\frac{4}{3}(\varepsilon_b-\varepsilon_c)^2}$
a 片方向与最大主应力 σ_1 方向的夹角 θ	0	$\frac{1}{2}\arctan\frac{(\varepsilon_a-\varepsilon_c)-(\varepsilon_a-\varepsilon_b)}{(\varepsilon_b-\varepsilon_c)+(\varepsilon_a-\varepsilon_b)}$	$\frac{1}{2}\arctan\frac{\varepsilon_b-\varepsilon_d}{\varepsilon_a-\varepsilon_c}$	$\frac{1}{2}\arctan\sqrt{3}\frac{(\varepsilon_a-\varepsilon_c)-(\varepsilon_a-\varepsilon_b)}{(\varepsilon_a-\varepsilon_c)+(\varepsilon_a-\varepsilon_b)}$	$\frac{1}{2}\arctan\left[\frac{2(\varepsilon_b-\varepsilon_c)}{\sqrt{3}(\varepsilon_a-\varepsilon_d)}\right]$

注　E 为被测材料的弹性模量，kg/cm^2；μ 为被测材料的泊桑系数；ε_a、ε_b、ε_c、ε_d 分别为应变花上应变片 a、b、c、d 在受力后测得的应变值。

测量接线：应变花的每一个工作片与一补偿片相连，分别组成多组半桥接线，各组单独测量。按各组测量得数值代入相应的公式即可求得主应力的大小和方向。

三、主应力的计算方法

（1）用电脑计算：将计算公式编成一定的计算程序后可直接用电脑计算出各项结果，此方法方便、准确。

（2）用图表作图法求解：此法计算与作图较烦琐，精度也相对较低，且现在的应变仪都配备了先进的主应力计算程序，所以这里对该法不再多作介绍。

第七节　动态应变测试中测试量的标定

为将传感器记录的电量变化值换算为测定值，常需要进行比例系数的标定工作。下面介绍部分标定方法。

一、应变量的标定

测量部件某处的应变值时，先按需要的测定方法组桥。动态应变仪均带有内标定系统，将其测试通道调平后，用内标定系统输入一指定应变量 ε_0，记录仪测得一变化量 B_0，则标定的比例尺 $M=\varepsilon_0/B_0$。若实测时记录得实际变化量为 B，则测点的实际应变值为

$$\varepsilon_A=MB=B\varepsilon_0/B_0$$

式中　ε_A——应变仪测得的应变值。

二、应变−外力关系的标定

对受力简单、外形规整的受力部件，当测得某处因受力产生的应变值后，常可按材料力学的有关公式求得部件承受的整个外力值，此时应变与外力之间的关系明确，可不需进行标定与标定换算。凡不能直接按测得的应变值较准确的换算成真实的外力值时，为建立两者间的比例关系，需在试验前进行单项标定工作。

某水轮发电机组导轴承抗重螺钉受力见图 23-4。

由图可知，只有在靠近球面处可以粘贴测力应变片。由于螺钉头部是“点”受力，受力传播有一定的梯度，实际受力点不一定正在球面中心上，故螺钉某点测得的应变不仅要受到力传递梯度的影响，还要受到可能出现的弯矩影响。从某点测得应变所换算成的外力值有时可与真实值相差数倍，故不能用简单的换算求外力，测试前必须合理的贴片组桥以排除弯矩影

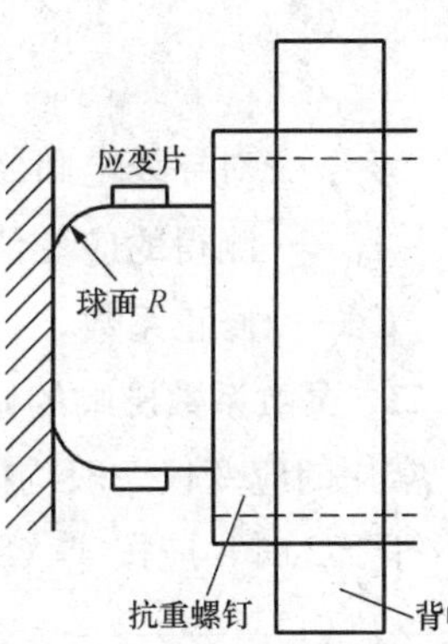

图 23-4　抗重螺钉受力示意图

响（通常采用在四周均布四应变片，全部串联组成半桥或四片组成全桥的接线方式），然后在压力机上用一平面紧压球面 R 处，每加一次压力测定一次应变值。按测量结果绘制出“应变一外力关系曲线”。之后再将螺钉回装到机组上，在机组运行时测量应变片的应变值，再根据前述曲线即可求得真实的外力值。其他各种部件或结构亦可按此法作相似的标定处理。

三、大基数小变化量测量时的标定

在某些试验中，测试的应变或压力绝对值很大，但动应变或动水压的变化量相对很小（如仅占总值的5%～20%），若采用整个的应变或压力值来选取比例系数。则测得的动变经误差将相对很大。为提高测试精度，可采用两种测量系统组合测量的方法。例如试验前后稳定工况时可用精度较高的仪器测读大基数（如用 YJB-1A 型静态应变仪或标准压力表等测量）。试验时调平动态应变仪，并按变化最范围选取适当的标定比例，动态应变仪系统只测量变化量部分。两次测量结果相加，即可得试验时的测量总值。

第八节　测 试 量 的 修 正

一、导线电阻影响的修正

在电测过程中，应变片的电阻变化需通过信号传输导线传递给测量仪器，在测试体变形时测量导线不会变形，故导线本身的电阻将使应变片的灵敏度降低。当测试导线很短，电阻很小（$r<0.3\Omega$）时，一般不于修正。但力特性试验中通常导线均很长，其电阻值较大，故除个别试验系统可采用系统标定法而无需修正外，均应对此进行修正。此外，有时在应变片上串、并有调节电阻时，也应进行修正。修正方法如下

$$\varepsilon_r=\varepsilon_0\left(1+\frac{r}{R}\right)=\varepsilon_0 C_1 \tag{23-1}$$

式中　ε_r——对导线电阻修正后的测量值；

ε_0——测得的应变值；

C_1——修正系数。

二、灵敏系数影响的修正

常用的应变仪一般均按应变片灵敏系数为 2 来设计调试的。当应变片的灵敏系数不等于 2 时，应按式（23-2）修正，即

$$\varepsilon_r=\frac{K_0\varepsilon_0}{K}=\frac{2\varepsilon_0}{K}=C_2\varepsilon_0 \tag{23-2}$$

式中　ε_r——灵敏系数修正后的应变测量值；

K_0——应变仪的灵敏系数，通常取 $K_0=2$；

ε_0——应变仪灵敏系数为 2 时，测得的应变值；

K——应变仪的实际灵敏系数；

C_2——应变仪灵敏系数的修正值。

三、应变片电阻值影响的修正

国产应变仪是按四个桥臂电阻均为 120Ω 设计的，如果应变片电阻值不是 120Ω，应进行修正。其修正系数按式（23-3）和式（23-4）计算：

全桥测量时的修正系数

$$a_1=\frac{R_0+120}{R_0+R} \tag{23-3}$$

半桥测量时的修正系数

$$a_1=\frac{2(R_0+120)}{2R_0+120+R} \tag{23-4}$$

式中　R_0——放大器输入端的电阻值；

R——应变片的电阻值。

在新型的动态、静态应变仪设计中，R_0 足够大，a_1 和 a_2 接近 1，这些应变仪使用 R 值在 60～600Ω 的应变片不需要修正。

四、零点漂移的修正

零点漂移的原因很多，规律不强，总的说来修正不很准确，通常是采取措施将它减少至最低限度。实践证明：在应变片安装、防护较好时，其零漂主要是由于气温变化所引起，可用下列方法进行修正。

对简单的非破坏性试验，试件均在弹性变形区内工作，故认为每次加载后卸载时测的剩余应变值是这一时段内产生的零点漂移值。修正时按时间均匀地分配到各次测读数中去（正或负）。

五、横向效应的减少方法

当采用丝绕式小标距应变片进行测量时，由于横向效应的存在，半圆弧部位的变形将引起测量数据较大的误差。故在较重要或较精确的测量中不宜采用。宜选用横向效应很小的大标距丝绕式应变片或箔式应变片，此时横向效应很小，可不予修正。

六、测试量的总修正量

$$\varepsilon=\varepsilon_0 C_1 C_2\, a+\varepsilon_3 \tag{23-5}$$

式中　C_1——导线电阻修正系数；

C_2——灵敏度修正系数；

a——可以是 a_1 或者 a_2；

ε_3——零点漂移修正量。

第九节　力学测量的计算机数据处理简述

力学测量的计算机数据处理系统指在力学试验中将电测记录讯号直接输入计算机系统，依靠计算机系统对大量的电测信号进行及时的记录、整理、分析、计算，并加工成试验要求的、可供直接使用的信息。它具有速度快、精度高、功能强、可以实时测量和处理等优点。

一、静态应变、应力计算机数据处理

静态数据处理的任务一般包括求得被测参数的幅值、线性、分布规律。检验是否超过规定的极限值，测量值的自动修正以及求取两个物理量之间的幅值关系（如应力—应变关系、应力—载荷关系），超限报警等。随着测试目的的不同，其任务有所增减。

静态数据处理系统的配置以及与测量装置的连接大致可用图 23-5 来表示。

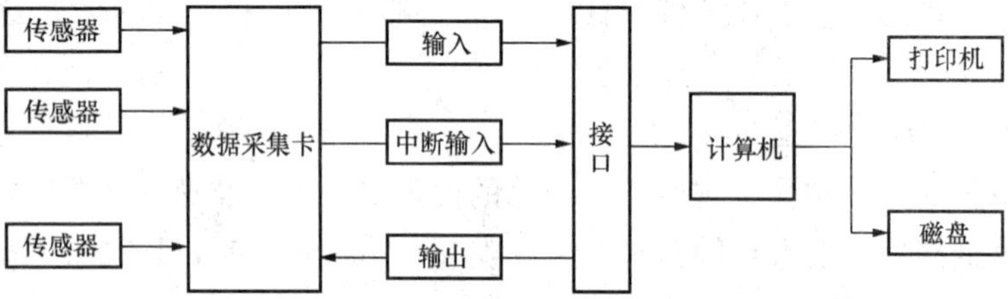

图 23-5　静态力学测量的数据处理系统

二、动态应变、应力计算机数据处理

动态过程中，测量量随测试时间的不同而变化，这种测量量可以是应力、应变、温度、振幅等。这些测量量通常可分为三类。

1. 周期量

测量数据按周期变化。任何周期函数均可用傅里叶级数表示，它可以看成是一个恒定分量与许多频率成倍数关系而振幅不同的正弦函数合成的结果，即

$$A = A_0 + A_{1,\max}\sin(\omega t + \phi_1) + A_{2,\max}\sin(2\omega t + \phi_2) + \cdots + A_{n,\max}\sin(n\omega t + \phi_n) \tag{23-6}$$

式中　A——任意时刻的应力值或其振幅；

A_0——常数项，当上式表示某一变化的应力时，A_0 为静应力；

$A_{1,\max}\sin(\omega t+\phi_1)$——第一次正弦波，称为基波，其余称为 2、3…、$n$ 次谐波。

公式中任一对频率之比值均为有理数，是周期性的。

采用傅里叶变换的目的是要求出周期讯号的振幅—频率和相角—频率特性曲线，即称为频谱分析。在计算机处理中经常运用的是改进了的傅氏变换方法，称为快速傅里叶变换（FFT），它可以节省很多工作量。

应力学测量中周期信号处理框图见图 23-6。在处理周期讯号时，一个或几个整周期讯号的分析完全可以代表无限长时间的讯号情况。为避免由于裁取样本不正确而带来的误差，即所谓时窗函数的影响，复合周期讯号常选取几个整基波作样本，并分成若干等分。等分距离应满足采样定理。在各等分时间基点上施加同步脉冲。使数据处理系统严格按照同步讯号取样。

如图 23-6 所示，模拟信号过低通滤波器 LFF 滤去杂波，送入 A/D 转换器。同时，脉冲发生器产生的复合脉冲送入记录仪的另一通道记录下来，或再输入脉冲分离器，分出采样同步脉冲送 A/D，按此脉冲采样并通过计算机主机 CPU 处理。启动脉冲通过中断输入送接口转送 CPU 而启动处理程序。处理完毕送出回控讯号，再由 A/D 送入下一批数据，如此继续，直至完成。

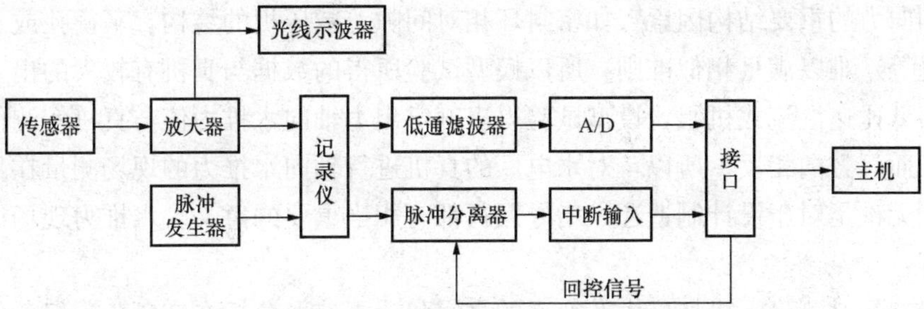

图 23-6 周期信号处理框图

2. 随机量

随机量振幅 A 与时间 t 不是周期性关系，故不能用明确的数字关系来描述，也无法用第一次测试的结果来预测第二次某时刻的结果。处理实际问题时，对它往往不需找出其全部情况，而只需找出其一些特征数值，如均值、均方值、最大值等。在此基础上根据需要求出其他参量。

3. 冲击量

其特点是变化剧烈，作用时间短促。

测量冲击量信号需要采用压电加速度计，测量加速度采用高频特性好的压电晶体变换器，经电荷放大器放大，并通过滤波器滤去干扰后送至记录仪后，经它输入 A/ D，再至计算机处理。

第十节　水力机组主要应力特性测试应用

一、机组主要固定部件应力特性试验

机组固定部件的应力测试，虽然测点布置和应变片群的配置方法有所不同，但就测试方法而言基本上是相同的。现以某水电厂混流式机组通过测量下机架的变形和应力值来得到作用于推力轴承的轴向负荷为例，简要介绍固定部件应力测试原理和测试方法。

（一）测试目的

水力机组的轴向水推力测量研究对水电厂的稳定性、可靠性以及推力轴承的合理设计具有重要意义。研究轴向水推力通常采用理论计算和模型试验的方法。到目前为止，理论计算一般还是采用传统的基于水力学理论的解析方法，实践证明这种方法的计算精度已经不能满足技术发展的要求了。近来有人开始对水力机组轴向水推力进行现场试验和在CFD软件平台上用三维黏性流动分析进行轴向水推力计算，并且取得了一定成果，不过这样的工作还需要在进一步发展。在模型试验中，一些影响轴向力的重要结构因素（如密封环相对间隙、减压板的结构、平衡孔或平衡板的设置等）难以满足相似准则，所以模型试验所得的数据与真机有较大的出入。例如，某低比速混流式机组，模型试验得出额定出力轴向水推力值与真机实测值相差很大，而且方向相反。所以，对水电厂的真机进行轴向水推力的现场测量在目前的条件下无论是对于设计制造还是指导运行都有相当重要的意义。水推力现场试验的目的有：

（1）通过测量下机架应力及变形的真实状态，获取分析在变负荷运行条件下水轮机轴向水推力变化规律的第一手资料。

（2）通过对计算预测结果与试验结果进行比较，为大型混流式水轮机组的推力轴承设计，提供参考。

图 23-7　混流式机组下机架

（3）通过对试验结果的研究分析为研究真机轴向水推力特性以及机组运行的稳定性、可靠性提供参考。

（二）试验条件和测试方法

试验过程采用一次连续升、降负荷的过程，试验中通过测量承重机架（下机架）的变形和应力值来得到作用于推力轴承的轴向负荷，机组工作与停机时

轴向负荷的差值即为轴向水推力。在下机架的 4 个测点上粘贴应变片测量下机架应力，同时用蜗流传感器在 X、Y 两个部位测量下机架的挠度。

（三）水推力标定

为了得到轴向水推力的具体数值，需要预先标定下机架的应力、变形与作用力之间的关系。标定通过转子的高压油顶起装置实现，在油缸中通入压力油并改变油缸油压，同时测量上述各测点的挠度与应力。油压改变时装置作用于转子上的轴向力为

$$F = n\frac{\pi}{4}D^2 p \quad (\mathrm{N}) \tag{23-7}$$

式（23-7）中，活塞直径 $D=0.25\mathrm{m}$，油缸数 $n=18$，p 表示油压。

标定步骤如下：

(1) 所有的测量仪器准备就绪。

(2) 高压油顶起装置准备就绪。

(3) 机组处于停机状态。

(4) 松开风闸，此时的状态为初始状态，各路测量信号的输出值为零点。

(5) 向高压油顶起装置中充入高压油，根据压力表的读数控制压力。

(6) 压力每升高 2MPa 稳定 20s，直至规定的最高压力。通过放油阀卸载，压力每降低 2MPa 稳定 20s，直至压力为 0。

标定过程中油压变化以 2MPa 为一个台阶，在不同油压下测得应变信号和挠度信号的值，并求得信号值与所加压力的关系，测量结果表明所有测点的测量值都与轴向力成正比。表 23-5 给出了标定所得的比例系数，其中 V 为应变仪的输出电压值。

表 23-5　　轴向水推力标定系数

信号	挠度 X	挠度 Y	应力—X	应力—Y	应力 X_1	应力 Y_1
	kN/μm		kN/V			
系数	13.136	12.615	8857.45	8141.998	8589.838	8552.81

（四）下机架轴向水推力测量

图 23-8 给出了在大轴自然补气条件下，在一次连续升降负荷的过程中下机架轴向位置以及根据下机架挠度及应力计算的轴向水推力与出力关系曲线。

从测量结果中需要得出如下结论：

(1) 下机架的挠度及应力测量值最大时的工况，据此在机组运行时，尽量使机组避开此工况运行，以保证机组安全。

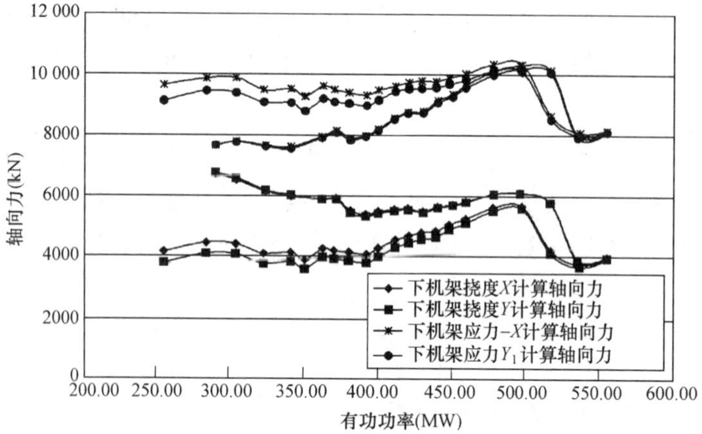

图 23-8　下机架挠度/应力计算轴向推力—负荷关系曲线

（2）根据测量的下机架应力值和下机架挠度计算得到轴向水推力，本例中其值分别为 10 000kN（1000t）和 7000kN（700t），再根据此值与机组转动部分的重量之和来判断是否在推力轴承的承受范围之内，并给出合理的建议。

二、机组主要转动部件的应力特性试验

机组主轴的各种应力、力和力矩的具体测试方法以及应考虑的主要问题，与上节讨论的机组固定部分零部件应力测试基本相同。唯一不同的就是机组主轴为旋转部件，在测量系统中应增加将转动部件上的测量信息暂时存储和遥控触发的功能。因而主轴应力测试系统就稍显得复杂些，水轮机转动部件动应力测试仪原理图如图 23-9 所示。

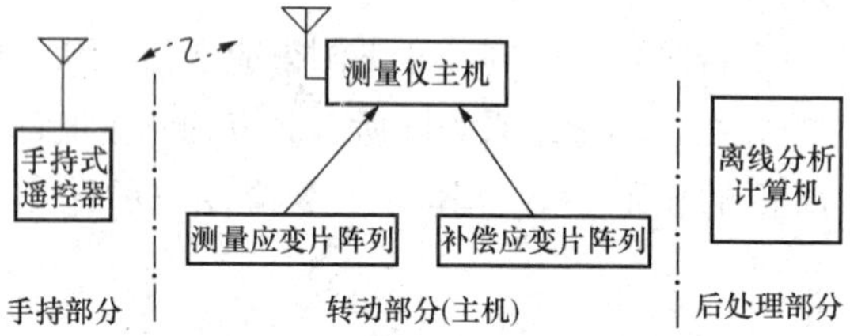

图 23-9　转动部件动应力测试仪原理图

（一）数据采集系统

数据采集系统和应变片一起随转动部件转动，并根据遥控触发信号将转动部件上应变片感受到的应变信号暂时记录在存储卡里面；机组停机后，通过离线计算机或者采集系统本身对数据进行分析。

用于应力变量测量的数据采集系统应满足如下要求：

（1）质量要小，外形尺寸要小。

（2）能够远距离控制。

（3）数据采集卡容量大，能够记录较长时间的应变信息。

（4）要能耐振动、抗干扰。

（5）使用方便，便于安装、拆卸与检查。

（二）主轴水推力测量（无下机架类机组）

上文中介绍了通过测量下机架应变和变形获得主轴水推力的方法，但是有的机组并无下机架结构，而是采用推力支架结构，将机组旋转部件的重量通过支持盖传给基础。在这类机组中，通常推力支架的形状不规则，应变片布置困难，因此很难通过测量推力支架的应变或者变形获得主轴负荷。所以，对于无下机架并且推力支架不规则的水力机组，应采用直接在大轴上贴应变片，通过测量大轴轴向应变获得主轴水推力的方法。例如，某水电厂机组属于轴流转桨式机组，无下机架结构，推力支架结构不规则，通过测量推力支墩应变获得的主轴水推力与真实值相差较大，因此采用在主轴上直接粘贴应变片的方法。具体内容如下。

1. 测试原理

主轴主要承受拉扭应力，其他应力相对很小，故可忽略。直接在主轴上测量轴向水推力时可采用上文中介绍的“拉压扭转组合受力”求拉压应力的贴片，接线方式及相应的计算公式进行测量和计算。由于主轴处于旋转状态，故应变信号需采用装设在主轴上的引电器引出。信号引出后，其测量方法与非旋转部件相同，可用电测法测量。

2. 测试方法

（1）测点的布置。以主轴中心线为对称线，在相距180°的两个方向的外表面上等高各布置一组直角应变花，其中一片沿主轴轴线方向，另一片与轴线垂直，采用全桥接法。

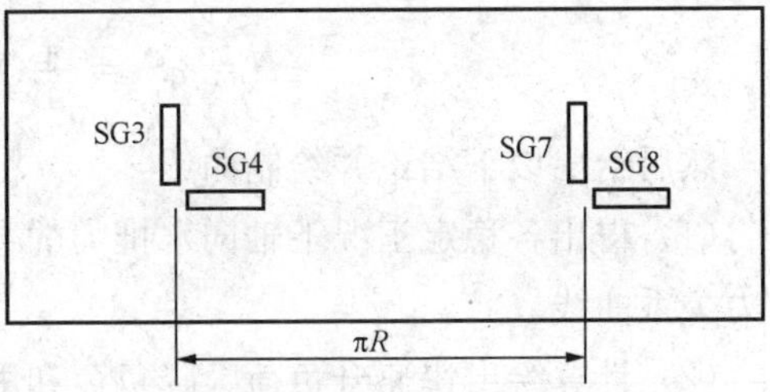

图 23-10　主轴水推力测量应变片布置示意图

（2）测试仪器仪表的选择。根据测试要求的误差范围和测试单位具备的溅试仪器情况选择测试仪器和测试仪表。

3. 测试步骤

（1）将应变片粘贴在主轴适当位置，安装引电器和各种监测仪器和仪表，并用导线将引电器输出与测试应变的动态电阻应变仪连接好。

（2）测试前应作好标定。

（3）对不同的稳定工况进行测试和记录：有空载、25％、50％、75％、100％负荷。

（4）快速升降负荷（由空载升至满负荷），然后由满负荷降至空载，记录电阻应变片感受的应变变化情况。

（5）甩负荷试验，记录应变情况。

(6) 检查各测试结果，经认可试验数据可靠时，本试验结束，停机拆除引电器和引线等。

4. 测试结果的分析和整理

主轴水推力是通过 SG3、SG4、SG7 和 SG8 应变片的应变计算得出。具体计算公式如下

$$\sigma = \frac{E}{1-\mu^2}(\varepsilon_3 + \mu\varepsilon_4) \tag{23-8}$$

忽略主轴扭转对 SG3 和 SG4 的影响，则有

$$\varepsilon_4 = -\mu\varepsilon_3 \tag{23-9}$$

由此可推出

$$\sigma = \frac{E}{1-\mu^2}(\varepsilon_3 - \mu\mu\varepsilon_3) = E\varepsilon_3 \tag{23-10}$$

主轴的横截面积为 $S = \frac{\pi}{4}(D^2 - d^2)$

式中 D——大轴的外径；

d——大轴的中心孔直径。

推出主轴的水推力为

$$P = \sigma S = \frac{\pi}{4}(D^2 - d^2)E\varepsilon_3$$

然后给出以下结论并绘制曲线：

(1) 得出各稳定工况下轴向水推力的数值，绘出工作水头—机组出力—主轴水推力关系曲线。

(2) 计算绘出快速升负荷、降负荷和甩负荷时的机组出力与主轴的水推力关系曲线。

(3) 根据测试结果找出最大水推力产生的条件及最大值。

(4) 分析测试结果的误差范围，为今后测试收集资料和经验。

(三) 主轴扭矩的测量

1. 测试原理

主轴承受水轮机传来的转矩，在此过程中主轴将产生扭变形。可在主轴上粘贴应变片作为传感器，经引电器将非电量（扭矩）的应变信号转换为电信号引至应变仪，可直接测读或记录。经换算后即可求出实际作用在测点上的扭应变及扭矩值。

2. 测试目的

通过实测获得主轴表面测点处实际的最大扭应力值，用它与理论计算值以及许可值相比较，以确定主轴轴身的真实安全程度。

3. 测试方法

（1）测点布置及测量电桥的接线方式。由于主轴在承受扭矩的同时还受到水推力的作用，所以可采用上文介绍的“扭转拉压组合受力”求解扭应变的接线方式及相应的计算公式进行贴片组桥测量与计算。应变片的粘贴方式如图 23-11 所示。

（2）测试前的准备及测试步骤。主轴扭应力测试前的准备工作以及测试设备的安装调试和测试步骤与主轴的轴向应力测试方法基本相同。参见前述。

（3）测试结果的分析与计算。平面假设：圆周扭转变形后各个横截面仍为平面，而且其大小、形状以及相邻两截面之间的距离保持不变，横截面半径仍为直线。横截面上任意一点的切应变 γ_ρ 与该点到圆心的距离 ρ 成正比，如图 23-12 所示。

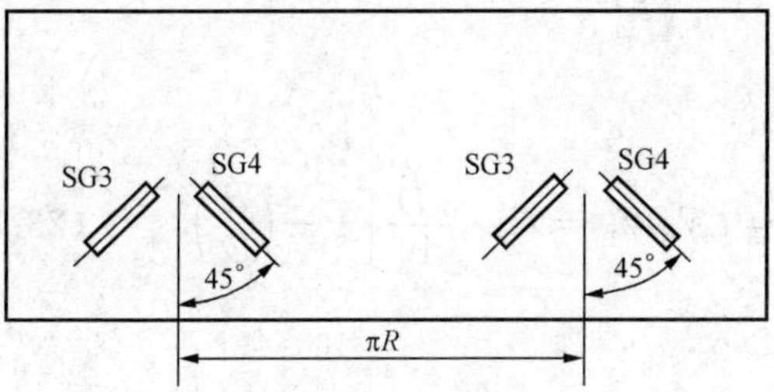

图 23-11　大轴测量扭矩贴片布置示意图

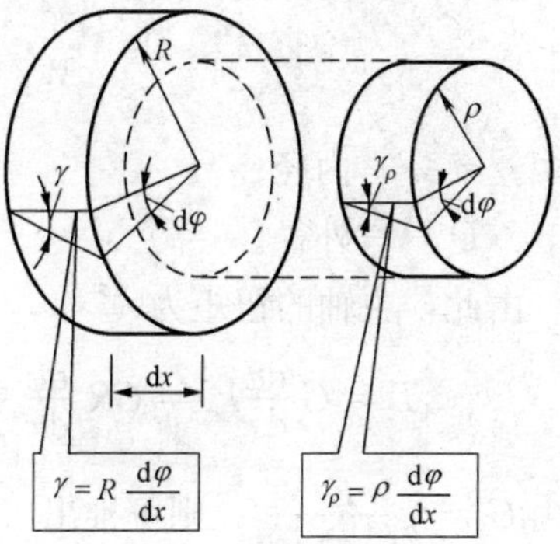

图 23-12　切应变分布图

由剪切胡克定律可知

$$\tau_\rho = Gg\gamma_\rho = Gg\rho g\frac{\mathrm{d}\varphi}{\mathrm{d}x} \tag{23-11}$$

横截面上任意一点的切应力 τ_ρ 的大小与该点到圆心的距离 ρ 成正比，切应力的方向垂直于该点和转动中心的连线。

根据以上结论可知，扭转变形横截面上的切应力分布如图 23-13 所示，微面积 $\mathrm{d}A$ 上内力对 O 点的矩为 $\mathrm{d}M = \rho\tau_\rho\mathrm{d}A$，如图 23-14 所示。

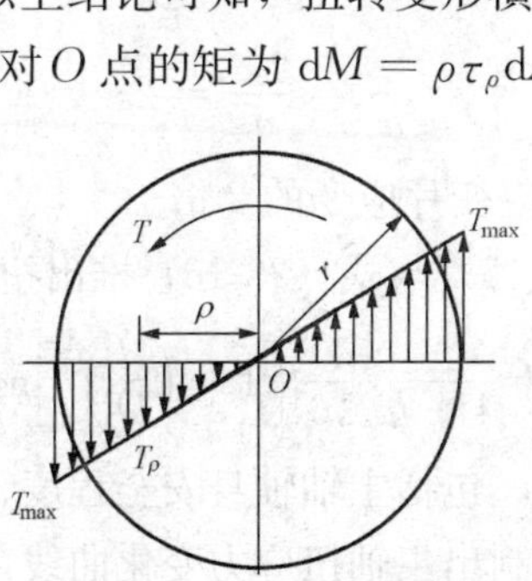

图 23-13　切应力分布图

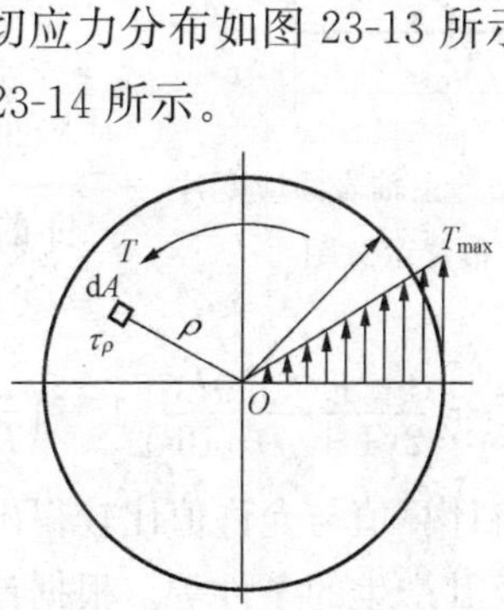

图 23-14　扭矩计算示意图

整个截面上的微内力矩的合力矩应该等于扭矩，即

$$\sum \rho \tau_{\rho} \mathrm{d}A = T \tag{23-12}$$

由式（23-11）与式（23-12）可得

$$\sum \rho \tau_{\rho} \mathrm{d}A = G \frac{\mathrm{d}\varphi}{\mathrm{d}x} \sum \rho^2 \mathrm{d}A = G \frac{\mathrm{d}\varphi}{\mathrm{d}x} I_{\mathrm{p}} = T \tag{23-13}$$

极惯性矩 $I_{\mathrm{p}} = \sum \rho^2 \mathrm{d}A = \int_A \rho^2 \mathrm{d}A$

扭转截面系数 $W_{\mathrm{p}} = \frac{I_{\mathrm{p}}}{r}$

空心圆柱体得扭转截面系数为

$$W_{\mathrm{p}} = \frac{\pi D^3}{16}\left[1 - \left(\frac{d}{D}\right)^4\right]$$

式中 d——内径；

D——外径。

由此，主轴的扭矩为

$$T = G \frac{\mathrm{d}\varphi}{\mathrm{d}x} I_{\mathrm{p}} = GR \frac{\mathrm{d}\varphi}{\mathrm{d}x} \frac{1}{R} I_{\mathrm{p}} = G\gamma_{\mathrm{R}} W_{\mathrm{p}} = G\gamma_{\mathrm{R}} \frac{\pi D^3}{16}\left[1 - \left(\frac{d}{D}\right)^4\right] \tag{23-14}$$

又由 $G = \frac{E}{2(1+\mu)}$，则可推出

$$T = \frac{E}{2(1+\mu)} \frac{\pi D^3}{16}\left[1 - \left(\frac{d}{D}\right)^4\right] g\gamma_{\mathrm{R}} \tag{23-15}$$

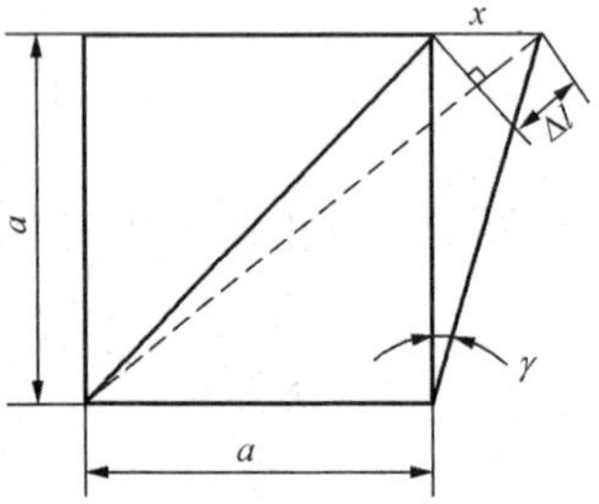

图 23-15　主轴表面应变片布置示意图

主轴扭矩测点应变片按与轴线 45° 的方向粘贴，如图 23-16 所示。

由图 23-15 可推出

$$\Delta l = \varepsilon l = \varepsilon \sqrt{2} a$$

$$x = \sqrt{2} \Delta l = 2\varepsilon a$$

从而有

$$\gamma = \frac{x}{a} = \frac{2\varepsilon a}{a} = 2\varepsilon \tag{23-16}$$

即剪切应变为应变片应变的 2 倍。

由式（23-15）与式（23-16）推出扭矩，得

$$T = \frac{E}{2(1+\mu)} \frac{\pi D^3}{16}\left[1 - \left(\frac{d}{D}\right)^4\right] g\gamma_{\mathrm{R}} = \frac{E}{1+\mu} \frac{\pi D^3}{16}\left[1 - \left(\frac{d}{D}\right)^4\right] g\varepsilon \tag{23-17}$$

最后将计算值与允许值比较得出最后结论，包括主轴轴身安全程度、最大扭应力和扭矩及其产生的条件等。根据计算结果绘制出主轴扭应力变化曲线，为安全运行和改进结构设计提供依据。

（四）水轮机转轮的应力测试

水轮机转轮的应力测试系统原则上与机组主轴应力测试系统相同，主要不同的是水轮机转轮不仅是转动的，而且是在水中承受水压力作用和冲刷。因此，必须采用特殊的措施，对测点上的应变片群和引出线进行保护。使用最为广泛的是“铜管（钢管）— 铜盖（钢盖）防冲防潮盒”，其结构如图 23-16 所示。

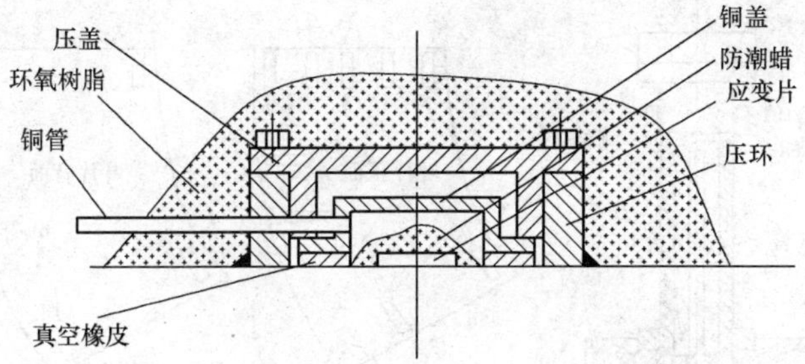

图 23-16　铜管—铜盖防冲防潮盒示意图

采用的防潮剂必须满足如下要求：

（1）有良好的防潮绝缘性能。

（2）对试件表面和导线有良好的黏结力。

（3）弹性模量低，不影响试件的变形。

（4）对应变片和粘贴剂无腐蚀破坏作用。

（5）使用简便。

应力特行试验常用的防潮剂有环氧树脂类、石蜡涂料类和硅橡胶类。

下面以混流式机组为例，介绍混流式水轮机转轮的应力测试方法。

1. 试验目的

由于转轮上应力状态非常复杂，在光弹模型转轮上测得的应力分布状况不能完全真实的代表真机转轮上的应力分布情况。因此，对于有希望推广投产的新型转轮或重要的大型电厂水轮机转轮均应进行真机转轮的应力测试，借以为安全运行及修改设计提供可靠的依据。

2. 试验原理

转轮的应力测试采用电测法。

转轮上应力分布十分复杂，应在理论分析的基础上，选取部分可能产生最大主应力的部位为典型测试点，以它们之中应力最大点的应力值来近似代表转轮上的最大应力。

由于不知道主应力的方向，故可用本篇第一章介绍的方法，在各测点用三片应变片组成的应变花来测试，各片可与补偿片组成半桥接法测量其应变。然后根据公式计算出主应力的大小和方向。

3. 测点的布置

根据理论分析结果选定最大应力可能出现的部位布点。如果理论分析困难，也可按主应力一般可能出现的部位来粘贴应变花群。图 23-17 所示为某大型混流式机组转轮应力实测应变片群布置。

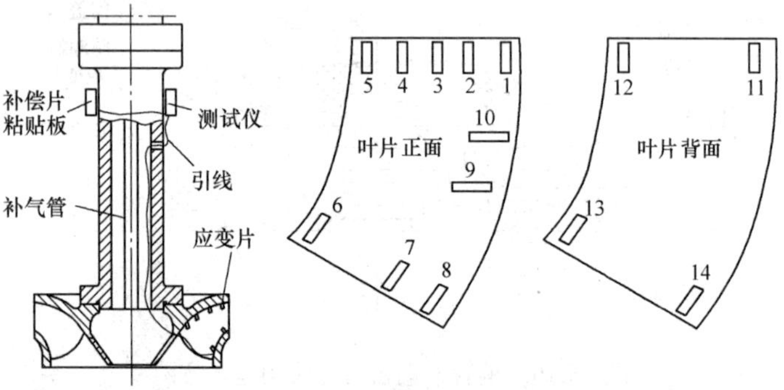

图 23-17 某大型混流式机组转轮应力实测应变片群布置示意图

4. 应变花及其引出线的防水处理

转轮室内水流速度高，水压较大，故测量应力的应变花和引出线必须采用铜管（钢管）— 铜盖（钢盖）防冲防潮盒来予以保护。防潮盒点焊在叶片上。补偿片可以共用，可粘贴在分线盒内，亦可贴在测量片的铜盖（钢盖）内侧或大轴法兰上。

应变信号引出线采用高强度漆包线或细胶质线，它自防潮盒引出处起即用直径为 3～5mm 的细铜管（钢管）保护，直至配线箱。铜管（钢管）沿叶片表面以点焊打钢卡固定。配线箱安装在主轴补气阀下面，通过屏蔽线经主轴中心孔，从法兰经横向孔引出，并与贴在法兰上的补偿片组桥，经引电器至应变仪；钢卡间距约 150mm。

5. 试验步骤

（1）试验工况选取，分带负荷和甩负荷试验。

1）带负荷试验：空载，带 25％、50％、75％、100％负荷启动，快速自动从空载增至满负荷等工况。

2）甩负荷试验：甩 50％、75％和 100％负荷试验。

（2）试验步骤：

1）开机前全部仪器连接完毕。

2）记录各点应变值及测量时间。

3）增负荷，在25%和50%负荷时分别测录各点应变值及测量时间。

4）停机，检查各测点回零情况并作记录，记录停机时间。

5）开机并网升负荷至75%和100%，分别测录各点应力值及测量时间。

6）停机，检查各测点回零情况并作记录，记录停机时间。

7）初步分析前述测量结果，如基本满足要求，则作计算，找出应力最大的几个点，用预选器选定这些测点，并使外部接线转至动态电阻应变仪。动态电阻应变仪调零并标定比例系数，并作记录。

8）连续记录机组出力从空载升至50%的过程中转轮的应力变化情况。

9）作甩负荷试验，记录测点应变变化情况。

10）投入动态电阻应变仪内标定系统，再次记录比例系数；重复8）～10）项内容，但负荷改为75%和100%。

至此，整个试验完毕。

（3）试验要求：

1）在测定稳定工况转轮应力时，为保证工况的充分稳定，要求将导叶开度限死。

2）各测点回零性应好。在第二次启动再回零时，一般误差不得大于20微应变。

3）引电器工作稳定，重复试验时各点重复性误差应在允许范围之内。

6. 测试结果的整理与分析

（1）按应变修正公式及应力计算公式计算出不同工况时各测点的应力值。

（2）找出应力相对较大点，绘制出这些点的应力—出力关系曲线。

（3）绘制甩负荷及过渡过程中那些应力较大点的应力变化曲线。

（4）进行测试误差分析，包括测点回零的情况、各稳定工况时应力的摆动情况等。

第二十四章 水轮发电机通风试验

第一节 概 述

一、水轮发电机通风冷却的作用及方式

（一）水轮发电机通风冷却的基本任务

（1）保证发电机有必需的冷却风量。

（2）保证发电机的风量分配合理，促使发电机发热均匀。

（3）减少发电机通风损耗，提高发电机效率。

（4）不断更新通风冷却系统，解决大型发电机的冷却与发热问题。

（二）水轮发电机通风系统对发电机的影响

水轮发电机通风系统将直接影响发电机的运行性能，具有良好的通风性能是保证发电机能得到充分冷却的前提。水轮发电机冷却方式，直接影响发电机的性能和经济指标。特别是对大容量水轮发电机，随着发电机容量的不断增大，发电机各部分的损耗也明显增加。因此，加强发电机冷却，有效地带走各种损耗所产生的热量，降低发电机各部分温升，是目前对水轮机已有通风系统进行技术改造、改进水轮发电机通风系统设计方案的评价标准。

（三）目前大、中型水轮发电机广泛采用的冷却方式

目前，空气通风冷却（全空冷方式）是水轮发电机采用最广泛的一种冷却方式，从小型水轮发电机到大型水轮发电机均有采用。据不完全统计，装有单机容量为500MVA以上的全空冷发电机的水电厂有7个，共装机31台，见表24-1。目前

表24-1 大容量空冷发电机

水电厂名称	功率（MVA）	电压（kV）	转速（r/min）	每级容量（kVA）	冷却方式
古里Ⅱ	805	18	112.5	10 940	全空冷
大古力	615	15	72	6150	全空冷
二滩	612	18	142.8	14 571	全空冷
Revelstoke	560	16	120	9333	全空冷
丘吉尔瀑布	500	15	200	13 888	全空冷
Xingo	556	18	109.1	8424	全空冷
Harspranget	500	17.5	107.1	8928	全空冷
葛洲坝	194	13.8	54.6	1766	全空冷

已投运的最大容量全空冷发电机为委内瑞拉古里Ⅱ水电厂，最大单机容量为805MVA。20世纪70年代，我国自行设计制造的长江葛洲坝二江水电厂单机容量为170MW的发电机，其容量虽然不是最大，但转速极低（54.6r/min）、通风条件差，但仍设计制造成全空冷发电机，现已安全运行20多年，是全空冷发电机的代表性产品之一。

二、大、中型水轮发电机典型通风系统的风路结构及特点

大、中型水轮发电机典型通风系统的风路结构主要有密闭自循环双路（或单路）径向通风系统和密闭自循环双路径向端部回风通风系统。

（一）密闭自循环双路（或单路）径向通风系统的风路结构及特点

1. 密闭自循环双路径向通风系统的风路结构

目前该结构广泛应用于大、中容量水轮发电机封闭双路径向通风系统，如图24-1所示。

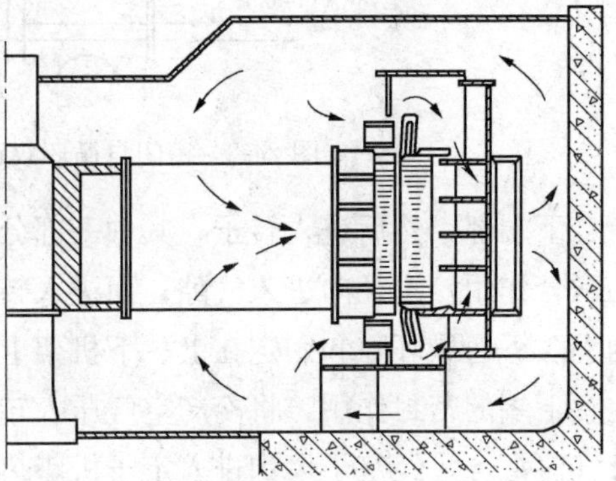

图24-1 密闭自循环双路径向通风系统

在双路径向通风系统中，从空气冷却器中出来的冷空气经上机架支臂之间的空隙（上路）和基础风道（下路）进入转子支架，在转子支臂本身的离心风压及装设在磁轭两端的风扇压头作用下，少部分流经绕组端部；大部分通过转子磁轭风沟、磁极极间间隙和空气隙流经定子风沟；还有一部分流经齿压板间隙，然后汇集并经机座冷却器窗孔进入空气冷却器，完成自循环过程。为避免绕组端部空间的空气沿风扇反向流动形成涡流，应装设挡风板。

2. 密闭自循环双路（单路）径向通风系统的特点

密闭自循环双路径向通风的特点是风阻小，风路短，定子、转子具有径向风沟，散热面积大。大、中容量的水轮发电机一般装设8个或12个冷却器，各个冷却器通过阀门以并联连接至环形进出水管上。这样，当任一个冷却器发生故障或检修退出运行时，可单独关闭，而不影响其他冷却器的正常运行。

（二）密闭自循环双路径向端部回风通风系统的风路结构及特点

1. 密闭自循环双路径向端部回风通风系统的风路结构

近年来，大型水轮发电机采用密闭自循环双路径向端部回风通风系统，如图24-2所示。

在端部回风通风系统中，由冷却器出来的冷空气分上、下两路直接进入定子

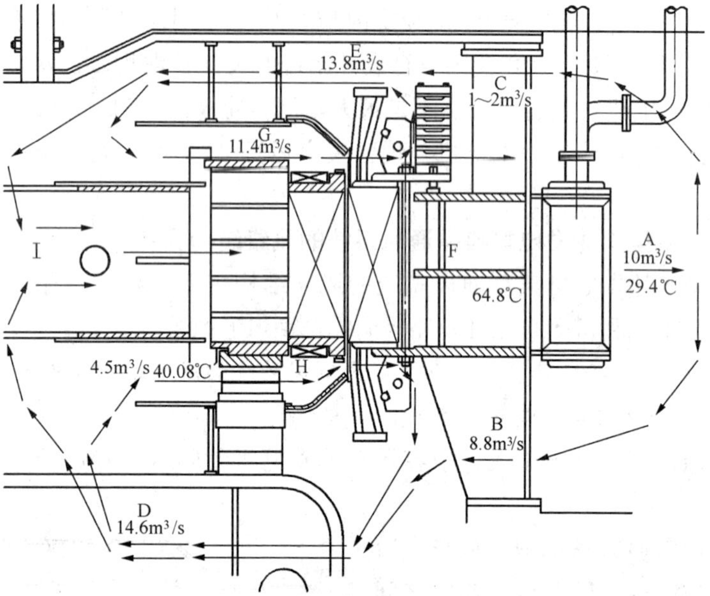

图 24-2　密闭自循环双路径向端部回风通风系统

上、下端部，然后进入转子，其中一部分冷却空气通过转子支架、磁轭风沟与磁极的联合作用，沿径向进入气隙；而进入转子的另一部分冷却空气，则通过转子支架的上、下通风环隙和固定在上、下机架上（或基础上）的固定挡风板及发电机气隙上、下端的密封作用，将冷却空气压入转子磁极间和发电机气隙。进入气隙的两部分气流汇合，经定子风沟进入定子机座热风区，再流入冷却器进行热交换，就此完成了一次通风循环。

2. 密闭自循环双路径向端部回风通风系统的风路特点

该通风系统在转子上、下装设平面挡风板，以增加两端气隙压力，改善冷却效果。

第二节　水轮发电机通风试验的意义和目的

一、水轮发电机通风试验的意义

由于通风系统影响发电机的安全、可靠运行，通风试验可以验证和评价机组通风系统的性能，因此，对于设计制造人员、设备使用厂家以及水轮发电机科研试验单位而言，通风试验具有重要的意义。

（1）通过测量用于发电机冷却散热的总风量，核算发电机所产生的总风量能否满足发电机电磁核算计算所需风量，以此评价该发电机组通风系统能否满足发电机安全运行。

（2）通过通风试验中通风的计算，检查发电机内部循环风量分配的合理性，从而协调压头元件和阻力元件间的匹配，进而提高循环风量的冷却效果。

（3）针对增容改造机组，结合温升试验，可以对增容改造机组安全运行的可靠性作出评价，验证增容改造机组及改造效果。

（4）通过风速、风量的测量和风流场的观察，可以找出由于通风系统的缺陷导致发电机端部温度升高、通风冷却不良、风损增加、定子发热等问题的原因，从而有针对性地进行技术改造。

（5）通过模型的通风试验，可以验证发电机组通风冷却的方案，优化通风系统的设计，合理选择风路形式和发电机结构，以求得最少的通风损耗，提高发电机的效率，推动水轮发电机组通风系统的设计制造技术的进步。

二、水轮发电机通风试验的目的

（1）了解水轮发电机通风系统运行情况，积累通风系统运行的原始数据资料。

（2）对水轮发电机通风系统存在缺陷的机组进行试验，通过数据分析，找出缺陷原因，并有针对性地进行技术改造和设备更新。

（3）根据通风试验的数据，对通风系统技术改造的效果或是机组增容改造后机组的安全可靠性进行技术评价，为下一步技术改造提供依据。

（4）获得发电机总风量、风量分布及其流向，定子铁芯背部温度轴向分布规律及整个风路系统的温度场分布等技术数据。对机组的实际通风与发热情况进行鉴定，提供发电机安全运行与改进的可靠数据与分析报告。根据通风试验的数据，优化水轮发电机组通风系统的运行工况，为设备的安全运行和维护提供技术指导。

第三节　水轮发电机通风试验项目、原理、试验方法

本章着重讲解在大、中型水轮发电机中应用较为广泛、技术比较成熟的密闭自循环双路（或单路）径向通风系统和密闭自循环双路径向端部回风通风系统的通风试验。

一、通风试验项目

（1）测量用于发电机冷却散热的自通风或外界强制通风的风量、风速。

1）测量水轮发电机冷却器出风口处的总风量。

2）测量水轮发电机上端、下端的进风量。

3）测量发电机转子下风路入口风量。

4）测量上盖板与绕组鼻端之间的风速。

5）测量定子铁芯径向风沟出口的风速。

（2）观察水轮发电机各个部位的风流场。

（3）了解定子铁芯及其周围的温度和温度分布情况。

（4）测量水轮发电机在各个负荷温升稳定后的风磨损耗。

二、通风试验原理

（一）风量 O 的测量

$$O = \overline{v}A\eta \tag{24-1}$$

式中 $\overline{v}$——平均风速值；

A——冷却器出风面积；

η——冷却器的数目。

（二）风速测量

$\overline{v}$ 为测量部位一段时间内风速的平均值。

（三）风磨损耗

密闭自循环空气冷气型通风系统，是靠转子轮臂、磁轭和磁极回转时离心力作用形成风压，风路中的挡风板起引导风向和控制风量的作用，冷风经过转子磁轭的径向通风沟进入磁极，然后通过定子风沟进入热风室。在这个过程中，磁极和定子铁芯、卷线的热量被冷风带走，冷风变成热风进入冷风器，将热量交换给冷风器中的冷却水。对此，可以利用式（24-2）求出损失的总功率 P。这是电机运行中除轴承损失以外的所有损失功率，包括发电机铁损、铜损、风损、励磁损、发电机附加损失等。

$$P = c_a\Delta\theta_a Q \tag{24-2}$$

式中 c_a——空气比热容，一般取 1.15 kW/（m^3·℃）；

$\Delta\theta_a$——冷、热风温差，℃；

Q——发电机总风量，m^3/s。

（四）水轮发电机通风系统各部位流场观察

水轮发电机的通风系统和各部件的温度场之间相互影响、相互制约。通风系统和温度场之间通过对流换热的方式耦合，其中，取决于通风系统的各部件表面的散热系数影响了发电机的温度场分布。通风系统流场分析及计算极其复杂，需要结合温升计算。通风试验只要求在发电机内观察整个通风系统的气流流场的方向，并注意是否有环流或热风流等现象。

三、试验方法

（一）风速的测量

1. 动压管法

动压管又称毕托管。毕托管是实验室内测量均点流速时常用的仪器。这种仪器于1730年由享利·毕托（Henri Pitot）首创，后经200多年来各方面的改进，目前已有几十种形式。下面介绍一种常用的毕托管，这种毕托管又称普朗特（L. Prandtl）毕托管。

毕托管测速的基本原理如下：设流体中某点 A 处的流速为 u，如将一根两端开口的直角弯管插入流体中并使其下端管口方向正对 A 点的流速方向，则 A 点的流速由原来的 u 值变为零，而弯管中的液面将比测压管中的液面升高 Δh（测压管液面为未受毕托管干扰时 A 点的测压管液面），弯管中液面的升高是由于流体的动能转化为势能所引起的。对于 A 点处质量为 $\mathrm{d}m$，重力为 $g\mathrm{d}m$ 的微小流体，在弯管未插入前具有的动能为 $\frac{1}{2}\mathrm{d}mu^2$。当弯管插入流体后，$A$ 点的流速由原来的 u 值变为零，该微小流体的动能 $\frac{1}{2}\mathrm{d}mu^2$ 全部转化为势能 $\Delta h\mathrm{d}mg$，即 $\frac{1}{2}\mathrm{d}mu^2=g\Delta h\mathrm{d}m$，于是可得 $\Delta h=\frac{u^2}{2g}$。可见，弯管与测压管的液面之差 Δh 表示流体中 A 点处的单位动能。这个两端开口的直角弯管就称为毕托管，可用于测量流体中某点的流速。将关系式 $\Delta h=\frac{u^2}{2g}$ 改写为 $u=\sqrt{2g\Delta h}$，由此看出，只要量测出毕托管中的液面高差 Δh，即可按上式计算出 A 点的流速值。考虑到流体机械能在相互转化过程中存在能量损失，毕托管对流体有干扰以及毕托管与测压管的进口有一定距离等影响，上式需加以修正，写为 $u=\varphi\sqrt{2g\Delta h}$，式中 φ 称为毕托管流速校正系数。

普朗特毕托管的构造如图24-3（a）所示。由图可以看出，这种毕托管是由两根空心细管组成，细管1为总压管，细管2为测压管。量测流速时，使总压管下端出口方向正对流体流速方向，测压管下端出口方向与流速方向垂直，在两细管上端用橡皮管分别与压差计的两根玻璃管相连接。

图24-3（b）为用毕托管测流速的示意图。用毕托管量测流体流速时，必须首先将毕托管及橡皮管内的空气完全排出，然后将毕托管的下端放入流体中，并使总压管的进口正对测点处的流速方向。此时，压差计的玻璃管中液面即出现高差 Δh。如果所测点的流速较小，Δh 的值也较小。为了提高量测精度，可将压差计的玻璃管倾斜放置。施测时，读出两管沿斜方向的液面距离 $\Delta h'$，并根据玻璃管的倾斜角度 θ 换算出相应的垂直液面高差 $\Delta h=\Delta h'\sin\theta$，将 Δh 代入公式 $u=\sqrt{2g\Delta h}$ 中，即可得出所量测点的流体流速值。关于毕托管流速校正系数 φ，因其值与毕托管的构造、尺寸及表面光滑程度等因素有关，所以需经专门的率定实验来确定。φ 值一

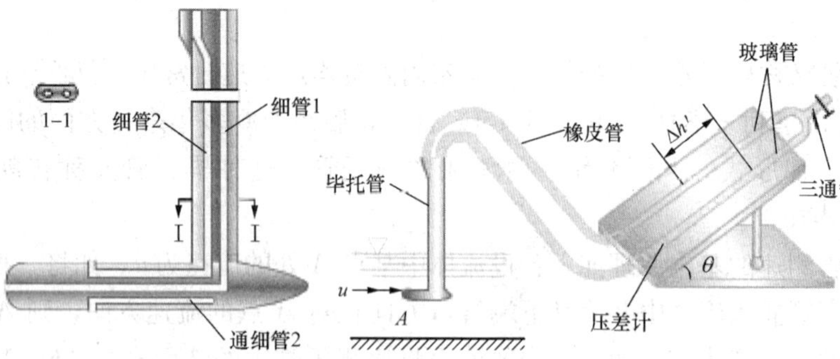

(a) (b)

图 24-3　普朗特毕托管测速原理示意

(a) 毕托管结构；(b) 毕托管测流速

般由制造毕托管的工厂给出。

用毕托管测量气流速度，气流速度按下式计算而得

$$v=\sqrt{\frac{2g}{\rho}_{a}H} \tag{24-3}$$

式中　v——气流速度（平均值），m/s；

g——重力加速度，9.81m/s^2；

ρ——空气密度，kg/m^3，$\rho\approx 1.293\times\frac{273}{273+t}$，其中 t 为空气温度，℃；

a——微压计的仪表常数；

H——微压计测得的液柱高度，mm。

如不用补偿式微压计，可用一般充水或酒精之类的微压计，并由下式求出气流速度，即

$$v=\sqrt{\frac{2g}{\rho}_{r'}H} \tag{24-4}$$

式中　r'——微压计内径。

由于毕托管的直径可以做得很小（6～10mm），因此对气流的分布影响极小，且在测量过程中没有能量损失，是一种较好的测量方法。但由于毕托管对低气流反应不灵敏，故不宜用于测量低于 4m/s 的风速。

2. 机械式风速表法

机械式风速表有叶式（见图 24-4）、杯式（见图 24-5）、光电式和磁电式多种，可用于测量 0.5～15m/s 的低速气流。使用时应注意以下事项：

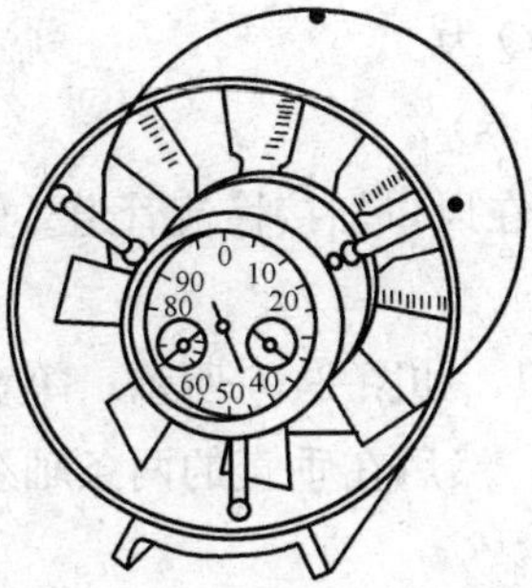

图 24-4　叶式风速表

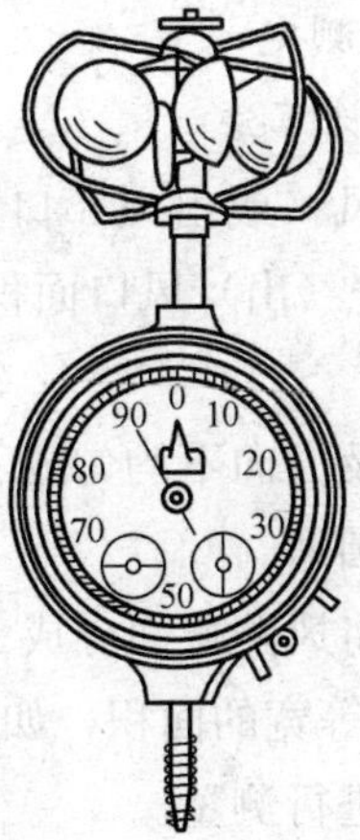

图 24-5　杯式风速表

（1）测量面的直径与风速表的直径之比应大于 6，以尽量减少对气流分布的影响。

（2）风速表使用前后都要进行校正。

（3）风速表进风口必须与气流方向垂直。

（4）发电机进风口的气流方向紊乱时，测量前应在进风口加装一定长度的引风管使气流平行。

（5）大型发电机的气流速度一般在出风口测量，出风口处应装出风管，其长度至少为其横截面最大边长的 1.5 倍。管口用细绳分成边长为 100～200mm 的矩形（不少于 15 个格），风速计依次放在每个格子的中心测量，求各测点的平均值作为结果。

（6）对不带计时表的风速表（实为风量计）应另测时间，测量时间一般为 10～20s。

3. 热线风速仪法

热线风速仪具有检测元件小、频率响应快、灵敏度高及对流体干扰小等优点，可用于测量较狭窄通道中的风速，测量范围一般为 0.1～100m/s。使用时应注意以下事项：

（1）探针在使用一段时间后，由于污染及微粒沉积于热线上，会使原有的传热特性有所改变，因此每次使用后都应清洗后再让其自然晾干保存。一般可用蒸馏水进行超声清洗，也可用乙醚或蒸馏水进行洗涤。

（2）测量过程中气流速度不能突然下降，以免烧坏探针。

（3）每隔 2～6 个月要对热线探针进行一次标定。

(二) 风量的测定

1. 平均风速计算法

在发电机进风(或出风)口以等面积法或等宽度法用风速仪测取平均风速 v (m/s),再测出进(出)风口面积 A,则分量 Q 为

$$Q = vA \quad (\mathrm{m^3/s}) \tag{24-5}$$

当气流分布及方向不均匀或不一致时,应在风口加接稳流管道。管道可为矩形或圆形,一般为圆形。

等面积法是将风路截面分成 N 个等分面积,如图 24-6 所示;等宽度法是将风路截面分成 N 个等宽的面积,如图 24-7 所示,然后在垂直的两条轴线上的各分区分别选取 4 个点进行测量。

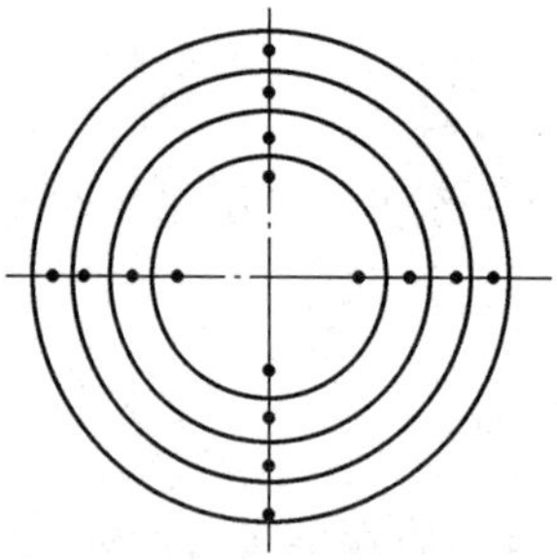

图 24-6 等面积法

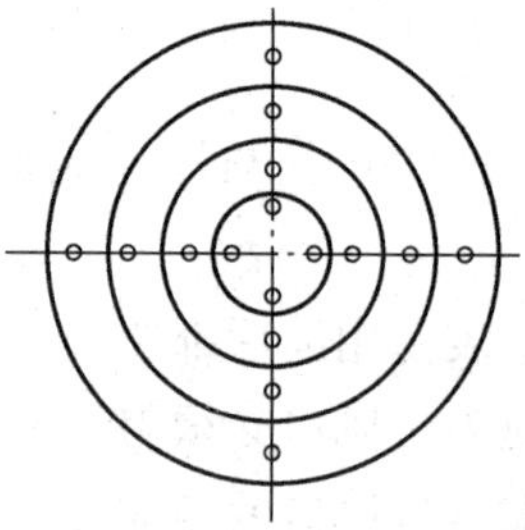

图 24-7 等宽度法

等面积法风量即为总截面积与 $4N$ 个测点风速平均值的乘积。等宽度法风量为各区截面积与该区平均风速总和的乘积。N 值的选择应根据风路截面的大小而定,以圆截面为例,当其直径为 150~300mm 时,可取 $N=5$。

2. 热电式风量计法

热电式风量计是利用气流单向通过风量计管道时,气流所吸收的热量与电流量成比例关系的原理而制造的,可在发电机进(出)风口直接测得风量。

通过风量计的风量 Q 由下式计算,即

$$Q = K_Q \frac{P_e}{\rho c_p \Delta t} \quad (\mathrm{m^3/s}) \tag{24-6}$$

式中 K_Q ——风量计校正系数;

P_e ——电热丝吸收的电功率,W;

ρ ——空气密度,kg/m³;

c_p ——比定压热容,J/(℃·kg);

Δt ——风量计进口与出口平均温度之差。

（三）温度测量

采用测温仪器测量发电机定子径向风沟出口温度，发电机冷却器前后冷、热风温度及机坑外侧环境温度。

（四）风流场观察

用自制飘带或烟雾发生器在发电机内观察整个通风系统的气流流场的方向，并注意是否有环流或热风流等现象。

第四节　试验工况、条件、注意事项及试验程序

一、试验工况

（1）额定转速下空转。

（2）励磁 50%U_N。

（3）满负荷稳定运行。

（4）试验中空载、满负荷工况需稳定运行 4h 后测量，其他每个工况均至少稳定运行 3h 后方可进行测量；所有负载工况均保证功率因数不变。

二、试验条件

（1）机组在额定转速下稳定运行。

（2）所有空气冷却器正常供水。

（3）温升试验时，机组始终满负荷运行不变，定子电流、电压、频率、功率因数都要求在额定值。

三、试验程序

（一）通风试验的前期工作

通风试验的前期工作分两个阶段进行：第一阶段是进行试验前的技术准备；第二阶段是检查技术准备的工作质量，落实试验时间和具体事项。这两个阶段的工作时间一般要间隔一段时间，由试验项目的技术负责人和一名助手来进行。前期工作的内容按着手开展工作的时间先后次序为技术资料的准备、查看试验现场、进行试验方法的选取和草拟试验大纲等。

1．技术资料的准备

（1）承接试验任务后，首先要再次阅读试验的规程、规范、导则，根据其要求全盘考虑安排试验的全部工作。

（2）收集或查阅与试验有关的图纸、技术资料，主要有：

1）水轮发电机组通风系统的主要技术参数及尺寸。

2）水轮发电机组通风系统设备制造图纸、产品说明和技术条件。

3）水轮发电机定子和转子温升试验所需的电气参数。

4）发电机组通风系统的布置图。

5）发电机组通风系统风路图。

6）试验机组通风系统近期的检修记录。

2. 查看试验现场，选取试验方法、试验设备和试验仪器

（1）了解试验现场的实际状况，确定现场是否具备开展通风试验的条件，存在哪些需要解决的问题。其中，着重了解被试机组现状、通风系统状况和该厂的安全设施。

（2）选择测量方法，从而确定试验方法。

（3）根据试验方法及试验现场条件，选择合适的试验设备及仪器。

（4）初步考虑试验装置的设置位置、测点的布设、引线长短与走向、指挥台设置位置，以及设备运输途径、试验装置安装条件、试验用的通信联络工具与指挥信号装置条件等。

（5）定试验前、中、后的工作量，参加试验各方共同商定试验日期和确定实验所需的条件及时间、参加实验各方的分工等。

3. 草拟试验大纲及技术准备工作

（1）试验大纲的内容包括试验目的、试验项目、试验工况、试验条件、测试方法、所需仪器仪表、试验测次、人员安排试验时间、安全措施和初步确定试验日期。试验大纲经过讨论审批后定稿。

（2）列出试验专用的装置、管路、工具等现场设计。

（3）列出试验所需的工器具、原材料、仪器仪表及设备的计划清单。

以上各项工作属于第一阶段的准备工作，需要在试验前一段时间（1～3个月）进行，从而确保有足够的时间安排试验。

（二）试验工作的落实及检查

以下是试验前期工作的第二阶段工作，在试验前一个星期左右进行：

（1）安排试验工作的进度表，分头落实试验工作的准备情况。

（2）试验用的仪器仪表检查、校验。

（3）检查试验专用装置加工质量和备料状况，至少要在试验前一星期进行。

（4）水电厂向电网调度部门正式申请试验时间、试验机组台别，上报试验期间负荷安排计划，并落实试验大纲要求的试验工况及试验条件。

（三）通风试验过程

下面以某水力发电厂密闭自循环双路径向端部回风通风系统通风试验过程为例进行介绍。

1. 试验仪器的选择

(1) 测量风速、风温的数字手持式叶式风速仪（见图 24-8）：用于测量空气冷却器出风面，发电机上、下端部，上盖板与绕组鼻端之间区域的风速。该风速仪可同时测量风速、风量、温度（℃/℉切换），LCD 双显示，具备存储功能，可连接计算机传输。

图 24-8　数字手持式叶式风速仪

(2) 智能热线风速仪（其型号及外形尺寸由试验现场实际条件决定）：用于测量较狭窄通道中的风速，如定子通风沟、转子风路入口处风速测量。

(3) 净压管及 DJM9 型补偿式微压计，或 U 形测压计及自制测压头：用于测量发电机通风循环系统的各部位风压值。

(4) 温度传感器：Pt100 温度传感器为正温度系数热敏电阻传感器，其测量范围广，并具有抗振动、稳定性好、准确度高、耐高压、电阻的线性较好等优点，用于测量发电机定子径向风沟出口温度。

(5) 卷尺：测量并核实空气冷却器出口面积。

(6) 秒表：控制测量时间。

2. 各试验参数的测量方法及数据处理

(1) 空气冷却器出风口总风量的测量：

1) 风速测量：根据现场情况，可对数字手持式叶式风速仪加长手持把柄。当机组在试验所需工况下稳定试验要求的时间后，采用数字手持式叶式风速仪进行测量风速。试验时发电机所有冷热风口、盖板全部关闭或盖好，确保无漏风现象。测量时，用秒表计时，测量人员将风速仪放在空气冷却器前，离表面 30～50mm，同时按下秒表及开启风速仪的记录按钮，然后风速仪按 S 形移动法匀速在整个空气冷却器表面运动并经过整个测量断面。将风速仪在这段时间的记录值除以运转时间，所得结果即为空气冷却器出口的平均风速 v_{av}。为了提高测量结果的准确性，在同一测量断面应尽可能多测量一些数据，每只空气冷却器出口测量 5～10min。测量过程中应注意风速仪的风道应顺着风向，并尽量保持风速仪的风道与风向在同一线上；注意手臂对风速仪的过风断面无阻挡，人体也尽可能避开测量断面，以免对被测断面的风流产生影响。

2) 用卷尺测量并核实各空气冷却器出风口面积（A_1、A_2、A_3、A_4、…、A_n）。

3) 计算得到各空气冷却器的风量。

总风量 Q 按下式计算，即

$$Q = v_{av1}A_1 + v_{av2}A_2 + v_{av3}A_3 + \cdots + v_{avn}A_n \tag{24-7}$$

式中 v_{avn}——各空气冷却器出口平均风速，m/s；

A_n——各空气冷却器出口面积，m^2。

数据记录见表 24-2。

表 24-2　发电机(额定转速下空转/励磁 50%U_N/额定负荷)空气冷却器出口风速、风量

名　称	空气冷却器				
	1	2	3	…	n
空气冷却器出口平均风速 v_{av}（m/s）					
空气冷却器出口面积 A（m^2）					
空气冷却器出口风量 Q_i（m^3/s）					
发电机总风量 Q（m^3/s）					

（2）上、下风道进风量测量

1）风速测量：按照空气冷却器出口风速测量方法对空气冷却器上、下方进风口进行风速测量，计算出上、下进风道风速平均值。

2）用卷尺测量并核实空气冷却器上、下进风口面积。

3）计算并比较空气冷却器上、下方进风口风量，计算方法同空气冷却器出口风量计算，见表 24-3。

表 24-3　发电机(额定转速下空转/励磁 50%U_N/额定负荷)上下进风道风量比较

风洞号	上进风道					下进风道				
	1	2	3	…	n	1	2	3	…	n
风速测量值 v（m/s）										
进风口面积 A（m^2）										
风量 Q（m^3/s）										

（3）端部风量测量：上、下端部风量是指冷却定子绕组的气流经机壁口到空气冷却器的风量。

1）风速测量：按照空气冷却器出口风速测量方法对发电机上、下端部进行测量，计算平均风速值。

2）用卷尺测量并核实发电机定子绕组上、下端部的进风口面积。

3）计算并比较发电机定子绕组上、下端部的进风量（方法同空气冷却器），见表 24-4。

表 24-4　发电机（额定转速下空转/励磁 50%U_N/额定满负荷）上下端部风量比较

风洞号	定子绕组上端进风					定子绕组下端进风				
	1	2	3	…	n	1	2	3	…	n
风速测量值 v（m/s）										
进风口面积 A（m^2）										
风量 Q（m^3/s）										

（4）发电机转子下风路入口风量：

1）风速测量：由于发电机转子下风路入口通道一般较为狭窄，而且从安全性考虑，采用智能热线风速仪固定测量。取两条下机架腿之间转子下端入口区域，布置几个风速传感器（传感器数量由现场风口尺寸决定，为使试验数据精确，尽可能多地布置传感器），在试验工况下测量转子下风路的入口风速，求取平均风速。

2）用卷尺测量并核实发电机转子下风路的各个入口面积。

3）风量计算：$Q_{avn}=v_{avn}A_n$，发电机转子下风路入口总风量为各个入口风量之和，即 $Q=Q_1A_1+Q_2A_2+\cdots+Q_nA_n$，见表 24-5。

表 24-5　发电机（额定转速下空转/励磁 50%U_N/额定负荷）转子下风路入口风量

名　称	测　点											
	转子下风路入口 1				…				转子下风路入口 n			
	1	2	…	n	1	2	…	n	1	2	…	n
风速 v（m/s）												
平均风速 v_{av}（m/s）												
进风口面积 A（m^2）												
风量 Q_i（m^3/s）												
下风路入口总风量 Q（m^3/s）												

（5）定子风沟风速测量：

1）风速测量：当机组试验要求工况下稳定运行试验要求的时间后，采用 QDF 型热球式风速仪进行测量，可直接测出各测点的风速。测量时，打开一空气冷却器的检查人孔盖板，测量人员进入空气冷却器内部后再关上盖板，使空气冷却器无漏风现象。测量人员使用热球式风速仪自上而下依次测量每个风沟的风速并记录。此时，应注意风速仪前端的测量部分应与风向垂直并应注意手臂对风速仪的过风断面无阻挡，人体也尽可能避开测量断面，以免对被测断面的风流产生影响。若空气冷却器尺寸过小，测量人员进入空气冷却器后不便测量，需要选用尺寸较小的风速传感器（数量根据定子铁芯通风沟数量及空气冷却器内部尺寸确定）固定在定子铁芯背部的通风沟出风口正面，取其一段时间内的平均值。

2）将定子风沟沿轴向编号，将所测量的数据列于表 24-6 中，绘制风速沿定子通风沟分布曲线，如图 24-9 所示。

表 24-6　发电机（额定转速下空转/励磁 50%U_N/额定负荷）定子通风沟风速值　　m/s

通风沟编号	1	2	3	…	*n*
风速值 v_{av}					

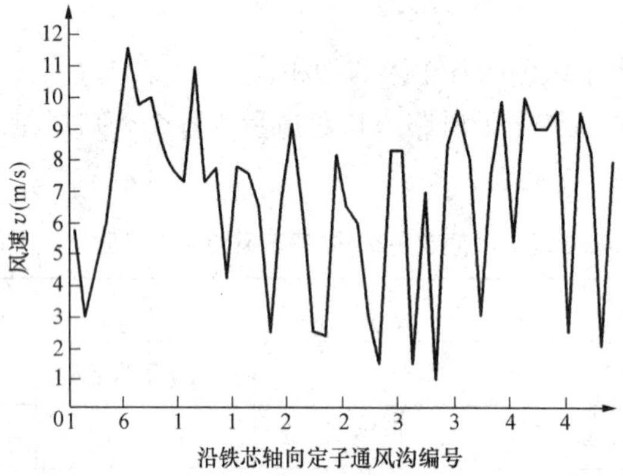

图 24-9　某水电厂风速沿定子通风沟的分布曲线

（6）流场观察。在机组空载时，用自制飘带或烟雾发生器在发电机内观察整个通风系统的气流流场的方向，注意是否有环流或热风流等现象，并绘制通风系统流场示意图，如图 24-10 所示。

（7）发电机各部位风压值测定。用净压管及 DJM9 型补偿式微压计，或 U 形测压计及自制测压头测量发电机通风循环系统的各部位风压值。测量时，测量点应选在气流相对稳定的地方。将动压管的全压孔对准气流方向，即与气流相平行，但方向相反。全压孔与静压孔分别接补偿式微压计的“＋”、“－”端。

各部位风压值数据整理见表 24-7。

表 24-7　风压值数据记录表

测点	1	2	3	…	*n*
风压值（mm 液柱）					

（8）定子温升测定。定子温升是通过试验得到定子线棒、定子铁芯在额定输出

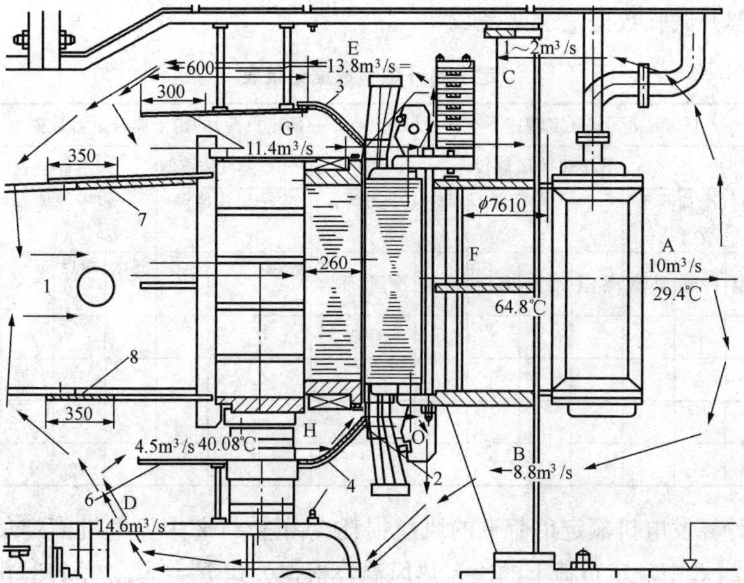

图 24-10　某水电厂通风系统流场示意图

工作状态并达到热稳定时（一般满负荷至少稳定运行 4h）的温度或温升值（即某部件温度与冷态时温度之差），用于考核发电机的绝缘材料及工艺是否能使发电机达到正常工作寿命的要求，同时还用于某些发电机损耗值的计算。

1）发电机冷却器进出口风温及机坑外侧环境温度的测定：测量空气冷却器出口风速时，其所采用的数字风速风温仪能同时测量记录风温。将风速仪在这段时间的温度记录值除以运转时间，所得结果即为空气冷却器出口的平均风温 t_{av}；用酒精内式温度计测量机坑外围环境温度。空气冷却器进出口风温在连续 5 次 0.5h 读数的变化不大于 2℃。

2）定子径向风沟出口温度的测定：将温度变送器固定在定子铁芯通风沟背部，传感器探头正对通风沟风向。试验工况稳定后，测量每个定子径向风沟的出口温度，每隔 0.5h 记录一段时间，取其平均值。若连续 5 次温度平均值变化在±2%以内，即停止试验。

3）用预埋检温计测定子线棒温升：在温升稳定的情况下，记录机组的转速、功率、定子电压与电流，测量记录预埋定子线棒各测点温度计的温度，每隔 0.5h 记录一次温度。若连续 5 次温度记录值变化在±2%以内，即停止试验。

4）空气冷却器冷、热水温度测量记录：在空气冷却器进、出水侧管道内各埋设一电阻测温计，取机组在试验工况稳定后的测量数据为此工况下空气冷却器的进、出水温度。空气冷却器冷、热水温度连续 5 次 0.5h 读数的变化不大于 2℃。

定子温升试验数据记录见表 24-8。

表 24-8　　定子温升试验数据记录表

序号	试验工况下（额定转速下空转/励磁 50%U_N/额定负荷）的定子温升试验数据																备注
	数字风速风温仪									Pt100 温度传感器			巡检装置				
	空气冷却器 1（℃）			…			空气冷却器 n（℃）			定子风沟风温（℃）			定子线棒温度（℃）				
	热温	冷温	环温	热温	冷温	环温	热温	冷温	环温	风沟 1	…	风沟 n	测点 1	测点 2	…	测点 n	
1																	
⋮																	
5																	
平均值																	

（9）计算发电机额定负荷下的风磨损耗。由表 24-2 中发电机额定负荷下的总风量及表 24-8 中额定负荷下的冷、热风温，根据公式 $P=c_a\Delta\theta_a Q$ 计算出发电机的风磨损耗，将其实验结果与设计值进行比较，见表 24-9。

表 24-9　　发电机额定负荷下风磨损耗的试验结果与设计值的比较

项　目	试验结果	设计值
有功功率 P（MW）		
无功功率 Q（Mvar）		
定子电压（kV）		
定子电流（A）		
转子电压（kV）		
转子电流（A）		
热风平均温度（℃）		
冷风平均温度（℃）		
温差（℃）		
总风量 Q（m^3/s）		
发电机损耗 P（kW）		

第五节　试验结果处理

试验结束后，对实验成果进行分析比较。

（1）发电机实际风量与设计风量的比较，见表 24-10。

表 24-10　　发电机实际风量与设计风量的比较　　m^3/s

工况 试验参数测量值	额定转速空转	励磁 50%U_N	额定负荷	设计值
空气冷却器上进风口总风量				
空气冷却器下进风口总风量				
定子绕组上端总进风量				
定子绕组下端总进风量				
转子下风路入口总风量				
发电机冷却总进风量				
空气冷却器出口总风量				

通过三个工况下发电机进风量与出风量的比较，对发电机通风系统有无漏风情况作出评价；若出现漏风情况，则找出漏风原因，并提出改善建议。通过对空气冷却器出风量和发电机通风量设计值的比较，对空气冷却器通风性能进行评价，若空气冷却器出风量的实际值远低于设计值，则分析原因，并提出改进意见。

（2）上、下进风道风量分配，见表 24-11。

表 24-11　　上、下进风道风量分配表　　m^3/s

工况 试验参数测量值	额定转速空转	励磁 50%U_N	额定负荷	设计值
空气冷却器上进风口总风量				
空气冷却器下进风口总风量				
空气冷却器上、下进风口风量				

根据表 24-3 中数据，绘制出三个工况下空气冷却器上、下进风道风量值—测点分布趋势图，空气冷却器上进风口总风量—工况、空气冷却器下进风口总风量—工况分布趋势图，空气冷却器上、下进风口总风量—工况分布趋势图，并根据数据与设计值的比较结果及分布趋势图，对空气冷却器上、下进分道风量分配是否合理作出评价。若分布异常，则分析原因，并提出改进意见。

（3）端部风量与设计风量的比较，见表 24-12。

根据表 24-4 中数据，绘出三个工况下定子绕组上、下端部风量值—测点分布趋势图，定子绕组上端部总进风量—工况、下端部总进风量—工况、定子绕组端部总进风量—工况分布趋势图，并根据各测量值与设计值的比较结果及分布趋势图，对定子绕组端部进风量的分配情况作出评价。若分布异常，则分析原因，并提出改进意见。

表 24-12　　定子绕组上、下端部风量分配表　　m^3/s

试验参数测量值＼工况	额定转速空转	励磁 50%U_N	额定负荷	设计值
定子绕组上端进风总风量				
定子绕组下端进风总风量				
定子绕组端部进风总风量				

（4）根据转子支臂扇风情况、风路气流运动状态及转子入风口的入风情况，绘制各工况下的通风系统流场（见图 24-10），并在流场示意图上标示风量值、风压值、风温及风向。

（5）额定负荷时，冷、热风温度及总损耗与设计值进行比较列于表 24-8 中，并根据表 24-8 中的数据绘制三个工况下温度—测点分布趋势图，由趋势图评价通风系统的温度场是否合理。

（6）绘制各工况定子通风沟风速—测点分布趋势图。

（7）根据定子温升试验数据，结合通风试验数据，实现试验目的。

第二十五章　空蚀、磨损的观测

第一节　概　　论

一、空蚀和磨损的定义

（一）空蚀

当水流在流道中流过时，如某一部位的局部压力降低到接近于水的汽化压力，则气核将成长为汽泡。汽泡膨胀、聚集、流动至高压区又发生溃灭、分裂的过程的称为空化。如果汽泡溃灭的部位发生在固体表面，则将对固体表面产生持续的、高频率的微观水击作用，使固体表面发生疲劳损坏。此外，在汽泡溃灭过程中伴有温度升高（约为＋500℃）、发光、电离、化学腐蚀等现象，加速了材料的破坏过程。这种因空化作用对材料产生的破坏称为空蚀。

（二）磨损

当通过水轮机流道的工作水流中含有一定数量、带有棱角的坚硬泥沙颗粒时，砂粒撞击和磨削过流表面，使其材料因疲劳和机械破坏而损坏的过程称为磨损。简言之，水轮机过流表面受泥沙作用所产生的损坏称为泥沙磨损。

二、空蚀和磨损观测的目的及意义

（一）空蚀和磨损对水力机械的危害性

（1）水轮机是水轮发电机组的主设备之一，其性能直接关系到能量转换效率和机组稳定性，而决定造成水轮机性能下降的主要原因是过流部件的空蚀和磨损。过流部件的空蚀和磨损会使水轮机效率和出力降低。

（2）空蚀和磨损缩短了水力机组的检修周期，增加了检修工作量，严重的甚至需更换部分通流部件。在泥沙磨损和空蚀破坏的联合作用下，过流部件表面的破坏更加严重。

（3）空化会引起强烈的噪声，加剧水力机组运行的不稳定性，使水力不平衡，且机组振动和水压脉动都有可能增加，不利于机组的安全运行。

（二）空蚀、磨损观测的意义

目前，水轮机空蚀、磨损破坏修复时机的选择缺乏技术依据，仍实行传统的计划检修方式。因此，对水轮机的空蚀、磨损的观测尤为重要，具体体现在：

（1）空化强度一方面与水轮机工况（水头、吸出高程、有功功率）有关，另一方面与水轮机流道（水轮机叶片、水轮机室墙壁等）的空蚀程度呈正比关系，空蚀程度越深，空化强度越高。因此，通过空化观测可以掌握水轮机空化随工况变化的规律，了解水轮机空蚀的程度。

（2）通过对水轮机空化强度的监测，可优化调度相应水轮机的合理工况，使机组避开空蚀破坏较大的工况运行而在高效率区运行，从而减少水轮机叶片的空蚀破坏，延长机组使用寿命。

（3）通过转轮室空蚀、磨损的监测数据及诊断分析准确决策机组的检修间隔，为机组由计划检修向状态检修过渡奠定基础。

（4）水轮机设备工作异常时一般伴有异常的声响，利用超声波监测空化噪声的同时可以对这些异常现象进行记录和监测，运行维护人员能及时发现异常，并进行必要的分析。这不但有利于事故分析，而且有利于及时发现事故、及时处理，有效提高机组运行的安全可靠性。

（三）空蚀、磨损观测的目的

（1）积累水轮机空蚀、磨损的历史数据，标定水轮机的空化破坏程度，随时掌握水轮机空蚀磨损程度。

（2）掌握水轮机空化随工况变化的规律，了解水轮机空蚀的程度，优化水轮机的运行工况。

（3）通过对空蚀、磨损的观测及波形分析诊断可以研究水力机组空蚀磨损的破坏规律，进一步弄清其破坏机理，为减轻水力机组的空蚀磨损提供必要的资料。

（4）将空蚀和磨损观测的数据及波形与转轮实际维护的历史数据相对照，为检修提供技术参考依据；选用抗空蚀和磨损的材料，提高水力机组抗空蚀和磨损的性能。

第二节　空化现象的观测方法

空化现象是机组在运转时发生的，而对转轮室的空化现象监测一直是个难题。经过国内外水力机械专家多年试验经验的总结，目前水轮机空化现象的常用观测方法有声学法、电阻法、加速度法。

一、声学法

水轮机运行过程中，水中的气泡从低压区运动到高压区时，会在一个微秒级的时间内迅速溃灭，并从溃灭中心产生很强的冲击波，向周围辐射声波，称为空化噪声。大量试验和研究表明，在空蚀水流中存在两个基本声源：

（1）由于空化旋涡周期性分离而发出各种频率的噪声，其频率取决于水流条件。

（2）由空化气泡溃灭所产生的宽频声振动，声波范围既包含 20～20000kHz 的可闻声波（噪声），又包含有二十至几百兆赫兹的超声波。空化声波的频谱取决于空泡的直径、数量和溃灭的速度。较小直径的气泡溃灭时产生高频率的声振动，而直径大的汽泡溃灭时则产生低频率的声振动。试验表明：随着空化气泡的发展、溃灭，汽泡的数目及其冲击强度增大，声波的振幅也随着增加。声学法又可分为噪声法和超声波法两种。目前两种方法都只能提供定性的结果，即测定水轮机的相对空蚀强度。

（一）噪声法

1. 基本原理

水轮机空化所产生的声压信号，通过声级计的传声器转换成电压信号，电压信号经放大器、衰减器和计权网路、检波，推动以分贝数标定的指示表头。声级计原理如图 25-1 所示。

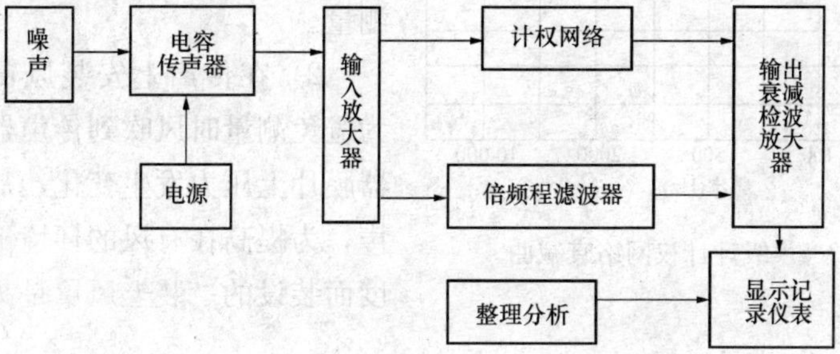

图 25-1　声级计原理示意图

2. 声级计的种类

噪声测量仪器主要有两大类，一类为声级计，一类为噪声传感器，两者工作原理基本相同。从声级计的用途分，可分为两类：一类只能测量噪声的声压级；另一类增加了倍频程滤波器，可作频谱分析用。后者更为适用，两种声级计都便于携带。声级计适用于短期监测噪声，由于体型相对较大，不便于在较狭小的位置安装。随着传感器技术的发展，目前已经广泛应用噪声传感器（传声器）。噪声传感探头直径小、安装方便，经过放大器进入频谱分析仪，接入计算机监测系统，通过软件分析，能直观地给出空化强度数据及波形。噪声传感器适用于目前在电厂广泛应用的在线检测系统，可以长期对空化强度进行检测，积累资料，实时检查数据及波形，便于分析和观察空化强度变化，及时掌握空蚀情况，制订检修方案及维修措施。

3. 测量方法

（1）测点位置选择：无论是使用噪声传感器还是声级计，测点应尽量靠近声源，同时远离其他噪声的干扰。对于大型立轴水轮机，测点可在水车室、尾水管人孔附近；对卧轴机组，测点可设在尾水管的进口锥段。在这种情况下，要避开本机组及相邻机组的电磁振动和其他声源的干扰则相当困难。因此，除传声器的方向要与电动机方向相反外，应首先测量本底噪声（背景噪声）。

（2）声级计及噪声传感器测试方法：采用噪声频谱分析仪，在水车室、蜗壳、尾水管等便于数据采集的部位装设固定的噪声频谱分析仪主机，用于对相关部位进行噪声测量及频谱分析。

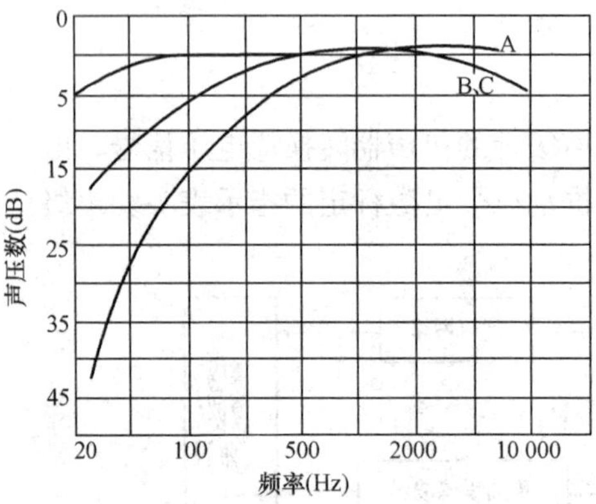

图 25-2　声级计计权网络衰减曲

下面以 ND-2 型声级计测试为例介绍声级计的测试过程：

1）声级计的检查和校正。使用前按说明书的规定检查电池电力和对电容传声器进行校正，符合要求后方可进行测量。

2）在传声上安装风罩。此风罩原为避免测量时风吹到传声器上，使传声器膜片上压力发生变化，从而引起风噪声，为提高在有风的环境下测量的准确度而装设的。装上风罩是为了保护传声器免受碰伤。

3）两手平握声级计两侧，并稍离开人身体，传声器指向被测声源。传声器与被测声源的距离：在无风罩的情况下为 3～5cm，在有风罩的情况下越近越好，不碰到风罩即可。

4）声级的测量。声学测量仪中参考等响曲线，设计计权网络 A、B、C 三档，它使接收的声音所按不同的程度滤波。可以同时测量 A、B、C 三档的声级并进行比较分析；也可以只测 C 档的声级，因为 C 声级是模拟人耳对 100 方纯音的响应，让所有声音以近乎一样的程度通过，代表了总声压级，并可用于频率分析。根据用 A 网络、C 网络所测得的空蚀噪声对比，C 网络更接近客观情况。由图 25-2 可以看出，C 网络所测出的声压与尾水管人孔振幅值变化趋势比较一致。

5）中心频率的测量。将选择开关转至滤波器位置，转动倍频程滤波器的旋钮到各个频率位置，从表头读出各个频率下的声压分贝数。

6）本底噪声的测量。所谓本底噪声，即当被测噪声源停止发生时周围环境的噪声。本底噪声会影响测量的准确性，但可按图 25-3 进行修正。例如，要测量一台发电机的噪声，首先在发电机未开动时测得本底噪声 X_1（dB），当发电机开动时测得总的噪声 X_2（dB），两者之差为 X_2-X_1，修正值为 X_3（dB），则发电机的噪声应为 X_2-X_3。从图 25-3 可以看出，如果总的噪声与本底噪声之差大于 10dB，则本底噪声的影响可以忽略不计；反之，如果上述两种噪声之差小于 3dB，则将带来较大的测量误差。对于有多台机组的水电厂，当测量某台水轮机的空蚀噪声时，由于其他运行机组所产生的噪声随运行工况而变，因此测量本底噪声时应考虑此点。如果其他机组在测试过程中不能停止运行，则可以将这几台机组固定在几种不同运行工况，测取本底噪声，然后在测量总的噪声时，这几台机组就按照上述运行方式变动负荷。

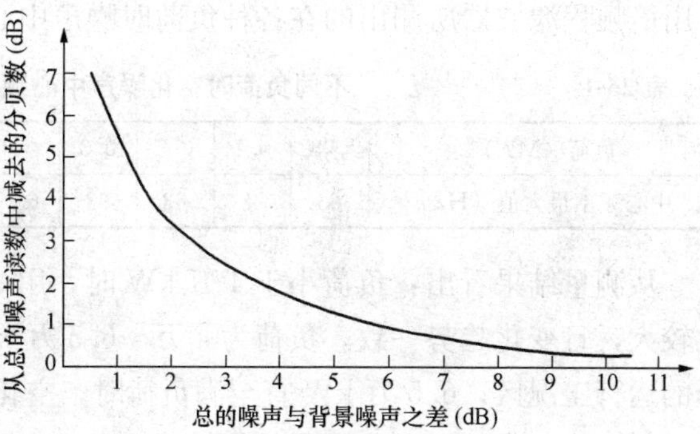

图 25-3　本底噪声影响修正曲线

噪声传感器由传感器探头、前置放大器、信号调理器（传感器供电器）三部分组成。其中，传感器探头和前置放大器组装在一起，传感器探头接收噪声信号后，经前置放大器放大，通过信号传输电缆将信号接入信号调理器，信号调理器提供用于传感器的 ICP 电源并可对信号进行滤波与放大。调理后的信号通过 BNC 接口输出到检波器，再进行数据存储和分析，从而输出需要的图形及数据。

噪声传感器的安装极其方便，靠近声源，同时远离其他噪声干扰的测点，固定传感器和前置放大器即可。探头对准传声器指向被测声源，信号传输电缆布置在不影响机组安全运行和运行维护人员进行巡检维护的地方，尽量选择屏蔽效果较好的孔洞布置信号传输电缆，距离不宜过长，以减小信号衰减。信号调理器安装检波器接入口附近，电源布置在干燥通风的位置。

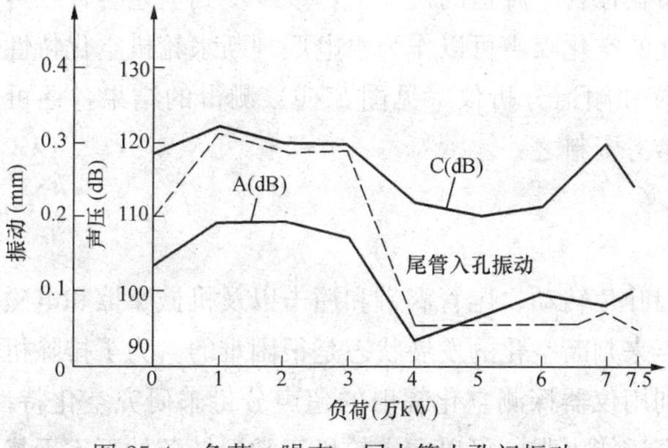

图 25-4　负荷—噪声—尾水管人孔门振动

4. 实例及分析

图 25-4 和图 25-5 所示为某厂 4 号机组用声级计实测的尾水管空化噪声和不同负荷的频谱曲线。表 25-1 给出

了用倍频程滤波器所测出的在各种负荷时噪声中心频率的最大值。

表 25-1　　　　　　　　不同负荷时空化噪声中心频率最大值

负荷（MW）	空载	0.1	0.2	0.3	0.4	0.5	0.6	0.7	0.75
中心频率最大值（Hz）	63	63	63	63	63～125	63	125～250	250	63～250

从测量结果看出：负荷小于 4 万 kW 时，用 A、C 两声级所测得的空化噪声都比较大，且变化趋势一致。负荷为 4 万～6.5 万 kW 时，空化噪声都比较小，是最佳的运行工况区；6.5 万 kW 直至满负荷时，空化噪声和尾管振动又在增加。这符合一般混流式水轮机空化发展的规律。

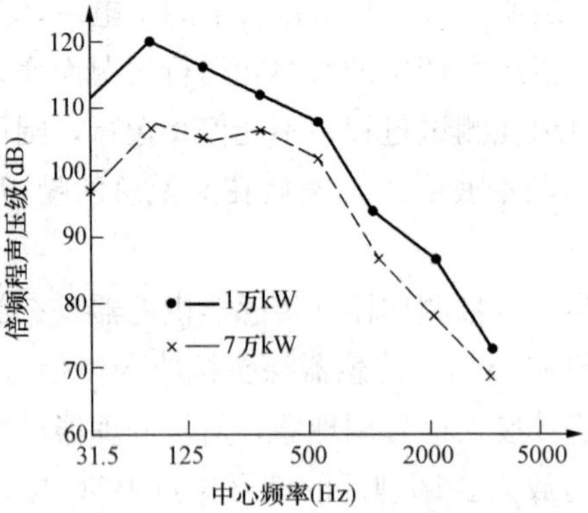

图 25-5　不同负荷的频率曲线

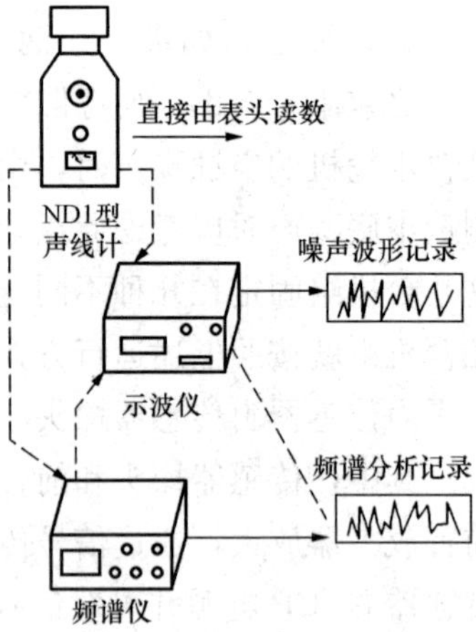

图 25-6　噪声频谱测量系统图

5. 使用条件及优缺点

本方法简单易行，但空化噪声受机械振动、电磁振动以及引水钢管水流的干扰声较大。对于尾水管各自单独布置在一个廊道的情况下，较少受到上述各种噪声的干扰。因此，测量尾水管人孔处的空化噪声可以作为水电厂判断水轮机空化特性的手段之一。用声级计配上记录仪和频谱分析仪（见图 25-6）测得的结果，还可用作分析水轮机产生空蚀原因的参考资料之一。

（二）超声波法

1. 基本原理

水力机组在运行中总会有因叶片转动、尾管涡带和撞击以及机械摩擦和电磁振动而产生的声振动。所以用噪声来判断空化的发展状态是很困难的。为了排除机械振动和水流紊动引起的噪声，利用仪器探测空化辐射的超声分量来研究空化特性。由于超声波具有方向性能好，穿透能力强，可以在水轮机正常运转条件下不干扰水流而方便地在尾水管外面进行探测，用超声波强度大小来衡量空蚀的强弱。

空化超声探测的原理是由布设在尾水管外壁上的压电晶体换能器将超声波强度产生电压强度输入空化超声探测仪中进行检测和频谱分析，原理见图 25-7。

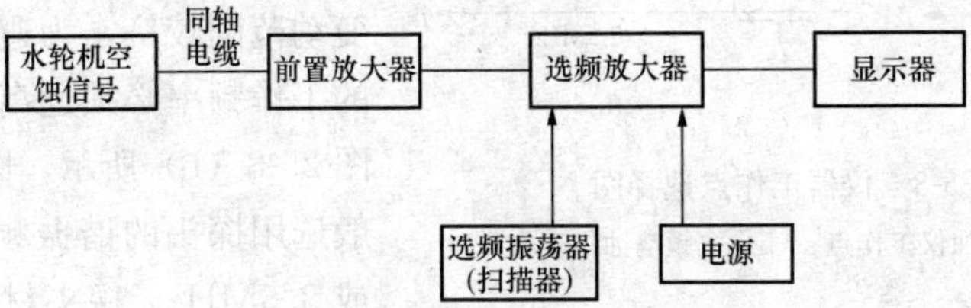

图 25-7　空蚀超声探测原理图

测点超声强度 J（单位时间内穿过与声波射线垂直的单位面积的能量），可用下式表示

$$J=\frac{P^2}{2\rho c} \tag{25-1}$$

式中　P——声压振幅；

ρ——介质密度；

c——声速；

ρc——介质声阻抗。

声压振幅与压电晶体的压电效应存在如下关系

$$P=\frac{u}{r_{\mathrm{f}}} \tag{25-2}$$

式中　u——压电晶体感声的电压；

r_{f}——压电晶体的灵敏度。

从而可得

$$J=\frac{u^2}{r_{\mathrm{f}}^2}\times\frac{1}{2\rho c} \tag{25-3}$$

对同一介质，固定探头的 r_{f}、ρ、c 是已知数，当选定某一频率时，超声空化强度正比于压电晶体电压。

2. 超声探测仪

超声探测仪分为窄频道空化测量仪和宽频空化测量仪。窄频道空化测量仪，是测出水轮机在某一特征频率的超声波空化强度 J 值。宽频超声波空化测量仪，频率范围为 50～400kHz，两种仪器的测试结果基本上是一致的，原理也基本上一样，只不过一个是单一频道，一个是多频道，测量时可以选择特征频率。

3. 超声探测仪探头的选择及要求

窄频空化测量仪只需检测某一特征信号，国内常用窄频空化测量仪主要检测频率为 120kHz 的信号，以选用谐振频率为 120kHz 的探头为宜，探头工作频率

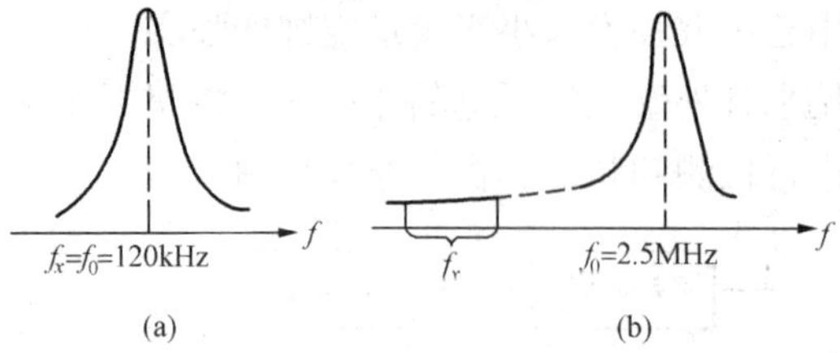

图 25-8　仪器工作点选择图

（a）窄频空蚀仪工作点；（b）宽频空蚀仪工作点

（f_x）等于谐振频率（f_0）能取得较高的精度和灵敏度，如图 25-8（a）所示。宽频空化测量仪因频率变动范围较广，为避免失真、探头的工作频率必须远离谐振频率，如图 25-8（b）所示，即 $f_x = f_0$，一般选用探头的谐振频率为 2.5MHz 或 3.5MHz。探头材料以选用灵敏度较高的锆钛酸铅压电陶瓷为好，采用直探头。探头直径选择可以这样考虑：如果为了获得较强的声压信号。可使用直径较大（20mm）的探头，如放置探头处的尾管管径较小，可选用 14mm 或 12mm 的探头，以保证探头与尾管管壁良好的接触。

4. 测试方法

（1）探头放置位置选择。探头以放在距转轮出口约 0.4 倍转轮直径的尾水管处为宜，理由是尾水管人孔门一般都开在此处，有一段金属管壁便于测试，同时由于离转轮出口较近，声波的传播损失较小。探头可放置在尾管人孔盖或尾管管壁上。有些人孔盖为双层钢板，为减少声能的传播损失，探头可直接放在尾管管壁上的适当地方。

（2）测量方法及步骤：

1）在要放置探头的部位，用砂轮或铲子去除表面锈蚀，然后用砂布磨光，使金属表面粗糙度达 2.5μm 以上。

2）将固定探头的夹具用环氧树脂或其他胶黏剂黏结在尾管管壁上。

3）待胶黏剂固化后，在测点与探头之间的接合面上涂凡士林或机油作耦合剂，然后将探头装上，并使探头表面紧贴尾水管管壁（见图 25-9）。

4）采集不同工况下的超声波信号。

（3）资料整理和成果分析。如果所使用的是窄频道的空穴超声探测仪，由于只有一个特征频率，因此，可根据实测直接绘出相对空化强度与功率（或开度）的关系曲线，即 $J = f(p)$ 或 $J = f(a)$，对于宽频仪，则需要首先绘出不同负荷（或开度）的空化超声频谱曲线，曲线以相对空化强度为纵坐标，以频率为横坐标，求出曲线所包络的面积，即

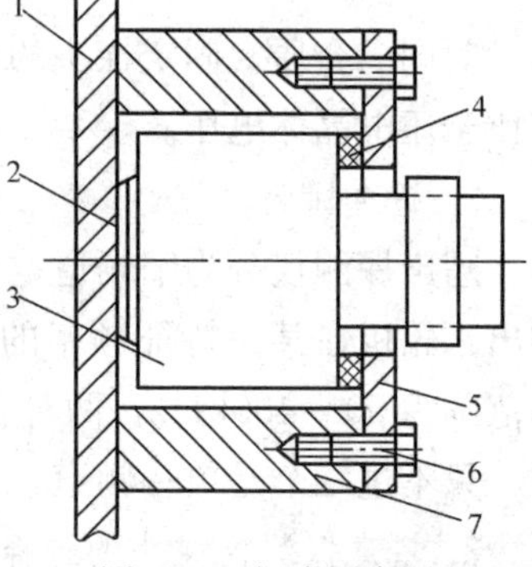

图 25-9　探头固定图

1—尾水人孔门；2—耦合剂；3—探头；4—胶板；5—夹具；6—螺钉；7—夹具

为每个运行工况的相对空化强度 J。

$$J=\sum_{f=50}^{400}J_x(f_2-f_1) \tag{25-4}$$

式中　f_2、f_1——选频步长。

图 25-10 是某厂水轮机组（水轮机型号 HL004-LJ-210）使用宽频仪实测的资料。其中，图 25-10（a）是不同负荷的超声频谱，从图中可看出各种频率的声能分布情况。图 25-10（b）是根据式（25-4）计算的相对空化强度曲线。从图可看出该水轮机在 2.5 万～4 万 kW 负荷空化轻微，在 2.5 万 kW 负荷以下相对空化强度较大，应尽量避免在此区域运行。

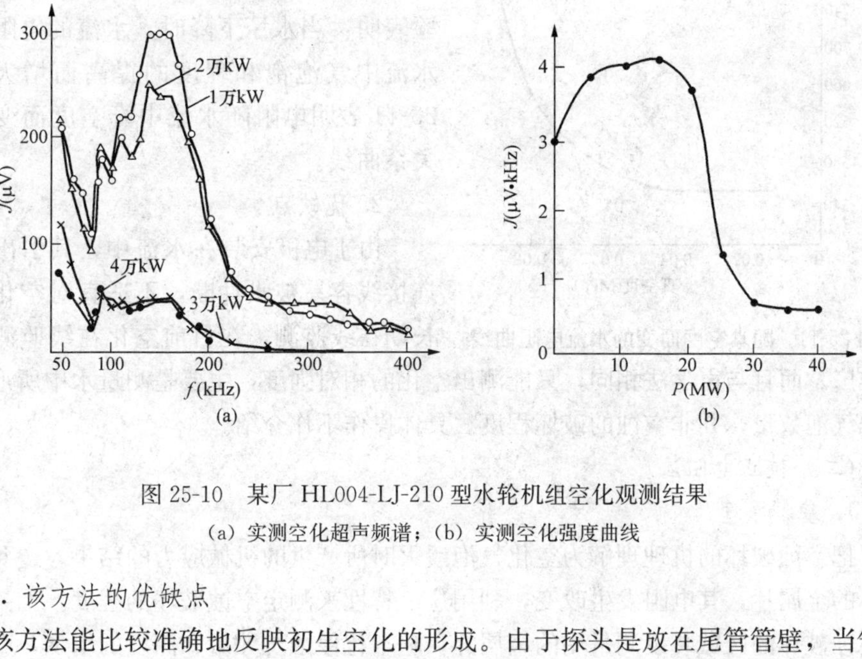

图 25-10　某厂 HL004-LJ-210 型水轮机组空化观测结果

（a）实测空化超声频谱；（b）实测空化强度曲线

5. 该方法的优缺点

该方法能比较准确地反映初生空化的形成。由于探头是放在尾管管壁，当气穴空泡相当多时，空泡阻碍了声能的传播。在这种情况下本来是空化相当重的，然而实测的超声强度反而减少，不能反映客观真实情况。所以，在运用此法时应注意对试验资料的综合分析。另外，由于探头是放置在人孔附近的尾管管壁上，探头所接收的空化信号大都是来自尾管中气泡崩馈的超声波信号，并不能与转轮叶片或尾管受空蚀破坏的程度完全等同起来，因此采用此方法需要在不同的位置设置测点，对信号进行综合比较分析。虽然用声学法测量空蚀，仅仅是基于从空穴气泡冲击理论去认识空蚀问题的一个手段，而不能完全揭示空蚀问题的本质，如化学、电化学作用以及材质对抗空蚀的影响，但由于该方法测试简便，仪器设备易于解决，不影响机组运行，可以实现在线诊断监测，能准确采集水轮机各部分和在各种工况的空化情况。

二、电阻法

电阻法有两种基本基本方法，分别为欧姆空蚀指示仪法、校正电阻法。

（一）欧姆指示仪法

1. 基本原理

当水轮机发生空化时即从水中析出气泡，随着空化的发展，水中含有的气泡量进一步增加，由于水中含有大量的气泡，它的导电性能发生改变，电导率下降。所以，可以利用测量水流电阻值的变化来观测和研究空化的发展情况。水洞试验表明：当水压下降时，水流的电阻随着水流中气泡饱和程度的提高而增大。图25-11表明电阻随水流中真空度而变化的关系曲线。

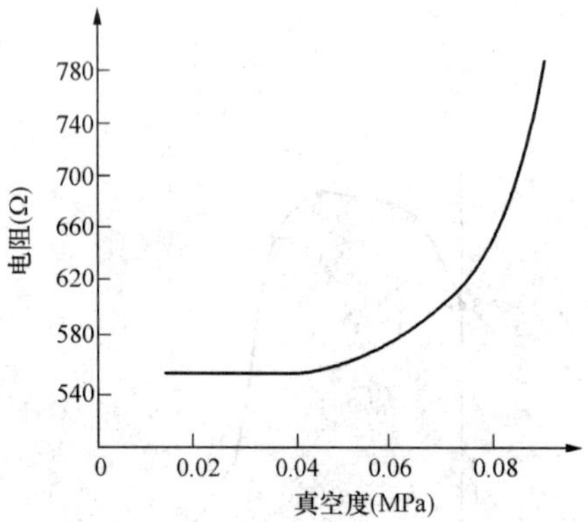

图 25-11　随真空度而变的水流电阻曲线

2. 优缺点

由于电极安装在水流中，其引出电极连接线容易被水冲断，不适宜对空化进行长期在线监测，在目前空化在线监测中不便推广。而且与声学法相同，只能测出空化的相对强度，主要是测量水中所形成的空化气泡数量，并非空蚀的破坏程度。具体操作不作介绍。

（二）校正电阻法

1. 基本原理

把空蚀破坏的机理理解为空化气泡溃灭时所产生的机械应力的结果。遭到空蚀破坏的金属片，其电阻发生改变，利用这一特性来测定空蚀破坏的程度。如果在遭到空蚀破坏的区域装设测量用的金属片，随空化侵蚀坑数量和深度的增加，金属片的电阻值将增加。虽然由于金属材料的不同，空化破坏的外观形态可能是点状破坏或产生塑性变形，但金属片的电阻值均会改变。预先校准金属片电阻值与空蚀破坏程度之间的关系，这样就可以根据测量金属片电阻的变化量，确定水轮机的空蚀破坏情况。

2. 优缺点

由于金属片和其引出导线布置在水中，要经受水流冲击，而且由于其信号较弱，在导线传输过程中还会受到电场和磁场干扰，使用寿命极大地被削弱，不适宜在空蚀在线监测过程中推广，因此不作详细介绍。

三、加速度计法

1. 基本原理

空化气泡溃灭的瞬间产生很大的高频冲击力，而这种冲击力是由于加速度增大所引起的。加速度计探测的原理是根据引起空化水流状况周期性变化的实际特点，检测被以叶片通过频率（BPF）或主轴通频调制的宽带空化噪声信号，监测由气泡爆裂形成的压力波在水轮机部件上引发的振动。用振动声描述空化最简单的方法是，在水轮机的适当位置安放振动声响传感器，以测量在适当频带内的噪声强度，计算反映水轮机空化脉冲性能的噪声脉冲频率，或者比较在各种功率设定值下所收集的噪声频谱。如果将加速度计放在转轮附近的尾水管、机壳、导叶套筒、管道或基础结构上，用振动仪或频谱分析仪测量或录制下空化发生时加速度的数值或波形，即可判断空化的发生、发展和严重程度。总的趋势是空化现象越重，所测得的加速度值越大，或者波形图上所显示的高频分量越大，见图 25-12。由于各种水轮机的空化破坏程度不相同，因此，开始要有一段测试和积累资料的过程，才能提供比较切合实际的判断空蚀严重性的准则。

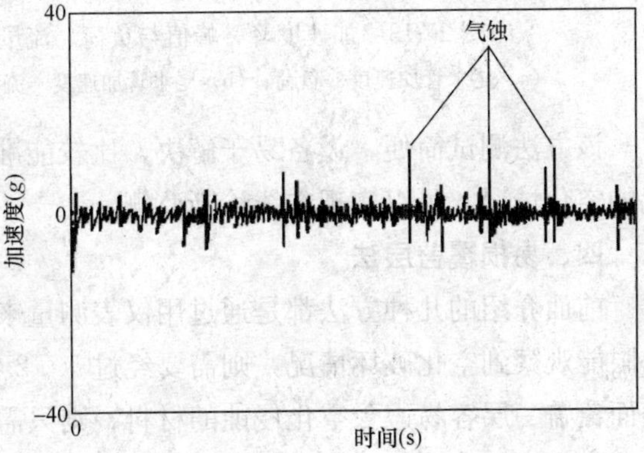

图 25-12　空化发生时的尾水管加速度

2. 加速度计及设备的选择

由于空化振动的频率范围较宽，而且以高频分量为主，因此，应选择工作频率为 100～10 000Hz 的加速度计为宜，且测量仪器要与加速度计配套，表头所指示的加速度最大测量值应不小于 100g。

3. 监测方法与实例分析

为了比较准确地侧出水轮机转轮的空蚀情况，加速度计可以放在尾水管壁上、支持盖、导叶套筒等位置，尽量靠近转轮。将固定加速度计用的底座用胶水或其他方法固定在测点位置，然后安装加速度计，接上数据采集系统即可进行测量。

图 25-13 所示为用加速度计为水电厂 3 台 30 万 kW 水轮机尾水管所测得的加速度峰—峰值与负荷、流量以及导叶开度之间的关系。这三台机组中，2 号机组为转桨式水轮机，1、3 号机组为定桨式水轮机。由于 2 号机组的桨叶可调整，所以 2 号机组有一个比较宽的空蚀比较轻的区域，1、3 号机组为定桨机组，空蚀情况差

别不大，在非设计工况点其实要严重得多，所以从图上可以选出最佳运行区域。

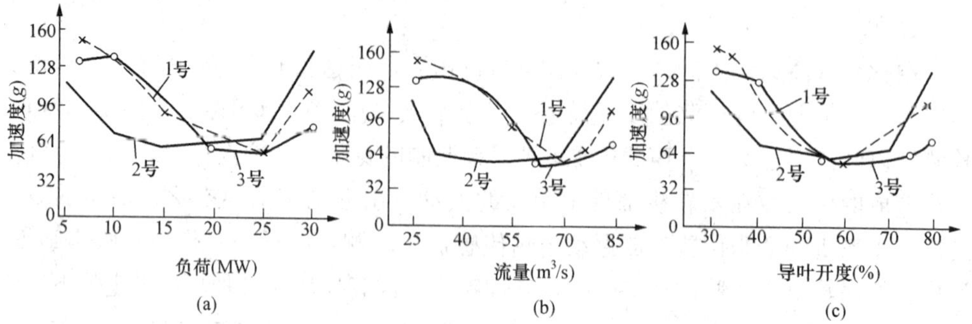

图 25-13 加速度峰—峰值与负荷、流量以及导叶开度之间的关系

(a) 尾水管加速度—负荷；(b) 尾水管加速度—流量；(c) 尾水管加速度—导叶开度

该方法测试简便，设备易于解决，比较能准确地反映水轮机各部分和在各种工况的空化情况，可以实现在线诊断监侧。

四、易损覆盖层法

前面介绍的几种方法都是通过用仪表测量来判断水轮机空化发展的情况。若用肉眼能观察到空化破坏情况，则需要经过 1～2 年的运行时间，如果在过流部件的表面覆盖一层容易遭受空化侵蚀的材料，则只需几十分钟或数小时的运行，就可以直接观察到受空化破坏的部位和程度。常用的方法有易损涂层和易损软金属两类。这两种方法能够比较准确和直接地观察和统计出空化破坏的部位和强度，但每做一个工况均需停机，操作起来比较困难，而且不能作为空化的长期观测方法，只能静态地每隔一段时间做试验检查，无法观察动态变化过程。尤其是在水力机组在线监测技术日益精确完善的今天来说，这两种方法使用得较少，这里只作简要介绍。

（一）易损涂层法

在水轮机易受空化侵蚀的区域，涂一层（或数层）易被空蚀剥落的涂料，涂层厚度一般不超过 0.1mm。经过一段时间的运行后，测量受空化侵蚀所剥落的涂层或剥落的面积，以判断空化的损坏程度。这类涂层的种类较多，现介绍在使用方法上具有代表性的两种。

1. 放射性砷涂层（同位素）法

利用放射性同位素的放射性能来判断水轮机的空蚀程度，选用放射性同位素砷，将 5g 砷加入 200g 特殊涂料（用树脂加适当的白云石或滑石粉溶于酒精或松节油内调制而成）内调制成放射性油漆，然后将制好的放射性油漆涂刷到水轮机的过流部件表面。

机组投入运行，保持某一预定的试验工况运行到所需时间后，通过下述方法之一确定水轮机的空蚀程度：①当剥蚀量很大时，可以从尾水管的水流中测量被剥蚀的放射性物质的量；②直接测量过流部件表面受剥蚀后剩余的放射性物质的量。

2. 油漆法

将一种不易溶解和抗冲刷能力强的油漆涂在过流部件易产生空蚀的部位。由于油漆的种类繁多，普通防锈漆、钳上画线用油漆皆可作为试验用涂层，但开始出现空化破坏所需要的试验时间与油漆的性质、干燥的时间有关。

在选定的试验工况下运行 30min，停机记录涂层破坏的范围和程度，而后每隔 1h 记录一次，直至破坏范围不再增大时为止。因涂层很薄，所以，评定空化空蚀破坏的程度，可用受侵蚀破坏的面积和总面积的比值作为侵蚀强度来比较。

（二）易损软金属覆盖层

用环氧树脂或其他胶黏剂将易受空化破坏的金属片牢固地粘贴在水轮机易受空蚀的部位，运行一段时间后对覆盖层进行检查，以测定空蚀破坏的面积及程度。每个试验工况，要求有功、无功、水头、吸出高度基本不变，而且每个工况的试验运行时间基本相同。统计空蚀破坏程度，可以以单位时间内单位面积金属薄片上的坑穴数（必要时借助放大镜观察）来表示空化作用强度。但当材料已被蚀穿或坑穴过于密集已连成一片时，则应用失重法统计空蚀破坏的程度，即测量易损软金属在试验前、后的质量损失来比较空化侵蚀强度。

第三节　空化在线监测在葛洲坝水电厂的应用

随着信息数字化、网络化时代的到来，各种信息的网络化处理更加普遍。基于涡流检测技术、数字电子技术和网络技术研制而成的 HOMIS 系统已经在葛洲坝水电厂投入运行。该系统将数据采集、数据传输、数据分析处理、数据存储各模块网络化，使之构成一个整体，成为多种技术整合的典型。现场检测实践表明，监测设备与互联网相结合，已经实现了机组空蚀在线监测，数据采集、分析等多平台同时运作；实现了软件硬件及数据等资源的共享；实现了原始数据、应用分析软件、文件档案资料（如检测报告）等的实时远距快速传递，实现了数据长期存储。运行维护人员可通过水轮机单元在线监测实时观测数据，了解机空蚀情况，并进行定期数据分析或特殊事件分析，以降低空蚀影响，减少腐蚀损害，标识最佳运行区域，指示累计损害，提高机组性能。该系统不断地测量过流部件空化程度，以便用户优化机组运行，记录相应机组的空化数据，为转轮的检修提供科学依据，使机组能够在高效率区运行，减轻水轮机叶片的空蚀破坏程度。同时，通过对空蚀量历史数据的累积测量，可以标定水轮机的空蚀破坏程度，准确决策机组的检修间隔，为机组由计划检修向状态检修过渡奠定基础。

一、葛洲坝 HOMIS 系统空化监测采用的传感器及安装位置

空化监测共有四种方法，考虑到在线监测要求传感器安装方便、牢固、工作稳定及具有可行性，葛洲坝电厂空化监测采用了声学法和加速度计两种方法，所采用的传感器类型及安装位置见表 25-2。

表 25-2　空化监测传感器类型及安装位置

序号	传感器名称	规　格	备　注
1	尾水门超声波传感器	40～250kHz	磁力安装座安装在尾水检修门
2	尾水门振动加速度传感器	1Hz～20kHz	磁力安装座安装在尾水检修门
3	支持盖超声波传感器	40～250kHz	磁力安装座安装在＋X 方向支持盖上
4	支持盖振动加速度传感器	1Hz～20kHz	磁力安装座安装在＋X 方向支持盖上
5	支持盖超声波传感器	40～250kHz	磁力安装座安装在＋Y 方向支持盖上
6	支持盖振动加速度传感器	1Hz～20kHz	磁力安装座安装在＋Y 方向支持盖上
7	导叶套筒超声波传感器	40～250kHz	32 号导叶套筒（＋X 方向）
8	导叶套筒振动加速度传感器	1Hz～20kHz	1 号导叶套筒（＋X 方向）
9	噪声传感器	20Hz～20kHz	固定在水车室－Y 方向墙壁上
10	噪声传感器	20Hz～20kHz	固定在尾水检修门上

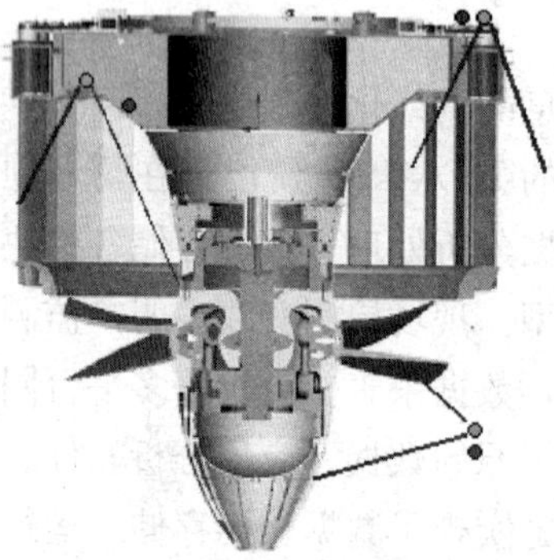

图 25-14　传感器位置布置及监测部位示意图

传感器位置布置及监测部位见图 25-14。

二、HOMIS 系统水轮机监测单元空化监测结构图

葛洲坝电厂空化监测结构图如图 25-15 所示。

三、硬件配置

水轮机空化监测单元采用台湾研华公司的 IPC6606 工业控制计算机。具体配置包括低功耗工业计算机控制主板、高速闪存、大容量硬盘。

接口配置如下：

（1）16 通道、12 位精度高速数模转换（A/D）采集卡 1 张。

（2）4 通道同步、12 位精度超高速数模转换（A/D）采集卡 1 张。

（3）16 通道、12 位精度数模转换（A/D）采集卡 1 张。

（4）水轮机单元与服务器通信 CAN 总线接口 1 个。

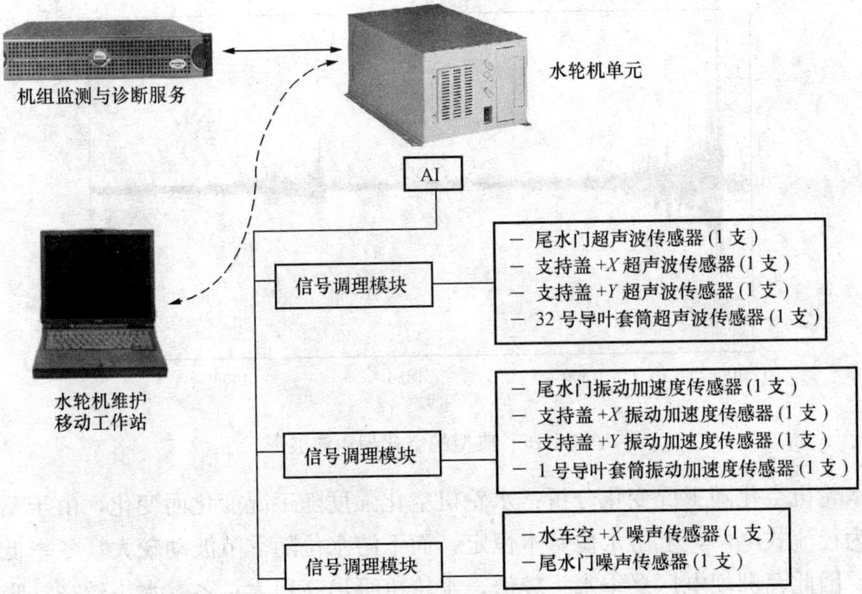

图 25-15　葛洲坝电厂空蚀监测结构图

（5）带隔离数字量输入输出（DIO）模块1个。

（6）水轮机单元与水轮机维护移动工作站的通信 Ethernet 网卡1张。

（7）计数定时模块1个。

（8）超声波信号调理模块1个。

（9）振动加速度信号调理模块1个。

（10）噪声信号调理模块1个。

（11）水压键相信号调理模块1个。

水轮机空蚀噪声监测与分析单元由机组最优维护信息系统（HOMIS）UPS 供电，电源为220（1±10%）V AC，传感器电源为24V DC。

四、软件配置

（1）操作系统：Microsoft Windows 2000。

（2）应用软件：HOMIS Trb mUnit 2005。

（3）数据存储：数据文件和 SQL Server 2000。

五、空蚀监测系统在葛洲坝水电厂的应用实例

1. 水轮机空化监测

水轮机空化可以通过空化产生的声波监测，但由于机组运动是水力、机械噪声大，空化声波不易，因此采用超声波监测。图 25-16 所示为典型的空化超声波波形。

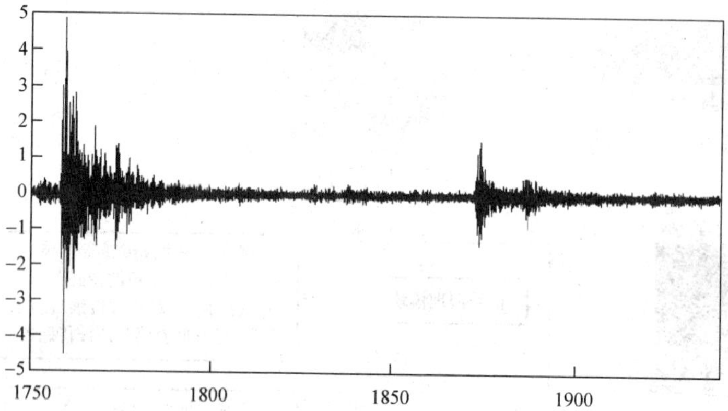

图 25-16　典型的空化超声波波形

水轮机空化随工况变化分析：水轮机空化强度随工况变化而变化，由于葛洲坝电厂为径流式电厂，上游水位基本恒定，而下游水位随季节波动较大，冬季低、夏季高，因此葛洲坝电厂夏季水头较低，水轮机吸出高程大；冬季水头较高，吸出高程小。

通过实时在线连续监测以及分析与归纳，掌握了水轮机空化超声波信号强度随工况变化的规律。图 25-17 和图 25-18 分别给出了某水轮机在不同水头下支持盖处和尾水门处超声波信号的对比。

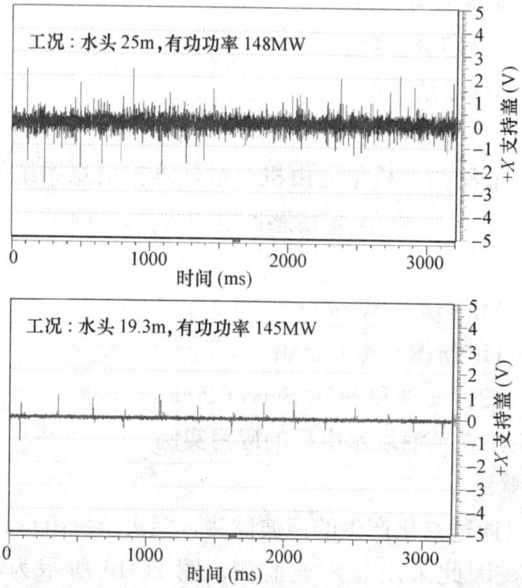

图 25-17　不同水头下的支持盖处空化超声波信号的对比

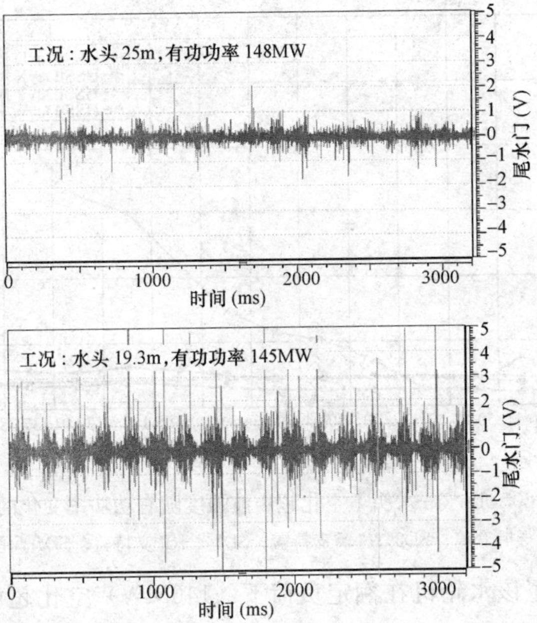

图 25-18　不同水头下的尾水门处空化超声波信号的对比

2. 水轮机空化随负荷变化规律

图 25-19 和图 25-20 分别展示了该水轮机在 25.2m 和 19.3m 水头下空化超声波信号强度随负荷变化的规律。从图中可以看出，在 25.2m 水头下，水轮机空化明显，随负荷变化大，在 75MW 附近和 135MW 以上负荷时空化强度大。在 19.3m 水头下，水轮机空化极弱，但尾水门处空化信号较强。

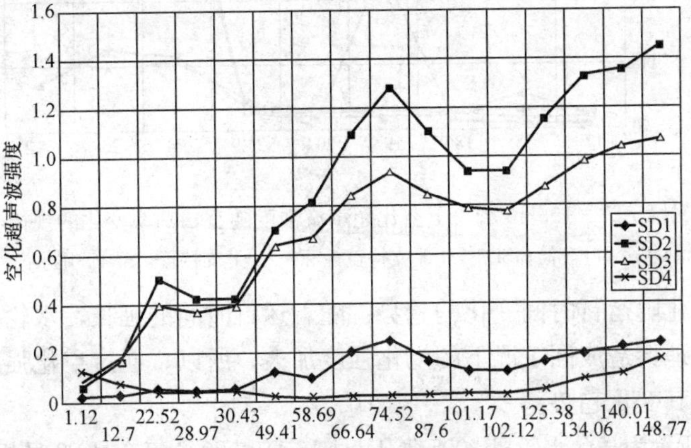

图 25-19　25.2m 水头下空化超声波强度随有功功率变化的规律

SD1—导叶套筒；SD2—+X 支持盖；SD3—+Y 支持盖；SD4—尾水门

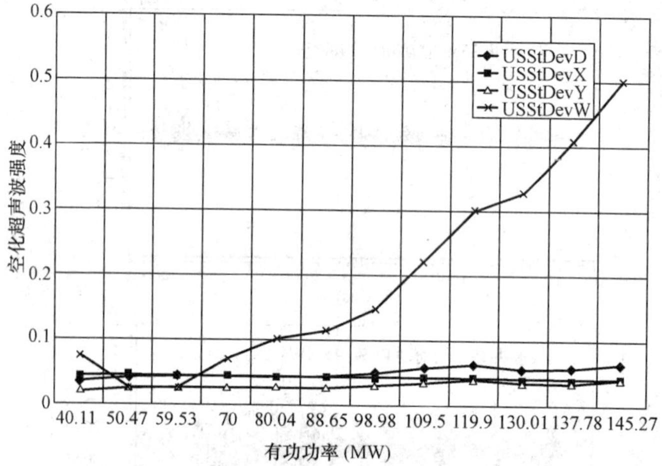

图 25-20　19.3m 水头下空化超声波强度随有功功率变化的规律

SD1—导叶套筒；SD2—+X 支持盖；SD3—+Y 支持盖；SD4—尾水门

图 25-21 揭示了该水轮机在额定负荷下（146MW）空化超声波信号强度随水头变化的规律，水轮机空化主要发生在 22m 以上水头。

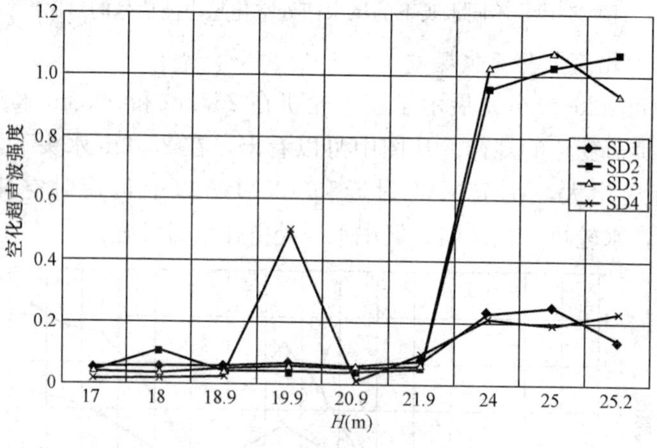

图 25-21　19.3m 水头下空化超声波强度随有功功率变化的规律

SD1—导叶套筒；SD2—+X 支持盖；SD3—+Y 支持盖；SD4—尾水门

水轮机空化随运行时间变化的趋势：随着运行时间的延长，水轮机的空蚀程度会加深，相应地会造成同工况下的空化强度加大。所以，通过空化强度监测可以了解空蚀程度及其变化趋势。

图 25-22 所示为某台水轮机 2005 年 11 月 16 日和 2006 年 6 月 28 日相似工况下支持盖处空化超声波信号的对比，通过一个冬天的运行，该水轮机的空化强度明显加大。

图 25-23 所示为一台水轮机大修补焊前后相似工况下支持盖处空化超声波信号

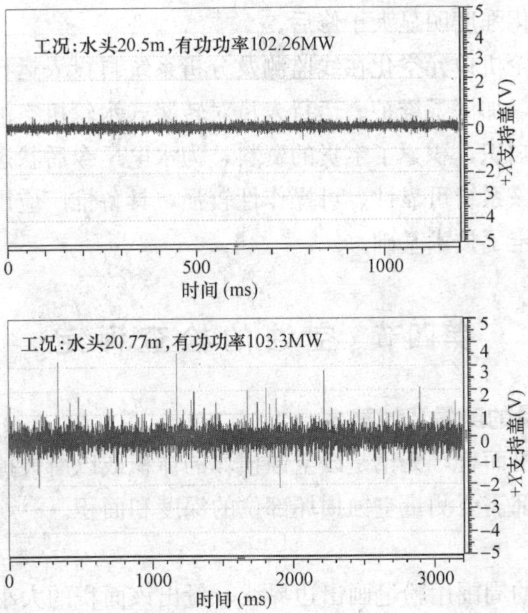

图 25-22　某机组叶片修补前后空化超声波信号的对比

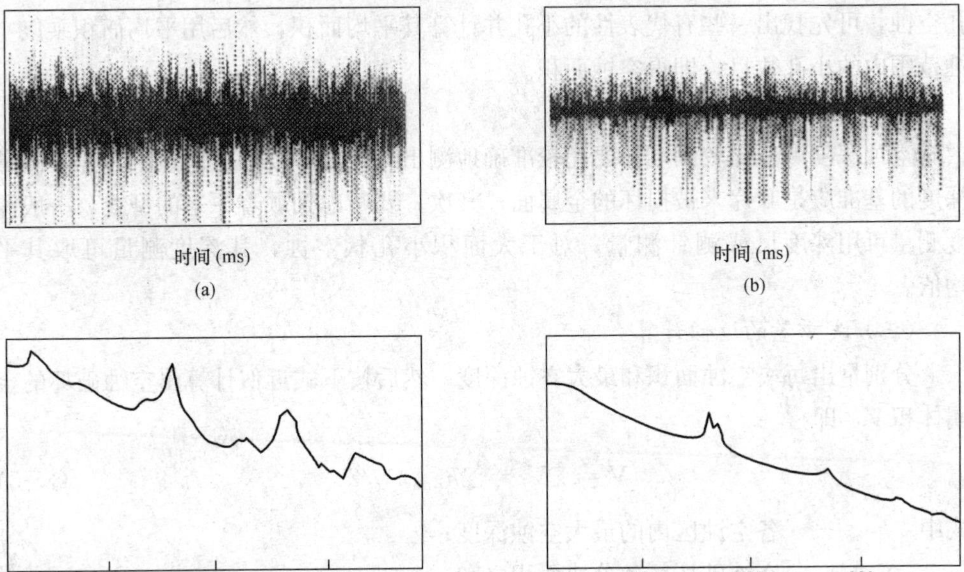

图 25-23　某机组叶片修补前后空化超声波信号对比

(a) 修前超声波时域信号；(b) 修后超声波时域信号；(c) 修前功率谱图；(d) 修后功率谱图

的对比，修前的空化强度明显大于修后。

葛洲坝电厂水轮机单元空化在线监测及分析系统自投入运行以来能较直观地描述机组的空蚀程度，加深了维护、运行人员对转桨式水轮机空蚀强度和空蚀特征的认识，丰富了相关知识，积累了宝贵的资料，为水电厂今后状态检修的转型奠定了基础。同时，由于该系统可靠性、可操作性较强，具备推广应用的条件，为空化监测的进一步发展奠定了技术基础。

第四节　空蚀的检查评定

一、空蚀损害量的测量及计算

对于原型水轮机而言，无论是以空蚀损坏的体积或以所失掉的金属重量作为统计空蚀的损坏量，都需要测量空蚀损坏部位的深度和面积。

（一）面积测量

在空蚀损坏面的周围用粉笔画出边界线，量出该面积的大小，根据空蚀点的疏密，拟定疏密系数（小于 1），然后相乘即可；也可用油漆涂抹空蚀损坏面，未干前用透明纸印下，然后用求积仪或方格纸放在透明纸下面计算面积；对大面积的小孔空蚀，可先找出一些有代表性的小孔并计算其平均面积，然后用平均面积乘以空蚀范围内的小孔数目，即得空蚀面积。

（二）深度测量

空蚀深度测量比较困难，要比较准确地测出深度，必须注意两点：首先，测量深度的基准应是叶片未被损坏的金属面；其次，要考虑到顺着原来的型线。一般深度测量可用深度尺或测针测量；对于大面积小孔状空蚀，其深度测量可取其平均值。

（三）失重量的近似计算

分别量出每块空蚀面积和最大空蚀深度，然后按下式近似计算出空蚀破坏的金属体积 V，即

$$V=\Sigma V_i=\Sigma h_{i,\max}A_i/2 \tag{25-5}$$

式中　$h_{i,\max}$——各空蚀区内的最大空蚀深度；

ΣA_i——空蚀破坏区各分块面积之和。

失重量 W 可按下式计算，即

$$W=Vr \tag{25-6}$$

式中　r——母材的密度。

二、空蚀损坏评定标准

（一）空蚀失重保证

对于空蚀损坏程度的评定方法，各国均不相同。IEC规程中规定：在规定的运行时间内，以空蚀损坏的最大深度、面积、体积（或重量）作为保证量，可选择其中两个或三个量作出保证。目前，国内外合同中都采用失重作为保证。失重保证有三种方式：①给出总的允许失重量；②给出失重计算公式 $W=K_wD^2$，并提供失重系数 K_w 值；③给出单位时间内的失重量。一般采用失重系数作为空蚀保证量的表示方法，即

$$W=K_wD^2 \tag{25-7}$$

式中　D——对转桨式、定桨式水轮机，为叶片外缘直径；对混流式水轮机，为转轮出口直径。

（二）空蚀评定标准

1. 侵蚀指数

$$K=V/AT \quad (\text{mm/h}) \tag{25-8}$$

式中　V——空蚀损坏掉的金属体积，$\text{m}^2\times\text{mm}$；

A——叶片的总面积，m^2；

T——机组实际运行时间，h。

2. 五级空蚀强度标准

（1）Ⅰ级：$K\leqslant 0.0577\times10^{-4}$。

（2）Ⅱ级：$K>(0.0577\sim0.115)\times10^{-4}$。

（3）Ⅲ级：$K>(0.115\sim0.577)\times10^{-4}$。

（4）Ⅳ级：$K>(0.577\sim1.15)\times10^{-4}$。

（5）Ⅴ级：$K>1.15\times10^{-4}$。

第五节　磨损的观测、磨损量的测量和评定

一、磨损量的观测方法

（一）外观检查

目前尚无统一的标准和方法。水轮机泥沙磨损的大致特征是：磨损开始时，有成片的沿水流方向的划痕。磨损发展时，表面呈波纹状或沟槽状痕迹，常连成鱼鳞状凹坑。磨损痕迹常依水流方向，磨损后表面密实，呈现金属光泽。泥沙磨损强烈发展时，可使零件穿孔，出水边呈锯齿形沟槽。破坏特征与沙粒特性、流速、材质和工作条件有关。

磨损量的测量和评定是比较困难的，空蚀破坏大的地方，一般也是磨损破坏严重的部位，如在混流式水轮机的叶片背面下部、出水边及下环内侧流道，轴流式水轮机的叶片背面外缘及出水边、转轮室中环等。此外，叶片正面和头部也有较严重的磨损。外观检查主要是对上述磨损部位进行观察、照相、录像，测量其面积和深度。

（二）电镜法

1. 原理

用显微镜对过流表面受磨损部位进行观测，以弄清受损坏的主要原因，这也是研究空蚀、磨损破坏机理的手段之一。扫描电子显微镜是近十几年来获得迅速发展的一种新型光学仪器，适用于像水轮机过流部件表面那样比较粗糙，如金属断口和显微组织三维形态的观察研究。

2. 优缺点

用扫描电子显微镜电子探针及能谱分析等先进的测试手段对水轮机空蚀及泥沙磨损破坏进行微观分析具有明显的优越性，有利于磨蚀机理和防护材料的研究，加快水轮机空蚀和泥沙磨损研究的进程。但是，由于该方法需要在过流表面的观测点取样，操作起来不方便，因此主要用于泥沙磨损较严重的流域机组的叶片磨损观测。

二、磨损量的测量和评定

（一）磨损量的测量

区分空蚀和磨损较为困难的，因为在机组运行过程中，空蚀伴随着磨损，而磨损又加剧了空蚀，不过空蚀严重区域多发生在叶片出水边、叶片背面及叶片外缘。而泥沙磨损严重区域多发生在叶片正面，因此磨损测量常采用以下方法。

1. 在叶片正面埋铜钉法

该方法是在叶片正面磨损较严重的区域或叶片或叶片的各个断面上埋入铜钉，铜钉一般长 20～30mm，直径为 2～3mm。首先，在要埋入铜钉的部位用稍小于铜钉直径的钻头钻一深度稍长于铜钉的孔，然后将铜钉轻轻打入，并使铜钉的端面与叶片表面平齐。下次要检查叶片的磨损量可将铜钉拔出，测量其长度并与原长比较，其差值即为该点的磨损量。

2. 模板法

模板法就是将叶片边缘的翼型做在模板上以便下次比较。具体方法如下，首先在叶片的出水边（或进水边）的某一断面用一根已退火的铜条沿着叶片表面从正面到反面弯成一段叶片形式，要求铜条紧贴着叶片表面，不能有缝隙，然后将弯好成型的铜条放在模板上并画上线（模板可用三夹板或薄同铜板制作），锯出模板的多余部分，即成为出水边（或进水边）该断面的部分翼型模板，下次测量磨损时，只需将该模板套在出水边（或进水边）的断面上，测量其间隙的大小即可。值得注意的是，模板须标清楚是出水边（或进水边）的哪一个断面，以便下次测量时对号入座。

3. 翼型测量法

比较同一断面前后两次测量所得到的翼型即可知磨损量。翼型测量方法具体如下：

（1）确定基点，在叶片正、反面选取 1～2 点。基点应选择在叶片磨蚀最轻的部位，并做好永久性标记。

（2）用专用画线架确定Ⅰ～Ⅴ的断面线，然后选取测点。测点的选取要求：在叶片曲率较大的地方可以布置稀一些，曲率较小的地方应布置密一些。

（3）以基点为定点，测量记录每一测点的距离。每一测点应记录三个数据，即测点到基点、测点到断面线与出水边交点、测点与相邻断面点的尺寸。

（4）用仪器测量叶片正、反面的全面测点的标高。

（5）整理、描绘每一个断面的叶型线。

（6）综合分析，校核、修正测量结果，进行误差分析。

（二）磨损量的评定

对磨损量的评定，目前尚无统一标准。影响水轮机磨损的因素很多，且往往和空蚀混杂在一起；某些因素对磨损量的影响规律尚不清楚，再加之各个水电厂的条件（如水头、泥沙含量及特性等）差别很大，因而难以精确计算其磨损程度。根据多年来的试验研究和现场观测，关于磨损量的定性计算可参考下面介绍的常用公式。需要说明的是，限于目前试验条件的局限性，公式中某些系数不一定准确，有的还需进一步试验才能确定。

常用磨损量计算公式为

$$\delta = \frac{1}{\varepsilon K}\beta\rho w T m \tag{25-9}$$

式中　δ——泥沙磨损平均深度，mm；

ε——不同材料的表面耐磨系数；

K——材料表面线性和粗糙度影响系数；

β——泥沙磨损能力系数，与级配、形状、硬度有关，由试验确定；

ρ——过机平均沙量，kg/m^3；

w——水流相对速度；m/s；

T——运行时间，h；

m——磨损速度指数，对平顺磨损，$m=2.0\sim2.3$；对冲击磨损，$m=2.3\sim3.0$。

参考文献

[1] 刘大凯．水轮机．3版．北京：水利水电出版社，1997.

[2] 艾友忠，卢进玉，高万振，等．大型Kaplan水轮机枢轴—铜瓦摩擦副中的摩擦疲劳学现象．大机电技术，2005(2).

[3] 袁蕊，田子勤．水轮机检修．北京：中国电力出版社，2004.

[4] 段国昌．水轮机沙粒磨损．北京：清华大学出版社，1981.

[5] 卢进玉，邓健．葛洲坝水电站水轮机转轮密封改造．水力发电，33(12).

[6] 艾友忠，彭玉成，陈钢．水轮机转轮现场静平衡试验计算机辅助软件的应用．水力发电，29(4).

[7] 云庆华，等．无损探伤．上海：劳动出版社，1982.

[8] 朱荆璞．金属表面强化技术．北京：机械工业出版社，1989.

[9] 刘金生，郭茂雄．水轮机．武汉：武汉水利电力大学出版社，1999.

[10] 夏永海，迟建波，等．薄壁轴套装配尺寸的选择与加工．山东冶金，2005(2).

[11] 单文培．水电站机电设备的安装、运行与检修．北京：中国水利水电出版社，2005.

[12] 全国电力生产人员培训委员会水力发电委员会．水轮发电机机械检修．北京：中国电力出版社，2003.

[13] 刘云．水轮发电机故障处理与检修．北京：中国水利水电出版社，2002.

[14] 单文培．水电站机电设备的安装、运行与检修．北京：中国水利水电出版社，2005.

[15] 陈锡芳．水轮发电机结构运行监测与维修．北京：中国水利水电出版社，2008.

[16] 史乃．电机学．北京：机械工业出版社，2002.

[17] 朱玉璧．600MW发电机定子铁芯故障处理．电机技术，2000(3).

[18] 章岩，等．600MW发电机定子铁芯损耗现场试验方法．陕西电力，2008(2).

[19] 侯万英，等．TBB-200-2A发电机定子端部铁芯过热的分析处理．河北电力技术，1995(5).

[20] 王黎明，等．大电机定子槽楔松动的危害及检测方法．陕西电力，2007(12).

[21] 彭翔，等．大型发电机定子槽楔松动研究及检测．中国电机工程学报，2007.

[22] 郭建民，等．发电机局部放电的电声联合检测．内蒙古电力技术，2007，25(3).

[23] 侯荣涛，等．发电机转子机械故障诊断的DWPT方法．汽轮机技术，2003.

[24] N. N. MISRA，等．发电机转子故障分析——原因及预防措施．国外大电机，2007(4).

[25] 肖荣．葛洲坝电场5号发电机定子端部铁芯故障及处理．水力发电，2002(6).

[26] 李定中．论巨型水轮发电机冷却方式的选择．水力发电，2007.

[27] 季定泉，等．三峡左岸VGS发电机转子磁轭叠装工艺．人民长江，2003.

[28] 江玉萍．水轮发电机转子中心体焊缝开裂及其处理．东方电机，2003(1).

[29] 黄云．蒸发冷却技术．节能技术，2007(3).

[30] 沈祖诒，等．水轮机调节．北京：中国水利水电出版社，1997.

[31] 水电部十二工程局、河北水利水电学院．水轮机调速器的安装与调整．北京：水利水电出版社，1975.

[32] 常兆堂，姜之琦，陈仲华．水轮机调节系统原理、试验与故障处理．北京：中国电力出版社，1995.

[33] 郭中枹．中小型水轮机调速器的使用与维护．北京：水利电力出版社，1983.

[34] 蔡燕生．水轮机调节．北京：中国水利水电出版社，2002.

[35] 汤正义．水轮机调速器机械检修．北京：中国电力出版社，2003.

[36] 黎启柏．液压元件手册．北京：冶金工业出版社，机械工业出版社，1992.

[37] 黎桂英，等．最新实用五金手册(修订本)．广州：广东科技出版社，1996.

[38] 金关福．发电厂检修规程．北京：中国标准出版社，1988.

[39] 西北工业大学．理论力学(下册)．北京：高等教育出版社，1981：32-39.

[40] 施维新．汽轮发电机组振动及事故．北京：中国电力出版社，1998：29-40.

[41] 夏松波，张新江，刘占生，等．旋转机械不对中故障研究综述．振动、测试与诊断，1998(3)：3-7，73.

[42] 马震岳，董毓新．水电站机组及厂房振动的研究与治理．北京：中国水利水电出版社，2004.

[43] 刘晓亭，李维潘，等．水力机组现场测试手册．北京：水利电力出版社，1993.

[44] 单文培，刘孟桦，洪余和．水轮发电机组及辅助设备运行与维护．北京：中国水利水电出版社，2006.

[45] 全国电力生产人员培训委员会水力发电委员会，汤正义．水轮机调速器机械检修．北京：中国电力出版社，2003.

[46] 单文培，黄少敏．水轮发电机组安装与检修．北京：中国电力出版社，2008.

[47] 杜文忠．水力机组测试技术．北京：中国水利水电出版社，1995.

[48] 刘晓亭，李维藩．水力机组现场测试手册．北京：水利水电出版社，1993.

[49] 王斌信．PCE、VCE 型有功及无功变送器的调试及在发电厂的应用．山西电力，1999(4)：22-23.

[50] 刘中明．TD-1000 系列功率变送器及改进．机械与电子，1996(2)：38-39.

[51] 才家刚．电机试验手册．北京：中国电力出版社，1997.

[52] 王炜，梅志桂．丹江口水电厂 3 号发电机通风、温升试验．华中电力，2004(2)：47-48，51.

[53] 于兰阶．水轮发电机组的安装与检修．北京：中国水利电力出版社，1994.

[54] 何伟．三峡左岸电站 VGS 机组水导轴承安装与运行中问题浅析．水电站机电技术，2004(2).

[55] 杨永超．三峡左岸电站 ALSTOM 机组水导轴承安装．黑龙江科技信息，2004(7).
[56] 宋文武．水轮机主轴密封技术及改造技术．西华大学学报·自然科学版，2005.
[57] 杨洁，等．水轮机检修、故障处理、运行调试与维护综合技术手册．北京：北京科大电子出版社，2005.
[58] 谢小成，黄昆．分块瓦式导轴承在水电机组上的应用．东方电机，1998(4)：5-12.
[59] 卢进玉，崔万才．葛洲坝大江电厂机组受油器瓦的改进．水力发电，1990(7)：37，44，45.
[60] 马南任．葛洲坝二江分厂 12.5 万千瓦机组受油器的处理. 水电站机电技术，1989(2)：44-49.
[61] 汤正义．机组受油器浮动瓦的分析. 水电厂自动化，1995(A01)：58-62.